KB139707

다양한 캐글 예제와 함께
기초 알고리즘부터 최신 기법까지 배우는

파이썬 머신러닝 완벽 가이드

개정2판

홈페이지: https://wikibook.co.kr/pymlrev2/

예제코드: https://github.com/wikibook/pymlrev2

파이썬 머신러닝 완벽 가이드 (개정2판)

다양한 캐글 예제와 함께 기초 알고리즘부터 최신 기법까지 배우는

지은이 권철민
펴낸이 박찬규 엮은이 전이주, 이대엽, 최용 디자인 북누리 표지디자인 Arowa & Arowana

펴낸곳 위키북스 전화 031-955-3658, 3659 팩스 031-955-3660
주소 경기도 파주시 문발로 115, 311호 (파주출판도시, 세종출판벤처타운)

가격 40,000 페이지 724 책규격 188 x 240mm

초판 1쇄 발행 2019년 02월 28일
개정판 1쇄 발행 2020년 02월 07일
개정2판 1쇄 발행 2022년 04월 26일
개정2판 2쇄 발행 2022년 08월 24일
개정2판 3쇄 발행 2023년 04월 20일
개정2판 4쇄 발행 2024년 04월 24일
ISBN 979-11-5839-322-9 (93500)

등록번호 제406-2006-000036호 등록일자 2006년 05월 19일
홈페이지 wikibook.co.kr 전자우편 wikibook@wikibook.co.kr

파이썬 머신러닝 완벽 가이드

개정2판

다양한 캐글 예제와 함께
기초 알고리즘부터 최신 기법까지 배우는

권철민 지음

위키북스

이 책을

사랑하는 아내 수진, 딸 려원, 아들 세준에게 바칩니다.

《파이썬 머신러닝 완벽 가이드》는 이론 위주의 머신러닝 책에서 탈피해 다양한 실전 예제를 직접 구현해 보면서 머신러닝을 체득할 수 있도록 만들었습니다. 어떻게 하면 한 권의 책으로 머신러닝의 핵심 개념을 쉽게 이해하고 실전 머신러닝 애플리케이션 구현 능력을 갖추게 할 것인가를 고민하면서 책을 썼습니다.

머신러닝의 모든 알고리즘에 대한 설명보다는 실전에서 자주 사용되는 알고리즘과 반드시 알아야 할 핵심 개념 설명에 집중했습니다. 중요한 개념의 경우 파이썬 코드를 직접 작성하면서 체득할 수 있도록 구성했습니다. 최대한 수학식 사용은 배제하면서(부득이하게 일부 개념 설명에서는 수학식을 사용했지만) 코드 작성과 예제를 통해 핵심 개념을 이해할 수 있게 했습니다. 특히 XGBoost, LightGBM, 스태킹 기법 등 캐글의 많은 데이터 사이언스에서 애용하는 최신 알고리즘과 기법에 대해 매우 상세하게 설명했으며 다양한 실전 예제를 통해 그것들을 어떻게 활용하는지 소개했습니다.

머신러닝은 알고리즘만 이해한다고 구현할 수 있는 것이 아닙니다. 다양한 실제 업무에 머신러닝이 어떻게 적용되는지를 애플리케이션을 작성해 보면서 감각을 익히는 게 더욱 중요합니다. 이를 위해 실무에 머신러닝 애플리케이션을 직접 적용할 수 있는 수준에 이를 수 있게 다양한 실전 예제를 제공하려고 노력했습니다. 모든 것이 잘 정제된 데이터가 아닌 캐글과 UCI 머신러닝 리포지토리에서 난이도가 있는 실습 데이터를 기반으로 데이터 전처리에서부터 머신러닝 알고리즘 적용, 하이퍼 파라미터 튜닝 등 머신러닝 모델 구성을 위한 전반적인 프로세스를 예제를 통해 직접 수행해 보면서 머신러닝 능력치를 최대한으로 끌어올릴 수 있도록 내용을 구성했습니다.

이 책은 머신러닝 입문자보다는 어느 정도 머신러닝에 경험이 있는 독자들을 대상으로 집필했습니다. 특히 그동안 머신러닝을 배우면서 어려운 알고리즘의 벽을 넘지 못하고 포기하거나 실무에 어떻게 머신러닝 애플리케이션을 적용할 것인지를 고민해 온 사람들에게 큰 도움이 될 것입니다. 머신러닝 입문자라면 이 책보다는 시중에 많이 나와 있는 다른 머신러닝 입문서를 먼저 읽은 후 이 책을 볼 것을 권장합니다. 머신러닝 입문자와 중급 머신러닝 개발자 모두를 만족시키려는 목표로 출발한 책이기에 머신러닝에 대한 기본 개념을 숙지하고 나면 이 책을 통해 빠르게 실력을 업그레이드할 수 있을 것입니다.

《파이썬 머신러닝 완벽 가이드》는 머신러닝 기반의 예측 분석(Predictive Analytics)을 위해 반드시 알아야 하는 분류, 회귀, 차원 축소, 군집화, 텍스트 분석/NLP, 추천 시스템에 대한 내용을 담고 있습니다. 1장~3장은 본격적인 머신러닝 학습을 위한 기반 사항을 설명합니다. 1장과 2장에서는 파이썬 기반의 머신러닝을 위해서 반드시 학습해야 하는 넘파이와 판다스, 사이킷런에 대해 학습하며, 3장에서는 머신러닝의 분류(classification) 모델을 평가하는 다양한 지표를 소개합니다.

4장 분류(classification)에서는 다양한 분류 알고리즘 중 가장 활용도가 높은 앙상블에 대해 집중적으로 설명합니다. 특히 랜덤 포레스트, GBM과 같은 전통적인 앙상블뿐만 아니라 최신 앙상블 기법인 XGBoost, LightGBM, 스태킹에 대해 다양한 실전 예제를 통해 상세하게 설명합니다. 5장 회귀(Regression)에서는 머신러닝의 핵심 개념인 경사 하강법, 편향-분산 트레이드 오프를 회귀를 통해 설명하며, 선형 회귀, 릿지, 라소, 엘라스틱넷, 로지스틱 회귀 및 회귀 트리에 대한 설명과 다양한 회귀 모델 성능 향상 기법을 실전 예제를 통해 제공합니다. 6장 차원 축소(Dimension Reduction)에서는 다양한 차원 축소 알고리즘에 대해 설명하며, 7장 군집화(Clustering)에서는 다양한 군집 알고리즘의 설명과 비교, 알고리즘 성능 평가 방법, 적용 예제를 제공합니다.

8장 텍스트 분석(Text Analytics)에서는 텍스트 분석에 대한 모든 것을 담으려고 노력했습니다. 텍스트 전처리와 정규화, 피처 벡터화 등 텍스트 분석을 위해 반드시 알아야 하는 기반 지식과 머신러닝 기반의 텍스트 분류, 감성 분석, 토픽 모델링, 텍스트 군집화 및 유사도 측정, 그리고 한글 형태소 분석기인 KoNLPy를 이용해 네이버 영화 평점 감성 분석을 실전 예제와 함께 제공합니다. 마지막으로 9장 추천 시스템은 추천 시스템의 유형인 콘텐츠 기반 필터링, 최근접 이웃 협업 필터링, 잠재 요인 협업 필터링에 대해 상세하게 설명하고 이들을 직접 파이썬 코드로 구현해 추천 시스템을 구축합니다. 또한 대표적인 파이썬 추천 시스템 패키지인 Surprise 활용법을 제시합니다.

이번 개정 2판에서는 초판과 개정 1판 이후, 독자분들께서 책에 수록하기를 원하셨던 추가적인 내용을 중점으로 담았습니다. XGBoost와 LightGBM의 최적 하이퍼파라미터를 튜닝하는 베이지안 최적화 기법에 대한 소개를 4장 분류에 추가하였고, 특히 많은 독자들께서 요청하신 파이썬 기반의 시각화를 마지막 장으로 추가했습니다. 더불어 책의 실습 라이브러리인 사이킷런을 포함한 다양한 라이브러리의 최신 버전을 이용하여 실습 코드를 재작성했습니다.

초판이 나오기까지 오랜 시간이 걸렸는데, 이번 개정 2판도 생각보다 오랜 시간이 걸렸습니다. 인내심을 가지고 책의 탄생과 이번 개정 2판까지 지원해 주신 위키북스 박찬규 사장님과 훌륭한 편집 및 교정과 검수작업을 수행해 주신 위키북스 직원분들에게 감사드립니다. 누구보다도 아내와 딸, 아들, 그리고 어머니, 장인어른, 장모님께 감사드립니다. 이분들의 헌신적인 지원이 없었다면 이 책을 시작할 엄두를 차마 내지 못했을 것입니다.

개정 2판은 순전히 이 책을 사랑해 주신 독자분들 덕분에 만들어졌습니다. 그간 사랑에 보답하고자 알찬 내용으로 책을 구성하려고 노력했습니다. 서문을 빌려 그동안 책을 사랑해 주신 애독자분들께 감사인사 올립니다.

길을 아는 것과 그 길을 걷는 것은 다릅니다. 이 책은 여러분들이 머신러닝을 실무에 적용할 수 있는 경지에 도달하도록 도와주는 훌륭한 가이드가 될 것입니다.

이 책에서 설명한 예제 코드는 다음 사이트에서 내려받을 수 있습니다.

https://github.com/wikibook/pymlrev2

01 파이썬 기반의 머신러닝과 생태계 이해

02

사이킷런으로 시작하는 머신러닝

03

평가

04 분류

05 회귀

07

군집화

08 텍스트 분석

10 시각화

CHAPTER

01

파이썬 기반의 머신러닝과 생태계 이해

"파란 약을 먹으면 이야기는 끝나고, 자넨 침대에서 일어나 믿고 싶은 걸 믿으면 되지.
대신 빨간 약을 먹으면 이상한 나라에 남게 될 거야.
내가 토끼굴이 얼마나 깊은지 보여줄 거야.
명심하게.
나는 자네에게 진실만을 제안한다는 것을."

< 영화 매트릭스(Matrix)에서 모피어스가 네오에게 >

01 머신러닝의 개념

머신러닝(Machine Learning)의 개념은 다양하게 표현할 수 있으나, 일반적으로는 애플리케이션을 수정하지 않고도 데이터를 기반으로 패턴을 학습하고 결과를 예측하는 알고리즘 기법을 통칭합니다. 현실 세계의 매우 복잡한 조건으로 인해 기존의 소프트웨어 코드만으로는 해결하기 어려웠던 많은 문제점들을 이제 머신러닝을 이용해 해결해 나가고 있습니다. 가령 금융 사기 거래를 적발하는 프로그램을 만든다고 가정해 보겠습니다. 복잡한 금융 거래에서 발생하는 수많은 변수에 대해 수십 년에 걸쳐 발생한 다양한 금융 사기 거래 조건을 감안해 수천~수만 라인의 소스 코드로 된 프로그램을 작성하더라도 금융 사기 전문가들은 경험을 통해 교묘하게 이 로직을 뚫어냅니다. 또한 금융 환경, 정부 정책, 소비자 성향 등이 수시로 변하기 때문에 이러한 외부 조건에 맞춰서 기존 로직을 다시 수정하고 검증하는 프로세스는 많은 시간과 비용이 요구됩니다. 프로그램 로직을 통해 모든 조건과 다양한 환경 변수, 규칙을 반영해 사기 거래 적발의 정확성을 높일 수 있다면 이러한 시간과 비용의 희생을 감당할 수 있겠지만, 기대와는 다르게 오히려 소스 코드가 복잡해지면서 예측의 정확성 향상이 이뤄지지 않는 경우가 현실입니다.

업무적으로 복잡한 조건/규칙들이 다양한 형태로 결합하고 시시각각 변하면서 도저히 소프트웨어 코드로 로직을 구성하여 이들을 관통하는 일정한 패턴을 찾기 어려운 경우에 머신러닝은 훌륭한 솔루션을 제공합니다. 가령 스팸메일 필터링 프로그램을 만든다고 가정해 보겠습니다. 단순히 특정 단어가 메일 내용에 포함되어 있다고 이를 스팸메일로 분류할 수는 없습니다. 언어란 문맥에 의해 판단해야 하므로 인간의 언어에서 이러한 패턴을 규정하기란 매우 어렵습니다.

머신러닝은 이러한 문제를 데이터를 기반으로 숨겨진 패턴을 인지해 해결합니다. 머신러닝 알고리즘은 데이터를 기반으로 통계적인 신뢰도를 강화하고 예측 오류를 최소화하기 위한 다양한 수학적 기법을 적용해 데이터 내의 패턴을 스스로 인지하고 신뢰도 있는 예측 결과를 도출해 냅니다. 머신러닝은 데이터를 관통하는 패턴을 학습하고, 이에 기반한 예측을 수행하면서 데이터 분석 영역에 새로운 혁신을 가져왔습니다. 데이터 분석 영역은 재빠르게 머신러닝 기반의 예측 분석(Predictive Analysis)으로 재편되고 있습니다. 많은 데이터 분석가와 데이터 과학자가 머신러닝 알고리즘 기반의 새로운 예측 모델을 이용해 더욱 정확한 예측 및 의사 결정을 도출하고 있으며, 데이터에 감춰진 새로운 의미와 인사이트를 발굴해 놀랄 만한 이익으로 연결시키고 있습니다.

데이터마이닝, 영상 인식, 음성 인식, 자연어 처리에서 개발자가 데이터나 업무 로직의 특성을 직접 감안한 프로그램을 만들 경우 난이도와 개발 복잡도가 너무 높아질 수밖에 없는 분야에서 머신러닝이 급속하게 발전을 이루고 있습니다.

머신러닝의 분류

일반적으로 머신러닝은 지도학습(Supervised Learning)과 비지도학습(Un-supervised Learning), 강화학습(Reinforcement Learning)으로 나뉩니다. 지도학습의 대표적인 머신러닝은 분류(Classification)와 회귀(Regression)로 나눌 수 있습니다.

지도학습

- 분류
- 회귀
- 추천 시스템
- 시각/음성 감지/인지
- 텍스트 분석, NLP

비지도학습

- 클러스터링
- 차원 축소
- 강화학습

머신러닝의 기술적인 부분은 다루지 않았지만 무척 재미있게 읽은 책을 꼽으라면 《마스터 알고리즘》(비즈니스북스 2016)을 추천하고 싶습니다. 이 책에서는 머신러닝 알고리즘을 기호주의, 연결주의, 베이지안 통계, 유추주의 등의 유형으로 나눴는데, 이 또한 알고리즘의 특징을 잘 반영한 분류라고 생각됩니다.

기호주의: 결정 트리 등
연결주의: 신경망/딥러닝
유전 알고리즘
베이지안 통계
유추주의: KNN, 서포트 벡터 머신

데이터 전쟁

머신러닝에서 데이터와 머신러닝 알고리즘 중 어느 것이 더 중요한 요소라고 생각하나요? 사실 데이터와 머신러닝 알고리즘 모두 머신러닝에서는 중요한 요소입니다. 지금 이 책을 읽고 있는 많은 사람이 다양한 알고리즘의 차이와 적용 방법을 익히려고 소중한 시간을 투자하고 있을 것입니다. 또한 유수의 회사들이 머신러닝 알고리즘의 정확도를 조금이라도 더 개선하기 위해 많은 R&D 예산을 투자하고 있습니다. 하지만 일단 머신러닝 세상이 본격적으로 펼쳐진다면 데이터의 중요성이 무엇보다 커집니다.

머신러닝의 가장 큰 단점은 데이터에 매우 의존적이라는 것입니다. 가비지 인(Garbage In), 가비지 아웃(Garbage out), 즉 좋은 품질의 데이터를 갖추지 못한다면 머신러닝의 수행 결과도 좋을 수 없습니다. 머신러닝을 이용해 데이터만 집어넣으면 자동으로 최적화된 결과를 도출할 거라는 믿음은 환상입니다. 특정 경우에는 개발자가 직접 만든 코드보다 정확도가 더 떨어질 수도 있습니다. 머신러닝 모델을 개선하기 위해서는 많은 노력이 필요합니다. 이를 위해서 최적의 머신러닝 알고리즘과 모델 파라미터를 구축하는 능력도 중요하지만 데이터를 이해하고 효율적으로 가공, 처리, 추출해 최적의 데이터를 기반으로 알고리즘을 구동할 수 있도록 준비하는 능력이 더 중요할 수 있습니다. '데이터 전쟁'이라는 용어는 더 이상 낯설지 않습니다. 다양하고 광대한 데이터를 기반으로 만들어진 머신러닝 모델은 더 좋은 품질을 약속할 수 있습니다. 앞으로 많은 회사의 경쟁력은 어떠한 품질의 데이터로 만든 머신러닝 모델이냐에 따라 결정될 수 있습니다.

파이썬과 R 기반의 머신러닝 비교

머신러닝 프로그램을 작성할 수 있는 대표적인 오픈 소스 프로그램 언어는 파이썬과 R입니다. 물론 C/C++, JAVA 등 컴파일러 기반의 언어도 머신러닝 프로그램 작성이 가능하지만, 파이썬과 R에 비해서 개발 생산성이 떨어지고 지원 패키지와 생태계가 활발하지 않습니다. 물론 이들 컴파일러 기반의 언어는 주로 즉각적인 수행 시간이 중요한 머신러닝 애플리케이션(예를 들어 임베디드 영역)에 적용이 활발히 이뤄지고 있습니다. 이 외에 MATLAB과 같은 전통적인 상용 통계 패키지도 머신러닝을 지원하나, 요즘은 이들이 번외로 취급될 만큼 머신러닝 분야에 있어서 파이썬과 R의 인기가 매우 높습니다.

파이썬과 R 기반의 머신러닝 비교 분석 관점 비교

머신러닝 부분에서 파이썬과 R을 살짝 비교해 보겠습니다. R은 통계 전용 프로그램 언어입니다. SPSS, SAS, MATLAB 등 전통적인 통계 및 마이닝 패키지의 고비용으로 신음(?)하던 통계 전문가들이 이를 개선하고자 만든 언어입니다. 반면에 파이썬은 다양한 영역에서 사용되는 개발 전문 프로그램 언어입니다. 파이썬은 직관적인 문법과 객체지향과 함수형 프로그래밍 모두를 포괄하는 유연한 프로그램 아키텍처, 다양한 라이브러리 등의 큰 강점을 가지면서 프로그래밍 세계의 주류를 향해 돌진하고 있는 언어입니다.

지극히 개인적인 판단이지만, 개발 언어에 익숙하지 않으나 통계 분석에 능한 현업 사용자라면 머신러닝을 위해 R을 선택하는 것이 더 나을 수도 있습니다. 파이썬도 굉장히 직관적인 언어지만, R의 경우 통계 분석을 위해 특화된 언어이며 무엇보다도 오랜 기간 동안 많은 R 사용자들이 생성하고 검증해온 다양하고 많은 통계 패키지를 보유하고 있는 것이 가장 큰 장점입니다. CRAN에서 R 사용자들이 만들어낸 수많은 통계 패키지를 보면 R의 발전을 위해 얼마나 많은 사람이 헌신하고 있는지 잘 알 수 있습니다.

하지만 이제 머신러닝을 시작하려는 사람이라면, 특히 개발자라면 R보다는 파이썬을 권하고 싶습니다. 다음 그래프는 구글 트렌드에서 R과 파이썬의 데이터 사이언스와 머신러닝에 대한 관심도를 나타낸 것입니다. 딥러닝에 대한 관심이 증가하는 2016년도부터 파이썬에 대한 관심이 급격히 증가함을 알 수 있습니다.

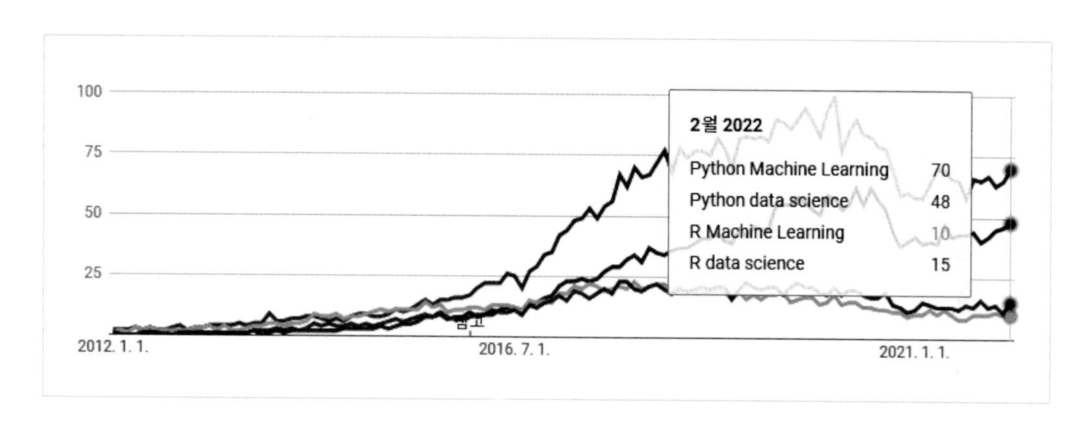

그렇다면 머신러닝을 배우려는 사람들에게 파이썬이 R에 비해 뛰어난 점은 무엇일까요? "***파이썬은 소리 없이 프로그래밍 세계를 점령하고 있는 언어***"입니다.

- 쉽고 뛰어난 개발 생산성으로 전 세계 개발자들이 파이썬을 선호합니다. 특히 구글, 페이스북 등 유수의 IT 업계에서도 파이썬의 높은 생산성으로 인해 활용도가 매우 높습니다.
- 오픈 소스 계열의 전폭적인 지원을 받고 있으며 놀라울 정도의 많은 라이브러리로 인해 개발 시 높은 생산성을 보장해 줍니다(역으로 선택의 자유가 많아서 오히려 머리가 아플 수도 있습니다).
- 인터프리터 언어(Interpreter Language)의 특성상 속도는 느리지만, 대신에 뛰어난 확장성, 유연성, 호환성으로 인해 서버, 네트워크, 시스템, IOT, 심지어 데스크톱까지 다양한 영역에서 사용되고 있습니다.
- 머신러닝 애플리케이션과 결합한 다양한 애플리케이션 개발이 가능합니다.
- 엔터프라이즈 아키텍처로의 확장 및 마이크로서비스 기반의 실시간 연계 등 다양한 기업 환경으로의 확산이 가능합니다.

무엇보다도 유수의 딥러닝 프레임워크인 텐서플로(TensorFlow), 케라스(Keras), 파이토치(PyTorch) 등에서 파이썬 우선 정책으로 파이썬을 지원하고 있습니다. 물론 R에서도 텐서플로 등과의 연계가 가능하나, 파이썬보다는 우선 정책에서 밀릴 것이며 앞으로도 딥러닝 프레임워크는 파이썬을 중심으로 발전될 가능성이 큽니다.

02 파이썬 머신러닝 생태계를 구성하는 주요 패키지

파이썬 언어를 이용해 머신러닝 애플리케이션을 작성하기 위해서는 먼저 관련된 여러 패키지에 친숙해져야 합니다. 파이썬 기반의 머신러닝을 익히기 위해 필요한 패키지는 일반적으로 다음과 같습니다.

- **머신러닝 패키지**: 많은 데이터 과학자와 분석가들에게 파이썬 세계의 가장 대표적인 머신러닝 패키지를 선택해 달라고 요청한다면 아마도 주저 없이 사이킷런(Scikit-Learn)을 꼽을 것입니다. 물론 영상, 음성, 언어 등의 비정형 데이터 분야에서 딥러닝의 뛰어난 활약으로 텐서플로, 케라스 등의 전문 딥러닝 라이브러리가 각광을 받고 있지만, 사이킷런의 경우는 여전히 데이터 마이닝 기반의 머신러닝에서 독보적인 위치를 차지하고 있습니다. 이 책에서는 사이킷런 기반에서 머신러닝을 구현하는 것에만 초점을 맞출 것입니다.
- **행렬/선형대수/통계 패키지**: 머신러닝의 이론적 백그라운드는 선형대수와 통계로 이뤄져 있습니다. 파이썬의 대표적인 행렬과 선형대수를 다루는 패키지는 넘파이(NumPy)입니다. 사이킷런을 비롯한 많은 머신러닝 패키지가 넘파이 기반으로 돼 있습니다. 넘파이와 더불어 사이파이(SciPy)는 자연과학과 통계를 위한 다양한 패키지를 가지고 있습니다. 사이킷런 역시 사이파이 패키지의 도움을 받아 구축된 여러 가지 패키지를 가지고 있습니다.
- **데이터 핸들링**: 판다스는 파이썬 세계의 대표적인 데이터 처리 패키지입니다. 넘파이는 행렬 기반의 데이터 처리에 특화돼 있어서 일반적인 데이터 처리에는 부족한 부분이 많습니다. 판다스는 2차원 데이터 처리에 특화되어 있으며 넘파이보다 훨씬 편리하게 데이터 처리를 할 수 있는 많은 기능을 제공합니다. 또한 맷플롯립(Matplotlib)을 호출해 쉽게 시각화 기능을 지원할 수도 있습니다.
- **시각화**: 파이썬의 대표적인 시각화 패키지는 맷플롯립입니다. 맷플롯립은 파이썬 기반의 다른 시각화 패키지에도 많은 영향을 끼치고 있으며, 오랜 기간 파이썬의 대표적 시각화 라이브러리로 자리 잡았습니다. 하지만 맷플롯립은 너무 세분화된 API로 익히기가 번거롭습니다. 또한 시각적인 디자인 부분에서도 투박한 면이 있습니다. 단순히 시각화를 위해 데이터 분석가/과학자가 작성하는 코드가 길어지기 때문에 효율이 떨어지고 불편함이 늘어날 수 있습니다. 이를 보완하기 위한 여러 시각화 패키지가 출시되고 있는데, 대표적으로 시본(Seaborn)이 있습니다.

  시본은 맷플롯립을 기반으로 만들었지만, 판다스와의 쉬운 연동, 더 함축적인 API, 분석을 위한 다양한 유형의 그래프/차트 제공 등으로 파이썬 기반의 데이터 분석가/과학자에게 인기를 얻고 있습니다. 하지만 시본을 사용하기 위해서는 맷플롯립을 어느 정도 알고 있어야 합니다. 시본이 맷플롯립의 API를 이용해 더 함축적으로 만든 라이브러리지만, 여전히 세밀한 부분의 제어는 맷플롯립의 API를 그대로 사용하고 있기 때문입니다. 이 책 전반에 걸쳐 그래프/차트 등의 시각화는 시본을 주로 이용하되, 맷플롯립이나 판다스로도 쉽게 가능한 시각화 부분은 이들을 이용하기로 하겠습니다.

- 이 외에 파이썬 기반의 머신러닝을 편리하게 지원하기 위한 여러 서드파티 라이브러리가 있습니다. 이 책 전반에 걸쳐서 이들 라이브러리를 함께 이용해 머신러닝 애플리케이션을 작성할 것이며 그때마다 각각 설명하겠습니다. 파이썬의 큰 장점은 매우 많은 라이브러리가 오픈 소스로 존재한다는 것입니다. 때로는 너무 많은 라이브러리로 인해 오히려 헷갈리는 부분도 있지만, 개발 시 어려움에 봉착할 때마다 누군가가 오픈 소스 라이브러리로 편리하게 해결책을 제공한다는 점은 파이썬 언어가 주류 개발 언어로 발전할 수 있는 훌륭한 기반이 되고 있습니다.

- 마지막으로 아이파이썬(IPython, Interactive Python) 툴인 주피터 노트북(Jupyter Notebook)에 대해 설명하겠습니다. 아이파이썬은 대화형 파이썬 툴을 지칭합니다. 대화형 툴이라는 말은 마치 학교에서 선생님이 학생들에게 설명하듯이 프로그래밍과 이에 대한 설명적인 요소를 결합했다는 뜻입니다. 전체 프로그램에서 특정 코드 영역별로 개별 수행을 지원하므로 영역별로 코드 이해가 매우 명확하게 설명될 수 있습니다. 주피터 노트북은 대표적인 아이파이썬 지원 툴입니다. 노트북, 즉 '공책'이라는 접미사(알다시피 노트북(Notebook)은 한글로 노트북 컴퓨터가 아닌 학교에서 사용하는 일반적인 공책을 의미합니다)에서 유추할 수 있듯이 학생들이 필기하듯이 중요 코드 단위로 설명을 적고 코드를 수행해 그 결과를 볼 수 있게 만들어서 직관적으로 어떤 코드가 어떤 역할을 하는지 매우 쉽게 이해할 수 있도록 지원합니다.

  주피터 노트북의 사용법에 대해서는 따로 설명하지 않겠습니다. 사용에 특별한 어려움이 없기 때문에 인터넷 등을 통해 쉽게 사용법을 익힐 수 있을 것입니다. **이 책에 나오는 모든 예제 소스는 주피터 노트북 기반에서 구동되는 것을 전제로 작성했습니다. 다른 파이썬 에디터를 사용하면 예제 소스가 제대로 동작되지 않을 수 있으므로 반드시 주피터 노트북을 이용해 예제 소스를 구동할 것을 부탁드립니다.** 주피터 노트북은 매우 편리합니다. 처음 사용하는 사람이라도 파이썬 기반에서 머신러닝 프로그램을 개발하기 위해 곧 주피터 노트북에 의존하게 될 것입니다.

파이썬 머신러닝을 위한 S/W 설치

이 책의 예제에서 사용된 파이썬 코드는 파이썬 3.x 문법을 기준으로 작성했습니다. 예제 코드는 윈도우 10 환경에서 파이썬 3.9 이상 버전에서 테스트했습니다. 물론 이보다 낮은 버전의 윈도우 환경이라도 파이썬 3.9 이상 버전을 구동하기만 하면 문제없습니다(3.9보다 낮은 버전의 파이썬에서는 테스트하지 않았으나 오류 없이 수행될 것으로 예상됩니다). 그리고 리눅스 환경에서 구동해도 대부분의 예제 코드는 잘 동작합니다. 다만 Graphviz와 같은 서드파티 패키지, KoNLPy, Surprise 등과 같은 서드파티 패키지들은 윈도우 10 기준으로만 설치 방법을 기재했습니다. 사실 이들 서드파티 패키지는 윈도우보다 리눅스에서 설치하는 게 더 쉽기에 별도로 기재하지 않았고, 인터넷 등을 통해 설치법을 간단히 찾아볼 수 있습니다.

파이썬 기반의 머신러닝을 위해서 위에서 언급한 패키지들을 설치해 보겠습니다. 먼저 첫번째로 Anaconda를 설치합니다. 파이썬 머신러닝을 위한 패키지를 설치하는 가장 쉬운 방법은 Anaconda를 이용하는 것입니다. 파이썬으로 작성된 대부분의 패키지들은 pip 명령어로 설치할 수 있지만, pip의 경우는 개별 패키지를 별도로 설치해야 하는 불편함이 있습니다. Anaconda는 파이썬 기반의 머신러닝에 필요한 패키지들을 일괄적으로 설치할 수 있으며, XGBoost, LightGBM 등 일반적으로 윈도우 환경에 설치가 어려운 패키지들도 간편하게 설치할 수 있습니다.

Anaconda는 유료인 상업용 버전과 무료인 Individual 버전으로 제품이 나뉘어져 있습니다. 무료인 Individual 소스 버전을 사용하셔도 기능상의 부족함이 없습니다. https://www.anaconda.com/products/individual에 접속한 후 윈도우용 Individual Edition 설치 파일을 다운로드받을 수 있습니다.

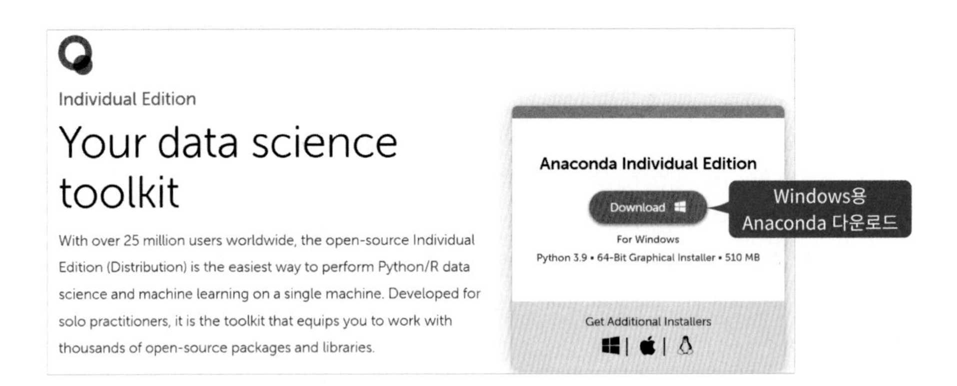

Download 버튼을 눌러서 설치 파일을 로컬 PC의 적당한 디렉터리에 내려받습니다(오른쪽에 나타나는 ANACONDA NUCLEUS에는 아무 정보를 입력하지 않아도 됩니다).

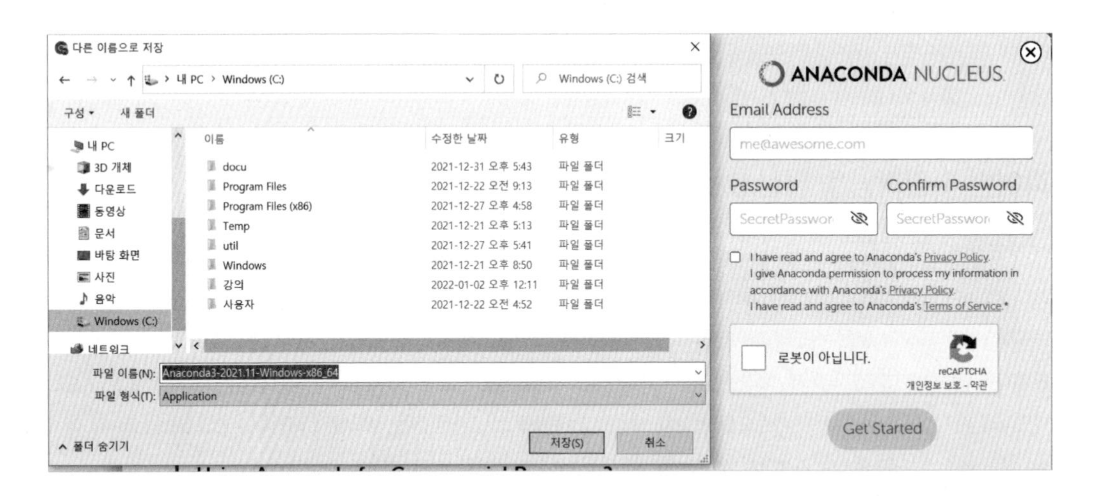

다운로드받은 설치 파일을 클릭하시면 자동으로 설치가 진행되며 로컬 PC에서 Anaconda를 설치할 디렉터리를 선택한 후에 설치를 수행합니다. 약 3GB의 설치 공간이 필요하며, 설치 화면마다 나타나는 설정은 기본 선택으로 진행하면 됩니다.

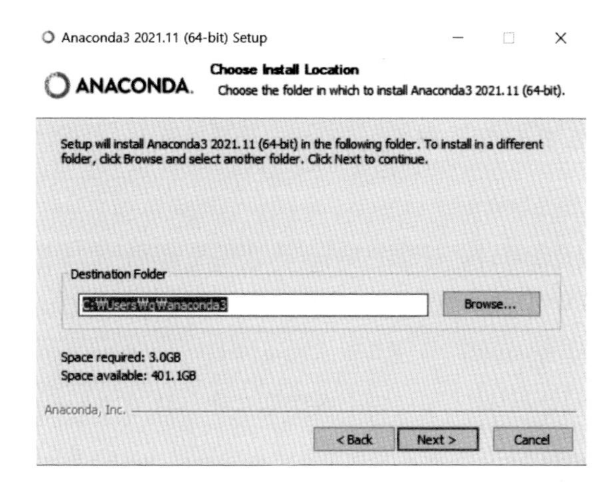

Anaconda를 설치하면 기본으로 파이썬뿐만 아니라 머신러닝을 위한 패키지인 넘파이, 판다스, 맷플롯립, 시본, 그리고 주피터 노트북까지 함께 설치됩니다. 설치가 완료된 후 윈도 우의 시작 메뉴에서 Anaconda 폴더를 찾으면 다음 그림과 같이 'Anaconda Prompt'와 'Jupyter Notebook' 아이콘을 볼 수 있습니다.

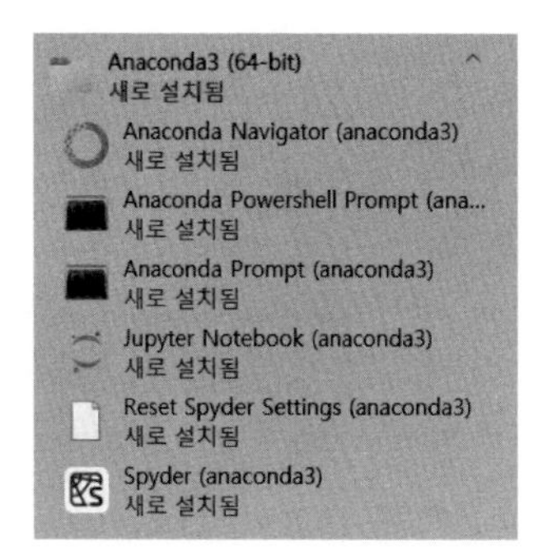

'Anaconda Prompt'는 Anaconda를 이용해 패키지를 설치할 때 사용합니다. 윈도우 10 환경에서 'Anaconda Prompt'를 사용할 때 유의할 점은 관리자 권한으로 이 Prompt를 실행해야 제대로 패키지가 설치된다는 것입니다. 윈도우 10 환경에서 파이썬 패키지를 내려받아 저장하려면 관리자 권한이어야 합니다. 'Anaconda Prompt' 아이콘에서 마우스 오른쪽 버튼을 클릭해 '자세히 → 관리자 권한으로 실행'을 통해 'Anaconda Prompt'를 일반적으로 실행합니다.

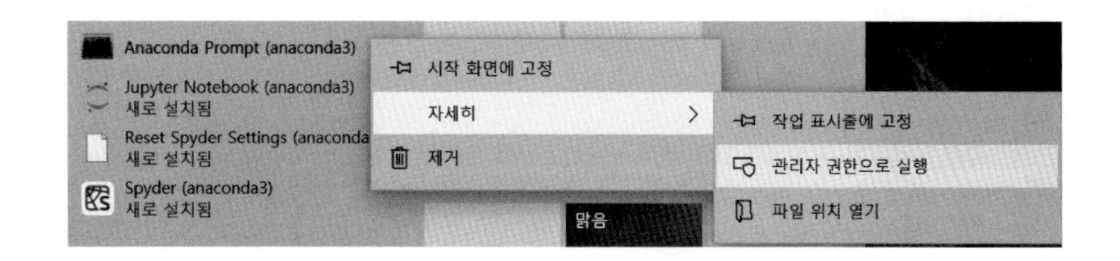

Anaconda를 설치하면 기본적으로 파이썬 머신러닝 패키지가 함께 설치된다고 했는데, 이를 확인해 보겠습니다. 먼저 'Anaconda Prompt'를 클릭한 뒤 파이썬이 설치됐는지 `python -V` 명령어로 파이썬 버전을 확인해 보겠습니다.

```
(base) C:\Users\chkwon>python -V
Python 3.9.7
```

파이썬 3.9.7 버전이 설치됐음을 알 수 있습니다(Anaconda 추후 버전에서는 Python 버전이 달라질 수 있습니다). 다음으로 넘파이, 판다스, 맷플롯립, 시본, 사이킷런이 설치됐는지 확인해 보겠습니다. 노트북에서 직접 패키지를 임포트하는 코드를 실행해 오류가 발생하지 않으면 정상적으로 설치가 완료된 것입니다.

Jupyter Notebook 아이콘을 클릭해 실행하면 다음과 같이 콘솔 화면이 뜨면서 주피터 노트북을 구동하기 위한 서버 프로그램이 실행됩니다. 이제 웹 브라우저를 이용해 `http://localhost:8888`에 접속하면 주피터 노트북을 사용할 수 있습니다. 맨 오른쪽의 'New' 버튼을 누르고, Python3를 선택하면 새로운 주피터 노트북을 생성합니다. 주피터 노트북의 디폴트 디렉터리는 '`C:\Users\사용자명`'입니다. 저자의 PC의 경우는 `C:\Users\chkwon`입니다. 해당 디렉터리를 기준으로 새로운 폴더나 주피터 노트북을 생성할 수 있습니다.

새롭게 생성된 주피터 노트북에서 다음과 같이 넘파이, 판다스, 맷플롯립, 시본, 사이킷런의 모듈을 임포트하는 코드를 입력해 오류가 발생하지 않으면 정상적으로 설치가 완료된 것입니다.

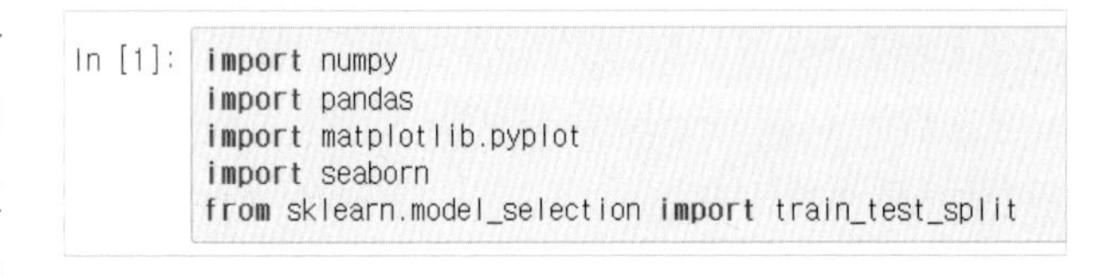

두 번째는 Microsoft Visual Studio Build Tools 2015 이상의 버전이 필요합니다. 앞에서도 말했듯이 윈도우 환경에서 서드파티 패키지를 설치할 때 Microsoft Visual Studio Build Tools가 필요한 경우가 있습니다. 4장 분류에서 사용되는 LightGBM과 9장 추천 시스템의 Surprise 패키지를 설치하려면 Visual Studio Build Tools가 먼저 설치되어 있어야 합니다.

Microsoft Visual Studio Build Tools를 설치해 보겠습니다. `https://visualstudio.microsoft.com/ko/downloads/`에 접속하면 다음과 같은 첫 화면이 나타납니다. 화면을 조금 아래로 스크롤하면 '모든 다운로드' 메뉴가 나오며 여기에서 'Visual Studio 2022용 도구'의 '〉'를 눌러서 세부 메뉴를 펼칩니다.

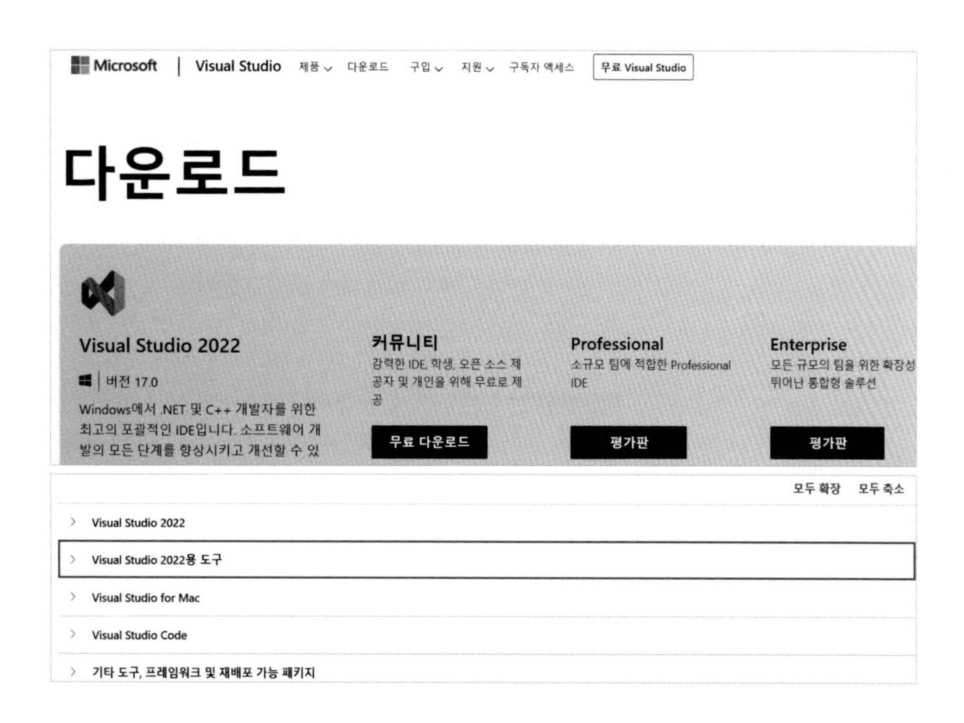

'>' 기호를 펼치면 다음과 같은 세부 메뉴가 나타나는데 이 중 Visual Studio 2022용 Build Tools의 다운로드 버튼을 클릭합니다.

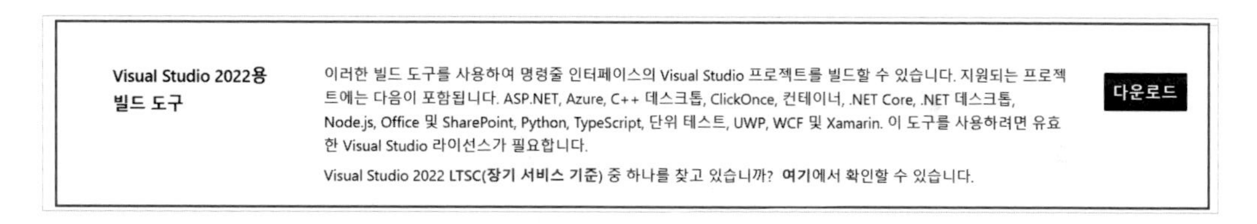

다운로드 버튼을 클릭하면 vs_buildtools 실행 파일의 다운로드 팝업창이 나타나며, 적당한 디렉터리를 선택해 해당 파일을 내려받습니다.

다운로드받은 vs_buildtools.exe를 클릭해 설치하면 아래와 같은 설치 구성 화면이 나타나며 '계속' 버튼을 누르면 Visual Studio Build 구성요소를 선택하는 화면이 나타납니다.

Visual Studio Build 구성요소를 선택하는 화면에서 'C++를 사용한 데스크톱 개발'을 클릭해 선택한 후 맨 아래 오른쪽의 설치를 누르면 Visual Studio Build Tools가 설치됩니다

Visual Studio Build Tools 설치가 완료된 후 로컬 PC의 재부팅을 요구하는 메시지에 따라 재부팅을 수행하면 모든 설치가 완료됩니다. 정상적으로 Anaconda와 Microsoft Visual Studio Build Tools가 설치됐다면 파이썬 머신러닝을 위한 환경 구성을 완료한 것입니다.

본격적으로 머신러닝 알고리즘과 파이썬 머신러닝 라이브러리인 사이킷런을 다루기 전에 파이썬 머신러닝 생태계를 구성하는 주요 요소인 넘파이와 판다스에 대해 좀 더 상세히 알아보겠습니다. 파이썬 기반의 머신러닝 개발을 위해서는 넘파이와 판다스를 이해하는 것이 매우 중요합니다. 머신러닝 애플리케이션을 파이썬으로 개발한다면 대부분의 코드는 사이킷런의 머신러닝 알고리즘에 입력하기 위한 데이터의 추출/가공/변형, 원하는 차원 배열로의 변환을 포함해 머신러닝 알고리즘 처리 결과에 대한 다양한 가공 등으로 구성될 것입니다. 이 같은 데이터 처리 부분은 대부분 넘파이와 판다스의 몫입니다. 의외로 사이킷런의 API 코드는 전체 코드에서 차지하는 부분이 크지 않은 경우가 많습니다. 그뿐만이 아닙니다. 사이킷런이 넘파이 기반에서 작성됐기 때문에 넘파이의 기본 프레임워크를 이해하지 못하면 사이킷런 역시 실제 구현에서 많은 벽에 부딪힐 수 있습니다.

다른 소프트웨어 개발에서도 마찬가지겠지만, 머신러닝을 가장 빠르게 익히는 방법의 하나는 다른 사람이 만든 소스 코드를 이해하고 그것을 자기 것으로 흡수하기 위해 많은 코드를 스스로 만들어 보는 것입니다. 그런데 넘파이와 판다스에 대한 이해가 부족하면 다른 데이터 분석 전문가가 만든 머신러닝

코드에 대한 전체 맥락을 이해할 수 없는 경우가 많습니다. 이 때문에 파이썬으로 머신러닝을 시작하려는 사람이 이러한 초기 진입 장벽을 넘지 못하고 머신러닝을 포기하는 경우가 발생하곤 합니다. 사이킷런은 API 구성이 매우 간결하고 직관적이어서 이를 이용한 개발 또한 쉽습니다. 오히려 넘파이와 판다스가 가지는 API가 더 방대하기 때문에 이를 익히는 데 시간이 많이 소모될 수 있습니다.

머신러닝 프로그램을 개발하는 데 있어서 넘파이와 판다스를 익히는 것의 중요성에도 불구하고 이들을 많은 시간을 들여 전문적으로 공부하는 것에 대해서는 개인적으로 그다지 동의하지 않습니다. 머신러닝을 시작하기 전에 이들부터 완벽히 익혀야겠다고 시간을 투자한다면 얼마 안 가서 쉽게 지치게 됩니다. 왜냐하면 넘파이와 판다스가 다루고 있는 선형대수나 데이터 핸들링 부분이 생각보다 광범위하기 때문입니다. 그보다는 넘파이와 판다스가 머신러닝 예제와 결합되어 어떻게 데이터 가공에 사용되는지를 인지하면서 체득하는 게 훨씬 더 빠르게 이들을 이해할 수 있는 방법이라고 생각합니다. 넘파이와 판다스에 대한 기본 프레임워크와 중요 API만 습득하고, 일단 코드와 부딪쳐 가면서 모르는 API에 대해서는 인터넷 자료를 통해 체득하는 것이 머신러닝뿐만 아니라 넘파이와 판다스에 관한 이해를 넓히는 더 빠른 방법입니다.

이 장의 남은 부분에서는 넘파이와 판다스에 대해 알아야 할 중요 내용을 설명합니다. 넘파이와 판다스 이해에 매우 중요한 부분과 실제 머신러닝 코드 작성에 있어서 반드시 이해가 필요한 부분을 위주로 설명할 것이므로 이미 넘파이와 판다스에 대해서 알고 있더라도 지금부터 설명하는 내용을 다시 한번 읽어 보기를 권장합니다.

03 넘파이

머신러닝의 주요 알고리즘은 선형대수와 통계 등에 기반합니다. 특히 선형대수는 수학뿐만 아니라 다른 영역의 자연과학, 공학에서 널리 사용되고 있습니다. Numerical Python을 의미하는 넘파이(NumPy)는 파이썬에서 선형대수 기반의 프로그램을 쉽게 만들 수 있도록 지원하는 대표적인 패키지입니다. 루프를 사용하지 않고 대량 데이터의 배열 연산을 가능하게 하므로 빠른 배열 연산 속도를 보장합니다. 대량 데이터 기반의 과학과 공학 프로그램은 빠른 계산 능력이 매우 중요합니다. 때문에 파이썬 기반의 많은 과학과 공학 패키지는 넘파이에 의존하고 있습니다.

넘파이는 또한 C/C++과 같은 저수준 언어 기반의 호환 API 를 제공합니다. 기존 C/C++ 기반의 타 프로그램과 데이터를 주고받거나 API를 호출해 쉽게 통합할 수 있는 기능을 제공합니다. 넘파이는 매우 빠른 배열 연산을 보장해 주지만, 파이썬 언어 자체가 가지는 수행 성능의 제약이 있으므로 수행 성능이 매우 중요한 부분은 C/C++ 기반의 코드로 작성하고 이를 넘파이에서 호출하는 방식으로 쉽게 통합할 수 있습니다. 구글의 대표적인 딥러닝 프레임워크인 텐서플로는 이러한 방식으로 배열 연산 수행 속도를 개선하고 넘파이와도 호환될 수 있게 작성됐습니다.

넘파이는 배열 기반의 연산은 물론이고 다양한 데이터 핸들링 기능을 제공합니다. 많은 파이썬 기반의 패키지가 넘파이를 이용해 데이터 처리를 수행하지만, 편의성과 다양한 API 지원 측면에서 아쉬운 부분이 많습니다. 일반적으로 데이터는 2차원 형태의 행과 열로 이뤄졌으며, 이에 대한 다양한 가공과 변환, 여러 가지 통계용 함수의 적용 등이 필요합니다. 이러한 부분에서 넘파이는 파이썬의 대표적인 데이터 처리 패키지인 판다스의 편리성에는 미치지 못하는 게 사실입니다. 이 책 전반에 걸쳐서 넘파이 기반으로 데이터 핸들링을 하는 부분은 최대한 자제하고 판다스의 데이터프레임을 주로 이용할 것입니다.

넘파이는 매우 방대한 기능을 지원하고 있기에 이를 마스터하기에는 상당한 시간과 코딩 경험이 필요합니다. 그러나 머신러닝 알고리즘이나 사이파이와 같은 과학, 통계 지원용 패키지를 직접 만드는 개발자가 아니라면 넘파이를 상세하게 알 필요는 없습니다. **하지만 넘파이를 이해하는 것은 파이썬 기반의 머신러닝에서 매우 중요합니다.** 많은 머신러닝 알고리즘이 넘파이 기반으로 작성돼 있음은 물론이고, 이들 알고리즘의 입력 데이터와 출력 데이터를 넘파이 배열 타입으로 사용하기 때문입니다. 또한 넘파이가 배열을 다루는 기본 방식을 이해하는 것은 다른 데이터 핸들링 패키지, 예를 들어 판다스를 이해하는 데도 많은 도움이 됩니다.

넘파이의 기본 지식과 이 책에서 자주 사용되는 넘파이 API에 관해 설명하겠습니다. 넘파이에 익숙한 독자라면 이 절은 건너뛰어도 됩니다.

넘파이 ndarray 개요

가장 먼저 넘파이 모듈을 임포트해 보겠습니다. 새로운 주피터 노트북을 생성하고 맨 위의 셀에 다음과 같이 입력합니다.

```
import numpy as np
```

물론 import numpy만 해도 충분하지만, as np를 추가해 약어로 모듈을 표현해주는 게 관례입니다.

넘파이의 기반 데이터 타입은 ndarray입니다. ndarray를 이용해 넘파이에서 다차원(Multi-dimension) 배열을 쉽게 생성하고 다양한 연산을 수행할 수 있습니다.

〈 넘파이 ndarray 배열의 차원들 〉

넘파이 array( ) 함수는 파이썬의 리스트와 같은 다양한 인자를 입력받아서 ndarray로 변환하는 기능을 수행합니다. 생성된 ndarray 배열의 shape 변수는 ndarray의 크기, 즉 행과 열의 수를 튜플 형태로 가지고 있으며 이를 통해 ndarray 배열의 차원까지 알 수 있습니다.

```
array1 = np.array([1, 2, 3])
print('array1 type:', type(array1))
print('array1 array 형태:', array1.shape)

array2 = np.array([[1, 2, 3],
                  [2, 3, 4]])
print('array2 type:', type(array2))
print('array2 array 형태:', array2.shape)

array3 = np.array([[1, 2, 3]])
print('array3 type:', type(array3))
print('array3 array 형태:', array3.shape)
```

[Output]

```
array1 type: <class 'numpy.ndarray'>
array1 array 형태: (3, )
array2 type: <class 'numpy.ndarray'>
array2 array 형태: (2, 3)
array3 type: <class 'numpy.ndarray'>
array3 array 형태: (1, 3)
```

np.array( ) 사용법은 매우 간단합니다. ndarray로 변환을 원하는 객체를 인자로 입력하면 ndarray를 반환합니다. ndarray.shape는 ndarray의 차원과 크기를 튜플(tuple) 형태로 나타내 줍니다. [1,2,3]인 array1의 shape는 (3,)입니다. 이는 1차원 array로 3개의 데이터를 가지고 있음을 뜻합니다. [[1,2,3], [2,3,4]]인 array2의 shape는 (2,3)입니다. 이는 2차원 array로, 2개의 로우와 3개의 칼럼으로 구성되어 2*3=6개의 데이터를 가지고 있음을 뜻합니다. 그렇다면 [[1,2,3]]인 array3의 경우는 어떨까요? array3의 shape는 (1,3)입니다. 이는 1개의 로우와 3개의 칼럼으로 구성된 2차원 데이터를 의미합니다. array3는 array1과 동일한 데이터 건수를 가지고 있지만, array1은 명확하게 1차원임을 (3,) 형태로 표현한 것이며, array3 역시 명확하게 로우와 칼럼으로 이뤄진 2차원 데이터임을 (1,3)으로 표현한 것입니다.

이 차이를 이해하는 것은 매우 중요합니다. 머신러닝 알고리즘과 데이터 세트 간의 입출력과 변환을 수행하다 보면 명확히 1차원 데이터 또는 다차원 데이터를 요구하는 경우가 있습니다. 분명히 데이터값으로는 서로 동일하나 차원이 달라서 오류가 발생하는 경우가 빈번합니다. 이 경우 명확히 차원의 차수를 변환하는 방법을 알아야 이런 오류를 막을 수 있습니다. 나중에 reshape( ) 함수를 설명할 때 다시 언급하도록 하겠습니다.

각 array의 차원을 ndarray.ndim을 이용해 확인해 보겠습니다.

```
print('array1: {0}차원, array2: {1}차원, array3: {2}차원'.format(array1.ndim,
                                                         array2.ndim, array3.ndim))
```

[Output]

```
array1: 1차원, array2: 2차원, array3:  2차원
```

array1은 1차원, array3는 2차원임을 알 수 있습니다. array( ) 함수의 인자로는 파이썬의 리스트 객체가 주로 사용됩니다. 리스트 [ ]는 1차원이고, 리스트의 리스트 [[ ]]는 2차원과 같은 형태로 배열의 차원과 크기를 쉽게 표현할 수 있기 때문입니다.

ndarray의 데이터 타입

ndarray내의 데이터값은 숫자 값, 문자열 값, 불 값 등이 모두 가능합니다. 숫자형의 경우 int형(8bit, 16bit, 32bit), unsigned int형(8bit, 16bit, 32bit), float형(16bit, 32bit, 64bit, 128bit), 그리고 이보다 더 큰 숫자 값이나 정밀도를 위해 complex 타입도 제공합니다.

ndarray내의 데이터 타입은 그 연산의 특성상 같은 데이터 타입만 가능합니다. 즉, 한 개의 ndarray 객체에 int와 float가 함께 있을 수 없습니다. ndarray내의 데이터 타입은 dtype 속성으로 확인할 수 있습니다.

```
list1 = [1, 2, 3]
print(type(list1))
array1 = np.array(list1)
print(type(array1))
print(array1, array1.dtype)
```

[Output]

```
<class 'list'>
<class 'numpy.ndarray'>
[1 2 3] int32
```

리스트 자료형인 list1은 integer 숫자인 1, 2, 3을 값으로 가지고 있으며, 이를 ndarray로 쉽게 변경할 수 있습니다. 이렇게 변경된 ndarray 내의 데이터값은 모두 int32형입니다.

서로 다른 데이터 타입을 가질 수 있는 리스트와는 다르게 ndarray 내의 데이터 타입은 그 연산의 특성상 같은 데이터 타입만 가능하다고 했는데, 만약 다른 데이터 유형이 섞여 있는 리스트를 ndarray로 변경하면 데이터 크기가 더 큰 데이터 타입으로 형 변환을 일괄 적용합니다. int형과 string형이 섞여 있는 리스트와 int형과 float형이 섞여 있는 리스트를 ndarray로 변경하면 데이터값의 타입이 어떻게 되는지 확인해 보겠습니다.

```
list2 = [1, 2, 'test']
array2 = np.array(list2)
print(array2, array2.dtype)

list3 = [1, 2, 3.0]
array3 = np.array(list3)
print(array3, array3.dtype)
```

[Output]

```
<class 'numpy.ndarray'>
['1' '2' 'test'] <U11
[1. 2. 3.] float64
```

int형 값과 문자열이 섞여 있는 list2를 ndarray로 변환한 array2는 숫자형 값 1, 2가 모두 문자열 값인 '1', '2'로 변환됐습니다. 이처럼 ndarray는 데이터값이 모두 같은 데이터 타입이어야 하므로 서로 다른 데이터 타입이 섞여 있을 경우 데이터 타입이 더 큰 데이터 타입으로 변환되어 int형이 유니코드 문자열 값으로 변환됐습니다. int형과 float형이 섞여 있는 list3의 경우도 int 1, 2가 모두 1. 2.인 float64형으로 변환됐습니다.

ndarray 내 데이터값의 타입 변경도 astype( ) 메서드를 이용해 할 수 있습니다. astype( )에 인자로 원하는 타입을 문자열로 지정하면 됩니다. 이렇게 데이터 타입을 변경하는 경우는 대용량 데이터의 ndarray를 만들 때 많은 메모리가 사용되는데, 메모리를 더 절약해야 할 때 보통 이용됩니다. 가령 int형으로 충분한 경우인데, 데이터 타입이 float라면 int형으로 바꿔서 메모리를 절약할 수 있습니다.

메모리를 얼마나 절약할 수 있는지 의구심이 들 수도 있지만, 파이썬 기반의 머신러닝 알고리즘은 대부분 메모리로 데이터를 전체 로딩한 다음 이를 기반으로 알고리즘을 적용하기 때문에 대용량의 데이터를 로딩할 때는 수행속도가 느려지거나 메모리 부족으로 오류가 발생할 수 있습니다. 다음 예제는 int32형 데이터를 float64로 변환하고, 다시 float64를 int32로 변경합니다. float를 int형으로 변경할 때 소수점 이하는 당연히 모두 없어집니다.

```
array_int = np.array([1, 2, 3])
array_float = array_int.astype('float64')
print(array_float, array_float.dtype)

array_int1= array_float.astype('int32')
print(array_int1, array_int1.dtype)

array_float1 = np.array([1.1, 2.1, 3.1])
array_int2= array_float1.astype('int32')
print(array_int2, array_int2.dtype)
```

[Output]

```
[1. 2. 3.] float64
[1 2 3] int32
[1 2 3] int32
```

ndarray를 편리하게 생성하기 - arange, zeros, ones

특정 크기와 차원을 가진 ndarray를 연속값이나 0또는 1로 초기화해 쉽게 생성해야 할 필요가 있는 경우가 발생할 수 있습니다. 이 경우 arange( ), zeros( ), ones( )를 이용해 쉽게 ndarray를 생성할 수 있습니다. 주로 테스트용으로 데이터를 만들거나 대규모의 데이터를 일괄적으로 초기화해야 할 경우에 사용됩니다.

arange( )는 함수 이름에서 알 수 있듯이 파이썬 표준 함수인 range( )와 유사한 기능을 합니다. 쉽게 생각하면 array를 range( )로 표현하는 것입니다. 0부터 함수 인자 값 −1까지의 값을 순차적으로 ndarray의 데이터값으로 변환해 줍니다.

```
sequence_array = np.arange(10)
print(sequence_array)
print(sequence_array.dtype, sequence_array.shape)
```

[Output]

```
[0 1 2 3 4 5 6 7 8 9]
int32 (10, )
```

default 함수 인자는 stop 값이며, 0부터 stop 값인 10에서 −1을 더한 9까지의 연속 숫자 값으로 구성된 1차원 ndarray를 만들어 줍니다. 여기서는 stop값만 부여했으나 range와 유사하게 start 값도 부여해 0이 아닌 다른 값부터 시작한 연속 값을 부여할 수도 있습니다.

zeros( )는 함수 인자로 튜플 형태의 shape 값을 입력하면 모든 값을 0으로 채운 해당 shape를 가진 ndarray를 반환합니다. 유사하게 ones( )는 함수 인자로 튜플 형태의 shape 값을 입력하면 모든 값을 1로 채운 해당 shape를 가진 ndarray를 반환합니다. 함수 인자로 dtype을 정해주지 않으면 default로 float64 형의 데이터로 ndarray를 채웁니다.

```
zero_array = np.zeros((3, 2), dtype='int32')
print(zero_array)
print(zero_array.dtype, zero_array.shape)

one_array = np.ones((3, 2))
print(one_array)
print(one_array.dtype, one_array.shape)
```

[Output]

```
[[0 0]
 [0 0]
```

```
 [0 0]]
int32 (3, 2)
[[1. 1.]
 [1. 1.]
 [1. 1.]]
float64 (3, 2)
```

ndarray의 차원과 크기를 변경하는 reshape( )

reshape( ) 메서드는 ndarray를 특정 차원 및 크기로 변환합니다. 변환을 원하는 크기를 함수 인자로 부여하면 됩니다. 다음 예제는 0~9까지의 1차원 ndarray를 2로우×5칼럼과 5로우×2칼럼 형태로 2차원 ndarray로 변환해 줍니다.

```
array1 = np.arange(10)
print('array1:\n', array1)

array2 = array1.reshape(2, 5)
print('array2:\n', array2)

array3 = array1.reshape(5, 2)
print('array3:\n', array3)
```

[Output]

```
array1:
 [0 1 2 3 4 5 6 7 8 9]
array2:
 [[0 1 2 3 4]
 [5 6 7 8 9]]
array3:
 [[0 1]
 [2 3]
 [4 5]
 [6 7]
 [8 9]]
```

당연한 얘기지만, reshape( )는 지정된 사이즈로 변경이 불가능하면 오류를 발생합니다. 가령 (10,) 데이터를 (4,3) Shape 형태로 변경할 수는 없습니다.

```
array1.reshape(4, 3)
```

[Output]

```
ValueError                                Traceback (most recent call last)
<ipython-input-83-a40469ec5825> in <module>()
----> 1 array1.reshape(4, 3)
ValueError: cannot reshape array of size 10 into shape (4, 3)
```

reshape( )를 실전에서 더욱 효율적으로 사용하는 경우는 아마도 인자로 −1을 적용하는 경우일 것입니다. −1을 인자로 사용하면 원래 ndarray와 호환되는 새로운 shape로 변환해 줍니다. 예제를 보면 좀 더 직관적으로 이해할 수 있으니 먼저 간단한 예제로 reshape( )에 −1값을 인자로 적용한 경우에 어떻게 ndarray의 size를 변경하는지 살펴보겠습니다.

```
array1 = np.arange(10)
print(array1)
array2 = array1.reshape(-1, 5)
print('array2 shape:', array2.shape)
array3 = array1.reshape(5, -1)
print('array3 shape:', array3.shape)
```

[Output]

```
[0 1 2 3 4 5 6 7 8 9]
array2 shape: (2, 5)
array3 shape: (5, 2)
```

array1은 1차원 ndarray로 0~9까지의 데이터를 가지고 있습니다. array2는 array1.reshape(−1, 5)로, 로우 인자가 −1, 칼럼 인자가 5입니다. 이것은 array1과 호환될 수 있는 2차원 ndarray로 변환하되, 고정된 5개의 칼럼에 맞는 로우를 자동으로 새롭게 생성해 변환하라는 의미입니다. 즉, 10개의 1차원 데이터와 호환될 수 있는 고정된 5개 칼럼에 맞는 로우 개수는 2이므로 2×5의 2차원 ndarray로 변환하는 것입니다.

array1.reshape(5, −1)도 마찬가지입니다. 10개의 1차원 데이터와 호환될 수 있는 고정된 5개의 로우에 맞는 칼럼은 2이므로 5×2의 2차원 ndarray로 변환하는 것입니다. 물론 −1을 사용하더라도 호환될 수 없는 형태는 변환할 수 없습니다. 10개의 1차원 데이터를 고정된 4개의 칼럼을 가진 로우로는 변경할 수 없기에 다음 예제의 reshape(−1, 4)는 에러가 발생합니다.

```
array1 = np.arange(10)
array4 = array1.reshape(-1, 4)
```

[Output]

```
ValueError                                Traceback (most recent call last)
<ipython-input-100-07da9760475e> in <module>()
      1 array1 = np.arange(10)
----> 2 array4 = array1.reshape(-1, 4)

ValueError: cannot reshape array of size 10 into shape (4)
```

-1 인자는 reshape(-1,1)와 같은 형태로 자주 사용됩니다. reshape(-1,1)은 원본 ndarray가 어떤 형태라도 2차원이고, 여러 개의 로우를 가지되 반드시 1개의 칼럼을 가진 ndarray로 변환됨을 보장합니다. 여러 개의 넘파이 ndarray는 stack이나 concat으로 결합할 때 각각의 ndarray의 형태를 통일해 유용하게 사용됩니다. 다음 예제는 reshape(-1,1)을 이용해 3차원을 2차원으로, 1차원을 2차원으로 변경합니다(ndarray는 tolist( ) 메서드를 이용해 리스트 자료형으로 변환할 수 있습니다. 때로는 리스트 자료형을 print를 이용해 출력할 때 시각적으로 더 이해하기 쉬울 수 있어서 ndarray를 리스트로 변환해 출력했습니다).

```
array1 = np.arange(8)
array3d = array1.reshape((2, 2, 2))
print('array3d:\n', array3d.tolist())

# 3차원 ndarray를 2차원 ndarray로 변환
array5 = array3d.reshape(-1, 1)
print('array5:\n', array5.tolist())
print('array5 shape:', array5.shape)

# 1차원 ndarray를 2차원 ndarray로 변환
array6 = array1.reshape(-1, 1)
print('array6:\n', array6.tolist())
print('array6 shape:', array6.shape)
```

[Output]

```
array3d:
 [[[0, 1], [2, 3]], [[4, 5], [6, 7]]]
```

```
array5:
 [[0], [1], [2], [3], [4], [5], [6], [7]]
array5 shape: (8, 1)
array6:
 [[0], [1], [2], [3], [4], [5], [6], [7]]
array6 shape: (8, 1)
```

넘파이의 ndarray의 데이터 세트 선택하기 – 인덱싱(Indexing)

넘파이에서 ndarray 내의 일부 데이터 세트나 특정 데이터만을 선택할 수 있도록 하는 인덱싱에 대해 알아보겠습니다.

1. **특정한 데이터만 추출**: 원하는 위치의 인덱스 값을 지정하면 해당 위치의 데이터가 반환됩니다.
2. **슬라이싱(Slicing)**: 슬라이싱은 연속된 인덱스상의 ndarray를 추출하는 방식입니다. ':' 기호 사이에 시작 인덱스와 종료 인덱스를 표시하면 시작 인덱스에서 종료 인덱스-1 위치에 있는 데이터의 ndarray를 반환합니다. 예를 들어 1:5라고 하면 시작 인덱스 1과 종료 인덱스 4까지에 해당하는 ndarray를 반환합니다.
3. **팬시 인덱싱(Fancy Indexing)**: 일정한 인덱싱 집합을 리스트 또는 ndarray 형태로 지정해 해당 위치에 있는 데이터의 ndarray를 반환합니다.
4. **불린 인덱싱(Boolean Indexing)**: 특정 조건에 해당하는지 여부인 True/False 값 인덱싱 집합을 기반으로 True에 해당하는 인덱스 위치에 있는 데이터의 ndarray를 반환합니다.

단일 값 추출

먼저 한 개의 데이터만을 추출하는 방법을 알아보겠습니다. 1개의 데이터값을 선택하려면 ndarray 객체에 해당하는 위치의 인덱스 값을 [ ] 안에 입력하면 됩니다. 간단한 1차원 ndarray에서 한 개의 데이터를 추출하기 위해 데이터값이 1부터 9까지인 9개의 1차원 ndarray를 생성하겠습니다.

```
# 1부터 9까지의 1차원 ndarray 생성
array1 = np.arange(start=1, stop=10)
print('array1:', array1)
# index는 0부터 시작하므로 array1[2]는 3번째 index 위치의 데이터값을 의미
value = array1[2]
print('value:', value)
print(type(value))
```

[Output]

```
array1: [1 2 3 4 5 6 7 8 9]
value: 3
<class 'numpy.int32'>
```

인덱스는 0부터 시작하므로 array1[2]는 3번째 인덱스 위치의 데이터값을 의미하므로 데이터값 3을 의미합니다. array1[2]의 타입은 더 이상 ndarray 타입이 아니고 ndarray 내의 데이터값을 의미합니다. 인덱스에 마이너스 기호를 이용하면 맨 뒤에서부터 데이터를 추출할 수 있습니다. 인덱스 −1은 맨 뒤의 데이터값을 의미합니다. −2는 맨 뒤에서 두 번째에 있는 데이터값입니다.

```
print('맨 뒤의 값:', array1[-1], ' 맨 뒤에서 두 번째 값:', array1[-2])
```

[Output]

```
맨 뒤의 값: 9, 맨 뒤에서 두 번째 값: 8
```

다음 그림은 위 예제 코드에서 데이터를 가져오는 방식을 그림으로 나타낸 것입니다.

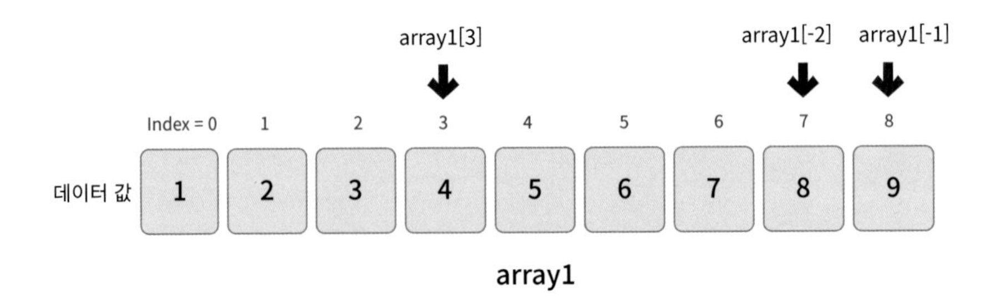

단일 인덱스를 이용해 ndarray 내의 데이터값도 간단히 수정 가능합니다.

```
array1[0] = 9
array1[8] = 0
print('array1:', array1)
```

[Output]

```
array1: [9 2 3 4 5 6 7 8 0]
```

다음으로 다차원 ndarray에서 단일 값을 추출하겠습니다. 3차원 이상의 ndarray에서의 데이터 추출도 2차원 ndarray와 큰 차이가 없으므로 더 간단한 이해를 위해 2차원 ndarray에서 단일 값을 추출하는 것을 예제로 하겠습니다. 1차원과 2차원 ndarray에서의 데이터 접근의 차이는 2차원의 경우 콤마로(,)로 분리된 로우와 칼럼 위치의 인덱스를 통해 접근하는 것입니다.

앞 예제의 1차원 ndarray를 2차원의 3×3 ndarray로 변환한 후 [row, col]을 이용해 2차원 ndarray에서 데이터를 추출해 보겠습니다.

```
array1d = np.arange(start=1, stop=10)
array2d = array1d.reshape(3, 3)
print(array2d)

print('(row=0, col=0) index 가리키는 값:', array2d[0, 0])
print('(row=0, col=1) index 가리키는 값:', array2d[0, 1])
print('(row=1, col=0) index 가리키는 값:', array2d[1, 0])
print('(row=2, col=2) index 가리키는 값:', array2d[2, 2])
```

[Output]

```
[[1 2 3]
 [4 5 6]
 [7 8 9]]
(row=0, col=0) index 가리키는 값: 1
(row=0, col=1) index 가리키는 값: 2
(row=1, col=0) index 가리키는 값: 4
(row=2, col=2) index 가리키는 값: 9
```

오른쪽 그림은 2차원의 3×3 ndarray인 array2d 객체를 그림으로 나타낸 것입니다.

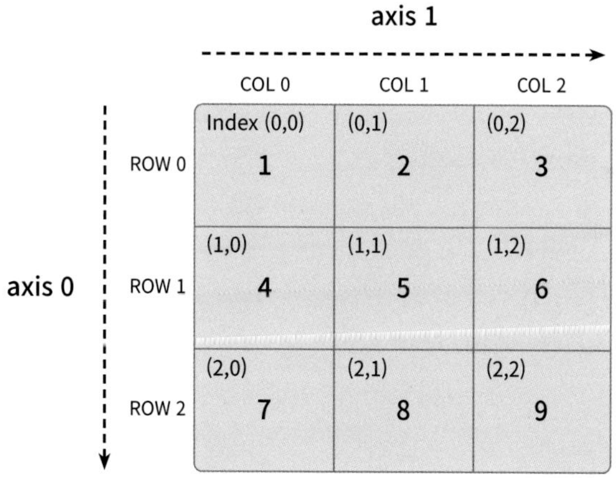

3개의 로우(행) 각각이 0, 1, 2의 인덱스로, 3개의 칼럼(열) 각각 0, 1, 2의 인덱스로 돼 있습니다. 따라서 array2d[0,0]은 첫 번째 로우, 첫 번째 칼럼 위치의 데이터인 1, array2d[0,1]은 첫 번째 로우, 두 번째 칼럼 위치의 데이터인 2, array2d[1,0]은 두 번째 로우, 첫 번째 칼럼 위치의 데이터인 4, array2d[2,2]는 세 번째 로우, 세 번째 칼럼 위치의 데이터인 9를 가리킵니다.

앞의 그림에서 또 하나 주목해야 할 부분은 axis 0과 axis 1입니다. axis 0은 로우 방향의 축을 의미합니다. axis 1은 칼럼 방향의 축을 의미합니다. 정확히 얘기하자면, 앞 설명에서 지칭한 로우와 칼럼은 넘파이 ndarray에서는 사용되지 않는 방식입니다. 이해를 돕기 위해 로우, 칼럼 형식으로 표현한 것일 뿐, 정확한 표현으로는 axis 0, axis 1이 맞습니다. 즉, [row=0, col=1] 인덱싱은 [axis 0=0, axis 1=1]이 정확한 표현입니다. 2차원이므로 axis 0, axis 1로 구분되며, 3차원 ndarray의 경우는 axis 0, axis 1, axis 2로 3개의 축을 가지게 됩니다(행, 열, 높이로 이해하면 됩니다). 이런 식으로 넘파이의 다차원 ndarray는 axis 구분을 가집니다.

axis 0이 로우 방향 축, axis 1이 칼럼 방향 축임을 이해하는 것은 중요합니다. 다차원 ndarray의 경우 축(axis)에 따른 연산을 지원하기 때문입니다. 축 기반의 연산에서 axis가 생략되면 axis 0을 의미합니다.

슬라이싱

':' 기호를 이용해 연속한 데이터를 슬라이싱해서 추출할 수 있습니다. 단일 데이터값 추출을 제외하고 슬라이싱, 팬시 인덱싱, 불린 인덱싱으로 추출된 데이터 세트는 모두 ndarray 타입입니다. ':' 사이에 시작 인덱스와 종료 인덱스를 표시하면 시작 인덱스에서 종료 인덱스-1의 위치에 있는 데이터의 ndarray를 반환합니다.

```
array1 = np.arange(start=1, stop=10)
array3 = array1[0:3]
print(array3)
print(type(array3))
```

[Output]

```
[1 2 3]
<class 'numpy.ndarray'>
```

슬라이싱 기호인 ':' 사이의 시작, 종료 인덱스는 생략이 가능합니다.

1. ':' 기호 앞에 시작 인덱스를 생략하면 자동으로 맨 처음 인덱스인 0으로 간주합니다.
2. ':' 기호 뒤에 종료 인덱스를 생략하면 자동으로 맨 마지막 인덱스로 간주합니다.
3. ':' 기호 앞/뒤에 시작/종료 인덱스를 생략하면 자동으로 맨 처음/맨 마지막 인덱스로 간주합니다.

```
array1 = np.arange(start=1, stop=10)
array4 = array1[:3]
print(array4)

array5 = array1[3:]
print(array5)

array6 = array1[:]
print(array6)
```

[Output]

```
[1 2 3]
[4 5 6 7 8 9]
[1 2 3 4 5 6 7 8 9]
```

다음 그림은 위 슬라이싱 코드에서 데이터를 가져오는 방식을 도식화한 것입니다.

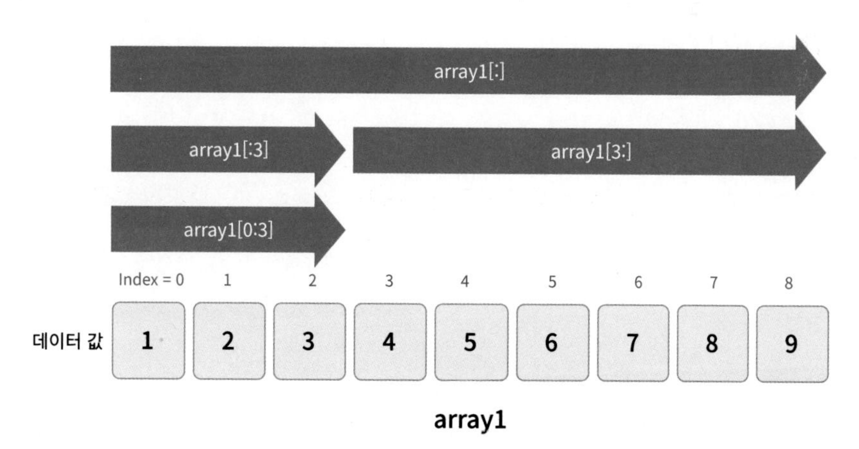

이번에는 2차원 ndarray에서 슬라이싱으로 데이터에 접근해 보겠습니다. 2차원 ndarray에서의 슬라이싱도 1차원 ndarray에서의 슬라이싱과 유사하며, 단지 콤마(,)로 로우와 칼럼 인덱스를 지칭하는 부분만 다릅니다.

```
array1d = np.arange(start=1, stop=10)
array2d = array1d.reshape(3, 3)
print('array2d:\n', array2d)

print('array2d[0:2, 0:2] \n', array2d[0:2, 0:2])
print('array2d[1:3, 0:3] \n', array2d[1:3, 0:3])
print('array2d[1:3, :] \n', array2d[1:3, :])
print('array2d[:, :] \n', array2d[:, :])
print('array2d[:2, 1:] \n', array2d[:2, 1:])
print('array2d[:2, 0] \n', array2d[:2, 0])
```

[Output]

```
array2d:
 [[1 2 3]
 [4 5 6]
 [7 8 9]]
array2d[0:2, 0:2]
 [[1 2]
 [4 5]]
array2d[1:3, 0:3]
 [[4 5 6]
 [7 8 9]]
array2d[1:3, :]
 [[4 5 6]
 [7 8 9]]
array2d[:, :]
 [[1 2 3]
 [4 5 6]
 [7 8 9]]
array2d[:2, 1:]
 [[2 3]
 [5 6]]
array2d[:2, 0]
 [1 4]
```

다음 그림은 위 예제 코드의 결과 값을 그림으로 나타낸 것입니다. 1차원 ndarray에 슬라이싱을 적용한 경우와 유사하게 row, col 각각의 인덱스에 슬라이싱을 적용하면 됩니다. array2d[:2, 0]과 같이 로우나 칼럼 축 한쪽에만 슬라이싱을 적용하고, 다른 쪽 축에는 단일 값 인덱스를 적용해도 됩니다.

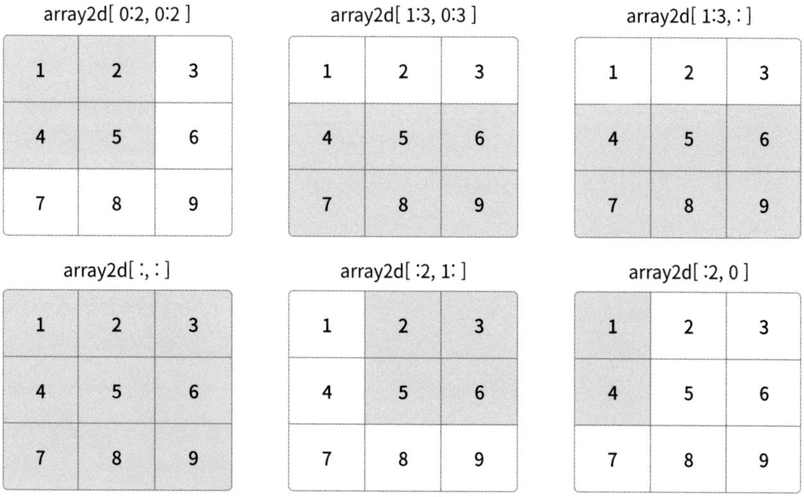

array2d[0:2, 0:2]

1	2	3
4	5	6
7	8	9

array2d[1:3, 0:3]

1	2	3
4	5	6
7	8	9

array2d[1:3, :]

1	2	3
4	5	6
7	8	9

array2d[:, :]

1	2	3
4	5	6
7	8	9

array2d[:2, 1:]

1	2	3
4	5	6
7	8	9

array2d[:2, 0]

1	2	3
4	5	6
7	8	9

2차원 ndarray에서 뒤에 오는 인덱스를 없애면 1차원 ndarray를 반환합니다. 즉, array2d[0]과 같이 2차원에서 뒤에 오는 인덱스를 없애면 로우 축(axis 0)의 첫 번째 로우 ndarray를 반환하게 됩니다. 반환되는 ndarray는 1차원입니다. 3차원 ndarray에서 뒤에 오는 인덱스를 없애면 2차원 ndarray를 반환합니다.

```
print(array2d[0])
print(array2d[1])
print('array2d[0] shape:', array2d[0].shape, 'array2d[1] shape:', array2d[1].shape )
```

[Output]

```
[1 2 3]
[4 5 6]
array2d[0] shape: (3, ) array2d[1] shape: (3, )
```

팬시 인덱싱

팬시 인덱싱(Fancy Indexing)은 리스트나 ndarray로 인덱스 집합을 지정하면 해당 위치의 인덱스에 해당하는 ndarray를 반환하는 인덱싱 방식입니다('팬시'라는 단어를 붙일 정도로 특별한 기능 같지는 않습니다). 2차원 ndarray에 팬시 인덱싱을 적용하면서 이 기능이 어떻게 동작하는지 살펴보겠습니다.

```
array1d = np.arange(start=1, stop=10)
array2d = array1d.reshape(3, 3)

array3 = array2d[[0, 1], 2]
print('array2d[[0, 1], 2] => ', array3.tolist())

array4 = array2d[[0, 1], 0:2]
print('array2d[[0, 1], 0:2] => ', array4.tolist())

array5 = array2d[[0, 1]]
print('array2d[[0, 1]] => ', array5.tolist())
```

[Output]

```
array2d[[0, 1], 2] =>  [3, 6]
array2d[[0, 1], 0:2] =>  [[1, 2], [4, 5]]
array2d[[0, 1]] =>  [[1, 2, 3], [4, 5, 6]]
```

다음 그림은 위 예제 코드의 결과를 나타낸 것입니다. array2d[[0,1], 2] 로우 축에 팬시 인덱싱인 [0,1]을, 칼럼 축에는 단일 값 인덱싱 2를 적용했습니다. 따라서 (row, col) 인덱스가 (0,2), (1,2)로 적용돼 [3, 6]을 반환합니다. array2d[[0,1], 0:2]는 ((0,0), (0,1)), ((1,0), (1,1)) 인덱싱이 적용돼 [[1, 2], [4, 5]]를 반환합니다. array2d[[0,1]]는 ((0, :), (1, :)) 인덱싱이 적용돼 [[1, 2, 3], [4, 5, 6]]을 반환합니다.

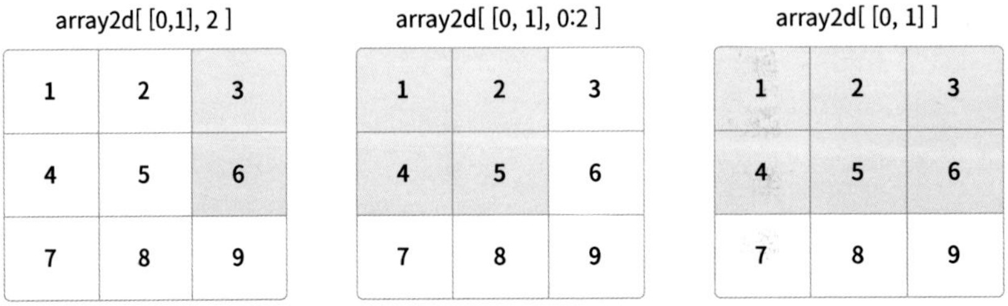

array2d[[0,1], 2]

1	2	3
4	5	6
7	8	9

array2d[[0, 1], 0:2]

1	2	3
4	5	6
7	8	9

array2d[[0, 1]]

1	2	3
4	5	6
7	8	9

불린 인덱싱

불린 인덱싱(Boolean indexing)은 조건 필터링과 검색을 동시에 할 수 있기 때문에 매우 자주 사용되는 인덱싱 방식입니다. 1차원 ndarray [1,2,3,4,5,6,7,8,9]에서 데이터값이 5보다 큰 데이터만 추출하려면 어떻게 하면 될까요? 아마 for loop를 돌면서 값을 하나씩 if '추출값' > 5 비교를 통해서 해당하는 데이터만 추출해야 할 것입니다. 불린 인덱싱을 이용하면 for loop/if else 문보다 훨씬 간단하게 이를 구현할 수 있습니다. 불린 인덱싱은 ndarray의 인덱스를 지정하는 [ ] 내에 조건문을 그대로 기재하기만 하면 됩니다. 다음 예제에서 불린 인덱싱을 바로 적용해 보도록 하겠습니다.

```
array1d = np.arange(start=1, stop=10)
# [ ] 안에 array1d > 5 Boolean indexing을 적용
array3 = array1d[array1d > 5]
print('array1d > 5 불린 인덱싱 결과 값 :', array3)
```

[Output]

```
array1d > 5 불린 인덱싱 결과 값 : [6 7 8 9]
```

어떻게 조건 필터링이 이처럼 간단하게 될 수 있는지 알아보겠습니다. 먼저 넘파이 ndarray 객체에 조건식을 할당하면 어떤 일이 일어나는지 확인하겠습니다.

```
array1d > 5
```

[Output]

```
array([False, False, False, False, False,  True,  True,  True,  True])
```

array1d > 5와 같이 단지 ndarray 객체에 조건식만 붙였을 뿐인데 False, True로 이뤄진 ndarray 객체가 반환됐습니다. 반환된 array([False, False, False, False, False, True, True, True, True])를 자세히 살펴보면 5 보다 큰 데이터가 있는 위치는 True 값이, 그렇지 않는 경우는 False 값이 반환됨을 확인할 수 있습니다. 조건으로 반환된 이 ndarray 객체를 인덱싱을 지정하는 [ ] 내에 입력하면 False 값은 무시하고 True 값이 있는 위치 인덱스 값으로 자동 변환해 해당하는 인덱스 위치의 데이터만 반환하게 됩니다. 즉, array([False, False, False, Falsc, False, True, True, True, True])에서 False가 있는 인덱스 0 ~ 4는 무시하고 인덱스 [5,6,7,8]이 만들어지고 이 위치 인덱스에 해당하는 데이터 세트 [6, 7, 8, 9]를 반환하게 됩니다.

위와 동일한 불린 ndarray를 만들고 이를 array1d[ ] 내에 인덱스로 입력하면 동일한 데이터 세트가 반환됨을 알 수 있습니다.

```
boolean_indexes = np.array([False, False, False, False, False, True, True, True, True])
array3 = array1d[boolean_indexes]
print('불린 인덱스로 필터링 결과 :', array3)
```

[Output]

```
불린 인덱스로 필터링 결과 : [6 7 8 9]
```

즉, 다음과 같이 직접 인덱스 집합을 만들어 대입한 것과 동일합니다.

```
indexes = np.array([5, 6, 7, 8])
array4 = array1d[indexes]
print('일반 인덱스로 필터링 결과 :', array4)
```

[Output]

```
일반 인덱스로 필터링 결과 : [6 7 8 9]
```

다음 그림은 불린 인덱싱이 동작하는 단계를 순차적으로 도식화한 것입니다.

- Step 1: array1d > 5와 같이 ndarray의 필터링 조건을 [ ] 안에 기재
- Step 2: False 값은 무시하고 True 값에 해당하는 인덱스값만 저장(유의해야 할 사항은 True값 자체인 1을 저장하는 것이 아니라 True값을 가진 인덱스를 저장한다는 것입니다)
- Step 3: 저장된 인덱스 데이터 세트로 ndarray 조회

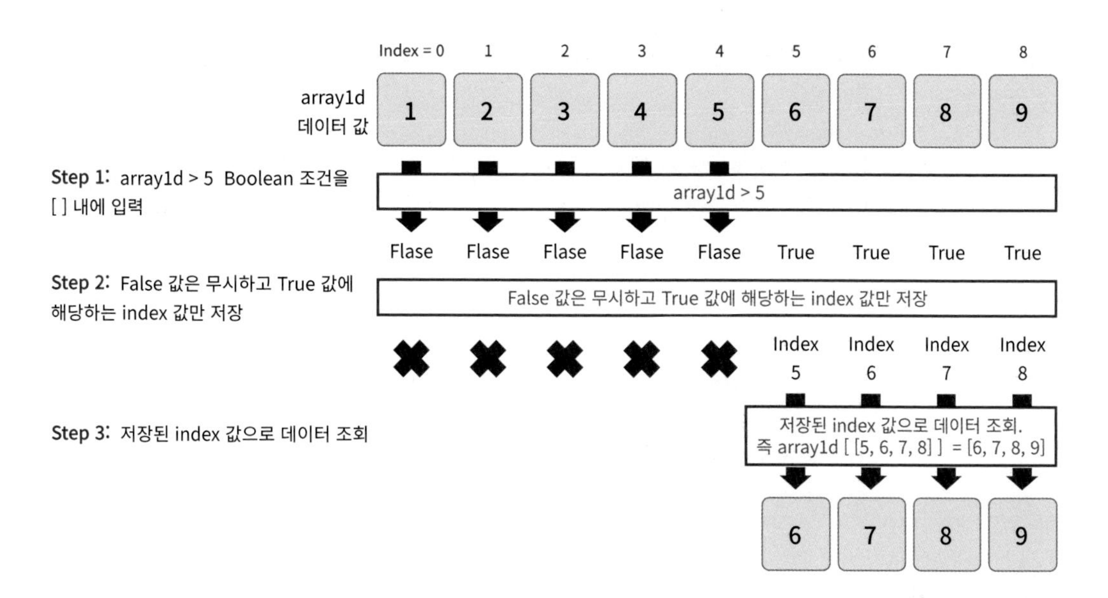

불린 인덱싱은 내부적으로 여러 단계를 거쳐서 동작하지만, 코드 자체는 단순히 [ ] 내에 원하는 필터링 조건만 넣으면 해당 조건을 만족하는 ndarray 데이터 세트를 반환하기 때문에 사용자는 내부 로직에 크게 신경 쓰지 않고 쉽게 코딩할 수 있습니다.

행렬의 정렬 – sort( )와 argsort( )

넘파이에서 행렬을 정렬하는 대표적인 방법인 np.sort( )와 ndarray.sort( ), 그리고 정렬된 행렬의 인덱스를 반환하는 argsort( )에 대해서 알아보겠습니다.

행렬 정렬

넘파이의 행렬 정렬은 np.sort( )와 같이 넘파이에서 sort( )를 호출하는 방식과 ndarray.sort( )와 같이 행렬 자체에서 sort( )를 호출하는 방식이 있습니다. 두 방식의 차이는 np.sort( )의 경우 원 행렬은 그대로 유지한 채 원 행렬의 정렬된 행렬을 반환하며, ndarray.sort( )는 원 행렬 자체를 정렬한 형태로 변환하며 반환 값은 None입니다. 다음 예제에서 이 둘을 이용한 간단한 행렬 정렬을 수행해 보겠습니다.

```
org_array = np.array([ 3, 1, 9, 5])
print('원본 행렬:', org_array)
# np.sort( )로 정렬
sort_array1 = np.sort(org_array)
print ('np.sort( ) 호출 후 반환된 정렬 행렬:', sort_array1)
```

```
print('np.sort( ) 호출 후 원본 행렬:', org_array)
# ndarray.sort( )로 정렬
sort_array2 = org_array.sort()
print('org_array.sort( ) 호출 후 반환된 행렬:', sort_array2)
print('org_array.sort( ) 호출 후 원본 행렬:', org_array)
```

[Output]

```
원본 행렬: [3 1 9 5]
np.sort( ) 호출 후 반환된 정렬 행렬: [1 3 5 9]
np.sort( ) 호출 후 원본 행렬: [3 1 9 5]
org_array.sort( ) 호출 후 반환된 행렬: None
org_array.sort( ) 호출 후 원본 행렬: [1 3 5 9]
```

원본 행렬 [3 1 9 5]에 대해서 np.sort( )는 원본 행렬을 변경하지 않고 정렬된 형태로 반환했으며, ndarray.sort( )는 원본 행렬 자체를 정렬한 값으로 변환함을 알 수 있습니다. np.sort( )나 ndarray.sort( ) 모두 기본적으로 오름차순으로 행렬 내 원소를 정렬합니다. 내림차순으로 정렬하기 위해서는 [::-1]을 적용합니다. np.sort( )[::-1]과 같이 사용하면 됩니다.

```
sort_array1_desc = np.sort(org_array)[::-1]
print ('내림차순으로 정렬:', sort_array1_desc)
```

[Output]

```
내림차순으로 정렬: [9 5 3 1]
```

행렬이 2차원 이상일 경우에 axis 축 값 설정을 통해 로우 방향, 또는 칼럼 방향으로 정렬을 수행할 수 있습니다.

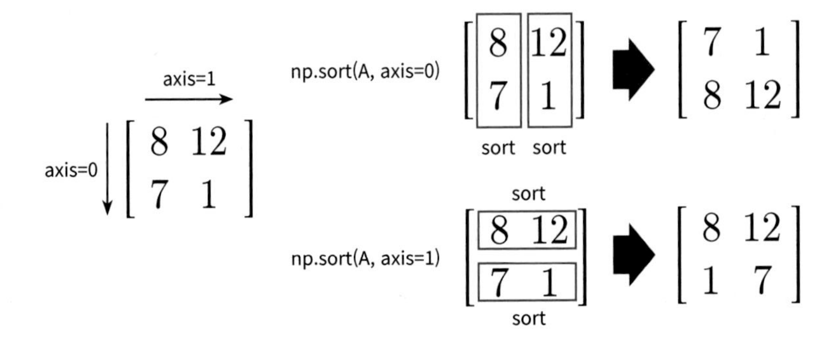

```
array2d = np.array([[8, 12],
                    [7, 1 ]])

sort_array2d_axis0 = np.sort(array2d, axis=0)
print('로우 방향으로 정렬:\n', sort_array2d_axis0)

sort_array2d_axis1 = np.sort(array2d, axis=1)
print('칼럼 방향으로 정렬:\n', sort_array2d_axis1)
```

[Output]

```
로우 방향으로 정렬:
 [[ 7  1]
 [ 8 12]]
칼럼 방향으로 정렬:
 [[ 8 12]
 [ 1  7]]
```

정렬된 행렬의 인덱스를 반환하기

원본 행렬이 정렬되었을 때 기존 원본 행렬의 원소에 대한 인덱스를 필요로 할 때 np.argsort( )를 이용합니다. np.argsort( )는 정렬 행렬의 원본 행렬 인덱스를 ndarray 형으로 반환합니다.

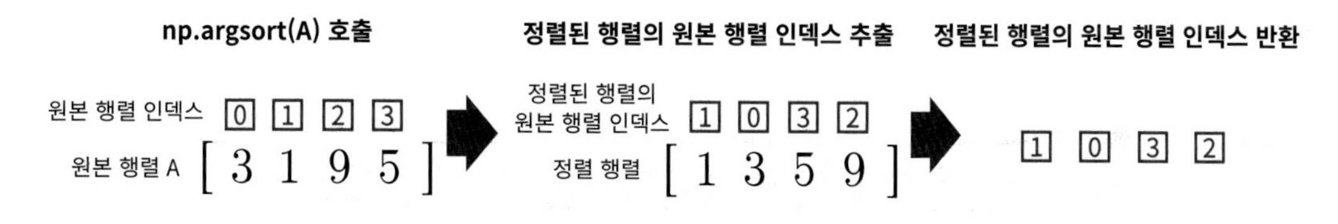

np.argsort( )를 이용해 원본 행렬의 정렬 시 행렬 인덱스 값을 구하겠습니다.

```
org_array = np.array([ 3, 1, 9, 5])
sort_indices = np.argsort(org_array)
print(type(sort_indices))
print('행렬 정렬 시 원본 행렬의 인덱스:', sort_indices)
```

[Output]

```
<class 'numpy.ndarray'>
행렬 정렬 시 원본 행렬의 인덱스: [1 0 3 2]
```

오름차순이 아닌 내림차순으로 정렬 시에 원본 행렬의 인덱스를 구하는 것도 np.argsort( )[::-1]과 같이 [::-1]을 적용하면 됩니다.

```
org_array = np.array([ 3, 1, 9, 5])
sort_indices_desc = np.argsort(org_array)[::-1]
print('행렬 내림차순 정렬 시 원본 행렬의 인덱스:', sort_indices_desc)
```

[Output]

```
행렬 내림차순 정렬 시 원본 행렬의 인덱스: [2 3 0 1]
```

argsort( )는 넘파이에서 매우 활용도가 높습니다. 넘파이의 ndarray는 RDBMS의 TABLE 칼럼이나 뒤에 소개할 판다스 DataFrame 칼럼과 같은 메타 데이터를 가질 수 없습니다. 따라서 실제 값과 그 값이 뜻하는 메타 데이터를 별도의 ndarray로 각각 가져야만 합니다. 예를 들어 학생별 시험 성적을 데이터로 표현하기 위해서는 학생의 이름과 시험 성적을 각각 ndarray로 가져야 합니다. 즉 John=78, Mike=95, Sarah=84, Kate=98, Samuel=88을 ndarray로 활용하고자 한다면 name_array=['John', 'Mike', 'Sarah', 'Kate', 'Samuel']와 score_array=[78, 95, 84, 98, 88]과 같이 2개의 ndarray를 만들어야 합니다. 이때 시험 성적순으로 학생 이름을 출력하고자 한다면 np.argsort(score_array)를 이용해 반환된 인덱스를 name_array에 팬시 인덱스로 적용해 추출할 수 있으며, 이러한 방식은 넘파이의 데이터 추출에서 많이 사용됩니다.

```
import numpy as np

name_array = np.array(['John', 'Mike', 'Sarah', 'Kate', 'Samuel'])
score_array= np.array([78, 95, 84, 98, 88])

sort_indices_asc = np.argsort(score_array)
print('성적 오름차순 정렬 시 score_array의 인덱스:', sort_indices_asc)
print('성적 오름차순으로 name_array의 이름 출력:', name_array[sort_indices_asc])
```

[Output]

```
성적 오름차순 정렬 시 score_array의 인덱스: [0 2 4 1 3]
성적 오름차순으로 name_array의 이름 출력: ['John' 'Sarah' 'Samuel' 'Mike' 'Kate']
```

선형대수 연산 – 행렬 내적과 전치 행렬 구하기

넘파이는 매우 다양한 선형대수 연산을 지원합니다. 그중 가장 많이 사용되면서도 기본 연산인 행렬 내적과 전치 행렬을 구하는 방법을 알아보겠습니다.

행렬 내적(행렬 곱)

행렬 내적은 행렬 곱이며, 두 행렬 A와 B의 내적은 np.dot( )을 이용해 계산이 가능합니다. 다음 그림에서처럼 두 행렬 A와 B의 내적은 왼쪽 행렬의 로우(행)와 오른쪽 행렬의 칼럼(열)의 원소들을 순차적으로 곱한 뒤 그 결과를 모두 더한 값입니다.

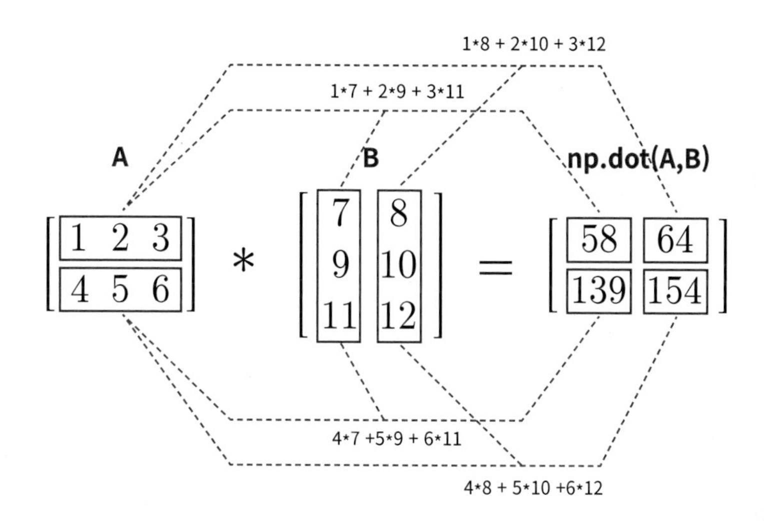

가령 위 그림에서 A행렬과 B행렬의 내적 연산인 np.dot(A, B)의 결과 행렬의 1행 1열의 값인 58은 A행렬의 1행과 B행렬의 1열의 원소들을 차례로 곱한 값을 더한 것입니다. 즉 1×7+2×9+3×11=58입니다. 마찬가지로 내적 결과 행렬의 1행 2열의 값인 64는 A행렬의 1행과 B행렬의 2열의 원소들을 차례로 곱한 값을 더한 것입니다. 이러한 행렬 내적의 특성으로 왼쪽 행렬의 열 개수와 오른쪽 행렬의 행 개수가 동일해야 내적 연산이 가능합니다. 행렬 내적을 넘파이의 dot( )을 이용해 구해 보겠습니다.

```
A = np.array( [[1, 2, 3],
               [4, 5, 6]] )
B = np.array( [[7, 8],
               [9, 10],
               [11, 12]] )
```

```
dot_product = np.dot(A, B)
print('행렬 내적 결과:\n', dot_product)
```

[Output]

```
행렬 내적 결과:
 [[ 58  64]
 [139 154]]
```

전치 행렬

원 행렬에서 행과 열 위치를 교환한 원소로 구성한 행렬을 그 행렬의 전치 행렬이라고 합니다. 즉 2×2 행렬 A가 있을 경우 A 행렬의 1행 2열의 원소를 2행 1열의 원소로, 2행 1열의 원소를 1행 2열의 원소로 교환하는 것입니다. 이때 행렬 A의 전치 행렬은 A^T와 같이 표기합니다. 다음 그림은 원 행렬 A와 전치 행렬 A^T을 나타낸 것입니다.

$$A = \begin{bmatrix} 1 & 2 \\ 3 & 4 \end{bmatrix} \quad A^T = \begin{bmatrix} 1 & 3 \\ 2 & 4 \end{bmatrix}$$

$$A = \begin{bmatrix} 1 & 2 \\ 3 & 4 \\ 5 & 6 \end{bmatrix} \quad A^T = \begin{bmatrix} 1 & 3 & 5 \\ 2 & 4 & 6 \end{bmatrix}$$

넘파이의 transpose( )를 이용해 전치 행렬을 쉽게 구할 수 있습니다.

```
A = np.array([[1, 2],
              [3, 4]])
transpose_mat = np.transpose(A)
print('A의 전치 행렬:\n', transpose_mat)
```

[Output]

```
A의 전치 행렬:
 [[1 3]
 [2 4]]
```

04 데이터 핸들링 – 판다스

판다스(Pandas)의 개발자인 웨스 매키니(Wes McKinney)는 월스트리트 금융회사의 분석 전문가입니다. 회사에서 사용하는 분석용 데이터 핸들링 툴이 마음에 안 들어서 판다스를 개발했다고 하는데, 전문 개발자가 아닌 분석 전문가가 판다스와 같이 훌륭한 패키지를 만들었다는 이야기를 들으면 IT 분야에 일하는 사람으로서 기가 죽습니다.

판다스는 파이썬에서 데이터 처리를 위해 존재하는 가장 인기 있는 라이브러리입니다. 일반적으로 대부분의 데이터 세트는 2차원 데이터입니다. 즉, 행(Row)×열(Column)로 구성돼 있습니다(RDBMS의 TABLE이나 엑셀의 시트를 떠올리면 됩니다). 행과 열의 2차원 데이터가 인기 있는 이유는 바로 인간이 가장 이해하기 쉬운 데이터 구조이면서도 효과적으로 데이터를 담을 수 있는 구조이기 때문입니다. 판다스는 이처럼 행과 열로 이뤄진 2차원 데이터를 효율적으로 가공/처리할 수 있는 다양하고 훌륭한 기능을 제공합니다.

앞 절에서 넘파이를 소개했지만, 넘파이의 데이터 핸들링은 편하다고 말하기 어렵습니다. 넘파이는 저수준 API가 대부분입니다. 판다스는 많은 부분이 넘파이 기반으로 작성됐는데, 넘파이보다 훨씬 유연하고 편리하게 데이터 핸들링을 가능하게 해줍니다. RDBMS의 SQL이나 엑셀 시트의 편의성만큼은 아니더라도, 판다스는 이에 버금가는 고수준 API를 제공합니다(판다스 전문가 중에는 판다스가 RDBMS SQL보다 더 편리하다고 생각하는 사람도 있습니다). 판다스는 파이썬의 리스트, 컬렉션, 넘파이 등의 내부 데이터뿐만 아니라 CSV 등의 파일을 쉽게 DataFrame으로 변경해 데이터의 가공/분석을 편리하게 수행할 수 있게 만들어줍니다.

판다스가 파이썬 세계의 대표적인 데이터 핸들링 프레임워크지만, 광범위한 영역을 커버하고 있기에 이를 마스터하기에는 의외로 많은 노력과 시간 투자가 필요합니다. 판다스 기능 자체에 대한 설명만 하더라도 별도의 책 한권 분량의 내용이 될 정도입니다.

판다스의 핵심 객체는 DataFrame입니다. DataFrame은 여러 개의 행과 열로 이뤄진 2차원 데이터를 담는 데이터 구조체입니다. 판다스가 다루는 대부분의 영역은 바로 DataFrame에 관련된 부분입니다. DataFrame을 이해하기 전에 다른 중요 객체인 Index와 Series를 이해하는 것도 중요합니다. Index는 RDBMS의 PK처럼 개별 데이터를 고유하게 식별하는 Key 값입니다. Series와 DataFrame은 모두 Indcx를 key 값으로 가지고 있습니다. Series와 DataFrame의 가장 큰 차이는 Series는 칼럼이 하나뿐인 데이터 구조체이고, DataFrame은 칼럼이 여러 개인 데이터 구조체라는 점입니다.

DataFrame은 여러 개의 Series로 이뤄졌다고 할 수 있습니다. DataFrame을 익히기 위해서는 Index와 Series를 먼저 이해하는 것이 필요하지만, DataFrame을 먼저 개괄적인 수준에서 이해한 후에 Index와 Series를 이해하는 것이 더 쉽고 편리한 방법일 수도 있습니다.

판다스는 csv, tab과 같은 다양한 유형의 분리 문자로 칼럼을 분리한 파일을 손쉽게 DataFrame으로 로딩할 수 있게 해줍니다. 파일로 된 데이터 세트를 바로 DataFrame으로 로딩해 판다스를 시작해 보겠습니다.

판다스 시작 – 파일을 DataFrame으로 로딩, 기본 API

새로운 주피터 노트북을 생성하고 판다스 모듈을 임포트하는 것으로 판다스를 시작하겠습니다. pandas를 pd로 에일리어스(alias)해 임포트하는 것이 관례입니다.

```
import pandas as pd
```

다음으로는 데이터 파일을 판다스의 DataFrame으로 로딩할 것입니다. 사용할 데이터 파일은 캐글(Kaggle)에서 제공하는 타이타닉 탑승자 파일입니다. 먼저 이 책의 많은 실전 예제가 캐글 데이터를 기반으로 하므로 캐글 데이터 다운로드 시 유의할 사항을 알아보겠습니다. 캐글에서 데이터 파일을 내려받기 위해서는 반드시 사전 작업이 필요합니다. 첫 번째로 캐글에 로그인해야 합니다. 만약 계정이 없다면 www.kaggle.com에 접속한 다음 새롭게 계정을 생성한 뒤 로그인하면 됩니다. 두 번째로 책의 예제로 사용되는 캐글 데이터 세트는 대부분 캐글 경연(Competition)에 사용되는 예제이므로 내려받을 때 '경연 참가 규정 준수(I Understand and Accept)' 버튼을 클릭해야 내려받을 수 있습니다.

예를 들어 캐글 데이터 세트를 내려받기 위해서는 다음 그림과 같이 'Download All' 버튼을 클릭하면 됩니다.

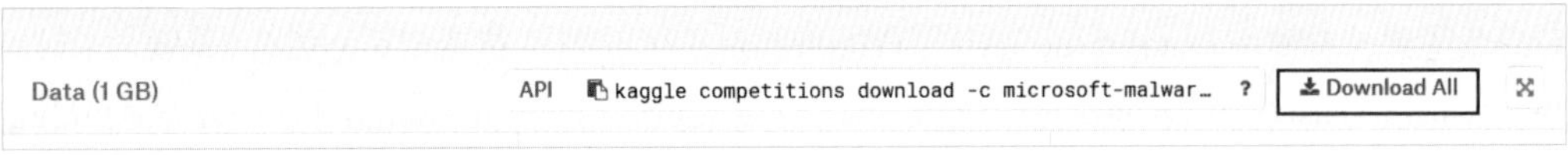

Data (1 GB)   API   kaggle competitions download -c microsoft-malwar… ? Download All

만일 해당 경연에 처음 참가하는 경우라면 다음과 같이 경연 참가 규정 준수(I Understand and Accept) 버튼을 클릭해야 데이터를 내려받을 수 있습니다.

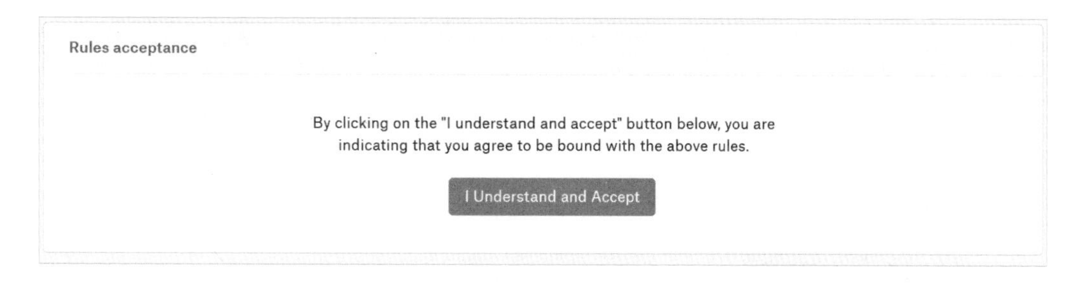

타이타닉 탑승자 데이터 파일은 https://www.kaggle.com/c/titanic/data에서 내려받을 수 있습니다.

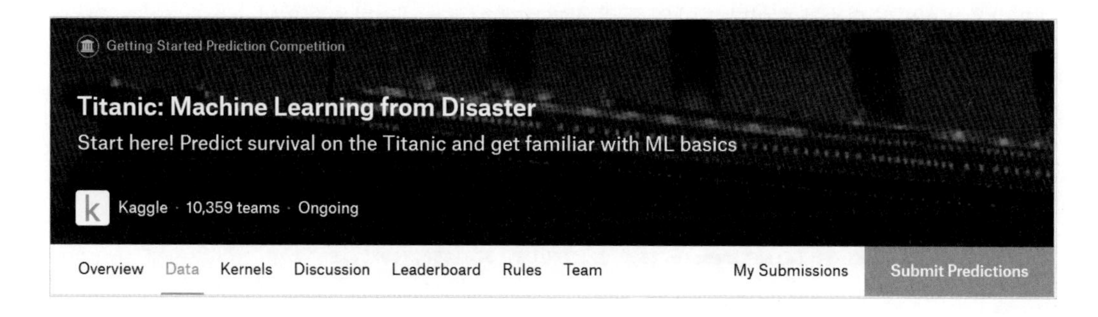

해당 웹 페이지에 접속한 후 화면을 아래로 내리면 Data Explorer 부분이 나타날 것입니다. csv 파일 형태로 데이터가 제공되는데, 이 중 train.csv를 클릭해 선택한 후 오른쪽의 Download 아이콘을 선택해서 다운로드받습니다. 해당 train.csv 파일은 방금 생성한 주피터 노트북의 디렉터리로 titanic_train.csv라는 파일명으로 변경해 내려받겠습니다.

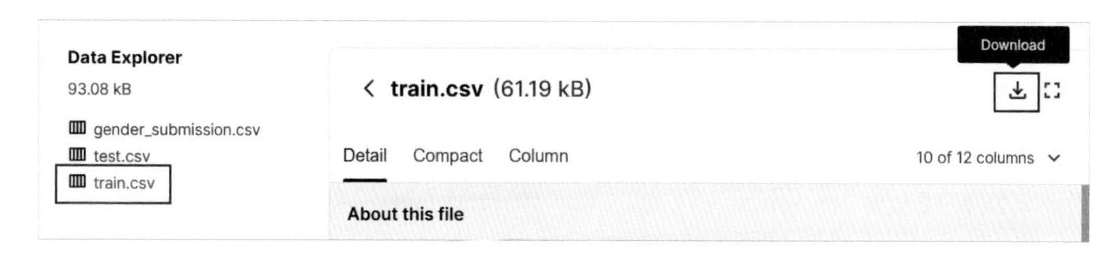

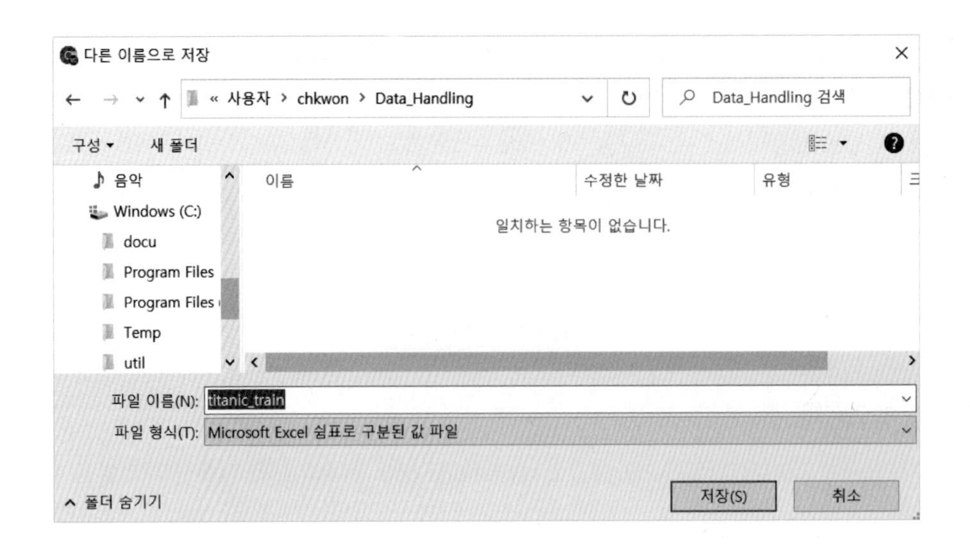

내려받은 타이타닉 탑승자 데이터 파일을 한 번 살펴보겠습니다. 내려받은 파일인 titanic_train.csv 파일을 에디터 프로그램으로 열어 보기 바랍니다. 다음과 같이 맨 위 줄에는 칼럼명이 나열되어 있으며, 각각의 필드는 콤마로 분리돼 있음을 알 수 있습니다.

```
PassengerId,Survived,Pclass,Name,Sex,Age,SibSp,Parch,Ticket,Fare,Cabin,Embarked
1,0,3,"Braund, Mr. Owen Harris",male,22,1,0,A/5 21171,7.25,,S
2,1,1,"Cumings, Mrs. John Bradley (Florence Briggs Thayer)",female,38,1,0,PC 17599,71.2833,C85,C
3,1,3,"Heikkinen, Miss. Laina",female,26,0,0,STON/O2. 3101282,7.925,,S
```

판다스는 다양한 포맷으로 된 파일을 DataFrame으로 로딩할 수 있는 편리한 API를 제공합니다. 대표적으로 read_csv( ), read_table( ), read_fwf( )가 있습니다. read_csv( )는 이름에서도 알 수 있듯이 CSV(칼럼을 ','로 구분한 파일 포맷) 파일 포맷 변환을 위한 API입니다. read_table( )과 read_csv( )의 가장 큰 차이는 필드 구분 문자(Delimeter)가 콤마(',')냐, 탭('\t')이냐의 차이입니다. read_table( )의 디폴트 필드 구분 문자는 탭 문자입니다.

read_csv( )는 CSV뿐만 아니라 어떤 필드 구분 문자 기반의 파일 포맷도 DataFrame으로 변환이 가능합니다. read_csv( )의 인자인 sep에 해당 구분 문자를 입력하면 됩니다. 가령 탭으로 필드가 구분돼 있다면 read_csv('파일명', sep='\t')처럼 쓰면 됩니다. read_csv( )에서 sep 인자를 생략하면 자동으로 콤마로 할당합니다(sep = ','). read_csv( )와 read_table( )은 기능상 큰 차이가 없으므로 앞으로는 read_csv( )만 사용하겠습니다. read_fwf( )는 Fixed Width, 즉 고정 길이 기반의 칼럼 포맷을 DataFrame으로 로딩하기 위한 API입니다.

read_csv(filepath_or_buffer, sep=',',...) 함수에서 가장 중요한 인자는 filepath입니다. 나머지 인자는 지정하지 않으면 디폴트 값으로 할당됩니다. Filepath에는 로드하려는 데이터 파일의 경로를 포함한 파일명을 입력하면 됩니다. 파일명만 입력되면 파이썬 실행 파일이 있는 디렉터리와 동일한 디렉터리에 있는 파일명을 로딩합니다. 예를 들어 C:\Users\chkwon\Data_Handling 디렉터리에 titanic_train.csv 파일을 저장했다면 다음과 같이 read_csv(데이터 파일 경로명)을 입력해 데이터를 DataFrame으로 로딩할 수 있습니다.

```
titanic_df = pd.read_csv(r'C:\Users\chkwon\Data_Handling\titanic_train.csv')
titanic_df.head(3)
```

만약 새로운 주피터 노트북을 C:\Users\chkwon\Data_Handling 디렉터리에 생성했다면 read_csv('titanic_train.csv')만으로도 DataFrame으로 로딩이 가능합니다. 주피터 노트북과 titanic_train.csv가 모두 같은 디렉터리에 있다고 가정하고 titanic_train.csv 파일을 DataFrame으로 로딩한 후, 로딩된 DataFrame의 출력값을 확인해 보겠습니다.

다음 예제 코드의 맨 마지막에 titanic_df를 호출하면 DataFrame의 모든 데이터를 출력합니다. 책의 Output에는 그중 일부만 나타냈습니다.

```
titanic_df = pd.read_csv('titanic_train.csv')
print('titanic 변수 type:', type(titanic_df))
titanic_df
```

[Output]

```
titanic 변수 type: <class 'pandas.core.frame.DataFrame'>
```

	PassengerId	Survived	Pclass	Name	Sex	Age	SibSp	Parch	Ticket	Fare	Cabin	Embarked
0	1	0	3	Braund, Mr. Owen Harris	male	22.0	1	0	A/5 21171	7.2500	NaN	S
1	2	1	1	Cumings, Mrs. John Bradley (Florence Briggs Th...	female	38.0	1	0	PC 17599	71.2833	C85	C
2	3	1	3	Heikkinen, Miss. Laina	female	26.0	0	0	STON/O2. 3101282	7.9250	NaN	S
3	4	1	1	Futrelle, Mrs. Jacques Heath (Lily May Peel)	female	35.0	1	0	113803	53.1000	C123	S

Index

pd.read_csv( )는 호출 시 파일명 인자로 들어온 파일을 로딩해 DataFrame 객체로 반환합니다. DataFrame 객체를 잠시 살펴보면 데이터 파일의 첫 번째 줄에 있던 칼럼 문자열이 DataFrame의 칼럼으로 할당됐습니다. read_csv( )는 별다른 파라미터 지정이 없으면 파일의 맨 처음 로우를 칼럼명으로 인지하고 칼럼으로 변환합니다. 그리고 콤마로 분리된 데이터값들이 해당 칼럼에 맞게 할당됐습니다. 그런데 맨 왼쪽을 보면 파일에 기재돼 있지 않는 데이터값이 로우 순으로 0, 1, 2, 3……과 같이 순차적으로 표시돼 있음을 알 수 있습니다(맨 처음 칼럼인 PassengerID 칼럼의 왼쪽에 있습니다). 칼럼명도 표시되지 않는 이 데이터들은 바로 판다스의 Index 객체 값입니다. 모든 DataFrame 내의 데이터는 생성되는 순간 고유의 Index 값을 가지게 됩니다. 인덱스에 대한 상세 설명은 뒤에서 다시 하겠습니다. 일단 지금은 인덱스가 RDBMS의 PK와 유사하게 고유의 레코드를 식별하는 역할을 한다는 정도만 이해해도 충분합니다.

DataFrame의 모든 데이터를 주피터 노트북에 표출하면 보기에 불편할 뿐만 아니라 메모리도 많이 사용하므로 앞으로는 일부 데이터만 표출하도록 하겠습니다. DataFrame.head( )는 DataFrame의 맨 앞에 있는 N개의 로우를 반환합니다. head(3)은 맨 앞 3개의 로우를 반환합니다(Default는 5개입니다).

```
titanic_df.head(3)
```

[Output]

	PassengerId	Survived	Pclass	Name	Sex	Age	SibSp	Parch	Ticket	Fare	Cabin	Embarked
0	1	0	3	Braund, Mr. Owen Harris	male	22.0	1	0	A/5 21171	7.2500	NaN	S
1	2	1	1	Cumings, Mrs. John Bradley (Florence Briggs Th...	female	38.0	1	0	PC 17599	71.2833	C85	C
2	3	1	3	Heikkinen, Miss. Laina	female	26.0	0	0	STON/O2. 3101282	7.9250	NaN	S

DataFrame의 행과 열 크기를 알아보는 가장 좋은 방법은 생성된 DataFrame 객체의 shape 변수를 이용하는 것입니다. shape는 DataFrame의 행과 열을 튜플 형태로 반환합니다.

```
print('DataFrame 크기: ', titanic_df.shape)
```

[Output]

```
DataFrame 크기:  (891, 12)
```

생성된 DataFrame 객체인 titanic_df는 891개의 로우와 12개의 칼럼으로 이뤄졌습니다.

DataFrame은 데이터뿐만 아니라 칼럼의 타입, Null 데이터 개수, 데이터 분포도 등의 메타 데이터 등도 조회가 가능합니다. 이를 위한 대표적인 메서드로 info( )와 describe( )가 있습니다. 먼저 info( )부터 살펴보겠습니다.

```
titanic_df.info()
```

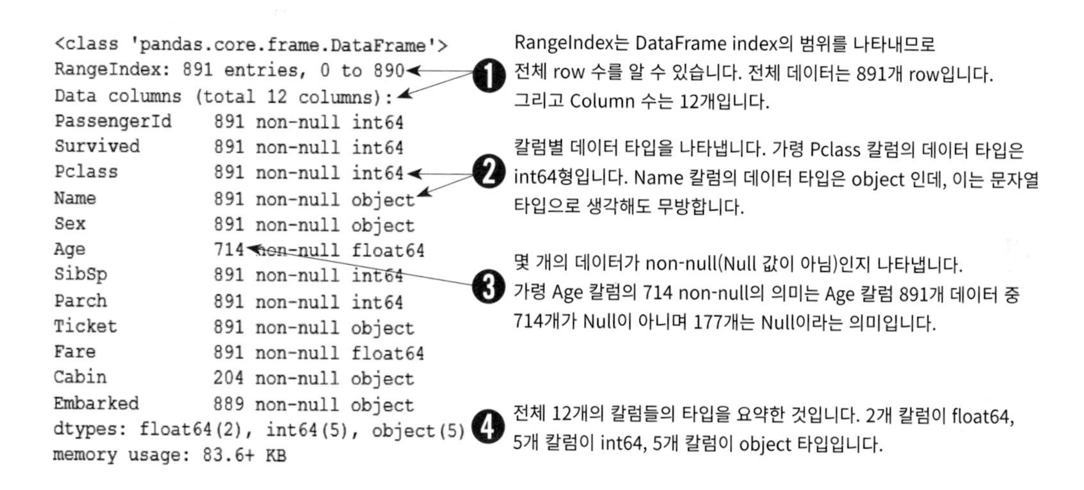

```
<class 'pandas.core.frame.DataFrame'>
RangeIndex: 891 entries, 0 to 890
Data columns (total 12 columns):
PassengerId    891 non-null int64
Survived       891 non-null int64
Pclass         891 non-null int64
Name           891 non-null object
Sex            891 non-null object
Age            714 non-null float64
SibSp          891 non-null int64
Parch          891 non-null int64
Ticket         891 non-null object
Fare           891 non-null float64
Cabin          204 non-null object
Embarked       889 non-null object
dtypes: float64(2), int64(5), object(5)
memory usage: 83.6+ KB
```


info( ) 메서드를 통해서 총 데이터 건수와 데이터 타입, Null 건수를 알 수 있습니다. 다음으로 describe( )를 살펴보겠습니다. describe( ) 메서드는 칼럼별 숫자형 데이터값의 n-percentile 분포도, 평균값, 최댓값, 최솟값을 나타냅니다. describe( ) 메서드는 오직 숫자형(int, float 등) 칼럼의 분포도만 조사하며 자동으로 object 타입의 칼럼은 출력에서 제외시킵니다.

데이터의 분포도를 아는 것은 머신러닝 알고리즘의 성능을 향상시키는 중요한 요소입니다. 가령 회귀에서 결정 값이 정규 분포를 이루지 않고 특정 값으로 왜곡돼 있는 경우, 또는 데이터값에 이상치가 많을 경우 예측 성능이 저하됩니다. describe( ) 메서드만으로 정확한 분포도를 알기는 무리지만, 개략적인 수준의 분포도를 확인할 수 있어 유용합니다. 다음과 같이 DataFrame 객체에 describe( ) 메서드를 입력하면 숫자형 칼럼에 대한 개략적인 데이터 분포도를 확인할 수 있습니다.

```
titanic_df.describe()
```

[Output]

	PassengerId	Survived	Pclass	Age	SibSp	Parch	Fare
count	891.000000	891.000000	891.000000	714.000000	891.000000	891.000000	891.000000
mean	446.000000	0.383838	2.308642	29.699118	0.523008	0.381594	32.204208
std	257.353842	0.486592	0.836071	14.526497	1.102743	0.806057	49.693429
min	1.000000	0.000000	1.000000	0.420000	0.000000	0.000000	0.000000
25%	223.500000	0.000000	2.000000	20.125000	0.000000	0.000000	7.910400
50%	446.000000	0.000000	3.000000	28.000000	0.000000	0.000000	14.454200
75%	668.500000	1.000000	3.000000	38.000000	1.000000	0.000000	31.000000
max	891.000000	1.000000	3.000000	80.000000	8.000000	6.000000	512.329200

count는 Not Null인 데이터 건수, mean은 전체 데이터의 평균값, std는 표준편차, min은 최솟값, max는 최댓값입니다. 그리고 25%는 25 percentile 값, 50%는 50 percentile 값, 75%는 75 percentile 값을 의미합니다. 또한 describe( ) 해당 숫자 칼럼이 숫자형 카테고리 칼럼인지를 판단할 수 있게 도와줍니다. 카테고리 칼럼은 특정 범주에 속하는 값을 코드화한 칼럼입니다. 가령 성별 칼럼의 경우 '남', '여'가 있고 '남'을 1, '여'를 2와 같이 표현한 것입니다. 이러한 카테고리 칼럼을 숫자로 표시할 수도 있는데, describe( )를 통해서 이를 확인해 보겠습니다.

PassengerID 칼럼은 승객 ID를 식별하는 칼럼이므로 1~891까지 숫자가 할당되어서 분석을 위한 의미 있는 속성이 아닙니다. Survived의 경우 min 0, 25~75%도 0, max도 1이므로 0과 1로 이뤄진 숫자형 카테고리 칼럼일 것입니다. Pclass의 경우도 min이 1, 25%~75%가 2와 3, max가 3이므로 1, 2, 3으로 이뤄진 숫자형 카테고리 칼럼일 것입니다.

Pclass 칼럼의 값이 어떠한 분포로 구성되어 있는지 살펴보겠습니다. DataFrame의 [ ] 연산자 내부에 칼럼명을 입력하면 Series 형태로 특정 칼럼 데이터 세트가 반환됩니다. 이렇게 반환된 Series 객체에 value_counts( ) 메서드를 호출하면 해당 칼럼값의 유형과 건수를 확인할 수 있습니다. value_counts( )는 지정된 칼럼의 데이터값 건수를 반환합니다. value_counts( )는 데이터의 분포도를 확인하는 데 매우 유용한 함수이며, 이 책에서 앞으로 자주 사용되므로 친해지면 좋을 것입니다.

```
value_counts = titanic_df['Pclass'].value_counts()
print(value_counts)
```

[Output]

```
3    491
1    216
2    184
Name: Pclass, dtype: int64
```

value_counts( )의 반환 결과는 Pclass값 3이 491개, 1이 216개, 2가 184개입니다. value_counts( )는 많은 건수 순서로 정렬되어 값을 반환합니다. DataFrame의 [ ] 연산자 내부에 칼럼명을 입력하면 해당 칼럼에 해당하는 Series 객체를 반환합니다.

```
titanic_pclass = titanic_df['Pclass']
print(type(titanic_pclass))
```

[Output]

```
<class 'pandas.core.series.Series'>
```

Series는 Index와 단 하나의 칼럼으로 구성된 데이터 세트입니다. 이렇게 반환된 Series 객체가 어떤 값으로 구성돼 있는지 알아보겠습니다. 전체 891개의 데이터를 추출하지 않고 head( ) 메서드를 이용해 앞의 5개만 추출하겠습니다.

```
titanic_pclass.head()
```

[Output]

```
Series의 Index ➡  0    3  ⬅ Series의 데이터 값
                  1    1
                  2    3
                  3    1
                  4    3
```

한 개 칼럼의 데이티민 출력되지 않고 맨 왼쪽에 0부터 시작하는 순차 값이 있습니다. 이것은 DataFrame의 인덱스와 동일한 인덱스입니다. 오른쪽은 Series의 해당 칼럼의 데이터값입니다. 모든 Series와 DataFrame은 인덱스를 반드시 가집니다. 방금 소개한 value_counts( ) 메서드는 과거에는 Series 객체에서만 메서드를 호출할 수 있었지만 판다스 버전 1.1.0 이후부터는 DataFrame 객체에서

도 호출할 수 있습니다. 하지만 단일 칼럼으로 되어 있는 Series 객체에서 value_counts( ) 메서드를 호출하는 것이 칼럼별 데이터 값의 분포도를 좀 더 명시적으로 파악하기 쉽습니다. value_counts( )를 titanic_df의 Pclass 칼럼만을 값으로 가지는 Series 객체에서 호출하여 메서드의 반환값을 다시 확인해 보겠습니다.

```
value_counts = titanic_df['Pclass'].value_counts()
print(type(value_counts))
print(value_counts)
```

[Output]

```
<class 'pandas.core.series.Series'>
```

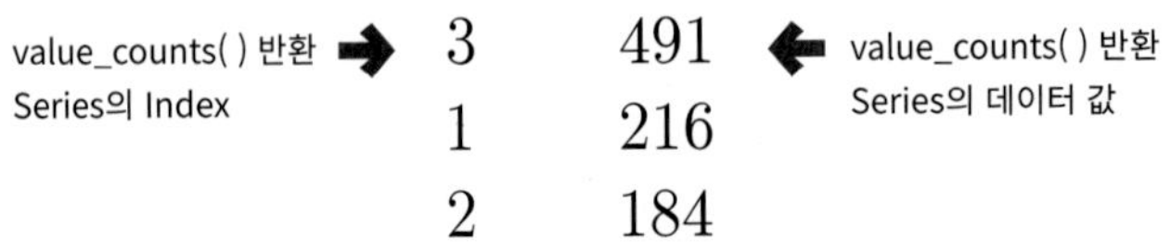

value_counts( ) 반환 Series의 Index ➡ 3 491 ⬅ value_counts( ) 반환 Series의 데이터 값
1 216
2 184

value_counts( )가 반환하는 데이터 타입 역시 Series 객체입니다. 이 반환된 Series 객체의 값을 보면 맨 왼쪽이 인덱스값이며, 오른쪽이 데이터값입니다. 그런데 이번에는 인덱스가 단순히 0부터 시작하는 순차 값이 아닙니다. Pclass 칼럼 값이 3, 1, 2를 나타내고 있습니다. 이처럼 인덱스는 단순히 순차 값과 같은 의미 없는 식별자만 할당하는 것이 아니라 고유성이 보장된다면 의미 있는 데이터값 할당도 가능합니다. value_counts( )는 칼럼 값별 데이터 건수를 반환하므로 고유 칼럼 값을 식별자로 사용할 수 있습니다. 인덱스는 DataFrame, Series가 만들어진 후에도 변경할 수 있습니다. 인덱스는 또한 숫자형뿐만 아니라 문자열도 가능합니다. 단, 모든 인덱스는 고유성이 보장돼야 합니다.

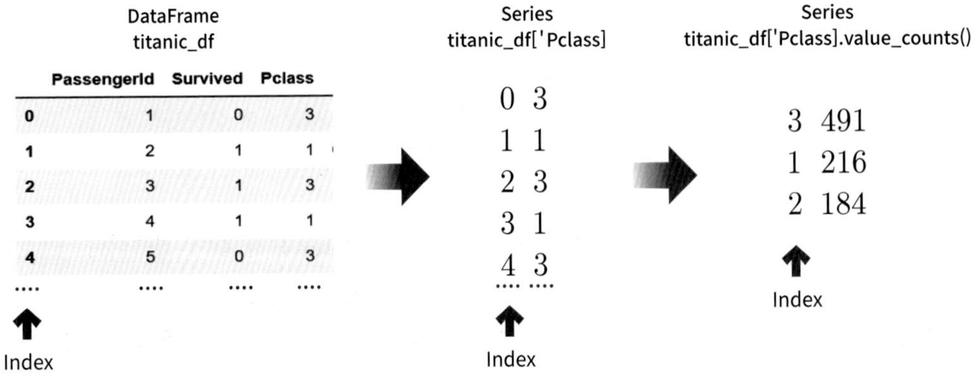

DataFrame
titanic_df

	PassengerId	Survived	Pclass
0	1	0	3
1	2	1	1
2	3	1	3
3	4	1	1
4	5	0	3
....	....	....	....

Index

Series
titanic_df['Pclass]

0 3
1 1
2 3
3 1
4 3
....

Index

Series
titanic_df['Pclass].value_counts()

3 491
1 216
2 184

Index

value_counts( ) 메서드를 사용할 때는 Null 값을 무시하고 결괏값을 내놓기 쉽다는 점을 유의해야 합니다. value_counts( )는 Null 값을 포함하여 개별 데이터 값의 건수를 계산할지를 dropna 인자로 판단합니다. dropna의 기본값은 True이며 Null 값을 무시하고 개별 데이터 값의 건수를 계산합니다.

아래 코드는 타이타닉 데이터 세트의 Embarked 칼럼의 데이터 값 분포를 value_counts( )로 확인합니다. 타이타닉 데이터 세트의 전체 건수는 891건이며 이는 titanic_df.shape[0]로 확인 할 수 있습니다. Embarked 칼럼은 전체 891건 중에 2건의 데이터가 Null입니다. 만약 titanic_df['Embarked']. value_counts( )의 결과는 'S', 'C', 'Q' 값으로 각각 644, 168, 77을 반환합니다. 전체를 합하면 889(644+168+77)가 되기에 2건의 Null 데이터를 제외하고 연산을 수행하였음을 알 수 있습니다. 만약 Null 값을 포함하여 value_counts()를 적용하고자 한다면 value_counts(dropna=False)와 같이 dropna 인자값을 False로 입력해 주면 됩니다.

```
print('titanic_df 데이터 건수:', titanic_df.shape[0])
print('기본 설정인 dropna=True로 value_counts()')
# value_counts()는 디폴트로 dropna=True이므로 value_counts(dropna=True)와 동일.
print(titanic_df['Embarked'].value_counts())
print(titanic_df['Embarked'].value_counts(dropna=False))
```

titanic_df['Embarked'].value_counts()

S	644
C	168
Q	77

titanic_df['Embarked'].value_counts(dropna=False)

S	644
C	168
Q	77
NaN	2

DataFrame과 리스트, 딕셔너리, 넘파이 ndarray 상호 변환

앞에서 csv 파일을 read_csv( )를 이용해 DataFrame으로 생성했습니다. 기본적으로 DataFrame은 파이썬의 리스트, 딕셔너리 그리고 넘파이 ndarray 등 다양한 데이터로부터 생성될 수 있습니다. 또한 DataFrame은 반대로 파이썬의 리스트, 딕셔너리 그리고 넘파이 ndarray 등으로 변환될 수 있습니다. 특히 사이킷런의 많은 API는 DataFrame을 인자로 입력받을 수 있지만, 기본적으로 넘파이 ndarray를 입력 인자로 사용하는 경우가 대부분입니다. 따라서 DataFrame과 넘파이 ndarray 상호 간의 변환은 매우 빈번하게 발생합니다.

넘파이 ndarray, 리스트, 딕셔너리를 DataFrame으로 변환하기

넘파이 ndarray, 파이썬 리스트, 딕셔너리로부터 DataFrame을 생성해 보겠습니다. DataFrame은 리스트와 넘파이 ndarray와 다르게 칼럼명을 가지고 있습니다. 이 칼럼명으로 인하여 리스트와 넘파이 ndarray보다 상대적으로 편하게 데이터 핸들링이 가능합니다. 일반적으로 DataFrame으로 변환 시 이 칼럼명을 지정해 줍니다(지정하지 않으면 자동으로 칼럼명을 할당합니다). 판다스 DataFrame 객체의 생성 인자 data는 리스트나 딕셔너리 또는 넘파이 ndarray를 입력받고, 생성 인자 columns는 칼럼명 리스트를 입력받아서 쉽게 DataFrame을 생성할 수 있습니다.

DataFrame은 기본적으로 행과 열을 가지는 2차원 데이터입니다. 따라서 2차원 이하의 데이터들만 DataFrame으로 변환될 수 있습니다. 먼저 1차원 형태의 리스트와 넘파이 ndarray부터 DataFrame으로 변환해 보겠습니다. 1차원 데이터이므로 칼럼은 1개만 필요하며, 칼럼명을 'col1'으로 지정합니다.

```
import numpy as np

col_name1=['col1']
list1 = [1, 2, 3]
array1 = np.array(list1)
print('array1 shape:', array1.shape )
# 리스트를 이용해 DataFrame 생성.
df_list1 = pd.DataFrame(list1, columns=col_name1)
print('1차원 리스트로 만든 DataFrame:\n', df_list1)
# 넘파이 ndarray를 이용해 DataFrame 생성.
df_array1 = pd.DataFrame(array1, columns=col_name1)
print('1차원 ndarray로 만든 DataFrame:\n', df_array1)
```

[Output]

```
array1 shape: (3, )
1차원 리스트로 만든 DataFrame:
   col1
0    1
1    2
2    3
1차원 ndarray로 만든 DataFrame:
   col1
```

```
0    1
1    2
2    3
```

1차원 형태의 데이터를 기반으로 DataFrame을 생성하므로 칼럼명이 한 개만 필요하다는 사실에 주의해야 합니다. 이번에는 2차원 형태의 데이터를 기반으로 DataFrame을 생성하겠습니다. 2행 3열 형태의 리스트와 ndarray를 기반으로 DataFrame을 생성하므로 칼럼명은 3개가 필요합니다.

```
# 3개의 칼럼명이 필요함.
col_name2=['col1', 'col2', 'col3']

# 2행x3열 형태의 리스트와 ndarray 생성한 뒤 이를 DataFrame으로 변환.
list2 = [[1, 2, 3],
         [11, 12, 13]]
array2 = np.array(list2)
print('array2 shape:', array2.shape )
df_list2 = pd.DataFrame(list2, columns=col_name2)
print('2차원 리스트로 만든 DataFrame:\n', df_list2)
df_array2 = pd.DataFrame(array2, columns=col_name2)
print('2차원 ndarray로 만든 DataFrame:\n', df_array2)
```

[Output]

```
array2 shape: (2, 3)
2차원 리스트로 만든 DataFrame:
   col1  col2  col3
0     1     2     3
1    11    12    13
2차원 ndarray로 만든 DataFrame:
   col1  col2  col3
0     1     2     3
1    11    12    13
```

이번에는 딕셔너리를 DataFrame으로 변환해 보겠습니다. 일반적으로 딕셔너리를 DataFrame으로 변환 시에는 딕셔너리의 키(Key)는 칼럼명으로, 딕셔너리의 값(Value)은 키에 해당하는 칼럼 데이터로 변환됩니다. 따라서 키의 경우는 문자열, 값의 경우 리스트(또는 ndarray) 형태로 딕셔너리를 구성합니다.

```
# Key는 문자열 칼럼명으로 매핑, Value는 리스트 형(또는 ndarray) 칼럼 데이터로 매핑
dict = {'col1':[1, 11], 'col2':[2, 22], 'col3':[3, 33]}
df_dict = pd.DataFrame(dict)
print('딕셔너리로 만든 DataFrame:\n', df_dict)
```

[Output]

```
딕셔너리로 만든 DataFrame:
   col1  col2  col3
0     1     2     3
1    11    22    33
```

Key 값은 칼럼명, 각 Value는 각 칼럼 데이터로 매핑됐음을 알 수 있습니다.

DataFrame을 넘파이 ndarray, 리스트, 딕셔너리로 변환하기

많은 머신러닝 패키지가 기본 데이터 형으로 넘파이 ndarray를 사용합니다. 따라서 데이터 핸들링은 DataFrame을 이용하더라도 머신러닝 패키지의 입력 인자 등에 적용하기 위해 다시 넘파이 ndarray로 변환하는 경우가 빈번하게 발생합니다. DataFrame을 넘파이 ndarray로 변환하는 것은 DataFrame 객체의 values를 이용해 쉽게 할 수 있습니다. 이 책 전반에 걸쳐서 values를 이용한 ndarray로의 변환은 매우 많이 사용되므로 반드시 기억해 두세요. 방금 전에 생성한 DataFrame 객체인 df_dict를 ndarray로 변환해 보겠습니다.

```
# DataFrame을 ndarray로 변환
array3 = df_dict.values
print('df_dict.values 타입:', type(array3), 'df_dict.values shape:', array3.shape)
print(array3)
```

[Output]

```
df_dict.values 타입: <class 'numpy.ndarray'> df_dict.values shape: (2, 3)
[[ 1  2  3]
 [11 22 33]]
```

이번에는 DataFrame을 리스트와 딕셔너리로 변환하겠습니다. 리스트로의 변환은 values로 얻은 ndarray에 tolist( )를 호출하면 됩니다. 딕셔너리로의 변환은 DataFrame 객체의 to_dict( ) 메서드를 호출하는데, 인자로 'list'를 입력하면 딕셔너리의 값이 리스트형으로 반환됩니다.

```
# DataFrame을 리스트로 변환
list3 = df_dict.values.tolist()
print('df_dict.values.tolist() 타입:', type(list3))
print(list3)

# DataFrame을 딕셔너리로 변환
dict3 = df_dict.to_dict('list')
print('\n df_dict.to_dict() 타입:', type(dict3))
print(dict3)
```

[Output]

```
df_dict.values.tolist() 타입: <class 'list'>
[[1, 2, 3], [11, 22, 33]]

 df_dict.to_dict() 타입: <class 'dict'>
{'col1': [1, 11], 'col2': [2, 22], 'col3': [3, 33]}
```

DataFrame의 칼럼 데이터 세트 생성과 수정

DataFrame의 칼럼 데이터 세트 생성과 수정 역시 [ ] 연산자를 이용해 쉽게 할 수 있습니다. 먼저 Titanic DataFrame의 새로운 칼럼 Age_0을 추가하고 일괄적으로 0 값을 할당하겠습니다. DataFrame [ ] 내에 새로운 칼럼명을 입력하고 값을 할당해주기만 하면 됩니다.

```
titanic_df['Age_0']=0
titanic_df.head(3)
```

[Output]

	PassengerId	Survived	Pclass	Name	Sex	Age	....	Age_0
0	1	0	3	Braund, Mr. Owen Harris	male	22.0		0
1	2	1	1	Cumings, Mrs. John Bradley (Florence Briggs Th...	female	38.0		0
2	3	1	3	Heikkinen, Miss. Laina	female	26.0		0

새로운 칼럼명 'Age_0'으로 모든 데이터값이 0으로 할당된 Series가 기존 DataFrame에 추가됨을 알 수 있습니다. 이렇듯 칼럼 Series에 값을 할당하고 DataFrame에 추가하는 것은 판다스에서 매우 간단합니다. titanic_df['Age_0']=0과 같이 Series에 상숫값을 할당하면 Series의 모든 데이터 세트에 일괄적으로 적용됩니다. 이는 넘파이의 ndarray에 상숫값을 할당할 때 모든 ndarray 값에 일괄 적용됨과 동일합니다. 이번에는 기존 칼럼 Series의 데이터를 이용해 새로운 칼럼 Series를 만들겠습니다.

```
titanic_df['Age_by_10'] = titanic_df['Age']*10
titanic_df['Family_No'] = titanic_df['SibSp'] + titanic_df['Parch']+1
titanic_df.head(3)
```

[Output]

	PassengerId	Survived	Pclass	Name	Sex	Age	SibSp	Parch	....	Age_0	Age_by_10	Family_No
0	1	0	3	Braund, Mr. Owen Harris	male	22.0	1	0		0	220.0	2
1	2	1	1	Cumings, Mrs. John Bradley (Florence Briggs Th...	female	38.0	1	0		0	380.0	2
2	3	1	3	Heikkinen, Miss. Laina	female	26.0	0	0		0	260.0	1

기존 칼럼 Series를 가공해 새로운 칼럼 Series인 Age_by_10과 Family_No가 새롭게 DataFrame에 추가됨을 알 수 있습니다.

DataFrame 내의 기존 칼럼 값도 쉽게 일괄적으로 업데이트할 수 있습니다. 업데이트를 원하는 칼럼 Series를 DataFrame[ ] 내에 칼럼명으로 입력한 뒤에 값을 할당해주면 됩니다. 새롭게 추가한 'Age_by_10' 칼럼 값을 일괄적으로 기존 값+100으로 업데이트해 보겠습니다.

```
titanic_df['Age_by_10'] = titanic_df['Age_by_10'] + 100
titanic_df.head(3)
```

[Output]

	PassengerId	Survived	Pclass	Name	Sex	Age	SibSp	Parch	....	Age_by_10
0	1	0	3	Braund, Mr. Owen Harris	male	22.0	1	0		320.0
1	2	1	1	Cumings, Mrs. John Bradley (Florence Briggs Th...	female	38.0	1	0		480.0
2	3	1	3	Heikkinen, Miss. Laina	female	26.0	0	0		360.0

Age_by_10 칼럼의 모든 값이 기존 값+100의 값으로 업데이트됨을 알 수 있습니다.

DataFrame 데이터 삭제

DataFrame에서 데이터의 삭제는 drop( ) 메서드를 이용합니다. drop( ) 메서드는 사용하는 데 혼동을 줄 만한 부분이 있어서 주의가 필요합니다. drop( ) 메서드의 원형은 다음과 같습니다.

```
DataFrame.drop(labels=None, axis=0, index=None, columns=None, level=None, inplace=False, errors='raise')
```

이 중 가장 중요한 파라미터는 labels, axis, inplace입니다. 먼저 axis 값에 따라서 특정 칼럼 또는 특정 행을 드롭합니다. 앞의 넘파이 설명에서 2차원 ndarray의 구성 시 axis 0과 axis 1이 있다고 했습니다('넘파이의 ndarray의 데이터 세트 선택하기 – 인덱싱(Indexing)'의 '단일 값 추출'의 다차원 ndarray 부분을 참조하기 바랍니다). **axis 0은 로우 방향 축, axis 1은 칼럼 방향 축입니다.** 판다스의 DataFrame은 2차원 데이터만 다루므로 axis 0, axis 1로만 axis가 구성돼 있습니다.

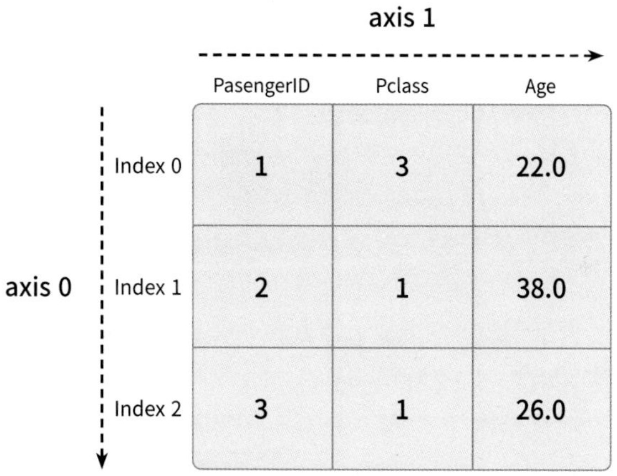

axis 1

axis 0

	PasengerID	Pclass	Age
Index 0	1	3	22.0
Index 1	2	1	38.0
Index 2	3	1	26.0

〈 DataFrame에서의 axis 구분 〉

따라서 drop( ) 메서드에 axis=1을 입력하면 칼럼 축 방향으로 드롭을 수행하므로 칼럼을 드롭하겠다는 의미입니다. labels에 원하는 칼럼명을 입력하고 axis=1을 입력하면 지정된 칼럼을 드롭합니다. drop( ) 메서드에 axis=0을 입력하면 로우 축 방향으로 드롭을 수행하므로 특정 로우를 드롭하겠다는 것입니다. DataFrame의 특정 로우를 가리키는 것은 인덱스입니다. 따라서 axis를 0으로 지정하면 DataFrame은 자동으로 labels에 오는 값을 인덱스로 간주합니다. 이 책에서 drop( ) 메서드가 사용되는 대부분의 경우는 칼럼을 드롭하는 경우입니다. 기존 칼럼 값을 가공해 새로운 칼럼을 만들고 삭제하는 경우가 많다 보니 axis=1로 설정하고 드롭하는 경우가 많을 수밖에 없습니다. axis=0으로 설정하고 로우 레벨로 삭제를 하는 경우는 이상치 데이터를 삭제하는 경우에 주로 사용됩니다.

지난 예제에서 새롭게 Titanic DataFrame에 추가된 'Age_0' 칼럼을 다음 예제와 같이 삭제해 보겠습니다.

```
titanic_drop_df = titanic_df.drop('Age_0', axis=1 )
titanic_drop_df.head(3)
```

[Output]

	PassengerId	Survived	Pclass	Name	Sex	Age	SibSp	Parch	Ticket	Fare	Cabin	Embarked	Age_by_10	Family_No
0	1	0	3	Braund, Mr. Owen Harris	male	22.0	1	0	A/5 21171	7.2500	NaN	S	320.0	2
1	2	1	1	Cumings, Mrs. John Bradley (Florence Briggs Th...	female	38.0	1	0	PC 17599	71.2833	C85	C	480.0	2
2	3	1	3	Heikkinen, Miss. Laina	female	26.0	0	0	STON/O2. 3101282	7.9250	NaN	S	360.0	1

titanic_df.drop('Age_0', axis=1)을 수행한 결과가 titanic_drop_df 변수로 반환됐습니다. titanic_drop_df 변수의 결과를 보면 'Age_0' 칼럼이 삭제됨을 알 수 있습니다. 이번에는 또 하나의 주요 파라미터인 inplace에 대해 알아보겠습니다. 먼저 원본 Titanic DataFrame을 다시 확인해 보겠습니다.

```
titanic_df.head(3)
```

[Output]

	PassengerId	Survived	Pclass	Name	Sex	Age	SibSp	Parch	Ticket	Fare	Cabin	Embarked	Age_0	Age_by_10	Family_No
0	1	0	3	Braund, Mr. Owen Harris	male	22.0	1	0	A/5 21171	7.2500	NaN	S	0	320.0	2
1	2	1	1	Cumings, Mrs. John Bradley (Florence Briggs Th...	female	38.0	1	0	PC 17599	71.2833	C85	C	0	480.0	2
2	3	1	3	Heikkinen, Miss. Laina	female	26.0	0	0	STON/O2. 3101282	7.9250	NaN	S	0	360.0	1

삭제됐다고 생각했던 'Age_0' 칼럼이 여전히 존재합니다. 그 이유는 앞의 예제 코드에서 inplace = False로 설정했기 때문입니다(inplace는 디폴트 값이 False이므로 inplace 파라미터를 기재하지 않으면 자동으로 False가 됩니다). Inplace=False이면 자기 자신의 DataFrame의 데이터는 삭제하지 않으며, 삭제된 결과 DataFrame을 반환합니다. 그래서 titanic_df DataFrame 객체 변수는 'Age_0' 칼럼이 삭제되지 않았으며 titanic_df.drop('Age_0', axis=1)의 수행 결과로 반환된 titanic_drop_df DataFrame 객체 변수만 'Age_0' 칼럼이 삭제된 것입니다.

inplace=True로 설정하면 자신의 DataFrame의 데이터를 삭제합니다. 또한 여러 개의 칼럼을 삭제하고 싶으면 리스트 형태로 삭제하고자 하는 칼럼명을 입력해 labels 파라미터로 입력하면 됩니다. 이번에는 titanic_df의 'Age_0', 'Age_by_10', 'Family_No' 칼럼을 모두 삭제하겠습니다.

```
drop_result = titanic_df.drop(['Age_0', 'Age_by_10', 'Family_No'], axis=1, inplace=True)
print(' inplace=True 로 drop 후 반환된 값:', drop_result)
titanic_df.head(3)
```

[Output]

```
inplace=True 로 drop 후 반환된 값: None
```

	PassengerId	Survived	Pclass	Name	Sex	Age	SibSp	Parch	Ticket	Fare	Cabin	Embarked
0	1	0	3	Braund, Mr. Owen Harris	male	22.0	1	0	A/5 21171	7.2500	NaN	S
1	2	1	1	Cumings, Mrs. John Bradley (Florence Briggs Th...	female	38.0	1	0	PC 17599	71.2833	C85	C
2	3	1	3	Heikkinen, Miss. Laina	female	26.0	0	0	STON/O2. 3101282	7.9250	NaN	S

titanic_df에서 'Age_0', 'Age_by_10', 'Family_No' 세 개의 칼럼이 모두 삭제됐음을 알 수 있습니다. 한 가지 유의할 점은 drop( ) 시 inplace=True로 설정하면 반환 값이 None(아무 값도 아님)이 됩니다. 따라서 다음 코드와 같이 inplace=True로 설정한 채로 반환 값을 다시 자신의 DataFrame 객체로 할당하면 안 됩니다. titanic_df = titanic_df.drop(['Age_0', 'Age_by_10', 'Family_No'], axis=1, inplace=True)는 titanic_df 객체 변수를 아예 None으로 만들어 버립니다.

이번에는 axis=0으로 설정해 index 0, 1, 2(맨 앞 3개 데이터) 로우를 삭제해 보겠습니다.

```
pd.set_option('display.width', 1000)
pd.set_option('display.max_colwidth', 15)
print('#### before axis 0 drop ####')
print(titanic_df.head(3))

titanic_df.drop([0, 1, 2], axis=0, inplace=True)

print('#### after axis 0 drop ####')
print(titanic_df.head(3))
```

[Output]

```
#### before axis 0 drop ####
   PassengerId  Survived  Pclass             Name     Sex   Age  SibSp  Parch          Ticket     Fare Cabin Embarked
0            1         0       3  Braund, Mr....    male  22.0      1      0       A/5 21171   7.2500   NaN        S
1            2         1       1  Cumings, Mr...  female  38.0      1      0        PC 17599  71.2833   C85        C
2            3         1       3  Heikkinen, ...  female  26.0      0      0  STON/O2. 31...   7.9250   NaN        S
#### after axis 0 drop ####
   PassengerId  Survived  Pclass             Name     Sex   Age  SibSp  Parch  Ticket     Fare Cabin Embarked
3            4         1       1  Futrelle, M...  female  35.0      1      0  113803  53.1000  C123        S
4            5         0       3  Allen, Mr. ...    male  35.0      0      0  373450   8.0500   NaN        S
5            6         0       3  Moran, Mr. ...    male   NaN      0      0  330877   8.4583   NaN        Q
```

Index 0, 1, 2에 위치한 로우를 titanic_df.drop([0,1,2], axis=0, inplace=True)로 삭제했습니다. 삭제 후에 head(3)으로 확인한 맨 앞 3개 데이터의 인덱스는 3, 4, 5입니다. 인덱스 0, 1, 2에 위치한 로우가 삭제됐음을 알 수 있습니다. 다음과 같이 drop( ) 메서드에서 axis와 inplace 인자를 적용해 DataFrame을 변경하는 방식을 정리할 수 있습니다.

- axis: DataFrame의 로우를 삭제할 때는 axis=0, 칼럼을 삭제할 때는 axis=1으로 설정.
- 원본 DataFrame은 유지하고 드롭된 DataFrame을 새롭게 객체 변수로 받고 싶다면 inplace=False로 설정(디폴트 값이 False임).
  예: titanic_drop_df = titanic_df.drop('Age_0', axis=1, inplace=False)
- 원본 DataFrame에 드롭된 결과를 적용할 경우에는 inplace=True를 적용.
  예: titanic_df.drop('Age_0', axis=1, inplace=True)
- 원본 DataFrame에서 드롭된 DataFrame을 다시 원본 DataFrame 객체 변수로 할당하면 원본 DataFrame에서 드롭된 결과를 적용할 경우와 같음(단, 기존 원본 DataFrame 객체 변수는 메모리에서 추후 제거됨).
  예: titanic_df = titanic_df.drop('Age_0', axis=1, inplace=False)

Index 객체

판다스의 Index 객체는 RDBMS의 PK(Primary Key)와 유사하게 DataFrame, Series의 레코드를 고유하게 식별하는 객체입니다. DataFrame, Series에서 Index 객체만 추출하려면 DataFrame.index 또는 Series.index 속성을 통해 가능합니다. titanic_df DataFrame에서 Index 객체를 추출해 보겠습니다.

drop으로 원본 Titanic DataFrame의 일부 데이터가 삭제됐으므로 다시 csv 파일에서 로딩한 후 수행하겠습니다. 반환된 Index 객체의 실제 값은 넘파이 1차원 ndarray로 볼 수 있습니다. Index 객체의 values 속성으로 ndarray 값을 알 수 있습니다.

```
# 원본 파일 다시 로딩
titanic_df = pd.read_csv('titanic_train.csv')
# Index 객체 추출
indexes = titanic_df.index
print(indexes)
# Index 객체를 실제 값 arrray로 변환
print('Index 객체 array값:\n', indexes.values)
```

[Output]

```
Index 객체: RangeIndex(start=0, stop=891, step=1)
Index 객체 array값:
 [  0   1   2   3   4   5   6   7   8   9  10  11  12  13  14  15  16  17
  18  19  20  21  22  23  24  25  26  27  28  29  30  31  32  33  34  35
..........................................................................
882 883 884 885 886 887 888 889 890]
```

Index 객체는 식별성 데이터를 1차원 array로 가지고 있습니다. 또한 ndarray와 유사하게 단일 값 반환 및 슬라이싱도 가능합니다.

```
print(type(indexes.values))
print(indexes.values.shape)
print(indexes[:5].values)
print(indexes.values[:5])
print(indexes[6])
```

[Output]

```
<class 'numpy.ndarray'>
(891, )
[0 1 2 3 4]
[0 1 2 3 4]
6
```

하지만 한 번 만들어진 DataFrame 및 Series의 Index 객체는 함부로 변경할 수 없습니다. 즉, 다음과 같이 첫 번째 Index 객체의 값을 5로 변경하는 작업은 수행할 수 없습니다.

```
indexes[0] = 5
```

[Output]

```
TypeError: Index does not support mutable operations
```

Series 객체는 Index 객체를 포함하지만 Series 객체에 연산 함수를 적용할 때 Index는 연산에서 제외됩니다. Index는 오직 식별용으로만 사용됩니다.

```
series_fair = titanic_df['Fare']
print('Fair Series max 값:', series_fair.max())
print('Fair Series sum 값:', series_fair.sum())
print('sum() Fair Series:', sum(series_fair))
print('Fair Series + 3:\n', (series_fair + 3).head(3) )
```

[Output]

```
Fair Series max 값: 512.3292
Fair Series sum 값: 28693.9493
sum() Fair Series: 28693.949299999967
Fair Series + 3:
0    10.2500
1    74.2833
2    10.9250
Name: Fare, dtype: float64
```

DataFrame 및 Series에 reset_index( ) 메서드를 수행하면 새롭게 인덱스를 연속 숫자 형으로 할당하며 기존 인덱스는 'index'라는 새로운 칼럼명으로 추가합니다.

```
titanic_reset_df = titanic_df.reset_index(inplace=False)
titanic_reset_df.head(3)
```

[Output]

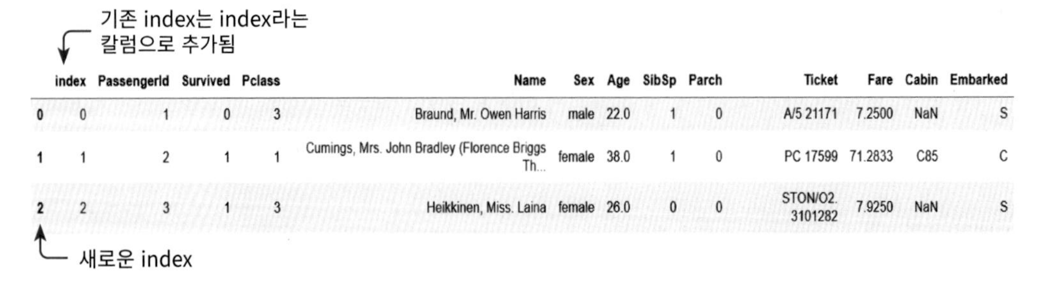

	index	PassengerId	Survived	Pclass	Name	Sex	Age	SibSp	Parch	Ticket	Fare	Cabin	Embarked
0	0	1	0	3	Braund, Mr. Owen Harris	male	22.0	1	0	A/5 21171	7.2500	NaN	S
1	1	2	1	1	Cumings, Mrs. John Bradley (Florence Briggs Th...	female	38.0	1	0	PC 17599	71.2833	C85	C
2	2	3	1	3	Heikkinen, Miss. Laina	female	26.0	0	0	STON/O2. 3101282	7.9250	NaN	S

reset_index( )는 인덱스가 연속된 int 숫자형 데이터가 아닐 경우에 다시 이를 연속 int 숫자형 데이터로 만들 때 주로 사용합니다. 예를 들어 Series와 value_counts( )를 소개하는 예제에서 'Pclass' 칼럼 Series의 value_counts( )를 수행하면 'Pclass' 고유 값이 식별자 인덱스 역할을 했습니다. 이보다는 연속 숫자형 인덱스가 고유 식별자로 더 적합해 보입니다. reset_index( )를 이용해 인덱스를 다시 만들겠습니다. Series에 reset_index( )를 적용하면 Series가 아닌 DataFrame이 반환되니 유의하기 바랍니다. 기존 인덱스가 칼럼으로 추가돼 칼럼이 2개가 되므로 Series가 아닌 DataFrame이 반환됩니다.

```
print('### before reset_index ###')
value_counts = titanic_df['Pclass'].value_counts()
print(value_counts)
print('value_counts 객체 변수 타입:', type(value_counts))
new_value_counts = value_counts.reset_index(inplace=False)
print('### After reset_index ###')
print(new_value_counts)
print('new_value_counts 객체 변수 타입:', type(new_value_counts))
```

[Output]

```
### before reset_index ###
3    491
1    216
2    184
Name: Pclass, dtype: int64
value_counts 객체 변수 타입: <class 'pandas.core.series.Series'>
### After reset_index ###
   index  Pclass
0      3     491
1      1     216
2      2     184
new_value_counts 객체 변수 타입: <class 'pandas.core.frame.DataFrame'>
```

Series에 reset_index( )를 적용하면 새롭게 연속 숫자형 인덱스가 만들어지고 기존 인덱스는 'index' 칼럼명으로 추가되면서 DataFrame으로 변환됨을 알 수 있습니다. reset_index( )의 parameter 중 drop=True로 설정하면 기존 인덱스는 새로운 칼럼으로 추가되지 않고 삭제(drop)됩니다. 새로운 칼럼이 추가되지 않으므로 그대로 Series로 유지됩니다.

데이터 셀렉션 및 필터링

판다스의 데이터 셀렉션과 필터링은 넘파이와 상당히 유사한 부분도 있고 다른 부분도 있기에 사용할 때마다 혼동하기 쉽습니다. 사실 넘파이의 데이터 핸들링은 데이터 분석용으로 사용하기에는 편의성이 떨어집니다. 판다스는 이를 개선하려고 노력하는 과정에서 넘파이 기능을 계승하기도, 때로는 완전히 다른 기능을 제공하기도 합니다. 판다스의 DataFrame과 Series끼리도 이러한 데이터 셀렉션 기능이 달라지는 부분이 있어 주의가 필요합니다.

넘파이의 경우 '[ ]' 연산자 내 단일 값 추출, 슬라이싱, 팬시 인덱싱, 불린 인덱싱을 통해 데이터를 추출했습니다. 판다스의 경우 iloc[ ], loc[ ] 연산자를 통해 동일한 작업을 수행합니다. iloc[ ], loc[ ]를 접하기 전에 먼저 판다스의 [ ] 연산자가 넘파이의 [ ]와 어떠한 차이가 있는지 알아보겠습니다.

DataFrame의 [ ] 연산자

먼저 넘파이와 DataFrame 간 데이터 셀렉션에서 가장 유의해야 할 부분은 '[ ]' 연산자입니다. 넘파이에서 [ ] 연산자는 행의 위치, 열의 위치, 슬라이싱 범위 등을 지정해 데이터를 가져올 수 있었습니다. 하지만 DataFrame 바로 뒤에 있는 '[ ]' 안에 들어갈 수 있는 것은 칼럼명 문자(또는 칼럼명의 리스트 객체), 또는 인덱스로 변환 가능한 표현식입니다. 인덱스로 변환 가능한 표현식이라는 의미는 추후에 다시 설명하겠습니다. **현재 수준에서는 DataFrame 뒤에 있는 [ ]는 칼럼만 지정할 수 있는 '칼럼 지정 연산자'로 이해하는 게 혼돈을 막는 가장 좋은 방법입니다.**

titanic_df를 통해 이 차이를 확인해 보겠습니다. 다음 예제에서 DataFrame에 ['칼럼명']으로 '칼럼명'에 해당하는 칼럼 데이터의 일부만 추출해 보겠습니다. 여러 개의 칼럼에서 데이터를 추출하려면 ['칼럼1', '칼럼2']와 같이 리스트 객체를 이용하면 됩니다. 하지만 titanic_df[0]같은 표현식은 오류를 발생합니다. DataFrame 뒤의 [ ]에는 칼럼명을 지정해야 하는데, 0이 칼럼명이 아니기 때문입니다. titatnic_df[0, 0]이나 titanic_df[[0, 1, 2]]도 마찬가지 이유로 오류를 발생합니다.

```
print('단일 칼럼 데이터 추출:\n', titanic_df[ 'Pclass' ].head(3))
print('\n여러 칼럼의 데이터 추출:\n', titanic_df[ ['Survived', 'Pclass'] ].head(3))
print('[ ] 안에 숫자 index는 KeyError 오류 발생:\n', titanic_df[0])
```

[Output]

```
단일 칼럼 데이터 추출:
0    3
1    1
```

```
2    3
Name: Pclass, dtype: int64

여러 칼럼의 데이터 추출:
   Survived  Pclass
0         0       3
1         1       1
2         1       3
---------------------------------------------------------------------------
KeyError                                  Traceback (most recent call last)
......
KeyError: 0
```

앞에서 DataFrame의 [ ] 내에 숫자 값을 입력할 경우 오류가 발생한다고 했는데, 판다스의 인덱스 형태로 변환 가능한 표현식은 [ ] 내에 입력할 수 있습니다. 가령 titanic_df의 처음 2개 데이터를 추출하고자 titanic_df [0:2]와 같은 슬라이싱을 이용하면 정확히 원하는 결과를 반환합니다.

```
titanic_df[ 0:2 ]
```

[Output]

	PassengerId	Survived	Pclass	Name	Sex	Age	SibSp	Parch	Ticket	Fare	Cabin	Embarked
0	1	0	3	Braund, Mr. Owen Harris	male	22.0	1	0	A/5 21171	7.2500	NaN	S
1	2	1	1	Cumings, Mrs. John Bradley (Florence Briggs Th...	female	38.0	1	0	PC 17599	71.2833	C85	C

또한 불린 인덱싱 표현도 가능합니다. [ ] 내의 불린 인덱싱 기능은 원하는 데이터를 편리하게 추출해 주므로 매우 자주 사용됩니다(이 책 대부분의 데이터 셀렉션은 불린 인덱싱을 기반으로 합니다). 다음 예제는 Pclass 칼럼 값이 3인 데이터 3개만 추출합니다.

```
titanic_df[ titanic_df['Pclass'] == 3].head(3)
```

[Output]

	PassengerId	Survived	Pclass	Name	Sex	Age	SibSp	Parch	Ticket	Fare	Cabin	Embarked
0	1	0	3	Braund, Mr. Owen Harris	male	22.0	1	0	A/5 21171	7.250	NaN	S
2	3	1	3	Heikkinen, Miss. Laina	female	26.0	0	0	STON/O2. 3101282	7.925	NaN	S
4	5	0	3	Allen, Mr. William Henry	male	35.0	0	0	373450	8.050	NaN	S

DataFrame 뒤의 [ ] 연산자의 입력 인자가 여러 가지 형태이므로 사용할 때 꽤 혼동을 줍니다. 혼돈을 방지하기 위한 좋은 가이드는 다음과 같습니다.

- DataFrame 바로 뒤의 [ ] 연산자는 넘파이의 [ ]나 Series의 [ ]와 다릅니다.
- DataFrame 바로 뒤의 [ ] 내 입력값은 칼럼명(또는 칼럼의 리스트)을 지정해 칼럼 지정 연산에 사용하거나 불린 인덱스 용도로만 사용해야 합니다.
- DataFrame[0:2]와 같은 슬라이싱 연산으로 데이터를 추출하는 방법은 사용하지 않는 게 좋습니다.

DataFrame iloc[ ] 연산자

판다스는 DataFrame의 로우나 칼럼을 지정하여 데이터를 선택할 수 있는 인덱싱 방식으로 iloc[ ]와 loc[ ]를 제공합니다. iloc[ ]는 위치(Location) 기반 인덱싱 방식으로 동작하며 loc[ ]는 명칭(Label)기반 인덱싱 방식으로 동작합니다. 위치 기반 인덱싱은 행과 열 위치를, 0을 출발점으로 하는 세로축, 가로축 좌표 정숫값으로 지정하는 방식입니다. 명칭 기반 인덱싱은 데이터 프레임의 인덱스 값으로 행 위치를, 칼럼의 명칭으로 열 위치를 지정하는 방식입니다.

과거 판다스는 넘파이 ndarray의 [ ] 연산자와 유사한 기능을 DataFrame에 제공하기 위해서 명칭 기반과 위치 기반을 동시에 지원하는 ix[ ] 연산자를 개발 초기에 제공하였습니다. ix[ ]는 사용의 편리함이라는 장점은 있었지만 명칭 기반과 위치 기반을 명확히 구분하지 않아서 코드가 혼돈을 주거나 가독성이 떨어지는 단점으로 인해 현재 판다스에서는 더 이상 지원되지 않습니다.

iloc[ ]는 위치 기반 인덱싱만 허용하기 때문에 행과 열의 좌표 위치에 해당하는 값으로 정숫값 또는 정수형의 슬라이싱, 팬시 리스트 값을 입력해줘야 합니다. 간단한 DataFrame을 생성하고 iloc[ ] 연산자에 행과 열의 위치에 해당하는 다양한 입력값을 부여해 결과를 확인해 보겠습니다. 생성한 DataFrame은 인덱스 값으로 숫자값이 아닌 문자열로 'one','two','three','four' 를 가지고 있으며, Name, Year, Gender 3개의 칼럼을 가집니다.

```
data = {'Name': ['Chulmin', 'Eunkyung','Jinwoong','Soobeom'],
        'Year': [2011, 2016, 2015, 2015],
        'Gender': ['Male', 'Female', 'Male', 'Male']
       }
data_df = pd.DataFrame(data, index=['one','two','three','four'])
data_df
```

[Output]

	Name	Year	Gender
one	Chulmin	2011	Male
two	Eunkyung	2016	Female
three	Jinwoong	2015	Male
four	Soobeom	2015	Male

먼저 위 예제의 DataFrame인 data_df의 첫 번째 행, 첫 번째 열의 데이터를 iloc[ ]를 이용해 추출해 보겠습니다. data_df.iloc[0, 0]과 같이 행과 열 위치에 위치 기반 인덱싱 값을 입력하면 됩니다.

```
data_df.iloc[0, 0]
```

[Output]

```
'Chulmin'
```

iloc[행 위치 정숫값, 열 위치 정숫값]과 같이 명확하게 DataFrame의 행 위치와 열 위치를 좌표 정숫값 형태로 입력하여 해당 위치에 있는 데이터를 가져올 수 있습니다. 반면에 iloc[ ]에 DataFrame의 인덱스 값이나 칼럼명을 입력하면 오류를 발생시킵니다. 아래 코드는 iloc[ ]의 열 위치에 위치 정숫값이 아닌 칼럼 명칭을 입력하여 오류가 발생합니다.

```
# 아래 코드는 오류를 발생시킵니다.
data_df.iloc[0, 'Name']
```

[Output]

```
ValueError: Location based indexing can only have [integer, integer slice (START point is INCLUD-
ED, END point is EXCLUDED), listlike of integers, boolean array] types
```

아래 코드 역시 iloc[ ]의 행 위치에 DataFrame의 인덱스 값인 'one'을 입력하여 오류가 발생합니다.

```
# 아래 코드는 오류를 발생합니다.
data_df.iloc['one', 0]
```

[Output]

```
ValueError: Location based indexing can only have [integer, integer slice (START point is IN-
CLUDED, END point is EXCLUDED), listlike of integers, boolean array] types
```

data_df의 iloc[ ] 연산자 내에 위치 정숫값 및 위치 정수 슬라이싱을 이용하여 다음과 같이 다양하게 데이터를 추출할 수 있습니다.

iloc[ ] 연산 유형	설명 및 반환 값
data_df.iloc[1,0]	두번째 행의 첫번째 열 위치에 있는 단일 값 반환 반환 값: 'Eunkyung'
data_df.iloc[2,1]	세번째 행의 두번째 열 위치에 있는 단일 값 반환 반환 값: '2015'
data_df.iloc[0:2, [0,1]]	0:2 슬라이싱 범위의 첫번째에서 두번째 행과 첫번째, 두번째 열에 해당하는 DataFrame 반환 반환 값: 　　Name　　Year one　Chulmin　2011 two　Eunkyung　2016
data_df.iloc[0:2, 0:3]	0:2 슬라이싱 범위의 첫번째에서 두번째 행의 0:3 슬라이싱 범위의 첫번째부터 세번째 열 범위에 해당하는 DataFrame 반환 반환 값: 　　Name　　Year　　Gender one　Chulmin　2011　Male two　Eunkyung　2016　Female
data_df.iloc[:]	전체 DataFrame 반환 　　Name　　Year　　Gender one　Chulmin　2011　Male two　Eunkyung　2016　Female three　Jinwoong　2015　Male four　Soobeom　2015　Male
data_df.iloc[:, :]	전체 DataFrame 반환 　　Name　　Year　　Gender one　Chulmin　2011　Male two　Eunkyung　2016　Female three　Jinwoong　2015　Male four　Soobeom　2015　Male

iloc[ ]는 열 위치에 −1을 입력하여 DataFrame의 가장 마지막 열 데이터를 가져오는 데 자주 사용합니다. 넘파이와 마찬가지로 판다스의 인덱싱에서도 −1은 맨 마지막 데이터 값을 의미합니다. 특히 머신 러닝 학습 데이터의 맨 마지막 칼럼이 타깃 값인 경우가 많은데, 이 경우 iloc[:, −1]을 하면 맨 마지막 칼럼의 값, 즉 타깃 값을 가져오고, iloc[:, :−1]을 하게 되면 처음부터 맨 마지막 칼럼을 제외한 모든 칼럼의 값, 즉 피처값들을 가져 오게 됩니다.

```
print("\n 맨 마지막 칼럼 데이터 [:, -1] \n", data_df.iloc[:, -1])
print("\n 맨 마지막 칼럼을 제외한 모든 데이터 [:, :-1] \n", data_df.iloc[: , :-1])
```

[Output]

```
맨 마지막 칼럼 데이터 [:, -1]
one        Male
two      Female
three      Male
four       Male
Name: Gender, dtype: object

맨 마지막 칼럼을 제외한 모든 데이터 [:, :-1]
           Name  Year
one     Chulmin  2011
two    Eunkyung  2016
three  Jinwoong  2015
four    Soobeom  2015
```

iloc[ ]는 슬라이싱과 팬시 인덱싱은 제공하나 명확한 위치 기반 인덱싱이 사용되어야 하는 제약으로 인해 불린 인덱싱은 제공하지 않습니다.

DataFrame loc[] 연산자

loc[ ]는 명칭(Label) 기반으로 데이터를 추출합니다. 행 위치에는 DataFrame 인덱스 값을, 그리고 열 위치에는 칼럼명을 입력해서 loc[인덱스값, 칼럼명]와 같은 형식으로 데이터를 추출할 수 있습니다. 인덱스값이 'one'인 행의 칼럼명이 'Name'인 데이터를 추출해 보겠습니다. 해당 데이터 프레임의 인덱스 값은 0부터 시작하는 숫자 값이 아닌 'one', 'two', 'three', 'four'임을 유의합니다.

```
data_df.loc['one', 'Name']
```

[Output]

```
'Chulmin'
```

loc[ ]는 명칭 기반이므로 열 위치에 '칼럼명'이 들어가는 것은 직관적으로 이해가 됩니다. 반대로 행 위치에 DataFrame의 인덱스 값이 들어가는 것은 '명칭'이라는 단어와 잘 어울리지 않는다고 생각할 수도 있지만, 인덱스 값을 DataFrame의 행 위치를 나타내는 고유한 '명칭'으로 생각하면 의미적으로 한결 이해하기가 쉽습니다.

'명칭 기반' 이라는 문맥적 의미 때문에 loc[ ]를 사용 시 행 위치에 DataFrame의 인덱스 값이 들어가는 부분을 간과할 수 있습니다. 일반적으로 인덱스는 0부터 시작하는 정숫값인 경우가 많기 때문에 실제 인덱스 값을 확인하지 않고 loc[ ]의 행 위치에 무턱대고 정숫값을 입력해서 오류가 나는 경우들이 종종 발생합니다. 아래 코드는 첫번째 행 위치의 인덱스 값을 0으로 착각하고 행 위치에 0을 입력했지만 data_df는 0을 인덱스 값으로 가지고 있지 않기에 오류를 발생시킵니다.

```
# 다음 코드는 오류를 발생시킵니다.
data_df.loc[0, 'Name']
```

[Output]

```
KeyError: 0
```

loc[ ]에 슬라이싱 기호 ':'를 적용할 때 한 가지 유의할 점이 있습니다. 일반적으로 슬라이싱을 '시작값:종료 값'과 같이 지정하면 시작 값 ~ 종료 값-1까지의 범위를 의미합니다. 즉, 0:3이면 0부터 2까지 (0, 1, 2)를 의미합니다. 그런데 loc[ ]에 슬라이싱 기호를 적용하면 종료 값-1이 아니라 종료 값까지 포함하는 것을 의미합니다. 이는 명칭 기반 인덱싱의 특성 때문입니다. 명칭은 숫자형이 아닐 수 있기 때문에 -1을 할 수가 없습니다. 다음 예제에서 명칭 기반 인덱싱과 위치 기반 인덱싱에서 슬라이싱을 적용할 때의 차이를 알아보겠습니다.

```
print('위치기반 iloc slicing\n', data_df.iloc[0:1, 0],'\n')
print('명칭기반 loc slicing\n', data_df.loc['one':'two', 'Name'])
```

[Output]

```
위치기반 iloc slicing
 one    Chulmin
```

```
명칭기반 loc slicing
one      Chulmin
two    Eunkyung
```

위치 기반 iloc[0:1]은 0번째 행 위치에 해당하는 1개의 행을 반환했지만, 명칭 기반 loc['one':'two']는 2개의 행을 반환했습니다.

아래는 loc[ ] 연산의 다양한 수행 사례입니다.

loc[ ] 연산 유형	설명 및 반환 값
`data_df.loc['three', 'Name']`	인덱스 값 three인 행의 Name 칼럼의 단일값 반환 반환 값: 'Jinwoong'
`data_df.loc['one':'two', ['Name', 'Year']]`	인덱스 값 one부터 two까지 행의 Name과 Year 칼럼에 해당하는 DataFrame 반환 반환 값: Name Year one Chulmin 2011 two Eunkyung 2016
`data_df.loc['one':'three', 'Name':'Gender']`	인덱스 값 one부터 three까지 행의 Name부터 Gender 칼럼까지의 DataFrame 반환 반환 값: Name Year Gender one Chulmin 2011 Male two Eunkyung 2016 Female three Jinwoong 2015 Male
`data_df.loc[:]`	모든 데이터 값: Name Year Gender one Chulmin 2011 Male two Eunkyung 2016 Female three Jinwoong 2015 Male four Soobeom 2015 Male
`data_df.loc[data_df.Year >= 2014]`	iloc[ ]와 다르게 loc[ ]는 불린 인덱싱이 가능. Year 칼럼의 값이 2014 이상인 모든 데이터를 불린 인덱싱으로 추출 Name Year Gender two Eunkyung 2016 Female three Jinwoong 2015 Male four Soobeom 2015 Male

지금까지 [ ], iloc[ ], loc[ ]에 대해서 말씀드렸습니다. 여기서 잠깐 [ ], iloc[ ], loc[ ]의 특징과 주의할 점을 정리하겠습니다.

1. 개별 또는 여러 칼럼 값 전체를 추출하고자 한다면 iloc[ ]나 loc[ ]를 사용하지 않고 data_df['Name']과 같이 DataFrame['칼럼명']만으로 충분합니다. 하지만 행과 열을 함께 사용하여 데이터를 추출해야 한다면 iloc[ ]나 loc[ ]를 사용해야 합니다.
2. iloc[ ]와 loc[ ]를 이해하기 위해서는 명칭 기반 인덱싱과 위치 기반 인덱싱의 차이를 먼저 이해해야 합니다. DataFrame의 인덱스나 칼럼명으로 데이터에 접근하는 것은 명칭 기반 인덱싱입니다. 0부터 시작하는 행, 열의 위치 좌표에만 의존하는 것이 위치 기반 인덱싱입니다.
3. iloc[ ]는 위치 기반 인덱싱만 가능합니다. 따라서 행과 열 위치 값으로 정수형 값을 지정해 원하는 데이터를 반환합니다.
4. loc[ ]는 명칭 기반 인덱싱만 가능합니다. 따라서 행 위치에 DataFrame 인덱스가 오며, 열 위치에는 칼럼명을 지정해 원하는 데이터를 반환합니다.
5. 명칭 기반 인덱싱에서 슬라이싱을 '시작점:종료점'으로 지정할 때 시작점에서 종료점을 포함한 위치에 있는 데이터를 반환합니다.

불린 인덱싱

넘파이 때도 말했지만, 불린 인덱싱은 매우 편리한 데이터 필터링 방식입니다(불린 인덱싱에 대해 잘 기억나지 않는 사람은 이전 넘파이 부분을 참조하기 바랍니다). 오히려 iloc나 loc와 같이 명확히 인덱싱을 지정하는 방식보다는 불린 인덱싱에 의존해 데이터를 가져오는 경우가 더 많습니다. 왜냐하면 명칭이나 위치 지정 인덱싱에서 가져올 값은 주로 로직이나 조건에 의해 계산한 뒤에 행 위치, 열 위치 값으로 입력되는데, 그럴 필요 없이 처음부터 가져올 값을 조건으로 [ ] 내에 입력하면 자동으로 원하는 값을 필터링하기 때문입니다. 그리고 불린 인덱싱은 [ ], loc[ ]에서 공통으로 지원합니다. 단지 iloc[ ]는 정수형 값이 아닌 불린 값에 대해서는 지원하지 않기 때문에 불린 인덱싱이 지원되지 않습니다.

다시 새롭게 타이타닉 데이터 세트를 DataFrame으로 로드하고, 승객 중 나이(Age)가 60세 이상인 데이터를 추출해 보겠습니다. [ ] 연산자 내에 불린 조건을 입력하면 불린 인덱싱으로 자동으로 결과를 찾아줍니다.

```
titanic_df = pd.read_csv('titanic_train.csv')
titanic_boolean = titanic_df[titanic_df['Age'] > 60]
print(type(titanic_boolean))
titanic_boolean
```

[Output]

```
<class 'pandas.core.frame.DataFrame'>
```

	PassengerId	Survived	Pclass	Name	Sex	Age	SibSp	Parch	Ticket	Fare	Cabin	Embarked
33	34	0	2	Wheadon, Mr. Edward H	male	66.0	0	0	C.A. 24579	10.5000	NaN	S
54	55	0	1	Ostby, Mr. Engelhart Cornelius	male	65.0	0	1	113509	61.9792	B30	C

....

829	830	1	1	Stone, Mrs. George Nelson (Martha Evelyn)	female	62.0	0	0	113572	80.0000	B28	NaN
851	852	0	3	Svensson, Mr. Johan	male	74.0	0	0	347060	7.7750	NaN	S

titanic_df[titanic_df['Age'] > 60]은 titanic_df의 'Age' 칼럼 값이 60보다 큰 데이터를 모두 반환합니다. 반환된 titanic_boolean 객체의 타입은 DataFrame입니다. [ ] 내에 불린 인덱싱을 적용하면 반환되는 객체가 DataFrame이므로 원하는 칼럼명만 별도로 추출할 수 있습니다. 60세 이상인 승객의 나이와 이름만 추출해 보겠습니다. [ ] 연산자에 칼럼명을 입력하면 됩니다. 칼럼이 두 개 이상이므로 [[ ]]를 사용합니다. 화면에 3개만 추출해 보겠습니다.

```
titanic_df[titanic_df['Age'] > 60][['Name', 'Age']].head(3)
```

[Output]

	Name	Age
33	Wheadon, Mr. Edward H	66.0
54	Ostby, Mr. Engelhart Cornelius	65.0
96	Goldschmidt, Mr. George B	71.0

loc[ ]를 이용해도 동일하게 적용할 수 있습니다. 단, ['Name', 'Age']는 칼럼 위치에 놓여야 합니다.

```
titanic_df.loc[titanic_df['Age'] > 60, ['Name', 'Age']].head(3)
```

[Output]

	Name	Age
33	Wheadon, Mr. Edward H	66.0
54	Ostby, Mr. Engelhart Cornelius	65.0
96	Goldschmidt, Mr. George B	71.0

여러 개의 복합 조건도 결합해 적용할 수 있습니다.

1. and 조건일 때는 &
2. or 조건일 때는 |
3. Not 조건일 때는 ~

나이가 60세 이상이고, 선실 등급이 1등급이며, 성별이 여성인 승객을 추출해 보겠습니다. 개별 조건은 ( )로 묶고, 복합 조건 연산자를 사용하면 됩니다.

```
titanic_df[ (titanic_df['Age'] > 60) & (titanic_df['Pclass']==1) &
            (titanic_df['Sex']=='female')]
```

[Output]

	PassengerId	Survived	Pclass	Name	Sex	Age	SibSp	Parch	Ticket	Fare	Cabin	Embarked
275	276	1	1	Andrews, Miss. Kornelia Theodosia	female	63.0	1	0	13502	77.9583	D7	S
829	830	1	1	Stone, Mrs. George Nelson (Martha Evelyn)	female	62.0	0	0	113572	80.0000	B28	NaN

다음과 같이 개별 조건을 변수에 할당하고 이들 변수를 결합해서 불린 인덱싱을 수행할 수도 있습니다.

```
cond1 = titanic_df['Age'] > 60
cond2 = titanic_df['Pclass']==1
cond3 = titanic_df['Sex']=='female'
titanic_df[ cond1 & cond2 & cond3]
```

[Output]

	PassengerId	Survived	Pclass	Name	Sex	Age	SibSp	Parch	Ticket	Fare	Cabin	Embarked
275	276	1	1	Andrews, Miss. Kornelia Theodosia	female	63.0	1	0	13502	77.9583	D7	S
829	830	1	1	Stone, Mrs. George Nelson (Martha Evelyn)	female	62.0	0	0	113572	80.0000	B28	NaN

이처럼 불린 인덱싱은 다재 다능하고 유연합니다. 그리고 [ ], ix[ ], loc[ ]에서 지원이 되기 때문에 이들 연산자 간의 미묘한 차이에 대해서도 고민할 필요가 없습니다(물론 ix[ ]는 앞으로 지원되지 않을 예정이므로 사용을 줄이는 게 좋아 보입니다).

정렬, Aggregation 함수, GroupBy 적용

DataFrame, Series의 정렬 – sort_values()

DataFrame과 Series의 정렬을 위해서는 sort_values( ) 메서드를 이용합니다. sort_values( )는 RDBMS SQL의 order by 키워드와 매우 유사합니다. sort_values( )의 주요 입력 파라미터는 by, ascending, inplace입니다. by로 특정 칼럼을 입력하면 해당 칼럼으로 정렬을 수행합니다. ascending= True로 설정하면 오름차순으로 정렬하며, ascending=False로 설정하면 내림차순으로 정렬합니다. 기본은 ascending=True입니다. inplace=False로 설정하면 sort_values( )를 호출한 DataFrame은 그대로 유지하며 정렬된 DataFrame을 결과로 반환합니다. inplace=True로 설정하면 호출한 DataFrame의 정렬 결과를 그대로 적용합니다. 기본은 inplace=False입니다.

다음 예제는 titanic_df를 Name 칼럼으로 오름차순 정렬해 반환합니다.

```
titanic_sorted = titanic_df.sort_values(by=['Name'])
titanic_sorted.head(3)
```

[Output]

	PassengerId	Survived	Pclass	Name	Sex	Age	SibSp	Parch	Ticket	Fare	Cabin	Embarked
845	846	0	3	Abbing, Mr. Anthony	male	42.0	0	0	C.A. 5547	7.55	NaN	S
746	747	0	3	Abbott, Mr. Rossmore Edward	male	16.0	1	1	C.A. 2673	20.25	NaN	S
279	280	1	3	Abbott, Mrs. Stanton (Rosa Hunt)	female	35.0	1	1	C.A. 2673	20.25	NaN	S

여러 개의 칼럼으로 정렬하려면 by에 리스트 형식으로 정렬하려는 칼럼을 입력하면 됩니다. 다음 예제는 Pclass와 Name를 내림차순으로 정렬한 결과를 반환합니다.

```
titanic_sorted = titanic_df.sort_values(by=['Pclass', 'Name'], ascending=False)
titanic_sorted.head(3)
```

[Output]

	PassengerId	Survived	Pclass	Name	Sex	Age	SibSp	Parch	Ticket	Fare	Cabin	Embarked
868	869	0	3	van Melkebeke, Mr. Philemon	male	NaN	0	0	345777	9.5	NaN	S
153	154	0	3	van Billiard, Mr. Austin Blyler	male	40.5	0	2	A/5. 851	14.5	NaN	S
282	283	0	3	de Pelsmaeker, Mr. Alfons	male	16.0	0	0	345778	9.5	NaN	S

Aggregation 함수 적용

DataFrame에서 min( ), max( ), sum( ), count( )와 같은 aggregation 함수의 적용은 RDBMS SQL의 aggregation 함수 적용과 유사합니다. 다만 DataFrame의 경우 DataFrame에서 바로 aggregation을 호출할 경우 모든 칼럼에 해당 aggregation을 적용한다는 차이가 있습니다. 다음 예제에서는 titanic_df에 count( )를 적용하면 모든 칼럼에 count( ) 결과를 반환합니다. 단, count()는 Null 값을 반영하지 않은 결과를 반환합니다. 때문에 Null 값이 있는 Age, Cabin, Embarked 칼럼은 count( )의 결과 값이 다릅니다.

```
titanic_df.count()
```

[Output]

```
PassengerId     891
Survived        891
Pclass          891
Name            891
Sex             891
Age             714
SibSp           891
Parch           891
Ticket          891
Fare            891
Cabin           204
Embarked        889
```

특정 칼럼에 aggregation 함수를 적용하기 위해서는 DataFrame에 대상 칼럼들만 추출해 aggregation을 적용하면 됩니다.

```
titanic_df[['Age', 'Fare']].mean()
```

[Output]

```
Age     29.699118
Fare    32.204208
```

groupby( ) 적용

DataFrame의 groupby( )는 RDBMS SQL의 groupby 키워드와 유사하면서도 다른 면이 있기 때문에 주의가 필요합니다. SQL과 판다스 모두 groupby를 분석 작업에 매우 많이 활용합니다. DataFrame의 groupby( ) 사용 시 입력 파라미터 by에 칼럼을 입력하면 대상 칼럼으로 groupby됩니다. DataFrame에 groupby( )를 호출하면 DataFrameGroupBy라는 또 다른 형태의 DataFrame을 반환합니다. 다음 예제에서 groupby(by='Pclass')를 호출하면 Pclass 칼럼 기준으로 GroupBy된 DataFrameGroupby 객체를 반환합니다.

```
titanic_groupby = titanic_df.groupby(by='Pclass')
print(type(titanic_groupby))
```

[Output]

```
<class 'pandas.core.groupby.groupby.DataFrameGroupBy'>
```

SQL의 group by와 다르게, DataFrame에 groupby( )를 호출해 반환된 결과에 aggregation 함수를 호출하면 groupby( ) 대상 칼럼을 제외한 모든 칼럼에 해당 aggregation 함수를 적용합니다.

```
titanic_groupby = titanic_df.groupby('Pclass').count()
titanic_groupby
```

[Output]

Pclass	PassengerId	Survived	Name	Sex	Age	SibSp	Parch	Ticket	Fare	Cabin	Embarked
1	216	216	216	216	186	216	216	216	216	176	214
2	184	184	184	184	173	184	184	184	184	16	184
3	491	491	491	491	355	491	491	491	491	12	491

SQL의 경우 group by 적용 시 여러 개의 칼럼에 aggregation 함수를 호출하려면 대상 칼럼을 모두 Select 절에 나열해야 하는 것이 다릅니다. 즉 Select count(PassengerId), count(Survived), ... from titanic_table group by Pclass와 같이 돼야 합니다. DataFrame의 groupby( )에 특정 칼럼만 aggregation 함수를 적용하려면 grouby( )로 반환된 DataFrameGroupBy 객체에 해당 칼럼을 필터링한 뒤 aggregation 함수를 적용합니다. 다음 예제는 titanic_df.groupby('Pclass')로 반환된

DataFrameGroupBy 객체에 [['PassengerId', 'Survived']]로 필터링해 PassengerId와 Survived 칼럼에만 count( )를 수행합니다.

```
titanic_groupby = titanic_df.groupby('Pclass')[['PassengerId', 'Survived']].count()
titanic_groupby
```

[Output]

	PassengerId	Survived
Pclass		
1	216	216
2	184	184
3	491	491

DataFrame groupby( )와 SQL의 group by 키워드의 또 다른 차이는 SQL의 경우 서로 다른 aggregation 함수를 적용할 경우에는 Select 절에 나열하기만 하면 되지만, DataFrame groupby( )의 경우 적용하려는 여러 개의 aggregation 함수명을 DataFrameGroupBy 객체의 agg( ) 내에 인자로 입력해서 사용한다는 점입니다. 예를 들어 Select max(Age), min(Age) from titanic_table groupby Pclass와 같은 SQL은 다음과 같이 groupby( )로 반환된 DataFrameGroupBy 객체에 agg( )를 적용해 동일하게 구현할 수 있습니다.

```
titanic_df.groupby('Pclass')['Age'].agg([max, min])
```

[Output]

	max	min
Pclass		
1	80.0	0.92
2	70.0	0.67
3	74.0	0.42

그런데 이렇게 DataFrame의 groupby( )를 이용해 API 기반으로 처리하다 보니 SQL의 group by 보다 유연성이 떨어질 수밖에 없습니다. 예를 들어 여러 개의 칼럼이 서로 다른 aggregation 함수를 groupby에서 호출하려면 SQL은 Select max(Age), sum(SibSp), avg(Fare) from titanic_table group by Pclass와 같이 쉽게 가능하지만, DataFrame groupby( )는 좀 더 복잡한 처리가 필요합니다. groupby( )는 agg( )를 이용해 이 같은 처리가 가능한데, agg( ) 내에 입력값으로 딕셔너리 형태로 aggregation이 적용될 칼럼들과 aggregation 함수를 입력합니다. 다음 예제는 이를 구현한 것입니다.

```
agg_format={'Age':'max', 'SibSp':'sum', 'Fare':'mean'}
titanic_df.groupby('Pclass').agg(agg_format)
```

[Output]

	Age	SibSp	Fare
Pclass			
1	80.0	90	84.154687
2	70.0	74	20.662183
3	74.0	302	13.675550

결손 데이터 처리하기

판다스는 결손 데이터(Missing Data)를 처리하는 편리한 API를 제공합니다. 결손 데이터는 칼럼에 값이 없는, 즉 NULL인 경우를 의미하며, 이를 넘파이의 NaN으로 표시합니다. 기본적으로 머신러닝 알고리즘은 이 NaN 값을 처리하지 않으므로 이 값을 다른 값으로 대체해야 합니다. 또한 NaN 값은 평균, 총합 등의 함수 연산 시 제외가 됩니다. 특정 칼럼의 100개 데이터 중 10개가 NaN 값일 경우, 이 칼럼의 평균 값은 90개 데이터에 대한 평균입니다. NaN 여부를 확인하는 API는 isna( )이며, NaN 값을 다른 값으로 대체하는 API는 fillna( )입니다.

결손 데이터 → (Cabin)

	PassengerId	Survived	Pclass	Name	Sex	Age	SibSp	Parch	Ticket	Fare	Cabin	Embarked
0	1	0	3	Braund, Mr. Owen Harris	male	22.0	1	0	A/5 21171	7.2500	NaN	S
1	2	1	1	Cumings, Mrs. John Bradley (Florence Briggs Th...	female	38.0	1	0	PC 17599	71.2833	C85	C

isna( )로 결손 데이터 여부 확인

isna( )는 데이터가 NaN인지 아닌지를 알려줍니다. DataFrame에 isna( )를 수행하면 모든 칼럼의 값이 NaN인지 아닌지를 True나 False로 알려줍니다.

```
titanic_df.isna().head(3)
```

[Output]

	PassengerId	Survived	Pclass	Name	Sex	Age	SibSp	Parch	Ticket	Fare	Cabin	Embarked
0	False	False	False	False	False	False	False	False	False	False	True	False
1	False	False	False	False	False	False	False	False	False	False	False	False
2	False	False	False	False	False	False	False	False	False	False	True	False

결손 데이터의 개수는 isna( ) 결과에 sum( ) 함수를 추가해 구할 수 있습니다. sum( )을 호출 시 True는 내부적으로 숫자 1로, False는 숫자 0으로 변환되므로 결손 데이터의 개수를 구할 수 있습니다.

```
titanic_df.isna( ).sum( )
```

[Output]

```
PassengerId     0
Survived        0
Pclass          0
Name            0
Sex             0
Age             177
SibSp           0
Parch           0
Ticket          0
Fare            0
Cabin           687
Embarked        2
```

fillna( )로 결손 데이터 대체하기

fillna( )를 이용하면 결손 데이터를 편리하게 다른 값으로 대체할 수 있습니다. 타이타닉 데이터 세트의 'Cabin' 칼럼의 NaN 값을 'C000'으로 대체해 보겠습니다.

```
titanic_df['Cabin'] = titanic_df['Cabin'].fillna('C000')
titanic_df.head(3)
```

[Output]

	PassengerId	Survived	Pclass	Name	Sex	Age	SibSp	Parch	Ticket	Fare	Cabin	Embarked
0	1	0	3	Braund, Mr. Owen Harris	male	22.0	1	0	A/5 21171	7.2500	C000	S
1	2	1	1	Cumings, Mrs. John Bradley (Florence Briggs Th...	female	38.0	1	0	PC 17599	71.2833	C85	C
2	3	1	3	Heikkinen, Miss. Laina	female	26.0	0	0	STON/O2. 3101282	7.9250	C000	S

주의해야 할 점은 fillna( )를 이용해 반환 값을 다시 받거나 inplace=True 파라미터를 fillna( )에 추가해야 실제 데이터 세트 값이 변경된다는 점입니다. titanic_df['Cabin'] = titanic_df['Cabin'].fillna('C000')와 같이 fillna( ) 반환 값을 다시 titanic_df['Cabin']로 정해주거나 반환 변숫값을 지정하지 않으려면 titanic_df['Cabin'].fillna('C000', inplace=True)와 같이 inplace=True를 설정해야 합니다(앞에서 설명한 inplace 파라미터에 따른 drop( ) API의 반환 값을 참조하세요).

'Age' 칼럼의 NaN 값을 평균 나이로, 'Embarked' 칼럼의 NaN 값을 'S'로 대체해 모든 결손 데이터를 처리하겠습니다.

```
titanic_df['Age'] = titanic_df['Age'].fillna(titanic_df['Age'].mean())
titanic_df['Embarked'] = titanic_df['Embarked'].fillna('S')
titanic_df.isna().sum()
```

[Output]

```
PassengerId    0
Survived       0
Pclass         0
Name           0
Sex            0
Age            0
SibSp          0
Parch          0
Ticket         0
Fare           0
Cabin          0
Embarked       0
```

apply lambda 식으로 데이터 가공

판다스는 apply 함수에 lambda 식을 결합해 DataFrame이나 Series의 레코드별로 데이터를 가공하는 기능을 제공합니다. 판다스의 경우 칼럼에 일괄적으로 데이터 가공을 하는 것이 속도 면에서 더 빠르나 복잡한 데이터 가공이 필요할 경우 어쩔 수 없이 apply lambda를 이용합니다. 먼저 lambda 식에 익숙하지 않은 사람들을 위해 lambda 식에 대해 설명하겠습니다. lambda 식은 파이썬에서 함수형 프로그래밍(functional programming)을 지원하기 위해 만들었습니다.

가령 다음과 같이 입력값의 제곱 값을 구해서 반환하는 get_square(a)라는 함수가 있다고 가정하겠습니다.

```
def get_square(a):
    return a**2

print('3의 제곱은:', get_square(3))
```

[Output]

```
3의 제곱은: 9
```

위의 함수는 def get_square(a):와 같이 함수명과 입력 인자를 먼저 선언하고 이후 함수 내에서 입력 인자를 가공한 뒤 결괏값을 return과 같은 문법으로 반환해야 합니다. lambda는 이러한 함수의 선언과 함수 내의 처리를 한 줄의 식으로 쉽게 변환하는 식입니다. 다음에서 위의 get_square(a)를 lambda 식으로 어떻게 변환했는지 확인해 보겠습니다.

```
lambda_square = lambda x : x ** 2
print('3의 제곱은:', lambda_square(3))
```

[Output]

```
3의 제곱은: 9
```

lambda x : x ** 2에서 ':'로 입력 인자와 반환될 입력 인자의 계산식을 분리합니다. ':'의 왼쪽에 있는 x는 입력 인자를 가리키며, 오른쪽은 입력 인자의 계산식입니다. 오른쪽의 계산식은 결국 반환 값을 의미합니다.

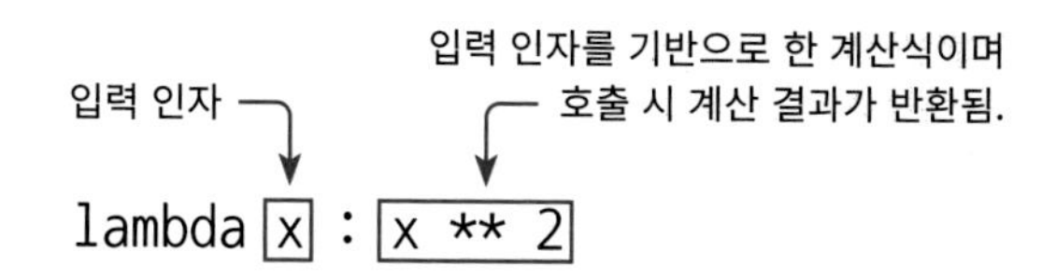

lambda 식을 이용할 때 여러 개의 값을 입력 인자로 사용해야 할 경우에는 보통 map( ) 함수를 결합해서 사용합니다.

```
a=[1, 2, 3]
squares = map(lambda x : x**2, a)
list(squares)
```

[Output]

```
[1, 4, 9]
```

판다스 DataFrame의 lambda 식은 파이썬의 이러한 lambda 식을 그대로 적용한 것입니다. 그럼 DataFrame의 apply에 lambda 식을 적용해 데이터를 가공해 보겠습니다. 먼저 'Name' 칼럼의 문자열 개수를 별도의 칼럼인 'Name_len'에 생성해 보겠습니다.

```
titanic_df['Name_len']= titanic_df['Name'].apply(lambda x : len(x))
titanic_df[['Name', 'Name_len']].head(3)
```

[Output]

	Name	Name_len
0	Braund, Mr. Owen Harris	23
1	Cumings, Mrs. John Bradley (Florence Briggs Th...	51
2	Heikkinen, Miss. Laina	22

Lambda 식에서 if else 절을 사용해 조금 더 복잡한 가공을 해보겠습니다. 나이가 15세 미만이면 'Child', 그렇지 않으면 'Adult'로 구분하는 새로운 칼럼 'Child_Adult'를 apply lambda를 이용해 만들어 보겠습니다.

```
titanic_df['Child_Adult'] = titanic_df['Age'].apply(lambda x : 'Child' if x <=15 else 'Adult' )
titanic_df[['Age', 'Child_Adult']].head(8)
```

[Output]

	Age	Child_Adult
0	22.000000	Adult
1	38.000000	Adult

....

7	2.000000	Child

lambda 식은 if else를 지원하는데, 주의할 점이 있습니다. if 절의 경우 if 식보다 반환 값을 먼저 기술해야 합니다. 이는 lambda 식 ':' 기호의 오른편에 반환 값이 있어야 하기 때문입니다. 따라서 lambda x : if x <=15 'Child' else 'Adult'가 아니라 lambda x : 'Child' if x <=15 else 'Adult'입니다. else의 경우는 else 식이 먼저 나오고 반환 값이 나중에 오면 됩니다.

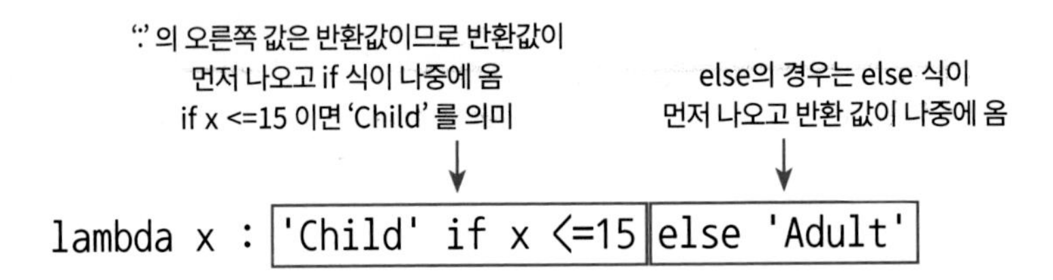

또 한 가지는 if, else만 지원하고 if, else if, else와 같이 else if는 지원하지 않습니다. else if를 이용하기 위해서는 else 절을 ( )로 내포해 ( ) 내에서 다시 if else 적용해 사용합니다. 나이가 15세 이하이면 Child, 15~60세 사이는 Adult, 61세 이상은 Elderly로 분류하는 'Age_Cat' 칼럼을 만들어 보겠습니다.

```
titanic_df['Age_cat'] = titanic_df['Age'].apply(lambda x : 'Child' if x<=15 else ('Adult' if x <= 60
                                                                                                else 'Elderly'))
titanic_df['Age_cat'].value_counts()
```

[Output]

```
Adult      786
Child       83
Elderly     22
```

첫 번째 else 절에서 ( )로 내포했는데, ( ) 안에서도 'Adult' if x <= 60과 같이 if 절의 경우 반환 값이 식보다 먼저 나왔음에 유의하기 바랍니다. 그런데 else if가 많이 나와야 하는 경우나 switch case 문의 경우는 이렇게 else를 계속 내포해서 쓰기에는 부담스럽습니다. 이 경우에는 아예 별도의 함수를 만드는 게 더 나을 수 있습니다. 마지막으로 나이에 따라 더 세분화된 분류를 해보겠습니다. 5살 이하는 Baby, 12살 이하는 Child, 18살 이하는 Teenage, 25살 이하는 Student, 35살 이하는 Young Adult, 60세 이하는 Adult, 그리고 그 이상은 Elderly로 분류해 보겠습니다.

```
# 나이에 따라 세분화된 분류를 수행하는 함수 생성.
def get_category(age):
    cat = ''
    if age <= 5: cat = 'Baby'
    elif age <= 12: cat = 'Child'
    elif age <= 18: cat = 'Teenager'
    elif age <= 25: cat = 'Student'
    elif age <= 35: cat = 'Young Adult'
    elif age <= 60: cat = 'Adult'
    else : cat = 'Elderly'

    return cat

# lambda 식에 위에서 생성한 get_category( ) 함수를 반환값으로 지정.
# get_category(X)는 입력값으로 'Age' 칼럼 값을 받아서 해당하는 cat 반환
titanic_df['Age_cat'] = titanic_df['Age'].apply(lambda x : get_category(x))
titanic_df[['Age', 'Age_cat']].head()
```

[Output]

	Age	Age_cat
0	22.0	Student
1	38.0	Adult
2	26.0	Young Adult
3	35.0	Young Adult
4	35.0	Young Adult

05 정리

이상으로 파이썬 머신러닝을 구성하는 다양한 패키지에 대해서 알아봤습니다. 특히 넘파이와 판다스는 머신러닝 학습을 위해 정복해야 할 매우 중요한 요소입니다. 넘파이와 판다스에 대해서 못 다룬 부분이 너무 많지만, 이들이 다루는 범위가 너무 넓기 때문에 아쉽지만 이 정도에서 소개를 마무리해야 할 것 같습니다. 서두에서도 말했듯이 넘파이와 판다스는 머신러닝 프로그램을 직접 만들면서 이해하고, 모르는 부분들을 인터넷 검색 등으로 찾아보는 게 학습을 위한 제일 빠른 방법입니다.

파이썬의 대표적 시각화 패키지인 맷플롯립(Matplotlib)과 시본(Seaborn) 역시 자세한 사용법을 설명하지 않았습니다. 이 역시 머신러닝 프로그램을 직접 만들면서 함께 이해하는 것이 학습 시간이 훨씬 덜 소모됩니다. 맷플롯립의 경우 시각화를 위한 API가 너무 세분화돼 있어서 학습에 어느 정도 시간이 필요할 수 있습니다. 본 책에서는 최대한 맷플롯립의 복잡한 API를 사용하지 않고 예제 코드를 작성하려고 노력했으며, 맷플롯립의 API는 인터넷 등을 통해 충분히 이해할 수 있을 것입니다. 시본(Seaborn)의 경우 https://seaborn.pydata.org/index.html을 방문해 다양한 그래프를 생성하는 예제들을 개괄적으로 직접 수행해 보면 큰 도움이 될 것입니다.

앞으로 공부하면서 느끼겠지만, 실제로 ML 모델을 생성하고 예측을 수행하는 데 있어서 ML 알고리즘이 차지하는 비중보다 데이터를 전처리하고 적절한 피처를 가공/추출하는 부분이 훨씬 많은 비중을 차지하게 됩니다. 따라서 바로 뒤에서 설명할 사이킷런에 대한 이해도 중요하지만, 넘파이, 판다스, 맷플롯립/시본과 같이 파이썬 머신러닝 생태계를 이루고 있는 다양한 패키지에 대한 이해 역시 매우 중요합니다.

CHAPTER

02

사이킷런으로 시작하는 머신러닝

"당신의 인생을 전부,
처음부터 끝까지 알 수 있다면,
그걸 바꾸려 할 건가요?"

< 영화 컨택트(원제:Arrival)에서 미래를 보게 된 루이스 박사가 이언에게 >

01 사이킷런 소개와 특징

사이킷런(scikit-learn)은 파이썬 머신러닝 라이브러리 중 가장 많이 사용되는 라이브러리입니다. 파이썬 기반의 머신러닝은 곧 사이킷런으로 개발하는 것을 의미할 정도로 오랜 기간 파이썬 세계에서 인정받았으며, 사이킷런은 파이썬 기반의 머신러닝을 위한 가장 쉽고 효율적인 개발 라이브러리를 제공합니다. 물론 최근에는 텐서플로, 케라스 등 딥러닝 전문 라이브러리의 강세로 인해 대중적인 관심이 줄어들고는 있지만 여전히 많은 데이터 분석가가 의존하는 대표적인 파이썬 ML 라이브러리입니다.

사이킷런의 특징은 다음과 같습니다

- 파이썬 기반의 다른 머신러닝 패키지도 사이킷런 스타일의 API를 지향할 정도로 쉽고 가장 파이썬스러운 API를 제공합니다.

- 머신러닝을 위한 매우 다양한 알고리즘과 개발을 위한 편리한 프레임워크와 API를 제공합니다.
- 오랜 기간 실전 환경에서 검증됐으며, 매우 많은 환경에서 사용되는 성숙한 라이브러리입니다.

1장에서 말한 바와 같이 Anaconda를 설치하면 기본으로 사이킷런까지 설치가 완료되기에 별도의 설치가 필요 없습니다. 하지만 이 글을 쓰고 있는 시점에 Anaconda가 제공하는 사이킷런의 버전은 0.24.2(2021년 4월 release)이며 가장 최신 버전은 1.0.2(2021년 12월 release)입니다. 사이킷런의 버전 업그레이드가 여전히 활발히 진행되고 있기에 현 시점의 최신 버전인 1.0.2에서 모든 실습 코드를 테스트했습니다. 사이킷런 버전 1.0.2를 설치하려면 아나콘다 Prompt를 열고 다음과 같이 pip를 이용해 설치하시면 됩니다(윈도우 10 환경은 아나콘다 Prompt 생성 시 마우스 오른쪽 버튼을 클릭해 '자세히 → 관리자 권한으로 실행'을 통해 생성).

```
pip install scikit-learn==1.0.2
```

시간이 지나면서 좀 더 최신 버전의 사이킷런을 설치하고자 한다면 pip install -U scikit-learn으로 설치하면 됩니다. 다만 이 책의 모든 예제는 사이킷런 버전 1.0.2 기반이기에 다른 사이킷런 버전에서는 예제의 출력 결과가 조금 다를 수 있음을 주지하기 바랍니다. 사이킷런 재설치가 완료되었으면 주피터 노트북을 열고 다음과 같이 버전을 확인해 볼 수 있습니다. 참고로 version 앞뒤의 '__'는 언더스코어('_')가 연이어 두 개 있는 것입니다.

```
import sklearn

print(sklearn.__version__)
```

[Output]

```
1.0.2
```

02 첫 번째 머신러닝 만들어 보기 - 붓꽃 품종 예측하기

사이킷런을 통해 첫 번째로 만들어볼 머신러닝 모델은 붓꽃 데이터 세트로 붓꽃의 품종을 분류(Classification)하는 것입니다. 붓꽃 데이터 세트는 꽃잎의 길이와 너비, 꽃받침의 길이와 너비 피처(Feature)를 기반으로 꽃의 품종을 예측하기 위한 것입니다.

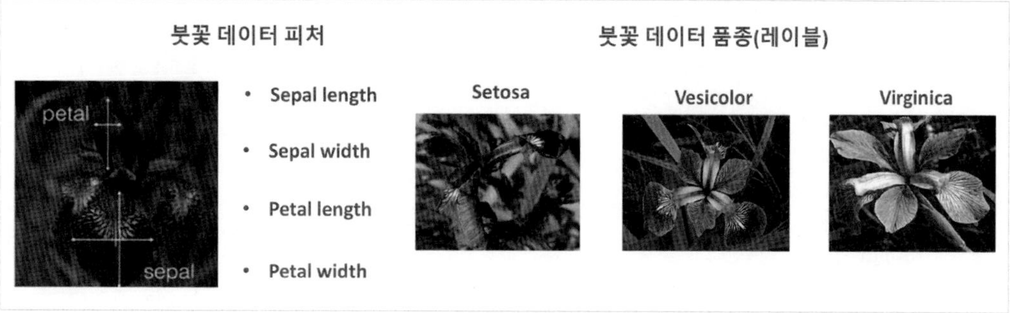

붓꽃 데이터 피처

petal
sepal

- Sepal length
- Sepal width
- Petal length
- Petal width

붓꽃 데이터 품종(레이블)

Setosa | Vesicolor | Virginica

분류(Classification)는 대표적인 지도학습(Supervised Learning) 방법의 하나입니다. 지도학습은 학습을 위한 다양한 피처와 분류 결정값인 레이블(Label) 데이터로 모델을 학습한 뒤, 별도의 테스트 데이터 세트에서 미지의 레이블을 예측합니다. 즉 지도학습은 명확한 정답이 주어진 데이터를 먼저 학습한 뒤 미지의 정답을 예측하는 방식입니다. 이때 학습을 위해 주어진 데이터 세트를 학습 데이터 세트, 머신러닝 모델의 예측 성능을 평가하기 위해 별도로 주어진 데이터 세트를 테스트 데이터 세트로 지칭합니다.

먼저 새로운 주피터 노트북을 생성하고 사이킷런에서 사용할 모듈을 임포트합니다. 사이킷런 패키지 내의 모듈명은 sklearn으로 시작하는 명명규칙이 있습니다. sklearn.datasets 내의 모듈은 사이킷런에서 자체적으로 제공하는 데이터 세트를 생성하는 모듈의 모임입니다. sklearn.tree 내의 모듈은 트리 기반 ML 알고리즘을 구현한 클래스의 모임입니다. sklearn.model_selection은 학습 데이터와 검증 데이터, 예측 데이터로 데이터를 분리하거나 최적의 하이퍼 파라미터로 평가하기 위한 다양한 모듈의 모임입니다. 하이퍼 파라미터란 머신러닝 알고리즘별로 최적의 학습을 위해 직접 입력하는 파라미터들을 통칭하며, 하이퍼 파라미터를 통해 머신러닝 알고리즘의 성능을 튜닝할 수 있습니다. 붓꽃 데이터 세트를 생성하는 데는 load_iris( )를 이용하며, ML 알고리즘은 의사 결정 트리(Decision Tree) 알고리즘으로, 이를 구현한 DecisionTreeClassifier를 적용합니다.

아직 의사 결정 트리와 같은 머신러닝의 주요 알고리즘에 대해서 본격적으로 설명하지는 않았지만, 일단은 데이터를 학습하고 예측하는 머신러닝 기법을 구현한 주요 알고리즘의 하나로만 이해해도 충분할 것 같습니다. 머신러닝의 주요 알고리즘에 대해서는 뒤에서 더 상세하게 설명하겠습니다. 그리고 데이터 세트를 학습 데이터와 테스트 데이터로 분리하는 데는 train_test_split( ) 함수를 사용할 것입니다.

```
from sklearn.datasets import load_iris
from sklearn.tree import DecisionTreeClassifier
from sklearn.model_selection import train_test_split
```

load_iris( ) 함수를 이용해 붓꽃 데이터 세트를 로딩한 후, 피처들과 데이터 값이 어떻게 구성돼 있는지 확인하기 위해 DataFrame으로 변환하겠습니다.

```
import pandas as pd

# 붓꽃 데이터 세트를 로딩합니다.
iris = load_iris()

# iris.data는 Iris 데이터 세트에서 피처(feature)만으로 된 데이터를 numpy로 가지고 있습니다.
iris_data = iris.data

# iris.target은 붓꽃 데이터 세트에서 레이블(결정 값) 데이터를 numpy로 가지고 있습니다.
iris_label = iris.target
print('iris target값:', iris_label)
print('iris target명:', iris.target_names)

# 붓꽃 데이터 세트를 자세히 보기 위해 DataFrame으로 변환합니다.
iris_df = pd.DataFrame(data=iris_data, columns=iris.feature_names)
iris_df['label'] = iris.target
iris_df.head(3)
```

[Output]

```
iris target값: [0 0 0 0 0 0 0 0 0 0 0 0 0 0 0 0 0 0 0 0 0 0 0 0 0 0 0 0 0 0 0 0 0 0 0 0 0
 0 0 0 0 0 0 0 0 0 0 0 0 0 1 1 1 1 1 1 1 1 1 1 1 1 1 1 1 1 1 1 1 1 1 1 1 1
 1 1 1 1 1 1 1 1 1 1 1 1 1 1 1 1 1 1 1 1 1 1 1 1 1 1 2 2 2 2 2 2 2 2 2 2 2 2
 2 2 2 2 2 2 2 2 2 2 2 2 2 2 2 2 2 2 2 2 2 2 2 2 2 2 2 2 2 2 2 2 2 2 2 2 2 2
 2 2]
iris target명: ['setosa' 'versicolor' 'virginica']
```

	sepal length (cm)	sepal width (cm)	petal length (cm)	petal width (cm)	label
0	5.1	3.5	1.4	0.2	0
1	4.9	3.0	1.4	0.2	0
2	4.7	3.2	1.3	0.2	0

피처에는 sepal length, sepal width, petal length, petal width가 있습니다. 레이블(Label, 결정값)은 0, 1, 2 세 가지 값으로 돼 있으며 0이 Setosa 품종, 1이 versicolor 품종, 2가 virginica 품종을 의미합니다.

다음으로 학습용 데이터와 테스트용 데이터를 분리해 보겠습니다. 학습용 데이터와 테스트용 데이터는 반드시 분리해야 합니다. 학습 데이터로 학습된 모델이 얼마나 뛰어난 성능을 가지는지 평가하려면 테스트 데이터 세트가 필요하기 때문입니다. 이를 위해서 사이킷런은 train_test_split( ) API를 제공합니다. train_test_split( )을 이용하면 학습 데이터와 테스트 데이터를 test_size 파라미터 입력값의 비율로 쉽게 분할합니다. 예를 들어 test_size=0.2로 입력 파라미터를 설정하면 전체 데이터 중 테스트 데이터가 20%, 학습 데이터가 80%로 데이터를 분할합니다. 먼저 train_test_split( )을 호출한 후 좀 더 자세히 입력 파라미터와 반환 값을 살펴보겠습니다.

```
X_train, X_test, y_train, y_test = train_test_split(iris_data, iris_label,
                                                    test_size=0.2, random_state=11)
```

train_test_split( )의 첫 번째 파라미터인 iris_data는 피처 데이터 세트입니다. 두 번째 파라미터인 iris_label은 레이블(Label) 데이터 세트입니다. 그리고 test_size=0.2는 전체 데이터 세트 중 테스트 데이터 세트의 비율입니다. 마지막으로 random_state는 호출할 때마다 같은 학습/테스트 용 데이터 세트를 생성하기 위해 주어지는 난수 발생 값입니다. train_test_split( )는 호출 시 무작위로 데이터를 분리하므로 random_state를 지정하지 않으면 수행할 때마다 다른 학습/테스트 용 데이터를 만들 수 있습니다. 본 예제는 실습용 예제이므로 수행할 때마다 동일한 데이터 세트로 분리하기 위해 random_state를 일정한 숫자 값으로 부여하겠습니다(random_state는 random값을 만드는 seed와 같은 의미입니다. 숫자 자체는 어떤 값을 지정해도 상관없습니다).

위 예제에서 train_test_split( )은 학습용 피처 데이터 세트를 X_train으로, 테스트용 피처 데이터 세트를 X_test로, 학습용 레이블 데이터 세트를 y_train으로, 테스트용 레이블 데이터 세트를 y_test로 반환합니다.

이제 학습 데이터를 확보했으니 이 데이터를 기반으로 머신러닝 분류 알고리즘의 하나인 의사 결정 트리를 이용해 학습과 예측을 수행해 보겠습니다. 먼저 사이킷런의 의사 결정 트리 클래스인 DecisionTreeClassifier를 객체로 생성합니다(DecisionTreeClassifier 객체 생성 시 입력된 random_state=11 역시 예제 코드를 수행할 때마다 동일한 학습/예측 결과를 출력하기 위한 용도로만 사용됩니다). 생성된 DecisionTreeClassifier 객체의 fit( ) 메서드에 학습용 피처 데이터 속성과 결정값 데이터 세트를 입력해 호출하면 학습을 수행합니다.

```
# DecisionTreeClassifier 객체 생성
dt_clf = DecisionTreeClassifier(random_state=11)
```

```
# 학습 수행
dt_clf.fit(X_train, y_train)
```

이제 의사 결정 트리 기반의 DecisionTreeClassifier 객체는 학습 데이터를 기반으로 학습이 완료됐습니다. 이렇게 학습된 DecisionTreeClassifier 객체를 이용해 예측을 수행하겠습니다. 예측은 반드시 학습 데이터가 아닌 다른 데이터를 이용해야 하며, 일반적으로 테스트 데이터 세트를 이용합니다. DecisionTreeClassifier 객체의 predict( ) 메서드에 테스트용 피처 데이터 세트를 입력해 호출하면 학습된 모델 기반에서 테스트 데이터 세트에 대한 예측값을 반환하게 됩니다.

```
# 학습이 완료된 DecisionTreeClassifier 객체에서 테스트 데이터 세트로 예측 수행.
pred = dt_clf.predict(X_test)
```

예측 결과를 기반으로 의사 결정 트리 기반의 DecisionTreeClassifier의 예측 성능을 평가해 보겠습니다. 일반적으로 머신러닝 모델의 성능 평가 방법은 여러 가지가 있으나, 여기서는 정확도를 측정해 보겠습니다. 정확도는 예측 결과가 실제 레이블 값과 얼마나 정확하게 맞는지를 평가하는 지표입니다. 예측한 붓꽃 품종과 실제 테스트 데이터 세트의 붓꽃 품종이 얼마나 일치하는지 확인해 보겠습니다. 사이킷런은 정확도 측정을 위해 accuracy_score( ) 함수를 제공합니다. accuracy_score( )의 첫 번째 파라미터로 실제 레이블 데이터 세트, 두 번째 파라미터로 예측 레이블 데이터 세트를 입력하면 됩니다.

```
from sklearn.metrics import accuracy_score
print('예측 정확도: {0:.4f}'.format(accuracy_score(y_test, pred)))
```

[Output]

```
예측 정확도: 0.9333
```

학습한 의사 결정 트리의 알고리즘 예측 정확도가 약 0.9333(93.33%)으로 측정됐습니다.

앞의 붓꽃 데이터 세트로 분류를 예측한 프로세스를 정리하면 다음과 같습니다.

1. **데이터 세트 분리**: 데이터를 학습 데이터와 테스트 데이터로 분리합니다.
2. **모델 학습**: 학습 데이터를 기반으로 ML 알고리즘을 적용해 모델을 학습시킵니다.
3. **예측 수행**: 학습된 ML 모델을 이용해 테스트 데이터의 분류(즉, 붓꽃 종류)를 예측합니다.
4. **평가**: 이렇게 예측된 결괏값과 테스트 데이터의 실제 결괏값을 비교해 ML 모델 성능을 평가합니다.

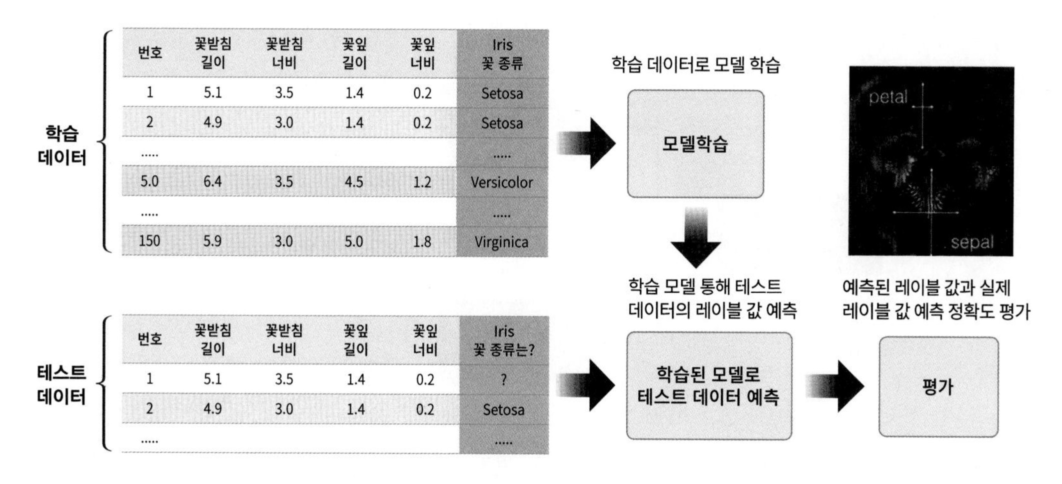

〈붓꽃 데이터 세트 기반의 ML 분류 예측 수행 프로세스〉

03 사이킷런의 기반 프레임워크 익히기

Estimator 이해 및 fit( ), predict( ) 메서드

사이킷런은 API 일관성과 개발 편의성을 제공하기 위한 노력이 엿보이는 패키지입니다. 사이킷런은 ML 모델 학습을 위해서 fit( )을, 학습된 모델의 예측을 위해 predict( ) 메서드를 제공합니다. 지도학습의 주요 두 축인 분류(Classification)와 회귀(Regression)의 다양한 알고리즘을 구현한 모든 사이킷런 클래스는 fit( )과 predict( )만을 이용해 간단하게 학습과 예측 결과를 반환합니다. 사이킷런에서는 분류 알고리즘을 구현한 클래스를 Classifier로, 그리고 회귀 알고리즘을 구현한 클래스를 Regressor로 지칭합니다. 사이킷런은 매우 많은 유형의 Classifier와 Regressor 클래스를 제공합니다. 이들 Classifier와 Regressor를 합쳐서 Estimator 클래스라고 부릅니다. 즉, 지도학습의 모든 알고리즘을 구현한 클래스를 통칭해서 Estimator라고 부릅니다. 당연히 Estimator 클래스는 fit( )과 predict( )를 내부에서 구현하고 있습니다.

cross_val_score( )와 같은 evaluation 함수, GridSearchCV와 같은 하이퍼 파라미터 튜닝을 지원하는 클래스의 경우 이 Estimator를 인자로 받습니다. 인자로 받은 Estimator에 대해서 cross_val_score( ), GridSearchCV.fit( ) 함수 내에서 이 Estimator의 fit( )과 predict( )를 호출해서 평가를 하거나 하이퍼 파라미터 튜닝을 수행하는 것입니다.

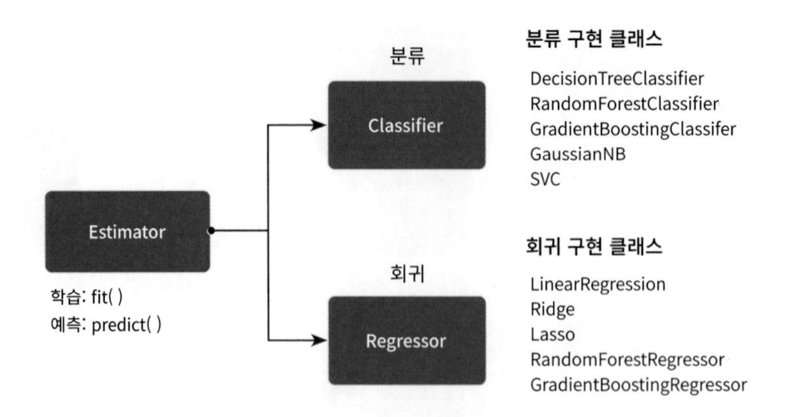

사이킷런에서 비지도학습인 차원 축소, 클러스터링, 피처 추출(Feature Extraction) 등을 구현한 클래스 역시 대부분 fit( )과 transform( )을 적용합니다. 비지도학습과 피처 추출에서 fit( )은 지도학습의 fit( )과 같이 학습을 의미하는 것이 아니라 입력 데이터의 형태에 맞춰 데이터를 변환하기 위한 사전 구조를 맞추는 작업입니다. fit( )으로 변환을 위한 사전 구조를 맞추면 이후 입력 데이터의 차원 변환, 클러스터링, 피처 추출 등의 실제 작업은 transform( )으로 수행합니다. 사이킷런은 fit( )과 transform( )을 하나로 결합한 fit_transform( )도 함께 제공합니다. fit_transform( )은 fit( )과 transform( )을 별도로 호출할 필요를 줄여주지만, 사용에 약간의 주의가 필요합니다. 비지도학습을 설명하는 단원에서 fit( )과 transform( )을 개별적으로 적용하는 것과 fit_transform( )을 한 번에 적용하는 것의 차이를 설명하겠습니다.

사이킷런의 주요 모듈

다음은 사이킷런의 주요 모듈을 요약한 것입니다. 언급된 모듈 외에도 많은 모듈이 있으나 자주 쓰이는 핵심 모듈 위주로 정리한 것입니다.

분류	모듈명	설명
예제 데이터	sklearn.datasets	사이킷런에 내장되어 예제로 제공하는 데이터 세트
피처 처리	sklearn.preprocessing	데이터 전처리에 필요한 다양한 가공 기능 제공(문자열을 숫자형 코드 값으로 인코딩, 정규화, 스케일링 등)
	sklearn.feature_selection	알고리즘에 큰 영향을 미치는 피처를 우선순위대로 셀렉션 작업을 수행하는 다양한 기능 제공

피처 처리	sklearn.feature_extraction	텍스트 데이터나 이미지 데이터의 벡터화된 피처를 추출하는 데 사용됨. 예를 들어 텍스트 데이터에서 Count Vectorizer나 Tf-Idf Vectorizer 등을 생성하는 기능 제공. 텍스트 데이터의 피처 추출은 sklearn.feature_extraction.text 모듈에, 이미지 데이터의 피처 추출은 sklearn.feature_extraction.image 모듈에 지원 API가 있음.
피처 처리 & 차원 축소	sklearn.decomposition	차원 축소와 관련한 알고리즘을 지원하는 모듈임. PCA, NMF, Truncated SVD 등을 통해 차원 축소 기능을 수행할 수 있음
데이터 분리, 검증 & 파라미터 튜닝	sklearn.model_selection	교차 검증을 위한 학습용/테스트용 분리, 그리드 서치(Grid Search)로 최적 파라미터 추출 등의 API 제공
평가	sklearn.metrics	분류, 회귀, 클러스터링, 페어와이즈(Pairwise)에 대한 다양한 성능 측정 방법 제공 Accuracy, Precision, Recall, ROC-AUC, RMSE 등 제공
ML 알고리즘	sklearn.ensemble	앙상블 알고리즘 제공 랜덤 포레스트, 에이다 부스트, 그래디언트 부스팅 등을 제공
	sklearn.linear_model	주로 선형 회귀, 릿지(Ridge), 라쏘(Lasso) 및 로지스틱 회귀 등 회귀 관련 알고리즘을 지원. 또한 SGD(Stochastic Gradient Descent) 관련 알고리즘도 제공
	sklearn.naive_bayes	나이브 베이즈 알고리즘 제공. 가우시안 NB, 다항 분포 NB 등.
	sklearn.neighbors	최근접 이웃 알고리즘 제공. K-NN 등
	sklearn.svm	서포트 벡터 머신 알고리즘 제공
	sklearn.tree	의사 결정 트리 알고리즘 제공
	sklearn.cluster	비지도 클러스터링 알고리즘 제공 (K-평균, 계층형, DBSCAN 등)
유틸리티	sklearn.pipeline	피처 처리 등의 변환과 ML 알고리즘 학습, 예측 등을 함께 묶어서 실행할 수 있는 유틸리티 제공

현 시점에서는 이들 모듈에 대해 개괄적으로만 이해해도 충분합니다. 이 책을 통해 ML을 학습하면서 사이킷런 모듈을 지속적으로 상세하게 알아가게 될 것입니다. ML에 대해 많은 것을 습득하게 되면 앞에서 소개한 사이킷런의 주요 모듈에 대해 더 깊게, 더 새롭게 이해할 수 있을 것입니다.

일반적으로 머신러닝 모델을 구축하는 주요 프로세스는 피처의 가공, 변경, 추출을 수행하는 피처 처리(feature processing), ML 알고리즘 학습/예측 수행, 그리고 모델 평가의 단계를 반복적으로 수행하는 것입니다. 사이킷런 패키지는 머신러닝 모델을 구축하는 주요 프로세스를 지원하기 위해 매우 편리하고 다양하며 유연한 모듈을 지원합니다. 이러한 편리성, 다양성, 유연성이 바로 많은 ML 개발자가 사이킷런을 파이썬 기반의 ML 개발 프레임워크로 선택하게 된 이유일 것입니다.

내장된 예제 데이터 세트

사이킷런에는 별도의 외부 웹사이트에서 데이터 세트를 내려받을 필요 없이 예제로 활용할 수 있는 간단하면서도 좋은 데이터 세트가 내장돼 있습니다. 이 데이터는 datasets 모듈에 있는 여러 API를 호출해 만들 수 있습니다. 사이킷런에 내장 되어 있는 데이터 세트는 분류나 회귀를 연습하기 위한 예제용도의 데이터 세트와 분류나 클러스터링을 위해 표본 데이터로 생성될 수 있는 데이터 세트로 나뉘어집니다.

분류나 회귀 연습용 예제 데이터

API 명	설명
datasets.load_boston()	회귀 용도이며, 미국 보스턴의 집 피처들과 가격에 대한 데이터 세트
datasets.load_breast_cancer()	분류 용도이며, 위스콘신 유방암 피처들과 악성/음성 레이블 데이터 세트
datasets.load_diabetes()	회귀 용도이며, 당뇨 데이터 세트
datasets.load_digits()	분류 용도이며, 0에서 9까지 숫자의 이미지 픽셀 데이터 세트
datasets.load_iris()	분류 용도이며, 붓꽃에 대한 피처를 가진 데이터 세트

fetch 계열의 명령은 데이터의 크기가 커서 패키지에 처음부터 저장돼 있지 않고 인터넷에서 내려받아 홈 디렉터리 아래의 scikit_learn_data라는 서브 디렉터리에 저장한 후 추후 불러들이는 데이터입니다. 따라서 최초 사용 시에 인터넷에 연결돼 있지 않으면 사용할 수 없습니다.

- fetch_covtype(): 회귀 분석용 토지 조사 자료
- fetch_20newsgroups(): 뉴스 그룹 텍스트 자료
- fetch_olivetti_faces(): 얼굴 이미지 자료
- fetch_lfw_people(): 얼굴 이미지 자료
- fetch_lfw_pairs(): 얼굴 이미지 자료
- fetch_rcv1(): 로이터 뉴스 말뭉치
- fetch_mldata(): ML 웹사이트에서 다운로드

분류와 클러스터링을 위한 표본 데이터 생성기

API 명	설명
datasets.make_classifications( )	분류를 위한 데이터 세트를 만듭니다. 특히 높은 상관도, 불필요한 속성 등의 노이즈 효과를 위한 데이터를 무작위로 생성해 줍니다.
datasets.make_blobs( )	클러스터링을 위한 데이터 세트를 무작위로 생성해 줍니다. 군집 지정 개수에 따라 여러 가지 클러스터링을 위한 데이터 세트를 쉽게 만들어 줍니다.

표본 데이터 생성기는 이 밖에도 많으며, 위의 2개 정도로도 여러 가지 사례에 사용할 수 있어 여기에서 소개를 마칩니다.

분류나 회귀를 위한 연습용 예제 데이터가 어떻게 구성돼 있는지 좀 더 살펴보겠습니다. 사이킷런에 내장된 이 데이터 세트는 일반적으로 딕셔너리 형태로 돼 있습니다.

키는 보통 data, target, target_name, feature_names, DESCR로 구성돼 있습니다. 개별 키가 가리키는 데이터 세트의 의미는 다음과 같습니다.

- data는 피처의 데이터 세트를 가리킵니다.
- target은 분류 시 레이블 값, 회귀일 때는 숫자 결괏값 데이터 세트입니다..
- target_names는 개별 레이블의 이름을 나타냅니다.
- feature_names는 피처의 이름을 나타냅니다.
- DESCR은 데이터 세트에 대한 설명과 각 피처의 설명을 나타냅니다.

data, target은 넘파이 배열(ndarray) 타입이며, target_names, feature_names는 넘파이 배열 또는 파이썬 리스트(list) 타입입니다. DESCR은 스트링 타입입니다. 피처의 데이터 값을 반환받기 위해서는 내장 데이터 세트 API를 호출한 뒤에 그 Key값을 지정하면 됩니다. 코드를 보면서 이에 대한 설명을 상세하게 하겠습니다. 먼저 붓꽃 데이터 세트를 생성해 보겠습니다.

```
from sklearn.datasets import load_iris

iris_data = load_iris()
print(type(iris_data))
```

[Output]

```
<class 'sklearn.utils.Bunch'>
```

load_iris( ) API의 반환 결과는 sklearn.utils.Bunch 클래스입니다. Bunch 클래스는 파이썬 딕셔너리 자료형과 유사합니다. 데이터 세트에 내장돼 있는 대부분의 데이터 세트는 이와 같이 딕셔너리 형태의 값을 반환합니다. 딕셔너리 형태이므로 load_iris( ) 데이터 세트의 key 값을 확인해 보겠습니다. 이들 중 'data', 'target', 'target_names', 'feature_names'가 주요한 key 값입니다.

```
keys = iris_data.keys()
print('붓꽃 데이터 세트의 키들:', keys)
```

[Output]

```
붓꽃 데이터 세트의 키들: dict_keys(['data', 'target', 'frame', 'target_names', 'DESCR', 'feature_
names', 'filename', 'data_module'])
```

데이터 키는 피처들의 데이터 값을 가리킵니다. 데이터 세트가 딕셔너리 형태이기 때문에 피처 데이터 값을 추출하기 위해서는 데이터 세트.data(또는 데이터 세트['data'])를 이용하면 됩니다. 마찬가지로 target, feature_names, DESCR key가 가리키는 데이터 값의 추출도 동일하게 수행하면 됩니다. 다음 그림에서 load_iris( )가 반환하는 붓꽃 데이터 세트의 각 키가 의미하는 값을 표시했습니다.

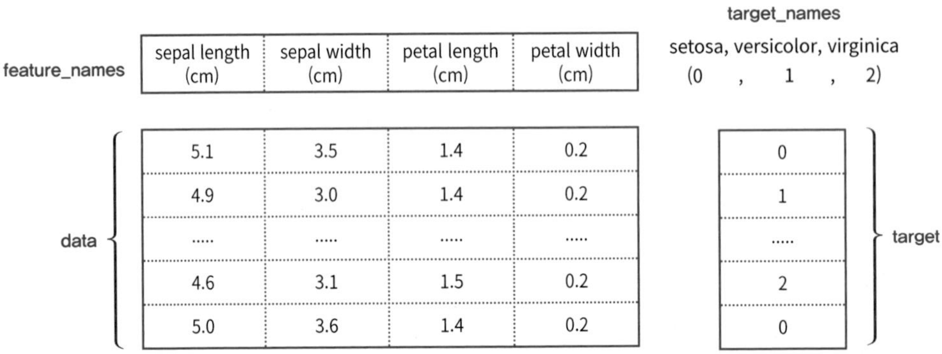

target_names
setosa, versicolor, virginica
(0 , 1 , 2)

feature_names	sepal length (cm)	sepal width (cm)	petal length (cm)	petal width (cm)
data	5.1	3.5	1.4	0.2
	4.9	3.0	1.4	0.2
	.....	.....	.....	.....
	4.6	3.1	1.5	0.2
	5.0	3.6	1.4	0.2

target
0
1
.....
2
0

load_iris( )가 반환하는 객체의 키인 feature_names, target_name, data, target이 가리키는 값을 다음 예제 코드에 출력했습니다.

```
print('\n feature_names 의 type:', type(iris_data.feature_names))
print(' feature_names 의 shape:', len(iris_data.feature_names))
print(iris_data.feature_names)

print('\n target_names의 type:', type(iris_data.target_names))
```

```
print(' target_names의 shape:', len(iris_data.target_names))
print(iris_data.target_names)

print('\n data 의 type:', type(iris_data.data))
print(' data 의 shape:', iris_data.data.shape)
print(iris_data['data'])

print('\n target 의 type:', type(iris_data.target))
print(' target 의 shape:', iris_data.target.shape)
print(iris_data.target)
```

[Output]

```
feature_names 의 type: <class 'list'>
feature_names 의 shape: 4
['sepal length (cm)', 'sepal width (cm)', 'petal length (cm)', 'petal width (cm)']

 target_names 의 type: <class 'numpy.ndarray'>
 target_names 의 shape: 3
['setosa' 'versicolor' 'virginica']

 data 의 type: <class 'numpy.ndarray'>
 data 의 shape: (150, 4)
[[5.1 3.5 1.4 0.2]
 [4.9 3.  1.4 0.2]
...........
...........
[6.5 3.  5.2 2. ]
 [6.2 3.4 5.4 2.3]
 [5.9 3.  5.1 1.8]]

 target 의 type: <class 'numpy.ndarray'>
 target 의 shape: (150, )
[0 0 0 0 0 0 0 0 0 0 0 0 0 0 0 0 0 0 0 0 0 0 0 0 0 0 0 0 0 0 0 0 0 0 0 0 0 0
 0 0 0 0 0 0 0 0 0 0 0 0 1 1 1 1 1 1 1 1 1 1 1 1 1 1 1 1 1 1 1 1 1 1 1 1
 1 1 1 1 1 1 1 1 1 1 1 1 1 1 1 1 1 1 1 1 1 1 1 1 1 1 2 2 2 2 2 2 2 2 2 2 2 2
 2 2 2 2 2 2 2 2 2 2 2 2 2 2 2 2 2 2 2 2 2 2 2 2 2 2 2 2 2 2 2 2 2 2 2 2 2 2
 2 2]
```

04 Model Selection 모듈 소개

사이킷런의 model_selection 모듈은 학습 데이터와 테스트 데이터 세트를 분리하거나 교차 검증 분할 및 평가, 그리고 Estimator의 하이퍼 파라미터를 튜닝하기 위한 다양한 함수와 클래스를 제공합니다. 먼저 앞의 예제에서도 소개했지만, 전체 데이터를 학습 데이터와 테스트 데이터 세트로 분리해주는 train_test_split( )부터 자세히 살펴보겠습니다.

학습/테스트 데이터 세트 분리 - train_test_split()

먼저 테스트 데이터 세트를 이용하지 않고 학습 데이터 세트로만 학습하고 예측하면 무엇이 문제인지 살펴보겠습니다. 다음 예제는 학습과 예측을 동일한 데이터 세트로 수행한 결과입니다.

```
from sklearn.datasets import load_iris
from sklearn.tree import DecisionTreeClassifier
from sklearn.metrics import accuracy_score

iris = load_iris()
dt_clf = DecisionTreeClassifier()
train_data = iris.data
train_label = iris.target
dt_clf.fit(train_data, train_label)

# 학습 데이터 세트으로 예측 수행
pred = dt_clf.predict(train_data)
print('예측 정확도:', accuracy_score(train_label, pred))
```

[Output]

```
예측 정확도: 1.0
```

정확도가 100%입니다. 뭔가 이상합니다.

위의 예측 결과가 100% 정확한 이유는 이미 학습한 학습 데이터 세트를 기반으로 예측했기 때문입니다. 즉, 모의고사를 이미 한 번 보고 답을 알고 있는 상태에서 모의고사 문제와 똑같은 본고사 문제가 출제됐기 때문입니다. 따라서 예측을 수행하는 데이터 세트는 학습을 수행한 학습용 데이터 세트가 아닌 전용의 테스트 데이터 세트여야 합니다. 사이킷런의 train_test_split( )를 통해 원본 데이터 세트에서 학습 및 테스트 데이터 세트를 쉽게 분리할 수 있습니다. train_test_split( )를 이용해 붓꽃 데이터 세트를 학습 및 테스트 데이터 세트로 분리해 보겠습니다.

먼저 sklearn.model_selection 모듈에서 train_test_split을 로드합니다. train_test_split( )는 첫 번째 파라미터로 피처 데이터 세트, 두 번째 파라미터로 레이블 데이터 세트를 입력받습니다. 그리고 선택적으로 다음 파라미터를 입력받습니다.

- **test_size**: 전체 데이터에서 테스트 데이터 세트 크기를 얼마로 샘플링할 것인가를 결정합니다. 디폴트는 0.25, 즉 25%입니다.
- **train_size**: 전체 데이터에서 학습용 데이터 세트 크기를 얼마로 샘플링할 것인가를 결정합니다. test_size parameter를 통상적으로 사용하기 때문에 train_size는 잘 사용되지 않습니다.
- **shuffle**: 데이터를 분리하기 전에 데이터를 미리 섞을지를 결정합니다. 디폴트는 True입니다. 데이터를 분산시켜서 좀 더 효율적인 학습 및 테스트 데이터 세트를 만드는 데 사용됩니다.
- **random_state**: random_state는 호출할 때마다 동일한 학습/테스트용 데이터 세트를 생성하기 위해 주어지는 난수 값입니다. train_test_split( )는 호출 시 무작위로 데이터를 분리하므로 random_state를 지정하지 않으면 수행할 때마다 다른 학습/테스트 용 데이터를 생성합니다. 이 책에서 소개하는 예제는 실습용 예제이므로 수행할 때마다 동일한 데이터 세트로 분리하기 위해 random_state를 일정한 숫자 값으로 부여하겠습니다.
- train_test_split( )의 반환값은 튜플 형태입니다. 순차적으로 학습용 데이터의 피처 데이터 세트, 테스트용 데이터의 피처 데이터 세트, 학습용 데이터의 레이블 데이터 세트, 테스트용 데이터의 레이블 데이터 세트가 반환됩니다.

붓꽃 데이터 세트를 train_test_split( )을 이용해 테스트 데이터 세트를 전체의 30%로, 학습 데이터 세트를 70%로 분리하겠습니다. 앞의 예제와는 다르게 random_state=121로 변경해 데이터 세트를 변화시켜 보겠습니다.

```
from sklearn.tree import DecisionTreeClassifier
from sklearn.metrics import accuracy_score
from sklearn.datasets import load_iris
from sklearn.model_selection import train_test_split

dt_clf = DecisionTreeClassifier( )
iris_data = load_iris()

X_train, X_test, y_train, y_test = train_test_split(iris_data.data, iris_data.target, \
                                                    test_size=0.3, random_state=121)
```

학습 데이터를 기반으로 DecisionTreeClassifier를 학습하고 이 모델을 이용해 예측 정확도를 측정해 보겠습니다.

```
dt_clf.fit(X_train, y_train)
pred = dt_clf.predict(X_test)
print('예측 정확도: {0:.4f}'.format(accuracy_score(y_test, pred)))
```

[Output]

```
예측 정확도: 0.9556
```

테스트 데이터로 예측을 수행한 결과 정확도가 약 95.56%입니다. 붓꽃 데이터는 150개의 데이터로 데이터 양이 크지 않아 전체의 30% 정도인 테스트 데이터는 45개 정도밖에 되지 않으므로 이를 통해 알고리즘의 예측 성능을 판단하기에는 그리 적절하지 않습니다. 학습을 위한 데이터의 양을 일정 수준 이상으로 보장하는 것도 중요하지만, 학습된 모델에 대해 다양한 데이터를 기반으로 예측 성능을 평가해 보는 것도 매우 중요합니다,

교차 검증

앞에서 알고리즘을 학습시키는 학습 데이터와 이에 대한 예측 성능을 평가하기 위한 별도의 테스트용 데이터가 필요하다고 말했습니다. 하지만 이 방법 역시 과적합(Overfitting)에 취약한 약점을 가질 수 있습니다. 과적합은 모델이 학습 데이터에만 과도하게 최적화되어, 실제 예측을 다른 데이터로 수행할 경우에는 예측 성능이 과도하게 떨어지는 것을 말합니다. 그런데 고정된 학습 데이터와 테스트 데이터로 평가를 하다 보면 테스트 데이터에만 최적의 성능을 발휘할 수 있도록 편향되게 모델을 유도하는 경향이 생기게 됩니다. 결국은 해당 테스트 데이터에만 과적합되는 학습 모델이 만들어져 다른 테스트용 데이터가 들어올 경우에는 성능이 저하됩니다. 이러한 문제점을 개선하기 위해 교차 검증을 이용해 더 다양한 학습과 평가를 수행합니다.

교차 검증을 좀 더 간략히 설명하자면 본고사를 치르기 전에 모의고사를 여러 번 보는 것입니다. 즉, 본고사가 테스트 데이터 세트에 대해 평가하는 거라면 모의고사는 교차 검증에서 많은 학습과 검증 세트에서 알고리즘 학습과 평가를 수행하는 것입니다. ML은 데이터에 기반합니다. 그리고 데이터는 이상치, 분포도, 다양한 속성값, 피처 중요도 등 여러 가지 ML에 영향을 미치는 요소를 가지고 있습니다. 특정 ML 알고리즘에서 최적으로 동작할 수 있도록 데이터를 선별해 학습한다면 실제 데이터 양식과는 많은 차이가 있을 것이고 결국 성능 저하로 이어질 것입니다.

교차 검증은 이러한 데이터 편중을 막기 위해서 별도의 여러 세트로 구성된 학습 데이터 세트와 검증 데이터 세트에서 학습과 평가를 수행하는 것입니다. 그리고 각 세트에서 수행한 평가 결과에 따라 하이퍼 파라미터 튜닝 등의 모델 최적화를 더욱 손쉽게 할 수 있습니다.

대부분의 ML 모델의 성능 평가는 교차 검증 기반으로 1차 평가를 한 뒤에 최종적으로 테스트 데이터 세트에 적용해 평가하는 프로세스입니다. ML에 사용되는 데이터 세트를 세분화해서 학습, 검증, 테스트 데이터 세트로 나눌 수 있습니다. 테스트 데이터 세트 외에 별도의 검증 데이터 세트를 둬서 최종 평가 이전에 학습된 모델을 다양하게 평가하는 데 사용합니다.

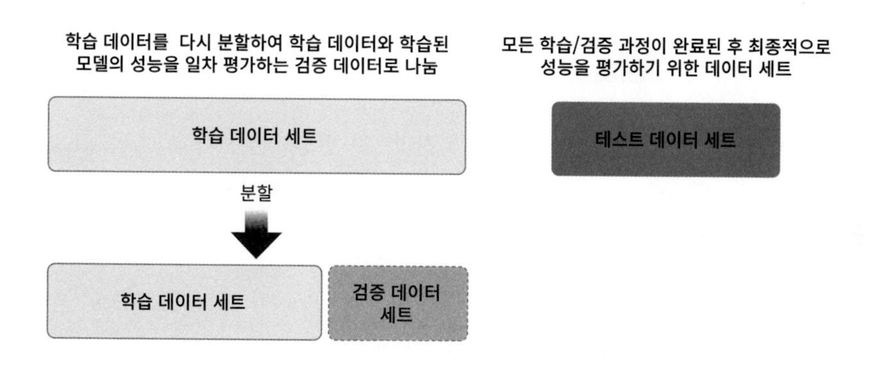

K 폴드 교차 검증

K 폴드 교차 검증은 가장 보편적으로 사용되는 교차 검증 기법입니다. 먼저 K개의 데이터 폴드 세트를 만들어서 K번만큼 각 폴트 세트에 학습과 검증 평가를 반복적으로 수행하는 방법입니다.

다음 그림은 5 폴드 교차 검증을 수행합니다(즉, K가 5). 5개의 폴드된 데이터 세트를 학습과 검증을 위한 데이터 세트로 변경하면서 5번 평가를 수행한 뒤, 이 5개의 평가를 평균한 결과를 가지고 예측 성능을 평가합니다. 먼저 데이터 세트를 K등분(5등분)합니다. 그리고 첫 번째 반복에서는 처음부터 4개 등분을 학습 데이터 세트, 마지막 5번째 등분 하나를 검증 데이터 세트로 설정하고 학습 데이터 세트에서 학습 수행, 검증 데이터 세트에서 평가를 수행합니다. 첫 번째 평가를 수행하고 나면 이제 두 번째 반복에서 다시 비슷한 학습과 평가 작업을 수행합니다. 단, 이번에는 학습 데이터와 검증 데이터를 변경합니다(처음부터 3개 등분까지, 그리고 마지막 5번째 등분을 학습 데이터 세트로, 4번째 등분 하나를 검증 데이터 세트로 설정).

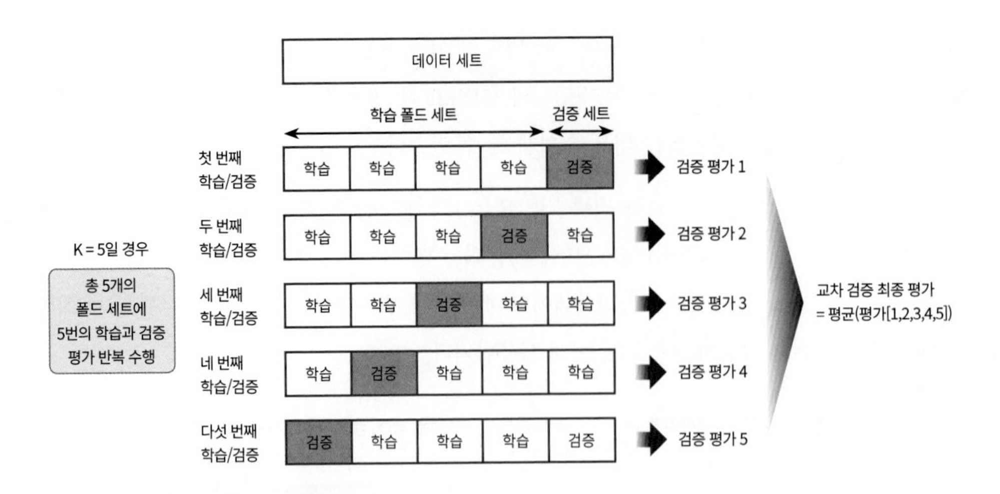

이렇게 학습 데이터 세트와 검증 데이터 세트를 점진적으로 변경하면서 마지막 5번째(K번째)까지 학습과 검증을 수행하는 것이 바로 K 폴드 교차 검증입니다. 5개(K개)의 예측 평가를 구했으면 이를 평균해서 K 폴드 평가 결과로 반영하면 됩니다.

사이킷런에서는 K 폴드 교차 검증 프로세스를 구현하기 위해 KFold와 StratifiedKFold 클래스를 제공합니다. 먼저 KFold 클래스를 이용해 붓꽃 데이터 세트를 교차 검증하고 예측 정확도를 알아보겠습니다. 붓꽃 데이터 세트와 DecisionTreeClassifier를 다시 생성합니다. 그리고 5개의 폴드 세트로 분리하는 KFold 객체를 생성합니다.

```
from sklearn.tree import DecisionTreeClassifier
from sklearn.metrics import accuracy_score
from sklearn.model_selection import KFold
import numpy as np

iris = load_iris()
features = iris.data
label = iris.target
dt_clf = DecisionTreeClassifier(random_state=156)

# 5개의 폴드 세트로 분리하는 KFold 객체와 폴드 세트별 정확도를 담을 리스트 객체 생성.
kfold = KFold(n_splits=5)
cv_accuracy = []
print('붓꽃 데이터 세트 크기:', features.shape[0])
```

[Output]

```
붓꽃 데이터 세트 크기: 150
```

KFold(n_splits=5)로 KFold 객체를 생성했으니 이제 생성된 KFold 객체의 split( )을 호출해 전체 붓꽃 데이터를 5개의 폴드 데이터 세트로 분리합니다. 전체 붓꽃 데이터는 모두 150개입니다. 따라서 학습용 데이터 세트는 이 중 4/5인 120개, 검증 테스트 데이터 세트는 1/5인 30개로 분할됩니다. KFold 객체는 split( )을 호출하면 학습용/검증용 데이터로 분할할 수 있는 인덱스를 반환합니다. 실제로 학습용/검증용 데이터 추출은 반환된 인덱스를 기반으로 개발 코드에서 직접 수행해야 합니다. 다음 예제는 5개의 폴드 세트를 생성하는 KFold 객체의 split( )을 호출해 교차 검증 수행 시마다 학습과 검증을 반복해 예측 정확도를 측정합니다. 그리고 split( )이 어떤 값을 실제로 반환하는지도 확인해 보기 위해 검증 데이터 세트의 인덱스도 추출해 보겠습니다.

```
n_iter = 0

# KFold 객체의 split()를 호출하면 폴드별 학습용, 검증용 테스트의 로우 인덱스를 array로 반환
for train_index, test_index  in kfold.split(features):
    # kfold.split( )으로 반환된 인덱스를 이용해 학습용, 검증용 테스트 데이터 추출
    X_train, X_test = features[train_index], features[test_index]
    y_train, y_test = label[train_index], label[test_index]
    #학습 및 예측
    dt_clf.fit(X_train, y_train)
    pred = dt_clf.predict(X_test)
    n_iter += 1
    # 반복 시마다 정확도 측정
    accuracy = np.round(accuracy_score(y_test, pred), 4)
    train_size = X_train.shape[0]
    test_size = X_test.shape[0]
    print('\n#{0} 교차 검증 정확도 :{1}, 학습 데이터 크기: {2}, 검증 데이터 크기: {3}'
          .format(n_iter, accuracy, train_size, test_size))
    print('#{0} 검증 세트 인덱스:{1}'.format(n_iter, test_index))
    cv_accuracy.append(accuracy)

# 개별 iteration별 정확도를 합하여 평균 정확도 계산
print('\n## 평균 검증 정확도:', np.mean(cv_accuracy))
```

【Output】

```
#1 교차 검증 정확도 :1.0, 학습 데이터 크기: 120, 검증 데이터 크기: 30
#1 검증 세트 인덱스:[ 0  1  2  3  4  5  6  7  8  9 10 …. 24 25 26 27 28 29]

#2 교차 검증 정확도 :0.9667, 학습 데이터 크기: 120, 검증 데이터 크기: 30
#2 검증 세트 인덱스:[30 31 32 33 34 35 36 37 38 39 40 …. 54 55 56 57 58 59]

#3 교차 검증 정확도 :0.8667, 학습 데이터 크기: 120, 검증 데이터 크기: 30
#3 검증 세트 인덱스:[60 61 62 63 64 65 66 67 68 69 70  …. 84 85 86 87 88 89]

#4 교차 검증 정확도 :0.9333, 학습 데이터 크기: 120, 검증 데이터 크기: 30
#4 검증 세트 인덱스:[ 90  91  92  93  94  95  96  97 …. 114 115 116 117 118 119]

#5 교차 검증 정확도 :0.7333, 학습 데이터 크기: 120, 검증 데이터 크기: 30
#5 검증 세트 인덱스:[120 121 122 123 124 125 126 127 128 129 130 …. 144 145 146 147 148 149]

## 평균 검증 정확도: 0.9
```

5번 교차 검증 결과 평균 검증 정확도는 0.9입니다. 그리고 교차 검증 시마다 검증 세트의 인덱스가 달라짐을 알 수 있습니다. 학습 데이터 세트의 인덱스는 수가 많아서 출력하지 않았지만 검증 세트의 인덱스를 보면 교차 검증 시마다 split( ) 함수가 어떻게 인덱스를 할당하는지 알 수 있습니다. 첫 번째 교차 검증에서는 0번 ~ 29번까지, 두 번째는 30번 ~ 59번, 세 번째는 60번 ~ 89번, 네 번째는 90 ~ 119번, 다섯 번째는 120 ~ 149번으로 각각 30개의 검증 세트 인덱스를 생성했고, 이를 기반으로 검증 세트를 추출하게 됩니다.

Stratified K 폴드

Stratified K 폴드는 불균형한(imbalanced) 분포도를 가진 레이블(결정 클래스) 데이터 집합을 위한 K 폴드 방식입니다. 불균형한 분포도를 가진 레이블 데이터 집합은 특정 레이블 값이 특이하게 많거나 매우 적어서 값의 분포가 한쪽으로 치우치는 것을 말합니다.

가령 대출 사기 데이터를 예측한다고 가정해 보겠습니다. 이 데이터 세트는 1억 건이고, 수십 개의 피처와 대출 사기 여부를 뜻하는 레이블(대출 사기: 1, 정상 대출: 0)로 구성돼 있습니다. 그런데 대부분의 데이터는 정상 대출일 것입니다. 그리고 대출 사기가 약 1000건이 있다고 한다면 전체의 0.0001%의 아주 작은 확률로 대출 사기 레이블이 존재합니다. 이렇게 작은 비율로 1 레이블 값이 있다면 K 폴드로 랜덤하게 학습 및 테스트 세트의 인덱스를 고르더라도 레이블 값인 0과 1의 비율을 제대로 반영하지 못하는 경우가 쉽게 발생합니다. 즉, 레이블 값으로 1이 특정 개별 반복별 학습/테스트 데이터 세트에는 상대적으로 많이 들어 있고, 다른 반복 학습/테스트 데이터 세트에는 그렇지 못한 결과가 발생합니다. 대출 사기 레이블이 1인 레코드는 비록 건수는 작지만 알고리즘이 대출 사기를 예측하기 위한 중요한 피처 값을 가지고 있기 때문에 매우 중요한 데이터 세트입니다. 따라서 원본 데이터와 유사한 대출 사기 레이블 값의 분포를 학습/테스트 세트에도 유지하는 게 매우 중요합니다.

Stratified K 폴드는 이처럼 K 폴드가 레이블 데이터 집합이 원본 데이터 집합의 레이블 분포를 학습 및 테스트 세트에 제대로 분배하지 못하는 경우의 문제를 해결해 줍니다. 이를 위해 Stratified K 폴드는 원본 데이터의 레이블 분포를 먼저 고려한 뒤 이 분포와 동일하게 학습과 검증 데이터 세트를 분배합니다. 먼저 K 폴드가 어떤 문제를 가지고 있는지 확인해 보고 이를 사이킷런의 StratifiedKFold 클래스를 이용해 개선해 보겠습니다. 이를 위해 붓꽃 데이터 세트를 간단하게 DataFrame으로 생성하고 레이블 값의 분포도를 확인합니다.

```
import pandas as pd

iris = load_iris()
iris_df = pd.DataFrame(data=iris.data, columns=iris.feature_names)
iris_df['label']=iris.target
iris_df['label'].value_counts()
```

[Output]

```
2    50
1    50
0    50
```

레이블 값은 0, 1, 2 값 모두 50개로 동일합니다. 즉 Setosa 품종, Versicolor 품종, Virginica 품종 모두가 50개입니다. 이슈가 발생하는 현상을 도출하기 위해 3개의 폴드 세트를 KFold로 생성하고, 각 교차 검증 시마다 생성되는 학습/검증 레이블 데이터 값의 분포도를 확인해 보겠습니다.

```
kfold = KFold(n_splits=3)
n_iter =0
for train_index, test_index  in kfold.split(iris_df):
    n_iter += 1
    label_train= iris_df['label'].iloc[train_index]
    label_test= iris_df['label'].iloc[test_index]
    print('## 교차 검증: {0}'.format(n_iter))
```

```
    print('학습 레이블 데이터 분포:\n', label_train.value_counts())
    print('검증 레이블 데이터 분포:\n', label_test.value_counts())
```

[Output]

```
## 교차 검증: 1
학습 레이블 데이터 분포:
 2    50
1    50
검증 레이블 데이터 분포:
 0    50
## 교차 검증: 2
학습 레이블 데이터 분포:
 2    50
0    50
검증 레이블 데이터 분포:
 1    50
## 교차 검증: 3
학습 레이블 데이터 분포:
 1    50
0    50
검증 레이블 데이터 분포:
 2    50
```

교차 검증 시마다 3개의 폴드 세트로 만들어지는 학습 레이블과 검증 레이블이 완전히 다른 값으로 추출되었습니다. 예를 들어 첫 번째 교차 검증에서는 학습 레이블의 1, 2 값이 각각 50개가 추출되었고, 검증 레이블의 0값이 50개 추출되었습니다. 학습 레이블은 1, 2밖에 없으므로 0의 경우는 전혀 학습하지 못합니다. 반대로 검증 레이블은 0밖에 없으므로 학습 모델은 절대 0을 예측하지 못합니다. 이런 유형으로 교차 검증 데이터 세트를 분할하면 검증 예측 정확도는 0이 될 수밖에 없습니다.

StratifiedKFold는 이렇게 KFold로 분할된 레이블 데이터 세트가 전체 레이블 값의 분포도를 반영하지 못하는 문제를 해결해 줍니다. 이번에는 동일한 데이터 분할을 StratifiedKFold로 수행하고 학습/검증 레이블 데이터의 분포도를 확인해 보겠습니다. StratifiedKFold를 사용하는 방법은 KFold를 사용하는 방법과 거의 비슷합니다. 단 하나 큰 차이는 StratifiedKFold는 레이블 데이터 분포도에 따라 학습/검증 데이터를 나누기 때문에 split( ) 메서드에 인자로 피처 데이터 세트뿐만 아니라 레이블 데이터 세트도 반드시 필요하다는 사실입니다(K 폴드의 경우 레이블 데이터 세트는 split( ) 메서드의 인자로 입력하지 않아도 무방합니다). 폴드 세트는 3개로 설정하겠습니다.

```
from sklearn.model_selection import StratifiedKFold

skf = StratifiedKFold(n_splits=3)
n_iter=0

for train_index, test_index in skf.split(iris_df, iris_df['label']):
    n_iter += 1
    label_train= iris_df['label'].iloc[train_index]
    label_test= iris_df['label'].iloc[test_index]
    print('## 교차 검증: {0}'.format(n_iter))
    print('학습 레이블 데이터 분포:\n', label_train.value_counts())
    print('검증 레이블 데이터 분포:\n', label_test.value_counts())
```

[Output]

```
## 교차 검증: 1
학습 레이블 데이터 분포:
2    34
0    33
1    33
검증 레이블 데이터 분포:
0    17
1    17
2    16
## 교차 검증: 2
학습 레이블 데이터 분포:
1    34
0    33
2    33
검증 레이블 데이터 분포:
0    17
2    17
1    16
## 교차 검증: 3
학습 레이블 데이터 분포:
0    34
1    33
2    33
```

```
검증 레이블 데이터 분포:
1    17
2    17
0    16
```

출력 결과를 보면 학습 레이블과 검증 레이블 데이터 값의 분포도가 거의 동일하게 할당됐음을 알 수 있습니다. 전체 150개의 데이터에서 학습으로 100개, 검증으로 50개가 교차 검증 단계별로 할당이 되었습니다. 첫 번째 교차 검증에서 100개의 학습 레이블은 0, 1, 2 값이 각각 34, 33, 33개로, 레이블 값별로 거의 동일하게 할당됐고, 50개의 검증 레이블 역시 0, 1, 2 값이 각각 17, 17, 16개로, 레이블 값별로 거의 동일하게 할당되었습니다. 이렇게 분할이 되어야 레이블 값 0, 1, 2 를 모두 학습할 수 있고, 이에 기반해 검증을 수행할 수 있습니다. StratifiedKFold를 이용해 붓꽃 데이터를 교차 검증해 보겠습니다.

다음 코드는 StratifiedKFold를 이용해 데이터를 분리한 것입니다. 피처 데이터와 레이블 데이터는 앞의 붓꽃 StratifiedKFold 예제에서 추출한 데이터를 그대로 이용하겠습니다.

```
dt_clf = DecisionTreeClassifier(random_state=156)

skfold = StratifiedKFold(n_splits=3)
n_iter=0
cv_accuracy=[]

# StratifiedKFold의 split( ) 호출시 반드시 레이블 데이터 세트도 추가 입력 필요
for train_index, test_index  in skfold.split(features, label):
    # split( )으로 반환된 인덱스를 이용해 학습용, 검증용 테스트 데이터 추출
    X_train, X_test = features[train_index], features[test_index]
    y_train, y_test = label[train_index], label[test_index]
    #학습 및 예측
    dt_clf.fit(X_train, y_train)
    pred = dt_clf.predict(X_test)

    # 반복 시마다 정확도 측정
    n_iter += 1
    accuracy = np.round(accuracy_score(y_test, pred), 4)
    train_size = X_train.shape[0]
    test_size = X_test.shape[0]
    print('\n#{0} 교차 검증 정확도 :{1}, 학습 데이터 크기: {2}, 검증 데이터 크기: {3}'
          .format(n_iter, accuracy, train_size, test_size))
```

```
    print('#{0} 검증 세트 인덱스:{1}'.format(n_iter, test_index))
    cv_accuracy.append(accuracy)

# 교차 검증별 정확도 및 평균 정확도 계산
print('\n## 교차 검증별 정확도:', np.round(cv_accuracy, 4))
print('## 평균 검증 정확도:', np.round(np.mean(cv_accuracy), 4))
```

[Output]

```
#1 교차 검증 정확도 :0.98, 학습 데이터 크기: 100, 검증 데이터 크기: 50
#1 검증 세트 인덱스:[  0   1   2   3   4   5   6   7   8   9  10  11  12  13  14  15  16  50
  51  52  53  54  55  56  57  58  59  60  61  62  63  64  65  66 100 101
 102 103 104 105 106 107 108 109 110 111 112 113 114 115]

#2 교차 검증 정확도 :0.94, 학습 데이터 크기: 100, 검증 데이터 크기: 50
#2 검증 세트 인덱스:[ 17  18  19  20  21  22  23  24  25  26  27  28  29  30  31  32  33  67
  68  69  70  71  72  73  74  75  76  77  78  79  80  81  82 116 117 118
 119 120 121 122 123 124 125 126 127 128 129 130 131 132]

#3 교차 검증 정확도 :0.98, 학습 데이터 크기: 100, 검증 데이터 크기: 50
#3 검증 세트 인덱스:[ 34  35  36  37  38  39  40  41  42  43  44  45  46  47  48  49  83  84
  85  86  87  88  89  90  91  92  93  94  95  96  97  98  99 133 134 135
 136 137 138 139 140 141 142 143 144 145 146 147 148 149]

## 교차 검증별 정확도: [0.98 0.94 0.98]
## 평균 검증 정확도: 0.9667
```

3개의 Stratified K 폴드로 교차 검증한 결과 평균 검증 정확도가 약 96.67%로 측정됐습니다. Stratified K 폴드의 경우 원본 데이터의 레이블 분포도 특성을 반영한 학습 및 검증 데이터 세트를 만들 수 있으므로 왜곡된 레이블 데이터 세트에서는 반드시 Stratified K 폴드를 이용해 교차 검증해야 합니다. 사실, 일반적으로 분류(Classification)에서의 교차 검증은 K 폴드가 아니라 Stratified K 폴드로 분할돼야 합니다. 회귀(Regression)에서는 Stratified K 폴드가 지원되지 않습니다. 이유는 간단합니다. 회귀의 결정값은 이산값 형태의 레이블이 아니라 연속된 숫자값이기 때문에 결정값별로 분포를 정하는 의미가 없기 때문입니다. 다음으로 이러한 교차 검증을 보다 간편하게 제공해주는 사이킷런의 API를 살펴보겠습니다.

교차 검증을 보다 간편하게 – cross_val_score( )

사이킷런은 교차 검증을 좀 더 편리하게 수행할 수 있게 해주는 API를 제공합니다. 대표적인 것이 cross_val_score( )입니다. KFold로 데이터를 학습하고 예측하는 코드를 보면 먼저 ❶ 폴드 세트를 설정하고 ❷ for 루프에서 반복으로 학습 및 테스트 데이터의 인덱스를 추출한 뒤 ❸ 반복적으로 학습과 예측을 수행하고 예측 성능을 반환했습니다.

cross_val_score( )는 이런 일련의 과정을 한꺼번에 수행해주는 API입니다. 다음은 cross_val_score() API의 선언 형태입니다.

cross_val_score(estimator, X, y=None, scoring=None, cv=None, n_jobs=1, verbose=0, fit_params=None, pre_dispatch='2*n_jobs'). 이 중 estimator, X, y, scoring, cv가 주요 파라미터입니다.

estimator는 사이킷런의 분류 알고리즘 클래스인 Classifier 또는 회귀 알고리즘 클래스인 Regressor를 의미하고, X는 피처 데이터 세트, y는 레이블 데이터 세트, scoring은 예측 성능 평가 지표를 기술하며, cv는 교차 검증 폴드 수를 의미합니다. cross_val_score( ) 수행 후 반환 값은 scoring 파라미터로 지정된 성능 지표 측정값을 배열 형태로 반환합니다. cross_val_score( )는 classifier가 입력되면 Stratified K 폴드 방식으로 레이블값의 분포에 따라 학습/테스트 세트를 분할합니다(회귀인 경우는 Stratified K 폴드 방식으로 분할할 수 없으므로 K 폴드 방식으로 분할합니다).

다음 코드에서 cross_val_score( )의 자세한 사용법을 살펴보겠습니다. 교차 검증 폴드 수는 3, 성능 평가 지표는 정확도인 accuracy로 하겠습니다.

```
from sklearn.tree import DecisionTreeClassifier
from sklearn.model_selection import cross_val_score, cross_validate
from sklearn.datasets import load_iris

iris_data = load_iris()
dt_clf = DecisionTreeClassifier(random_state=156)

data = iris_data.data
label = iris_data.target

# 성능 지표는 정확도(accuracy), 교차 검증 세트는 3개
scores = cross_val_score(dt_clf, data, label, scoring='accuracy', cv=3)
print('교차 검증별 정확도:', np.round(scores, 4))
print('평균 검증 정확도:', np.round(np.mean(scores), 4))
```

[Output]

```
교차 검증별 정확도: [0.98 0.94 0.98]
평균 검증 정확도: 0.9667
```

cross_val_score( )는 cv로 지정된 횟수만큼 scoring 파라미터로 지정된 평가 지표로 평가 결괏값을 배열로 반환합니다. 그리고 일반적으로 이를 평균해 평가 수치로 사용합니다. cross_val_score( ) API는 내부에서 Estimator를 학습(fit), 예측(predict), 평가(evaluation)시켜주므로 간단하게 교차 검증을 수행할 수 있습니다. 붓꽃 데이터의 cross_val_score( ) 수행 결과와 앞 예제의 붓꽃 데이터 StratifiedKFold의 수행 결과를 비교해 보면 각 교차 검증별 정확도와 평균 검증 정확도가 모두 동일함을 알 수 있습니다. 이는 cross_val_score( )가 내부적으로 StratifiedKFold를 이용하기 때문입니다.

비슷한 API로 cross_validate( )가 있습니다. cross_val_score( )는 단 하나의 평가 지표만 가능하지만 cross_validate( )는 여러 개의 평가 지표를 반환할 수 있습니다. 또한 학습 데이터에 대한 성능 평가 지표와 수행 시간도 같이 제공합니다. 그러나 보통 cross_val_score( ) 하나로도 대부분의 경우 쉽게 사용하므로 cross_validate( )에 대한 예제는 건너뛰기로 하겠습니다.

GridSearchCV - 교차 검증과 최적 하이퍼 파라미터 튜닝을 한 번에

아직 머신러닝 알고리즘을 구성하는 하이퍼 파라미터에 대한 상세한 설명이 없는 상황에서 하이퍼 파라미터 튜닝 방안을 언급하는 것이 성급할 수는 있지만, 어떤 방식으로 이 파라미터에 대한 튜닝을 진행하는지 미리 알아두는 것이 앞으로 나올 내용에 도움이 될 수 있기에 여기서 먼저 다루겠습니다. 하이퍼 파라미터는 머신러닝 알고리즘을 구성하는 주요 구성 요소이며, 이 값을 조정해 알고리즘의 예측 성능을 개선할 수 있습니다.

사이킷런은 GridSearchCV API를 이용해 Classifier나 Regressor와 같은 알고리즘에 사용되는 하이퍼 파라미터를 순차적으로 입력하면서 편리하게 최적의 파라미터를 도출할 수 있는 방안을 제공합니다(Grid는 격자라는 뜻으로, 촘촘하게 파라미터를 입력하면서 테스트를 하는 방식입니다). 예를 들어 결정 트리 알고리즘의 여러 하이퍼 파라미터를 순차적으로 변경하면서 최고 성능을 가지는 파라미터 조합을 찾고자 한다면 다음과 같이 파라미터의 집합을 만들고 이를 순차적으로 적용하면서 최적화를 수행할 수 있습니다.

```
grid_parameters = {'max_depth': [1, 2, 3],
                   'min_samples_split': [2, 3]
                  }
```

하이퍼 파라미터는 다음과 같이 순차적으로 적용되며, 총 6회에 걸쳐 파라미터를 순차적으로 바꿔 실행하면서 최적의 파라미터와 수행 결과를 도출할 수 있습니다. for 루프로 모든 파라미터를 번갈아 입력하면서 학습시키는 방법을 좀 더 유연하게 API 레벨에서 제공한 것입니다.

순번	max_depth	min_samples_split
1	1	2
2	1	3
3	2	2
4	2	3
5	3	2
6	3	3

GridSearchCV는 교차 검증을 기반으로 이 하이퍼 파라미터의 최적 값을 찾게 해줍니다. 즉, 데이터 세트를 cross-validation을 위한 학습/테스트 세트로 자동으로 분할한 뒤에 하이퍼 파라미터 그리드에 기술된 모든 파라미터를 순차적으로 적용해 최적의 파라미터를 찾을 수 있게 해줍니다. GridSearchCV는 사용자가 튜닝하고자 하는 여러 종류의 하이퍼 파라미터를 다양하게 테스트하면서 최적의 파라미터를 편리하게 찾게 해주지만 동시에 순차적으로 파라미터를 테스트하므로 수행시간이 상대적으로 오래 걸리는 것에 유념해야 합니다.

위의 경우 순차적으로 6회에 걸쳐 하이퍼 파라미터를 변경하면서 교차 검증 데이터 세트에 수행 성능을 측정합니다. CV가 3회라면 개별 파라미터 조합마다 3개의 폴딩 세트를 3회에 걸쳐 학습/평가해 평균값으로 성능을 측정합니다. 6개의 파라미터 조합이라면 총 CV 3회 X 6개 파라미터 조합 = 18회의 학습/평가가 이뤄집니다.

GridSearchCV 클래스의 생성자로 들어가는 주요 파라미터는 다음과 같습니다.

- **estimator**: classifier, regressor, pipeline이 사용될 수 있습니다.
- **param_grid**: key + 리스트 값을 가지는 딕셔너리가 주어집니다. estimator의 튜닝을 위해 파라미터명과 사용될 여러 파라미터 값을 지정합니다.
- **scoring**: 예측 성능을 측정할 평가 방법을 지정합니다. 보통은 사이킷런의 성능 평가 지표를 지정하는 문자열(예: 정확도의 경우 'accuracy')로 지정하나 별도의 성능 평가 지표 함수도 지정할 수 있습니다.
- **cv**: 교차 검증을 위해 분할되는 학습/테스트 세트의 개수를 지정합니다.
- **refit**: 디폴트가 True이며 True로 생성 시 가장 최적의 하이퍼 파라미터를 찾은 뒤 입력된 estimator 객체를 해당 하이퍼 파라미터로 재학습시킵니다.

간단한 예제를 통해서 GridSearchCV API의 사용법을 익혀보겠습니다. 결정 트리 알고리즘의 여러 가지 최적화 파라미터를 순차적으로 적용해 붓꽃 데이터를 예측 분석하는 데 GridSearchCV를 이용하겠습니다. train_test_split( )을 이용해 학습 데이터와 테스트 데이터를 먼저 분리하고 학습 데이터에서 GridSearchCV를 이용해 최적 하이퍼 파라미터를 추출하겠습니다. 결정 트리 알고리즘을 구현한 DecisionTreeClassifier의 중요 하이퍼 파라미터인 max_depth와 min_samples_split의 값을 변화시키면서 최적화를 진행하겠습니다. 테스트할 하이퍼 파라미터 세트는 딕셔너리 형태로 하이퍼 파라미터의 명칭은 문자열 Key 값으로, 하이퍼 파라미터의 값은 리스트 형으로 설정합니다.

```
from sklearn.datasets import load_iris
from sklearn.tree import DecisionTreeClassifier
from sklearn.model_selection import GridSearchCV

# 데이터를 로딩하고 학습 데이터와 테스트 데이터 분리
iris_data = load_iris()
X_train, X_test, y_train, y_test = train_test_split(iris_data.data, iris_data.target,
                                                    test_size=0.2, random_state=121)
dtree = DecisionTreeClassifier()

### 파라미터를 딕셔너리 형태로 설정
parameters = {'max_depth':[1, 2, 3], 'min_samples_split':[2, 3]}
```

학습 데이터 세트를 GridSearchCV 객체의 fit(학습 데이터 세트) 메서드에 인자로 입력합니다. GridSearchCV 객체의 fit(학습 데이터 세트) 메서드를 수행하면 학습 데이터를 cv에 기술된 폴딩 세트로 분할해 param_grid에 기술된 하이퍼 파라미터를 순차적으로 변경하면서 학습/평가를 수행하고 그 결과를 cv_results_ 속성에 기록합니다. cv_results_는 gridsearchcv의 결과 세트로서 딕셔너리 형태로 key 값과 리스트 형태의 value 값을 가집니다. cv_results_를 Pandas의 DataFrame으로 변환하면 내용을 좀 더 쉽게 볼 수 있습니다. 이 중 주요 칼럼만 발췌해서 어떻게 GridSearchCV가 동작하는지 좀 더 자세히 알아보겠습니다.

```
import pandas as pd

# param_grid의 하이퍼 파라미터를 3개의 train, test set fold로 나누어 테스트 수행 설정.
### refit=True가 default임. True이면 가장 좋은 파라미터 설정으로 재학습시킴.
grid_dtree = GridSearchCV(dtree, param_grid=parameters, cv=3, refit=True)
```

```python
# 붓꽃 학습 데이터로 param_grid의 하이퍼 파라미터를 순차적으로 학습/평가 .
grid_dtree.fit(X_train, y_train)

# GridSearchCV 결과를 추출해 DataFrame으로 변환
scores_df = pd.DataFrame(grid_dtree.cv_results_)
scores_df[['params', 'mean_test_score', 'rank_test_score',
          'split0_test_score', 'split1_test_score', 'split2_test_score']]
```

[Output]

	params	mean_test_score	rank_test_score	split0_test_score	split1_test_score	split2_test_score
0	{'max_depth': 1, 'min_samples_split': 2}	0.700000	5	0.700	0.7	0.70
1	{'max_depth': 1, 'min_samples_split': 3}	0.700000	5	0.700	0.7	0.70
2	{'max_depth': 2, 'min_samples_split': 2}	0.958333	3	0.925	1.0	0.95
3	{'max_depth': 2, 'min_samples_split': 3}	0.958333	3	0.925	1.0	0.95
4	{'max_depth': 3, 'min_samples_split': 2}	0.975000	1	0.975	1.0	0.95
5	{'max_depth': 3, 'min_samples_split': 3}	0.975000	1	0.975	1.0	0.95

위의 결과에서 총 6개의 결과를 볼 수 있으며, 이는 하이퍼 파라미터 max_depth와 min_samples_split을 순차적으로 총 6번 변경하면서 학습 및 평가를 수행했음을 나타냅니다. 위 결과의 'params' 칼럼에는 수행할 때마다 적용된 하이퍼 파라미터값을 가지고 있습니다. 맨 마지막에서 두 번째 행(인덱스 번호: 4)을 보면 'rank_test_score' 칼럼 값이 1입니다. 이는 해당 하이퍼 파라미터의 조합인 max_depth: 3, min_samples_split: 2로 평가한 결과 예측 성능이 1위라는 의미입니다. 그때의 mean_test_score 칼럼 값을 보면 0.975000으로 가장 높습니다. 맨 마지막 행인 인덱스 번호 5번도 rank_test_score값이 1인데, mean_test_score 값이 0.975000으로 공동 1위라는 의미입니다. split0_test_score, split1_test_score, split2_test_score는 CV가 3인 경우, 즉 3개의 폴딩 세트에서 각각 테스트한 성능 수치입니다. mean_test_score는 이 세 개 성능 수치를 평균한 것입니다.

주요 칼럼별 의미는 다음과 같이 정리할 수 있습니다.

- params 칼럼에는 수행할 때마다 적용된 개별 하이퍼 파라미터값을 나타냅니다.
- rank_test_socre는 하이퍼 파라미터별로 성능이 좋은 score 순위를 나타냅니다. 1이 가장 뛰어난 순위이며 이때의 파라미터가 최적의 하이퍼 파라미터입니다.
- mean_test_score는 개별 하이퍼 파라미터별로 CV의 폴딩 테스트 세트에 대해 총 수행한 평가 평균값입니다.

GridSearchCV 객체의 fit( )을 수행하면 최고 성능을 나타낸 하이퍼 파라미터의 값과 그때의 평가 결과 값이 각각 best_params_, best_score_ 속성에 기록됩니다(즉, cv_results_의 rank_test_score가 1일 때의 값입니다). 이 속성을 이용해 최적 하이퍼 파라미터의 값과 그때의 정확도를 알아보겠습니다.

```
print('GridSearchCV 최적 파라미터:', grid_dtree.best_params_)
print('GridSearchCV 최고 정확도:{0:.4f}'.format(grid_dtree.best_score_))
```

[Output]

```
GridSearchCV 최적 파라미터: {'max_depth': 3, 'min_samples_split': 2}
GridSearchCV 최고 정확도:0.9750
```

max_depth가 3, min_samples_split 2일 때 검증용 폴드 세트에서 평균 최고 정확도가 97.50%로 측정됐습니다. GridSearchCV 객체의 생성 파라미터로 refit=True가 디폴트입니다. refit=True이면 GridSearchCV가 최적 성능을 나타내는 하이퍼 파라미터로 Estimator를 학습해 best_estimator_로 저장합니다. 이미 학습된 best_estimator_를 이용해 앞에서 train_test_split( )으로 분리한 테스트 데이터 세트에 대해 예측하고 성능을 평가해 보겠습니다.

```
# GridSearchCV의 refit으로 이미 학습된 estimator 반환
estimator = grid_dtree.best_estimator_

# GridSearchCV의 best_estimator_는 이미 최적 학습이 됐으므로 별도 학습이 필요 없음
pred = estimator.predict(X_test)
print('테스트 데이터 세트 정확도: {0:.4f}'.format(accuracy_score(y_test, pred)))
```

[Output]

```
테스트 데이터 세트 정확도: 0.9667
```

별도의 테스트 데이터 세트로 정확도를 측정한 결과 약 96.67%의 결과가 도출됐습니다. 일반적으로 학습 데이터를 GridSearchCV를 이용해 최적 하이퍼 파라미터 튜닝을 수행한 뒤에 별도의 테스트 세트에서 이를 평가하는 것이 일반적인 머신러닝 모델 적용 방법입니다.

05 데이터 전처리

데이터 전처리(Data Preprocessing)는 ML 알고리즘만큼 중요합니다. ML 알고리즘은 데이터에 기반하고 있기 때문에 어떤 데이터를 입력으로 가지느냐에 따라 결과도 크게 달라질 수 있습니다(Garbage In, Garbage Out). 사이킷런의 ML 알고리즘을 적용하기 전에 데이터에 대해 미리 처리해야 할 기본 사항이 있습니다.

결손값, 즉 NaN, Null 값은 허용되지 않습니다. 따라서 이러한 Null 값은 고정된 다른 값으로 변환해야 합니다. Null 값을 어떻게 처리해야 할지는 경우에 따라 다릅니다. 피처 값 중 Null 값이 얼마 되지 않는다면 피처의 평균값 등으로 간단히 대체할 수 있습니다. 하지만 Null 값이 대부분이라면 오히려 해당 피처는 드롭하는 것이 더 좋습니다. 가장 결정이 힘든 부분이 Null 값이 일정 수준 이상 되는 경우입니다. 정확히 몇 퍼센트까지를 일정 수준 이상이라고 한다는 기준은 없습니다. 하지만 해당 피처가 중요도가 높은 피처이고 Null을 단순히 피처의 평균값으로 대체할 경우 예측 왜곡이 심할 수 있다면 업무 로직 등을 상세히 검토해 더 정밀한 대체 값을 선정해야 합니다.

사이킷런의 머신러닝 알고리즘은 문자열 값을 입력값으로 허용하지 않습니다. 그래서 모든 문자열 값은 인코딩돼서 숫자 형으로 변환해야 합니다. 문자열 피처는 일반적으로 카테고리형 피처와 텍스트형 피처를 의미합니다. 카테고리형 피처는 코드 값으로 표현하는 게 더 이해하기 쉬울 것 같습니다. 텍스트형 피처는 피처 벡터화(feature vectorization) 등의 기법으로 벡터화하거나('텍스트 분석' 장에서 피처 벡터화에 대해 별도로 설명하겠습니다) 불필요한 피처라고 판단되면 삭제하는 게 좋습니다. 예를 들어 주민번호나 단순 문자열 아이디와 같은 경우 인코딩하지 않고 삭제하는 게 더 좋습니다. 이러한 식별자 피처는 단순히 데이터 로우를 식별하는 용도로 사용되기 때문에 예측에 중요한 요소가 될 수 없으며 알고리즘을 오히려 복잡하게 만들고 예측 성능을 떨어뜨리기 때문입니다.

데이터 인코딩

머신러닝을 위한 대표적인 인코딩 방식은 레이블 인코딩(Label encoding)과 원-핫 인코딩(One Hot encoding)이 있습니다. 먼저 레이블 인코딩부터 설명하겠습니다. 레이블 인코딩은 카테고리 피처를 코드형 숫자 값으로 변환하는 것입니다. 예를 들어 상품 데이터의 상품 구분이 TV, 냉장고, 전자레인지, 컴퓨터, 선풍기, 믹서 값으로 돼 있다면 TV: 1, 냉장고: 2, 전자레인지: 3, 컴퓨터: 4, 선풍기: 5, 믹서: 6과 같은 숫자형 값으로 변환하는 것입니다. 약간 주의해야 할 점은 '01', '02'와 같은 코드 값 역시 문자열이므로 1, 2와 같은 숫자형 값으로 변환돼야 합니다.

레이블 인코딩

사이킷런의 레이블 인코딩(Label encoding)은 LabelEncoder 클래스로 구현합니다. LabelEncoder를 객체로 생성한 후 fit( )과 transform( )을 호출해 레이블 인코딩을 수행합니다.

```
from sklearn.preprocessing import LabelEncoder

items=['TV', '냉장고', '전자레인지', '컴퓨터', '선풍기', '선풍기', '믹서', '믹서']

# LabelEncoder를 객체로 생성한 후, fit( )과 transform( )으로 레이블 인코딩 수행.
encoder = LabelEncoder()
encoder.fit(items)
labels = encoder.transform(items)
print('인코딩 변환값:', labels)
```

[Output]

```
인코딩 변환값: [0 1 4 5 3 3 2 2]
```

TV는 0, 냉장고는 1, 전자레인지는 4, 컴퓨터는 5, 선풍기는 3, 믹서는 2로 변환됐습니다. 위 예제는 데이터가 작아서 문자열 값이 어떤 숫자 값으로 인코딩됐는지 직관적으로 알 수 있지만, 많은 경우에 이를 알지 못합니다. 이 경우에는 LabelEncoder 객체의 classes_ 속성값으로 확인하면 됩니다.

```
print('인코딩 클래스:', encoder.classes_)
```

[Output]

```
인코딩 클래스: ['TV' '냉장고' '믹서' '선풍기' '전자레인지' '컴퓨터']
```

classes_ 속성은 0번부터 순서대로 변환된 인코딩 값에 대한 원본값을 가지고 있습니다. 따라서 TV가 0, 냉장고 1, 믹서 2, 선풍기 3, 전자레인지 4, 컴퓨터가 5로 인코딩됐음을 알 수 있습니다. inverse_transform( )을 통해 인코딩된 값을 다시 디코딩할 수 있습니다.

```
print('디코딩 원본값:', encoder.inverse_transform([4, 5, 2, 0, 1, 1, 3, 3]))
```

[Output]

```
디코딩 원본값: ['전자레인지' '컴퓨터' '믹서' 'TV' '냉장고' '냉장고' '선풍기' '선풍기']
```

상품 데이터가 상품 분류, 가격 두 개의 속성으로 돼 있을 때 상품 분류를 레이블 인코딩하면 다음과 같이 변환될 수 있습니다.

원본 데이터

상품 분류	가격
TV	1,000,000
냉장고	1,500,000
전자레인지	200,000
컴퓨터	800,000
선풍기	100,000
선풍기	100,000
믹서	50,000
믹서	50,000

상품 분류를 레이블 인코딩한 데이터

상품 분류	가격
0	1,000,000
1	1,500,000
4	200,000
5	800,000
3	100,000
3	100,000
2	50,000
2	50,000

레이블 인코딩은 간단하게 문자열 값을 숫자형 카테고리 값으로 변환합니다. 하지만 레이블 인코딩이 일괄적인 숫자 값으로 변환이 되면서 몇몇 ML 알고리즘에는 이를 적용할 경우 예측 성능이 떨어지는 경우가 발생할 수 있습니다. 이는 숫자 값의 경우 크고 작음에 대한 특성이 작용하기 때문입니다. 즉, 냉장고가 1, 믹서가 2로 변환되면, 1보다 2가 더 큰 값이므로 특정 ML 알고리즘에서 가중치가 더 부여되거나 더 중요하게 인식할 가능성이 발생합니다. 하지만 냉장고와 믹서의 숫자 변환 값은 단순 코드이지 숫자 값에 따른 순서나 중요도로 인식돼서는 안 됩니다. 이러한 특성 때문에 레이블 인코딩은 선형 회귀와 같은 ML 알고리즘에는 적용하지 않아야 합니다. 트리 계열의 ML 알고리즘은 숫자의 이러한 특성을 반영하지 않으므로 레이블 인코딩도 별문제가 없습니다.

원-핫 인코딩(One-Hot Encoding)은 레이블 인코딩의 이러한 문제점을 해결하기 위한 인코딩 방식입니다. 원-핫 인코딩을 살펴보겠습니다.

원-핫 인코딩(One-Hot Encoding)

원-핫 인코딩은 피처 값의 유형에 따라 새로운 피처를 추가해 고유 값에 해당하는 칼럼에만 1을 표시하고 나머지 칼럼에는 0을 표시하는 방식입니다. 즉, 행 형태로 돼 있는 피처의 고유 값을 열 형태로 차원을 변환한 뒤, 고유 값에 해당하는 칼럼에만 1을 표시하고 나머지 칼럼에는 0을 표시합니다. 다음 그림에 원본 데이터를 원-핫 인코딩으로 변환하는 모습을 나타냈습니다.

원본 데이터 / **원-핫 인코딩**

상품 분류	상품분류_TV	상품분류_냉장고	상품분류_믹서	상품분류_선풍기	상품분류_전자레인지	상품분류_컴퓨터
TV	1	0	0	0	0	0
냉장고	0	1	0	0	0	0
전자레인지	0	0	0	0	1	0
컴퓨터	0	0	0	0	0	1
선풍기	0	0	0	1	0	0
선풍기	0	0	0	1	0	0
믹서	0	0	1	0	0	0
믹서	0	0	1	0	0	0

먼저 원본 데이터는 8개의 레코드로 돼 있으며, 고유 값은 ['TV' '냉장고' '믹서' '선풍기' '전자레인지' '컴퓨터']로 모두 6개입니다. 앞의 레이블 인코딩 예제를 참조하면 TV가 0, 냉장고 1, 믹서 2, 선풍기 3, 전자레인지 4, 컴퓨터가 5로 인코딩돼 있음을 알 수 있습니다. 0부터 5까지 6개의 상품 분류 고유 값에 따라 상품 분류 피처를 6개의 상품 분류 고유 값 피처로 변환합니다. 즉, TV를 위한 상품 분류_TV, 냉장고를 위한 상품 분류_냉장고, 믹서를 위한 상품 분류_믹서, 선풍기를 위한 상품 분류_선풍기, 전자레인지를 위한 상품 분류_전자레인지, 컴퓨터를 위한 상품 분류_컴퓨터 6개의 피처로 변환하는 것입니다. 그리고 해당 레코드의 상품 분류가 TV인 경우는 상품 분류_TV 피처에만 1을 입력하고, 나머지 피처는 모두 0입니다. 마찬가지로 해당 레코드의 상품 분류가 냉장고라면 상품 분류_냉장고 피처에만 1을 입력하고 나머지 피처는 모두 0이 되는 것입니다. 즉, 해당 고유 값에 매칭되는 피처만 1이 되고 나머지 피처는 0을 입력하며, 이러한 특성으로 원-핫(여러 개의 속성 중 단 한 개의 속성만 1로 표시) 인코딩으로 명명하게 됐습니다.

원-핫 인코딩은 사이킷런에서 OneHotEncoder 클래스로 변환이 가능합니다. 단, LabelEncoder와 다르게 약간 주의할 점이 있습니다. 입력값으로 2차원 데이터가 필요하다는 것과, OneHotEncoder를 이용해 변환한 값이 희소 행렬(Sparse Matrix) 형태이므로 이를 다시 toarray( ) 메서드를 이용해 밀집 행렬(Dense Matrix)로 변환해야 한다는 것입니다. OneHotEncoder를 이용해 앞의 데이터를 원-핫 인코딩으로 변환해 보겠습니다.

```
from sklearn.preprocessing import OneHotEncoder
import numpy as np

items=['TV','냉장고','전자레인지','컴퓨터','선풍기','선풍기','믹서','믹서']
```

```
# 2차원 ndarray로 변환합니다.
items = np.array(items).reshape(-1, 1)

# 원-핫 인코딩을 적용합니다.
oh_encoder = OneHotEncoder()
oh_encoder.fit(items)
oh_labels = oh_encoder.transform(items)

# OneHotEncoder로 변환한 결과는 희소행렬이므로 toarray()를 이용해 밀집 행렬로 변환.
print('원-핫 인코딩 데이터')
print(oh_labels.toarray())
print('원-핫 인코딩 데이터 차원')
print(oh_labels.shape)
```

[Output]

```
원-핫 인코딩 데이터
[[1. 0. 0. 0. 0. 0.]
 [0. 1. 0. 0. 0. 0.]
 [0. 0. 0. 0. 1. 0.]
 [0. 0. 0. 0. 0. 1.]
 [0. 0. 0. 1. 0. 0.]
 [0. 0. 0. 1. 0. 0.]
 [0. 0. 1. 0. 0. 0.]
 [0. 0. 1. 0. 0. 0.]]
원-핫 인코딩 데이터 차원
(8, 6)
```

8개의 레코드와 1개의 칼럼을 가진 원본 데이터가 8개의 레코드와 6개의 칼럼을 가진 데이터로 변환됐습니다. TV가 0, 냉장고 1, 믹서 2, 선풍기 3, 전자레인지 4, 컴퓨터가 5로 인코딩됐으므로 첫 번째 칼럼이 TV, 두 번째 칼럼이 냉장고, 세 번째 칼럼이 믹서, 네 번째 칼럼이 선풍기, 다섯 번째 칼럼이 전자레인지, 여섯 번째 칼럼이 컴퓨터를 나타냅니다. 따라서 원본 데이터의 첫 번째 레코드가 TV이므로 변환된 데이터의 첫 번째 레코드의 첫 번째 칼럼이 1이고, 나머지 칼럼은 모두 0이 됩니다. 이어서 원본 데이터의 두 번째 레코드가 냉장고이므로 변환된 데이터의 두 번째 레코드의 냉장고에 해당하는 칼럼인 두 번째 칼럼이 1이고, 나머지 칼럼은 모두 0이 됩니다. 위 예제 코드의 변환 절차는 다음 그림과 같이 정리할 수 있습니다.

원본 데이터	
상품 분류	가격
TV	1,000,000
냉장고	1,500,000
전자레인지	200,000
컴퓨터	800,000
선풍기	100,000
선풍기	100,000
믹서	50,000
믹서	50,000

숫자로 인코딩	
상품 분류	가격
0	1,000,000
1	1,500,000
4	200,000
5	800,000
3	100,000
3	100,000
2	50,000
2	50,000

원-핫 인코딩						
TV	냉장고	믹서	선풍기	전자레인지	컴퓨터	가격
1	0	0	0	0	0	1,000,000
0	1	0	0	0	0	1,500,000
0	0	0	0	1	0	200,000
0	0	0	0	0	1	800,000
0	0	0	1	0	0	100,000
0	0	0	1	0	0	100,000
0	0	1	0	0	0	50,000
0	0	1	0	0	0	50,000

판다스에는 원-핫 인코딩을 더 쉽게 지원하는 API가 있습니다. get_dummies( )를 이용하면 됩니다. 사이킷런의 OneHotEncoder와 다르게 문자열 카테고리 값을 숫자 형으로 변환할 필요 없이 바로 변환할 수 있습니다.

```
import pandas as pd

df = pd.DataFrame({'item':['TV', '냉장고', '전자레인지', '컴퓨터', '선풍기', '선풍기', '믹서', '믹서']
})
pd.get_dummies(df)
```

[Output]

	item_TV	item_냉장고	item_믹서	item_선풍기	item_전자레인지	item_컴퓨터
0	1	0	0	0	0	0
1	0	1	0	0	0	0
2	0	0	0	0	1	0
3	0	0	0	0	0	1
4	0	0	0	1	0	0
5	0	0	0	1	0	0
6	0	0	1	0	0	0
7	0	0	1	0	0	0

get_dummies( )를 이용하면 숫자형 값으로 변환 없이도 바로 변환이 가능함을 알 수 있습니다.

피처 스케일링과 정규화

서로 다른 변수의 값 범위를 일정한 수준으로 맞추는 작업을 피처 스케일링(feature scaling)이라고 합니다. 대표적인 방법으로 표준화(Standardization)와 정규화(Normalization)가 있습니다.

표준화는 데이터의 피처 각각이 평균이 0이고 분산이 1인 가우시안 정규 분포를 가진 값으로 변환하는 것을 의미합니다. 표준화를 통해 변환될 피처 x의 새로운 i번째 데이터를 x_i_new라고 한다면 이 값은 원래 값에서 피처 x의 평균을 뺀 값을 피처 x의 표준편차로 나눈 값으로 계산할 수 있습니다.

$$x_i\_new = \frac{x_i - mean(x)}{stdev(x)}$$

일반적으로 정규화는 서로 다른 피처의 크기를 통일하기 위해 크기를 변환해주는 개념입니다. 예를 들어 피처 A는 거리를 나타내는 변수로서 값이 0 ~ 100KM로 주어지고 피처 B는 금액을 나타내는 속성으로 값이 0 ~ 100,000,000,000원으로 주어진다면 이 변수를 모두 동일한 크기 단위로 비교하기 위해 값을 모두 최소 0 ~ 최대 1의 값으로 변환하는 것입니다. 즉, 개별 데이터의 크기를 모두 똑같은 단위로 변경하는 것입니다.

새로운 데이터 x_i_new는 원래 값에서 피처 x의 최솟값을 뺀 값을 피처 x의 최댓값과 최솟값의 차이로 나눈 값으로 변환할 수 있습니다.

$$x_i\_new = \frac{x_i - \min(x)}{\max(x) - \min(x)}$$

그런데 사이킷런의 전처리에서 제공하는 Normalizer 모듈과 일반적인 정규화는 약간의 차이가 있습니다(물론 큰 개념은 똑같습니다). 사이킷런의 Normalizer 모듈은 선형대수에서의 정규화 개념이 적용됐으며, 개별 벡터의 크기를 맞추기 위해 변환하는 것을 의미합니다. 즉, 개별 벡터를 모든 피처 벡터의 크기로 나눠 줍니다. 세 개의 피처 x, y, z가 있다고 하면 새로운 데이터 x_i_new는 원래 값에서 세 개의 피처의 i번째 피처 값에 해당하는 크기를 합한 값으로 나눠 줍니다.

$$x_i\_new = \frac{x_i}{\sqrt{x_i^2 + y_i^2 + z_i^2}}$$

혼선을 방지하기 위해 일반적인 의미의 표준화와 정규화를 피처 스케일링으로 통칭하고 선형대수 개념의 정규화를 벡터 정규화로 지칭하겠습니다. 먼저 사이킷런에서 제공하는 대표적인 피처 스케일링 클래스인 StandardScaler와 MinMaxScaler를 알아보겠습니다.

StandardScaler

StandardScaler는 앞에서 설명한 표준화를 쉽게 지원하기 위한 클래스입니다. 즉, 개별 피처를 평균이 0이고, 분산이 1인 값으로 변환해줍니다. 이렇게 가우시안 정규 분포를 가질 수 있도록 데이터를 변환하는 것은 몇몇 알고리즘에서 매우 중요합니다. 특히 사이킷런에서 구현한 RBF 커널을 이용하는 서포트 벡터 머신(Support Vector Machine)이나 선형 회귀(Linear Regression), 로지스틱 회귀(Logistic Regression)는 데이터가 가우시안 분포를 가지고 있다고 가정하고 구현됐기 때문에 사전에 표준화를 적용하는 것은 예측 성능 향상에 중요한 요소가 될 수 있습니다.

StandardScaler가 어떻게 데이터 값을 변환하는지 데이터 세트로 확인해 보겠습니다.

```
from sklearn.datasets import load_iris
import pandas as pd
# 붓꽃 데이터 세트를 로딩하고 DataFrame으로 변환합니다.
iris = load_iris()
iris_data = iris.data
iris_df = pd.DataFrame(data=iris_data, columns=iris.feature_names)

print('feature 들의 평균 값')
print(iris_df.mean())
print('\nfeature 들의 분산 값')
print(iris_df.var())
```

[Output]

```
feature 들의 평균 값
sepal length (cm)    5.843333
sepal width (cm)     3.057333
petal length (cm)    3.758000
petal width (cm)     1.199333
dtype: float64

feature 들의 분산 값
```

```
sepal length (cm)    0.685694
sepal width (cm)     0.189979
petal length (cm)    3.116278
petal width (cm)     0.581006
dtype: float64
```

이제 StandardScaler를 이용해 각 피처를 한 번에 표준화해 변환하겠습니다. StandardScaler 객체를 생성한 후에 fit( )과 transform( ) 메서드에 변환 대상 피처 데이터 세트를 입력하고 호출하면 간단하게 변환됩니다. transform( )을 호출할 때 스케일 변환된 데이터 세트가 넘파이의 ndarray이므로 이를 DataFrame으로 변환해 평균값과 분산 값을 다시 확인해 보겠습니다.

```
from sklearn.preprocessing import StandardScaler

# StandardScaler객체 생성
scaler = StandardScaler()
# StandardScaler로 데이터 세트 변환. fit( )과 transform( ) 호출.
scaler.fit(iris_df)
iris_scaled = scaler.transform(iris_df)

# transform( ) 시 스케일 변환된 데이터 세트가 NumPy ndarray로 반환돼 이를 DataFrame으로 변환
iris_df_scaled = pd.DataFrame(data=iris_scaled, columns=iris.feature_names)
print('feature 들의 평균 값')
print(iris_df_scaled.mean())
print('\nfeature 들의 분산 값')
print(iris_df_scaled.var())
```

[Output]

```
feature 들의 평균 값
sepal length (cm)   -1.690315e-15
sepal width (cm)    -1.842970e-15
petal length (cm)   -1.698641e-15
petal width (cm)    -1.409243e-15
dtype: float64

feature 들의 분산 값
sepal length (cm)    1.006711
sepal width (cm)     1.006711
```

```
petal length (cm)    1.006711
petal width (cm)     1.006711
dtype: float64
```

모든 칼럼 값의 평균이 0에 아주 가까운 값으로, 그리고 분산은 1에 아주 가까운 값으로 변환됐음을 알 수 있습니다.

MinMaxScaler

다음으로 MinMaxScaler에 대해 알아보겠습니다. MinMaxScaler는 데이터값을 0과 1 사이의 범위 값으로 변환합니다(음수 값이 있으면 -1에서 1값으로 변환합니다). 데이터의 분포가 가우시안 분포가 아닐 경우에 Min, Max Scale을 적용해 볼 수 있습니다. 다음 예제를 통해 MinMaxScaler가 어떻게 동작하는지 확인해 보겠습니다.

```
from sklearn.preprocessing import MinMaxScaler

# MinMaxScaler객체 생성
scaler = MinMaxScaler()
# MinMaxScaler로 데이터 세트 변환. fit()과 transform() 호출.
scaler.fit(iris_df)
iris_scaled = scaler.transform(iris_df)

# transform() 시 스케일 변환된 데이터 세트가 NumPy ndarray로 반환돼 이를 DataFrame으로 변환
iris_df_scaled = pd.DataFrame(data=iris_scaled, columns=iris.feature_names)
print('feature들의 최솟값')
print(iris_df_scaled.min())
print('\nfeature들의 최댓값')
print(iris_df_scaled.max())
```

[Output]

```
feature들의 최솟값
sepal length (cm)    0.0
sepal width (cm)     0.0
petal length (cm)    0.0
petal width (cm)     0.0
dtype: float64
```

```
feature들의 최댓값
sepal length (cm)    1.0
sepal width (cm)     1.0
petal length (cm)    1.0
petal width (cm)     1.0
dtype: float64
```

모든 피처에 0에서 1 사이의 값으로 변환되는 스케일링이 적용됐음을 알 수 있습니다.

학습 데이터와 테스트 데이터의 스케일링 변환 시 유의점

StandardScaler나 MinMaxScaler와 같은 Scaler 객체를 이용해 데이터의 스케일링 변환 시 fit( ), transform( ), fit_transform( ) 메서드를 이용합니다. 일반적으로 fit()은 데이터 변환을 위한 기준 정보 설정(예를 들어 데이터 세트의 최댓값/최솟값 설정 등)을 적용하며 transform( )은 이렇게 설정된 정보를 이용해 데이터를 변환합니다. 그리고 fit_transform( )은 fit( )과 transform( )을 한 번에 적용하는 기능을 수행합니다.

그런데 학습 데이터 세트와 테스트 데이터 세트에 이 fit( )과 transform( )을 적용할 때 주의가 필요합니다. Scaler 객체를 이용해 학습 데이터 세트로 fit( )과 transform( )을 적용하면 테스트 데이터 세트로는 다시 fit( )을 수행하지 않고 학습 데이터 세트로 fit( )을 수행한 결과를 이용해 transform( ) 변환을 적용해야 한다는 것입니다. 즉 학습 데이터로 fit( )이 적용된 스케일링 기준 정보를 그대로 테스트 데이터에 적용해야 하며, 그렇지 않고 테스트 데이터로 다시 새로운 스케일링 기준 정보를 만들게 되면 학습 데이터와 테스트 데이터의 스케일링 기준 정보가 서로 달라지기 때문에 올바른 예측 결과를 도출하지 못할 수 있습니다.

다음 코드를 통해서 테스트 데이터에 fit( )을 적용할 때 어떠한 문제가 발생하는지 알아보겠습니다. 먼저 np.arange( )를 이용해 학습 데이터를 0부터 10까지, 테스트 데이터를 0부터 5까지 값을 가지는 ndarray로 생성하겠습니다.

```
from sklearn.preprocessing import MinMaxScaler
import numpy as np

# 학습 데이터는 0부터 10까지, 테스트 데이터는 0부터 5까지 값을 가지는 데이터 세트로 생성
# Scaler 클래스의 fit(), transform()은 2차원 이상 데이터만 가능하므로 reshape(-1, 1)로 차원 변경
train_array = np.arange(0, 11).reshape(-1, 1)
test_array =  np.arange(0, 6).reshape(-1, 1)
```

학습 데이터인 train_array부터 MinMaxScaler를 이용해 변환하겠습니다. 학습 데이터는 0부터 10까지 값을 가지는데, 이 데이터에 MinMaxScaler 객체의 fit( )을 적용하면 최솟값 0, 최댓값 10이 설정되며 1/10 Scale이 적용됩니다. 이제 transform( )을 호출하면 1/10 scale로 학습 데이터를 변환하게 되며 원본 데이터 1은 0.1로 2는 0.2, 그리고 5는 0.5, 10은 1로 변환됩니다.

```
# MinMaxScaler 객체에 별도의 feature_range 파라미터 값을 지정하지 않으면 0~1 값으로 변환
scaler = MinMaxScaler()

# fit()하게 되면 train_array 데이터의 최솟값이 0, 최댓값이 10으로 설정.
scaler.fit(train_array)

# 1/10 scale로 train_array 데이터 변환함. 원본 10-> 1로 변환됨.
train_scaled = scaler.transform(train_array)

print('원본 train_array 데이터:', np.round(train_array.reshape(-1), 2))
print('Scale된 train_array 데이터:', np.round(train_scaled.reshape(-1), 2))
```

[Output]

```
원본 train_array 데이터: [ 0  1  2  3  4  5  6  7  8  9 10]
Scale된 train_array 데이터: [0.  0.1 0.2 0.3 0.4 0.5 0.6 0.7 0.8 0.9 1. ]
```

이번에는 테스트 데이터 세트를 변환하는데, fit( )을 호출해 스케일링 기준 정보를 다시 적용한 뒤 transform( )을 수행한 결과를 확인해 보겠습니다.

```
# MinMaxScaler에 test_array를 fit()하게 되면 원본 데이터의 최솟값이 0, 최댓값이 5로 설정됨
scaler.fit(test_array)

# 1/5 scale로 test_array 데이터 변환함. 원본 5->1로 변환.
test_scaled = scaler.transform(test_array)

# test_array의 scale 변환 출력.
print('원본 test_array 데이터:', np.round(test_array.reshape(-1), 2))
print('Scale된 test_array 데이터:', np.round(test_scaled.reshape(-1), 2))
```

[Output]

```
원본 test_array 데이터: [0 1 2 3 4 5]
Scale된 test_array 데이터: [0.  0.2 0.4 0.6 0.8 1. ]
```

출력 결과를 확인하면 학습 데이터와 테스트 데이터의 스케일링이 맞지 않음을 알 수 있습니다. 테스트 데이터의 경우는 최솟값 0, 최댓값 5이므로 1/5로 스케일링됩니다. 따라서 원본값 1은 0.2로, 원본값 5는 1로 변환이 됩니다. 앞서 학습 데이터는 스케일링 변환으로 원본값 2가 0.2로 변환됐고, 원본값 10이 1로 변환됐습니다. 이렇게 되면 학습 데이터와 테스트 데이터의 서로 다른 원본값이 동일한 값으로 변환되는 결과를 초래합니다. 머신러닝 모델은 학습 데이터를 기반으로 학습되기 때문에 반드시 테스트 데이터는 학습 데이터의 스케일링 기준에 따라야 하며, 테스트 데이터의 1 값은 학습 데이터와 동일하게 0.1 값으로 변환돼야 합니다. 따라서 테스트 데이터에 다시 fit( )을 적용해서는 안 되며 학습 데이터로 이미 fit( )이 적용된 Scaler 객체를 이용해 transform( )으로 변환해야 합니다.

다음 코드는 테스트 데이터에 fit( )을 호출하지 않고 학습 데이터로 fit( )을 수행한 MinMaxScaler 객체의 transform( )을 이용해 데이터를 변환합니다. 출력 결과를 확인해 보면 학습 데이터, 테스트 데이터 모두 1/10 수준으로 스케일링되어 1이 0.1로, 5가 0.5로, 학습 데이터, 테스트 데이터 모두 동일하게 변환됐음을 확인할 수 있습니다.

```
scaler = MinMaxScaler()
scaler.fit(train_array)
train_scaled = scaler.transform(train_array)
print('원본 train_array 데이터:', np.round(train_array.reshape(-1), 2))
print('Scale된 train_array 데이터:', np.round(train_scaled.reshape(-1), 2))

# test_array에 Scale 변환을 할 때는 반드시 fit()을 호출하지 않고 transform()만으로 변환해야 함.
test_scaled = scaler.transform(test_array)
print('\n원본 test_array 데이터:', np.round(test_array.reshape(-1), 2))
print('Scale된 test_array 데이터:', np.round(test_scaled.reshape(-1), 2))
```

[Output]

```
원본 train_array 데이터: [ 0  1  2  3  4  5  6  7  8  9 10]
Scale된 train_array 데이터: [0.  0.1 0.2 0.3 0.4 0.5 0.6 0.7 0.8 0.9 1. ]

원본 test_array 데이터: [0 1 2 3 4 5]
Scale된 test_array 데이터: [0.  0.1 0.2 0.3 0.4 0.5]
```

fit_transform( )을 적용할 때도 마찬가지입니다. fit_transform( )은 fit( )과 transform( )을 순차적으로 수행하는 메서드이므로 학습 데이터에서는 상관없지만 테스트 데이터에서는 절대 사용해서는 안 됩니다. 이렇게 학습과 테스트 데이터에 fit( )과 transform( )을 적용할 때 주의 사항이 발생하므로 학습과 테스트 데이터 세트로 분리하기 전에 먼저 전체 데이터 세트에 스케일링을 적용한 뒤 학습과 테스트 데이터 세트로 분리하는 것이 더 바람직합니다.

학습 데이터와 테스트 데이터의 fit( ), transform( ), fit_transform( )을 이용해 스케일링 변환 시 유의할 점을 요약하면 다음과 같습니다.

1. 가능하다면 전체 데이터의 스케일링 변환을 적용한 뒤 학습과 테스트 데이터로 분리
2. 1이 여의치 않다면 테스트 데이터 변환 시에는 fit( )이나 fit_transform( )을 적용하지 않고 학습 데이터로 이미 fit( )된 Scaler 객체를 이용해 transform( )으로 변환

이 유의 사항은 앞으로 배울 사이킷런 기반의 PCA와 같은 차원 축소 변환이나 텍스트의 피처 벡터화 변환 작업 시에도 동일하게 적용됩니다.

지금까지 파이썬 기반에서 머신러닝을 수행하기 위한 다양한 요소를 살펴봤습니다. 데이터 분석가나 데이터 과학자로서의 역량을 증대하기 위해서는 머신러닝 알고리즘이나 이들 API에 대한 사용법 못지않게 데이터 분석에 대한 감을 강화하는 것이 중요합니다. 이러한 데이터 능력을 향상시키는 가장 좋은 방법은 많은 데이터 분석 작업을 스스로 수행해 보는 것입니다. 벽에 부딪힐 때마다 포기하지 않고 다양한 방법을 실전에 적용해 가면서 자신만의 데이터 분석에 대한 감을 쌓아 나가면 그 길에 도달할 수 있습니다. 다음으로는 머신러닝 알고리즘을 이용해 캐글(Kaggle)의 타이타닉 데이터 세트에서 생존자를 예측하는 예제를 작성해 보겠습니다.

06 사이킷런으로 수행하는 타이타닉 생존자 예측

이번 절에서는 캐글에서 제공하는 타이타닉 탑승자 데이터를 기반으로 생존자 예측을 사이킷런으로 수행해 보겠습니다. 캐글은 세계적인 ML 기반 분석 대회를 온라인상에서 주관하고 있습니다. 오픈된 데이터 자료를 기반으로 전 세계 데이터 분석가가 데이터 분석 실력을 경쟁하고 협업하는 가장 뛰어난 데이터 분석 오픈 포털입니다. 이 중 타이타닉 생존자 데이터는 머신러닝에 입문하는 데이터 분석가/과학자를 위한 기초 예제로 제공되고 있으며, 많은 캐글 이용자가 저마다의 방법으로 타이타닉 생존자 예측을 수행하고 그 방법을 캐글에 공유하고 있습니다.

1장에서 판다스의 DataFrame을 설명할 때 바로 이 타이타닉 탑승자 데이터를 이용했습니다. 1장의 판다스 설명 부분을 건너뛴 사람들은 https://www.kaggle.com/c/titanic/data에 접속해 데이터를 내려받기 바랍니다. 1장과 동일하게 train.csv를 새로운 주피터 노트북이 위치한 디렉터리에 'titanic_train.csv'라는 이름으로 저장하면 됩니다. 상세한 내용은 1장의 **Pandas 시작- 파일을 DataFrame으로 로딩, 기본 API**절의 시작 부분을 참조하기 바랍니다.

내려받은 타이타닉 탑승자 데이터에 대해 개략적으로 살펴보겠습니다.

- Passengerid: 탑승자 데이터 일련번호
- survived: 생존 여부, 0 = 사망, 1 = 생존
- pclass: 티켓의 선실 등급, 1 = 일등석, 2 = 이등석, 3 = 삼등석
- sex: 탑승자 성별
- name: 탑승자 이름
- Age: 탑승자 나이
- sibsp: 같이 탑승한 형제자매 또는 배우자 인원수
- parch: 같이 탑승한 부모님 또는 어린이 인원수
- ticket: 티켓 번호
- fare: 요금
- cabin: 선실 번호
- embarked: 중간 정착 항구 C = Cherbourg, Q = Queenstown, S = Southampton

새로운 주피터 노트북을 생성하고 분석에 필요한 라이브러리를 임포트한 후 타이타닉 탑승자 파일을 판다스의 read_csv( )를 이용해 DataFrame으로 로딩하겠습니다. 이번 예제에서는 파이썬의 대표적인 시각화 패키지인 맷플롯립과 시본을 이용해 차트와 그래프도 함께 시각화하면서 데이터 분석을 진행하겠습니다.

```
import numpy as np
import pandas as pd
import matplotlib.pyplot as plt
import seaborn as sns
%matplotlib inline
```

```
titanic_df = pd.read_csv('./titanic_train.csv')
titanic_df.head(3)
```

[Output]

	PassengerId	Survived	Pclass	Name	Sex	Age	SibSp	Parch	Ticket	Fare	Cabin	Embarked
0	1	0	3	Braund, Mr. Owen Harris	male	22.0	1	0	A/5 21171	7.2500	NaN	S
1	2	1	1	Cumings, Mrs. John Bradley (Florence Briggs Th...	female	38.0	1	0	PC 17599	71.2833	C85	C
2	3	1	3	Heikkinen, Miss. Laina	female	26.0	0	0	STON/O2. 3101282	7.9250	NaN	S

로딩된 데이터 칼럼 타입을 확인해 보겠습니다. DataFrame의 info( ) 메서드를 통해 쉽게 확인이 가능합니다.

```
print('\n ### 학습 데이터 정보 ###  \n')
print(titanic_df.info())
```

[Output]

```
### 학습 데이터 정보 ###
<class 'pandas.core.frame.DataFrame'>
RangeIndex: 891 entries, 0 to 890
Data columns (total 12 columns):
PassengerId      891 non-null int64
Survived         891 non-null int64
Pclass           891 non-null int64
Name             891 non-null object
Sex              891 non-null object
Age              714 non-null float64
SibSp            891 non-null int64
Parch            891 non-null int64
Ticket           891 non-null object
Fare             891 non-null float64
Cabin            204 non-null object
Embarked         889 non-null object
dtypes: float64(2), int64(5), object(5)
memory usage: 83.6+ KB
```

RangeIndex는 DataFrame 인덱스의 범위를 나타내므로 전체 로우 수를 알 수 있습니다. RangeIndex가 891entries이므로 891개의 로우로 구성됩니다. 그리고 칼럼 수는 12개입니다. 2개의 칼럼이 float64 타입, 5개의 칼럼이 int64 타입, 5개의 칼럼이 object 타입입니다. 판다스의 object 타입은 string 타입으로 봐도 무방합니다. 판다스는 넘파이 기반으로 만들어졌고 넘파이의 String 타입이 길이 제한이 있어서 이에 대한 구분을 위해 object 타입으로 명기한 것입니다. Age, Cabin, Embarked 칼럼은 각각 714개, 204개, 889개의 Not Null 값을 가지고 있으므로 각각 177개, 608개, 2개의 Null값(NaN)을 가지고 있습니다.

사이킷런 머신러닝 알고리즘은 Null 값을 허용하지 않으므로 Null 값을 어떻게 처리할지 결정해야 합니다. 여기서는 DataFrame의 fillna( ) 함수를 사용해 간단하게 Null 값을 평균 또는 고정 값으로 변경하겠습니다. Age의 경우는 평균 나이, 나머지 칼럼은 'N' 값으로 변경합니다. 그다음, 모든 칼럼의 Null 값이 없는지 다시 확인하겠습니다.

```
titanic_df['Age'].fillna(titanic_df['Age'].mean(), inplace=True)
titanic_df['Cabin'].fillna('N', inplace=True)
titanic_df['Embarked'].fillna('N', inplace=True)
print('데이터 세트 Null 값 개수 ', titanic_df.isnull().sum().sum())
```

[Output]

```
데이터 세트 Null 값 개수  0
```

현재 남아있는 문자열 피처는 Sex, Cabin, Embarked입니다. 먼저 이 피처들의 값 분류를 살펴보겠습니다.

```
print(' Sex 값 분포 :\n', titanic_df['Sex'].value_counts())
print('\n Cabin 값 분포 :\n', titanic_df['Cabin'].value_counts())
print('\n Embarked 값 분포 :\n', titanic_df['Embarked'].value_counts())
```

[Output]

```
Sex 값 분포 :
male      577
female    314
Name: Sex, dtype: int64
Cabin 값 분포 :
```

```
 N                    687
G6                      4
C23 C25 C27             4
B96 B98                 4
………
Embarked 값 분포 :
S    644
C    168
Q     77
N      2
Name: Embarked, dtype: int64
```

Sex, Embarked 값은 별문제가 없으나, Cabin(선실)의 경우 N이 687건으로 가장 많은 것도 특이하지만, 속성값이 제대로 정리가 되지 않은 것 같습니다. 예를 들어 'C23 C25 C27'과 같이 여러 Cabin이 한꺼번에 표기된 Cabin 값이 4건이 됩니다. Cabin의 경우 선실 번호 중 선실 등급을 나타내는 첫 번째 알파벳이 중요해 보입니다. 왜냐하면 이 시절에는 지금보다도 부자와 가난한 사람에 대한 차별이 더 있던 시절이었기에 일등실에 투숙한 사람이 삼등실에 투숙한 사람보다 더 살아날 확률이 높았을 것이기 때문입니다. Cabin 속성의 경우 앞 문자만 추출하겠습니다.

```
titanic_df['Cabin'] = titanic_df['Cabin'].str[:1]
print(titanic_df['Cabin'].head(3))
```

[Output]

```
0    N
1    C
2    N
Name: Cabin, dtype: object
```

머신러닝 알고리즘을 적용해 예측을 수행하기 전에 데이터를 먼저 탐색해 보겠습니다. 첫 번째로 어떤 유형의 승객이 생존 확률이 높았는지 확인해 보겠습니다. 제임스 카메론의 영화인 '타이타닉'에서도 나왔듯이 바다에서 사고가 날 경우 여성과 아이들, 그리고 노약자가 제일 먼저 구조 대상입니다(Women and Children First). 그리고 아마도 부자나 유명인이 다음 구조 대상이었을 것입니다. 안타깝게도 삼등실에 탄 많은 가난한 이는 타이타닉 호와 운명을 함께 했을 겁니다. 성별이 생존 확률에 어떤 영향을 미쳤는지, 성별에 따른 생존자 수를 비교해 보겠습니다.

```
titanic_df.groupby(['Sex', 'Survived'])['Survived'].count()
```

[Output]

```
Sex     Survived
female  0            81
        1           233
male    0           468
        1           109
Name: Survived, dtype: int64
```

Survived 칼럼은 레이블로서 결정 클래스 값입니다. Survived 0은 사망, 1은 생존입니다. 탑승객은 남자가 577명, 여자가 314명으로 남자가 더 많았습니다. 여자는 314명 중 233명으로 약 74.2%가 생존했지만, 남자의 경우에는 577명 중 468명이 죽고 109명만 살아남아 약 18.8%가 생존했습니다. 그래프로 다시 한번 확인해 보겠습니다. 시각화는 시본(Seaborn) 패키지를 이용하겠습니다. 시본은 기본적으로 맷플롯립에 기반하고 있지만, 좀 더 세련된 비주얼과 쉬운 API, 편리한 판다스 DataFrame과의 연동 등으로 데이터 분석을 위한 시각화로 애용되는 패키지입니다. X 축에 'Sex' 칼럼, Y 축은 'Survived' 칼럼, 그리고 이들 데이터를 가져올 데이터로 DataFrame 객체명을 다음과 같이 입력하고, barplot( ) 함수를 호출하면 가로 막대 차트를 쉽게 그릴 수 있습니다.

```
sns.barplot(x='Sex', y = 'Survived', data=titanic_df)
```

[Output]

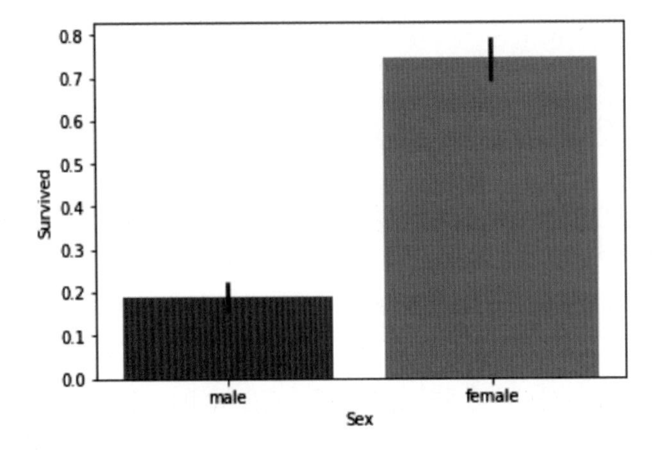

부자와 가난한 사람 간의 생존 확률은 어떨까요? 부를 측정할 수 있는 속성으로 적당한 것은 객실 등급일 것입니다. 일등실, 이등실, 마지막으로 삼등실에 따라 생존 확률을 살펴보겠습니다. 단순히 객실 등급별로 생존 확률을 보는 것보다는 성별을 함께 고려해 분석하는 것이 더 효율적일 것 같아 객실 등급별 성별에 따른 생존 확률을 표현하겠습니다. 앞의 barchar( ) 함수에 x 좌표에 'Pclass'를, 그리고 hue 파라미터를 추가해 hue='Sex'와 같이 입력하면 간단하게 할 수 있습니다.

```
sns.barplot(x='Pclass', y='Survived', hue='Sex', data=titanic_df)
```

[Output]

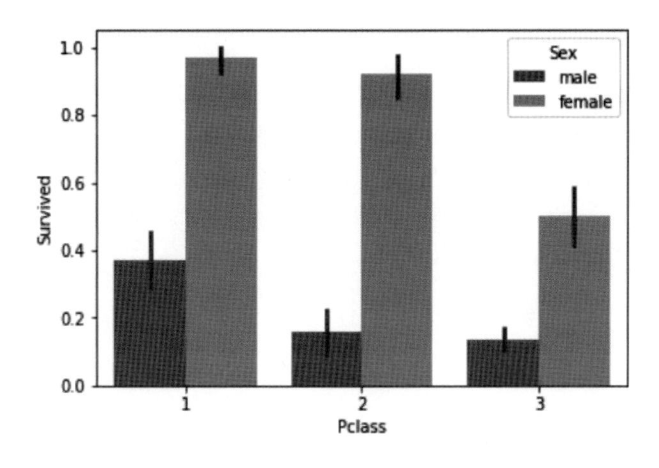

여성의 경우 일, 이등실에 따른 생존 확률의 차이는 크지 않으나, 삼등실의 경우 생존 확률이 상대적으로 많이 떨어짐을 알 수 있습니다. 남성의 경우는 일등실의 생존 확률이 이, 삼등실의 생존 확률보다 월등히 높습니다. 이번에는 Age에 따른 생존 확률을 알아보겠습니다. Age의 경우 값 종류가 많기 때문에 범위별로 분류해 카테고리 값을 할당하겠습니다. 0~5세는 Baby, 6~12세는 Child, 13~18세는 Teenager, 19~25세는 Student, 26~35세는 Young Adult, 36~60세는 Adult, 61세 이상은 Elderly로 분류하겠습니다. −1 이하의 오류 값은 Unknown으로 분류하겠습니다.

```
# 입력 age에 따라 구분 값을 반환하는 함수 설정. DataFrame의 apply lambda 식에 사용.
def get_category(age):
    cat = ''
    if age <= -1: cat = 'Unknown'
    elif age <= 5: cat = 'Baby'
    elif age <= 12: cat = 'Child'
    elif age <= 18: cat = 'Teenager'
```

```
    elif age <= 25: cat = 'Student'
    elif age <= 35: cat = 'Young Adult'
    elif age <= 60: cat = 'Adult'
    else : cat = 'Elderly'

    return cat

# 막대그래프의 크기 figure를 더 크게 설정
plt.figure(figsize=(10, 6))

# X축의 값을 순차적으로 표시하기 위한 설정
group_names = ['Unknown', 'Baby', 'Child', 'Teenager', 'Student', 'Young Adult', 'Adult', 'Elderly']

# lambda 식에 위에서 생성한 get_category( ) 함수를 반환값으로 지정.
# get_category(X)는 입력값으로 'Age' 칼럼 값을 받아서 해당하는 cat 반환
titanic_df['Age_cat'] = titanic_df['Age'].apply(lambda x : get_category(x))
sns.barplot(x='Age_cat', y='Survived', hue='Sex', data=titanic_df, order=group_names)
titanic_df.drop('Age_cat', axis=1, inplace=True)
```

[Output]

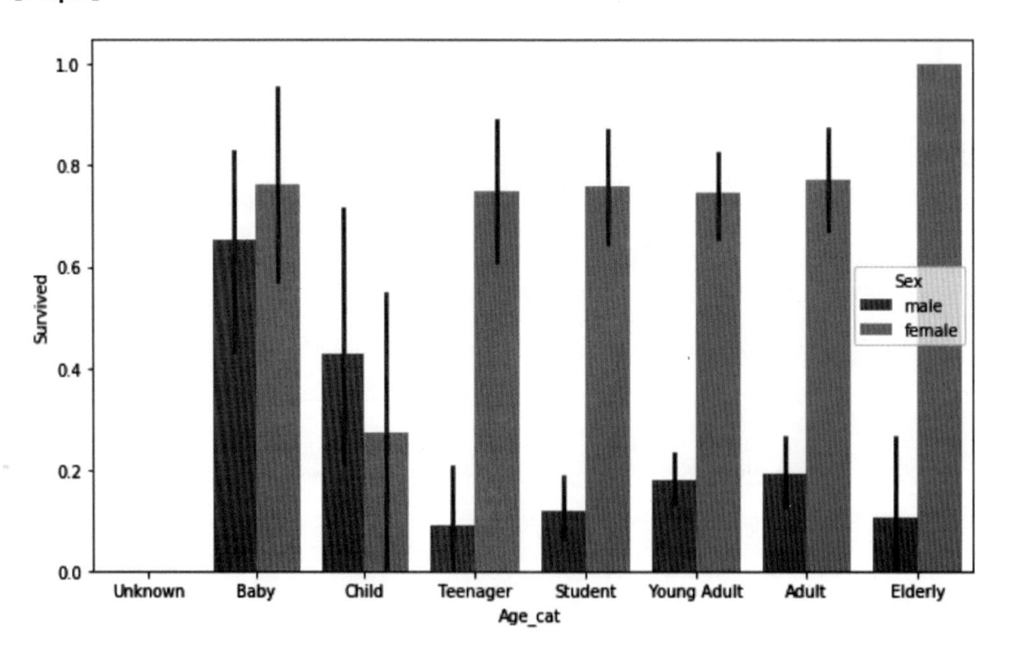

여자 Baby의 경우 비교적 생존 확률이 높았습니다. 아쉽게도 여자 Child의 경우는 다른 연령대에 비해 생존 확률이 낮습니다. 그리고 여자 Elderly의 경우는 매우 생존 확률이 높았습니다. 이제까지 분석한 결과 Sex, Age, PClass 등이 중요하게 생존을 좌우하는 피처임을 어느 정도 확인할 수 있었습니다.

이제 남아있는 문자열 카테고리 피처를 숫자형 카테고리 피처로 변환하겠습니다. 인코딩은 사이킷런의 LabelEncoder 클래스를 이용해 레이블 인코딩을 적용하겠습니다. LabelEncoder 객체는 카테고리 값의 유형 수에 따라 0 ~ (카테고리 유형 수−1)까지의 숫자 값으로 변환합니다. 사이킷런의 전처리 모듈의 대부분 인코딩 API는 사이킷런의 기본 프레임워크 API인 fit( ), transform( )으로 데이터를 변환합니다. 여러 칼럼을 encode_features( ) 함수를 새로 생성해 한 번에 변환하도록 하겠습니다.

```
from sklearn.preprocessing import LabelEncoder

def encode_features(dataDF):
    features = ['Cabin', 'Sex', 'Embarked']
    for feature in features:
        le = LabelEncoder( )
        le = le.fit(dataDF[feature])
        dataDF[feature] = le.transform(dataDF[feature])

    return dataDF

titanic_df = encode_features(titanic_df)
titanic_df.head()
```

[Output]

	Survived	Pclass	Sex	Age	SibSp	Parch	Fare	Cabin	Embarked
0	0	3	1	22.0	1	0	7.2500	7	3
1	1	1	0	38.0	1	0	71.2833	2	0
2	1	3	0	26.0	0	0	7.9250	7	3
3	1	1	0	35.0	1	0	53.1000	2	3
4	0	3	1	35.0	0	0	8.0500	7	3

Sex, Cabin, Embarked 속성이 숫자형으로 바뀐 것을 알 수 있습니다.

지금까지 피처를 가공한 내역을 정리하고 이를 함수로 만들어 쉽게 재사용할 수 있도록 만들겠습니다. 데이터의 전처리를 전체적으로 호출하는 함수는 transform_features( )이며 Null 처리, 불필요한 피처 제거, 인코딩을 수행하는 내부 함수로 구성했습니다. 불필요한 피처 제거는 drop_features(df)로 수행하며 머신러닝 알고리즘에 불필요한, 단순한 식별자 수준의 피처인 PassengerId, Name, Ticket 피처를 제거합니다.

```
# Null 처리 함수
def fillna(df):
    df['Age'].fillna(df['Age'].mean(), inplace=True)
    df['Cabin'].fillna('N', inplace=True)
    df['Embarked'].fillna('N', inplace=True)
    df['Fare'].fillna(0, inplace=True)
    return df

# 머신러닝 알고리즘에 불필요한 피처 제거
def drop_features(df):
    df.drop(['PassengerId', 'Name', 'Ticket'], axis=1, inplace=True)
    return df

# 레이블 인코딩 수행.
def format_features(df):
    df['Cabin'] = df['Cabin'].str[:1]
    features = ['Cabin', 'Sex', 'Embarked']
    for feature in features:
        le = LabelEncoder()
        le = le.fit(df[feature])
        df[feature] = le.transform(df[feature])
    return df

# 앞에서 설정한 데이터 전처리 함수 호출
def transform_features(df):
    df = fillna(df)
    df = drop_features(df)
    df = format_features(df)
    return df
```

데이터 전처리를 수행하는 transform_features( ) 함수를 만들었으니 이 함수를 이용해 다시 원본 데이터를 가공해 보겠습니다. 원본 CSV 파일을 다시 로딩하고 타이타닉 생존자 데이터 세트의 레이블인

Survived 속성만 별도 분리해 클래스 결정값 데이터 세트로 만들겠습니다. 그리고 Survived 속성을 드롭해 피처 데이터 세트를 만들겠습니다. 이렇게 생성된 피처 데이터 세트에 transform_features( )를 적용해 데이터를 가공합니다.

```
# 원본 데이터를 재로딩하고, 피처 데이터 세트와 레이블 데이터 세트 추출.
titanic_df = pd.read_csv('./titanic_train.csv')
y_titanic_df = titanic_df['Survived']
X_titanic_df= titanic_df.drop('Survived', axis=1)

X_titanic_df = transform_features(X_titanic_df)
```

내려받은 학습 데이터 세트를 기반으로 해서 train_test_split( ) API를 이용해 별도의 테스트 데이터 세트를 추출합니다. 테스트 데이터 세트 크기는 전체의 20%로 합니다.

```
from sklearn.model_selection import train_test_split
X_train, X_test, y_train, y_test=train_test_split(X_titanic_df, y_titanic_df,
                                                  test_size=0.2, random_state=11)
```

ML 알고리즘인 결정 트리, 랜덤 포레스트, 로지스틱 회귀를 이용해 타이타닉 생존자를 예측해 보겠습니다. 이 알고리즘에 대한 상세 설명은 이 책의 뒤에서 자세히 설명합니다(로지스틱 회귀는 이름은 회귀지만 매우 강력한 분류 알고리즘입니다). 아쉽지만 여기에서는 사이킷런 기반의 머신러닝 코드에 익숙해지는 데 집중하기를 바랍니다. 사이킷런은 결정 트리를 위해서 DecisionTreeClassifier, 랜덤 포레스트를 위해 RandomForestClassifier, 로지스틱 회귀를 위해 LogisticRegression 클래스를 제공합니다.

이들 사이킷런 클래스를 이용해 train_test_split( )으로 분리한 학습 데이터와 테스트 데이터를 기반으로 머신러닝 모델을 학습하고(fit), 예측(predict)할 것입니다. 예측 성능 평가는 정확도로 할 것이며 이를 위해 accuracy_score( ) API를 사용합니다. DecisionTreeClassifier와 RandomForestClassifier에 생성 인자로 입력된 random_state=11은 예제를 수행할 때마다 같은 결과를 출력하기 위한 용도일 뿐이니 실제 사례에서는 제거해도 됩니다.

LogisticRegression의 생성 인자로 입력된 solver='liblinear'는 로지스틱 회귀의 최적화 알고리즘을 liblinear로 설정하는 것입니다. 일반적으로 작은 데이터 세트에서의 이진 분류는 liblinear가 성능이 약간 더 좋은 경향이 있습니다.

```
from sklearn.tree import DecisionTreeClassifier
from sklearn.ensemble import RandomForestClassifier
from sklearn.linear_model import LogisticRegression
from sklearn.metrics import accuracy_score

# 결정트리, Random Forest, 로지스틱 회귀를 위한 사이킷런 Classifier 클래스 생성
dt_clf = DecisionTreeClassifier(random_state=11)
rf_clf = RandomForestClassifier(random_state=11)
lr_clf = LogisticRegression(solver='liblinear')

# DecisionTreeClassifier 학습/예측/평가
dt_clf.fit(X_train, y_train)
dt_pred = dt_clf.predict(X_test)
print('DecisionTreeClassifier 정확도: {0:.4f}'.format(accuracy_score(y_test, dt_pred)))

# RandomForestClassifier 학습/예측/평가
rf_clf.fit(X_train, y_train)
rf_pred = rf_clf.predict(X_test)
print('RandomForestClassifier 정확도:{0:.4f}'.format(accuracy_score(y_test, rf_pred)))

# LogisticRegression 학습/예측/평가
lr_clf.fit(X_train, y_train)
lr_pred = lr_clf.predict(X_test)
print('LogisticRegression 정확도: {0:.4f}'.format(accuracy_score(y_test, lr_pred)))
```

[Output]

```
DecisionTreeClassifier 정확도: 0.7877
RandomForestClassifier 정확도:0.8547
LogisticRegression 정확도: 0.8659
```

3개의 알고리즘 중 LogisticRegression이 타 알고리즘에 비해 높은 정확도를 나타내고 있습니다. 아직 최적화 작업을 수행하지 않았고, 데이터양도 충분하지 않기 때문에 어떤 알고리즘이 가장 성능이 좋다고 평가할 수는 없습니다. 다음으로는 교차 검증으로 결정 트리 모델을 좀 더 평가해 보겠습니다. 앞에서 언급한 교차 검증을 위한 사이킷런 model_selection 패키지의 KFold 클래스, cross_val_score( ), GridSearchCV 클래스를 모두 사용합니다. 먼저 사이킷런의 KFold 클래스를 이용해 교차 검증을 수행하며, 폴드 개수는 5개로 설정합니다.

```
from sklearn.model_selection import KFold

def exec_kfold(clf, folds=5):
    # 폴드 세트를 5개인 KFold 객체를 생성, 폴드 수만큼 예측결과 저장을 위한  리스트 객체 생성.
    kfold = KFold(n_splits=folds)
    scores = []

    # KFold 교차 검증 수행.
    for iter_count, (train_index, test_index) in enumerate(kfold.split(X_titanic_df)):
        # X_titanic_df 데이터에서 교차 검증별로 학습과 검증 데이터를 가리키는 index 생성
        X_train, X_test = X_titanic_df.values[train_index], X_titanic_df.values[test_index]
        y_train, y_test = y_titanic_df.values[train_index], y_titanic_df.values[test_index]
        # Classifier 학습, 예측, 정확도 계산
        clf.fit(X_train, y_train)
        predictions = clf.predict(X_test)
        accuracy = accuracy_score(y_test, predictions)
        scores.append(accuracy)
        print("교차 검증 {0} 정확도: {1:.4f}".format(iter_count, accuracy))

    # 5개 fold에서의 평균 정확도 계산.
    mean_score = np.mean(scores)
    print("평균 정확도: {0:.4f}".format(mean_score))
# exec_kfold 호출
exec_kfold(dt_clf, folds=5)
```

[Output]

```
교차 검증 0 정확도: 0.7542
교차 검증 1 정확도: 0.7809
교차 검증 2 정확도: 0.7865
교차 검증 3 정확도: 0.7697
교차 검증 4 정확도: 0.8202
평균 정확도: 0.7823
```

평균 정확도는 약 78.23%입니다. 이번에는 교차 검증을 cross_val_score( ) API를 이용해 수행합니다.

```
from sklearn.model_selection import cross_val_score

scores = cross_val_score(dt_clf, X_titanic_df, y_titanic_df, cv=5)
```

```
for iter_count, accuracy in enumerate(scores):
    print("교차 검증 {0} 정확도: {1:.4f}".format(iter_count, accuracy))

print("평균 정확도: {0:.4f}".format(np.mean(scores)))
```

[Output]

```
교차 검증 0 정확도: 0.7430
교차 검증 1 정확도: 0.7753
교차 검증 2 정확도: 0.7921
교차 검증 3 정확도: 0.7865
교차 검증 4 정확도: 0.8427
평균 정확도: 0.7879
```

cross_val_score( )와 방금 전 K 폴드의 평균 정확도가 약간 다른데, 이는 cross_val_score( )가 StratifiedKFold를 이용해 폴드 세트를 분할하기 때문입니다.

마지막으로 GridSearchCV를 이용해 DecisionTreeClassifier의 최적 하이퍼 파라미터를 찾고 예측 성능을 측정해 보겠습니다. CV는 5개의 폴드 세트를 지정하고 하이퍼 파라미터는 max_depth, min_samples_split, min_samples_leaf를 변경하면서 성능을 측정합니다. 최적 하이퍼 파라미터와 그때의 예측을 출력하고, 최적 하이퍼 파라미터로 학습된 Estimator를 이용해 위의 train_test_split( )으로 분리된 테스트 데이터 세트에 예측을 수행해 예측 정확도를 출력하겠습니다.

```
from sklearn.model_selection import GridSearchCV

parameters = {'max_depth':[2, 3, 5, 10],
             'min_samples_split':[2, 3, 5], 'min_samples_leaf':[1, 5, 8]}

grid_dclf = GridSearchCV(dt_clf, param_grid=parameters, scoring='accuracy', cv=5)
grid_dclf.fit(X_train, y_train)

print('GridSearchCV 최적 하이퍼 파라미터 :', grid_dclf.best_params_)
print('GridSearchCV 최고 정확도: {0:.4f}'.format(grid_dclf.best_score_))
best_dclf = grid_dclf.best_estimator_

# GridSearchCV의 최적 하이퍼 파라미터로 학습된 Estimator로 예측 및 평가 수행.
dpredictions = best_dclf.predict(X_test)
```

```
accuracy = accuracy_score(y_test, dpredictions)
print('테스트 세트에서의 DecisionTreeClassifier 정확도 : {0:.4f}'.format(accuracy))
```

[Output]

```
GridSearchCV 최적 하이퍼 파라미터 : {'max_depth': 3, 'min_samples_leaf': 5, 'min_samples_split': 2}
GridSearchCV 최고 정확도: 0.7992
테스트 세트에서의 DecisionTreeClassifier 정확도 : 0.8715
```

최적화된 하이퍼 파라미터인 max_depth=3, min_samples_leaf=5, min_samples_split=2로 DecisionTreeClassifier를 학습시킨 뒤 예측 정확도가 약 87.15%로 향상됐습니다. 하이퍼 파라미터 변경 전보다 약 8% 이상이 증가했는데, 일반적으로 하이퍼 파라미터를 튜닝하더라도 이 정도 수준으로 증가하기는 매우 어렵습니다. 테스트용 데이터 세트가 작기 때문에 수치상으로 예측 성능이 많이 증가한 것처럼 보입니다.

07 정리

지금까지 사이킷런을 기반으로 머신러닝 애플리케이션을 쉽게 구현해 봤습니다. 사이킷런은 매우 많은 머신러닝 알고리즘을 제공할 뿐만 아니라, 쉽고 직관적인 API 프레임워크, 편리하고 다양한 모듈 지원등으로 파이썬 계열의 대표적인 머신러닝 패키지로 자리 잡았습니다. 파이썬 기반의 머신러닝 패키지에서 사이킷런만큼 다양한 머신러닝 기능을 제공하는 패키지는 없습니다. 많은 머신러닝 클래스와 다양한 지원 모듈과 더불어 사이킷런의 직관적인 API는 머신러닝 애플리케이션을 쉽게 구현해 줍니다.

머신러닝 애플리케이션은 데이터의 가공 및 변환 과정의 전처리 작업, 데이터를 학습 데이터와 테스트 데이터로 분리하는 데이터 세트 분리 작업을 거친 후에 학습 데이터를 기반으로 머신러닝 알고리즘을 적용해 모델을 학습시킵니다. 그리고 학습된 모델을 기반으로 테스트 데이터에 대한 예측을 수행하고, 이렇게 예측된 결괏값을 실제 결괏값과 비교해 머신러닝 모델에 대한 평가를 수행하는 방식으로 구성됩니다.

데이터의 전처리 작업은 오류 데이터의 보정이나 결손값(Null) 처리 등의 다양한 데이터 클렌징 작업, 레이블 인코딩이나 원-핫 인코딩과 같은 인코딩 작업, 그리고 데이터의 스케일링/정규화 작업 등으로 머신러닝 알고리즘이 최적으로 수행될 수 있게 데이터를 사전 처리하는 것입니다.

머신러닝 모델은 학습 데이터 세트로 학습한 뒤 반드시 별도의 테스트 데이터 세트로 평가되어야 합니다. 또한 테스트 데이터의 건수 부족이나 고정된 테스트 데이터 세트를 이용한 반복적인 모델의 학습과 평가는 해당 테스트 데이터 세트에만 치우친 빈약한 머신러닝 모델을 만들 가능성이 높습니다.

이를 해결하기 위해 학습 데이터 세트를 학습 데이터와 검증 데이터로 구성된 여러 개의 폴드 세트로 분리해 교차 검증을 수행할 수 있습니다. 사이킷런은 이러한 교차 검증을 지원하기 위해 KFold, StratifiedKFold, cross_val_score( ) 등의 다양한 클래스와 함수를 제공합니다. 또한 머신러닝 모델의 최적의 하이퍼 파라미터를 교차 검증을 통해 추출하기 위해 GridSearchCV를 제공합니다.

사이킷런은 머신러닝 프로세스의 모든 단계에서 적용될 수 있는 많은 API와 직관적인 개발 프레임워크를 제공하면서, 그동안 많은 데이터 분석가/과학자들에게 애용되어 왔으며, 많은 기업들이 이를 기반으로 기업용 머신러닝 애플리케이션을 작성해 왔습니다. 사이킷런은 다양한 개발 환경에서 오랜 기간 동안 라이브러리의 안정성과 유용성이 검증된 패키지이며, 파이썬 기반에서 머신러닝을 배우기를 원한다면 반드시 경험해야 할 패키지라고 생각합니다. 다음 장에서는 본격적으로 머신러닝 지도학습의 대표적인 한 축인 분류(Classification)를 학습하기 전에 먼저 분류의 예측 성능을 평가하는 다양한 방법을 배워보겠습니다.

CHAPTER 03

평가

"누구든 다 믿어라.
그러나 그 속의 악은 믿지 마라"

< 영화 이탈리안 잡에서 >

머신러닝은 데이터 가공/변환, 모델 학습/예측, 그리고 평가(Evaluation)의 프로세스로 구성됩니다. 앞 장의 타이타닉 생존자 예제에서는 모델 예측 성능의 평가를 위해 정확도(Accuracy)를 이용했습니다. 머신러닝 모델은 여러 가지 방법으로 예측 성능을 평가할 수 있습니다. 성능 평가 지표(Evaluation Metric)는 일반적으로 모델이 분류냐 회귀냐에 따라 여러 종류로 나뉩니다. 회귀의 경우 대부분 실제 값과 예측값의 오차 평균값에 기반합니다. 예를 들어 오차에 절댓값을 씌운 뒤 평균 오차를 구하거나 오차의 제곱 값에 루트를 씌운 뒤 평균 오차를 구하는 방법과 같이 기본적으로 예측 오차를 가지고 정규화 수준을 재가공하는 방법이 회귀의 성능 평가 지표 유형입니다. 회귀를 위한 평가는 그렇게 복잡하지 않으므로 5장의 회귀 장에서 다시 상세하게 설명합니다.

분류의 평가방법도 일반적으로는 실제 결과 데이터와 예측 결과 데이터가 얼마나 정확하고 오류가 적게 발생하는가에 기반하지만, 단순히 이러한 정확도만 가지고 판단했다가는 잘못된 평가 결과에 빠질 수 있습니다. 본 장에서는 분류에 사용되는 성능 평가 지표에 대해서 자세히 알아보겠습니다. 특히 0과 1로 결정값이 한정되는 이진 분류의 성능 평가 지표에 대해서 집중적으로 설명하겠습니다. 0이냐, 1이냐 혹은 긍정/부정을 판단하는 이진 분류에서는 정확도보다는 다른 성능 평가 지표가 더 중요시되는 경우가 많습니다.

먼저 분류의 성능 평가 지표부터 살펴보겠습니다.

- 정확도(Accuracy)
- 오차행렬(Confusion Matrix)

- 정밀도(Precision)
- 재현율(Recall)
- F1 스코어
- ROC AUC

분류는 결정 클래스 값 종류의 유형에 따라 긍정/부정과 같은 2개의 결괏값만을 가지는 이진 분류와 여러 개의 결정 클래스 값을 가지는 멀티 분류로 나뉠 수 있습니다. 위에서 언급한 분류의 성능 지표는 이진/멀티 분류 모두에 적용되는 지표이지만, 특히 이진 분류에서 더욱 중요하게 강조하는 지표입니다. 다음 절에서 왜 이 지표가 모두 이진 분류에서 모두 중요한지 설명합니다.

01 정확도(Accuracy)

정확도는 실제 데이터에서 예측 데이터가 얼마나 같은지를 판단하는 지표입니다.

$$\text{정확도(Accuracy)} = \frac{\text{예측 결과가 동일한 데이터 건수}}{\text{전체 예측 데이터 건수}}$$

정확도는 직관적으로 모델 예측 성능을 나타내는 평가 지표입니다. 하지만 이진 분류의 경우 데이터의 구성에 따라 ML 모델의 성능을 왜곡할 수 있기 때문에 정확도 수치 하나만 가지고 성능을 평가하지 않습니다. 정확도 지표가 어떻게 ML 모델의 성능을 왜곡하는지 예제로 살펴보겠습니다.

앞의 타이타닉 예제 수행 결과를 보면 한 가지 의구심이 생깁니다. ML 알고리즘을 적용한 후 예측 정확도의 결과가 보통 80%대였지만, 탑승객이 남자인 경우보다 여자인 경우에 생존 확률이 높았기 때문에 별다른 알고리즘의 적용 없이 무조건 성별이 여자인 경우 생존으로, 남자인 경우 사망으로 예측 결과를 예측해도 이와 비슷한 수치가 나올 수 있습니다. 단지 성별 조건 하나만을 가지고 결정하는 별거 아닌 알고리즘도 높은 정확도를 나타내는 상황이 발생하는 것입니다.

다음 예제에서는 사이킷런의 BaseEstimator 클래스를 상속받아 아무런 학습을 하지 않고, 성별에 따라 생존자를 예측하는 단순한 Classifier를 생성합니다. 사이킷런은 BaseEstimator를 상속받으면 Customized 형태의 Estimator를 개발자가 생성할 수 있습니다. 생성할 MyDummyClassifier 클래스는 학습을 수행하는 fit( ) 메서드는 아무것도 수행하지 않으며 예측을 수행하는 predict( ) 메서드는 단순히 Sex 피처가 1이면 0, 그렇지 않으면 1로 예측하는 매우 단순한 Classifier입니다. 새로운 주피터 노트북을 생성하고 다음 코드를 입력해 보겠습니다.

```
from sklearn.base import BaseEstimator

class MyDummyClassifier(BaseEstimator):
    # fit( ) 메서드는 아무것도 학습하지 않음.
    def fit(self, X, y=None):
        pass
    # predict( ) 메서드는 단순히 Sex 피처가 1이면 0, 그렇지 않으면 1로 예측함.
    def predict(self, X):
        pred = np.zeros( ( X.shape[0], 1))
        for i in range (X.shape[0]) :
            if X['Sex'].iloc[i] == 1:
                pred[i] = 0
            else :
                pred[i] = 1

        return pred
```

이제 생성된 MyDummyClassifier를 이용해 앞 장의 타이타닉 생존자 예측을 수행해 보겠습니다. 타이타닉 데이터인 titanic_train.csv 파일을 새로운 주피터 노트북을 생성한 디렉터리로 복사해 이동한 뒤, 데이터를 가공하고 나서 이 Classifier를 이용해 학습/예측/평가를 적용해 보겠습니다.

```
import pandas as pd
from sklearn.model_selection import train_test_split
from sklearn.metrics import accuracy_score

# 원본 데이터를 재로딩, 데이터 가공, 학습 데이터/테스트 데이터 분할.
titanic_df = pd.read_csv('./titanic_train.csv')
y_titanic_df = titanic_df['Survived']
X_titanic_df= titanic_df.drop('Survived', axis=1)
X_titanic_df = transform_features(X_titanic_df)
X_train, X_test, y_train, y_test=train_test_split(X_titanic_df, y_titanic_df,
                                                  test_size=0.2, random_state=0)

# 위에서 생성한 Dummy Classifier를 이용해 학습/예측/평가 수행.
```

```
myclf = MyDummyClassifier()
myclf.fit(X_train, y_train)

mypredictions = myclf.predict(X_test)
print('Dummy Classifier의 정확도는: {0:.4f}'.format(accuracy_score(y_test, mypredictions)))
```

[Output]

```
Dummy Classifier의 정확도는: 0.7877
```

이렇게 단순한 알고리즘으로 예측을 하더라도 데이터의 구성에 따라 정확도 결과는 약 78.77%로 꽤 높은 수치가 나올 수 있기에 정확도를 평가 지표로 사용할 때는 매우 신중해야 합니다. 특히 정확도는 불균형한(imbalanced) 레이블 값 분포에서 ML 모델의 성능을 판단할 경우, 적합한 평가 지표가 아닙니다. 예를 들어 100개의 데이터가 있고 이 중에 90개의 데이터 레이블이 0, 단 10개의 데이터 레이블이 1이라고 한다면 무조건 0으로 예측 결과를 반환하는 ML 모델의 경우라도 정확도가 90%가 됩니다.

유명한 MNIST 데이터 세트를 변환해 불균형한 데이터 세트로 만든 뒤에 정확도 지표 적용 시 어떤 문제가 발생할 수 있는지 살펴보겠습니다. MNIST 데이터 세트는 0부터 9까지의 숫자 이미지의 픽셀 정보를 가지고 있으며, 이를 기반으로 숫자 Digit를 예측하는 데 사용됩니다. 사이킷런은 load_digits( ) API를 통해 MNIST 데이터 세트를 제공합니다. 원래 MNIST 데이터 세트는 레이블 값이 0부터 9까지 있는 멀티 레이블 분류를 위한 것입니다. 이것을 레이블 값이 7인 것만 True, 나머지 값은 모두 False로 변환해 이진 분류 문제로 살짝 바꿔 보겠습니다. 즉, 전체 데이터의 10%만 True, 나머지 90%는 False인 불균형한 데이터 세트로 변형하는 것입니다.

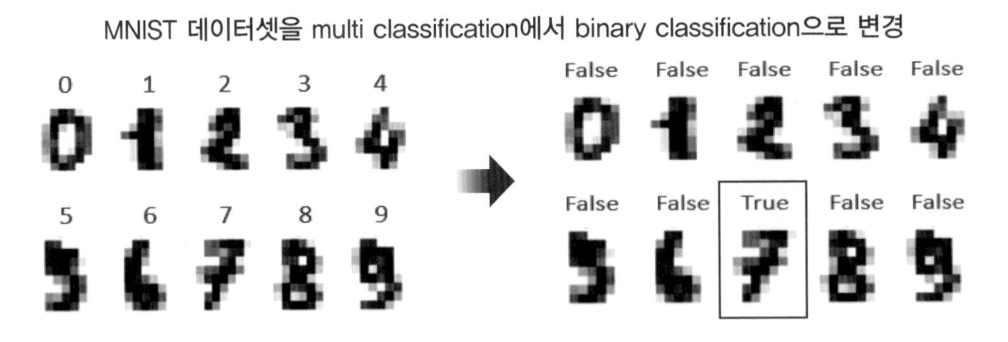

이렇게 불균형한 데이터 세트에 모든 데이터를 False, 즉 0으로 예측하는 classifier를 이용해 정확도를 측정하면 약 90%에 가까운 예측 정확도를 나타냅니다. 아무것도 하지 않고 무조건 특정한 결과로 찍어

도(?) 데이터 분포도가 균일하지 않은 경우 높은 수치가 나타날 수 있는 것이 정확도 평가 지표의 맹점입니다. 예제 코드로 확인해 보겠습니다. 먼저 불균형한 데이터 세트와 Dummy Classifier를 생성합니다.

```
from sklearn.datasets import load_digits
from sklearn.model_selection import train_test_split
from sklearn.base import BaseEstimator
from sklearn.metrics import accuracy_score
import numpy as np
import pandas as pd

class MyFakeClassifier(BaseEstimator):
    def fit(self, X, y):
        pass

    # 입력값으로 들어오는 X 데이터 세트의 크기만큼 모두 0값으로 만들어서 반환
    def predict(self, X):
        return np.zeros( (len(X), 1), dtype=bool)

# 사이킷런의 내장 데이터 세트인 load_digits( )를 이용해 MNIST 데이터 로딩
digits = load_digits()

# digits 번호가 7번이면 True이고 이를 astype(int)로 1로 변환, 7번이 아니면 False이고 0으로 변환.
y = (digits.target == 7).astype(int)
X_train, X_test, y_train, y_test = train_test_split( digits.data, y, random_state=11)
```

다음으로 불균형한 데이터로 생성한 y_test의 데이터 분포도를 확인하고 MyFakeClassifier를 이용해 예측과 평가를 수행해 보겠습니다.

```
# 불균형한 레이블 데이터 분포도 확인.
print('레이블 테스트 세트 크기 :', y_test.shape)
print('테스트 세트 레이블 0 과 1의 분포도')
print(pd.Series(y_test).value_counts())

# Dummy Classifier로 학습/예측/정확도 평가
fakeclf = MyFakeClassifier()
fakeclf.fit(X_train, y_train)
```

```
fakepred = fakeclf.predict(X_test)
print('모든 예측을 0으로 하여도 정확도는:{:.3f}'.format(accuracy_score(y_test, fakepred)))
```

[Output]

```
레이블 테스트 세트 크기 : (450, )
테스트 세트 레이블 0 과 1의 분포도
0    405
1     45
dtype: int64
모든 예측을 0으로 하여도 정확도는:0.900
```

단순히 predict( )의 결과를 np.zeros( )로 모두 0 값으로 반환함에도 불구하고 450개의 테스트 데이터 세트에 수행한 예측 정확도는 90%입니다. 단지 모든 것을 0으로만 예측해도 MyFakeClassifier의 정확도가 90%로 유수의 ML 알고리즘과 어깨를 겨룰 수 있다는 것은 말도 안 되는 결과입니다.

이처럼 정확도 평가 지표는 불균형한 레이블 데이터 세트에서는 성능 수치로 사용돼서는 안 됩니다. 정확도가 가지는 분류 평가 지표로서 이러한 한계점을 극복하기 위해 여러 가지 분류 지표와 함께 적용하여 ML 모델 성능을 평가해야 합니다. 이를 위해, 먼저 True/False, Positive/Negative의 4분면으로 구성되는 오차 행렬(Confusion Matrix)에 대해 설명하겠습니다.

02 오차 행렬

이진 분류에서 성능 지표로 잘 활용되는 오차행렬(confusion matrix, 혼동행렬)은 학습된 분류 모델이 예측을 수행하면서 얼마나 헷갈리고(confused) 있는지도 함께 보여주는 지표입니다. 즉, 이진 분류의 예측 오류가 얼마인지와 더불어 어떠한 유형의 예측 오류가 발생하고 있는지를 함께 나타내는 지표입니다.

오차 행렬은 다음과 같은 4분면 행렬에서 실제 레이블 클래스 값과 예측 레이블 클래스 값이 어떠한 유형을 가지고 매핑되는지를 나타냅니다. 4분면의 왼쪽, 오른쪽을 예측된 클래스 값 기준으로 Negative와 Positive로 분류하고, 4분면의 위, 아래를 실제 클래스 값 기준으로 Negative와 Positive로 분류하면 예측 클래스와 실제 클래스의 값 유형에 따라 결정되는 TN, FP, FN, TP 형태로 오차 행렬의 4분면을 채울 수 있습니다. TN, FP, FN, TP 값을 다양하게 결합해 분류 모델 예측 성능의 오류가 어떠한 모습으로 발생하는지 알 수 있는 것입니다.

		예측 클래스 (Predicted Class)	
		Negative(0)	Positive(1)
실제 클래스 (Actual Class)	Negative(0)	**TN** (True Negative)	**F**P (False Positive)
	Positive(1)	**FN** (False Negative)	**T**P (True Positive)

TN, FP, FN, TP는 예측 클래스와 실제 클래스의 Positive 결정 값(값 1)과 Negative 결정 값(값 0)의 결합에 따라 결정됩니다. 예를 들어 TN은 True Negative의 의미이며 앞 True는 예측 클래스 값과 실제 클래스 값이 같다는 의미고 뒤의 Negative는 예측값이 Negative 값이라는 의미입니다. 즉, TN은 예측을 Negative 값 0으로 예측했는데, 실제 값도 Negative 값 0이라는 의미입니다. TN, FP, FN, TP 기호가 의미하는 것은 앞 문자 True/False는 예측값과 실제값이 '같은가/틀린가'를 의미합니다. 뒤 문자 Negative/Positive는 예측 결과 값이 부정(0)/긍정(1)을 의미합니다.

- TN는 예측값을 Negative 값 0으로 예측했고 실제 값 역시 Negative 값 0
- FP는 예측값을 Positive 값 1로 예측했는데 실제 값은 Negative 값 0
- FN은 예측값을 Negative값 0으로 예측했는데 실제 값은 Positive 값 1
- TP는 예측값을 Positive값 1로 예측했는데 실제 값 역시 Positive 값 1

다음 그림은 TN, FP, FN, TP 구분을 재미있게 표현해서 발췌했습니다. 이해하는 데 도움이 됐으면 합니다.

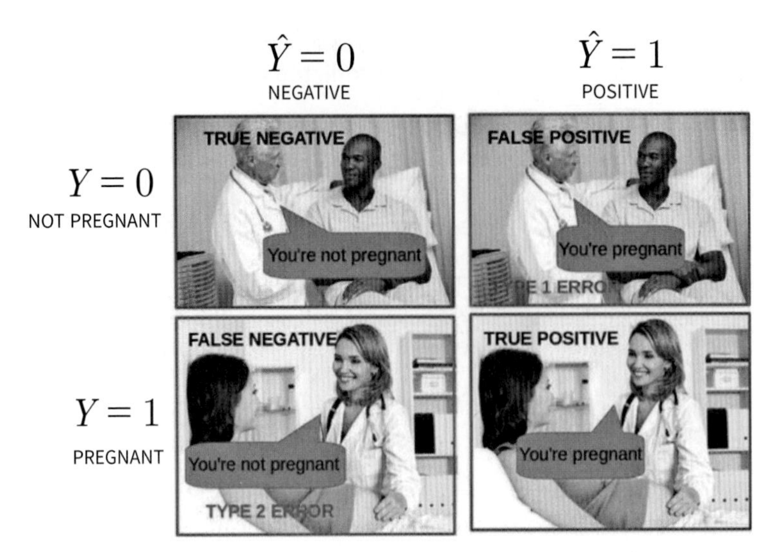

출처: https://twitter.com/bearda24

사이킷런은 오차 행렬을 구하기 위해 confusion_matrix( ) API를 제공합니다. 정확도 예제에서 다룬 MyFakeClassifier의 예측 성능 지표를 오차 행렬로 표현해 보겠습니다. 앞 절에서 사용한 주피터 노트북에서 코드를 입력하겠습니다. MyFakeClassifier의 예측 결과인 fakepred와 실제 결과인 y_test를 confusion_matrix( )의 인자로 입력해 오차 행렬을 confusion_matrix( )를 이용해 배열 형태로 출력합니다.

```
from sklearn.metrics import confusion_matrix

confusion_matrix(y_test, fakepred)
```

[Output]

```
array([[405,   0],
       [ 45,   0]], dtype=int64)
```

출력된 오차 행렬은 ndarray 형태입니다. 이진 분류의 TN, FP, FN, FP는 상단 도표와 동일한 위치를 가지고 array에서 가져올 수 있습니다. 즉, TN은 array[0,0]로 405, FP는 array[0,1]로 0, FN은 array[1,0]로 45, TP는 array[1,1]로 0에 해당합니다. 앞 절의 MyFakeClassifier는 load_digits( )에서 target == 7인지 아닌지에 따라 클래스 값을 True/False 이진 분류로 변경한 데이터 세트를 사용해 무조건 Negative로 예측하는 Classifier였고 테스트 데이터 세트의 클래스 값 분포는 0이 405건, 1이 45건입니다.

따라서 TN은 전체 450건 데이터 중 무조건 Negative 0으로 예측해서 True가 된 결과 405건, FP는 Positive 1로 예측한 건수가 없으므로 0건, FN은 Positive 1인 건수 45건을 Negative로 예측해서 False가 된 결과 45건, TP는 Positive 1로 예측한 건수가 없으므로 0건입니다.

		예측 클래스	
		Negative	**Positive**
실제 클래스	**Negative**	**TN** 예측: Negative(7이 아닌 Digit) 405개 실제: Negative(7이 아닌 Digit)	**FP** 예측: Positive(Digit 7) 0 실제: Negative(7이 아닌 Digit)
	Positive	**FN** 예측: Negative(7이 아닌 Digit) 45개 실제: Positive(Digit 7)	**TP** 실제: Positive(Digit 7) 0 실제: Positive(Digit 7)

TP, TN, FP, TN 값은 Classifier 성능의 여러 면모를 판단할 수 있는 기반 정보를 제공합니다. 이 값을 조합해 Classifier의 성능을 측정할 수 있는 주요 지표인 정확도(Accuracy), 정밀도(Precision), 재현율(Recall) 값을 알 수 있습니다.

앞에서도 소개한 정확도는 예측값과 실제 값이 얼마나 동일한가에 대한 비율만으로 결정됩니다. 즉, 오차 행렬에서 True에 해당하는 값인 TN과 TP에 좌우됩니다. 정확도는 오차 행렬상에서 다음과 같이 재정의될 수 있습니다.

정확도 = 예측 결과와 실제 값이 동일한 건수/전체 데이터 수 = (TN + TP)/(TN + FP + FN + TP)

일반적으로 이러한 불균형한 레이블 클래스를 가지는 이진 분류 모델에서는 많은 데이터 중에서 중점적으로 찾아야 하는 매우 적은 수의 결괏값에 Positive를 설정해 1값을 부여하고, 그렇지 않은 경우는 Negative로 0 값을 부여하는 경우가 많습니다. 예를 들어 사기 행위 예측 모델에서는 사기 행위가 Positive 양성으로 1, 정상 행위가 Negative 음성으로 0 값이 결정 값으로 할당되거나 암 검진 예측 모델에서는 암이 양성일 경우 Positive 양성으로 1, 암이 음성일 경우 Negative 음성으로 0값이 할당되는 경우가 일반적입니다.

불균형한 이진 분류 데이터 세트에서는 Positive 데이터 건수가 매우 작기 때문에 데이터에 기반한 ML 알고리즘은 Positive보다는 Negative로 예측 정확도가 높아지는 경향이 발생합니다. 10,000건의 데이터 세트에서 9,900건이 Negative이고 100건이 Positive라면 Negative로 예측하는 경향이 더 강해져서 TN은 매우 커지고 TP는 매우 작아지게 됩니다. 또한 Negative로 예측할 때 정확도가 높기 때문에 FN(Negative로 예측할 때 틀린 데이터 수)이 매우 작고, Positive로 예측하는 경우가 작기 때문에 FP 역시 매우 작아집니다. 결과적으로 정확도 지표는 비대칭한 데이터 세트에서 Positive에 대한 예측 정확도를 판단하지 못한 채 Negative에 대한 예측 정확도만으로도 분류의 정확도가 매우 높게 나타나는 수치적인 판단 오류를 일으키게 됩니다.

정확도는 분류(Classification) 모델의 성능을 측정할 수 있는 한 가지 요소일 뿐입니다. 불균형한 데이터 세트에서 정확도만으로는 모델 신뢰도가 떨어질 수 있는 사례를 봤습니다. 다음으로 불균형한 데이터 세트에서 정확도보다 더 선호되는 평가 지표인 정밀도(Precision)와 재현율(Recall)에 대해 알아보겠습니다.

03 정밀도와 재현율

정밀도와 재현율은 Positive 데이터 세트의 예측 성능에 좀 더 초점을 맞춘 평가 지표입니다. 앞서 만든 MyFakeClassifier는 Positive로 예측한 TP 값이 하나도 없기 때문에 정밀도와 재현율 값이 모두 0입니다

정밀도와 재현율은 다음과 같은 공식으로 계산됩니다.

정밀도 = TP / (FP + TP)
재현율 = TP / (FN + TP)

정밀도는 예측을 Positive로 한 대상 중에 예측과 실제 값이 Positive로 일치한 데이터의 비율을 뜻합니다. 공식의 분모인 FP + TP는 예측을 Positive로 한 모든 데이터 건수이며, 공식의 분자인 TP는 예측과 실제 값이 Positive로 일치한 데이터 건수입니다. Positive 예측 성능을 더욱 정밀하게 측정하기 위한 평가 지표로 양성 예측도라고도 불립니다.

재현율은 실제 값이 Positive인 대상 중에 예측과 실제 값이 Positive로 일치한 데이터의 비율을 뜻합니다. 공식의 분모인 FN + TP는 실제 값이 Positive인 모든 데이터 건수이며 공식의 분자인 TP는 예측과 실제 값이 Positive로 일치한 데이터 건수입니다. 민감도(Sensitivity) 또는 TPR(True Positive Rate)라고도 불립니다.

정밀도와 재현율 지표 중에 이진 분류 모델의 업무 특성에 따라서 특정 평가 지표가 더 중요한 지표로 간주될 수 있습니다. **재현율이 중요 지표인 경우는 실제 Positive 양성 데이터를 Negative로 잘못 판단하게 되면 업무상 큰 영향이 발생하는 경우입니다.** 예를 들어 암 판단 모델은 재현율이 훨씬 중요한 지표입니다. 왜냐하면 실제 Positive인 암 환자를 Positive 양성이 아닌 Negative 음성으로 잘못 판단했을 경우 오류의 대가가 생명을 앗아갈 정도로 심각하기 때문입니다. 반면에 실제 Negative인 건강한 환자를 암 환자인 Positive로 예측한 경우면 다시 한번 재검사를 하는 수준의 비용이 소모될 것입니다.

보험 사기와 같은 금융 사기 적발 모델도 재현율이 중요합니다. 실제 금융거래 사기인 Positive 건을 Negative로 잘못 판단하게 되면 회사에 미치는 손해가 클 것입니다. 반면에 정상 금융거래인 Negative를 금융사기인 Positive로 잘못 판단하더라도 다시 한번 금융 사기인지 재확인하는 절차를 가동하면 됩니다. 물론 고객에게 금융 사기 혐의를 잘못 씌우면 문제가 될 수 있기에 정밀도도 중요 평가 지표지만, 업무적인 특성을 고려하면 재현율이 상대적으로 더 중요한 지표입니다.

보통은 재현율이 정밀도보다 상대적으로 중요한 업무가 많지만, 정밀도가 더 중요한 지표인 경우도 있습니다. 예를 들어 스팸메일 여부를 판단하는 모델의 경우 실제 Positive인 스팸 메일을 Negative인 일반 메일로 분류하더라도 사용자가 불편함을 느끼는 정도이지만, 실제 Negative인 일반 메일을 Positive인 스팸 메일로 분류할 경우에는 메일을 아예 받지 못하게 돼 업무에 차질이 생깁니다.

- 재현율이 상대적으로 더 중요한 지표인 경우는 실제 Positive 양성인 데이터 예측을 Negative로 잘못 판단하게 되면 업무상 큰 영향이 발생하는 경우
- 정밀도가 상대적으로 더 중요한 지표인 경우는 실제 Negative 음성인 데이터 예측을 Positive 양성으로 잘못 판단하게 되면 업무상 큰 영향이 발생하는 경우

다시 한번 재현율과 정밀도의 공식을 살펴보면, 재현율 = TP / (FN + TP), 정밀도 = TP / (FP + TP)입니다. 재현율과 정밀도 모두 TP를 높이는 데 동일하게 초점을 맞추지만, 재현율은 FN(실제 Positive, 예측 Negative)를 낮추는 데, 정밀도는 FP를 낮추는 데 초점을 맞춥니다. 이 같은 특성 때문에 재현율과 정밀도는 서로 보완적인 지표로 분류의 성능을 평가하는 데 적용됩니다. 가장 좋은 성능 평가는 재현율과 정밀도 모두 높은 수치를 얻는 것입니다. 반면에 둘 중 어느 한 평가 지표만 매우 높고, 다른 수치는 매우 낮은 결과를 나타내는 경우는 바람직하지 않습니다.

앞의 타이타닉 예제에서는 정확도에만 초점을 맞췄지만, 이번에 오차 행렬 및 정밀도, 재현율을 모두 구해서 예측 성능을 평가해 보겠습니다. 사이킷런은 정밀도 계산을 위해 precision_score( )를, 재현율 계산을 위해 recall_score( )를 API로 제공합니다. 평가를 간편하게 적용하기 위해서 confusion matrix, accuracy, precision, recall 등의 평가를 한꺼번에 호출하는 get_clf_eval( ) 함수를 만들도록 하겠습니다. 그리고 이후에 타이타닉 데이터를 다시 로드한 후 가공해 로지스틱 회귀로 분류를 수행하겠습니다.

앞 절에서 사용한 주피터 노트북에 계속 이어서 코드를 작성하겠습니다. 먼저 get_clf_eval( ) 함수는 다음과 같습니다.

```
from sklearn.metrics import accuracy_score, precision_score, recall_score, confusion_matrix

def get_clf_eval(y_test, pred):
    confusion = confusion_matrix( y_test, pred)
    accuracy = accuracy_score(y_test, pred)
    precision = precision_score(y_test, pred)
    recall = recall_score(y_test, pred)
    print('오차 행렬')
    print(confusion)
    print('정확도: {0:.4f}, 정밀도: {1:.4f}, 재현율: {2:.4f}'.format(accuracy, precision, recall))
```

이제 로지스틱 회귀 기반으로 타이타닉 생존자를 예측하고 confusion matrix, accuracy, precision, recall 평가를 수행합니다. LogisticRegression 객체의 생성 인자로 입력되는 solver='liblinear'는 로지스틱 회귀의 최적화 알고리즘 유형을 지정하는 것입니다. 보통 작은 데이터 세트의 이진 분류인 경우 solver는 liblinear가 약간 성능이 좋은 경향이 있습니다. solver의 기본값은 lbfgs이며 데이터 세트가 상대적으로 크고 다중 분류인 경우 적합합니다.

```
import pandas as pd
from sklearn.model_selection import train_test_split
from sklearn.linear_model import LogisticRegression

# 원본 데이터를 재로딩, 데이터 가공, 학습 데이터/테스트 데이터 분할.
titanic_df = pd.read_csv('./titanic_train.csv')
y_titanic_df = titanic_df['Survived']
X_titanic_df= titanic_df.drop('Survived', axis=1)
X_titanic_df = transform_features(X_titanic_df)

X_train, X_test, y_train, y_test = train_test_split(X_titanic_df, y_titanic_df,
                                                    test_size=0.20, random_state=11)
lr_clf = LogisticRegression(solver='liblinear')

lr_clf.fit(X_train, y_train)
```

```
pred = lr_clf.predict(X_test)
get_clf_eval(y_test, pred)
```

[Output]

```
오차 행렬
[[108  10]
 [ 14  47]]
정확도: 0.8659, 정밀도: 0.8246, 재현율: 0.7705
```

정밀도/재현율 트레이드오프

분류하려는 업무의 특성상 정밀도 또는 재현율이 특별히 강조돼야 할 경우 분류의 결정 임곗값(Threshold)을 조정해 정밀도 또는 재현율의 수치를 높일 수 있습니다. 하지만 정밀도와 재현율은 상호 보완적인 평가 지표이기 때문에 어느 한 쪽을 강제로 높이면 다른 하나의 수치는 떨어지기 쉽습니다. 이를 정밀도/재현율의 트레이드오프(Trade-off)라고 부릅니다.

사이킷런의 분류 알고리즘은 예측 데이터가 특정 레이블(Label, 결정 클래스 값)에 속하는지를 계산하기 위해 먼저 개별 레이블별로 결정 확률을 구합니다. 그리고 예측 확률이 큰 레이블값으로 예측하게 됩니다. 가령 이진 분류 모델에서 특정 데이터가 0이 될 확률이 10%, 1이 될 확률이 90%로 예측됐다면 최종 예측은 더 큰 확률을 가진, 즉 90% 확률을 가진 1로 예측합니다. 일반적으로 이진 분류에서는 이 임곗값을 0.5, 즉 50%로 정하고 이 기준 값보다 확률이 크면 Positive, 작으면 Negative로 결정합니다.

사이킷런은 개별 데이터별로 예측 확률을 반환하는 메서드인 predict_proba( )를 제공합니다. predict_proba( ) 메서드는 학습이 완료된 사이킷런 Classifier 객체에서 호출이 가능하며 테스트 피처 데이터 세트를 파라미터로 입력해주면 테스트 피처 레코드의 개별 클래스 예측 확률을 반환합니다. predict( ) 메서드와 유사하지만 단지 반환 결과가 예측 결과 클래스값이 아닌 예측 확률 결과입니다.

입력 파라미터	predict( ) 메서드와 동일하게 보통 테스트 피처 데이터 세트를 입력
반환 값	개별 클래스의 예측 확률을 ndarray m x n (m: 입력값의 레코드 수, n: 클래스 값 유형) 형태로 반환. 입력 테스트 데이터 세트의 표본 개수가 100개이고 예측 클래스 값 유형이 2개(이진 분류)라면 반환값은 100 x 2 ndarray임. 각 열은 개별 클래스의 예측 확률입니다. 이진 분류에서 첫 번째 칼럼은 0 Negative의 확률, 두 번째 칼럼은 1 Positive의 확률입니다.

이진 분류에서 predict_proba( )를 수행해 반환되는 ndarray는 첫 번째 칼럼이 클래스 값 0에 대한 예측 확률, 두 번째 칼럼이 클래스 값 1에 대한 예측 확률입니다. 바로 앞 예제의 타이타닉 생존자 데이터를 학습한 LogisiticRegression 객체에서 predict_proba( ) 메서드를 수행한 뒤 반환 값을 확인하고, predict( ) 메서드의 결과와 비교해 보겠습니다. 앞 절에서 사용한 주피터 노트북에 계속 이어서 코드를 작성합니다.

```
pred_proba = lr_clf.predict_proba(X_test)
pred  = lr_clf.predict(X_test)
print('pred_proba()결과 Shape : {0}'.format(pred_proba.shape))
print('pred_proba array에서 앞 3개만 샘플로 추출 \n:', pred_proba[:3])

# 예측 확률 array와 예측 결괏값 array를 병합(concatenate)해 예측 확률과 결괏값을 한눈에 확인
pred_proba_result = np.concatenate([pred_proba, pred.reshape(-1, 1)], axis=1)
print('두 개의 class 중에서 더 큰 확률을 클래스 값으로 예측 \n', pred_proba_result[:3])
```

[Output]

```
pred_proba()결과 Shape : (179, 2)
pred_proba array에서 앞 3개만 샘플로 추출
: [[0.44935227 0.55064773]
 [0.86335512 0.13664488]
 [0.86429645 0.13570355]]
두 개의 class 중에서 더 큰 확률을 클래스 값으로 예측
 [[0.44935227 0.55064773 1.        ]
 [0.86335512 0.13664488 0.        ]
 [0.86429645 0.13570355 0.        ]]
```

반환 결과인 ndarray는 0과 1에 대한 확률을 나타내므로 첫 번째 칼럼 값과 두 번째 칼럼 값을 더하면 1이 됩니다. 그리고 맨 마지막 줄의 predict( ) 메서드의 결과 비교에서도 나타나듯이, 두 개의 칼럼 중에서 더 큰 확률 값으로 predict( ) 메서드가 최종 예측하고 있습니다.

사실 predict( ) 메서드는 predict_proba( ) 메서드에 기반해 생성된 API입니다. predict( )는 predict_proba( ) 호출 결과로 반환된 배열에서 분류 결정 임계값보다 큰 값이 들어 있는 칼럼의 위치(첫 번째 칼럼 또는 두 번째 칼럼)를 받아서 최종적으로 예측 클래스를 결정하는 API입니다. 이를 이해하는 것은 사이킷런이 어떻게 정밀도/재현율 트레이드오프를 구현했는지를 이해하는 데 도움을 줍니다. 사이킷런은 분류 결정 임곗값을 조절해 정밀도와 재현율의 성능 수치를 상호 보완적으로 조정할 수 있습니다.

지금부터 이러한 로직을 직접 코드로 구현하면서 사이킷런의 정밀도/재현율 트레이드오프 방식을 이해해 보겠습니다. 사이킷런의 predict( )는 predict_proba( ) 메서드가 반환하는 확률 값을 가진 ndarray에서 정해진 임곗값(바로 앞에서는 0.5였음)을 만족하는 ndarray의 칼럼 위치를 최종 예측 클래스로 결정한다고 했습니다. 이러한 구현을 위해 사이킷런의 Binarizer 클래스를 이용하겠습니다. 먼저 Binarizer 클래스의 사용법부터 간단히 알아보겠습니다.

다음 예제에서는 threshold 변수를 특정 값으로 설정하고 Binarizer 클래스를 객체로 생성합니다. 생성된 Binarizer 객체의 fit_transform( ) 메서드를 이용해 넘파이 ndarray를 입력하면 입력된 ndarray의 값을 지정된 threshold보다 같거나 작으면 0값으로, 크면 1값으로 변환해 반환합니다. 다음 예제를 보면 쉽게 이해할 수 있을 겁니다.

```
from sklearn.preprocessing import Binarizer

X = [[ 1, -1,  2],
     [ 2,  0,  0],
     [ 0,  1.1, 1.2]]

# X의 개별 원소들이 threshold값보다 같거나 작으면 0을, 크면 1을 반환
binarizer = Binarizer(threshold=1.1)
print(binarizer.fit_transform(X))
```

[Output]

```
[[0. 0. 1.]
 [1. 0. 0.]
 [0. 0. 1.]]
```

입력된 X 데이터 세트에서 Binarizer의 threshold 값이 1.1보다 같거나 작으면 0, 크면 1로 변환됨을 알 수 있습니다. 이제 이 Binarizer를 이용해 사이킷런 predict( )의 의사(pseudo) 코드를 만들어 보겠습니다. 바로 앞 예제의 LogisticRegression 객체의 predict_proba( ) 메서드로 구한 각 클래스별 예측 확률값인 pred_proba 객체 변수에 분류 결정 임곗값(threshold)을 0.5로 지정한 Binarizer 클래스를 적용해 최종 예측값을 구하는 방식입니다. 이렇게 구한 최종 예측값에 대해 get_clf_eval( ) 함수를 적용해 평가 지표도 출력해 보겠습니다.

```
from sklearn.preprocessing import Binarizer

# Binarizer의 threshold 설정값. 분류 결정 임곗값임.
custom_threshold = 0.5

# predict_proba( ) 반환값의 두 번째 칼럼, 즉 Positive 클래스 칼럼 하나만 추출해 Binarizer를 적용
pred_proba_1 = pred_proba[:, 1].reshape(-1, 1)

binarizer = Binarizer(threshold=custom_threshold).fit(pred_proba_1)
custom_predict = binarizer.transform(pred_proba_1)

get_clf_eval(y_test, custom_predict)
```

[Output]

```
오차 행렬
[[108  10]
 [ 14  47]]
정확도: 0.8659, 정밀도: 0.8246, 재현율: 0.7705
```

이 의사 코드로 계산된 평가 지표는 앞 예제의 타이타닉 데이터로 학습된 로지스틱 회귀 Classifier 객체에서 호출된 predict( )로 계산된 지표 값과 정확히 같습니다. predict( )가 predict_proba( )에 기반함을 알 수 있습니다.

만일 이 분류 결정 임곗값을 낮추면 평가 지표가 어떻게 변할까요? 임곗값을 0.4로 낮춰보겠습니다.

```
# Binarizer의 threshold 설정값을 0.4로 설정. 즉 분류 결정 임곗값을 0.5에서 0.4로 낮춤
custom_threshold = 0.4
pred_proba_1 = pred_proba[:, 1].reshape(-1, 1)
binarizer = Binarizer(threshold=custom_threshold).fit(pred_proba_1)
custom_predict = binarizer.transform(pred_proba_1)

get_clf_eval(y_test, custom_predict)
```

[Output]

```
오차 행렬
[[97 21]
 [11 50]]
정확도: 0.8212, 정밀도: 0.7042, 재현율: 0.8197
```

임곗값을 낮추니 재현율 값이 올라가고 정밀도가 떨어졌습니다. 이유가 뭘까요? 분류 결정 임곗값은 Positive 예측값을 결정하는 확률의 기준이 됩니다. 확률이 0.5가 아닌 0.4부터 Positive로 예측을 더 너그럽게 하기 때문에 임곗값 값을 낮출수록 True 값이 많아지게 됩니다. 다음 그림을 보면 이해하기가 쉬울 것 같습니다.

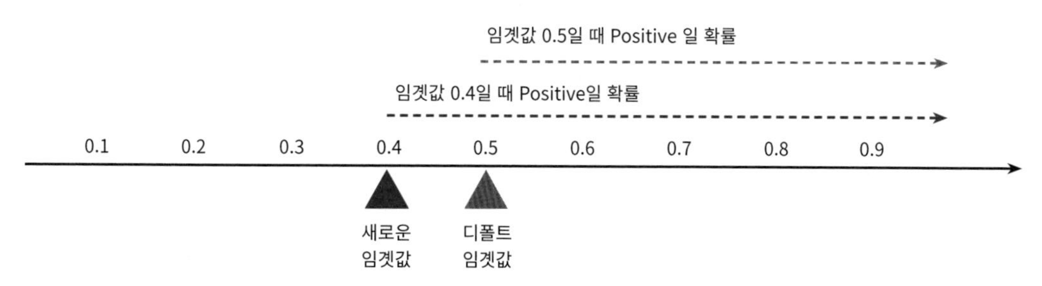

분류 결정 임곗값이 낮아질수록 Positive로 예측할 확률이 높아짐. 재현율 증가

Positive 예측값이 많아지면 상대적으로 재현율 값이 높아집니다. 양성 예측을 많이 하다 보니 실제 양성을 음성으로 예측하는 횟수가 상대적으로 줄어들기 때문입니다.

[임곗값 0.5일 때 오차 행렬]

TN 108	FP 10
FN 14	TP 47

[임곗값 0.4일 때 오차 행렬]

TN 97	FP 21
FN 11	TP 50

임곗값이 0.5에서 0.4로 낮아지면서 TP가 47에서 50으로 늘었고 FN이 14에서 11로 줄었습니다. 그에 따라 재현율이 0.770에서 0.820으로 좋아졌습니다. 하지만 FP는 10에서 21로 늘면서 정밀도가 0.825에서 0.704로 많이 나빠졌습니다. 그리고 정확도도 0.866에서 0.821로 나빠졌습니다.

이번에는 임곗값을 0.4에서부터 0.6까지 0.05씩 증가시키며 평가 지표를 조사하겠습니다. 이를 위해 get_eval_by_threshold( ) 함수를 만들겠습니다.

```
# 테스트를 수행할 모든 임곗값을 리스트 객체로 저장.
thresholds = [0.4, 0.45, 0.50, 0.55, 0.60]

def get_eval_by_threshold(y_test, pred_proba_c1, thresholds):
    # thresholds list객체 내의 값을 차례로 iteration하면서 Evaluation 수행.
```

```
    for custom_threshold in thresholds:
        binarizer = Binarizer(threshold=custom_threshold).fit(pred_proba_c1)
        custom_predict = binarizer.transform(pred_proba_c1)
        print('임곗값:', custom_threshold)
        get_clf_eval(y_test, custom_predict)

get_eval_by_threshold(y_test, pred_proba[:, 1].reshape(-1, 1), thresholds )
```

위 예제의 출력이 조금 길고 보기가 어려울 수 있어 다음과 같이 수행 결과를 임곗값에 따른 평가 지표별로 정리했습니다. 임곗값이 0.45일 경우에 디폴트 0.5인 경우와 비교해서 정확도는 동일하고 정밀도는 약간 떨어졌으나 재현율이 올랐습니다. 재현율을 향상시키면서 다른 수치를 어느 정도 감소하는 희생을 해야 한다면 임곗값 0.45가 가장 적당해 보입니다.

평가 지표	분류 결정 임곗값				
	0.4	0.45	0.5	0.55	0.6
정확도	0.8212	0.8547	0.8659	0.8715	0.8771
정밀도	0.7042	0.7869	0.8246	0.8654	0.8980
재현율	0.8197	0.7869	0.7705	0.7377	0.7213

지금까지 임곗값 변화에 따른 평가 지표 값을 알아보는 코드를 작성했습니다. 사이킷런은 이와 유사한 precision_recall_curve( ) API를 제공합니다. precision_recall_curve( ) API의 입력 파라미터와 반환 값은 다음과 같습니다.

입력 파라미터	**y_true**: 실제 클래스값 배열 (배열 크기= [데이터 건수]) **probas_pred**: Positive 칼럼의 예측 확률 배열 (배열 크기= [데이터 건수])
반환 값	**정밀도**: 임곗값별 정밀도 값을 배열로 반환 **재현율**: 임곗값별 재현율 값을 배열로 반환

precision_recall_curve( )를 이용해 타이타닉 예측 모델의 임곗값별 정밀도와 재현율을 구해 보겠습니다. precision_recall_curve( )의 인자로 실제 값 데이터 세트와 레이블 값이 1일 때의 예측 확률 값을 입력합니다. 레이블 값이 1일 때의 예측 확률 값은 predict_proba(X_test)[:, 1]로 predict_proba( )의 반환 ndarray의 두 번째 칼럼(즉, 칼럼 인덱스 1)값에 해당하는 데이터 세트입니다. precision_recall_curve( )는 일반적으로 0.11 ~ 0.95 정도의 임곗값을 담은 넘파이 ndarray와 이 임곗값에 해당하는 정밀도 및 재현율 값을 담은 넘파이 ndarray를 반환합니다.

반환되는 임곗값이 너무 작은 값 단위로 많이 구성돼 있습니다. 반환된 임곗값의 데이터가 147건이므로 샘플로 10건만 추출하되, 임곗값을 15 단계로 추출해 좀 더 큰 값의 임곗값과 그때의 정밀도와 재현율 값을 같이 살펴보겠습니다.

```
from sklearn.metrics import precision_recall_curve

# 레이블 값이 1일 때의 예측 확률을 추출
pred_proba_class1 = lr_clf.predict_proba(X_test)[:, 1]

# 실제값 데이터 세트와 레이블 값이 1일 때의 예측 확률을 precision_recall_curve 인자로 입력
precisions, recalls, thresholds = precision_recall_curve(y_test, pred_proba_class1 )
print('반환된 분류 결정 임곗값 배열의 Shape:', thresholds.shape)

# 반환된 임계값 배열 로우가 147건이므로 샘플로 10건만 추출하되, 임곗값을 15 Step으로 추출.
thr_index = np.arange(0, thresholds.shape[0], 15)
print('샘플 추출을 위한 임계값 배열의 index 10개:', thr_index)
print('샘플용 10개의 임곗값: ', np.round(thresholds[thr_index], 2))

# 15 step 단위로 추출된 임계값에 따른 정밀도와 재현율 값
print('샘플 임계값별 정밀도: ', np.round(precisions[thr_index], 3))
print('샘플 임계값별 재현율: ', np.round(recalls[thr_index], 3))
```

[Output]

```
반환된 분류 결정 임곗값 배열의 Shape: (147, )
샘플 추출을 위한 임계값 배열의 index 10개: [  0  15  30  45  60  75  90 105 120 135]
샘플용 10개의 임곗값:  [0.12 0.13 0.15 0.17 0.26 0.38 0.49 0.63 0.76 0.9 ]
샘플 임계값별 정밀도:  [0.379 0.424 0.455 0.519 0.618 0.676 0.797 0.93  0.964 1.   ]
샘플 임계값별 재현율:  [1.    0.967 0.902 0.902 0.902 0.82  0.77  0.656 0.443 0.213]
```

추출된 임곗값 샘플 10개에 해당하는 정밀도 값과 재현율 값을 살펴보면 임곗값이 증가할수록 정밀도 값은 동시에 높아지나 재현율 값은 낮아짐을 알 수 있습니다. precision_recall_curve( ) API는 정밀도와 재현율의 임곗값에 따른 값 변화를 곡선 형태의 그래프로 시각화하는 데 이용할 수 있습니다. 이 API를 이용해 정밀도와 재현율 곡선을 시각화해 보겠습니다.

```
import matplotlib.pyplot as plt
import matplotlib.ticker as ticker
%matplotlib inline
```

```
def precision_recall_curve_plot(y_test, pred_proba_c1):
    # threshold ndarray와 이 threshold에 따른 정밀도, 재현율 ndarray 추출.
    precisions, recalls, thresholds = precision_recall_curve( y_test, pred_proba_c1)

    # X축을 threshold값으로, Y축은 정밀도, 재현율 값으로 각각 Plot 수행. 정밀도는 점선으로 표시
    plt.figure(figsize=(8, 6))
    threshold_boundary = thresholds.shape[0]
    plt.plot(thresholds, precisions[0:threshold_boundary], linestyle='--', label='precision')
    plt.plot(thresholds, recalls[0:threshold_boundary], label='recall')

    # threshold 값 X 축의 Scale을 0.1 단위로 변경
    start, end = plt.xlim()
    plt.xticks(np.round(np.arange(start, end, 0.1), 2))

    # x축, y축 label과 legend, 그리고 grid 설정
    plt.xlabel('Threshold value'); plt.ylabel('Precision and Recall value')
    plt.legend(); plt.grid()
    plt.show()

precision_recall_curve_plot( y_test, lr_clf.predict_proba(X_test)[:, 1] )
```

[Output]

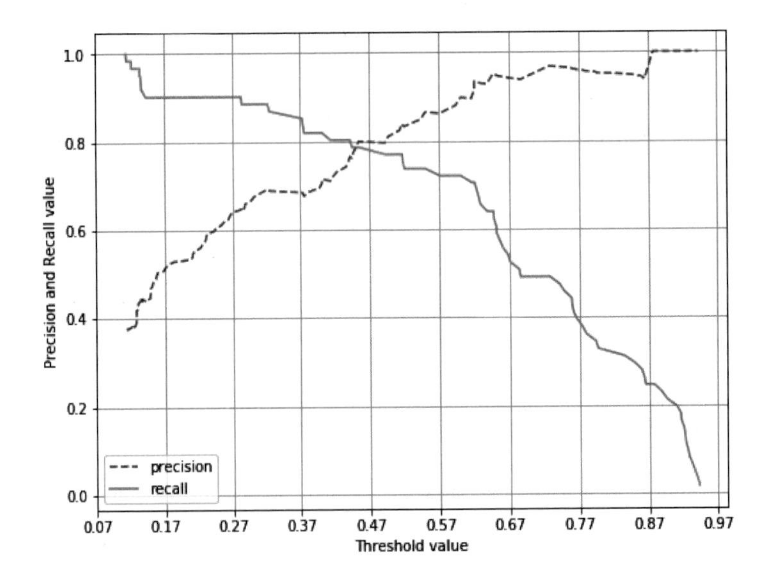

정밀도는 점선으로, 재현율은 실선으로 표현했습니다. 그림에서 보다시피 임곗값이 낮을수록 많은 수의 양성 예측으로 인해 재현율 값이 극도로 높아지고 정밀도 값이 극도로 낮아집니다.

임곗값을 계속 증가시킬수록 재현율 값이 낮아지고 정밀도 값이 높아지는 반대의 양상이 됩니다. 앞 예제의 로지스틱 회귀 기반의 타이타닉 생존자 예측 모델의 경우 임곗값이 약 0.45 지점에서 재현율과 정밀도가 비슷해지는 모습을 보였습니다.

정밀도와 재현율의 맹점

앞에서도 봤듯이 Positive 예측의 임곗값을 변경함에 따라 정밀도와 재현율의 수치가 변경됩니다. 임곗값의 이러한 변경은 업무 환경에 맞게 두 개의 수치를 상호 보완할 수 있는 수준에서 적용돼야 합니다. 그렇지 않고 단순히 하나의 성능 지표 수치를 높이기 위한 수단으로 사용돼서는 안 됩니다. 다음은 정밀도 또는 재현율 평가 지표 수치 중 하나를 극단적으로 높이는 방법이지만 숫자 놀음에 불과한 방법입니다.

정밀도가 100%가 되는 방법

확실한 기준이 되는 경우만 Positive로 예측하고 나머지는 모두 Negative로 예측합니다. 예를 들어 환자가 80세 이상이고 비만이며 이전에 암 진단을 받았고 암 세포의 크기가 상위 0.1% 이상이면 무조건 Positive, 다른 경우는 Negative로 예측하는 겁니다.

정밀도 = TP / (TP + FP)입니다. 전체 환자 1000명 중 확실한 Positive 징후만 가진 환자는 단 1명이라고 하면 이 한 명만 Positive로 예측하고 나머지는 모두 Negative로 예측하더라도 FP는 0, TP는 1이 되므로 정밀도는 1/(1+0)으로 100%가 됩니다.

재현율이 100%가 되는 방법

모든 환자를 Positive로 예측하면 됩니다. 재현율 = TP / (TP + FN)이므로 전체 환자 1000명을 다 Positive로 예측하는 겁니다. 이 중 실제 양성인 사람이 30명 정도라도 TN이 수치에 포함되지 않고 FN은 아예 0이므로 30/(30 + 0)으로 100%가 됩니다.

이처럼 정밀도와 재현율 성능 수치도 어느 한 쪽만 참조하면 극단적인 수치 조작이 가능합니다. 따라서 정밀도 또는 재현율 중 하나만 스코어가 좋고 다른 하나는 스코어가 나쁜 분류는 성능이 좋지 않은 분류로 간주할 수 있습니다. 물론 앞의 예제에서와 같이 분류가 정밀도 또는 재현율 중 하나에 상대적인 중요도를 부여해 각 예측 상황에 맞는 분류 알고리즘을 튜닝할 수 있지만, 그렇다고 정밀도/재현율 중 하나만 강조하는 상황이 돼서는 안 됩니다(예를 들어, 암 예측 모델에서 재현율을 높인다고 걸핏하면 양성으로 판단할 경우 환자의 부담과 불평이 커지게 됩니다).

정밀도와 재현율의 수치가 적절하게 조합돼 분류의 종합적인 성능 평가에 사용될 수 있는 평가 지표가 필요합니다.

04 F1 스코어

F1 스코어(Score)는 정밀도와 재현율을 결합한 지표입니다. F1 스코어는 정밀도와 재현율이 어느 한 쪽으로 치우치지 않는 수치를 나타낼 때 상대적으로 높은 값을 가집니다. F1 스코어의 공식은 다음과 같습니다.

$$F1 = \frac{2}{\frac{1}{recall} + \frac{1}{precision}} = 2 * \frac{precision * recall}{precision + recall}$$

만일 A 예측 모델의 경우 정밀도가 0.9, 재현율이 0.1로 극단적인 차이가 나고, B 예측 모델은 정밀도가 0.5, 재현율이 0.5로 정밀도와 재현율이 큰 차이가 없다면 A 예측 모델의 F1 스코어는 0.18이고, B 예측 모델의 F1 스코어는 0.5로 B 모델이 A모델에 비해 매우 우수한 F1 스코어를 가지게 됩니다.

사이킷런은 F1 스코어를 구하기 위해 f1_score( )라는 API를 제공합니다. 이를 이용해 정밀도와 재현율 절의 예제에서 학습/예측한 로지스틱 회귀 기반 타이타닉 생존자 모델의 F1 스코어를 구해 보겠습니다. 앞 절에서 사용한 주피터 노트북에 계속 이어서 코드를 작성하겠습니다.

```
from sklearn.metrics import f1_score
f1 = f1_score(y_test, pred)
print('F1 스코어: {0:.4f}'.format(f1))
```

[Output]

```
F1 스코어: 0.7966
```

이번에는 타이타닉 생존자 예측에서 임곗값을 변화시키면서 F1 스코어를 포함한 평가 지표를 구해 보겠습니다. 이를 위해 앞에서 작성한 get_clf_eval( ) 함수에 F1 스코어를 구하는 로직을 추가하겠습니다. 그리고 앞에서 작성한 get_eval_by_threshold( ) 함수를 이용해 임곗값 0.4 ~ 0.6별로 정확도, 정밀도, 재현율, F1 스코어를 알아보겠습니다.

```
def get_clf_eval(y_test, pred):
    confusion = confusion_matrix( y_test, pred)
    accuracy = accuracy_score(y_test, pred)
    precision = precision_score(y_test, pred)
    recall = recall_score(y_test, pred)
    # F1 스코어 추가
    f1 = f1_score(y_test, pred)
    print('오차 행렬')
    print(confusion)
    # f1 score print 추가
    print('정확도: {0:.4f}, 정밀도: {1:.4f}, 재현율: {2:.4f},
          F1:{3:.4f}'.format(accuracy, precision, recall, f1))

thresholds = [0.4, 0.45, 0.50, 0.55, 0.60]
pred_proba = lr_clf.predict_proba(X_test)
get_eval_by_threshold(y_test, pred_proba[:, 1].reshape(-1, 1), thresholds)
```

위 예제의 출력 결과를 다음과 같이 도표로 정리했습니다. F1 스코어는 임곗값이 0.6일 때 가장 좋은 값을 보여줍니다. 하지만 임곗값이 0.6인 경우에는 재현율이 크게 감소하고 있으니 주지하기 바랍니다.

평가 지표	분류 결정 임곗값				
	0.4	0.45	0.5	0.55	0.6
정확도	0.8212	0.8547	0.8659	0.8715	0.8771
정밀도	0.7042	0.7869	0.8246	0.8654	0.8980
재현율	0.8197	0.7869	0.7705	0.7377	0.7213
F1	0.7576	0.7869	0.7966	0.7965	0.800

05 ROC 곡선과 AUC

ROC 곡선과 이에 기반한 AUC 스코어는 이진 분류의 예측 성능 측정에서 중요하게 사용되는 지표입니다. ROC 곡선(Receiver Operation Characteristic Curve)은 우리말로 수신자 판단 곡선으로 불립니다. 이름이 약간 이상한 것은 원래 2차대전 때 통신 장비 성능 평가를 위해 고안된 수치이기 때문입니다. 일반적으로 의학 분야에서 많이 사용되지만, 머신러닝의 이진 분류 모델의 예측 성능을 판단하는 중요한 평가 지표이기도 합니다. ROC 곡선은 FPR(False Positive Rate)이 변할 때 TPR(True Positive Rate)이 어떻게 변하는지를 나타내는 곡선입니다. FPR을 X 축으로, TPR을 Y 축으로 잡으면 FPR의 변화에 따른 TPR의 변화가 곡선 형태로 나타납니다.

TPR은 True Positive Rate의 약자이며, 이는 재현율을 나타냅니다. 따라서 TPR은 TP / (FN + TP)입니다. TPR, 즉 재현율은 민감도로도 불립니다. 그리고 민감도에 대응하는 지표로 TNR(True Negative Rate)이라고 불리는 특이성(Specificity)이 있습니다.

- 민감도(TPR)는 실제값 Positive(양성)가 정확히 예측돼야 하는 수준을 나타냅니다(질병이 있는 사람은 질병이 있는 것으로 양성 판정).
- 특이성(TNR)은 실제값 Negative(음성)가 정확히 예측돼야 하는 수준을 나타냅니다(질병이 없는 건강한 사람은 질병이 없는 것으로 음성 판정).

TNR(True Negative Rate)인 특이성은 다음과 같이 구할 수 있습니다. TNR = TN / (FP + TN). 그리고 ROC 곡선의 X 축 기준인 FPR(False Positive Rate)은 FP / (FP + TN)이므로 1 - TNR 또는 1 - 특이성으로 표현됩니다.

```
FPR = FP / (FP + TN) = 1 - TNR = 1- 특이성
```

다음은 ROC 곡선의 예입니다. 가운데 직선은 ROC 곡선의 최저 값입니다. 왼쪽 하단과 오른쪽 상단을 대각선으로 이은 직선은 동전을 무작위로 던져 앞/뒤를 맞추는 랜덤 수준의 이진 분류의 ROC 직선입니다(AUC는 0.5임). ROC 곡선이 가운데 직선에 가까울수록 성능이 떨어지는 것이며, 멀어질수록 성능이 뛰어난 것입니다.

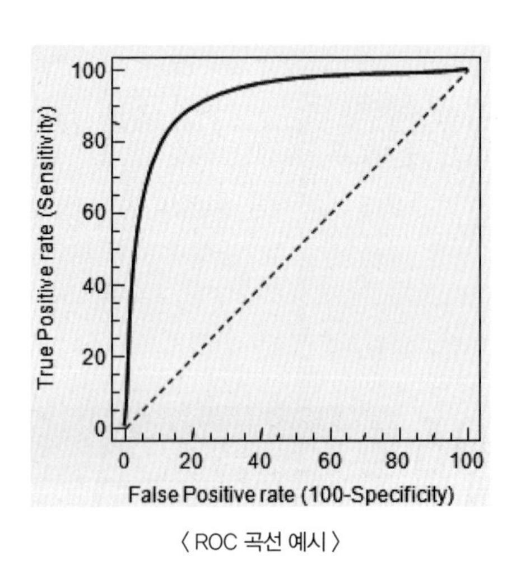

〈 ROC 곡선 예시 〉

ROC 곡선은 FPR을 0부터 1까지 변경하면서 TPR의 변화 값을 구합니다. 그럼 어떻게 FPR을 0부터 1까지 변경할 수 있을까요? 바로 앞에서 배운 분류 결정 임곗값을 변경하면 됩니다. 분류 결정 임곗값은 Positive 예측값을 결정하는 확률의 기준이기 때문에 FPR을 0으로 만들려면 임곗값을 1로 지정하면 됩니다. 임곗값을 1로 지정하면 Postive 예측 기준이 매우 높기 때문에 분류기(Classifier)가 임곗값보다 높은 확률을 가진

데이터를 Positive로 예측할 수 없기 때문입니다. 앞의 FPR 결정 공식을 다시 한번 보겠습니다. FPR = FP / (FP + TN)입니다. 즉, 아예 Positive로 예측하지 않기 때문에 FP 값이 0이 되므로 자연스럽게 FPR은 0이 됩니다.

반대로 FPR을 어떻게 1로 만들 수 있을까요? 바로 TN을 0으로 만들면 됩니다. TN을 0으로 만들려면 분류 결정 임곗값을 0으로 지정하면 됩니다. 그럼 분류기의 Positive 확률 기준이 너무 낮아서 다 Positive로 예측합니다. 그럼 아예 Negative 예측이 없기 때문에 TN이 0이 되고 FPR 값은 1이 됩니다. 이렇게 임곗값을 1부터 0까지 변화시키면서 FPR을 구하고 이 FPR 값의 변화에 따른 TPR 값을 구하는 것이 ROC 곡선입니다(그래서 임곗값을 1부터 0까지 거꾸로 변화시키면서 구한 재현율 곡선의 형태와 비슷합니다).

사이킷런은 ROC 곡선을 구하기 위해 roc_curve( ) API를 제공합니다. 사용법은 precision_recall_curve( ) API와 유사합니다. 단지 반환값이 FPR, TPR, 임곗값으로 구성돼 있을 뿐입니다. 다음은 roc_curve( )의 주요 입력 파라미터와 반환 값을 기술한 것입니다.

입력 파라미터	**y_true**: 실제 클래스 값 array (array shape = [데이터 건수]) **y_score**: predict_proba( )의 반환 값 array에서 Positive 칼럼의 예측 확률이 보통 사용됨. array, shape = [n_samples]
반환 값	**fpr**: fpr 값을 array로 반환 **tpr**: tpr 값을 array로 반환 **thresholds**: threshold 값 array

roc_curve ( ) API를 이용해 타이타닉 생존자 예측 모델의 FPR, TPR, 임곗값을 구해 보겠습니다. 앞 정밀도와 재현율에서 학습한 LogisticRegression 객체의 predict_proba( ) 결과를 다시 이용해 roc_curve( )의 결과를 도출하겠습니다.

```
from sklearn.metrics import roc_curve

# 레이블 값이 1일때의 예측 확률을 추출
pred_proba_class1 = lr_clf.predict_proba(X_test)[:, 1]

fprs , tprs , thresholds = roc_curve(y_test, pred_proba_class1)
# 반환된 임곗값 배열에서 샘플로 데이터를 추출하되, 임곗값을 5 Step으로 추출.
# thresholds[0]은 max(예측확률)+1로 임의 설정됨. 이를 제외하기 위해 np.arange는 1부터 시작
thr_index = np.arange(1, thresholds.shape[0], 5)
```

```
print('샘플 추출을 위한 임곗값 배열의 index:', thr_index)
print('샘플 index로 추출한 임곗값: ', np.round(thresholds[thr_index], 2))

# 5 step 단위로 추출된 임계값에 따른 FPR, TPR 값
print('샘플 임곗값별 FPR: ', np.round(fprs[thr_index], 3))
print('샘플 임곗값별 TPR: ', np.round(tprs[thr_index], 3))
```

[Output]

```
샘플 추출을 위한 임곗값 배열의 index: [ 1  6 11 16 21 26 31 36 41 46]
샘플 index로 추출한 임곗값:  [0.94 0.73 0.62 0.52 0.44 0.28 0.15 0.14 0.13 0.12]
샘플 임곗값별 FPR:  [0.    0.008 0.025 0.076 0.127 0.254 0.576 0.61  0.746 0.847]
샘플 임곗값별 TPR:  [0.016 0.492 0.705 0.738 0.803 0.885 0.902 0.951 0.967 1.   ]
```

roc_curve( )의 결과를 살펴보면 임곗값이 1에 가까운 값에서 점점 작아지면서 FPR이 점점 커집니다. 그리고 FPR이 조금씩 커질 때 TPR은 가파르게 커짐을 알 수 있습니다. FPR의 변화에 따른 TPR의 변화를 ROC 곡선으로 시각화해 보겠습니다.

```
def roc_curve_plot(y_test, pred_proba_c1):
    # 임곗값에 따른 FPR, TPR 값을 반환받음.
    fprs, tprs, thresholds = roc_curve(y_test, pred_proba_c1)
    # ROC 곡선을 그래프 곡선으로 그림.
    plt.plot(fprs, tprs, label='ROC')
    # 가운데 대각선 직선을 그림.
    plt.plot([0, 1], [0, 1], 'k--', label='Random')

    # FPR X 축의 Scale을 0.1 단위로 변경, X, Y축 명 설정 등
    start, end = plt.xlim()
    plt.xticks(np.round(np.arange(start, end, 0.1), 2))
    plt.xlim(0, 1); plt.ylim(0, 1)
    plt.xlabel('FPR( 1 - Specificity )'); plt.ylabel('TPR( Recall )')
    plt.legend()

roc_curve_plot(y_test, pred_proba[:, 1] )
```

[Output]

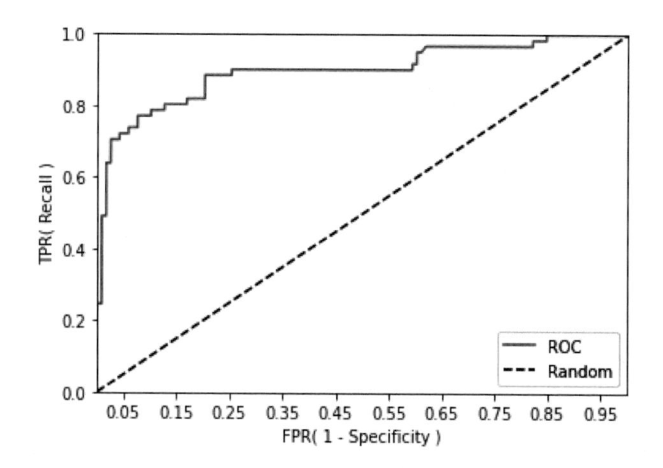

일반적으로 ROC 곡선 자체는 FPR과 TPR의 변화 값을 보는 데 이용하며 분류의 성능 지표로 사용되는 것은 ROC 곡선 면적에 기반한 AUC 값으로 결정합니다. AUC(Area Under Curve) 값은 ROC 곡선 밑의 면적을 구한 것으로서 일반적으로 1에 가까울수록 좋은 수치입니다. AUC 수치가 커지려면 FPR이 작은 상태에서 얼마나 큰 TPR을 얻을 수 있느냐가 관건입니다. 가운데 직선에서 멀어지고 왼쪽 상단 모서리 쪽으로 가파르게 곡선이 이동할수록 직사각형에 가까운 곡선이 되어 면적이 1에 가까워지는 좋은 ROC AUC 성능 수치를 얻게 됩니다. 가운데 대각선 직선은 랜덤 수준의(동전 던지기 수준) 이진 분류 AUC 값으로 0.5입니다. 따라서 보통의 분류는 0.5 이상의 AUC 값을 가집니다.

```
from sklearn.metrics import roc_auc_score

pred_proba = lr_clf.predict_proba(X_test)[:, 1]
roc_score = roc_auc_score(y_test, pred_proba)
print('ROC AUC 값: {0:.4f}'.format(roc_score))
```

[Output]

```
ROC AUC 값: 0.8987
```

타이타닉 생존자 예측 로지스틱 회귀 모델의 ROC AUC 값은 약 0.8987로 측정됐습니다. 마지막으로 get_clf_eval( ) 함수에 roc_auc_score( )를 이용해 ROC AUC값을 측정하는 로직을 추가하는데, ROC AUC는 예측 확률값을 기반으로 계산되므로 이를 get_clf_eval( ) 함수의 인자로 받을 수 있도록 get_clf_eval(y_test, pred=None, pred_proba=None)로 함수형을 변경해 줍니다. 이제 get_clf_eval() 함수는 정확도, 정밀도, 재현율, F1 스코어, ROC AUC 값까지 출력할 수 있습니다.

```
def get_clf_eval(y_test, pred=None, pred_proba=None):
    confusion = confusion_matrix(y_test, pred)
    accuracy = accuracy_score(y_test , pred)
    precision = precision_score(y_test , pred)
    recall = recall_score(y_test , pred)
    f1 = f1_score(y_test,pred)
    # ROC-AUC 추가
    roc_auc = roc_auc_score(y_test, pred_proba)
    print('오차 행렬')
    print(confusion)
    # ROC-AUC print 추가
    print('정확도: {0:.4f}, 정밀도: {1:.4f}, 재현율: {2:.4f},\
        F1: {3:.4f}, AUC:{4:.4f}'.format(accuracy, precision, recall, f1, roc_auc))
```

06 피마 인디언 당뇨병 예측

이번에는 피마 인디언 당뇨병(Pima Indian Diabetes) 데이터 세트를 이용해 당뇨병 여부를 판단하는 머신러닝 예측 모델을 수립하고, 지금까지 설명한 평가 지표를 적용해 보겠습니다. 피마 인디언 당뇨병 데이터 세트는 북아메리카 피마 지역 원주민의 Type-2 당뇨병 결과 데이터입니다. 보통 당뇨 원인으로 식습관과 유전을 꼽습니다. 피마 지역은 고립된 지역에서 인디언 고유의 혈통이 지속돼 왔지만, 20세기 후반에 들어서면서 서구화된 식습관으로 많은 당뇨 환자가 생겨났습니다. 고립된 유전적 특성 때문에 당뇨학회에서는 피마 인디언의 당뇨병 자료에 대해 많은 연구를 했습니다.

데이터 세트는 https://www.kaggle.com/uciml/pima-indians-diabetes-database 페이지에 접속 후 Download 버튼을 클릭해 압축 파일을 내려받습니다. 내려받은 압축 파일에서 diabetes.csv 파일을 개인 PC의 적당한 위치에 저장하면 됩니다.

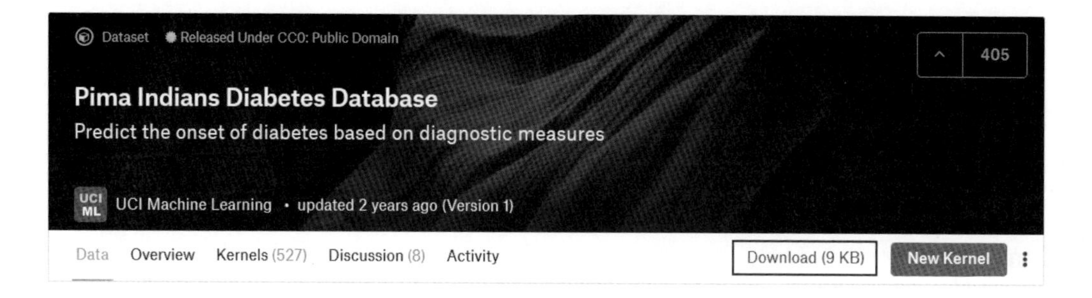

피마 인디언 당뇨병 데이터 세트는 다음 피처로 구성돼 있습니다.

- Pregnancies: 임신 횟수
- Glucose: 포도당 부하 검사 수치
- BloodPressure: 혈압(mm Hg)
- SkinThickness: 팔 삼두근 뒤쪽의 피하지방 측정값(mm)
- Insulin: 혈청 인슐린(mu U/ml)
- BMI: 체질량지수(체중(kg)/(키(m))^2)
- DiabetesPedigreeFunction: 당뇨 내력 가중치 값
- Age: 나이
- Outcome: 클래스 결정 값(0또는 1)

새로운 주피터 노트북을 생성하고, 내려받은 diabetes.csv 파일을 새로운 노트북이 생성된 디렉터리로 이동합니다. 필요한 모듈을 임포트하고, diabetes.csv는 DataFrame으로 로딩하겠습니다. 로딩 후에는 Outcome 클래스 결정값의 분포와 데이터를 개략적으로 확인해 보겠습니다.

```
import numpy as np
import pandas as pd
import matplotlib.pyplot as plt
%matplotlib inline

from sklearn.model_selection import train_test_split
from sklearn.metrics import accuracy_score, precision_score, recall_score, roc_auc_score
from sklearn.metrics import f1_score, confusion_matrix, precision_recall_curve, roc_curve
from sklearn.preprocessing import StandardScaler
```

```
from sklearn.linear_model import LogisticRegression

diabetes_data = pd.read_csv('diabetes.csv')
print(diabetes_data['Outcome'].value_counts())
diabetes_data.head(3)
```

[Output]

```
0    500
1    268
Name: Outcome, dtype: int64
```

	Pregnancies	Glucose	BloodPressure	SkinThickness	Insulin	BMI	DiabetesPedigreeFunction	Age	Outcome
0	6	148	72	35	0	33.6	0.627	50	1
1	1	85	66	29	0	26.6	0.351	31	0
2	8	183	64	0	0	23.3	0.672	32	1

전체 768개의 데이터 중에서 Negative 값 0이 500개, Positive 값 1이 268개로 Negative가 상대적으로 많습니다. feature의 타입과 Null 개수를 살펴보겠습니다.

```
diabetes_data.info( )
```

```
<class 'pandas.core.frame.DataFrame'>
RangeIndex: 768 entries, 0 to 767
Data columns (total 9 columns):
Pregnancies                 768 non-null int64
Glucose                     768 non-null int64
BloodPressure               768 non-null int64
SkinThickness               768 non-null int64
Insulin                     768 non-null int64
BMI                         768 non-null float64
DiabetesPedigreeFunction    768 non-null float64
Age                         768 non-null int64
Outcome                     768 non-null int64
dtypes: float64(2), int64(7)
memory usage: 54.1 KB
```

Null 값은 없으며 피처의 타입은 모두 숫자형입니다. 임신 횟수, 나이와 같은 숫자형 피처와 당뇨 검사 수치 피처로 구성된 특징으로 볼 때 별도의 피처 인코딩은 필요하지 않아 보입니다.

이제 로지스틱 회귀를 이용해 예측 모델을 생성해 보겠습니다. 데이터 세트를 피처 데이터 세트와 클래스 데이터 세트로 나누고 학습 데이터 세트와 테스트 데이터 세트로 분리하겠습니다. 로지스틱 회귀를 이용해 예측을 수행하고 앞 예제에서 사용한 유틸리티 함수인 get_clf_eval( ), get_eval_by_threshold( ), precision_recall_curve_plot( )을 이용해 성능 평가 지표를 출력하고 재현율 곡선을 시각화해 보겠습니다.

```
# 피처 데이터 세트 X, 레이블 데이터 세트 y를 추출.
# 맨 끝이 Outcome 칼럼으로 레이블 값임. 칼럼 위치 -1을 이용해 추출
X = diabetes_data.iloc[:, :-1]
y = diabetes_data.iloc[:, -1]

X_train, X_test, y_train, y_test = train_test_split(X, y, test_size = 0.2, random_state = 156, stratify=y)

# 로지스틱 회귀로 학습, 예측 및 평가 수행.
lr_clf = LogisticRegression(solver='liblinear')
lr_clf.fit(X_train, y_train)
pred = lr_clf.predict(X_test)
pred_proba = lr_clf.predict_proba(X_test)[:, 1]

get_clf_eval(y_test, pred, pred_proba)
```

[Output]

```
오차 행렬
[[87 13]
 [22 32]]
정확도: 0.7727, 정밀도: 0.7111, 재현율: 0.5926, F1: 0.6465, AUC:0.8083
```

예측 정확도가 77.27%, 재현율은 59.26%로 측정됐습니다. 전체 데이터의 65%가 Negative이므로 정확도보다는 재현율 성능에 조금 더 초점을 맞춰 보겠습니다. 먼저 정밀도 재현율 곡선을 보고 임곗값별 정밀도와 재현율 값의 변화를 확인하겠습니다. 이를 위해 precision_recall_curve_plot( ) 함수를 이용하겠습니다.

```
pred_proba_c1 = lr_clf.predict_proba(X_test)[:, 1]
precision_recall_curve_plot(y_test, pred_proba_c1)
```

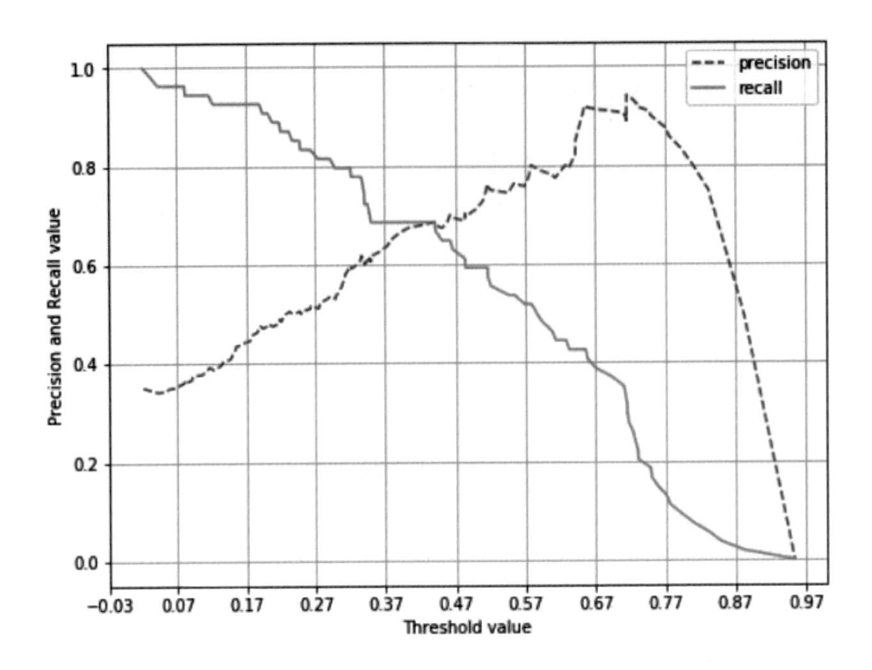

재현율 곡선을 보면 임곗값을 0.42 정도로 낮추면 정밀도와 재현율이 어느 정도 균형을 맞출 것 같습니다. 하지만 두 개의 지표 모두 0.7이 안 되는 수치로 보입니다. 여전히 두 지표의 값이 낮습니다. 임곗값을 인위적으로 조작하기 전에 다시 데이터 값을 점검하겠습니다. 먼저 원본 데이터 DataFrame의 describe( ) 메서드를 호출해 피처 값의 분포도를 살펴보겠습니다.

```
diabetes_data.describe()
```

	Pregnancies	Glucose	BloodPressure	SkinThickness	Insulin	BMI	DiabetesPedigreeFunction	Age	Outcome
count	768.000000	768.000000	768.000000	768.000000	768.000000	768.000000	768.000000	768.000000	768.000000
mean	3.845052	120.894531	69.105469	20.536458	79.799479	31.992578	0.471876	33.240885	0.348958
std	3.369578	31.972618	19.355807	15.952218	115.244002	7.884160	0.331329	11.760232	0.476951
min	0.000000	0.000000	0.000000	0.000000	0.000000	0.000000	0.078000	21.000000	0.000000
25%	1.000000	99.000000	62.000000	0.000000	0.000000	27.300000	0.243750	24.000000	0.000000
50%	3.000000	117.000000	72.000000	23.000000	30.500000	32.000000	0.372500	29.000000	0.000000
75%	6.000000	140.250000	80.000000	32.000000	127.250000	36.600000	0.626250	41.000000	1.000000
max	17.000000	199.000000	122.000000	99.000000	846.000000	67.100000	2.420000	81.000000	1.000000

diabetes_data.describe( ) 데이터 값을 보면 min( ) 값이 0으로 돼 있는 피처가 상당히 많습니다. 예를 들어 Glucose 피처는 포도당 수치인데 min 값이 0인 것은 말이 되지 않습니다. Glucose 피처의 히스토그램을 확인해 보면 0 값이 일정 수준 존재하는 것을 알 수 있습니다.

```
plt.hist(diabetes_data['Glucose'], bins=100)
plt.show()
```

[Output]

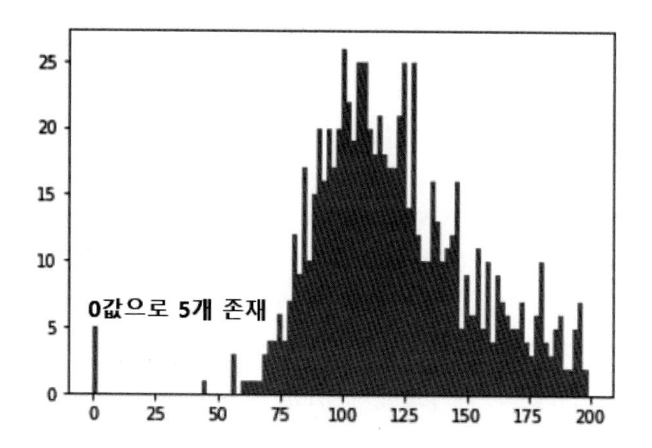

min( ) 값이 0으로 돼 있는 피처에 대해 0 값의 건수 및 전체 데이터 건수 대비 몇 퍼센트의 비율로 존재하는지 확인해 보겠습니다. 확인할 피처는 'Glucose', 'BloodPressure', 'SkinThickness', 'Insulin', 'BMI'입니다(Pregnancies는 출산 횟수를 의미하므로 제외합니다).

```
# 0값을 검사할 피처명 리스트
zero_features = ['Glucose', 'BloodPressure', 'SkinThickness', 'Insulin', 'BMI']

# 전체 데이터 건수
total_count = diabetes_data['Glucose'].count()

# 피처별로 반복하면서 데이터 값이 0인 데이터 건수를 추출하고, 퍼센트 계산
for feature in zero_features:
    zero_count = diabetes_data[diabetes_data[feature] == 0][feature].count()
    print('{0} 0 건수는 {1}, 퍼센트는 {2:.2f} %'.format(feature, zero_count,
                                                  100*zero_count/total_count))
```

[Output]

```
Glucose 0 건수는 5, 퍼센트는 0.65 %
BloodPressure 0 건수는 35, 퍼센트는 4.56 %
SkinThickness 0 건수는 227, 퍼센트는 29.56 %
```

```
Insulin 0 건수는 374, 퍼센트는 48.70 %
BMI 0 건수는 11, 퍼센트는 1.43 %
```

SkinThickness와 Insulin의 0 값은 각각 전체의 29.56%, 48.7%로 대단히 많습니다. 전체 데이터 건수가 많지 않기 때문에 이들 데이터를 일괄적으로 삭제할 경우에는 학습을 효과적으로 수행하기 어려울 것 같습니다. 위 피처의 0 값을 평균값으로 대체하겠습니다.

```
# zero_features 리스트 내부에 저장된 개별 피처들에 대해서 0값을 평균 값으로 대체
mean_zero_features = diabetes_data[zero_features].mean()
diabetes_data[zero_features]=diabetes_data[zero_features].replace(0, mean_zero_features)
```

0 값을 평균값으로 대체한 데이터 세트에 피처 스케일링을 적용해 변환하겠습니다. 로지스틱 회귀의 경우 일반적으로 숫자 데이터에 스케일링을 적용하는 것이 좋습니다. 이후에 다시 학습/테스트 데이터 세트로 나누고 로지스틱 회귀를 적용해 성능 평가 지표를 확인하겠습니다.

```
X = diabetes_data.iloc[:, :-1]
y = diabetes_data.iloc[:, -1]

# StandardScaler 클래스를 이용해 피처 데이터 세트에 일괄적으로 스케일링 적용
scaler = StandardScaler( )
X_scaled = scaler.fit_transform(X)

X_train, X_test, y_train, y_test = train_test_split(X_scaled, y, test_size = 0.2,random_state = 156, stratify=y)

# 로지스틱 회귀로 학습, 예측 및 평가 수행.
lr_clf = LogisticRegression()
lr_clf.fit(X_train, y_train)
pred = lr_clf.predict(X_test)
pred_proba = lr_clf.predict_proba(X_test)[:, 1]

get_clf_eval(y_test, pred, pred_proba)
```

[Output]

```
오차 행렬
[[90 10]
 [21 33]]
정확도: 0.7987, 정밀도: 0.7674, 재현율: 0.6111,    F1: 0.6804, AUC:0.8433
```

데이터 변환과 스케일링을 통해 성능 수치가 일정 수준 개선됐습니다. 로지스틱 회귀에 대해 본격적으로 학습하지 않았으니 하이퍼 파라미터에 대한 튜닝은 생략하겠습니다. 하지만 여전히 재현율 수치는 개선이 필요해 보입니다. 분류 결정 임곗값을 변화시키면서 재현율 값의 성능 수치가 어느 정도나 개선되는지 확인해 보겠습니다. 다음 코드는 임곗값을 0.3에서 0.5까지 0.03씩 변화시키면서 재현율과 다른 평가 지표의 값 변화를 출력합니다. 임곗값에 따른 평가 수치 출력은 앞에서 사용한 get_eval_by_threshold( ) 함수를 이용합니다.

```
thresholds = [0.3, 0.33, 0.36, 0.39, 0.42, 0.45, 0.48, 0.50]
pred_proba = lr_clf.predict_proba(X_test)
get_eval_by_threshold(y_test, pred_proba[:, 1].reshape(-1, 1), thresholds )
```

Output을 정리하면 다음과 같습니다.

평가 지표	분류 결정 임곗값							
	0.3	0.33	0.36	0.39	0.42	0.45	0.48	0.50
정확도	0.7013	0.7403	0.7468	0.7532	0.7792	0.7857	0.7987	0.7987
정밀도	0.5513	0.5972	0.6190	0.6333	0.6923	0.7059	0.7447	0.7674
재현율	0.7963	0.7963	0.7222	0.7037	0.6667	0.6667	0.6481	0.6111
F1	0.6515	0.6825	0.6667	0.6667	0.6792	0.6857	0.6931	0.6804
ROC AUC	0.8433	0.8433	0.8433	0.8433	0.8433	0.8433	0.8433	0.8433

위 표를 근거로 하면 정확도와 정밀도를 희생하고 재현율을 높이는 데 가장 좋은 임곗값은 0.33으로, 재현율 값이 0.7963입니다. 하지만 정밀도가 0.5972로 매우 저조해졌으니 극단적인 선택으로 보입니다. 임곗값 0.48이 전체적인 성능 평가 지표를 유지하면서 재현율을 약간 향상시키는 좋은 임곗값으로 보입니다. 임곗값 0.48일 경우 정확도는 0.7987, 정밀도는 0.7447, 재현율은 0.6481, F1 스코어는 0.6931, ROC AUC는 0.8433이 됩니다.

앞에서 학습된 로지스틱 회귀 모델을 이용해 임곗값을 0.48로 낮춘 상태에서 다시 예측을 해보겠습니다. 사이킷런의 predict( ) 메서드는 임곗값을 마음대로 변환할 수 없으므로 별도의 로직으로 이를 구해야 합니다. 앞에서 살펴본 Binarizer 클래스를 이용해 predict_proba( )로 추출한 예측 결과 확률 값을 변환해 변경된 임곗값에 따른 예측 클래스 값을 구해 보겠습니다.

```
# 임곗값을 0.48로 설정한 Binarizer 생성
binarizer = Binarizer(threshold=0.48)
```

```
# 위에서 구한 lr_clf의 predict_proba() 예측 확률 array에서 1에 해당하는 칼럼값을 Binarizer 변환.
pred_th_048 = binarizer.fit_transform(pred_proba[:, 1].reshape(-1, 1))

get_clf_eval(y_test, pred_th_048, pred_proba[:, 1])
```

[Output]

```
오차 행렬
[[88 12]
 [19 35]]
정확도: 0.7987, 정밀도: 0.7447, 재현율: 0.6481, F1: 0.6931, AUC:0.8433
```

07 정리

지금까지 분류에 사용되는 정확도, 오차 행렬, 정밀도, 재현율, F1 스코어, ROC-AUC와 같은 성능 평가 지표를 살펴봤습니다. 특히 이진 분류의 레이블 값이 불균형하게 분포될 경우(즉 0이 매우 많고, 1이 매우 적을 경우 또는 반대의 경우) 단순히 예측 결과와 실제 결과가 일치하는 지표인 정확도만으로는 머신러닝 모델의 예측 성능을 평가할 수 없습니다.

오차 행렬은 Negative와 Positive 값을 가지는 실제 클래스 값과 예측 클래스 값이 True와 False에 따라 TN, FP, FN, TP로 매핑되는 4분면 행렬을 기반으로 예측 성능을 평가합니다. 정확도, 정밀도, 재현율 수치는 TN, FP, FN, TP 값을 다양하게 결합해 만들어지며, 이를 통해 분류 모델 예측 성능의 오류가 어떠한 모습으로 발생하는지 알 수 있는 것입니다.

정밀도(Precision)와 재현율(Recall)은 Positive 데이터 세트의 예측 성능에 좀 더 초점을 맞춘 평가 지표입니다. 특히 재현율이 상대적으로 더 중요한 지표인 경우는 암 양성 예측 모델과 같이 실제 Positive 양성인 데이터 예측을 Negative로 잘못 판단하게 되면 업무상 큰 영향이 발생하는 경우입니다. 분류하려는 업무의 특성상 정밀도 또는 재현율이 특별히 강조돼야 할 경우 분류의 결정 임곗값(Threshold)을 조정해 정밀도 또는 재현율의 수치를 높이는 방법에 대해서 배웠습니다.

F1 스코어는 정밀도와 재현율을 결합한 평가 지표이며, 정밀도와 재현율이 어느 한 쪽으로 치우치지 않을 때 높은 지표값을 가지게 됩니다. ROC-AUC는 일반적으로 이진 분류의 성능 평가를 위해 가장 많이 사용되는 지표입니다. AUC(Area Under Curve) 값은 ROC 곡선 밑의 면적을 구한 것으로서 일반적으로 1에 가까울수록 좋은 수치입니다.

이제 분류 평가 지표를 배웠으니, 다음 장에서 본격적으로 머신러닝 기반의 분류를 구현해 보겠습니다.

CHAPTER

04

분류

"서로를 이해하려고 하면 할수록
서로의 차이를 더 포용하게 될 거예요"

< 영화 주토피아에서 >

01 분류(Classification)의 개요

지도학습은 레이블(Label), 즉 명시적인 정답이 있는 데이터가 주어진 상태에서 학습하는 머신러닝 방식입니다. 지도학습의 대표적인 유형인 분류(Classification)는 학습 데이터로 주어진 데이터의 피처와 레이블값(결정 값, 클래스 값)을 머신러닝 알고리즘으로 학습해 모델을 생성하고, 이렇게 생성된 모델에 새로운 데이터 값이 주어졌을 때 미지의 레이블 값을 예측하는 것입니다. 즉, 기존 데이터가 어떤 레이블에 속하는지 패턴을 알고리즘으로 인지한 뒤에 새롭게 관측된 데이터에 대한 레이블을 판별하는 것입니다.

분류는 다양한 머신러닝 알고리즘으로 구현할 수 있습니다.

- 베이즈(Bayes) 통계와 생성 모델에 기반한 나이브 베이즈(Naïve Bayes)
- 독립변수와 종속변수의 선형 관계성에 기반한 로지스틱 회귀(Logistic Regression)
- 데이터 균일도에 따른 규칙 기반의 결정 트리(Decision Tree)
- 개별 클래스 간의 최대 분류 마진을 효과적으로 찾아주는 서포트 벡터 머신(Support Vector Machine)
- 근접 거리를 기준으로 하는 최소 근접(Nearest Neighbor) 알고리즘
- 심층 연결 기반의 신경망(Neural Network)
- 서로 다른(또는 같은) 머신러닝 알고리즘을 결합한 앙상블(Ensemble)

이번 장에서는 이 다양한 알고리즘 중에서 앙상블 방법(Ensemble Method)을 집중적으로 다룹니다. 앙상블은 분류에서 가장 각광을 받는 방법 중 하나입니다. 물론 이미지, 영상, 음성, NLP 영역에서 신경망에 기반한 딥러닝이 머신러닝계를 선도하고 있지만, 이를 제외한 정형 데이터의 예측 분석 영역에서는 앙상블이 매우 높은 예측 성능으로 인해 많은 분석가와 데이터 과학자들에게 애용되고 있습니다.

앙상블은 서로 다른/또는 같은 알고리즘을 단순히 결합한 형태도 있으나, 일반적으로는 배깅(Bagging)과 부스팅(Boosting) 방식으로 나뉩니다. 배깅 방식의 대표인 랜덤 포레스트(Random Forest)는 뛰어난 예측 성능, 상대적으로 빠른 수행 시간, 유연성 등으로 많은 분석가가 애용하는 알고리즘입니다. 하지만 근래의 앙상블 방법은 부스팅 방식으로 지속해서 발전하고 있습니다. 부스팅의 효시라고 할 수 있는 그래디언트 부스팅(Gradient Boosting)의 경우 뛰어난 예측 성능을 가지고 있지만, 수행 시간이 너무 오래 걸리는 단점으로 인해 최적화 모델 튜닝이 어려웠습니다. 하지만 XgBoost(eXtra Gradient Boost)와 LightGBM 등 기존 그래디언트 부스팅의 예측 성능을 한 단계 발전시키면서도 수행 시간을 단축시킨 알고리즘이 계속 등장하면서 정형 데이터의 분류 영역에서 가장 활용도가 높은 알고리즘으로 자리 잡았습니다.

이 장에서는 앙상블 방법의 개요와 랜덤 포레스트, 그래디언트 부스팅의 전통적인 앙상블 기법뿐만 아니라 부스팅 계열의 최신 기법인 XGBoost와 LightGBM, 그리고 앙상블의 앙상블이라고 불리는 스태킹(Stacking) 기법에 대해서도 상세히 알아보겠습니다. 앙상블은 서로 다른/또는 같은 알고리즘을 결합한다고 했는데, 대부분은 동일한 알고리즘을 결합합니다. 앙상블의 기본 알고리즘으로 일반적으로 사용하는 것은 결정 트리입니다.

결정 트리는 매우 쉽고 유연하게 적용될 수 있는 알고리즘입니다. 또한 데이터의 스케일링이나 정규화 등의 사전 가공의 영향이 매우 적습니다. 하지만 예측 성능을 향상시키기 위해 복잡한 규칙 구조를 가져야 하며, 이로 인한 과적합(overfitting)이 발생해 반대로 예측 성능이 저하될 수도 있다는 단점이 있습니다. 하지만 이러한 단점이 앙상블 기법에서는 오히려 장점으로 작용합니다. 앙상블은 매우 많은 여러 개의 약한 학습기(즉, 예측 성능이 상대적으로 떨어지는 학습 알고리즘)를 결합해 확률적 보완과 오류가 발생한 부분에 대한 가중치를 계속 업데이트하면서 예측 성능을 향상시키는데, 결정 트리가 좋은 약한 학습기가 되기 때문입니다.

앙상블을 학습하기 전에 먼저 결정 트리가 무엇이고 어떤 특성이 있는지 살펴보겠습니다.

02 결정 트리

결정 트리(Decision Tree)는 ML 알고리즘 중 직관적으로 이해하기 쉬운 알고리즘입니다. 데이터에 있는 규칙을 학습을 통해 자동으로 찾아내 트리(Tree) 기반의 분류 규칙을 만드는 것입니다. 일반적으로 규칙을 가장 쉽게 표현하는 방법은 if/else 기반으로 나타내는 것인데, 쉽게 생각하면 스무고개 게임과 유사하며 룰 기반의 프로그램에 적용되는 if, else를 자동으로 찾아내 예측을 위한 규칙을 만드는 알고리즘으로 이해하면 더 쉽게 다가올 것입니다. 따라서 데이터의 어떤 기준을 바탕으로 규칙을 만들어야 가장 효율적인 분류가 될 것인가가 알고리즘의 성능을 크게 좌우합니다.

다음 그림은 결정 트리의 구조를 간략하게 나타낸 것입니다. 규칙 노드(Decision Node)로 표시된 노드는 규칙 조건이 되는 것이고, 리프 노드(Leaf Node)로 표시된 노드는 결정된 클래스 값입니다. 그리고 새로운 규칙 조건마다 서브 트리(Sub Tree)가 생성됩니다. 데이터 세트에 피처가 있고 이러한 피처가 결합해 규칙 조건을 만들 때마다 규칙 노드가 만들어집니다. 하지만 많은 규칙이 있다는 것은 곧 분류를 결정하는 방식이 더욱 복잡해진다는 얘기이고, 이는 곧 과적합으로 이어지기 쉽습니다. 즉, 트리의 깊이(depth)가 깊어질수록 결정 트리의 예측 성능이 저하될 가능성이 높습니다.

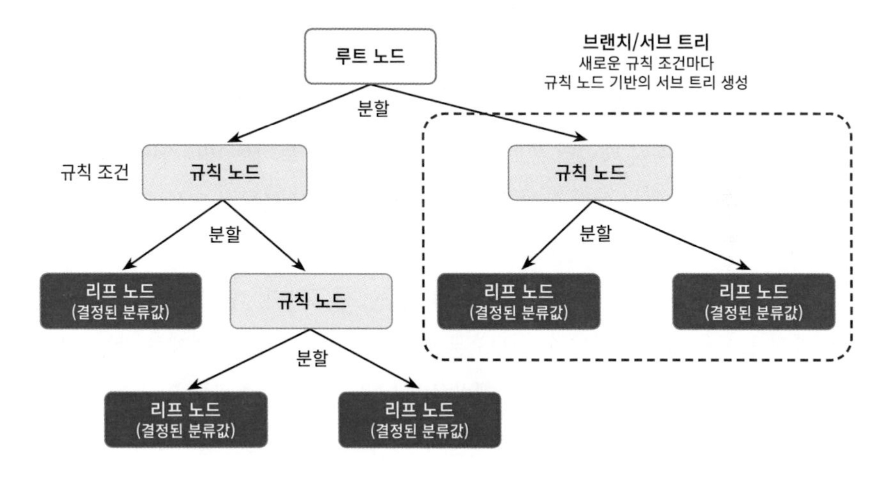

가능한 한 적은 결정 노드로 높은 예측 정확도를 가지려면 데이터를 분류할 때 최대한 많은 데이터 세트가 해당 분류에 속할 수 있도록 결정 노드의 규칙이 정해져야 합니다. 이를 위해서는 어떻게 트리를 분할(Split)할 것인가가 중요한데 최대한 균일한 데이터 세트를 구성할 수 있도록 분할하는 것이 필요합니다.

먼저 균일한 데이터 세트가 어떤 것을 의미하는지 조금 더 자세히 설명하겠습니다. 다음 그림에서 가장 균일한 데이터 세트부터 순서대로 나열한다면 어떻게 될까요?

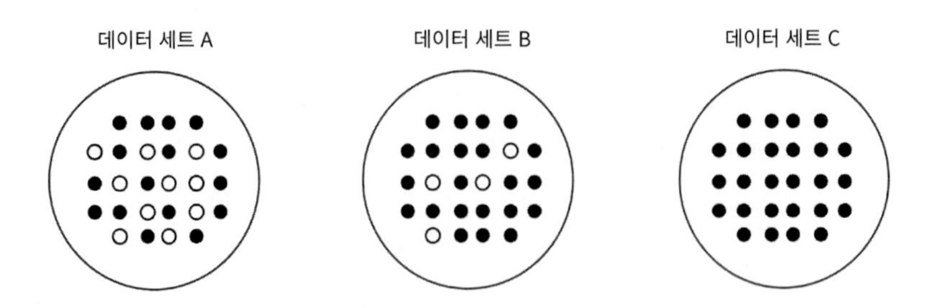

답은 C가 가장 균일도가 높고 그다음 B, 마지막으로 A 순입니다. C의 경우 모두 검은 공으로 구성되므로 데이터가 모두 균일합니다. B의 경우는 일부 하얀 공을 가지고 있지만, 대부분 검은 공으로 구성되어 다음으로 균일도가 높습니다. A의 경우는 검은 공 못지않게 많은 하얀 공을 가지고 있어 균일도가 제일 낮습니다. 이러한 데이터 세트의 균일도는 데이터를 구분하는 데 필요한 정보의 양에 영향을 미칩니다. 가령 눈을 가린 채 데이터 세트 C에서 하나의 데이터를 뽑았을 때 데이터에 대한 별다른 정보 없이도 '검은 공'이라고 쉽게 예측할 수 있습니다. 하지만 A의 경우는 상대적으로 혼잡도가 높고 균일도가 낮기 때문에 같은 조건에서 데이터를 판단하는 데 있어 더 많은 정보가 필요합니다.

결정 노드는 정보 균일도가 높은 데이터 세트를 먼저 선택할 수 있도록 규칙 조건을 만듭니다. 즉, 정보 균일도가 데이터 세트로 쪼개질 수 있도록 조건을 찾아 서브 데이터 세트를 만들고, 다시 이 서브 데이터 세트에서 균일도가 높은 자식 데이터 세트 쪼개는 방식을 자식 트리로 내려가면서 반복하는 방식으로 데이터 값을 예측하게 됩니다. 예를 들어 박스 안에 30개의 레고 블록이 있는데, 각 레고 블록은 '형태' 속성으로 동그라미, 네모, 세모, '색깔' 속성으로 노랑, 빨강, 파랑이 있습니다. 이 중 노랑색 블록의 경우 모두 동그라미로 구성되고, 빨강과 파랑 블록의 경우는 동그라미, 네모, 세모가 골고루 섞여 있다고 한다면 각 레고 블록을 형태와 색깔 속성으로 분류하고자 할 때 가장 첫 번째로 만들어져야 하는 규칙 조건은 if 색깔 == '노란색'이 될 것입니다. 왜냐하면 노란색 블록이면 모두 노란 동그라미 블록으로 가장 쉽게 예측할 수 있고, 그다음 나머지 블록에 대해 다시 균일도 조건을 찾아 분류하는 것이 가장 효율적인 분류 방식이기 때문입니다.

이러한 정보의 균일도를 측정하는 대표적인 방법은 엔트로피를 이용한 정보 이득(Information Gain) 지수와 지니 계수가 있습니다.

- 정보 이득은 엔트로피라는 개념을 기반으로 합니다. 엔트로피는 주어진 데이터 집합의 혼잡도를 의미하는데, 서로 다른 값이 섞여 있으면 엔트로피가 높고, 같은 값이 섞여 있으면 엔트로피가 낮습니다. 정보 이득 지수는 1에서 엔트로피 지수를 뺀 값입니다. 즉, 1－엔트로피 지수입니다. 결정 트리는 이 정보 이득 지수로 분할 기준을 정합니다. 즉, 정보 이득이 높은 속성을 기준으로 분할합니다.
- 지니 계수는 원래 경제학에서 불평등 지수를 나타낼 때 사용하는 계수입니다. 경제학자인 코라도 지니(Corrado Gini)의 이름에서 딴 계수로서 0이 가장 평등하고 1로 갈수록 불평등합니다. 머신러닝에 적용될 때는 지니 계수가 낮을수록 데이터 균일도가 높은 것으로 해석해 지니 계수가 낮은 속성을 기준으로 분할합니다.

결정 트리 알고리즘을 사이킷런에서 구현한 DecisionTreeClassifier는 기본으로 지니 계수를 이용해 데이터 세트를 분할합니다. 결정 트리의 일반적인 알고리즘은 데이터 세트를 분할하는 데 가장 좋은 조건, 즉 정보 이득이 높거나 지니 계수가 낮은 조건을 찾아서 자식 트리 노드에 걸쳐 반복적으로 분할한 뒤, 데이터가 모두 특정 분류에 속하게 되면 분할을 멈추고 분류를 결정합니다.

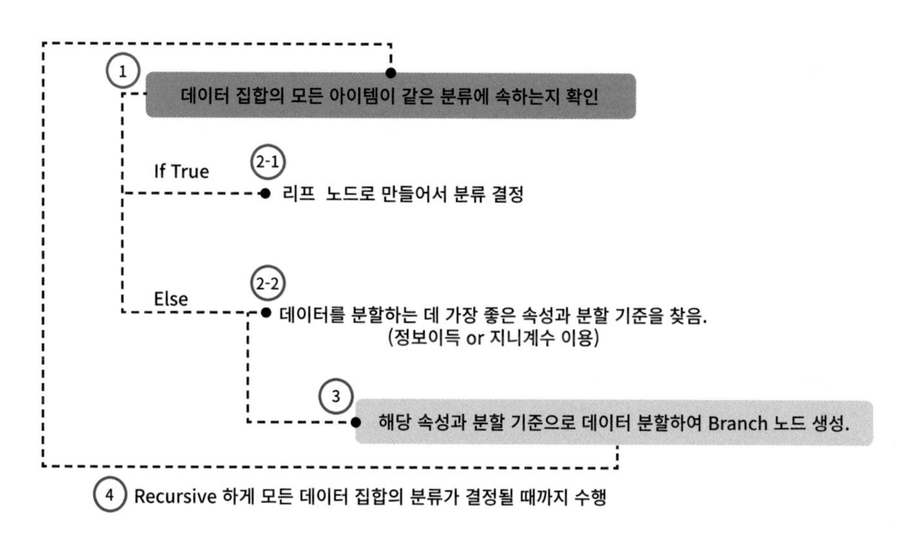

결정 트리 모델의 특징

결정 트리의 가장 큰 장점은 정보의 '균일도'라는 룰을 기반으로 하고 있어서 알고리즘이 쉽고 직관적이라는 점입니다. 결정 트리가 룰이 매우 명확하고, 이에 기반해 어떻게 규칙 노드와 리프 노드가 만들어지는지 알 수 있고, 시각화로 표현까지 할 수 있습니다. 또한 정보의 균일도만 신경 쓰면 되므로 특별한 경우를 제외하고는 각 피처의 스케일링과 정규화 같은 전처리 작업이 필요 없습니다. 반면에 결정 트리 모델의 가장 큰 단점은 과적합으로 정확도가 떨어진다는 점입니다. 피처 정보의 균일도에 따른 룰 규칙으로 서브 트리를 계속 만들다 보면 피처가 많고 균일도가 다양하게 존재할수록 트리의 깊이가 커지고 복잡해질 수밖에 없습니다.

모든 데이터 상황을 만족하는 완벽한 규칙은 만들지 못하는 경우가 오히려 더 많음에도 불구하고 결정 트리는 학습 데이터 기반 모델의 정확도를 높이기 위해 계속해서 조건을 추가하면서 트리 깊이가 계속 커지고, 결과적으로 복잡한 학습 모델에 이르게 됩니다. 복잡한 학습 모델은 결국에는 실제 상황에(테스트 데이터 세트) 유연하게 대처할 수 없어서 예측 성능이 떨어질 수밖에 없습니다. 차라리 모든 데이터 상황을 만족하는 완벽한 규칙은 만들 수 없다고 먼저 인정하는 편이 더 나은 성능을 보장할 수 있습니다. 즉, 트리의 크기를 사전에 제한하는 것이 오히려 성능 튜닝에 더 도움이 됩니다.

결정 트리 장점	결정 트리 단점
• 쉽다. 직관적이다 • 피처의 스케일링이나 정규화 등의 사전 가공 영향도가 크지 않음.	• 과적합으로 알고리즘 성능이 떨어진다. 이를 극복하기 위해 트리의 크기를 사전에 제한하는 튜닝 필요.

결정 트리 파라미터

사이킷런은 결정 트리 알고리즘을 구현한 DecisionTreeClassifier와 DecisionTreeRegressor 클래스를 제공합니다. DecisionTreeClassifier는 분류를 위한 클래스이며, DecisionTreeRegressor는 회귀를 위한 클래스입니다. 사이킷런의 결정 트리 구현은 CART(Classification And Regression Trees) 알고리즘 기반입니다. CART는 분류뿐만 아니라 회귀에서도 사용될 수 있는 트리 알고리즘입니다. 여기서는 분류를 위한 DecisionTreeClassifier 클래스만 다루겠습니다. DecisionTreeClassifier와 DecisionTreeRegressor 모두 파라미터는 다음과 같이 동일한 파라미터를 사용합니다.

파라미터 명	설명
min_samples_split	• 노드를 분할하기 위한 최소한의 샘플 데이터 수로 과적합을 제어하는 데 사용됨. • 디폴트는 2이고 작게 설정할수록 분할되는 노드가 많아져서 과적합 가능성 증가
min_samples_leaf	• 분할이 될 경우 왼쪽과 오른쪽의 브랜치 노드에서 가져야 할 최소한의 샘플 데이터 수 • 큰 값으로 설정될수록, 분할될 경우 왼쪽과 오른쪽의 브랜치 노드에서 가져야 할 최소한의 샘플 데이터 수 조건을 만족시키기가 어려우므로 노드 분할을 상대적으로 덜 수행함. • min_samples_split와 유사하게 과적합 제어 용도. 그러나 비대칭적(imbalanced) 데이터의 경우 특정 클래스의 데이터가 극도로 작을 수 있으므로 이 경우는 작게 설정 필요.

파라미터 명	설명
max_features	• 최적의 분할을 위해 고려할 최대 피처 개수. 디폴트는 None으로 데이터 세트의 모든 피처를 사용해 분할 수행. • int 형으로 지정하면 대상 피처의 개수, float 형으로 지정하면 전체 피처 중 대상 피처의 퍼센트임 • 'sqrt'는 전체 피처 중 sqrt(전체 피처 개수), 즉 $\sqrt{\text{전체 피처 개수}}$만큼 선정 • 'auto'로 지정하면 sqrt와 동일 • 'log'는 전체 피처 중 log2(전체 피처 개수) 선정 • 'None'은 전체 피처 선정
max_depth	• 트리의 최대 깊이를 규정. • 디폴트는 None. None으로 설정하면 완벽하게 클래스 결정 값이 될 때까지 깊이를 계속 키우며 분할하거나 노드가 가지는 데이터 개수가 min_samples_split보다 작아질 때까지 계속 깊이를 증가시킴. • 깊이가 깊어지면 min_samples_split 설정대로 최대 분할하여 과적합할 수 있으므로 적절한 값으로 제어 필요.
max_leaf_nodes	• 말단 노드(Leaf)의 최대 개수

결정 트리 모델의 시각화

결정 트리 알고리즘이 어떠한 규칙을 가지고 트리를 생성하는지 시각적으로 보여줄 수 있는 방법이 있습니다. 바로 Graphviz 패키지를 사용하는 것입니다. Graphviz는 원래 그래프 기반의 dot 파일로 기술된 다양한 이미지를 쉽게 시각화할 수 있는 패키지입니다(https://www.graphviz.org에서 더 상세한 자료를 찾을 수 있습니다). 사이킷런은 이러한 Graphviz 패키지와 쉽게 인터페이스할 수 있도록 export_graphviz( ) API를 제공합니다. 사이킷런의 export_graphviz( )는 함수 인자로 학습이 완료된 Estimator, 피처의 이름 리스트, 레이블 이름 리스트를 입력하면 학습된 결정 트리 규칙을 실제 트리 형태로 시각화해 보여줍니다. 이렇게 결정 트리가 만드는 규칙을 시각화해보면 결정 트리 알고리즘을 더욱 쉽게 이해할 수 있습니다.

Graphviz를 윈도우에 설치해 보겠습니다. Graphviz는 파이썬으로 개발된 패키지가 아닙니다. C/C++로 운영 체제에 포팅된 패키지이므로 이를 파이썬 기반의 모듈과 인터페이스해주기 위해서는 먼저 Graphviz를 설치한 뒤에 파이썬과 인터페이스할 수 있는 파이썬 래퍼(Wrapper) 모듈을 별도로 설치해야 합니다.

❶ 윈도우 버전의 Graphviz를 내려받은 뒤 설치합니다.

https://graphviz.org/download에 접속하시면 윈도우 버전의 Graphviz 설치 파일을 내려받을 수 있는 링크가 있습니다. 해당 링크를 클릭해 설치 파일을 적당한 디렉터리에 저장합니다. 이 글을 쓰고 있는 2022년 1월 기준으로 버전 2.50이 최신이니 graphviz-2.50.0 (64-bit) EXE installer를 내려받으면 됩니다.

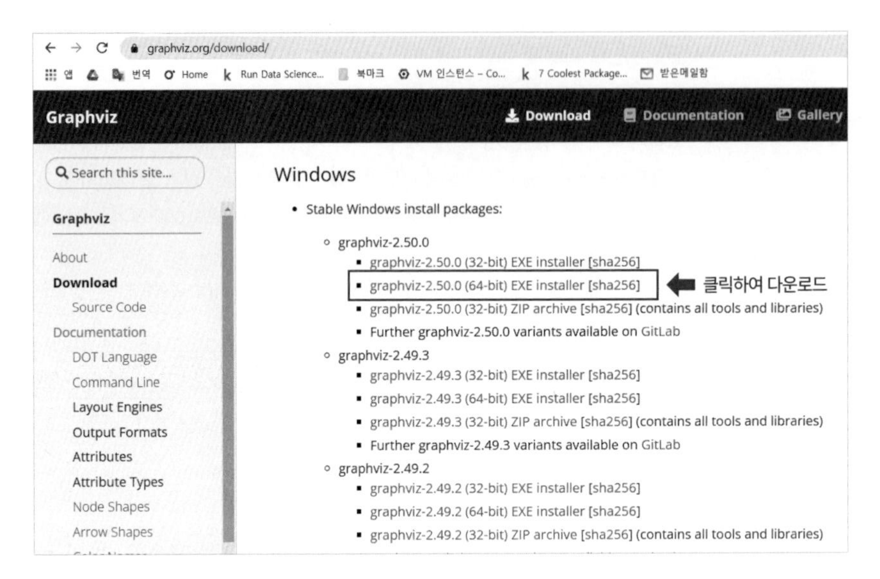

내려받은 설치 파일을 클릭하여 설치를 수행합니다. Graphviz 설치 시에는 반드시 로컬 PC의 시스템 PATH 변수를 설정해야 합니다. 그렇지 않으면 이후에 파이썬 래퍼에서 Graphviz를 참조할 수 없습니다. 설치 옵션에서 이를 간편하게 수행할 수 있습니다. 설치 중 아래와 같은 Install Options 화면에서 'Add Graphviz to the system Path for all users'를 선택합니다(윈도우를 단일 유저가 사용 중이라면 'Add Graphviz to the system Path for current user'도 무방합니다).

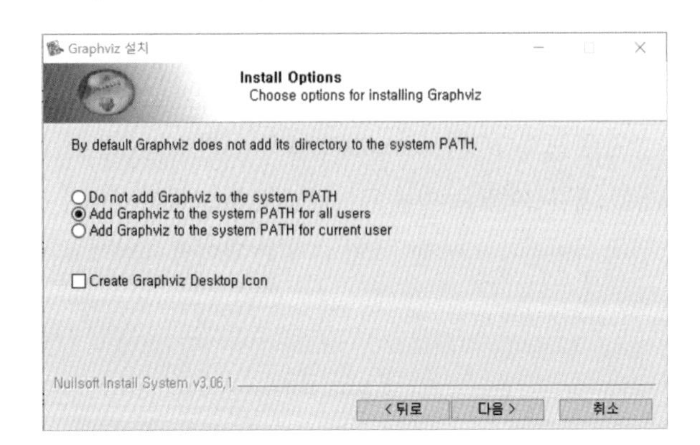

설치가 완료되었으면 시스템 PATH 변수가 제대로 설치되었는지 확인하는 것이 좋습니다. 시스템 PATH 확인은 탐색기를 이용해 '내 PC'에서 오른쪽 버튼을 누른 후 '속성'을 선택하고 여기서 '고급 시스템 설정' → '환경 변수'를 선택하면 다음과 같이 환경 변수를 확인하는 화면이 나옵니다. 여기서 시스템 변수 영역의 Path를 더블 클릭하면 Path로 설정된 값이 여러 개 나오게 됩니다. 만약 설치 폴더가 C:\Program Files\Graphviz라면 여러 Path 중 C:\Program Files\Graphviz\bin으로 설정이 된 값이 있는지 확인하시면 됩니다.

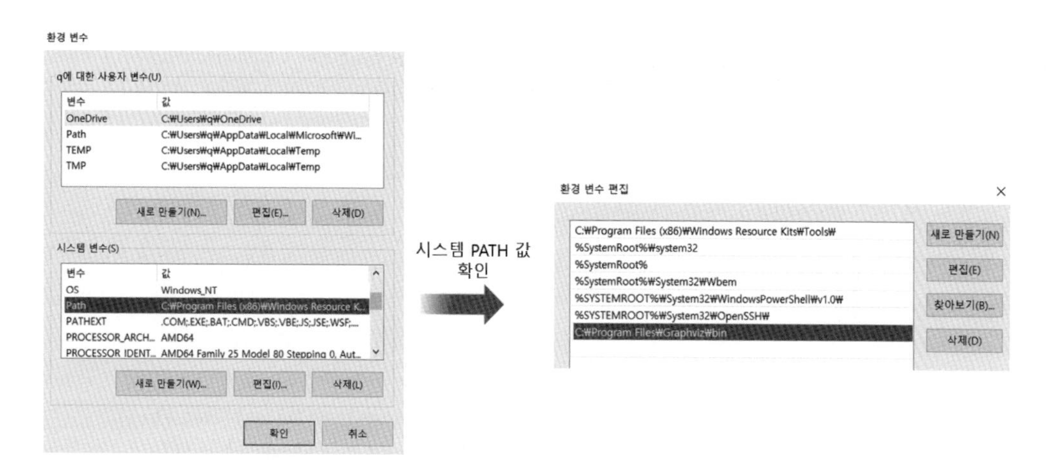

만약 제대로 시스템 PATH 값이 설정되어 있지 않다면 재설치를 하거나 시스템 변수 Path를 선택하고 'C:\Program Files\Graphviz\bin'을 추가해주면 됩니다.

❷ 윈도우 버전 Graphviz를 설치했으면 Graphviz의 파이썬 래퍼 모듈을 pip(또는 conda) 명령어를 이용해 설치합니다. 아나콘다(Anaconda) 콘솔이나 OS Command 콘솔에서 pip install graphviz(또는 conda install graphviz) 명령어로 설치할 수 있습니다(Windows 10에서는 Anaconda 콘솔이나 OS Command 콘솔 생성 시 '자세히' → '관리자 권한으로 실행'으로 생성).

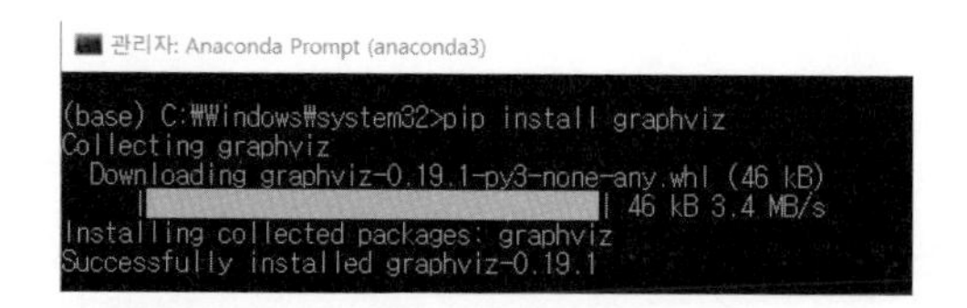

설치가 완료되고 환경변수 Path 변경까지 완료했다면 주피터 노트북 서버 프로그램을 재기동합니다. 환경 변수 Path를 주피터 노트북에서 사용하려면 서버 프로그램에서 이 변수를 재로딩해야 하기 때문입니다.

설치가 완료된 Graphviz를 이용해 붓꽃 데이터 세트에 결정 트리를 적용할 때 어떻게 서브 트리가 구성되고 만들어지는지 시각화해 보겠습니다. 먼저 새로운 주피터 노트북을 생성하겠습니다. 사이킷런은 결정 트리 알고리즘을 구현한 DecisionTreeClassifer를 제공해 결정 트리 모델의 학습과 예측을 수행할 수 있습니다. 붓꽃 데이터 세트를 이 DecisionTreeClassifer를 이용해 학습한 뒤 어떠한 형태로 규칙 트리가 만들어지는지 확인해 보겠습니다.

```
from sklearn.tree import DecisionTreeClassifier
from sklearn.datasets import load_iris
from sklearn.model_selection import train_test_split
import warnings
warnings.filterwarnings('ignore')

# DecisionTree Classifier 생성
dt_clf = DecisionTreeClassifier(random_state=156)

# 붓꽃 데이터를 로딩하고, 학습과 테스트 데이터 세트로 분리
iris_data = load_iris()
X_train, X_test, y_train, y_test = train_test_split(iris_data.data, iris_data.target,
                                                    test_size=0.2, random_state=11)

# DecisionTreeClassifer 학습.
dt_clf.fit(X_train, y_train)
```

사이킷런의 트리 모듈은 Graphviz를 이용하기 위해 export_graphviz( ) 함수를 제공합니다. export_graphviz( )는 Graphviz가 읽어 들여서 그래프 형태로 시각화할 수 있는 출력 파일을 생성합니다. export_graphviz( )에 인자로 학습이 완료된 estimator, output 파일 명, 결정 클래스의 명칭, 피처의 명칭을 입력해주면 됩니다.

```
from sklearn.tree import export_graphviz

# export_graphviz()의 호출 결과로 out_file로 지정된 tree.dot 파일을 생성함.
export_graphviz(dt_clf, out_file="tree.dot", class_names=iris_data.target_names, \
                feature_names = iris_data.feature_names, impurity=True, filled=True)
```

이렇게 생성된 출력 파일 'tree.dot'을 다음과 같이 Graphviz의 파이썬 래퍼 모듈을 호출해 결정 트리의 규칙을 시각적으로 표현할 수 있습니다.

```
import graphviz
# 위에서 생성된 tree.dot 파일을 Graphviz가 읽어서 주피터 노트북상에서 시각화
with open("tree.dot") as f:
    dot_graph = f.read()
graphviz.Source(dot_graph)
```

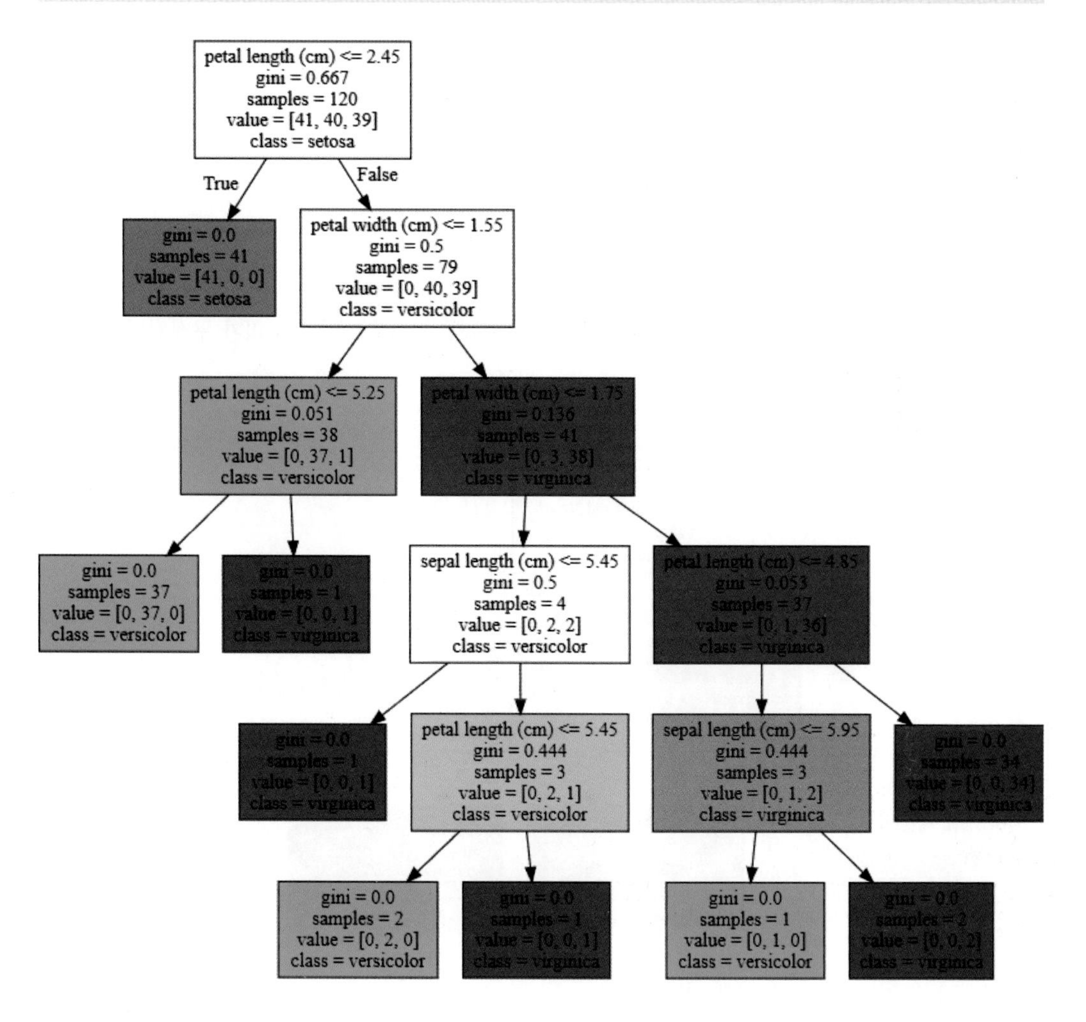

출력된 결과를 보면 각 규칙에 따라 트리의 브랜치(branch) 노드와 말단 리프(leaf) 노드가 어떻게 구성되는지 한눈에 알 수 있게 시각화돼 있습니다. 이 시각화된 도표를 좀 더 이용해 결정 트리 규칙이 어떻게 구성되는지 자세히 살펴보겠습니다.

먼저 더 이상 자식 노드가 없는 노드는 리프 노드입니다. 리프 노드는 최종 클래스(레이블) 값이 결정되는 노드입니다. 리프 노드가 되려면 오직 하나의 클래스 값으로 최종 데이터가 구성되거나 리프 노드가 될 수 있는 하이퍼 파라미터 조건을 충족하면 됩니다. 자식 노드가 있는 노드는 브랜치 노드이며 자식 노드를 만들기 위한 분할 규칙 조건을 가지고 있습니다. 위 그림에서 노드 내에 기술된 지표의 의미는 다음과 같습니다.

- petal length(cm) <= 2.45와 같이 피처의 조건이 있는 것은 자식 노드를 만들기 위한 규칙 조건입니다. 이 조건이 없으면 리프 노드입니다.
- gini는 다음의 value=[ ]로 주어진 데이터 분포에서의 지니 계수입니다.
- samples는 현 규칙에 해당하는 데이터 건수입니다.
- value = [ ]는 클래스 값 기반의 데이터 건수입니다. 붓꽃 데이터 세트는 클래스 값으로 0, 1, 2를 가지고 있으며, 0 : Setosa, 1: Versicolor, 2: Virginica 품종을 가리킵니다. 만일 Value = [41, 40, 39]라면 클래스 값의 순서로 Setosa 41개, Versicolor 40개, Virginica 39개로 데이터가 구성돼 있다는 의미입니다.

시각화된 결정 트리의 맨 윗부분에서 몇 단계 아래로 내려가 보면서 어떻게 트리가 구성되는지 좀 더 상세히 설명하겠습니다.

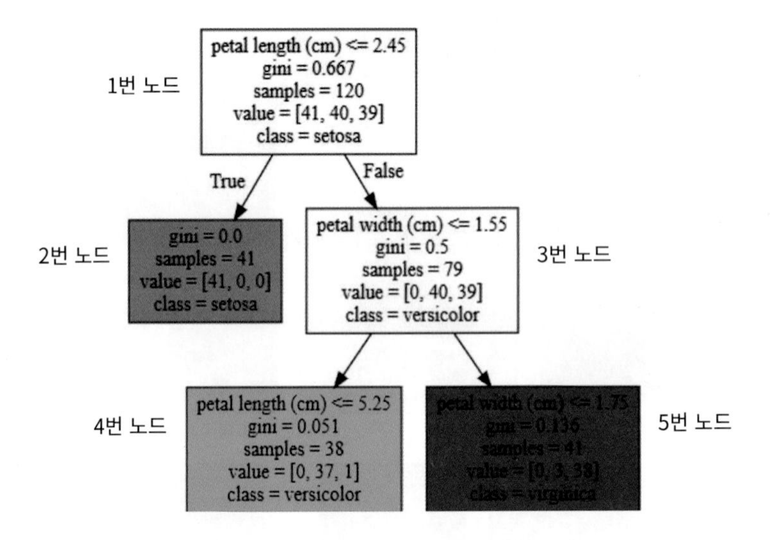

먼저 루트 노드인 1번 노드의 지표 설명입니다.

- samples = 120개는 전체 데이터가 120개라는 의미
- value = [41, 40, 39]는 Setosa 41개, Versicolor 40개, Virginica 39개로 데이터 구성
- sample 120개가 value = [41, 40, 39] 분포도로 되어 있으므로 지니 계수는 0.667
- petal length (cm) <= 2.45 규칙으로 자식 노드 생성
- class = setosa는 하위 노드를 가질 경우에 setosa의 개수가 41개로 제일 많다는 의미

petal length (cm) <= 2.45 규칙이 True 또는 False로 분기하게 되면 2번, 3번 노드가 만들어집니다.

2번 노드는 모든 데이터가 Setosa로 결정되므로 클래스가 결정된 리프 노드가 되고 더 이상 2번 노드에서 규칙을 만들 필요가 없습니다. 즉, 2번 노드는 petal length (cm) <= 2.45가 True인 규칙으로 생성되는 리프 노드이며, 다음과 같은 의미를 가집니다.

- 41개의 샘플 데이터 모두 Setosa이므로 예측 클래스는 Setosa로 결정
- 지니 계수는 0임.

3번 노드는 Petal length (cm) <= 2.45가 False인 규칙 노드입니다.

- 79개의 샘플 데이터 중 Versicolor 40개, Virginica 39개로 여전히 지니 계수는 0.5로 높으므로 다음 자식 브랜치 노드로 분기할 규칙 필요
- petal width (cm) <= 1.55 규칙으로 자식 노드 생성.

4번 노드는 Petal width (cm) <= 1.55가 True인 규칙 노드입니다.

- 38개의 샘플 데이터 중 Versicolor 37개, Virginica가 1개로 대부분이 versicolor임.
- 지니 계수는 0.051로 매우 낮으나 여전히 Versicolor와 Virginica가 혼재돼 있으므로 petal length(cm) <= 5.25라는 새로운 규칙으로 다시 자식 노드 생성

5번 노드는 Petal width (cm) <= 1.55가 False인 규칙 노드입니다.

- 41개의 샘플 데이터 중 Versicolor 3개, Virginica가 38개로 대부분이 virginica임.
- 지니 계수는 0.136으로 낮으나 여전히 Versicolor와 Virginica가 혼재되어 있으므로 petal width(cm) <= 1.75라는 새로운 규칙으로 다시 자식 노드 생성

각 노드의 색깔은 붓꽃 데이터의 레이블 값을 의미합니다. 주황색은 0: Setosa, 초록색은 1: Versicolor, 보라색은 2: Virginica 레이블을 나타냅니다. 색깔이 짙어질수록 지니 계수가 낮고 해당 레이블에 속하는 샘플 데이터가 많다는 의미입니다.

이처럼 Graphviz를 이용하면 결정 트리 알고리즘의 규칙 생성 트리를 시각적으로 이해할 수 있습니다. 4번 노드를 다시 살펴보면 38개의 샘플 데이터 중 Virginica가 단 1개이고, 37개가 Versicolor이지만 Versicolor와 Virginica를 구분하기 위해서 다시 자식 노드를 생성합니다. 이처럼 결정 트리는 규

칙 생성 로직을 미리 제어하지 않으면 완벽하게 클래스 값을 구별해내기 위해 트리 노드를 계속해서 만들어 갑니다. 이로 인해 결국 매우 복잡한 규칙 트리가 만들어져 모델이 쉽게 과적합되는 문제점을 가지게 됩니다. 결정 트리는 이러한 이유로 과적합이 상당히 높은 ML 알고리즘입니다. 이 때문에 결정 트리 알고리즘을 제어하는 대부분 하이퍼 파라미터는 복잡한 트리가 생성되는 것을 막기 위한 용도입니다.

다음은 결정 트리의 max_depth 하이퍼 파라미터 변경에 따른 트리 변화를 나타낸 것입니다. max_depth는 결정 트리의 최대 트리 깊이를 제어합니다. max_depth를 제한 없음에서 3개로 설정하면 트리 깊이가 설정된 max_depth에 따라 줄어들면서 더 간단한 결정 트리가 됩니다.

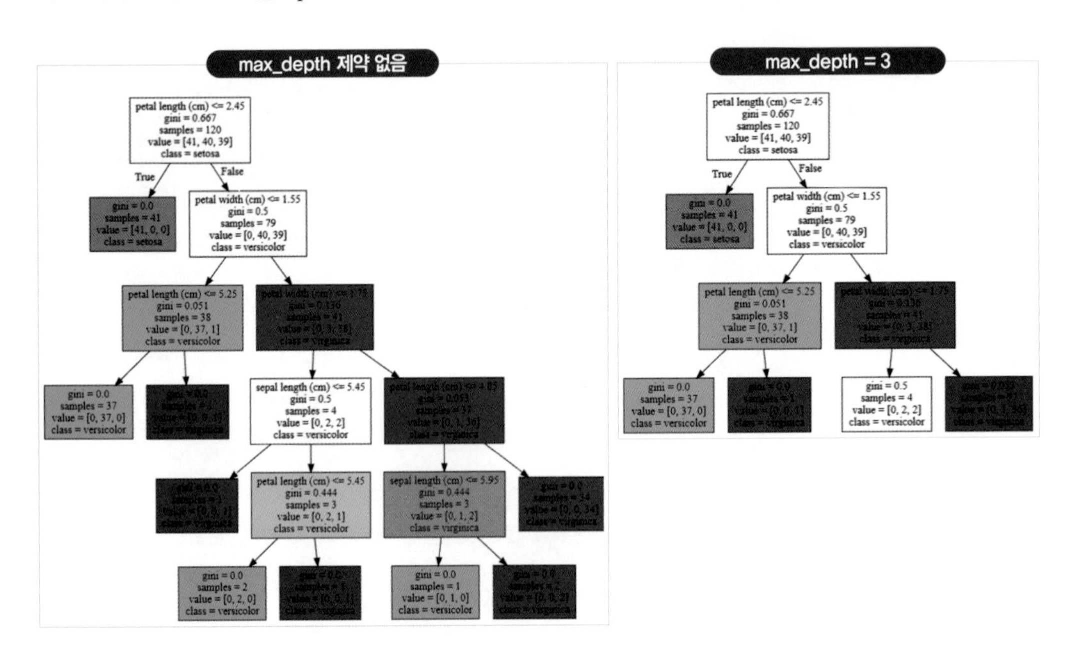

이번에는 min_samples_split 하이퍼 파라미터 변경에 따른 규칙 트리의 변화를 살펴보겠습니다. min_samples_splits는 자식 규칙 노드를 분할해 만들기 위한 최소한의 샘플 데이터 개수입니다. 다음 그림은 min_samples_splits=4로 설정한 경우의 결정 트리입니다. 맨 아래 리프 노드 중 사선 박스로 표시된 노드를 보면 샘플이 3개인데, 이 노드 안에 value가 [0, 2, 1]과 [0, 1, 2]로 서로 상이한 클래스 값이 있어도 더 이상 분할하지 않고 리프 노드가 되었습니다. min_samples_splits=4, 즉 자식 노드로 분할하려면 최소한 샘플 개수가 4개는 필요한데, 3개밖에 없으므로 더 이상 자식 규칙 노드를 위한 분할을 하지 않고 리프 노드가 됨을 알 수 있습니다. 자연스럽게 트리 깊이도 줄었고 더욱 더 간결한 결정 트리가 만들어졌습니다.

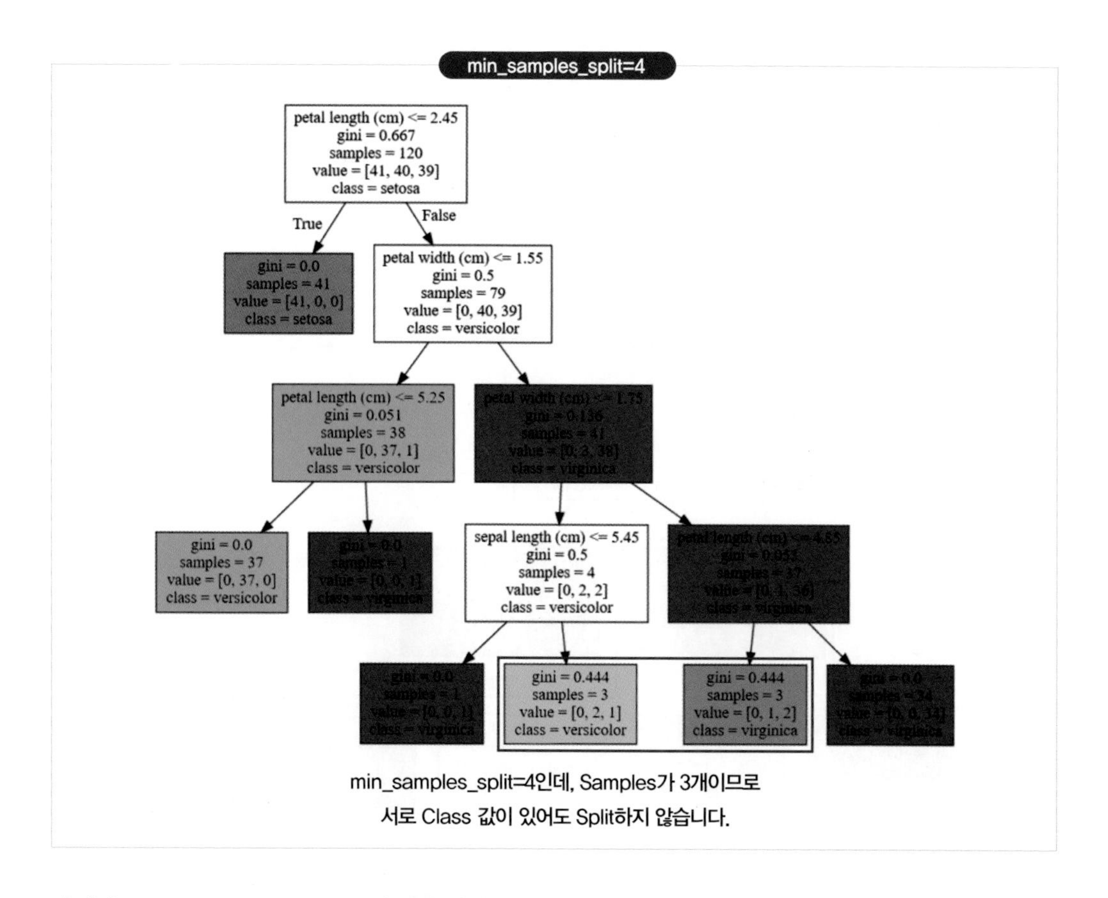

마지막으로 min_samples_leaf 하이퍼 파라미터 변경에 따른 결정 트리의 변화를 살펴보겠습니다. 더 이상 분할될 수 없는 리프 노드는 클래스 결정 값이 되는데, min_samples_leaf는 분할될 경우 왼쪽과 오른쪽 자식 노드 각각이 가지게 될 최소 데이터 건수를 지정합니다. 즉 어떤 노드가 분할할 경우, 왼쪽과 오른쪽 자식 노드 중에 하나라도 min_samples_leaf로 지정된 최소 데이터 건수보다 더 작은 샘플 데이터 건수를 갖게 된다면, 해당 노드는 더 이상 분할하지 않고 리프 노드가 됩니다.

min_samples_leaf의 값을 키우면 분할될 수 있는 조건이 어렵게 되므로, 리프 노드가 될 수 있는 조건이 상대적으로 완화됩니다. 보통 분할을 하게 되면 왼쪽, 오른쪽 자식 노드들은 어느 한 쪽의 샘플 데이터 건수는 크고, 다른 쪽의 샘플 데이터 건수는 작아지기 쉬운데, min_samples_leaf를 큰 값으로 지정하면 분할될 때 자식 노드들 모두가 해당 조건을 만족하기에 어려운 조건이 됩니다. 때문에 min_samples_leaf의 값을 키우게 되면 더 이상 분할되지 않고 리프 노드가 될 수 있는 가능성이 높아집니다.

아래 그림은 기본값이 1인 min_samples_leaf를 4로 변경했을 때의 트리 변화를 나타낸 것입니다. min_samples_leaf를 4로 설정할 경우, 노드가 분할할 때 왼쪽, 오른쪽 자식 노드가 모두 샘플 데이터 건수 4 이상을 가진 노드가 되어야 하므로 기본값 1로 설정하는 것보다는 조건을 만족하기 어려워서 상대적으로 적은 횟수로 분할을 수행합니다. 때문에 아래 그림은 자연스럽게 브랜치 노드가 줄어들고 결정 트리가 더 간결하게 만들어집니다.

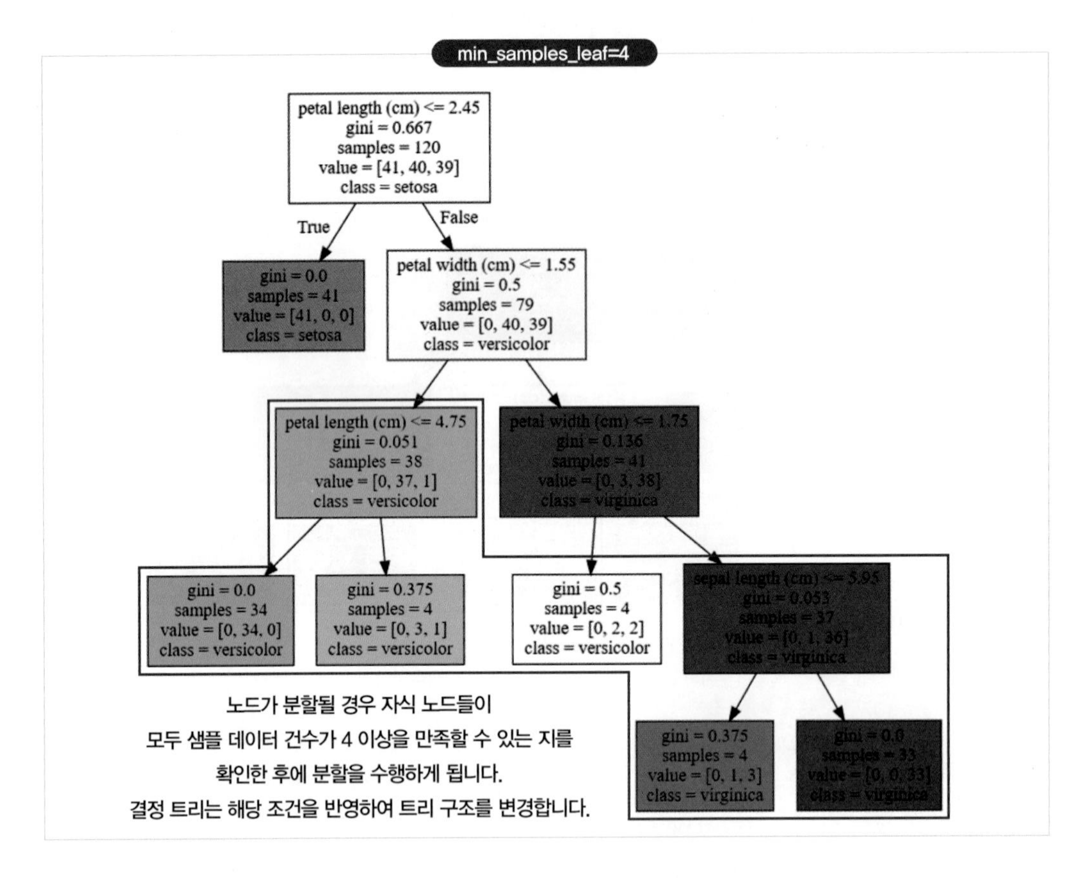

결정 트리는 균일도에 기반해 어떠한 속성을 규칙 조건으로 선택하느냐가 중요한 요건입니다. 중요한 몇 개의 피처가 명확한 규칙 트리를 만드는 데 크게 기여하며, 모델을 좀 더 간결하고 이상치(Outlier)에 강한 모델을 만들 수 있기 때문입니다. 사이킷런은 결정 트리 알고리즘이 학습을 통해 규칙을 정하는 데 있어 피처의 중요한 역할 지표를 DecisionTreeClassifier 객체의 feature_importances_ 속성으로 제공합니다.

feature_importances_는 ndarray 형태로 값을 반환하며 피처 순서대로 값이 할당됩니다. 즉, feature_importances_가 [0.01667014 0.02500521 0.03200643 0.92631822]라면 첫 번째 피처의 피처 중요도가 0.01667014, 두 번째 피처는 0.02500521와 같이 매치됩니다. feature_importances_는 피처가 트리 분할 시 정보 이득이나 지니 계수를 얼마나 효율적으로 잘 개선시켰는지를 정규화된 값으로 표현한 것입니다. 예외 사항이 있지만, 일반적으로 값이 높을수록 해당 피처의 중요도가 높다는 의미입니다. 붓꽃 데이터 세트에서 피처별로 결정 트리 알고리즘에서 중요도를 추출해 보겠습니다. 위 예제에서 fit( )으로 학습된 DecisionTreeClassifier 객체 변수인 df_clf에서 feature_importances_ 속성을 가져와 피처별로 중요도 값을 매핑하고 이를 막대그래프로 표현해 보겠습니다.

```
import seaborn as sns
import numpy as np
%matplotlib inline

# feature importance 추출
print("Feature importances:\n{0}".format(np.round(dt_clf.feature_importances_, 3)))

# feature별 importance 매핑
for name, value in zip(iris_data.feature_names, dt_clf.feature_importances_):
    print('{0} : {1:.3f}'.format(name, value))

# feature importance를 column 별로 시각화하기
sns.barplot(x=dt_clf.feature_importances_, y=iris_data.feature_names)
```

[Output]

```
Feature importances:
[0.025 0.    0.555 0.42 ]
sepal length (cm) : 0.025
sepal width (cm) : 0.000
petal length (cm) : 0.555
petal width (cm) : 0.420
```

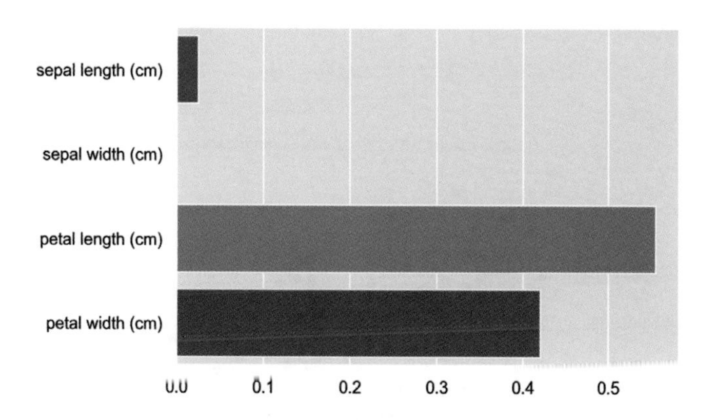

여러 피처들 중 petal_length가 가장 피처 중요도가 높음을 알 수 있습니다.

일반적으로 다른 알고리즘이 블랙박스라고 불리듯이 알고리즘 내부의 동작 원리가 복잡한 데 반해 결정 트리는 알고리즘 자체가 직관적이기 때문에 알고리즘과 관련된 요소를 시각적으로 표현할 수 있는 다양한 방안이 있습니다. 위에서 언급한 규칙 트리의 시각화와 feature_importances_ 속성을 통해 결정 트리 알고리즘이 어떻게 동작하는지 직관적으로 이해할 수 있습니다.

결정 트리 과적합(Overfitting)

결정 트리가 어떻게 학습 데이터를 분할해 예측을 수행하는지와 이로 인한 과적합 문제를 시각화해 알아보겠습니다. 먼저 분류를 위한 데이터 세트를 임의로 만들어 보겠습니다. 사이킷런은 분류를 위한 테스트용 데이터를 쉽게 만들 수 있도록 make_classification( ) 함수를 제공합니다. 이 함수를 이용해 2개의 피처가 3가지 유형의 클래스 값을 가지는 데이터 세트를 만들고 이를 그래프 형태로 시각화하겠습니다. make_classification( ) 호출 시 반환되는 객체는 피처 데이터 세트와 클래스 레이블 데이터 세트입니다.

```
from sklearn.datasets import make_classification
import matplotlib.pyplot as plt
%matplotlib inline

plt.title("3 Class values with 2 Features Sample data creation")

# 2차원 시각화를 위해서 피처는 2개, 클래스는 3가지 유형의 분류 샘플 데이터 생성.
X_features, y_labels = make_classification(n_features=2, n_redundant=0, n_informative=2,
                                    n_classes=3, n_clusters_per_class=1, random_state=0)

# 그래프 형태로 2개의 피처로 2차원 좌표 시각화, 각 클래스 값은 다른 색깔로 표시됨.
plt.scatter(X_features[:, 0], X_features[:, 1], marker='o', c=y_labels, s=25, edgecolor='k')
```

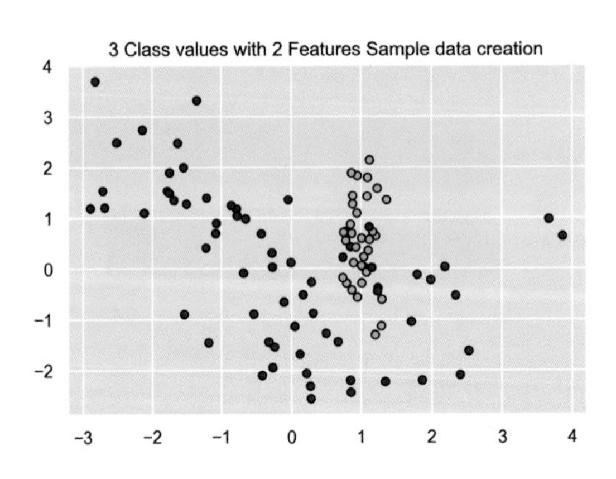

각 피처가 X, Y축으로 나열된 2차원 그래프이며, 3개의 클래스 값 구분은 색깔로 돼 있습니다. 이제 X_features와 y_labels 데이터 세트를 기반으로 결정 트리를 학습하겠습니다. 첫 번째 학습 시에는 결정 트리 생성에 별다른 제약이 없도록 결정 트리의 하이퍼 파라미터를 디폴트로 한 뒤, 결정 트리 모델이 어떠한 결정 기준을 가지고 분할하면서 데이터를 분류하는지 확인할 것입니다. 이를 위해 별도의 함수인 visualize_boundary( )를 생성했습니다. 해당 함수는 머신러닝 모델이 클래스 값을 예측하는 결정 기준을 색상과 경계로 나타내 모델이 어떻게 데이터 세트를 예측 분류하는지 잘 이해할 수 있게 해줍니다. 그래서 특성을 이해할 수 있게 합니다. visualize_boundary( )는 유틸리티 함수로, 부록으로 제공되는 소스 코드에만 수록하고 책에는 기재하지 않겠습니다.

먼저 결정 트리 생성에 별다른 제약이 없도록 하이퍼 파라미터가 디폴트인 Classifier를 학습하고 결정 기준 경계를 시각화해 보겠습니다.

```
from sklearn.tree import DecisionTreeClassifier

# 특정한 트리 생성 제약 없는 결정 트리의 학습과 결정 경계 시각화.
dt_clf = DecisionTreeClassifier(random_state=156).fit(X_features, y_labels)
visualize_boundary(dt_clf, X_features, y_labels)
```

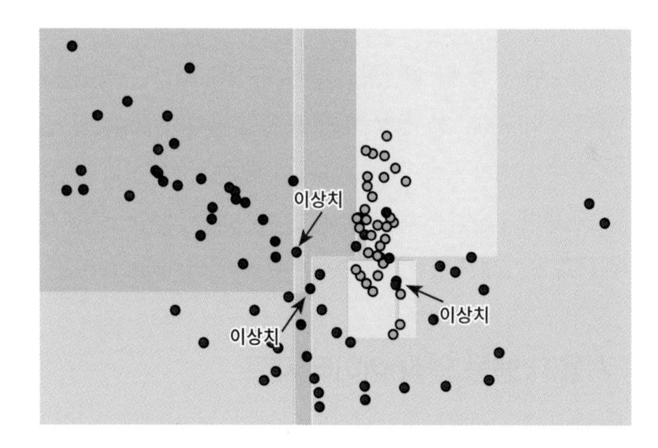

일부 이상치(Outlier) 데이터까지 분류하기 위해 분할이 자주 일어나서 결정 기준 경계가 매우 많아졌습니다. 결정 트리의 기본 하이퍼 파라미터 설정은 리프 노드 안에 데이터가 모두 균일하거나 하나만 존재해야 하는 엄격한 분할 기준으로 인해 결정 기준 경계가 많아지고 복잡해졌습니다. 이렇게 복잡한 모델은 학습 데이터 세트의 특성과 약간만 다른 형태의 데이터 세트를 예측하면 예측 정확도가 떨어지게 됩니다.

이번에는 min_samples_leaf = 6을 설정해 6개 이하의 데이터는 리프 노드를 생성할 수 있도록 리프 노드 생성 규칙을 완화한 뒤 하이퍼 파라미터를 변경해 어떻게 결정 기준 경계가 변하는지 살펴보겠습니다.

```
# min_samples_leaf=6으로 트리 생성 조건을 제약한 결정 경계 시각화
dt_clf = DecisionTreeClassifier(min_samples_leaf=6, random_state=156).fit(X_features, y_labels)
visualize_boundary(dt_clf, X_features, y_labels)
```

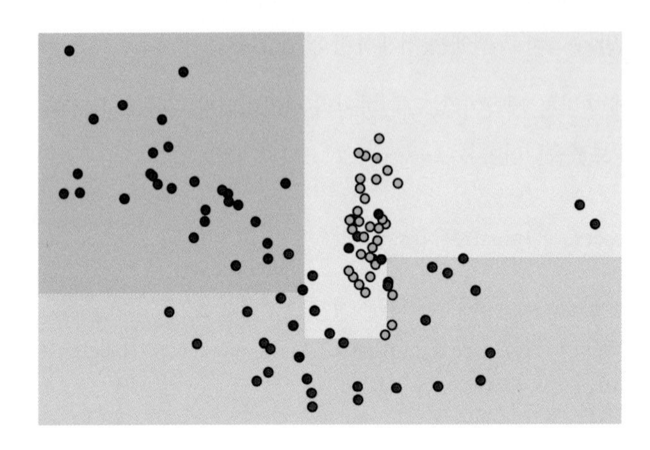

이상치에 크게 반응하지 않으면서 좀 더 일반화된 분류 규칙에 따라 분류됐음을 알 수 있습니다. 다양한 테스트 데이터 세트를 기반으로 한 결정 트리 모델의 예측 성능은 첫 번째 모델보다는 min_samples_leaf=6으로 트리 생성 조건을 제약한 모델이 더 뛰어날 가능성이 높습니다. 왜냐하면 테스트 데이터 세트는 학습 데이터 세트와는 다른 데이터 세트인데, 학습 데이터에만 지나치게 최적화된 분류 기준은 오히려 테스트 데이터 세트에서 정확도를 떨어뜨릴 수 있기 때문입니다.

결정 트리 실습 - 사용자 행동 인식 데이터 세트

이번에는 결정 트리를 이용해 UCI 머신러닝 리포지토리(Machine Learning Repository)에서 제공하는 사용자 행동 인식(Human Activity Recognition) 데이터 세트에 대한 예측 분류를 수행해 보겠습니다. 해당 데이터는 30명에게 스마트폰 센서를 장착한 뒤 사람의 동작과 관련된 여러 가지 피처를 수집한 데이터입니다. 수집된 피처 세트를 기반으로 결정 트리를 이용해 어떠한 동작인지 예측해 보겠습니다.

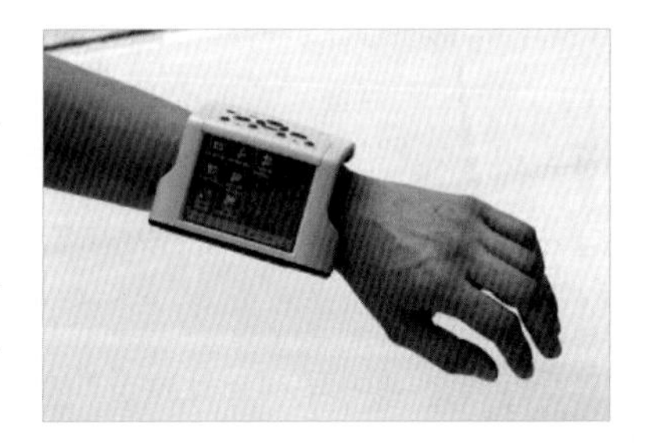

http://archive.ics.uci.edu/ml/datasets/Human+Activity+Recognition+Using+Smartphones로 접속한 뒤에 Data Folder 링크를 클릭하면 해당 데이터 세트를 내려받을 수 있는 archive list가 나옵니다. 여기에서 UCI HAR Dataset.zip을 클릭해 내려받습니다.

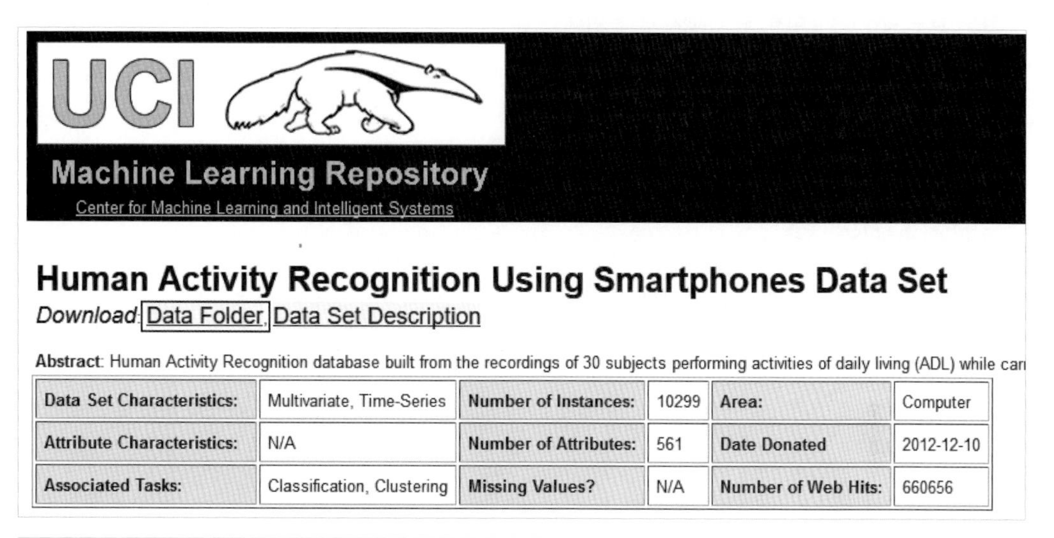

Index of /ml/machine-learning-databases/00240

Name	Last modified	Size	Description
Parent Directory		-	
UCI HAR Dataset.names	15-Feb-2015 19:08	6.2K	
UCI HAR Dataset.zip	15-Feb-2015 19:22	58M	

Apache/2.2.15 (CentOS) Server at archive.ics.uci.edu Port 80

압축을 풀면 'UCI HAR Dataset' 디렉터리 밑으로 다음과 같은 서브 디렉터리와 파일이 나옵니다.

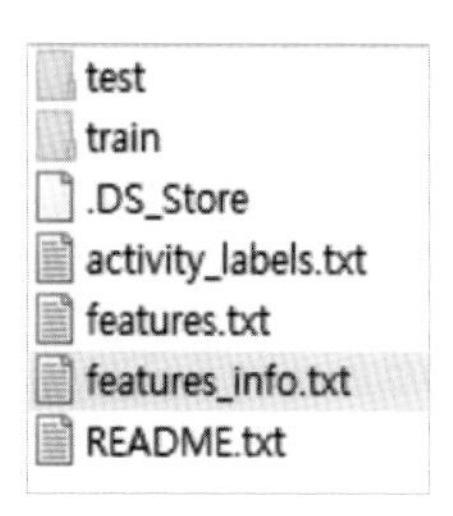

'UCI HAR Dataset' 디렉터리에 공란이 있는 관계로 'human_activity'로 이름을 변경하고 예제 코드를 작성할 주피터 노트북이 있는 디렉터리로 이동합니다. human_activity 디렉터리에 있는 README.txt와 features_info.txt 파일에는 데이터 세트와 피처에 대한 간략한 설명이 적혀 있습니다. features.

txt에는 피처의 이름이 기술돼 있습니다. activity_labels.txt는 동작 레이블 값에 대한 설명이 있습니다. human_activity의 서브 디렉터리인 train과 test 디렉터리에는 학습(Train) 용도의 피처 데이터 세트와 레이블 데이터 세트, 테스트(Test)용 피처 데이터 세트와 클래스 값 데이터 세트가 들어 있습니다.

피처는 모두 561개가 있으며, 공백으로 분리돼 있습니다. 'features.txt' 파일은 피처 인덱스와 피처명을 가지고 있으므로 이 파일을 DataFrame으로 로딩해 피처의 명칭만 간략히 확인해 보겠습니다.

```
import pandas as pd
import matplotlib.pyplot as plt
%matplotlib inline

# features.txt 파일에는 피처 이름 index와 피처명이 공백으로 분리되어 있음. 이를 DataFrame으로 로드.
feature_name_df = pd.read_csv('./human_activity/features.txt', sep='\s+',
                              header=None, names=['column_index', 'column_name'])

# 피처명 index를 제거하고, 피처명만 리스트 객체로 생성한 뒤 샘플로 10개만 추출
feature_name = feature_name_df.iloc[:, 1].values.tolist()
print('전체 피처명에서 10개만 추출:', feature_name[:10])
```

[Output]

```
전체 피처명에서 10개만 추출: ['tBodyAcc-mean()-X', 'tBodyAcc-mean()-Y', 'tBodyAcc-mean()-Z',
'tBodyAcc-std()-X', 'tBodyAcc-std()-Y', 'tBodyAcc-std()-Z', 'tBodyAcc-mad()-X', 'tBodyAcc-mad()-Y',
'tBodyAcc-mad()-Z', 'tBodyAcc-max()-X']
```

피처명을 보면 인체의 움직임과 관련된 속성의 평균/표준편차가 X, Y, Z축 값으로 돼 있음을 유추할 수 있습니다. 피처명을 가지는 DataFrame을 이용해 데이터 파일을 데이터 세트 DataFrame에 로딩하기 전에 유의해야 할 부분이 있습니다. 위에서 피처명을 가지고 있는 features.txt 파일은 중복된 피처명을 가지고 있습니다. 이 중복된 피처명들을 이용해 데이터 파일을 데이터 세트 DataFrame에 로드하면 오류가 발생합니다(과거 판다스 버전에서는 이를 허용했으나 현재 버전은 이를 허용하지 않습니다). 따라서 중복된 피처명에 대해서는 원본 피처명에 _1 또는 _2를 추가로 부여해 변경한 뒤에 이를 이용해서 데이터를 DataFrame에 로드하겠습니다.

먼저 중복된 피처명이 얼마나 있는지 알아보겠습니다.

```
feature_dup_df = feature_name_df.groupby('column_name').count()
print(feature_dup_df[feature_dup_df['column_index'] > 1].count())
feature_dup_df[feature_dup_df['column_index'] > 1].head()
```

[Output]

```
column_index    42
dtype: int64
```

column_name	column_index
fBodyAcc-bandsEnergy()-1,16	3
fBodyAcc-bandsEnergy()-1,24	3
fBodyAcc-bandsEnergy()-1,8	3
fBodyAcc-bandsEnergy()-17,24	3
fBodyAcc-bandsEnergy()-17,32	3

총 42개의 피처명이 중복돼 있습니다. 이 중복된 피처명에 대해서는 원본 피처명에 _1또는 _2를 추가로 부여해 새로운 피처명을 가지는 DataFrame을 반환하는 함수인 get_new_feature_name_df( )를 생성하겠습니다.

```
def get_new_feature_name_df(old_feature_name_df):
    feature_dup_df = pd.DataFrame(data=old_feature_name_df.groupby('column_name').cumcount(),
                                  columns=['dup_cnt'])
    feature_dup_df = feature_dup_df.reset_index()
    new_feature_name_df = pd.merge(old_feature_name_df.reset_index(), feature_dup_df, how='outer')
    new_feature_name_df['column_name'] = new_feature_name_df[['column_name',
                                         'dup_cnt']].apply(lambda x : x[0]+'_'+str(x[1])
                                            if x[1] >0 else x[0] , axis=1)
    new_feature_name_df = new_feature_name_df.drop(['index'], axis=1)
    return new_feature_name_df
```

이제 train 디렉터리에 있는 학습용 피처 데이터 세트와 레이블 데이터 세트, test 디렉터리에 있는 테스트용 피처 데이터 파일과 레이블 데이터 파일을 각각 학습/테스트용 DataFrame에 로드하겠습니다. 각 데이터 파일은 공백으로 분리돼 있으므로 read_csv()의 sep 인자로 공백 문자를 입력합니다. 레이블의 칼럼은 'action'으로 명명하겠습니다. 해당 데이터 세트는 이후 다른 예제에서도 자주 사용되므로 이 DataFrame을 생성하는 로직을 간단한 함수로 생성하겠습니다. 함수명은 get_human_dataset( )입니다. 앞에서 생성한 get_new_feature_name_df( )는 get_human_dataset( ) 내에서 적용돼 중복된 피처명을 새로운 피처명으로 할당합니다.

```python
import pandas as pd

def get_human_dataset( ):

    # 각 데이터 파일은 공백으로 분리되어 있으므로 read_csv에서 공백 문자를 sep으로 할당.
    feature_name_df = pd.read_csv('./human_activity/features.txt',sep='\s+',
                        header=None,names=['column_index','column_name'])

    # 중복된 피처명을 수정하는 get_new_feature_name_df()를 이용, 신규 피처명 DataFrame 생성.
    new_feature_name_df = get_new_feature_name_df(feature_name_df)

    # DataFrame에 피처명을 칼럼으로 부여하기 위해 리스트 객체로 다시 변환
    feature_name = new_feature_name_df.iloc[:, 1].values.tolist()

    # 학습 피처 데이터세트와 테스트 피처 데이터를 DataFrame으로 로딩. 칼럼명은 feature_name 적용
    X_train = pd.read_csv('./human_activity/train/X_train.txt',sep='\s+', names=feature_name )
    X_test = pd.read_csv('./human_activity/test/X_test.txt',sep='\s+', names=feature_name)

    # 학습 레이블과 테스트 레이블 데이터를 DataFrame으로 로딩하고 칼럼명은 action으로 부여
    y_train = pd.read_csv('./human_activity/train/y_train.txt',sep='\s+',header=None,names=['action'])
    y_test = pd.read_csv('./human_activity/test/y_test.txt',sep='\s+',header=None,names=['action'])

    # 로드된 학습/테스트용 DataFrame을 모두 반환
    return X_train, X_test, y_train, y_test

X_train, X_test, y_train, y_test = get_human_dataset()
```

로드한 학습용 피처 데이터 세트를 간략히 살펴보겠습니다.

```python
print('## 학습 피처 데이터셋 info()')
print(X_train.info())
```

[Output]

```
## 학습 피처 데이터셋 info()
<class 'pandas.core.frame.DataFrame'>
RangeIndex: 7352 entries, 0 to 7351
Columns: 561 entries, tBodyAcc-mean()-X to angle(Z, gravityMean)
dtypes: float64(561)
memory usage: 31.5 MB
```

학습 데이터 세트는 7352개의 레코드로 561개의 피처를 가지고 있습니다. 피처가 전부 float 형의 숫자 형이므로 별도의 카테고리 인코딩은 수행할 필요가 없습니다. 직접 X_train.head( )로 간략하게 학습용 피처 데이터 세트를 보면 많은 칼럼의 대부분이 움직임 위치와 관련된 속성임을 알 수 있을 것입니다.

레이블 값은 1, 2, 3, 4, 5, 6의 6개 값이고 분포도는 특정 값으로 왜곡되지 않고 비교적 고르게 분포돼 있습니다.

```
print(y_train['action'].value_counts())
```

[Output]

```
6    1407
5    1374
4    1286
1    1226
2    1073
3     986
```

사이킷런의 DecisionTreeClassifier를 이용해 동작 예측 분류를 수행해 보겠습니다. 먼저 DecisionTreeClassifier의 하이퍼 파라미터는 모두 디폴트 값으로 설정해 수행하고, 이때의 하이퍼 파라미터 값을 모두 추출해 보겠습니다.

```
from sklearn.tree import DecisionTreeClassifier
from sklearn.metrics import accuracy_score

# 예제 반복 시마다 동일한 예측 결과 도출을 위해 random_state 설정
dt_clf = DecisionTreeClassifier(random_state=156)
dt_clf.fit(X_train, y_train)
pred = dt_clf.predict(X_test)
accuracy = accuracy_score(y_test, pred)
print('결정 트리 예측 정확도: {0:.4f}'.format(accuracy))

# DecisionTreeClassifier의 하이퍼 파라미터 추출
print('DecisionTreeClassifier 기본 하이퍼 파라미터:\n', dt_clf.get_params())
```

[Output]

```
결정 트리 예측 정확도: 0.8548
DecisionTreeClassifier 기본 하이퍼 파라미터:
 {'ccp_alpha': 0.0, 'class_weight': None, 'criterion': 'gini', 'max_depth': None, 'max_features': None, 'max_leaf_nodes': None, 'min_impurity_decrease': 0.0, 'min_samples_leaf': 1, 'min_samples_split': 2, 'min_weight_fraction_leaf': 0.0, 'random_state': 156, 'splitter': 'best'}
```

약 85.48%의 정확도를 나타내고 있습니다.

이번에는 결정 트리의 트리 깊이(Tree Depth)가 예측 정확도에 주는 영향을 살펴보겠습니다. 결정 트리의 경우 분류를 위해 리프 노드(클래스 결정 노드)가 될 수 있는 적합한 수준이 될 때까지 지속해서 트리의 분할을 수행하면서 깊이가 깊어진다고 말했습니다. 다음은 GridSearchCV를 이용해 사이킷런 결정 트리의 깊이를 조절할 수 있는 하이퍼 파라미터인 max_depth 값을 변화시키면서 예측 성능을 확인해 보겠습니다. min_samples_split는 16으로 고정하고 max_depth를 6, 8, 10, 12, 16, 20, 24로 계속 늘리면서 예측 성능을 측정합니다. 교차 검증은 5개 세트입니다(다음 예제는 5개의 CV 세트로 7개의 max_depth를 테스트하는 것으로 저자의 PC에서는 2분 정도의 시간이 걸렸습니다).

```
from sklearn.model_selection import GridSearchCV

params = {
    'max_depth' : [ 6, 8 ,10, 12, 16 ,20, 24],
    'min_samples_split': [16]
}

grid_cv = GridSearchCV(dt_clf, param_grid=params, scoring='accuracy', cv=5, verbose=1 )
grid_cv.fit(X_train, y_train)
print('GridSearchCV 최고 평균 정확도 수치: {0:.4f}'.format(grid_cv.best_score_))
print('GridSearchCV 최적 하이퍼 파라미터:', grid_cv.best_params_)
```

[Output]

```
GridSearchCV 최고 평균 정확도 수치:0.8549
GridSearchCV 최적 하이퍼 파라미터: {'max_depth': 8, 'min_samples_split': 16}
```

max_depth가 8일 때 5개의 폴드 세트의 최고 평균 정확도 결과가 약 85.49%로 도출됐습니다. 이 예제의 수행 목표는 max_depth 값의 증가에 따라 예측 성능이 어떻게 변했는지 확인하는 것이 우선입니다. 5개의 CV 세트에서 max_depth 값에 따라 어떻게 예측 성능이 변했는지 GridSearchCV 객체의 cv_results_ 속성을 통해 살펴보겠습니다. GridSearchCV 객체의 cv_results_ 속성은 CV세트에 하이퍼 파라미터를 순차적으로 입력했을 때의 성능 수치를 가지고 있습니다. max_depth에 따른 평가 데이터 세트의 평균 정확도 수치(cv_results_의 'mean_test_score' 값)를 cv_results_에서 추출해 보겠습니다.

```
# GridSearchCV 객체의 cv_results_ 속성을 DataFrame으로 생성.
cv_results_df = pd.DataFrame(grid_cv.cv_results_)

# max_depth 파라미터 값과 그때의 테스트 세트, 학습 데이터 세트의 정확도 수치 추출
cv_results_df[['param_max_depth', 'mean_test_score']]
```

	param_max_depth	mean_test_score
0	6	0.847662
1	8	0.854879
2	10	0.852705
3	12	0.845768
4	16	0.847127
5	20	0.848624
6	24	0.848624

mean_test_score는 5개 CV 세트에서 검증용 데이터 세트의 정확도 평균 수치입니다. mean_test_score는 max_depth가 8일 때 0.854로 정확도가 정점이고, 이를 넘어가면서 정확도가 계속 떨어집니다. 결정 트리는 더 완벽한 규칙을 학습 데이터 세트에 적용하기 위해 노드를 지속적으로 분할하면서 깊이가 깊어지고 더욱 더 복잡한 모델이 됩니다. 깊어진 트리는 학습 데이터 세트에는 올바른 예측 결과를 가져올지 모르지만, 검증 데이터 세트에서는 오히려 과적합으로 인한 성능 저하를 유발하게 됩니다.

이번에는 별도의 테스트 데이터 세트에서 결정 트리의 정확도를 측정해 보겠습니다. 앞에서 GridSearchCV의 예제에서는 max_depth가 8일 때 가장 좋은 성능을 나타냈습니다. 별도의 테스트 데이터 세트에서 min_samples_split은 16으로 고정하고 max_depth의 변화에 따른 값을 측정해 보겠습니다.

```
max_depths = [ 6, 8, 10, 12, 16, 20, 24]
# max_depth 값을 변화시키면서 그때마다 학습과 테스트 세트에서의 예측 성능 측정
for depth in max_depths:
    dt_clf = DecisionTreeClassifier(max_depth=depth, min_samples_split=16, random_state=156)
    dt_clf.fit(X_train, y_train)
    pred = dt_clf.predict(X_test)
    accuracy = accuracy_score(y_test, pred)
    print('max_depth = {0} 정확도: {1:.4f}'.format(depth, accuracy))
```

[Output]

```
max_depth = 6 정확도: 0.8551
max_depth = 8 정확도: 0.8717
max_depth = 10 정확도: 0.8599
max_depth = 12 정확도: 0.8571
max_depth = 16 정확도: 0.8599
max_depth = 20 정확도: 0.8565
max_depth = 24 정확도: 0.8565
```

max_depth가 8일 경우 약 87.17%로 가장 높은 정확도를 나타냈습니다. 그리고 max_depth가 8을 넘어가면서 정확도가 계속 감소하고 있습니다. 앞의 GridSearchCV 예제와 마찬가지로 깊이가 깊어질수록 테스트 데이터 세트의 정확도는 더 떨어집니다. 이처럼 결정 트리는 깊이가 깊어질수록 과적합의 영향력이 커지므로 하이퍼 파라미터를 이용해 깊이를 제어할 수 있어야 합니다. 복잡한 모델보다도 트리 깊이를 낮춘 단순한 모델이 더욱 효과적인 결과를 가져올 수 있습니다.

max_depth와 min_samples_split을 같이 변경하면서 정확도 성능을 튜닝해 보겠습니다.

```
params = {
    'max_depth' : [ 8, 12, 16, 20],
    'min_samples_split' : [16, 24],
}

grid_cv = GridSearchCV(dt_clf, param_grid=params, scoring='accuracy', cv=5, verbose=1 )
grid_cv.fit(X_train, y_train)
print('GridSearchCV 최고 평균 정확도 수치: {0:.4f}'.format(grid_cv.best_score_))
print('GridSearchCV 최적 하이퍼 파라미터:', grid_cv.best_params_)
```

[Output]

```
GridSearchCV 최고 평균 정확도 수치: 0.8549
GridSearchCV 최적 하이퍼 파라미터: {'max_depth': 8, 'min_samples_split': 16}
```

max_depth가 8, min_samples_split이 16일 때 가장 최고의 정확도로 약 85.49%를 나타냅니다. 별도 분리된 테스트 데이터 세트에 해당 하이퍼 파라미터를 적용해 보겠습니다. 앞 예제의 GridSearchCV 객체인 grid_cv의 속성인 best_estimator_는 최적 하이퍼 파라미터인 max_depth 8, min_samples_split 16으로 학습이 완료된 Estimator 객체입니다. 이를 이용해 테스트 데이터 세트에 예측을 수행하겠습니다.

```
best_df_clf = grid_cv.best_estimator_
pred1 = best_df_clf.predict(X_test)
accuracy = accuracy_score(y_test, pred1)
print('결정 트리 예측 정확도:{0:.4f}'.format(accuracy))
```

[Output]

```
결정 트리 예측 정확도:0.8717
```

max_depth 8, min_samples_split 16일 때 테스트 데이터 세트의 예측 정확도는 약 87.17%입니다. 마지막으로 결정 트리에서 각 피처의 중요도를 feature_importances_ 속성을 이용해 알아보겠습니다. 중요도가 높은 순으로 Top 20 피처를 막대그래프로 표현했습니다.

```
import seaborn as sns

ftr_importances_values = best_df_clf.feature_importances_
# Top 중요도로 정렬을 쉽게 하고, 시본(Seaborn)의 막대그래프로 쉽게 표현하기 위해 Series 변환
ftr_importances = pd.Series(ftr_importances_values, index=X_train.columns  )
# 중요도값 순으로 Series를 정렬
ftr_top20 = ftr_importances.sort_values(ascending=False)[:20]
plt.figure(figsize=(8, 6))
plt.title('Feature importances Top 20')
sns.barplot(x=ftr_top20, y = ftr_top20.index)
plt.show()
```

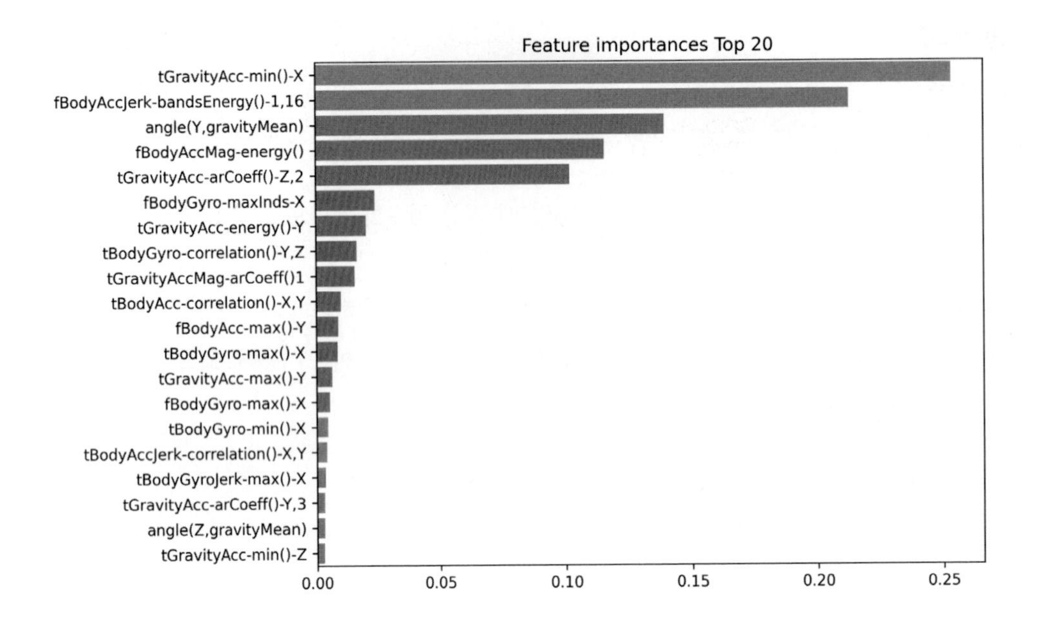

막대 그래프상에서 확인해 보면 이 중 가장 높은 중요도를 가진 Top 5의 피처들이 매우 중요하게 규칙 생성에 영향을 미치고 있는 것을 알 수 있습니다.

03 앙상블 학습

앙상블 학습 개요

앙상블 학습(Ensemble Learning)을 통한 분류는 여러 개의 분류기(Classifier)를 생성하고 그 예측을 결합함으로써 보다 정확한 최종 예측을 도출하는 기법을 말합니다. 어려운 문제의 결론을 내기 위해 여러 명의 전문가로 위원회를 구성해 다양한 의견을 수렴하고 결정하듯이 앙상블 학습의 목표는 다양한 분류기의 예측 결과를 결합함으로써 단일 분류기보다 신뢰성이 높은 예측값을 얻는 것입니다.

〈 집단 지성으로 어려운 문제도 쉽게 해결책을 찾을 수 있습니다 〉

이미지, 영상, 음성 등의 비정형 데이터의 분류는 딥러닝이 뛰어난 성능을 보이고 있지만, 대부분의 정형 데이터 분류 시에는 앙상블이 뛰어난 성능을 나타내고 있습니다. 앙상블 알고리즘의 대표격인 랜덤 포레스트와 그래디언트 부스팅 알고리즘은 뛰어난 성능과 쉬운 사용, 다양한 활용도로 인해 그간 분석가 및 데이터 과학자들 사이에서 많이 애용됐습니다. 부스팅 계열의 앙상블 알고리즘의 인기와 강세가 계속 이어져 기존의 그래디언트 부스팅을 뛰어넘는 새로운 알고리즘의 개발이 가속화됐습니다. 데이터 과학자들이 기량을 겨루는 오픈 플랫폼인 캐글(Kaggle)에서 '매력적인 솔루션'으로 불리는 XGBoost, 그리고 XGboost와 유사한 예측 성능을 가지면서도 훨씬 빠른 수행 속도를 가진 LightGBM, 여러 가지 모델의 결과를 기반으로 메타 모델을 수립하는 스태킹(Stacking)을 포함해 다양한 유형의 앙상블 알고리즘이 머신러닝의 선도 알고리즘으로 인기를 모으고 있습니다. XGboost, LightGBM과 같은 최신의 앙상블 모델 한두 개만 잘 알고 있어도 정형 데이터의 분류나 회귀 분야에서 예측 성능이 매우 뛰어난 모델을 쉽게 만들 수 있습니다. 그만큼 쉽고 편하면서도 강력한 성능을 보유하고 있는 것이 바로 앙상블 학습의 특징입니다.

앙상블 학습의 유형은 전통적으로 보팅(Voting), 배깅(Bagging), 부스팅(Boosting)의 세 가지로 나눌 수 있으며, 이 외에도 스태깅을 포함한 다양한 앙상블 방법이 있습니다. 보팅과 배깅은 여러 개의 분류기가 투표를 통해 최종 예측 결과를 결정하는 방식입니다. 보팅과 배깅의 다른 점은 보팅의 경우 일반적으로 서로 다른 알고리즘을 가진 분류기를 결합하는 것이고, 배깅의 경우 각각의 분류기가 모두 같은 유형의 알고리즘 기반이지만, 데이터 샘플링을 서로 다르게 가져가면서 학습을 수행해 보팅을 수행하는 것입니다. 대표적인 배깅 방식이 바로 랜덤 포레스트 알고리즘입니다.

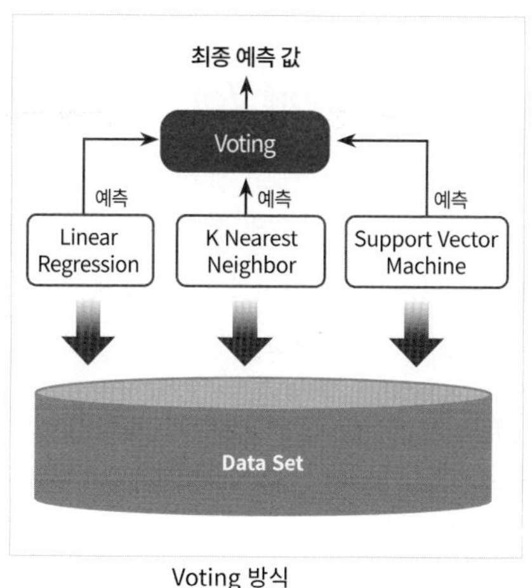

Voting 방식

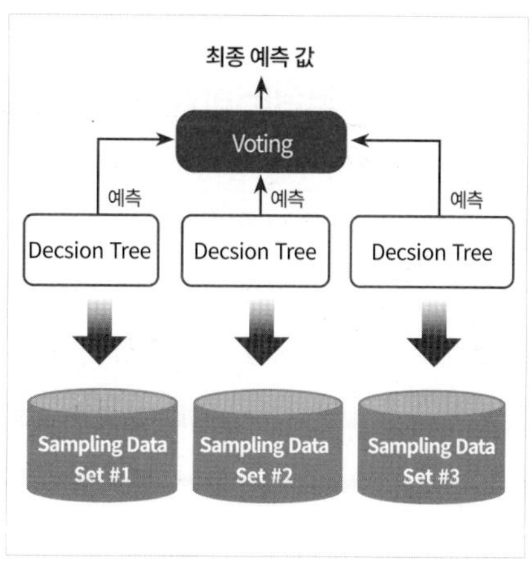

Bagging 방식

왼쪽 그림은 보팅 분류기를 도식화한 것입니다. 선형 회귀, K 최근접 이웃, 서포트 벡터 머신이라는 3개의 ML 알고리즘이 같은 데이터 세트에 대해 학습하고 예측한 결과를 가지고 보팅을 통해 최종 예측 결과를 선정하는 방식입니다.

오른쪽 그림은 배깅 분류기를 도식화한 것입니다. 단일 ML 알고리즘(결정 트리)으로 여러 분류기가 학습으로 개별 예측을 하는데, 학습하는 데이터 세트가 보팅 방식과는 다릅니다. 개별 분류기에 할당된 학습 데이터는 원본 학습 데이터를 샘플링해 추출하는데, 이렇게 개별 Classifier에게 데이터를 샘플링해서 추출하는 방식을 부트스트래핑(Bootstrapping) 분할 방식이라고 부릅니다. 개별 분류기가 부트스트래핑 방식으로 샘플링된 데이터 세트에 대해서 학습을 통해 개별적인 예측을 수행한 결과를 보팅을 통해서 최종 예측 결과를 선정하는 방식이 바로 배깅 앙상블 방식입니다. 교차 검증이 데이터 세트간에 중첩을 허용하지 않는 것과 다르게 배깅 방식은 중첩을 허용합니다. 따라서 10000개의 데이터를 10개의 분류기가 배깅 방식으로 나누더라도 각 1000개의 데이터 내에는 중복된 데이터가 있습니다.

부스팅은 여러 개의 분류기가 순차적으로 학습을 수행하되, 앞에서 학습한 분류기가 예측이 틀린 데이터에 대해서는 올바르게 예측할 수 있도록 다음 분류기에게는 가중치(weight)를 부여하면서 학습과 예측을 진행하는 것입니다. 계속해서 분류기에게 가중치를 부스팅하면서 학습을 진행하기에 부스팅 방식으로 불립니다. 예측 성능이 뛰어나 앙상블 학습을 주도하고 있으며 대표적인 부스팅 모듈로 그래디언트 부스트, XGBoost(eXtra Gradient Boost), LightGBM(Light Gradient Boost)이 있습니다.

스태킹은 여러 가지 다른 모델의 예측 결괏값을 다시 학습 데이터로 만들어서 다른 모델(메타 모델)로 재학습시켜 결과를 예측하는 방법입니다.

보팅 유형 - 하드 보팅(Hard Voting)과 소프트 보팅(Soft Voting)

보팅 방법에는 두 가지가 있습니다. 하드 보팅과 소프트 보팅입니다. 하드 보팅을 이용한 분류(Classification)는 다수결 원칙과 비슷합니다. 예측한 결괏값들 중 다수의 분류기가 결정한 예측값을 최종 보팅 결괏값으로 선정하는 것입니다. 소프트 보팅은 분류기들의 레이블 값 결정 확률을 모두 더하고 이를 평균해서 이들 중 확률이 가장 높은 레이블 값을 최종 보팅 결괏값으로 선정합니다. 일반적으로 소프트 보팅이 보팅 방법으로 적용됩니다.

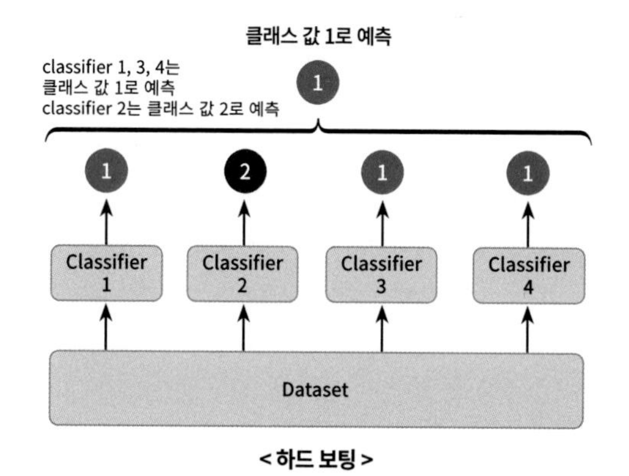

<하드 보팅>

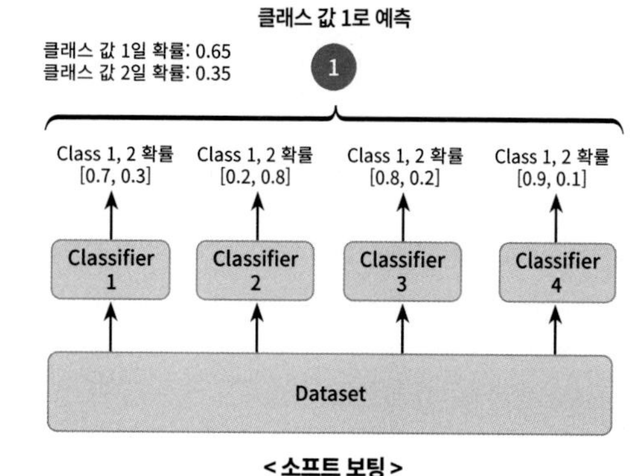

<소프트 보팅>

왼쪽 그림은 하드 보팅입니다. Classifier 1번, 2번, 3번, 4번인 4개로 구성한 보팅 앙상블 기법에서 분류기 1번, 3번, 4번이 1로 레이블 값을 예측하고 분류기 2번이 2로 레이블 값을 예측하면 다수결 원칙에 따라서 최종 예측은 레이블 값 1이 됩니다.

오른쪽 그림은 소프트 보팅입니다. 소프트 보팅은 각 분류기의 레이블 값 예측 확률을 평균 내어 최종 결정합니다. 가령 분류기 1번의 레이블 값 1과 2의 예측 확률이 각각 0.7/0.3이고 분류기 2번은 0.2/0.8, 분류기 3번은 0.8/0.2, 분류기 4번은 0.9/0.1이라면 레이블 값 1의 평균 예측 확률은 분류기 1번, 2번, 3번, 4번의 확률을 모두 더하여 평균하면 (0.7 + 0.2 + 0.8 + 0.9) / 4 = 0.65가 됩니다. 레이블 값 2의 평균 예측 확률도 같은 방법으로 계산하면 (0.3 + 0.8 + 0.2 + 0.1) / 4 = 0.35가 됩니다. 따라서 레이블 값 1의 확률이 0.65로 레이블 값 2인 확률 0.35보다 크므로 레이블 값 1로 최종 보팅하는 것이 소프트 보팅입니다. 일반적으로 하드 보팅보다는 소프트 보팅이 예측 성능이 좋아서 더 많이 사용됩니다.

보팅 분류기(Voting Classifier)

사이킷런은 보팅 방식의 앙상블을 구현한 VotingClassifier 클래스를 제공하고 있습니다.

보팅 방식의 앙상블을 이용해 위스콘신 유방암 데이터 세트를 예측 분석해 보겠습니다. 위스콘신 유방암 데이터 세트는 유방암의 악성종양, 양성종양 여부를 결정하는 이진 분류 데이터 세트이며 종양의 크기, 모양 등의 형태와 관련한 많은 피처를 가지고 있습니다. 사이킷런은 load_breast_cancer( ) 함수를 통해 자체에서 위스콘신 유방암 데이터 세트를 생성할 수 있습니다.

로지스틱 회귀와 KNN을 기반으로 보팅 분류기를 만들어 보겠습니다. 먼저 필요한 모듈과 데이터를 로딩한 후 위스콘신 데이터 세트를 간략히 살펴보겠습니다.

```
import pandas as pd

from sklearn.ensemble import VotingClassifier
from sklearn.linear_model import LogisticRegression
from sklearn.neighbors import KNeighborsClassifier
from sklearn.datasets import load_breast_cancer
from sklearn.model_selection import train_test_split
from sklearn.metrics import accuracy_score

cancer = load_breast_cancer()

data_df = pd.DataFrame(cancer.data, columns=cancer.feature_names)
data_df.head(3)
```

	mean radius	mean texture	mean perimeter	mean area	mean smoothness	mean compactness	mean concavity	mean concave points	mean symmetry	mean fractal dimension	...	worst radius	worst texture	worst perimeter	worst area	worst smoothness	c
0	17.99	10.38	122.8	1001.0	0.11840	0.27760	0.3001	0.14710	0.2419	0.07871	...	25.38	17.33	184.6	2019.0	0.1622	
1	20.57	17.77	132.9	1326.0	0.08474	0.07864	0.0869	0.07017	0.1812	0.05667	...	24.99	23.41	158.8	1956.0	0.1238	
2	19.69	21.25	130.0	1203.0	0.10960	0.15990	0.1974	0.12790	0.2069	0.05999	...	23.57	25.53	152.5	1709.0	0.1444	

로지스틱 회귀와 KNN을 기반으로 하여 소프트 보팅 방식으로 새롭게 보팅 분류기를 만들어 보겠습니다. 사이킷런은 VotingClassifier 클래스를 이용해 보팅 분류기를 생성할 수 있습니다. VotingClassifier 클래스는 주요 생성 인자로 estimators와 voting 값을 입력받습니다. estimators는 리스트 값으로 보팅에 사용될 여러 개의 Classifier 객체들을 튜플 형식으로 입력받으며 voting은 'hard' 시 하드 보팅, 'soft' 시 소프트 보팅 방식을 적용하라는 의미입니다(기본은 'hard'입니다).

```
# 개별 모델은 로지스틱 회귀와 KNN임.
lr_clf = LogisticRegression(solver='liblinear')
knn_clf = KNeighborsClassifier(n_neighbors=8)

# 개별 모델을 소프트 보팅 기반의 앙상블 모델로 구현한 분류기
vo_clf = VotingClassifier( estimators=[('LR', lr_clf), ('KNN', knn_clf)], voting='soft' )

X_train, X_test, y_train, y_test = train_test_split(cancer.data, cancer.target,
                                                    test_size=0.2, random_state= 156)

# VotingClassifier 학습/예측/평가.
vo_clf.fit(X_train, y_train)
pred = vo_clf.predict(X_test)
print('Voting 분류기 정확도: {0:.4f}'.format(accuracy_score(y_test, pred)))
```

```
# 개별 모델의 학습/예측/평가.
classifiers = [lr_clf, knn_clf]
for classifier in classifiers:
    classifier.fit(X_train, y_train)
    pred = classifier.predict(X_test)
    class_name= classifier.__class__.__name__
    print('{0} 정확도: {1:.4f}'.format(class_name, accuracy_score(y_test, pred)))
```

[Output]

```
Voting 분류기 정확도: 0.9561
LogisticRegression 정확도: 0.9474
KNeighborsClassifier 정확도: 0.9386
```

보팅 분류기가 정확도가 조금 높게 나타났는데, 보팅으로 여러 개의 기반 분류기를 결합한다고 해서 무조건 기반 분류기보다 예측 성능이 향상되지는 않습니다. 데이터의 특성과 분포 등 다양한 요건에 따라 오히려 기반 분류기 중 가장 좋은 분류기의 성능이 보팅했을 때보다 나을 수도 있습니다.

그럼에도 불구하고 지금 소개하는 보팅을 포함해 배깅과 부스팅 등의 앙상블 방법은 전반적으로 다른 단일 ML 알고리즘보다 뛰어난 예측 성능을 가지는 경우가 많습니다. 고정된 데이터 세트에서 단일 ML 알고리즘이 뛰어난 성능을 발휘하더라도 현실 세계는 다양한 변수와 예측이 어려운 규칙으로 구성돼 있습니다. 다양한 관점을 가진 알고리즘이 서로 결합해 더 나은 성능을 실제 환경에서 끌어낼 수 있습니다. 약간 동떨어진 이야기일 수 있지만, 현실 세계의 프로젝트에서도 똑똑한 사람들로만 구성된 팀보다는 다양한 경험과 백그라운드를 가진 사람들로 구성된 팀이 오히려 프로젝트를 성공으로 이끌 가능성이 높습니다. 후자의 경우는 다양한 관점에서 문제에 접근하고 서로의 약점을 보완해서 높은 유연성을 가질 수 있기 때문입니다. 높은 유연성은 그동안 경험해 보지 못한 새로운 문제에 대한 해결책을 좀 더 쉽게 제시할 수 있습니다. 반면에 전자의 경우 우수한 인재들이 자신이 잘 아는 분야에 대해서 고정된 관점을 가지는 경우가 많아 상대적으로 유연성이 떨어질 수 있습니다.

ML 모델의 성능은 이렇게 다양한 테스트 데이터에 의해 검증되므로 어떻게 높은 유연성을 가지고 현실에 대처할 수 있는가가 중요한 ML 모델의 평가요소가 됩니다. 이런 관점에서 편향-분산 트레이드오프는 ML 모델이 극복해야 할 중요 과제입니다. 보팅과 스태킹 등은 서로 다른 알고리즘을 기반으로 하고 있지만, 배깅과 부스팅은 대부분 결정 트리 알고리즘을 기반으로 합니다. 결정 트리 알고리즘은 쉽고 직관적인 분류 기준을 가지고 있지만 정확한 예측을 위해 학습 데이터의 예외 상황에 집착한 나머지 오히려 과적합이 발생해 실제 테스트 데이터에서 예측 성능이 떨어지는 현상이 발생하기 쉽다고 앞에서 말했습니다. 하지만 앙상블 학습에서는 이 같은 결정 트리 알고리즘의 단점을 수십~수천 개의 매우 많은 분류기를 결합해 다양한 상황을 학습하게 함으로써 극복하고 있습니다. 결정 트리 알고리즘의 장점은 그대로 취하고 단점은 보완하면서 편향-분산 트레이드오프의 효과를 극대화할 수 있다는 것입니다.

04 랜덤 포레스트

랜덤 포레스트의 개요 및 실습

배깅(bagging)은 앞에서 소개한 보팅과는 다르게, 같은 알고리즘으로 여러 개의 분류기를 만들어서 보팅으로 최종 결정하는 알고리즘입니다. 배깅의 대표적인 알고리즘은 랜덤 포레스트입니다. 랜덤 포레스트는 다재 다능한 알고리즘입니다. 앙상블 알고리즘 중 비교적 빠른 수행 속도를 가지고 있으며, 다양한 영역에서 높은 예측 성능을 보이고 있습니다. 랜덤 포레스트의 기반 알고리즘은 결정 트리로서, 결정 트리의 쉽고 직관적인 장점을 그대로 가지고 있습니다(랜덤 포레스트뿐만 아니라 부스팅 기반의 다양한 앙상블 알고리즘 역시 대부분 결정 트리 알고리즘을 기반 알고리즘으로 채택하고 있습니다).

랜덤 포레스트는 여러 개의 결정 트리 분류기가 전체 데이터에서 배깅 방식으로 각자의 데이터를 샘플링해 개별적으로 학습을 수행한 뒤 최종적으로 모든 분류기가 보팅을 통해 예측 결정을 하게 됩니다.

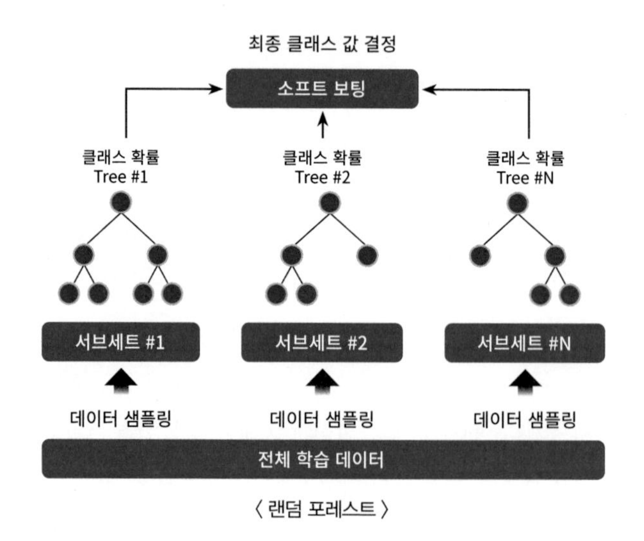

〈 랜덤 포레스트 〉

랜덤 포레스트는 개별적인 분류기의 기반 알고리즘은 결정 트리이지만 개별 트리가 학습하는 데이터 세트는 전체 데이터에서 일부가 중첩되게 샘플링된 데이터 세트입니다. 이렇게 여러 개의 데이터 세트를 중첩되게 분리하는 것을 부트스트래핑(bootstrapping) 분할 방식이라고 합니다(그래서 배깅(Bagging)이 bootstrap aggregating의 줄임말입니다). 원래 부트스트랩은 통계학에서 여러 개의 작은 데이터 세트를 임의로 만들어 개별 평균의 분포도를 측정하는 등의 목적을 위한 샘플링 방식을 지칭합니다. 랜덤 포레스트의 서브세트(Subset) 데이터는 이러한 부트스트래핑으로 데이터가 임의로 만들어집니다. 서브세트의 데이터 건수는 전체 데이터 건수와 동일하지만, 개별 데이터가 중첩되어 만들어집니다. 원본 데이터의 건수가 10개인 학습 데이터 세트에 랜덤 포레스트를 3개의 결정 트리 기반으로 학습하려고 n_estimators= 3으로 하이퍼 파라미터를 부여하면 다음과 같이 데이터 서브세트가 만들어 집니다.

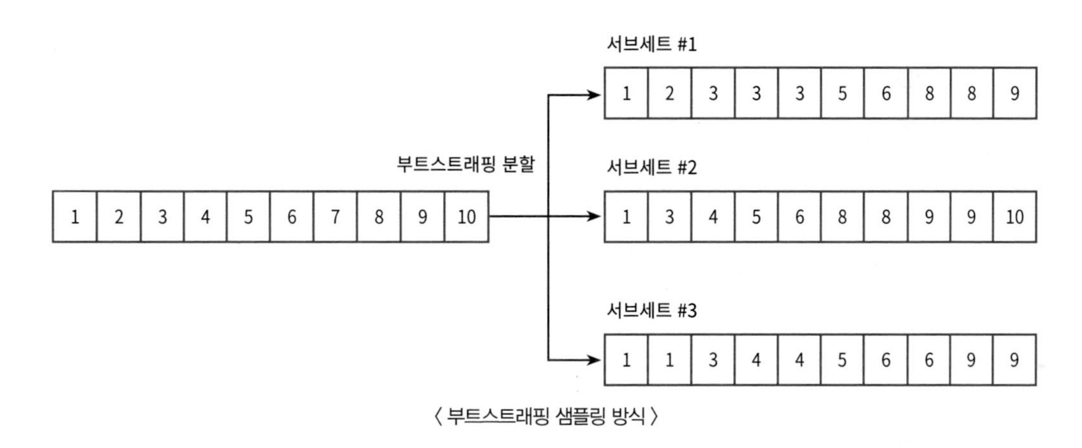

〈 부트스트래핑 샘플링 방식 〉

이렇게 데이터가 중첩된 개별 데이터 세트에 결정 트리 분류기를 각각 적용하는 것이 랜덤 포레스트입니다. 사이킷런은 RandomForestClassifier 클래스를 통해 랜덤 포레스트 기반의 분류를 지원합니다. 앞의 사용자 행동 인식 데이터 세트를 RandomForestClassifier를 이용해 예측해 보겠습니다(재 수행할 때마다 동일한 예측 결과를 출력하기 위해 RandomForestClassifer의 random_state를 0으로 설정하겠습니다). 새로운 주피터 노트북을 생성하되, 앞의 결정 트리를 이용한 사용자 행동 인식 예측에서 사용한 주피터 노트북과 같은 디렉터리에 생성하겠습니다. 사용자 행동 데이터 세트에 DataFrame을 반환하는 get_human_dataset( )를 이용하기 위해서입니다. get_human_dataset( )를 이용해 학습/테스트용 DataFrame을 가져옵니다

```
from sklearn.ensemble import RandomForestClassifier
from sklearn.metrics import accuracy_score
import pandas as pd
import warnings
warnings.filterwarnings('ignore')

# 결정 트리에서 사용한 get_human_dataset( )를 이용해 학습/테스트용 DataFrame 반환
X_train, X_test, y_train, y_test = get_human_dataset()

# 랜덤 포레스트 학습 및 별도의 테스트 세트로 예측 성능 평가
rf_clf = RandomForestClassifier(random_state=0, max_depth=8)
rf_clf.fit(X_train, y_train)
pred = rf_clf.predict(X_test)
accuracy = accuracy_score(y_test, pred)
print('랜덤 포레스트 정확도: {0:.4f}'.format(accuracy))
```

[Output]

```
랜덤 포레스트 정확도: 0.9196
```

랜덤 포레스트는 사용자 행동 인식 데이터 세트에 대해 약 91.96%의 정확도를 보여줍니다.

랜덤 포레스트 하이퍼 파라미터 및 튜닝

트리 기반의 앙상블 알고리즘의 단점을 굳이 뽑자면 하이퍼 파라미터가 너무 많고, 그로 인해서 튜닝을 위한 시간이 많이 소모된다는 것입니다. 더구나 많은 시간을 소모했음에도 튜닝 후 예측 성능이 크게 향상되는 경우가 많지 않아서 더욱 아쉽습니다. 트리 기반 자체의 하이퍼 파라미터가 원래 많은 데다 배깅, 부스팅, 학습, 정규화 등을 위한 하이퍼 파라미터까지 추가되므로 일반적으로 다른 ML 알고리즘에 비해 많을 수밖에 없습니다. 그나마 랜덤 포레스트가 적은 편에 속하는데, 결정 트리에서 사용되는 하이퍼 파라미터와 같은 파라미터가 대부분이기 때문입니다.

- n_estimators: 랜덤 포레스트에서 결정 트리의 개수를 지정합니다. 디폴트는 10개입니다. 많이 설정할수록 좋은 성능을 기대할 수 있지만 계속 증가시킨다고 성능이 무조건 향상되는 것은 아닙니다. 또한 늘릴수록 학습 수행 시간이 오래 걸리는 것도 감안해야 합니다.
- max_features는 결정 트리에 사용된 max_features 파라미터와 같습니다. 하지만 RandomForestClassifier의 기본 max_features는 'None'이 아니라 'auto', 즉 'sqrt'와 같습니다. 따라서 랜덤 포레스트의 트리를 분할하는 피처를 참조할 때 전체 피처가 아니라 sqrt(전체 피처 개수)만큼 참조합니다(전체 피처가 16개라면 분할을 위해 4개 참조).

- max_depth나 min_samples_leat, min_samples_split와 같이 결정 트리에서 과적합을 개선하기 위해 사용되는 파라미터가 랜덤 포레스트에도 똑같이 적용될 수 있습니다.

이번에는 GridSearchCV를 이용해 랜덤 포레스트의 하이퍼 파라미터를 튜닝해 보겠습니다. 앞의 사용자 행동 데이터 세트를 그대로 이용하고, 튜닝 시간을 절약하기 위해 n_estimators는 100으로, CV를 2로만 설정해 최적 하이퍼 파라미터를 구해 보겠습니다.

다음 예제는 저자의 노트북에서 5분 정도 수행 시간이 걸립니다. 하지만 28 CPU Core 기반의 리눅스 서버에서는 약 6초가 걸립니다. 그만큼 랜덤 포레스트는 CPU 병렬 처리도 효과적으로 수행되어 빠른 학습이 가능하기 때문에 뒤에 소개할 그래디언트 부스팅보다 예측 성능이 약간 떨어지더라도 랜덤 포레스트로 일단 기반 모델을 먼저 구축하는 경우가 많습니다. 멀티 코어 환경에서는 다음 예제에서 RandomForestClassifier 생성자와 GridSearchCV 생성 시 n_jobs=-1 파라미터를 추가하면 모든 CPU 코어를 이용해 학습할 수 있습니다.

```
from sklearn.model_selection import GridSearchCV

params = {
    'max_depth': [8, 16, 24],
    'min_samples_leaf' : [1, 6, 12],
    'min_samples_split' : [2, 8, 16]
}
# RandomForestClassifier 객체 생성 후 GridSearchCV 수행
rf_clf = RandomForestClassifier(n_estimators=100, random_state=0, n_jobs=-1)
grid_cv = GridSearchCV(rf_clf , param_grid=params , cv=2, n_jobs=-1 )
grid_cv.fit(X_train , y_train)

print('최적 하이퍼 파라미터:\n', grid_cv.best_params_)
print('최고 예측 정확도: {0:.4f}'.format(grid_cv.best_score_))
```

[Output]

```
최적 하이퍼 파라미터:
 {'max_depth': 16, 'min_samples_leaf': 6, 'min_samples_split': 2, 'n_estimators': 100}
최고 예측 정확도: 0.9165
```

max_depth: 16, min_samples_leaf: 6, min_samples_split: 2일 때 2개의 CV 세트에서 약 91.65%의 평균 정확도가 측정됐습니다. 이렇게 추출된 최적 하이퍼 파라미터로 다시 RandomForest Classifier를 학습시킨 뒤에 이번에는 별도의 테스트 데이터 세트에서 예측 성능을 측정해 보겠습니다.

```
rf_clf1 = RandomForestClassifier(n_estimators=100,  min_samples_leaf=6, max_depth=16,
                                 min_samples_split=2, random_state=0)
rf_clf1.fit(X_train , y_train)
pred = rf_clf1.predict(X_test)
print('예측 정확도: {0:.4f}'.format(accuracy_score(y_test , pred)))
```

[Output]

```
예측 정확도: 0.9260
```

별도의 테스트 데이터 세트에서 수행한 예측 정확도 수치는 약 92.60%입니다. RandomForestClass ifier역시 DecisionTreeClassifier와 똑같이 feature_importances_ 속성을 이용해 알고리즘이 선택한 피처의 중요도를 알 수 있습니다. 이 피처 중요도를 막대그래프로 시각화해 보겠습니다.

```
import matplotlib.pyplot as plt
import seaborn as sns
%matplotlib inline

ftr_importances_values = rf_clf1.feature_importances_
ftr_importances = pd.Series(ftr_importances_values, index=X_train.columns)
ftr_top20 = ftr_importances.sort_values(ascending=False)[:20]

plt.figure(figsize=(8,6))
plt.title('Feature importances Top 20')
sns.barplot(x=ftr_top20, y=ftr_top20.index)
plt.show()
```

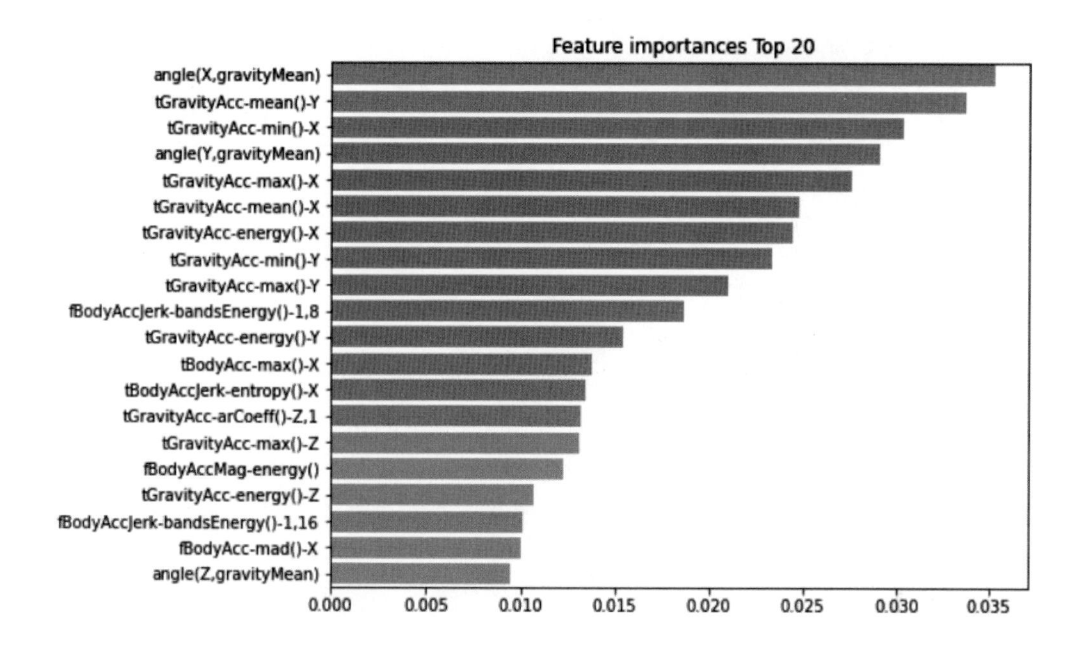

angle(X,gravityMean), tGravityAcc-mean( )-Y, tGravityAcc-min( )-X 등이 높은 피처 중요도를 가지고 있습니다.

05 GBM(Gradient Boosting Machine)

GBM의 개요 및 실습

부스팅 알고리즘은 여러 개의 약한 학습기(weak learner)를 순차적으로 학습-예측하면서 잘못 예측한 데이터에 가중치 부여를 통해 오류를 개선해 나가면서 학습하는 방식입니다. 부스팅의 대표적인 구현은 AdaBoost(Adaptive boosting)와 그래디언트 부스트가 있습니다. 에이다 부스트(AdaBoost)는 오류 데이터에 가중치를 부여하면서 부스팅을 수행하는 대표적인 알고리즘입니다. 먼저 다음 그림을 통해 에이다부스트가 어떻게 학습을 진행하는지 알아보겠습니다.

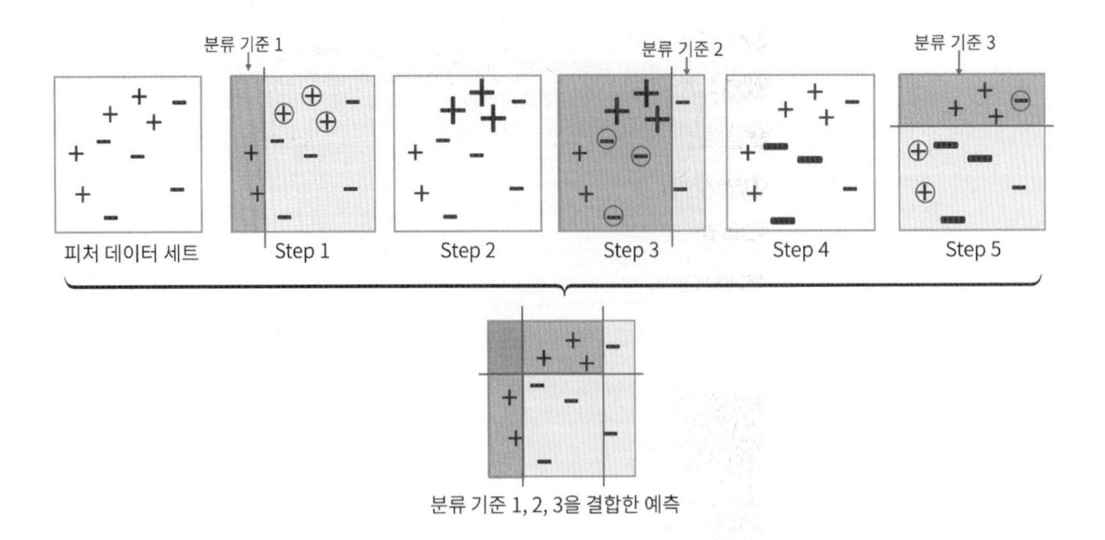

맨 왼쪽 그림과 같이 +와 -로 된 피처 데이터 세트가 있다면

- Step 1은 첫 번째 약한 학습기(weak learner)가 분류 기준 1로 +와 -를 분류한 것입니다. 동그라미로 표시된 ⊕ 데이터는 + 데이터가 잘못 분류된 오류 데이터입니다.
- Step 2에서는 이 오류 데이터에 대해서 가중치 값을 부여합니다. 가중치가 부여된 오류 + 데이터는 다음 약한 학습기가 더 잘 분류할 수 있게 크기가 커졌습니다.
- Step 3은 두 번째 약한 학습기가 분류 기준 2로 +와 -를 분류했습니다. 마찬가지로 동그라미로 표시된 ⊖ 데이터는 잘못 분류된 오류 데이터입니다.
- Step 4에서는 잘못 분류된 이 - 오류 데이터에 대해 다음 약한 학습기가 잘 분류할 수 있게 더 큰 가중치를 부여합니다 (오류 - 데이터의 크기가 커졌습니다).
- Step 5는 세 번째 약한 학습기가 분류 기준 3으로 +와 -를 분류하고 오류 데이터를 찾습니다. 에이다부스트는 이렇게 약한 학습기가 순차적으로 오류 값에 대해 가중치를 부여한 예측 결정 기준을 모두 결합해 예측을 수행합니다.
- 마지막으로 맨 아래에는 첫 번째, 두 번째, 세 번째 약한 학습기를 모두 결합한 결과 예측입니다. 개별 약한 학습기보다 훨씬 정확도가 높아졌음을 알 수 있습니다.

개별 약한 학습기는 다음 그림과 같이 각각 가중치를 부여해 결합합니다. 예를 들어 첫 번째 학습기에 가중치 0.3, 두 번째 학습기에 가중치 0.5, 세 번째 학습기에 가중치 0.8을 부여한 후 모두 결합해 예측을 수행합니다.

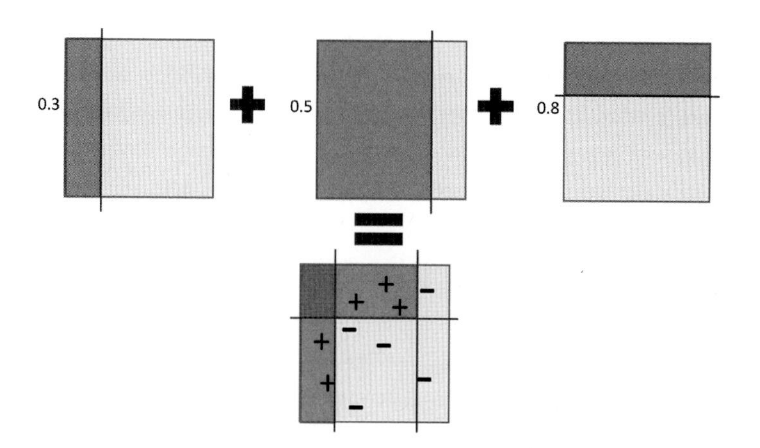

GBM(Gradient Boost Machine)도 에이다부스트와 유사하나, 가중치 업데이트를 경사 하강법(Gradient Descent)을 이용하는 것이 큰 차이입니다. 오류 값은 실제 값 - 예측값입니다. 분류의 실제 결괏값을 y, 피처를 $x_1, x_2, \cdots, x_n$, 그리고 이 피처에 기반한 예측 함수를 $F(x)$ 함수라고 하면 오류식 $h(x) = y - F(x)$이 됩니다. 이 오류식 $h(x) = y - F(x)$를 최소화하는 방향성을 가지고 반복적으로 가중치 값을 업데이트하는 것이 경사 하강법(Gradient Descent)입니다. 이 경사 하강법은 머신러닝에서 중요한 기법 중 하나입니다. 다음 장에서 '회귀'를 다룰 때 경사 하강법에 대해 더 알아보도록 하고, 여기서는 '반복 수행을 통해 오류를 최소화할 수 있도록 가중치의 업데이트 값을 도출하는 기법' 정도로만 이해해도 좋을 것 같습니다.

GBM은 CART 기반의 다른 알고리즘과 마찬가지로 분류는 물론이고, 회귀도 가능합니다. 사이킷런은 GBM 기반의 분류를 위해서 GradientBoostingClassifier 클래스를 제공합니다. 사이킷런의 GBM을 이용해 사용자 행동 데이터 세트를 예측 분류해 보겠습니다. 또한 GBM으로 학습하는 시간이 얼마나 걸리는지 수행 시간도 같이 측정해 보겠습니다. 앞의 랜덤 포레스트의 예제에서 사용한 주피터 노트북에 이어서 예제 코드를 작성하며, get_human_dataset( ) 함수로 데이터 세트를 가져오겠습니다.

```
from sklearn.ensemble import GradientBoostingClassifier
import time
import warnings
warnings.filterwarnings('ignore')

X_train, X_test, y_train, y_test = get_human_dataset()

# GBM 수행 시간 측정을 위함. 시작 시간 설정.
start_time = time.time()
```

```
gb_clf = GradientBoostingClassifier(random_state=0)
gb_clf.fit(X_train, y_train)
gb_pred = gb_clf.predict(X_test)
gb_accuracy = accuracy_score(y_test, gb_pred)

print('GBM 정확도: {0:.4f}'.format(gb_accuracy))
print("GBM 수행 시간: {0:.1f} 초 ".format(time.time() - start_time))
```

[Output]

```
GBM 정확도: 0.9389
GBM 수행 시간: 537.7 초
```

기본 하이퍼 파라미터만으로 93.89%의 예측 정확도로 앞의 랜덤 포레스트보다 나은 예측 성능을 나타냈습니다. 그렇지 않은 경우도 있겠지만, 일반적으로 GBM이 랜덤 포레스트보다는 예측 성능이 조금 뛰어난 경우가 많습니다. 그러나 수행 시간이 오래 걸리고, 하이퍼 파라미터 튜닝 노력도 더 필요합니다. 특히 수행 시간 문제는 GBM이 극복해야 할 중요한 과제입니다. 위 코드는 필자의 노트북에서 약 537초, 약 6분 정도의 수행 시간이 걸렸습니다. 사이킷런의 GradientBoostingClassifier는 약한 학습기의 순차적인 예측 오류 보정을 통해 학습을 수행하므로 멀티 CPU 코어 시스템을 사용하더라도 병렬 처리가 지원되지 않아서 대용량 데이터의 경우 학습에 매우 많은 시간이 필요합니다. 반면에 랜덤 포레스트의 경우 상대적으로 빠른 수행 시간을 보장해주기 때문에 더 쉽게 예측 결과를 도출할 수 있습니다.

GBM 하이퍼 파라미터 소개

n_estimators, max_depth, max_features와 같은 트리 기반 자체의 파라미터는 결정 트리, 랜덤 포레스트에서 이미 많이 소개했으므로 생략하겠습니다.

- loss: 경사 하강법에서 사용할 비용 함수를 지정합니다. 특별한 이유가 없으면 기본값인 'deviance'를 그대로 적용합니다.
- learning_rate: GBM이 학습을 진행할 때마다 적용하는 학습률입니다. Weak learner가 순차적으로 오류 값을 보정해 나가는 데 적용하는 계수입니다. 0~1 사이의 값을 지정할 수 있으며 기본값은 0.1입니다. 너무 작은 값을 적용하면 업데이트 되는 값이 작아져서 최소 오류 값을 찾아 예측 성능이 높아질 가능성이 높습니다. 하지만 많은 weak learner는 순차적인 반복이 필요해서 수행 시간이 오래 걸리고, 또 너무 작게 설정하면 모든 weak learner의 반복이 완료돼도 최소 오류 값을 찾지 못할 수 있습니다. 반대로 큰 값을 적용하면 최소 오류 값을 찾지 못하고 그냥 지나쳐 버려 예측 성능이 떨어질 가능성이 높아지지만, 빠른 수행이 가능합니다.

이러한 특성 때문에 learning_rate는 n_estimators와 상호 보완적으로 조합해 사용합니다. learning_rate를 작게 하고 n_estimators를 크게 하면 더 이상 성능이 좋아지지 않는 한계점까지는 예측 성능이 조금씩 좋아질 수 있습니다. 하지만 수행 시간이 너무 오래 걸리는 단점이 있으며, 예측 성능 역시 현격히 좋아지지는 않습니다.

- **n_estimators**: weak learner의 개수입니다. weak learner가 순차적으로 오류를 보정하므로 개수가 많을수록 예측 성능이 일정 수준까지는 좋아질 수 있습니다. 하지만 개수가 많을수록 수행 시간이 오래 걸립니다. 기본값은 100입니다.
- **subsample**: weak learner가 학습에 사용하는 데이터의 샘플링 비율입니다. 기본값은 1이며, 이는 전체 학습 데이터를 기반으로 학습한다는 의미입니다(0.5이면 학습 데이터의 50%). 과적합이 염려되는 경우 subsample을 1보다 작은 값으로 설정합니다.

GBM에서 GridSearchCV를 이용하여 하이퍼 파라미터 튜닝 실습은 수행 시간이 너무 오래 걸리는 관계로 건너 뛰도록 하겠습니다. GBM은 과적합에도 강한 뛰어난 예측 성능을 가진 알고리즘입니다. 하지만 수행 시간이 오래 걸린다는 단점이 있습니다. GBM이 처음 소개된 이후에 많은 알고리즘이 GBM을 기반으로 새롭게 만들어지고 있습니다. 이 중 머신러닝 세계에서 가장 각광을 받고 있는 두 개의 그래디언트 부스팅 기반 ML 패키지는 XGBoost와 LightGBM입니다. 먼저 XGBoost부터 자세히 알아보겠습니다.

06 XGBoost(eXtra Gradient Boost)

XGBoost 개요

XGBoost는 트리 기반의 앙상블 학습에서 가장 각광받고 있는 알고리즘 중 하나입니다. 유명한 캐글 경연 대회(Kaggle Contest)에서 상위를 차지한 많은 데이터 과학자가 XGBoost를 이용하면서 널리 알려졌습니다. 압도적인 수치의 차이는 아니지만, 분류에 있어서 일반적으로 다른 머신러닝보다 뛰어난 예측 성능을 나타냅니다. XGBoost는 GBM에 기반하고 있지만, GBM의 단점인 느린 수행 시간 및 과적합 규제(Regularization) 부재 등의 문제를 해결해서 매우 각광을 받고 있습니다. 특히 XGBoost는 병렬 CPU 환경에서 병렬 학습이 가능해 기존 GBM보다 빠르게 학습을 완료할 수 있습니다. 다음은 XGBoost의 주요 장점입니다.

항목	설명
뛰어난 예측 성능	일반적으로 분류와 회귀 영역에서 뛰어난 예측 성능을 발휘합니다.
GBM 대비 빠른 수행 시간	일반적인 GBM은 순차적으로 Weak learner가 가중치를 증감하는 방법으로 학습하기 때문에 전반적으로 속도가 느립니다. 하지만 XGBoost는 병렬 수행 및 다양한 기능으로 GBM에 비해 빠른 수행 성능을 보장합니다. 아쉽게도 XGBoost가 일반적인 GBM에 비해 수행 시간이 빠르다는 것이지, 다른 머신러닝 알고리즘(예를 들어 랜덤 포레스트)에 비해서 빠르다는 의미는 아닙니다.
과적합 규제 (Regularization)	표준 GBM의 경우 과적합 규제 기능이 없으나 XGBoost는 자체에 과적합 규제 기능으로 과적합에 좀 더 강한 내구성을 가질 수 있습니다.
Tree pruning (나무 가지치기)	일반적으로 GBM은 분할 시 부정 손실이 발생하면 분할을 더 이상 수행하지 않지만, 이러한 방식도 자칫 지나치게 많은 분할을 발생할 수 있습니다. 다른 GBM과 마찬가지로 XGBoost도 max_depth 파라미터로 분할 깊이를 조정하기도 하지만, tree pruning으로 더 이상 긍정 이득이 없는 분할을 가지치기 해서 분할 수를 더 줄이는 추가적인 장점을 가지고 있습니다.
자체 내장된 교차 검증	XGBoost는 반복 수행 시마다 내부적으로 학습 데이터 세트와 평가 데이터 세트에 대한 교차 검증을 수행해 최적화된 반복 수행 횟수를 가질 수 있습니다. 지정된 반복 횟수가 아니라 교차 검증을 통해 평가 데이터 세트의 평가 값이 최적화 되면 반복을 중간에 멈출 수 있는 조기 중단 기능이 있습니다.
결손값 자체 처리	XGBoost는 결손값을 자체 처리할 수 있는 기능을 가지고 있습니다.

XGBoost의 핵심 라이브러리는 C/C++로 작성돼 있습니다. XGBoost 개발 그룹은 파이썬에서도 XGBoost를 구동할 수 있도록 파이썬 패키지를 제공합니다. 이 파이썬 패키지의 역할은 대부분 C/C++ 핵심 라이브러리를 호출하는 것입니다. XGBoost의 파이썬 패키지명은 "xgboost"입니다. 이 xgboost 패키지 내에는 XGBoost 전용의 파이썬 패키지와 사이킷런과 호환되는 래퍼용 XGBoost가 함께 존재합니다. xgboost 파이썬 패키지는 초기 출시에는 사이킷런과 호환되지 않는 독자적인 XgBoost 전용의 패키지였습니다. 즉, XGBoost 고유의 프레임워크를 파이썬 언어 기반에서 구현한 것으로 별도의 API 기반이었습니다. 사이킷런 프레임워크를 기반으로 한 것이 아니기에 사이킷런의 fit( ), predict( ) 메서드와 같은 사이킷런 고유의 아키텍처가 적용될 수 없으며, 다양한 유틸리티(cross_val_score, GridSearchCV, Pipeline 등)와 함께 사용될 수 없었습니다.

워낙 파이썬 기반의 머신러닝 이용자들이 사이킷런을 많이 사용하고 있었기 때문에 XGBoost 개발 그룹은 사이킷런과 연동할 수 있는 래퍼 클래스(Wrapper class)를 제공하기로 했습니다. XGBoost 패키지의 사이킷런 래퍼 클래스는 XGBClassifier와 XGBRegressor입니다. 이를 이용하면 사이킷런

estimator가 학습을 위해 사용하는 fit( )과 predict( )와 같은 표준 사이킷런 개발 프로세스 및 다양한 유틸리티를 활용할 수 있습니다.

구분을 위해서 초기의 독자적인 XGBoost 프레임워크 기반의 XGBoost를 **파이썬 래퍼 XGBoost 모듈**, 사이킷런과 연동되는 모듈을 **사이킷런 래퍼 XGBoost 모듈**이라고 지칭하겠습니다.

사이킷런 래퍼 XGBoost 모듈은 사이킷런의 다른 Estimator와 사용법이 같은 데 반해 파이썬 네이티브 XGBoost는 고유의 API와 하이퍼 파라미터를 이용합니다. 크게 다르지는 않지만, 몇 가지 주의할 점이 있습니다.

XGBoost 설치하기

XGBoost는 pip를 이용해 쉽게 설치할 수 있습니다. 과거에는 XGBoost를 설치하기 위해서 많은 노력이 필요했지만, 이제는 pip만으로도 간단하게 설치가 가능합니다. 책에서 사용된 실습 코드는 XGBoost 1.5.0 기반으로 작성되었으므로 해당 버전을 pip를 이용해 설치해 보겠습니다. Windows 기반에서 설치하려면 아나콘다 Command 창을 연 뒤에(Windows 10에서는 '관리자 권한으로 실행'으로 command 창 생성) 아래와 같이 pip를 실행합니다.

```
pip install xgboost==1.5.0
```

pip를 실행하면 아래와 같이 관련된 다른 모듈들을 확인하며 XGBoost를 설치함을 알 수 있습니다(여러분의 환경에 따라 설치 메시지는 다르게 나올 수 있습니다).

```
관리자: Anaconda Prompt
(base) C:\Windows\system32>pip install xgboost==1.5.0
Collecting xgboost==1.5.0
  Downloading xgboost-1.5.0-py3-none-win_amd64.whl.metadata (1.7 kB)
Requirement already satisfied: numpy in c:\users\q\anaconda3\lib\site-packages (from xgboost==1.5.0) (1.26.4)
Requirement already satisfied: scipy in c:\users\q\anaconda3\lib\site-packages (from xgboost==1.5.0) (1.11.4)
Downloading xgboost-1.5.0-py3-none-win_amd64.whl (106.6 MB)
   ---------------------------------------- 106.6/106.6 MB 3.8 MB/s eta 0:00:00
Installing collected packages: xgboost
Successfully installed xgboost-1.5.0

(base) C:\Windows\system32>
```

설치가 성공적으로 완료되면 새로운 주피터 노트북을 생성한 후 xgboost 모듈이 정상적으로 임포트됐는지 확인해 설치가 성공적으로 수행됐는지 검증합니다.

```
import xgboost as xgb
from xgboost import XGBClassifier
```

위 import 코드를 입력할 때 'no module named xgboost'와 같이 xgboost 모듈을 찾을 수 없다는 에러 메시지가 나오면 정상적으로 설치가 되지 않은 것입니다. 아무런 오류 메시지가 없으면 정상적으로 설치가 완료된 것입니다.

파이썬 래퍼 XGBoost 하이퍼 파라미터

GBM(Gradient Boosting Machine)의 하이퍼 파라미터를 어느 정도 이해했으면 XGBoost 하이퍼 파라미터도 이해하는 데 큰 어려움이 없을 것입니다. XGBoost는 GBM과 유사한 하이퍼 파라미터를 동일하게 가지고 있으며, 여기에 조기 중단(early stopping), 과적합을 규제하기 위한 하이퍼 파라미터 등이 추가됐습니다.

파이썬 래퍼 XGBoost 모듈과 사이킷런 래퍼 XGBoost 모듈의 일부 하이퍼 파라미터는 약간 다르므로 이에 대한 주의가 필요합니다. 정확히 표현하자면 동일한 기능을 의미하는 하이퍼 파라미터이지만, 사이킷런 파라미터의 범용화된 이름 규칙(Naming Rule)에 따라 파라미터 명이 달라집니다. 파이썬 래퍼 XGBoost의 하이퍼 파라미터를 알아보고 나서 사이킷런 래퍼 XGBoost 하이퍼 파라미터가 어떻게 다른지 알아보겠습니다.

파이썬 래퍼 XGBoost 하이퍼 파라미터를 유형별로 나누면 다음과 같습니다.

- **일반 파라미터:** 일반적으로 실행 시 스레드의 개수나 silent 모드 등의 선택을 위한 파라미터로서 디폴트 파라미터 값을 바꾸는 경우는 거의 없습니다
- **부스터 파라미터:** 트리 최적화, 부스팅, regularization 등과 관련 파라미터 등을 지칭합니다.
- **학습 태스크 파라미터:** 학습 수행 시의 객체 함수, 평가를 위한 지표 등을 설정하는 파라미터입니다.

대부분의 하이퍼 파라미터는 Booster 파라미터에 속합니다.

주요 일반 파라미터

- **booster**: gbtree(tree based model) 또는 gblinear(linear model) 선택. 디폴트는 gbtree입니다.
- **silent**: 디폴트는 0이며, 출력 메시지를 나타내고 싶지 않을 경우 1로 설정합니다.
- **nthread**: CPU의 실행 스레드 개수를 조정하며, 디폴트는 CPU의 전체 스레드를 다 사용하는 것입니다. 멀티 코어/스레드 CPU 시스템에서 전체 CPU를 사용하지 않고 일부 CPU만 사용해 ML 애플리케이션을 구동하는 경우에 변경합니다.

주요 부스터 파라미터

- **eta [default=0.3, alias: learning_rate]**: GBM의 학습률(learning rate)과 같은 파라미터입니다. 0에서 1 사이의 값을 지정하며 부스팅 스텝을 반복적으로 수행할 때 업데이트되는 학습률 값. 파이썬 래퍼 기반의 xgboost를 이용할 경우 디폴트는 0.3. 사이킷런 래퍼 클래스를 이용할 경우 eta는 learning_rate 파라미터로 대체되며, 디폴트는 0.1입니다. 보통은 0.01 ~ 0.2 사이의 값을 선호합니다.
- **num_boost_rounds**: GBM의 n_estimators와 같은 파라미터입니다.
- **min_child_weight[default=1]**: 트리에서 추가적으로 가지를 나눌지를 결정하기 위해 필요한 데이터들의 weight 총합. min_child_weight이 클수록 분할을 자제합니다. 과적합을 조절하기 위해 사용됩니다.
- **gamma [default=0, alias: min_split_loss]**: 트리의 리프 노드를 추가적으로 나눌지를 결정할 최소 손실 감소 값입니다. 해당 값보다 큰 손실(loss)이 감소된 경우에 리프 노드를 분리합니다. 값이 클수록 과적합 감소 효과가 있습니다.
- **max_depth[default=6]**: 트리 기반 알고리즘의 max_depth와 같습니다. 0을 지정하면 깊이에 제한이 없습니다. Max_depth가 높으면 특정 피처 조건에 특화되어 룰 조건이 만들어지므로 과적합 가능성이 높아지며 보통은 3~10 사이의 값을 적용합니다.
- **sub_sample[default=1]**: GBM의 subsample과 동일합니다. 트리가 커져서 과적합되는 것을 제어하기 위해 데이터를 샘플링하는 비율을 지정합니다. sub_sample=0.5로 지정하면 전체 데이터의 절반을 트리를 생성하는 데 사용합니다. 0에서 1 사이의 값이 가능하나 일반적으로 0.5 ~ 1 사이의 값을 사용합니다.
- **colsample_bytree[default=1]**: GBM의 max_features와 유사합니다. 트리 생성에 필요한 피처(칼럼)를 임의로 샘플링하는 데 사용됩니다. 매우 많은 피처가 있는 경우 과적합을 조정하는 데 적용합니다.
- **lambda [default=1, alias: reg_lambda]**: L2 Regularization 적용 값입니다. 피처 개수가 많을 경우 적용을 검토하며 값이 클수록 과적합 감소 효과가 있습니다.
- **alpha [default=0, alias: reg_alpha]**: L1 Regularization 적용 값입니다. 피처 개수가 많을 경우 적용을 검토하며 값이 클수록 과적합 감소 효과가 있습니다.

- **scale_pos_weight [default=1]**: 특정 값으로 치우친 비대칭한 클래스로 구성된 데이터 세트의 균형을 유지하기 위한 파라미터입니다.

학습 태스크 파라미터

- **objective**: 최솟값을 가져야 할 손실 함수를 정의합니다. XGBoost는 많은 유형의 손실함수를 사용할 수 있습니다. 주로 사용되는 손실함수는 이진 분류인지 다중 분류인지에 따라 달라집니다.
- **binary:logistic**: 이진 분류일 때 적용합니다.
- **multi:softmax**: 다중 분류일 때 적용합니다. 손실함수가 multi:softmax일 경우에는 레이블 클래스의 개수인 num_class 파라미터를 지정해야 합니다.
- **multi:softprob**: multi:softmax와 유사하나 개별 레이블 클래스의 해당되는 예측 확률을 반환합니다.
- **eval_metric**: 검증에 사용되는 함수를 정의합니다. 기본값은 회귀인 경우는 rmse, 분류일 경우에는 error입니다. 다음은 eval_metric의 값 유형입니다.
  - **rmse**: Root Mean Square Error
  - **mae**: Mean Absolute Error
  - **logloss**: Negative log-likelihood
  - **error**: Binary classification error rate (0.5 threshold)
  - **merror**: Multiclass classification error rate
  - **mlogloss**: Multiclass logloss
  - **auc**: Area under the curve

뛰어난 알고리즘일수록 파라미터를 튜닝할 필요가 적습니다. 그리고 파라미터 튜닝에 들이는 공수 대비 성능 향상 효과가 높지 않은 경우가 대부분입니다. 파라미터를 튜닝하는 경우의 수는 여러 가지 상황에 따라 달라집니다. 피처의 수가 매우 많거나 피처 간 상관되는 정도가 많거나 데이터 세트에 따라 여러 가지 특성이 있을 수 있습니다.

과적합 문제가 심각하다면 다음과 같이 적용할 것을 고려할 수 있습니다.

- eta 값을 낮춥니다(0.01 ~ 0.1). eta 값을 낮출 경우 num_round(또는 n_estimators)는 반대로 높여줘야 합니다.
- max_depth 값을 낮춥니다.
- min_child_weight 값을 높입니다.

- gamma 값을 높입니다.
- 또한 subsample과 colsample_bytree를 조정하는 것도 트리가 너무 복잡하게 생성되는 것을 막아 과적합 문제에 도움이 될 수 있습니다.

XGBoost 자체적으로 교차 검증, 성능 평가, 피처 중요도 등의 시각화 기능을 가지고 있습니다. 또한 XGBoost는 기본 GBM에서 부족한 다른 여러 가지 성능 향상 기능이 있습니다. 그중에 수행 속도를 향상시키기 위한 대표적인 기능으로 조기 중단(Early Stopping) 기능이 있습니다. 기본 GBM의 경우 n_estimators(또는 num_boost_rounds)에 지정된 횟수만큼 반복적으로 학습 오류를 감소시키며 학습을 진행하면서 중간에 반복을 멈출 수 없고 n_estimators에 지정된 횟수를 다 완료해야 합니다. XGBoost, 그리고 뒤에서 소개할 LightGBM은 모두 조기 중단 기능이 있어서 n_estimators에 지정한 부스팅 반복 횟수에 도달하지 않더라도 예측 오류가 더 이상 개선되지 않으면 반복을 끝까지 수행하지 않고 중지해 수행 시간을 개선할 수 있습니다.

예를 들어 n_estimators를 200으로 설정하고 조기 중단 파라미터 값을 50으로 설정하면, 1부터 200회까지 부스팅을 반복하다가 50회를 반복하는 동안 학습 오류가 감소하지 않으면 더 이상 부스팅을 진행하지 않고 종료합니다(가령 100회에서 학습 오류 값이 0.8인데, 101~ 150회 반복하는 동안 예측 오류가 0.8보다 작은 값이 하나도 없으면 부스팅을 종료합니다).

이 책의 예제에 사용된 XGBoost 버전은 1.5.0입니다. 다른 버전을 이용할 경우 책의 예제 결과와 조금 다른 결과가 출력될 수도 있음을 주지하기 바랍니다. XGBoost의 버전은 다음과 같이 확인할 수 있습니다.

```
import xgboost

print(xgboost.__version__)
```

[Output]

```
1.5.0
```

파이썬 래퍼 XGBoost 적용 – 위스콘신 유방암 예측

이번 절에서는 위스콘신 유방암 데이터 세트를 활용하여 파이썬 래퍼 XGBoost API의 사용법을 살펴보겠습니다. XGBoost의 파이썬 패키지인 xgboost는 자체적으로 교차 검증, 성능 평가, 피처 중요도 등의 시각화(plotting) 기능을 가지고 있습니다. 또한 조기 중단 기능이 있어서 num_rounds로 지정한 부스팅 반복 횟수에 도달하지 않더라도 더 이상 예측 오류가 개선되지 않으면 반복을 끝까지 수행하지 않고 중지해 수행 시간을 개선하는 기능도 가지고 있습니다. 일반적으로 수행 성능 향상 XGBoost는 GBM와는 다르게 병렬 처리와 조기 중단 등으로 빠른 수행시간 처리가 가능하지만, CPU 코어가 많지 않은 개인용 PC에서는 수행시간 향상을 경험하기 어려울 수도 있습니다.

위스콘신 유방암 데이터 세트는 종양의 크기, 모양 등의 다양한 속성값을 기반으로 악성 종양(malignant)인지 양성 종양(benign)인지를 분류한 데이터 세트입니다. 종양은 양성 종양(benign tumor)과 악성 종양(malignant tumor)으로 구분할 수 있으며, 양성 종양이 비교적 성장 속도가 느리고 전이되지 않는 것에 반해, 악성 종양은 주위 조직에 침입하면서 빠르게 성장하고 신체 각 부위에 확산되거나 전이되어 생명을 위협합니다. 위스콘신 유방암 데이터 세트에 기반해 종양의 다양한 피처에 따라 악성종양(malignant)인지 일반 양성종양(benign)인지를 XGBoost를 이용해 예측해 보겠습니다.

새로운 주피터 노트북을 생성한 뒤에 xgboost 모듈을 로딩하고 xgb로 명명하겠습니다. xgboost 패키지는 피처의 중요도를 시각화해주는 모듈인 plot_importance를 함께 제공합니다. 이를 이용해 나중에 피처 중요도를 시각화해 보겠습니다. 위스콘신 유방암 데이터 세트는 사이킷런에도 내장돼 있으며 이를 위해 load_breast_cancer( )를 호출하면 됩니다. 해당 데이터를 DataFrame으로 로드 후 일부를 살펴보겠습니다.

```
import xgboost as xgb
from xgboost import plot_importance
import pandas as pd
import numpy as np
from sklearn.datasets import load_breast_cancer
from sklearn.model_selection import train_test_split
import warnings
warnings.filterwarnings('ignore')

dataset = load_breast_cancer()
features= dataset.data
labels = dataset.target
```

```
cancer_df = pd.DataFrame(data=features, columns=dataset.feature_names)
cancer_df['target']= labels
cancer_df.head(3)
```

[Output]

	mean radius	mean texture	mean perimeter	mean area	mean smoothness	mean compactness	mean concavity	mean concave points	mean symmetry	mean fractal dimension	...	worst texture	worst perimeter	worst area	worst smoothness	comp
0	17.99	10.38	122.8	1001.0	0.11840	0.27760	0.3001	0.14710	0.2419	0.07871	...	17.33	184.6	2019.0	0.1622	
1	20.57	17.77	132.9	1326.0	0.08474	0.07864	0.0869	0.07017	0.1812	0.05667	...	23.41	158.8	1956.0	0.1238	
2	19.69	21.25	130.0	1203.0	0.10960	0.15990	0.1974	0.12790	0.2069	0.05999	...	25.53	152.5	1709.0	0.1444	

종양의 크기와 모양에 관련된 많은 속성이 숫자형 값으로 돼 있습니다. 타깃 레이블 값의 종류는 악성인 'malignant'가 0 값으로, 양성인 'benign'이 1 값으로 돼 있습니다. 레이블 값의 분포를 확인해 보겠습니다.

```
print(dataset.target_names)
print(cancer_df['target'].value_counts())
```

[Output]

```
['malignant' 'benign']
1    357
0    212
```

1 값인 양성 benign이 357개, 0 값인 악성 malignant가 212개로 구성돼 있습니다.

위스콘신 유방암 데이터 세트의 80%를 학습용으로, 20%를 테스트용으로 추출한 뒤 이 80%의 학습용 데이터에서 90%를 최종 학습용, 10%를 검증용으로 분할하겠습니다. 여기서 검증용 데이터 세트를 별도로 분할하는 이유는 XGBoost가 제공하는 기능인 검증 성능 평가와 조기 중단(early stopping)을 수행해 보기 위함입니다. cancer_df의 맨 마지막 칼럼이 레이블이므로 피처용 DataFrame은 cancer_df의 첫번째 칼럼에서 맨 마지막 두번째 칼럼까지를 :-1 슬라이싱으로 추출하겠습니다.

```
# cancer_df에서 feature용 DataFrame과 Label용 Series 객체 추출
# 맨 마지막 칼럼이 Label임. Feature용 DataFrame은 cancer_df의 첫번째 칼럼에서 맨 마지막 두번째
칼럼까지를 :-1 슬라이싱으로 추출.
X_features = cancer_df.iloc[:, :-1]
y_label = cancer_df.iloc[:, -1]
```

```
# 전체 데이터 중 80%는 학습용 데이터, 20%는 테스트용 데이터 추출
X_train, X_test, y_train, y_test=train_test_split(X_features, y_label, test_size=0.2,
random_state=156 )

# 위에서 만든 X_train, y_train을 다시 쪼개서 90%는 학습과 10%는 검증용 데이터로 분리
X_tr, X_val, y_tr, y_val= train_test_split(X_train, y_train, test_size=0.1, random_state=156 )

print(X_train.shape , X_test.shape)
print(X_tr.shape, X_val.shape)
```

[Output]

```
(455, 30) (114, 30)
(409, 30) (46, 30)
```

전체 569개의 데이터 세트에서 최종 학습용 409개, 검증용 46개, 테스트용 114개가 추출되었습니다.

파이썬 래퍼 XGBoost는 사이킷런과 여러 가지 차이가 있지만, 먼저 눈에 띄는 차이는 XGBoost만의 전용 데이터 객체인 DMatrix를 사용한다는 점입니다. 때문에 Numpy 또는 Pandas로 되어 있는 학습용, 검증, 테스트용 데이터 세트를 모두 전용의 데이터 객체인 DMatrix로 생성하여 모델에 입력해 줘야 합니다. XGBoost 초기 버전은 주로 넘파이를 입력 파라미터를 받아서 DMatrix를 생성하였지만, 현 버전은 넘파이 외에도 DataFrame과 Series 기반으로도 DMatrix를 생성할 수 있습니다. DMatrix의 주요 입력 파라미터는 data와 label입니다. data는 피처 데이터 세트이며, label은 분류의 경우에는 레이블 데이터 세트, 회귀의 경우는 숫자형인 종속값 데이터 세트입니다.

DMatrix는 넘파이, DataFrame, Series외에 libsvm txt 포맷 파일, xgboost 이진 버퍼 파일을 파라미터로 입력받아 변환할 수 있습니다. 과거 버전의 XGBoost에서 판다스의 DataFrame과 호환되지 않아서 DMatrix 생성 시 오류가 발생할 경우에는 DataFrame.values를 이용해 넘파이로 일차 변환한 뒤에 이를 이용해 DMatrix 변환을 적용해야 합니다. 다음은 DataFrame 기반의 학습 데이터 세트와 테스트 데이터 세트를 DMatrix로 변환하는 예제입니다.

```
# 만약 구버전 XGBoost에서 DataFrame으로 DMatrix 생성이 안 될 경우 X_train.values로 넘파이 변환.
# 학습, 검증, 테스트용 DMatrix를 생성.
dtr = xgb.DMatrix(data=X_tr, label=y_tr)
dval = xgb.DMatrix(data=X_val, label=y_val)
dtest = xgb.DMatrix(data=X_test , label=y_test)
```

파이썬 래퍼 XGBoost 모듈인 xgboost를 이용해 학습을 수행하기 전에 먼저 XGBoost의 하이퍼 파라미터를 설정합니다. XGBoost의 하이퍼 파라미터는 주로 딕셔너리 형태로 입력합니다. 다음과 같은 하이퍼 파라미터 설정을 딕셔너리 형태로 만들어 보겠습니다.

- max_depth(트리 최대 깊이)는 3.
- 학습률 eta는 0.1(XGBClassifier를 사용할 경우 eta가 아니라 learning_rate입니다).
- 예제 데이터가 0 또는 1 이진 분류이므로 목적함수(objective)는 이진 로지스틱(binary:logistic).
- 오류 함수의 평가 성능 지표는 logloss.
- num_rounds(부스팅 반복 횟수)는 400회

```
params = { 'max_depth':3,
           'eta': 0.05,
           'objective':'binary:logistic',
           'eval_metric':'logloss'
        }
num_rounds = 400
```

이제 위에 지정된 하이퍼 파라미터로 XGBoost 모델을 학습시켜보겠습니다. 파이썬 래퍼 XGBoost는 하이퍼 파라미터를 xgboost 모듈의 train( ) 함수에 파라미터로 전달합니다(사이킷런의 경우는 Estimator의 생성자를 하이퍼 파라미터로 전달하는 데 반해 차이가 있습니다). 학습 시 XGBoost는 수행 속도를 개선하기 위해서 조기 중단 기능을 제공합니다. 앞에서도 설명했듯이 조기 중단은 XGBoost가 수행 성능을 개선하기 위해서 더 이상 지표 개선이 없을 경우에 num_boost_round 횟수를 모두 채우지 않고 중간에 반복을 빠져 나올 수 있도록 하는 것입니다.

조기 중단의 성능 평가는 주로 별도의 검증 데이터 세트를 이용합니다. XGBoost는 학습 반복 시마다 검증 데이터 세트를 이용해 성능을 평가할 수 있는 기능을 제공합니다. 조기 중단은 xgboost의 train( ) 함수에 early_stopping_rounds 파라미터를 입력하여 설정합니다. 여기서는 조기 중단 할 수 있는 최소 반복 횟수를 50으로 설정하겠습니다.

early_stopping_rounds 파라미터를 설정해 조기 중단을 수행하기 위해서는 반드시 평가용 데이터 세트 지정과 eval metric을 함께 설정해야 합니다. Xgboost는 반복마다 지정된 평가용 데이터 세트에서 eval_metric의 지정된 평가 지표로 예측 오류를 측정합니다.

- 평가용 데이터 세트는 학습과 평가용 데이터 세트를 명기하는 개별 튜플을 가지는 리스트 형태로 설정. 가령 dtr이 학습용, dval이 평가용이라면 [(dtr,'train'),(dval,'eval')]와 같이, 학습용 DMatirx는 'train'으로, 평가용 Dmatrix는 'eval'로 개별 튜플에서 명기하여 설정. 과거 버전 XGBoost는 학습 데이터 세트와 평가용 데이터 세트를 명기해주어야 했으나 현재 버전은 평가용 데이터 세트만 명기해 줘도 성능 평가를 수행하므로 [(dval, 'eval')]로 설정해도 무방.
- eval_metric은 평가 세트에 적용할 성능 평가 방법. 분류일 경우 주로 'error'(분류 오류), 'logloss'를 적용.

이제 xgboost 모듈의 train( ) 함수를 호출하면 학습을 수행해 보겠습니다. 평가용 데이터 세트 설정은 [(dtr,'train'),(dval,'eval')]와 같이 학습용 DMatrix인 dtr과 검증용 DMatrix인 dval로 설정한 뒤 train( ) 함수의 evals 인자값으로 입력합니다. eval_metric는 위에서 params 딕셔너리로 지정되었습니다. Xgboost 학습 반복 시마다 evals에 설정된 데이터 세트에 대해 평가 지표 결과가 출력됩니다. train( )은 학습이 완료된 모델 객체를 반환합니다.

```
# 학습 데이터 셋은 'train' 또는 평가 데이터 셋은 'eval' 로 명기합니다.
eval_list = [(dtr,'train'),(dval,'eval')] # 또는 eval_list = [(dval,'eval')] 만 명기해도 무방.

# 하이퍼 파라미터와 early stopping 파라미터를 train( ) 함수의 파라미터로 전달
xgb_model = xgb.train(params = params , dtrain=dtr , num_boost_round=num_rounds , \
                      early_stopping_rounds=50, evals=eval_list )
```

[Output]

```
[0] train-logloss:0.65016 eval-logloss:0.66183
[1] train-logloss:0.61131 eval-logloss:0.63609
[2] train-logloss:0.57563 eval-logloss:0.61144
………
[125]   train-logloss:0.01998      eval-logloss:0.25714
[126]   train-logloss:0.01973      eval-logloss:0.25587
[127]   train-logloss:0.01946      eval-logloss:0.25640
[128]   train-logloss:0.01927      eval-logloss:0.25685
……….
[175]   train-logloss:0.01267      eval-logloss:0.26086
[176]   train-logloss:0.01258      eval-logloss:0.26103
```

train( )으로 학습을 수행하면서 반복 시마다 train-logloss와 eval-logloss가 지속적으로 감소하고 있습니다. 하지만 num_boost_round를 400회로 설정했음에도 불구하고 학습은 400번을 반복하지 않고 0부터 시작하여 176번째 반복에서 완료했음을 알 수 있습니다. 출력 결과를 자세히 들여다보면 126번째 반복에서 eval-logloss로 표시되는 검증 데이터에 대한 logloss 값이 0.25587로 가장 낮습니다. 이후 126번에서 176번까지 early_stopping_rounds로 지정된 50회 동안 logloss 값은 이보다 향상되지 않았기 때문에(logloss가 작을수록 성능이 좋습니다) 더 이상 반복하지 않고 멈춘 것입니다.

xgboost를 이용해 모델의 학습이 완료됐으면 이를 이용해 테스트 데이터 세트에 예측을 수행해 보겠습니다. 파이썬 래퍼 XGBoost는 train( ) 함수를 호출해 학습이 완료된 모델 객체를 반환하게 되는데, 이 모델 객체는 예측을 위해 predict( ) 메서드를 이용합니다. 한 가지 유의할 점은 사이킷런의 predict( ) 메서드는 예측 결과 클래스 값(즉, 0, 1)을 반환하는 데 반해 xgboost의 predict( )는 예측 결괏값이 아닌 예측 결과를 추정할 수 있는 확률 값을 반환한다는 것입니다. 본 예제는 암이 악성인지, 양성인지를 판단하는 이진 분류이므로 예측 확률이 0.5보다 크면 1, 그렇지 않으면 0으로 예측 값을 결정하는 로직을 추가하면 됩니다.

```
pred_probs = xgb_model.predict(dtest)
print('predict( ) 수행 결괏값을 10개만 표시, 예측 확률 값으로 표시됨')
print(np.round(pred_probs[:10],3))

# 예측 확률이 0.5보다 크면 1 , 그렇지 않으면 0으로 예측값 결정하여 List 객체인 preds에 저장
preds = [ 1 if x > 0.5 else 0 for x in pred_probs ]
print('예측값 10개만 표시:',preds[:10])
```

[Output]

```
predict( ) 수행 결괏값을 10개만 표시, 예측 확률 값으로 표시됨
[0.857 0.006 0.688 0.062 0.977 0.999 0.999 0.999 0.998 0.001]
예측값 10개만 표시: [1, 0, 1, 0, 1, 1, 1, 1, 1, 0]
```

3장 평가에서 생성한 get_clf_eval( ) 함수를 적용해 XGBoost 모델의 예측 성능을 평가해 보겠습니다. 테스트 실제 레이블 값을 가지는 y_test와 예측 레이블인 preds, 그리고 예측 확률인 pred_proba를 인자로 입력합니다.

```
get_clf_eval(y_test , preds, pred_probs)
```

[Output]

```
오차 행렬
[[34  3]
 [ 2 75]]
정확도: 0.9561, 정밀도: 0.9615, 재현율: 0.9740, F1: 0.9677, AUC:0.9937
```

정확도는 약 0.9561, 정밀도는 0.9615, 재현율은 0.9740, F1-스코어는 0.9677 그리고 ROC-AUC는 0.9937로 측정됐습니다.

이번에는 xgboost 패키지에 내장된 시각화 기능을 수행해 보겠습니다. xgboost의 plot_importance() API는 피처의 중요도를 막대그래프 형식으로 나타냅니다. 기본 평가 지표로 f스코어를 기반으로 해당 피처의 중요도를 나타냅니다. f스코어는 해당 피처가 트리 분할 시 얼마나 자주 사용되었는지를 지표로 나타낸 값입니다. 사이킷런은 Estimator 객체의 feature_importances_ 속성을 이용해 직접 시각화 코드를 작성해야 하지만, xgboost 패키지는 plot_importance( )를 이용해 바로 피처 중요도를 시각화할 수 있습니다. plot_importance( ) 호출 시 파라미터로 앞에서 학습이 완료된 모델 객체 및 맷플롯립의 ax 객체를 입력하기만 하면 됩니다.

내장된 plot_importance( ) 이용 시 유의할 점은 xgboost를 DataFrame이 아닌 넘파이 기반의 피처 데이터로 학습 시에는 넘파이에서 피처명을 제대로 알 수가 없으므로 Y축의 피처명을 나열 시 f0, f1과 같이 피처 순서별로 f자 뒤에 순서를 붙여서 피처명을 나타냅니다(f0는 첫 번째 피처, f1은 두 번째 피처를 의미합니다).

```
import matplotlib.pyplot as plt
%matplotlib inline

fig, ax = plt.subplots(figsize=(10, 12))
plot_importance(xgb_model, ax=ax)
```

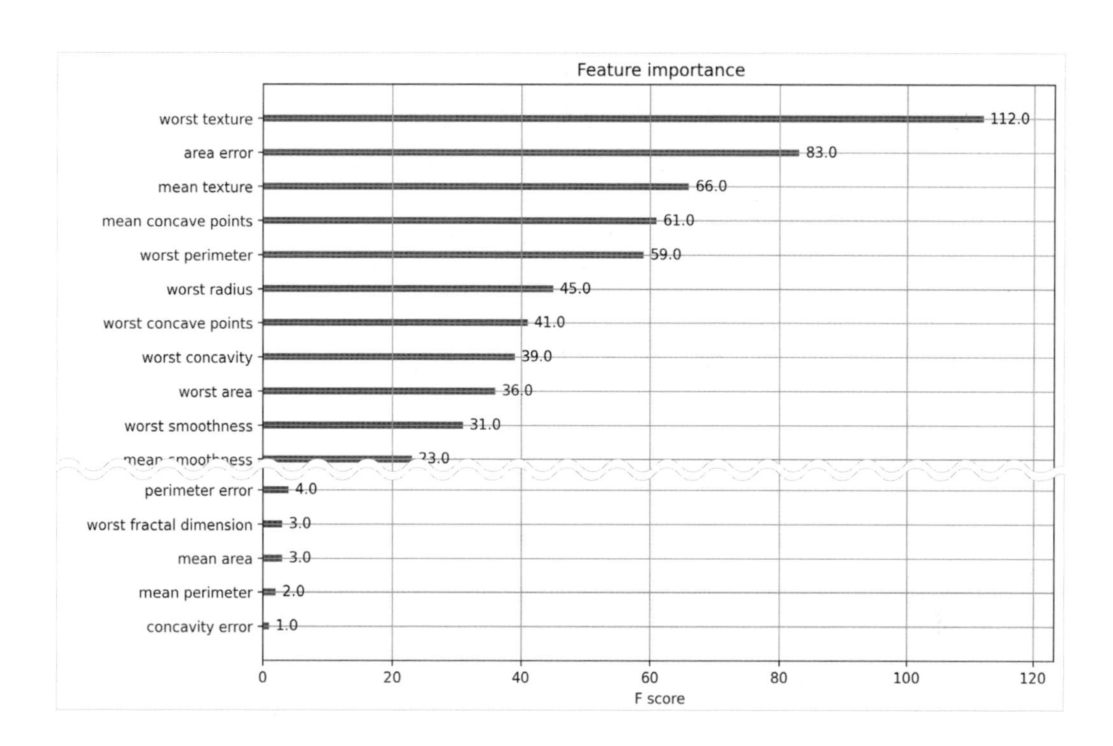

결정 트리에서 보여준 트리 기반 규칙 구조도 xgboost에서 시각화할 수 있습니다. xgboost 모듈의 to_graphviz( ) API를 이용하면 주피터 노트북에 바로 규칙 트리 구조를 그릴 수 있습니다. 단, 결정 트리에서와 마찬가지로 Graphviz 프로그램과 패키지가 설치돼 있어야 합니다. xgboost.to_graphviz( ) 내에 파라미터로 학습이 완료된 모델 객체와 Graphviz가 참조할 파일명을 입력해주면 됩니다. Graphviz에 대한 설명은 앞부분의 결정 트리 설명 부분을 참조하세요.

파이썬 래퍼 XGBoost는 사이킷런의 GridSearchCV와 유사하게 데이터 세트에 대한 교차 검증 수행 후 최적 파라미터를 구할 수 있는 방법을 cv( ) API로 제공합니다. 다음은 cv( ) API와 파라미터에 대한 설명입니다.

```
xgboost.cv(params, dtrain, num_boost_round=10, nfold=3, stratified=False, folds=None, metrics=(),
obj=None, feval=None, maximize=False, early_stopping_rounds=None, fpreproc=None, as_pandas=True,
verbose_eval=None, show_stdv=True, seed=0, callbacks=None, shuffle=True)
```

- params (dict): 부스터 파라미터
- dtrain (DMatrix): 학습 데이터
- num_boost_round (int): 부스팅 반복 횟수
- nfold (int): CV 폴드 개수.

- `stratified (bool)`: CV 수행 시 층화 표본 추출(stratified sampling) 수행 여부
- `metrics (string or list of strings)`: CV 수행 시 모니터링할 성능 평가 지표
- `early_stopping_rounds (int)`: 조기 중단을 활성화시킴. 반복 횟수 지정.

xgb.cv의 반환값은 DataFrame 형태입니다. 이쯤에서 파이썬 래퍼 XGBoost 모듈에 대한 소개와 사용법을 마치겠습니다. XGBoost를 위한 사이킷런 래퍼는 사이킷런과 호환돼 편리하게 사용할 수 있기 때문에 앞으로는 예제 코드에 파이썬 래퍼 XGBoost가 아닌 사이킷런 래퍼 XGBoost를 사용하겠습니다.

사이킷런 래퍼 XGBoost의 개요 및 적용

앞에서 잠깐 설명했지만, XGBoost 개발 그룹은 사이킷런의 프레임워크와 연동하기 위해 사이킷런 전용의 XGBoost 래퍼 클래스를 개발했습니다. 사이킷런의 기본 Estimator를 그대로 상속해 만들었기 때문에 다른 Estimator와 동일하게 fit( )과 predict( )만으로 학습과 예측이 가능하고, GridSearchCV, Pipeline 등 사이킷런의 다른 유틸리티를 그대로 사용할 수 있기 때문에 기존의 다른 머신러닝 알고리즘으로 만들어놓은 프로그램이 있더라도 알고리즘 클래스만 XGboost 래퍼 클래스로 바꾸면 기존 프로그램을 그대로 사용할 수 있습니다. 사이킷런을 위한 래퍼 XGBoost는 크게 분류를 위한 래퍼 클래스인 XGBClassifier, 회귀를 위한 래퍼 클래스인 XGBRegressor입니다.

파이썬 래퍼 XGBoost와 사이킷런 래퍼 XGBoost의 하이퍼 파라미터에 약간의 차이가 있다고 앞에서 잠깐 언급했습니다. XGBClassifier는 기존 사이킷런에서 일반적으로 사용하는 하이퍼 파라미터와 호환성을 유지하기 위해 기존의 xgboost 모듈에서 사용하던 네이티브 하이퍼 파라미터 몇 개를 다음과 같이 변경했습니다.

- eta → learning_rate
- sub_sample → subsample
- lambda → reg_lambda
- alpha → reg_alpha

또한 xgboost의 n_estimators와 num_boost_round 하이퍼 파라미터는 서로 동일한 파라미터입니다. 만일 두 개가 동시에 사용되면 파이썬 래퍼 XGBoost API에서는 n_estimators 파라미터를 무시하고 num_boost_round 파라미터를 적용합니다. 하지만 XGBClassifier와 같은 사이킷런 래퍼 XGBoost 클래스에서는 n_estimators 파라미터를 적용합니다.

위스콘신 대학병원의 유방암 데이터 세트를 분류를 위한 래퍼 클래스인 XGBClassifier를 이용해 예측해 보겠습니다. 모델의 하이퍼 파라미터는 앞의 파이썬 래퍼 XGBoost와 동일하게 n_estimators(num_rounds 대응)는 400, learning_rate(eta 대응)는 0.1, max_depth=3으로 설정하겠습니다. 앞 파이썬 래퍼 XGBoost 예제를 위해 사용한 주피터 노트북을 이어서 이용하되, 학습 데이터는 앞 예제와 다르게 검증 데이터로 분할되기 이전인 X_train과 y_train을 이용하고 테스트 데이터는 그대로 X_test와 y_test를 사용하겠습니다. XGBClassifier 클래스의 fit( ), predict( ), predict_proba( )를 이용해 학습과 예측을 수행합니다.

```
# 사이킷런 래퍼 XGBoost 클래스인 XGBClassifier 임포트
from xgboost import XGBClassifier

# Warning 메시지를 없애기 위해 eval_metric 값을 XGBClassifier 생성 인자로 입력.
xgb_wrapper = XGBClassifier(n_estimators=400, learning_rate=0.05, max_depth=3,
eval_metric='logloss')
xgb_wrapper.fit(X_train, y_train, verbose=True)
w_preds = xgb_wrapper.predict(X_test)
w_pred_proba = xgb_wrapper.predict_proba(X_test)[:, 1]
```

get_clf_eval( )를 이용해 사이킷런 래퍼 XGBoost로 만들어진 모델의 예측 성능 평가를 하겠습니다.

```
get_clf_eval(y_test , w_preds, w_pred_proba)
```

[Output]

```
오차 행렬
[[34  3]
 [ 1 76]]
정확도: 0.9649, 정밀도: 0.9620, 재현율: 0.9870, F1: 0.9744, AUC:0.9954
```

앞 예제의 파이썬 래퍼 XGBoost보다 더 좋은 평가 결과가 나왔습니다. 이유는 워낙 위스콘신 데이터 세트의 개수가 워낙 작은데, 이전에는 조기 중단을 위해서 최초 학습 데이터인 X_train을 다시 학습용 X_tr과 X_val로 분리하면서 최종 학습 데이터 건수가 작아지기 때문에 발생한 것으로 추정됩니다. 위스콘신 데이터 세트가 작기 때문에 전반적으로 검증 데이터를 분리하거나 교차 검증 등을 적용할 때 성능 수치가 불안정한 모습을 보입니다. 하지만 데이터 건수가 많은 경우라면, 원본 학습 데이터를 다시 학습과 검증 데이터로 분리하고 여기에 조기 중단 회수를 적절하게 부여할 경우 일반적으로는 과적합을 개선할 수 있어서 모델 성능이 조금 더 향상될 수 있습니다.

이번에는 사이킷런 래퍼XGBoost에서 조기 중단을 수행해 보도록 하겠습니다. 조기 중단 관련한 파라미터를 fit( )에 입력하면 됩니다. 조기 중단 관련 파라미터는 평가 지표가 향상될 수 있는 반복 횟수를 정의하는 early_stopping_rounds, 조기 중단을 위한 평가 지표인 eval_metric, 그리고 성능 평가를 수행할 데이터 세트인 eval_set입니다. 파이썬 래퍼 예제와 마찬가지로 최초 학습 데이터에서 다시 분리된 최종 학습 데이터와 검증 데이터를 이용하여 학습과 조기 중단을 적용해 보겠습니다. early_stopping_rounds를 50, eval_metric은 logloss를 설정하고, eval_set는 파이썬 래퍼일 때와 살짝 다르게 학습과 검증을 의미하는 문자열을 넣어주지 않아도 됩니다. [(X_tr, y_tr), (X_val, y_val)]와 같이 지정하면 맨 앞의 튜플이 학습용 데이터, 뒤의 튜플이 검증용 데이터로 자동 인식 됩니다.

```
from xgboost import XGBClassifier

xgb_wrapper = XGBClassifier(n_estimators=400, learning_rate=0.05, max_depth=3)
evals = [(X_tr, y_tr), (X_val, y_val)]
xgb_wrapper.fit(X_tr, y_tr, early_stopping_rounds=50, eval_metric="logloss",
                eval_set=evals, verbose=True)

ws50_preds = xgb_wrapper.predict(X_test)
ws50_pred_proba = xgb_wrapper.predict_proba(X_test)[:, 1]
```

[Output]

```
[0] validation_0-logloss:0.65016    validation_1-logloss:0.66183
[1] validation_0-logloss:0.61131    validation_1-logloss:0.63609
[2] validation_0-logloss:0.57563    validation_1-logloss:0.61144
......
[125]   validation_0-logloss:0.01998        validation_1-logloss:0.25714
[126]   validation_0-logloss:0.01973        validation_1-logloss:0.25587
[127]   validation_0-logloss:0.01946        validation_1-logloss:0.25640
.......
[175]   validation_0-logloss:0.01267        validation_1-logloss:0.26086
[176]   validation_0-logloss:0.01258        validation_1-logloss:0.26103
```

n_estimators가 400이지만 400번을 반복하지 않고 파이썬 래퍼의 조기 중단과 동일하게 176번째 반복에서 학습을 마무리했습니다. 마찬가지로 126번째 반복에서 검증 데이터 세트의 성능 평가인 validation_1-logloss가 0.25587로 가장 낮았고, 이후 50번 반복까지 더 이상 성능이 향상되지 않았기 때문에 학습이 조기 종료 되었습니다.

조기 중단으로 학습된 XGBClassifier의 예측 성능을 살펴보겠습니다. 결과는 파이썬 래퍼의 조기 중단 성능과 동일합니다. 앞에서 설명한 대로 위스콘신 데이터 세트가 워낙 작아서, 조기 중단을 위한 검증 데이터를 분리하면 검증 데이터가 없는 학습 데이터를 사용했을 때보다 성능이 약간 저조합니다.

```
get_clf_eval(y_test , ws50_preds, ws50_pred_proba)
```

[Output]

```
오차 행렬
[[34  3]
 [ 2 75]]
정확도: 0.9561, 정밀도: 0.9615, 재현율: 0.9740,    F1: 0.9677, AUC:0.9933
```

하지만 조기 중단값을 너무 급격하게 줄이면 예측 성능이 저하될 우려가 큽니다. 만일 early_stopping_rounds를 10으로 하면 아직 성능이 향상될 여지가 있음에도 불구하고 10번 반복하는 동안 성능 평가지표가 향상되지 않으면 반복이 멈춰 버려서 충분한 학습이 되지 않아 예측 성능이 나빠질 수 있습니다. early_stopping_rounds를 10으로 설정하고 예측 성능을 다시 측정해 보겠습니다.

```
# early_stopping_rounds를 10으로 설정하고 재학습.
xgb_wrapper.fit(X_tr, y_tr, early_stopping_rounds=10,
                eval_metric="logloss", eval_set=evals,verbose=True)

ws10_preds = xgb_wrapper.predict(X_test)
ws10_pred_proba = xgb_wrapper.predict_proba(X_test)[:, 1]
get_clf_eval(y_test , ws10_preds, ws10_pred_proba)
```

[Output]

```
[0] validation_0-logloss:0.65016   validation_1-logloss:0.66183
[1] validation_0-logloss:0.61131   validation_1-logloss:0.63609
[2] validation_0-logloss:0.57563   validation_1-logloss:0.61144
…
[92]    validation_0-logloss:0.03152        validation_1-logloss:0.25918
[93]    validation_0-logloss:0.03107        validation_1-logloss:0.25865
[94]    validation_0-logloss:0.03049        validation_1-logloss:0.25951
…
```

```
[101]	validation_0-logloss:0.02751	validation_1-logloss:0.25955
[102]	validation_0-logloss:0.02714	validation_1-logloss:0.25901
[103]	validation_0-logloss:0.02668	validation_1-logloss:0.25991

오차 행렬
[[34  3]
 [ 3 74]]
정확도: 0.9474, 정밀도: 0.9610, 재현율: 0.9610,    F1: 0.9610, AUC:0.9933
```

103번째 반복까지만 수행된 후 학습이 종료됐는데, 103번째 반복의 logloss가 0.25991, 93번째 반복의 logloss가 0.25865로서 10번 반복하는 동안 성능 평가 지수가 향상되지 못해서 더 이상 수행하지 않고 학습이 종료됐습니다. 이렇게 학습된 모델로 예측한 결과 정확도는 약 0.9474로 early_stopping_rounds=50일 때의 약 0.9561보다 낮습니다.

피처의 중요도를 시각화하는 모듈인 plot_importance( ) API에 사이킷런 래퍼 클래스를 입력해도 앞에서 파이썬 래퍼 클래스를 입력한 결과와 똑같이 시각화 결과를 도출해 줍니다. 다음 코드를 수행해보면 동일하게 피처 중요도가 시각화됨을 알 수 있습니다. 출력 결과는 책에 수록하지는 않겠습니다.

```
from xgboost import plot_importance
import matplotlib.pyplot as plt
%matplotlib inline

fig, ax = plt.subplots(figsize=(10, 12))
# 사이킷런 래퍼 클래스를 입력해도 무방.
plot_importance(xgb_wrapper, ax=ax)
```

07 LightGBM

LightGBM은 XGBoost와 함께 부스팅 계열 알고리즘에서 가장 각광을 받고 있습니다. Xgboost는 매우 뛰어난 부스팅 알고리즘이지만, 여전히 학습 시간이 오래 걸립니다. XGBoost에서 GridSearchCV로 하이퍼 파라미터 튜닝을 수행하다 보면 수행 시간이 너무 오래 걸려서 많은 파라미터를 튜닝하기에 어려움을 겪을 수밖에 없습니다. 물론 GBM(Gradient Boosting Methods)보다는 빠르지만, 대용량 데이터의 경우 만족할 만한 학습 성능을 기대하려면 많은 CPU 코어를 가진 시스템에서 높은 병렬도로 학습을 진행해야 합니다. 그렇지 않은 H/W로 학습을 진행할 경우에는 당연히 더 많은 시간이 필요하기에 불편함이 커질 수밖에 없습니다.

LightGBM의 가장 큰 장점은 XGBoost보다 학습에 걸리는 시간이 훨씬 적다는 점입니다. 또한 메모리 사용량도 상대적으로 적습니다. LightGBM의 'Light'는 바로 이러한 장점 때문에 붙여진 것 같습니다. 하지만 'Light'라는 이미지가 자칫 가벼움을 뜻하게 되어 LightGBM의 예측 성능이 상대적으로 떨어진다든가 기능상의 부족함이 있을 것으로 인식되기 쉽습니다. 마치 소형 자동차 대 중대형 자동차와 같은 비교 이미지로 비칠 수 있습니다만 실상은 절대 그렇지 않습니다.

LightGBM과 XGBoost의 예측 성능은 별다른 차이가 없습니다. 또한 기능상의 다양성은 LightGBM이 약간 더 많습니다. 아무래도 LightGBM이 XGBoost보다 2년 후에 만들어지다 보니 XGBoost의 장점은 계승하고 단점은 보완하는 방식으로 개발됐기 때문일 것입니다. LightGBM의 한 가지 단점으로 알려진 것은 적은 데이터 세트에 적용할 경우 과적합이 발생하기 쉽다는 것입니다. 적은 데이터 세트의 기준은 애매하지만, 일반적으로 10,000건 이하의 데이터 세트 정도라고 LightGBM의 공식 문서에서 기술하고 있습니다.

LightGBM은 일반 GBM 계열의 트리 분할 방법과 다르게 리프 중심 트리 분할(Leaf Wise) 방식을 사용합니다. 기존의 대부분 트리 기반 알고리즘은 트리의 깊이를 효과적으로 줄이기 위한 균형 트리 분할(Level Wise) 방식을 사용합니다. 즉, 최대한 균형 잡힌 트리를 유지하면서 분할하기 때문에 트리의 깊이가 최소화될 수 있습니다. 이렇게 균형 잡힌 트리를 생성하는 이유는 오버피팅에 보다 더 강한 구조를 가질 수 있다고 알려져 있기 때문입니다. 반대로 균형을 맞추기 위한 시간이 필요하다는 상대적인 단점이 있습니다. 하지만 LightGBM의 리프 중심 트리 분할 방식은 트리의 균형을 맞추지 않고, 최대 손실 값(max delta loss)을 가지는 리프 노드를 지속적으로 분할하면서 트리의 깊이가 깊어지고 비대칭적인 규칙 트리가 생성됩니다. 하지만 이렇게 최대 손실값을 가지는 리프 노드를 지속적으로 분할해 생성된 규칙 트리는 학습을 반복할수록 결국은 균형 트리 분할 방식보다 예측 오류 손실을 최소화할 수 있다는 것이 LightGBM의 구현 사상입니다.

균형 트리 분할(Level Wise)

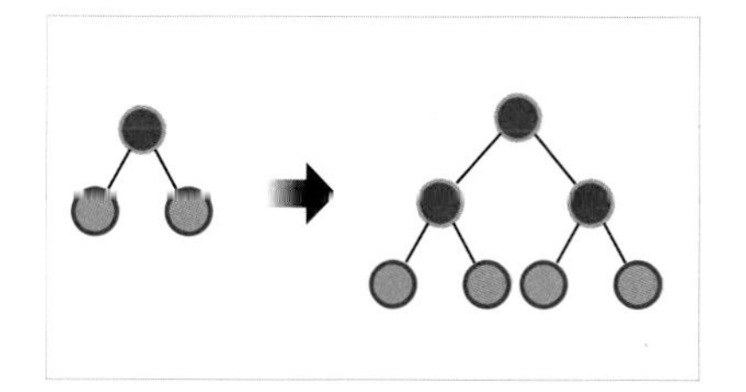

리프 중심 트리 분할(Leaf Wise)

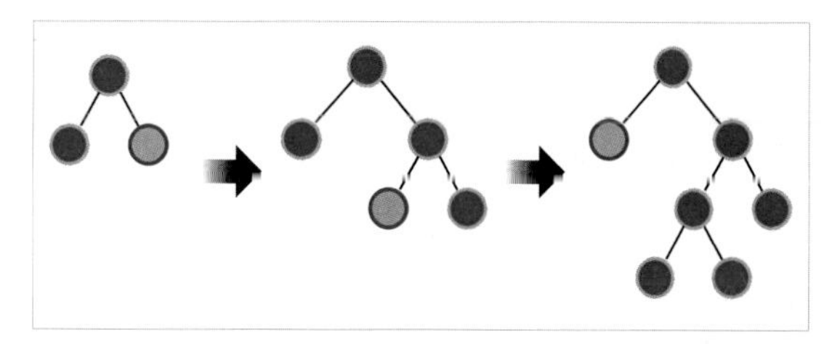

LightGBM의 XGBoost 대비 장점은 다음과 같이 정리할 수 있습니다.

- 더 빠른 학습과 예측 수행 시간.
- 더 작은 메모리 사용량.
- 카테고리형 피처의 자동 변환과 최적 분할(원-핫 인코딩 등을 사용하지 않고도 카테고리형 피처를 최적으로 변환하고 이에 따른 노드 분할 수행).

또한 LightGBM은 XGBoost와 마찬가지로 다음과 같은 대용량 데이터에 대한 뛰어난 예측 성능 및 병렬 컴퓨팅 기능을 제공하고 있으며, 추가로 최근에는 GPU까지 지원하고 있습니다.

LightGBM의 파이썬 패키지명은 'lightgbm'입니다. LightGBM도 XGBoost와 마찬가지로 초기에는 파이썬 래퍼용 LightGBM만 개발됐습니다. 이후 사이킷런과의 호환성을 지원하기 위해 사이킷런 래퍼 LightGBM이 추가로 개발됐으며, lightgbm 패키지 내에 이 두 개의 래퍼 모듈을 모두 가지고 있습니다. 사이킷런 래퍼 LightGBM 클래스는 분류를 위한 LGBMClassifier 클래스와 회귀를 위한 LGBMRegressor 클래스입니다.

이 클래스는 사이킷런의 기반 Estimator를 상속 받아 작성됐기 때문에 fit( ), predict( ) 기반의 학습 및 예측과 사이킷런이 제공하는 다양한 유틸리티의 활용이 가능합니다. 이제부터는 XGBoost는 물론이고 LightGBM도 사이킷런 래퍼 클래스만 설명하겠습니다. 사이킷런 래퍼 클래스가 파이썬 래퍼 클래스의 역할을 충분히 수용할 수 있고, 사이킷런 프레임워크와도 잘 통합되기 때문에 사이킷런에 익숙한 사람이라면 별도의 파이썬 래퍼 클래스를 사용하지 않아도 되기 때문입니다.

LightGBM 설치

LightGBM은 pip를 통해 쉽게 설치할 수 있습니다. 단 LightGBM을 윈도우에 설치할 경우에는 Visual Studio Build tool 2015 이상이 먼저 설치돼 있어야 합니다(Visual Studio Build tool 설치는1장을 참조하세요). Visual Studio가 설치됐으면 OS 터미널에서 다음과 같이 pip 명령어를 수행합니다(Windows10에서는 아나콘다 프롬프트를 관리자 권한으로 실행). 본 책에 사용된 실습 코드는 LightGBM 3.3.2 버전을 기준으로 작성되었으므로 pip로 3.3.2 버전을 설치합니다.

```
pip install lightgbm==3.3.2
```

```
(base) C:\Windows\system32>pip install lightgbm==3.3.2
Collecting lightgbm==3.3.2
  Downloading lightgbm-3.3.2-py3-none-win_amd64.whl.metadata (15 kB)
Requirement already satisfied: wheel in c:\users\q\anaconda3\lib\site-packages (from lightgbm==3.3.2) (0.41.2)
Requirement already satisfied: numpy in c:\users\q\anaconda3\lib\site-packages (from lightgbm==3.3.2) (1.26.4)
Requirement already satisfied: scipy in c:\users\q\anaconda3\lib\site-packages (from lightgbm==3.3.2) (1.11.4)
Requirement already satisfied: scikit-learn!=0.22.0 in c:\users\q\anaconda3\lib\site-packages (from lightgbm==3.3.2) (1.
2.2)
Requirement already satisfied: joblib>=1.1.1 in c:\users\q\anaconda3\lib\site-packages (from scikit-learn!=0.22.0->light
gbm==3.3.2) (1.2.0)
Requirement already satisfied: threadpoolctl>=2.0.0 in c:\users\q\anaconda3\lib\site-packages (from scikit-learn!=0.22.0
->lightgbm==3.3.2) (2.2.0)
Downloading lightgbm-3.3.2-py3-none-win_amd64.whl (1.0 MB)
   ---------------------------------------- 1.0/1.0 MB 5.4 MB/s eta 0:00:00
Installing collected packages: lightgbm
Successfully installed lightgbm-3.3.2

(base) C:\Windows\system32>
```

설치가 성공적으로 완료되면 새로운 주피터 노트북을 생성한 후 lightgbm 모듈이 정상적으로 임포트됐는지 확인해 설치가 성공적으로 수행됐는지 검증합니다.

```
import lightgbm
from lightgbm import LGBMClassifier
```

위 import 코드를 입력할 때 'no module named lightgbm'와 같이 lightgbm 모듈을 찾을 수 없다는 에러 메시지가 나오면 정상적으로 설치가 되지 않은 것입니다. 아무런 오류 메시지가 없으면 정상적으로 설치가 완료된 것입니다

LightGBM 하이퍼 파라미터

LightGBM 하이퍼 파라미터는 XGBoost와 많은 부분이 유사합니다. 주의해야 할 점은 LightGBM은 Xgboost와 다르게 리프 노드가 계속 분할되면서 트리의 깊이가 깊어지므로 이러한 트리 특성에 맞는 하이퍼 파라미터 설정이 필요하다는 점입니다(예: max_depth를 매우 크게 가짐).

주요 파라미터

- num_iterations [default = 100]: 반복 수행하려는 트리의 개수를 지정합니다. 크게 지정할수록 예측 성능이 높아질 수 있으나, 너무 크게 지정하면 오히려 과적합으로 성능이 저하될 수 있습니다. 사이킷런 GBM과 XGBoost의 사이킷런 호환 클래스의 n_estimators와 같은 파라미터이므로 LightGBM의 사이킷런 호환 클래스에서는 n_estimators로 이름이 변경됩니다.
- learning_rate [default = 0.1]: 0에서 1 사이의 값을 지정하며 부스팅 스텝을 반복적으로 수행할 때 업데이트되는 학습률 값입니다. 일반적으로 n_estimators를 크게 하고 learning_rate를 작게 해서 예측 성능을 향상시킬 수 있으나, 마찬가지로 과적합 이슈와 학습 시간이 길어지는 부정적인 영향도 고려해야 합니다. GBM, XGBoost의 learning rate와 같은 파라미터입니다.

- max_depth [default=-1]: 트리 기반 알고리즘의 max_depth와 같습니다. 0보다 작은 값을 지정하면 깊이에 제한이 없습니다. 지금까지 소개한 Depth wise 방식의 트리와 다르게 LightGBM은 Leaf wise 기반이므로 깊이가 상대적으로 더 깊습니다.
- min_data_in_leaf [default = 20]: 결정 트리의 min_samples_leaf와 같은 파라미터입니다. 하지만 사이킷런 래퍼 LightGBM 클래스인 LightGBMClassifier에서는 min_child_samples 파라미터로 이름이 변경됩니다. 최종 결정 클래스인 리프 노드가 되기 위해서 최소한으로 필요한 레코드 수이며, 과적합을 제어하기 위한 파라미터입니다.
- num_leaves [default = 31]: 하나의 트리가 가질 수 있는 최대 리프 개수입니다.
- boosting [default = gbdt]: 부스팅의 트리를 생성하는 알고리즘을 기술합니다.
  - gbdt: 일반적인 그래디언트 부스팅 결정 트리
  - rf: 랜덤 포레스트
- bagging_fraction [default = 1.0]: 트리가 커져서 과적합되는 것을 제어하기 위해서 데이터를 샘플링하는 비율을 지정합니다. 사이킷런의 GBM과 XGBClassifier의 subsample 파라미터와 동일하기에 사이킷런 래퍼 LightGBM인 LightGBMClassifier에서는 subsample로 동일하게 파라미터 이름이 변경됩니다.
- feature_fraction [default = 1.0]: 개별 트리를 학습할 때마다 무작위로 선택하는 피처의 비율입니다. 과적합을 막기 위해 사용됩니다. GBM의 max_features와 유사하며, XGBClassifier의 colsample_bytree와 똑같으므로 LightGBM Classifier에서는 동일하게 colsample_bytree로 변경됩니다.
- lambda_l2 [default=0.0]: L2 regulation 제어를 위한 값입니다. 피처 개수가 많을 경우 적용을 검토하며 값이 클수록 과적합 감소 효과가 있습니다. XGBClassifier의 reg_lambda와 동일하므로 LightGBMClassifier에서는 reg_lambda로 변경됩니다.
- lambda_l1 [default = 0.0]: L1 regulation 제어를 위한 값입니다. L2와 마찬가지로 과적합 제어를 위한 것이며, XGBClassifier의 reg_alpha와 동일하므로 LightGBMClassifier에서는 reg_alpha로 변경됩니다.

Learning Task 파라미터

- objective: 최솟값을 가져야 할 손실함수를 정의합니다. Xgboost의 objective 파라미터와 동일합니다. 애플리케이션 유형, 즉 회귀, 다중 클래스 분류, 이진 분류인지에 따라서 objective인 손실함수가 지정됩니다.

하이퍼 파라미터 튜닝 방안

num_leaves의 개수를 중심으로 min_child_samples(min_data_in_leaf), max_depth를 함께 조정하면서 모델의 복잡도를 줄이는 것이 기본 튜닝 방안입니다.

- num_leaves는 개별 트리가 가질 수 있는 최대 리프의 개수이고 LightGBM 모델의 복잡도를 제어하는 주요 파라미터입니다. 일반적으로 num_leaves의 개수를 높이면 정확도가 높아지지만, 반대로 트리의 깊이가 깊어지고 모델이 복잡도가 커져 과적합 영향도가 커집니다.
- min_data_in_leaf는 사이킷런 래퍼 클래스에서는 min_child_samples로 이름이 바뀝니다. 과적합을 개선하기 위한 중요한 파라미터입니다. num_leaves와 학습 데이터의 크기에 따라 달라지지만, 보통 큰 값으로 설정하면 트리가 깊어지는 것을 방지합니다.
- max_depth는 명시적으로 깊이의 크기를 제한합니다. num_leaves, min_data_in_leaf와 결합해 과적합을 개선하는 데 사용합니다.

learning_rate를 작게 하면서 n_estimators를 크게 하는 것은 부스팅 계열 튜닝에서 가장 기본적인 튜닝 방안이므로 이를 적용하는 것도 좋습니다. 물론 n_estimators를 너무 크게 하는 것은 과적합으로 오히려 성능이 저하될 수 있음을 유념해야 합니다.

이 밖에 과적합을 제어하기 위해서 reg_lambda, reg_alpha와 같은 regularization을 적용하거나 학습 데이터에 사용할 피처의 개수나 데이터 샘플링 레코드 개수를 줄이기 위해 colsample_bytree, subsample 파라미터를 적용할 수 있습니다.

파이썬 래퍼 LightGBM과 사이킷런 래퍼 XGBoost, LightGBM 하이퍼 파라미터 비교

LightGBM은 사이킷런과 호환하기 위해 분류를 위한 LGBMClassifier와 회귀를 위한 LGBM Regressor 클래스를 래퍼 클래스로 생성했습니다. 먼저 사이킷런 래퍼 클래스를 제공한 XGBoost는 사이킷런 하이퍼 파라미터 명명 규칙에 따라 자신의 하이퍼 파라미터를 변경했습니다. LightGBM은 XGBoost와 많은 유사한 기능이 있었기에 사이킷런 래퍼 LightGBM의 하이퍼 파라미터를 사이킷런 XGboost에 맞춰서 변경했습니다. 이 때문에 사이킷런 래퍼 LightGBM 클래스와 사이킷런 래퍼 XGBoost 클래스는 많은 하이퍼 파라미터가 똑같습니다.

다음 표는 사이킷런 래퍼 클래스를 제공하지 않던 초기의 파이썬 래퍼 LightGBM과 사이킷런 래퍼 LightGBM 하이퍼 파라미터를 정리한 것이며, 비교를 위해 맨 오른쪽에 사이킷런 래퍼 XGBoost의 하이퍼 파라미터까지 추가했습니다.

유형	파이썬 래퍼 LightGBM	사이킷런 래퍼 LightGBM	사이킷런 래퍼 XGBoost
파라미터명	num_iterations	n_estimators	n_estimators
	learning_rate	learning_rate	learning_rate
	max_depth	max_depth	max_depth
	min_data_in_leaf	min_child_samples	N/A
	bagging_fraction	subsample	subsample
	feature_fraction	colsample_bytree	colsample_bytree
	lambda_l2	reg_lambda	reg_lambda
	lambda_l1	reg_alpha	reg_alpha
	early_stopping_round	early_stopping_rounds	early_stopping_rounds
	num_leaves	num_leaves	N/A
	min_sum_hessian_in_leaf	min_child_weight	min_child_weight

LightGBM 적용 – 위스콘신 유방암 예측

앞서 XGBoost에서 사용한 위스콘신 유방암 데이터 세트를 이용해 LightGBM으로 예측해 보겠습니다. LightGBM의 파이썬 패키지인 lightgbm에서 LGBMClassifier를 임포트해 사용하겠습니다. LightGBM도 XGBoost와 동일하게 조기 중단(early stopping)이 가능합니다. XGBClassifier와 동일하게 LGBMClassifier의 fit( )에 조기 중단 관련 파라미터를 설정해주면 됩니다. n_estimators는 400으로, early_stopping_rounds는 50으로 설정하고 학습해 보겠습니다.

이 책의 예제에 사용된 LightGBM의 버전은 3.3.2입니다. 이와 다른 버전을 사용할 경우 책 예제의 결과와 조금 다른 결과를 출력할 수도 있으니 주지하기 바랍니다.

```
# LightGBM의 파이썬 패키지인 lightgbm에서 LGBMClassifier 임포트
from lightgbm import LGBMClassifier

import pandas as pd
import numpy as np
from sklearn.datasets import load_breast_cancer
from sklearn.model_selection import train_test_split

dataset = load_breast_cancer()

cancer_df = pd.DataFrame(data=dataset.data, columns=dataset.feature_names)
```

```
cancer_df['target']= dataset.target
X_features = cancer_df.iloc[:, :-1]
y_label = cancer_df.iloc[:, -1]

# 전체 데이터 중 80%는 학습용 데이터, 20%는 테스트용 데이터 추출
X_train, X_test, y_train, y_test=train_test_split(X_features, y_label, test_size=0.2, random_state=156 )

# 위에서 만든 X_train, y_train을 다시 쪼개서 90%는 학습과 10%는 검증용 데이터로 분리
X_tr, X_val, y_tr, y_val= train_test_split(X_train, y_train, test_size=0.1, random_state=156 )

# 앞서 XGBoost와 동일하게 n_estimators는 400 설정.
lgbm_wrapper = LGBMClassifier(n_estimators=400, learning_rate=0.05)

# LightGBM도 XGBoost와 동일하게 조기 중단 수행 가능.
evals = [(X_tr, y_tr), (X_val, y_val)]
lgbm_wrapper.fit(X_tr, y_tr, early_stopping_rounds=50, eval_metric="logloss",
                 eval_set=evals, verbose=True)
preds = lgbm_wrapper.predict(X_test)
pred_proba = lgbm_wrapper.predict_proba(X_test)[:, 1]
```

[Output]

```
[1] training's binary_logloss: 0.625671       valid_1's binary_logloss: 0.628248
[2] training's binary_logloss: 0.588173       valid_1's binary_logloss: 0.601106
…
[61] training's binary_logloss: 0.0532381     valid_1's binary_logloss: 0.260236
[62] training's binary_logloss: 0.0514074     valid_1's binary_logloss: 0.261586
…
[111] training's binary_logloss: 0.00850714 valid_1's binary_logloss: 0.280894
```

조기 중단으로 111번 반복까지만 수행하고 학습을 종료했습니다. 이제 학습된 LightGBM 모델을 기반으로 예측 성능을 평가해 보겠습니다. 앞에서 사용한 get_clf_eval( ) 함수를 이용합니다.

```
get_clf_eval(y_test, preds, pred_proba)
```

[Output]

```
오차 행렬
[[34  3]
 [ 2 75]]
정확도: 0.9561, 정밀도: 0.9615, 재현율: 0.9740, F1: 0.9677, AUC:0.9877
```

정확도가 약 95.61%입니다.

LihtGBM 파이썬 패키지인 lightgbm은 XGBoost 파이썬 패키지인 xgboost와 동일하게 피처 중요도를 시각화할 수 있는 내장 API를 제공합니다. 이름도 동일하게 plot_importance( )입니다. 또한 사이킷런 래퍼 클래스를 입력해도 시각화를 제공합니다.

```
# plot_importance( )를 이용하여 feature 중요도 시각화
from lightgbm import plot_importance
import matplotlib.pyplot as plt
%matplotlib inline

fig, ax = plt.subplots(figsize=(10, 12))
plot_importance(lgbm_wrapper, ax=ax)
```

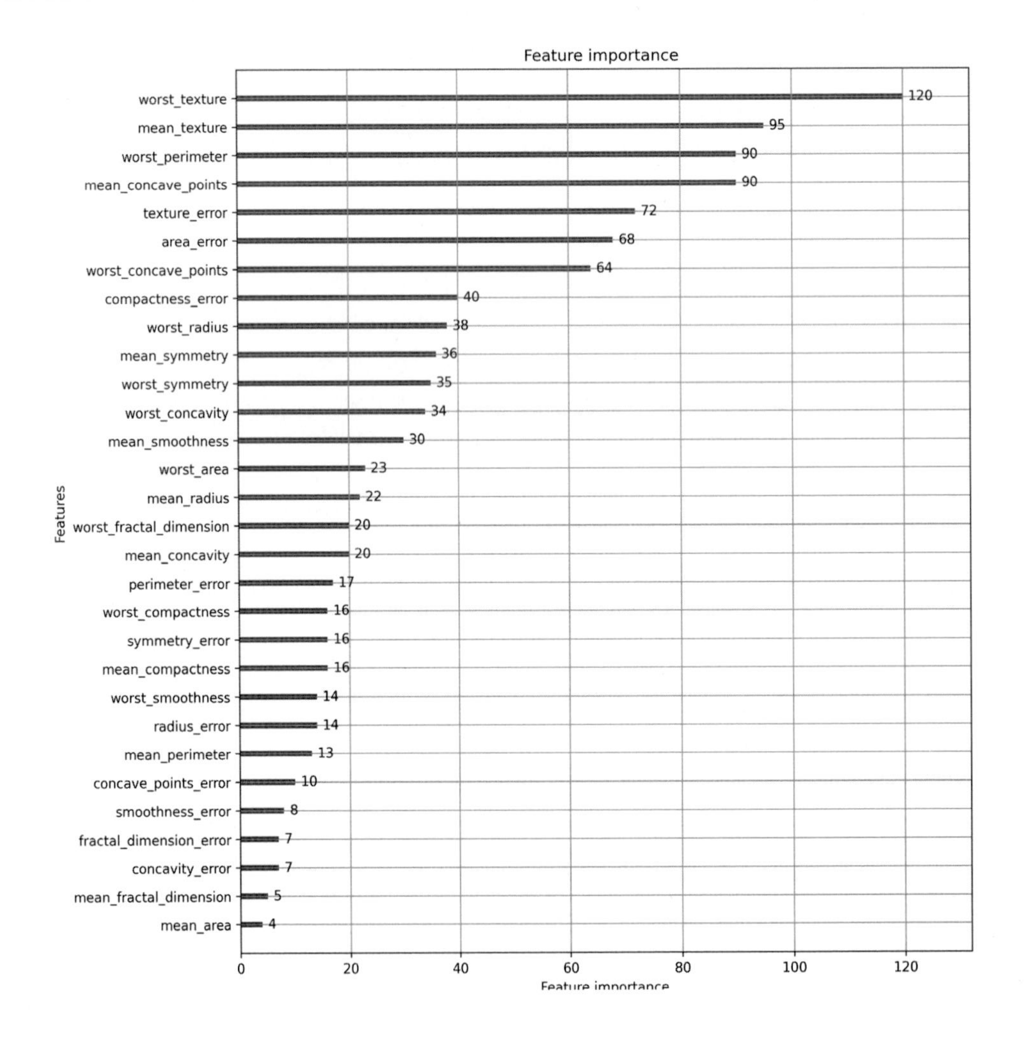

08 베이지안 최적화 기반의 HyperOpt를 이용한 하이퍼 파라미터 튜닝

지금까지는 하이퍼 파라미터 튜닝을 위해서 사이킷런에서 제공하는 Grid Search 방식을 적용했습니다. Grid Search 방식은 한 가지 주요한 단점이 있는데, 튜닝해야 할 하이퍼 파라미터 개수가 많을 경우 최적화 수행 시간이 오래 걸린다는 것입니다. 여기에 개별 하이퍼 파라미터 값의 범위가 넓거나 학습 데이터가 대용량일 경우에는 최적화 시간이 더욱 늘어나게 됩니다.

XGBoost나 LightGBM은 성능이 매우 뛰어난 알고리즘이지만, 하이퍼 파라미터 개수가 다른 알고리즘에 비해서 많습니다. 때문에 실무의 대용량 학습 데이터에 Grid Search 방식으로 최적 하이퍼 파라미터를 찾으려면 많은 시간이 소모될 수 있습니다.

아래와 같이 LightGBM의 6가지 하이퍼 파라미터를 최적화하려는 시도를 한다고 가정해 보겠습니다. max_depth는 [10, 20, 30, 40, 50]와 같이 5개의 값을, num_leaves는 4개의 값, colsample_bytree는 5개의 값, subsample은 5개의 값, min_child_weight는 4개의 값, reg_alpha는 3개의 값을 가질 경우 Grid Search 방식은 5 x 4 x 5 x 5 x 4 x 3 = 6000회에 걸쳐서 반복적으로 학습과 평가를 수행해야만 하기에 수행 시간이 매우 오래 걸릴 수밖에 없습니다.

```
params = {
'max_depth' = [10, 20, 30, 40, 50], 'num_leaves'= [ 35, 45, 55, 65],
'colsample_bytree'=[0.5, 0.6, 0.7, 0.8, 0.9], 'subsample'= [0.5, 0.6, 0.7, 0.8, 0.9],
'min_child_weight'= [10, 20, 30, 40], reg_alpha=[0.01, 0.05, 0.1]
}
```

이렇게 XGBoost나 LightGBM에 Grid Search를 적용할 경우 기하급수적으로 늘어나는 하이퍼 파라미터 최적화 시간 때문에 어쩔 수 없이 하이퍼 파라미터 개수를 줄이거나 개별 하이퍼 파라미터의 범위를 줄여야 합니다. 물론 XGBoost나 LightGBM이 뛰어난 알고리즘이기 때문에 정교화된 하이퍼 파라미터 튜닝이 없어도 높은 모델 성능을 보장해 주기는 하지만, Kaggle과 같은 Competition이라든가, 조금이라도 모델 성능을 향상시켜야 할 경우에 Grid Search 기반의 최적화는 아쉬운 상황이 될 수 있습니다.

때문에 실무의 대용량 학습 데이터에 XGBoost나 LightGBM의 하이퍼 파라미터 튜닝 시에 Grid Search 방식보다는 다른 방식을 적용하곤 하는데 대표적으로 다음에 소개해 드릴 베이지안 최적화 기법이 있습니다.

베이지안 최적화 개요

베이지안 최적화는 목적 함수 식을 제대로 알 수 없는 블랙 박스 형태의 함수에서 최대 또는 최소 함수 반환 값을 만드는 최적 입력값을 가능한 적은 시도를 통해 빠르고 효과적으로 찾아주는 방식입니다. 먼저 특정 함수 식을 알고 있다고 가정해 보겠습니다. 가령 함수 f(x, y) = 2x – 3y가 있다고 하면 f(x, y)의 반환 값을 최대/최소로 하는 x, y값을 찾아내는 것입니다. 예를 든 함수의 경우는 간단한 함수이므로 쉽게 반환값을 최대/최소로 하는 x, y값을 찾을 수 있습니다. x는 크면 클수록(x 값의 범위가 0~1000이라면 1000), y는 0일 경우 가장 최대의 값을 반환합니다.

하지만 함수 식 자체를 알 수 없고, 단지 입력값과 반환값만 알 수 있는 상황에서 함수 반환값의 최대/최소 값을 찾기란 매우 어렵습니다. 물론 함수 식 자체가 위와 같이 간단한 경우라면 정확한 함수 식을 몰라도 수십번의 입력값을 순차적으로 대입해서 반환 값의 최대/최소를 찾을 수도 있습니다. 하지만 함수 식 자체가 복잡하고, 입력값들의 개수가 많거나 범위가 넓은 경우에는 입력값을 순차적으로 대입해서는 결코 짧은 시간 안에 최적 입력값을 찾을 수가 없습니다. 이때 베이지안 최적화를 이용하면 쉽고 빠르게 최적 입력값을 찾을 수 있습니다.

베이지안 최적화는 이름에서 유추해 볼 수 있듯이 베이지안 확률에 기반을 두고 있는 최적화 기법입니다. 베이지안 확률이 새로운 사건의 관측이나 새로운 샘플 데이터를 기반으로 사후 확률을 개선해 나가듯이, 베이지안 최적화는 새로운 데이터를 입력받았을 때 최적 함수를 예측하는 사후 모델을 개선해 나가면서 최적 함수 모델을 만들어 냅니다.

베이지안 최적화를 구성하는 두 가지 중요 요소는 대체 모델(Surrogate Model)과 획득 함수(Acquisition Function)입니다. 대체 모델은 획득 함수로부터 최적 함수를 예측할 수 있는 입력값을 추천 받은 뒤 이를 기반으로 최적 함수 모델을 개선해 나가며, 획득 함수는 개선된 대체 모델을 기반으로 최적 입력값을 계산합니다. 베이지안 최적화를 하이퍼 파라미터 튜닝에 사용될 때는 앞에서 말씀드린 입력값은 하이퍼 파라미터가 됩니다. 즉 대체 모델은 획득 함수가 계산한 하이퍼 파라미터를 입력받으면서 점차적으로 개선되며, 개선된 대체 모델을 기반으로 획득 함수는 더 정확한 하이퍼 파라미터를 계산할 수 있게 됩니다.

베이지안 최적화는 다음과 같은 단계로 구성됩니다.

- **Step 1**: 최초에는 랜덤하게 하이퍼 파라미터들을 샘플링하고 성능 결과를 관측합니다. 아래 그림에서 검은색 원은 특정 하이퍼 파라미터가 입력되었을 때 관측된 성능 지표 결괏값을 뜻하며 주황색 사선은 찾아야 할 목표 최적함수 입니다.

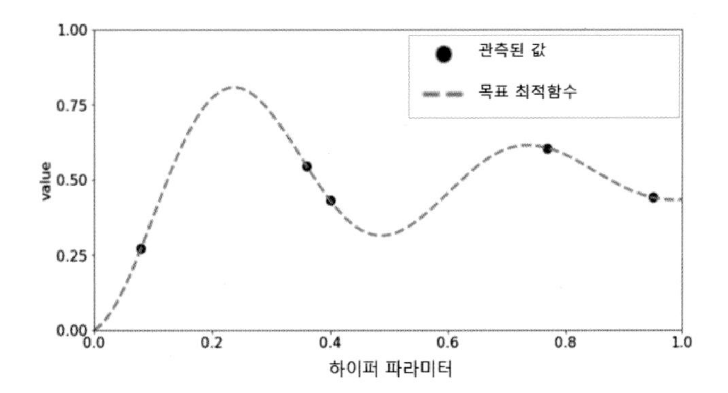

- **Step 2**: 관측된 값을 기반으로 대체 모델은 최적 함수를 추정합니다. 아래 그림에서 파란색 실선은 대체 모델이 추정한 최적 함수 입니다. 옅은 파란색으로 되어 있는 영역은 예측된 함수의 신뢰 구간입니다. 추정된 함수의 결괏값 오류 편차를 의미하며 추정 함수의 불확실성을 나타냅니다. 최적 관측값은 y축 value에서 가장 높은 값을 가질 때의 하이퍼 파라미터입니다.

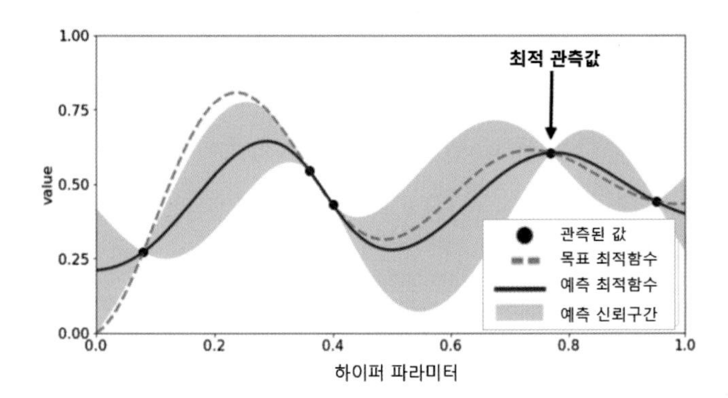

- **Step 3**: 추정된 최적 함수를 기반으로 획득 함수(Acquisition Function)는 다음으로 관측할 하이퍼 파라미터 값을 계산합니다. 획득 함수는 이전의 최적 관측값보다 더 큰 최댓값을 가질 가능성이 높은 지점을 찾아서 다음에 관측할 하이퍼 파라미터를 대체 모델에 전달합니다.

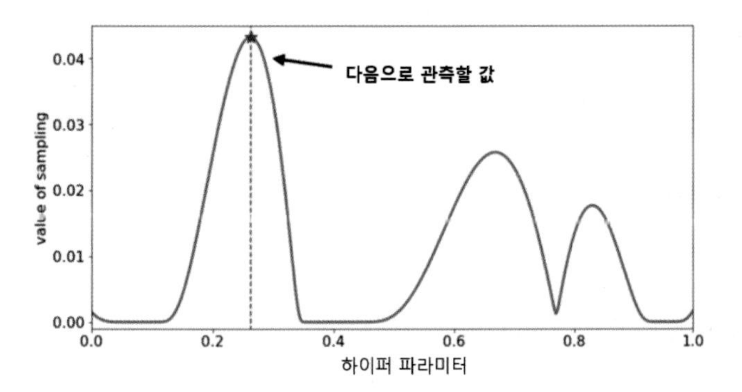

- **Step 4**: 획득 함수로부터 전달된 하이퍼 파라미터를 수행하여 관측된 값을 기반으로 대체 모델은 갱신되어 다시 최적 함수를 예측 추정합니다.

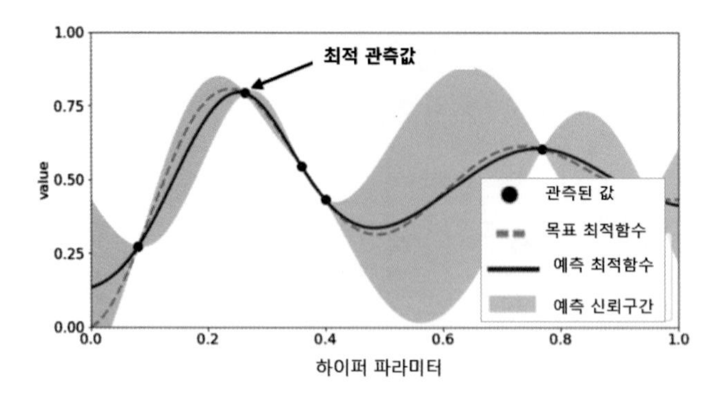

이런 방식으로 Step 3와 Step 4를 특정 횟수만큼 반복하게 되면 대체 모델의 불확실성이 개선되고 점차 정확한 최적 함수 추정이 가능하게 됩니다.

대체 모델은 최적 함수를 추정할 때 다양한 알고리즘을 사용할 수 있는데 일반적으로는 가우시안 프로세스(Gaussian Process)를 적용합니다. 하지만 뒤에서 설명드릴 HyperOpt는 가우시안 프로세스가 아닌 트리 파르젠 Estimator(TPE, Tree-structure Parzen Estimator)를 사용합니다.

HyperOpt 사용하기

베이지안 최적화를 머신러닝 모델의 하이퍼 파라미터 튜닝에 적용할 수 있게 제공되는 여러 파이썬 패키지들이 있는데 대표적으로는 HyperOpt, Bayesian Optimization, Optuna 등을 들 수 있습니다. 이들 패키지의 사용법은 크게 다르지 않기에 여기서는 HyperOpt(https://github.com/hyperopt/hyperopt)의 사용법을 소개하겠습니다. 먼저 다음과 같이 pip를 이용해서 HyperOpt를 설치합니다.

```
pip install hyperopt
```

설치가 완료되었으면 새롭게 주피터 노트북을 생성하고 예제 코드를 통해서 HyperOpt의 기본적인 사용법을 알아보겠습니다. HyperOpt 활용하는 주요 로직은 아래와 같이 구성되어 있습니다.

- 첫째는 입력 변수명과 입력값의 검색 공간(Search Space) 설정입니다.
- 둘째는 목적 함수(Objective Function)의 설정입니다.
- 마지막으로 목적 함수의 반환 최솟값을 가지는 최적 입력값을 유추하는 것입니다.

HyperOpt를 사용할 때 유의할 점은 다른 패키지와 다르게 목적 함수 반환 값의 최댓값이 아닌 최솟값을 가지는 최적 입력값을 유추한다는 것입니다. 아래 코드에서 자세히 설명하겠습니다.

먼저 HyperOpt의 hp 모듈을 이용하여 입력 변수명과 입력값의 검색 공간을 설정해 보겠습니다. 입력 변수명과 입력값 검색 공간은 파이썬 딕셔너리 형태로 설정되어야 하며, 키(key)값으로 입력 변수명, 밸류(value)값으로 해당 입력 변수의 검색 공간이 주어집니다. hp 모듈은 입력값의 검색 공간을 다양하게 설정할 수 있도록 여러 가지 함수를 제공합니다. hp.quniform('x', −10, 10, 1)과 같이 설정하면 입력 변수 x는 −10부터 10까지 1의 간격을 가지는 값들, 즉 [−10, −9, −8, … 8, 9, 10]와 같은 값들을 가집니다(다만 값들은 순차적으로 입력되지 않습니다). 아래 코드는 2개의 입력 변수 x, y에 대해서 입력값 검색 공간을 지정합니다.

```
from hyperopt import hp

# -10 ~ 10까지 1간격을 가지는 입력 변수 x와  -15 ~ 15까지 1간격으로 입력 변수 y 설정.
search_space = {'x': hp.quniform('x', -10, 10, 1),  'y': hp.quniform('y', -15, 15, 1) }
```

입력값의 검색 공간을 제공하는 대표적인 함수들은 아래와 같습니다. 함수 인자로 들어가는 label은 입력 변수명을 다시 적어줍니다. low는 최솟값, high는 최댓값이며 q는 간격입니다.

- hp.quniform(label, low, high, q): label로 지정된 입력값 변수 검색 공간을 최솟값 low에서 최댓값 high까지 q의 간격을 가지고 설정.
- hp.uniform(label, low, high): 최솟값 low에서 최댓값 high까지 정규 분포 형태의 검색 공간 설정
- hp.randint(label, upper): 0부터 최댓값 upper까지 random한 정숫값으로 검색 공간 설정.
- hp.loguniform(label, low, high): exp(uniform(low, high)값을 반환하며, 반환 값의 log 변환 된 값은 정규 분포 형태를 가지는 검색 공간 설정.
- hp.choice(label, options): 검색 값이 문자열 또는 문자열과 숫자값이 섞여 있을 경우 설정. Options는 리스트나 튜플 형태로 제공되며 hp.choice('tree_criterion', ['gini', 'entropy'])과 같이 설정하면 입력 변수 tree_criterion의 값을 'gini'와 'entropy'로 설정하여 입력함.

다음으로 목적 함수를 생성해 보겠습니다. 목적 함수는 반드시 변숫값과 검색 공간을 가지는 딕셔너리를 인자로 받고, 특정 값을 반환하는 구조로 만들어져야 합니다. 아래 예제는 search_space로 지정된 딕셔너리에서 x 입력 변숫값과 y 입력 변숫값을 추출하여 retval = x**2 − 20*y로 계산된 값을 반환합니다. 목적 함수의 반환값은 숫자형 단일값 외에도 딕셔너리 형태로 반환할 수 있습니다. 딕셔너리

형태로 반환할 경우에는 {'loss': retval, 'status':STATUS_OK} 와 같이 loss와 status 키 값을 설정해서 반환해야 합니다.

```
from hyperopt import STATUS_OK

# 목적 함수를 생성. 변숫값과 변수 검색 공간을 가지는 딕셔너리를 인자로 받고, 특정 값을 반환
def objective_func(search_space):
    x = search_space['x']
    y = search_space['y']
    retval = x**2 - 20*y

    return retval
```

이제 입력값의 검색 공간과 목적 함수를 설정했으면 목적 함수의 반환값이 최소가 될 수 있는 최적의 입력값을 베이지안 최적화 기법에 기반하여 찾아 줘야 합니다. HyperOpt는 이러한 기능을 수행할 수 있도록 fmin(objective, space, algo, max_evals, trials) 함수를 제공합니다. fmin( ) 함수의 주요 인자는 아래와 같습니다.

- fn: 위에서 생성한 objective_func와 같은 목적 함수입니다.
- space: 위에서 생성한 search_space와 같은 검색 공간 딕셔너리입니다.
- algo: 베이지안 최적화 적용 알고리즘 입니다. 기본적으로 tpe.suggest이며 이는 HyperOpt의 기본 최적화 알고리즘인 TPE(Tree of Parzen Estimator)를 의미합니다.
- max_evals: 최적 입력값을 찾기 위한 입력값 시도 횟수입니다.
- trials: 최적 입력값을 찾기 위해 시도한 입력값 및 해당 입력값의 목적 함수 반환값 결과를 저장하는 데 사용됩니다. Trials 클래스를 객체로 생성한 변수명을 입력합니다.
- rstate: fmin( )을 수행할 때마다 동일한 결괏값을 가질 수 있도록 설정하는 랜덤 시드(seed) 값입니다.

위에서 설정한 검색 공간인 search_space에서 목적 함수 object_func의 최솟값을 반환하는 최적 입력 변숫값을 찾을 수 있도록 베이지안 최적화를 수행해 보겠습니다. HyperOpt의 fmin( ) 함수를 호출하되, 먼저 5번의 입력값 시도로 찾아낼 수 있도록 max_evals 인자 값으로 5를 설정하겠습니다. 목적 함수인 fn 인자로는 objective_func를, 검색 공간 인자인 space에는 search_space를, 최적화 적용 알고리즘 algo 인자는 기본값인 tpe.suggest로 설정하겠습니다. 또한 trias 인자값으로는 Trials( ) 객체를, 그리고 rstate의 경우는 임의의 랜덤 시드값을 입력하겠습니다.

여기서 rstate는 예제 수행 시 결괏값이 책의 결과와 동일하게 만들기 위해 적용한 것이며, 일반적으로는 rstate를 잘 적용하지 않습니다. HyperOpt는 rstate에 넣어주는 인자값으로 일반적인 정수형 값을 넣지 않습니다. 또한 버전별로 rstate 인자값이 조금씩 다릅니다. 현재 버전인 0.2.7에서는 넘파이의 random Generator를 생성하는 random.default_rng( ) 함수 인자로 seed값을 입력하는 방식입니다. HyperOpt의 버전이 달라지면 아래 실행 결과도 달라질 수 있습니다.

```
from hyperopt import fmin, tpe, Trials
# 입력 결괏값을 저장한 Trials 객체값 생성.
trial_val = Trials()

# 목적 함수의 최솟값을 반환하는 최적 입력 변숫값을 5번의 입력값 시도(max_evals=5)로 찾아냄.
best_01 = fmin(fn=objective_func, space=search_space, algo=tpe.suggest, max_evals=5
               , trials=trial_val, rstate=np.random.default_rng(seed=0))
print('best:', best_01)
```

[Output]

```
100%|██████████████████████████████████████████████████| 5/5 [00:00<00:00, 999.83trial/s, best loss: -224.0]
best: {'x': -4.0, 'y': 12.0}
```

best_01 변숫값을 확인하면 x가 -4.0, y가 12.0으로 되어 있습니다. 입력 변수 x의 공간 -10 ~10, y의 공간 -15 ~ 15에서 목적 함수의 반환값을 x**2 - 20*y, 즉 (x^2-20y)로 설정했으므로 x는 0에 가까울수록 y는 15에 가까울수록 반환값이 최소로 근사될 수 있습니다. 확실하게 만족할 수준의 최적 x와 y값을 찾은 것은 아니지만, 5번의 수행으로 어느 정도 최적값에 다가설 수 있었다는 점은 주지할 만합니다.

이번에는 max_evals 값을 20으로 설정하여 20번의 수행으로 어떤 최적값을 반환하는지 살펴보겠습니다.

```
trial_val = Trials()

# max_evals를 20회로 늘려서 재테스트
best_02 = fmin(fn=objective_func, space=search_space, algo=tpe.suggest, max_evals=20
               , trials=trial_val, rstate=np.random.default_rng(seed=0))
print('best:', best_02)
```

[Output]

```
100%|██████████████████████████████████████████████████| 20/20 [00:00<00:00, 1176.26trial/s, best loss: -296.0]
best: {'x': 2.0, 'y': 15.0}
```

20회의 반복 시 x는 2로, y는 15로 목적 함수의 최적 최솟값을 근사할 수 있는 결과를 도출했습니다. 완벽한 정답인 x=0은 도출하지 못했지만, 입력값 x가 −10 ~ 10까지 21개의 경우의 수, 입력값 y가 −15 ~ 15까지 31개의 경우의 수를 가질 수 있기에, 만일 그리드 서치와 같이 순차적으로 x, y 변숫값을 입력해서 최소 함수 반환값을 찾는다면 최대 21×31=651회의 반복이 필요할 수도 있는데 반해서, 베이지안 최적화를 이용해서는 20회의 반복만으로 일정 수준의 최적값을 근사해 낼 수 있었습니다. 여기서 그리드 서치와 같은 방식에서 약간의 정교화된 알고리즘을 추가하면 반복 수치를 줄일 수 있기에 베이지안 최적화 방식이 651 대 20 수준만큼 최적값을 빨리 찾아준다고는 볼 수 없지만, 베이지안 최적화 방식으로 상대적으로 최적 값을 찾는 시간을 많이 줄여 줄 수 있다는 것은 알 수 있습니다.

fmin( ) 함수 수행 시 인자로 들어가는 Trials 객체는 함수의 반복 수행 시마다 입력되는 변숫값들과 함수 반환값을 속성으로 가지고 있습니다. Trials 객체의 중요 속성은 results와 vals가 있습니다. 이 중 result는 함수의 반복 수행 시마다 반환되는 반환값을 가집니다. 그리고 vals는 함수의 반복 수행 시마다 입력되는 입력 변숫값을 가집니다. 이들 중 먼저 results 속성을 알아보겠습니다. results는 파이썬 리스트 형태이며 리스트 내의 개별 원소는 {'loss':함수 반환값, 'status':반환 상태값}과 같은 딕셔너리로 가지고 있습니다.

```
# fmin( )에 인자로 들어가는 Trials 객체의 result 속성에 파이썬 리스트로 목적 함수 반환값들이 저장됨
# 리스트 내부의 개별 원소는 {'loss':함수 반환값, 'status':반환 상태값}와 같은 딕셔너리임.
print(trial_val.results)
```

[Output]

```
[{'loss': -64.0, 'status': 'ok'}, {'loss': -184.0, 'status': 'ok'}, {'loss': 56.0, 'status':
'ok'}, {'loss': -224.0, 'status': 'ok'}, {'loss': 61.0, 'status': 'ok'}, {'loss': -296.0,
'status': 'ok'}, {'loss': -40.0, 'status': 'ok'}, {'loss': 281.0, 'status': 'ok'}, {'loss':
64.0, 'status': 'ok'}, {'loss': 100.0, 'status': 'ok'}, {'loss': 60.0, 'status': 'ok'}, {'loss':
-39.0, 'status': 'ok'}, {'loss': 1.0, 'status': 'ok'}, {'loss': -164.0, 'status': 'ok'},
{'loss': 21.0, 'status': 'ok'}, {'loss': -56.0, 'status': 'ok'}, {'loss': 284.0, 'status':
'ok'}, {'loss': 176.0, 'status': 'ok'}, {'loss': -171.0, 'status': 'ok'}, {'loss': 0.0,
'status': 'ok'}]
```

max_evals=20으로 fmin( ) 함수는 20회의 반복 수행을 했으므로 results 속성은 loss와 status를 키값으로 가지는 20개의 딕셔너리를 개별 원소를 가지는 리스트로 구성되어 있음을 알 수 있습니다.

Trials 객체의 vals 속성은 딕셔너리 형태로 값을 가집니다. fmin( ) 함수 수행 시마다 입력되는 입력 변숫값들을 {'입력변수명': 개별 수행 시마다 입력된 값의 리스트}와 같은 형태로 가지고 있습니다. 아래 예제를 통해서 vals 값을 확인해 보겠습니다.

```
# Trials 객체의 vals 속성에 {'입력변수명': 개별 수행 시마다 입력된 값 리스트} 형태로 저장됨.
print(trial_val.vals)
```

[Output]

```
{'x': [-6.0, -4.0, 4.0, -4.0, 9.0, 2.0, 10.0, -9.0, -8.0, -0.0, -0.0, 1.0, 9.0, 6.0, 9.0, 2.0, -2.0,
-4.0, 7.0, -0.0], 'y': [5.0, 10.0, -2.0, 12.0, 1.0, 15.0, 7.0, -10.0, 0.0, -5.0, -3.0, 2.0, 4.0, 10.0,
3.0, 3.0, -14.0, -8.0, 11.0, -0.0]}
```

vals는 딕셔너리 형태의 값을 가지며, 입력 변수 x와 y를 키값으로 가지며, x와 y 키 값의 밸류는 20회의 반복 수행 시마다 사용되는 입력값들을 리스트 형태로 가지고 있는 것을 알 수 있습니다.

이처럼 Trials 객체의 results와 vals 속성은 HyperOpt의 fmin( ) 함수의 수행 시마다 최적화되는 경과를 볼 수 있는 함수 반환값과 입력 변숫값들의 정보를 제공해 줍니다. 하지만 이 값들을 그대로 보기에는 불편한 면이 있습니다. 때문에 results와 vals 속성값들을 DataFrame으로 만들어서 좀 더 직관적으로 값을 확인해 보도록 하겠습니다. 입력 변수 x 값은 x 칼럼으로 생성한 뒤 vals 속성의 x 키값에 해당하는 밸류를 칼럼값으로 생성하고, 입력 변수 y 값은 y 칼럼으로 생성하고 vals 속성의 y 키값에 해당하는 밸류를 칼럼값으로 생성하겠습니다. 또한 함수 반환 값은 loss 칼럼으로 생성하고 results 속성에서 loss 키값에 해당하는 밸류들을 추출하여 칼럼값으로 생성하겠습니다.

```
import pandas as pd

# results에서 loss 키값에 해당하는 밸류들을 추출하여 list로 생성.
losses = [loss_dict['loss'] for loss_dict in trial_val.results]

# DataFrame으로 생성.
result_df = pd.DataFrame({'x': trial_val.vals['x'], 'y': trial_val.vals['y'], 'losses': losses})
result_df
```

[Output]

	x	y	losses
0	-6.0	5.0	-64.0
1	-4.0	10.0	-184.0
2	4.0	-2.0	56.0
....			
17	-4.0	-8.0	176.0
18	7.0	11.0	-171.0
19	-0.0	-0.0	0.0

생성된 DataFrame을 통해 좀 더 직관적으로 수행 횟수별 입력 변수 x, y와 반환값 loss를 확인할 수 있습니다.

지금까지 HyperOpt의 간단한 사용법을 살펴보았으니, 이제 HyperOpt를 이용하여 ML 모델의 하이퍼파라미터를 어떻게 최적화하는지 알아보겠습니다.

HyperOpt를 이용한 XGBoost 하이퍼 파라미터 최적화

HyperOpt를 이용하여 XGBoost의 하이퍼 파라미터를 최적화하는 방법도 앞 예제와 크게 다르지 않습니다. 적용해야 할 하이퍼 파라미터와 검색 공간을 설정하고, 목적 함수에서 XGBoost를 학습 후에 예측 성능 결과를 반환 값으로 설정합니다. 그리고 fmin( ) 함수에서 목적 함수를 하이퍼 파라미터 검색 공간의 입력값들을 사용하여 최적의 예측 성능 결과를 반환하는 최적 입력값들을 결정하는 것입니다. 하지만 약간의 주의해야 할 부분이 있습니다. 바로 특정 하이퍼 파라미터들은 정숫값만 입력은 받는데 HyperOpt는 입력값과 반환 값이 모두 실수형이기 때문에 하이퍼 파라미터 입력 시 형변환을 해줘야 하는 부분, 그리고 HyperOpt의 목적 함수는 최솟값을 반환할 수 있도록 최적화해야 하기 때문에 성능 값이 클수록 좋은 성능 지표일 경우 −1을 곱해 줘야 한다는 것입니다. 예제를 통해서 해당 부분들을 설명드리겠습니다.

위스콘신 유방암 데이터 세트를 다시 로딩하여 학습, 검증, 테스트 데이터로 분리합니다(앞 예제에서 수행한 동일 코드라 책에는 일부 코드만 수록하겠습니다).

```
# 전체 데이터 중 80%는 학습용 데이터, 20%는 테스트용 데이터 추출
X_train, X_test, y_train, y_test=train_test_split(X_features, y_label, test_size=0.2, random_state=156 )
```

```
# 앞에서 추출한 학습 데이터를 다시 학습과 검증 데이터로 분리
X_tr, X_val, y_tr, y_val= train_test_split(X_train, y_train, test_size=0.1, random_state=156 )
```

먼저 max_depth는 5에서 20까지 1간격으로, min_child_weight는 1에서 2까지 1간격으로, learning_rate는 0.01에서 0.2 사이, colsample_bytree는 0.5에서 1 사이 정규 분포된 값으로 하이퍼 파라미터 검색 공간을 설정해보겠습니다. 이를 위해 max_depth와 min_child_weight는 정수형 하이퍼 파라미터이므로 hp.quniform( )을 사용하고, learning_rate와 colsample_bytree는 hp.uniform( )을 사용하겠습니다.

```
from hyperopt import hp

# max_depth는 5에서 20까지 1간격으로, min_child_weight는 1에서 2까지 1간격으로
# colsample_bytree는 0.5에서 1 사이, learning_rate는 0.01에서 0.2 사이 정규 분포된 값으로 검색.
xgb_search_space = {'max_depth': hp.quniform('max_depth', 5, 20, 1),
                    'min_child_weight': hp.quniform('min_child_weight', 1, 2, 1),
                    'learning_rate': hp.uniform('learning_rate', 0.01, 0.2),
                    'colsample_bytree': hp.uniform('colsample_bytree', 0.5, 1),
                   }
```

다음으로 목적 함수를 설정해 보겠습니다. 하이퍼 파라미터 튜닝을 위한 목적 함수는 검색 공간에서 설정한 하이퍼 파라미터들을 입력받아서 XGBoost를 학습하고 평가지표를 반환할 수 있도록 구성합니다. 이때 유의할 사항이 두 가지 있습니다.

첫번째는 검색 공간에서 목적 함수로 입력되는 모든 인자들은 실수형 값이므로 이들을 XGBoostClassifier의 정수형 하이퍼 파라미터값으로 설정할 때는 정수형으로 형변환을 해야 합니다. 예를 들어 hp.quniform('max_depth', 5, 20, 1)를 적용해도 검색되는 값은 [5, 6, 7, …]과 같은 일련의 정수형 값이 아니라 [5.0, 6.0, 7.0, …]과 같은 실수형 값이 입력됩니다. 때문에 이들 정수형 하이퍼 파라미터 검색 공간에서 목적 함수로 입력되는 값을 XGBoostClassifier의 하이퍼 파라미터로 적용 시에는 반드시 정수형으로 형 변환이 되어야 합니다. 즉 XGBoostClassifier(max_depth=int(search_space['max_depth'])) 같이 정수형 값으로 형변환을 해서 하이퍼 파라미터로 입력해 줘야 합니다.

두번째는 HyperOpt의 목적 함수는 최솟값을 반환할 수 있도록 최적화해야 하기 때문에 정확도와 같이 값이 클수록 좋은 성능 지표일 경우 -1을 곱한 뒤 반환하여, 더 큰 성능 지표가 더 작은 반환값이 되도록 만들어 줘야 한다는 것입니다. 예를 들어 목적 함수의 반환값을 정확도로 한다면, 정확도는 값이 클수록 좋은 성능 지표이므로 당연히 0.8(80%) 보다는 0.9(90%)가 더 좋은 지표입니다. 하지만 fmin( ) 함수는 최솟값을 최적화하므로 0.8을 더 좋은 최적화로 판단합니다. 이런 경우 정확도에 -1을 곱해주게 되면 -0.9가 -0.8보다 더 작은 값이므로 fmin( ) 함수는 -0.9를 더 좋은 최적화로 판단할 수 있게 됩니다. 이와 다르게 뒤에서 배울 회귀(Regression)의 MAE, RMSE와 같은 성능 지표는 작을수록 좋기 때문에 반환 시 -1을 곱해줄 필요가 없습니다.

앞에서 설명드린 이 두 가지 사항에 유의하면서 목적 함수인 objective_func( )를 만들어 보겠습니다. 목적 함수의 반환값은 교차 검증 기반의 평균 정확도(accuracy)를 사용하겠습니다. 3개의 교차 검증 세트로 정확도를 반환할 수 있도록 cross_val_score( )를 적용하며, 수행 시간을 줄이기 위해서 n_estimators는 100으로 제한하겠습니다. 한 가지 아쉬운 점은 cross_val_score( )를 XGBoost나 LightGBM에 적용할 경우 조기 중단(early stopping)이 지원되지 않는다는 것입니다(조기 중단을 위해서는 KFold로 학습과 검증용 데이터 세트를 만들어서 직접 교차 검증을 수행해야 합니다. 추후 산탄데르 고객 만족 예측 실습에서 이를 적용해 보도록 하겠습니다).

아래 예제에서 XGBoostClassifier에 정수형 하이퍼 파라미터 입력 시 정수형으로 명시적인 형변환을 수행하는 것과 목적 함수의 최종 반환 값이 교차 검증 평균 정확도에 -1을 곱하는 것에 유의해 주십시오.

```
from sklearn.model_selection import cross_val_score
from xgboost import XGBClassifier
from hyperopt import STATUS_OK

# fmin()에서 입력된 search_space 값으로 입력된 모든 값은 실수형임.
# XGBClassifier의 정수형 하이퍼 파라미터는 정수형 변환을 해줘야 함.
# 정확도는 높을수록 더 좋은 수치임. -1 * 정확도를 곱해서 큰 정확도 값일수록 최소가 되도록 변환
def objective_func(search_space):
    # 수행 시간 절약을 위해 nestimators는 100으로 축소
    xgb_clf = XGBClassifier(n_estimators=100, max_depth=int(search_space['max_depth']),
                            min_child_weight=int(search_space['min_child_weight']),
                            learning_rate=search_space['learning_rate'],
                            colsample_bytree=search_space['colsample_bytree'],
                            eval_metric='logloss')
    accuracy = cross_val_score(xgb_clf, X_train, y_train, scoring='accuracy', cv=3)

    # accuracy는 cv=3 개수만큼 roc-auc 결과를 리스트로 가짐. 이를 평균해서 반환하되 -1을 곱함.
    return {'loss':-1 * np.mean(accuracy), 'status': STATUS_OK}
```

이제 fmin( )을 이용해 최적 하이퍼 파라미터를 도출해 보겠습니다. 최대 반복 수행 횟수 max_evals는 50회로 지정하고 앞에서 설정한 목적함수 objective_func, 하이퍼 파라미터 검색 공간 xgb_search_space 등을 인자로 입력합니다. 그리고 동일한 실습 결과를 도출하기 위해 rstate는 np.random.default_rng(seed=9))로 설정하겠습니다.

```
from hyperopt import fmin, tpe, Trials

trial_val = Trials()
best = fmin(fn=objective_func,
            space=xgb_search_space,
            algo=tpe.suggest,
            max_evals=50,  # 최대 반복 횟수를 지정합니다.
            trials=trial_val, rstate=np.random.default_rng(seed=9))
print('best:', best)
```

[Output]

```
100%|████████████████████████████████████████████| 50/50 [00:07<00:00,  6.57trial/s, best loss: -0.9670616939700244]
best: {'colsample_bytree': 0.5424149213362504, 'learning_rate': 0.12601372924444681, 'max_depth': 17.0, 'min_child_weight': 2.0}
```

best 출력 결과를 보면 colsample_bytree가 약 0.54241, learning_rate가 0.12601, max_depth가 17.0, min_child_weight가 2.0이 도출되었습니다. 정수형 하이퍼 파라미터인 max_depth, min_child_weight가 실수형 값으로 도출되었음에 유의해 주십시오.

fmin( )으로 추출된 최적 하이퍼 파라미터를 직접 XGBClassifier에 인자로 입력하기 전에 정수형 하이퍼 파라미터는 정수형으로 형 변환을, 실수형 하이퍼 파라미터는 소수점 5자리까지만 변환 후 확인해 보겠습니다.

```
print('colsample_bytree:{0}, learning_rate:{1}, max_depth:{2}, min_child_weight:{3}'.format(
    round(best['colsample_bytree'], 5), round(best['learning_rate'], 5),
    int(best['max_depth']), int(best['min_child_weight'])))
```

[Output]

```
colsample_bytree:0.54241, learning_rate:0.12601, max_depth:17, min_child_weight:2
```

도출된 최적 하이퍼 파라미터들을 이용해서 XGBClassifier를 재학습한 후 성능 평가 결과를 확인해 보겠습니다. XGBoost의 조기 중단을 검증 데이터 세트로 활용하며 n_estimators는 400으로 증가시키겠습니다. 그리고 앞에서 사용되었던 get_clf_eval( )을 이용해 성능 평가를 해보겠습니다.

```
xgb_wrapper = XGBClassifier(n_estimators=400,
                            learning_rate=round(best['learning_rate'], 5),
                            max_depth=int(best['max_depth']),
                            min_child_weight=int(best['min_child_weight']),
                            colsample_bytree=round(best['colsample_bytree'], 5)
                           )

evals = [(X_tr, y_tr), (X_val, y_val)]
xgb_wrapper.fit(X_tr, y_tr, early_stopping_rounds=50, eval_metric='logloss',
                eval_set=evals, verbose=True)

preds = xgb_wrapper.predict(X_test)
pred_proba = xgb_wrapper.predict_proba(X_test)[:, 1]

get_clf_eval(y_test, preds, pred_proba)
```

[Output]

```
[0] validation_0-logloss:0.58942   validation_1-logloss:0.62048
[1] validation_0-logloss:0.50801   validation_1-logloss:0.55913
[2] validation_0-logloss:0.44160   validation_1-logloss:0.50928
[3] validation_0-logloss:0.38734   validation_1-logloss:0.46815
………
[235]   validation_0-logloss:0.01322        validation_1-logloss:0.22743
[236]   validation_0-logloss:0.01320        validation_1-logloss:0.22713
오차 행렬
[[35  2]
 [ 2 75]]
정확도: 0.9649, 정밀도: 0.9740, 재현율: 0.9740,    F1: 0.9740, AUC:0.9944
```

정확도가 약 0.9649로 도출됐습니다. 앞 절에서 하이퍼 파라미터를 튜닝하지 않은 결과보다는 약간 좋은 성능이 도출되었습니다. 하지만 모델에 사용한 위스콘신 유방암 데이터 세트의 건수가 569개로 매우 작고, 이 작은 데이터에서 학습, 검증, 테스트 데이터 세트를 분할하여 하이퍼 파라미터 튜닝과 평가를 했기 때문에 fmin( ) 함수 인자의 rstate값을 변경하는 경우에 불안정한 성능 결과를 보일 수도 있습니다.

다음 절에서 수행하게 될 산탄데르 고객 만족 예측에서 HyperOpt의 효과를 좀 더 확인해 보겠습니다.

09 분류 실습 – 캐글 산탄데르 고객 만족 예측

이번에는 캐글의 산탄데르 고객 만족(Santander Customer Satisfaction) 데이터 세트에 대해서 고객 만족 여부를 XGBoost와 LightGBM을 활용해 예측해 보겠습니다. 산탄데르 고객 만족 예측 분석은 370개의 피처로 주어진 데이터 세트 기반에서 고객 만족 여부를 예측하는 것입니다. 산탄데르 은행이 캐글에 경연을 의뢰한 데이터로서 피처 이름은 모두 익명 처리돼 이름만을 가지고 어떤 속성인지는 추정할 수 없습니다. 클래스 레이블 명은 TARGET이며, 이 값이 1이면 불만을 가진 고객, 0이면 만족한 고객입니다.

모델의 성능 평가는 ROC-AUC(ROC 곡선 영역)로 평가합니다. 대부분이 만족이고 불만족인 데이터는 일부일 것이기 때문에 정확도 수치보다는 ROC-AUC가 더 적합합니다. 데이터는 https://www.kaggle.com/c/santander-customer-satisfaction/data에서 내려받을 수 있습니다.

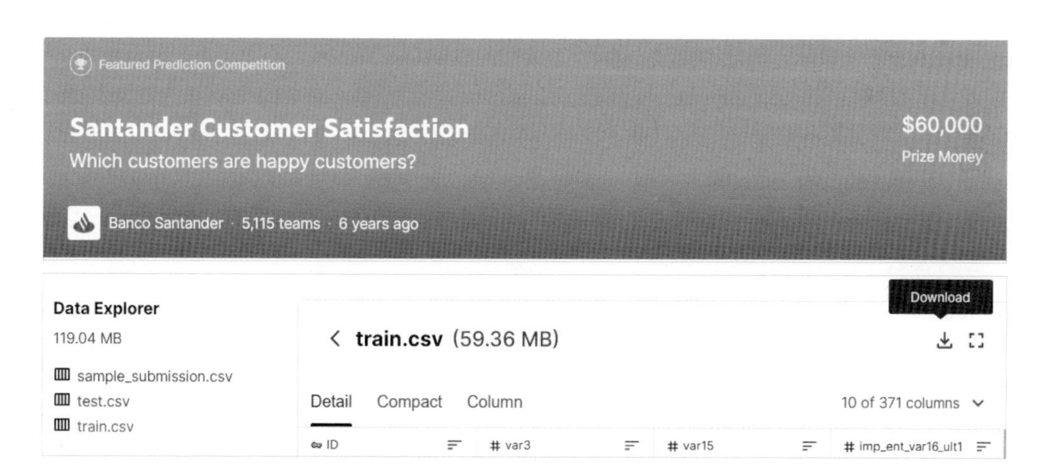

캐글 로그인 후에 해당 페이지 왼쪽에 있는 Data Explorer에서 train.csv를 클릭한 후 페이지 오른쪽에 있는 'Download' 아이콘을 클릭해 PC의 실습 코드가 있는 디렉터리에 내려받은 후 압축을 해제하고 train.csv를 train_santander.csv로 파일명을 변경하겠습니다(다운로드 시 캐글 경연 규칙 준수 화면으로 이동할 경우 해당 규칙 준수에 동의하면 됩니다).

데이터 전처리

새로운 주피터 노트북을 생성하고 내려받은 train_santander.csv 파일을 이 노트북이 생성된 디렉터리로 옮깁니다. XGBoost는 사이킷런 래퍼를 이용할 것입니다. 필요한 모듈을 로딩하고 학습 데이터를 DataFrame으로 로딩합니다.

```
import numpy as np
import pandas as pd
import matplotlib.pyplot as plt
import matplotlib
import warnings

warnings.filterwarnings('ignore')
cust_df = pd.read_csv("./train_santander.csv", encoding='latin-1')
print('dataset shape:', cust_df.shape)
cust_df.head(3)
```

[Output]

```
dataset shape: (76020, 371)
```

	ID	var3	var15	imp_ent_var16_ult1	imp_op_var39_comer_ult1	imp_op_var39_comer_ult3	imp_op_var40_comer_ult1	imp_op_var40_comer_ult3	imp_op_var40_
0	1	2	23	0.0	0.0	0.0	0.0	0.0	
1	3	2	34	0.0	0.0	0.0	0.0	0.0	
2	4	2	23	0.0	0.0	0.0	0.0	0.0	

클래스 값 칼럼을 포함한 피처가 371개 존재합니다. 피처의 타입과 Null 값을 좀 더 알아보겠습니다.

```
cust_df.info()
```

[Output]

```
<class 'pandas.core.frame.DataFrame'>
RangeIndex: 76020 entries, 0 to 76019
Columns: 371 entries, ID to TARGET
dtypes: float64(111), int64(260)
memory usage: 215.2 MB
```

111개의 피처가 float 형, 260개의 피처가 int 형으로 모든 피처가 숫자 형이며, Null 값은 없습니다. 전체 데이터에서 만족과 불만족의 비율을 살펴보겠습니다. 레이블인 Target 속성의 값의 분포를 알아보면 됩니다. 대부분이 만족이며 불만족인 고객은 얼마 되지 않는 4%에 불과합니다.

```
print(cust_df['TARGET'].value_counts())
unsatisfied_cnt = cust_df[cust_df['TARGET'] == 1].TARGET.count()
total_cnt = cust_df.TARGET.count()
print('unsatisfied 비율은 {0:.2f}'.format((unsatisfied_cnt / total_cnt)))
```

[Output]

```
0    73012
1     3008
Name: TARGET, dtype: int64
unsatisfied 비율은 0.04
```

DataFrame의 describe( ) 메서드를 이용해 각 피처의 값 분포를 간단히 확인해 보겠습니다.

```
cust_df.describe( )
```

[Output]

	ID	var3	var15	imp_ent_var16_ult1	imp_op_var39_comer_ult1
count	76020.000000	76020.000000	76020.000000	76020.000000	76020.000000
mean	75964.050723	-1523.199277	33.212865	86.208265	72.363067
std	43781.947379	39033.462364	12.956486	1614.757313	339.315831
min	1.000000	-999999.000000	5.000000	0.000000	0.000000
25%	38104.750000	2.000000	23.000000	0.000000	0.000000
50%	76043.000000	2.000000	28.000000	0.000000	0.000000
75%	113748.750000	2.000000	40.000000	0.000000	0.000000
max	151838.000000	238.000000	105.000000	210000.000000	12888.030000

8 rows × 371 columns

var3 칼럼의 경우 min 값이 −999999입니다. NaN이나 특정 예외 값을 −99999로 변환했을 것입니다. print(cust_df.var3.value_counts( )[:10])로 var3의 값을 조사해 보면 −999999 값이 116개가 있음을 알 수 있습니다. var3은 숫자 형이고, 다른 값에 비해 −999999은 너무 편차가 심하므로 −999999를 가장 값이 많은 2로 변환하겠습니다. ID 피처는 단순 식별자에 불과하므로 피처를 드롭하겠습니다. 그리고 클래스 데이터 세트와 피처 데이터 세트를 분리해 별도의 데이터 세트로 별도로 저장하겠습니다.

```
cust_df['var3'].replace(-999999, 2, inplace=True)
cust_df.drop('ID', axis=1, inplace=True)

# 피처 세트와 레이블 세트 분리. 레이블 칼럼은 DataFrame의 맨 마지막에 위치해 칼럼 위치 -1로 분리
X_features = cust_df.iloc[:, :-1]
y_labels = cust_df.iloc[:, -1]
print('피처 데이터 shape:{0}'.format(X_features.shape))
```

[Output]

```
피처 데이터 shape:(76020, 369)
```

학습과 성능 평가를 위해서 원본 데이터 세트에서 학습 데이터 세트와 테스트 데이터 세트를 분리하겠습니다. 비대칭한 데이터 세트이므로 클래스인 Target 값 분포도가 학습 데이터와 테스트 데이터 세트에 모두 비슷하게 추출됐는지 확인하겠습니다.

```
from sklearn.model_selection import train_test_split

X_train, X_test, y_train, y_test = train_test_split(X_features, y_labels,
                                                    test_size=0.2, random_state=0)
train_cnt = y_train.count()
test_cnt = y_test.count()
print('학습 세트 Shape:{0}, 테스트 세트 Shape:{1}'.format(X_train.shape, X_test.shape))

print(' 학습 세트 레이블 값 분포 비율')
print(y_train.value_counts()/train_cnt)
print('\n 테스트 세트 레이블 값 분포 비율')
print(y_test.value_counts()/test_cnt)
```

[Output]

```
학습 세트 Shape:(60816, 369), 테스트 세트 Shape:(15204, 369)
 학습 세트 레이블 값 분포 비율
0    0.960964
1    0.039036
Name: TARGET, dtype: float64
```

```
테스트 세트 레이블 값 분포 비율
0    0.9583
1    0.0417
Name: TARGET, dtype: float64
```

학습과 테스트 데이터 세트 모두 TARGET의 값의 분포가 원본 데이터와 유사하게 전체 데이터의 4% 정도의 불만족 값(값 1)으로 만들어졌습니다.

XGBoost의 조기 중단(early stopping)의 검증 데이터 세트로 사용하기 위해서 X_train, y_train을 다시 쪼개서 학습과 검증 데이터 세트로 만들겠습니다.

```
# X_train, y_train을 다시 학습과 검증 데이터 세트로 분리.
X_tr, X_val, y_tr, y_val = train_test_split(X_train, y_train, test_size=0.3, random_state=0)
```

XGBoost 모델 학습과 하이퍼 파라미터 튜닝

먼저 XGBoost의 학습 모델을 생성하고 예측 결과를 ROC AUC로 평가해 보겠습니다. 사이킷런 래퍼인 XGBClassifier를 기반으로 학습을 수행합니다. n_estimators는 500으로 하되 early_stopping_rounds를 100으로 설정합니다. 성능 평가 기준이 ROC-AUC이므로 XGBClassifier의 eval_metric은 'auc'로 하겠습니다(logloss로 해도 큰 차이는 없습니다). 앞에서 분리한 학습과 검증 데이터 세트를 이용하여 eval_set=[(X_tr, y_tr), (X_val, y_val)]로, 조기 중단은 100회로 설정하고 학습을 진행한 뒤 테스트 데이터 세트로 평가된 ROC-AUC 값을 확인해 보겠습니다.

```
from xgboost import XGBClassifier
from sklearn.metrics import roc_auc_score

# n_estimators는 500으로, random state는 예제 수행 시마다 동일 예측 결과를 위해 설정.
xgb_clf = XGBClassifier(n_estimators=500, learning_rate=0.05, random_state=156)

# 성능 평가 지표를 auc로, 조기 중단 파라미터는 100으로 설정하고 학습 수행.
xgb_clf.fit(X_tr, y_tr, early_stopping_rounds=100, eval_metric="auc", eval_set=[(X_tr, y_tr),
(X_val, y_val)])

xgb_roc_score = roc_auc_score(y_test, xgb_clf.predict_proba(X_test)[:, 1])
print('ROC AUC: {0:.4f}'.format(xgb_roc_score))
```

[Output]

```
ROC AUC: 0.8429
```

테스트 데이터 세트로 예측 시 ROC AUC는 약 0.8429입니다.

이제 HyperOpt를 이용해 베이지안 최적화 기반으로 XGBoost의 하이퍼 파라미터 튜닝을 수행해 보겠습니다. 먼저 max_depth는 5에서 15까지 1 간격으로, min_child_weight는 1에서 6까지 1 간격으로, colsample_bytree는 0.5에서 0.95 사이, learning_rate는 0.01에서 0.2 사이 정규 분포된 값으로 하이퍼 파라미터 검색 공간을 설정하겠습니다.

```
from hyperopt import hp

# max_depth는 5에서 15까지 1 간격으로, min_child_weight는 1에서 6까지 1 간격으로
# colsample_bytree는 0.5에서 0.95 사이, learning_rate는 0.01에서 0.2 사이 정규 분포된 값으로 검색.
xgb_search_space = {'max_depth': hp.quniform('max_depth', 5, 15, 1),
                    'min_child_weight': hp.quniform('min_child_weight', 1, 6, 1),
                    'colsample_bytree': hp.uniform('colsample_bytree', 0.5, 0.95),
                    'learning_rate': hp.uniform('learning_rate', 0.01, 0.2) }
```

다음으로 목적 함수를 만들어 보겠습니다. 목적 함수는 3 Fold 교차 검증을 이용해 평균 ROC-AUC 값을 반환하되 -1을 곱해주어 최대 ROC-AUC 값이 최소 반환값이 되게 합니다. 교차 검증 시 XGBoost의 조기 중단과 검증 데이터 성능 평가를 위해서 KFold 클래스를 이용하여 직접 학습과 검증 데이터 세트를 추출하고 이를 교차 검증 횟수만큼 학습과 성능 평가를 수행합니다. 수행 시간을 줄이기 위해 estimators는 100으로 줄이고, early_stopping_rounds도 30으로 줄여서 테스트한 뒤 나중에 하이퍼 파라미터 튜닝이 완료되면 다시 증가시키겠습니다.

```
from sklearn.model_selection import KFold
from sklearn.metrics import roc_auc_score

# fmin()에서 호출 시 search_space 값으로 XGBClassifier 교차 검증 학습 후 -1* roc_auc 평균 값을 반환.
def objective_func(search_space):
    xgb_clf = XGBClassifier(n_estimators=100, max_depth=int(search_space['max_depth']),
                            min_child_weight=int(search_space['min_child_weight']),
                            colsample_bytree=search_space['colsample_bytree'],
                            learning_rate=search_space['learning_rate'])
```

```
    # 3개 k-fold 방식으로 평가된 roc_auc 지표를 담는 list
    roc_auc_list = [ ]

    # 3개 k-fold 방식 적용
    kf = KFold(n_splits=3)
    # X_train을 다시 학습과 검증용 데이터로 분리
    for tr_index, val_index in kf.split(X_train):
        # kf.split(X_train)으로 추출된 학습과 검증 index 값으로 학습과 검증 데이터 세트 분리
        X_tr, y_tr = X_train.iloc[tr_index], y_train.iloc[tr_index]
        X_val, y_val = X_train.iloc[val_index], y_train.iloc[val_index]

        # early stopping은 30회로 설정하고 추출된 학습과 검증 데이터로 XGBClassifier 학습 수행.
        xgb_clf.fit(X_tr, y_tr, early_stopping_rounds=30, eval_metric="auc",
           eval_set=[(X_tr, y_tr), (X_val, y_val)])

        # 1로 예측한 확률값 추출 후 roc auc 계산하고 평균 roc auc 계산을 위해 list에 결괏값 담음.
        score = roc_auc_score(y_val, xgb_clf.predict_proba(X_val)[:, 1])
        roc_auc_list.append(score)

    # 3개 k-fold로 계산된 roc_auc 값의 평균값을 반환하되,
    # HyperOpt는 목적함수의 최솟값을 위한 입력값을 찾으므로 -1을 곱한 뒤 반환.
    return -1*np.mean(roc_auc_list)
```

이제 fmin( ) 함수를 호출해 max_eval=50회만큼 반복하면서 최적의 하이퍼 파라미터를 도출해 보겠습니다. 아래 예제는 50회만큼 교차 검증을 반복하여 학습과 평가를 하므로 저자의 노트북에서 약 30분이 소요됩니다.

```
from hyperopt import fmin, tpe, Trials

trials = Trials()

# fmin() 함수를 호출. max_evals 지정된 횟수만큼 반복 후 목적함수의 최솟값을 가지는 최적 입력값 추출.
best = fmin(fn=objective_func,
            space=xgb_search_space,
            algo=tpe.suggest,
            max_evals=50,  # 최대 반복 횟수를 지정합니다.
            trials=trials, rstate=np.random.default_rng(seed=30))

print('best:', best)
```

[Output]

```
100%|██████████████████████████████████████████████| 50/50 [23:34<00:00, 28.29s/trial, best loss: -0.8377636283109627]
best: {'colsample_bytree': 0.5749934608268169, 'learning_rate': 0.15145639274819528, 'max_depth': 5.0, 'min_child_weight': 6.0}
```

colsamplbe_bytree가 약 0.5749, learning_rate가 약 0.1514, max_depth는 5.0, min_child_weight는 6.0이 도출됐습니다.

이제 이렇게 도출된 최적 하이퍼 파라미터를 기반으로 XGBClassifier를 재학습시키고 테스트 데이터 세트에서 ROC AUC를 측정해 보겠습니다. n_estimators는 500으로 증가시키겠습니다.

```
# n_estimators를 500 증가 후 최적으로 찾은 하이퍼 파라미터를 기반으로 학습과 예측 수행.
xgb_clf = XGBClassifier(n_estimators=500, learning_rate=round(best['learning_rate'], 5),
                        max_depth=int(best['max_depth']),
                        min_child_weight=int(best['min_child_weight']),
                        colsample_bytree=round(best['colsample_bytree'], 5)
                       )

# evaluation metric을 auc로, early stopping은 100으로 설정하고 학습 수행.
xgb_clf.fit(X_tr, y_tr, early_stopping_rounds=100,
            eval_metric="auc", eval_set=[(X_tr, y_tr), (X_val, y_val)])

xgb_roc_score = roc_auc_score(y_test, xgb_clf.predict_proba(X_test)[:,1])
print('ROC AUC: {0:.4f}'.format(xgb_roc_score))
```

[Output]

```
ROC AUC: 0.8457
```

ROC-AUC가 이전 예제의 0.8429에서 하이퍼 파라미터 튜닝 이후 0.8457로 개선됐습니다. 물론 시간을 투자한 것만큼은 아닐 수 있으나 캐글과 같이 치열한 순위 경쟁이 필요한 경우에는 이 정도의 수치 개선은 도움이 될 수 있습니다.

한 가지 아쉬운 점은 XGBoost가 GBM보다는 빠르지만 아무래도 GBM을 기반으로 하고 있기 때문에 수행 시간이 상당히 더 많이 요구된다는 점입니다. 앙상블 계열 알고리즘에서 하이퍼 파라미터 튜닝으로 성능 수치 개선이 급격하게 되는 경우는 많지 않습니다. 앙상블 계열 알고리즘은 과적합이나 잡음에 기본적으로 뛰어난 알고리즘이기에 그렇습니다. 일반 PC가 아닌 적어도 8코어 이상의 병렬 CPU 코어 시스템을 가진 컴퓨터가 있다면 더 다양하게 하이퍼 파라미터를 추가하고 변경해 가면서 성능 향상을 적극적으로 시도해 보기 바랍니다.

튜닝된 모델에서 각 피처의 중요도를 피처 중요도 그래프로 나타내 보겠습니다. xgboost 모듈의 plot_importance( ) 메서드를 이용합니다.

```
from xgboost import plot_importance
import matplotlib.pyplot as plt
%matplotlib inline

fig, ax = plt.subplots(1,1,figsize=(10,8))
plot_importance(xgb_clf, ax=ax , max_num_features=20,height=0.4)
```

[Output]

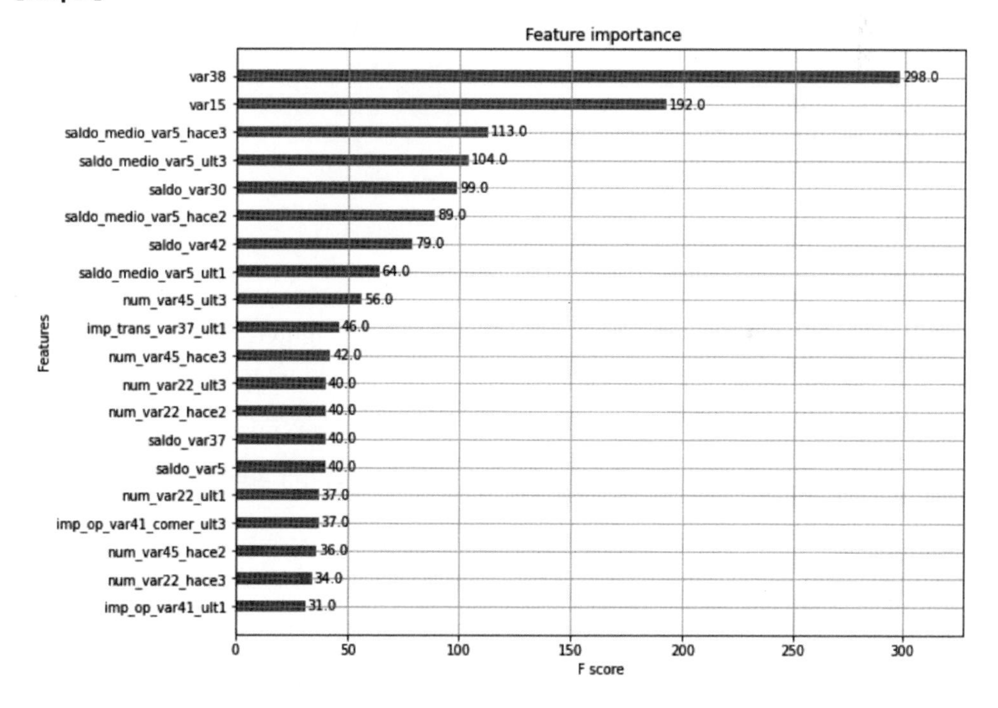

XGBoost의 예측 성능을 좌우하는 가장 중요한 피처는 var38, var15 순입니다. 다음은 LightGBM을 이용해 모델을 학습하고 하이퍼 파라미터를 튜닝해 예측 성능을 평가해 보겠습니다.

LightGBM 모델 학습과 하이퍼 파라미터 튜닝

앞의 XGBoost 예제 코드에서 만들어진 데이터 세트를 기반으로 LightGBM으로 학습을 수행하고, ROC-AUC를 측정해 보겠습니다. 앞의 XGBoost 예제와 동일하게 n_estimators는 500으로 설정하고, early_stopping_rounds는 100, 앞에서 분리한 학습과 검증 데이터 세트를 이용하여 eval_set=[(X_tr, y_tr), (X_val, y_val)]으로 학습을 진행한 뒤 테스트 데이터 세트로 평가된 ROC-AUC 값을 확인해 보겠습니다.

```
from lightgbm import LGBMClassifier

lgbm_clf = LGBMClassifier(n_estimators=500)

eval_set=[(X_tr, y_tr), (X_val, y_val)]
lgbm_clf.fit(X_tr, y_tr, early_stopping_rounds=100, eval_metric="auc", eval_set=eval_set)

lgbm_roc_score = roc_auc_score(y_test, lgbm_clf.predict_proba(X_test)[:,1])
print('ROC AUC: {0:.4f}'.format(lgbm_roc_score))
```

[Output]

```
ROC AUC: 0.8384
```

LightGBM 수행 결과 ROC AUC가 약 0.8384를 나타냅니다. LightGBM을 직접 수행해 보면 XGBoost보다 학습에 걸리는 시간이 좀 더 단축됐음을 느낄 수 있을 것입니다. HyperOpt를 이용하여 다양한 하이퍼 파라미터에 대한 튜닝을 수행해 보겠습니다. 튜닝 대상은 num_leaves, max_depth, min_child_samples, subsample, learning_rate이며 이를 위한 하이퍼 파라미터 검색 공간을 설정합니다.

```
lgbm_search_space = {'num_leaves': hp.quniform('num_leaves', 32, 64, 1),
                     'max_depth': hp.quniform('max_depth', 100, 160, 1),
                     'min_child_samples': hp.quniform('min_child_samples', 60, 100, 1),
                     'subsample': hp.uniform('subsample', 0.7, 1),
                     'learning_rate': hp.uniform('learning_rate', 0.01, 0.2)
                    }
```

이제 목적 함수를 생성해 보겠습니다. 소스 코드는 앞 XGBoost와 크게 다르지 않으며, 단지 LGBMClassifer 객체를 생성하는 부분만 달라집니다.

```
def objective_func(search_space):
    lgbm_clf =  LGBMClassifier(n_estimators=100,
                               num_leaves=int(search_space['num_leaves']),
                               max_depth=int(search_space['max_depth']),
                               min_child_samples=int(search_space['min_child_samples']),
                               subsample=search_space['subsample'],
                               learning_rate=search_space['learning_rate'])
    # 3개 k-fold 방식으로 평가된 roc_auc 지표를 담는 list
    roc_auc_list = []

    # 3개 k-fold 방식 적용
    kf = KFold(n_splits=3)
    # X_train을 다시 학습과 검증용 데이터로 분리
    for tr_index, val_index in kf.split(X_train):
        # kf.split(X_train)으로 추출된 학습과 검증 index 값으로 학습과 검증 데이터 세트 분리
        X_tr, y_tr = X_train.iloc[tr_index], y_train.iloc[tr_index]
        X_val, y_val = X_train.iloc[val_index], y_train.iloc[val_index]

        # early stopping은 30회로 설정하고 추출된 학습과 검증 데이터로 XGBClassifier 학습 수행.
        lgbm_clf.fit(X_tr, y_tr, early_stopping_rounds=30, eval_metric="auc",
           eval_set=[(X_tr, y_tr), (X_val, y_val)])

        # 1로 예측한 확률값 추출 후 roc auc 계산하고 평균 roc auc 계산을 위해 list에 결괏값 담음.
        score = roc_auc_score(y_val, lgbm_clf.predict_proba(X_val)[:, 1])
        roc_auc_list.append(score)

    # 3개 k-fold로 계산된 roc_auc 값의 평균값을 반환하되,
    # HyperOpt는 목적함수의 최솟값을 위한 입력값을 찾으므로 -1을 곱한 뒤 반환.
    return -1*np.mean(roc_auc_list)
```

fmin( )을 호출하여 최적 하이퍼 파라미터를 도출해 보겠습니다.

```
from hyperopt import fmin, tpe, Trials

trials = Trials()
```

```
# fmin() 함수를 호출. max_evals 지정된 횟수만큼 반복 후 목적함수의 최솟값을 가지는 최적 입력값 추출.
best = fmin(fn=objective_func, space=lgbm_search_space, algo=tpe.suggest,
            max_evals=50, # 최대 반복 횟수를 지정합니다.
            trials=trials, rstate=np.random.default_rng(seed=30))

print('best:', best)
```

[Output]

```
100%|██████████████████████████████████████████████████| 50/50 [03:32<00:00,  4.26s/trial, best loss: -0.8357657786434084]
best: {'learning_rate': 0.08592271133758617, 'max_depth': 121.0, 'min_child_samples': 69.0, 'num_leaves': 41.0, 'subsample': 0.91489
58093027029}
```

learning_rate가 약 0.08592, max_depth가 121.0, min_child_samples가 69.0, num_leaves가 41.0, subsample이 0.91489로 도출되었습니다. 이제 이들 하이퍼 파라미터를 이용하여 LightGBM을 학습 후에 테스트 데이터 세트에서 ROC-AUC를 평가해 보겠습니다.

```
lgbm_clf =  LGBMClassifier(n_estimators=500, num_leaves=int(best['num_leaves']),
                           max_depth=int(best['max_depth']),
                           min_child_samples=int(best['min_child_samples']),
                           subsample=round(best['subsample'], 5),
                           learning_rate=round(best['learning_rate'], 5)
                          )

# evaluation metric을 auc로, early stopping은 100으로 설정하고 학습 수행.
lgbm_clf.fit(X_tr, y_tr, early_stopping_rounds=100,
            eval_metric="auc",eval_set=[(X_tr, y_tr), (X_val, y_val)])

lgbm_roc_score = roc_auc_score(y_test, xgb_clf.predict_proba(X_test)[:,1])
print('ROC AUC: {0:.4f}'.format(lgbm_roc_score))
```

[Output]

```
ROC AUC: 0.8446
```

LightGBM의 경우 테스트 데이터 세트에서 ROC-AUC가 약 0.8446으로 측정됐습니다. LightGBM의 경우 학습 시간이 상대적으로 빠르기 때문에 위에 기술된 하이퍼 파라미터 외에 추가적인 하이퍼 파라미터를 적용해서 튜닝을 수행해 보는 것도 좋습니다.

10 분류 실습 - 캐글 신용카드 사기 검출

이번에는 Kaggle의 신용카드 데이터 세트를 이용해 신용카드 사기 검출 분류 실습을 수행해 보겠습니다. 데이터는 https://www.kaggle.com/mlg-ulb/creditcardfraud에서 내려받을 수 있습니다. 캐글에 로그인한 후 해당 웹 페이지에서 'Download(66 MB)'를 클릭하면 creditcard.csv 파일이 포함된 압축 파일을 내려받을 수 있습니다(캐글 경연 규칙 준수 화면으로 이동할 경우 해당 규칙 준수에 동의하면 됩니다). 내려받은 압축 파일을 풀어서 creditcard.csv 파일을 PC의 적당한 위치에 저장합니다.

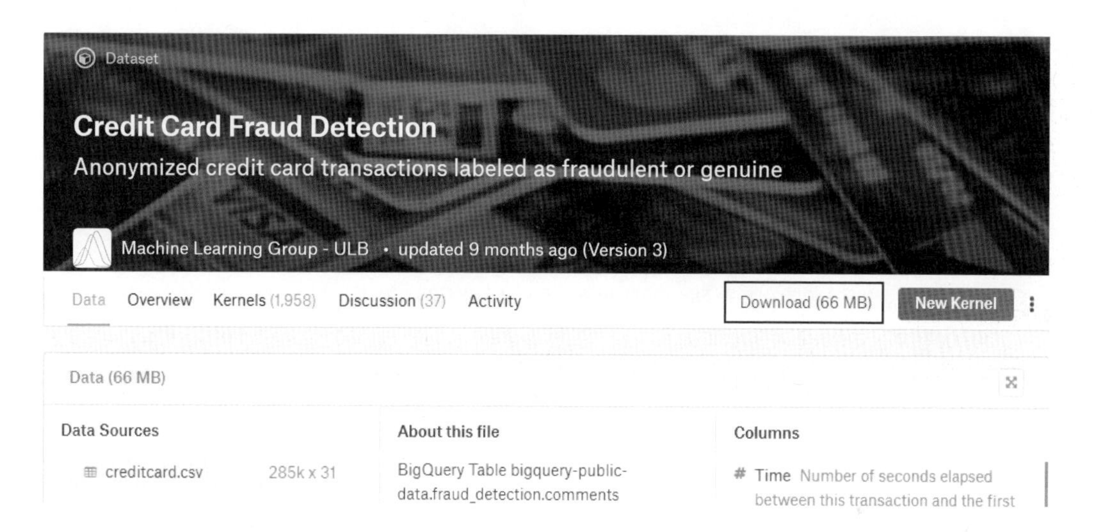

해당 데이터 세트의 레이블인 Class 속성은 매우 불균형한 분포를 가지고 있습니다. Class는 0과 1로 분류되는데 0이 사기가 아닌 정상적인 신용카드 트랜잭션 데이터, 1은 신용카드 사기 트랜잭션을 의미합니다. 전체 데이터의 약 0.172%만이 레이블 값이 1, 즉 사기 트랜잭션입니다. 일반적으로 사기 검출(Fraud Detection)이나 이상 검출(Anomaly Detection)과 같은 데이터 세트는 이처럼 레이블 값이 극도로 불균형한 분포를 가지기 쉽습니다. 왜냐하면 사기와 같은 이상 현상은 전체 데이터에서 차지하는 비중이 매우 적을 수밖에 없기 때문입니다.

언더 샘플링과 오버 샘플링의 이해

레이블이 불균형한 분포를 가진 데이터 세트를 학습시킬 때 예측 성능의 문제가 발생할 수 있는데, 이는 이상 레이블을 가지는 데이터 건수가 정상 레이블을 가진 데이터 건수에 비해 너무 적기 때문에 발생합니다. 즉 이상 레이블을 가지는 데이터 건수는 매우 적기 때문에 제대로 다양한 유형을 학습하지 못하는 반면에 정상 레이블을 가지는 데이터 건수는 매우 많기 때문에 일방적으로 정상 레이블로 치우친 학습을 수행해 제대로 된 이상 데이터 검출이 어려워지기 쉽습니다. 지도학습에서 극도로 불균형한 레이블 값 분포로 인한 문제점을 해결하기 위해서는 적절한 학습 데이터를 확보하는 방안이 필요한데, 대표적으로 오버 샘플링(Oversampling)과 언더 샘플링(Undersampling) 방법이 있으며, 오버 샘플링 방식이 예측 성능상 조금 유리한 경우가 많아 상대적으로 더 많이 사용됩니다.

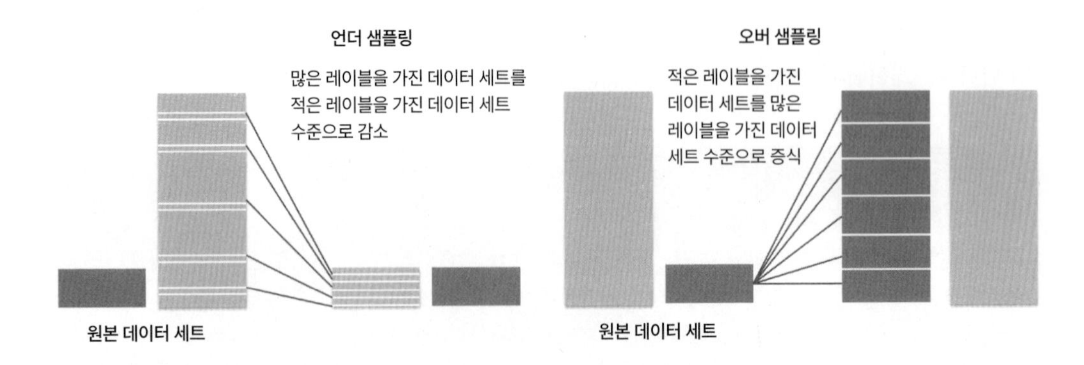

- 언더 샘플링은 많은 데이터 세트를 적은 데이터 세트 수준으로 감소시키는 방식입니다. 즉 정상 레이블을 가진 데이터가 10,000건, 이상 레이블을 가진 데이터가 100건이 있으면 정상 레이블 데이터를 100건으로 줄여 버리는 방식입니다. 이렇게 정상 레이블 데이터를 이상 레이블 데이터 수준으로 줄여 버린 상태에서 학습을 수행하면 과도하게 정상 레이블로 학습/예측하는 부작용을 개선할 수 있지만, 너무 많은 정상 레이블 데이터를 감소시켜서 정상 레이블의 경우 제대로 된 학습을 수행할 수 없는 문제가 발생할 수도 있으므로 유의해야 합니다.

- 오버 샘플링은 이상 데이터와 같이 적은 데이터 세트를 증식하여 학습을 위한 충분한 데이터를 확보하는 방법입니다. 동일한 데이터를 단순히 증식하는 방법은 과적합(Overfitting)이 되기 때문에 의미가 없으므로 원본 데이터의 피처 값들을 아주 약간만 변경하여 증식합니다. 대표적으로 SMOTE(Synthetic Minority Over-sampling Technique) 방법이 있습니다. SMOTE는 적은 데이터 세트에 있는 개별 데이터들의 K 최근접 이웃(K Nearest Neighbor)을 찾아서 이 데이터와 K개 이웃들의 차이를 일정 값으로 만들어서 기존 데이터와 약간 차이가 나는 새로운 데이터들을 생성하는 방식입니다.

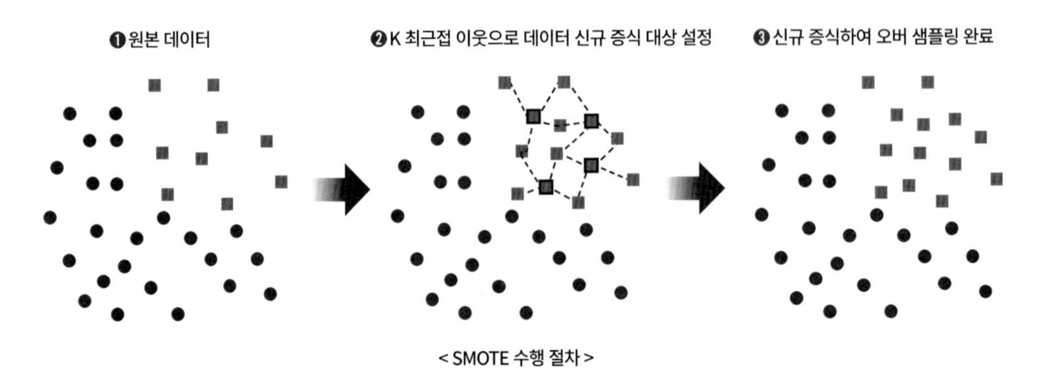

< SMOTE 수행 절차 >

SMOTE를 구현한 대표적인 파이썬 패키지는 imbalanced-learn입니다. 이번 절에서는 이를 이용해 데이터를 증식해 보겠습니다. imbalanced-learn 패키지는 아나콘다를 이용해 설치가 가능합니다. 아나콘다 프롬프트를 관리자 권한으로 실행하고 다음 명령어를 입력하면 자동으로 설치를 진행합니다.

```
conda install -c conda-forge imbalanced-learn
```

데이터 일차 가공 및 모델 학습/예측/평가

설치가 됐으면 이제 데이터 세트를 로딩하고 신용카드 사기 검출 모델을 생성하겠습니다. 새로운 주피터 노트북을 생성하고, 다운로드받은 creditcard.csv 파일을 동일한 디렉터리로 이동시킨 후 DataFrame으로 로딩합니다.

```
import pandas as pd
import numpy as np
import matplotlib.pyplot as plt
import warnings
warnings.filterwarnings("ignore")
%matplotlib inline

card_df = pd.read_csv('./creditcard.csv')
card_df.head(3)
```

[Output]

	Time	V1	V2	V3	V4	V5	V6	V7	V8	V9	...	V21	V22
0	0.0	-1.359807	-0.072781	2.536347	1.378155	-0.338321	0.462388	0.239599	0.098698	0.363787	...	-0.018307	0.277838
1	0.0	1.191857	0.266151	0.166480	0.448154	0.060018	-0.082361	-0.078803	0.085102	-0.255425	...	-0.225775	-0.638672
2	1.0	-1.358354	-1.340163	1.773209	0.379780	-0.503198	1.800499	0.791461	0.247676	-1.514654	...	0.247998	0.771679

3 rows × 31 columns

creditcard.csv의 V로 시작하는 피처들의 의미는 알 수가 없습니다. Time 피처의 경우는 데이터 생성 관련한 작업용 속성으로서 큰 의미가 없기에 제거하겠습니다. Amount 피처는 신용카드 트랜잭션 금액을 의미하며, Class는 레이블로서 0의 경우 정상, 1의 경우 사기 트랜잭션입니다. card_df.info( )로 확인해 보면 전체 284,807개의 레코드에서 결측치(Missing Value)는 없으며, Class 레이블만 int형이고 나머지 피처들은 모두 float형입니다.

이번 실습에서는 보다 다양한 데이터 사전 가공을 수행하고, 이에 따른 예측 성능도 함께 비교해 보겠습니다. 이를 위해 인자로 입력된 DataFrame을 복사한 뒤, 이를 가공하여 반환하는 get_preprocessed_df( ) 함수와 데이터 가공 후 학습/테스트 데이터 세트를 반환하는 get_train_test_df( ) 함수를 생성하겠습니다. 먼저 get_preprocessed_df( ) 함수는 불필요한 Time 피처만 삭제하는 것으로부터 시작하겠습니다.

```
from sklearn.model_selection import train_test_split

# 인자로 입력받은 DataFrame을 복사한 뒤 Time 칼럼만 삭제하고 복사된 DataFrame 반환
def get_preprocessed_df(df=None):
    df_copy = df.copy()
    df_copy.drop('Time', axis=1, inplace=True)
    return df_copy
```

get_train_test_dataset( )는 get_preprocessed_df( )를 호출한 뒤 학습 피처/레이블 데이터 세트, 테스트 피처/레이블 데이터 세트를 반환합니다. get_train_test_dataset( )는 내부에서 train_test_split( ) 함수를 호출하며, 테스트 데이터 세트를 전체의 30%인 Stratified 방식으로 추출해 학습 데이터 세트와 테스트 데이터 세트의 레이블 값 분포도를 서로 동일하게 만듭니다.

```
# 사전 데이터 가공 후 학습과 테스트 데이터 세트를 반환하는 함수.
def get_train_test_dataset(df=None):
    # 인자로 입력된 DataFrame의 사전 데이터 가공이 완료된 복사 DataFrame 반환
    df_copy = get_preprocessed_df(df)
    # DataFrame의 맨 마지막 칼럼이 레이블, 나머지는 피처들
    X_features = df_copy.iloc[:, :-1]
    y_target = df_copy.iloc[:, -1]
    # train_test_split( )으로 학습과 테스트 데이터 분할. stratify=y_target으로 Stratified 기반 분할
    X_train, X_test, y_train, y_test = \
    train_test_split(X_features, y_target, test_size=0.3, random_state=0, stratify=y_target)
    # 학습과 테스트 데이터 세트 반환
    return X_train, X_test, y_train, y_test

X_train, X_test, y_train, y_test = get_train_test_dataset(card_df)
```

생성한 학습 데이터 세트와 테스트 데이터 세트의 레이블 값 비율을 백분율로 환산해서 서로 비슷하게 분할됐는지 확인해 보겠습니다.

```
print('학습 데이터 레이블 값 비율')
print(y_train.value_counts()/y_train.shape[0] * 100)
print('테스트 데이터 레이블 값 비율')
print(y_test.value_counts()/y_test.shape[0] * 100)
```

[Output]

```
학습 데이터 레이블 값 비율
0    99.827451
1     0.172549
테스트 데이터 레이블 값 비율
0    99.826785
1     0.173215
```

학습 데이터 레이블의 경우 1값이 약 0.172%, 테스트 데이터 레이블의 경우 1값이 약 0.173%로 큰 차이가 없이 잘 분할됐습니다. 이제 모델을 만들어 보겠습니다. 로지스틱 회귀와 LightGBM 기반의 모델이 데이터 가공을 수행하면서 예측 성능이 어떻게 변하는지 살펴볼 것입니다. 먼저 로지스틱 회귀를 이용해 신용 카드 사기 여부를 예측해 보겠습니다. 예측 성능 평가는 3장에서 생성한 get_clf_eval( ) 함수를 다시 사용하겠습니다.

```
from sklearn.linear_model import LogisticRegression

lr_clf = LogisticRegression(max_iter=1000)
lr_clf.fit(X_train, y_train)
lr_pred = lr_clf.predict(X_test)
lr_pred_proba = lr_clf.predict_proba(X_test)[:, 1]

# 3장에서 사용한 get_clf_eval() 함수를 이용해 평가 수행.
get_clf_eval(y_test, lr_pred, lr_pred_proba)
```

[Output]

```
오차 행렬
[[85281    14]
 [   56    92]]
정확도: 0.9992, 정밀도: 0.8679, 재현율: 0.6216,    F1: 0.7244, AUC:0.9702
```

테스트 데이터 세트로 측정 시 재현율(Recall)이 0.6216, ROC-AUC가 0.9702입니다. 이번에는 LightGBM을 이용한 모델을 만들어 보겠습니다. 그에 앞서, 앞으로 수행할 예제 코드에서 반복적으로 모델을 변경해 학습/예측/평가할 것이므로 이를 위한 별도의 함수를 생성하겠습니다. get_model_train_eval( )는 인자로 사이킷런의 Estimator 객체와 학습/테스트 데이터 세트를 입력받아서 학습/예측/평가를 수행하는 역할을 하는 함수입니다.

```
# 인자로 사이킷런의 Estimator 객체와 학습/테스트 데이터 세트를 입력받아서 학습/예측/평가 수행.
def get_model_train_eval(model, ftr_train=None, ftr_test=None, tgt_train=None, tgt_test=None):
    model.fit(ftr_train, tgt_train)
    pred = model.predict(ftr_test)
    pred_proba = model.predict_proba(ftr_test)[:, 1]
    get_clf_eval(tgt_test, pred, pred_proba)
```

먼저, 본 데이터 세트는 극도로 불균형한 레이블 값 분포도를 가지고 있으므로 LGBMClassifier 객체 생성 시 boost_from_average=False로 파라미터를 설정해야 합니다.

주의 _ LightGBM이 버전업되면서 boost_from_average 파라미터의 디폴트 값이 False에서 True로 변경되었습니다. 본 예제와 같이 레이블 값이 극도로 불균형한 분포를 이루는 경우 boost_from_average=True 설정은 재현률 및 ROC-AUC 성능을 매우 크게 저하시킵니다. LightGBM 2.1.0 이상의 버전이 설치되어 있거나 불균형한 데이터 세트에서 예측 성능이 매우 저조할 경우 LGBMClassifier 객체 생성 시 boost_from_average=False로 파라미터를 설정해야 합니다.
https://github.com/Microsoft/LightGBM/issues/1487에 본 이슈에 대한 질의와 답변들이 있으니 참고하기 바랍니다.

LightGBM으로 모델을 학습한 뒤, 별도의 테스트 데이터 세트에서 예측 평가를 수행해 보겠습니다.

```
from lightgbm import LGBMClassifier

lgbm_clf = LGBMClassifier(n_estimators=1000, num_leaves=64, n_jobs=-1, boost_from_average=False)
get_model_train_eval(lgbm_clf, ftr_train=X_train, ftr_test=X_test, tgt_train=y_train, tgt_test=y_test)
```

[Output]

```
오차 행렬
[[85290     5]
 [   36   112]]
정확도: 0.9995, 정밀도: 0.9573, 재현율: 0.7568,    F1: 0.8453, AUC:0.9790
```

재현율 0.7568, ROC-AUC 0.9790으로 앞의 로지스틱 회귀보다는 높은 수치를 나타냈습니다.

데이터 분포도 변환 후 모델 학습/예측/평가

이번에는 왜곡된 분포도를 가지는 데이터를 재가공한 뒤에 모델을 다시 테스트해 보겠습니다. 먼저 creditcard.csv의 중요 피처 값의 분포도를 살펴봅니다. 5장에서 더 자세히 설명하겠지만, 로지스틱 회귀는 선형 모델입니다. 대부분의 선형 모델은 중요 피처들의 값이 정규 분포 형태를 유지하는 것을 선호합니다. Amount 피처는 신용 카드 사용 금액으로 정상/사기 트랜잭션을 결정하는 매우 중요한 속성일 가능성이 높습니다. Amount 피처의 분포도를 확인해 보겠습니다.

```
import seaborn as sns

plt.figure(figsize=(8, 4))
plt.xticks(range(0, 30000, 1000), rotation=60)
sns.histplot(card_df['Amount'], bins=100, kde=True)
plt.show()
```

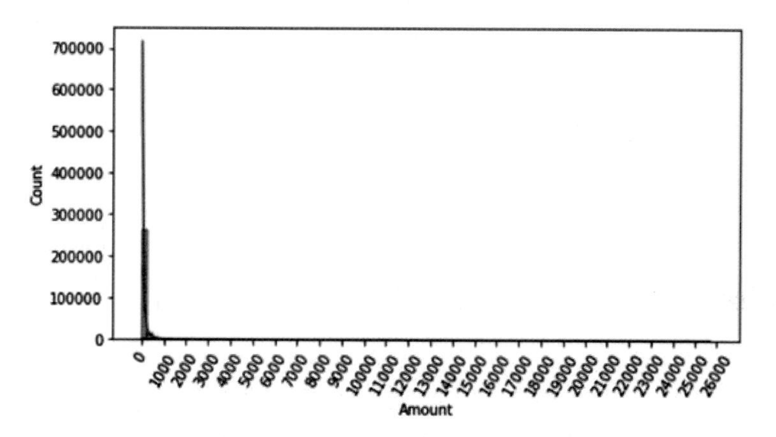

Amount, 즉 카드 사용금액이 1000불 이하인 데이터가 대부분이며, 26,000불까지 드물지만 많은 금액을 사용한 경우가 발생하면서 꼬리가 긴 형태의 분포 곡선을 가지고 있습니다. Amount를 표준 정규 분포 형태로 변환한 뒤에 로지스틱 회귀의 예측 성능을 측정해 보겠습니다. 이를 위해 앞에서 만든 get_processed_df( ) 함수를 다음과 같이 사이킷런의 StandardScaler 클래스를 이용해 Amount 피처를 정규 분포 형태로 변환하는 코드로 변경합니다.

```python
from sklearn.preprocessing import StandardScaler
# 사이킷런의 StandardScaler를 이용해 정규 분포 형태로 Amount 피처값 변환하는 로직으로 수정.
def get_preprocessed_df(df=None):
    df_copy = df.copy()
    scaler = StandardScaler()
    amount_n = scaler.fit_transform(df_copy['Amount'].values.reshape(-1, 1))
    # 변환된 Amount를 Amount_Scaled로 피처명 변경후 DataFrame맨 앞 칼럼으로 입력
    df_copy.insert(0, 'Amount_Scaled', amount_n)
    # 기존 Time, Amount 피처 삭제
    df_copy.drop(['Time', 'Amount'], axis=1, inplace=True)
    return df_copy
```

함수를 수정한 후 get_train_test_dataset( )를 호출해 학습/테스트 데이터 세트를 생성한 후에 get_model_train_eval( )를 이용해 로지스틱 회귀와 LightGBM 모델을 각각 학습/예측/평가해 보겠습니다.

```python
# Amount를 정규 분포 형태로 변환 후 로지스틱 회귀 및 LightGBM 수행.
X_train, X_test, y_train, y_test = get_train_test_dataset(card_df)

print('### 로지스틱 회귀 예측 성능 ###')
lr_clf = LogisticRegression(max_iter=1000)
get_model_train_eval(lr_clf, ftr_train=X_train, ftr_test=X_test, tgt_train=y_train, tgt_test=y_test)

print('### LightGBM 예측 성능 ###')
lgbm_clf = LGBMClassifier(n_estimators=1000, num_leaves=64, n_jobs=-1, boost_from_average=False)
get_model_train_eval(lgbm_clf, ftr_train=X_train, ftr_test=X_test, tgt_train=y_train, tgt_test=y_test)
```

[Output]

```
### 로지스틱 회귀 예측 성능 ###
오차 행렬
[[85281    14]
 [   58    90]]
정확도: 0.9992, 정밀도: 0.8654, 재현율: 0.6081, F1: 0.7143, AUC:0.9702
### LightGBM 예측 성능 ###
오차 행렬
[[85290     5]
 [   37   111]]
정확도: 0.9995, 정밀도: 0.9569, 재현율: 0.7500, F1: 0.8409, AUC:0.9779
```

정규 분포 형태로 Amount 피처값을 변환한 후 테스트 데이터 세트에 적용한 로지스틱 회귀의 경우는 정밀도와 재현율이 오히려 조금 저하되었고, LightGBM의 경우는 약간 정밀도와 재현율이 저하되었지만 큰 성능상의 변경은 없습니다.

이번에는 StandardScaler가 아니라 로그 변환을 수행해 보겠습니다. 로그 변환은 데이터 분포도가 심하게 왜곡되어 있을 경우 적용하는 중요 기법 중에 하나입니다. 원래 값을 log 값으로 변환해 원래 큰 값을 상대적으로 작은 값으로 변환하기 때문에 데이터 분포도의 왜곡을 상당 수준 개선해 줍니다. 다음 장인 5장에서 더 자세하게 다루겠습니다. 로그 변환은 넘파이의 log1p( )함수를 이용해 간단히 변환이 가능합니다. 데이터 가공 함수인 get_preprocessed_df( )를 다음과 같이 로그 변환 로직으로 변경합니다.

```
def get_preprocessed_df(df=None):
    df_copy = df.copy()
    # 넘파이의 log1p( )를 이용해 Amount를 로그 변환
    amount_n = np.log1p(df_copy['Amount'])
    df_copy.insert(0, 'Amount_Scaled', amount_n)
    df_copy.drop(['Time', 'Amount'], axis=1, inplace=True)
    return df_copy
```

이제 Amount 피처를 로그 변환한 후 다시 로지스틱 회귀와 LightGBM 모델을 적용한 후 예측 성능을 확인해 보겠습니다.

```
X_train, X_test, y_train, y_test = get_train_test_dataset(card_df)

print('### 로지스틱 회귀 예측 성능 ###')
get_model_train_eval(lr_clf, ftr_train=X_train, ftr_test=X_test, tgt_train=y_train,
                     tgt_test=y_test)

print('### LightGBM 예측 성능 ###')
get_model_train_eval(lgbm_clf, ftr_train=X_train, ftr_test=X_test, tgt_train=y_train,
                     tgt_test=y_test)
```

[Output]

```
### 로지스틱 회귀 예측 성능 ###
오차 행렬
```

```
[[85283    12]
 [   59    89]]
정확도: 0.9992, 정밀도: 0.8812, 재현율: 0.6014, F1: 0.7149, AUC:0.9727
### LightGBM 예측 성능 ###
오차 행렬
[[85290     5]
 [   35   113]]
정확도: 0.9995, 정밀도: 0.9576, 재현율: 0.7635, F1: 0.8496, AUC:0.9796
```

로지스틱 회귀의 경우 원본 데이터 대비 정밀도는 향상되었지만 재현율은 저하되었습니다. LightGBM의 경우 재현율이 향상되었습니다. 레이블이 극도로 불균일한 데이터 세트에서 로지스틱 회귀는 데이터 변환 시 약간은 불안정한 성능 결과를 보여 주고 있습니다.

이상치 데이터 제거 후 모델 학습/예측/평가

이상치 데이터(Outlier)는 전체 데이터의 패턴에서 벗어난 이상 값을 가진 데이터이며, 아웃라이어라고도 불립니다. 이상치로 인해 머신러닝 모델의 성능에 영향을 받는 경우가 발생하기 쉽습니다. 이번에는 이러한 이상치를 찾아내는 방법을 소개하고, 이들 데이터를 제거한 뒤에 다시 모델을 평가해 보겠습니다. 이상치를 찾는 방법은 여러 가지가 있지만, 이 중에서 IQR(Inter Quantile Range) 방식을 적용해 보겠습니다. IQR은 사분위(Quantile) 값의 편차를 이용하는 기법으로 흔히 박스 플롯(Box Plot) 방식으로 시각화할 수 있습니다.

먼저 사분위에 대해 알아봅시다. 사분위는 전체 데이터를 값이 높은 순으로 정렬하고, 이를 1/4(25%)씩으로 구간을 분할하는 것을 지칭합니다. 가령 100명의 시험 성적이 0점부터 100점까지 있다면, 이를 100등부터 1등까지 성적순으로 정렬한 뒤에 1/4 구간으로 Q1, Q2, Q3, Q4와 같이 나누는 것입니다. 이들 중 25% 구간인 Q1 ~ 75% 구간인 Q3의 범위를 IQR이라고 합니다. 다음 그림은 사분위와 IQR을 표현한 것입니다.

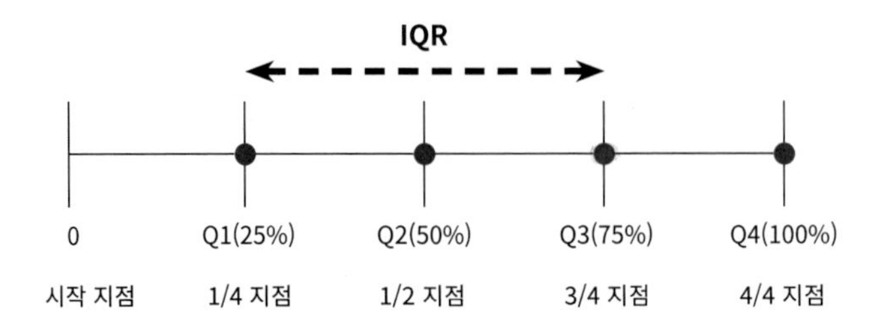

IQR을 이용해 이상치 데이터를 검출하는 방식은 보통 IQR에 1.5를 곱해서 생성된 범위를 이용해 최댓값과 최솟값을 결정한 뒤 최댓값을 초과하거나 최솟값에 미달하는 데이터를 이상치로 간주하는 것입니다. 3/4 분위수(Q3)에 IQR * 1.5를 더해서 일반적인 데이터가 가질 수 있는 최댓값으로 가정하고, 1/4 분위수(Q1)에 IQR * 1.5를 빼서 일반적인 데이터가 가질 수 있는 최솟값으로 가정합니다. 경우에 따라서 1.5가 아닌 다른 값을 적용할 수도 있으며, 보통은 1.5를 적용합니다. 이렇게 결정된 최댓값보다 큰 값 또는 최솟값보다 작은 값을 이상치 데이터로 간주합니다. IQR 방식을 시각화한 도표가 박스 플롯입니다. 박스 플롯은 다음과 같은 표현 방식으로 사분위의 편차와 IQR, 그리고 이상치를 나타냅니다.

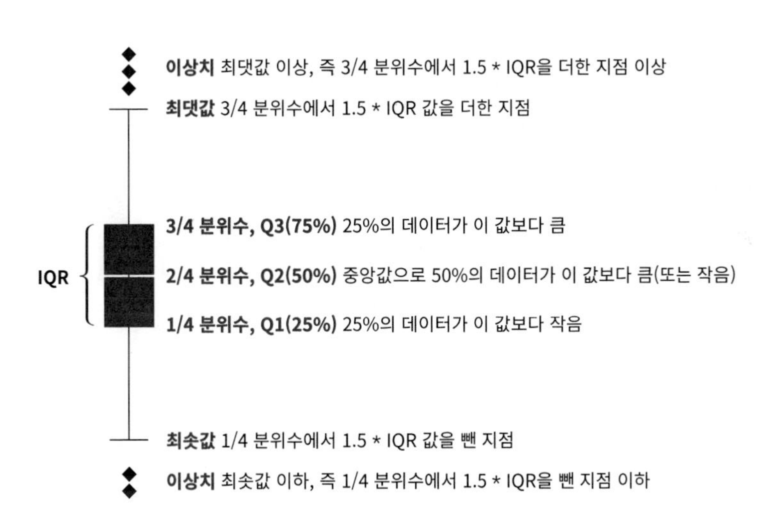

이제 이상치 데이터를 IQR을 이용해 제거해 보겠습니다. 먼저 어떤 피처의 이상치 데이터를 검출할 것인지 선택이 필요합니다. 매우 많은 피처가 있을 경우 이들 중 결정값(즉 레이블)과 가장 상관성이 높은 피처들을 위주로 이상치를 검출하는 것이 좋습니다. 모든 피처들의 이상치를 검출하는 것은 시간이 많이 소모되며, 결정값과 상관성이 높지 않은 피처들의 경우는 이상치를 제거하더라도 크게 성능 향상에 기여하지 않기 때문입니다. DataFrame의 corr( )을 이용해 각 피처별로 상관도를 구한 뒤 시본의 heatmap을 통해 시각화해 보겠습니다.

```
import seaborn as sns

plt.figure(figsize=(9, 9))
corr = card_df.corr()
sns.heatmap(corr, cmap='RdBu')
```

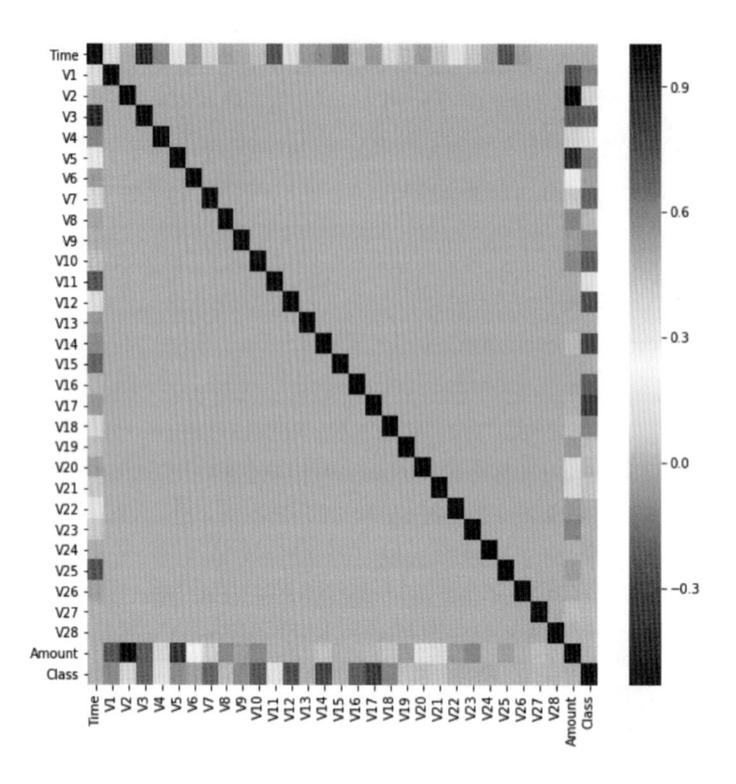

상관관계 히트맵에서 cmap을 'RdBu'로 설정해 양의 상관관계가 높을수록 색깔이 진한 파란색에 가까우며, 음의 상관관계가 높을수록 색깔이 진한 빨간색에 가깝게 표현됩니다. 상관관계 히트맵에서 맨 아래에 위치한 결정 레이블인 Class 피처와 음의 상관관계가 가장 높은 피처는 V14와 V17입니다. 이 중 V14에 대해서만 이상치를 찾아서 제거해 보겠습니다. IQR을 이용해 이상치를 검출하는 함수를 생성한 뒤, 이를 이용해 검출된 이상치를 삭제합니다. get_outlier( ) 함수는 인자로 DataFrame과 이상치를 검출한 칼럼을 입력받습니다. 함수 내에서 넘파이의 percentile( )을 이용해 1/4 분위와 3/4 분위를 구하고, 이에 기반해 IQR을 계산합니다. 계산된 IQR에 1.5를 곱해서 최댓값과 최솟값 지점을 구한 뒤, 최댓값보다 크거나 최솟값보다 작은 값을 이상치로 설정하고 해당 이상치가 있는 DataFrame Index를 반환합니다.

```
import numpy as np

def get_outlier(df=None, column=None, weight=1.5):
    # fraud에 해당하는 column 데이터만 추출, 1/4 분위와 3/4 분위 지점을 np.percentile로 구함.
    fraud = df[df['Class']==1][column]
    quantile_25 = np.percentile(fraud.values, 25)
    quantile_75 = np.percentile(fraud.values, 75)
```

```
    # IQR을 구하고, IQR에 1.5를 곱해 최댓값과 최솟값 지점 구함.
    iqr = quantile_75 - quantile_25
    iqr_weight = iqr * weight
    lowest_val = quantile_25 - iqr_weight
    highest_val = quantile_75 + iqr_weight
    # 최댓값보다 크거나, 최솟값보다 작은 값을 이상치 데이터로 설정하고 DataFrame index 반환.
    outlier_index = fraud[(fraud < lowest_val) | (fraud > highest_val)].index
    return outlier_index
```

get_outlier( ) 함수를 이용해 V14 칼럼에서 이상치 데이터를 찾아보겠습니다.

```
outlier_index = get_outlier(df=card_df, column='V14', weight=1.5)
print('이상치 데이터 인덱스:', outlier_index)
```

[Output]

```
이상치 데이터 인덱스: Int64Index([8296, 8615, 9035, 9252], dtype='int64')
```

총 4개의 데이터인 8296, 8615, 9035, 9252번 Index가 이상치로 추출됐습니다. get_outlier( )를 이용해 이상치를 추출하고 이를 삭제하는 로직을 get_processed_df( ) 함수에 추가해 데이터를 가공한 뒤 이 데이터 세트를 이용해 로지스틱 회귀와 LightGBM 모델을 다시 적용해 보겠습니다.

```
# get_processed_df( )를 로그 변환 후 V14 피처의 이상치 데이터를 삭제하는 로직으로 변경.
def get_preprocessed_df(df=None):
    df_copy = df.copy()
    amount_n = np.log1p(df_copy['Amount'])
    df_copy.insert(0, 'Amount_Scaled', amount_n)
    df_copy.drop(['Time', 'Amount'], axis=1, inplace=True)
    # 이상치 데이터 삭제하는 로직 추가
    outlier_index = get_outlier(df=df_copy, column='V14', weight=1.5)
    df_copy.drop(outlier_index, axis=0, inplace=True)
    return df_copy

X_train, X_test, y_train, y_test = get_train_test_dataset(card_df)
print('### 로지스틱 회귀 예측 성능 ###')
get_model_train_eval(lr_clf, ftr_train=X_train, ftr_test=X_test, tgt_train=y_train,
                     tgt_test=y_test)
print('### LightGBM 예측 성능 ###')
get_model_train_eval(lgbm_clf, ftr_train=X_train, ftr_test=X_test, tgt_train=y_train, tgt_test=y_test)
```

[Output]

```
### 로지스틱 회귀 예측 성능 ###
오차 행렬
[[85281    14]
 [   48    98]]
정확도: 0.9993, 정밀도: 0.8750, 재현율: 0.6712, F1: 0.7597, AUC:0.9743
### LightGBM 예측 성능 ###
오차 행렬
[[85290     5]
 [   25   121]]
정확도: 0.9996, 정밀도: 0.9603, 재현율: 0.8288, F1: 0.8897, AUC:0.9780
```

이상치 데이터를 제거한 뒤, 로지스틱 회귀와 LightGBM 모두 예측 성능이 크게 향상되었습니다. 로지스틱 회귀의 경우 재현율이 60.14%에서 67.12%로 크게 증가했으며, LightGBM의 경우도 76.35%에서 82.88%로 역시 크게 증가했습니다.

SMOTE 오버 샘플링 적용 후 모델 학습/예측/평가

이번에는 SMOTE 기법으로 오버 샘플링을 적용한 뒤 로지스틱 회귀와 LightGBM 모델의 예측 성능을 평가해 보겠습니다. 먼저 SMOTE는 앞에서 설치한 imbalanced-learn 패키지의 SMOTE 클래스를 이용해 간단하게 구현이 가능합니다. SMOTE를 적용할 때는 반드시 학습 데이터 세트만 오버 샘플링을 해야 합니다. 검증 데이터 세트나 테스트 데이터 세트를 오버 샘플링할 경우 결국은 원본 데이터 세트가 아닌 데이터 세트에서 검증 또는 테스트를 수행하기 때문에 올바른 검증/테스트가 될 수 없습니다.

앞 예제에서 생성한 학습 피처/레이블 데이터를 SMOTE 객체의 fit_resample( ) 메서드를 이용해 증식한 뒤 데이터를 증식 전과 비교해 보겠습니다.

```
from imblearn.over_sampling import SMOTE

smote = SMOTE(random_state=0)
X_train_over, y_train_over = smote.fit_resample(X_train, y_train)
print('SMOTE 적용 전 학습용 피처/레이블 데이터 세트: ', X_train.shape, y_train.shape)
print('SMOTE 적용 후 학습용 피처/레이블 데이터 세트: ', X_train_over.shape, y_train_over.shape)
print('SMOTE 적용 후 레이블 값 분포: \n', pd.Series(y_train_over).value_counts())
```

[Output]

```
SMOTE 적용 전 학습용 피처/레이블 데이터 세트: (199362, 29) (199362, )
SMOTE 적용 후 학습용 피처/레이블 데이터 세트: (398040, 29) (398040, )
SMOTE 적용 후 레이블 값 분포:
1    199020
0    199020
```

SMOTE 적용 전 학습 데이터 세트는 199,362건이었지만 SMOTE 적용 후 2배에 가까운 398,040건으로 데이터가 증식됐습니다. 그리고 SMOTE 적용 후 레이블 값이 0과 1의 분포가 동일하게 199,020 건으로 생성됐습니다. 이제 이렇게 생성된 학습 데이터 세트를 기반으로 먼저 로지스틱 회귀 모델을 학습한 뒤 성능을 평가해 보겠습니다.

```
lr_clf = LogisticRegression(max_iter=1000)
# ftr_train과 tgt_train 인자값이 SMOTE 증식된 X_train_over와 y_train_over로 변경됨에 유의
get_model_train_eval(lr_clf, ftr_train=X_train_over, ftr_test=X_test, tgt_train=y_train_over,
                     tgt_test=y_test)
```

[Output]

```
오차 행렬
[[82937  2358]
 [   11   135]]
정확도: 0.9723, 정밀도: 0.0542, 재현율: 0.9247, F1: 0.1023, AUC:0.9737
```

로지스틱 회귀 모델의 경우 SMOTE로 오버 샘플링된 데이터로 학습할 경우 재현율이 92.47%로 크게 증가하지만, 반대로 정밀도가 5.4%로 급격하게 저하됩니다. 재현율이 높더라도 이 정도로 저조한 정밀도로는 현실 업무에 적용할 수 없습니다. 이는 로지스틱 회귀 모델이 오버 샘플링으로 인해 실제 원본 데이터의 유형보다 너무나 많은 Class=1 데이터를 학습하면서 실제 테스트 데이터 세트에서 예측을 지나치게 Class=1로 적용해 정밀도가 급격히 떨어지게 된 것입니다. 분류 결정 임곗값에 따른 정밀도와 재현율 곡선을 통해 SMOTE로 학습된 로지스틱 회귀 모델에 어떠한 문제가 발생하고 있는지 시각적으로 확인해 보겠습니다. 이를 위해 3장에서 사용한 precision_recall_curve_plot( ) 함수를 이용합니다.

```
precision_recall_curve_plot( y_test, lr_clf.predict_proba(X_test)[:, 1] )
```

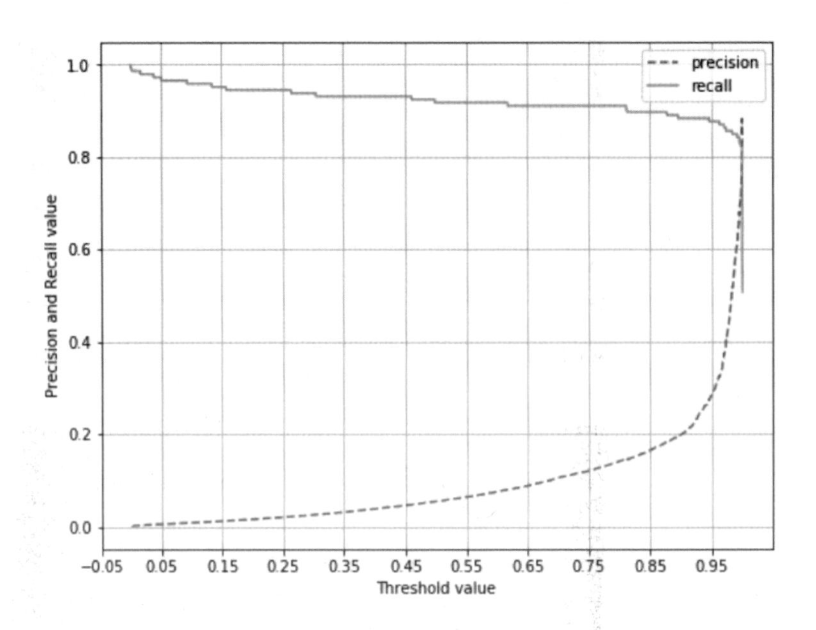

임계값이 0.99 이하에서는 재현율이 매우 좋고 정밀도가 극단적으로 낮다가 0.99 이상에서는 반대로 재현율이 대폭 떨어지고 정밀도가 높아집니다. 분류 결정 임계값을 조정하더라도 임계값의 민감도가 너무 심해 올바른 재현율/정밀도 성능을 얻을 수 없으므로 로지스틱 회귀 모델의 경우 SMOTE 적용 후 올바른 예측 모델이 생성되지 못했습니다. 이번에는 LightGBM 모델을 SMOTE로 오버 샘플링된 데이터 세트로 학습/예측/평가를 수행하겠습니다.

```
lgbm_clf = LGBMClassifier(n_estimators=1000, num_leaves=64, n_jobs=-1, boost_from_average=False)
get_model_train_eval(lgbm_clf, ftr_train=X_train_over, ftr_test=X_test,
                     tgt_train=y_train_over, tgt_test=y_test)
```

[Output]

```
오차 행렬
[[85283     12]
 [   22    124]]
정확도: 0.9996, 정밀도: 0.9118, 재현율: 0.8493, F1: 0.8794, AUC:0.9814
```

재현율이 이상치만 제거한 경우인 82.88%보다 높은 84.93%가 되었습니다. 그러나 정밀도는 이전의 96.03%보다 낮은 91.18%입니다. SMOTE를 적용하면 재현율은 높아지나, 정밀도는 낮아지는 것이 일반적입니다. 때문에 정밀도 지표보다는 재현율 지표를 높이는 것이 머신러닝 모델의 주요한 목표인 경우 SMOTE를 적용하면 좋습니다. 좋은 SMOTE 패키지일수록 재현율 증가율은 높이고 정밀도 감소율은 낮출 수 있도록 효과적으로 데이터를 증식합니다.

지금까지 다양한 방법으로 데이터를 가공하면서 로지스틱 회귀와 LightGBM을 적용한 결과를 다음과 같이 정리했습니다.

데이터 가공 유형	머신러닝 알고리즘	평가 지표		
		정밀도	재현율	ROC-AUC
원본 데이터 가공 없음	로지스틱 회귀	0.8679	0.6216	0.9702
	LightGBM	0.9573	0.7568	0.9790
데이터 로그 변환	로지스틱 회귀	0.8812	0.6014	0.9727
	LightGBM	0.9576	0.7635	0.9796
이상치 데이터 제거	로지스틱 회귀	0.8750	0.6712	0.9743
	LightGBM	0.9603	0.8288	0.9780
SMOTE 오버 샘플링	로지스틱 회귀	0.0542	0.9247	0.9737
	LightGBM	0.9118	0.8493	0.9814

11 스태킹 앙상블

스태킹(Stacking)은 개별적인 여러 알고리즘을 서로 결합해 예측 결과를 도출한다는 점에서 앞에 소개한 배깅(Bagging) 및 부스팅(Boosting)과 공통점을 가지고 있습니다. 하지만 가장 큰 차이점은 개별 알고리즘으로 예측한 데이터를 기반으로 다시 예측을 수행한다는 것입니다. 즉, 개별 알고리즘의 예측 결과 데이터 세트를 최종적인 메타 데이터 세트로 만들어 별도의 ML 알고리즘으로 최종 학습을 수행하고 테스트 데이터를 기반으로 다시 최종 예측을 수행하는 방식입니다(이렇게 개별 모델의 예측된 데이터 세트를 다시 기반으로 하여 학습하고 예측하는 방식을 메타 모델이라고 합니다).

스태킹 모델은 두 종류의 모델이 필요합니다. 첫 번째는 개별적인 기반 모델이고, 두 번째 이 개별 기반 모델의 예측 데이터를 학습 데이터로 만들어서 학습하는 최종 메타 모델입니다. 스태킹 모델의 핵심은 여러 개별 모델의 예측 데이터를 각각 스태킹 형태로 결합해 최종 메타 모델의 학습용 피처 데이터 세트와 테스트용 피처 데이터 세트를 만드는 것입니다.

스태킹을 현실 모델에 적용하는 경우는 그렇게 많지 않습니다만, 캐글과 같은 대회에서 높은 순위를 차지하기 위해 조금이라도 성능 수치를 높여야 할 경우 자주 사용됩니다. 스태킹을 적용할 때는 많은 개별 모델이 필요합니다. 2~3개의 개별 모델만을 결합해서는 쉽게 예측 성능을 향상시킬 수 없으며, 스태킹을 적용한다고 해서 반드시 성능 향상이 되리라는 보장도 없습니다. 일반적으로 성능이 비슷한 모델을 결합해 좀 더 나은 성능 향상을 도출하기 위해 적용됩니다.

위에서 언급한 스태킹 모델 개념의 간단한 다이어그램은 옆의 그림과 같습니다. 여러 개의 모델에 대한 예측값을 합한 후, 즉 스태킹 형태로 쌓은 뒤 이에 대한 예측을 다시 수행하는 것입니다.

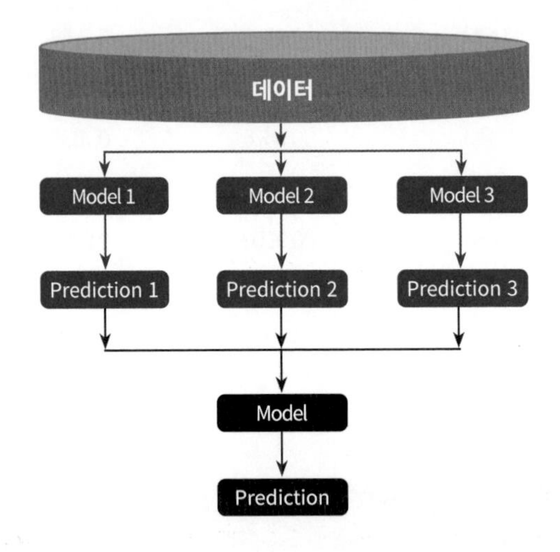

개념이 약간은 낯설기 때문에 예를 들어서 스텝별로 어떻게 데이터가 만들어지고 실행되는지 좀 더 상세히 알아보겠습니다.

M개의 로우, N개의 피처(칼럼)를 가진 데이터 세트에 스태킹 앙상블을 적용한다고 가정하겠습니다. 그리고 학습에 사용할 ML 알고리즘 모델은 모두 3개입니다. 먼저 모델별로 각각 학습을 시킨 뒤 예측을 수행하면 각각 M개의 로우를 가진 1개의 레이블 값을 도출할 것입니다. 모델별로 도출된 예측 레이블 값을 다시 합해서(스태킹) 새로운 데이터 세트를 만들고 이렇게 스태킹된 데이터 세트에 대해 최종 모델을 적용해 최종 예측을 하는 것이 스태킹 앙상블 모델입니다.

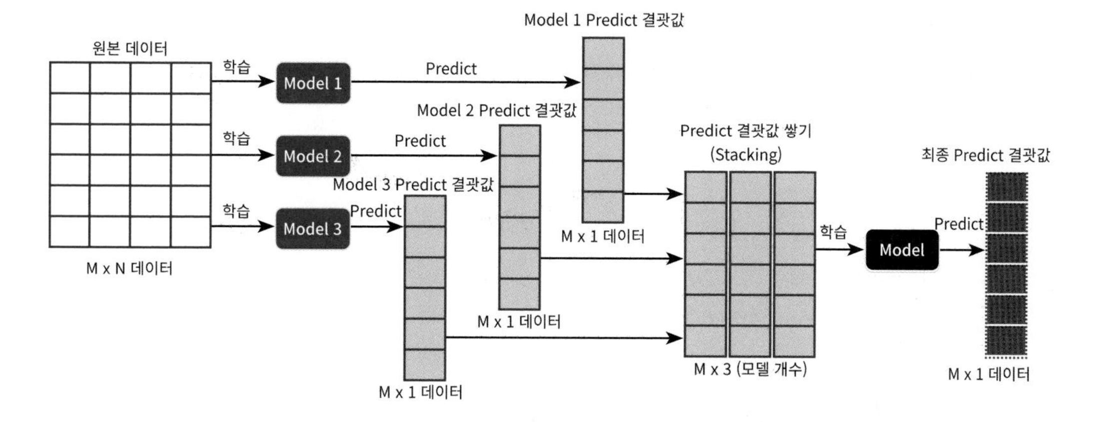

다음의 간단한 예제를 통해 스태킹 모델의 개념을 더 파악해 보겠습니다.

기본 스태킹 모델

새로운 주피터 노트북을 생성하고, 기본 스태킹 모델을 위스콘신 암 데이터 세트에 적용해 보겠습니다. 데이터를 다시 로딩하고 학습 데이터 세트와 테스트 데이터 세트로 나누겠습니다.

```
import numpy as np

from sklearn.neighbors import KNeighborsClassifier
from sklearn.ensemble import RandomForestClassifier
from sklearn.ensemble import AdaBoostClassifier
from sklearn.tree import DecisionTreeClassifier
from sklearn.linear_model import LogisticRegression

from sklearn.datasets import load_breast_cancer
from sklearn.model_selection import train_test_split
from sklearn.metrics import accuracy_score

cancer_data = load_breast_cancer()

X_data = cancer_data.data
y_label = cancer_data.target

X_train, X_test, y_train, y_test = train_test_split(X_data, y_label, test_size=0.2, random_state=0)
```

스태킹에 사용될 머신러닝 알고리즘 클래스를 생성합니다. 개별 모델은 KNN, 랜덤 포레스트, 결정 트리, 에이다부스트이며, 이들 모델의 예측 결과를 합한 데이터 세트로 학습/예측하는 최종 모델은 로지스틱 회귀입니다.

```
# 개별 ML 모델 생성
knn_clf  = KNeighborsClassifier(n_neighbors=4)
rf_clf = RandomForestClassifier(n_estimators=100, random_state=0)
dt_clf = DecisionTreeClassifier()
ada_clf = AdaBoostClassifier(n_estimators=100)

# 스태킹으로 만들어진 데이터 세트를 학습, 예측할 최종 모델
lr_final = LogisticRegression()
```

개별 모델을 학습하겠습니다.

```
# 개별 모델들을 학습.
knn_clf.fit(X_train, y_train)
rf_clf.fit(X_train, y_train)
dt_clf.fit(X_train, y_train)
ada_clf.fit(X_train, y_train)
```

개별 모델의 예측 데이터 세트를 반환하고 각 모델의 예측 정확도를 살펴보겠습니다.

```
# 학습된 개별 모델들이 각자 반환하는 예측 데이터 세트를 생성하고 개별 모델의 정확도 측정.
knn_pred = knn_clf.predict(X_test)
rf_pred = rf_clf.predict(X_test)
dt_pred = dt_clf.predict(X_test)
ada_pred = ada_clf.predict(X_test)
print('KNN 정확도: {0:.4f}'.format(accuracy_score(y_test, knn_pred)))
print('랜덤 포레스트 정확도: {0:.4f}'.format(accuracy_score(y_test, rf_pred)))
print('결정 트리 정확도: {0:.4f}'.format(accuracy_score(y_test, dt_pred)))
print('에이다부스트 정확도: {0:.4f}'.format(accuracy_score(y_test, ada_pred)))
```

[Output]

```
KNN 정확도: 0.9211
랜덤 포레스트 정확도: 0.9649
결정 트리 정확도: 0.9123
에이다부스트 정확도: 0.9561
```

개별 알고리즘으로부터 예측된 예측값을 칼럼 레벨로 옆으로 붙여서 피처 값으로 만들어, 최종 메타 모델인 로지스틱 회귀에서 학습 데이터로 다시 사용하겠습니다. 반환된 예측 데이터 세트는 1차원 형태의 ndarray이므로 먼저 반환된 예측 결과를 행 형태로 붙인 뒤, 넘파이의 transpose( )를 이용해 행과 열 위치를 바꾼 ndarray로 변환하면 됩니다.

```
pred = np.array([knn_pred, rf_pred, dt_pred, ada_pred])
print(pred.shape)

# transpose를 이용해 행과 열의 위치 교환. 칼럼 레벨로 각 알고리즘의 예측 결과를 피처로 만듦.
pred = np.transpose(pred)
print(pred.shape)
```

[Output]

```
(4, 114)
(114, 4)
```

이렇게 예측 데이터로 생성된 데이터 세트를 기반으로 최종 메타 모델인 로지스틱 회귀를 학습하고 예측 정확도를 측정하겠습니다.

```
lr_final.fit(pred, y_test)
final = lr_final.predict(pred)

print('최종 메타 모델의 예측 정확도: {0:.4f}'.format(accuracy_score(y_test, final)))
```

[Output]

```
최종 메타 모델의 예측 정확도: 0.9737
```

개별 모델의 예측 데이터를 스태킹으로 재구성해 최종 메타 모델에서 학습하고 예측한 결과, 정확도가 97.37%로 개별 모델 정확도보다 향상되었습니다(물론 이러한 스태킹 기법으로 예측을 한다고 무조건 개별 모델보다는 좋아진다는 보장은 없습니다). 이제까지 기본 스태킹 모델의 구성과 적용을 알아봤습니다. 이번에는 과적합을 개선하기 위한 CV 세트 기반의 스태킹 모델을 살펴보겠습니다.

CV 세트 기반의 스태킹

CV 세트 기반의 스태킹 모델은 과적합을 개선하기 위해 최종 메타 모델을 위한 데이터 세트를 만들 때 교차 검증 기반으로 예측된 결과 데이터 세트를 이용합니다. 앞 예제에서 마지막에 메타 모델인 로지스틱 회귀 모델 기반에서 최종 학습할 때 레이블 데이터 세트로 학습 데이터가 아닌 테스트용 레이블 데이터 세트를 기반으로 학습했기에 과적합 문제가 발생할 수 있습니다.

CV 세트 기반의 스태킹은 이에 대한 개선을 위해 개별 모델들이 각각 교차 검증으로 메타 모델을 위한 학습용 스태킹 데이터 생성과 예측을 위한 테스트용 스태킹 데이터를 생성한 뒤 이를 기반으로 메타 모델이 학습과 예측을 수행합니다. 이는 다음과 같이 2단계의 스텝으로 구분될 수 있습니다.

- **스텝 1**: 각 모델별로 원본 학습/테스트 데이터를 예측한 결과 값을 기반으로 메타 모델을 위한 학습용/테스트용 데이터를 생성합니다.
- **스텝2**: 스텝 1에서 개별 모델들이 생성한 학습용 데이터를 모두 스태킹 형태로 합쳐서 메타 모델이 학습할 최종 학습용 데이터 세트를 생성합니다. 마찬가지로 각 모델들이 생성한 테스트용 데이터를 모두 스태킹 형태로 합쳐서 메타 모델이 예측할 최종 테스트 데이터 세트를 생성합니다. 메타 모델은 최종적으로 생성된 학습 데이터 세트와 원본 학습 데이터의 레이블 데이터를 기반으로 학습한 뒤, 최종적으로 생성된 테스트 데이터 세트를 예측하고, 원본 테스트 데이터의 레이블 데이터를 기반으로 평가합니다

앞의 설명만으로는 CV 세트 기반의 스태킹 모델에 대한 설명이 조금은 부족해 보여 각 스텝별로 수행하는 로직을 다음과 같이 그림으로 표현했습니다. 스텝 2보다는 스텝 1이 훨씬 헷갈립니다. 먼저 스텝 1부터 그림을 통해 설명하겠습니다. 핵심은 개별 모델에서 메타 모델인 2차 모델에서 사용될 학습용 데이터와 테스트용 데이터를 교차 검증을 통해서 생성하는 것입니다. 스텝 1은 개별 모델 레벨에서 수행하는 것이며, 이러한 로직을 여러 개의 개별 모델에서 동일하게 수행합니다.

먼저 학습용 데이터를 N개의 폴드(Fold)로 나눕니다. 여기서는 3개의 폴드세트로 가정하겠습니다. 3개의 폴드세트이므로 3번의 유사한 반복 작업을 수행하고, 마지막 3번째 반복에서 개별 모델의 예측 값으로 학습 데이터와 테스트 데이터를 생성합니다. 주요 프로세스는 다음과 같습니다. ① 학습용 데이

터를 3개의 폴드로 나누되, 2개의 폴드는 학습을 위한 데이터 폴드로, 나머지 1개의 폴드는 검증을 위한 데이터 폴드로 나눕니다. 이렇게 두 개의 폴드로 나뉜 학습 데이터를 기반으로 개별 모델을 학습시킵니다. ② 이렇게 학습된 개별 모델은 검증 폴드 1개 데이터로 예측하고 그 결과를 저장합니다. 이러한 로직을 3번 반복하면서 학습 데이터와 검증 데이터 세트를 변경해가면서 학습 후 예측 결과를 별도로 저장합니다. 이렇게 만들어진 예측 데이터는 메타 모델을 학습시키는 학습 데이터로 사용됩니다. 한편 ③ 2개의 학습 폴드 데이터로 학습된 개별 모델은 원본 테스트 데이터를 예측하여 예측값을 생성합니다. 마찬가지로 이러한 로직을 3번 반복하면서 이 예측값의 평균으로 최종 결괏값을 생성하고 이를 메타 모델을 위한 테스트 데이터로 사용합니다. 다음 그림에 스텝 1의 개별 모델이 메타 모델을 위한 학습 데이터와 테스트 데이터를 생성하는 로직을 순차적으로 설명했습니다.

첫 번째 그림은 3개의 폴드만큼 반복을 수행하면서 스태킹 데이터를 생성하는 첫 번째 반복을 설명한 것입니다.

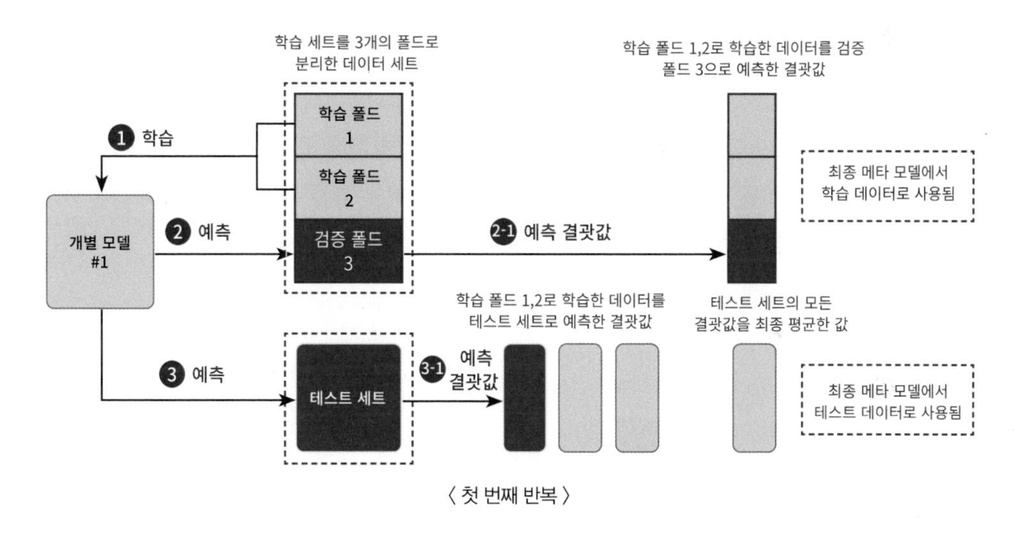

〈 첫 번째 반복 〉

두 번째 그림은 스태킹 데이터를 생성하는 두 번째 반복을 설명한 것입니다. 폴드 내의 학습용 데이터 세트를 변경하고 첫 번째 그림과 동일한 작업을 수행합니다.

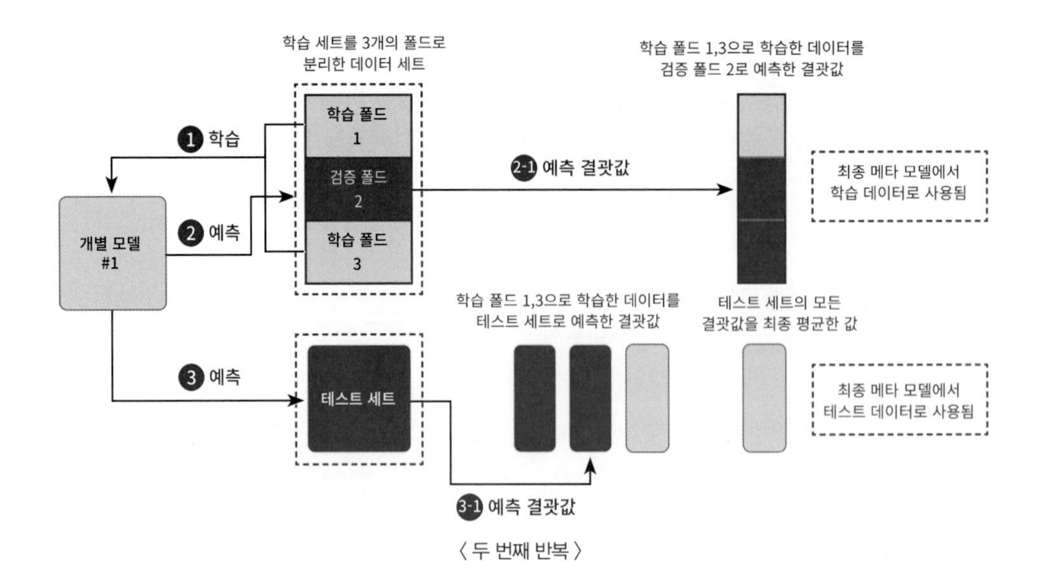

〈 두 번째 반복 〉

세 번째 그림은 스태킹 데이터를 생성하는 세 번째 반복을 설명한 것입니다. 세 번째 반복을 수행하면서 폴드 내의 학습용 데이터 세트가 변경됩니다. 세 번째 반복을 완료하면 첫 번째, 두 번째, 세 번째 반복을 수행하면서 만들어진 폴드별 예측 데이터를 합하여 메타 모델에서 사용될 학습 데이터를 만들게 됩니다. 마찬가지로 첫 번째, 두 번째, 세 번째 반복을 수행하면서 학습 폴드 데이터로 학습된 개별 모델이 원본 테스트 세트로 예측한 결괏값을 최종 평균하여 메타 모델에서 사용될 테스트 데이터를 만들게 됩니다.

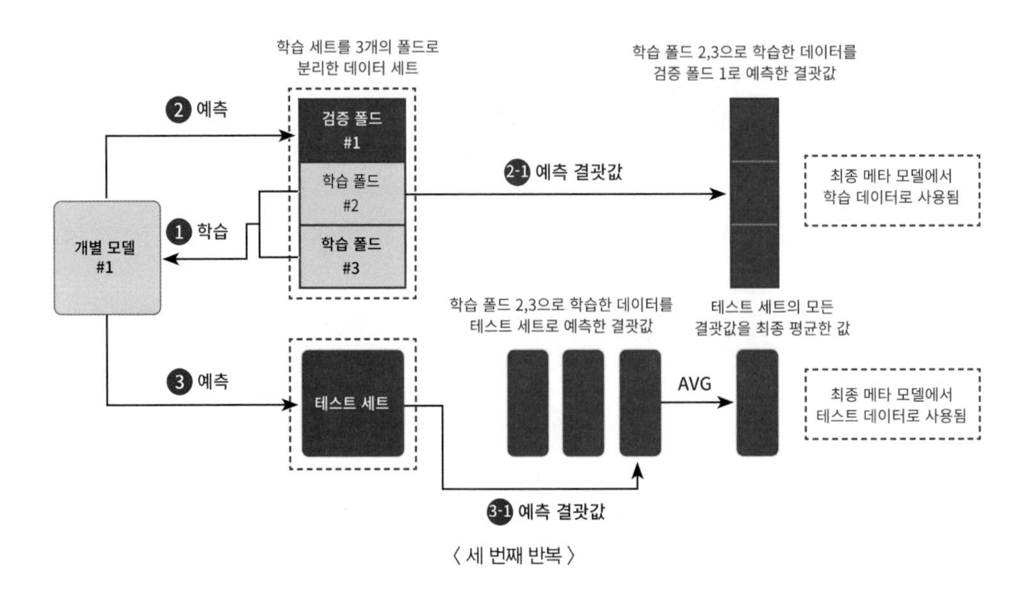

〈 세 번째 반복 〉

마지막으로 스텝 2에 대해서 설명하겠습니다. 스텝 2는 크게 어렵지 않습니다. 각 모델들이 스텝 1로 생성한 학습과 테스트 데이터를 모두 합쳐서 최종적으로 메타 모델이 사용할 학습 데이터와 테스트 데이터를 생성하기만 하면 됩니다. 메타 모델이 사용할 최종 학습 데이터와 원본 데이터의 레이블 데이터를 합쳐서 메타 모델을 학습한 후에 최종 테스트 데이터로 예측을 수행한 뒤, 최종 예측 결과를 원본 테스트 데이터의 레이블 데이터와 비교해 평가하면 됩니다.

다음 그림은 스텝 2를 포함해 CV 기반의 스태킹 모델 전체를 도식화한 그림입니다.

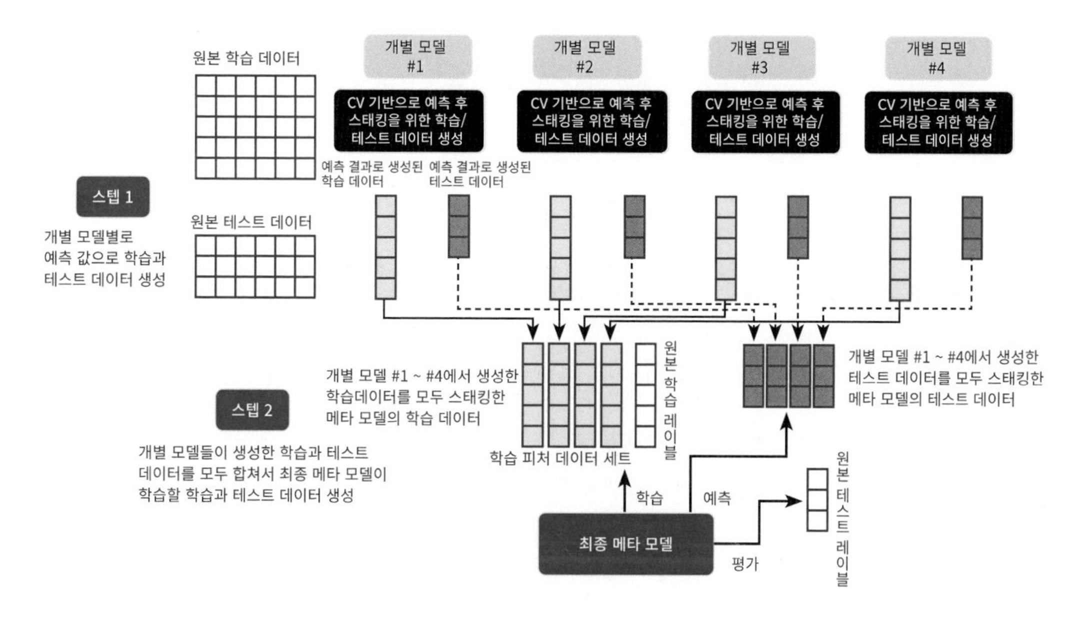

이제 지금까지 설명한 부분을 코드로 작성해 보겠습니다.

먼저 스텝 1 부분을 코드로 구현하겠습니다. 앞에서 설명한 대로 개별 모델이 메타 모델을 위한 학습용 데이터와 테스트 데이터를 생성하는 것입니다. 먼저 get_stacking_base_datasets( ) 함수를 생성합니다. 이 함수에서는 개별 모델의 Classifer 객체, 원본인 학습용 피처 데이터, 원본인 학습용 레이블 데이터, 원본인 테스트 피처 데이터, 그리고 K 폴드를 몇 개로 할지를 파라미터로 입력받습니다. 함수 내에서는 폴드의 개수만큼 반복을 수행하면서 폴드된 학습용 데이터로 학습한 뒤 예측 결괏값을 기반으로 메타 모델을 위한 학습용 데이터와 테스트용 데이터를 새롭게 생성합니다.

```
from sklearn.model_selection import KFold
from sklearn.metrics import mean_absolute_error
```

```python
# 개별 기반 모델에서 최종 메타 모델이 사용할 학습 및 테스트용 데이터를 생성하기 위한 함수.
def get_stacking_base_datasets(model, X_train_n, y_train_n, X_test_n, n_folds ):
    # 지정된 n_folds값으로 KFold 생성.
    kf = KFold(n_splits=n_folds, shuffle=False)
    # 추후에 메타 모델이 사용할 학습 데이터 반환을 위한 넘파이 배열 초기화
    train_fold_pred = np.zeros((X_train_n.shape[0], 1 ))
    test_pred = np.zeros((X_test_n.shape[0], n_folds))
    print(model.__class__.__name__, ' model 시작 ')

    for folder_counter, (train_index, valid_index) in enumerate(kf.split(X_train_n)):
        # 입력된 학습 데이터에서 기반 모델이 학습/예측할 폴드 데이터 세트 추출
        print('\t 폴드 세트: ', folder_counter, ' 시작 ')
        X_tr = X_train_n[train_index]
        y_tr = y_train_n[train_index]
        X_te = X_train_n[valid_index]

        # 폴드 세트 내부에서 다시 만들어진 학습 데이터로 기반 모델의 학습 수행.
        model.fit(X_tr, y_tr)
        # 폴드 세트 내부에서 다시 만들어진 검증 데이터로 기반 모델 예측 후 데이터 저장.
        train_fold_pred[valid_index, :] = model.predict(X_te).reshape(-1, 1)
        # 입력된 원본 테스트 데이터를 폴드 세트내 학습된 기반 모델에서 예측 후 데이터 저장.
        test_pred[:, folder_counter] = model.predict(X_test_n)

    # 폴드 세트 내에서 원본 테스트 데이터를 예측한 데이터를 평균하여 테스트 데이터로 생성
    test_pred_mean = np.mean(test_pred, axis=1).reshape(-1, 1)

    #train_fold_pred는 최종 메타 모델이 사용하는 학습 데이터, test_pred_mean은 테스트 데이터
    return train_fold_pred, test_pred_mean
```

이제 여러 개의 분류 모델별로 stack_base_model( ) 함수를 수행합니다. 개별 모델은 앞의 기본 스태킹 모델에서 생성한 KNN, 랜덤 포레스트, 결정 트리, 에이다부스트 모델이며, 이들 모델별로 get_stacking_base_datasets( ) 함수를 호출해 각각 메타 모델이 추후에 사용할 학습용, 테스트용 데이터 세트를 반환합니다.

```python
knn_train, knn_test = get_stacking_base_datasets(knn_clf, X_train, y_train, X_test, 7)
rf_train, rf_test = get_stacking_base_datasets(rf_clf, X_train, y_train, X_test, 7)
dt_train, dt_test = get_stacking_base_datasets(dt_clf, X_train, y_train, X_test,  7)
ada_train, ada_test = get_stacking_base_datasets(ada_clf, X_train, y_train, X_test, 7)
```

스텝 2를 구현해 보겠습니다. 앞의 예제에서 get_stacking_base_datasets( ) 호출로 반환된 각 모델별 학습 데이터와 테스트 데이터를 합치기만 하면 됩니다. 넘파이의 concatenate( )를 이용해 쉽게 이와 같은 기능을 수행합니다. concatenate( )는 여러 개의 넘파이 배열을 칼럼 또는 로우 레벨로 합쳐주는 기능을 제공합니다.

```
Stack_final_X_train = np.concatenate((knn_train, rf_train, dt_train, ada_train), axis=1)
Stack_final_X_test = np.concatenate((knn_test, rf_test, dt_test, ada_test), axis=1)
print('원본 학습 피처 데이터 Shape:', X_train.shape, '원본 테스트 피처 Shape:', X_test.shape)
print('스태킹 학습 피처 데이터 Shape:', Stack_final_X_train.shape,
      '스태킹 테스트 피처 데이터 Shape:', Stack_final_X_test.shape)
```

[Output]

```
원본 학습 피처 데이터 Shape: (455, 30) 원본 테스트 피처 Shape: (114, 30)
스태킹 학습 피처 데이터 Shape: (455, 4) 스태킹 테스트 피처 데이터 Shape: (114, 4)
```

이렇게 만들어진 Stack_final_X_train은 메타 모델이 학습할 학습용 피처 데이터 세트입니다. 그리고 Stack_final_X_test는 메타 모델이 예측할 테스트용 피처 데이터 세트입니다. 스태킹 학습 피처 데이터는 원본 학습 피처 데이터와 로우(Row) 크기는 같으며, 4개의 개별 모델 예측값을 합친 것이므로 칼럼(Column) 크기는 4입니다.

최종 메타 모델인 로지스틱 회귀를 스태킹된 학습용 피처 데이터 세트와 원본 학습 레이블 데이터로 학습한 후에 스태킹된 테스트 데이터 세트로 예측하고, 예측 결과를 원본 테스트 레이블 데이터와 비교해 정확도를 측정해 보겠습니다.

```
lr_final.fit(Stack_final_X_train, y_train)
stack_final = lr_final.predict(Stack_final_X_test)

print('최종 메타 모델의 예측 정확도: {0:.4f}'.format(accuracy_score(y_test, stack_final)))
```

[Output]

```
최종 메타 모델의 예측 정확도: 0.9825
```

최종 메타 모델의 예측 정확도는 약 98.25%로 측정됐습니다. 지금까지의 예제에서는 개별 모델의 알고리즘에서 파라미터 튜닝을 최적으로 하지 않았지만, 스태킹을 이루는 모델은 최적으로 파라미터를 튜닝한 상태에서 스태킹 모델을 만드는 것이 일반적입니다. 여러 명으로 이뤄진 분석 팀에서 개별적으로 각각 모델을 최적으로 학습시켜서 스태킹 모델을 더 빠르게 최적화할 수 있을 것입니다. 일반적으로 스태킹 모델의 파라미터 튜닝은 개별 알고리즘 모델의 파라미터를 최적으로 튜닝하는 것을 말합니다.

스태킹 모델은 분류(Classification)뿐만 아니라 회귀(Regression)에도 적용 가능합니다. 5장 회귀의 마지막 실습 절에서 스태킹 모델을 활용해 모델의 예측 성능을 개선해 보겠습니다.

12 정리

이번 장에서는 분류를 위해 일반적으로 가장 많이 사용되는 앙상블에 대해서 집중적으로 배워 봤습니다. 대부분의 앙상블 기법은 결정 트리 기반의 다수의 약한 학습기(Weak Learner)를 결합해 변동성을 줄여 예측 오류를 줄이고 성능을 개선하고 있습니다. 결정 트리 알고리즘은 정보의 균일도에 기반한 규칙 트리를 만들어서 예측을 수행합니다. 결정 트리는 다른 알고리즘에 비해 비교적 직관적이어서 어떻게 예측 결과가 도출되었는지 그 과정을 쉽게 알 수 있습니다. 결정 트리의 단점으로는 균일한 최종 예측 결과를 도출하기 위해 결정 트리가 깊어지고 복잡해지면서 과적합이 쉽게 발생하는 것입니다.

앙상블 기법은 대표적으로 배깅과 부스팅으로 구분될 수 있으며, 배깅 방식은 학습 데이터를 중복을 허용하면서 다수의 세트로 샘플링하여 이를 다수의 약한 학습기가 학습한 뒤 최종 결과를 결합해 예측하는 방식입니다. 대표적인 배깅 방식은 랜덤 포레스트입니다. 랜덤 포레스트는 수행시간이 빠르고 비교적 안정적인 예측 성능을 제공하는 훌륭한 머신러닝 알고리즘입니다.

현대의 앙상블 기법은 배깅보다는 부스팅이 더 주류를 이루고 있습니다. 부스팅은 학습기들이 순차적으로 학습을 진행하면서 예측이 틀린 데이터에 대해서는 가중치를 부여해 다음번 학습기가 학습할 때에는 이전에 예측이 틀린 데이터에 대해서는 보다 높은 정확도로 예측할 수 있도록 해줍니다. 부스팅의 효시격인 GBM(Gradient Boosting Machine)은 뛰어난 예측 성능을 가졌지만, 수행 시간이 너무 오래 걸린다는 단점이 있습니다.

XGBoost와 LightGBM은 현재 가장 각광을 받고 있는 부스팅 기반 머신러닝 패키지입니다. XGBoost의 경우 많은 캐글 경연대회에서 우승을 위한 알고리즘으로 불리면서 명성을 쌓아 왔으며, LightGBM 또한 XGBoost보다 빠른 학습 수행 시간에도 불구하고 XGBoost에 버금가는 예측 성능을 보유하고 있습니다. XGBoost와 LightGBM 개발 그룹은 많은 사용자들이 애용하는 사이킷런과 XGBoost와 LightGBM이 쉽게 연동할 수 있도록 사이킷런 래퍼 클래스를 제공하고 있습니다. 이들 래퍼 클래스를 이용하면 사이킷런의 여타 다른 Estimator 클래스와 동일한 방식으로 사이킷런 기반의 머신러닝 애플리케이션을 더 쉽게 개발할 수 있습니다.

마지막으로 스태킹 모델을 살펴봤습니다. 스태킹은 여러 개의 개별 모델들이 생성한 예측 데이터를 기반으로 최종 메타 모델이 학습할 별도의 학습 데이터 세트와 예측할 테스트 데이터 세트를 재 생성하는 기법입니다. 스태킹 모델의 핵심은 바로 메타 모델이 사용할 학습 데이터 세트와 예측 데이터 세트를 개별 모델의 예측 값들을 스태킹 형태로 결합해 생성하는 데 있습니다.

다음 장에서는 지도학습의 또 다른 한 축인 회귀에 대해 알아보겠습니다.

CHAPTER

05

회귀

"사랑이 어떻게 변하니"

< 영화 봄날은 간다에서 >

01 회귀 소개

회귀(regression)는 현대 통계학을 떠받치고 있는 주요 기둥 중 하나입니다. 회귀 기반의 분석은 엔지니어링, 의학, 사회과학, 경제학 등의 분야가 발전하는 데 크게 기여해왔습니다. 회귀 분석은 유전적 특성을 연구하던 영국의 통계학자 갈톤(Galton)이 수행한 연구에서 유래했다는 것이 일반론입니다. 부모와 자식 간의 키의 상관관계를 분석했던 갈톤은 부모의 키가 모두 클 때 자식의 키가 크긴 하지만 그렇다고 부모를 능가할 정도로 크지 않았고, 부모의 키가 모두 아주 작을 때 그 자식의 키가 작기는 하지만 부모보다는 큰 경향을 발견했습니다. 부모의 키가 아주 크더라도 자식의 키가 부모보다 더 커서 세대를 이어가면서 무한정 커지는 것은 아니며, 부모의 키가 아주 작더라도 자식의 키가 부모보다 더 작아서 세대를 이어가며 무한정 작아지는 것이 아니라는 것입니다. **즉, 사람의 키는 평균 키로 회귀하려는 경향을 가진다는 자연의 법칙이 있다는 것입니다.** 회귀 분석은 이처럼 데이터 값이 평균과 같은 일정한 값으로 돌아가려는 경향을 이용한 통계학 기법입니다.

통계학 용어를 빌리자면 회귀는 여러 개의 독립변수와 한 개의 종속변수 간의 상관관계를 모델링하는 기법을 통칭합니다. 예를 들어 아파트의 방 개수, 방 크기, 주변 학군 등 여러 개의 독립변수에 따라 아파트 가격이라는 종속변수가 어떤 관계를 나타내는지를 모델링하고 예측하는 것입니다. $Y = W_1*X_1 + W_2*X_2 + W_3*X_3 + \cdots + W_n*X_n$이라는 선형 회귀식을 예로 들면 Y는 종속변수, 즉 아파트 가격을 뜻합니다. 그리고 X_1, X_2, X_3, …, X_n은 방 개수, 방 크기, 주변 학군 등의 독립변수를 의미합니다. 그리고 W_1,

$W_2, W_3 \cdots W_n$은 이 독립변수의 값에 영향을 미치는 회귀 계수(Regression coefficients)입니다. 머신러닝 관점에서 보면 독립변수는 피처에 해당되며 종속변수는 결정 값입니다. 머신러닝 회귀 예측의 핵심은 주어진 피처와 결정 값 데이터 기반에서 학습을 통해 **최적의 회귀 계수**를 찾아내는 것입니다.

회귀는 회귀 계수의 선형/비선형 여부, 독립변수의 개수, 종속변수의 개수에 따라 여러 가지 유형으로 나눌 수 있습니다. 회귀에서 가장 중요한 것은 바로 회귀 계수입니다. 이 회귀 계수가 선형이냐 아니냐에 따라 선형 회귀와 비선형 회귀로 나눌 수 있습니다. 그리고 독립변수의 개수가 한 개인지 여러 개인지에 따라 단일 회귀, 다중 회귀로 나뉩니다.

독립변수 개수	회귀 계수의 결합
1개: 단일 회귀	선형: 선형 회귀
여러 개: 다중 회귀	비선형: 비선형 회귀

〈 회귀 유형 구분 〉

지도학습은 두 가지 유형으로 나뉘는데, 바로 분류와 회귀입니다. 이 두 가지 기법의 가장 큰 차이는 분류는 예측값이 카테고리와 같은 이산형 클래스 값이고 회귀는 연속형 숫자 값이라는 것입니다.

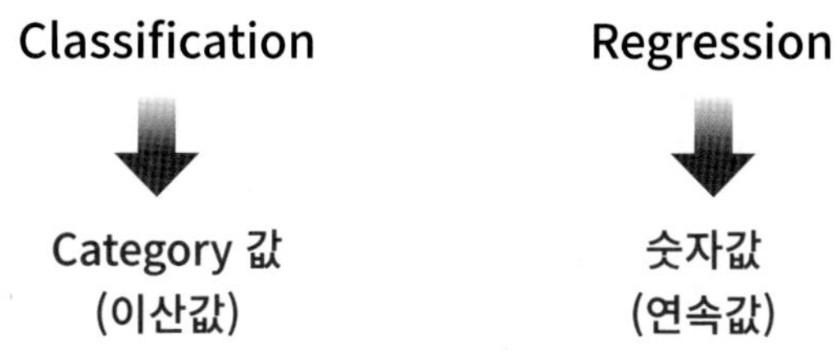

〈 분류와 회귀의 예측 결괏값 차이 〉

여러 가지 회귀 중에서 선형 회귀가 가장 많이 사용됩니다. 선형 회귀는 실제 값과 예측값의 차이(오류의 제곱 값)를 최소화하는 직선형 회귀선을 최적화하는 방식입니다. 선형 회귀 모델은 규제(Regularization) 방법에 따라 다시 별도의 유형으로 나뉠 수 있습니다. 규제는 일반적인 선형 회귀의 과적합 문제를 해결하기 위해서 회귀 계수에 페널티 값을 적용하는 것을 말합니다. 대표적인 선형 회귀 모델은 다음과 같습니다.

- **일반 선형 회귀**: 예측값과 실제 값의 RSS(Residual Sum of Squares)를 최소화할 수 있도록 회귀 계수를 최적화하며, 규제(Regularization)를 적용하지 않은 모델입니다.

- **릿지**(Ridge): 릿지 회귀는 선형 회귀에 L2 규제를 추가한 회귀 모델입니다. 릿지 회귀는 L2 규제를 적용하는데, L2 규제는 상대적으로 큰 회귀 계수 값의 예측 영향도를 감소시키기 위해서 회귀 계수값을 더 작게 만드는 규제 모델입니다.
- **라쏘**(Lasso): 라쏘 회귀는 선형 회귀에 L1 규제를 적용한 방식입니다. L2 규제가 회귀 계수 값의 크기를 줄이는 데 반해, L1 규제는 예측 영향력이 작은 피처의 회귀 계수를 0으로 만들어 회귀 예측 시 피처가 선택되지 않게 하는 것입니다. 이러한 특성 때문에 L1 규제는 피처 선택 기능으로도 불립니다.
- **엘라스틱넷**(ElasticNet): L2, L1 규제를 함께 결합한 모델입니다. 주로 피처가 많은 데이터 세트에서 적용되며, L1 규제로 피처의 개수를 줄임과 동시에 L2 규제로 계수 값의 크기를 조정합니다.
- **로지스틱 회귀**(Logistic Regression): 로지스틱 회귀는 회귀라는 이름이 붙어 있지만, 사실은 분류에 사용되는 선형 모델입니다. 로지스틱 회귀는 매우 강력한 분류 알고리즘입니다. 일반적으로 이진 분류뿐만 아니라 희소 영역의 분류, 예를 들어 텍스트 분류와 같은 영역에서 뛰어난 예측 성능을 보입니다.

먼저 가장 간단한 단순 선형 회귀를 예로 들어 회귀를 좀 더 살펴보겠습니다.

02 단순 선형 회귀를 통한 회귀 이해

단순 선형 회귀는 독립변수도 하나, 종속변수도 하나인 선형 회귀입니다. 예를 들어, 주택 가격이 주택의 크기로만 결정된다고 합시다. 일반적으로 주택의 크기가 크면 가격이 높아지는 경향이 있기 때문에 다음과 같이 주택 가격은 주택 크기에 대해 선형(직선 형태)의 관계로 표현할 수 있습니다.

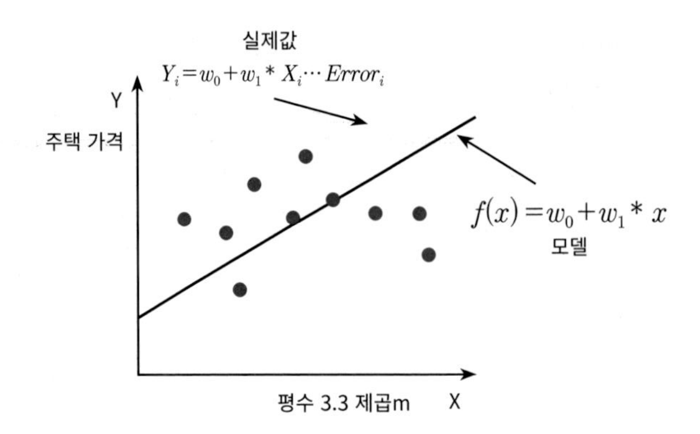

X축이 주택의 크기 축(평당 크기)이고 Y축이 주택의 가격 축인 2차원 평면에서 주택 가격은 중학교 수학 시간에 배운 특정 기울기와 절편을 가진 1차 함수식으로 모델링할 수 있습니다. 즉, 예측값 $\hat{Y}$는 $w_0 + w_1 * X$로 계산할 수 있습니다. 독립변수가 1개인 단순 선형 회귀에서는 이 기울기 w1과 절편 w0을 회귀 계수로 지칭합니다(절편은 영어로 intercept입니다). 그리고 회귀 모델을 이러한 $\hat{Y}$ = w0 + w1*X와 같은 1차 함수로 모델링했다면 실제 주택 가격은 이러한 1차 함수 값에서 실제 값만큼의 오류 값을 뺀(또는 더한) 값이 됩니다($w_0 + w_1 * X$ + 오류 값).

이렇게 실제 값과 회귀 모델의 차이에 따른 오류 값을 남은 오류, 즉 잔차라고 부릅니다. 최적의 회귀 모델을 만든다는 것은 바로 전체 데이터의 잔차(오류 값) 합이 최소가 되는 모델을 만든다는 의미입니다. 동시에 오류 값 합이 최소가 될 수 있는 최적의 회귀 계수를 찾는다는 의미도 됩니다.

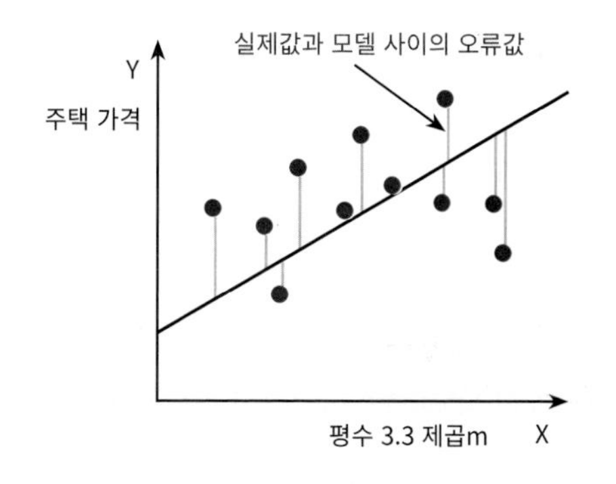

오류 값은 +나 −가 될 수 있습니다. 그래서 전체 데이터의 오류 합을 구하기 위해 단순히 더했다가는 뜻하지 않게 오류 합이 크게 줄어들 수 있습니다. 따라서 보통 오류 합을 계산할 때는 절댓값을 취해서 더하거나(Mean Absolute Error), 오류 값의 제곱을 구해서 더하는 방식(RSS, Residual Sum of Square)을 취합니다. 일반적으로 미분 등의 계산을 편리하게 하기 위해서 RSS 방식으로 오류 합을 구합니다. 즉, $Error^2$ = RSS입니다.

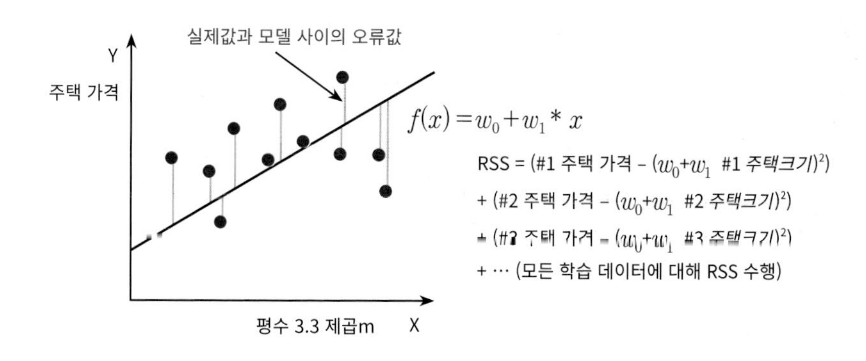

RSS는 이제 변수가 w_0, w_1인 식으로 표현할 수 있으며, 이 RSS를 최소로 하는 w_0, w_1, 즉 회귀 계수를 학습을 통해서 찾는 것이 머신러닝 기반 회귀의 핵심 사항입니다. RSS는 회귀식의 독립변수 X, 종속변수 Y가 중심 변수가 아니라 w 변수(회귀 계수)가 중심 변수임을 인지하는 것이 매우 중요합니다(학습 데이터로 입력되는 독립변수와 종속변수는 RSS에서 모두 상수로 간주합니다). 일반적으로 RSS는 학습 데이터의 건수로 나누어서 다음과 같이 정규화된 식으로 표현됩니다.

$$RSS(w_0, w_1) = \frac{1}{N}\sum_{i=1}^{N}(y_i - (w_0 + w_1 * x_i))^2$$

(i는 1부터 학습 데이터의 총 건수 N까지)

회귀에서 이 RSS는 비용(Cost)이며 w 변수(회귀 계수)로 구성되는 RSS를 비용 함수라고 합니다. 머신러닝 회귀 알고리즘은 데이터를 계속 학습하면서 이 비용 함수가 반환하는 값(즉, 오류 값)을 지속해서 감소시키고 최종적으로는 더 이상 감소하지 않는 최소의 오류 값을 구하는 것입니다. 비용 함수를 손실 함수(loss function)라고도 합니다.

03 비용 최소화하기 - 경사 하강법(Gradient Descent) 소개

그렇다면 어떻게 비용 함수가 최소가 되는 W 파라미터를 구할 수 있을까요? W 파라미터의 개수가 적다면 고차원 방정식으로 비용 함수가 최소가 되는 W 변숫값을 도출할 수 있겠지만, W 파라미터가 많으면 고차원 방정식을 동원하더라도 해결하기가 어렵습니다. 경사 하강법은 이러한 고차원 방정식에 대한 문제를 해결해 주면서 비용 함수 RSS를 최소화하는 방법을 직관적으로 제공하는 뛰어난 방식입니다. 사실 경사 하강법은 '데이터를 기반으로 알고리즘이 스스로 학습한다'는 머신러닝의 개념을 가능하게 만들어준 핵심 기법의 하나입니다. 경사 하강법의 사전적 의미인 '점진적인 하강'이라는 뜻에서도 알 수 있듯이, '점진적으로' 반복적인 계산을 통해 W 파라미터 값을 업데이트하면서 오류 값이 최소가 되는 W 파라미터를 구하는 방식입니다.

아무것도 보이지 않는 깜깜한 밤, 산 정상에서 아래로 내려가야 한다고 가정해 보겠습니다. 발을 뻗어서 현재 위치보다 무조건 낮은 곳으로 계속 이동하다 보면 마침내 지상에 도착할 수 있을 것입니다(물론 더 이상 내려갈 곳이 없는 가장 낮은 곳이라 여겼지만, 내리막과 오르막이 반복되는 언덕에 갇혔을 수도 있습니다. 이 문제는 경사 하강법의 다른 유형으로 해결할 수 있지만, 여기서는 언급하지 않겠습니다).

어떻게 보면 무식해 보이는 방법이지만 W 파라미터의 개수에 따라 매우 복잡해지는 고차원 방정식을 푸는 것보다 훨씬 더 직관적이고 빠르게 비용 함수가 최소가 되는 W 파라미터 값을 구할 수 있습니다. 경사 하강법은 반복적으로 비용 함수의 반환 값, 즉 예측값과 실제 값의 차이가 작아지는 방향성을 가지고 W 파라미터를 지속해서 보정해 나갑니다. 최초 오류 값이 100이었다면 두 번째 오류 값은 100보다 작은 90, 세 번째는 80과 같은 방식으로 지속해서 오류를 감소시키는 방향으로 W 값을 계속 업데이트해 나갑니다. 그리고 오류 값이 더 이상 작아지지 않으면 그 오류 값을 최소 비용으로 판단하고 그때의 W 값을 최적 파라미터로 반환합니다.

경사 하강법의 핵심은 "어떻게 하면 오류가 작아지는 방향으로 W 값을 보정할 수 있을까?"입니다. 운동장에서 힘껏 야구공을 던지면 이 공의 속도가 처음에는 증가하다가 점차 감소하면서 땅에 떨어질 것입니다. 처음에는 가속도가 계속 증가하면서 속도가 증가하고, 더 이상 가속도가 증가하지 않으면 그때가 최고 속도이며, 그 후에는 가속도가 마이너스(-)가 되면서 속도가 떨어지고 마침내 공이 땅에 떨어집니다. 고등학교 물리 시간에 가속도의 값은 속도의 미분으로 구할 수 있다고 배웠을 것입니다. 또한 속도와 같은 포물선 형태의 2차 함수의 최저점은 해당 2차 함수의 미분 값인 1차 함수의 기울기가 가장 최소일 때입니다. 예를 들어 비용 함수가 다음 그림과 같은 포물선 형태의 2차 함수라면 경사 하강법은 최초 w에서부터 미분을 적용한 뒤 이 미분 값이 계속 감소하는 방향으로 순차적으로 w를 업데이트합니다. 마침내 더 이상 미분된 1차 함수의 기울기가 감소하지 않는 지점을 비용 함수가 최소인 지점으로 간주하고 그때의 w를 반환합니다.

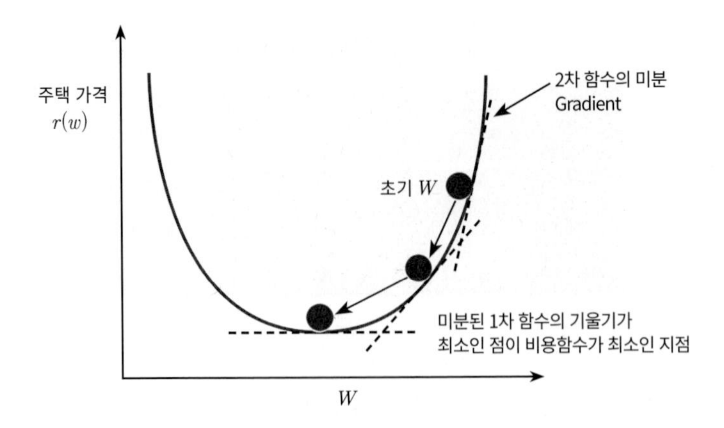

다음은 경사 하강법을 수식으로 정리하고 이를 파이썬 코드로 구현합니다. 경사 하강법을 수식을 동원하면서까지 자세히 설명하고자 하는 이유는 경사 하강법이 머신러닝에서 가지는 중요성 때문입니다. 이 책에서는 소개하지는 않지만 딥러닝의 기반인 신경망에서도 경사 하강법을 통한 학습을 수행합니다. 설혹 수식을 이해하지 못하더라도 경사 하강법이 가지는 의미가 어떤 것인지를 개괄적으로 이해했다면, 수식의 이해 여부는 크게 중요하지 않으니, 부담 없이 학습하기 바랍니다.

앞에서 언급한 비용 함수 RSS(w_0,w_1)를 편의상 R(w)로 지칭하겠습니다. R(w)는 변수가 w 파라미터로 이뤄진 함수이며, R(w) = $\frac{1}{N}\sum_{i=1}^{N}(y_i-(w_0+w_1*x_i))^2$입니다. R(w)를 미분해서 미분 함수의 최솟값을 구해야 하는데, R(W)는 두 개의 w 파라미터인 w_0와 w_1을 각각 가지고 있기 때문에 일반적인 미분을 적용할 수가 없고, w_0, w_1 각 변수에 편미분을 적용해야 합니다. R(w)를 최소화하는 w_0와 w_1의 값은 각각 r(w)를 w_0, w_1으로 순차적으로 편미분을 수행해 얻을 수 있습니다.

R(w)를 w_1, w_0으로 편미분한 결과는 다음과 같습니다.

$$\frac{\partial R(w)}{\partial w_1}=\frac{2}{N}\sum_{i=1}^{N}-x_t*(y_i-(w_0+w_1x_i))=-\frac{2}{N}\sum_{i=1}^{N}x_i*(\text{실제값}_i-\text{예측값}_i)$$

$$\frac{\partial R(w)}{\partial w_0}=\frac{2}{N}\sum_{i=1}^{N}-(y_i-(w_0+w_1x_i))=-\frac{2}{N}\sum_{i=1}^{N}(\text{실제값}_i-\text{예측값}_i)$$

w_1,w_0의 편미분 결괏값인 ,$-\frac{2}{N}\sum_{i=1}^{N}x_i*(\text{실제값}_i-\text{예측값}_i)$, $-\frac{2}{N}\sum_{i=1}^{N}(\text{실제값}_i-\text{예측값}_i)$을 반복적으로 보정하면서 w_1,w_0 값을 업데이트하면 비용 함수 R(w)가 최소가 되는 w_1,w_0의 값을 구할 수 있습니다. 업데이트는 새로운 w_1을 이전 w_1에서 편미분 결괏값을 마이너스(−)하면서 적용합니다. 즉 새로운 w_1 = 이전 $w_1-\left(-\frac{2}{N}\sum_{i=1}^{N}x_i*(\text{실제값}_i-\text{예측값}_i)\right)$입니다. 위 편미분 값이 너무 클 수 있기 때문에 보정 계수 η를 곱하는데, 이를 '학습률'이라고 합니다. 요약하자면, 경사 하강법은 새로운 w_1 = 이전

$w_1 + \eta \frac{2}{N} \sum_{i=1}^{N} x_i * (\text{실제값}_i - \text{예측값}_i)$, 새로운 w_0 = 이전 $w_0 + \eta \frac{2}{N} \sum_{i=1}^{N} (\text{실제값}_i - \text{예측값}_i)$을 반복적으로 적용하면서 비용 함수가 최소가 되는 값을 찾습니다. 경사 하강법의 일반적인 프로세스는 다음과 같습니다.

- Step 1: w_1, w_0를 임의의 값으로 설정하고 첫 비용 함수의 값을 계산합니다.
- Step 2: w_1을 $w_1 + \eta \frac{2}{N} \sum_{i=1}^{N} x_i * (\text{실제값}_i - \text{예측값}_i)$, w_0을 $w_0 + \eta \frac{2}{N} \sum_{i=1}^{N} (\text{실제값}_i - \text{예측값}_i)$으로 업데이트한 후 다시 비용 함수의 값을 계산합니다.
- Step 3: 비용 함수가 감소하는 방향성으로 주어진 횟수만큼 Step 2를 반복하면서 w_1과 w_0를 계속 업데이트합니다.

지금까지 정리한 수식과 절차를 이용해 경사 하강법을 파이썬 코드로 구현해 보겠습니다. 간단한 회귀식인 y = 4X + 6을 근사하기 위한 100개의 데이터 세트를 만들고, 여기에 경사 하강법을 이용해 회귀계수 w_1, w_0을 도출하는 것입니다. 새로운 주피터 노트북을 생성하고, 단순 선형 회귀로 예측할 만한 데이터 세트를 먼저 만들어 보겠습니다.

```
import numpy as np
import matplotlib.pyplot as plt
%matplotlib inline

np.random.seed(0)
# y = 4X + 6을 근사(w1=4, w0=6). 임의의 값은 노이즈를 위해 만듦.
X = 2 * np.random.rand(100,1)
y = 6 +4 * X+np.random.randn(100,1)

# X, y 데이터 세트 산점도로 시각화
plt.scatter(X, y)
```

[Output]

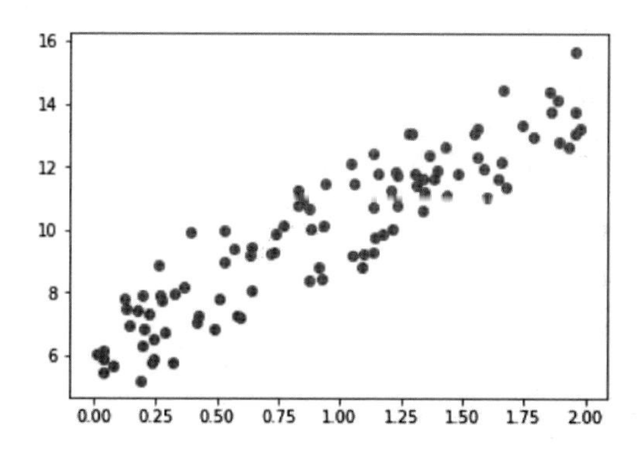

데이터는 y = 4X + 6을 중심으로 무작위로 퍼져 있습니다. 다음으로 비용 함수를 정의해 보겠습니다. 비용 함수 get_cost( )는 실제 y 값과 예측된 y 값을 인자로 받아서 $\frac{1}{N}\sum_{i=1}^{N}(\text{실제값}_i - \text{예측값}_i)^2$을 계산해 반환합니다.

```
def get_cost(y, y_pred):
N = len(y)
    cost = np.sum(np.square(y - y_pred))/N
    return cost
```

이제 경사 하강법을 gradient_descent()라는 함수를 생성해 구현해 보겠습니다. gradient_descent()는 w_1과 w_0을 모두 0으로 초기화한 뒤 iters 개수만큼 반복하면서 w_1과 w_0을 업데이트합니다. 즉, 새로운 w_1 = 이전 $w_1 + \eta\frac{2}{N}\sum_{i=1}^{N}x_i * (\text{실제값}_i - \text{예측값}_i)$, 새로운 w_0 = 이전 $w_0 + \eta\frac{2}{N}\sum_{i=1}^{N}(\text{실제값}_i - \text{예측값}_i)$을 반복적으로 적용하면서 w_1과 w_0을 업데이트하는 것입니다. gradient_descent()는 위에서 무작위로 생성한 X와 y를 입력받는데, X와 y모두 넘파이 ndarray입니다. 넘파이 행렬에 W를 업데이트하려면 약간의 선형 대수 지식이 필요합니다.

get_weight_updates( ) 함수에서, 입력 배열 X값에 대한 예측 배열 y_pred는 np.dot(X, w1.T) + w0으로 구합니다. 100개의 데이터 X(1,2,…,100)이 있다면 예측값은 w0 + X(1)*w1 + X(2)*w1 +..+ X(100)*w1이며, 이는 입력 배열 X와 w1 배열의 내적과 동일합니다. 따라서 넘파이의 내적 연산인 dot( )를 이용해 y_pred=np.dot(X, w1.T) + w0로 예측 배열값을 계산합니다. 또한 get_weight_update( )는 w1_update로 $-\eta\frac{2}{N}\sum_{i=1}^{N}x_i * (\text{예측 오류}_i)$를, w0_update로 $-\eta\frac{2}{N}\sum_{i=1}^{N}(\text{예측 오류}_i)$ 값을 넘파이의 dot 행렬 연산으로 계산한 뒤 이를 반환합니다.

```
# w1과 w0를 업데이트할 w1_update, w0_update를 반환.
def get_weight_updates(w1, w0, X, y, learning_rate=0.01):
    N = len(y)
    # 먼저 w1_update, w0_update를 각각 w1, w0의 shape와 동일한 크기를 가진 0 값으로 초기화
    w1_update = np.zeros_like(w1)
    w0_update = np.zeros_like(w0)
    # 예측 배열 계산하고 예측과 실제 값의 차이 계산
    y_pred = np.dot(X, w1.T) + w0
    diff = y-y_pred

    # w0_update를 dot 행렬 연산으로 구하기 위해 모두 1값을 가진 행렬 생성
    w0_factors = np.ones((N, 1))
```

```
    # w1과 w0을 업데이트할 w1_update와 w0_update 계산
    w1_update = -(2/N)*learning_rate*(np.dot(X.T, diff))
    w0_update = -(2/N)*learning_rate*(np.dot(w0_factors.T, diff))

    return w1_update, w0_update
```

다음은 get_weight_updates( )을 경사 하강 방식으로 반복적으로 수행하여 w1과 w0를 업데이트하는 함수인 gradient_descent_steps( ) 함수를 생성하겠습니다.

```
# 입력 인자 iters로 주어진 횟수만큼 반복적으로 w1과 w0를 업데이트 적용함.
def gradient_descent_steps(X, y, iters=10000):
    # w0와 w1을 모두 0으로 초기화.
    w0 = np.zeros((1, 1))
    w1 = np.zeros((1, 1))

    # 인자로 주어진 iters 만큼 반복적으로 get_weight_updates() 호출해 w1, w0 업데이트 수행.
    for ind in range(iters):
        w1_update, w0_update = get_weight_updates(w1, w0, X, y, learning_rate=0.01)
        w1 = w1 - w1_update
        w0 = w0 - w0_update

    return w1, w0
```

이제 gradient_descent_steps( )를 호출해 w1과 w0을 구해 보겠습니다. 그리고 최종적으로 예측값과 실제값의 RSS 차이를 계산하는 get_cost( ) 함수를 생성하고 이를 이용해 경사 하강법의 예측 오류도 계산해 보겠습니다.

```
def get_cost(y, y_pred):
    N = len(y)
    cost = np.sum(np.square(y - y_pred))/N
    return cost

w1, w0 = gradient_descent_steps(X, y, iters=1000)
print("w1:{0:.3f} w0:{1:.3f}".format(w1[0, 0], w0[0, 0]))
y_pred = w1[0, 0] * X + w0
print('Gradient Descent Total Cost:{0:.4f}'.format(get_cost(y, y_pred)))
```

[Output]

```
w1:4.022 w0:6.162
Gradient Descent Total Cost:0.9935
```

실제 선형식인 y = 4X + 6과 유사하게 w1은 4.022, w0는 6.162가 도출되었습니다. 예측 오류 비용은 약 0.9935입니다.

앞에서 구한 y_pred에 기반해 회귀선을 그려 보겠습니다.

```
plt.scatter(X, y)
plt.plot(X, y_pred)
```

[Output]

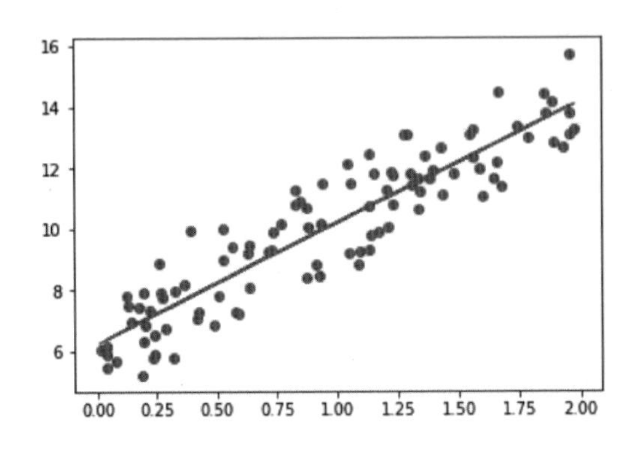

경사 하강법을 이용해 회귀선이 잘 만들어졌음을 알 수 있습니다. 일반적으로 경사 하강법은 모든 학습 데이터에 대해 반복적으로 비용함수 최소화를 위한 값을 업데이트하기 때문에 수행 시간이 매우 오래 걸린다는 단점이 있습니다. 그 때문에 실전에서는 대부분 확률적 경사 하강법(Stochastic Gradient Descent)을 이용합니다. 확률적 경사 하강법은 전체 입력 데이터로 w가 업데이트되는 값을 계산하는 것이 아니라 일부 데이터만 이용해 w가 업데이트되는 값을 계산하므로 경사 하강법에 비해서 빠른 속도를 보장합니다. 따라서 대용량의 데이터의 경우 대부분 확률적 경사 하강법이나 미니 배치 확률적 경사 하강법을 이용해 최적 비용함수를 도출합니다. (미니 배치) 확률적 경사 하강법을 stochastic_gradient_descent_steps( ) 함수로 구현해 보겠습니다. stochastic_gradient_descent_steps( ) 함수는 앞에서 생성한 gradient_descent_steps( )와 크게 다르지 않습니다. 다만 전체 X, y 데이터에서 랜덤하게 batch_size만큼 데이터를 추출해 이를 기반으로 w1_update, w0_update를 계산하는 부분만 차이가 있습니다.

```
def stochastic_gradient_descent_steps(X, y, batch_size=10, iters=1000):
    w0 = np.zeros((1, 1))
    w1 = np.zeros((1, 1))
```

```
    for ind in range(iters):
        np.random.seed(ind)
        # 전체 X, y 데이터에서 랜덤하게 batch_size만큼 데이터를 추출해 sample_X, sample_y로 저장
        stochastic_random_index = np.random.permutation(X.shape[0])
        sample_X = X[stochastic_random_index[0:batch_size]]
        sample_y = y[stochastic_random_index[0:batch_size]]
        # 랜덤하게 batch_size만큼 추출된 데이터 기반으로 w1_update, w0_update 계산 후 업데이트
        w1_update, w0_update = get_weight_updates(w1, w0, sample_X, sample_y, learning_rate=0.01)
        w1 = w1 - w1_update
        w0 = w0 - w0_update

    return w1, w0
```

이렇게 만들어진 stochastic_gradient_descent_steps( )를 이용해 w1, w0 및 예측 오류 비용을 계산해 보겠습니다.

```
w1, w0 = stochastic_gradient_descent_steps(X, y, iters=1000)
print("w1:", round(w1[0, 0], 3), "w0:", round(w0[0, 0], 3))
y_pred = w1[0, 0] * X + w0
print('Stochastic Gradient Descent Total Cost:{0:.4f}'.format(get_cost(y, y_pred)))
```

[Output]

```
w1: 4.028 w0: 6.156
Stochastic Gradient Descent Total Cost:0.9937
```

(미니 배치) 확률적 경사 하강법으로 구한 w0, w1 결과는 경사 하강법으로 구한 w1, w0와 큰 차이가 없으며, 예측 오류 비용 또한 0.9937로 경사 하강법으로 구한 예측 오류 비용 0.9935보다 아주 조금 높을 뿐으로 큰 예측 성능상의 차이가 없음을 알 수 있습니다. 따라서 큰 데이터를 처리할 경우에는 경사 하강법은 매우 시간이 오래 걸리므로 일반적으로 확률적 경사 하강법을 이용합니다.

지금까지는 피처가 1개, 즉 독립변수가 1개인 단순 선형 회귀에서 경사 하강법을 적용해 봤습니다. 그렇다면 피처가 여러 개인 경우에는 어떻게 회귀 계수를 도출할 수 있을까요? 피처가 여러 개인 경우도 1개인 경우를 확장해 유사하게 도출할 수 있습니다. 피처가 한 개인 경우의 예측값 $\hat{Y} = w_0 + w_1 * X$로 회귀 계수를 도출합니다. 피처가 M개(X_1, X_2, ⋯ , X_{100}) 있다면 그에 따른 회귀 계수도 M + 1(1개는 w_0)개로 도출됩니다.

즉, $\hat{Y} = w_0 + w_1 * X_1 + w_2 * X_2 + \cdots + w_{100} * X_{100}$과 같이 예측 회귀식을 만들 수 있습니다. 이렇게 회귀 계수가 많아지더라도 선형대수를 이용해 간단하게 예측값을 도출할 수 있습니다. 앞의 예제에서 입력 행렬 X에 대해서 예측 행렬 y_pred는 굳이 개별적으로 X의 개별 원소와 w1의 값을 곱하지 않고 np.dot(X, w1.T) + w0을 이용해 계산했습니다. 마찬가지로 데이터의 개수가 N이고 피처 M개의 입력 행렬을 X_{mat}, 회귀 계수 $w_1, w_2, \cdots, w_{100}$을 W 배열로 표기하면 예측 행렬 $\hat{Y}$ = np.dot(X_{mat}, W^T) + w_0로 구할 수 있습니다.

$$\hat{Y} \qquad X_{mat}$$

Feature 1, Feature 2, ···, Feature M

$$\begin{bmatrix} y_1 \\ y_2 \\ \cdots \\ y_n \end{bmatrix} = \begin{bmatrix} x_{11} & x_{12} & \cdots & x_{1m} \\ x_{21} & x_{22} & \cdots & x_{2m} \\ \cdots & \cdots & \cdots & \cdots \\ x_{n1} & x_{n2} & \cdots & x_{nm} \end{bmatrix} \underset{\text{내적}}{*} \begin{bmatrix} w_1 & w_2 & \cdots & w_m \end{bmatrix}^T + w_0$$

w_0를 Weight의 배열인 W안에 포함시키기 위해서 Xmat의 맨 처음 열에 모든 데이터의 값이 1인 피처 Feat 0을 추가하겠습니다. 이제 회귀 예측값은 $\hat{Y} = X_{mat} * W^T$와 같이 도출할 수 있습니다.

$$\hat{Y} \qquad X_{mat}$$

1값을 가진 피처 추가 → Feat 0

Feat 1, Feat 2, ···, Feat M

w_0을 W 배열 내에 포함

$$\begin{bmatrix} y_1 \\ y_2 \\ \cdots \\ y_n \end{bmatrix} = \begin{bmatrix} 1 & x_{11} & x_{12} & \cdots & x_{1m} \\ 1 & x_{21} & x_{22} & \cdots & x_{2m} \\ \cdots & \cdots & \cdots & \cdots & \cdots \\ 1 & x_{n1} & x_{n2} & \cdots & x_{nm} \end{bmatrix} \underset{\text{내적}}{*} \begin{bmatrix} w_0 & w_1 & w_2 & \cdots & w_m \end{bmatrix}^T$$

$$\hat{Y} = X_{mat} * W^T$$

04 사이킷런 LinearRegression을 이용한 보스턴 주택 가격 예측

사이킷런의 linear_models 모듈은 매우 다양한 종류의 선형 기반 회귀를 클래스로 구현해 제공합니다. http://scikit-learn.org/stable/modules/classes.html#module-sklearn.linear_model에서 사이킷런이 지원하는 다양한 선형 모듈을 확인할 수 있습니다. 이들 선형 모델 중 규제가 적용되지 않은 선형 회귀를 사이킷런에서 구현한 클래스인 LinearRegression을 이용해 보스턴 주택 가격 예측 회귀를 구현할 것입니다. 그전에 먼저 LinearRegression 클래스에 대해 살펴보겠습니다.

LinearRegression 클래스 – Ordinary Least Squares

LinearRegression 클래스는 예측값과 실제 값의 RSS(Residual Sum of Squares)를 최소화해 OLS(Ordinary Least Squares) 추정 방식으로 구현한 클래스입니다. LinearRegression 클래스는 fit( ) 메서드로 X, y 배열을 입력받으면 회귀 계수(Coefficients)인 W를 coef_ 속성에 저장합니다.

```
class sklearn.linear_model.LinearRegression(fit_intercept=True, normalize=False, copy_X=True,
n_jobs=1)
```

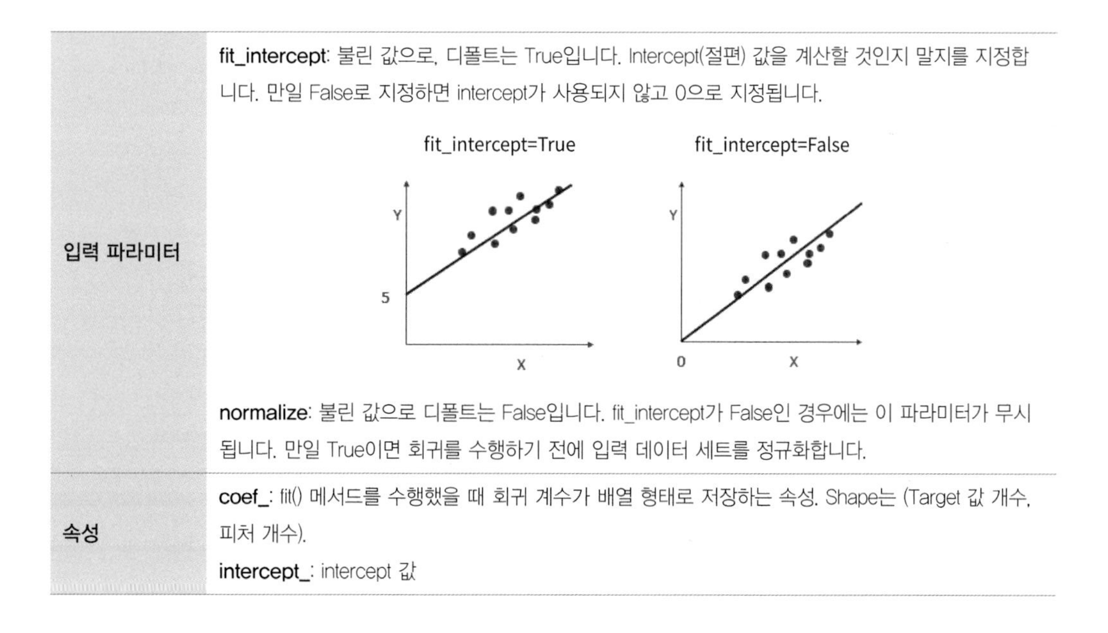

입력 파라미터	**fit_intercept**: 불린 값으로, 디폴트는 True입니다. Intercept(절편) 값을 계산할 것인지 말지를 지정합니다. 만일 False로 지정하면 intercept가 사용되지 않고 0으로 지정됩니다. **normalize**: 불린 값으로 디폴트는 False입니다. fit_intercept가 False인 경우에는 이 파라미터가 무시됩니다. 만일 True이면 회귀를 수행하기 전에 입력 데이터 세트를 정규화합니다.
속성	**coef_**: fit() 메서드를 수행했을 때 회귀 계수가 배열 형태로 저장하는 속성. Shape는 (Target 값 개수, 피처 개수). **intercept_**: intercept 값

Ordinary Least Squares 기반의 회귀 계수 계산은 입력 피처의 독립성에 많은 영향을 받습니다. 피처 간의 상관관계가 매우 높은 경우 분산이 매우 커져서 오류에 매우 민감해집니다. 이러한 현상을 다중 공선성(multi-collinearity) 문제라고 합니다. 일반적으로 상관관계가 높은 피처가 많은 경우 독립적인 중요한 피처만 남기고 제거하거나 규제를 적용합니다. 또한 매우 많은 피처가 다중 공선성 문제를 가지고 있다면 PCA를 통해 차원 축소를 수행하는 것도 고려해 볼 수 있습니다. 다음으로 예측된 회귀 모델을 평가하는 방법에 대해 알아보겠습니다.

회귀 평가 지표

회귀의 평가를 위한 지표는 실제 값과 회귀 예측값의 차이 값을 기반으로 한 지표가 중심입니다. 실제 값과 예측값의 차이를 그냥 더하면 +와 −가 섞여서 오류가 상쇄됩니다(데이터 두 개의 예측 차이가 하나는 −3, 다른 하나는 +3일 경우 단순히 더하면 오류가 0으로 나타나기 때문에 정확한 지표가 될 수 없습니다). 이 때문에 오류의 절댓값 평균이나 제곱, 또는 제곱한 뒤 다시 루트를 씌운 평균값을 구합니다.

일반적으로 회귀의 성능을 평가하는 지표는 다음과 같습니다.

평가 지표	설명	수식
MAE	Mean Absolute Error(MAE)이며 실제 값과 예측값의 차이를 절댓값으로 변환해 평균한 것입니다.	$MAE = \frac{1}{n}\sum_{i=1}^{n}\lvert Yi - \hat{Y}i \rvert$
MSE	Mean Squared Error(MSE)이며 실제 값과 예측값의 차이를 제곱해 평균한 것입니다.	$MSE = \frac{1}{n}\sum_{i=1}^{n}(Yi - \hat{Y}i)^2$
RMSE	MSE 값은 오류의 제곱을 구하므로 실제 오류 평균보다 더 커지는 특성이 있으므로 MSE에 루트를 씌운 것이 RMSE(Root Mean Squared Error)입니다.	$RMSE = \sqrt{\frac{1}{n}\sum_{i=1}^{n}(Yi - \hat{Y}i)^2}$
R^2	분산 기반으로 예측 성능을 평가합니다. 실제 값의 분산 대비 예측값의 분산 비율을 지표로 하며, 1에 가까울수록 예측 정확도가 높습니다.	$R^2 = \frac{\text{예측값 } Variance}{\text{실제값 } Variance}$

이 밖에 MSE나 RMSE에 로그를 적용한 MSLE(Mean Squared Log Error)와 RMSLE(Root Mean Squared Log Error)도 사용합니다.

사이킷런은 아쉽게도 RMSE를 제공하지 않습니다. RMSE를 구하기 위해서는 MSE에 제곱근을 씌워서 계산하는 함수를 직접 만들어야 합니다. 다음은 각 평가 방법에 대한 사이킷런의 API 및 cross_val_score나 GridSearchCV에서 평가 시 사용되는 scoring 파라미터의 적용 값입니다.

평가 방법	사이킷런 평가 지표 API	Scoring 함수 적용 값
MAE	metrics.mean_absolute_error	'neg_mean_absolute_error'
MSE	metrics.mean_squared_error	'neg_mean_squared_error'
RMSE	metrics.mean_squared_error를 그대로 사용하되 squared 파라미터를 False로 설정.	'neg_root_mean_squared_error'
MSLE	metrics.mean_squared_log_error	'neg_mean_squared_log_error'
R^2	metrics.r2_score	'r2'

과거 버전의 사이킷런은 RMSE를 계산하는 함수가 제공되지 않았지만, 0.22 버전부터는 RMSE를 위한 함수를 제공합니다. RMSE를 구하기 위해서는 MSE를 위한 metrics.mean_squared_error( ) 함수를 그대로 사용하되, squared 파라미터를 False로 지정해 사용합니다. mean_squared_error( ) 함수는 squared 파라미터가 기본적으로 True입니다. 즉 MSE는 사이킷런에서 mean_squared_error(실제값, 예측값, squared=True)이며 RMSE는 mean_squared_error(실제값, 예측값, squared=False)를 이용해서 구합니다.

cross_val_score, GridSearchCV와 같은 Scoring 함수에 회귀 평가 지표를 적용할 때 한 가지 유의할 점이 있습니다. 예를 들어, MAE의 scoring 파라미터 값을 살펴보면 'neg_mean_absolute_error'와 같이 'neg_'라는 접두어가 붙어 있습니다. 이는 Negative(음수) 값을 가진다는 의미인데, MAE는 절댓값의 합이기 때문에 음수가 될 수 없습니다. Scoring 함수에 'neg_mean_absolute_error'를 적용해 음수값을 반환하는 이유는 사이킷런의 Scoring 함수가 score값이 클수록 좋은 평가 결과로 자동 평가하기 때문입니다(특히 GridSearchCV의 경우 가장 좋은 Evaluation 값을 가지는 하이퍼 파라미터로 Estimator를 학습까지 자동으로 시킬 수 있습니다). 그런데 실제 값과 예측값의 오류 차이를 기반으로 하는 회귀 평가 지표의 경우 값이 커지면 오히려 나쁜 모델이라는 의미이므로 이를 사이킷런의 Scoring 함수에 일반적으로 반영하려면 보정이 필요합니다.

따라서 −1을 원래의 평가 지표 값에 곱해서 음수(Negative)를 만들어 작은 오류 값이 더 큰 숫자로 인식하게 합니다. 예를 들어 10 > 1이지만 음수를 곱하면 −1 > −10이 됩니다. metrics.mean_absolute_error( )와 같은 사이킷런 평가 지표 API는 정상적으로 양수의 값을 반환합니다. 하지만 Scoring 함수의 scoring 파라미터 값 'neg_mean_absolute_error'가 의미하는 것은 −1 * metrics.mean_absolute_error( )이니 주의가 필요합니다.

LinearRegression을 이용해 보스턴 주택 가격 회귀 구현

이제 LinearRegression 클래스를 이용해 선형 회귀 모델을 만들어 보겠습니다. 사이킷런에 내장된 데이터 세트인 보스턴 주택 가격 데이터를 이용합니다. 해당 피처에 대한 설명은 다음과 같습니다.

- CRIM: 지역별 범죄 발생률
- ZN: 25,000평방피트를 초과하는 거주 지역의 비율
- INDUS: 비상업 지역 넓이 비율
- CHAS: 찰스강에 대한 더미 변수(강의 경계에 위치한 경우는 1, 아니면 0)
- NOX: 일산화질소 농도
- RM: 거주할 수 있는 방 개수
- AGE: 1940년 이전에 건축된 소유 주택의 비율
- DIS: 5개 주요 고용센터까지의 가중 거리
- RAD: 고속도로 접근 용이도
- TAX: 10,000달러당 재산세율
- PTRATIO: 지역의 교사와 학생 수 비율
- B: 지역의 흑인 거주 비율
- LSTAT: 하위 계층의 비율
- MEDV: 본인 소유의 주택 가격(중앙값)

사이킷런은 보스턴 주택 가격 데이터 세트를 load_boston( )을 통해 제공합니다. 해당 데이터 세트를 로드하고 DataFrame으로 변경하겠습니다((역은이) 보스턴 데이터셋의 윤리적인 문제로 1.2 버전에서 load_boston( )이 삭제될 예정입니다.).

```
import numpy as np
import matplotlib.pyplot as plt
import pandas as pd
import seaborn as sns
from scipy import stats
from sklearn.datasets import load_boston
import warnings
warnings.filterwarnings('ignore')

%matplotlib inline

# boston 데이터 세트 로드
boston = load_boston()

# boston 데이터 세트 DataFrame 변환
bostonDF = pd.DataFrame(boston.data, columns = boston.feature_names)

# boston 데이터 세트의 target 배열은 주택 가격임. 이를 PRICE 칼럼으로 DataFrame에 추가함.
```

```
bostonDF['PRICE'] = boston.target
print('Boston 데이터 세트 크기 :', bostonDF.shape)
bostonDF.head()
```

[Output]

```
Boston 데이터 세트 크기: (506, 14)
```

	CRIM	ZN	INDUS	CHAS	NOX	RM	AGE	DIS	RAD	TAX	PTRATIO	B	LSTAT	PRICE
0	0.00632	18.0	2.31	0.0	0.538	6.575	65.2	4.0900	1.0	296.0	15.3	396.90	4.98	24.0
1	0.02731	0.0	7.07	0.0	0.469	6.421	78.9	4.9671	2.0	242.0	17.8	396.90	9.14	21.6
2	0.02729	0.0	7.07	0.0	0.469	7.185	61.1	4.9671	2.0	242.0	17.8	392.83	4.03	34.7
3	0.03237	0.0	2.18	0.0	0.458	6.998	45.8	6.0622	3.0	222.0	18.7	394.63	2.94	33.4
4	0.06905	0.0	2.18	0.0	0.458	7.147	54.2	6.0622	3.0	222.0	18.7	396.90	5.33	36.2

데이터 세트 피처의 Null 값은 없으며 모두 float 형입니다. bostonDF.info( )로 쉽게 확인할 수 있습니다.

다음으로 각 칼럼이 회귀 결과에 미치는 영향이 어느 정도인지 시각화해서 알아보겠습니다. 'RM', 'ZN', 'INDUS', 'NOX', 'AGE', 'PTRATIO', 'LSTAT', 'RAD'의 총 8개의 칼럼에 대해 값이 증가할수록 PRICE 값이 어떻게 변하는지 확인합니다. 시본(Seaborn)의 regplot( ) 함수는 X, Y 축 값의 산점도와 함께 선형 회귀 직선을 그려줍니다. matplotlib.subplots( )를 이용해 각 ax마다 칼럼과 PRICE의 관계를 표현합니다.

matplotlib의 subplots( )은 여러 개의 그래프를 한 번에 표현하기 위해 자주 사용됩니다. 인자로 입력되는 ncols는 열 방향으로 위치할 그래프의 개수이며, nrows는 행 방향으로 위치할 그래프의 개수입니다. ncols=4, nrows=2이면 2개의 행과 4개의 열을 가진 총 8개의 그래프를 행, 열 방향으로 그릴 수 있습니다.

```
# 2개의 행과 4개의 열을 가진 subplots를 이용. axs는 4x2개의 ax를 가짐.
fig, axs = plt.subplots(figsize=(16, 8), ncols=4, nrows=2)
lm_features = ['RM', 'ZN', 'INDUS', 'NOX', 'AGE', 'PTRATIO', 'LSTAT', 'RAD']
for i, feature in enumerate(lm_features):
    row = int(i/4)
    col = i%4
    # 시본의 regplot을 이용해 산점도와 선형 회귀 직선을 함께 표현
    sns.regplot(x=feature, y='PRICE', data=bostonDF, ax=axs[row][col])
```

[Output]

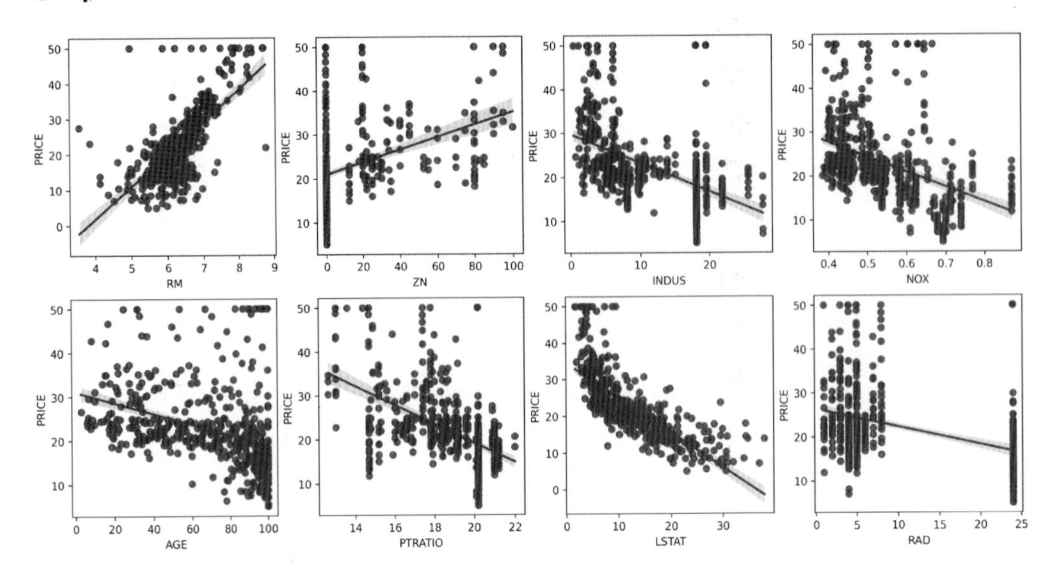

다른 칼럼보다 RM과 LSTAT의 PRICE 영향도가 가장 두드러지게 나타납니다. RM(방 개수)은 양 방향의 선형성(Positive Linearity)이 가장 큽니다. 즉, 방의 크기가 클수록 가격이 증가하는 모습을 확연히 보여줍니다. LSTAT(하위 계층의 비율)는 음 방향의 선형성(Negative Linearity)이 가장 큽니다. LSTAT이 적을 수록 PRICE가 증가하는 모습이 확연히 나타납니다.

이제 LinearRegression 클래스를 이용해 보스턴 주택 가격의 회귀 모델을 만들겠습니다. train_test_split( )을 이용해 학습과 테스트 데이터 세트를 분리해 학습과 예측을 수행합니다. 그리고 metrics 모듈의 mean_squared_error( )와 r2_score( ) API를 이용해 MSE와 R2 Score를 측정하겠습니다.

```
from sklearn.model_selection import train_test_split
from sklearn.linear_model import LinearRegression
from sklearn.metrics import mean_squared_error, r2_score

y_target = bostonDF['PRICE']
X_data = bostonDF.drop(['PRICE'], axis=1, inplace=False)

X_train, X_test, y_train, y_test = train_test_split(X_data, y_target, test_size=0.3,
                                                    random_state=156)

# 선형 회귀 OLS로 학습/예측/평가 수행.
lr = LinearRegression()
lr.fit(X_train, y_train )
```

```
y_preds = lr.predict(X_test)
mse = mean_squared_error(y_test, y_preds)
rmse = np.sqrt(mse)

print('MSE : {0:.3f}, RMSE : {1:.3F}'.format(mse, rmse))
print('Variance score : {0:.3f}'.format(r2_score(y_test, y_preds)))
```

[Output]

```
MSE : 17.297 , RMSE : 4.159
Variance score : 0.757
```

LinearRegression으로 생성한 주택가격 모델의 intercept(절편)과 coefficients(회귀 계수) 값을 보겠습니다. 절편은 LinearRegression 객체의 intercept_ 속성에, 회귀 계수는 coef_ 속성에 값이 저장돼 있습니다.

```
print('절편 값:', lr.intercept_)
print('회귀 계수값:', np.round(lr.coef_, 1))
```

[Output]

```
절편 값: 40.995595172164315
회귀 계수값: [ -0.1   0.1   0.    3.  -19.8   3.4   0.   -1.7   0.4  -0.   -0.9   0.  -0.6]
```

coef_ 속성은 회귀 계수 값만 가지고 있으므로 이를 피처별 회귀 계수 값으로 다시 매핑하고, 높은 값 순으로 출력해 보겠습니다. 이를 위해 판다스 Series의 sort_values( ) 함수를 이용합니다.

```
# 회귀 계수를 큰 값 순으로 정렬하기 위해 Series로 생성. 인덱스 칼럼명에 유의
coeff = pd.Series(data=np.round(lr.coef_, 1), index=X_data.columns )
coeff.sort_values(ascending=False)
```

[Output]

```
RM        3.4
CHAS      3.0
RAD       0.4
ZN        0.1
......
CRIM     -0.1
```

```
LSTAT      -0.6
PTRATIO    -0.9
DIS        -1.7
NOX       -19.8
```

RM이 양의 값으로 회귀 계수가 가장 크며, NOX 피처의 회귀 계수 - 값이 너무 커 보입니다. 차츰 최적화를 수행하면서 피처 coefficients의 변화도 같이 살펴보겠습니다.

이번에는 5개의 폴드 세트에서 cross_val_score( )를 이용해 교차 검증으로 MSE와 RMSE를 측정해 보겠습니다. 사이킷런은 cross_val_score( )를 이용할 텐데, RMSE를 제공하지 않으므로 MSE 수치 결과를 RMSE로 변환해야 합니다. cross_val_score( )의 인자로 scoring='neg_mean_squared_error'를 지정하면 반환되는 수치 값은 음수 값입니다. 앞에서도 설명했듯이 사이킷런의 지표 평가 기준은 높은 지표 값일수록 좋은 모델인 데 반해, 일반적으로 회귀는 MSE 값이 낮을수록 좋은 회귀 모델입니다. 사이킷런의 metric 평가 기준에 MSE를 부합시키기 위해서 scoring='neg_mean_squared_error'로 사이킷런의 Scoring 함수를 호출하면 모델에서 계산된 MSE 값에 -1을 곱해서 반환합니다. 따라서 cross_val_score( )에서 반환된 값에 다시 -1을 곱해야 양의 값인 원래 모델에서 계산된 MSE 값이 됩니다. 이렇게 다시 변환된 MSE값에 넘파이의 sqrt( ) 함수를 적용해 RMSE를 구할 수 있습니다.

```
from sklearn.model_selection import cross_val_score

y_target = bostonDF['PRICE']
X_data = bostonDF.drop(['PRICE'], axis=1, inplace=False)
lr = LinearRegression()

# cross_val_score( )로 5 폴드 세트로 MSE 를 구한 뒤 이를 기반으로 다시 RMSE 구함.
neg_mse_scores = cross_val_score(lr, X_data, y_target, scoring="neg_mean_squared_error", cv = 5)
rmse_scores  = np.sqrt(-1 * neg_mse_scores)
avg_rmse = np.mean(rmse_scores)

# cross_val_score(scoring="neg_mean_squared_error")로 반환된 값은 모두 음수
print(' 5 folds 의 개별 Negative MSE scores: ', np.round(neg_mse_scores, 2))
print(' 5 folds 의 개별 RMSE scores : ', np.round(rmse_scores, 2))
print(' 5 folds 의 평균 RMSE : {0:.3f} '.format(avg_rmse))
```

[Output]

```
5 folds 의 개별 Negative MSE scores:  [-12.46 -26.05 -33.07 -80.76 -33.31]
5 folds 의 개별 RMSE scores :  [3.53 5.1  5.75 8.99 5.77]
5 folds 의 평균 RMSE : 5.829
```

5개 폴드 세트에 대해서 교차 검증을 수행한 결과, 평균 RMSE는 약 5.829가 나왔습니다. cross_val_score (scoring="neg_mean_squared_error")로 반환된 값을 확인해 보면 모두 음수임을 알 수 있습니다.

05 다항 회귀와 과(대)적합/과소적합 이해

다항 회귀 이해

지금까지 설명한 회귀는 $y = w_0 + w_1*x_1 + w_2*x_2 + , \cdots , + w_n*x_n$과 같이 독립변수(feature)와 종속변수(target)의 관계가 일차 방정식 형태로 표현된 회귀였습니다. 하지만 세상의 모든 관계를 직선으로만 표현할 수는 없습니다. 회귀가 독립변수의 단항식이 아닌 2차, 3차 방정식과 같은 다항식으로 표현되는 것을 다항(Polynomial) 회귀라고 합니다. 즉, 다항 회귀는 $y = w_0 + w_1*x_1 + w_2*x_2 + w_3*x_1*x_2 + w_4*x_1^2 + w_5*x_2^2$과 같이 표현할 수 있습니다.

한 가지 주의할 것은 다항 회귀를 비선형 회귀로 혼동하기 쉽지만, 다항 회귀는 선형 회귀라는 점입니다. 회귀에서 선형 회귀/비선형 회귀를 나누는 기준은 회귀 계수가 선형/비선형인지에 따른 것이지 독립변수의 선형/비선형 여부와는 무관합니다. 위의 식 $y = w_0 + w_1*x_1 + w_2*x_2 + w_3*x_1*x_2 + w_4*x_1^2 + w_5*x_2^2$는 새로운 변수인 Z를 $z = [x_1, x_2, x_1*x_2, x_1^2, x_2^2]$로 한다면 $y = w_0 + w_1*z_1 + w_2*z_2 + w_3*z_3 + w_4*z_4 + w_5*z_5$와 같이 표현할 수 있기에 여전히 선형 회귀입니다. 다음 그림을 보면 데이터 세트에 대해서 피처 X에 대해 Target Y 값의 관계를 단순 선형 회귀 직선형으로 표현한 것보다 다항 회귀 곡선형으로 표현한 것이 더 예측 성능이 높습니다.

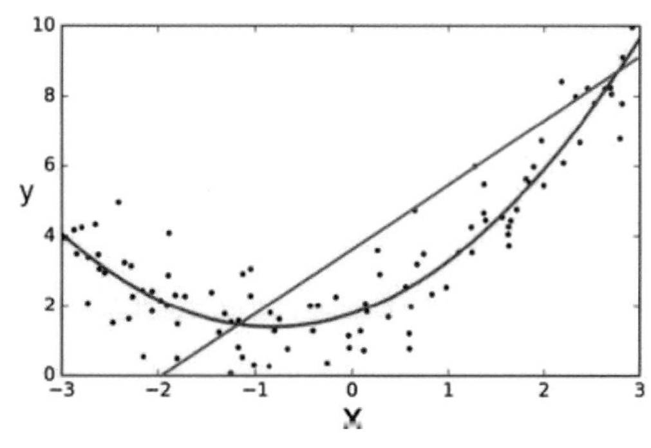

〈 주어진 데이터 세트에서 다항 회귀가 더 효과적임 〉

아쉽지만 사이킷런은 다항 회귀를 위한 클래스를 명시적으로 제공하지 않습니다. 대신 다항 회귀 역시 선형 회귀이기 때문에 비선형 함수를 선형 모델에 적용시키는 방법을 사용해 구현합니다. 이를 위해 사이킷런은 PolynomialFeatures 클래스를 통해 피처를 Polynomial(다항식) 피처로 변환합니다. PolynomialFeatures 클래스는 degree 파라미터를 통해 입력받은 단항식 피처를 degree에 해당하는 다항식 피처로 변환합니다. 다른 전처리 변환 클래스와 마찬가지로 PolynomialFeatures 클래스는 fit( ), transform( ) 메서드를 통해 이 같은 변환 작업을 수행합니다. 다음 예제는 PolynomialFeatures를 이용해 단항값 $[x_1, x_2]$를 2차 다항값으로 $[1, x_1, x_2, x_1^2, x_1x_2, x_2^2]$로 변환하는 예제입니다.

```
from sklearn.preprocessing import PolynomialFeatures
import numpy as np

# 다항식으로 변환한 단항식 생성, [[0, 1], [2, 3]]의 2X2 행렬 생성
X = np.arange(4).reshape(2, 2)
print('일차 단항식 계수 피처:\n', X )

# degree = 2인 2차 다항식으로 변환하기 위해 PolynomialFeatures를 이용해 변환
poly = PolynomialFeatures(degree=2)
poly.fit(X)
poly_ftr = poly.transform(X)
print('변환된 2차 다항식 계수 피처:\n', poly_ftr)
```

[Output]

```
일차 단항식 계수 피처:
 [[0 1]
 [2 3]]
변환된 2차 다항식 계수 피처:
 [[1. 0. 1. 0. 0. 1.]
 [1. 2. 3. 4. 6. 9.]]
```

단항 계수 피처 $[x_1, x_2]$를 2차 다항 계수 $[1, x_1, x_2, x_1^2, x_1x_2, x_2^2]$로 변경하므로 첫 번째 입력 단항 계수 피처 $[x_1 = 0, x_2 = 1]$은 $[1, x_1 = 0, x_2 = 1, x_1^2 = 0, x_1x_2 = 0, x_2^2 = 0]$ 형태인 $[1, 0, 1, 0, 0, 1]$로 변환됩니다. 마찬가지로 두 번째 입력 단항 계수 피처 $[x_1 = 2, x_2 = 3]$은 $[1, 2, 3, 4, 6, 9]$로 변환됩니다. 이렇게 변환된 Polynomial 피처에 선형 회귀를 적용해 다항 회귀를 구현합니다. PolynomialFeatures 클래스가 어떻게 단항식 값을 다항식 값으로 변경하는지 설명했으니, 이번에는 3차 다항 계수를 이용해 3차 다항 회귀 함수식을 PolynomialFeatures와 LinearRegression 클래스를 이용해 유도해 보겠습니다.

이를 위해 3차 다항 회귀 함수를 임의로 설정하고 이의 회귀 계수를 예측할 것입니다. 먼저 3차 다항 회귀의 결정 함수식은 다음과 같이 $y = 1 + 2x_1 + 3x_1^2 + 4x_2^3$로 설정하고 이를 위한 함수 polynomial_func( )를 만듭니다. 해당 함수는 3차 다항 계수 피처 값이 입력되면 결정 값을 반환합니다.

```
def polynomial_func(X):
    y = 1 + 2*X[:,0] + 3*X[:,0]**2 + 4*X[:,1]**3
    return y

X = np.arange(4).reshape(2,2)
print('일차 단항식 계수 feature: \n' ,X)
y = polynomial_func(X)
print('삼차 다항식 결정값: \n', y)
```

[Output]

```
일차 단항식 계수 feature:
 [[0 1]
 [2 3]]
삼차 다항식 결정값:
 [  5 125]
```

이제 일차 단항식 계수를 삼차 다항식 계수로 변환하고, 이를 선형 회귀에 적용하면 다항 회귀로 구현됩니다. PolynomialFeatures(degree=3)은 단항 계수 피처 $[x_1, x_2]$를 3차 다항 계수 $[1, x_1, x_2, x_1^2, x_1x_2, x_2^2, x_1^3, x_1^2x_2, x_1x_2^2, x_1^3]$과 같이 10개의 다항 계수로 변환합니다.

```
# 3차 다항식 변환
poly_ftr = PolynomialFeatures(degree=3).fit_transform(X)
print('3차 다항식 계수 feature: \n',poly_ftr)

# Linear Regression에 3차 다항식 계수 feature와 3차 다항식 결정값으로 학습 후 회귀 계수 확인
model = LinearRegression()
model.fit(poly_ftr,y)
print('Polynomial 회귀 계수\n' , np.round(model.coef_, 2))
print('Polynomial 회귀 Shape :', model.coef_.shape)
```

[Output]

```
3차 다항식 계수 feature:
 [[ 1.  0.  1.  0.  0.  1.  0.  0.  0.  1.]
 [ 1.  2.  3.  4.  6.  9.  8. 12. 18. 27.]]
Polynomial 회귀 계수
 [0.   0.18 0.18 0.36 0.54 0.72 0.72 1.08 1.62 2.34]
Polynomial 회귀 Shape : (10,)
```

일차 단항식 계수 피처는 2개였지만, 3차 다항식 Polynomial 변환 이후에는 다항식 계수 피처가 10개로 늘어납니다. 이 피처 데이터 세트에 LinearRegression을 통해 3차 다항 회귀 형태의 다항 회귀를 적용하면 회귀 계수가 10개로 늘어납니다. 10개의 회귀 계수 [0. 0.18 0.18 0.36 0.54 0.72 0.72 1.08 1.62 2.34]가 도출됐으며 원래 다항식 $1 + 2x_1 + 3x_1^2 + 4x_2^3$의 계수 값인 [1, 2, 0, 3, 0, 0, 0, 0, 0, 4]와는 차이가 있지만 다항 회귀로 근사하고 있음을 알 수 있습니다. 이처럼 사이킷런은 PolynomialFeatures로 피처를 변환한 후에 LinearRegression 클래스로 다항 회귀를 구현합니다.

바로 이전 예제와 같이 피처 변환과 선형 회귀 적용을 각각 별도로 하는 것보다는 사이킷런의 Pipeline 객체를 이용해 한 번에 다항 회귀를 구현하는 것이 코드를 더 명료하게 작성하는 방법입니다.

```
from sklearn.preprocessing import PolynomialFeatures
from sklearn.linear_model import LinearRegression
from sklearn.pipeline import Pipeline
import numpy as np

def polynomial_func(X):
    y = 1 + 2*X[:,0] + 3*X[:,0]**2 + 4*X[:,1]**3
    return y

# Pipeline 객체로 Streamline하게 Polynomial Feature 변환과 Linear Regression을 연결
model = Pipeline([('poly', PolynomialFeatures(degree=3)),
                  ('linear', LinearRegression())])
X = np.arange(4).reshape(2,2)
y = polynomial_func(X)

model = model.fit(X, y)

print('Polynomial 회귀 계수\n', np.round(model.named_steps['linear'].coef_, 2))
```

[Output]

```
Polynomial 회귀 계수
[0.   0.18 0.18 0.36 0.54 0.72 0.72 1.08 1.62 2.34]
```

다항 회귀를 이용한 과소적합 및 과적합 이해

다항 회귀는 피처의 직선적 관계가 아닌 복잡한 다항 관계를 모델링할 수 있습니다. 다항식의 차수가 높아질수록 매우 복잡한 피처 간의 관계까지 모델링이 가능합니다. 하지만 다항 회귀의 차수(degree)를 높일수록 학습 데이터에만 너무 맞춘 학습이 이뤄져서 정작 테스트 데이터 환경에서는 오히려 예측 정확도가 떨어집니다. 즉, 차수가 높아질수록 과적합의 문제가 크게 발생합니다.

다음은 사이킷런 홈페이지에서 다항 회귀를 이용해 과소적합과 과적합의 문제를 잘 보여주는 예제가 있어서 발췌한 것입니다. 원본은 http://scikit-learn.org/stable/auto_examples/model_selection/plot_underfitting_overfitting.html#sphx-glr-auto-examples-model-selection-plot-underfitting-overfitting-py에 있습니다.

소스 코드에 대해 간략히 설명하자면, 원래 데이터 세트는 피처 X와 target y가 잡음(Noise)이 포함된 다항식의 코사인(Cosine) 그래프 관계를 가지도록 만들어줍니다. 그리고 이에 기반해 다항 회귀의 차수를 변화시키면서 그에 따른 회귀 예측 곡선과 예측 정확도를 비교하는 예제입니다.

학습 데이터는 30개의 임의의 데이터인 X, 그리고 X의 코사인 값에서 약간의 잡음 변동 값을 더한 target인 y로 구성됩니다.

```
import numpy as np
import matplotlib.pyplot as plt
from sklearn.pipeline import Pipeline
from sklearn.preprocessing import PolynomialFeatures
from sklearn.linear_model import LinearRegression
from sklearn.model_selection import cross_val_score
%matplotlib inline

# 임의의 값으로 구성된 X값에 대해 코사인 변환 값을 반환.
def true_fun(X):
    return np.cos(1.5 * np.pi * X)

# X는 0부터 1까지 30개의 임의의 값을 순서대로 샘플링한 데이터입니다.
np.random.seed(0)
n_samples = 30
X = np.sort(np.random.rand(n_samples))

# y 값은 코사인 기반의 true_fun()에서 약간의 노이즈 변동 값을 더한 값입니다.
y = true_fun(X) + np.random.randn(n_samples) * 0.1
```

이제 예측 결과를 비교할 다항식 차수를 각각 1, 4, 15로 변경하면서 예측 결과를 비교하겠습니다. 다항식 차수별로 학습을 수행한 뒤 cross_val_score( )로 MSE 값을 구해 차수별 예측 성능을 평가합니다. 그리고 0부터 1까지 균일하게 구성된 100개의 테스트용 데이터 세트를 이용해 차수별 회귀 예측 곡선을 그려보겠습니다.

```
plt.figure(figsize=(14, 5))
degrees = [1, 4, 15]

# 다항 회귀의 차수(degree)를 1, 4, 15로 각각 변화시키면서 비교합니다.
for i in range(len(degrees)):
    ax = plt.subplot(1, len(degrees), i + 1)
    plt.setp(ax, xticks=(), yticks=())

    # 개별 degree별로 Polynomial 변환합니다.
    polynomial_features = PolynomialFeatures(degree=degrees[i], include_bias=False)
    linear_regression = LinearRegression()
    pipeline = Pipeline([("polynomial_features", polynomial_features),
                         ("linear_regression", linear_regression)])
    pipeline.fit(X.reshape(-1, 1), y)

    # 교차 검증으로 다항 회귀를 평가합니다.
    scores = cross_val_score(pipeline, X.reshape(-1, 1), y, scoring="neg_mean_squared_error", cv=10)
    # Pipeline을 구성하는 세부 객체를 접근하는 named_steps['객체명']을 이용해 회귀계수 추출
    coefficients = pipeline.named_steps['linear_regression'].coef_
    print('\nDegree {0} 회귀 계수는 {1} 입니다.'.format(degrees[i], np.round(coefficients, 2)))
    print('Degree {0} MSE 는 {1} 입니다.'.format(degrees[i], -1*np.mean(scores)))

    # 0 부터 1까지 테스트 데이터 세트를 100개로 나눠 예측을 수행합니다.
    # 테스트 데이터 세트에 회귀 예측을 수행하고 예측 곡선과 실제 곡선을 그려서 비교합니다.
    X_test = np.linspace(0, 1, 100)
    # 예측값 곡선
    plt.plot(X_test, pipeline.predict(X_test[:, np.newaxis]), label="Model")
    # 실제 값 곡선
    plt.plot(X_test, true_fun(X_test), '--', label="True function")
    plt.scatter(X, y, edgecolor='b', s=20, label="Samples")

    plt.xlabel("x"); plt.ylabel("y"); plt.xlim((0, 1)); plt.ylim((-2, 2)); plt.legend(loc="best")
    plt.title("Degree {}\nMSE = {:.2e}(+/- {:.2e})".format(degrees[i], -scores.mean(), scores.std()))

plt.show()
```

[Output]

```
Degree 1 회귀 계수는 [-1.61] 입니다.
Degree 1 MSE 는 0.41 입니다.
```

```
Degree 4 회귀 계수는 [  0.47 -17.79  23.59  -7.26] 입니다.
Degree 4 MSE 는 0.04 입니다.

Degree 15 회귀 계수는 [-2.98300000e+03  1.03900000e+05 -1.87417000e+06  2.03717200e+07
-1.44874017e+08  7.09319141e+08 -2.47067172e+09  6.24564702e+09 -1.15677216e+10  1.56895933e+10
-1.54007040e+10  1.06457993e+10 -4.91381016e+09  1.35920642e+09 -1.70382078e+08] 입니다.Degree 15
MSE 는 182581084.83 입니다.
```

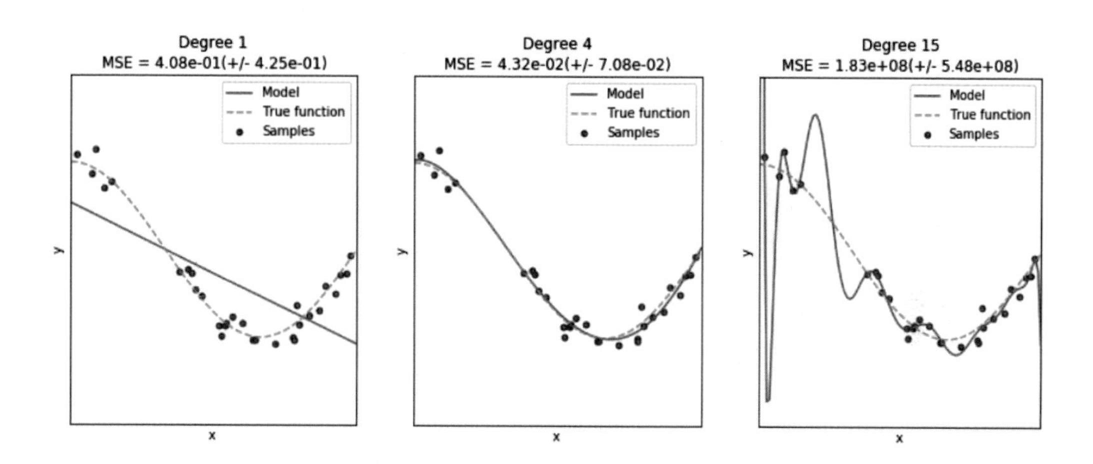

실선으로 표현된 예측 곡선은 다항 회귀 예측 곡선입니다. 점선으로 표현된 곡선은 실제 데이터 세트 X, Y의 코사인 곡선입니다. 학습 데이터는 0부터 1까지의 30개의 임의의 X 값과 그에 따른 코사인 Y 값에 잡음을 변동 값으로 추가해 구성했으며 MSE(Mean Squared Error) 평가는 학습 데이터를 10개의 교차 검증 세트로 나누어 측정해서 평균한 것입니다.

- 맨 왼쪽의 Degree 1 예측 곡선은 단순한 직선으로서 단순 선형 회귀와 똑같습니다. 실제 데이터 세트인 코사인 데이터 세트를 직선으로 예측하기에는 너무 단순해 보입니다. 예측 곡선이 학습 데이터의 패턴을 제대로 반영하지 못하고 있는 과소적합 모델이 되었습니다. MSE 값은 약 0.41입니다.

- 가운데 Degree 4 예측 곡선은 실제 데이터 세트와 유사한 모습입니다. 변동하는 잡음까지 예측하지는 못했지만, 학습 데이터 세트를 비교적 잘 반영해 코사인 곡선 기반으로 테스트 데이터를 잘 예측한 곡선을 가진 모델이 되었습니다. MSE 값은 약 0.04로 가장 뛰어난 예측 성능을 나타내고 있습니다.

- 맨 오른쪽 Degree 15 예측 곡선은 MSE 값이 182581084.83이 될 정도로 어처구니없는 오류 값이 발생했습니다(물론 과적합을 강조하기 위해 Degree를 매우 높은 차수인 15로 설정한 결과입니다). 예측 곡선을 보면 데이터 세트의 변동 잡음 값까지 지나치게 반영한 결과, 예측 곡선이 학습 데이터 세트만 정확히 예측하고, 테스트 값의 실제 곡선과는 완전히 다른 형태의 예측 곡선이 만들어졌습니다. 결과적으로 학습 데이터에 너무 충실하게 맞춘 과적합이 심한 모델이 되었고 어이없는 수준의 높은 MSE 값이 나왔습니다.

Degree 15의 회귀 계수를 살펴보면 회귀 계수의 값이 [-2.98300000e+03 1.03900000e+05 …]로 Degree 1, 4와 비교할 수 없을 정도로 매우 큰 값임을 알 수 있습니다. Degree 15라는 복잡한 다항식을 만족하기 위해 계산된 회귀 계수는 결국 현실과 너무 동떨어진 예측 결과를 보여줍니다.

결국 좋은 예측 모델은 Degree 1과 같이 학습 데이터의 패턴을 지나치게 단순화한 과소적합 모델도 아니고 Degree 15와 같이 모든 학습 데이터의 패턴을 하나하나 감안한 지나치게 복잡한 과적합 모델도 아닌, 학습 데이터의 패턴을 잘 반영하면서도 복잡하지 않은 균형 잡힌(Balanced) 모델을 의미합니다.

편향-분산 트레이드오프(Bias-Variance Trade off)

편향-분산 트레이드오프는 머신러닝이 극복해야 할 가장 중요한 이슈 중의 하나입니다. 앞의 Degree 1과 같은 모델은 매우 단순화된 모델로서 지나치게 한 방향성으로 치우친 경향이 있습니다. 이런 모델을 고편향(High Bias)성을 가졌다고 표현합니다. 반대로 Degree 15와 같은 모델은 학습 데이터 하나 하나의 특성을 반영하면서 매우 복잡한 모델이 되었고 지나치게 높은 변동성을 가지게 되었습니다. 이런 모델을 고분산(High Variance)성을 가졌다고 표현합니다.

다음 그림의 '양궁 과녁' 그래프는 편향과 분산의 고/저의 의미를 직관적으로 잘 표현하고 있습니다. 다음 그림 상단 왼쪽의 저편향/저분산(Low Bias/Low Variance)은 예측 결과가 실제 결과에 매우 잘 근접하면서도 예측 변동이 크지 않고 특정 부분에 집중돼 있는 아주 뛰어난 성능을 보여줍니다(아주 드물게 좋은 경우입니다). 상단 오른쪽의 저편향/고분산(Low Bias/High Variance)은 예측 결과가 실제 결과에 비교적 근접하지만, 예측 결과가 실제 결과를 중심으로 꽤 넓은 부분에 분포돼 있습니다. 하단 왼쪽의 고편향/저분산(High Bias/Low Variance)은 정확한 결과에서 벗어나면서도 예측이 특정 부분에 집중돼 있습니다. 마지막으로 하단 오른쪽의 고편향/고분산(High Bias/High Variance)은 정확한 예측 결과를 벗어나면서도 넓은 부분에 분포돼 있습니다.

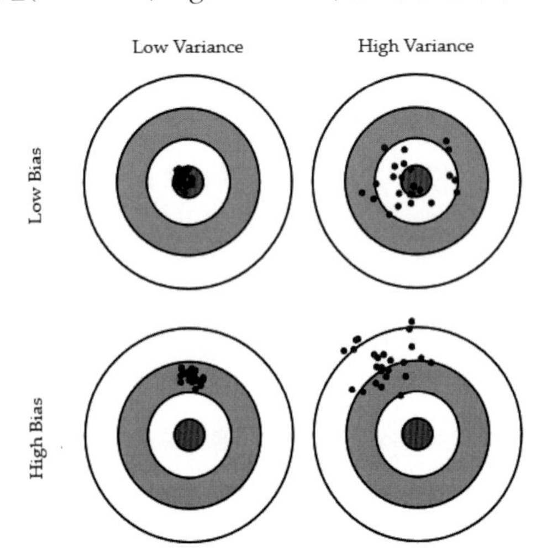

〈 편향과 분산의 고/저에 따른 표현. http://scott.fortmann-roe.com/docs/BiasVariance.html에서 발췌 〉

일반적으로 편향과 분산은 한쪽이 높으면 한쪽이 낮아지는 경향이 있습니다. 즉, 편향이 높으면 분산은 낮아지고(과소적합) 반대로 분산이 높으면 편향이 낮아집니다(과적합). 다음 그림은 편향과 분산의 관계에 따른 전체 오류 값(Total Error)의 변화를 잘 보여줍니다. 편향이 너무 높으면 전체 오류가 높습니다. 편향을 점점 낮추면 동시에 분산이 높아지고 전체 오류도 낮아지게 됩니다. 편향을 낮추고 분산을 높이면서 전체 오류가 가장 낮아지는 '골디락스' 지점을 통과하면서 분산을 지속적으로 높이면 전체 오류 값이 오히려 증가하면서 예측 성능이 다시 저하됩니다.

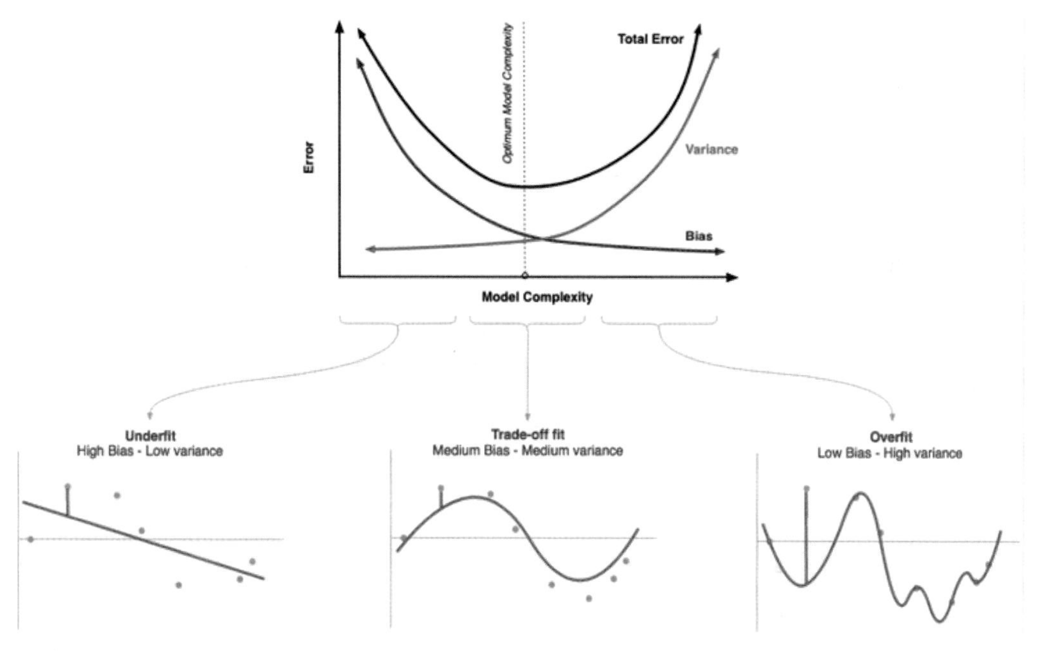

〈 편향과 분산에 따른 전체 오류 값(Total Error) 곡선. http://scott.fortmann-roe.com/docs/BiasVariance.html에서 발췌. 〉

높은 편향/낮은 분산에서 과소적합되기 쉬우며 낮은 편향/높은 분산에서 과적합되기 쉽습니다. 편향과 분산이 서로 트레이드오프를 이루면서 오류 Cost 값이 최대로 낮아지는 모델을 구축하는 것이 가장 효율적인 머신러닝 예측 모델을 만드는 방법입니다.

06 규제 선형 모델 - 릿지, 라쏘, 엘라스틱넷

규제 선형 모델의 개요

좋은 머신러닝 회귀 모델의 특징은 무엇일까요? 앞의 다항 회귀에서 Degree가 1인 경우는 지나치게 예측 곡선을 단순화해 데이터에 적합하지 않는 과소적합 모델이 만들어졌습니다. 반대로 Degree 15의 경우는 지나치게 모든 데이터에 적합한 회귀식을 만들기 위해서 다항식이 복잡해지고 회귀 계수가 매우 크게 설정이 되면서 평가 데이터 세트에 대해서 형편없는 예측 성능을 보였습니다. 따라서 회귀 모델은 적절히 데이터에 적합하면서도 회귀 계수가 기하급수적으로 커지는 것을 제어할 수 있어야 합니다.

이전까지 선형 모델의 비용 함수는 RSS를 최소화하는, 즉 실제 값과 예측값의 차이를 최소화하는 것만 고려했습니다. 그러다 보니 학습 데이터에 지나치게 맞추게 되고, 회귀 계수가 쉽게 커졌습니다. 이럴 경우 변동성이 오히려 심해져서 테스트 데이터 세트에서는 예측 성능이 저하되기 쉽습니다. 이를 반영해 비용 함수는 학습 데이터의 잔차 오류 값을 최소로 하는 RSS 최소화 방법과 과적합을 방지하기 위해 회귀 계수 값이 커지지 않도록 하는 방법이 서로 균형을 이뤄야 합니다.

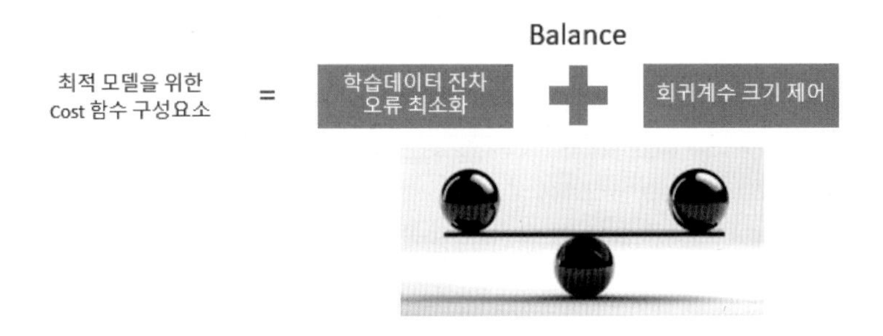

이렇게 회귀 계수의 크기를 제어해 과적합을 개선하려면 비용(Cost) 함수의 목표가 다음과 같이 RSS(W) + alpha * $\|W\|_2^2$를 최소화하는 것으로 변경될 수 있습니다.

비용 함수 목표 = $\text{Min}(\text{RSS}(W) + \text{alpha} * \|W\|_2^2)$

여기서 alpha는 학습 데이터 적합 정도와 회귀 계수 값의 크기 제어를 수행하는 튜닝 파라미터입니다. 비용 함수의 목표가 (RSS(W) + alpha * $\|W\|_2^2$)를 최소화하는 W 벡터를 찾는 것일 때 alpha가 어떤 역할을 하는지 살펴보겠습니다.

alpha가 0(또는 매우 작은 값)이라면 비용 함수 식은 기존과 동일한 Min(RSS(W) + 0)이 될 것입니다. 반면에 alpha가 무한대(또는 매우 큰 값)라면 비용 함수 식은 RSS(W)에 비해 alpha * $\|W\|_2^2$ 값이 너무 커지게 되므로 W 값을 0(또는 매우 작게)으로 만들어야 Cost가 최소화되는 비용 함수 목표를 달성할 수 있습니다. 즉, alpha 값을 크게 하면 비용 함수는 회귀 계수 W의 값을 작게 해 과적합을 개선할 수 있으며 alpha 값을 작게 하면 회귀 계수 W의 값이 커져도 어느 정도 상쇄가 가능하므로 학습 데이터 적합을 더 개선할 수 있습니다.

- alpha = 0인 경우는 W가 커도 alpha * $\|W\|_2^2$가 0이 되어 비용 함수는 Min(RSS(W))
- alpha = 무한대인 경우 alpha * $\|W\|_2^2$도 무한대가 되므로 비용 함수는 W를 0에 가깝게 최소화 해야 함.

〈 alpha 튜닝 파라미터를 통한 RSS 최소화와 회귀 계수 크기 감소의 균형 조정 〉

즉, alpha를 0에서부터 지속적으로 값을 증가시키면 회귀 계수 값의 크기를 감소시킬 수 있습니다. 이처럼 비용 함수에 alpha 값으로 페널티를 부여해 회귀 계수 값의 크기를 감소시켜 과적합을 개선하는 방식을 규제(Regularization)라고 부릅니다. 규제는 크게 L2 방식과 L1 방식으로 구분됩니다. L2 규제는 위에서 설명한 바와 같이 alpha * $\|W\|_2^2$와 같이 W의 제곱에 대해 페널티를 부여하는 방식을 말합니다. L2 규제를 적용한 회귀를 릿지(Ridge) 회귀라고 합니다. 라쏘(Lasso) 회귀는 L1 규제를 적용한 회귀입니다. L1 규제는 alpha * $\|W\|_1$와 같이 W의 절댓값에 대해 페널티를 부여합니다. L1 규제를 적용하면 영향력이 크지 않은 회귀 계수 값을 0으로 변환합니다.

릿지 회귀

사이킷런은 Ridge 클래스를 통해 릿지 회귀를 구현합니다. Ridge 클래스의 주요 생성 파라미터는 alpha이며, 이는 릿지 회귀의 alpha L2 규제 계수에 해당합니다. 앞 예제의 보스턴 주택 가격을 Ridge 클래스를 이용해 다시 예측하고, 예측 성능을 cross_val_score( )로 평가해 보겠습니다. 앞의 LinearRegression 예제에서 사용한 피처 데이터 세트인 X_data와 Target 데이터 세트인 y_target을 그대로 이용합니다.

```
from sklearn.linear_model import Ridge
from sklearn.model_selection import cross_val_score

# alpha=10으로 설정해 릿지 회귀 수행.
ridge = Ridge(alpha = 10)
neg_mse_scores = cross_val_score(ridge, X_data, y_target, scoring="neg_mean_squared_error", cv = 5)
rmse_scores = np.sqrt(-1 * neg_mse_scores)
avg_rmse = np.mean(rmse_scores)
```

```python
print(' 5 folds 의 개별 Negative MSE scores: ', np.round(neg_mse_scores, 3))
print(' 5 folds 의 개별 RMSE scores : ', np.round(rmse_scores, 3))
print(' 5 folds 의 평균 RMSE : {0:.3f} '.format(avg_rmse))
```

[Output]

```
5 folds 의 개별 Negative MSE scores:  [-11.422 -24.294 -28.144 -74.599 -28.517]
5 folds 의 개별 RMSE scores :  [3.38  4.929 5.305 8.637 5.34 ]
5 folds 의 평균 RMSE : 5.518
```

릿지의 5개 폴드 세트의 평균 RMSE가 5.518입니다. 앞 예제의 규제가 없는 LinearRegression의 RMSE 평균인 5.829보다 더 뛰어난 예측 성능을 보여줍니다.

이번에는 릿지의 alpha 값을 0, 0.1, 1, 10, 100으로 변화시키면서 RMSE와 회귀 계수 값의 변화를 살펴보겠습니다. alpha 값을 변화하면서 RMSE 값과 각 피처의 회귀 계수를 시각화하고 DataFrame에 저장하는 예제입니다. 예제의 결과에서 보겠지만, 릿지 회귀는 alpha 값이 커질수록 회귀 계수 값을 작게 만듭니다. 먼저 alpha 값의 변화에 따른 5 폴드의 RMSE 평균값을 반환하는 코드부터 작성하겠습니다.

```python
# 릿지에 사용될 alpha 파라미터의 값을 정의
alphas = [0, 0.1, 1, 10, 100]

# alphas list 값을 반복하면서 alpha에 따른 평균 rmse를 구함.
for alpha in alphas :
    ridge = Ridge(alpha = alpha)

    # cross_val_score를 이용해 5 폴드의 평균 RMSE를 계산
    neg_mse_scores = cross_val_score(ridge, X_data, y_target, scoring="neg_mean_squared_error", cv = 5)
    avg_rmse = np.mean(np.sqrt(-1 * neg_mse_scores))
    print('alpha {0} 일 때 5 folds 의 평균 RMSE : {1:.3f} '.format(alpha, avg_rmse))
```

[Output]

```
alpha 0 일 때 5 folds 의 평균 RMSE : 5.829
alpha 0.1 일 때 5 folds 의 평균 RMSE : 5.788
alpha 1 일 때 5 folds 의 평균 RMSE : 5.653
alpha 10 일 때 5 folds 의 평균 RMSE : 5.518
alpha 100 일 때 5 folds 의 평균 RMSE : 5.330
```

alpha가 100일 때 평균 RMSE가 5.330으로 가장 좋습니다. 이번에는 alpha 값의 변화에 따른 피처의 회귀 계수 값을 가로 막대 그래프로 시각화해 보겠습니다. 회귀 계수를 Ridge 객체의 coef_ 속성에서 추출한 뒤에 Series 객체로 만들어서 시본 가로 막대 차트로 표시하고, DataFrame에 alpha 값별 회귀 계수로 저장합니다.

```
# 각 alpha에 따른 회귀 계수 값을 시각화하기 위해 5개의 열로 된 맷플롯립 축 생성
fig, axs = plt.subplots(figsize=(18, 6), nrows=1, ncols=5)
# 각 alpha에 따른 회귀 계수 값을 데이터로 저장하기 위한 DataFrame 생성
coeff_df = pd.DataFrame()

# alphas 리스트 값을 차례로 입력해 회귀 계수 값 시각화 및 데이터 저장. pos는 axis의 위치 지정
for pos, alpha in enumerate(alphas) :
    ridge = Ridge(alpha = alpha)
    ridge.fit(X_data, y_target)
    # alpha에 따른 피처별로 회귀 계수를 Series로 변환하고 이를 DataFrame의 칼럼으로 추가.
    coeff = pd.Series(data=ridge.coef_, index=X_data.columns )
    colname='alpha:'+str(alpha)
    coeff_df[colname] = coeff
    # 막대 그래프로 각 alpha 값에서의 회귀 계수를 시각화. 회귀 계수값이 높은 순으로 표현
    coeff = coeff.sort_values(ascending=False)
    axs[pos].set_title(colname)
    axs[pos].set_xlim(-3, 6)
    sns.barplot(x=coeff.values, y=coeff.index, ax=axs[pos])

# for 문 바깥에서 맷플롯립의 show 호출 및 alpha에 따른 피처별 회귀 계수를 DataFrame으로 표시
plt.show()
```

[Output]

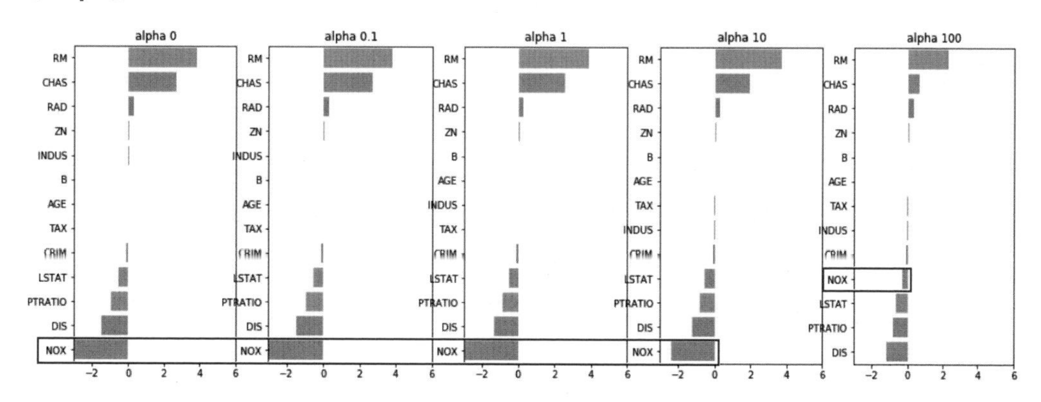

alpha 값을 계속 증가시킬수록 회귀 계수 값은 지속적으로 작아짐을 알 수 있습니다. 특히 NOX 피처의 경우 alpha 값을 계속 증가시킴에 따라 회귀 계수가 크게 작아지고 있습니다. DataFrame에 저장된 alpha 값의 변화에 따른 릿지 회귀 계수 값을 구해 보겠습니다.

```
ridge_alphas = [0, 0.1, 1, 10, 100]
sort_column = 'alpha:'+str(ridge_alphas[0])
coeff_df.sort_values(by=sort_column, ascending=False)
```

	alpha:0	alpha:0.1	alpha:1	alpha:10	alpha:100
RM	3.809865	3.818233	3.854000	3.702272	2.334536
CHAS	2.686734	2.670019	2.552393	1.952021	0.638335
RAD	0.306049	0.303515	0.290142	0.279596	0.315358
ZN	0.046420	0.046572	0.047443	0.049579	0.054496
INDUS	0.020559	0.015999	-0.008805	-0.042962	-0.052826
B	0.009312	0.009368	0.009673	0.010037	0.009393
AGE	0.000692	-0.000269	-0.005415	-0.010707	0.001212
TAX	-0.012335	-0.012421	-0.012912	-0.013993	-0.015856
CRIM	-0.108011	-0.107474	-0.104595	-0.101435	-0.102202
LSTAT	-0.524758	-0.525966	-0.533343	-0.559366	-0.660764
PTRATIO	-0.952747	-0.940759	-0.876074	-0.797945	-0.829218
DIS	-1.475567	-1.459626	-1.372654	-1.248808	-1.153390
NOX	-17.766611	-16.684645	-10.777015	-2.371619	-0.262847

alpha 값이 증가하면서 회귀 계수가 지속적으로 작아지고 있음을 알 수 있습니다. 하지만 릿지 회귀의 경우에는 회귀 계수를 0으로 만들지는 않습니다.

라쏘 회귀

W의 절댓값에 페널티를 부여하는 L1 규제를 선형 회귀에 적용한 것이 라쏘(Lasso) 회귀입니다. 즉 L1 규제는 $alpha * \|W\|_1$를 의미하며, 라쏘 회귀 비용함수의 목표는 $RSS(W) + alpha * \|W\|_1$ 식을 최소화하는 W를 찾는 것입니다. L2 규제가 회귀 계수의 크기를 감소시키는 데 반해, L1 규제는 불필요한 회귀 계수를 급격하게 감소시켜 0으로 만들고 제거합니다. 이러한 측면에서 L1 규제는 적절한 피처만 회귀에 포함시키는 피처 선택의 특성을 가지고 있습니다.

사이킷런은 Lasso 클래스를 통해 라쏘 회귀를 구현하였습니다. Lasso 클래스의 주요 생성 파라미터는 alpha이며, 이는 라쏘 회귀의 alpha L1 규제 계수에 해당합니다. 이 Lasso 클래스를 이용해 바로 이전의 릿지 회귀 예제 코드와 유사하게 라쏘의 alpha 값을 변화시키면서 RMSE와 각 피처의 회귀 계수를 출력해 보겠습니다. 뒤에서 설명하는 엘라스틱넷도 동일하게 alpha값을 변화시키면서 결과를 출력할 것이므로 이의 수행을 위한 별도의 함수를 만들겠습니다. get_linear_reg_eval( )는 인자로 회귀 모델의 이름, alpha값들의 리스트, 피처 데이터 세트와 타깃 데이터 세트를 입력받아서 alpha값에 따른 폴드 평균 RMSE를 출력하고 회귀 계수값들을 DataFrame으로 반환합니다. 다음 예제 코드는 get_linear_reg_eval( ) 함수를 구현한 것이며, 앞의 릿지 예제 코드와 크게 다르지 않습니다.

```
from sklearn.linear_model import Lasso, ElasticNet

# alpha값에 따른 회귀 모델의 폴드 평균 RMSE를 출력하고 회귀 계수값들을 DataFrame으로 반환
def get_linear_reg_eval(model_name, params=None, X_data_n=None, y_target_n=None,
                        verbose=True, return_coeff=True):
    coeff_df = pd.DataFrame()
    if verbose : print('####### ', model_name , '#######')
    for param in params:
        if model_name =='Ridge': model = Ridge(alpha=param)
        elif model_name =='Lasso': model = Lasso(alpha=param)
        elif model_name =='ElasticNet': model = ElasticNet(alpha=param, l1_ratio=0.7)
        neg_mse_scores = cross_val_score(model, X_data_n,
                                         y_target_n, scoring="neg_mean_squared_error", cv = 5)
        avg_rmse = np.mean(np.sqrt(-1 * neg_mse_scores))
        print('alpha {0}일 때 5 폴드 세트의 평균 RMSE: {1:.3f} '.format(param, avg_rmse))
        # cross_val_score는 evaluation metric만 반환하므로 모델을 다시 학습하여 회귀 계수 추출

        model.fit(X_data_n , y_target_n)
        if return_coeff:
            # alpha에 따른 피처별 회귀 계수를 Series로 변환하고 이를 DataFrame의 칼럼으로 추가.
            coeff = pd.Series(data=model.coef_ , index=X_data_n.columns )
            colname='alpha:'+str(param)
            coeff_df[colname] = coeff

    return coeff_df
# end of get_linear_regre_eval
```

함수를 생성했으면 이를 이용해 alpha값의 변화에 따른 RMSE와 그때의 회귀계수들을 출력해 보겠습니다. alpha값은 [0.07, 0.1, 0.5, 1, 3]로 입력하겠습니다. get_linear_reg_eval( )에 모델명을 'Lasso'로 입력하면 라쏘 모델 기반으로 수행합니다.

```
# 라쏘에 사용될 alpha 파라미터의 값을 정의하고 get_linear_reg_eval() 함수 호출
lasso_alphas = [ 0.07, 0.1, 0.5, 1, 3]
coeff_lasso_df =get_linear_reg_eval('Lasso', params=lasso_alphas, X_data_n=X_data, y_target_n=y_target)
```

[Output]

```
###### Lasso ######
alpha 0.07일 때 5 폴드 세트의 평균 RMSE: 5.612
alpha 0.1일 때 5 폴드 세트의 평균 RMSE: 5.615
alpha 0.5일 때 5 폴드 세트의 평균 RMSE: 5.669
alpha 1일 때 5 폴드 세트의 평균 RMSE: 5.776
alpha 3일 때 5 폴드 세트의 평균 RMSE: 6.189
```

alpha가 0.07일 때 5.612로 가장 좋은 평균 RMSE를 보여줍니다. 앞의 릿지 평균 5.518보다는 약간 떨어지는 수치지만, LinearRegression 평균인 5.829보다는 향상됐습니다. 다음은 alpha 값에 따른 피처별 회귀 계수입니다.

```
# 반환된 coeff_lasso_df를 첫 번째 칼럼순으로 내림차순 정렬해 회귀계수 DataFrame 출력
sort_column = 'alpha:'+str(lasso_alphas[0])
coeff_lasso_df.sort_values(by=sort_column, ascending=False)
```

	alpha:0.07	alpha:0.1	alpha:0.5	alpha:1	alpha:3
RM	3.789725	3.703202	2.498212	0.949811	0.000000
CHAS	1.434343	0.955190	0.000000	0.000000	0.000000
RAD	0.270936	0.274707	0.277451	0.264206	0.061864
ZN	0.049059	0.049211	0.049544	0.049165	0.037231
B	0.010248	0.010249	0.009469	0.008247	0.006510
NOX	-0.000000	-0.000000	-0.000000	-0.000000	0.000000
AGE	-0.011706	-0.010037	0.003604	0.020910	0.042495
TAX	-0.014290	-0.014570	-0.015442	-0.015212	-0.008602
INDUS	-0.042120	-0.036619	-0.005253	-0.000000	-0.000000
CRIM	-0.098193	-0.097894	-0.083289	-0.063437	-0.000000
LSTAT	-0.560431	-0.568769	-0.656290	-0.761115	-0.807679
PTRATIO	-0.765107	-0.770654	-0.758752	-0.722966	-0.265072
DIS	-1.176583	-1.160538	-0.936605	-0.668790	-0.000000

alpha의 크기가 증가함에 따라 일부 피처의 회귀 계수는 아예 0으로 바뀌고 있습니다. NOX 속성은 alpha가 0.07일 때부터 회귀 계수가 0이며, alpha를 증가시키면서 INDUS, CHAS와 같은 속성의 회귀 계수가 0으로 바뀝니다. 회귀 계수가 0인 피처는 회귀 식에서 제외되면서 피처 선택의 효과를 얻을 수 있습니다.

엘라스틱넷 회귀

엘라스틱넷(Elastic Net) 회귀는 L2 규제와 L1 규제를 결합한 회귀입니다. 따라서 엘라스틱넷 회귀 비용함수의 목표는 RSS(W) + alpha2 * $\|W\|_2^2$ + alpha1 * $\|W\|_1$ 식을 최소화하는 W를 찾는 것입니다. 엘라스틱넷은 라쏘 회귀가 서로 상관관계가 높은 피처들의 경우에 이들 중에서 중요 피처만을 셀렉션하고 다른 피처들은 모두 회귀 계수를 0으로 만드는 성향이 강합니다. 특히 이러한 성향으로 인해 alpha값에 따라 회귀 계수의 값이 급격히 변동할 수도 있는데, 엘라스틱넷 회귀는 이를 완화하기 위해 L2 규제를 라쏘 회귀에 추가한 것입니다. 반대로 엘라스틱넷 회귀의 단점은 L1과 L2 규제가 결합된 규제로 인해 수행시간이 상대적으로 오래 걸린다는 것입니다.

사이킷런은 ElasticNet 클래스를 통해서 엘라스틱넷 회귀를 구현합니다. ElasticNet 클래스의 주요 생성 파라미터는 alpha와 l1_ratio입니다. ElasticNet 클래스의 alpha는 Ridge와 Lasso 클래스의 alpha값과는 다릅니다. 엘라스틱넷의 규제는 a * L1 + b * L2로 정의될 수 있으며, 이때 a는 L1 규제의 alpha값, b는 L2 규제의 alpha 값입니다. 따라서 ElasticNet 클래스의 alpha 파라미터 값은 a + b 입니다. ElasticNet 클래스의 l1_ratio 파라미터 값은 a / (a + b)입니다. l1_ratio가 0이면 a가 0이므로 L2 규제와 동일합니다. l1_ratio가 1이면 b가 0이므로 L1 규제와 동일합니다.

ElasticNet 클래스를 이용해 바로 이전의 릿지, 라쏘 회귀 예제 코드와 유사하게 엘라스틱넷 alpha 값을 변화시키면서 RMSE와 각 피처의 회귀 계수를 출력해 보겠습니다. 앞에서 생성한 get_linear_reg_eval( ) 함수를 이용하겠습니다. 먼저 해당 함수를 호출하기 전에 잠시 주지해야 할 점이 있습니다. 앞의 get_linear_reg_eval( )를 생성한 예제를 잠시 돌아 보면 elif model_name =='ElasticNet': model = ElasticNet(alpha=param, l1_ratio=0.7)으로 ElasticNet 객체를 생성할 때 l1_ratio를 0.7로 고정했습니다. 이는 단순히 alpha값의 변화만 살피기 위함으로 l1_ratio를 미리 고정했음을 밝혀둡니다.

```
# 엘라스틱넷에 사용될 alpha 파라미터의 값들을 정의하고 get_linear_reg_eval() 함수 호출
# l1_ratio는 0.7로 고정
elastic_alphas = [ 0.07, 0.1, 0.5, 1, 3]
```

```
coeff_elastic_df =get_linear_reg_eval('ElasticNet', params=elastic_alphas,
                                      X_data_n=X_data, y_target_n=y_target)
```

[Output]

```
####### ElasticNet #######
alpha 0.07일 때 5 폴드 세트의 평균 RMSE: 5.542
alpha 0.1일 때 5 폴드 세트의 평균 RMSE: 5.526
alpha 0.5일 때 5 폴드 세트의 평균 RMSE: 5.467
alpha 1일 때 5 폴드 세트의 평균 RMSE: 5.597
alpha 3일 때 5 폴드 세트의 평균 RMSE: 6.068
```

```
# 반환된 coeff_elastic_df를 첫 번째 칼럼순으로 내림차순 정렬해 회귀계수 DataFrame 출력
sort_column = 'alpha:'+str(elastic_alphas[0])
coeff_elastic_df.sort_values(by=sort_column, ascending=False)
```

	alpha:0.07	alpha:0.1	alpha:0.5	alpha:1	alpha:3
RM	3.574162	3.414154	1.918419	0.938789	0.000000
CHAS	1.330724	0.979706	0.000000	0.000000	0.000000
RAD	0.278880	0.283443	0.300761	0.289299	0.146846
ZN	0.050107	0.050617	0.052878	0.052136	0.038268
B	0.010122	0.010067	0.009114	0.008320	0.007020
AGE	-0.010116	-0.008276	0.007760	0.020348	0.043446
TAX	-0.014522	-0.014814	-0.016046	-0.016218	-0.011417
INDUS	-0.044855	-0.042719	-0.023252	-0.000000	-0.000000
CRIM	-0.099468	-0.099213	-0.089070	-0.073577	-0.019058
NOX	-0.175072	-0.000000	-0.000000	-0.000000	-0.000000
LSTAT	-0.574822	-0.587702	-0.693861	-0.760457	-0.800368
PTRATIO	-0.779498	-0.784725	-0.790969	-0.738672	-0.423065
DIS	-1.189438	-1.173647	-0.975902	-0.725174	-0.031208

alpha 0.5일 때 RMSE가 5.467로 가장 좋은 예측 성능을 보이고 있습니다. alpha값에 따른 피처들의 회귀 계수들 값이 라쏘보다는 상대적으로 0이 되는 값이 적음을 알 수 있습니다.

지금까지 규제 선형 회귀의 가장 대표적인 기법인 릿지, 라쏘, 엘라스틱넷 회귀를 살펴봤습니다. 이들 중 어떤 것이 가장 좋은지는 상황에 따라 다릅니다. 각각의 알고리즘에서 하이퍼 파라미터를 변경해 가면서 최적의 예측 성능을 찾아내야 합니다. 하지만 선형 회귀의 경우 최적의 하이퍼 파라미터를 찾아내는 것 못지않게 먼저 데이터 분포도의 정규화와 인코딩 방법이 매우 중요합니다.

선형 회귀 모델을 위한 데이터 변환

선형 회귀 모델과 같은 선형 모델은 일반적으로 피처와 타깃값 간에 선형의 관계가 있다고 가정하고, 이러한 최적의 선형함수를 찾아내 결괏값을 예측합니다. 또한 선형 회귀 모델은 피처값과 타깃값의 분포가 정규 분포(즉 평균을 중심으로 종 모양으로 데이터 값이 분포된 형태) 형태를 매우 선호합니다. 특히 타깃값의 경우 정규 분포 형태가 아니라 특정값의 분포가 치우친 왜곡(Skew)된 형태의 분포도일 경우 예측 성능에 부정적인 영향을 미칠 가능성이 높습니다. 피처값 역시 결정값보다는 덜하지만 왜곡된 분포도로 인해 예측 성능에 부정적인 영향을 미칠 수 있습니다. 따라서 선형 회귀 모델을 적용하기 전에 먼저 데이터에 대한 스케일링/정규화 작업을 수행하는 것이 일반적입니다. 하지만 이러한 스케일링/정규화 작업을 선행한다고 해서 무조건 예측 성능이 향상되는 것은 아닙니다. 일반적으로 중요 피처들이나 타깃값의 분포도가 심하게 왜곡됐을 경우에 이러한 변환 작업을 수행합니다.

일반적으로 피처 데이터 세트와 타깃 데이터 세트에 이러한 스케일링/정규화 작업을 수행하는 방법이 조금은 다릅니다. 먼저 사이킷런을 이용해 피처 데이터 세트에 적용하는 변환 작업은 다음과 같은 방법이 있을 수 있습니다.

1. StandardScaler 클래스를 이용해 평균이 0, 분산이 1인 표준 정규 분포를 가진 데이터 세트로 변환하거나 MinMaxScaler 클래스를 이용해 최솟값이 0이고 최댓값이 1인 값으로 정규화를 수행합니다.
2. 스케일링/정규화를 수행한 데이터 세트에 다시 다항 특성을 적용하여 변환하는 방법입니다. 보통 1번 방법을 통해 예측 성능에 향상이 없을 경우 이와 같은 방법을 적용합니다.
3. 원래 값에 log 함수를 적용하면 보다 정규 분포에 가까운 형태로 값이 분포됩니다. 이러한 변환을 로그 변환(Log Transformation)이라고 부릅니다. 로그 변환은 매우 유용한 변환이며, 실제로 선형 회귀에서는 앞에서 소개한 1, 2번 방법보다 로그 변환이 훨씬 많이 사용되는 변환 방법입니다. 왜냐하면 1번 방법의 경우 예측 성능 향상을 크게 기대하기 어려운 경우가 많으며 2번 방법의 경우 피처의 개수가 매우 많을 경우에는 다항 변환으로 생성되는 피처의 개수가 기하급수로 늘어나서 과적합의 이슈가 발생할 수 있기 때문입니다.

타깃값의 경우는 일반적으로 로그 변환을 적용합니다. 결정 값을 정규 분포나 다른 정규값으로 변환하면 변환된 값을 다시 원본 타깃값으로 원복하기 어려울 수 있습니다. 무엇보다도, 왜곡된 분포도 형태의 타깃값을 로그 변환하여 예측 성능 향상이 된 경우가 많은 사례에서 검증되었기 때문에 타깃값의 경우는 로그 변환을 적용합니다.

보스턴 주택가격 피처 데이터 세트에 위에서 언급한 표준 정규 분포 변환, 최댓값/최솟값 정규화, 로그 변환을 차례로 적용한 후에 RMSE로 각 경우별 예측 성능을 측정해 보겠습니다. 이를 위해 get_scaled_data( ) 함수를 생성합니다. 해당 함수는 method 인자로 변환 방법을 결정하며 표준 정규 분포 변환(Standard), 최댓값/최솟값 정규화(MinMax), 로그 변환(Log) 중에 하나를 선택합니다. p_degree는 다항식 특성을 추가할 때 다항식 차수가 입력됩니다. 다항식 차수는 2를 넘기지 않습니다. 그리고 로그 변환인 경우 예제 코드에서 np.log( )가 아니라 np.log1p( )를 이용했습니다. 일반적으로 log() 함수를 적용하면 언더 플로우가 발생하기 쉬운데, 이를 예방하기 위해서 인자값에 1을 더하는 방식으로 구현한 것이 np.log1p()입니다. 5.9절의 회귀 실습 – 자전거 대여 수요 예측에서 더 자세히 설명하겠습니다.

```
from sklearn.preprocessing import StandardScaler, MinMaxScaler, PolynomialFeatures

# method는 표준 정규 분포 변환(Standard), 최댓값/최솟값 정규화(MinMax), 로그변환(Log) 결정
# p_degree는 다항식 특성을 추가할 때 적용. p_degree는 2 이상 부여하지 않음.
def get_scaled_data(method='None', p_degree=None, input_data=None):
    if method == 'Standard':
        scaled_data = StandardScaler().fit_transform(input_data)
    elif method == 'MinMax':
        scaled_data = MinMaxScaler().fit_transform(input_data)
    elif method == 'Log':
        scaled_data = np.log1p(input_data)
    else:
        scaled_data = input_data

    if p_degree != None:
        scaled_data = PolynomialFeatures(degree=p_degree,
                                         include_bias=False).fit_transform(scaled_data)

    return scaled_data
```

이제 Ridge 클래스의 alpha 값을 변화시키면서 피처 데이터 세트를 여러 가지 방법으로 변환한 데이터 세트를 입력받을 경우에 RMSE 값이 어떻게 변하는지 살펴보겠습니다. 앞에서 생성한 get_linear_reg_eval( ) 함수를 다시 이용하겠습니다. 피처 데이터의 변환 방법은 모두 5가지입니다. 먼저 (None, None)은 아무런 변환을 하지 않은 원본 데이터, ('Standard', None)은 표준 정규 분포, ('Standard', 2)는 표준 정규 분포를 다시 2차 다항식 변환, ('MinMax', None)은 최솟값/최댓값 정규화, ('MinMax', 2)는 최솟값/최댓값 정규화를 다시 2차 다항식 변환, ('Log', None)은 로그 변환입니다.

```
# Ridge의 alpha값을 다르게 적용하고 다양한 데이터 변환 방법에 따른 RMSE 추출.
alphas = [0.1, 1, 10, 100]

# 5개 방식으로 변환. 먼저 원본 그대로, 표준정규 분포, 표준정규 분포+다항식 특성
# 최대/최소 정규화, 최대/최소 정규화+다항식 특성, 로그변환
scale_methods=[(None, None), ('Standard', None), ('Standard', 2),
               ('MinMax', None), ('MinMax', 2), ('Log', None)]
for scale_method in scale_methods:
    X_data_scaled = get_scaled_data(method=scale_method[0], p_degree=scale_method[1],
                                    input_data=X_data)
    print('\n## 변환 유형:{0}, Polynomial Degree:{1}'.format(scale_method[0], scale_method[1]))
    get_linear_reg_eval('Ridge', params=alphas, X_data_n=X_data_scaled,
                        y_target_n=y_target, verbose=False, return_coeff=False)
```

출력 결과를 좀 더 이해하기 쉽게 다음과 같은 표 형태로 정리했습니다.

변환 유형	alpha 값			
	alpha=0.1	alpha=1	alpha=10	alpha=100
원본 데이터	5.788	5.653	5.518	5.330
표준 정규 분포	5.826	5.803	5.637	5.421
표준 정규 분포 + 2차 다항식	8.827	6.871	5.485	**4.634**
최솟값/최댓값 정규화	5.764	5.465	5.754	7.635
최솟값/최댓값 정규화 + 2차 다항식	5.298	**4.323**	5.185	6.538
로그 변환	**4.770**	**4.676**	**4.836**	6.241

결과를 보면 표준 정규 분포와 최솟값/최댓값 정규화로 피처 데이터 세트를 변경해도 성능상의 개선은 없습니다. 표준 정규 분포로 일차 변환 후 2차 다항식 변환을 했을 때 alpha=100에서 4.634로 성능이 개선됐으며 최솟값/최댓값 정규화로 일차 변환 후 2차 다항식 변환을 했을 때 alpha=1에서 4.323으로 성능이 개선됐습니다. 하지만 다항식 변환은 앞에서 언급한 단점으로 인해 피처의 개수가 많을 경우 적용하기 힘들며, 또한 데이터 건수가 많아지면 계산에 많은 시간이 소모되어 적용에 한계가 있습니다. 반면에 로그 변환을 보면 alpha가 0.1, 1, 10인 경우에 모두 좋은 성능 향상이 있음을 알 수 있습니다.

일반적으로 선형 회귀를 적용하려는 데이터 세트에 데이터 값의 분포가 심하게 왜곡되어 있을 경우에 이처럼 로그 변환을 적용하는 것이 좋은 결과를 기대할 수 있습니다.

07 로지스틱 회귀

로지스틱 회귀는 선형 회귀 방식을 분류에 적용한 알고리즘입니다. 즉, 로지스틱 회귀는 분류에 사용됩니다. 로지스틱 회귀 역시 선형 회귀 계열입니다. 회귀가 선형인가 비선형인가는 독립변수가 아닌 가중치(weight) 변수가 선형인지 아닌지를 따릅니다. 로지스틱 회귀가 선형 회귀와 다른 점은 학습을 통해 선형 함수의 회귀 최적선을 찾는 것이 아니라 시그모이드(Sigmoid) 함수 최적선을 찾고 이 시그모이드 함수의 반환 값을 확률로 간주해 확률에 따라 분류를 결정한다는 것입니다.

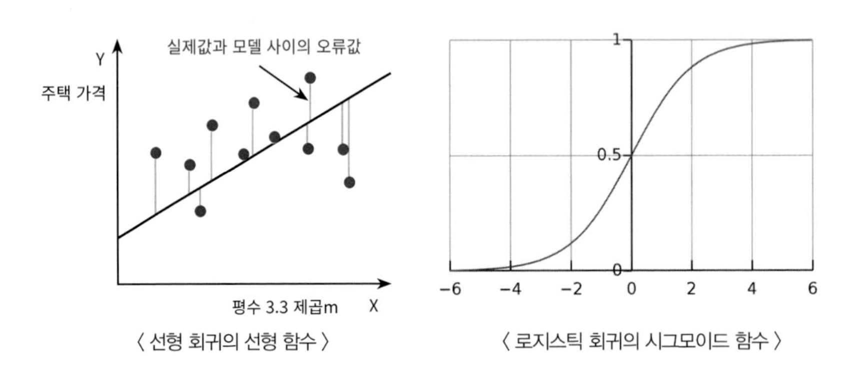

〈 선형 회귀의 선형 함수 〉 〈 로지스틱 회귀의 시그모이드 함수 〉

많은 자연, 사회 현상에서 특정 변수의 확률 값은 선형이 아니라 위의 시그모이드 함수와 같이 S자 커브 형태를 가집니다. 시그모이드 함수의 정의는 $y = \frac{1}{1+e^{-x}}$입니다. 위의 그림과 식에서 알 수 있듯이 시그모이드 함수는 x 값이 +, −로 아무리 커지거나 작아져도 y 값은 항상 0과 1 사이 값을 반환합니다. x 값이 커지면 1에 근사하며 x 값이 작아지면 0에 근사합니다. 그리고 x가 0일 때는 0.5입니다.

지금까지는 부동산 가격과 같은 연속형 값을 구하는 데 회귀를 사용했습니다. 이번에는 회귀 문제를 약간 비틀어서 분류 문제에 적용해 보겠습니다. 가령 종양의 크기에 따라 악성 종양인지(Yes = 1) 그렇지 않은지(No=0)를 회귀를 이용해 1과 0의 값으로 예측하는 것입니다. 종양 크기에 따라 악성이 될 확률이 높다고 한다면 다음 그림의 왼쪽과 같이 종양 크기를 X축, 악성 종양 여부를 Y 축에 표시할 때 데이터 분포가 그림과 같이 될 수 있으며, 이에 회귀를 적용하면 데이터가 모여 있는 곳으로 선형 회귀 선을 그릴 수 있습니다. 하지만 이 회귀 라인은 0과 1을 제대로 분류하지 못하고 있습니다(선형 회귀가 분류를 못하는 건 아니지만 정확도가 떨어집니다). 하지만 오른쪽 그림과 같이 S자 커브 형태의 시그모이드 함수를 이용하면 좀 더 정확하게 0과 1에 대해 분류를 할 수 있음을 알 수 있습니다. 로지스틱 회귀는 이처럼 선형 회귀 방식을 기반으로 하되 시그모이드 함수를 이용해 분류를 수행하는 회귀입니다.

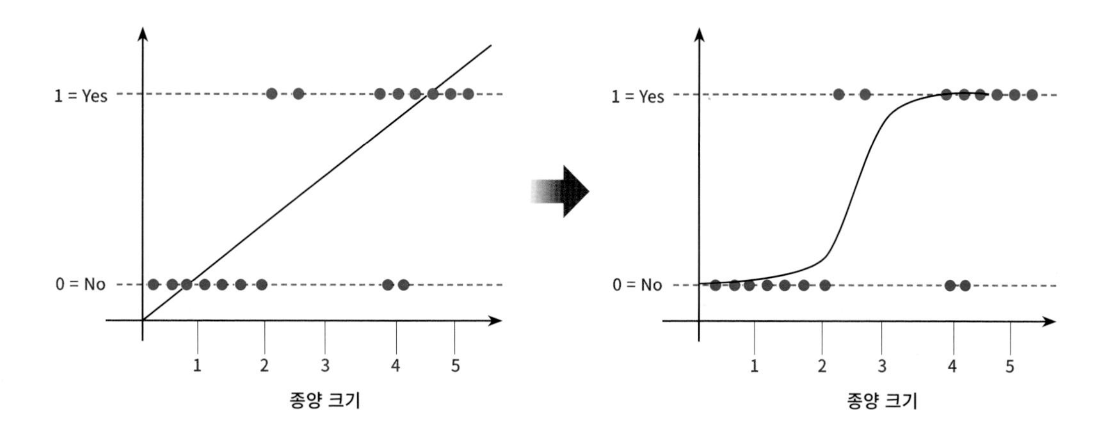

사이킷런은 로지스틱 회귀를 위해서 LogisticRegression 클래스를 제공합니다. LogisticRegression 클래스의 회귀 계수 최적화는 본 장의 초반부에 소개해 드린 경사 하강법 외에 다양한 최적화 방안을 선택할 수 있습니다. LogisticRegression 클래스에서 solver 파라미터의 'lbfgs', 'liblinear', 'newton-cg', 'sag', 'saga' 값을 적용해서 최적화를 선택할 수 있습니다.

- lbfgs: 사이킷런 버전 0.22부터 solver의 기본 설정값입니다. 메모리 공간을 절약할 수 있고, CPU 코어 수가 많다면 최적화를 병렬로 수행할 수 있습니다.
- liblinear: 사이킷런 버전 0.21까지에서 solver의 기본 설정값입니다. 다차원이고 작은 데이터 세트에서 효과적으로 동작하지만 국소 최적화(Local Minimum)에 이슈가 있고, 병렬로 최적화할 수 없습니다.
- newton-cg: 좀 더 정교한 최적화를 가능하게 하지만, 대용량의 데이터에서 속도가 많이 느려집니다.
- sag: Stochastic Average Gradient로서 경사 하강법 기반의 최적화를 적용합니다. 대용량의 데이터에서 빠르게 최적화합니다.
- saga: sag와 유사한 최적화 방식이며 L1 정규화를 가능하게 해줍니다.

이외, 좀 더 다양한 solver 간의 차이는 https://scikit-learn.org/stable/modules/generated/sklearn.linear_model.LogisticRegression.html 문서를 참고해 주시기 바랍니다.

다양한 solver 값들이 있지만 이들간의 성능 차이는 미비하며 일반적으로 lbfgs 또는 liblinear를 선택하는 것이 대부분입니다. 작은 데이터 세트에서 liblinear가 좀 더 효과적으로 동작한다는 사이킷런 문서의 설명이 있지만, 이를 일반화하기는 어렵습니다. 다만 이 책 전반에 걸친 예제의 경우 사이킷런의 기본 solver 값인 lbfgs보다는 liblinear가 좀 더 빠르게 수행되며 수행 성능이 약간 나은 결과를 나타내고 있습니다.

이제 사이킷런의 LogisticRegression 클래스를 이용하여 위스콘신 유방암 데이터 세트 기반에서 로지스틱 회귀로 암 여부를 판단해 보겠습니다. 먼저 사이킷런의 load_breast_cancer( )를 호출해 전체 데이터 세트를 생성합니다.

```
import pandas as pd
import matplotlib.pyplot as plt
%matplotlib inline

from sklearn.datasets import load_breast_cancer
from sklearn.linear_model import LogisticRegression

cancer = load_breast_cancer()
```

선형 회귀 계열의 로지스틱 회귀는 데이터의 정규 분포도에 따라 예측 성능 영향을 받을 수 있으므로 데이터에 먼저 정규 분포 형태의 표준 스케일링을 적용한 뒤에 train_test_split( )을 이용해 데이터 세트를 분리하겠습니다.

```
from sklearn.preprocessing import StandardScaler
from sklearn.model_selection import train_test_split

# StandardScaler( )로 평균이 0, 분산 1로 데이터 분포도 변환
scaler = StandardScaler()
data_scaled = scaler.fit_transform(cancer.data)

X_train, X_test, y_train, y_test = train_test_split(data_scaled, cancer.target, test_size=0.3,
random_state=0)
```

이제 로지스틱 회귀를 이용해 학습 및 예측을 수행하고, 정확도와 ROC-AUC 값을 구해 보겠습니다. 먼저 solver 값을 'lbfgs'로 설정하고 성능을 확인해 보겠습니다. 기본 solver 값은 'lbfgs'이므로 solver 인자값을 LogisticRegression( ) 생성자로 입력하지 않으면 자동으로 solver='lbfgs'로 할당됩니다.

```
from sklearn.metrics import accuracy_score, roc_auc_score

# 로지스틱 회귀를 이용하여 학습 및 예측 수행.
# solver 인자값을 생성자로 입력하지 않으면 solver='lbfgs'
lr_clf = LogisticRegression()
```

```
lr_preds = lr_clf.predict(X_test)
lr_preds_proba = lr_clf.predict_proba(X_test)[:, 1]

# accuracy와 roc_auc 측정
print('accuracy: {0:.3f}, roc_auc:{1:.3f}'.format(accuracy_score(y_test, lr_preds),
                                                 roc_auc_score(y_test , lr_preds_proba)))
```

[Output]

```
accuracy: 0.977, roc_auc:0.995
```

solver가 lbfgs일 경우 정확도가 0.977, ROC-AUC가 0.995로 도출되었습니다.

이번에는 서로 다른 solver 값으로 LogisticRegression을 학습하고 성능 평가를 해보겠습니다. 특정 solver는 최적화에 상대적으로 많은 반복 횟수가 필요할 수 있습니다. 따라서 max_iter 값을 600으로 설정해보겠습니다. max_iter는 solver로 지정된 최적화 알고리즘이 최적 수렴할 수 있는 최대 반복 회수입니다. max_iter=600이면 최적화 알고리즘이 수렴할 때까지 최대 600번까지 반복하여 회귀 계수를 최적화합니다.

```
solvers = ['lbfgs', 'liblinear', 'newton-cg', 'sag', 'saga']

# 여러 개의 solver 값별로 LogisticRegression 학습 후 성능 평가
for solver in solvers:
    lr_clf = LogisticRegression(solver=solver, max_iter=600)
    lr_clf.fit(X_train, y_train)
    lr_preds = lr_clf.predict(X_test)
    lr_preds_proba = lr_clf.predict_proba(X_test)[:, 1]

    # accuracy와 roc_auc 측정
    print('solver:{0}, accuracy: {1:.3f}, roc_auc:{2:.3f}'.format(solver,
                                                 accuracy_score(y_test, lr_preds),
                                                 roc_auc_score(y_test , lr_preds_proba)))
```

[Output]

```
solver:lbfgs, accuracy: 0.977, roc_auc:0.995
solver:liblinear, accuracy: 0.982, roc_auc:0.995
solver:newton-cg, accuracy: 0.977, roc_auc:0.995
solver:sag, accuracy: 0.982, roc_auc:0.995
solver:saga, accuracy: 0.982, roc_auc:0.995
```

liblinear와 sag, saga일 경우에 정확도가 0.982, ROC-AUC가 0.995로 lbfgs나 newton-cg 대비하여 상대적인 성능 수치가 약간 높습니다만, 데이터 세트가 워낙 작기 때문에 개별 solver별 성능 결과의 차이는 크게 의미 있는 결과는 아닙니다. 다만 여러 데이터 세트에 적용을 해보아도 solver별 차이는 크지 않으며, 앞에서도 말씀드렸듯이 책 예제의 경우 전반적으로 liblinear가 성능이 약간 높은 결과가 도출되었기에 liblinear를 solver로 설정하는 경우가 책에 더 많이 수록되어 있습니다.

Solver와 max_iter 외에 사이킷런 LogisticRegression 클래스의 주요 하이퍼 파라미터로 penalty와 C가 있습니다. penalty는 규제(Regularization)의 유형을 설정하며 'l2'로 설정 시 L2 규제를, 'l1'으로 설정 시 L1 규제를 뜻합니다. 기본은 'l2'입니다. C는 규제 강도를 조절하는 alpha 값의 역수입니다. 즉 C = 1/alpha입니다. C 값이 작을수록 규제 강도가 큽니다.

L1, L2 규제의 경우 solver 설정에 따라 영향을 받습니다. Liblinear, saga의 경우 L1, L2 규제가 모두 가능하지만 lbfgs, newton-cg, sag의 경우는 L2 규제만 가능합니다.

GridSearchCV를 이용해 위스콘신 데이터 세트에서 solver, penalty, C를 최적화해보겠습니다.

```
from sklearn.model_selection import GridSearchCV

params={'solver':['liblinear', 'lbfgs'],
        'penalty':['l2', 'l1'],
        'C':[0.01, 0.1, 1, 5, 10]}

lr_clf = LogisticRegression()

grid_clf = GridSearchCV(lr_clf, param_grid=params, scoring='accuracy', cv=3 )
grid_clf.fit(data_scaled, cancer.target)
print('최적 하이퍼 파라미터:{0}, 최적 평균 정확도:{1:.3f}'.format(grid_clf.best_params_,
                                                  grid_clf.best_score_))
```

[Output]

```
최적 하이퍼 파라미터:{'C': 0.1, 'penalty': 'l2', 'solver': 'liblinear'}, 최적 평균 정확도:0.979
C:\Users\q\anaconda3\lib\site-packages\sklearn\model_selection\_validation.py:372: FitFailed-
Warning:
15 fits failed out of a total of 60.
......
ValueError: Solver lbfgs supports only 'l2' or 'none' penalties, got l1 penalty.
```

solver가 liblinear, Penalty가 L2 규제, C 값은 0.1일 때, 평균 정확도가 0.979로 가장 좋은 성능을 나타내었습니다. 그리고 FitFailedWarning 메시지가 함께 나오는데, 이는 solver가 lbfgs일 때 L1 규제를 지원하지 않음에도 GridSearchCV에서 L1 규제값을 입력했기 때문에 나오는 메시지입니다.

로지스틱 회귀는 가볍고 빠르지만, 이진 분류 예측 성능도 뛰어납니다. 이 때문에 로지스틱 회귀를 이진 분류의 기본 모델로 사용하는 경우가 많습니다. 또한 로지스틱 회귀는 희소한 데이터 세트 분류에도 뛰어난 성능을 보여서 텍스트 분류에서도 자주 사용됩니다.

08 회귀 트리

지금까지 선형 회귀에 대해 알아봤습니다. 선형 회귀는 회귀 계수의 관계를 모두 선형으로 가정하는 방식입니다. 일반적으로 선형 회귀는 회귀 계수를 선형으로 결합하는 회귀 함수를 구해, 여기에 독립변수를 입력해 결괏값을 예측하는 것입니다. 비선형 회귀 역시 비선형 회귀 함수를 통해 결괏값을 예측합니다. 다만 비선형 회귀는 회귀 계수의 결합이 비선형일 뿐입니다. 앞의 경사 하강법에서도 말했듯이, 머신러닝 기반의 회귀는 회귀 계수를 기반으로 하는 최적 회귀 함수를 도출하는 것이 주요 목표입니다. 이 절에서는 회귀 함수를 기반으로 하지 않고 결정 트리와 같이 트리를 기반으로 하는 회귀 방식을 소개하겠습니다.

트리 기반의 회귀는 회귀 트리를 이용하는 것입니다. 즉, 회귀를 위한 트리를 생성하고 이를 기반으로 회귀 예측을 하는 것입니다. 회귀 트리는 앞 4장의 분류에서 언급했던 분류 트리와 크게 다르지 않습니다. 다만 리프 노드에서 예측 결정 값을 만드는 과정에 차이가 있는데, 분류 트리가 특정 클래스 레이블을 결정하는 것과는 달리 회귀 트리는 리프 노드에 속한 데이터 값의 평균값을 구해 회귀 예측값을 계산합니다.

매우 간단한 데이터 세트를 이용해 회귀 트리가 어떻게 동작하는지 살펴보겠습니다. 피처가 단 하나인 X 피처 데이터 세트와 결정값 Y가 2차원 평면상에 다음 그림과 같이 있다고 가정하겠습니다.

이 데이터 세트의 X 피처를 결정 트리 기반으로 분할하면 X값의 균일도를 반영한 지니 계수에 따라 다음 그림의 왼쪽과 같이 분할할 수 있습니다. 루트 노드를 Split 0 기준으로 분할하고 이렇게 분할된 규칙 노드에서 다시 Split 1과 Split 2 규칙 노드로 분할할 수 있습니다. 그리고 Split 2는 다시 재귀적으로 Split 3 규칙 노드로 다음 그림의 오른쪽과 같이 트리 규칙으로 변환될 수 있습니다.

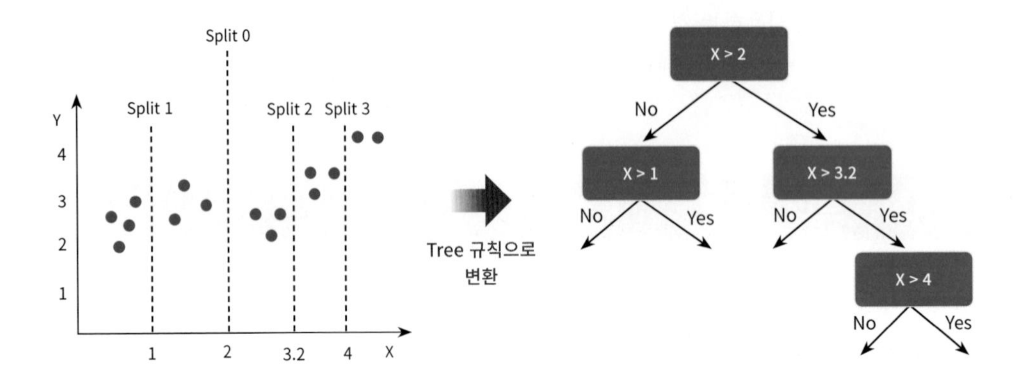

리프 노드 생성 기준에 부합하는 트리 분할이 완료됐다면 리프 노드에 소속된 데이터 값의 평균값을 구해서 최종적으로 리프 노드에 결정 값으로 할당합니다.

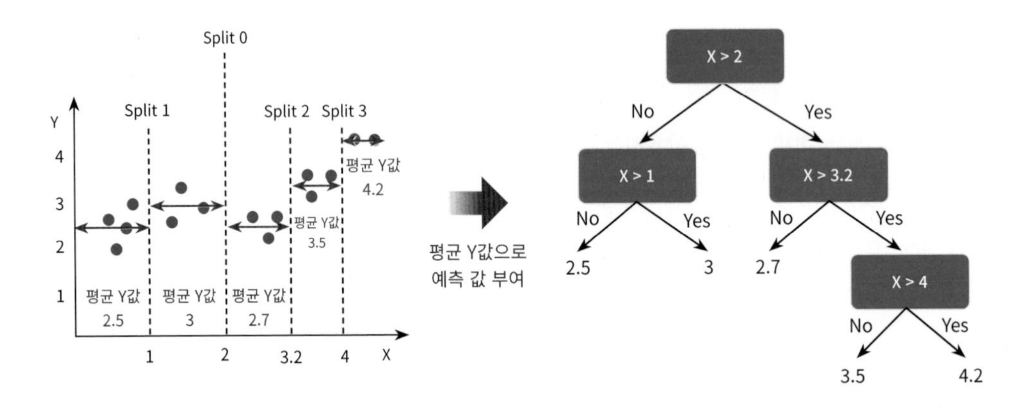

결정 트리, 랜덤 포레스트, GBM, XGBoost, LightGBM 등의 앞 4장의 분류에서 소개한 모든 트리 기반의 알고리즘은 분류뿐만 아니라 회귀도 가능합니다. 트리 생성이 CART 알고리즘에 기반하고 있기 때문입니다. CART(Classification And Regression Trees)는 이름에서도 알 수 있듯이 분류뿐만 아니라 회귀도 가능하게 해주는 트리 생성 알고리즘입니다.

사이킷런에서는 결정 트리, 랜덤 포레스트, GBM에서 CART 기반의 회귀 수행을 할 수 있는 Estimator 클래스를 제공합니다. 또한 XGBoost, LightGBM도 사이킷런 래퍼 클래스를 통해 이를 제공합니다. 다음은 사이킷런의 트리 기반 회귀와 분류의 Estimator 클래스를 표로 나타낸 것입니다.

알고리즘	회귀 Estimator 클래스	분류 Estimator 클래스
Decision Tree	DecisionTreeRegressor	DecisionTreeClassifier
Gradient Boosting	GradientBoostingRegressor	GradientBoostingClassifier
XGBoost	XGBRegressor	XGBClassifier
LightGBM	LGBMRegressor	LGBMClassifier

사이킷런의 랜덤 포레스트 회귀 트리인 RandomForestRegressor를 이용해 앞의 선형 회귀에서 다룬 보스턴 주택 가격 예측을 수행해 보겠습니다.

```
from sklearn.datasets import load_boston
from sklearn.model_selection import cross_val_score
from sklearn.ensemble import RandomForestRegressor
import pandas as pd
import numpy as np
import warnings
warnings.filterwarnings('ignore')

# 보스턴 데이터 세트 로드
boston = load_boston()
bostonDF = pd.DataFrame(boston.data, columns = boston.feature_names)

bostonDF['PRICE'] = boston.target
y_target = bostonDF['PRICE']
X_data = bostonDF.drop(['PRICE'], axis=1, inplace=False)

rf = RandomForestRegressor(random_state=0, n_estimators=1000)
neg_mse_scores = cross_val_score(rf, X_data, y_target, scoring="neg_mean_squared_error", cv = 5)
rmse_scores  = np.sqrt(-1 * neg_mse_scores)
avg_rmse = np.mean(rmse_scores)

print(' 5 교차 검증의 개별 Negative MSE scores: ', np.round(neg_mse_scores, 2))
print(' 5 교차 검증의 개별 RMSE scores : ', np.round(rmse_scores, 2))
print(' 5 교차 검증의 평균 RMSE : {0:.3f} '.format(avg_rmse))
```

[Output]

```
5 교차 검증의 개별 Negative MSE scores:  [ -7.88 -13.14 -20.57 -46.23 -18.88]
5 교차 검증의 개별 RMSE scores :  [2.81 3.63 4.54 6.8  4.34]
5 교차 검증의 평균 RMSE : 4.423
```

이번에는 랜덤 포레스트뿐만 아니라 결정 트리, GBM, XGBoost, LightGBM의 Regressor를 모두 이용해 보스턴 주택 가격 예측을 수행하겠습니다. 이를 위해 get_model_cv_prediction( ) 함수를 만듭니다. get_model_cv_prediction( )은 입력 모델과 데이터 세트를 입력받아 교차 검증으로 평균 RMSE를 계산해주는 함수입니다.

```
def get_model_cv_prediction(model, X_data, y_target):
    neg_mse_scores=cross_val_score(model, X_data, y_target, scoring="neg_mean_squared_error", cv = 5)
    rmse_scores  = np.sqrt(-1 * neg_mse_scores)
    avg_rmse = np.mean(rmse_scores)
    print('##### ', model.__class__.__name__ , ' #####')
    print(' 5 교차 검증의 평균 RMSE : {0:.3f} '.format(avg_rmse))
```

이제 다양한 유형의 회귀 트리를 생성하고, 이를 이용해 보스턴 주택 가격을 예측해 보겠습니다.

```
from sklearn.tree import DecisionTreeRegressor
from sklearn.ensemble import GradientBoostingRegressor
from xgboost import XGBRegressor
from lightgbm import LGBMRegressor

dt_reg = DecisionTreeRegressor(random_state=0, max_depth=4)
rf_reg = RandomForestRegressor(random_state=0, n_estimators=1000)
gb_reg = GradientBoostingRegressor(random_state=0, n_estimators=1000)
xgb_reg = XGBRegressor(n_estimators=1000)
lgb_reg = LGBMRegressor(n_estimators=1000)

# 트리 기반의 회귀 모델을 반복하면서 평가 수행
models = [dt_reg, rf_reg, gb_reg, xgb_reg, lgb_reg]
for model in models:
    get_model_cv_prediction(model, X_data, y_target)
```

[Output]

```
#####  DecisionTreeRegressor  #####
 5 교차 검증의 평균 RMSE : 5.978
#####  RandomForestRegressor  #####
 5 교차 검증의 평균 RMSE : 4.423
#####  GradientBoostingRegressor  #####
 5 교차 검증의 평균 RMSE : 4.269
```

```
##### XGBRegressor #####
 5 교차 검증의 평균 RMSE : 4.251
##### LGBMRegressor #####
 5 교차 검증의 평균 RMSE : 4.646
```

회귀 트리 Regressor 클래스는 선형 회귀와 다른 처리 방식이므로 회귀 계수를 제공하는 coef_ 속성이 없습니다. 대신 feature_importances_를 이용해 피처별 중요도를 알 수 있습니다. feature_importances_를 이용해 보스턴 주택 가격 모델의 피처별 중요도를 시각화해 보겠습니다.

```
import seaborn as sns
%matplotlib inline

rf_reg = RandomForestRegressor(n_estimators=1000)

# 앞 예제에서 만들어진 X_data, y_target 데이터 세트를 적용해 학습합니다.
rf_reg.fit(X_data, y_target)

feature_series = pd.Series(data=rf_reg.feature_importances_, index=X_data.columns )
feature_series = feature_series.sort_values(ascending=False)
sns.barplot(x= feature_series, y=feature_series.index)
```

[Output]

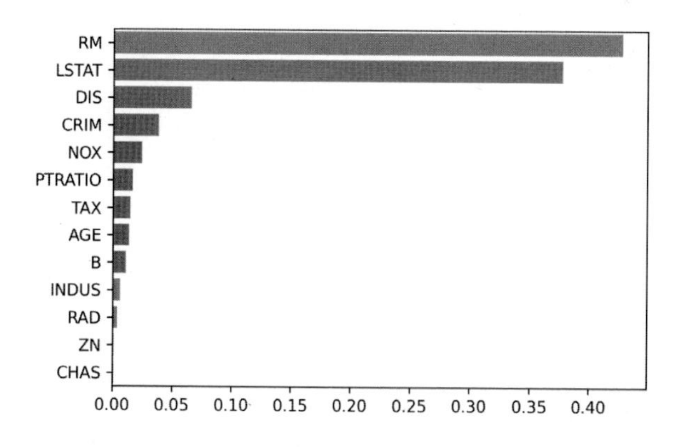

사이킷런의 회귀 트리 Regressor의 하이퍼 파라미터는 분류 트리 Classifier의 하이퍼 파라미터와 거의 동일하므로 추가적인 설명은 하지 않겠습니다(분류 트리 Classifier의 하이퍼 파라미터는 4장을 참조하세요).

이번에는 회귀 트리 Regressor가 어떻게 예측값을 판단하는지 선형 회귀와 비교해 시각화해 보겠습니다. 결정 트리의 하이퍼 파라미터인 max_depth의 크기를 변화시키면서 어떻게 회귀 트리 예측선이 변화하는지 살펴보겠습니다. 보스턴 주택 데이터 세트를 다시 한번 이용합니다. 2차원 평면상에서 회귀 예측선을 쉽게 표현하기 위해서 단 1개의 변수만 추출하겠습니다. Price와 가장 밀접한 양의 상관관계를 가지는 RM 칼럼만 이용해 선형 회귀와 결정 트리 회귀로 PRICE 예측 회귀선을 표현하겠습니다.

보스턴 데이터 세트의 개수를 100개만 샘플링하고 RM과 PRICE 칼럼만 추출하겠습니다. 이는 2차원 평면상에서 X 축에 독립변수인 RM, Y 축에 종속변수인 PRICE만을 가지고 좀 더 직관적으로 예측값을 시각화하기 위한 것입니다. 이 데이터 세트를 산점도 형태로 살펴봅니다.

```
bostonDF_sample = bostonDF[['RM', 'PRICE']]
bostonDF_sample = bostonDF_sample.sample(n=100, random_state=0)
print(bostonDF_sample.shape)
plt.figure()
plt.scatter(bostonDF_sample.RM, bostonDF_sample.PRICE, c="darkorange")
```

[Output]

```
(100, 2)
```

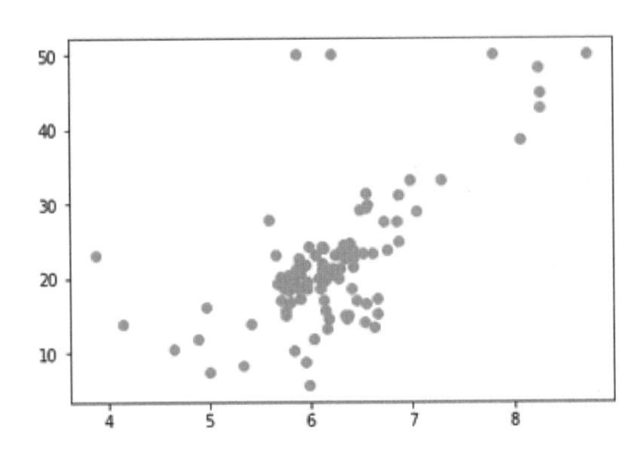

다음으로 보스턴 데이터 세트에 대해 LinearRegression과 DecisionTreeRegressor를 max_depth를 각각 2, 7로 해서 학습해 보겠습니다. 이렇게 학습된 Regressor에 RM 값을 4.5~8.5까지의 100개의 테스트 데이터 세트로 제공했을 때 예측값을 구하겠습니다.

```
import numpy as np
from sklearn.linear_model import LinearRegression
```

```
# 선형 회귀와 결정 트리 기반의 Regressor 생성. DecisionTreeRegressor의 max_depth는 각각 2, 7
lr_reg = LinearRegression()
rf_reg2 = DecisionTreeRegressor(max_depth=2)
rf_reg7 = DecisionTreeRegressor(max_depth=7)

# 실제 예측을 적용할 테스트용 데이터 세트를 4.5~8.5까지의 100개 데이터 세트로 생성.
X_test = np.arange(4.5, 8.5, 0.04).reshape(-1, 1)

# 보스턴 주택 가격 데이터에서 시각화를 위해 피처는 RM만, 그리고 결정 데이터인 PRICE 추출
X_feature = bostonDF_sample['RM'].values.reshape(-1, 1)
y_target = bostonDF_sample['PRICE'].values.reshape(-1, 1)

# 학습과 예측 수행.
lr_reg.fit(X_feature, y_target)
rf_reg2.fit(X_feature, y_target)
rf_reg7.fit(X_feature, y_target)

pred_lr = lr_reg.predict(X_test)
pred_rf2 = rf_reg2.predict(X_test)
pred_rf7 = rf_reg7.predict(X_test)
```

LinearRegression과 DecisionTreeRegressor의 max_depth를 각각 2, 7로 해서 학습된 Regressor에서 예측한 Price 회귀선을 그려보겠습니다.

```
fig, (ax1, ax2, ax3) = plt.subplots(figsize=(14, 4), ncols=3)

# X 축 값을 4.5 ~ 8.5로 변환하며 입력했을 때 선형 회귀와 결정 트리 회귀 예측선 시각화
# 선형 회귀로 학습된 모델 회귀 예측선
ax1.set_title('Linear Regression')
ax1.scatter(bostonDF_sample.RM, bostonDF_sample.PRICE, c="darkorange")
ax1.plot(X_test, pred_lr, label="linear", linewidth=2 )

# DecisionTreeRegressor의 max_depth를 2로 했을 때 회귀 예측선
ax2.set_title('Decision Tree Regression: \n max_depth=2')
ax2.scatter(bostonDF_sample.RM, bostonDF_sample.PRICE, c="darkorange")
ax2.plot(X_test, pred_rf2, label="max_depth:3", linewidth=2 )

# DecisionTreeRegressor의 max_depth를 7로 했을 때 회귀 예측선
ax3.set_title('Decision Tree Regression: \n max_depth=7')
ax3.scatter(bostonDF_sample.RM, bostonDF_sample.PRICE, c="darkorange")
ax3.plot(X_test, pred_rf7, label="max_depth:7", linewidth=2)
```

[Output]

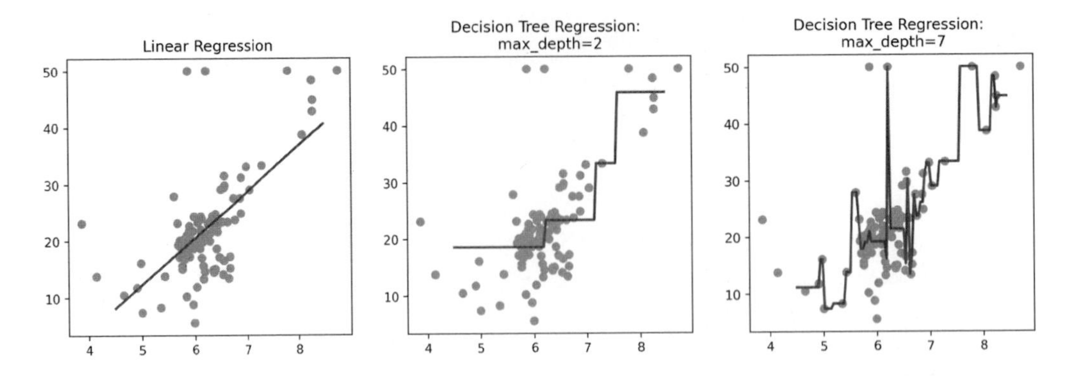

선형 회귀는 직선으로 예측 회귀선을 표현하는 데 반해, 회귀 트리의 경우 분할되는 데이터 지점에 따라 브랜치를 만들면서 계단 형태로 회귀선을 만듭니다. DecisionTreeRegressor의 max_depth=7인 경우에는 학습 데이터 세트의 이상치(outlier) 데이터도 학습하면서 복잡한 계단 형태의 회귀선을 만들어 과적합이 되기 쉬운 모델이 되었음을 알 수 있습니다.

09 회귀 실습 - 자전거 대여 수요 예측

캐글의 자전거 대여 수요(Bike Sharing Demand) 예측 경연에서 사용된 학습 데이터 세트를 이용해 선형 회귀와 트리 기반 회귀를 비교해 보겠습니다. 데이터 세트는 https://www.kaggle.com/c/bike-sharing-demand/data에서 내려받을 수 있습니다.

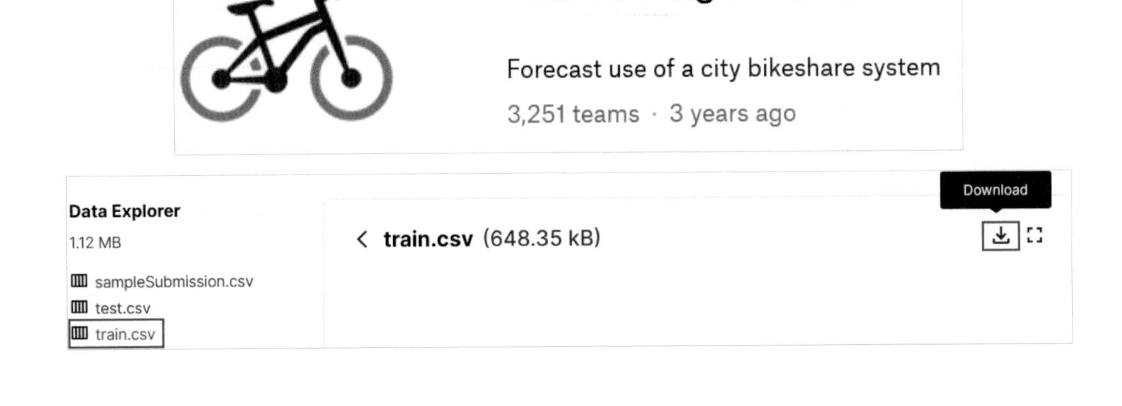

위 페이지에서 train.csv 파일을 내려받은 뒤에 bike_train.csv로 파일명을 변경합니다. 해당 데이터 세트에는 2011년 1월부터 2012년 12월까지 날짜/시간, 기온, 습도, 풍속 등의 정보를 기반으로 1시간 간격 동안의 자전거 대여 횟수가 기재돼 있습니다. 데이터 세트의 주요 칼럼은 다음과 같습니다. 이 중 결정 값은 맨 마지막 칼럼인 count로 '대여 횟수'를 의미합니다.

- datetime: hourly date + timestamp
- season: 1 = 봄, 2 = 여름, 3 = 가을, 4 = 겨울
- holiday: 1 = 토, 일요일의 주말을 제외한 국경일 등의 휴일, 0 = 휴일이 아닌 날
- workingday: 1 = 토, 일요일의 주말 및 휴일이 아닌 주중, 0 = 주말 및 휴일
- weather:
  - 1 = 맑음, 약간 구름 낀 흐림
  - 2 = 안개, 안개 + 흐림
  - 3 = 가벼운 눈, 가벼운 비 + 천둥
  - 4 = 심한 눈/비, 천둥/번개
- temp: 온도(섭씨)
- atemp: 체감온도(섭씨)
- humidity: 상대습도
- windspeed: 풍속
- casual: 사전에 등록되지 않는 사용자가 대여한 횟수
- registered: 사전에 등록된 사용자가 대여한 횟수
- count: 대여 횟수

데이터 클렌징 및 가공과 데이터 시각화

bike_train.csv 데이터 세트를 이용해 모델을 학습한 후 대여 횟수(count)를 예측해 보겠습니다. 새로운 주피터 노트북을 생성한 뒤, bike_train.csv를 해당 노트북이 생성된 디렉터리로 이동시킵니다. 데이터 세트를 DataFrame으로 로드해 대략적으로 데이터를 확인해 보겠습니다.

```
import numpy as np
import pandas as pd
import seaborn as sns
import matplotlib.pyplot as plt
```

```
%matplotlib inline

import warnings
warnings.filterwarnings("ignore", category=RuntimeWarning)

bike_df = pd.read_csv('./bike_train.csv')
print(bike_df.shape)
bike_df.head()
```

[Output]

```
(10886, 12)
```

	datetime	season	holiday	workingday	weather	temp	atemp	humidity	windspeed	casual	registered	count
0	2011-01-01 00:00:00	1	0	0	1	9.84	14.395	81	0.0	3	13	16
1	2011-01-01 01:00:00	1	0	0	1	9.02	13.635	80	0.0	8	32	40
2	2011-01-01 02:00:00	1	0	0	1	9.02	13.635	80	0.0	5	27	32

해당 데이터 세트는 10886개의 레코드와 12개의 칼럼으로 구성돼 있습니다. 데이터 칼럼의 타입을 살펴보겠습니다.

```
bike_df.info()
```

[Output]

```
datetime      10886 non-null object
season        10886 non-null int64
......
registered    10886 non-null int64
count         10886 non-null int64
dtypes: float64(3), int64(8), object(1)
memory usage: 1020.6+ KB
```

칼럼 수가 길어서 전체 칼럼은 책에 기재하지 않겠습니다. 10886개의 로우(row) 데이터 중 Null 데이터는 없으며, 대부분의 칼럼이 int 또는 float 숫자형인데, datetime 칼럼만 object 형입니다. Datetime 칼럼의 경우 년-월-일 시:분:초 문자 형식으로 돼 있으므로 이에 대한 가공이 필요합니다. datetime을 년, 월, 일, 그리고 시간과 같이 4개의 속성으로 분리하겠습니다. 판다스에서는 datetime과 같은 형태의 문자열을 년도, 월, 일, 시간, 분, 초로 편리하게 변환하려면 먼저 문자열을 'datetime'

타입으로 변경해야 합니다(우연히 판다스의 datetime 타입과 예제 데이터 세트의 datetime 칼럼명이 동일합니다. 둘을 혼동하면 안됩니다). 판다스는 문자열을 datetime 타입으로 변환하는 apply(pd.to_datetime) 메서드를 제공합니다. 이를 이용해 년, 월, 일, 시간 칼럼을 추출하겠습니다.

```
# 문자열을 datetime 타입으로 변경.
bike_df['datetime'] = bike_df.datetime.apply(pd.to_datetime)

# datetime 타입에서 년, 월, 일, 시간 추출
bike_df['year'] = bike_df.datetime.apply(lambda x : x.year)
bike_df['month'] = bike_df.datetime.apply(lambda x : x.month)
bike_df['day'] = bike_df.datetime.apply(lambda x : x.day)
bike_df['hour'] = bike_df.datetime.apply(lambda x: x.hour)
bike_df.head(3)
```

[Output]

	datetime	season	holiday	workingday	weather	temp	atemp	humidity	windspeed	casual	registered	count	year	month	day	hour
0	2011-01-01 00:00:00	1	0	0	1	9.84	14.395	81	0.0	3	13	16	2011	1	1	0
1	2011-01-01 01:00:00	1	0	0	1	9.02	13.635	80	0.0	8	32	40	2011	1	1	1
2	2011-01-01 02:00:00	1	0	0	1	9.02	13.635	80	0.0	5	27	32	2011	1	1	2

새롭게 year, month, day, hour 칼럼이 추가됐습니다. 이제 datetime 칼럼은 삭제하겠습니다. 또한 casual 칼럼은 사전에 등록하지 않은 사용자의 자전거 대여 횟수이고, registered는 사전에 등록한 사용자의 대여 횟수이며, casual + registered = count이므로 casual과 registered가 따로 필요하지는 않습니다. 오히려 상관도가 높아 예측을 저해할 우려가 있으므로 이 두 칼럼도 삭제하겠습니다.

```
drop_columns = ['datetime', 'casual', 'registered']
bike_df.drop(drop_columns, axis=1, inplace=True)
```

이번에는 주요 칼럼별로 Target 값인 count(대여 횟수)가 어떻게 분포되어 있는지 시각화해보겠습니다. 총 8개의 칼럼인 'year', 'month','season','weather','day', 'hour', 'holiday','workingday'에 대해서 칼럼별 값에 따른 count의 합을 표현하기 위해서 시본의 barplot을 적용합니다. 8개의 칼럼들을 한 번에 시각화 하기 위해서 이전 'LinearRegression을 이용해 보스턴 주택 가격 회귀 구현' 실습 예제에서 사용하였던 matplotlib의 subplots( )을 기반으로 barplot을 표현해 보겠습니다. 총 8개의 barplot을 그리기 위해 plt.subplots( ) 의 인자로 ncols=4, nrows=2를 입력하여 2개의 행과 4개의 열을 가진 그래프로 표현합니다.

```
fig, axs = plt.subplots(figsize=(16, 8), ncols=4, nrows=2)
cat_features = ['year', 'month','season','weather','day', 'hour', 'holiday','workingday']
# cat_features에 있는 모든 칼럼별로 개별 칼럼값에 따른 count의 합을 barplot으로 시각화
for i, feature in enumerate(cat_features):
    row = int(i/4)
    col = i%4
    # 시본의 barplot을 이용해 칼럼값에 따른 count의 합을 표현
    sns.barplot(x=feature, y='count', data=bike_df, ax=axs[row][col])
```

[Output]

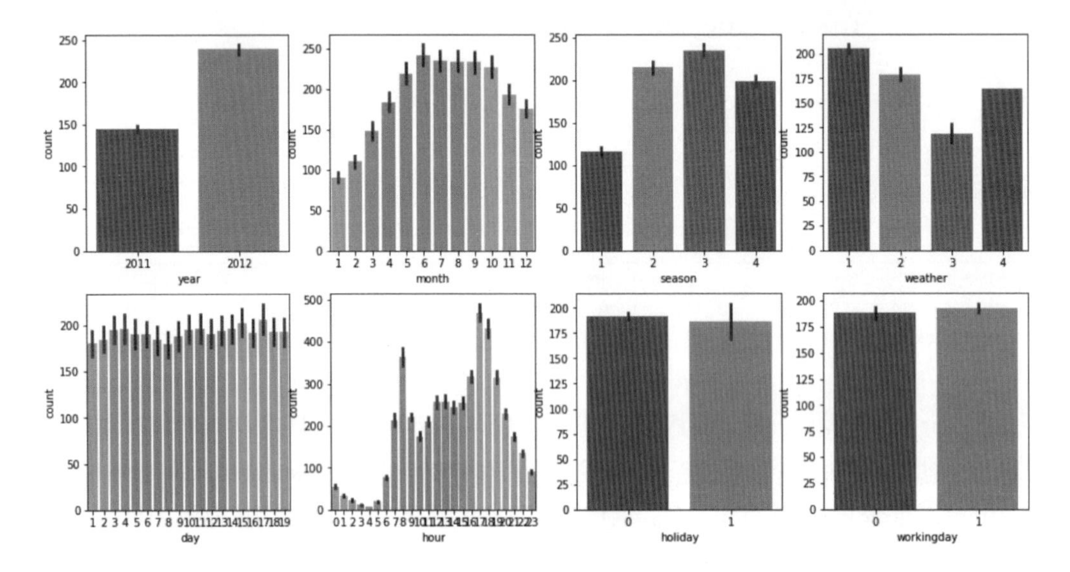

year(년도)별 count를 보면 2012년이 2011년보다 상대적으로 값이 높습니다. 이는 year 자체가 특별한 의미가 있어서라기보다는 시간이 지날수록 자전거 대여 횟수가 지속적으로 증가한 결과라고 여겨질 수 있습니다. month(월별)의 경우 1, 2, 3월이 낮고, 6, 7, 8, 9월이 높습니다. 또한 season(계절)을 보면 봄(1), 겨울(4)이 낮고, 여름(2), 가을(3)이 높습니다. weather(날씨)의 경우는 눈 또는 비가 있는 경우(3과 4)가 낮고, 맑거나(1) 약간 안개가 있는 경우(2)가 높습니다.

hour(시간)의 경우는 오전 출근 시간(8)과 오후 퇴근 시간(17, 18)이 상대적으로 높습니다. day(일자)간의 차이는 크지 않으며, holiday(휴일 여부) 또는 workingday(주중 여부)는 주중일 경우(즉 holiday는 0, workingday는 1)가 상대적으로 약간 높습니다.

다음으로 다양한 회귀 모델을 데이터 세트에 적용해 예측 성능을 측정해 보겠습니다. 캐글에서 요구한 성능 평가 방법은 RMSLE(Root Mean Square Log Error)입니다. 즉, 오류 값의 로그에 대한 RMSE입니다. 아쉽게도 사이킷런은 RMSLE를 제공하지 않아서 RMSLE를 수행하는 성능 평가 함수를 직접 만들어 보겠습니다. RMSLE뿐만 아니라 MAE, RMSE까지 한꺼번에 평가하는 함수도 만들겠습니다.

```
from sklearn.metrics import mean_squared_error, mean_absolute_error

# log 값 변환 시 NaN 등의 이슈로 log()가 아닌 log1p()를 이용해 RMSLE 계산
def rmsle(y, pred):
    log_y = np.log1p(y)
    log_pred = np.log1p(pred)
    squared_error = (log_y - log_pred) ** 2
    rmsle = np.sqrt(np.mean(squared_error))
    return rmsle

# 사이킷런의 mean_square_error()를 이용해 RMSE 계산
def rmse(y, pred):
    return np.sqrt(mean_squared_error(y, pred))

# MAE, RMSE, RMSLE를 모두 계산
def evaluate_regr(y, pred):
    rmsle_val = rmsle(y, pred)
    rmse_val = rmse(y, pred)
    # MAE는 사이킷런의 mean_absolute_error()로 계산
    mae_val = mean_absolute_error(y, pred)
    print('RMSLE: {0:.3f}, RMSE: {1:.3F}, MAE: {2:.3F}'.format(rmsle_val, rmse_val, mae_val))
```

위의 rmsle( ) 함수를 만들 때 한 가지 주의해야 할 점이 있습니다. rmsle를 구할 때 넘파이의 log( ) 함수를 이용하거나 사이킷런의 mean_squared_log_error( )를 이용할 수도 있지만 데이터 값의 크기에 따라 오버플로/언더플로(overflow/underflow) 오류가 발생하기 쉽습니다. 예를 들어 rmsle( )를 다음과 같이 정의했을 때 쉽게 오류가 발생할 수 있습니다.

```
# 다음과 같은 rmsle 구현은 오버플로나 언더플로 오류를 발생하기 쉽습니다.
def rmsle(y, pred):
    msle = mean_squared_log_error(y, pred)
    rmsle = np.sqrt(mse)
    return rmsle
```

따라서 log( )보다는 log1p( )를 이용하는데, log1p(x)의 경우는 log(1+x)로 변환되므로 x값이 0이 되더라도 log(0)인 무한대가 되지 않고, log(1)인 0이 되므로 오버플로/언더플로 문제를 해결해 줍니다. 그리고 log1p( )로 변환된 값은 다시 넘파이의 expm1( ) 함수로 쉽게 원래의 스케일로 복원될 수 있습니다.

로그 변환, 피처 인코딩과 모델 학습/예측/평가

이제 회귀 모델을 이용해 자전거 대여 횟수를 예측해 보겠습니다. 회귀 모델을 적용하기 전에 데이터 세트에 대해서 먼저 처리해야 할 사항이 있습니다. 결괏값이 정규 분포로 돼 있는지 확인하는 것과 카테고리형 회귀 모델의 경우 원-핫 인코딩으로 피처를 인코딩하는 것입니다. 회귀 모델을 적용하면서 이 두 가지 사항을 확인해 보겠습니다.

먼저 사이킷런의 LinearRegression 객체를 이용해 회귀 예측을 하겠습니다.

```
from sklearn.model_selection import train_test_split, GridSearchCV
from sklearn.linear_model import LinearRegression, Ridge, Lasso

y_target = bike_df['count']
X_features = bike_df.drop(['count'], axis=1, inplace=False)

X_train, X_test, y_train, y_test = train_test_split(X_features, y_target, test_size=0.3,
                                                    random_state=0)

lr_reg = LinearRegression()
lr_reg.fit(X_train, y_train)
pred = lr_reg.predict(X_test)

evaluate_regr(y_test, pred)
```

[Output]

```
RMSLE: 1.165, RMSE: 140.900, MAE: 105.924
```

RMSLE: 1.165, RMSE: 140.900, MAE: 105.924는 실제 Target 데이터 값인 대여 횟수(Count)를 감안하면 예측 오류로서는 비교적 큰 값입니다. 실제 값과 예측값이 어느 정도 차이가 나는지 DataFrame의 칼럼으로 만들어서 오류 값이 가장 큰 순으로 5개만 확인해 보겠습니다.

```
def get_top_error_data(y_test, pred, n_tops = 5):
    # DataFrame의 칼럼으로 실제 대여 횟수(count)와 예측값을 서로 비교할 수 있도록 생성.
```

```
    result_df = pd.DataFrame(y_test.values, columns=['real_count'])
    result_df['predicted_count']= np.round(pred)
    result_df['diff'] = np.abs(result_df['real_count'] - result_df['predicted_count'])

  # 예측값과 실제 값이 가장 큰 데이터 순으로 출력.
    print(result_df.sort_values('diff', ascending=False)[:n_tops])

get_top_error_data(y_test, pred, n_tops=5)
```

[Output]

```
      real_count  predicted_count   diff
1618         890            322.0  568.0
3151         798            241.0  557.0
966          884            327.0  557.0
412          745            194.0  551.0
2817         856            310.0  546.0
```

가장 큰 상위 5위 오류 값은 546~568로 실제 값을 감안하면 예측 오류가 꽤 큽니다. 회귀에서 이렇게 큰 예측 오류가 발생할 경우 가장 먼저 살펴볼 것은 Target 값의 분포가 왜곡된 형태를 이루고 있는지 확인하는 것입니다. Target 값의 분포는 정규 분포 형태가 가장 좋습니다. 그렇지 않고 왜곡된 경우에는 회귀 예측 성능이 저하되는 경우가 발생하기 쉽습니다. 판다스 DataFrame의 hist( )를 이용해 자전거 대여 모델의 Target 값인 count 칼럼이 정규 분포를 이루는지 확인해 보겠습니다.

```
y_target.hist()
```

[Output]

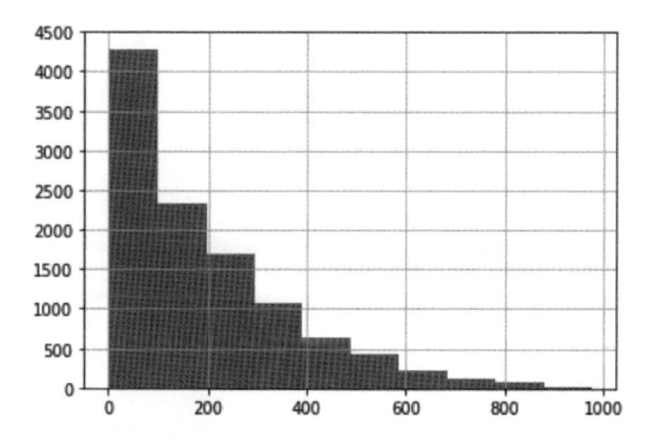

count 칼럼 값이 정규 분포가 아닌 0~200 사이에 왜곡돼 있는 것을 알 수 있습니다. 이렇게 왜곡된 값을 정규 분포 형태로 바꾸는 가장 일반적인 방법은 로그를 적용해 변환하는 것입니다. 여기서는 넘파이의 log1p( )를 이용하겠습니다. 이렇게 변경된 Target 값을 기반으로 학습하고 예측한 값은 다시 expm1( ) 함수를 적용해 원래 scale 값으로 원상 복구하면 됩니다. log1p( )를 적용한 'count' 값의 분포를 확인하겠습니다.

```
y_log_transform = np.log1p(y_target)
y_log_transform.hist()
```

[Output]

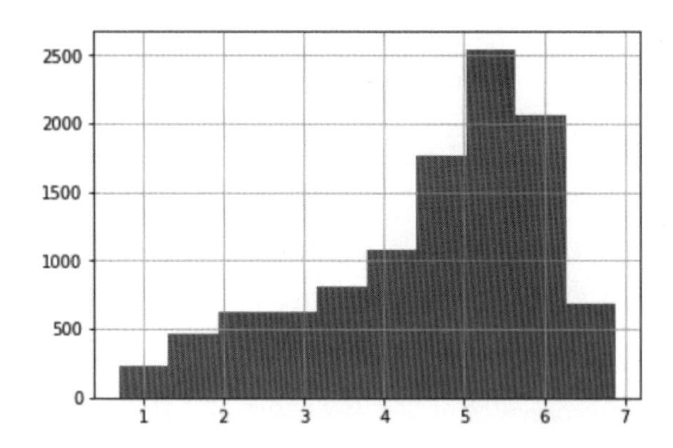

로그로 Target 값을 변환한 후에 원하는 정규 분포 형태는 아니지만 변환하기 전보다는 왜곡 정도가 많이 향상됐습니다. 이를 이용해 다시 학습한 후 평가를 수행해 보겠습니다.

```
# 타깃 칼럼인 count 값을 log1p로 로그 변환
y_target_log = np.log1p(y_target)

# 로그 변환된 y_target_log를 반영해 학습/테스트 데이터 세트 분할
X_train, X_test, y_train, y_test = train_test_split(X_features, y_target_log, test_size=0.3,
                                                    random_state=0)
lr_reg = LinearRegression()
lr_reg.fit(X_train, y_train)
pred = lr_reg.predict(X_test)

# 테스트 데이터 세트의 Target 값은 로그 변환됐으므로 다시 expm1을 이용해 원래 스케일로 변환
y_test_exp = np.expm1(y_test)
```

```
# 예측값 역시 로그 변환된 타깃 기반으로 학습돼 예측됐으므로 다시 expm1로 스케일 변환
pred_exp = np.expm1(pred)

evaluate_regr(y_test_exp, pred_exp)
```

[Output]

```
RMSLE: 1.017, RMSE: 162.594, MAE: 109.286
```

RMSLE 오류는 줄어들었지만, RMSE는 오히려 더 늘어났습니다. 이번에는 개별 피처들의 인코딩을 적용해 보겠습니다. 먼저 각 피처의 회귀 계숫값을 시각화해보겠습니다.

```
coef = pd.Series(lr_reg.coef_, index=X_features.columns)
coef_sort = coef.sort_values(ascending=False)
sns.barplot(x=coef_sort.values, y=coef_sort.index)
```

[Output]

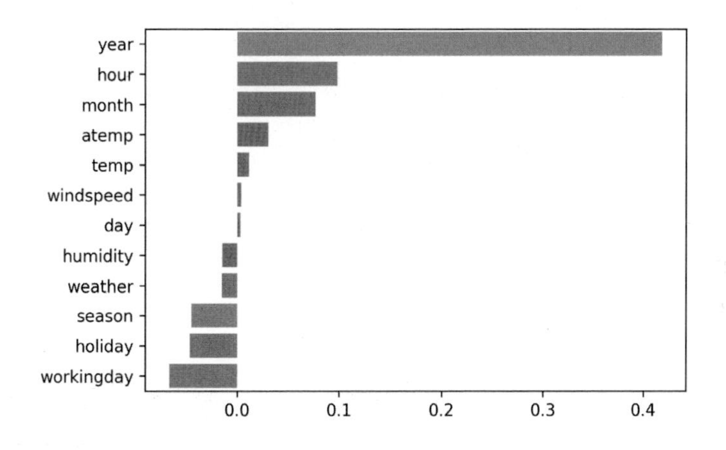

year, hour, month, season, holiday, workingday 피처들의 회귀 계수 영향도가 상대적으로 높습니다. 이들 피처들을 살펴보면 year는 2011, 2012 값으로, month는 1, 2, 3, 4, 5, 6, 7, 8, 9, 10, 11, 12와 같이 숫잣값 형태로 의미를 담고 있습니다. 하지만 이들 피처들의 경우 개별 숫자값의 크기가 의미가 있는 것이 아닙니다. Year의 경우 단순히 연도를 뜻하는 것이므로 2012라는 값이 2011보다 큰 값으로 인식되어서는 안 됩니다. 즉 year, hour, month 등은 숫자 값으로 표현되었지만 이들은 모두 카테고리(Category)형 피처입니다.

사이킷런은 카테고리만을 위한 데이터 타입이 없으며, 모두 숫자로 변환해야 합니다. 하지만 이처럼 숫자형 카테고리 값을 선형 회귀에 사용할 경우 회귀 계수를 연산할 때 이 숫자형 값에 크게 영향을 받는 경우가 발생할 수 있습니다. 따라서 선형 회귀에서는 이러한 피처 인코딩에 원-핫 인코딩을 적용해 변환해야 합니다.

판다스의 get_dummies( )를 이용해 이러한 year 칼럼을 비롯해 month, day, hour, holiday, workingday, season, weather 칼럼도 모두 원-핫 인코딩한 후에 다시 예측 성능을 확인해 보겠습니다.

```
# 'year', month', 'day', hour'등의 피처들을 One Hot Encoding
X_features_ohe = pd.get_dummies(X_features, columns=['year', 'month','day', 'hour', 'holiday',
                                              'workingday','season','weather'])
```

사이킷런의 선형 회귀 모델인 LinearRegression, Ridge, Lasso 모두 학습해 예측 성능을 확인합니다. 이를 위해 모델과 학습/테스트 데이터 세트를 입력하면 성능 평가 수치를 반환하는 get_model_predict( ) 함수를 만들겠습니다.

```
# 원-핫 인코딩이 적용된 피처 데이터 세트 기반으로 학습/예측 데이터 분할.
X_train, X_test, y_train, y_test = train_test_split(X_features_ohe, y_target_log,
                                                    test_size=0.3, random_state=0)

# 모델과 학습/테스트 데이터 세트를 입력하면 성능 평가 수치를 반환
def get_model_predict(model, X_train, X_test, y_train, y_test, is_expm1=False):
    model.fit(X_train, y_train)
    pred = model.predict(X_test)
    if is_expm1 :
        y_test = np.expm1(y_test)
        pred = np.expm1(pred)
    print('###',model.__class__.__name__,'###')
    evaluate_regr(y_test, pred)
# end of function get_model_predict

# 모델별로 평가 수행
lr_reg = LinearRegression()
ridge_reg = Ridge(alpha=10)
lasso_reg = Lasso(alpha=0.01)

for model in [lr_reg, ridge_reg, lasso_reg]:
    get_model_predict(model,X_train, X_test, y_train, y_test,is_expm1=True)
```

[Output]

```
### LinearRegression ###
RMSLE: 0.590, RMSE: 97.688, MAE: 63.382
### Ridge ###
RMSLE: 0.590, RMSE: 98.529, MAE: 63.893
### Lasso ###
RMSLE: 0.635, RMSE: 113.219, MAE: 72.803
```

원-핫 인코딩을 적용하고 나서 선형 회귀의 예측 성능이 많이 향상됐습니다. 원-핫 인코딩된 데이터 세트에서 회귀 계수가 높은 피처를 다시 시각화하겠습니다. 원-핫 인코딩으로 피처가 늘어났으므로 회귀 계수 상위 20개 피처를 추출해 보겠습니다.

```
coef = pd.Series(lr_reg.coef_ , index=X_features_ohe.columns)
coef_sort = coef.sort_values(ascending=False)[:20]
sns.barplot(x=coef_sort.values , y=coef_sort.index)
```

[Output]

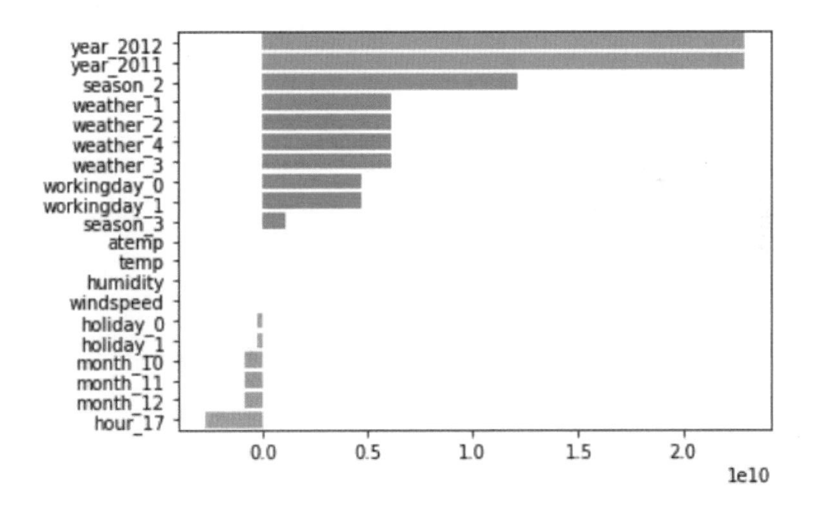

원-핫 인코딩 후에는 year_2012, year_2011과 같이 여전히 year 관련 피처들의 회귀 계수 값이 가장 높지만, season_1과 같은 season 관련, weather_1, 2, 3, 4와 같은 weather 관련 속성들의 회귀 계수 값도 상대적으로 커졌습니다. 원-핫 인코딩을 통해서 피처들의 영향도가 달라졌고, 모델의 성능도 향상되었습니다. 반드시 그런 것은 아니지만 선형 회귀의 경우 중요 카테고리성 피처들을 원-핫 인코딩으로 변환하는 것은 성능에 중요한 영향을 미칠 수 있습니다.

이번에는 회귀 트리를 이용해 회귀 예측을 수행하겠습니다. 앞에서 적용한 Target 값의 로그 변환된 값과 원-핫 인코딩된 피처 데이터 세트를 그대로 이용해 랜덤 포레스트, GBM, XGBoost, LightGBM을 순차적으로 성능 평가해 보겠습니다. XGBoost의 경우 DataFrame이 학습/테스트 데이터로 입력될 경우 버전에 따라 오류가 발생할 수 있으므로 학습/테스트 데이터를 DataFrame의 values 속성을 이용해 넘파이 ndarray로 변환하겠습니다.

```
from sklearn.ensemble import RandomForestRegressor, GradientBoostingRegressor
from xgboost import XGBRegressor
from lightgbm import LGBMRegressor

# 랜덤 포레스트, GBM, XGBoost, LightGBM model별로 평가 수행
rf_reg = RandomForestRegressor(n_estimators=500)
gbm_reg = GradientBoostingRegressor(n_estimators=500)
xgb_reg = XGBRegressor(n_estimators=500)
lgbm_reg = LGBMRegressor(n_estimators=500)

for model in [rf_reg, gbm_reg, xgb_reg, lgbm_reg]:
    # XGBoost의 경우 DataFrame이 입력될 경우 버전에 따라 오류 발생 가능. ndarray로 변환.
    get_model_predict(model,X_train.values, X_test.values, y_train.values,
                      y_test.values,is_expm1=True)
```

[Output]

```
### RandomForestRegressor ###
RMSLE: 0.354, RMSE: 50.356, MAE: 31.120
### GradientBoostingRegressor ###
RMSLE: 0.330, RMSE: 53.335, MAE: 32.744
### XGBRegressor ###
RMSLE: 0.342, RMSE: 51.732, MAE: 31.251
### LGBMRegressor ###
RMSLE: 0.319, RMSE: 47.215, MAE: 29.029
```

앞의 선형 회귀 모델보다 회귀 예측 성능이 개선됐습니다. 하지만 이것이 회귀 트리가 선형 회귀보다 더 나은 성능을 가진다는 의미는 아닙니다. 데이터 세트의 유형에 따라 결과는 얼마든지 달라질 수 있습니다.

10 회귀 실습 - 캐글 주택 가격: 고급 회귀 기법

이번 실습은 캐글에서 제공하는 캐글 주택 가격: 고급 회귀 기법(House Prices: Advanced Regression Techniques) 데이터 세트를 이용해 회귀 분석을 더 심층적으로 학습해 보겠습니다. 데이터 세트는 https://www.kaggle.com/c/house-prices-advanced-regression-techniques/data에서 내려받을 수 있습니다. 해당 웹 페이지에서 train.csv 파일을 내려받은 후 house_price.csv로 저장합니다.

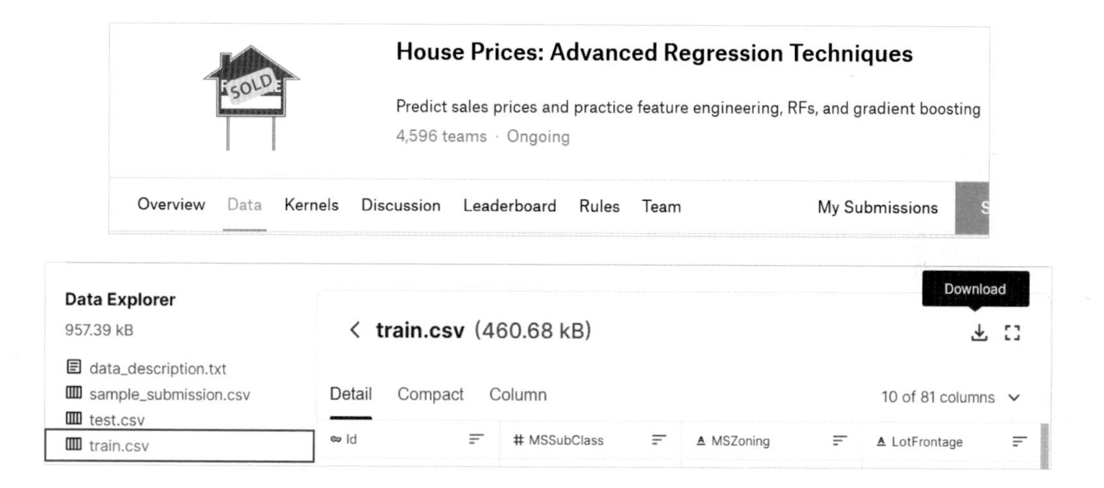

79개의 변수로 구성된 이 데이터는 미국 아이오와 주의 에임스(Ames) 지방의 주택 가격 정보를 가지고 있습니다. 각 피처에 대한 설명은 https://www.kaggle.com/c/house-prices-advanced-regression-techniques/data를 참조하기 바랍니다. 성능 평가는 앞의 자전거 대여 예측 예제와 동일한 RMSLE(Root Mean Squared Log Error)를 기반으로 합니다(본 경연의 웹 페이지에는 RMSE를 하되 예측값과 실제 값의 로그 변환 값을 기반으로 RMSE를 수행한다고 돼 있습니다. 결론적으로 RMSLE와 똑같은 방식입니다). 가격이 비싼 주택일수록 예측 결과 오류가 전체 오류에 미치는 비중이 높으므로 이것을 상쇄하기 위해 오류 값을 로그 변환한 RMSLE를 이용합니다.

데이터 사전 처리(Preprocessing)

새로운 주피터 노트북을 생성하고, 해당 노트북이 생성된 디렉터리에 house_price.csv를 이동합니다. 먼저 필요한 모듈과 데이터를 로딩하고 개략적으로 데이터를 확인해 보겠습니다. 이 예제는 데이터 가공을 많이 수행할 예정이므로 원본 csv 파일 기반의 DataFrame은 보관하고 복사해서 데이터를 가공하겠습니다.

```
import warnings
warnings.filterwarnings('ignore')
import pandas as pd
import numpy as np
import seaborn as sns
import matplotlib.pyplot as plt
%matplotlib inline

house_df_org = pd.read_csv('house_price.csv')
house_df = house_df_org.copy()
house_df.head(3)
```

	Id	MSSubClass	MSZoning	LotFrontage	LotArea	Street	Alley	LotShape	LandContour	Utilities	...	PoolArea	PoolQC	Fence	MiscFeature	MiscVal	MoSol
0	1	60	RL	65.0	8450	Pave	NaN	Reg	Lvl	AllPub	...	0	NaN	NaN	NaN	0	
1	2	20	RL	80.0	9600	Pave	NaN	Reg	Lvl	AllPub	...	0	NaN	NaN	NaN	0	
2	3	60	RL	68.0	11250	Pave	NaN	IR1	Lvl	AllPub	...	0	NaN	NaN	NaN	0	

SalePrice
208500
181500
223500

Target 값은 맨 마지막 칼럼인 SalePrice입니다. 데이터 세트의 전체 크기와 칼럼의 타입, 그리고 Null이 있는 칼럼과 그 건수를 내림차순으로 출력해 보겠습니다.

```
print('데이터 세트의 Shape:', house_df.shape)
print('\n전체 피처의 type \n', house_df.dtypes.value_counts())
isnull_series = house_df.isnull().sum()
print('\nNull 칼럼과 그 건수:\n ', isnull_series[isnull_series > 0].sort_values(ascending=False))
```

[Output]

```
데이터 세트의 Shape: (1460, 81)

전체 피처의 type
object      43
int64       35
float64      3

Null 칼럼과 그 건수:
PoolQC          1453
```

```
MiscFeature      1406
Alley            1369
Fence            1179
FireplaceQu       690
…
…
Electrical          1
```

데이터 세트는 1460개의 레코드와 81개의 피처로 구성돼 있으며, 피처의 타입은 숫자형은 물론 문자형도 많이 있습니다. Target을 제외한 80개의 피처 중 43개가 문자형이며 나머지가 숫자형입니다. 데이터 양에 비해 Null 값이 많은 피처도 있습니다. 전체 1480개 데이터 중 PoolQC, MiscFeature, Alley, Fence는 1000개가 넘는 데이터가 Null입니다. Null 값이 너무 많은 피처는 드롭하겠습니다.

회귀 모델을 적용하기 전에 타깃 값의 분포도가 정규 분포인지 확인하겠습니다. 다음 그림에서 볼 수 있듯이 데이터 값의 분포가 중심에서 왼쪽으로 치우친 형태로, 정규 분포에서 벗어나 있습니다.

```
plt.title('Original Sale Price Histogram')
plt.xticks(rotation=45)
sns.histplot(house_df['SalePrice'], kde=True)
plt.show()
```

[Output]

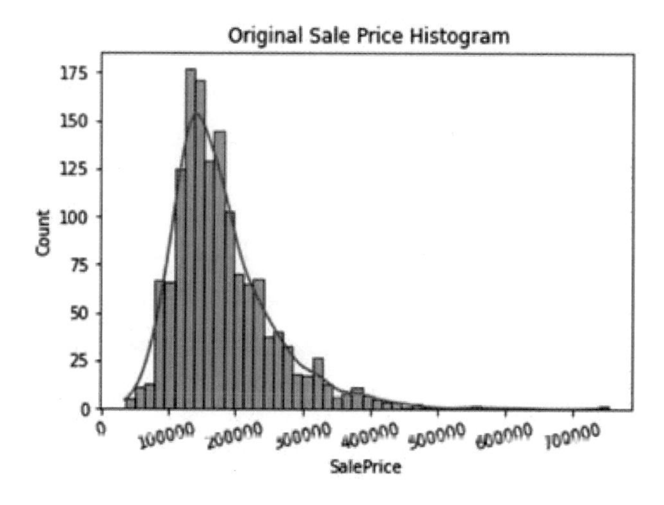

정규 분포가 아닌 결괏값을 정규 분포 형태로 변환하기 위해 로그 변환(Log Transformation)을 적용하겠습니다. 먼저 넘파이의 log1p( )를 이용해 로그 변환한 결괏값을 기반으로 학습한 뒤, 예측 시에는

다시 결괏값을 expm1( )으로 추후에 환원하면 됩니다. 결괏값을 로그 변환하고 다시 분포도를 살펴보겠습니다.

```
plt.title('Log Transformed Sale Price Histogram')
log_SalePrice = np.log1p(house_df['SalePrice'])
sns.histplot(log_SalePrice, kde=True)
plt.show()
```

[Output]

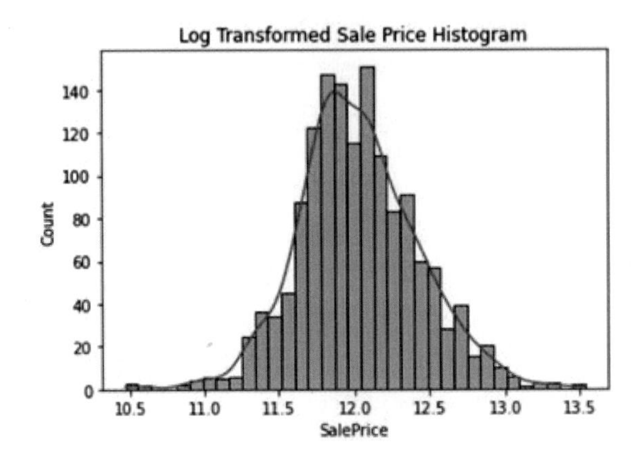

SalePrice를 로그 변환해 정규 분포 형태로 결괏값이 분포함을 확인할 수 있습니다. 이제 SalePrice를 로그 변환한 뒤 DataFrame에 반영하겠습니다.

그리고 Null 값이 많은 피처인 PoolQC, MiscFeature, Alley, Fence, FireplaceQu는 삭제하겠습니다. 또한 Id도 단순 식별자이므로 삭제하겠습니다. LotFrontage는 Null이 259개로 비교적 많으나 평균값으로 대체하겠습니다. 그리고 나머지 Null 피처는 Null 값이 많지 않으므로 숫자형의 경우 평균값으로 대체하겠습니다.

위의 로그 변환 및 Null 피처의 전처리를 수행해 보겠습니다. DataFrame 객체의 mean( ) 메서드는 자동으로 숫자형 칼럼만 추출해 칼럼별 평균값을 Series 객체로 반환해줍니다. 따라서 다음 코드의 DataFrame.fillna(DataFrame.mean( ))은 결과적으로 Null 값인 숫자형 피처만 평균값으로 대체해 줍니다.

```
# SalePrice 로그 변환
original_SalePrice = house_df['SalePrice']
house_df['SalePrice'] = np.log1p(house_df['SalePrice'])
```

```
# Null이 너무 많은 칼럼과 불필요한 칼럼 삭제
house_df.drop(['Id', 'PoolQC', 'MiscFeature', 'Alley', 'Fence', 'FireplaceQu'], axis=1,
              inplace=True)
# 드롭하지 않는 숫자형 Null 칼럼은 평균값으로 대체
house_df.fillna(house_df.mean(), inplace=True)

# Null 값이 있는 피처명과 타입을 추출
null_column_count = house_df.isnull().sum()[house_df.isnull().sum() > 0]
print('## Null 피처의 Type :\n', house_df.dtypes[null_column_count.index])
```

[Output]

```
## Null 피처의 Type :
 MasVnrType      object
BsmtQual        object
BsmtCond        object
BsmtExposure    object
BsmtFinType1    object
BsmtFinType2    object
Electrical      object
GarageType      object
GarageFinish    object
GarageQual      object
GarageCond      object
```

이제 문자형 피처를 제외하고는 Null 값이 없습니다. 문자형 피처는 모두 원-핫 인코딩으로 변환하겠습니다. 원-핫 인코딩은 판다스의 get_dummies( )를 이용하겠습니다. get_dummies( )는 자동으로 문자열 피처를 원-핫 인코딩 변환하면서 Null 값은 이제 문자형 피처를 제외하고는 Null 값이 없습니다. 문자형 피처는 모두 원-핫 인코딩으로 변환하겠습니다. 원-핫 인코딩은 판다스의 get_dummies( )를 이용하겠습니다. get_dummies( )는 자동으로 문자열 피처를 원-핫 인코딩 변환하면서 Null 값은 모든 인코딩 값이 0으로 변환되는 방식으로 대체해주므로 별도의 Null 값을 대체하는 로직이 필요 없습니다. 가령 BsmtQual 칼럼값이 'TA', 'Gd', 'Ex', 'FA' 외에 Null 값이 존재한다면 Null은 [0, 0, 0, 0]과 같이 BstmtQual의 4개의 종류로 만들어진 인코딩 값을 모두 0으로 하여 원-핫 인코딩 변환이 됩니다(4개의 값 중에 반드시 1개는 1이 되는 일반적인 원-핫 인코딩과 다르게 변환됩니다). 원-핫 인코딩을 적용하면 당연히 칼럼이 증가합니다. 변환 후 얼마나 칼럼이 늘어났는지 확인해 보겠습니다. 원-핫 인코딩을 적용하면 당연히 칼럼이 증가합니다. 변환 후 얼마나 칼럼이 늘어났는지 확인해 보겠습니다.

```
print('get_dummies() 수행 전 데이터 Shape:', house_df.shape)
house_df_ohe = pd.get_dummies(house_df)
print('get_dummies() 수행 후 데이터 Shape:', house_df_ohe.shape)

null_column_count = house_df_ohe.isnull().sum()[house_df_ohe.isnull().sum() > 0]
print('## Null 피처의 Type :\n', house_df_ohe.dtypes[null_column_count.index])
```

[Output]

```
get_dummies() 수행 전 데이터 Shape: (1460, 75)
get_dummies() 수행 후 데이터 Shape: (1460, 271)
## Null 피처의 Type :
Series([], dtype: object)
```

원-핫 인코딩 후 피처가 75개에서 271개로 증가했습니다. 그리고 Null 값을 가진 피처는 이제 존재하지 않습니다. 이 정도에서 데이터 세트의 기본적인 가공은 마치고 회귀 모델을 생성해 학습한 후 예측 결과를 평가해 보겠습니다. 먼저 데이터 세트를 학습과 테스트 데이터 세트로 분할해 사이킷런의 LinearRegression, Ridge, Lasso를 이용해 선형 계열의 회귀 모델을 만들어 보겠습니다.

선형 회귀 모델 학습/예측/평가

앞에서 예측 평가는 RMSLE(즉, 실제 값과 예측값의 오류를 로그 변환한 뒤 RMSE를 적용)를 이용한다고 말했습니다. 그런데 이미 타깃 값인 SalePrice가 로그 변환됐습니다. 예측값 역시 로그 변환된 SalePrice 값을 기반으로 예측하므로 원본 SalePrice 예측값의 로그 변환 값입니다. 실제 값도 로그 변환됐고, 예측값도 이를 반영한 로그 변환 값이므로 예측 결과 오류에 RMSE만 적용하면 RMSLE가 자동으로 측정됩니다(원래 캐글에서는 실제 값의 로그 변환된 값과 이에 기반한 예측값을 RMSE로 평가하도록 제시했습니다. 이에 대한 표현을 앞에서 RMSLE로 대체한 것입니다).

여러 모델의 로그 변환된 RMSE를 측정할 것이므로 이를 계산하는 함수를 먼저 생성하겠습니다.

```
def get_rmse(model):
    pred = model.predict(X_test)
    mse = mean_squared_error(y_test, pred)
    rmse = np.sqrt(mse)
    print(model.__class__.__name__, ' 로그 변환된 RMSE:', np.round(rmse, 3))
    return rmse
```

```
def get_rmses(models):
    rmses = [ ]
    for model in models:
        rmse = get_rmse(model)
        rmses.append(rmse)
    return rmses
```

get_rmse(model)은 단일 모델의 RMSE 값을, get_rmses(models)는 get_rmse( )를 이용해 여러 모델의 RMSE 값을 반환합니다. 이제 선형 회귀 모델을 학습하고 예측, 평가해 보겠습니다.

```
from sklearn.linear_model import LinearRegression, Ridge, Lasso
from sklearn.model_selection import train_test_split
from sklearn.metrics import mean_squared_error

y_target = house_df_ohe['SalePrice']
X_features = house_df_ohe.drop('SalePrice', axis=1, inplace=False)
X_train, X_test, y_train, y_test = train_test_split(X_features, y_target, test_size=0.2,
                                                    random_state=156)

# LinearRegression, Ridge, Lasso 학습, 예측, 평가
lr_reg = LinearRegression()
lr_reg.fit(X_train, y_train)
ridge_reg = Ridge()
ridge_reg.fit(X_train, y_train)
lasso_reg = Lasso()
lasso_reg.fit(X_train, y_train)

models = [lr_reg, ridge_reg, lasso_reg]
get_rmses(models)
```

[Output]

```
LinearRegression  로그 변환된 RMSE: 0.132
Ridge  로그 변환된 RMSE: 0.128
Lasso  로그 변환된 RMSE: 0.176
```

라쏘 회귀의 경우 회귀 성능이 타 회귀 방식보다 많이 떨어지는 결과가 나왔습니다. 라쏘의 경우 최적 하이퍼 파라미터 튜닝이 필요해 보입니다. 조금 있다가 alpha 하이퍼 파라미터 최적화를 릿지와 라쏘 모델에 대해서 수행하겠습니다. 그보다 먼저 피처별 회귀 계수를 시각화해서 모델별로 어떠한 피처의 회귀 계수로 구성되는지 확인해 보겠습니다. 피처가 많으니 회귀 계수 값의 상위 10개, 하위 10개의 피처명과 그 회귀 계수 값을 가지는 판다스 Series 객체를 반환하는 함수를 만들겠습니다.

```
def get_top_bottom_coef(model, n=10):
    # coef_ 속성을 기반으로 Series 객체를 생성. index는 칼럼명.
    coef = pd.Series(model.coef_, index=X_features.columns)

    # + 상위 10개, - 하위 10개의 회귀 계수를 추출해 반환.
    coef_high = coef.sort_values(ascending=False).head(n)
    coef_low = coef.sort_values(ascending=False).tail(n)
    return coef_high, coef_low
```

생성한 get_top_bottom_coef(model, n=10) 함수를 이용해 모델별 회귀 계수를 시각화합니다. 시각화를 위한 함수로 visualize_coefficient(models)를 생성합니다. 해당 함수는 list 객체로 모델을 입력받아 모델별로 회귀 계수 상위 10개, 하위 10개를 추출해 가로 막대 그래프 형태로 출력합니다.

```
def visualize_coefficient(models):
    # 3개 회귀 모델의 시각화를 위해 3개의 칼럼을 가지는 subplot 생성
    fig, axs = plt.subplots(figsize=(24, 10), nrows=1, ncols=3)
    fig.tight_layout()
    # 입력 인자로 받은 list 객체인 models에서 차례로 model을 추출해 회귀 계수 시각화.
    for i_num, model in enumerate(models):
        # 상위 10개, 하위 10개 회귀 계수를 구하고, 이를 판다스 concat으로 결합
        coef_high, coef_low = get_top_bottom_coef(model)
        coef_concat = pd.concat( [coef_high, coef_low] )
        # ax subplot에 barchar로 표현. 한 화면에 표현하기 위해 tick label 위치와 font 크기 조정.
        axs[i_num].set_title(model.__class__.__name__+' Coeffiecents', size=25)
        axs[i_num].tick_params(axis="y", direction="in", pad=-120)
        for label in (axs[i_num].get_xticklabels() + axs[i_num].get_yticklabels()):
            label.set_fontsize(22)
        sns.barplot(x=coef_concat.values, y=coef_concat.index, ax=axs[i_num])

# 앞 예제에서 학습한 lr_reg, ridge_reg, lasso_reg 모델의 회귀 계수 시각화.
models = [lr_reg, ridge_reg, lasso_reg]
visualize_coefficient(models)
```

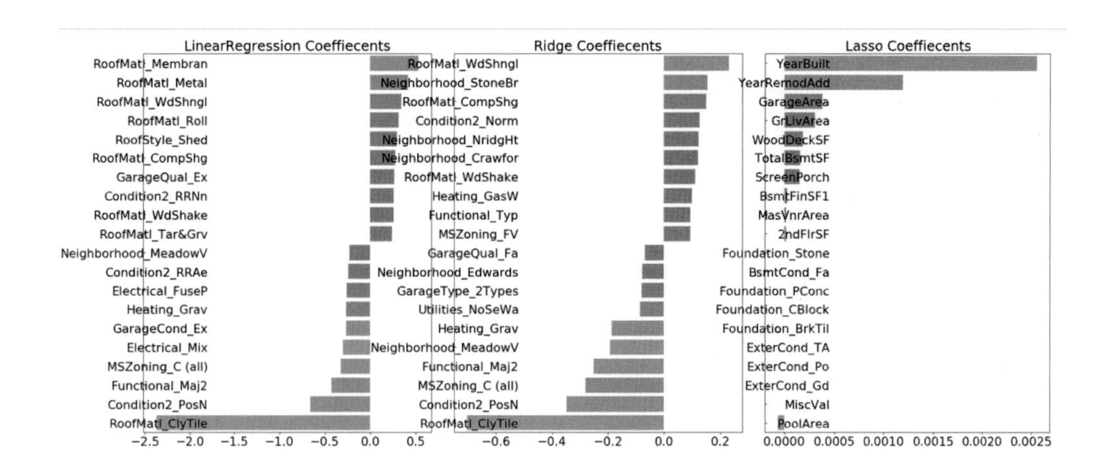

모델별 회귀 계수를 보면 OLS 기반의 LinearRegression과 Ridge의 경우는 회귀 계수가 유사한 형태로 분포돼 있습니다. 하지만 라쏘(Lasso)는 전체적으로 회귀 계수 값이 매우 작고, 그중에 YearBuilt가 가장 크고 다른 피처의 회귀 계수는 너무 작습니다. 라쏘의 경우 다른 두 개의 모델과 다른 회귀 계수 형태를 보이고 있습니다. 혹시 학습 데이터의 데이터 분할에 문제가 있어서 그런 것인지, 이번에는 학습과 테스트 데이터 세트를 train_test_split( )으로 분할하지 않고 전체 데이터 세트인 X_features와 y_target을 5개의 교차 검증 폴드 세트로 분할해 평균 RMSE를 측정해 보겠습니다. 이를 위해 cross_val_score( )를 이용합니다.

```
from sklearn.model_selection import cross_val_score

def get_avg_rmse_cv(models):

    for model in models:
        # 분할하지 않고 전체 데이터로 cross_val_score( ) 수행. 모델별 CV RMSE값과 평균 RMSE 출력
        rmse_list = np.sqrt(-cross_val_score(model, X_features, y_target,
                                             scoring="neg_mean_squared_error", cv = 5))
        rmse_avg = np.mean(rmse_list)
        print('\n{0} CV RMSE 값 리스트: {1}'.format(model.__class__.__name__, np.round(rmse_list, 3)))
        print('{0} CV 평균 RMSE 값: {1}'.format(model.__class__.__name__, np.round(rmse_avg, 3)))

# 앞 예제에서 학습한 ridge_reg, lasso_reg 모델의 CV RMSE값 출력
models = [ridge_reg, lasso_reg]
get_avg_rmse_cv(models)
```

[Output]

```
Ridge CV RMSE 값 리스트: [0.117 0.154 0.142 0.117 0.189]
Ridge CV 평균 RMSE 값: 0.144
Lasso CV RMSE 값 리스트: [0.161 0.204 0.177 0.181 0.265]
Lasso CV 평균 RMSE 값: 0.198
```

5개의 폴드 세트로 학습한 후 평가해도 여전히 라쏘의 경우 릿지 모델보다 성능이 떨어집니다. 릿지와 라쏘 모델에 대해서 alpha 하이퍼 파라미터를 변화시키면서 최적 값을 도출해 보겠습니다. 먼저 앞으로 모델별로 최적화 하이퍼 파라미터 작업을 반복적으로 진행하므로 이를 위한 별도의 함수를 생성하겠습니다. print_best_params(model, params)는 모델과 하이퍼 파라미터 딕셔너리 객체를 받아 최적화 작업의 결과를 표시하는 함수입니다. 이 함수를 이용해 릿지 모델과 라쏘 모델의 최적화 alpha 값을 추출하겠습니다.

```
from sklearn.model_selection import GridSearchCV

def print_best_params(model, params):
    grid_model = GridSearchCV(model, param_grid=params,
                              scoring='neg_mean_squared_error', cv=5)
    grid_model.fit(X_features, y_target)
    rmse = np.sqrt(-1* grid_model.best_score_)
    print('{0} 5 CV 시 최적 평균 RMSE 값:{1}, 최적 alpha:{2}'.format(model.__class__.__name__,
                                   np.round(rmse, 4), grid_model.best_params_))

ridge_params = { 'alpha':[0.05, 0.1, 1, 5, 8, 10, 12, 15, 20] }
lasso_params = { 'alpha':[0.001, 0.005, 0.008, 0.05, 0.03, 0.1, 0.5, 1, 5, 10] }
print_best_params(ridge_reg, ridge_params)
print_best_params(lasso_reg, lasso_params)
```

[Output]

```
Ridge 5 CV 시 최적 평균 RMSE 값:0.1418, 최적 alpha:{'alpha': 12}
Lasso 5 CV 시 최적 평균 RMSE 값:0.142, 최적 alpha:{'alpha': 0.001}
```

릿지 모델의 경우 alpha가 12에서 최적 평균 RMSE가 0.1418, 라쏘 모델의 경우 alpha가 0.001에서 최적 평균 RMSE가 0.142입니다. 라쏘 모델의 경우, alpha 값 최적화 이후 예측 성능이 많이 좋아졌습니다. 선형 모델에 최적 alpha 값을 설정한 뒤, train_test_split( )으로 분할된 학습 데이터와 테스트 데이터를 이용해 모델의 학습/예측/평가를 수행하고, 모델별 회귀 계수를 시각화해 보겠습니다.

```
# 앞의 최적화 alpha 값으로 학습 데이터로 학습, 테스트 데이터로 예측 및 평가 수행.
lr_reg = LinearRegression()
lr_reg.fit(X_train, y_train)
ridge_reg = Ridge(alpha=12)
ridge_reg.fit(X_train, y_train)
lasso_reg = Lasso(alpha=0.001)
lasso_reg.fit(X_train, y_train)

# 모든 모델의 RMSE 출력
models = [lr_reg, ridge_reg, lasso_reg]
get_rmses(models)

# 모든 모델의 회귀 계수 시각화
models = [lr_reg, ridge_reg, lasso_reg]
visualize_coefficient(models)
```

[Output]

```
LinearRegression 로그 변환된 RMSE: 0.132
Ridge 로그 변환된 RMSE: 0.124
Lasso 로그 변환된 RMSE: 0.12
```

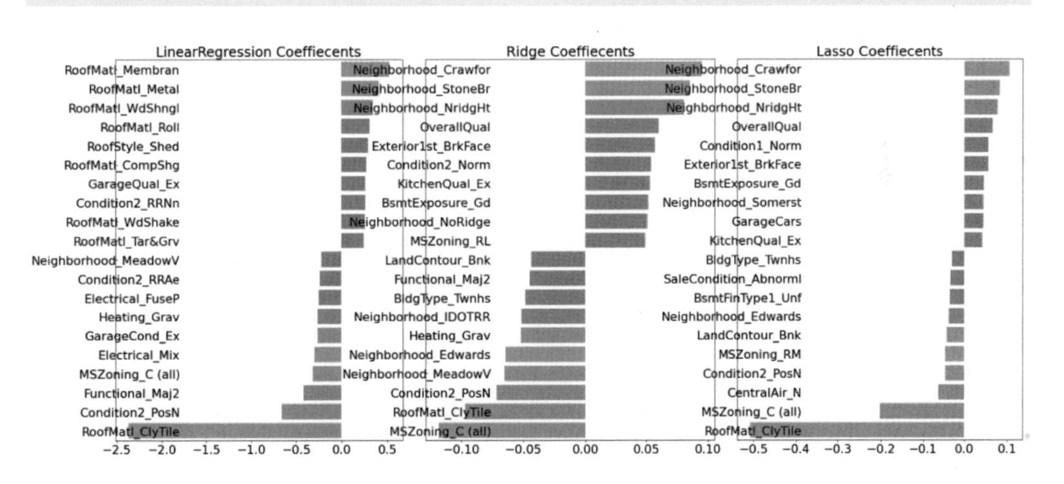

alpha 값 최적화 후 테스트 데이터 세트의 예측 성능이 더 좋아졌습니다. 모델별 회귀 계수도 많이 달라 졌습니다. 기존에는 라쏘 모델의 회귀 계수가 나머지 두 개 모델과 많은 차이가 있었지만, 이번에는 릿지와 라쏘 모델에서 비슷한 피처의 회귀 계수가 높습니다. 다만 라쏘 모델의 경우는 릿지에 비해 동일한 피처라도 회귀 계수의 값이 상당히 작습니다.

데이터 세트를 추가적으로 가공해서 모델 튜닝을 좀 더 진행해 보겠습니다. 두 가지를 살펴볼 텐데, 첫 번째는 피처 데이터 세트의 데이터 분포도이고 두 번째는 이상치(Outlier) 데이터 처리입니다. 먼저 피처 데이터 세트의 분포도를 확인합니다.

예제의 맨 처음에서 타깃 데이터 세트의 데이터 분포도의 왜곡을 확인했습니다. 피처 데이터 세트의 경우도 지나치게 왜곡된 피처가 존재할 경우 회귀 예측 성능을 저하시킬 수 있습니다. 모든 숫자형 피처의 데이터 분포도를 확인해 분포도가 어느 정도로 왜곡됐는지 알아보겠습니다.

사이파이 stats 모듈의 skew( ) 함수를 이용해 칼럼의 데이터 세트의 왜곡된 정도를 쉽게 추출할 수 있습니다. DataFrame에서 숫자형 피처의 왜곡 정도를 확인해 보겠습니다. 일반적으로 skew( ) 함수의 반환 값이 1 이상인 경우를 왜곡 정도가 높다고 판단하지만 상황에 따라 편차는 있습니다. 여기서는 1 이상의 값을 반환하는 피처만 추출해 왜곡 정도를 완화하기 위해 로그 변환을 적용하겠습니다. 다음 예제 코드에서는 숫자형 피처의 칼럼 index 객체를 추출해 구한 숫자형 칼럼 데이터 세트의 apply lambda 식 skew( )를 호출해 숫자형 피처의 왜곡 정도를 구합니다.

여기서 한 가지 주의할 점이 있습니다. skew( )를 적용하는 숫자형 피처에서 원-핫 인코딩된 카테고리 숫자형 피처는 제외해야 합니다. 카테고리 피처는 코드성 피처이므로 인코딩 시 당연히 왜곡될 가능성이 높습니다(예를 들어 '화장실 여부'가 1로 1000건, 0으로 10건이 될 수 있지만, 이는 왜곡과는 무관합니다). 따라서 skew( ) 함수를 적용하는 DataFrame은 원-핫 인코딩이 적용된 house_df_ohe가 아니라 원-핫 인코딩이 적용되지 않은 house_df이어야 합니다.

```
from scipy.stats import skew

# object가 아닌 숫자형 피처의 칼럼 index 객체 추출.
features_index = house_df.dtypes[house_df.dtypes != 'object'].index
# house_df에 칼럼 index를 [ ]로 입력하면 해당하는 칼럼 데이터 세트 반환. apply lambda로 skew( ) 호출
skew_features = house_df[features_index].apply(lambda x : skew(x))
# skew(왜곡) 정도가 1 이상인 칼럼만 추출.
skew_features_top = skew_features[skew_features > 1]
print(skew_features_top.sort_values(ascending=False))
```

[Output]

```
MiscVal        24.451640
PoolArea       14.813135
LotArea        12.195142
3SsnPorch      10.293752
```

```
......
GrLivArea          1.365156
```

이제 추출된 왜곡 정도가 높은 피처를 로그 변환합니다.

```
house_df[skew_features_top.index] = np.log1p(house_df[skew_features_top.index])
```

로그 변환 후 이 피처들의 왜곡 정도를 다시 확인해 보면 여전히 높은 왜곡 정도를 가진 피처가 있지만, 더 이상 로그 변환을 하더라도 개선하기는 어렵기에 그대로 유지합니다. house_df의 피처를 일부 로그 변환했으므로 다시 원-핫 인코딩을 적용한 house_df_ohe를 만들겠습니다. 그리고 이에 기반한 피처 데이터 세트와 타깃 데이터 세트, 학습/테스트 데이터 세트를 모두 다시 만들겠습니다. 그리고 이렇게 만든 데이터 세트에 다시 앞에서 생성한 print_best_params( ) 함수를 이용해 최적 alpha 값과 RMSE를 출력해 보겠습니다.

```
# 왜곡 정도가 높은 피처를 로그 변환했으므로 다시 원-핫 인코딩을 적용하고 피처/타깃 데이터 세트 생성
house_df_ohe = pd.get_dummies(house_df)
y_target = house_df_ohe['SalePrice']
X_features = house_df_ohe.drop('SalePrice', axis=1, inplace=False)
X_train, X_test, y_train, y_test = train_test_split(X_features, y_target, test_size=0.2,
                                                    random_state=156)

# 피처를 로그 변환한 후 다시 최적 하이퍼 파라미터와 RMSE 출력
ridge_params = { 'alpha':[0.05, 0.1, 1, 5, 8, 10, 12, 15, 20] }
lasso_params = { 'alpha':[0.001, 0.005, 0.008, 0.05, 0.03, 0.1, 0.5, 1, 5, 10] }
print_best_params(ridge_reg, ridge_params)
print_best_params(lasso_reg, lasso_params)
```

[Output]

```
Ridge 5 CV 시 최적 평균 RMSE 값:0.1275, 최적 alpha:{'alpha': 10}
Lasso 5 CV 시 최적 평균 RMSE 값:0.1252, 최적 alpha:{'alpha': 0.001}
```

릿지 모델의 경우 최적 alpha값이 12에서 10으로 변경됐고, 두 모델 모두 피처의 로그 변환 이전과 비교해 릿지의 경우 0.1418에서 0.1275로, 라쏘의 경우 0.142에서 0.1252로, 5 폴드 교차 검증의 평균 RMSE값이 향상됐습니다. 다시 위의 train_test_split( )으로 분할된 학습 데이터와 테스트 데이터를 이용해 모델의 학습/예측/평가 및 모델별 회귀 계수를 시각화하면 결과는 다음과 같습니다. 코드는 앞에서 작성했으니 별도로 기재하지 않겠습니다(부록으로 제공되는 소스 코드를 참조하세요). 회귀 계수 시각화 결과를 보면 세 모델 모두 GrLivArea, 즉 주거 공간 크기가 회귀 계수가 가장 높은 피처가 됐습니다. 주거 공간의 크기가 주택 가격에 미치는 영향이 당연히 제일 높을 것이라는 상식선에서의 결과가 이제야 도출됐습니다.

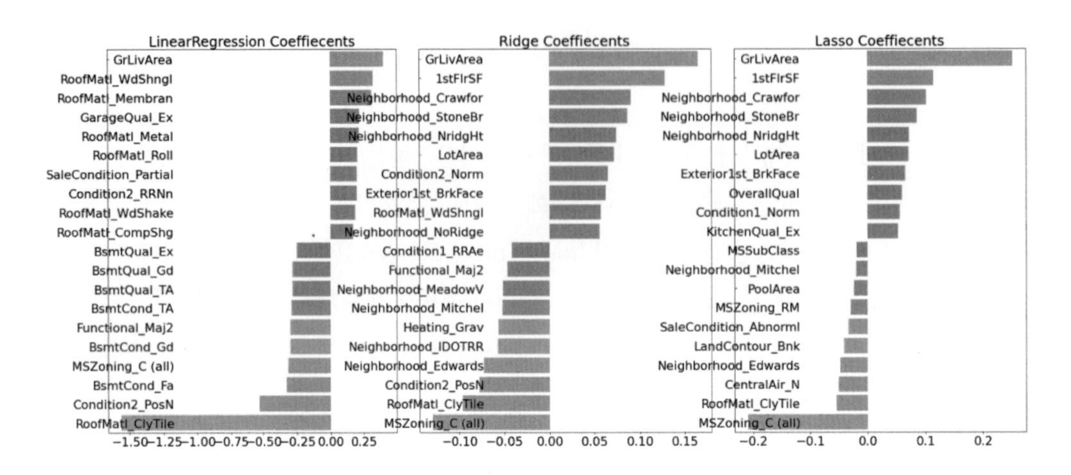

다음으로 좀 더 분석할 요소는 이상치 데이터입니다. 특히 회귀 계수가 높은 피처, 즉 예측에 많은 영향을 미치는 중요 피처의 이상치 데이터의 처리가 중요합니다. 먼저 세 개 모델 모두에서 가장 큰 회귀 계수를 가지는 GrLivArea 피처의 데이터 분포를 살펴보겠습니다.

주택 가격 데이터가 변환되기 이전의 원본 데이터 세트인 house_df_org에서 GrLivArea와 타깃 값인 SalePrice의 관계를 시각화해 보겠습니다(house_df_org 객체 변수는 이 예제의 맨 처음 시작 부분에서 찾을 수 있습니다).

```
plt.scatter(x = house_df_org['GrLivArea'], y = house_df_org['SalePrice'])
plt.ylabel('SalePrice', fontsize=15)
plt.xlabel('GrLivArea', fontsize=15)
plt.show()
```

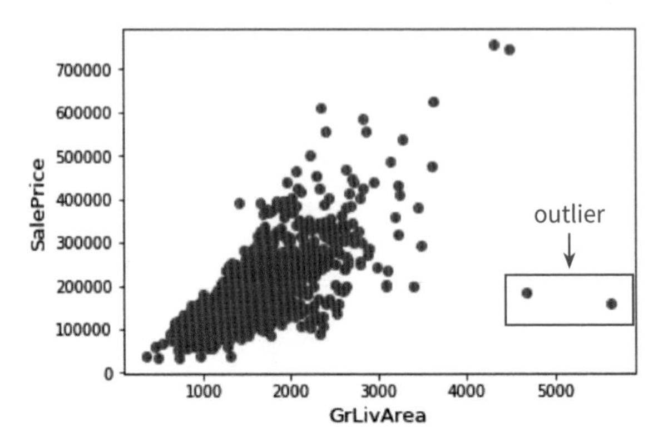

일반적으로 주거 공간이 큰 집일수록 가격이 비싸기 때문에 GrLivArea 피처는 SalePrice와 양의 상관도가 매우 높음을 직관적으로 알 수 있습니다. 하지만 위 그림에서 네모로 표시한 2개의 데이터는 일반적인 GrLivArea와 SalePrice 관계에서 너무 어긋나 있습니다. 두 데이터의 GrLivArea가 가장 큰 데도 불구하고 가격은 매우 낮습니다. GrLivArea가 4000평방피트 이상임에도 가격이 500,000달러 이하인 데이터는 모두 이상치로 간주하고 삭제하겠습니다.

데이터 변환이 모두 완료된 house_df_ohe에서 대상 데이터를 필터링하겠습니다. GrLivArea와 SalePrice 모두 로그 변환됐으므로 이를 반영한 조건을 생성한 뒤, 불린 인덱싱으로 대상을 찾습니다. 찾은 데이터의 DataFrame 인덱스와 drop( )을 이용해 해당 데이터를 삭제합니다.

```
# GrLivArea와 SalePrice 모두 로그 변환됐으므로 이를 반영한 조건 생성.
cond1 = house_df_ohe['GrLivArea'] > np.log1p(4000)
cond2 = house_df_ohe['SalePrice'] < np.log1p(500000)
outlier_index = house_df_ohe[cond1 & cond2].index

print('이상치 레코드 index :', outlier_index.values)
print('이상치 삭제 전 house_df_ohe shape:', house_df_ohe.shape)

# DataFrame의 인덱스를 이용해 이상치 레코드 삭제.
house_df_ohe.drop(outlier_index, axis=0, inplace=True)
print('이상치 삭제 후 house_df_ohe shape:', house_df_ohe.shape)
```

[Output]

```
이상치 레코드 index : [ 523 1298]
이상치 삭제 전 house_df_ohe shape: (1460, 271)
이상치 삭제 후 house_df_ohe shape: (1458, 271)
```

레코드 인덱스 523, 1298이 대상이며 두 개의 데이터를 삭제해 전체 레코드는 1460개에서 1458개로 줄었습니다. 업데이트된 house_df_ohe를 기반으로 피처 데이터 세트와 타깃 데이터 세트를 다시 생성하고 앞에서 정의한 print_best_params( ) 함수를 이용해 릿지와 라쏘 모델의 최적화를 수행하고 결과를 출력해 보겠습니다.

```
y_target = house_df_ohe['SalePrice']
X_features = house_df_ohe.drop('SalePrice', axis=1, inplace=False)
X_train, X_test, y_train, y_test = train_test_split(X_features, y_target, test_size=0.2,
                                                    random_state=156)
```

```
ridge_params = { 'alpha':[0.05, 0.1, 1, 5, 8, 10, 12, 15, 20] }
lasso_params = { 'alpha':[0.001, 0.005, 0.008, 0.05, 0.03, 0.1, 0.5, 1, 5, 10] }
print_best_params(ridge_reg, ridge_params)
print_best_params(lasso_reg, lasso_params)
```

[Output]

```
Ridge 5 CV 시 최적 평균 RMSE 값: 0.1125, 최적 alpha:{'alpha': 8}
Lasso 5 CV 시 최적 평균 RMSE 값: 0.1122, 최적 alpha:{'alpha': 0.001}
```

단 두 개의 이상치 데이터만 제거했는데, 예측 수치가 매우 크게 향상됐습니다. 그리고 릿지 모델의 경우 최적 alpha 값은 12에서 8로 변했고, 평균 RMSE가 0.1275에서 0.1125로 개선됐습니다. 라쏘 모델의 경우는 평균 RMSE가 0.1252에서 0.1122로 개선됐습니다. 라쏘 모델의 경우 RMSE가 약 0.128에서 약 0.114로 매우 낮아졌습니다. 웬만큼 하이퍼 파라미터 튜닝을 해도 이 정도의 수치 개선은 어렵습니다. GrLivArea 속성이 회귀 모델에서 차지하는 영향도가 크기에 이 이상치를 개선하는 것이 성능 개선에 큰 의미를 가졌습니다.

이상치를 찾는 것은 쉽지 않지만, 회귀에 중요한 영향을 미치는 피처를 위주로 이상치 데이터를 찾으려는 노력은 중요합니다. 보통 머신러닝 프로세스 중에서 데이터의 가공은 알고리즘을 적용하기 이전에 수행합니다. 하지만 이것이 머신러닝 알고리즘을 적용하기 이전에 완벽하게 데이터의 선처리 작업을 수행하라는 의미는 아닙니다. 일단 대략의 데이터 가공과 모델 최적화를 수행한 뒤 다시 이에 기반한 여러 가지 기법의 데이터 가공과 하이퍼 파라미터 기반의 모델 최적화를 반복적으로 수행하는 것이 바람직한 머신러닝 모델 생성 과정입니다.

이상치가 제거된 데이터 세트를 기반으로 다시 train_test_split( )로 분할된 데이터 세트의 RMSE 수치 및 회귀 계수를 시각화한 결과는 다음과 같습니다.

[Output]

```
LinearRegression 로그 변환된 RMSE: 0.129
Ridge 로그 변환된 RMSE: 0.103
Lasso 로그 변환된 RMSE: 0.1
```

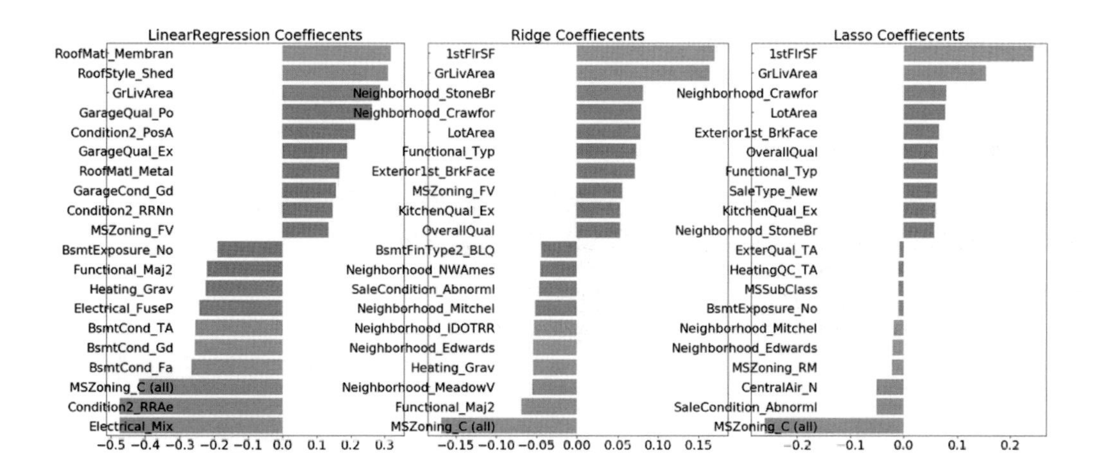

회귀 트리 모델 학습/예측/평가

이번에는 회귀 트리를 이용해 회귀 모델을 만들어 보겠습니다. XGBoost는 XGBRegressor 클래스를, LightGBM은 LGBMRegressor 클래스를 이용합니다. XGBoost, LightGBM 모두 수행 시간이 오래 걸릴 수 있는 관계로 다음과 같은 하이퍼 파라미터 설정을 미리 적용한 상태로 5 폴드 세트에 대한 평균 RMSE 값을 구하겠습니다.

```
from xgboost import XGBRegressor

xgb_params = {'n_estimators':[1000]}
xgb_reg = XGBRegressor(n_estimators=1000, learning_rate=0.05, colsample_bytree=0.5, subsample=0.8)
print_best_params(xgb_reg, xgb_params)
```

[Output]

```
XGBRegressor 5 CV 시 최적 평균 RMSE 값: 0.1178, 최적 alpha:{'n_estimators': 1000}
```

XGBoost 회귀 트리를 적용했을 때 5 폴드 세트 평균 RMSE가 약 0.1178입니다. 이번에는 LightGBM 회귀 트리를 적용해 보겠습니다.

```
from lightgbm import LGBMRegressor

lgbm_params = {'n_estimators':[1000]}
lgbm_reg = LGBMRegressor(n_estimators=1000, learning_rate=0.05, num_leaves=4,
                         subsample=0.6, colsample_bytree=0.4, reg_lambda=10, n_jobs=-1)
print_best_params(lgbm_reg, lgbm_params)
```

[Output]

```
LGBMRegressor 5 CV 시 최적 평균 RMSE 값: 0.1163, 최적 alpha:{'n_estimators': 1000}
```

LightGBM 적용 시 5 폴드 세트 평균 RMSE가 약 0.1163입니다. 이 모델의 피처 중요도를 시각화해 보겠습니다. 트리 모델의 피처 중요도 시각화 예제는 앞에서도 많이 다뤘기 때문에 책에는 소스 코드를 싣지 않겠습니다. 별도로 제공되는 소스 코드를 참조하기 바랍니다. 결과는 다음과 같습니다.

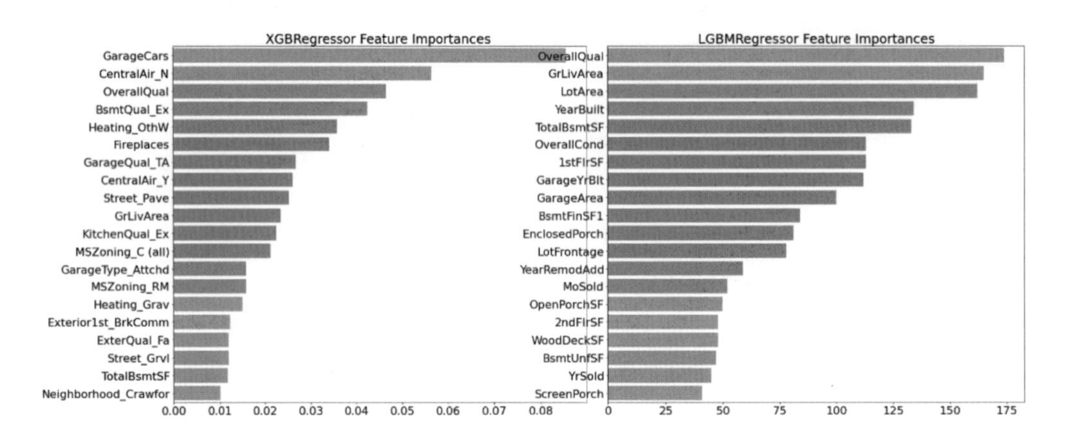

회귀 모델의 예측 결과 혼합을 통한 최종 예측

이번에는 개별 회귀 모델의 예측 결괏값을 혼합해 이를 기반으로 최종 회귀 값을 예측하겠습니다. 기본적으로 예측 결과 혼합은 매우 간단합니다. 가령 A 모델과 B 모델, 두 모델의 예측값이 있다면 A 모델 예측값의 40%, B 모델 예측값의 60%를 더해서 최종 회귀 값으로 예측하는 것입니다. A 회귀 모델의 예측값이 [100, 80, 60]이고, B 회귀 모델의 예측값이 [120, 80, 50]이라면 최종 회귀 예측값은 [100*0.4 + 120*0.6, 80*0.4 + 80*0.6, 60*0.4 + 50*0.6] = [112, 80, 54]가 됩니다. 앞에서 구한 릿지 모델과 라쏘 모델을 서로 혼합해 보겠습니다. 최종 혼합 모델, 개별 모델의 RMSE 값을 출력하는 get_rmse_pred( ) 함수를 생성하고 각 모델의 예측값을 계산한 뒤 개별 모델과 최종 혼합 모델의 RMSE를 구합니다.

```
def get_rmse_pred(preds):
    for key in preds.keys():
        pred_value = preds[key]
        mse = mean_squared_error(y_test, pred_value)
        rmse = np.sqrt(mse)
        print('{0} 모델의 RMSE: {1}'.format(key, rmse))
```

```
# 개별 모델의 학습
ridge_reg = Ridge(alpha=8)
ridge_reg.fit(X_train, y_train)
lasso_reg = Lasso(alpha=0.001)
lasso_reg.fit(X_train, y_train)
# 개별 모델 예측
ridge_pred = ridge_reg.predict(X_test)
lasso_pred = lasso_reg.predict(X_test)

# 개별 모델 예측값 혼합으로 최종 예측값 도출
pred = 0.4 * ridge_pred + 0.6 * lasso_pred
preds = {'최종 혼합': pred,
         'Ridge': ridge_pred,
         'Lasso': lasso_pred}

#최종 혼합 모델, 개별 모델의 RMSE 값 출력
get_rmse_pred(preds)
```

[Output]

```
최종 혼합 모델의 RMSE: 0.10007930884470506
Ridge 모델의 RMSE: 0.10345177546603253
Lasso 모델의 RMSE: 0.10024170460890032
```

최종 혼합 모델의 RMSE가 개별 모델보다 성능 면에서 약간 개선됐습니다. 릿지 모델 예측값에 0.4를 곱하고 라쏘 모델 예측값에 0.6을 곱한 뒤 더했습니다. 0.4나 0.6을 정하는 특별한 기준은 없습니다. 두 개 중 성능이 조금 좋은 쪽에 가중치를 약간 더 뒀습니다. 이번에는 XGBoost와 LightGBM을 혼합해 결과를 살펴보겠습니다.

```
xgb_reg = XGBRegressor(n_estimators=1000, learning_rate=0.05,
                       colsample_bytree=0.5, subsample=0.8)
lgbm_reg = LGBMRegressor(n_estimators=1000, learning_rate=0.05, num_leaves=4,
                         subsample=0.6, colsample_bytree=0.4, reg_lambda=10, n_jobs=-1)
xgb_reg.fit(X_train, y_train)
lgbm_reg.fit(X_train, y_train)
xgb_pred = xgb_reg.predict(X_test)
lgbm_pred = lgbm_reg.predict(X_test)
```

```
pred = 0.5 * xgb_pred + 0.5 * lgbm_pred
preds = {'최종 혼합': pred,
         'XGBM': xgb_pred,
         'LGBM': lgbm_pred}

get_rmse_pred(preds)
```

[Output]

```
최종 혼합 모델의 RMSE: 0.10170077353447762
XGBM 모델의 RMSE: 0.10738295638346222
LGBM 모델의 RMSE: 0.10382510019327311
```

XGBoost와 LightGBM의 혼합 모델의 RMSE가 개별 모델의 RMSE보다 조금 향상됐습니다.

스태킹 앙상블 모델을 통한 회귀 예측

4장 분류에서 소개한 스태킹 모델을 회귀에도 적용할 수 있습니다. 먼저 스태킹 모델의 구현 방법을 다시 정리하겠습니다. 스태킹 모델은 두 종류의 모델이 필요합니다. 첫 번째는 개별적인 기반 모델이고, 두 번째 이 개별 기반 모델의 예측 데이터를 학습 데이터로 만들어서 학습하는 최종 메타 모델입니다. 스태킹 모델의 핵심은 여러 개별 모델의 예측 데이터를 각각 스태킹 형태로 결합해 최종 메타 모델의 학습용 피처 데이터 세트와 테스트용 피처 데이터 세트를 만드는 것입니다.

최종 메타 모델이 학습할 피처 데이터 세트는 원본 학습 피처 세트로 학습한 개별 모델의 예측값을 스태킹 형태로 결합한 것입니다. 이미 4장에서 소개 했지만, 개별 모델을 스태킹 모델로 제공하기 위해 데이터 세트를 생성하기 위한 get_stacking_base_datasets( ) 함수입니다. 기억을 되살리기 위해 다시 한번 책에 수록했습니다.

```
from sklearn.model_selection import KFold
from sklearn.metrics import mean_absolute_error

# 개별 기반 모델에서 최종 메타 모델이 사용할 학습 및 테스트용 데이터를 생성하기 위한 함수.
def get_stacking_base_datasets(model, X_train_n, y_train_n, X_test_n, n_folds ):
    # 지정된 n_folds값으로 KFold 생성.
    kf = KFold(n_splits=n_folds, shuffle=False)
    # 추후에 메타 모델이 사용할 학습 데이터 반환을 위한 넘파이 배열 초기화
    train_fold_pred = np.zeros((X_train_n.shape[0], 1 ))
```

```
    test_pred = np.zeros((X_test_n.shape[0], n_folds))
    print(model.__class__.__name__, ' model 시작 ')

    for folder_counter, (train_index, valid_index) in enumerate(kf.split(X_train_n)):
        # 입력된 학습 데이터에서 기반 모델이 학습/예측할 폴드 데이터 세트 추출
        print('\t 폴드 세트: ', folder_counter, ' 시작 ')
        X_tr = X_train_n[train_index]
        y_tr = y_train_n[train_index]
        X_te = X_train_n[valid_index]

        # 폴드 세트 내부에서 다시 만들어진 학습 데이터로 기반 모델의 학습 수행.
        model.fit(X_tr, y_tr)
        # 폴드 세트 내부에서 다시 만들어진 검증 데이터로 기반 모델 예측 후 데이터 저장.
        train_fold_pred[valid_index, :] = model.predict(X_te).reshape(-1, 1)
        # 입력된 원본 테스트 데이터를 폴드 세트 내 학습된 기반 모델에서 예측 후 데이터 저장.
        test_pred[:, folder_counter] = model.predict(X_test_n)

    # 폴드 세트 내에서 원본 테스트 데이터를 예측한 데이터를 평균하여 테스트 데이터로 생성
    test_pred_mean = np.mean(test_pred, axis=1).reshape(-1, 1)

    # train_fold_pred는 최종 메타 모델이 사용하는 학습 데이터, test_pred_mean은 테스트 데이터
    return train_fold_pred, test_pred_mean
```

get_stacking_base_datasets( )는 인자로 개별 기반 모델, 그리고 원래 사용되는 학습 데이터와 테스트용 피처 데이터를 입력받습니다. 함수 내에서는 개별 모델이 K-폴드 세트로 설정된 폴드 세트 내부에서 원본의 학습 데이터를 다시 추출해 학습과 예측을 수행한 뒤 그 결과를 저장합니다. 저장된 예측 데이터는 추후에 메타 모델의 학습 피처 데이터 세트로 이용됩니다. 또한 함수 내에서 폴드 세트 내부 학습 데이터로 학습된 개별 모델이 인자로 입력된 원본 테스트 데이터를 예측한 뒤, 예측 결과를 평균해 테스트 데이터로 생성합니다.

이제 get_stacking_base_datasets( )를 모델별로 적용해 메타 모델이 사용할 학습 피처 데이터 세트와 테스트 피처 데이터 세트를 추출하겠습니다. 적용할 개별 모델은 릿지, 라쏘, XGBoost, LightGMB의 총 4개입니다.

```
# get_stacking_base_datasets( )는 넘파이 ndarray를 인자로 사용하므로 DataFrame을 넘파이로 변환.
X_train_n = X_train.values
X_test_n = X_test.values
```

```
y_train_n = y_train.values

# 각 개별 기반(Base) 모델이 생성한 학습용/테스트용 데이터 반환.
ridge_train, ridge_test = get_stacking_base_datasets(ridge_reg, X_train_n, y_train_n, X_test_n, 5)
lasso_train, lasso_test = get_stacking_base_datasets(lasso_reg, X_train_n, y_train_n, X_test_n, 5)
xgb_train, xgb_test = get_stacking_base_datasets(xgb_reg, X_train_n, y_train_n, X_test_n, 5)
lgbm_train, lgbm_test = get_stacking_base_datasets(lgbm_reg, X_train_n, y_train_n, X_test_n, 5)
```

각 개별 모델이 반환하는 학습용 피처 데이터와 테스트용 피처 데이터 세트를 결합해 최종 메타 모델에 적용해 보겠습니다. 메타 모델은 별도의 라쏘 모델을 이용하며, 최종적으로 예측 및 RMSE를 측정합니다.

```
# 개별 모델이 반환한 학습 및 테스트용 데이터 세트를 스태킹 형태로 결합.
Stack_final_X_train = np.concatenate((ridge_train, lasso_train, xgb_train, lgbm_train), axis=1)
Stack_final_X_test = np.concatenate((ridge_test, lasso_test,xgb_test, lgbm_test), axis=1)

# 최종 메타 모델은 라쏘 모델을 적용.
meta_model_lasso = Lasso(alpha=0.0005)

# 개별 모델 예측값을 기반으로 새롭게 만들어진 학습/테스트 데이터로 메타 모델 예측 및 RMSE 측정.
meta_model_lasso.fit(Stack_final_X_train, y_train)
final = meta_model_lasso.predict(Stack_final_X_test)
mse = mean_squared_error(y_test, final)
rmse = np.sqrt(mse)
print('스태킹 회귀 모델의 최종 RMSE 값은:', rmse)
```

[Output]

```
스태킹 회귀 모델의 최종 RMSE 값은: 0.09799152965189684
```

최종적으로 스태킹 회귀 모델을 적용할 결과, 테스트 데이터 세트에서 RMSE가 약 0.0979로 현재까지 가장 좋은 성능 평가를 보여줍니다. 스태킹 모델은 분류뿐만 아니라 회귀에서 특히 효과적으로 사용될 수 있는 모델입니다.

11 정리

이번 장에서는 머신러닝 기반의 회귀에 대해서 배웠습니다. 선형 회귀는 실제값과 예측값의 차이인 오류를 최소로 줄일 수 있는 선형 함수를 찾아서 이 선형 함수에 독립변수(피처)를 입력해 종속변수(타깃값, 예측값)를 예측하는 것입니다. 이 최적의 선형 함수를 찾기 위해 실제값과 예측값 차이의 제곱을 회귀 계수 W를 변수로 하는 비용 함수로 만들고, 이 비용 함수가 최소화되는 W의 값을 찾아 선형 함수를 도출할 수 있었습니다. 그리고 이 비용 함수를 최소화할 수 있는 방법으로 경사 하강법을 소개했습니다. 이러한 비용 함수의 최적화 기법은 머신러닝 전반에 걸쳐서 매우 중요한 개념의 하나입니다.

실제값과 예측값의 차이를 최소화하는 것에만 초점을 맞춘 단순 선형 회귀는 학습 데이터에 과적합되는 문제를 수반할 가능성이 높습니다. 이러한 과적합 문제를 해결하기 위해 규제(Regularization)를 선형 회귀에 도입했습니다. 대표적인 규제 선형 회귀는 L2 규제를 적용한 릿지, L1 규제를 적용한 라쏘, 그리고 L1에 L2 규제를 결합한 엘라스틱넷으로 나누어 집니다. 일반적으로 선형 회귀는 이들 규제 선형 회귀를 많이 사용합니다.

선형 회귀를 분류에 적용한 대표적인 모델이 바로 로지스틱 회귀입니다. 로지스틱 회귀는 이름은 회귀이지만 실제로는 분류를 위한 알고리즘입니다. 선형 함수 대신 최적의 시그모이드 함수를 도출하고, 독립변수(피처)를 이 시그모이드 함수에 입력해 반환된 결과를 확률값으로 변환해 예측 레이블을 결정합니다. 로지스틱 회귀는 매우 뛰어난 분류 알고리즘이며, 특히 이진 분류나 희소 행렬로 표현되는 텍스트 기반의 분류에서 높은 예측 성능을 나타냅니다.

선형(또는 비선형) 회귀와 같이 최적의 선형(또는 비선형) 함수를 찾아내는 대신 회귀 트리를 이용해 예측하는 방법도 있습니다. 회귀 트리는 분류를 위해 만들어진 분류 트리와 크게 다르지 않으나, 리프 노드에서 예측 결정 값을 만드는 과정에 차이가 있습니다. 회귀 트리는 리프 노드에 속한 데이터 값의 평균값을 구해 회귀 예측값을 계산합니다. 결정 트리, 랜덤 포레스트, GBM, XGBoost, LightGBM 모두 회귀 트리를 이용해 회귀를 수행하는 방법을 제공합니다.

선형 모델을 기반으로 하는 선형 회귀는 데이터 값의 분포도와 인코딩 방법에 많은 영향을 받을 수 있습니다. 선형 회귀는 데이터 값의 분포도가 정규 분포와 같이 종 모양의 형태를 선호하며, 특히 타깃값의 분포도가 왜곡(Skew)되지 않고 정규 분포 형태로 되어야 예측 성능을 저하시키지 않습니다. 데이터 세트가 이러한 왜곡된 데이터 분포도를 가지고 있을 때 일반적으로 로그 변환을 적용하는 것이 유용합니다. 또한 선형 회귀의 경우 데이터 세트에 카테고리형 데이터가 있을 경우 이를 레이블 인코딩을 통한 숫자형 변환보다는 원-핫 인코딩으로 변환해줘야 합니다. 회귀 트리의 경우 인코딩 방식에 크게 영향을 받지는 않습니다.

두 가지 예제를 실습해 보면서 데이터 정제와 변환, 그리고 선형 회귀/회귀 트리의 최적화를 통해 어떻게 회귀 모델을 향상시키는지 실습했습니다. 특히 스태킹 모델을 회귀에 적용해 훌륭한 예측 성능을 도출할 수 있었습니다. 이것으로 머신러닝 지도학습의 큰 축인 분류와 회귀에 대한 설명을 마치겠습니다. 다음으로 비지도학습의 큰 분야인 차원 축소에 대해 설명합니다.

차원 축소

"보여지는 것이 전부는 아니다"
< 영화 트랜스포머에서 >

01 차원 축소(Dimension Reduction) 개요

이 장에서는 대표적인 차원 축소 알고리즘인 PCA, LDA, SVD, NMF에 대해서 알아보겠습니다. 차원 축소는 매우 많은 피처로 구성된 다차원 데이터 세트의 차원을 축소해 새로운 차원의 데이터 세트를 생성하는 것입니다. 일반적으로 차원이 증가할수록 데이터 포인트 간의 거리가 기하급수적으로 멀어지게 되고, 희소(sparse)한 구조를 가지게 됩니다. 수백 개 이상의 피처로 구성된 데이터 세트의 경우 상대적으로 적은 차원에서 학습된 모델보다 예측 신뢰도가 떨어집니다. 또한 피처가 많을 경우 개별 피처간에 상관관계가 높을 가능성이 큽니다. 선형 회귀와 같은 선형 모델에서는 입력 변수 간의 상관관계가 높을 경우 이로 인한 다중 공선성 문제로 모델의 예측 성능이 저하됩니다.

이렇게 매우 많은 다차원의 피처를 차원 축소해 피처 수를 줄이면 더 직관적으로 데이터를 해석할 수 있습니다. 가령 수십 개 이상의 피처가 있는 데이터의 경우 이를 시각적으로 표현해 데이터의 특성을 파악하기는 불가능합니다. 이 경우 3차원 이하의 차원 축소를 통해서 시각적으로 데이터를 압축해서 표현할 수 있습니다. 또한 차원 축소를 할 경우 학습 데이터의 크기가 줄어들어서 학습에 필요한 처리 능력도 줄일 수 있습니다.

일반적으로 차원 축소는 피처 선택(feature selection)과 피처 추출(feature extraction)로 나눌 수 있습니다. 피처 선택, 즉 특성 선택은 말 그대로 특정 피처에 종속성이 강한 불필요한 피처는 아예 제거하고, 데이터의 특징을 잘 나타내는 주요 피처만 선택하는 것입니다. 피처(특성) 추출은 기존 피처를 저차원의 중요 피처로 압축해서 추출하는 것입니다. 이렇게 새롭게 추출된 중요 특성은 기존의 피처가 압축된 것이므로 기존의 피처와는 완전히 다른 값이 됩니다.

피처 추출은 기존 피처를 단순 압축이 아닌, 피처를 함축적으로 더 잘 설명할 수 있는 또 다른 공간으로 매핑해 추출하는 것입니다. 가령 학생을 평가하는 다양한 요소로 모의고사 성적, 종합 내신성적, 수능성적, 봉사활동, 대외활동, 학교 내외 수상경력 등과 관련된 여러 가지 피처로 돼 있는 데이터 세트라면 이를 학업 성취도, 커뮤니케이션 능력, 문제 해결력과 같은 더 함축적인 요약 특성으로 추출할 수 있습니다. 이러한 함축적인 특성 추출은 기존 피처가 전혀 인지하기 어려웠던 잠재적인 요소(Latent Factor)를 추출하는 것을 의미합니다(위의 학생 평가 요소는 사실 함축적인 의미를 인지하기 어려운 것은 아닙니다. 함축성의 의미가 무엇인지 예를 든 것일 뿐입니다).

이처럼 차원 축소는 단순히 데이터의 압축을 의미하는 것이 아닙니다. 더 중요한 의미는 차원 축소를 통해 좀 더 데이터를 잘 설명할 수 있는 잠재적인 요소를 추출하는 데에 있습니다. PCA, SVD, NMF는 이처럼 잠재적인 요소를 찾는 대표적인 차원 축소 알고리즘입니다. 매우 많은 차원을 가지고 있는 이미지나 텍스트에서 차원 축소를 통해 잠재적인 의미를 찾아 주는 데 이 알고리즘이 잘 활용되고 있습니다.

이 차원 축소 알고리즘은 매우 많은 픽셀로 이뤄진 이미지 데이터에서 잠재된 특성을 피처로 도출해 함축적 형태의 이미지 변환과 압축을 수행할 수 있습니다. 이렇게 변환된 이미지는 원본 이미지보다 훨씬 적은 차원이기 때문에 이미지 분류 등의 분류 수행 시에 과적합(overfitting) 영향력이 작아져서 오히려 원본 데이터로 예측하는 것보다 예측 성능을 더 끌어 올릴 수 있습니다. 이미지 자체가 가지고 있는 차원의 수가 너무 크기 때문에 비슷한 이미지라도 적은 픽셀의 차이가 잘못된 예측으로 이어질 수 있기 때문입니다. 이 경우 함축적으로 차원을 축소하는 것이 예측 성능에 훨씬 도움이 됩니다.

차원 축소 알고리즘이 자주 사용되는 또 다른 영역은 텍스트 문서의 숨겨진 의미를 추출하는 것입니다. 문서는 많은 단어로 구성돼 있습니다. 문서를 만드는 사람은 어떤 의미나 의도를 가지고 문서를 작성하면서 단어를 사용하게 됩니다. 일반적으로 사람의 경우 문서를 읽으면서 이 문서가 어떤 의미나 의도를 가지고 작성됐는지 쉽게 인지할 수 있습니다(물론 그렇지 않은 난해한 문서도 있습니다만). 차원 축소 알고리즘은 문서 내 단어들의 구성에서 숨겨져 있는 시맨틱(Semantic) 의미나 토픽(Topic)을 잠재 요소로 간주하고 이를 찾아낼 수 있습니다. SVD와 NMF는 이러한 시맨틱 토픽(Semantic Topic) 모델링을 위한 기반 알고리즘으로 사용됩니다.

02 PCA(Principal Component Analysis)

PCA 개요

PCA(Principal Component Analysis)는 가장 대표적인 차원 축소 기법입니다. PCA는 여러 변수 간에 존재하는 상관관계를 이용해 이를 대표하는 주성분(Principal Component)을 추출해 차원을 축소하는 기법입니다. PCA로 차원을 축소할 때는 기존 데이터의 정보 유실이 최소화되는 것이 당연합니다. 이를 위해서 PCA는 가장 높은 분산을 가지는 데이터의 축을 찾아 이 축으로 차원을 축소하는데, 이것이 PCA의 주성분이 됩니다(즉, 분산이 데이터의 특성을 가장 잘 나타내는 것으로 간주합니다). 키와 몸무게 2개의 피처를 가지고 있는 데이터 세트가 다음과 같이 구성돼 있다고 가정해 보겠습니다.

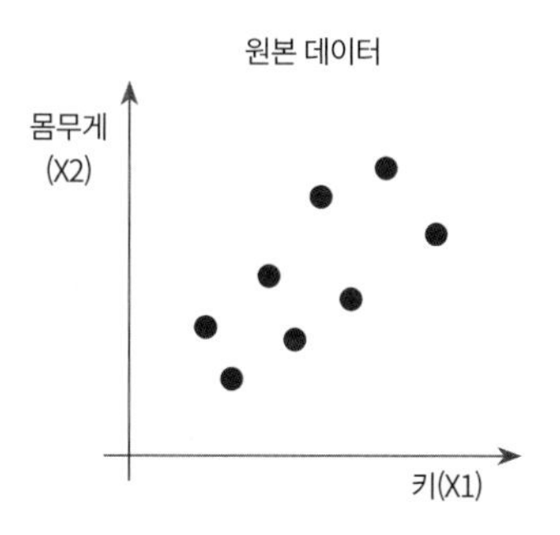

이 2개의 피처를 한 개의 주성분을 가진 데이터 세트로 차원 축소를 할 수 있습니다. 데이터 변동성이 가장 큰 방향으로 축을 생성하고, 새롭게 생성된 축으로 데이터를 투영하는 방식입니다.

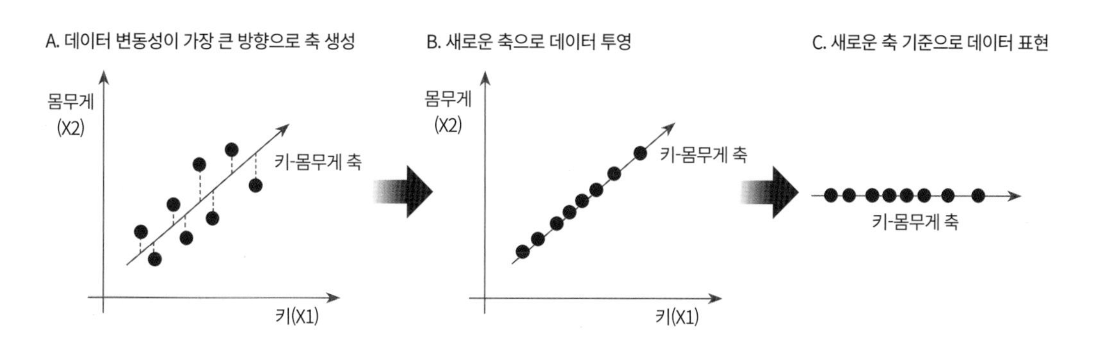

PCA는 제일 먼저 가장 큰 데이터 변동성(Variance)을 기반으로 첫 번째 벡터 축을 생성하고, 두 번째 축은 이 벡터 축에 직각이 되는 벡터(직교 벡터)를 축으로 합니다. 세 번째 축은 다시 두 번째 축과 직각이 되는 벡터를 설정하는 방식으로 축을 생성합니다. 이렇게 생성된 벡터 축에 원본 데이터를 투영하면 벡터 축의 개수만큼의 차원으로 원본 데이터가 차원 축소됩니다.

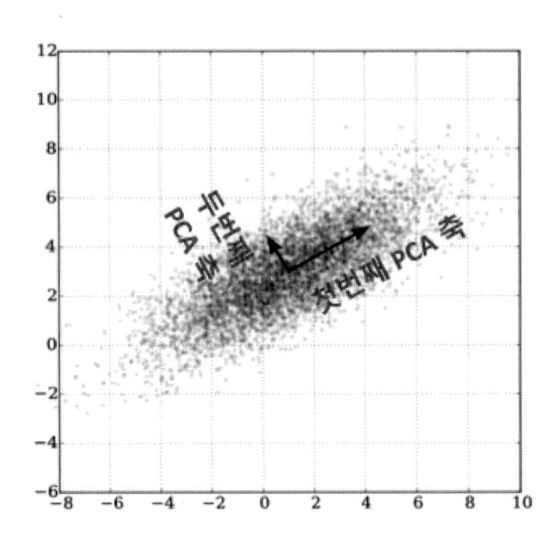

PCA, 즉 주성분 분석은 이처럼 원본 데이터의 피처 개수에 비해 매우 작은 주성분으로 원본 데이터의 총 변동성을 대부분 설명할 수 있는 분석법입니다.

PCA를 선형대수 관점에서 해석해 보면, 입력 데이터의 공분산 행렬(Covariance Matrix)을 고유값 분해하고, 이렇게 구한 고유벡터에 입력 데이터를 선형 변환하는 것입니다. 이 고유벡터가 PCA의 주성분 벡터로서 입력 데이터의 분산이 큰 방향을 나타냅니다. 고윳값(eigenvalue)은 바로 이 고유벡터의 크기를 나타내며, 동시에 입력 데이터의 분산을 나타냅니다. 이 의미를 좀 더 자세히 알아보기 위해 선형 변환, 공분산 행렬과 고유벡터에 대해 알아보겠습니다.

일반적으로 선형 변환은 특정 벡터에 행렬 A를 곱해 새로운 벡터로 변환하는 것을 의미합니다. 이를 특정 벡터를 하나의 공간에서 다른 공간으로 투영하는 개념으로도 볼 수 있으며, 이 경우 이 행렬을 바로 공간으로 가정하는 것입니다.

보통 분산은 한 개의 특정한 변수의 데이터 변동을 의미하나, 공분산은 두 변수 간의 변동을 의미합니다. 즉, 사람 키 변수를 X, 몸무게 변수를 Y라고 하면 공분산 Cov(X, Y) 〉 0은 X(키)가 증가할 때 Y(몸무게)도 증가한다는 의미입니다. 공분산 행렬은 여러 변수와 관련된 공분산을 포함하는 정방형 행렬입니다.

	X	Y	Z
X	**3.0**	−0.71	−0.24
Y	−0.71	**4.5**	0.28
Z	−0.24	0.28	**0.91**

위 표에서 보면 공분산 행렬에서 대각선 원소는 각 변수(X, Y, Z)의 분산을 의미하며, 대각선 이외의 원소는 가능한 모든 변수 쌍 간의 공분산을 의미합니다. X, Y, Z의 분산은 각각 3.0, 4.5, 0.91입니다. X와 Y의 공분산은 −0.71, X와 Z의 공분산은 −0.24, Y와 Z의 공분산은 0.28입니다.

고유벡터는 행렬 A를 곱하더라도 방향이 변하지 않고 그 크기만 변하는 벡터를 지칭합니다. 즉, Ax = ax(A는 행렬, x는 고유벡터, a는 스칼라값)입니다. 이 고유벡터는 여러 개가 존재하며, 정방 행렬은 최대 그 차원 수만큼의 고유벡터를 가질 수 있습니다. 예를 들어 2x2 행렬은 두 개의 고유벡터를, 3x3 행렬은 3개의 고유벡터를 가질 수 있습니다. 이렇게 고유벡터는 행렬이 작용하는 힘의 방향과 관계가 있어서 행렬을 분해하는 데 사용됩니다.

공분산 행렬은 정방행렬(Square Matrix)이며 대칭행렬(Symmetric Matrix)입니다. 정방행렬은 열과 행이 같은 행렬을 지칭하는데, 정방행렬 중에서 대각 원소를 중심으로 원소 값이 대칭되는 행렬, 즉 $A^T = A$인 행렬을 대칭행렬이라고 부릅니다. 공분산 행렬은 개별 분산값을 대각 원소로 하는 대칭행렬입니다. 이 대칭행렬은 고유값 분해와 관련해 매우 좋은 특성이 있습니다. 대칭행렬은 항상 고유벡터를 직교행렬(orthogonal matrix)로, 고유값을 정방 행렬로 대각화할 수 있다는 것입니다.

입력 데이터의 공분산 행렬을 C라고 하면 공분산 행렬의 특성으로 인해 다음과 같이 분해할 수 있습니다.

$$C = P \sum P^T$$

이때 P는 n × n의 직교행렬이며, Σ는 n × n 정방행렬, P^T는 행렬 P의 전치 행렬입니다(직교행렬의 의미는 https://ko.wikipedia.org/wiki/직교행렬을 참조하기 바랍니다). 위 식은 고유벡터 행렬과 고유값 행렬로 다음과 같이 대응됩니다.

$$C = [e_1 \cdots e_n] \begin{bmatrix} \lambda_1 & \cdots & 0 \\ \cdots & \cdots & \cdots \\ 0 & \cdots & \lambda_n \end{bmatrix} \begin{bmatrix} e_1^t \\ \cdots \\ e_n^t \end{bmatrix}$$

즉, 공분산 C는 고유벡터 직교 행렬 * 고유값 정방 행렬 * 고유벡터 직교 행렬의 전치 행렬로 분해됩니다. e_i는 i번째 고유벡터를, λ_i는 i번째 고유벡터의 크기를 의미합니다. e_1는 가장 분산이 큰 방향을 가진 고유벡터이며, e_2는 e_1에 수직이면서 다음으로 가장 분산이 큰 방향을 가진 고유벡터입니다.

위 수식이 어떻게 유도됐는지는 더 복잡한 수학식을 동원해야 하기에 이 책에서는 생략하겠습니다. 선형대수식까지 써가면서 강조하고 싶었던 것은 **입력 데이터의 공분산 행렬이 고유벡터와 고유값으로 분해될 수 있으며, 이렇게 분해된 고유벡터를 이용해 입력 데이터를 선형 변환하는 방식이 PCA라는 것입니다.** 보통 PCA는 다음과 같은 스텝으로 수행됩니다.

1. 입력 데이터 세트의 공분산 행렬을 생성합니다.
2. 공분산 행렬의 고유벡터와 고유값을 계산합니다.
3. 고유값이 가장 큰 순으로 K개(PCA 변환 차수만큼)만큼 고유벡터를 추출합니다.
4. 고유값이 가장 큰 순으로 추출된 고유벡터를 이용해 새롭게 입력 데이터를 변환합니다.

PCA는 많은 속성으로 구성된 원본 데이터를 그 핵심을 구성하는 데이터로 압축한 것입니다. 붓꽃(Iris) 데이터 세트는 sepal length, sepal width, petal length, petal width의 4개의 속성으로 되어 있는데, 이 4개의 속성을 2개의 PCA 차원으로 압축해 원래 데이터 세트와 압축된 데이터 세트가 어떻게 달라졌는지 확인해 보겠습니다. 먼저 사이킷런의 붓꽃 데이터를 load_iris( ) API를 이용해 로딩한 뒤 이 데이터를 더 편하게 시각화하기 위해 DataFrame으로 변환하겠습니다.

```
from sklearn.datasets import load_iris
import pandas as pd
import matplotlib.pyplot as plt
%matplotlib inline

iris = load_iris()
# 넘파이 데이터 세트를 판다스 DataFrame으로 변환
columns = ['sepal_length', 'sepal_width', 'petal_length', 'petal_width']
irisDF = pd.DataFrame(iris.data, columns=columns)
irisDF['target']=iris.target
irisDF.head(3)
```

[Output]

	sepal_length	sepal_width	petal_length	petal_width	target
0	5.1	3.5	1.4	0.2	0
1	4.9	3.0	1.4	0.2	0
2	4.7	3.2	1.3	0.2	0

각 품종에 따라 원본 붓꽃 데이터 세트가 어떻게 분포돼 있는지 2차원으로 시각화해 보겠습니다. 2차원으로 표현하므로 두 개의 속성인 sepal length와 sepal width를 X축, Y축으로 해 품종 데이터 분포를 나타냅니다.

```
#setosa는 세모, versicolor는 네모, virginica는 동그라미로 표현
markers=['^', 's', 'o']

#setosa의 target 값은 0, versicolor는 1, virginica는 2. 각 target별로 다른 모양으로 산점도로 표시
for i, marker in enumerate(markers):
    x_axis_data = irisDF[irisDF['target']==i]['sepal_length']
    y_axis_data = irisDF[irisDF['target']==i]['sepal_width']
    plt.scatter(x_axis_data, y_axis_data, marker=marker, label=iris.target_names[i])

plt.legend()
plt.xlabel('sepal length')
plt.ylabel('sepal width')
plt.show()
```

[Output]

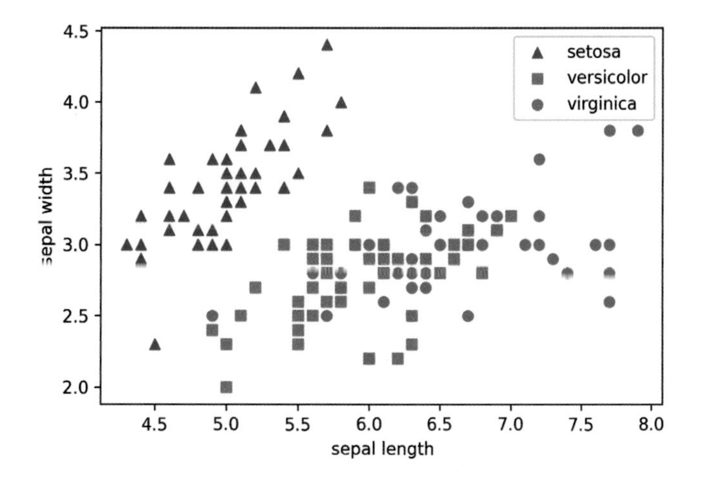

Setosa 품종의 경우 sepal width가 3.0보다 크고, sepal length가 6.0 이하인 곳에 일정하게 분포돼 있습니다. Versicolor와 virginica의 경우는 sepal width와 sepal length 조건만으로는 분류가 어려운 복잡한 조건임을 알 수 있습니다. 이제 PCA로 4개 속성을 2개로 압축한 뒤 앞의 예제와 비슷하게 2개의 PCA 속성으로 붓꽃 데이터의 품종 분포를 2차원으로 시각화해 보겠습니다.

먼저 붓꽃 데이터 세트에 바로 PCA를 적용하기 전에 개별 속성을 함께 스케일링해야 합니다. PCA는 여러 속성의 값을 연산해야 하므로 속성의 스케일에 영향을 받습니다. 따라서 여러 속성을 PCA로 압축하기 전에 각 속성값을 동일한 스케일로 변환하는 것이 필요합니다. 사이킷런의 StandardScaler를 이용해 평균이 0, 분산이 1인 표준 정규 분포로 iris 데이터 세트의 속성값들을 변환합니다.

```
from sklearn.preprocessing import StandardScaler

# Target 값을 제외한 모든 속성 값을 StandardScaler를 이용해 표준 정규 분포를 가지는 값들로 변환
iris_scaled = StandardScaler().fit_transform(irisDF.iloc[:, :-1])
```

이제 스케일링이 적용된 데이터 세트에 PCA를 적용해 4차원(4개 속성)의 붓꽃 데이터를 2차원(2개의 PCA 속성) PCA 데이터로 변환해 보겠습니다. 사이킷런은 PCA 변환을 위해 PCA 클래스를 제공합니다. PCA 클래스는 생성 파라미터로 n_components를 입력받습니다. n_components는 PCA로 변환할 차원의 수를 의미하므로 여기서는 2로 설정합니다. 이후에 fit(입력 데이터 세트)과 transform(입력 데이터 세트)을 호출해 PCA로 변환을 수행합니다.

```
from sklearn.decomposition import PCA

pca = PCA(n_components=2)

# fit()과 transform()을 호출해 PCA 변환 데이터 반환
pca.fit(iris_scaled)
iris_pca = pca.transform(iris_scaled)
print(iris_pca.shape)
```

[Output]

```
(150, 2)
```

PCA 객체의 transform( ) 메서드를 호출해 원본 데이터 세트를 (150, 2)의 데이터 세트로 iris_pca 객체 변수로 반환했습니다. iris_pca는 변환된 PCA 데이터 세트를 150×2 넘파이 행렬로 가지고 있습니다. 이를 DataFrame으로 변환한 뒤 데이터값을 확인해 보겠습니다.

```
# PCA 변환된 데이터의 칼럼명을 각각 pca_component_1, pca_component_2로 명명
pca_columns=['pca_component_1','pca_component_2']
irisDF_pca = pd.DataFrame(iris_pca, columns=pca_columns)
irisDF_pca['target']=iris.target
irisDF_pca.head(3)
```

[Output]

	pca_component_1	pca_component_2	target
0	-2.264703	0.480027	0
1	-2.080961	-0.674134	0
2	-2.364229	-0.341908	0

이제 2개의 속성으로 PCA 변환된 데이터 세트를 2차원상에서 시각화해 보겠습니다. pca_component_1 속성을 X축으로, pca_component_2 속성을 Y축으로 해서 붓꽃 품종이 어떻게 분포되는지 확인합니다.

```
# setosa를 세모, versicolor를 네모, virginica를 동그라미로 표시
markers=['^', 's', 'o']

# pca_component_1을 x축, pc_component_2를 y축으로 scatter plot 수행
for i, marker in enumerate(markers):
    x_axis_data = irisDF_pca[irisDF_pca['target']==i]['pca_component_1']
    y_axis_data = irisDF_pca[irisDF_pca['target']==i]['pca_component_2']
    plt.scatter(x_axis_data, y_axis_data, marker=marker,label=iris.target_names[i])

plt.legend()
plt.xlabel('pca_component_1')
plt.ylabel('pca_component_2')
plt.show()
```

[Output]

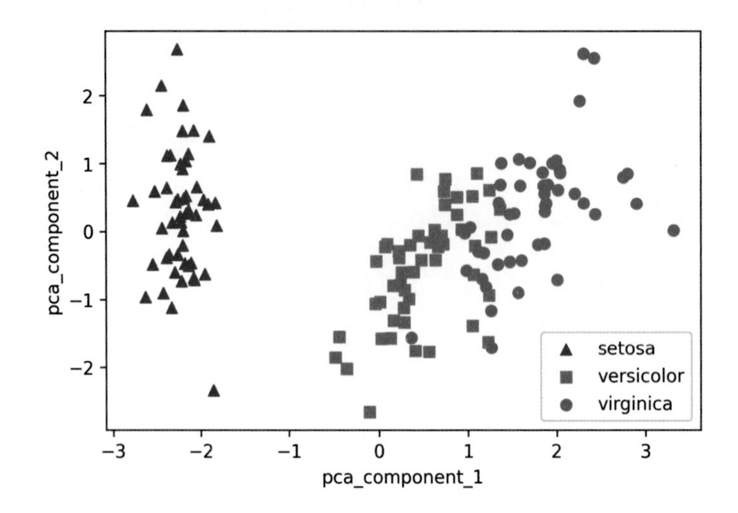

PCA로 변환한 후에도 pca_component_1 축을 기반으로 Setosa 품종은 명확하게 구분이 가능합니다. Versicolor와 Virginica는 pca_component_1 축을 기반으로 서로 겹치는 부분이 일부 존재하지만, 비교적 잘 구분됐습니다. 이는 PCA의 첫 번째 새로운 축인 pca_component_1이 원본 데이터의 변동성을 잘 반영했기 때문입니다. PCA Component별로 원본 데이터의 변동성을 얼마나 반영하고 있는지 알아보겠습니다. PCA 변환을 수행한 PCA 객체의 explained_variance_ratio_ 속성은 전체 변동성에서 개별 PCA 컴포넌트별로 차지하는 변동성 비율을 제공하고 있습니다.

```
print(pca.explained_variance_ratio_)
```

[Output]

```
[0.72962445 0.22850762]
```

첫 번째 PCA 변환 요소인 pca_component_1이 전체 변동성의 약 72.9%를 차지하며, 두 번째인 pca_component_2가 약 22.8%를 차지합니다. 따라서 PCA를 2개 요소로만 변환해도 원본 데이터의 변동성을 95% 설명할 수 있습니다. 이번에는 원본 붓꽃 데이터 세트와 PCA로 변환된 데이터 세트에 각각 분류를 적용한 후 결과를 비교하겠습니다. Estimator는 RandomForestClassifier를 이용하고 cross_val_score( )로 3개의 교차 검증 세트로 정확도 결과를 비교합니다. 먼저 원본 붓꽃 데이터에 랜덤 포레스트(Random Forest)를 적용한 결과는 다음과 같습니다.

```
from sklearn.ensemble import RandomForestClassifier
from sklearn.model_selection import cross_val_score
import numpy as np

rcf = RandomForestClassifier(random_state=156)
scores = cross_val_score(rcf, iris.data, iris.target,scoring='accuracy',cv=3)
print('원본 데이터 교차 검증 개별 정확도:',scores)
print('원본 데이터 평균 정확도:', np.mean(scores))
```

[Output]

```
원본 데이터 교차 검증 개별 정확도: [0.98 0.94 0.96]
원본 데이터 평균 정확도: 0.96
```

이번에는 기존 4차원 데이터를 2차원으로 PCA 변환한 데이터 세트에 랜덤 포레스트를 적용해 보겠습니다.

```
pca_X = irisDF_pca[['pca_component_1', 'pca_component_2']]
scores_pca = cross_val_score(rcf, pca_X, iris.target, scoring='accuracy', cv=3 )
print('PCA 변환 데이터 교차 검증 개별 정확도:',scores_pca)
print('PCA 변환 데이터 평균 정확도:', np.mean(scores_pca))
```

[Output]

```
PCA 변환 데이터 교차 검증 개별 정확도: [0.88 0.88 0.88]
PCA 변환 데이터 평균 정확도: 0.88
```

원본 데이터 세트 대비 예측 정확도는 PCA 변환 차원 개수에 따라 예측 성능이 떨어질 수밖에 없습니다. 위 붓꽃 데이터의 경우는 4개의 속성이 2개의 변환 속성으로 감소하면서 예측 성능의 정확도가 원본 데이터 대비 약 8% 하락했습니다. 8%의 정확도 하락은 비교적 큰 성능 수치의 감소지만, 4개의 속성이 2개로, 속성 개수가 50% 감소한 것을 고려한다면 PCA 변환 후에도 원본 데이터의 특성을 상당 부분 유지하고 있음을 알 수 있습니다.

다음으로는 좀 더 많은 피처를 가진 데이터 세트를 적은 PCA 컴포넌트 기반으로 변환한 뒤, 예측 영향도가 어떻게 되는지 변환된 PCA 데이터 세트에 기반해서 비교해 보겠습니다. 사용할 데이터 세트는 UCI Machine Learning Repository에 있는 신용카드 고객 데이터 세트(Credit Card Clients Data Set)입니다. https://archive.ics.uci.edu/ml/datasets/default+of+credit+card+clients에서 내려받을 수 있습니다.

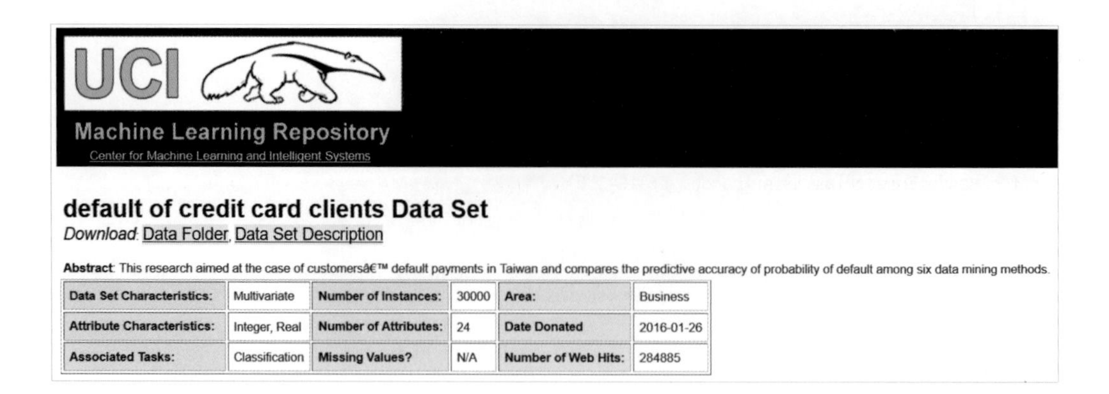

Machine Learning Repository

Center for Machine Learning and Intelligent Systems

default of credit card clients Data Set

Download: Data Folder, Data Set Description

Abstract: This research aimed at the case of customersâ€™ default payments in Taiwan and compares the predictive accuracy of probability of default among six data mining methods.

Data Set Characteristics:	Multivariate	Number of Instances:	30000	Area:	Business
Attribute Characteristics:	Integer, Real	Number of Attributes:	24	Date Donated	2016-01-26
Associated Tasks:	Classification	Missing Values?	N/A	Number of Web Hits:	284885

위 웹페이지에서 Data Folder 링크를 클릭하면 다음과 같이 내려받을 데이터 파일인 default of credit card clients.xls 파일이 보입니다. 해당 링크를 클릭한 뒤, 주피터 노트북이 있는 디렉터리 위치로 저장합니다. 파일명이 비교적 긴 관계로 pca_credit_card.xls로 변경해 저장하겠습니다.

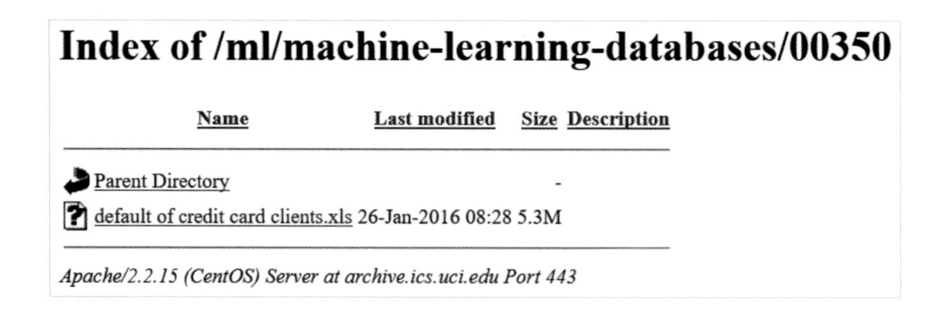

Index of /ml/machine-learning-databases/00350

Name	Last modified	Size	Description
Parent Directory		-	
default of credit card clients.xls	26-Jan-2016 08:28	5.3M	

Apache/2.2.15 (CentOS) Server at archive.ics.uci.edu Port 443

다음으로 저장된 pca_credit_card.xls 데이터 세트를 DataFrame으로 로딩하겠습니다. 판다스는 엑셀 파일을 DataFrame으로 편리하게 로드하기 위해 read_excel( )을 제공합니다. 로드하려는 엑셀 파일명과 데이터가 있는 엑셀 시트명을 입력하면 됩니다(해당 데이터 세트가 있는 엑셀 시트명은 'Data'입니다).

```
# header로 의미 없는 첫 행 제거, iloc로 기존 id 제거
import pandas as pd

df = pd.read_excel('pca_credit_card.xls', header=1, sheet_name='Data').iloc[0:,1:]
print(df.shape)
df.head(3)
```

[Output]

```
(30000, 24)
```

	LIMIT_BAL	SEX	EDUCATION	MARRIAGE	AGE	PAY_0	PAY_2	PAY_3	PAY_4	PAY_5	...	BILL_AMT4	BILL_AMT5	BILL_AMT6	PAY_AMT1	PAY_AMT2	P
0	20000	2	2	1	24	2	2	-1	-1	-2	...	0	0	0	0	689	
1	120000	2	2	2	26	-1	2	0	0	0	...	3272	3455	3261	0	1000	
2	90000	2	2	2	34	0	0	0	0	0	...	14331	14948	15549	1518	1500	

신용카드 데이터 세트는 30,000개의 레코드와 24개의 속성을 가지고 있습니다. 이 중에서 'default payment next month' 속성이 Target 값으로 '다음달 연체 여부'를 의미하며 '연체'일 경우 1, '정상납부'가 0입니다. 원본 데이터 세트에 PAY_0 다음에 PAY_2 칼럼이 있으므로 PAY_0 칼럼을 PAY_1으로 칼럼명을 변환하고 'default payment next month' 칼럼도 칼럼명이 너무 길어서 'default'로 칼럼명을 변경합니다. 이후 Target 속성인 'default' 칼럼을 y_target 변수로 별도로 저장하고 피처 데이터는 이 default 칼럼을 제외한 별도의 DataFrame으로 만들겠습니다.

```
df.rename(columns={'PAY_0':'PAY_1', 'default payment next month':'default'}, inplace=True)
y_target = df['default']
X_features = df.drop('default', axis=1)
```

해당 데이터 세트는 23개의 속성 데이터 세트가 있으나 각 속성끼리 상관도가 매우 높습니다. DataFrame의 corr( )를 이용해 각 속성 간의 상관도를 구한 뒤 이를 시본(Seaborn)의 heatmap으로 시각화하겠습니다.

```
import seaborn as sns
import matplotlib.pyplot as plt
%matplotlib inline

corr = X_features.corr()
plt.figure(figsize=(14, 14))
sns.heatmap(corr, annot=True, fmt='.1g')
```

[Output]

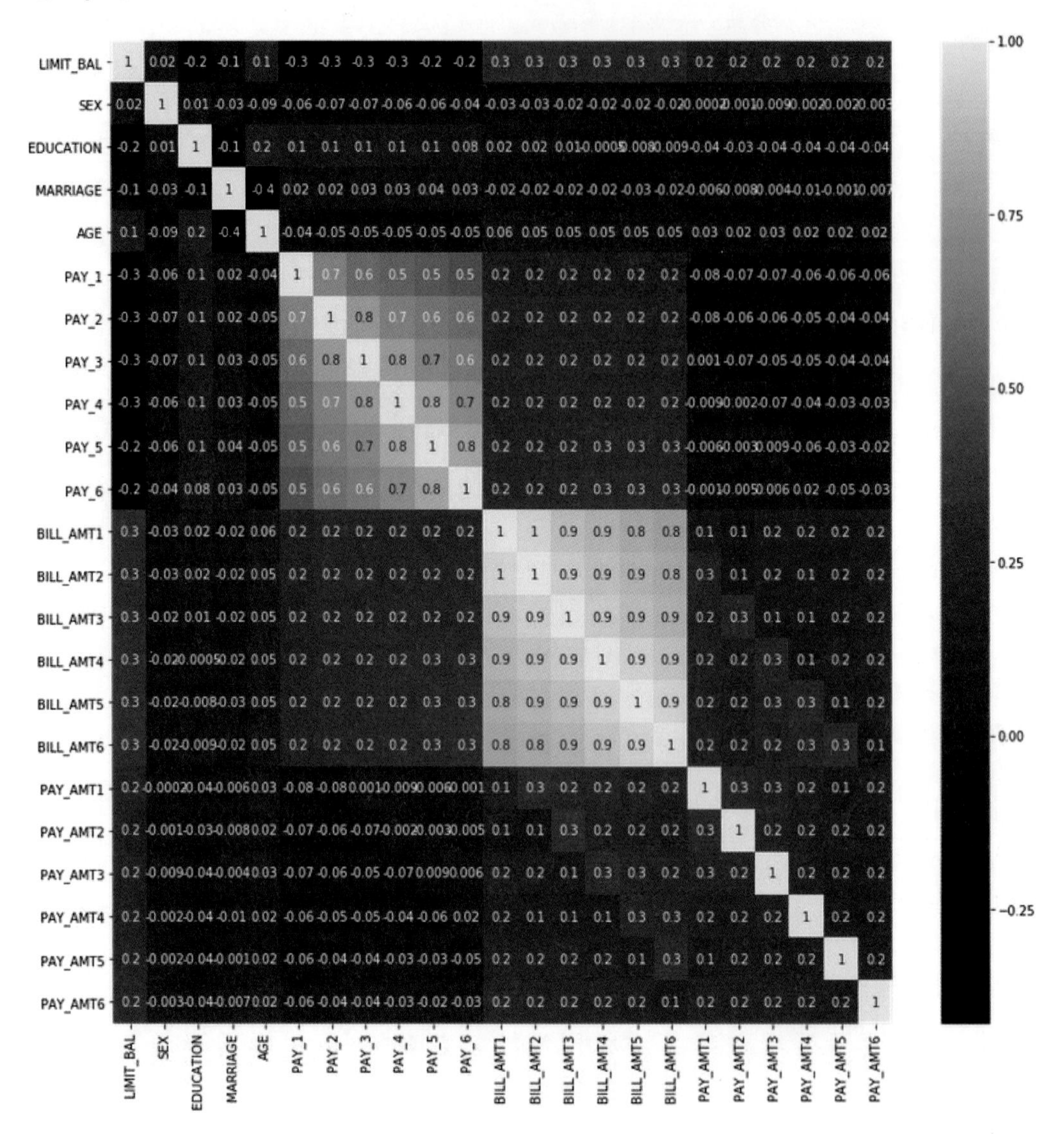

BILL_AMT1 ~ BILL_AMT6 6개 속성끼리의 상관도가 대부분 0.9 이상으로 매우 높음을 알 수 있습니다. 이보다는 낮지만 PAY_1 ~ PAY_6까지의 속성 역시 상관도가 높습니다. 이렇게 높은 상관도를 가진 속성들은 소수의 PCA만으로도 자연스럽게 이 속성들의 변동성을 수용할 수 있습니다. 이 BILL_AMT1 ~ BILL_AMT6까지 6개 속성을 2개의 컴포넌트로 PCA 변환한 뒤 개별 컴포넌트의 변동성을 explained_variance_ratio_ 속성으로 알아보겠습니다.

```
from sklearn.decomposition import PCA
from sklearn.preprocessing import StandardScaler

#BILL_AMT1 ~ BILL_AMT6까지 6개의 속성명 생성
cols_bill = ['BILL_AMT'+str(i) for i in range(1, 7)]
print('대상 속성명:', cols_bill)

# 2개의 PCA 속성을 가진 PCA 객체 생성하고, explained_variance_ratio_ 계산을 위해 fit( ) 호출
scaler = StandardScaler()
df_cols_scaled = scaler.fit_transform(X_features[cols_bill])
pca = PCA(n_components=2)
pca.fit(df_cols_scaled)
print('PCA Component별 변동성:', pca.explained_variance_ratio_)
```

[Output]

```
대상 속성명: ['BILL_AMT1', 'BILL_AMT2', 'BILL_AMT3', 'BILL_AMT4', 'BILL_AMT5', 'BILL_AMT6']
PCA Component별 변동성: [0.90555253 0.0509867]
```

단 2개의 PCA 컴포넌트만으로도 6개 속성의 변동성을 약 95% 이상 설명할 수 있으며 특히 첫 번째 PCA 축으로 90%의 변동성을 수용할 정도로 이 6개 속성의 상관도가 매우 높습니다.

이번에는 원본 데이터 세트와 6개의 컴포넌트로 PCA 변환한 데이터 세트의 분류 예측 결과를 상호 비교해 보겠습니다. 먼저 원본 데이터 세트에 랜덤 포레스트를 이용해 타깃 값이 디폴트 값을 3개의 교차 검증 세트로 분류 예측했습니다.

```
import numpy as np
from sklearn.ensemble import RandomForestClassifier
from sklearn.model_selection import cross_val_score

rcf = RandomForestClassifier(n_estimators=300, random_state=156)
scores = cross_val_score(rcf, X_features, y_target, scoring='accuracy', cv=3 )

print('CV=3 인 경우의 개별 Fold세트별 정확도:', scores)
print('평균 정확도:{0:.4f}'.format(np.mean(scores)))
```

[Output]

```
CV=3 인 경우의 개별 Fold세트별 정확도: [0.8081 0.8197 0.8232]
평균 정확도:0.8170
```

3개의 교차 검증 세트에서 평균 예측 정확도는 약 81.70%를 나타냈습니다. 이번에는 6개의 컴포넌트로 PCA 변환한 데이터 세트에 대해서 동일하게 분류 예측을 적용해 보겠습니다.

```
from sklearn.decomposition import PCA
from sklearn.preprocessing import StandardScaler

# 원본 데이터 세트에 먼저 StandardScaler 적용
scaler = StandardScaler()
df_scaled = scaler.fit_transform(X_features)

# 6개의 컴포넌트를 가진 PCA 변환을 수행하고 cross_val_score( )로 분류 예측 수행.
pca = PCA(n_components=6)
df_pca = pca.fit_transform(df_scaled)
scores_pca = cross_val_score(rcf, df_pca, y_target, scoring='accuracy', cv=3)

print('CV=3 인 경우의 PCA 변환된 개별 Fold 세트별 정확도:', scores_pca)
print('PCA 변환 데이터 세트 평균 정확도:{0:.4f}'.format(np.mean(scores_pca)))
```

[Output]

```
CV=3 인 경우의 PCA 변환된 개별 Fold세트별 정확도: [0.7917 0.7968 0.8035]
PCA 변환 데이터 셋 평균 정확도:0.7973
```

전체 23개 속성의 약 1/4 수준인 6개의 PCA 컴포넌트만으로도 원본 데이터를 기반으로 한 분류 예측 결과보다 약 1~2% 정도의 예측 성능 저하만 발생했습니다. 1~2%의 예측 성능 저하는 미비한 성능 저하로 보기는 힘듭니다만, 전체 속성의 1/4 정도만으로도 이 정도 수치의 예측 성능을 유지할 수 있다는 것은 PCA의 뛰어난 압축 능력을 잘 보여주는 것이라고 생각됩니다.

PCA는 차원 축소를 통해 데이터를 쉽게 인지하는 데 활용할 수 있습니다만, 이보다 더 활발하게 적용되는 영역은 컴퓨터 비전(Computer Vision) 분야입니다. 특히 얼굴 인식의 경우 Eigen-face라고 불리는 PCA 변환으로 원본 얼굴 이미지를 변환해 사용하는 경우가 많습니다.

03 LDA(Linear Discriminant Analysis)

LDA 개요

LDA(Linear Discriminant Analysis)는 선형 판별 분석법으로 불리며, PCA와 매우 유사합니다. LDA는 PCA와 유사하게 입력 데이터 세트를 저차원 공간에 투영해 차원을 축소하는 기법이지만, 중요한 차이는 LDA는 지도학습의 분류(Classification)에서 사용하기 쉽도록 개별 클래스를 분별할 수 있는 기준을 최대한 유지하면서 차원을 축소합니다. PCA는 입력 데이터의 변동성의 가장 큰 축을 찾았지만, LDA는 입력 데이터의 결정 값 클래스를 최대한으로 분리할 수 있는 축을 찾습니다.

LDA는 특정 공간상에서 클래스 분리를 최대화하는 축을 찾기 위해 클래스 간 분산(between-class scatter)과 클래스 내부 분산(within-class scatter)의 비율을 최대화하는 방식으로 차원을 축소합니다. 즉, 클래스 간 분산은 최대한 크게 가져가고, 클래스 내부의 분산은 최대한 작게 가져가는 방식입니다. 다음 그림은 좋은 클래스 분리를 위해 클래스 간 분산이 크고 클래스 내부 분산이 작은 것을 표현한 것입니다.

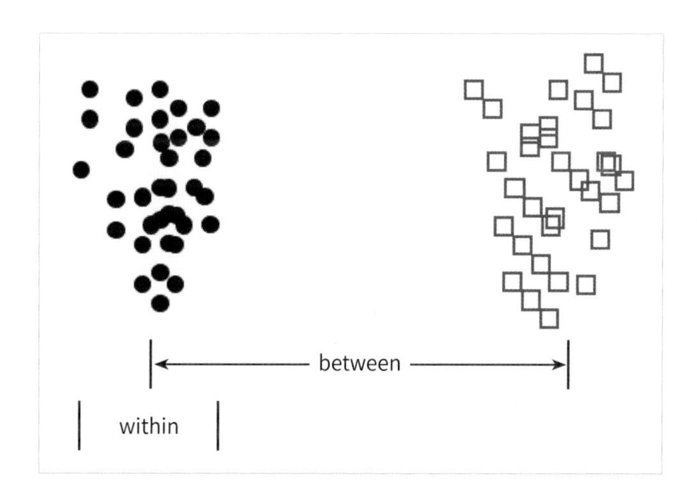

일반적으로 LDA를 구하는 스텝은 PCA와 유사하나 가장 큰 차이점은 공분산 행렬이 아니라 위에 설명한 클래스 간 분산과 클래스 내부 분산 행렬을 생성한 뒤, 이 행렬에 기반해 고유벡터를 구하고 입력 데이터를 투영한다는 점입니다. LDA를 구하는 스텝은 다음과 같습니다.

1. 클래스 내부와 클래스 간 분산 행렬을 구합니다. 이 두 개의 행렬은 입력 데이터의 결정 값 클래스별로 개별 피처의 평균 벡터(mean vector)를 기반으로 구합니다.

2. 클래스 내부 분산 행렬을 S_W, 클래스 간 분산 행렬을 S_B라고 하면 다음 식으로 두 행렬을 고유벡터로 분해할 수 있습니다.

$$S_W^T S_B = \begin{bmatrix} e_1 & \cdots & e_n \end{bmatrix} \begin{bmatrix} \lambda_1 & \cdots & 0 \\ \cdots & \cdots & \cdots \\ 0 & \cdots & \lambda_n \end{bmatrix} \begin{bmatrix} e_1^T \\ \cdots \\ e_n^T \end{bmatrix}$$

3. 고유값이 가장 큰 순으로 K개(LDA변환 차수만큼) 추출합니다.

4. 고유값이 가장 큰 순으로 추출된 고유벡터를 이용해 새롭게 입력 데이터를 변환합니다.

붓꽃 데이터 세트에 LDA 적용하기

붓꽃 데이터 세트를 사이킷런의 LDA를 이용해 변환하고, 그 결과를 품종별로 시각화해 보겠습니다. 사이킷런은 LDA를 LinearDiscriminantAnalysis 클래스로 제공합니다. 붓꽃 데이터 세트를 로드하고 표준 정규 분포로 스케일링합니다.

```
from sklearn.discriminant_analysis import LinearDiscriminantAnalysis
from sklearn.preprocessing import StandardScaler
from sklearn.datasets import load_iris

iris = load_iris()
iris_scaled = StandardScaler().fit_transform(iris.data)
```

2개의 컴포넌트로 붓꽃 데이터를 LDA 변환하겠습니다. PCA와 다르게 LDA에서 한 가지 유의해야 할 점은 LDA는 실제로는 PCA와 다르게 비지도학습이 아닌 지도학습이라는 것입니다. 즉, 클래스의 결정값이 변환 시에 필요합니다. 다음 lda 객체의 fit( ) 메서드를 호출할 때 결정값이 입력됐음에 유의하세요.

```
lda = LinearDiscriminantAnalysis(n_components=2)
lda.fit(iris_scaled, iris.target)
iris_lda = lda.transform(iris_scaled)
print(iris_lda.shape)
```

[Output]

```
(150, 2)
```

이제 LDA 변환된 입력 데이터 값을 2차원 평면에 품종별로 표현해 보겠습니다. 소스 코드는 앞의 PCA 예제와 큰 차이가 없습니다.

```
import pandas as pd
import matplotlib.pyplot as plt
%matplotlib inline

lda_columns=['lda_component_1', 'lda_component_2']
irisDF_lda = pd.DataFrame(iris_lda, columns=lda_columns)
irisDF_lda['target']=iris.target

#setosa는 세모, versicolor는 네모, virginica는 동그라미로 표현
markers=['^', 's', 'o']

#setosa의 target 값은 0, versicolor는 1, virginica는 2. 각 target별로 다른 모양으로 산점도로 표시
for i, marker in enumerate(markers):
    x_axis_data = irisDF_lda[irisDF_lda['target']==i]['lda_component_1']
    y_axis_data = irisDF_lda[irisDF_lda['target']==i]['lda_component_2']

    plt.scatter(x_axis_data, y_axis_data, marker=marker, label=iris.target_names[i])

plt.legend(loc='upper right')
plt.xlabel('lda_component_1')
plt.ylabel('lda_component_2')
plt.show()
```

[Output]

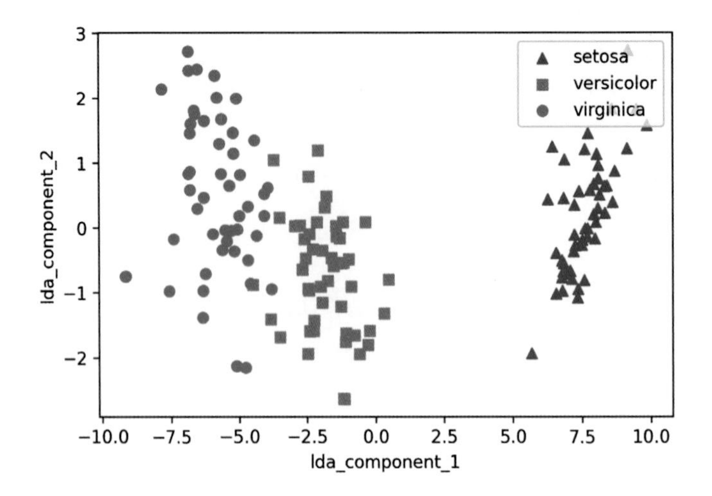

LDA로 변환된 붓꽃 데이터 세트를 시각화해보면 PCA로 변환된 데이터와 좌우 대칭 형태로 많이 닮아 있음을 알 수 있습니다.

04 SVD(Singular Value Decomposition)

SVD 개요

SVD 역시 PCA와 유사한 행렬 분해 기법을 이용합니다. PCA의 경우 정방행렬(즉, 행과 열의 크기가 같은 행렬)만을 고유벡터로 분해할 수 있지만, SVD는 정방행렬뿐만 아니라 행과 열의 크기가 다른 행렬에도 적용할 수 있습니다. 일반적으로 SVD는 m × n 크기의 행렬 A를 다음과 같이 분해하는 것을 의미합니다.

$$A = U\sum V^T$$

SVD는 특이값 분해로 불리며, 행렬 U와 V에 속한 벡터는 특이벡터(singular vector)이며, 모든 특이벡터는 서로 직교하는 성질을 가집니다. Σ는 대각행렬이며, 행렬의 대각에 위치한 값만 0이 아니고 나머지 위치의 값은 모두 0입니다. Σ이 위치한 0이 아닌 값이 바로 행렬 A의 특이값입니다. SVD는 A의 차원이 m × n일 때 U의 차원이 m × m, Σ의 차원이 m × n, V^T의 차원이 n × n으로 분해합니다.

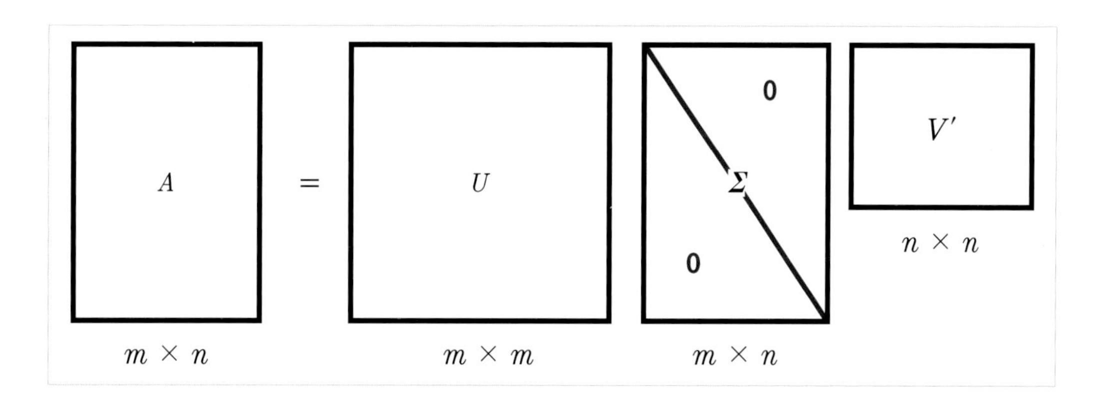

하지만 일반적으로는 다음과 같이 Σ의 비대각인 부분과 대각원소 중에 특이값이 0인 부분도 모두 제거하고 제거된 Σ에 대응되는 *U*와 *V* 원소도 함께 제거해 차원을 줄인 형태로 SVD를 적용합니다. 이렇게 컴팩트한 형태로 SVD를 적용하면 A의 차원이 m × n일 때, U의 차원을 m × p, Σ의 차원을 p × p, V^T의 차원을 p × n으로 분해합니다.

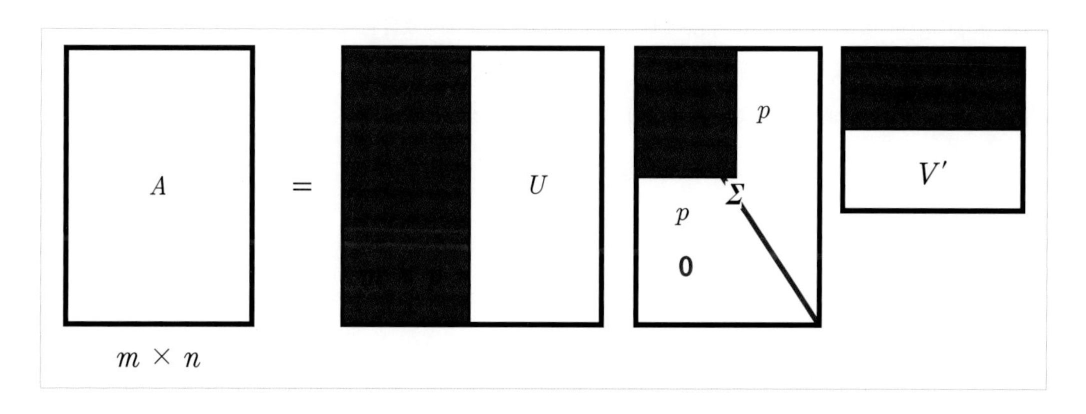

Truncated SVD는 Σ의 대각원소 중에 상위 몇 개만 추출해서 여기에 대응하는 *U*와 *V*의 원소도 함께 제거해 더욱 차원을 줄인 형태로 분해하는 것입니다. 일반적인 SVD는 보통 넘파이나 사이파이 라이브러리를 이용해 수행합니다. 넘파이의 SVD를 이용해 SVD 연산을 수행하고, SVD로 분해가 어떤 식으로 되는지 간단한 예제를 통해 살펴보겠습니다.

새로운 주피터 노트북을 생성하고 넘파이의 SVD 모듈인 numpy.linalg.svd를 로딩합니다. 그리고 랜덤한 4 × 4 넘파이 행렬을 생성합니다. 랜덤 행렬을 생성하는 이유는 행렬의 개별 로우끼리의 의존성을 없애기 위해서입니다.

```
# 넘파이의 svd 모듈 임포트
import numpy as np
from numpy.linalg import svd

# 4X4 랜덤 행렬 a 생성
np.random.seed(121)
a = np.random.randn(4, 4)
print(np.round(a, 3))
```

[Output]

```
[[-0.212 -0.285 -0.574 -0.44 ]
 [-0.33   1.184  1.615  0.367]
 [-0.014  0.63   1.71  -1.327]
 [ 0.402 -0.191  1.404 -1.969]]
```

이렇게 생성된 a 행렬에 SVD를 적용해 U, Sigma, Vt를 도출하겠습니다. SVD 분해는 numpy.linalg.svd에 파라미터로 원본 행렬을 입력하면 U 행렬, Sigma 행렬, V 전치 행렬을 반환합니다. Sigma 행렬의 경우, $A=U\Sigma V^T$에서 Σ 행렬을 나타내며, Σ 행렬의 경우 행렬의 대각에 위치한 값만 0이 아니고, 그렇지 않은 경우는 모두 0이므로 0이 아닌 값의 경우만 1차원 행렬로 표현합니다.

```
U, Sigma, Vt = svd(a)
print(U.shape, Sigma.shape, Vt.shape)
print('U matrix:\n', np.round(U, 3))
print('Sigma Value:\n', np.round(Sigma, 3))
print('V transpose matrix:\n', np.round(Vt, 3))
```

[Output]

```
(4, 4) (4, ) (4, 4)
U matrix:
 [[-0.079 -0.318  0.867  0.376]
 [ 0.383  0.787  0.12   0.469]
 [ 0.656  0.022  0.357 -0.664]
 [ 0.645 -0.529 -0.328  0.444]]
Sigma Value:
 [3.423 2.023 0.463 0.079]
```

```
V transpose matrix:
 [[ 0.041  0.224  0.786 -0.574]
 [-0.2    0.562  0.37   0.712]
 [-0.778  0.395 -0.333 -0.357]
 [-0.593 -0.692  0.366  0.189]]
```

U 행렬이 4 × 4, Vt 행렬이 4 × 4로 반환됐고, Sigma의 경우는 1차원 행렬인 (4,)로 반환됐습니다.

분해된 이 U, Sigma, Vt를 이용해 다시 원본 행렬로 정확히 복원되는지 확인해 보겠습니다. 원본 행렬로의 복원은 이 U, Sigma, Vt를 내적하면 됩니다. 한 가지 유의할 것은 Sigma의 경우 0이 아닌 값만 1차원으로 추출했으므로 다시 0을 포함한 대칭행렬로 변환한 뒤에 내적을 수행해야 한다는 점입니다.

```
# Sigma를 다시 0을 포함한 대칭행렬로 변환
Sigma_mat = np.diag(Sigma)
a_ = np.dot(np.dot(U, Sigma_mat), Vt)
print(np.round(a_, 3))
```

[Output]

```
[[-0.212 -0.285 -0.574 -0.44 ]
 [-0.33   1.184  1.615  0.367]
 [-0.014  0.63   1.71  -1.327]
 [ 0.402 -0.191  1.404 -1.969]]
```

U, Sigma, Vt를 이용해 a_는 원본 행렬 a와 동일하게 복원됨을 알 수 있습니다. 이번에는 데이터 세트가 로우 간 의존성이 있을 경우 어떻게 Sigma 값이 변하고, 이에 따른 차원 축소가 진행될 수 있는지 알아보겠습니다. 일부러 의존성을 부여하기 위해 a 행렬의 3번째 로우를 '첫 번째 로우 + 두 번째 로우'로 업데이트하고, 4번째 로우는 첫 번째 로우와 같다고 업데이트하겠습니다.

```
a[2] = a[0] + a[1]
a[3] = a[0]
print(np.round(a, 3))
```

[Output]

```
[[-0.212 -0.285 -0.574 -0.44 ]
 [-0.33   1.184  1.615  0.367]
 [-0.542  0.899  1.041 -0.073]
 [-0.212 -0.285 -0.574 -0.44 ]]
```

이제 a 행렬은 이전과 다르게 로우 간 관계가 매우 높아졌습니다. 이 데이터를 SVD로 다시 분해해 보겠습니다.

```
# 다시 SVD를 수행해 Sigma 값 확인
U, Sigma, Vt = svd(a)
print(U.shape, Sigma.shape, Vt.shape)
print('Sigma Value:\n', np.round(Sigma, 3))
```

[Output]

```
Output:
(4, 4) (4, ) (4, 4)
Sigma Value:
[2.663 0.807 0.    0.   ]
```

이전과 차원은 같지만 Sigma 값 중 2개가 0으로 변했습니다. 즉, 선형 독립인 로우 벡터의 개수가 2개라는 의미입니다(즉, 행렬의 랭크(Rank)가 2입니다). 이렇게 분해된 U, Sigma, Vt를 이용해 다시 원본 행렬로 복원해 보겠습니다. 이번에는 U, Sigma, Vt의 전체 데이터를 이용하지 않고 Sigma의 0에 대응되는 U, Sigma, Vt의 데이터를 제외하고 복원해 보겠습니다. 즉, Sigma의 경우 앞의 2개 요소만 0 이 아니므로 U 행렬 중 선행 두 개의 열만 추출하고, Vt의 경우는 선행 두 개의 행만 추출해 복원하는 것입니다.

```
# U 행렬의 경우는 Sigma와 내적을 수행하므로 Sigma의 앞 2행에 대응되는 앞 2열만 추출
U_ = U[:, :2]
Sigma_ = np.diag(Sigma[:2])
# V 전치 행렬의 경우는 앞 2행만 추출
Vt_ = Vt[:2]
print(U_.shape, Sigma_.shape, Vt_.shape)
# U, Sigma, Vt의 내적을 수행하며, 다시 원본 행렬 복원
a_ = np.dot(np.dot(U_, Sigma_), Vt_)
print(np.round(a_, 3))
```

[Output]

```
(4, 2) (2, 2) (2, 4)
[[-0.212 -0.285 -0.574 -0.44 ]
 [-0.33   1.184  1.615  0.367]
 [-0.542  0.899  1.041 -0.073]
 [-0.212 -0.285 -0.574 -0.44 ]]
```

이번에는 Truncated SVD를 이용해 행렬을 분해해 보겠습니다. Truncated SVD는 Σ 행렬에 있는 대각원소, 즉 특이값 중 상위 일부 데이터만 추출해 분해하는 방식입니다. 이렇게 분해하면 인위적으로 더 작은 차원의 U, Σ, V^T로 분해하기 때문에 원본 행렬을 정확하게 다시 원복할 수는 없습니다. 하지만 데이터 정보가 압축되어 분해됨에도 불구하고 상당한 수준으로 원본 행렬을 근사할 수 있습니다. 당연한 얘기지만, 원래 차원의 차수에 가깝게 잘라낼수록(Truncate) 원본 행렬에 더 가깝게 복원할 수 있습니다.

Truncated SVD를 사이파이 모듈을 이용해 간단히 테스트해 보겠습니다. Truncated SVD는 넘파이가 아닌 사이파이에서만 지원됩니다. 사이파이는 SVD뿐만 아니라 Truncated SVD도 지원합니다. 일반적으로 사이파이의 SVD는 scipy.linalg.svd를 이용하면 되지만, Truncated SVD는 희소 행렬로만 지원돼서 scipy.sparse.linalg.svds를 이용해야 합니다. 임의의 원본 행렬 6 × 6을 Normal SVD로 분해해 분해된 행렬의 차원과 Sigma 행렬 내의 특이값을 확인한 뒤 다시 Truncated SVD로 분해해 분해된 행렬의 차원, Sigma 행렬 내의 특이값, 그리고 Truncated SVD로 분해된 행렬의 내적을 계산하여 다시 복원된 데이터와 원본 데이터를 비교해 보겠습니다.

```
import numpy as np
from scipy.sparse.linalg import svds
from scipy.linalg import svd

# 원본 행렬을 출력하고 SVD를 적용할 경우 U, Sigma, Vt의 차원 확인
np.random.seed(121)
matrix = np.random.random((6, 6))
print('원본 행렬:\n', matrix)
U, Sigma, Vt = svd(matrix, full_matrices=False)
print('\n분해 행렬 차원:', U.shape, Sigma.shape, Vt.shape)
print('\nSigma값 행렬:', Sigma)

# Truncated SVD로 Sigma 행렬의 특이값을 4개로 하여 Truncated SVD 수행.
num_components = 4
U_tr, Sigma_tr, Vt_tr = svds(matrix, k=num_components)
print('\nTruncated SVD 분해 행렬 차원:', U_tr.shape, Sigma_tr.shape, Vt_tr.shape)
print('\nTruncated SVD Sigma값 행렬:', Sigma_tr)
matrix_tr = np.dot(np.dot(U_tr, np.diag(Sigma_tr)), Vt_tr)  # output of TruncatedSVD

print('\nTruncated SVD로 분해 후 복원 행렬:\n', matrix_tr)
```

[Output]

```
원본 행렬:
 [[0.11133083 0.21076757 0.23296249 0.15194456 0.83017814 0.40791941]
 [0.5557906  0.74552394 0.24849976 0.9686594  0.95268418 0.48984885]
 [0.01829731 0.85760612 0.40493829 0.62247394 0.29537149 0.92958852]
 [0.4056155  0.56730065 0.24575605 0.22573721 0.03827786 0.58098021]
 [0.82925331 0.77326256 0.94693849 0.73632338 0.67328275 0.74517176]
 [0.51161442 0.46920965 0.6439515  0.82081228 0.14548493 0.01806415]]
분해 행렬 차원: (6, 6) (6, ) (6, 6)
Sigma값 행렬: [3.2535007  0.88116505 0.83865238 0.55463089 0.35834824 0.0349925 ]
Truncated SVD 분해 행렬 차원: (6, 4) (4, ) (4, 6)
Truncated SVD Sigma값 행렬: [0.55463089 0.83865238 0.88116505 3.2535007 ]
Truncated SVD로 분해 후 복원 행렬:
 [[0.19222941 0.21792946 0.15951023 0.14084013 0.81641405 0.42533093]
 [0.44874275 0.72204422 0.34594106 0.99148577 0.96866325 0.4754868 ]
 [0.12656662 0.88860729 0.30625735 0.59517439 0.28036734 0.93961948]
 [0.23989012 0.51026588 0.39697353 0.27308905 0.05971563 0.57156395]
 [0.83806144 0.78847467 0.93868685 0.72673231 0.6740867  0.73812389]
 [0.59726589 0.47953891 0.56613544 0.80746028 0.13135039 0.03479656]]
```

6 × 6 행렬을 SVD 분해하면 U, Sigma, Vt가 각각 (6, 6) (6,) (6, 6) 차원이지만, Truncated SVD의 n_components를 4로 설정해 U, Sigma, Vt를 (6, 4) (4,) (4, 6)로 각각 분해했습니다. Truncated SVD로 분해된 행렬로 다시 복원할 경우 완벽하게 복원되지 않고 근사적으로 복원됨을 알 수 있습니다.

사이킷런 TruncatedSVD 클래스를 이용한 변환

사이킷런의 TruncatedSVD 클래스는 사이파이의 svds와 같이 Truncated SVD 연산을 수행해 원본 행렬을 분해한 U, Sigma, Vt 행렬을 반환하지는 않습니다. 사이킷런의 TruncatedSVD 클래스는 PCA 클래스와 유사하게 fit( )와 transform( )을 호출해 원본 데이터를 몇 개의 주요 컴포넌트(즉, Truncated SVD의 K 컴포넌트 수)로 차원을 축소해 변환합니다. 원본 데이터를 Truncated SVD 방식으로 분해된 U*Sigma 행렬에 선형 변환해 생성합니다. 새로운 주피터 노트북을 생성하고, 다음 코드를 입력해 붓꽃 데이터 세트를 TruncatedSVD를 이용해 변환해 보겠습니다.

```
from sklearn.decomposition import TruncatedSVD, PCA
from sklearn.datasets import load_iris
import matplotlib.pyplot as plt
%matplotlib inline

iris = load_iris()
iris_ftrs = iris.data
# 2개의 주요 컴포넌트로 TruncatedSVD 변환
tsvd = TruncatedSVD(n_components=2)
tsvd.fit(iris_ftrs)
iris_tsvd = tsvd.transform(iris_ftrs)

# 산점도 2차원으로 TruncatedSVD 변환된 데이터 표현. 품종은 색깔로 구분
plt.scatter(x=iris_tsvd[:, 0], y= iris_tsvd[:, 1], c= iris.target)
plt.xlabel('TruncatedSVD Component 1')
plt.ylabel('TruncatedSVD Component 2')
```

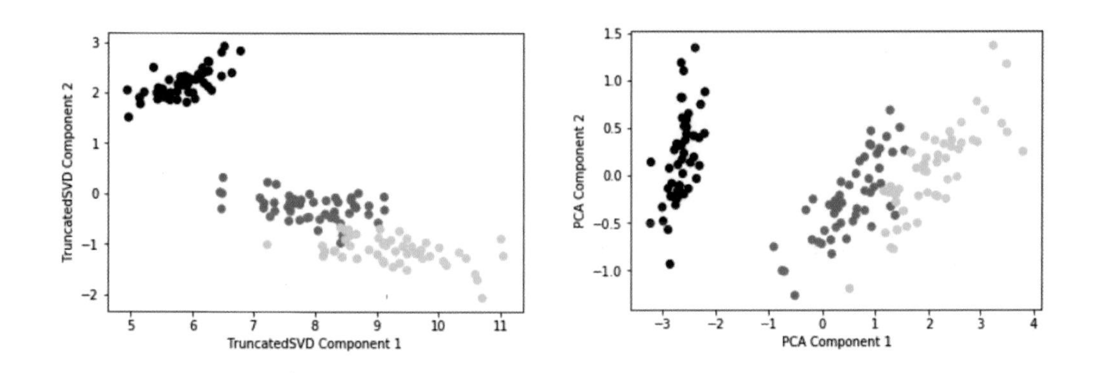

왼쪽에 있는 그림이 TruncatedSVD로 변환된 붓꽃 데이터 세트입니다. 오른쪽은 비교를 위해서 PCA로 변환된 붓꽃 데이터 세트를 가져다 놓았습니다. TruncatedSVD 변환 역시 PCA와 유사하게 변환 후에 품종별로 어느 정도 클러스터링이 가능할 정도로 각 변환 속성으로 뛰어난 고유성을 가지고 있음을 알 수 있습니다.

사이킷런의 TruncatedSVD와 PCA 클래스 구현을 조금 더 자세히 들여다보면 두 개 클래스 모두 SVD를 이용해 행렬을 분해합니다. 붓꽃 데이터를 스케일링으로 변환한 뒤에 TruncatedSVD와 PCA 클래스 변환을 해보면 두 개가 거의 동일함을 알 수 있습니다.

```
from sklearn.preprocessing import StandardScaler

# 붓꽃 데이터를 StandardScaler로 변환
scaler = StandardScaler()
iris_scaled = scaler.fit_transform(iris_ftrs)

# 스케일링된 데이터를 기반으로 TruncatedSVD 변환 수행
tsvd = TruncatedSVD(n_components=2)
tsvd.fit(iris_scaled)
iris_tsvd = tsvd.transform(iris_scaled)

# 스케일링된 데이터를 기반으로 PCA 변환 수행
pca = PCA(n_components=2)
pca.fit(iris_scaled)
iris_pca = pca.transform(iris_scaled)

# TruncatedSVD 변환 데이터를 왼쪽에, PCA 변환 데이터를 오른쪽에 표현
fig, (ax1, ax2) = plt.subplots(figsize=(9, 4), ncols=2)
ax1.scatter(x=iris_tsvd[:, 0], y= iris_tsvd[:, 1], c= iris.target)
ax2.scatter(x=iris_pca[:, 0], y= iris_pca[:, 1], c= iris.target)
ax1.set_title('Truncated SVD Transformed')
ax2.set_title('PCA Transformed')
```

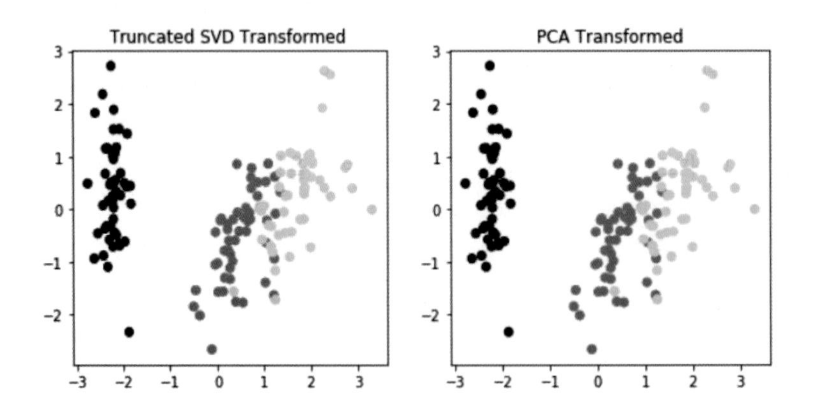

두 개의 변환 행렬 값과 원복 속성별 컴포넌트 비율값을 실제로 서로 비교해 보면 거의 같음을 알 수 있습니다.

```
print((iris_pca - iris_tsvd).mean())
print((pca.components_ - tsvd.components_).mean())
```

[Output]

```
2.3551415447483257e-15
2.0816681711721685e-17
```

모두 0에 가까운 값이므로 2개의 변환이 서로 동일함을 알 수 있습니다. 즉, 데이터 세트가 스케일링으로 데이터 중심이 동일해지면 사이킷런의 SVD와 PCA는 동일한 변환을 수행합니다. 이는 PCA가 SVD 알고리즘으로 구현됐음을 의미합니다. 하지만 PCA는 밀집 행렬(Dense Matrix)에 대한 변환만 가능하며 SVD는 희소 행렬(Sparse Matrix)에 대한 변환도 가능합니다.

SVD는 PCA와 유사하게 컴퓨터 비전 영역에서 이미지 압축을 통한 패턴 인식과 신호 처리 분야에 사용됩니다. 또한 텍스트의 토픽 모델링 기법인 LSA(Latent Semantic Analysis)의 기반 알고리즘입니다.

05 NMF(Non-Negative Matrix Factorization)

NMF 개요

NMF는 Truncated SVD와 같이 낮은 랭크를 통한 행렬 근사(Low-Rank Approximation) 방식의 변형입니다. NMF는 원본 행렬 내의 모든 원소 값이 모두 양수(0 이상)라는 게 보장되면 다음과 같이 좀 더 간단하게 두 개의 기반 양수 행렬로 분해될 수 있는 기법을 지칭합니다.

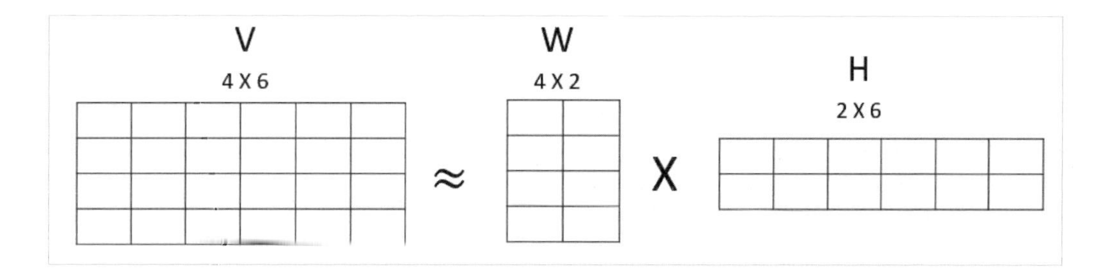

4 × 6 원본 행렬 V는 4 × 2 행렬 W와 2 × 6 행렬 H로 근사해 분해될 수 있습니다. 행렬 분해(Matrix Factorization)는 일반적으로 SVD와 같은 행렬 분해 기법을 통칭하는 것입니다. 이처럼 행렬 분해를 하게 되면 W 행렬과 H 행렬은 일반적으로 길고 가는 행렬 W(즉, 원본 행렬의 행 크기와 같고 열 크기보다 작은 행렬)와 작고 넓은 행렬 H(원본 행렬의 행 크기보다 작고 열 크기와 같은 행렬)로 분해됩니다. 이렇게 분해된 행렬은 잠재 요소를 특성으로 가지게 됩니다. 분해 행렬 W는 원본 행에 대해서 이 잠재 요소의 값이 얼마나 되는지에 대응하며, 분해 행렬 H는 이 잠재 요소가 원본 열(즉, 원본 속성)로 어떻게 구성됐는지를 나타내는 행렬입니다.

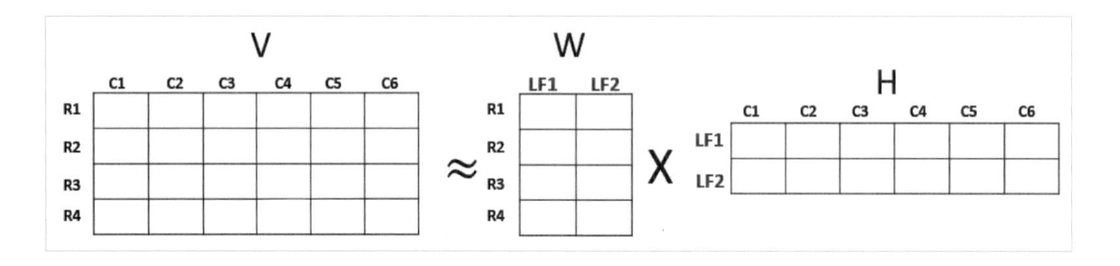

NMF는 SVD와 유사하게 차원 축소를 통한 잠재 요소 도출로 이미지 변환 및 압축, 텍스트의 토픽 도출 등의 영역에서 사용되고 있습니다. 사이킷런에서 NMF는 NMF 클래스를 이용해 지원됩니다. 붓꽃 데이터를 NMF를 이용해 2개의 컴포넌트로 변환하고 이를 시각화해 보겠습니다.

```
from sklearn.decomposition import NMF
from sklearn.datasets import load_iris
import matplotlib.pyplot as plt
%matplotlib inline

iris = load_iris()
iris_ftrs = iris.data
nmf = NMF(n_components=2)
nmf.fit(iris_ftrs)
iris_nmf = nmf.transform(iris_ftrs)
plt.scatter(x=iris_nmf[:, 0], y= iris_nmf[:, 1], c= iris.target)
plt.xlabel('NMF Component 1')
plt.ylabel('NMF Component 2')
```

【Output】

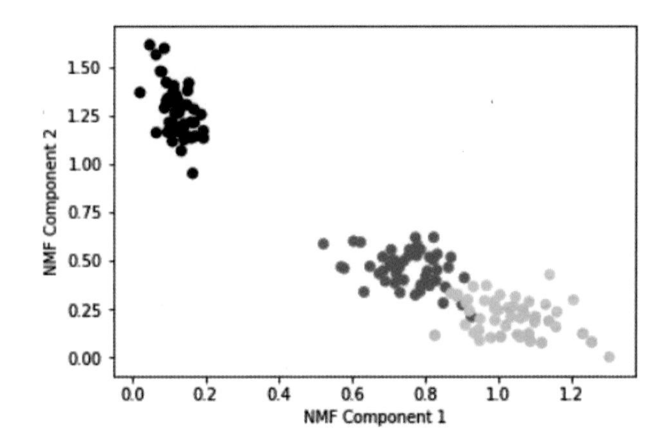

NMF도 SVD와 유사하게 이미지 압축을 통한 패턴 인식, 텍스트의 토픽 모델링 기법, 문서 유사도 및 클러스터링에 잘 사용됩니다. 또한 영화 추천과 같은 추천(Recommendations) 영역에 활발하게 적용됩니다. 사용자의 상품(예: 영화) 평가 데이터 세트인 사용자-평가 순위(user-Rating) 데이터 세트를 행렬 분해 기법을 통해 분해하면서 사용자가 평가하지 않은 상품에 대한 잠재적인 요소를 추출해 이를 통해 평가 순위(Rating)를 예측하고, 높은 순위로 예측된 상품을 추천해주는 방식입니다(이를 잠재 요소(Latent Factoring) 기반의 추천 방식이라고 합니다).

06 정리

지금까지 대표적인 차원 축소 알고리즘인 PCA, LDA, SVD, NMF에 대해서 알아봤습니다. 많은 피처로 이뤄진 데이터 세트를 PCA같은 차원 축소를 통해 더욱 직관적으로 이해할 수 있습니다. 무엇보다도 차원 축소는 단순히 피처의 개수를 줄이는 개념보다는 이를 통해 데이터를 잘 설명할 수 있는 잠재적인 요소를 추출하는 데 큰 의미가 있습니다. 이 때문에 많은 차원을 가지는 이미지나 텍스트에서 PCA, SVD 등의 차원 축소 알고리즘이 활발하게 사용됩니다.

PCA는 입력 데이터의 변동성이 가장 큰 축을 구하고, 다시 이 축에 직각인 축을 반복적으로 축소하려는 차원 개수만큼 구한 뒤 입력 데이터를 이 축들에 투영해 차원을 축소하는 방식입니다. 이를 위해 입력 데이터의 공분산 행렬을 기반으로 고유 벡터(Eigenvector)를 생성하고 이렇게 구한 고유 벡터에 입력 데이터를 선형 변환하는 방식입니다. LDA(Linear Discriminant Analysis)는 PCA와 매우 유사한 방식이며, PCA가 입력 데이터 변동성의 가장 큰 축을 찾는 데 반해 LDA는 입력 데이터의 결정 값 클래스를 최대한으로 분리할 수 있는 축을 찾는 방식으로 차원을 축소합니다.

SVD와 NMF는 매우 많은 피처 데이터를 가진 고차원 행렬을 두 개의 저차원 행렬로 분리하는 행렬 분해 기법입니다. 특히 이러한 행렬 분해를 수행하면서 원본 행렬에서 잠재된 요소를 추출하기 때문에 토픽 모델링이나 추천 시스템에서 활발하게 사용됩니다.

군집화

"튀어나온 못이
먼저 망치를 맞게 되는 법이지"

< 영화 넘버쓰리에서 건달 한석규가 검사 최민식에게 >

01 K-평균 알고리즘 이해

K-평균은 군집화(Clustering)에서 가장 일반적으로 사용되는 알고리즘입니다. K-평균은 군집 중심점(centroid)이라는 특정한 임의의 지점을 선택해 해당 중심에 가장 가까운 포인트들을 선택하는 군집화 기법입니다.

군집 중심점은 선택된 포인트의 평균 지점으로 이동하고 이동된 중심점에서 다시 가까운 포인트를 선택, 다시 중심점을 평균 지점으로 이동하는 프로세스를 반복적으로 수행합니다. 모든 데이터 포인트에서 더 이상 중심점의 이동이 없을 경우에 반복을 멈추고 해당 중심점에 속하는 데이터 포인트들을 군집화하는 기법입니다. 다음 그림에서 K-평균이 어떻게 동작하는지를 시각적으로 표현해 봤습니다.

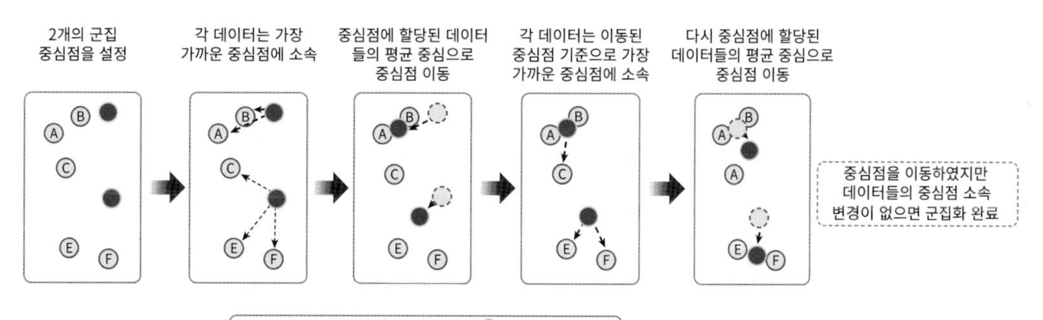

1. 먼저 군집화의 기준이 되는 중심을 구성하려는 군집화 개수만큼 임의의 위치에 가져다 놓습니다. 전체 데이터를 2개로 군집화하려면 2개의 중심을 임의의 위치에 가져다 놓는 것입니다(임의의 위치에 군집 중심점을 가져다 놓으면 반복적인 이동 수행을 너무 많이 해서 수행 시간이 오래 걸리기 때문에 초기화 알고리즘으로 적합한 위치에 중심점을 가져다 놓지만, 여기서는 설명을 위해 임의의 위치로 가정하겠습니다).
2. 각 데이터는 가장 가까운 곳에 위치한 중심점에 소속됩니다. 위 그림에서는 A, B 데이터가 같은 중심점에 소속되며, C, E, F 데이터가 같은 중심점에 소속됩니다.
3. 이렇게 소속이 결정되면 군집 중심점을 소속된 데이터의 평균 중심으로 이동합니다. 위 그림에서는 A, B 데이터 포인트의 평균 위치로 중심점이 이동했고, 다른 중심점 역시 C, E, F 데이터 포인트의 평균 위치로 이동했습니다.
4. 중심점이 이동했기 때문에 각 데이터는 기존에 속한 중심점보다 더 가까운 중심점이 있다면 해당 중심점으로 다시 소속을 변경합니다. 위 그림에서는 C 데이터가 기존의 중심점보다 더 가까운 중심점으로 변경됐습니다.
5. 다시 중심을 소속된 데이터의 평균 중심으로 이동합니다. 위 그림에서는 데이터 C가 중심 소속이 변경되면서 두 개의 중심이 모두 이동합니다.
6. 중심점을 이동했는데 데이터의 중심점 소속 변경이 없으면 군집화를 종료합니다. 그렇지 않다면 다시 4번 과정을 거쳐서 소속을 변경하고 이 과정을 반복합니다.

K-평균의 장점

- 일반적인 군집화에서 가장 많이 활용되는 알고리즘입니다.
- 알고리즘이 쉽고 간결합니다.

K-평균의 단점

- 거리 기반 알고리즘으로 속성의 개수가 매우 많을 경우 군집화 정확도가 떨어집니다(이를 위해 PCA로 차원 감소를 적용해야 할 수도 있습니다).
- 반복을 수행하는데, 반복 횟수가 많을 경우 수행 시간이 매우 느려집니다.
- 몇 개의 군집(cluster)을 선택해야 할지 가이드하기가 어렵습니다.

사이킷런 KMeans 클래스 소개

사이킷런 패키지는 K-평균을 구현하기 위해 KMeans 클래스를 제공합니다. KMeans 클래스는 다음과 같은 초기화 파라미터를 가지고 있습니다.

```
class sklearn.cluster.KMeans(n_clusters=8, init='k-means++', n_init=10, max_iter=300, tol=0.0001,
                             precompute_distances='auto', verbose=0, random_state=None,
                             copy_x=True, n_jobs=1, algorithm='auto')
```

이 중 중요한 파라미터는 다음과 같습니다.

- KMeans 초기화 파라미터 중 가장 중요한 파라미터는 n_clusters이며, 이는 군집화할 개수, 즉 군집 중심점의 개수를 의미합니다.
- init는 초기에 군집 중심점의 좌표를 설정할 방식을 말하며 보통은 임의로 중심을 설정하지 않고 일반적으로 k-means++ 방식으로 최초 설정합니다.
- max_iter는 최대 반복 횟수이며, 이 횟수 이전에 모든 데이터의 중심점 이동이 없으면 종료합니다.

KMeans는 사이킷런의 비지도학습 클래스와 마찬가지로 fit(데이터 세트) 또는 fit_transform(데이터 세트) 메서드를 이용해 수행하면 됩니다. 이렇게 수행된 KMeans 객체는 군집화 수행이 완료돼 군집화와 관련된 주요 속성을 알 수가 있습니다. 다음은 이 주요 속성 정보입니다.

- labels_: 각 데이터 포인트가 속한 군집 중심점 레이블
- cluster_centers_: 각 군집 중심점 좌표(Shape는 [군집 개수, 피처 개수]). 이를 이용하면 군집 중심점 좌표가 어디인지 시각화할 수 있습니다.

K-평균을 이용한 붓꽃 데이터 세트 군집화

붓꽃 데이터를 이용해 K-평균 군집화를 수행해 보겠습니다. 붓꽃의 꽃받침(sepal)과 꽃잎(petal) 길이와 너비에 따른 품종을 분류하는 데이터 세트입니다. 꽃받침, 꽃잎의 길이에 따라 각 데이터의 군집화가 어떻게 결정되는지 확인해 보고, 이를 분류 값과 비교해 보겠습니다.

새로운 주피터 노트북을 생성하고 필요한 모듈과 데이터 세트를 로드합니다. 사이킷런의 load_iris( )를 이용해 붓꽃 데이터를 추출하되 더 편리한 데이터 핸들링을 위해서 DataFrame으로 변경합니다.

```
from sklearn.preprocessing import scale
from sklearn.datasets import load_iris
from sklearn.cluster import KMeans
import matplotlib.pyplot as plt
import numpy as np
import pandas as pd
%matplotlib inline

iris = load_iris()
# 더 편리한 데이터 핸들링을 위해 DataFrame으로 변환
irisDF = pd.DataFrame(data=iris.data, columns=['sepal_length', 'sepal_width', 'petal_length',
'petal_width'])
irisDF.head(3)
```

[Output]

	sepal_length	sepal_width	petal_length	petal_width
0	5.1	3.5	1.4	0.2
1	4.9	3.0	1.4	0.2
2	4.7	3.2	1.3	0.2

붓꽃 데이터 세트를 3개 그룹으로 군집화해 보겠습니다. 이를 위해 n_cluster는 3, 초기 중심 설정 방식은 디폴트 값인 k-means++, 최대 반복 횟수 역시 디폴트 값인 max_iter=300으로 설정한 KMeans 객체를 만들고, 여기에 fit( )를 수행하겠습니다.

```
kmeans = KMeans(n_clusters=3, init='k-means++', max_iter=300,random_state=0)
kmeans.fit(irisDF)
```

fit( )을 수행해 irisDF 데이터에 대한 군집화 수행 결과가 kmeans 객체 변수로 반환됐습니다. kmeans의 labels_ 속성값을 확인해 보면 irisDF의 각 데이터가 어떤 중심에 속하는지를 알 수 있습니다. labels_ 속성값을 출력해 보겠습니다.

```
print(kmeans.labels_)
```

[Output]

```
[1 1 1 1 1 1 1 1 1 1 1 1 1 1 1 1 1 1 1 1 1 1 1 1 1 1 1 1 1 1 1 1 1 1 1 1 1 1 1 1 1 1 1 1 1 1 1 1 1 1
2 2 2 0 2 0 2 0 2 0 0 0 0 0 0 2 0 0 0 0 0 0 0 0 2 2 2 2 0 0 0 0 0 0 0 0 2 0 0 0 0 0 0 0 0 0 0 0 0 0 2
0 2 2 2 2 0 2 2 2 2 2 2 0 0 2 2 2 2 0 2 0 2 0 2 2 0 0 2 2 2 2 2 0 0 2 2 2 0 2 2 2 0 2 2 2 0 2 2 0]
```

labels_의 값이 0, 1, 2로 돼 있으며, 이는 각 레코드가 첫 번째 군집, 두 번째 군집, 세 번째 군집에 속함을 의미합니다.

실제 붓꽃 품종 분류 값과 얼마나 차이가 나는지로 군집화가 효과적으로 됐는지 확인해 보겠습니다. 붓꽃 데이터 세트의 target 값을 'target' 칼럼으로, 앞에서 구한 labels_ 값을 'cluster' 칼럼으로 지정해 irisDF DataFrame에 추가한 뒤에 group by 연산을 실제 분류값인 target과 군집화 분류값인 cluster 레벨로 적용해 target과 cluster 값 개수를 비교할 수 있습니다.

```
irisDF['target'] = iris.target
irisDF['cluster']=kmeans.labels_
iris_result = irisDF.groupby(['target','cluster'])['sepal_length'].count()
print(iris_result)
```

[Output]

```
target  cluster
0       1          50
1       0          48
        2           2
2       0          14
        2          36
```

분류 타깃이 0값인 데이터는 1번 군집으로 모두 잘 그루핑됐습니다. Target 1 값 데이터는 2개만 2번 군집으로 그루핑됐고, 나머지 48개는 모두 0번 군집으로 그루핑됐습니다. 하지만 Target 2값 데이터는 0번 군집에 14개, 2번 군집에 36개로 분산돼 그루핑됐습니다.

이번에는 붓꽃 데이터 세트의 군집화를 시각화해 보겠습니다. 2차원 평면상에서 개별 데이터의 군집화을 시각적으로 표현하려고 합니다. 붓꽃 데이터 세트의 속성이 4개이므로 2차원 평면에 적합치 않아 PCA를 이용해 4개의 속성을 2개로 차원 축소한 뒤에 X 좌표, Y 좌표로 개별 데이터를 표현하도록 하겠습니다.

```
from sklearn.decomposition import PCA

pca = PCA(n_components=2)
pca_transformed = pca.fit_transform(iris.data)

irisDF['pca_x'] = pca_transformed[:, 0]
irisDF['pca_y'] = pca_transformed[:, 1]
irisDF.head(3)
```

[Output]

	sepal_length	sepal_width	petal_length	petal_width	target	cluster	pca_x	pca_y
0	5.1	3.5	1.4	0.2	0	1	-2.684126	0.319397
1	4.9	3.0	1.4	0.2	0	1	-2.714142	-0.177001
2	4.7	3.2	1.3	0.2	0	1	-2.888991	-0.144949

pca_x는 X 좌표 값, pca_y는 Y 좌표 값을 나타냅니다. 각 군집별로 cluster 0은 마커 'o', cluster 1은 마커 's', cluster 2는 마커 '^'로 표현합니다. 맷플롯립의 산점도는 서로 다른 마커를 한 번에 표현할 수 없으므로 마커별로 별도의 산점도를 수행합니다.

```
# 군집 값이 0, 1, 2인 경우마다 별도의 인덱스로 추출
marker0_ind = irisDF[irisDF['cluster']==0].index
marker1_ind = irisDF[irisDF['cluster']==1].index
marker2_ind = irisDF[irisDF['cluster']==2].index

# 군집 값 0, 1, 2에 해당하는 인덱스로 각 군집 레벨의 pca_x, pca_y 값 추출. o, s, ^ 로 마커 표시
plt.scatter(x=irisDF.loc[marker0_ind, 'pca_x'], y=irisDF.loc[marker0_ind, 'pca_y'], marker='o')
plt.scatter(x=irisDF.loc[marker1_ind, 'pca_x'], y=irisDF.loc[marker1_ind, 'pca_y'], marker='s')
plt.scatter(x=irisDF.loc[marker2_ind, 'pca_x'], y=irisDF.loc[marker2_ind, 'pca_y'], marker='^')

plt.xlabel('PCA 1')
plt.ylabel('PCA 2')
plt.title('3 Clusters Visualization by 2 PCA Components')
plt.show()
```

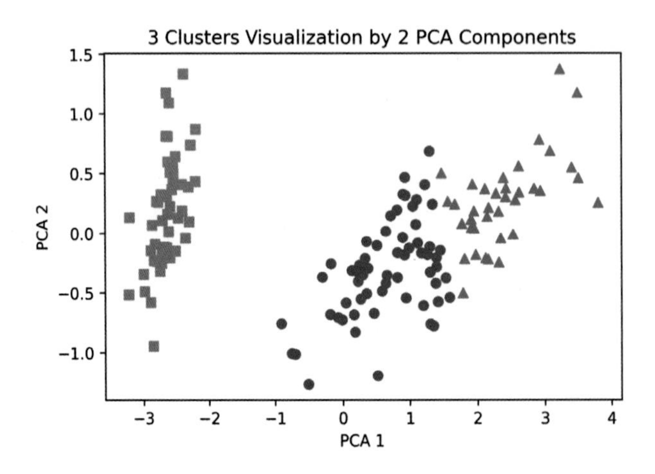

Cluster 1을 나타내는 네모(square, 's')는 명확히 다른 군집과 잘 분리돼 있습니다. Cluster 0을 나타내는 동그라미('o')와 Cluster 2를 나타내는 세모('^')는 상당 수준 분리돼 있지만, 네모만큼 명확하게는 분리돼 있지 않음을 알 수 있습니다. Cluster 0과 1의 경우 속성의 위치 자체가 명확히 분리되기 어려운 부분이 존재합니다.

군집화 알고리즘 테스트를 위한 데이터 생성

사이킷런은 다양한 유형의 군집화 알고리즘을 테스트해 보기 위한 간단한 데이터 생성기를 제공합니다. 대표적인 군집화용 데이터 생성기로는 make_blobs( )와 make_classification( ) API가 있습니다. 두 API는 비슷하게 여러 개의 클래스에 해당하는 데이터 세트를 만드는데, 하나의 클래스에 여러 개의 군집이 분포될 수 있게 데이터를 생성할 수 있습니다. 둘 중에 어떤 것을 사용하든 큰 차이는 없지만, make_blobs( )는 개별 군집의 중심점과 표준 편차 제어 기능이 추가돼 있으며 make_classifcation( )은 노이즈를 포함한 데이터를 만드는 데 유용하게 사용할 수 있습니다. 둘 다 분류 용도로도 테스트 데이터 생성이 가능합니다. 이 외에 make_circle( ), make_moon( ) API는 중심 기반의 군집화로 해결하기 어려운 데이터 세트를 만드는 데 사용됩니다.

make_blobs( )의 간략한 사용법을 알아보면서 군집화를 위한 테스트 데이터 세트를 만드는 방법을 살펴보겠습니다. make_blobs( )를 호출하면 피처 데이터 세트와 타깃 데이터 세트가 튜플(Tuple)로 반환됩니다. make_blobs( )의 호출 파라미터는 다음과 같습니다.

- n_samples: 생성할 총 데이터의 개수입니다. 디폴트는 100개입니다.
- n_features: 데이터의 피처 개수입니다. 시각화를 목표로 할 경우 2개로 설정해 보통 첫 번째 피처는 x 좌표, 두 번째 피처는 y 좌표상에 표현합니다.
- centers: int 값, 예를 들어 3으로 설정하면 군집의 개수를 나타냅니다. 그렇지 않고 ndarray 형태로 표현할 경우 개별 군집 중심점의 좌표를 의미합니다.
- cluster_std: 생성될 군집 데이터의 표준 편차를 의미합니다. 만일 float 값 0.8과 같은 형태로 지정하면 군집 내에서 데이터가 표준편차 0.8을 가진 값으로 만들어집니다. [0.8, 1.2, 0.6]과 같은 형태로 표현되면 3개의 군집에서 첫 번째 군집 내 데이터의 표준편차는 0.8, 두 번째 군집 내 데이터의 표준 편차는 1.2, 세 번째 군집 내 데이터의 표준편차는 0.6으로 만듭니다. 군집별로 서로 다른 표준 편차를 가진 데이터 세트를 만들 때 사용합니다.

X, y = make_blobs(n_samples=200, n_features=2, centers=3, random_state=0)을 호출하면 총 200개의 레코드와 2개의 피처가 3개의 군집화 기반 분포도를 가진 피처 데이터 세트 X와, 동시에 3개의 군집화 값을 가진 타깃 데이터 세트 y가 반환됩니다.

```
import numpy as np
import matplotlib.pyplot as plt
from sklearn.cluster import KMeans
from sklearn.datasets import make_blobs
%matplotlib inline
```

```
X, y = make_blobs(n_samples=200, n_features=2, centers=3, cluster_std=0.8, random_state=0)
print(X.shape, y.shape)

# y target 값의 분포를 확인
unique, counts = np.unique(y, return_counts=True)
print(unique, counts)
```

[Output]

```
(200, 2) (200, )
[0 1 2] [67 67 66]
```

피처 데이터 세트 X는 200개의 레코드와 2개의 피처를 가지므로 shape은 (200, 2), 군집 타깃 데이터 세트인 y의 shape은 (200,), 그리고 3개의 cluster의 값은 [0, 1, 2]이며 각각 67, 67, 66개로 균일하게 구성돼 있습니다. 좀 더 데이터 가공을 편리하게 하기 위해서 위 데이터 세트를 DataFrame으로 변경하겠습니다. 피처의 이름은 ftr1, ftr2입니다.

```
import pandas as pd

clusterDF = pd.DataFrame(data=X, columns=['ftr1', 'ftr2'])
clusterDF['target'] = y
clusterDF.head(3)
```

[Output]

	ftr1	ftr2	target
0	-1.692427	3.622025	2
1	0.697940	4.428867	0
2	1.100228	4.606317	0

이제 make_blob( )으로 만든 피처 데이터 세트가 어떠한 군집화 분포를 가지고 만들어졌는지 확인해 보겠습니다. 타깃값 0, 1, 2에 따라 마커를 다르게 해서 산점도를 그려보면 다음과 같이 3개의 구분될 수 있는 군집 영역(make_blobs( )이 y 반환 값)으로 피처 데이터 세트가 만들어졌음을 알 수 있습니다.

```
target_list = np.unique(y)
# 각 타깃별 산점도의 마커 값.
markers=['o', 's', '^', 'P', 'D', 'H', 'x']
# 3개의 군집 영역으로 구분한 데이터 세트를 생성했으므로 target_list는 [0, 1, 2]
# target==0, target==1, target==2 로 scatter plot을 marker별로 생성.
for target in target_list:
    target_cluster = clusterDF[clusterDF['target']==target]
    plt.scatter(x=target_cluster['ftr1'], y=target_cluster['ftr2'], edgecolor='k',
                marker=markers[target] )
plt.show()
```

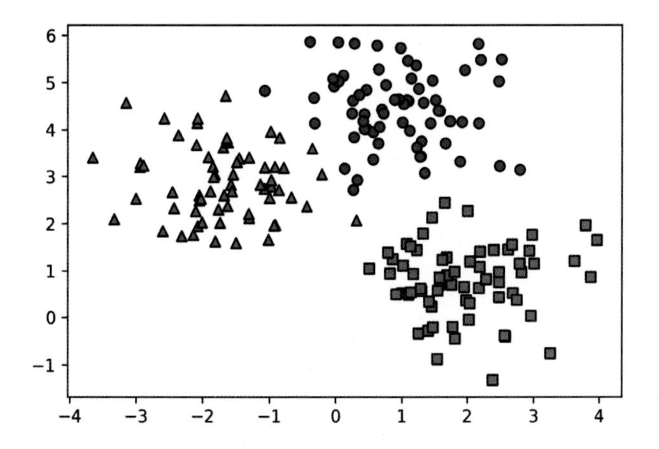

이번에는 이렇게 만들어진 데이터 세트에 KMeans 군집화를 수행한 뒤에 군집별로 시각화해 보겠습니다. 먼저 KMeans 객체에 fit_predict(X)를 수행해 make_blobs( )의 피처 데이터 세트인 X 데이터를 군집화합니다. 이를 앞에서 구한 clusterDF DataFrame의 'kmeans_label' 칼럼으로 저장하겠습니다. 그리고 KMeans 객체의 cluster_centers_ 속성은 개별 군집의 중심 위치 좌표를 나타내기 위해 사용합니다.

```
# KMeans 객체를 이용해 X 데이터를 K-Means 클러스터링 수행
kmeans = KMeans(n_clusters=3, init='k-means++', max_iter=200, random_state=0)
cluster_labels = kmeans.fit_predict(X)
clusterDF['kmeans_label']  = cluster_labels

# cluster_centers_ 는 개별 클러스터의 중심 위치 좌표 시각화를 위해 추출
centers = kmeans.cluster_centers_
unique_labels = np.unique(cluster_labels)
```

```
markers=['o', 's', '^', 'P', 'D', 'H', 'x']

# 군집된 label 유형별로 iteration 하면서 marker 별로 scatter plot 수행.
for label in unique_labels:
    label_cluster = clusterDF[clusterDF['kmeans_label']==label]
    center_x_y = centers[label]
    plt.scatter(x=label_cluster['ftr1'], y=label_cluster['ftr2'], edgecolor='k',
                marker=markers[label] )

    # 군집별 중심 위치 좌표 시각화
    plt.scatter(x=center_x_y[0], y=center_x_y[1], s=200, color='white',
                alpha=0.9, edgecolor='k', marker=markers[label])
    plt.scatter(x=center_x_y[0], y=center_x_y[1], s=70, color='k', edgecolor='k',
                marker='$%d$' % label)

plt.show()
```

[Output]

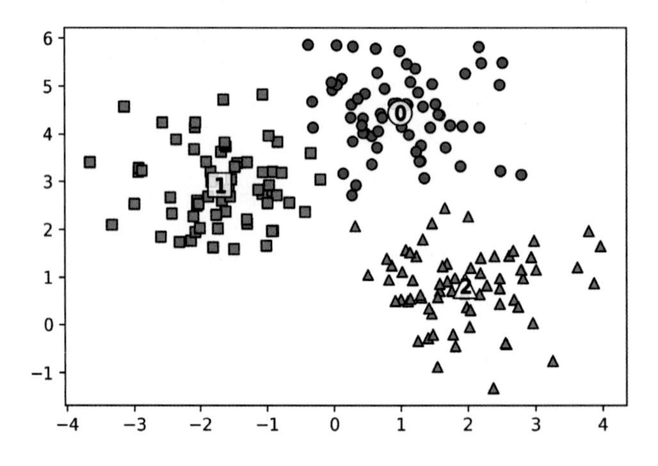

make_blobs( )의 타깃과 kmeans_label은 군집 번호를 의미하므로 서로 다른 값으로 매핑될 수 있습니다(그래서 산점도의 마커가 서로 다를 수 있습니다).

```
print(clusterDF.groupby('target')['kmeans_label'].value_counts())
```

[Output]

```
target  kmeans_label
0       0              66
        1               1
1       2              67
2       1              65
        2               1
```

Target 0이 cluster label 0으로, target 1이 label 2로, target 2가 label 1로 거의 대부분 잘 매핑됐습니다.

make_blobs( )은 cluster_std 파라미터로 데이터의 분포도를 조절합니다. 다음 그림은 cluster_std가 0.4, 0.8, 1.2, 1.6일 때의 데이터를 시각화한 것입니다. cluster_std가 작을수록 군집 중심에 데이터가 모여 있으며, 클수록 데이터가 퍼져 있음을 알 수 있습니다.

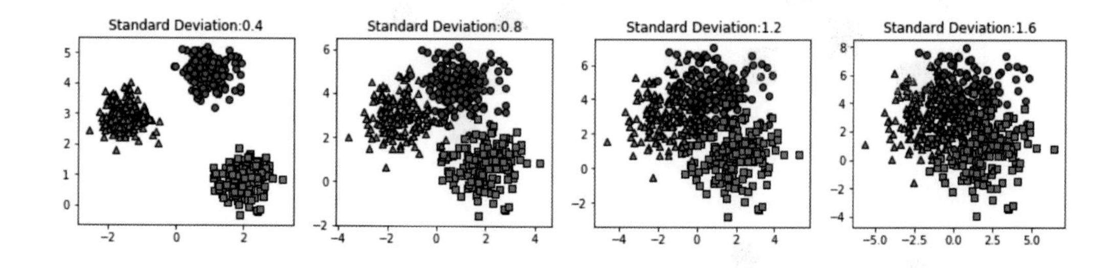

02 군집 평가(Cluster Evaluation)

앞의 붓꽃 데이터 세트의 경우 결괏값에 품종을 뜻하는 타깃 레이블이 있었고, 군집화 결과를 이 레이블과 비교해 군집화가 얼마나 효율적으로 됐는지 짐작할 수 있었습니다. 하지만 대부분의 군집화 데이터 세트는 이렇게 비교할 만한 타깃 레이블을 가지고 있지 않습니다. 또한 군집화는 분류(Classification)와 유사해 보일 수 있으나 성격이 많이 다릅니다. 데이터 내에 숨어 있는 별도의 그룹을 찾아서 의미를 부여하거나 동일한 분류 값에 속하더라도 그 안에서 더 세분화된 군집화를 추구하거나 서로 다른 분류 값의 데이터도 더 넓은 군집화 레벨화 등의 영역을 가지고 있습니다.

그렇다면 군집화가 효율적으로 잘 됐는지 평가할 수 있는 지표에는 어떤 것이 있을까요? 비지도학습의 특성상 어떠한 지표라도 정확하게 성능을 평가하기는 어렵습니다. 그럼에도 불구하고 군집화의 성능을 평가하는 대표적인 방법으로 실루엣 분석을 이용합니다.

실루엣 분석의 개요

군집화 평가 방법으로 실루엣 분석(silhouette analysis)이 있습니다. 실루엣 분석은 각 군집 간의 거리가 얼마나 효율적으로 분리돼 있는지를 나타냅니다. 효율적으로 잘 분리됐다는 것은 다른 군집과의 거리는 떨어져 있고 동일 군집끼리의 데이터는 서로 가깝게 잘 뭉쳐 있다는 의미입니다. 군집화가 잘 될수록 개별 군집은 비슷한 정도의 여유공간을 가지고 떨어져 있을 것입니다.

실루엣 분석은 실루엣 계수(silhouette coefficient)를 기반으로 합니다. 실루엣 계수는 개별 데이터가 가지는 군집화 지표입니다. 개별 데이터가 가지는 실루엣 계수는 해당 데이터가 같은 군집 내의 데이터와 얼마나 가깝게 군집화돼 있고, 다른 군집에 있는 데이터와는 얼마나 멀리 분리돼 있는지를 나타내는 지표입니다.

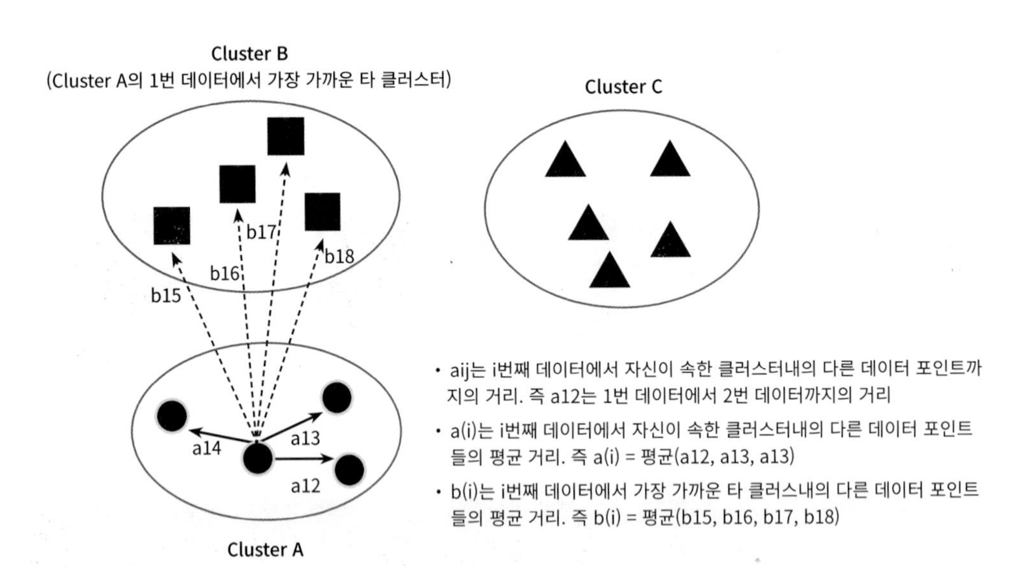

특정 데이터 포인트의 실루엣 계수 값은 해당 데이터 포인트와 같은 군집 내에 있는 다른 데이터 포인트와의 거리를 평균한 값 a(i), 해당 데이터 포인트가 속하지 않은 군집 중 가장 가까운 군집과의 평균 거리 b(i)를 기반으로 계산됩니다. 두 군집 간의 거리가 얼마나 떨어져 있는가의 값은 b(i) - a(i)이며 이 값을 정규화하기 위해 MAX(a(i), b(i)) 값으로 나눕니다. 따라서 i번째 데이터 포인트의 실루엣 계수 값 s(i)는 다음과 같이 정의합니다.

$$s(i) = \frac{(b(i) - a(i))}{(\max(a(i), b(i))}$$

실루엣 계수는 -1에서 1 사이의 값을 가지며, 1로 가까워질수록 근처의 군집과 더 멀리 떨어져 있다는 것이고 0에 가까울수록 근처의 군집과 가까워진다는 것입니다. - 값은 아예 다른 군집에 데이터 포인트가 할당됐음을 뜻합니다.

사이킷런은 이러한 실루엣 분석을 위해 다음과 같은 메서드를 제공합니다.

- **sklearn.metrics.silhouette_samples(*X, labels, metric='euclidean', **kwds*)**: 인자로 X feature 데이터 세트와 각 피처 데이터 세트가 속한 군집 레이블 값인 labels 데이터를 입력해주면 각 데이터 포인트의 실루엣 계수를 계산해 반환합니다.
- **sklearn.metrics.silhouette_score(*X, labels, metric='euclidean', sample_size=None, **kwds*)**: 인자로 X feature 데이터 세트와 각 피처 데이터 세트가 속한 군집 레이블 값인 labels 데이터를 입력해주면 전체 데이터의 실루엣 계수 값을 평균해 반환합니다. 즉, np.mean(silhouette_samples())입니다. 일반적으로 이 값이 높을수록 군집화가 어느 정도 잘 됐다고 판단할 수 있습니다. 하지만 무조건 이 값이 높다고 해서 군집화가 잘 됐다고 판단할 수는 없습니다.

좋은 군집화가 되려면 다음 기준 조건을 만족해야 합니다.

1. 전체 실루엣 계수의 평균값, 즉 사이킷런의 silhouette_score( ) 값은 0 ~ 1 사이의 값을 가지며, 1에 가까울수록 좋습니다.
2. 하지만 전체 실루엣 계수의 평균값과 더불어 개별 군집의 평균값의 편차가 크지 않아야 합니다. 즉, 개별 군집의 실루엣 계수 평균값이 전체 실루엣 계수의 평균값에서 크게 벗어나지 않는 것이 중요합니다. 만약 전체 실루엣 계수의 평균값은 높지만, 특정 군집의 실루엣 계수 평균값만 유난히 높고 다른 군집들의 실루엣 계수 평균값은 낮으면 좋은 군집화 조건이 아닙니다.

붓꽃 데이터 세트를 이용한 군집 평가

앞의 붓꽃 데이터 세트의 군집화 결과를 실루엣 분석으로 평가해 보겠습니다. 이를 위해 sklearn.metrics 모듈의 silhouette_samples( )와 silhouette_score( )를 이용합니다.

```
from sklearn.preprocessing import scale
from sklearn.datasets import load_iris
from sklearn.cluster import KMeans
# 실루엣 분석 평가 지표 값을 구하기 위한 API 추가
from sklearn.metrics import silhouette_samples, silhouette_score
import matplotlib.pyplot as plt
import numpy as np
```

```
import pandas as pd

%matplotlib inline

iris = load_iris()
feature_names = ['sepal_length', 'sepal_width', 'petal_length', 'petal_width']
irisDF = pd.DataFrame(data=iris.data, columns=feature_names)
kmeans = KMeans(n_clusters=3, init='k-means++', max_iter=300, random_state=0).fit(irisDF)
irisDF['cluster'] = kmeans.labels_

# iris의 모든 개별 데이터에 실루엣 계수 값을 구함.
score_samples = silhouette_samples(iris.data, irisDF['cluster'])
print('silhouette_samples( ) return 값의 shape', score_samples.shape)

# irisDF에 실루엣 계수 칼럼 추가
irisDF['silhouette_coeff'] = score_samples

# 모든 데이터의 평균 실루엣 계수 값을 구함.
average_score = silhouette_score(iris.data, irisDF['cluster'])
print('붓꽃 데이터 세트 Silhouette Analysis Score:{0:.3f}'.format(average_score))
irisDF.head(3)
```

[Output]

```
silhouette_samples( ) return 값의 shape (150, )
붓꽃 데이터 세트 Silhouette Analysis Score:0.553
```

	sepal_length	sepal_width	petal_length	petal_width	cluster	silhouette_coeff
0	5.1	3.5	1.4	0.2	1	0.852955
1	4.9	3.0	1.4	0.2	1	0.815495
2	4.7	3.2	1.3	0.2	1	0.829315

붓꽃 데이터 세트의 평균 실루엣 계수 값은 약 0.553입니다. irisDF의 맨 처음 3개 로우는 1번 군집에 해당하고 개별 실루엣 계수 값이 0.8529, 0.8154, 0.8293일 정도로 1번 군집의 경우 평균적으로 약 0.8 정도의 높은 실루엣 계수 값을 나타냅니다. 하지만 1번 군집이 아닌 다른 군집의 경우 실루엣 계수 값이 낮기 때문에 전체 평균 실루엣 계수 값이 0.553 정도가 되었습니다. 군집별 평균 실루엣 계수 값으로 확인해 보겠습니다. IrisDF DataFrame에서 군집 칼럼별로 group by하여 silhouette_coeff 칼럼의 평균값을 구하면 됩니다.

```
irisDF.groupby('cluster')['silhouette_coeff'].mean()
```

[Output]

```
cluster
0    0.417320
1    0.798140
2   0.451105
```

1번 군집은 실루엣 계수 평균 값이 약 0.79인데 반해, 0번은 약 0.41, 2번은 0.45로 상대적으로 평균값이 1번에 비해 낮습니다.

군집별 평균 실루엣 계수의 시각화를 통한 군집 개수 최적화 방법

전체 데이터의 평균 실루엣 계수 값이 높다고 해서 반드시 최적의 군집 개수로 군집화가 잘 됐다고 볼 수는 없습니다. 특정 군집 내의 실루엣 계수 값만 너무 높고, 다른 군집은 내부 데이터끼리의 거리가 너무 떨어져 있어 실루엣 계수 값이 낮아져도 평균적으로 높은 값을 가질 수 있습니다. 개별 군집별로 적당히 분리된 거리를 유지하면서도 군집 내의 데이터가 서로 뭉쳐 있는 경우에 K-평균 의 적절한 군집 개수가 설정됐다고 판단할 수 있습니다.

사이킷런의 문서 중 http://scikit-learn.org/stable/auto_examples/cluster/plot_kmeans_silhouette_analysis.html에 이러한 방법을 시각적으로 지원해주는 좋은 예제가 있어서 소개하려고 합니다. 이 사이트를 방문해서 소스 코드와 설명을 참조하는 것도 좋습니다. 먼저 소스 코드를 보기 전에 다음 여러 개의 군집 개수가 주어졌을 때 이를 분석한 도표를 참고해 평균 실루엣 계수로 군집 개수를 최적화하는 방법을 알아보겠습니다.

첫 번째 경우는 다음 그림과 같이 주어진 데이터에 대해서 군집의 개수 2개를 정했을 때입니다. 이때 평균 실루엣 계수, 즉 silhouette_score는 약 0.704로 매우 높게 나타났습니다. 하지만 이렇게 2개로 군집화하는 것이 최적의 방법일까요? 다음 그림에서 왼쪽 부분은 개별 군집에 속하는 데이터의 실루엣 계수를 2차원으로 나타낸 것입니다. X축은 실루엣 계수 값이고, Y축은 개별 군집과 이에 속하는 데이터입니다. 개별 군집은 Y축에 숫자 값으로 0, 1로 표시돼 있습니다. 이에 해당하는 데이터는 일일이 숫자 값으로 표시되지 않았지만, Y축 높이로 추측할 수 있습니다. 그리고 점선으로 표시된 선은 전체 평균 실루엣 계수 값을 나타냅니다. 이로 판단해 볼 때 1번 군집의 모든 데이터는 평균 실루엣 계수 값 이상이지만, 2번 군집의 경우는 평균보다 적은 데이터 값이 매우 많습니다.

오른쪽에 있는 그림으로 그 이유를 보충해서 설명할 수 있습니다. 1번 군집의 경우는 0번 군집과 멀리 떨어져 있고, 내부 데이터끼리도 잘 뭉쳐 있습니다. 하지만 0번 군집의 경우는 내부 데이터끼리 많이 떨어져 있는 모습입니다.

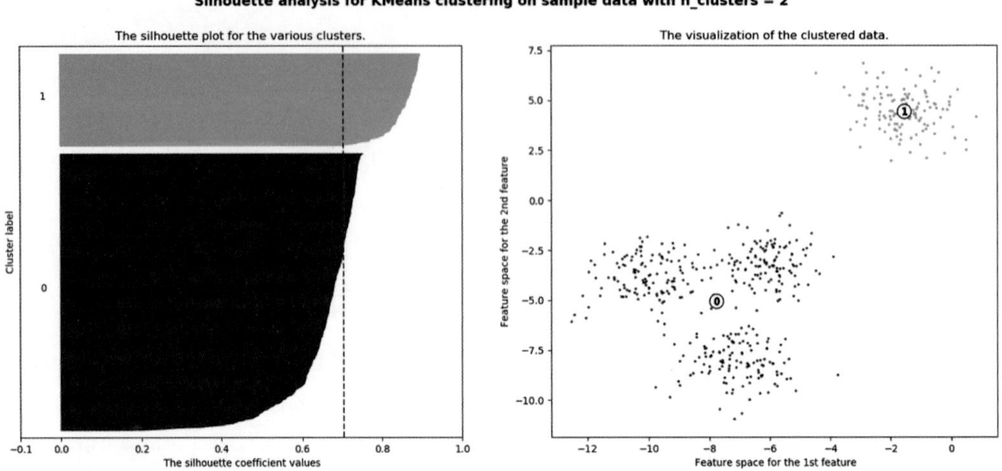

군집이 2개일 경우 평균 실루엣 계수 값: 0.704

다음 그림은 군집 개수가 3개일 경우입니다. 전체 데이터의 평균 실루엣 계수 값은 약 0.588입니다. 1번, 2번 군집의 경우 평균보다 높은 실루엣 계수 값을 가지고 있지만, 0번의 경우 모두 평균보다 낮습니다. 오른쪽 그림을 보면 0번의 경우 내부 데이터 간의 거리도 멀지만, 2번 군집과도 가깝게 위치하고 있기 때문입니다.

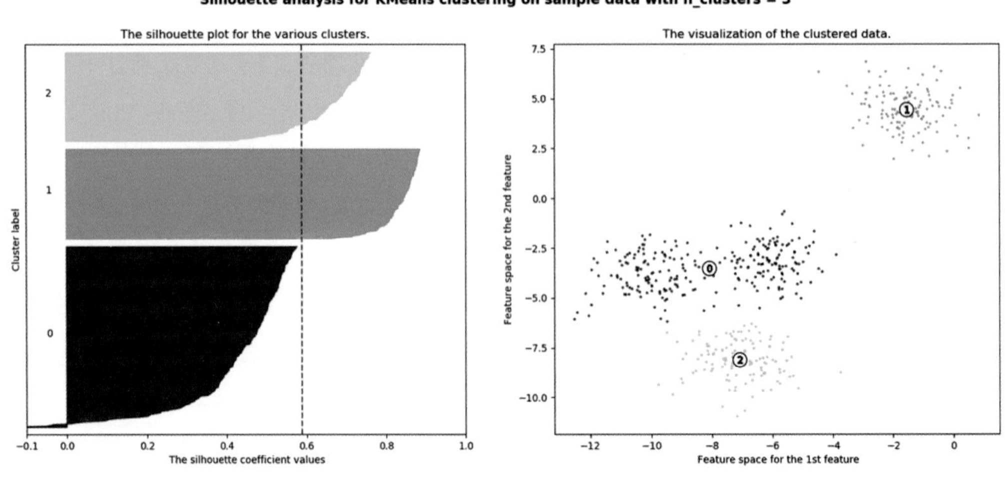

군집이 3개일 경우 평균 실루엣 계수 값: 0.588

다음으로 군집이 4개인 경우를 보겠습니다. 이때의 평균 실루엣 계수 값은 약 0.65입니다. 왼쪽 그림에서 보듯이 개별 군집의 평균 실루엣 계수 값이 비교적 균일하게 위치하고 있습니다. 1번 군집의 경우 모든 데이터가 평균보다 높은 계수 값을 가지고 있으며, 0번, 2번의 경우는 절반 이상이 평균보다 높은 계수 값을, 3번 군집의 경우만 약 1/3 정도가 평균보다 높은 계수 값을 가지고 있습니다. 군집이 2개인 경우보다는 평균 실루엣 계수 값이 작지만 4개인 경우가 가장 이상적인 군집화 개수로 판단할 수 있습니다.

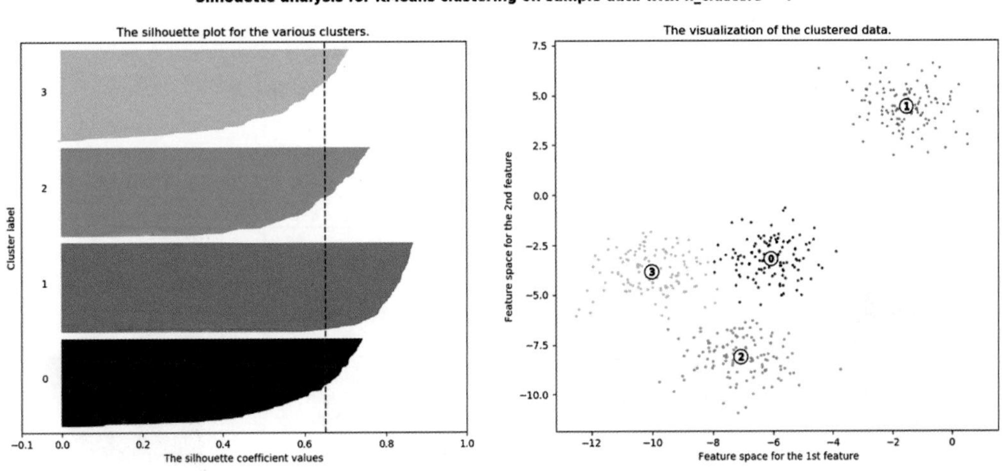

군집이 4개일 경우 평균 실루엣 계수 값: 0.65

http://scikit-learn.org/stable/auto_examples/cluster/plot_kmeans_silhouette_analysis.html 에 있는 소스 코드 중 왼쪽 그림의 군집별 평균 실루엣 계수 값을 구하는 부분만 별도의 함수로 만들어 이를 시각화해 보겠습니다. **소스 코드 전반에 걸쳐서 시각화 코드가 많이 들어가 있어 전체를 이해할 필요는 없다는 판단이 들어서 소스 코드 전체를 책에 수록하지는 않겠습니다.** 대신 부록으로 제공되는 소스 코드에 visualize_silhouette(cluster_lists, X_features) 함수명으로 원본 소스 코드를 좀 더 간략하게 커스터마이징했으니 이를 참조하기 바랍니다. visualize_silhouette( ) 함수는 군집 개수를 변화시키면서 K-평균 군집을 수행했을 때 개별 군집별 평균 실루엣 계수 값을 시각화해서 군집의 개수를 정하는 데 도움을 줍니다.

visualize_silhouette( )은 내부 파라미터로 여러 개의 군집 개수를 리스트로 가지는 첫 번째 파라미터와 피처 데이터 세트인 두 번째 파라미터를 가지고 있습니다. 만일 피처 데이터 세트 X_features에 대해서 군집이 2개일 때와 3개, 4개, 5개일 때의 군집별 평균 실루엣 계수 값을 알고 싶다면 다음과 같이 호출하면 됩니다.

```
visualize_silhouette([2, 3, 4, 5], X_features)
```

앞의 사이킷런 홈페이지에서 소개된 예와 비슷하게 make_blobs( ) 함수를 통해 4개 군집 중심의 500개 2차원 데이터 세트를 만들고 이를 K-평균으로 군집화할 때 2개, 3개, 4개, 5개 중 최적의 군집 개수를 시각화로 알아보겠습니다.

```
# make_blobs를 통해 군집화를 위한 4개의 군집 중심의 500개 2차원 데이터 세트 생성
from sklearn.datasets import make_blobs
X, y = make_blobs(n_samples=500, n_features=2, centers=4, cluster_std=1,
             center_box=(-10.0, 10.0), shuffle=True, random_state=1)

# 군집 개수가 2개, 3개, 4개, 5개일 때의 군집별 실루엣 계수 평균값을 시각화
visualize_silhouette([ 2, 3, 4, 5], X)
```

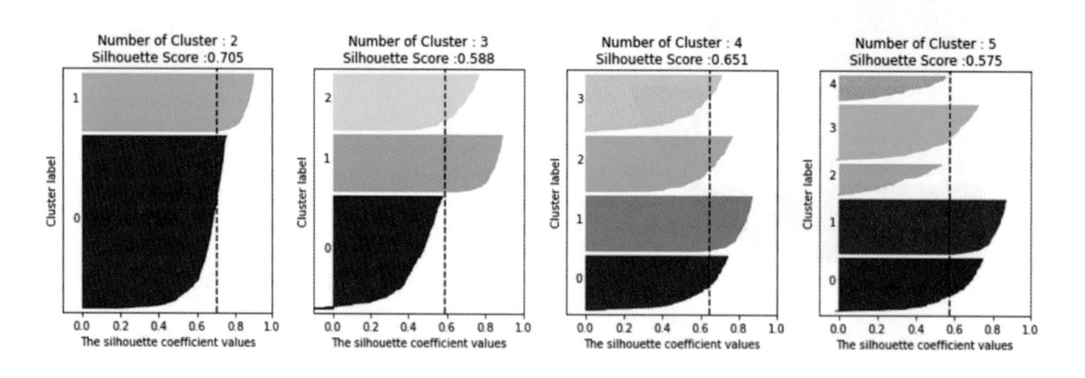

앞에서 소개한 바와 마찬가지로 4개의 군집일 때 가장 최적이 됨을 알 수 있습니다. 이번에는 붓꽃 데이터를 이용해 K-평균 수행 시 최적의 군집 개수를 알아보겠습니다.

```
from sklearn.datasets import load_iris
iris=load_iris()
visualize_silhouette([ 2, 3, 4, 5 ], iris.data)
```

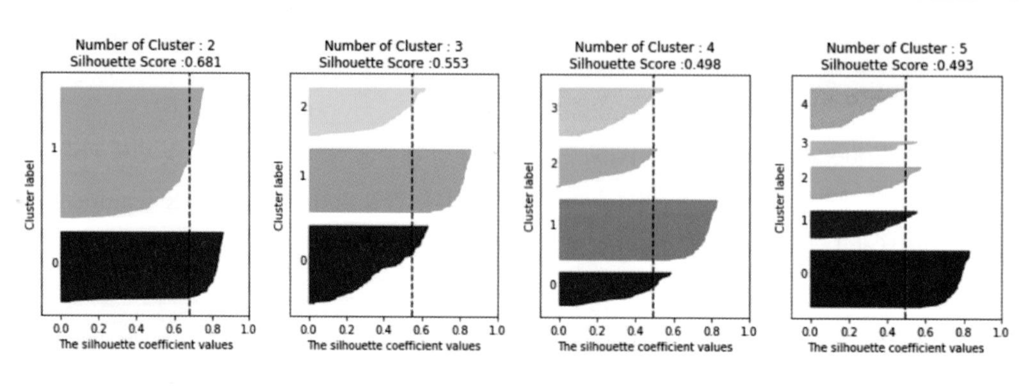

붓꽃 데이터를 K-평균으로 군집화할 경우에는 군집 개수를 2개로 하는 것이 가장 좋아 보입니다. 3개의 경우 평균 실루엣 계수 값도 2개보다 작을뿐더러 1번 군집과 다른 0번, 2번 군집과의 실루엣 계수의 편차가 큽니다. 4개, 5개의 경우도 마찬가지입니다.

실루엣 계수를 통한 K-평균 군집 평가 방법은 직관적으로 이해하기 쉽지만, 각 데이터별로 다른 데이터와의 거리를 반복적으로 계산해야 하므로 데이터양이 늘어나면 수행 시간이 크게 늘어납니다. 특히 몇 만 건 이상의 데이터에 대해 사이킷런의 실루엣 계수 평가 API를 개인용 PC에서 수행할 경우 메모리 부족 등의 에러가 발생하기 쉽습니다. 이 경우 군집별로 임의의 데이터를 샘플링해 실루엣 계수를 평가하는 방안을 고민해야 합니다.

03 평균 이동

평균 이동(Mean Shift)의 개요

평균 이동(Mean Shift)은 K-평균과 유사하게 중심을 군집의 중심으로 지속적으로 움직이면서 군집화를 수행합니다. 하지만 K-평균이 중심에 소속된 데이터의 평균 거리 중심으로 이동하는 데 반해, 평균 이동은 중심을 데이터가 모여 있는 밀도가 가장 높은 곳으로 이동시킵니다.

평균 이동 군집화는 데이터의 분포도를 이용해 군집 중심점을 찾습니다. 군집 중심점은 데이터 포인트가 모여있는 곳이라는 생각에서 착안한 것이며 이를 위해 확률 밀도 함수(probability density function)를 이용합니다. 가장 집중적으로 데이터가 모여있어 확률 밀도 함수가 피크인 점을 군집 중심점으로 선정하며 일반적으로 주어진 모델의 확률 밀도 함수를 찾기 위해서 KDE(Kernel Density Estimation)를 이용합니다.

평균 이동 군집화는 특정 데이터를 반경 내의 데이터 분포 확률 밀도가 가장 높은 곳으로 이동하기 위해 주변 데이터와의 거리 값을 KDE 함수 값으로 입력한 뒤 그 반환 값을 현재 위치에서 업데이트하면서 이동하는 방식을 취합니다. 이러한 방식을 전체 데이터에 반복적으로 적용하면서 데이터의 군집 중심점을 찾아냅니다.

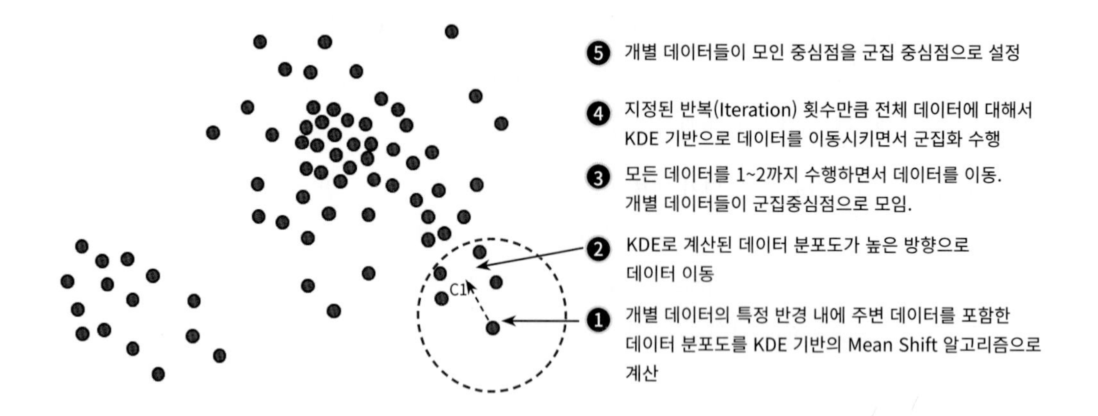

KDE(Kernel Density Estimation)는 커널(Kernel) 함수를 통해 어떤 변수의 확률 밀도 함수를 추정하는 대표적인 방법입니다. 관측된 데이터 각각에 커널 함수를 적용한 값을 모두 더한 뒤 데이터 건수로 나눠 확률 밀도 함수를 추정합니다. 확률 밀도 함수 PDF(Probability Density Function)는 확률 변수의 분포를 나타내는 함수로, 널리 알려진 정규분포 함수를 포함해 감마 분포, t-분포 등이 있습니다. 확률 밀도 함수를 알면 특정 변수가 어떤 값을 갖게 될지에 대한 확률을 알게 되므로 이를 통해 변수의 특성(가령 정규 분포의 경우 평균, 분산), 확률 분포 등 변수의 많은 요소를 알 수 있습니다.

KDE는 개별 관측 데이터에 커널 함수를 적용한 뒤, 이 적용 값을 모두 더한 후 개별 관측 데이터의 건수로 나눠 확률 밀도 함수를 추정하며, 대표적인 커널 함수로서 가우시안 분포 함수가 사용됩니다. 다음 그림의 왼쪽은 개별 관측 데이터에 가우시안 커널 함수를 적용한 것이고 오른쪽은 적용 값을 모두 더한 KDE 결과입니다.

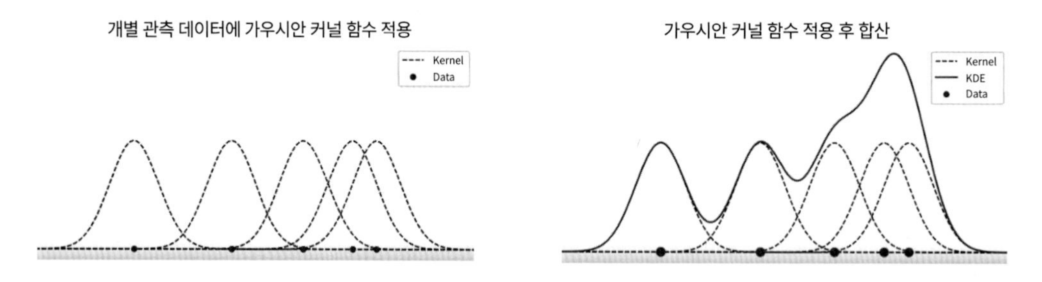

KDE는 다음과 같은 커널 함수식으로 표현됩니다. 다음 식에서 K는 커널 함수, x는 확률 변숫값, xi는 관측값, h는 대역폭(bandwidth)입니다.

$$\text{KDE} = \frac{1}{n}\sum_{i=1}^{n} K_h(x - x_i) = \frac{1}{nh}\sum_{i=1}^{n} K\left(\frac{x - x_i}{h}\right)$$

대역폭 h는 KDE 형태를 부드러운(또는 뾰족한) 형태로 평활화(Smoothing)하는 데 적용되며, 이 h를 어떻게 설정하느냐에 따라 확률 밀도 추정 성능을 크게 좌우할 수 있습니다. 다음 그림은 h 값을 증가시키면서 변화되는 KDE를 나타냅니다. 작은 h 값(h=1.0)은 좁고 뾰족한 KDE를 가지게 되며, 이는 변동성이 큰 방식으로 확률 밀도 함수를 추정하므로 과적합(over-fitting)하기 쉽습니다. 반대로 매우 큰 h 값(h=10)은 과도하게 평활화(smoothing)된 KDE로 인해 지나치게 단순화된 방식으로 확률 밀도 함수를 추정하며 결과적으로 과소적합(under-fitting)하기 쉽습니다. 따라서 적절한 KDE의 대역폭 h를 계산하는 것은 KDE 기반의 평균 이동(Mean Shift) 군집화에서 매우 중요합니다.

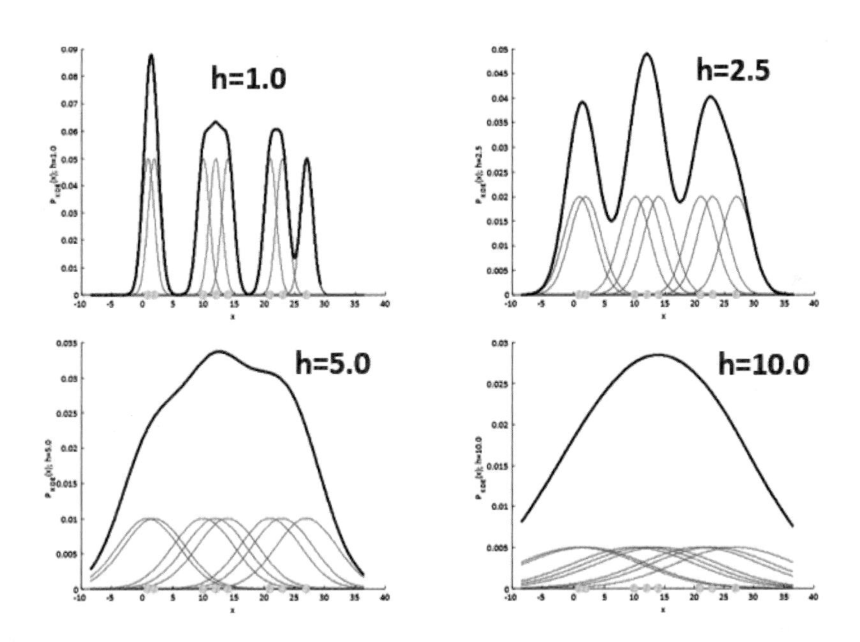

일반적으로 평균 이동 군집화는 대역폭이 클수록 평활화된 KDE로 인해 적은 수의 군집 중심점을 가지며 대역폭이 적을수록 많은 수의 군집 중심점을 가집니다. 또한 평균 이동 군집화는 군집의 개수를 지정하지 않으며, 오직 대역폭의 크기에 따라 군집화를 수행합니다. 사이킷런은 평균 이동 군집화를 위해 MeanShift 클래스를 제공합니다. MeanShift 클래스의 가장 중요한 초기화 파라미터는 bandwidth이며 이 파라미터는 KDE의 대역폭 h와 동일합니다. 대역폭 크기 설정이 군집화의 품질에 큰 영향을 미치기 때문에 사이킷런은 최적의 대역폭 계산을 위해 estimate_bandwidth( ) 함수를 제공합니다. 다음 예제는 make blobs( )의 cluster_std를 0.7로 정한 3개 군집의 데이터에 대해 bandwidth를 0.8로 설정한 평균 이동 군집화 알고리즘을 적용한 예제입니다.

```
import numpy as np
from sklearn.datasets import make_blobs
from sklearn.cluster import MeanShift

X, y = make_blobs(n_samples=200, n_features=2, centers=3, cluster_std=0.7, random_state=0)

meanshift= MeanShift(bandwidth=0.8)
cluster_labels = meanshift.fit_predict(X)
print('cluster labels 유형:', np.unique(cluster_labels))
```

[Output]

```
cluster labels 유형: [0 1 2 3 4 5]
```

군집이 0부터 5까지 6개로 분류됐습니다. 지나치게 세분화돼 군집화됐습니다. 일반적으로 bandwidth 값을 작게 할수록 군집 개수가 많아집니다. 이번에 bandwidth를 살짝 높인 1.0으로 해서 MeanShift를 수행해 보겠습니다.

```
meanshift= MeanShift(bandwidth=1)
cluster_labels = meanshift.fit_predict(X)
print('cluster labels 유형:', np.unique(cluster_labels))
```

[Output]

```
cluster labels 유형: [0 1 2]
```

3개의 군집으로 잘 군집화됐습니다. 데이터의 분포 유형에 따라 bandwidth 값의 변화는 군집화 개수에 큰 영향을 미칠 수 있습니다. 따라서 MeanShift에서는 이 bandwidth를 최적화 값으로 설정하는 것이 매우 중요합니다. 사이킷런은 최적화된 bandwidth 값을 찾기 위해서 estimate_bandwidth( ) 함수를 제공합니다. estimate_bandwidth( )의 파라미터로 피처 데이터 세트를 입력해주면 최적화된 bandwidth 값을 반환해줍니다.

```
from sklearn.cluster import estimate_bandwidth

bandwidth = estimate_bandwidth(X)
print('bandwidth 값:', round(bandwidth,3))
```

[Output]

```
bandwidth 값: 1.816
```

estimate_bandwidth( )로 측정된 bandwidth를 평균 이동 입력값으로 적용해 동일한 make_blobs( ) 데이터 세트에 군집화를 수행해 보겠습니다.

```
import pandas as pd

clusterDF = pd.DataFrame(data=X, columns=['ftr1', 'ftr2'])
clusterDF['target'] = y

# estimate_bandwidth()로 최적의 bandwidth 계산
best_bandwidth = estimate_bandwidth(X)

meanshift= MeanShift(bandwidth=best_bandwidth)
cluster_labels = meanshift.fit_predict(X)
print('cluster labels 유형:',np.unique(cluster_labels))
```

[Output]

```
cluster labels 유형: [0 1 2]
```

3개의 군집으로 구성됨을 알 수 있습니다. 구성된 3개의 군집을 시각화해 보겠습니다. 평균 이동도 K-평균과 유사하게 중심을 가지고 있으므로 cluster_centers_ 속성으로 군집 중심 좌표를 표시할 수 있습니다.

```
import matplotlib.pyplot as plt
%matplotlib inline

clusterDF['meanshift_label']  = cluster_labels
centers = meanshift.cluster_centers_
unique_labels = np.unique(cluster_labels)
markers=['o', 's', '^', 'x', '*']

for label in unique_labels:
    label_cluster = clusterDF[clusterDF['meanshift_label']==label]
    center_x_y = centers[label]
```

```
    # 군집별로 다른 마커로 산점도 적용
    plt.scatter(x=label_cluster['ftr1'], y=label_cluster['ftr2'], edgecolor='k', marker=markers[label])

    # 군집별 중심 표현
    plt.scatter(x=center_x_y[0], y=center_x_y[1], s=200, color='gray', alpha=0.9,
marker=markers[label])
    plt.scatter(x=center_x_y[0], y=center_x_y[1], s=70, color='k', edgecolor='k', marker='$%d$' % label)

plt.show()
```

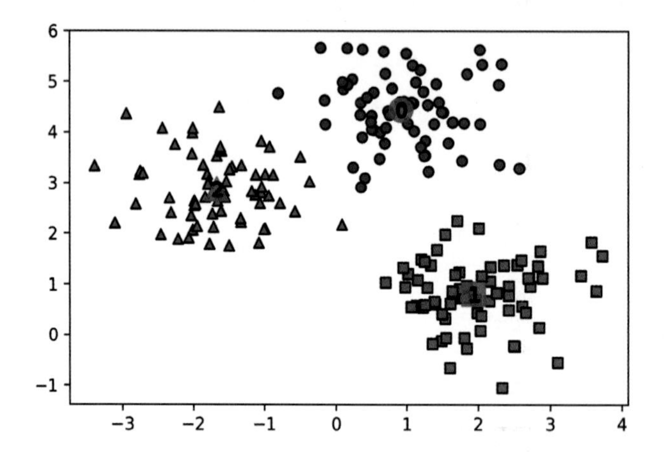

target 값과 군집 label 값을 비교해 보겠습니다. Target 값과 군집 label 값이 1:1로 잘 매칭됐습니다.

```
print(clusterDF.groupby('target')['meanshift_label'].value_counts())
```

[Output]

```
target  meanshift_label
0       0                  67
1       1                  67
2       2                  66
```

평균 이동의 장점은 데이터 세트의 형태를 특정 형태로 가정한다든가, 특정 분포도 기반의 모델로 가정하지 않기 때문에 좀 더 유연한 군집화가 가능한 것입니다. 또한 이상치의 영향력도 크지 않으며, 미리 군집의 개수를 정할 필요도 없습니다. 하지만 알고리즘의 수행 시간이 오래 걸리고 무엇보다도 bandwidth의 크기에 따른 군집화 영향도가 매우 큽니다.

이 같은 특징 때문에 일반적으로 평균 이동 군집화 기법은 분석 업무 기반의 데이터 세트보다는 컴퓨터 비전 영역에서 더 많이 사용됩니다. 이미지나 영상 데이터에서 특정 개체를 구분하거나 움직임을 추적하는 데 뛰어난 역할을 수행하는 알고리즘입니다.

04 GMM(Gaussian Mixture Model)

GMM(Gaussian Mixture Model) 소개

GMM 군집화는 군집화를 적용하고자 하는 데이터가 여러 개의 가우시안 분포(GaussianDistribution)를 가진 데이터 집합들이 섞여서 생성된 것이라는 가정하에 군집화를 수행하는 방식입니다. 정규 분포(Normal distribu tion)로도 알려진 가우시안 분포는 좌우 대칭형의 종(Bell) 형태를 가진 통계학에서 가장 잘 알려진 연속 확률 함수입니다(고등학교 확률/통계 수학 과목에 잘 소개돼 있습니다).

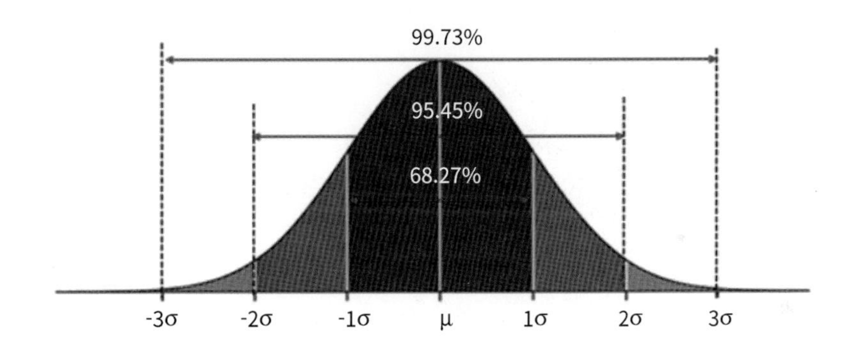

정규 분포는 평균 μ를 중심으로 높은 데이터 분포도를 가지고 있으며, 좌우 표준편차 1에 전체 데이터의 68.27%, 좌우 표준편차 2에 전체 데이터의 95.45%를 가지고 있습니다. 평균이 0이고, 표준편차가 1인 정규 분포를 표준 정규 분포라고 합니다.

GMM(Gaussian Mixture Model)은 데이터를 여러 개의 가우시안 분포가 섞인 것으로 간주합니다. 섞인 데이터 분포에서 개별 유형의 가우시안 분포를 추출합니다. 먼저 다음과 같이 세 개의 가우시안 분포 A, B, C를 가진 데이터 세트가 있다고 가정하겠습니다.

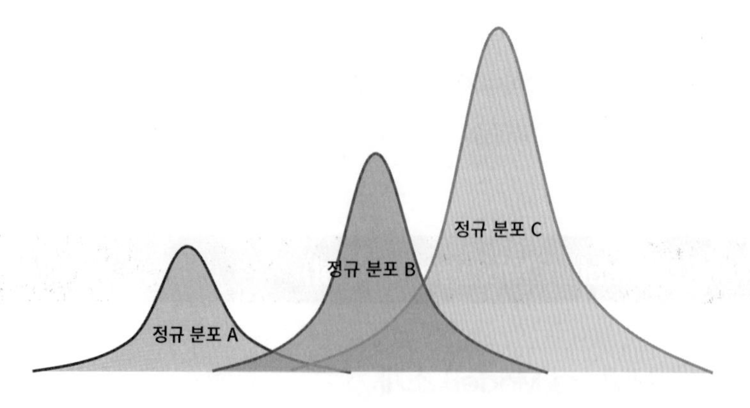

이 세 개의 정규 분포를 합치면 다음 형태가 될 것입니다.

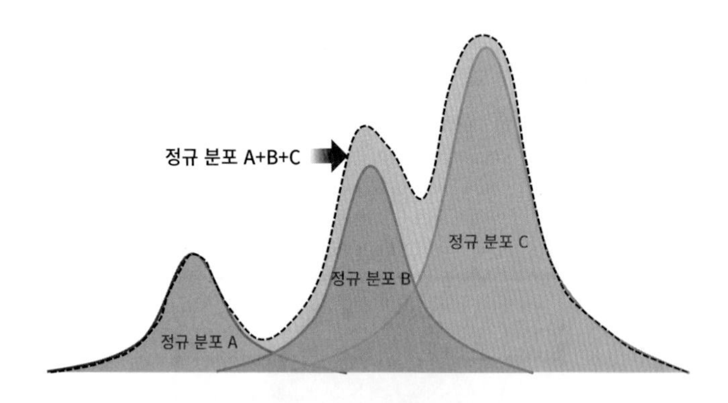

군집화를 수행하려는 실제 데이터 세트의 데이터 분포도가 다음과 같다면 쉽게 이 데이터 세트가 정규 분포 A, B, C가 합쳐서 된 데이터 분포도임을 알 수 있습니다.

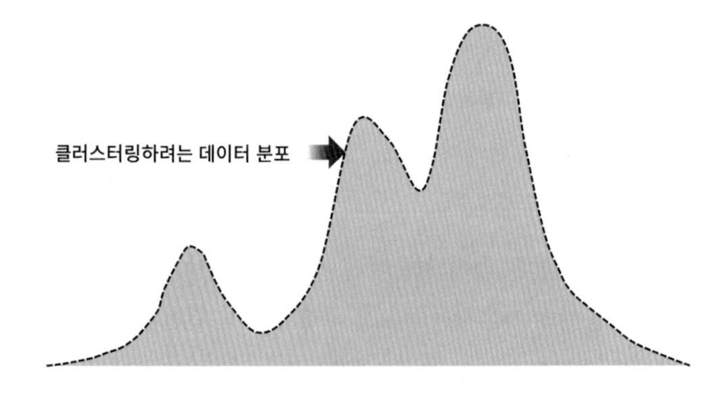

전체 데이터 세트는 서로 다른 정규 분포 형태를 가진 여러 가지 확률 분포 곡선으로 구성될 수 있으며, 이러한 서로 다른 정규 분포에 기반해 군집화을 수행하는 것이 GMM 군집화 방식입니다. 가령 1000개

의 데이터 세트가 있다면 이를 구성하는 여러 개의 정규 분포 곡선을 추출하고, 개별 데이터가 이 중 어떤 정규 분포에 속하는지 결정하는 방식입니다.

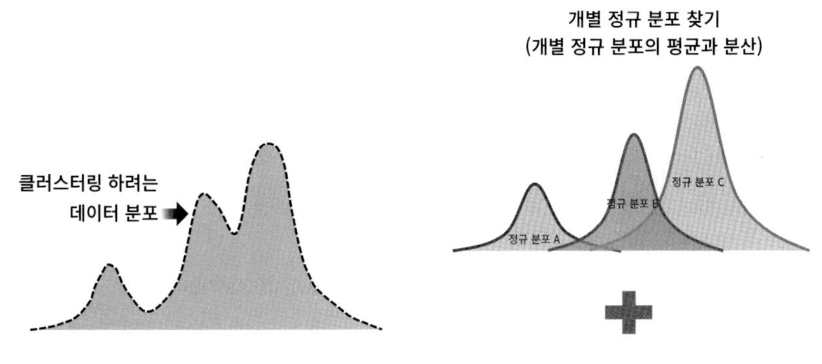

이와 같은 방식은 GMM에서는 모수 추정이라고 하는데, 모수 추정은 대표적으로 2가지를 추정하는 것입니다.

- 개별 정규 분포의 평균과 분산
- 각 데이터가 어떤 정규 분포에 해당되는지의 확률

이러한 모수 추정을 위해 GMM은 EM(Expectation and Maximization) 방법을 적용합니다. EM 알고리즘에 대한 설명은 더 많은 수학식이 필요하므로 이 책에서는 생략하겠습니다. 사이킷런은 이러한 GMM의 EM 방식을 통한 모수 추정 군집화를 지원하기 위해 GaussianMixture 클래스를 지원합니다.

GMM을 이용한 붓꽃 데이터 세트 군집화

GMM은 확률 기반 군집화이고 K-평균은 거리 기반 군집화입니다. 이번에는 붓꽃 데이터 세트로 이 두 가지 방식을 이용해 군집화를 수행한 뒤 양쪽 방식을 비교해 보겠습니다. 먼저 새로운 주피터 노트북을 생성하고 붓꽃 데이터 세트를 DataFrame으로 로드합니다.

```
from sklearn.datasets import load_iris
from sklearn.cluster import KMeans

import matplotlib.pyplot as plt
import numpy as np
```

```
import pandas as pd
%matplotlib inline

iris = load_iris()
feature_names = ['sepal_length', 'sepal_width', 'petal_length', 'petal_width']

# 좀 더 편리한 데이터 Handling을 위해 DataFrame으로 변환
irisDF = pd.DataFrame(data=iris.data, columns=feature_names)
irisDF['target'] = iris.target
```

GaussianMixture 객체의 가장 중요한 초기화 파라미터는 n_components입니다. n_components는 gaussian mixture의 모델의 총 개수입니다. K-평균의 n_clusters와 같이 군집의 개수를 정하는 데 중요한 역할을 수행합니다. n_components를 3으로 설정하고 GaussianMixture로 군집화를 수행하겠습니다(GaussianMixture 클래스는 sklearn.mixture 패키지에 위치해 있음에 유의하기 바랍니다). GaussianMixture 객체의 fit(피처 데이터 세트)와 predict(피처 데이터 세트)를 수행해 군집을 결정한 뒤 irisDF DataFrame에 'gmm_cluster' 칼럼명으로 저장하고 나서 타깃별로 군집이 어떻게 매핑됐는지 확인해 보겠습니다.

```
from sklearn.mixture import GaussianMixture

gmm = GaussianMixture(n_components=3, random_state=0).fit(iris.data)
gmm_cluster_labels = gmm.predict(iris.data)

# 군집화 결과를 irisDF의 'gmm_cluster' 칼럼명으로 저장
irisDF['gmm_cluster'] = gmm_cluster_labels
irisDF['target'] = iris.target

# target 값에 따라 gmm_cluster 값이 어떻게 매핑됐는지 확인.
iris_result = irisDF.groupby(['target'])['gmm_cluster'].value_counts()
print(iris_result)
```

[Output]

```
target  gmm_cluster
0       0              50
1       2              45
        1               5
2       1              50
```

Target 0은 cluster 0으로, Target 2는 cluster 1로 모두 잘 매핑됐습니다. Target 1만 cluster 2로 45개(90%), cluster 1로 5개(10%) 매핑됐습니다. 앞 절의 붓꽃 데이터 세트의 K-평균 군집화 결과보다 더 효과적인 분류 결과가 도출됐습니다. 붓꽃 데이터 세트의 K-평균 군집화를 수행한 결과를 보겠습니다.

```
kmeans = KMeans(n_clusters=3, init='k-means++', max_iter=300, random_state=0).fit(iris.data)
kmeans_cluster_labels = kmeans.predict(iris.data)
irisDF['kmeans_cluster'] = kmeans_cluster_labels
iris_result = irisDF.groupby(['target'])['kmeans_cluster'].value_counts()
print(iris_result)
```

[Output]

```
target  kmeans_cluster
0       1                 50
1       0                 48
        2                  2
2       2                 36
        0                 14
```

이는 어떤 알고리즘에 더 뛰어나다는 의미가 아니라 붓꽃 데이터 세트가 GMM 군집화에 더 효과적이라는 의미입니다. K-평균은 평균 거리 중심으로 중심을 이동하면서 군집화를 수행하는 방식이므로 개별 군집 내의 데이터가 원형으로 흩어져 있는 경우에 매우 효과적으로 군집화가 수행될 수 있습니다.

GMM과 K-평균의 비교

KMeans는 원형의 범위에서 군집화를 수행합니다. 데이터 세트가 원형의 범위를 가질수록 KMeans의 군집화 효율은 더욱 높아집니다. 다음은 make_blobs( )의 군집의 수를 3개로 하되, cluster_std를 0.5로 설정해 군집 내의 데이터를 뭉치게 유도한 데이터 세트에 KMeans를 적용한 결과입니다. 이렇게 cluster_std를 작게 설정하면 데이터가 원형 형태로 분산될 수 있습니다. 결과를 보면 KMeans로 효과적으로 군집화된 것을 알 수 있습니다.

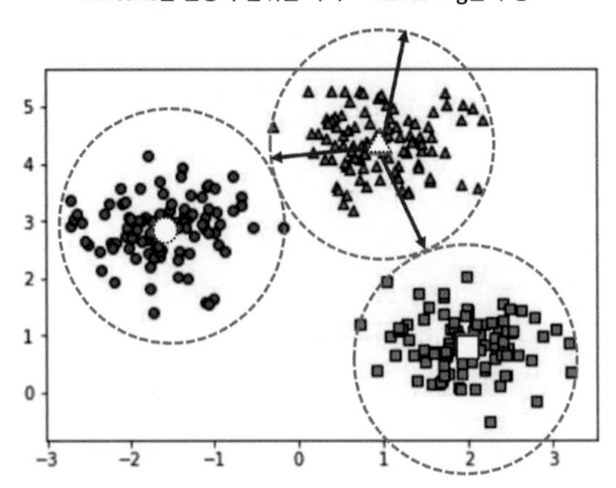

KMeans 군집화는 개별 군집의 중심에서 원형의 범위로 데이터를 군집화했습니다. 하지만 데이터가 원형의 범위로 퍼져 있지 않는 경우에는 어떨까요? KMeans는 대표적으로 데이터가 길쭉한 타원형으로 늘어선 경우에 군집화를 잘 수행하지 못합니다. 다음에서 해당 데이터 세트를 make_blobs( )의 데이터를 변환해 만들어보겠습니다. 앞으로도 군집을 자주 시각화하므로 이를 위한 별도의 함수를 만들어 이용하겠습니다. 함수명은 visualize_cluster_plot(clusterobj, dataframe, label_name, iscluster=True)입니다. 앞에서 많이 사용된 예제 코드 로직을 함수로 만든 것이므로, 굳이 책에는 기술하지 않고 부록으로 제공되는 소스 코드에만 내용을 수록했습니다. visualize_cluster_plot( ) 함수는 인자로 다음과 같은 값을 입력받습니다.

- **clusterobj**: 사이킷런의 군집 수행 객체. KMeans나 GaussianMixture의 fit( )와 predict( )로 군집화를 완료한 객체. 만약 군집화 결과 시각화가 아니고 make_blobs( )로 생성한 데이터의 시각화일 경우 None 입력
- **dataframe**: 피처 데이터 세트와 label 값을 가진 DataFrame
- **label_name**: 군집화 결과 시각화일 경우 dataframe 내의 군집화 label 칼럼명, make_blobs( ) 결과 시각화일 경우는 dataframe 내의 target 칼럼명
- **iscenter**: 사이킷런 Cluster 객체가 군집 중심 좌표를 제공하면 True, 그렇지 않으면 False

```
from sklearn.datasets import make_blobs

# make_blobs()로 300개의 데이터 세트, 3개의 군집 세트, cluster_std=0.5를 만듦.
X, y = make_blobs(n_samples=300, n_features=2, centers=3, cluster_std=0.5, random_state=0)

# 길게 늘어난 타원형의 데이터 세트를 생성하기 위해 변환함.
transformation = [[0.60834549, -0.63667341], [-0.40887718, 0.85253229]]
```

```
X_aniso = np.dot(X, transformation)
# feature 데이터 세트와 make_blobs( )의 y 결괏값을 DataFrame으로 저장
clusterDF = pd.DataFrame(data=X_aniso, columns=['ftr1', 'ftr2'])
clusterDF['target'] = y
# 생성된 데이터 세트를 target별로 다른 마커로 표시해 시각화함
visualize_cluster_plot(None, clusterDF, 'target', iscenter=False)
```

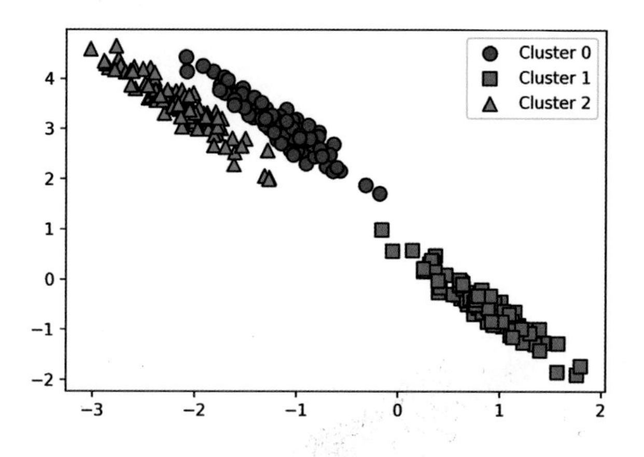

위와 같이 만들어진 데이터 세트에서는 KMeans의 군집화 정확성이 떨어지게 됩니다. KMeans가 위 데이터 세트를 어떻게 군집화하는지 확인해 보겠습니다.

```
# 3개의 군집 기반 Kmeans를 X_aniso 데이터 세트에 적용
kmeans = KMeans(3, random_state=0)
kmeans_label = kmeans.fit_predict(X_aniso)
clusterDF['kmeans_label'] = kmeans_label

visualize_cluster_plot(kmeans, clusterDF, 'kmeans_label', iscenter=True)
```

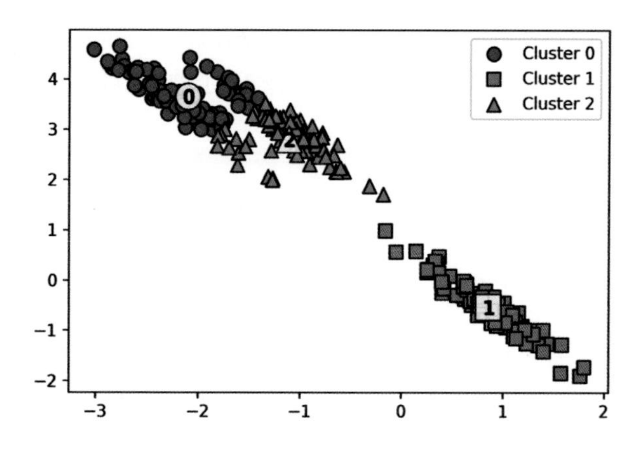

KMeans로 군집화를 수행할 경우, 주로 원형 영역 위치로 개별 군집화가 되면서 원하는 방향으로 구성되지 않음을 알 수 있습니다. KMeans가 평균 거리 기반으로 군집화를 수행하므로 같은 거리상 원형으로 군집을 구성하면서 위와 같이 길쭉한 방향으로 데이터가 밀접해 있을 경우에는 최적의 군집화가 어렵습니다. 이번에는 GMM으로 군집화를 수행해 보겠습니다.

```
# 3개의 n_components 기반 GMM을 X_aniso 데이터 세트에 적용
gmm = GaussianMixture(n_components=3, random_state=0)
gmm_label = gmm.fit(X_aniso).predict(X_aniso)
clusterDF['gmm_label'] = gmm_label

# GaussianMixture는 cluster_centers_ 속성이 없으므로 iscenter를 False로 설정.
visualize_cluster_plot(gmm, clusterDF, 'gmm_label', iscenter=False)
```

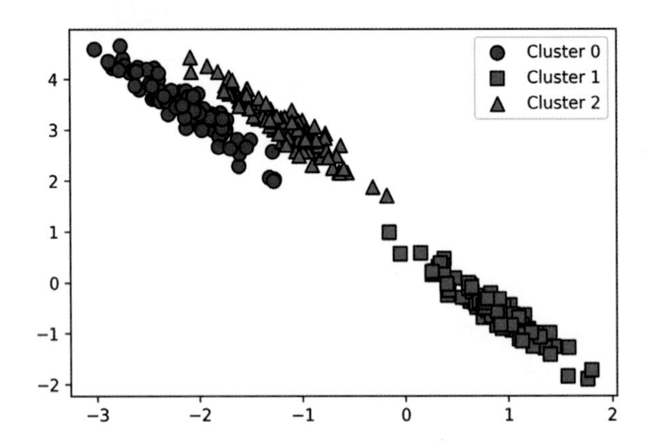

데이터가 분포된 방향에 따라 정확하게 군집화됐음을 알 수 있습니다. GMM은 K-평균과 다르게 군집의 중심 좌표를 구할 수 없기 때문에 군집 중심 표현이 visualize_cluster_plot( )에서 시각화되지 않습니다. make_blobs( )의 target 값과 KMeans, GMM의 군집 Label 값을 서로 비교해 위와 같은 데이터 세트에서 얼만큼의 군집화 효율 차이가 발생하는지 확인해 보겠습니다.

```
print('### KMeans Clustering ###')
print(clusterDF.groupby('target')['kmeans_label'].value_counts())
print('\n### Gaussian Mixture Clustering ###')
print(clusterDF.groupby('target')['gmm_label'].value_counts())
```

[Output]

```
### KMeans Clustering ###
target  kmeans_label
0       2               73
        0               27
1       1              100
2       0               86
        2               14
Name: kmeans_label, dtype: int64

### Gaussian Mixture Clustering ###
target  gmm_label
0       2            100
1       1            100
2       0            100
Name: gmm_label, dtype: int64
```

KMeans의 경우 군집 1번만 정확히 매핑됐지만, 나머지 군집의 경우 target 값과 어긋나는 경우가 발생하고 있습니다. 하지만 GMM의 경우는 군집이 target 값과 잘 매핑돼 있습니다.

이처럼 GMM의 경우는 KMeans보다 유연하게 다양한 데이터 세트에 잘 적용될 수 있다는 장점이 있습니다. 하지만 군집화를 위한 수행 시간이 오래 걸린다는 단점이 있습니다.

05 DBSCAN

DBSCAN 개요

다음으로 밀도 기반 군집화의 대표적인 알고리즘인 DBSCAN(Density Based Spatial Clustering of Applications with Noise)에 대해 알아보겠습니다. DBSCAN은 간단하고 직관적인 알고리즘으로 돼 있음에도 데이터의 분포가 기하학적으로 복잡한 데이터 세트에도 효과적인 군집화가 가능합니다. 다음과 같이 내부의 원 모양과 외부의 원 모양 형태의 분포를 가진 데이터 세트를 군집화한다고 가정할 때 앞에서 소개한 K 평균, 평균 이동, GMM으로는 효과적인 군집화를 수행하기가 어렵습니다. DBSCAN은 특정 공간 내에 데이터 밀도 차이를 기반 알고리즘으로 하고 있어서 복잡한 기하학적 분포도를 가진 데이터 세트에 대해서도 군집화를 잘 수행합니다.

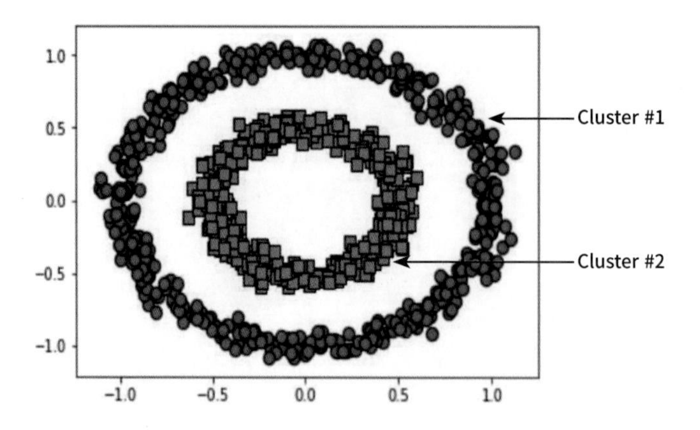

DBSCAN을 구성하는 가장 중요한 두 가지 파라미터는 입실론(epsilon)으로 표기하는 주변 영역과 이 입실론 주변 영역에 포함되는 최소 데이터의 개수 min points입니다.

- **입실론 주변 영역**(epsilon): 개별 데이터를 중심으로 입실론 반경을 가지는 원형의 영역입니다.
- **최소 데이터 개수**(min points): 개별 데이터의 입실론 주변 영역에 포함되는 타 데이터의 개수입니다.

입실론 주변 영역 내에 포함되는 최소 데이터 개수를 충족시키는가 아닌가에 따라 데이터 포인트를 다음과 같이 정의합니다.

- **핵심 포인트**(Core Point): 주변 영역 내에 최소 데이터 개수 이상의 타 데이터를 가지고 있을 경우 해당 데이터를 핵심 포인트라고 합니다.
- **이웃 포인트**(Neighbor Point): 주변 영역 내에 위치한 타 데이터를 이웃 포인트라고 합니다.
- **경계 포인트**(Border Point): 주변 영역 내에 최소 데이터 개수 이상의 이웃 포인트를 가지고 있지 않지만 핵심 포인트를 이웃 포인트로 가지고 있는 데이터를 경계 포인트라고 합니다.
- **잡음 포인트**(Noise Point): 최소 데이터 개수 이상의 이웃 포인트를 가지고 있지 않으며, 핵심 포인트도 이웃 포인트로 가지고 있지 않는 데이터를 잡음 포인트라고 합니다.

1. 다음 그림과 같이 P1에서 P12까지 12개의 데이터 세트에 대해서 DBSCAN 군집화를 적용하면서 주요 개념을 설명하겠습니다 특정 입실론 반경 내에 포함될 최소 데이터 세트를 6개로(자기 자신의 데이터를 포함) 가정하겠습니다.

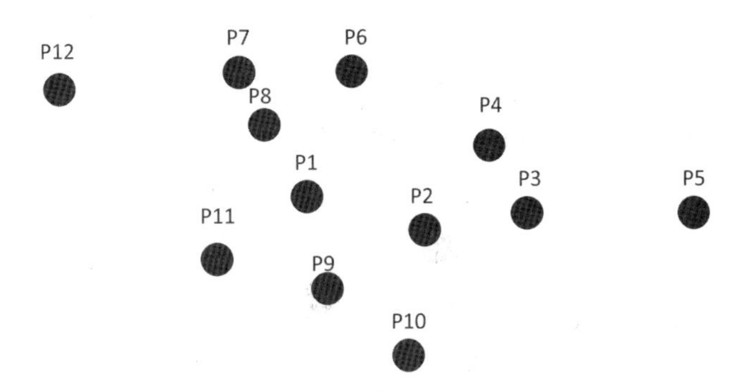

2. P1 데이터를 기준으로 입실론 반경 내에 포함된 데이터가 7개(자신은 P1, 이웃 데이터 P2, P6, P7, P8, P9, P11)로 최소 데이터 5개 이상을 만족하므로 P1 데이터는 핵심 포인트(Core Point)입니다.

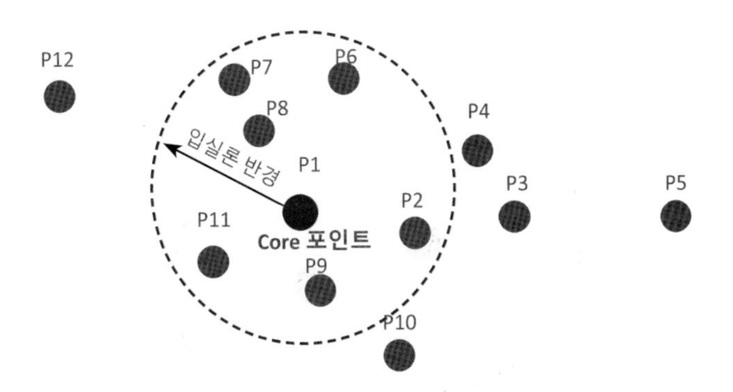

3. 다음으로 P2 데이터 포인트를 살펴보겠습니다. P2 역시 반경 내에 6개의 데이터(자신은 P2, 이웃 데이터 P1, P3, P4, P9, P10)를 가지고 있으므로 핵심 포인트입니다.

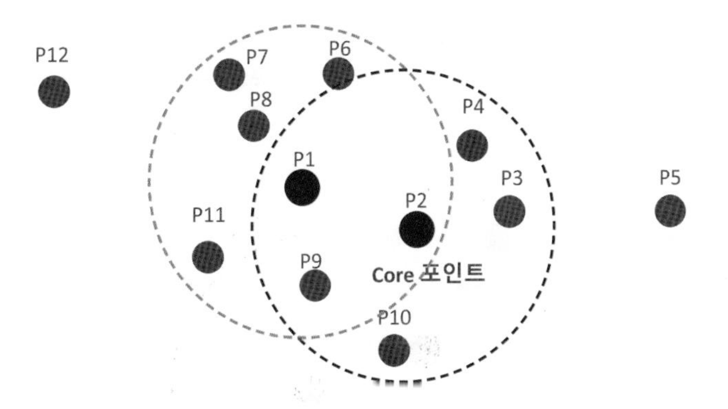

4. 핵심 포인트 P1의 이웃 데이터 포인트 P2 역시 핵심 포인트일 경우 P1에서 P2로 연결해 직접 접근이 가능합니다.

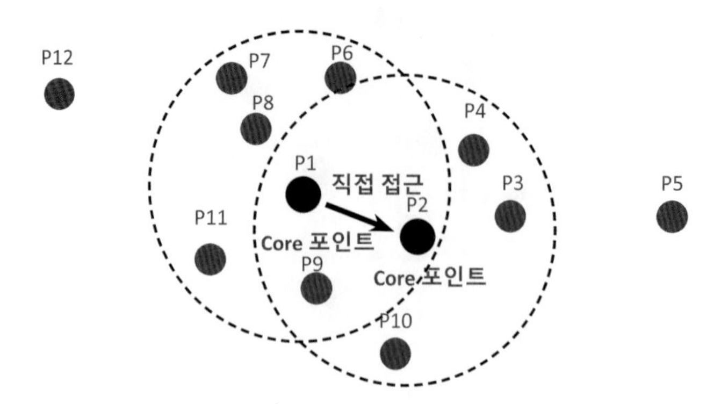

5. 특정 핵심 포인트에서 직접 접근이 가능한 다른 핵심 포인트를 서로 연결하면서 군집화를 구성합니다. 이러한 방식으로 점차적으로 군집(Cluster) 영역을 확장해 나가는 것이 DBSCAN 군집화 방식입니다.

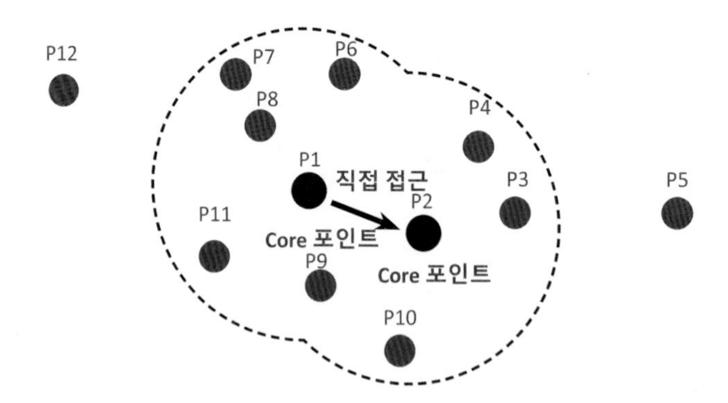

6. P3 데이터의 경우 반경 내에 포함되는 이웃 데이터는 P2, P4로 2개이므로 군집으로 구분할 수 있는 핵심 포인트가 될 수 없습니다. 하지만 이웃 데이터 중에 핵심 포인트인 P2를 가지고 있습니다. 이처럼 자신은 핵심 포인트가 아니지만, 이웃 데이터로 핵심 포인트를 가지고 있는 데이터를 경계 포인트(Border Point)라고 합니다. 경계 포인트는 군집의 외곽을 형성합니다.

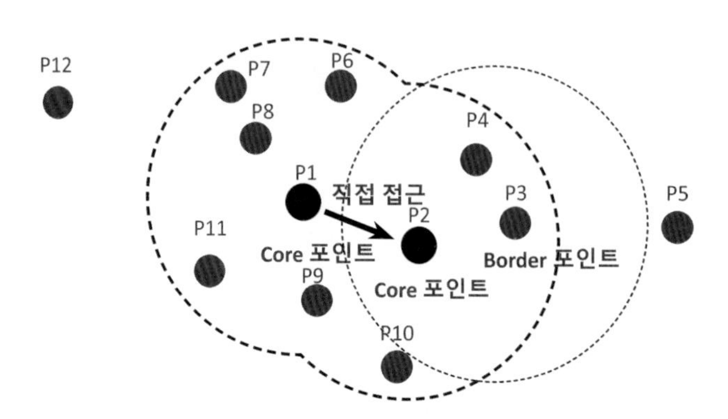

7. 다음 그림의 P5와 같이 반경 내에 최소 데이터를 가지고 있지도 않고, 핵심 포인트 또한 이웃 데이터로 가지고 있지 않는 데이터를 잡음 포인트(Noise Point)라고 합니다.

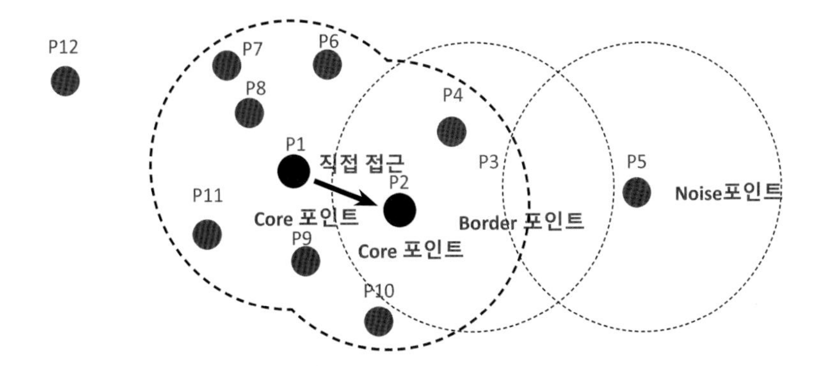

DBSCAN은 이처럼 입실론 주변 영역의 최소 데이터 개수를 포함하는 밀도 기준을 충족시키는 데이터인 핵심 포인트를 연결하면서 군집화를 구성하는 방식입니다.

사이킷런은 DBSCAN 클래스를 통해 DBSCAN 알고리즘을 지원합니다. DBSCAN 클래스는 다음과 같은 주요한 초기화 파라미터를 가지고 있습니다.

- eps: 입실론 주변 영역의 반경을 의미합니다.
- min_samples: 핵심 포인트가 되기 위해 입실론 주변 영역 내에 포함돼야 할 데이터의 최소 개수를 의미합니다(자신의 데이터를 포함합니다. 위에서 설명한 min points + 1).

DBSCAN 적용하기 - 붓꽃 데이터 세트

DBSCAN 알고리즘으로 붓꽃 데이터 세트를 군집화해 보겠습니다. 먼저 새로운 주피터 노트북을 생성하고 붓꽃 데이터 세트를 DataFrame으로 로딩합니다. 앞 절의 **GMM을 이용한 붓꽃 데이터 세트 군집화**의 예제 코드와 동일하므로 코드 작성은 생략하겠습니다(해당 코드는 앞 절에서 복사해서 사용하면 됩니다).

다음으로 DBSCAN 클래스를 이용해 붓꽃 데이터 세트를 군집화하겠습니다. eps=0.6, min_samples=8로 하겠습니다. 일반적으로 eps 값으로는 1 이하의 값을 설정합니다.

```
from sklearn.cluster import DBSCAN

dbscan = DBSCAN(eps=0.6, min_samples=8, metric='euclidean')
dbscan_labels = dbscan.fit_predict(iris.data)
```

```
irisDF['dbscan_cluster'] = dbscan_labels
irisDF['target'] = iris.target

iris_result = irisDF.groupby(['target'])['dbscan_cluster'].value_counts()
print(iris_result)
```

[Output]

```
target  dbscan_cluster
0        0                49
        -1                 1
1        1                46
        -1                 4
2        1                42
        -1                 8
```

먼저 dbscan_cluster 값을 살펴보겠습니다. 0과 1 외에 특이하게 −1이 군집 레이블로 있는 것을 알 수 있습니다. 군집 레이블이 −1인 것은 노이즈에 속하는 군집을 의미합니다. 따라서 위 붓꽃 데이터 세트는 DBSCAN에서 0과 1 두 개의 군집으로 군집화됐습니다. Target 값의 유형이 3가지인데, 군집이 2개가 됐다고 군집화 효율이 떨어진다는 의미는 아닙니다. DBSCAN은 군집의 개수를 알고리즘에 따라 자동으로 지정하므로 DBSCAN에서 군집의 개수를 지정하는 것은 무의미하다고 할 수 있습니다. 특히 붓꽃 데이터 세트는 군집을 3개로 하는 것보다는 2개로 하는 것이 군집화의 효율로서 더 좋은 면이 있습니다.

DBSCAN으로 군집화 데이터 세트를 2차원 평면에서 표현하기 위해 PCA를 이용해 2개의 피처로 압축 변환한 뒤, 앞 예제에서 사용한 visualize_cluster_plot( ) 함수를 이용해 시각화해 보겠습니다. visualize_cluster_plot( ) 함수 인자로 사용하기 위해 irisDF의 'ftr1', 'ftr2' 칼럼에 PCA로 변환된 피처 데이터 세트를 입력하겠습니다.

```
from sklearn.decomposition import PCA
# 2차원으로 시각화하기 위해 PCA n_componets=2로 피처 데이터 세트 변환
pca = PCA(n_components=2, random_state=0)
pca_transformed = pca.fit_transform(iris.data)
# visualize_cluster_plot( ) 함수는 ftr1, ftr2 칼럼을 좌표에 표현하므로 PCA 변환값을 해당 칼럼으로 생성
irisDF['ftr1'] = pca_transformed[:, 0]
irisDF['ftr2'] = pca_transformed[:, 1]

visualize_cluster_plot(dbscan, irisDF, 'dbscan_cluster', iscenter=False)
```

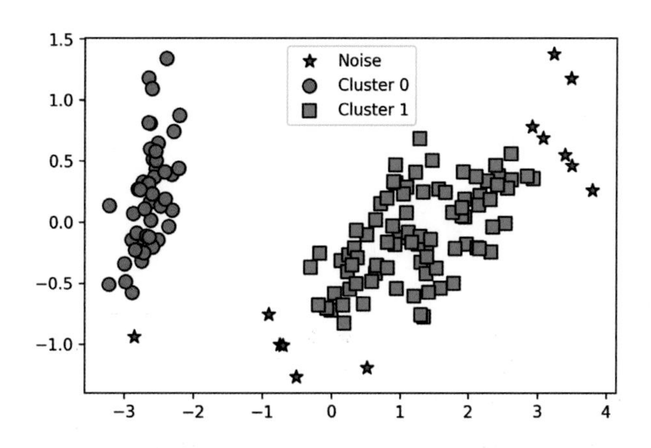

별표(★)로 표현된 값은 모두 노이즈입니다. PCA로 2차원으로 표현하면 이상치인 노이즈 데이터가 명확히 드러납니다. DBSCAN을 적용할 때는 특정 군집 개수로 군집을 강제하지 않는 것이 좋습니다. DBSCAN 알고리즘에 적절한 eps와 min_samples 파라미터를 통해 최적의 군집을 찾는 게 중요합니다. 일반적으로 eps의 값을 크게 하면 반경이 커져 포함하는 데이터가 많아지므로 노이즈 데이터 개수가 작아집니다. min_samples를 크게 하면 주어진 반경 내에서 더 많은 데이터를 포함시켜야 하므로 노이즈 데이터 개수가 커지게 됩니다. 데이터 밀도가 더 커져야 하는데, 매우 촘촘한 데이터 분포가 아닌 경우 노이즈로 인식하기 때문입니다.

eps를 기존의 0.6에서 0.8로 증가시키면 노이즈 데이터 수가 줄어듭니다. 다음 예제 코드로 확인해 보겠습니다.

```
from sklearn.cluster import DBSCAN

dbscan = DBSCAN(eps=0.8, min_samples=8, metric='euclidean')
dbscan_labels = dbscan.fit_predict(iris.data)

irisDF['dbscan_cluster'] = dbscan_labels
irisDF['target'] = iris.target

iris_result = irisDF.groupby(['target'])['dbscan_cluster'].value_counts()
print(iris_result)

visualize_cluster_2d(irisDF, 'dbscan_cluster', centers=None, legend=True)
```

[Output]

```
target  dbscan_cluster
0       0                 50
1       1                 50
2       1                 47
       -1                  3
```

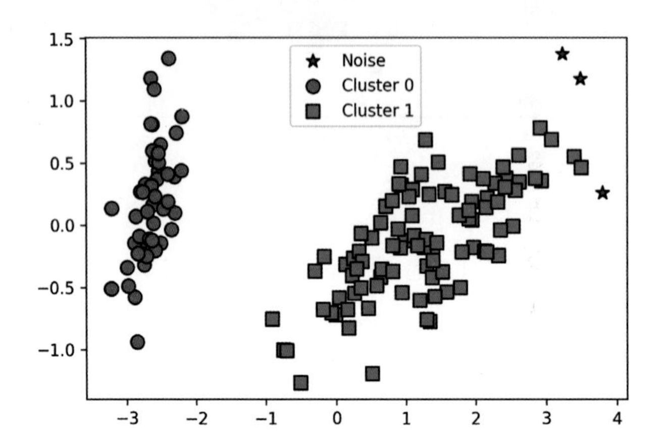

노이즈 군집인 −1이 3개밖에 없습니다. 기존에 eps가 0.6일 때 노이즈로 분류된 데이터 세트는 eps 반경이 커지면서 Cluster 1에 소속됐습니다. 이번에는 eps를 기존 0.6으로 유지하고 min_samples를 16으로 늘려보겠습니다. 바로 위 예제 코드에서 DBSCAN의 초기화 파라미터 값만 다음과 같이 변경하면 됩니다.

```
dbscan = DBSCAN(eps=0.6, min_samples=16, metric='euclidean')
```

[Output]

```
target  dbscan_cluster
0       0                 48
       -1                  2
1       1                 44
       -1                  6
2       1                 36
       -1                 14
```

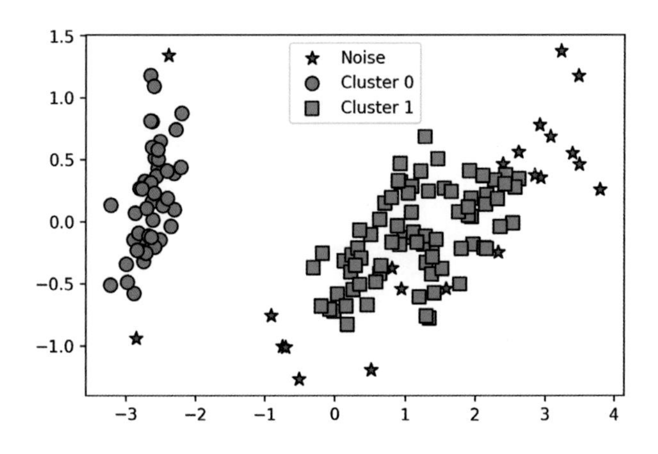

노이즈 데이터가 기존보다 많이 증가함을 알 수 있습니다.

DBSCAN 적용하기 – make_circles( ) 데이터 세트

이번에는 복잡한 기하학적 분포를 가지는 데이터 세트에서 DBSCAN과 타 알고리즘을 비교해 보겠습니다. 먼저 make_circles( ) 함수를 이용해 내부 원과 외부 원 형태로 돼 있는 2차원 데이터 세트를 만들어 보겠습니다. make_circles( ) 함수는 오직 2개의 피처만을 생성하므로 별도의 피처 개수를 지정할 필요가 없습니다. 파라미터 noise는 노이즈 데이터 세트의 비율이며, factor는 외부 원과 내부 원의 scale 비율입니다.

```
from sklearn.datasets import make_circles

X, y = make_circles(n_samples=1000, shuffle=True, noise=0.05, random_state=0, factor=0.5)
clusterDF = pd.DataFrame(data=X, columns=['ftr1', 'ftr2'])
clusterDF['target'] = y

visualize_cluster_plot(None, clusterDF, 'target', iscenter=False)
```

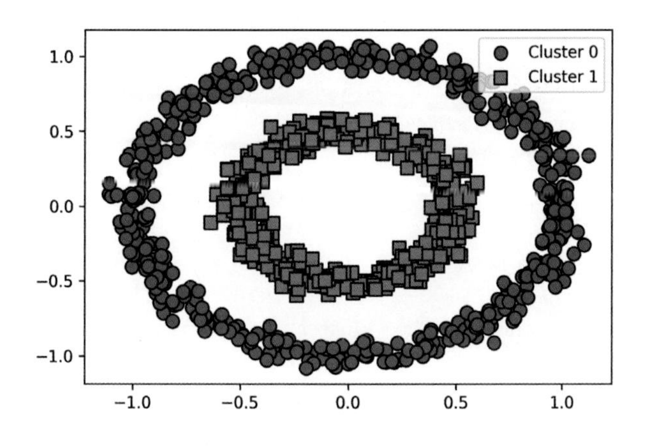

make_circles( )는 내부 원과 외부 원으로 구분되는 데이터 세트를 생성함을 알 수 있습니다. DBSCAN이 이 데이터 세트를 군집화한 결과를 보기 전에 먼저 K-평균과 GMM은 어떻게 이 데이터 세트를 군집화하는지 확인해 보겠습니다. 먼저 K-평균으로 make_circles( ) 데이터 세트를 군집화해 보겠습니다.

```
# KMeans로 make_circles( ) 데이터 세트를 군집화 수행.
from sklearn.cluster import KMeans

kmeans = KMeans(n_clusters=2, max_iter=1000, random_state=0)
kmeans_labels = kmeans.fit_predict(X)
clusterDF['kmeans_cluster'] = kmeans_labels

visualize_cluster_plot(kmeans, clusterDF, 'kmeans_cluster', iscenter=True)
```

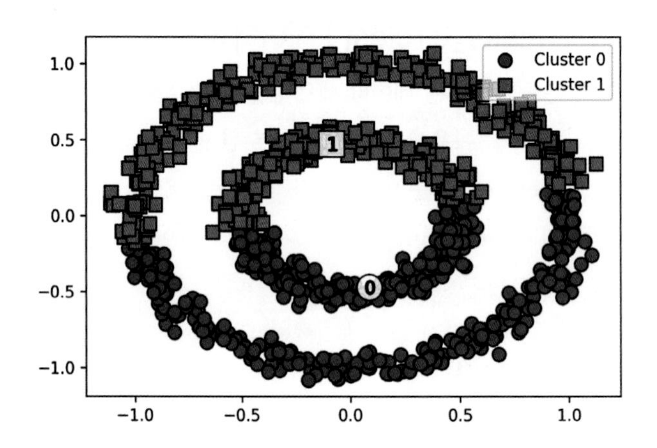

위, 아래 군집 중심을 기반으로 위와 아래 절반으로 군집화됐습니다. 거리 기반 군집화로는 위와 같이 데이터가 특정한 형태로 지속해서 이어지는 부분을 찾아내기 어렵습니다.

다음으로는 GMM을 적용해 보겠습니다.

```
# GMM으로 make_circles( ) 데이터 세트를 군집화 수행.
from sklearn.mixture import GaussianMixture

gmm = GaussianMixture(n_components=2, random_state=0)
gmm_label = gmm.fit(X).predict(X)
clusterDF['gmm_cluster'] = gmm_label

visualize_cluster_plot(gmm, clusterDF, 'gmm_cluster', iscenter=False)
```

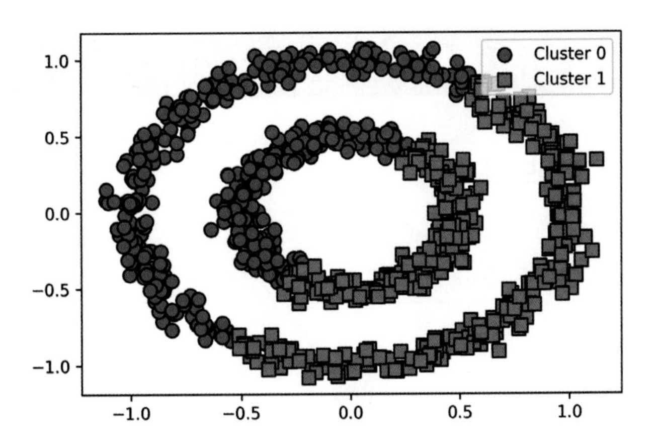

GMM도 앞 절의 일렬로 늘어선 데이터 세트에서는 효과적으로 군집화 적용이 가능했으나, 내부와 외부의 원형으로 구성된 더 복잡한 형태의 데이터 세트에서는 군집화가 원하는 방향으로 되지 않았습니다. 이제 DBSCAN으로 군집화를 적용해 보겠습니다.

```
# DBSCAN으로 make_circles( ) 데이터 세트 군집화 수행.
from sklearn.cluster import DBSCAN

dbscan = DBSCAN(eps=0.2, min_samples=10, metric='euclidean')
dbscan_labels = dbscan.fit_predict(X)
clusterDF['dbscan_cluster'] = dbscan_labels
visualize_cluster_plot(dbscan, clusterDF, 'dbscan_cluster', iscenter=False)
```

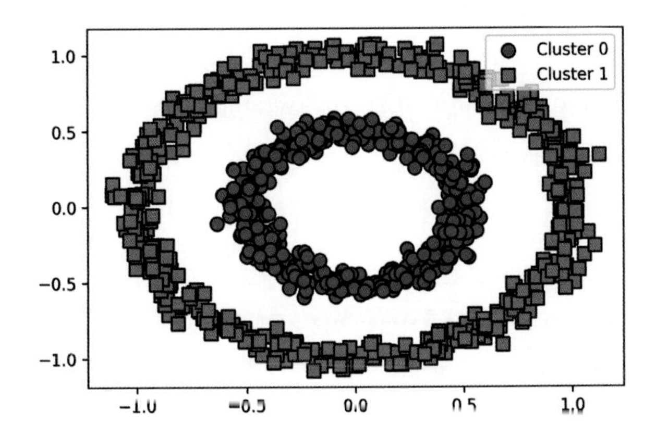

DBSCAN으로 군집화를 적용해 원하는 방향으로 정확히 군집화가 됐음을 알 수 있습니다.

06 군집화 실습 - 고객 세그먼테이션

고객 세그먼테이션의 정의와 기법

고객 세그먼테이션(Customer Segmentation)은 다양한 기준으로 고객을 분류하는 기법을 지칭합니다. 고객 세그먼테이션은 CRM이나 마케팅의 중요 기반 요소입니다.

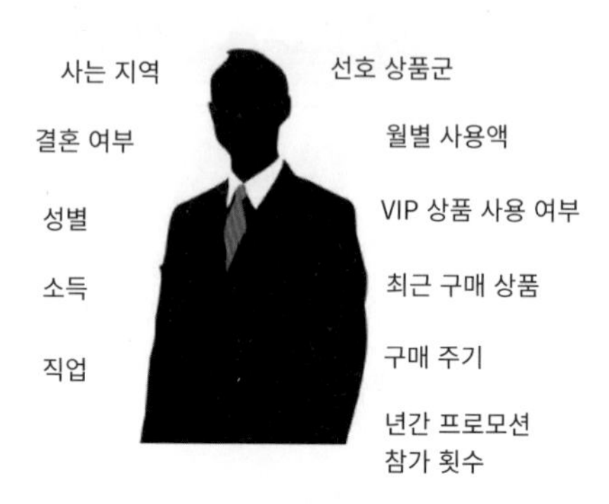

고객을 분류하는 요소는 여러 가지가 있습니다. 지역/결혼 여부/성별/소득과 같이 개인의 신상 데이터가 이를 위해 사용될 수도 있습니다만, 고객 분류가 사용되는 대부분의 비즈니스가 상품 판매에 중점을 두고 있기 때문에 더 중요한 분류 요소는 어떤 상품을 얼마나 많은 비용을 써서 얼마나 자주 사용하는가에 기반한 정보로 분류하는 것이 보통입니다. 기업 입장에서는 얼마나 많은 매출을 발생하느냐가 고객 기준을 정하는 중요한 요소입니다.

고객 세그먼테이션의 주요 목표는 타깃 마케팅입니다. 타깃 마케팅이란 고객을 여러 특성에 맞게 세분화해서 그 유형에 따라 맞춤형 마케팅이나 서비스를 제공하는 것입니다. 평소에 많은 돈을 지불해 서비스를 이용하고 있다면 VIP 전용 상품의 가입을 권유하는 전화나 이메일을 많이 받아봤을 것입니다. 새로운 상품이나 서비스를 적극적으로 이용해왔다면 프로모션 상품이 출시될 때마다 권유를 받았을 것입니다. 이처럼 기업의 마케팅은 고객의 상품 구매 이력에서 출발합니다.

고객 세그먼테이션은 고객의 어떤 요소를 기반으로 군집화할 것인가를 결정하는 것이 중요한데, 여기서는 기본적인 고객 분석 요소인 RFM 기법을 이용하겠습니다. RFM 기법은 Recency(R), Frequency(F), Monetary Value(M)의 각 앞글자를 합한 것으로서 각 단어의 의미는 다음과 같습니다.

- RECENCY (R): 가장 최근 상품 구입 일에서 오늘까지의 기간
- FREQUENCY (F): 상품 구매 횟수
- MONETARY VALUE (M): 총 구매 금액

이번 절에서는 온라인 판매 데이터를 기반으로 고객 세그먼테이션을 군집화 기반으로 수행해 보겠습니다.

데이터 세트 로딩과 데이터 클렌징

예제에 사용할 데이터 세트는 http://archive.ics.uci.edu/ml/datasets/online+retail에서 내려받을 수 있습니다. 해당 페이지에서 Data Folder를 클릭한 뒤 Online Retail.xslx 파일을 내려받으면 됩니다.

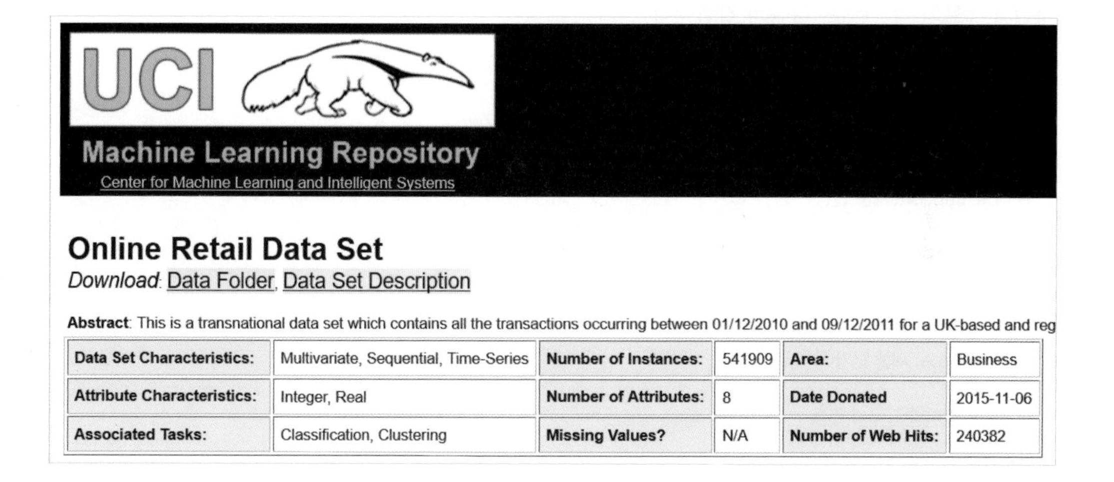

새로운 주피터 노트북을 생성하고 해당 엑셀 파일을 주피터 노트북이 생성한 디렉터리로 저장합니다. 엑셀 파일을 판다스의 read_excel( ) 함수를 이용해 DataFrame으로 로드해 보겠습니다.

```
import pandas as pd
import datetime
import math
import numpy as np
import matplotlib.pyplot as plt
%matplotlib inline

retail_df = pd.read_excel(io='Online Retail.xlsx')
retail_df.head(3)
```

	InvoiceNo	StockCode	Description	Quantity	InvoiceDate	UnitPrice	CustomerID	Country
0	536365	85123A	WHITE HANGING HEART T-LIGHT HOLDER	6	2010-12-01 08:26:00	2.55	17850.0	United Kingdom
1	536365	71053	WHITE METAL LANTERN	6	2010-12-01 08:26:00	3.39	17850.0	United Kingdom
2	536365	84406B	CREAM CUPID HEARTS COAT HANGER	8	2010-12-01 08:26:00	2.75	17850.0	United Kingdom

이 데이터 세트는 제품 주문 데이터 세트입니다. Invoice(주문번호) + StockCode(제품코드)를 기반으로 주문량, 주문 일자, 제품 단가, 주문 고객 번호, 주문 고객 국가 등의 칼럼으로 구성돼 있습니다. 데이터 세트의 각 칼럼은 다음과 같습니다.

- InvoiceNo: 주문번호. 'C'로 시작하는 것은 취소 주문입니다.
- StockCode: 제품 코드(Item Code)
- Description: 제품 설명
- Quantity: 주문 제품 건수
- InvoiceDate: 주문 일자
- UnitPrice: 제품 단가
- CustomerID: 고객 번호
- Country: 국가명(주문 고객의 국적)

데이터 세트의 전체 건수, 칼럼 타입, Null 개수를 확인해 보겠습니다.

```
retail_df.info()
```

[Output]

```
<class 'pandas.core.frame.DataFrame'>
RangeIndex: 541909 entries, 0 to 541908
Data columns (total 8 columns):
InvoiceNo      541909 non-null object
StockCode      541909 non-null object
Description    540455 non-null object
Quantity       541909 non-null int64
InvoiceDate    541909 non-null datetime64[ns]
UnitPrice      541909 non-null float64
```

```
CustomerID     406829 non-null float64
Country        541909 non-null object
dtypes: datetime64[ns](1), float64(2), int64(1), object(4)
memory usage: 33.1+ MB
```

전체 데이터는 541,909개입니다. 하지만 CustomerID의 Null 값이 너무 많습니다. CustomerID가 Not Null인 데이터 건수는 406,829개로 무려 13만5천 건의 데이터가 Null입니다. 그 외에 다른 칼럼의 경우도 오류 데이터가 존재합니다. 따라서 이 데이터 세트는 먼저 사전 정제 작업이 필요합니다.

- Null 데이터 제거: 특히 CustomerID가 Null인 데이터가 많습니다. 고객 세그먼테이션을 수행하므로 고객 식별 번호가 없는 데이터는 필요가 없기에 삭제합니다.
- 오류 데이터 삭제: 대표적인 오류 데이터는 Quantity 또는 UnitPrice가 0보다 작은 경우입니다. 사실 Quantity가 0보다 작은 경우는 오류 데이터라기보다는 반환을 뜻하는 값입니다. 이 경우 InvoiceNo의 앞자리는 'C'로 돼 있습니다. 분석의 효율성을 위해서 이 데이터는 모두 삭제하겠습니다.

불린 인덱싱을 적용해 Quantity 〉 0, UnitPrice 〉 0이고 CustomerID이 Not Null인 값만 다시 필터링하겠습니다.

```
retail_df = retail_df[retail_df['Quantity'] > 0]
retail_df = retail_df[retail_df['UnitPrice'] > 0]
retail_df = retail_df[retail_df['CustomerID'].notnull()]
print(retail_df.shape)
retail_df.isnull().sum()
```

[Output]

```
(397884, 8)
InvoiceNo      0
StockCode      0
Description    0
Quantity       0
InvoiceDate    0
UnitPrice      0
CustomerID     0
Country        0
```

전체 데이터가 541,909에서 397,884로 줄었습니다. 이제 Null 값은 칼럼에 존재하지 않습니다. 한 가지 사항만 더 정리하고 간략하게 데이터 사전 정제를 마치겠습니다. Country 칼럼은 주문 고객 국가입니다. 주요 주문 고객은 영국인데, 이 외에도 EU의 여러 나라와 영연방 국가들이 포함돼 있습니다.

```
retail_df['Country'].value_counts()[:5]
```

[Output]

```
United Kingdom    354321
Germany             9040
France              8341
EIRE                7236
Spain               2484
```

영국이 대다수를 차지하므로 다른 국가의 데이터는 모두 제외하겠습니다.

```
retail_df = retail_df[retail_df['Country']=='United Kingdom']
print(retail_df.shape)
```

[Output]

```
(354321, 8)
```

최종 데이터는 354,321건으로 줄었습니다.

RFM 기반 데이터 가공

이제 사전 정제된 데이터 기반으로 고객 세그먼테이션 군집화를 RFM 기반으로 수행하겠습니다. 이를 위해 필요한 데이터를 가공해 보겠습니다. 먼저 'UnitPrice'와 'Quantity'를 곱해서 주문 금액 데이터를 만들겠습니다. 그리고 CustomerNo도 더 편리한 식별성을 위해 float 형을 int 형으로 변경하겠습니다.

```
retail_df['sale_amount'] = retail_df['Quantity'] * retail_df['UnitPrice']
retail_df['CustomerID'] = retail_df['CustomerID'].astype(int)
```

해당 온라인 판매 데이터 세트는 주문 횟수와 주문 금액이 압도적으로 특정 고객에게 많은 특성을 가지고 있습니다. 개인 고객의 주문과 소매점의 주문이 함께 포함돼 있기 때문입니다. Top-5 주문 건수와 주문 금액을 가진 고객 데이터를 추출해 보겠습니다.

```
print(retail_df['CustomerID'].value_counts().head(5))
print(retail_df.groupby('CustomerID')['sale_amount'].sum().sort_values(ascending=False)[:5])
```

[Output]

```
17841    7847
14096    5111
12748    4595
14606    2700
15311    2379
Name: CustomerID, dtype: int64

CustomerID
18102    259657.30
17450    194550.79
16446    168472.50
17511     91062.38
16029     81024.84
Name: sale_amount, dtype: float64
```

위의 결과에서 볼 수 있듯이 몇몇 특정 고객이 많은 주문 건수와 주문 금액을 가지고 있습니다. 주어진 온라인 판매 데이터 세트는 전형적인 판매 데이터 세트와 같이 주문번호(InvoiceNo) + 상품코드(StockCode) 레벨의 식별자로 돼 있습니다. InvoiceNo + StockCode로 Group by를 수행하면 거의 1에 가깝게 유일한 식별자 레벨이 됨을 알 수 있습니다.

```
retail_df.groupby(['InvoiceNo', 'StockCode'])['InvoiceNo'].count().mean()
```

[Output]

```
1.028702077315023
```

그런데 지금 수행하려는 RFM 기반의 고객 세그먼테이션은 고객 레벨로 주문 기간, 주문 횟수, 주문 금액 데이터를 기반으로 해 세그먼테이션을 수행하는 것입니다. 이에 주문번호+상품코드 기준의 데이터를 고객 기준의 Recency, Frequency, Monetary value 데이터로 변경하겠습니다. 이를 위해서는 주문번호 기준의 데이터를 개별 고객 기준의 데이터로 Group by를 해야 합니다.

주문번호 기준의 retail_df DataFrame에 groupby('CustomerID')를 적용해 CustomerID 기준으로 DataFrame을 새롭게 생성하겠습니다. DataFrame의 groupby( )만 사용해서는 여러 개의 칼럼

에 서로 다른 aggregation 연산, 예를 들어 count( )나 max( )를 한 번에 수행하기 어렵습니다. 이를 해결하기 위해서 DataFrame에 groupby를 호출해 반환된 DataFrameGroupby 객체에 agg( )를 이용하겠습니다. agg( )에 인자로 대상 칼럼들과 aggregation 함수명들을 딕셔너리 형태로 입력하면 칼럼 여러 개의 서로 다른 aggregation 연산을 쉽게 수행할 수 있습니다. Frequency는 고객별 주문 건수이므로 'CustomerID'로 groupby( )해서 'InvoiceNo'의 count( ) aggregation으로 구합니다. Monetary value는 고객별 주문 금액이므로 'CustomerID'로 groupby( )해서 'sale_amount'의 sum( ) aggregation으로 구합니다. Recency의 경우는 두 번의 가공 작업을 수행하겠습니다. 'CustomerID'로 groupby( )해서 'InvoiceDate' 칼럼의 max( )로 고객별 가장 최근 주문 일자를 먼저 구한 뒤 추후에 가공 작업을 별도로 수행하겠습니다.

```
# DataFrame의 groupby()의 multiple 연산을 위해 agg() 이용
# Recency는 InvoiceDate 칼럼의 max()에서 데이터 가공
# Frequency는 InvoiceNo 칼럼의 count(), Monetary value는 sale_amount 칼럼의 sum()
aggregations = {
    'InvoiceDate': 'max',
    'InvoiceNo': 'count',
    'sale_amount':'sum'
}
cust_df = retail_df.groupby('CustomerID').agg(aggregations)
# groupby된 결과 칼럼 값을 Recency, Frequency, Monetary로 변경
cust_df = cust_df.rename(columns = {'InvoiceDate':'Recency',
                                    'InvoiceNo':'Frequency',
                                    'sale_amount':'Monetary'
                                   }
                        )
cust_df = cust_df.reset_index()
cust_df.head(3)
```

[Output]

	CustomerID	Recency	Frequency	Monetary
0	12346	2011-01-18 10:01:00	1	77183.60
1	12747	2011-12-07 14:34:00	103	4196.01
2	12748	2011-12-09 12:20:00	4595	33719.73

Recency 칼럼은 개별 고객당 가장 최근의 주문인데, 데이터 값의 특성으로 인해 아직 데이터 가공이 추가로 필요합니다. Recency는 고객이 가장 최근에 주문한 날짜를 기반으로 하는데, 오늘 날짜를 기준으로 가장 최근 주문 일자를 뺀 날짜입니다. 여기서 주의할 점은 오늘 날짜를 현재 날짜로 해서는 안 된다는 것입니다. 온라인 판매 데이터가 2010년 12월 1일에서 2011년 12월 9일까지의 데이터이므로 오늘 날짜는 2011년 12월 9일에서 하루 더한 2011년 12월 10일로 하겠습니다. 2011년 12월 10일을 현재 날짜로 간주하고 가장 최근의 주문 일자를 뺀 데이터에서 일자 데이터(days)만 추출해 생성하겠습니다.

```
import datetime as dt

cust_df['Recency'] = dt.datetime(2011, 12, 10) - cust_df['Recency']
cust_df['Recency'] = cust_df['Recency'].apply(lambda x: x.days+1)
print('cust_df 로우와 칼럼 건수는 ', cust_df.shape)
cust_df.head(3)
```

[Output]

```
cust_df 로우와 칼럼 건수는 (3920, 4)
```

	CustomerID	Recency	Frequency	Monetary
0	12346	326	1	77183.60
1	12747	3	103	4196.01
2	12748	1	4595	33719.73

이제 고객별로 RFM 분석에 필요한 Recency, Frequency, Monetary 칼럼을 모두 생성했습니다. 다음으로는 생성된 고객 RFM 데이터 세트의 특성을 개괄적으로 알아보고 RFM 기반에서 고객 세그먼테이션을 수행하겠습니다.

RFM 기반 고객 세그먼테이션

앞에서 잠깐 언급했지만, 온라인 판매 데이터 세트는 소매업체의 대규모 주문을 포함하고 있습니다. 이들은 주문 횟수와 주문 금액에서 개인 고객 주문과 매우 큰 차이를 나타내고 있으며 이로 인해 매우 왜곡된 데이터 분포도를 가지게 되어 군집화가 한쪽 군집에만 집중되는 현상이 발생하게 됩니다. 먼저 온라인 판매 데이터 세트의 칼럼별 히스토그램을 확인하고, 이처럼 왜곡된 데이터 분포도에서 군집화를 수행할 때 어떤 현상이 발생하는지 알아보겠습니다. 다음 예제 코드는 'Recency', 'Frequency', 'Monetary' 칼럼 값 분포 히스토그램을 나타냅니다. 맷플롯립의 hist( )를 이용해 각 칼럼의 값 분포도를 알아보겠습니다.

```
fig, (ax1, ax2, ax3) = plt.subplots(figsize=(12, 4), nrows=1, ncols=3)
ax1.set_title('Recency Histogram')
ax1.hist(cust_df['Recency'])

ax2.set_title('Frequency Histogram')
ax2.hist(cust_df['Frequency'])

ax3.set_title('Monetary Histogram')
ax3.hist(cust_df['Monetary'])
plt.show()
```

[Output]

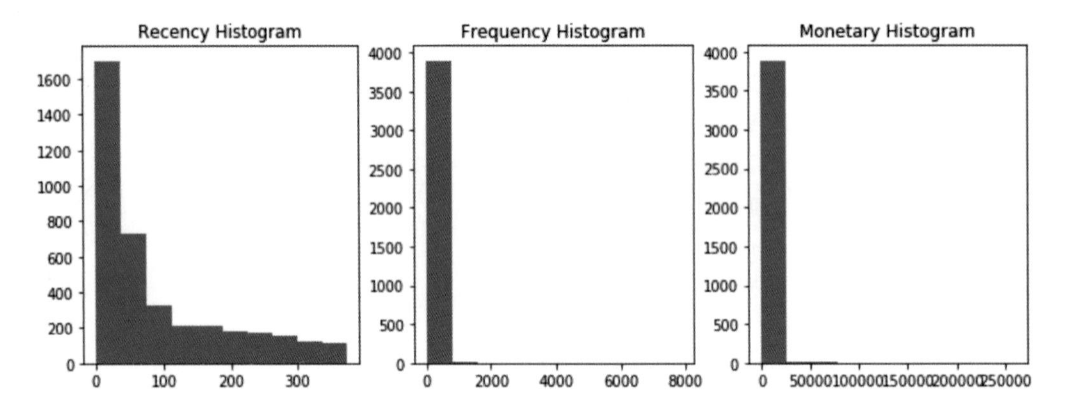

Recency, Frequency, Monetary 모두 왜곡된 데이터 값 분포도를 가지고 있으며, 특히 Frequency, Monetary의 경우 특정 범위에 값이 몰려 있어서 왜곡 정도가 매우 심함을 알 수 있습니다. 각 칼럼의 데이터 값 백분위로 대략적으로 어떻게 값이 분포돼 있는지 확인하겠습니다.

```
cust_df[['Recency', 'Frequency', 'Monetary']].describe()
```

[Output]

	Recency	Frequency	Monetary
count	3920.000000	3920.000000	3920.000000
mean	92.742092	90.388010	1864.385601
std	99.533485	217.808385	7482.817477
min	1.000000	1.000000	3.750000
25%	18.000000	17.000000	300.280000
50%	51.000000	41.000000	652.280000
75%	143.000000	99.250000	1576.585000
max	374.000000	7847.000000	259657.300000

Recency는 평균이 92.7이지만, 50%(중위값 2/4 분위)인 51보다 크게 높습니다. 그리고 max 값은 374로 75%(3/4 분위)인 143보다 훨씬 커서 왜곡 정도가 높음을 알 수 있습니다. Frequency와 Monetary의 경우는 왜곡 정도가 더 심해서 Frequency의 평균이 90.3인데, 75%인 99.25에 가깝습니다. 이는 max 값 7847을 포함한 상위 몇 개의 큰 값으로 인한 것입니다. Monetary 역시 마찬가지입니다. 평균은 1864.3으로 75%인 1576.5보다 매우 큽니다. 이는 max 값 259657.3을 포함한 상위 몇 개의 큰 값으로 인해 발생한 현상입니다.

왜곡 정도가 매우 높은 데이터 세트에 K-평균 군집을 적용하면 중심의 개수를 증가시키더라도 변별력이 떨어지는 군집화가 수행됩니다. 먼저 데이터 세트를 StandardScaler로 평균과 표준편차를 재조정한 뒤에 K-평균을 수행해 보겠습니다.

```
from sklearn.preprocessing import StandardScaler
from sklearn.cluster import KMeans
from sklearn.metrics import silhouette_score, silhouette_samples

X_features = cust_df[['Recency', 'Frequency', 'Monetary']].values
X_features_scaled = StandardScaler().fit_transform(X_features)

kmeans = KMeans(n_clusters=3, random_state=0)
labels = kmeans.fit_predict(X_features_scaled)
cust_df['cluster_label'] = labels

print('실루엣 스코어는 : {0:.3f}'.format(silhouette_score(X_features_scaled, labels)))
```

[Output]

```
실루엣 스코어는 : 0.592
```

군집을 3개로 구성할 경우 전체 군집의 평균 실루엣 계수인 실루엣 스코어는 0.592로 안정적인 수치가 나왔습니다. 하지만 각 군집별 실루엣 계수 값은 어떨까요? 2절 군집평가 예제에서 사용한 visualize_silhouette( ) 함수와 군집 개수별로 군집화 구성을 시각화하는 visualize_kmeans_plot_multi( ) 함수(해당 함수는 부록에서 제공되는 소스 코드에 있습니다)를 새롭게 생성하여 군집 개수를 2~5개까지 변화시키면서(함수 인자로 [2,3,4,5]를 입력합니다) 개별 군집의 실루엣 계수 값과 데이터 구성을 함께 알아보겠습니다.

```
visualize_silhouette([2, 3, 4, 5], X_features_scaled)
visualize_kmeans_plot_multi([2, 3, 4, 5], X_features_scaled)
```

[Output]

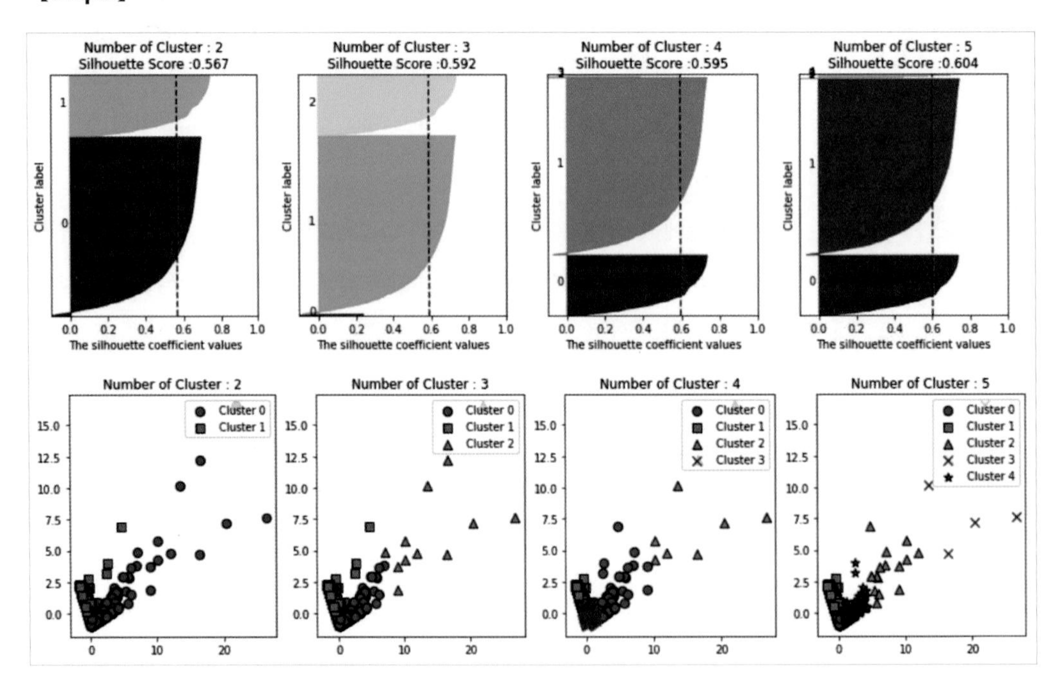

출력 결과를 더 자세히 살펴보겠습니다. 군집이 2개일 경우 0번 군집과 1번 군집이 너무 개괄적으로 군집화됐습니다. 군집 수를 증가시키면 개선이 가능할 것으로 예상됐는데, 실제 결과는 너무나 달랐습니다. 군집이 3개 이상일 때부터는 데이터 세트의 개수가 너무 작은 군집이 만들어집니다. 이 군집에 속한 데이터는 개수가 작을뿐더러 실루엣 계수 역시 상대적으로 매우 작습니다. 또한 군집 내부에서도 데이터가 광범위하게 퍼져 있습니다. 군집이 3개 일 때는 0번 군집의 데이터 건수가 매우 작고, 4개일 때는 2번, 3번 군집이, 5개일 때는 2, 3, 4번 군집에 속한 데이터 세트의 개수가 너무 적고 광범위하게 퍼져 있습니다. 이 소수의 데이터 세트는 바로 앞에서 왜곡된 데이터 값인 특정 소매점의 대량 주문 구매 데이터입니다. 이 데이터 세트의 경우 데이터 값이 거리 기반으로 광범위하게 퍼져 있어서 군집 수를 계속 늘려봐야 이 군집만 지속적으로 분리하게 되기에 의미 없는 군집화 결과로 이어지게 됩니다.

물론 이러한 특이한 데이터 세트를 분리하고 도출하는 것이 군집화의 목표이기도 합니다. 하지만 이 정도로 크게 왜곡된 데이터 세트의 도출은 굳이 군집화를 이용하지 않고도 간단한 데이터 분석만으로도 충분히 가능합니다. 더구나 업무 로직을 알고 있는 분석가라면 이미 이 정도의 세그먼테이션 결과는 미리 알고 있었을 것입니다. 이처럼 지나치게 왜곡된 데이터 세트는 K-평균과 같은 거리 기반 군집화 알고리즘에서 지나치게 일반적인 군집화 결과를 도출하게 됩니다.

비지도학습 알고리즘의 하나인 군집화의 기능적 의미는 숨어 있는 새로운 집단을 발견하는 것입니다. 새로운 군집 내의 데이터 값을 분석하고 이해함으로써 이 집단에 새로운 의미를 부여할 수 있습니다. 이를 통해 전체 데이터를 다른 각도로 바라볼 수 있게 만들어 줍니다.

데이터 세트의 왜곡 정도를 낮추기 위해 가장 자주 사용되는 방법은 데이터 값에 로그(Log)를 적용하는 로그 변환입니다. 온라인 판매 데이터 세트의 왜곡 정도를 낮추기 위해서 전체 데이터를 로그 변환한 뒤에 K-평균 알고리즘을 적용하고 결과를 비교해 보겠습니다.

```
from sklearn.preprocessing import StandardScaler
from sklearn.cluster import KMeans
from sklearn.metrics import silhouette_score, silhouette_samples

# Recency, Frequecny, Monetary 칼럼에 np.log1p()로 Log Transformation
cust_df['Recency_log'] = np.log1p(cust_df['Recency'])
cust_df['Frequency_log'] = np.log1p(cust_df['Frequency'])
cust_df['Monetary_log'] = np.log1p(cust_df['Monetary'])

# Log Transformation 데이터에 StandardScaler 적용
X_features = cust_df[['Recency_log', 'Frequency_log', 'Monetary_log']].values
X_features_scaled = StandardScaler().fit_transform(X_features)

kmeans = KMeans(n_clusters=3, random_state=0)
labels = kmeans.fit_predict(X_features_scaled)
```

```
cust_df['cluster_label'] = labels

print('실루엣 스코어는 : {0:.3f}'.format(silhouette_score(X_features_scaled, labels)))
```

[Output]

```
실루엣 스코어는 : 0.303
```

실루엣 스코어는 로그 변환하기 전보다 떨어집니다. 하지만 실루엣 스코어의 절대치가 중요한 것이 아님을 앞의 예제에서 잘 알 수 있습니다. 어떻게 개별 군집이 더 균일하게 나뉠 수 있는지가 더 중요합니다. 로그 변환한 데이터 세트를 기반으로 실루엣 계수와 군집화 구성을 시각화해 보겠습니다.

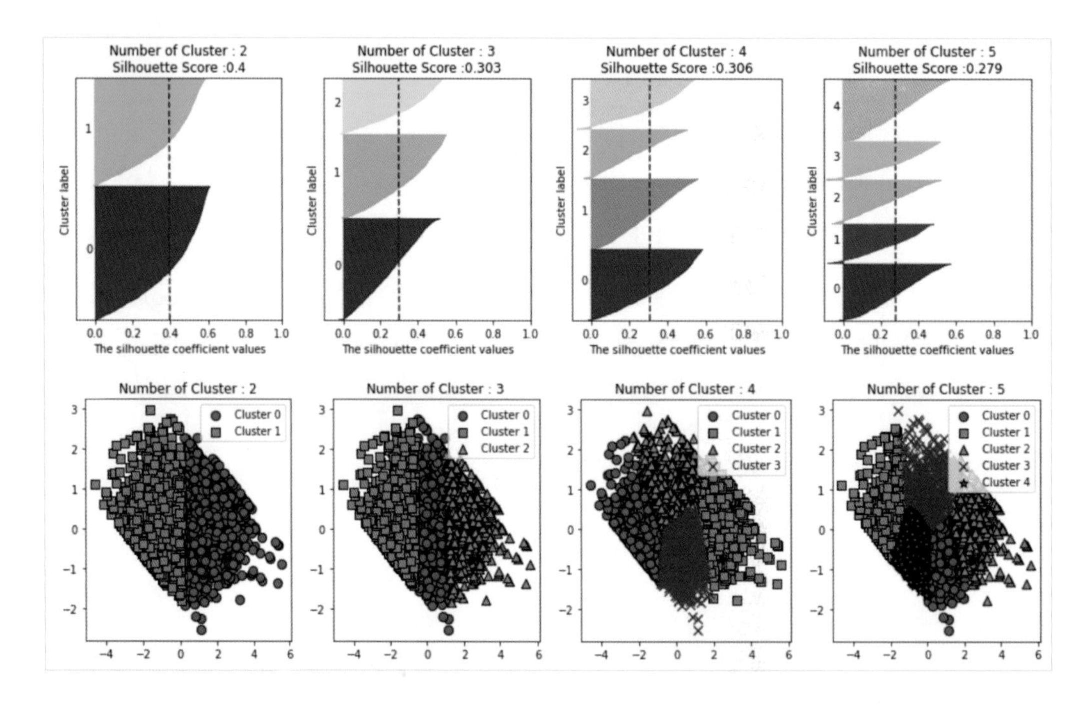

실루엣 스코어는 로그 변환하기 전보다 떨어지지만 앞의 경우보다 더 균일하게 군집화가 구성됐음을 위 그림을 통해 알 수 있습니다. 이처럼 왜곡된 데이터 세트에 대해서는 로그 변환으로 데이터를 일차 변환한 후에 군집화를 수행하면 더 나은 결과를 도출할 수 있습니다.

07 정리

이번 장에서는 다양한 머신러닝 기반의 군집화 기법을 소개했습니다. 각 군집화 기법은 나름의 장/단점을 가지고 있으며, 군집화하려는 데이터의 특성에 맞게 선택해야 합니다. K-평균의 경우 거리 기반으로 군집 중심점을 이동시키면서 군집화를 수행합니다. 매우 쉽고 직관적인 알고리즘으로 많은 군집화 애플리케이션에서 애용되지만, 복잡한 구조를 가지는 데이터 세트에 적용하기에는 한계가 있으며, 군집의 개수를 최적화하기가 어렵습니다. K-평균은 군집이 잘 되었는지의 평가를 위해 실루엣 계수를 이용합니다.

평균 이동(Mean Shift)은 K-평균과 유사하지만 거리 중심이 아니라 데이터가 모여 있는 밀도가 가장 높은 쪽으로 군집 중심점을 이동하면서 군집화를 수행합니다. 일반 업무 기반의 정형 데이터 세트보다는 컴퓨터 비전 영역에서 이미지나 영상 데이터에서 특정 개체를 구분하거나 움직임을 추적하는 데 뛰어난 역할을 수행하는 알고리즘입니다.

GMM(Gaussian Mixture Model) 군집화는 군집화를 적용하고자 하는 데이터가 여러 개의 가우시안 분포(Gaussian Distribution)를 모델을 섞어서 생성된 모델로 가정해 수행하는 방식입니다. 전체 데이터 세트에서 서로 다른 정규 분포 형태를 추출해 이렇게 다른 정규 분포를 가진 데이터 세트를 각각 군집화하는 것입니다. GMM의 경우는 K-평균보다 유연하게 다양한 데이터 세트에 잘 적용될 수 있다는 장점과 군집화를 위한 수행 시간이 오래 걸린다는 단점이 있었습니다.

DBSCAN(Density Based Spatial Clustering of Applications with Noise)은 밀도 기반 군집화의 대표적인 알고리즘입니다. DBSCAN은 입실론 주변 영역 내에 포함되는 최소 데이터 개수의 충족 여부에 따라 데이터 포인트를 핵심 포인트, 이웃 포인트, 경계 포인트, 잡음 포인트로 구분하고 특정 핵심 포인트에서 직접 접근이 가능한 다른 핵심 포인트를 서로 연결하면서 군집화를 구성하는 방식입니다. DBSCAN은 간단하고 직관적인 알고리즘으로 돼 있음에도 데이터의 분포가 기하학적으로 복잡한 데이터 세트에도 효과적인 군집화가 가능합니다.

텍스트 분석

"이렇게 훌륭한 곳에서
자네들은 카드놀이만 즐기고 있구만"

< 영화 세븐에서 모건 프리먼이 도서관 경비들에게 >

NLP이냐 텍스트 분석이냐?

머신러닝이 보편화되면서 NLP(National Language Processing)와 텍스트 분석(Text Analytics, 이하 TA)을 구분하는 것이 큰 의미는 없어 보이지만, 굳이 구분하자면 NLP는 머신이 인간의 언어를 이해하고 해석하는 데 더 중점을 두고 기술이 발전해 왔으며, 텍스트 마이닝(Text Mining)이라고도 불리는 텍스트 분석은 비정형 텍스트에서 의미 있는 정보를 추출하는 것에 좀 더 중점을 두고 기술이 발전해 왔습니다.

예를 들어 NLP의 영역에는 언어를 해석하기 위한 기계 번역, 자동으로 질문을 해석하고 답을 해주는 질의응답 시스템 등의 영역 등에서 텍스트 분석과 차별점이 있습니다. NLP는 텍스트 분석을 향상하게 하는 기반 기술이라고 볼 수도 있습니다. NLP 기술이 발전함에 따라 텍스트 분석도 더욱 정교하게 발전할 수 있었습니다. NLP와 텍스트 분석의 발전 근간에는 머신러닝이 존재합니다. 예전의 텍스트를 구성하는 언어적인 룰이나 업무의 룰에 따라 텍스트를 분석하는 룰 기반 시스템에서 머신러닝의 텍스트 데이터를 기반으로 모델을 학습하고 예측하는 기반으로 변경되면서 많은 기술적 발전이 가능해졌습니다.

텍스트 분석은 머신러닝, 언어 이해, 통계 등을 활용해 모델을 수립하고 정보를 추출해 비즈니스 인텔리전스(Business Intelligence)나 예측 분석 등의 분석 작업을 주로 수행합니다. 머신러닝 기술에 힘입어 텍스트 분석은 크게 발전하고 있으며 주로 다음과 같은 기술 영역에 집중해왔습니다.

- **텍스트 분류**(Text Classification): Text Categorization이라고도 합니다. 문서가 특정 분류 또는 카테고리에 속하는 것을 예측하는 기법을 통칭합니다. 예를 들어 특정 신문 기사 내용이 연예/정치/사회/문화 중 어떤 카테고리에 속하는지 자동으로 분류하거나 스팸 메일 검출 같은 프로그램이 이에 속합니다. 지도학습을 적용합니다.

- **감성 분석**(Sentiment Analysis): 텍스트에서 나타나는 감정/판단/믿음/의견/기분 등의 주관적인 요소를 분석하는 기법을 총칭합니다. 소셜 미디어 감정 분석, 영화나 제품에 대한 긍정 또는 리뷰, 여론조사 의견 분석 등의 다양한 영역에서 활용됩니다. Text Analytics에서 가장 활발하게 사용되고 있는 분야입니다. 지도학습 방법뿐만 아니라 비지도학습을 이용해 적용할 수 있습니다.

- **텍스트 요약**(Summarization): 텍스트 내에서 중요한 주제나 중심 사상을 추출하는 기법을 말합니다. 대표적으로 토픽 모델링(Topic Modeling)이 있습니다.

- **텍스트 군집화**(Clustering)**와 유사도 측정**: 비슷한 유형의 문서에 대해 군집화를 수행하는 기법을 말합니다. 텍스트 분류를 비지도학습으로 수행하는 방법의 일환으로 사용될 수 있습니다. 유사도 측정 역시 문서들간의 유사도를 측정해 비슷한 문서끼리 모을 수 있는 방법입니다.

이 장에서는 텍스트 분류, 감성 분석, 텍스트 요약, 텍스트 군집화/유사도를 파이썬 머신러닝 코드로 구현해 보겠습니다.

텍스트 분석 이해

텍스트 분석은 비정형 데이터인 텍스트를 분석하는 것입니다. 지금까지 ML 모델은 주어진 정형 데이터 기반에서 모델을 수립하고 예측을 수행했습니다. 그리고 머신러닝 알고리즘은 숫자형의 피처 기반 데이터만 입력받을 수 있기 때문에 텍스트를 머신러닝에 적용하기 위해서는 비정형 텍스트 데이터를 어떻게 피처 형태로 추출하고 추출된 피처에 의미 있는 값을 부여하는가 하는 것이 매우 중요한 요소입니다. 텍스트를 word(또는 word의 일부분) 기반의 다수의 피처로 추출하고 이 피처에 단어 빈도수와 같은 숫자 값을 부여하면 텍스트는 단어의 조합인 벡터값으로 표현될 수 있는데, 이렇게 텍스트를 변환하는 것을 피처 벡터화(Feature Vectorization) 또는 피처 추출(Feature Extraction)이라고 합니다. 대표적으로 텍스트를 피처 벡터화해서 변환하는 방법에는 BOW(Bag of Words)와 Word2Vec 방법이 있습니다. 이 책에서는 BOW만 설명하겠습니다. 피처 벡터화는 뒤에서 BOW를 다룰 때 더 자세히 설명하겠습니다. 텍스트를 벡터값을 가지는 피처로 변환하는 것은 머신러닝 모델을 적용하기 전에 수행해야 할 매우 중요한 요소입니다.

텍스트 분석 수행 프로세스

머신러닝 기반의 텍스트 분석 프로세스는 다음과 같은 프로세스 순으로 수행합니다.

1. **텍스트 사전 준비작업(텍스트 전처리)**: 텍스트를 피처로 만들기 전에 미리 클렌징, 대/소문자 변경, 특수문자 삭제 등의 클렌징 작업, 단어(Word) 등의 토큰화 작업, 의미 없는 단어(Stop word) 제거 작업, 어근 추출(Stemming/Lemmatization) 등의 텍스트 정규화 작업을 수행하는 것을 통칭합니다.
2. **피처 벡터화/추출**: 사전 준비 작업으로 가공된 텍스트에서 피처를 추출하고 여기에 벡터 값을 할당합니다. 대표적인 방법은 BOW와 Word2Vec이 있으며, BOW는 대표적으로 Count 기반과 TF-IDF 기반 벡터화가 있습니다.
3. **ML 모델 수립 및 학습/예측/평가**: 피처 벡터화된 데이터 세트에 ML 모델을 적용해 학습/예측 및 평가를 수행합니다.

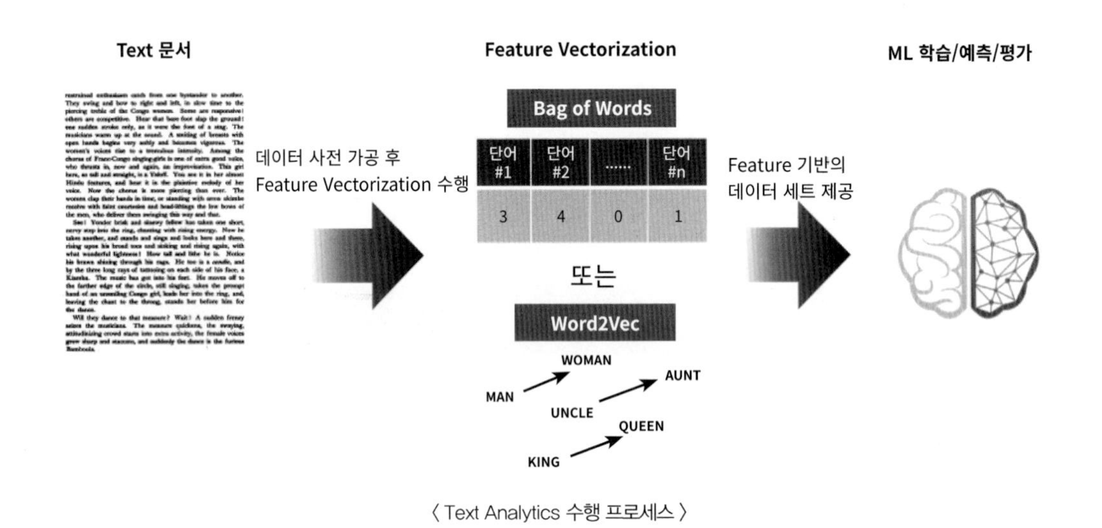

〈 Text Analytics 수행 프로세스 〉

파이썬 기반의 NLP, 텍스트 분석 패키지

파이썬 기반에서 NLP와 텍스트 분석을 위해 쉽고 편하게 텍스트 사전 정제 작업, 피처 벡터화/추출, ML 모델을 지원하는 매우 훌륭한 라이브러리가 많습니다(아쉽게도 대부분 영어 기반의 라이브러리입니다). 대표적인 파이썬 기반의 NLP와 텍스트 분석 패키지를 소개합니다.

NLTK는 방대한 데이터 세트와 서브 모듈, 다양한 데이터 세트를 지원해 오래전부터 대표적인 파이썬 NLP 패키지였지만, 수행 성능과 정확도, 신기술, 엔터프라이즈한 기능 지원 등의 측면에서 부족한 부분이 있습니다. Genism과 SpaCy는 이러한 부분을 보완하면서 실제 업무에서 자주 활용되는 패키지입니다.

- NLTK(Natural Language Toolkit for Python): 파이썬의 가장 대표적인 NLP 패키지입니다. 방대한 데이터 세트와 서브 모듈을 가지고 있으며 NLP의 거의 모든 영역을 커버하고 있습니다. 많은 NLP 패키지가 NLTK의 영향을 받아 작성되고 있습니다. 수행 속도 측면에서 아쉬운 부분이 있어서 실제 대량의 데이터 기반에서는 제대로 활용되지 못하고 있습니다.
- Gensim: 토픽 모델링 분야에서 가장 두각을 나타내는 패키지입니다. 오래전부터 토픽 모델링을 쉽게 구현할 수 있는 기능을 제공해 왔으며, Word2Vec 구현 등의 다양한 신기능도 제공합니다. SpaCy와 함께 가장 많이 사용되는 NLP 패키지입니다.
- SpaCy: 뛰어난 수행 성능으로 최근 가장 주목을 받는 NLP 패키지입니다. 많은 NLP 애플리케이션에서 SpaCy를 사용하는 사례가 늘고 있습니다.

사이킷런은 머신러닝 위주의 라이브러리여서 NLP를 위한 다양한 라이브러리, 예를 들어 '어근 처리'와 같은 NLP 패키지에 특화된 라이브러리는 가지고 있지 않습니다. 하지만 텍스트를 일정 수준으로 가공하고 머신러닝 알고리즘에 텍스트 데이터를 피처로 처리하기 위한 편리한 기능을 제공하고 있어 사이킷런으로도 충분히 텍스트 분석 기능을 수행할 수 있습니다. 하지만 더 다양한 텍스트 분석이 적용돼야 하는 경우, 보통은 NLTK/Gensim/SpaCy와 같은 NLP 전용 패키지와 함께 결합해 애플리케이션을 작성하는 경우가 많습니다.

02 텍스트 사전 준비 작업(텍스트 전처리) – 텍스트 정규화

텍스트 자체를 바로 피처로 만들 수는 없습니다. 이를 위해 사전에 텍스트를 가공하는 준비 작업이 필요합니다. 텍스트 정규화는 텍스트를 머신러닝 알고리즘이나 NLP 애플리케이션에 입력 데이터로 사용하기 위해 클렌징, 정제, 토큰화, 어근화 등의 다양한 텍스트 데이터의 사전 작업을 수행하는 것을 의미합니다. 텍스트 분석은 이러한 텍스트 정규화 작업이 매우 중요합니다. 이러한 텍스트 정규화 작업은 크게 다음과 같이 분류할 수 있습니다.

- 클렌징(Cleansing)
- 토큰화(Tokenization)

- 필터링/스톱 워드 제거/철자 수정
- Stemming
- Lemmatization

텍스트 정규화의 주요 작업을 NLTK 패키지를 이용해 실습해 보겠습니다.

클렌징

텍스트에서 분석에 오히려 방해가 되는 불필요한 문자, 기호 등을 사전에 제거하는 작업입니다. 예를 들어 HTML, XML 태그나 특정 기호 등을 사전에 제거합니다.

텍스트 토큰화

토큰화의 유형은 문서에서 문장을 분리하는 문장 토큰화와 문장에서 단어를 토큰으로 분리하는 단어 토큰화로 나눌 수 있습니다. NLTK는 이를 위해 다양한 API를 제공합니다.

문장 토큰화

문장 토큰화(sentence tokenization)는 문장의 마침표(.), 개행문자(\n) 등 문장의 마지막을 뜻하는 기호에 따라 분리하는 것이 일반적입니다. 또한 정규 표현식에 따른 문장 토큰화도 가능합니다. NTLK에서 일반적으로 많이 쓰이는 sent_tokenize를 이용해 토큰화를 수행해 보겠습니다. 다음은 3개의 문장으로 이루어진 텍스트 문서를 문장으로 각각 분리하는 예제입니다. NLTK의 경우 단어 사전과 같이 참조가 필요한 데이터 세트의 경우 인터넷으로 다운로드받을 수 있습니다. 다운로드가 완료된 경우에는 다시 다운로드하지 않지만 최초 다운로드가 필요하기 때문에 수행하려는 컴퓨터에 인터넷 연결이 돼 있는지 먼저 확인하고 다운로드를 수행하면 됩니다. 아래 코드에서 nltk.download('punkt')는 마침표, 개행 문자등의 데이터 세트를 다운로드합니다.

```
from nltk import sent_tokenize
import nltk
nltk.download('punkt')

text_sample = 'The Matrix is everywhere its all around us, here even in this room. \
               You can see it out your window or on your television. \
               You feel it when you go to work, or go to church or pay your taxes.'
sentences = sent_tokenize(text=text_sample)
```

```
print(type(sentences), len(sentences))
print(sentences)
```

[Output]

```
<class 'list'> 3
['The Matrix is everywhere its all around us, here even in this room.', 'You can see it out your window or on your television.', 'You feel it when you go to work, or go to church or pay your taxes.']
```

sent_tokenize( )가 반환하는 것은 각각의 문장으로 구성된 list 객체입니다. 반환된 list 객체가 3개의 문장으로 된 문자열을 가지고 있는 것을 알 수 있습니다.

단어 토큰화

단어 토큰화(Word Tokenization)는 문장을 단어로 토큰화하는 것입니다. 기본적으로 공백, 콤마(,), 마침표(.), 개행문자 등으로 단어를 분리하지만, 정규 표현식을 이용해 다양한 유형으로 토큰화를 수행할 수 있습니다.

마침표(.)나 개행문자와 같이 문장을 분리하는 구분자를 이용해 단어를 토큰화할 수 있으므로 Bag of Word와 같이 단어의 순서가 중요하지 않은 경우 문장 토큰화를 사용하지 않고 단어 토큰화만 사용해도 충분합니다. 일반적으로 문장 토큰화는 각 문장이 가지는 시맨틱적인 의미가 중요한 요소로 사용될 때 사용합니다. NTLK에서 기본으로 제공하는 word_tokenize( )를 이용해 단어로 토큰화해 보겠습니다.

```
from nltk import word_tokenize

sentence = "The Matrix is everywhere its all around us, here even in this room."
words = word_tokenize(sentence)
print(type(words), len(words))
print(words)
```

[Output]

```
<class 'list'> 15
['The', 'Matrix', 'is', 'everywhere', 'its', 'all', 'around', 'us', ',', 'here', 'even', 'in', 'this', 'room', '.']
```

이번에는 sent_tokenize와 word_tokenize를 조합해 문서에 대해서 모든 단어를 토큰화해 보겠습니다. 이전 예제에서 선언된 3개의 문장으로 된 text_sample을 문장별로 단어 토큰화를 적용합니다. 이를 위해 문서를 먼저 문장으로 나누고, 개별 문장을 다시 단어로 토큰화하는 tokenize_text( ) 함수를 생성하겠습니다.

```
from nltk import word_tokenize, sent_tokenize

# 여러 개의 문장으로 된 입력 데이터를 문장별로 단어 토큰화하게 만드는 함수 생성
def tokenize_text(text):

    # 문장별로 분리 토큰
    sentences = sent_tokenize(text)
    # 분리된 문장별 단어 토큰화
    word_tokens = [word_tokenize(sentence) for sentence in sentences]
    return word_tokens

# 여러 문장에 대해 문장별 단어 토큰화 수행.
word_tokens = tokenize_text(text_sample)
print(type(word_tokens), len(word_tokens))
print(word_tokens)
```

[Output]

```
<class 'list'> 3
[['The', 'Matrix', 'is', 'everywhere', 'its', 'all', 'around', 'us', ',', 'here', 'even', 'in',
'this', 'room', '.'], ['You', 'can', 'see', 'it', 'out', 'your', 'window', 'or', 'on', 'your',
'television', '.'], ['You', 'feel', 'it', 'when', 'you', 'go', 'to', 'work', ',', 'or', 'go', 'to',
'church', 'or', 'pay', 'your', 'taxes', '.']]
```

3개 문장을 문장별로 먼저 토큰화했으므로 word_tokens 변수는 3개의 리스트 객체를 내포하는 리스트입니다. 그리고 내포된 개별 리스트 객체는 각각 문장별로 토큰화된 단어를 요소로 가지고 있습니다.

문장을 단어별로 하나씩 토큰화 할 경우 문맥적인 의미는 무시될 수밖에 없습니다. 이러한 문제를 조금이라도 해결해 보고자 도입된 것이 n-gram입니다. n-gram은 연속된 n개의 단어를 하나의 토큰화 단위로 분리해 내는 것입니다. n개 단어 크기 윈도우를 만들어 문장의 처음부터 오른쪽으로 움직이면서 토큰화를 수행합니다. 예를 들어 "Agent Smith knocks the door"를 2-gram(bigram)으로 만들면 (Agent, Smith), (Smith, knocks), (knocks, the), (the, door)와 같이 연속적으로 2개의 단어들을 순차적으로 이동하면서 단어들을 토큰화 합니다.

스톱 워드 제거

스톱 워드(Stop word)는 분석에 큰 의미가 없는 단어를 지칭합니다. 가령 영어에서 is, the, a, will 등 문장을 구성하는 필수 문법 요소지만 문맥적으로 큰 의미가 없는 단어가 이에 해당합니다. 이 단어의 경우 문법적인 특성으로 인해 특히 빈번하게 텍스트에 나타나므로 이것들을 사전에 제거하지 않으면 그 빈번함으로 인해 오히려 중요한 단어로 인지될 수 있습니다. 따라서 이 의미 없는 단어를 제거하는 것이 중요한 전처리 작업입니다.

언어별로 이러한 스톱 워드가 목록화돼 있습니다. NLTK의 경우 가장 다양한 언어의 스톱 워드를 제공합니다. NTLK의 스톱 워드에는 어떤 것이 있는지 확인해 보겠습니다. 이를 위해 먼저 NLTK의 stopwords 목록을 내려받습니다.

```
import nltk
nltk.download('stopwords')
```

다운로드가 완료되고 나면 NTLK의 English의 경우 몇 개의 stopwords가 있는지 알아보고 그중 20개만 확인해 보겠습니다.

```
print('영어 stop words 개수:', len(nltk.corpus.stopwords.words('english')))
print(nltk.corpus.stopwords.words('english')[:20])
```

[Output]

```
영어 stop words 개수: 179
['i', 'me', 'my', 'myself', 'we', 'our', 'ours', 'ourselves', 'you', "you're", "you've", "you'll",
"you'd", 'your', 'yours', 'yourself', 'yourselves', 'he', 'him', 'his']
```

영어의 경우 스톱 워드의 개수가 179개이며, 그중 20개만 살펴보면 위의 결과와 같습니다. 바로 위 예제에서 3개의 문장별로 단어를 토큰화해 생성된 word_tokens 리스트(3개의 문장별 단어 토큰화 값을 가지는 내포된 리스트로 구성)에 대해서 stopwords를 필터링으로 제거해 분석을 위한 의미 있는 단어만 추출해 보겠습니다.

```
import nltk

stopwords = nltk.corpus.stopwords.words('english')
all_tokens = []
# 위 예제에서 3개의 문장별로 얻은 word_tokens list에 대해 스톱 워드를 제거하는 반복문
for sentence in word_tokens:
```

```
    filtered_words=[]
    # 개별 문장별로 토큰화된 문장 list에 대해 스톱 워드를 제거하는 반복문
    for word in sentence:
        # 소문자로 모두 변환합니다.
        word = word.lower()
        # 토큰화된 개별 단어가 스톱 워드의 단어에 포함되지 않으면 word_tokens에 추가
        if word not in stopwords:
            filtered_words.append(word)
    all_tokens.append(filtered_words)

print(all_tokens)
```

[Output]

```
[['matrix', 'everywhere', 'around', 'us', ',', 'even', 'room', '.'], ['see', 'window', 'television',
'.'], ['feel', 'go', 'work', ',', 'go', 'church', 'pay', 'taxes', '.']]
```

is, this와 같은 스톱 워드가 필터링을 통해 제거됐음을 알 수 있습니다.

Stemming과 Lemmatization

많은 언어에서 문법적인 요소에 따라 단어가 다양하게 변합니다. 영어의 경우 과거/현재, 3인칭 단수 여부, 진행형 등 매우 많은 조건에 따라 원래 단어가 변화합니다. 가령 work는 동사 원형인 단어지만, 과거형은 worked, 3인칭 단수일 때 works, 진행형인 경우 working 등 다양하게 달라집니다. Stemming과 Lemmatization은 문법적 또는 의미적으로 변화하는 단어의 원형을 찾는 것입니다.

두 기능 모두 원형 단어를 찾는다는 목적은 유사하지만, Lemmatization이 Stemming보다 정교하며 의미론적인 기반에서 단어의 원형을 찾습니다. Stemming은 원형 단어로 변환 시 일반적인 방법을 적용하거나 더 단순화된 방법을 적용해 원래 단어에서 일부 철자가 훼손된 어근 단어를 추출하는 경향이 있습니다. 이에 반해 Lemmatization은 품사와 같은 문법적인 요소와 더 의미적인 부분을 감안해 정확한 철자로 된 어근 단어를 찾아줍니다. 따라서 Lemmatization이 Stemming보다 변환에 더 오랜 시간을 필요로 합니다.

NLTK는 다양한 Stemmer를 제공합니다. 대표적으로 Porter, Lancaster, Snowball Stemmer가 있습니다. 그리고 Lemmatization을 위해서는 WordNetLemmatizer를 제공합니다. 다음에서 이 클래스를 이용해 Stemming과 Lemmatization을 비교해 보겠습니다. 먼저 NLTK의 LancasterStemmer를 이용해 Stemmer부터 살펴보겠습니다. 진행형, 3인칭 단수, 과거형에 따른 동사, 그리고 비교, 최상에 따른 형용사의 변화에 따라 Stemming은 더 단순하게 원형 단어를 찾아줍니다. NTLK에서는 LancasterStemmer( )와 같이 필요한 Stemmer 객체를 생성한 뒤 이 객체의 stem('단어') 메서드를 호출하면 원하는 '단어'의 Stemming이 가능합니다.

```
from nltk.stem import LancasterStemmer
stemmer = LancasterStemmer()

print(stemmer.stem('working'), stemmer.stem('works'), stemmer.stem('worked'))
print(stemmer.stem('amusing'), stemmer.stem('amuses'), stemmer.stem('amused'))
print(stemmer.stem('happier'), stemmer.stem('happiest'))
print(stemmer.stem('fancier'), stemmer.stem('fanciest'))
```

[Output]

```
work work work
amus amus amus
happy happiest
fant fanciest
```

work의 경우 진행형(working), 3인칭 단수(works), 과거형(worked) 모두 기본 단어인 work에 ing, s, ed가 붙는 단순한 변화이므로 원형 단어로 work를 제대로 인식합니다. 하지만 amuse의 경우, 각 변화가 amuse가 아닌 amus에 ing, s, ed가 붙으므로 정확한 단어인 amuse가 아닌 amus를 원형 단어로 인식합니다. 형용사인 happy, fancy의 경우도 비교형, 최상급형으로 변형된 단어의 정확한 원형을 찾지 못하고 원형 단어에서 철자가 다른 어근 단어로 인식하는 경우가 발생합니다.

이번에는 WordNetLemmatizer를 이용해 Lemmatization을 수행해 보겠습니다. 일반적으로 Lemmatization은 보다 정확한 원형 단어 추출을 위해 단어의 '품사'를 입력해줘야 합니다. 다음 예제에서 볼 수 있듯이 lemmatize( )의 파라미터로 동사의 경우 'v', 형용사의 경우 'a'를 입력합니다.

```
from nltk.stem import WordNetLemmatizer
import nltk
nltk.download('wordnet')

lemma = WordNetLemmatizer()
print(lemma.lemmatize('amusing', 'v'), lemma.lemmatize('amuses', 'v'), lemma.lemmatize('amused', 'v'))
print(lemma.lemmatize('happier', 'a'), lemma.lemmatize('happiest', 'a'))
print(lemma.lemmatize('fancier', 'a'), lemma.lemmatize('fanciest', 'a'))
```

[Output]

```
amuse amuse amuse
happy happy
fancy fancy
```

앞의 Stemmer보다 정확하게 원형 단어를 추출해줌을 알 수 있습니다.

03 Bag of Words – BOW

Bag of Words 모델은 문서가 가지는 모든 단어(Words)를 문맥이나 순서를 무시하고 일괄적으로 단어에 대해 빈도 값을 부여해 피처 값을 추출하는 모델입니다. 문서 내 모든 단어를 한꺼번에 봉투(Bag) 안에 넣은 뒤에 흔들어서 섞는다는 의미로 Bag of Words(BOW) 모델이라고 합니다(감자튀김이 든 갈색 종이봉투에 후춧가루 같은 양념을 넣고 흔들어서 먹는 이미지와 비슷합니다).

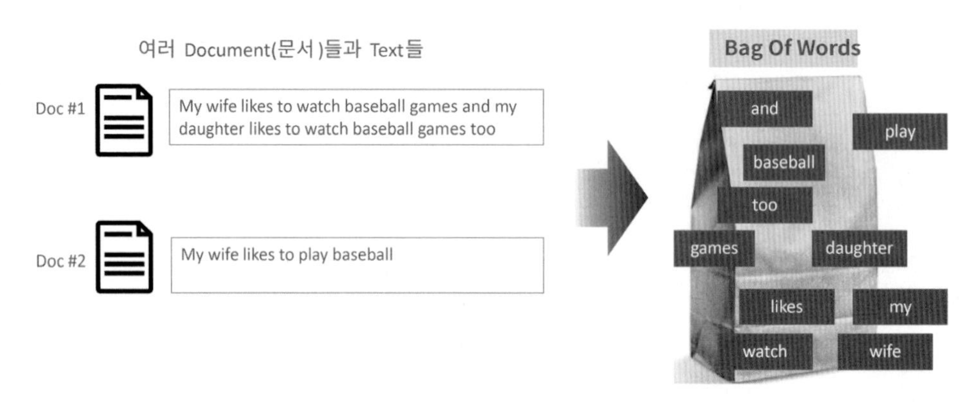

〈 Bag of Words 모델 〉

다음과 같은 2개의 문장이 있다고 가정하고 이 문장을 Bag of words의 단어 수(Word Count) 기반으로 피처를 추출해 보겠습니다.

문장 1:

'My wife likes to watch baseball games and my daughter likes to watch baseball games too'

문장 2:

'My wife likes to play baseball'

1. 문장 1과 문장 2에 있는 모든 단어에서 중복을 제거하고 각 단어(feature 또는 term)를 칼럼 형태로 나열합니다. 그러고 나서 각 단어에 고유의 인덱스를 다음과 같이 부여합니다.

   'and': 0, 'baseball': 1, 'daughter': 2, 'games': 3, 'likes': 4, 'my': 5, 'play': 6, 'to': 7, 'too': 8, 'watch': 9, 'wife': 10

2. 개별 문장에서 해당 단어가 나타나는 횟수(Occurrence)를 각 단어(단어 인덱스)에 기재합니다. 예를 들어 baseball은 문장 1, 2에서 총 2번 나타나며, daughter는 문장 1에서만 1번 나타납니다.

	Index 0	Index 1	Index 2	Index 3	Index 4	Index 5	Index 6	Index 7	Index 8	Index 9	Index 10
	and	baseball	daughter	games	likes	my	play	to	too	watch	wife
문장 1	1	2	1	2	2	2		2	1	2	1
문장 2		1			1	1	1	1			1

→ 문장 1에서 baseball은 2회 나타남

BOW 모델의 장점은 쉽고 빠른 구축에 있습니다. 단순히 단어의 발생 횟수에 기반하고 있지만, 예상보다 문서의 특징을 잘 나타낼 수 있는 모델이어서 전통적으로 여러 분야에서 활용도가 높습니다. 하지만 BOW 기반의 NLP 연구는 여러 가지 제약에 부딪히고 있는데, 대표적인 단점은 다음과 같습니다.

- **문맥 의미(Semantic Context) 반영 부족**: BOW는 단어의 순서를 고려하지 않기 때문에 문장 내에서 단어의 문맥적인 의미가 무시됩니다. 물론 이를 보완하기 위해 n_gram 기법을 활용할 수 있지만, 제한적인 부분에 그치므로 언어의 많은 부분을 차지하는 문맥적인 해석을 처리하지 못하는 단점이 있습니다.

- **희소 행렬 문제(희소성, 희소 행렬)**: BOW로 피처 벡터화를 수행하면 희소 행렬 형태의 데이터 세트가 만들어지기 쉽습니다. 많은 문서에서 단어를 추출하면 매우 많은 단어가 칼럼으로 만들어집니다. 문서마다 서로 다른 단어로 구성되기에 단어가 문서마다 나타나지 않는 경우가 훨씬 더 많습니다. 즉, 매우 많은 문서에서 단어의 총 개수는 수만 ~ 수십만 개가 될 수 있는데, 하나의 문서에 있는 단어는 이 중 극히 일부분이므로 대부분의 데이터는 0 값으로 채워지게 됩니다. 이처럼 대규모의 칼럼으로 구성된 행렬에서 대부분의 값이 0으로 채워지는 행렬을 희소 행렬(Sparse Matrix)이라고 합니다. 이와는 반대로 대부분의 값이 0이 아닌 의미 있는 값으로 채워져 있는 행렬을 밀집 행렬(Dense Matrix)이라고 합니다. 희소 행렬은 일반적으로 ML 알고리즘의 수행 시간과 예측 성능을 떨어뜨리기 때문에 희소 행렬을 위한 특별한 기법이 마련돼 있습니다.

BOW 피처 벡터화

머신러닝 알고리즘은 일반적으로 숫자형 피처를 데이터로 입력받아 동작하기 때문에 텍스트와 같은 데이터는 머신러닝 알고리즘에 바로 입력할 수가 없습니다. 따라서 텍스트는 특정 의미를 가지는 숫자형 값인 벡터 값으로 변환해야 하는데, 이러한 변환을 피처 벡터화라고 합니다. 예를 들어 피처 벡터화는 각 문서(Document)의 텍스트를 단어로 추출해 피처로 할당하고, 각 단어의 발생 빈도와 같은 값을 이 피처에 값으로 부여해 각 문서를 이 단어 피처의 발생 빈도 값으로 구성된 벡터로 만드는 기법입니다. 피처 벡터화는 기존 텍스트 데이터를 또 다른 형태의 피처의 조합으로 변경하기 때문에 넓은 범위의 피처 추출에 포함합니다(Text Analysis에서는 피처 벡터화와 피처 추출을 같은 의미로 사용하곤 합니다).

BOW 모델에서 피처 벡터화를 수행한다는 것은 모든 문서에서 모든 단어를 칼럼 형태로 나열하고 각 문서에서 해당 단어의 횟수나 정규화된 빈도를 값으로 부여하는 데이터 세트 모델로 변경하는 것입니다. 예를 들어 M개의 텍스트 문서가 있고, 이 문서에서 모든 단어를 추출해 나열했을 때 N개의 단어가 있다고 가정하면 문서의 피처 벡터화를 수행하면 M개의 문서는 각각 N개의 값이 할당된 피처의 벡터 세트가 됩니다. 결과적으로는 M X N개의 단어 피처로 이뤄진 행렬을 구성하게 됩니다.

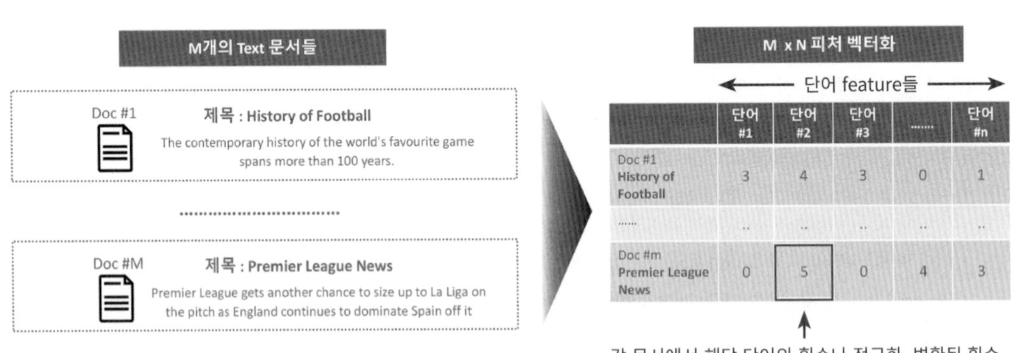

〈 BOW 피처 벡터화 〉

일반적으로 BOW의 피처 벡터화는 두 가지 방식이 있습니다.

- 카운트 기반의 벡터화
- TF-IDF(Term Frequency - Inverse Document Frequency) 기반의 벡터화

단어 피처에 값을 부여할 때 각 문서에서 해당 단어가 나타나는 횟수, 즉 Count를 부여하는 경우를 카운트 벡터화라고 합니다. 카운트 벡터화에서는 카운트 값이 높을수록 중요한 단어로 인식됩니다. 그러나 카운트만 부여할 경우 그 문서의 특징을 나타내기보다는 언어의 특성상 문장에서 자주 사용될 수밖에 없는 단어까지 높은 값을 부여하게 됩니다. 이러한 문제를 보완하기 위해 TF-IDF(Term Frequency Inverse Document Frequency) 벡터화를 사용합니다. TF-IDF는 개별 문서에서 자주 나타나는 단어에 높은 가중치를 주되, 모든 문서에서 전반적으로 자주 나타나는 단어에 대해서는 페널티를 주는 방식으로 값을 부여합니다.

만일 어떤 문서에서 특정 단어가 자주 나타나면 그 단어는 해당 문서를 특징짓는 중요 단어일 수 있습니다. 하지만 그 단어가 다른 문서에도 자주 나타나는 단어라면 해당 단어는 언어 특성상 범용적으로 자주 사용되는 단어일 가능성이 높습니다. 가령 여러 가지 뉴스의 문서에서 '분쟁', '종교 대립', '유혈 사태'와 같은 단어가 자주 나타난다면 해당 문서는 지역 분쟁과 관련한 뉴스일 가능성이 높고 해당 단어는 그 문서의 특징을 잘 나타낸다고 할 수 있습니다. 하지만 '많은', '빈번하게', '당연히', '조직', '업무' 등과 같은 단어의 경우는 문서의 특징과 관련성이 적지만 보편적으로 많이 사용되기 때문에 문서에 반복적으로 사용될 가능성이 높습니다. 이러한 단어가 단순히 등장하는 횟수에 따라 중요도를 평가받는다면 문서를 특징짓기가 어려워집니다. 따라서 모든 문서에서 반복적으로 자주 발생하는 단어에 대해서는 페널티를 부여하는 방식으로 단어에 대한 가중치의 균형을 맞추는 것입니다. 문서마다 텍스트가 길고 문서의 개수가 많은 경우 카운트 방식보다는 TF-IDF 방식을 사용하는 것이 더 좋은 예측 성능을 보장할 수 있습니다.

Term Frequency

The	Matrix	is	nothing	but	an	advertising	gimmick
40	5	50	12	20	45	3	2

Document Frequency

The	Matrix	is	nothing	but	an	advertising	gimmick
2000	190	2300	500	1200	3000	52	12

$$TFIDF_i = TF_i * \log\frac{N}{DF_i}$$

TF_i = 개별 문서에서의 단어 i 빈도

DF_i = 단어 i를 가지고 있는 문서 개수

N = 전체 문서 개수

사이킷런의 Count 및 TF-IDF 벡터화 구현: CountVectorizer, TfidfVectorizer

사이킷런의 CountVectorizer 클래스는 카운트 기반의 벡터화를 구현한 클래스입니다. 사이킷런의 CountVectorizer 클래스는 단지 피처 벡터화만 수행하지는 않으며 소문자 일괄 변환, 토큰화, 스톱 워드 필터링 등의 텍스트 전처리도 함께 수행합니다. CountVectorizer에 이러한 텍스트 전처리 및 피처 벡터화를 위한 입력 파라미터를 설정해 동작합니다. CountVectorizer 역시 사이킷런의 다른 피처 변환 클래스와 마찬가지로 fit( )과 transform( )을 통해 피처 벡터화된 객체를 반환합니다.

먼저 CountVectorizer의 입력 파라미터는 다음과 같습니다.

파라미터 명	파라미터 설명
max_df	전체 문서에 걸쳐서 너무 높은 빈도수를 가지는 단어 피처를 제외하기 위한 파라미터입니다. 너무 높은 빈도수를 가지는 단어는 스톱 워드와 비슷한 문법적인 특성으로 반복적인 단어일 가능성이 높기에 이를 제거하기 위해 사용됩니다. max_df = 100과 같이 정수 값을 가지면 전체 문서에 걸쳐 100개 이하로 나타나는 단어만 피처로 추출합니다. Max_df = 0.95와 같이 부동소수점 값(0.0 ~ 1.0)을 가지면 전체 문서에 걸쳐 빈도수 0~95%까지의 단어만 피처로 추출하고 나머지 상위 5%는 피처로 추출하지 않습니다.
min_df	전체 문서에 걸쳐서 너무 낮은 빈도수를 가지는 단어 피처를 제외하기 위한 파라미터입니다. 수백~수천 개의 전체 문서에서 특정 단어가 min_df에 설정된 값보다 적은 빈도수를 가진다면 이 단어는 크게 중요하지 않거나 가비지(garbage)성 단어일 확률이 높습니다. min_df = 2와 같이 정수 값을 가지면 전체 문서에 걸쳐서 2번 이하로 나타나는 단어는 피처로 추출하지 않습니다. min_df = 0.02와 같이 부동소수점 값(0.0 ~ 1.0)을 가지면 전체 문서에 걸쳐서 하위 2% 이하의 빈도수를 가지는 단어는 피처로 추출하지 않습니다.
max_features	추출하는 피처의 개수를 제한하며 정수로 값을 지정합니다. 가령 max_features = 2000으로 지정할 경우 가장 높은 빈도를 가지는 단어 순으로 정렬해 2000개까지만 피처로 추출합니다.
stop_words	'english'로 지정하면 영어의 스톱 워드로 지정된 단어는 추출에서 제외합니다.
n_gram_range	Bag of Words 모델의 단어 순서를 어느 정도 보강하기 위한 n_gram 범위를 설정합니다. 튜플 형태로 (범위 최솟값, 범위 최댓값)을 지정합니다. 예를 들어 (1, 1)로 지정하면 토큰화된 단어를 1개씩 피처로 추출합니다. (1, 2)로 지정하면 토큰화된 단어를 1개씩(minimum 1), 그리고 순서대로 2개씩(maximum 2) 묶어서 피처로 추출합니다.
analyzer	피처 추출을 수행한 단위를 지정합니다. 당연히 디폴트는 'word'입니다. Word가 아니라 character의 특정 범위를 피처로 만드는 특정한 경우 등을 적용할 때 사용됩니다.
token_pattern	토큰화를 수행하는 정규 표현식 패턴을 지정합니다. 디폴트 값은 '\b\w\w+\b로, 공백 또는 개행 문자 등으로 구분된 단어 분리자(\b) 사이의 2문자(문자 또는 숫자, 즉 영숫자) 이상의 단어(word)를 토큰으로 분리합니다. analyzer= 'word'로 설정했을 때만 변경 가능하나 디폴트 값을 변경할 경우는 거의 발생하지 않습니다.
tokenizer	토큰화를 별도의 커스텀 함수로 이용시 적용합니다. 일반적으로 CountTokenizer 클래스에서 어근 변환 시 이를 수행하는 별도의 함수를 tokenizer 파라미터에 적용하면 됩니다.

입력 파라미터로 텍스트 전처리를 위한 stop_words 등이 있는 것을 알 수 있습니다. 예제를 통해 CountVectorizer 클래스의 사용법을 알아보겠습니다.

보통 사이킷런의 CountVectorizer 클래스를 이용해 카운트 기반의 피처 여러 개의 문서로 구성된 텍스트의 피처 벡터화 방법은 다음과 같습니다.

첫째, 영어의 경우 모든 문자를 소문자로 변경하는 등의 전처리 작업을 수행합니다. 둘째는 디폴트로 단어 기준으로 n_gram_range를 반영해 각 단어를 토큰화합니다. 셋째, 텍스트 정규화를 수행합니다.

단, stop_words='english'와 같이 stop_words 파라미터가 주어진 경우 스톱 워드 필터링만 가능합니다(이 책을 쓰는 시점에는 스톱 워드 필터링은 영어만 가능합니다). Stemming과 Lemmatization 같은 어근 변환은 CountVectorizer에서 직접 지원하진 않으나 tokenizer 파라미터에 커스텀 어근 변환 함수를 적용하여 어근 변환을 수행할 수 있습니다. 마지막으로 max_df, min_df, max_features 등의 파라미터를 이용해 토큰화된 단어를 피처로 추출하고 단어 빈도수 벡터 값을 적용합니다.

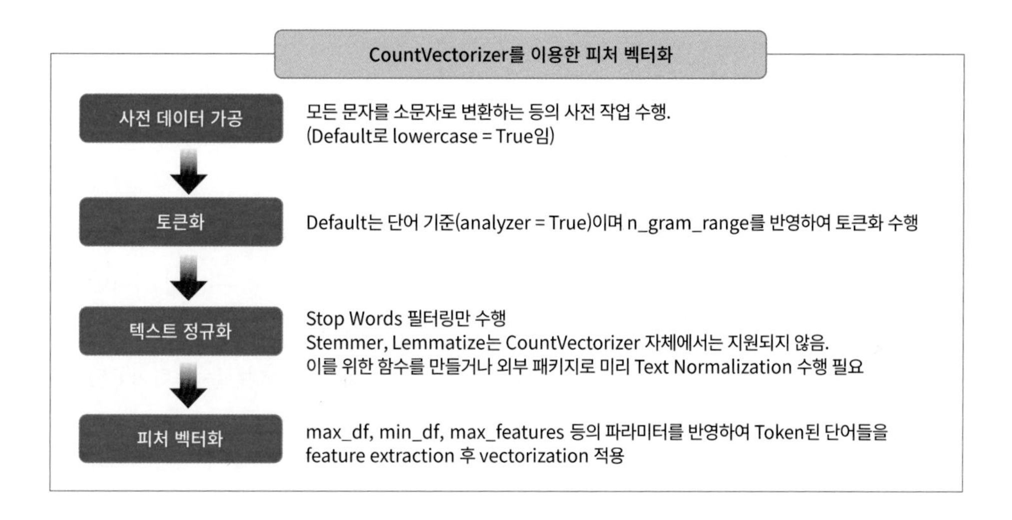

사이킷런에서 TF-IDF 벡터화는 TfidfVectorizer 클래스를 이용합니다. 파라미터와 변환 방법은 CountVectorizer와 동일하므로 자세한 설명은 생략하겠습니다.

BOW 벡터화를 위한 희소 행렬

사이킷런의 CountVectorizer/TfidfVectorizer를 이용해 텍스트를 피처 단위로 벡터화해 변환하고 CSR 형태의 희소 행렬을 반환합니다. 사용자 입장에서 피처 벡터화된 희소 행렬이 어떤 형태인지 중요하지 않을 수 있습니다만, 좀 더 난이도가 있는 ML 모델을 수립하기 위해서는 이러한 희소 행렬이 어떤 형태로 돼 있는지 알아야 합니다. 먼저 희소 행렬에 관해 설명합니다.

모든 문서에 있는 단어를 추출해 이를 피처로 벡터화하는 방법은 필연적으로 많은 피처 칼럼을 만들 수밖에 없습니다. 모든 문서에 있는 단어를 중복을 제거하고 피처로 만들면 일반적으로 수만 개에서 수십만 개의 단어가 만들어집니다. 만일 n-gram을 (1,2)나 (1,3)으로 증가시키면 칼럼 수는 더욱 증가할 수밖에 없습니다. 그런데 이러한 대규모의 행렬이 생성되더라도 레코드의 각 문서가 가지는 단어의 수는 제한적이기 때문에 이 행렬의 값은 대부분 0이 차지할 수밖에 없습니다. 이처럼 대규모 행렬의 대부분의 값을 0이 차지하는 행렬을 가리켜 희소 행렬이라고 합니다. BOW 형태를 가진 언어 모델의 피처 벡터화는 대부분 희소 행렬입니다.

수십만 개의 칼럼

수천~ 수만 개 레코드

	단어 1	단어 2	단어 3	....	단어 1000	....	단어 2000	....	단어 10000	....	단어 20000	....	단어 100000
문서1	1	2	2	0	0	0	0	0	0	0	0	0	0
문서2	0	0	1	0	0	1	0	0	1	0	0	0	1
문서 …	....	....	....	....	....	....	....	....	....	....	....	....	....
문서 10000	0	1	3	0	0	0	0	0	0	0	0	0	0

BOW의 Vectorization 모델은 너무 많은 0값이 메모리 공간에 할당되어 많은 메모리 공간이 필요하며
연산 시에도 데이터 액세스를 위한 많은 시간이 소모됩니다.

이 희소 행렬은 너무 많은 불필요한 0 값이 메모리 공간에 할당되어 메모리 공간이 많이 필요하며, 행렬의 크기가 커서 연산 시에도 데이터 액세스를 위한 시간이 많이 소모됩니다. 따라서 이러한 희소 행렬을 물리적으로 적은 메모리 공간을 차지할 수 있도록 변환해야 하는데, 대표적인 방법으로 COO 형식과 CSR 형식이 있습니다. 일반적으로 큰 희소 행렬을 저장하고 계산을 수행하는 능력이 CSR 형식이 더 뛰어나기 때문에 CSR을 많이 사용합니다. 먼저 COO 방식부터 설명하겠습니다.

희소 행렬 – COO 형식

COO(Coordinate: 좌표) 형식은 0이 아닌 데이터만 별도의 데이터 배열(Array)에 저장하고, 그 데이터가 가리키는 행과 열의 위치를 별도의 배열로 저장하는 방식입니다. 예를 들어 [[3, 0, 1], [0, 2, 0]]과 같은 2차원 데이터가 있다고 가정합시다. 0이 아닌 데이터는 [3, 1, 2]이며 0이 아닌 데이터가 있는 위치를 (row, col)로 표시하면 (0, 0), (0, 2), (1, 1)가 됩니다. 로우와 칼럼을 별도의 배열로 저장하면 로우는 [0, 0, 1]이고 칼럼은 [0, 2, 1]입니다.

파이썬 세계에서는 희소 행렬 변환을 위해서 주로 사이파이(Scipy)를 이용합니다. 사이파이의 sparse 패키지는 희소 행렬 변환을 위한 다양한 모듈을 제공합니다. 사이파이의 sparse를 이용해 희소 행렬 변환을 COO 형식으로 수행해 보겠습니다. 먼저 [[3, 0, 1], [0, 2, 0]]을 넘파이의 ndarray 객체로 만들겠습니다. 그리고 이후에 COO 형식의 희소 행렬로 변환하겠습니다.

```
import numpy as np

dense = np.array( [ [3, 0, 1], [0, 2, 0] ] )
```

이제 위 밀집 행렬을 사이파이의 coo_matrix 클래스를 이용해 COO 형식의 희소 행렬로 변환해 보겠습니다. 0이 아닌 데이터를 별도의 배열 데이터로 만들고, 행 위치 배열과 열 위치 배열을 각각 만든 후 coo_matrix( ) 내에 생성 파라미터로 입력하면 됩니다.

```
from scipy import sparse

# 0이 아닌 데이터 추출
data = np.array([3, 1, 2])

# 행 위치와 열 위치를 각각 배열로 생성
row_pos = np.array([0, 0, 1])
col_pos = np.array([0, 2, 1])

# sparse 패키지의 coo_matrix를 이용해 COO 형식으로 희소 행렬 생성
sparse_coo = sparse.coo_matrix((data, (row_pos, col_pos)))
```

sparse_coo는 COO 형식의 희소 행렬 객체 변수입니다. 이를 toarray( ) 메서드를 이용해 다시 밀집 형태의 행렬로 출력해 보겠습니다.

```
sparse_coo.toarray()
```

[Output]

```
array([[3, 0, 1],
       [0, 2, 0]])
```

다시 원래의 데이터 행렬로 추출됨을 알 수 있습니다.

희소 행렬 - CSR 형식

CSR(Compressed Sparse Row) 형식은 COO 형식이 행과 열의 위치를 나타내기 위해서 반복적인 위치 데이터를 사용해야 하는 문제점을 해결한 방식입니다. 먼저 COO 변환 형식의 문제점을 알아보겠습니다. 다음과 같은 2차원 배열을 COO 형식으로 변환해 보겠습니다.

```
[ [0, 0, 1, 0, 0, 5], [1, 4, 0, 3, 2, 5], [0, 6, 0, 3, 0, 0], [2, 0, 0, 0, 0, 0], [0, 0, 0, 7, 0, 8], [1, 0, 0, 0, 0, 0] ]
```

그럼 데이터 배열은 [1, 5, 1, 4, 3, 2, 5, 6, 3, 2, 7, 8, 1]이며 행 위치 배열은 [0, 0, 1, 1, 1, 1, 1, 2, 2, 3, 4, 4, 5], 열 위치 배열은 [2, 5, 0, 1, 3, 4, 5, 1, 3, 0, 3, 5, 0]이 됩니다.

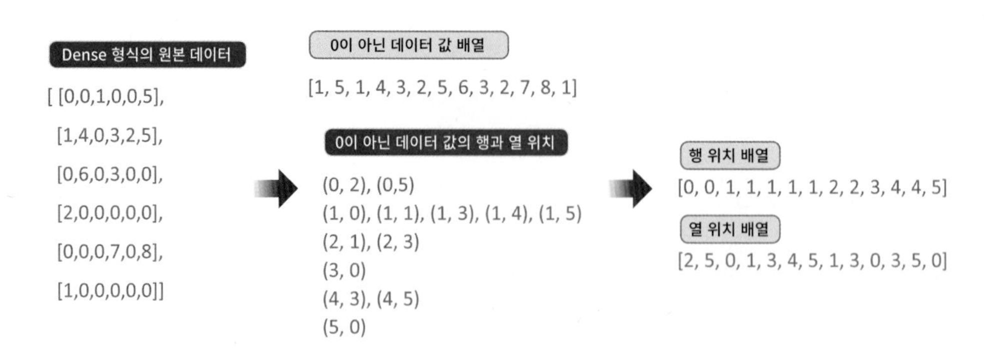

행 위치 배열인 [0, 0, 1, 1, 1, 1, 1, 2, 2, 3, 4, 4, 5]를 주의 깊게 보면 순차적인 같은 값이 반복적으로 나타남을 알 수 있습니다. 즉, 0이 2번, 1이 5번이 반복되고 있습니다. 행 위치 배열이 0부터 순차적으로 증가하는 값으로 이뤄졌다는 특성을 고려하면 행 위치 배열의 고유한 값의 시작 위치만 표기하는 방법으로 이러한 반복을 제거할 수 있습니다(즉, 위치의 위치를 표기하는 것입니다). 행 위치 배열의 첫 번째(인덱스 0)는 0, 두 번째(인덱스 1)는 0, 세 번째(인덱스 2)는 1이라면 행 위치 배열의 고유 값 시작 위치는 첫 번째와 세 번째이고 인덱스 기준으로 [0, 2]입니다. CSR는 Compressed Sparse Row의 약자이며, 이처럼 행 위치 배열 내에 있는 고유한 값의 시작 위치만 다시 별도의 위치 배열로 가지는 변환 방식을 의미합니다.

다음 그림은 행 위치 배열 [0, 0, 1, 1, 1, 1, 1, 2, 2, 3, 4, 4, 5]를 CSR로 변환하는 방식을 설명한 것입니다. 행 위치 배열 [0, 0, 1, 1, 1, 1, 1, 2, 2, 3, 4, 4, 5]를 CSR로 변환하면 [0, 2, 7, 9, 10, 12]가 됩니다. 그리고 맨 마지막에는 데이터의 총 항목 개수를 배열에 추가합니다. 최종적으로 CSR 변환되는 배열은 [0, 2, 7, 9, 10, 12, 13]입니다. 이렇게 고유 값의 시작 위치만 알고 있으면 얼마든지 행 위치 배열을 다시 만들 수 있기에 COO 방식보다 메모리가 적게 들고 빠른 연산이 가능합니다.

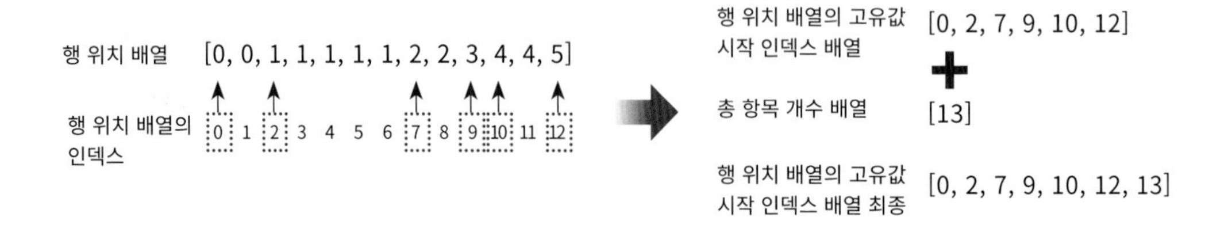

CSR 방식의 변환은 사이파이의 csr_matrix 클래스를 이용해 쉽게 할 수 있습니다. 0이 아닌 데이터 배열과 열 위치 배열, 그리고 행 위치 배열의 고유한 값의 시작 위치 배열을 csr_matrix의 생성 파라미터로 입력하면 됩니다.

```
from scipy import sparse

dense2 = np.array([[0, 0, 1, 0, 0, 5],
                   [1, 4, 0, 3, 2, 5],
                   [0, 6, 0, 3, 0, 0],
                   [2, 0, 0, 0, 0, 0],
                   [0, 0, 0, 7, 0, 8],
                   [1, 0, 0, 0, 0, 0]])

# 0이 아닌 데이터 추출
data2 = np.array([1, 5, 1, 4, 3, 2, 5, 6, 3, 2, 7, 8, 1])

# 행 위치와 열 위치를 각각 array로 생성
row_pos = np.array([0, 0, 1, 1, 1, 1, 1, 2, 2, 3, 4, 4, 5])
col_pos = np.array([2, 5, 0, 1, 3, 4, 5, 1, 3, 0, 3, 5, 0])

# COO 형식으로 변환
sparse_coo = sparse.coo_matrix((data2, (row_pos, col_pos)))

# 행 위치 배열의 고유한 값의 시작 위치 인덱스를 배열로 생성
row_pos_ind = np.array([0, 2, 7, 9, 10, 12, 13])

# CSR 형식으로 변환
sparse_csr = sparse.csr_matrix((data2, col_pos, row_pos_ind))

print('COO 변환된 데이터가 제대로 되었는지 다시 Dense로 출력 확인')
print(sparse_coo.toarray())
print('CSR 변환된 데이터가 제대로 되었는지 다시 Dense로 출력 확인')
print(sparse_csr.toarray())
```

[Output]

```
COO 변환된 데이터가 제대로 되었는지 다시 Dense로 출력 확인
[[0 0 1 0 0 5]
```

```
 [1 4 0 3 2 5]
 [0 6 0 3 0 0]
 [2 0 0 0 0 0]
 [0 0 0 7 0 8]
 [1 0 0 0 0 0]]
CSR 변환된 데이터가 제대로 되었는지 다시 Dense로 출력 확인
[[0 0 1 0 0 5]
 [1 4 0 3 2 5]
 [0 6 0 3 0 0]
 [2 0 0 0 0 0]
 [0 0 0 7 0 8]
 [1 0 0 0 0 0]]
```

COO와 CSR이 어떻게 희소 행렬의 메모리를 줄일 수 있는지 지금까지 예제를 통해서 살펴봤습니다. 실제 사용 시에는 다음과 같이 밀집 행렬을 생성 파라미터로 입력하면 COO나 CSR 희소 행렬로 생성합니다.

```
dense3 = np.array([[0, 0, 1, 0, 0, 5],
                   [1, 4, 0, 3, 2, 5],
                   [0, 6, 0, 3, 0, 0],
                   [2, 0, 0, 0, 0, 0],
                   [0, 0, 0, 7, 0, 8],
                   [1, 0, 0, 0, 0, 0]])

coo = sparse.coo_matrix(dense3)
csr = sparse.csr_matrix(dense3)
```

사이킷런의 CountVectorizer나 TfidfVectorizer 클래스로 변환된 피처 벡터화 행렬은 모두 사이파이의 CSR 형태의 희소 행렬입니다.

지금까지 텍스트 분석을 위한 기반 지식을 설명했습니다. 이제 여러 가지 유형의 텍스트 분석을 실제로 구현해 보겠습니다.

텍스트 분류 실습 - 20 뉴스그룹 분류

사이킷런이 내부에 가지고 있는 예제 데이터인 20 뉴스그룹 데이터 세트를 이용해 텍스트 분류를 적용해 보겠습니다. 텍스트 분류는 특정 문서의 분류를 학습 데이터를 통해 학습해 모델을 생성한 뒤 이 학습 모델을 이용해 다른 문서의 분류를 예측하는 것입니다.

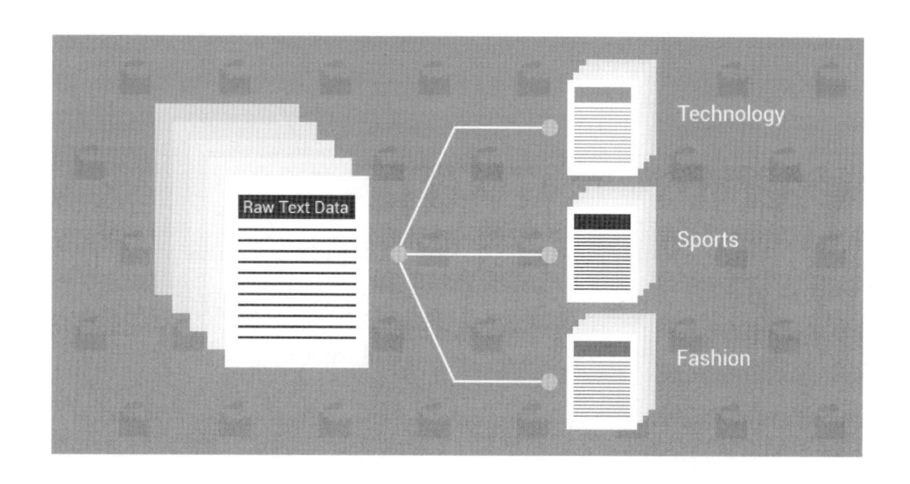

사이킷런은 fetch_20newsgroups( ) API를 이용해 뉴스그룹의 분류를 수행해 볼 수 있는 예제 데이터를 제공합니다. 텍스트를 피처 벡터화로 변환하면 일반적으로 희소 행렬 형태가 됩니다. 그리고 이러한 희소 행렬에 분류를 효과적으로 잘 처리할 수 있는 알고리즘은 로지스틱 회귀, 선형 서포트 벡터 머신, 나이브 베이즈 등입니다. 이 중 로지스틱 회귀를 이용해 분류를 수행해 보겠습니다. 텍스트를 기반으로 분류를 수행할 때는 먼저 텍스트를 정규화한 뒤 피처 벡터화를 적용합니다. 그리고 그 이후에 적합한 머신러닝 알고리즘을 적용해 분류를 학습/예측/평가합니다. 이번 절에서는 카운트 기반과 TF-IDF 기반의 벡터화를 차례로 적용해 예측 성능을 비교하고, 피처 벡터화를 위한 파라미터와 GridSearchCV 기반의 하이퍼 파라미터 튜닝, 그리고 사이킷런의 Pipeline 객체를 통해 피처 벡터화 파라미터와 GridSearchCV 기반의 하이퍼 파라미터 튜닝을 한꺼번에 수행하는 방법을 소개하겠습니다.

텍스트 정규화

fetch_20newsgroups( )는 인터넷에서 로컬 컴퓨터로 데이터를 먼저 내려받은 후에 메모리로 데이터를 로딩합니다. 수행하려는 컴퓨터에 인터넷 연결이 정상적으로 되는지 확인한 후에 다음 예제를 수행합니다.

```
from sklearn.datasets import fetch_20newsgroups

news_data = fetch_20newsgroups(subset='all', random_state=156)
```

fetch_20newsgroups( )는 사이킷런의 다른 데이터 세트 예제와 같이 파이썬 딕셔너리와 유사한 Bunch 객체를 반환합니다. 어떠한 key 값을 가지고 있는지 확인해 보겠습니다.

```
print(news_data.keys())
```

[Output]

```
dict_keys(['data', 'filenames', 'target_names', 'target', 'DESCR'])
```

fetch_20newsgroups( ) API 역시 load_xxx( ) API와 유사한 Key 값을 가지고 있습니다. filenames 라는 key 이름이 눈에 띄는데, 이는 fetch_20newsgroups( ) API가 인터넷에서 내려받아 로컬 컴퓨터에 저장하는 디렉터리와 파일명을 지칭합니다. 다음으로 Target 클래스가 어떻게 구성돼 있는지 확인해 보겠습니다.

```
import pandas as pd

print('target 클래스의 값과 분포도 \n', pd.Series(news_data.target).value_counts().sort_index())
print('target 클래스의 이름들 \n', news_data.target_names)
```

[Output]

```
target 클래스의 값과 분포도
0     799
1     973
2     985
…….
18    775
19    628
target 클래스의 이름들
 ['alt.atheism', 'comp.graphics', 'comp.os.ms-windows.misc', 'comp.sys.ibm.pc.hardware', 'comp.sys.
mac.hardware', 'comp.windows.x', 'misc.forsale', 'rec.autos', 'rec.motorcycles', 'rec.sport.base-
ball', 'rec.sport.hockey', 'sci.crypt', 'sci.electronics', 'sci.med', 'sci.space', 'soc.religion.
christian', 'talk.politics.guns', 'talk.politics.mideast', 'talk.politics.misc', 'talk.religion.
misc']
```

Target 클래스의 값은 0부터 19까지 20개로 구성돼 있으며, 위의 출력 결과처럼 주어졌습니다(Target 값 0: alt.atheism, Target 값 1: comp.graphics, …). 개별 데이터가 텍스트로 어떻게 구성돼 있는지 데이터를 한 개만 추출해 값을 확인해 보겠습니다.

```
print(news_data.data[0])
```

[Output]

```
From: egreen@east.sun.com (Ed Green - Pixel Cruncher)
Subject: Re: Observation re: helmets
Organization: Sun Microsystems, RTP, NC
……
Reply-To: egreen@east.sun.com
NNTP-Posting-Host: laser.east.sun.com

In article 211353@mavenry.altcit.eskimo.com, maven@mavenry.altcit.eskimo.com (Norman Hamer)
writes:
>
> The question for the day is re: passenger helmets, if you don't know for
……
If your primary concern is protecting the passenger in the event of a
crash, have him or her fitted for a helmet that is their size. ……
---
Ed Green, former Ninjaite |I was drinking last night with a biker,
  Ed.Green@East.Sun.COM   |and I showed him a picture of you.  I said,
DoD #0111  (919)460-8302  |"Go on, get to know her, you'll like her!"
 (The Grateful Dead) -->  |It seemed like the least I could do...
```

텍스트 데이터를 확인해 보면 뉴스그룹 기사의 내용뿐만 아니라 뉴스그룹 제목, 작성자, 소속, 이메일 등의 다양한 정보를 가지고 있습니다. 이 중에서 내용을 제외하고 제목 등의 다른 정보는 제거합니다. 왜냐하면 제목과 소속, 이메일 주소 등의 헤더와 푸터 정보들은 뉴스그룹 분류의 Target 클래스 값과 유사한 데이터를 가지고 있는 경우가 많기 때문입니다. 이 피처들을 포함하게 되면 웬만한 ML 알고리즘을 적용해도 상당히 높은 예측 성능을 나타냅니다. 따라서 이들 헤더와 푸터 정보를 포함하는 것은 이 장에서 수행하려는 텍스트 분석의 의도를 벗어나기에 순수한 텍스트만으로 구성된 기사 내용으로 어떤 뉴스그룹에 속하는지 분류할 것입니다. remove 파라미터를 이용하면 뉴스그룹 기사의 헤더(header), 푸터(footer) 등을 제거할 수 있습니다. 또한 fetch_20newsgroups( )는 subset 파라미터를 이용해 학습 데이터 세트와 테스트 데이터 세트를 분리해 내려받을 수 있습니다.

```
from sklearn.datasets import fetch_20newsgroups

# subset='train'으로 학습용 데이터만 추출, remove=('headers', 'footers', 'quotes')로 내용만 추출
train_news = fetch_20newsgroups(subset='train', remove=('headers', 'footers', 'quotes'),
                                random_state=156)
X_train = train_news.data
y_train = train_news.target

# subset='test'으로 테스트 데이터만 추출, remove=('headers', 'footers', 'quotes')로 내용만 추출
test_news= fetch_20newsgroups(subset='test', remove=('headers', 'footers', 'quotes'),
                              random_state=156)
X_test = test_news.data
y_test = test_news.target
print('학습 데이터 크기 {0}, 테스트 데이터 크기 {1}'.format(len(train_news.data),
len(test_news.data)))
```

[Output]

```
학습 데이터 크기 11314, 테스트 데이터 크기 7532
```

피처 벡터화 변환과 머신러닝 모델 학습/예측/평가

학습 데이터는 11314개의 뉴스그룹 문서가 리스트 형태로 주어지고, 테스트 데이터는 7532개의 문서가 역시 리스트 형태로 주어졌습니다. CountVectorizer를 이용해 학습 데이터의 텍스트를 피처 벡터화하겠습니다. 테스트 데이터 역시 피처 벡터화를 수행하는데, 한 가지 반드시 유의해야 할 점이 있습니다. 바로 테스트 데이터에서 CountVectorizer를 적용할 때는 반드시 학습 데이터를 이용해 fit( )이 수행된 CountVectorizer 객체를 이용해 테스트 데이터를 변환(transform)해야 한다는 것입니다. 그래야만 학습 시 설정된 CountVectorizer의 피처 개수와 테스트 데이터를 CountVectorizer로 변환할 피처 개수가 같아집니다. 테스트 데이터의 피처 벡터화는 학습 데이터에 사용된 CountVectorizer 객체 변수인 cnt_vect.transform( )을 이용해 변환합니다.

테스트 데이터의 피처 벡터화 시 fit_transform( )을 사용하면 안 된다는 점도 유의하세요. CountVectorizer.fit_transform(테스트 데이터)을 테스트 데이터 세트에 적용하면 테스트 데이터 기반으로 다시 CountVectorizer가 fit( )을 수행하고 transform( )하기 때문에 학습 시 사용된 피처 개수와 예측 시 사용할 피처 개수가 달라집니다.

```
from sklearn.feature_extraction.text import CountVectorizer

# Count Vectorization으로 피처 벡터화 변환 수행.
cnt_vect = CountVectorizer()
cnt_vect.fit(X_train)
X_train_cnt_vect = cnt_vect.transform(X_train)

# 학습 데이터로 fit( )된 CountVectorizer를 이용해 테스트 데이터를 피터 벡터화 변환 수행.
X_test_cnt_vect = cnt_vect.transform(X_test)

print('학습 데이터 텍스트의 CountVectorizer Shape:', X_train_cnt_vect.shape)
```

[Output]

```
학습 데이터 텍스트의 CountVectorizer Shape: (11314, 101631)
```

학습 데이터를 CountVectorizer로 피처를 추출한 결과 11314개의 문서에서 피처, 즉 단어가 101631개로 만들어졌습니다. 이렇게 피처 벡터화된 데이터에 로지스틱 회귀를 적용해 뉴스그룹에 대한 분류를 예측해 보겠습니다.

```
from sklearn.linear_model import LogisticRegression
from sklearn.metrics import accuracy_score
import warnings
warnings.filterwarnings('ignore')

# LogisticRegression을 이용하여 학습/예측/평가 수행.
lr_clf = LogisticRegression(solver='liblinear')
lr_clf.fit(X_train_cnt_vect , y_train)
pred = lr_clf.predict(X_test_cnt_vect)
print('CountVectorized Logistic Regression의 예측 정확도는
{0:.3f}'.format(accuracy_score(y_test,pred)))
```

[Output]

```
CountVectorized Logistic Regression의 예측 정확도는 0.616
```

Count 기반으로 피처 벡터화가 적용된 데이터 세트에 대한 로지스틱 회귀의 예측 정확도는 약 0.616입니다. 이번에는 Count 기반에서 TF-IDF 기반으로 벡터화를 변경해 예측 모델을 수행하겠습니다.

```
from sklearn.feature_extraction.text import TfidfVectorizer

# TF-IDF 벡터화를 적용해 학습 데이터 세트와 테스트 데이터 세트 변환.
tfidf_vect = TfidfVectorizer()
tfidf_vect.fit(X_train)
X_train_tfidf_vect = tfidf_vect.transform(X_train)
X_test_tfidf_vect = tfidf_vect.transform(X_test)

# LogisticRegression을 이용해 학습/예측/평가 수행.
lr_clf = LogisticRegression(solver='liblinear')
lr_clf.fit(X_train_tfidf_vect, y_train)
pred = lr_clf.predict(X_test_tfidf_vect)
print('TF-IDF Logistic Regression의 예측 정확도는 {0:.3f}'.format(accuracy_score(y_test, pred)))
```

[Output]

```
TF-IDF Logistic Regression의 예측 정확도는 0.678
```

TF-IDF가 단순 카운트 기반보다 훨씬 높은 예측 정확도를 제공합니다. 일반적으로 문서 내에 텍스트가 많고 많은 문서를 가지는 텍스트 분석에서 카운트 벡터화보다는 TF-IDF 벡터화가 좋은 예측 결과를 도출합니다.

텍스트 분석에서 머신러닝 모델의 성능을 향상시키는 중요한 2가지 방법은 최적의 ML 알고리즘을 선택하는 것과 최상의 피처 전처리를 수행하는 것입니다. 텍스트 정규화나 Count/TF-IDF 기반 피처 벡터화를 어떻게 효과적으로 적용했는지가 텍스트 기반의 머신러닝 성능에 큰 영향을 미칠 수 있습니다. 앞의 TF-IDF 벡터화는 기본 파라미터만 적용했지만, 이번에는 좀 더 다양한 파라미터를 적용해 보겠습니다. TfidfVectorizer 클래스의 스톱 워드를 기존 'None'에서 'english'로 변경하고, ngram_range는 기존 (1,1)에서 (1,2)로, max_df=300으로 변경한 뒤 다시 예측 성능을 측정해 보겠습니다.

```
# stop words 필터링을 추가하고 ngram을 기본 (1, 1)에서 (1, 2)로 변경해 피처 벡터화 적용.
tfidf_vect = TfidfVectorizer(stop_words='english', ngram_range=(1, 2), max_df=300 )
tfidf_vect.fit(X_train)
X_train_tfidf_vect = tfidf_vect.transform(X_train)
X_test_tfidf_vect = tfidf_vect.transform(X_test)

lr_clf = LogisticRegression(solver='liblinear')
lr_clf.fit(X_train_tfidf_vect, y_train)
```

```
pred = lr_clf.predict(X_test_tfidf_vect)
print('TF-IDF Vectorized Logistic Regression 의 예측 정확도는 {0:.3f}'.format(
      accuracy_score(y_test, pred)))
```

[Output]

```
TF-IDF Vectorized Logistic Regression의 예측 정확도는 0.690
```

이번에는 GridSearchCV를 이용해 로지스틱 회귀의 하이퍼 파라미터 최적화를 수행해 보겠습니다. 로지스틱 회귀의 C 파라미터만 변경하면서 최적의 C값을 찾은 뒤 이 C값으로 학습된 모델에서 테스트 데이터로 예측해 성능을 평가하겠습니다.

```
from sklearn.model_selection import GridSearchCV

# 최적 C 값 도출 튜닝 수행. CV는 3 폴드 세트로 설정.
params = { 'C':[0.01, 0.1, 1, 5, 10]}
grid_cv_lr = GridSearchCV(lr_clf, param_grid=params, cv=3, scoring='accuracy', verbose=1 )
grid_cv_lr.fit(X_train_tfidf_vect, y_train)
print('Logistic Regression best C parameter :', grid_cv_lr.best_params_ )

# 최적 C 값으로 학습된 grid_cv로 예측 및 정확도 평가.
pred = grid_cv_lr.predict(X_test_tfidf_vect)
print('TF-IDF Vectorized Logistic Regression의 예측 정확도는 {0:.3f}'.format(
      accuracy_score(y_test, pred)))
```

[Output]

```
Fitting 3 folds for each of 5 candidates, totalling 15 fits
Logistic Regression best C parameter : {'C': 10}
TF-IDF Vectorized Logistic Regression의 예측 정확도는 0.704
```

로지스틱 회귀의 C가 10일 때 GridSearchCV의 교차 검증 테스트 세트에서 가장 좋은 예측 성능을 나타냈으며, 이를 테스트 데이터 세트에 적용해 약 0.704로 이전보다 약간 향상된 성능 수치가 됐습니다.

사이킷런 파이프라인(Pipeline) 사용 및 GridSearchCV와의 결합

사이킷런의 Pipeline 클래스를 이용하면 피처 벡터화와 ML 알고리즘 학습/예측을 위한 코드 작성을 한 번에 진행할 수 있습니다. 일반적으로 머신러닝에서 Pipeline이란 데이터의 가공, 변환 등의 전처리와 알고리즘 적용을 마치 '수도관(Pipe)에서 물이 흐르듯' 한꺼번에 스트림 기반으로 처리한다는 의미입니다. 이렇게 Pipeline을 이용하면 데이터의 전처리와 머신러닝 학습 과정을 통일된 API 기반에서 처리할 수 있어 더 직관적인 ML 모델 코드를 생성할 수 있습니다. 또한 대용량 데이터의 피처 벡터화 결과를 별도 데이터로 저장하지 않고 스트림 기반에서 바로 머신러닝 알고리즘의 데이터로 입력할 수 있기 때문에 수행 시간을 절약할 수 있습니다. 일반적으로 사이킷런 파이프라인은 텍스트 기반의 피처 벡터화뿐만 아니라 모든 데이터 전처리 작업과 Estimator를 결합할 수 있습니다. 예를 들어 스케일링 또는 벡터 정규화, PCA 등의 변환 작업과 분류, 회귀 등의 Estimator를 한 번에 결합하는 것입니다.

다음은 위에서 텍스트 분류 예제 코드를 Pipeline을 이용해 다시 작성한 코드입니다. Pipeline 객체는 다음과 같이 선언합니다.

```
pipeline = Pipeline([('tfidf_vect', TfidfVectorizer(stop_words='english')),
                     ('lr_clf', LogisticRegression(random_state=156))])
```

이것은 TfidfVectorizer 객체를 tfidf_vect라는 객체 변수명으로, LogisticRegression 객체를 lr_clf라는 객체 변수명으로 생성한 뒤 이 두 개의 객체를 파이프라인으로 연결하는 Pipeline 객체 pipeline을 생성한다는 의미입니다. 또한 다음 코드를 보면 기존 TfIdfVectorizer의 학습 데이터와 테스트 데이터에 대한 fit( )과 transform( ) 수행을 통한 피처 벡터화와 LogisticRegressor의 fit( )과 predict( ) 수행을 통한 머신러닝 모델의 학습과 예측이 Pipeline의 fit( )과 predict( )로 통일돼 수행됨을 알 수 있습니다. 이렇게 Pipeline 방식을 적용하면 머신러닝 코드를 더 직관적이고 쉽게 작성할 수 있습니다.

```
from sklearn.pipeline import Pipeline

# TfidfVectorizer 객체를 tfidf_vect로, LogisticRegression 객체를 lr_clf로 생성하는 Pipeline 생성
pipeline = Pipeline([
    ('tfidf_vect', TfidfVectorizer(stop_words='english', ngram_range=(1, 2), max_df=300)),
    ('lr_clf', LogisticRegression(solver='liblinear', C=10))
])
```

```
# 별도의 TfidfVectorizer 객체의 fit( ), transform( )과 LogisticRegression의 fit(), predict( )가
# 필요 없음.
# pipeline의 fit( )과 predict( )만으로 한꺼번에 피처 벡터화와 ML 학습/예측이 가능.
pipeline.fit(X_train, y_train)
pred = pipeline.predict(X_test)
print('Pipeline을 통한 Logistic Regression의 예측 정확도는 {0:.3f}'.format(
      accuracy_score(y_test, pred)))
```

[Output]

```
Pipeline을 통한 Logistic Regression의 예측 정확도는 0.704
```

사이킷런은 GridSearchCV 클래스의 생성 파라미터로 Pipeline을 입력해 Pipeline 기반에서도 하이퍼 파라미터 튜닝을 GridSearchCV 방식으로 진행할 수 있게 지원합니다. 이렇게 하면 피처 벡터화를 위한 파라미터와 ML 알고리즘의 하이퍼 파라미터를 모두 한 번에 GridSearchCV를 이용해 최적화할 수 있습니다.

다음 예제는 GridSearchCV에 Pipeline을 입력하면서 TfidfVectorizer의 파라미터와 Logistic Regression의 하이퍼 파라미터를 함께 최적화합니다. 예제 코드를 잠깐 살펴보면 GridSearchCV에 Estimator가 아닌 Pipeline을 입력할 경우에는 param_grid의 입력값 설정이 기존과 약간 다릅니다. 딕셔너리 형태의 Key와 Value 값을 가지며, Value를 리스트 형태로 입력하는 것은 동일합니다. 다만 Key 값을 살펴보면 'tfidf_vect__ngram_range'와 같이 하이퍼 파라미터명이 객체 변수명과 결합돼 제공됩니다. Pipeline을 GridSearchCV에 인자로 입력하면 GridSearchCV는 Pipeline을 구성하는 피처 벡터화 객체의 파라미터와 Estimator 객체의 하이퍼 파라미터를 각각 구별할 수 있어야 하는데, 이때 개별 객체 명과 파라미터명/하이퍼 파라미터명을 결합해 Key 값으로 할당하는 것입니다. 가령 TfdifVectorizer 객체 변수인 tfdif_vect의 ngram_range 파라미터 값을 변화시키면서 최적화하기를 원한다면 객체 변수명인 tfidf_vect에 언더바('_') 2개를 연달아 붙인 뒤 파라미터명인 ngram_range를 결합해 'tfidf_vect__ngram_range'를 Key 값으로 할당하는 것입니다.

Pipeline + GridSearchCV를 적용할 때 유의할 점은 모두의 파라미터를 최적화하려면 너무 많은 튜닝 시간이 소모된다는 점입니다. 피처 벡터화에 사용되는 파라미터와 GridSearchCV 하이퍼 파라미터를 합치면 최적화를 위한 너무 많은 경우의 수가 발생하기 쉽습니다. 다음 예제의 경우 Pipeline + GridSearchCV 기반으로 하이퍼 파라미터 튜닝을 적용해 27개의 파라미터 경우의 수 X 3개의 CV 로 총 81번의 학습과 검증을 수행했기에 저자의 랩톱 PC에서 약 24분이 소모됩니다.

```
from sklearn.pipeline import Pipeline

pipeline = Pipeline([
    ('tfidf_vect', TfidfVectorizer(stop_words='english')),
    ('lr_clf', LogisticRegression())
])

# Pipeline에 기술된 각각의 객체 변수에 언더바(_) 2개를 연달아 붙여 GridSearchCV에 사용될
# 파라미터/하이퍼 파라미터 이름과 값을 설정.
params = { 'tfidf_vect__ngram_range': [(1, 1), (1, 2), (1, 3)],
           'tfidf_vect__max_df': [100, 300, 700],
           'lr_clf__C': [1, 5, 10]
}

# GridSearchCV의 생성자에 Estimator가 아닌 Pipeline 객체 입력
grid_cv_pipe = GridSearchCV(pipeline, param_grid=params, cv=3, scoring='accuracy', verbose=1)
grid_cv_pipe.fit(X_train, y_train)
print(grid_cv_pipe.best_params_, grid_cv_pipe.best_score_)

pred = grid_cv_pipe.predict(X_test)
print('Pipeline을 통한 Logistic Regression의 예측 정확도는 {0:.3f}'.format(
      accuracy_score(y_test, pred)))
```

[Output]

```
Fitting 3 folds for each of 27 candidates, totalling 81 fits
[Parallel(n_jobs=1)]: Done  81 out of  81 | elapsed: 31.9min finished
{'lr_clf__C': 10, 'tfidf_vect__max_df': 700, 'tfidf_vect__ngram_range': (1, 2)} 0.7550828826229531
Pipeline을 통한 Logistic Regression의 예측 정확도는 0.702
```

TfidfVectorizer 객체의 max_df 파라미터가 700, ngram_range 파라미터가 (1,2)로 피처 벡터화된 데이터 세트에 LogisticRegression의 C 하이퍼 파라미터에 10을 적용해 예측 분류를 수행할 때 가장 좋은 검증 세트 성능 수치가 도출됐습니다. 아쉽게도 이렇게 최적화한 파라미터를 기반으로 테스트 데이터 세트에 대해 예측했을 때의 정확도는 약 0.702로 크게 개선은 되지 않았습니다.

로지스틱 회귀 외에 서포트 벡터머신(Support Vector Machine)과 나이브 베이즈(Naïve Bayes) 알고리즘도 희소 행렬 기반의 텍스트 분류에 자주 사용되는 머신러닝 알고리즘입니다. 이들을 이용한 모델도 만들어 볼 것을 권장합니다.

05 감성 분석

감성 분석 소개

감성 분석(Sentiment Analysis)은 문서의 주관적인 감성/의견/감정/기분 등을 파악하기 위한 방법으로 소셜 미디어, 여론조사, 온라인 리뷰, 피드백 등 다양한 분야에서 활용되고 있습니다. 감성 분석은 문서 내 텍스트가 나타내는 여러 가지 주관적인 단어와 문맥을 기반으로 감성(Sentiment) 수치를 계산하는 방법을 이용합니다. 이러한 감성 지수는 긍정 감성 지수와 부정 감성 지수로 구성되며 이들 지수를 합산해 긍정 감성 또는 부정 감성을 결정합니다.

이러한 감성 분석은 머신러닝 관점에서 지도학습과 비지도학습 방식으로 나눌 수 있습니다.

- 지도학습은 학습 데이터와 타깃 레이블 값을 기반으로 감성 분석 학습을 수행한 뒤 이를 기반으로 다른 데이터의 감성 분석을 예측하는 방법으로 일반적인 텍스트 기반의 분류와 거의 동일합니다.
- 비지도학습은 'Lexicon'이라는 일종의 감성 어휘 사전을 이용합니다. Lexicon은 감성 분석을 위한 용어와 문맥에 대한 다양한 정보를 가지고 있으며, 이를 이용해 문서의 긍정적, 부정적 감성 여부를 판단합니다.

지도학습 기반 감성 분석 실습 - IMDB 영화평

먼저 지도학습 기반으로 감성 분석을 수행하겠습니다. 유명한 IMDB의 영화 사이트의 영화평을 이용하겠습니다(감성 분석이라는 타이틀이 붙었지만 지도학습 기반 감성 분석은 텍스트 기반의 이진 분류라고 표현하고 싶습니다). 영화평의 텍스트를 분석해 감성 분석 결과가 긍정 또는 부정인지를 예측하는 모델을 만들어 보겠습니다. 데이터는 https://www.kaggle.com/c/word2vec-nlp-tutorial/data 에서 내려받을 수 있습니다. 캐글에 로그인한 후 해당 웹 페이지의 왼쪽에서 labeledTrainData.tsv.zip 파일을 선택한 후 오른쪽에서 Download를 클릭하여 로컬 PC의 적절한 디렉터리에 압축 파일을 내려받습니다. '캐글 경연 규칙 준수' 웹 페이지로 이동하면 준수(I Understand and Accept)를 선택한 뒤 내려받습니다.

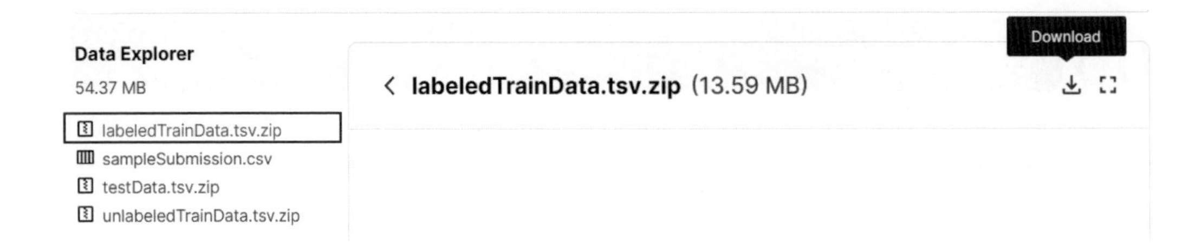

내려받은 압축 파일을 풀고 labeledTrainData.tsv를 감성 분석을 위한 데이터 파일로 사용하겠습니다.

새로운 주피터 노트북을 생성하고 내려받은 labeledTrainData.tsv를 주피터 노트북이 있는 디렉터리로 이동합니다. labeledTrainData.tsv 파일은 탭(\t) 문자로 분리된 파일입니다. 판다스의 read_csv( )를 이용하면 탭으로 칼럼이 분리된 파일도 DataFrame으로 쉽게 로딩할 수 있습니다. read_csv( )의 인자로 sep="\t"를 명시해주면 됩니다.

```
import pandas as pd

review_df = pd.read_csv('./labeledTrainData.tsv', header=0, sep="\t", quoting=3)
review_df.head(3)
```

[Output]

	id	sentiment	review
0	"5814_8"	1	"With all this stuff going down at the moment ...
1	"2381_9"	1	"\"The Classic War of the Worlds\" by Timothy ...
2	"7759_3"	0	"The film starts with a manager (Nicholas Bell...

로드된 데이터를 살펴보겠습니다. 피처는 다음과 같습니다.

- id: 각 데이터의 id
- sentiment: 영화평(review)의 Sentiment 결과 값(Target Label). 1은 긍정적 평가, 0은 부정적 평가를 의미합니다.
- review: 영화평의 텍스트입니다.

이번에는 텍스트가 어떻게 구성돼 있는지 review 칼럼의 텍스트 값을 하나만 살펴보겠습니다.

```
print(review_df['review'][0])
```

[Output]

```
"With all this stuff going down……..<br /><br />Visually …..<br /><br />The actual feature film
bit when it finally starts is only on for 20 minutes or so excluding the Smo….
```

HTML 형식에서 추출해
 태그가 여전히 존재합니다.
 문자열은 피처로 만들 필요가 없으니 삭제하겠습니다. 판다스의 DataFrame/Series는 문자열 연산을 지원하기 위해 str 속성을 이용합니다. DataFrame/Series 객체에서 str을 적용하면 다양한 문자열 연산을 수행할 수 있습니다. replace( )를 str에 적용해
 태그를 공백으로 모두 바꾸겠습니다.

그리고 영어가 아닌 숫자/특수문자 역시 Sentiment를 위한 피처로는 별 의미가 없어 보이므로 이들도 모두 공란으로 변경하겠습니다. 숫자/특수문자를 찾고 이를 변환하는 것은 정규 표현식을 이용하겠습니다(정규 표현식을 아는 것은 텍스트 처리를 하는 데 매우 큰 도움이 됩니다. 간단한 정규 표현식은 인터넷 등을 통해 익혀 두는 것이 유용합니다). 파이썬의 re 모듈은 편리하게 정규 표현식을 지원합니다. 정규 표현식 [^a-zA-Z]의 의미는 영어 대/소문자가 아닌 모든 문자를 찾는 것입니다. re.sub("[^a-zA-Z]", " ", x)는 영어 대/소문자가 아닌 모든 문자를 찾아서 공란으로 변경합니다. 판다스 DataFrame에 re.sub( )는 lambda 식을 이용해 적용하겠습니다.

```python
import re

# <br> html 태그는 replace 함수로 공백으로 변환
review_df['review'] = review_df['review'].str.replace('<br />', ' ')

# 파이썬의 정규 표현식 모듈인 re를 이용해 영어 문자열이 아닌 문자는 모두 공백으로 변환
review_df['review'] = review_df['review'].apply( lambda x : re.sub("[^a-zA-Z]", " ", x) )
```

결정 값 클래스인 sentiment 칼럼을 별도로 추출해 결정 값 데이터 세트를 만들고, 원본 데이터 세트에서 id와 sentiment 칼럼을 삭제해 피처 데이터 세트를 생성합니다. 그리고 train_test_split( )을 이용해 학습용과 테스트용 데이터 세트로 분리하겠습니다.

```python
from sklearn.model_selection import train_test_split

class_df = review_df['sentiment']
feature_df = review_df.drop(['id', 'sentiment'], axis=1, inplace=False)
```

```
X_train, X_test, y_train, y_test= train_test_split(feature_df, class_df, test_size=0.3,
                                                    random_state=156)
X_train.shape, X_test.shape
```

[Output]

```
((17500, 1), (7500, 1))
```

학습용 데이터는 17500개의 리뷰, 테스트용 데이터는 7500개의 리뷰로 구성되었습니다.

이제 감상평(Review) 텍스트를 피처 벡터화한 후에 ML 분류 알고리즘을 적용해 예측 성능을 측정하겠습니다. 앞 절에서 설명한 Pipeline 객체를 이용해 이 두 가지를 한꺼번에 수행하겠습니다. 먼저 Count 벡터화를 적용해 예측 성능을 측정하고, 다음으로 TF-IDF 벡터화를 적용해 보겠습니다. Classifier는 LogisticRegression을 이용합니다. 예측 성능 평가는 이진 분류임을 고려해 테스트 데이터 세트의 정확도와 ROC-AUC를 모두 측정하겠습니다.

```
from sklearn.feature_extraction.text import CountVectorizer, TfidfVectorizer
from sklearn.pipeline import Pipeline
from sklearn.linear_model import LogisticRegression
from sklearn.metrics import accuracy_score, roc_auc_score

# 스톱 워드는 English, ngram은 (1, 2)로 설정해 CountVectorization 수행.
# LogisticRegression의 C는 10으로 설정.
pipeline = Pipeline([
    ('cnt_vect', CountVectorizer(stop_words='english', ngram_range=(1, 2) )),
    ('lr_clf', LogisticRegression(solver='liblinear', C=10))])

# Pipeline 객체를 이용해 fit(), predict()로 학습/예측 수행. predict_proba()는 roc_auc 때문에 수행.
pipeline.fit(X_train['review'], y_train)
pred = pipeline.predict(X_test['review'])
pred_probs = pipeline.predict_proba(X_test['review'])[:, 1]

print('예측 정확도는 {0:.4f}, ROC-AUC는 {1:.4f}'.format(accuracy_score(y_test, pred),
                                                      roc_auc_score(y_test, pred_probs)))
```

[Output]

```
예측 정확도는 0.8863, ROC-AUC는 0.9503
```

이번에는 TF-IDF 벡터화를 적용해 다시 예측 성능을 측정해 보겠습니다. 예제 코드는 위와 거의 같고, 단지 Pipeline에서 CountVectorizer를 TfidfVectorizer로 변경하면 됩니다.

```
# 스톱 워드는 english, filtering, ngram은 (1, 2)로 설정해 TF-IDF 벡터화 수행.
# LogisticRegression의 C는 10으로 설정.
pipeline = Pipeline([
    ('tfidf_vect', TfidfVectorizer(stop_words='english', ngram_range=(1, 2) )),
    ('lr_clf', LogisticRegression(solver='liblinear', C=10))])

pipeline.fit(X_train['review'], y_train)
pred = pipeline.predict(X_test['review'])
pred_probs = pipeline.predict_proba(X_test['review'])[:, 1]

print('예측 정확도는 {0:.4f}, ROC-AUC는 {1:.4f}'.format(accuracy_score(y_test, pred),
                                                    roc_auc_score(y_test, pred_probs)))
```

[Output]

```
예측 정확도는 0.8936, ROC-AUC는 0.9598
```

TF-IDF 기반 피처 벡터화의 예측 성능이 조금 더 나아졌습니다.

비지도학습 기반 감성 분석 소개

비지도 감성 분석은 Lexicon을 기반으로 하는 것입니다. 위의 지도 감성 분석은 데이터 세트가 레이블 값을 가지고 있었습니다. 하지만 많은 감성 분석용 데이터는 이러한 결정된 레이블 값을 가지고 있지 않습니다. 이러한 경우에 Lexicon은 유용하게 사용될 수 있습니다(한글을 지원하는 Lexicon이 없어서 매우 아쉽습니다).

Lexicon은 일반적으로 어휘집을 의미하지만 여기서는 주로 감성만을 분석하기 위해 지원하는 감성 어휘 사전입니다. 줄여서 감성 사전으로 표현하겠습니다. 감성 사전은 긍정(Positive) 감성 또는 부정(Negative) 감성의 정도를 의미하는 수치를 가지고 있으며 이를 감성 지수(Polarity score)라고 합니다. 이 감성 지수는 단어의 위치나 주변 단어, 문맥, POS(Part of Speech) 등을 참고해 결정됩니다. 이러한 감성 사전을 구현한 대표격은 NLTK 패키지입니다. NLTK는 많은 서브 모듈을 가지고 있으며 그중에 감성 사전인 Lexicon 모듈도 포함돼 있습니다.

여기서 감성 사전을 좀 더 상세히 이해하기 위해 NLTK 패키지의 WordNet을 먼저 설명하겠습니다. NLTK에서 제공하는 WordNet 모듈은 방대한 영어 어휘 사전입니다. WordNet은 단순한 어휘 사전이 아닌 시맨틱 분석을 제공하는 어휘 사전입니다.

텍스트 분석(Text Analytics)을 공부하다 보면 아마도 '시맨틱(semantic)'이라는 용어를 자주 접하게 될 것입니다. 시맨틱은 간단히 표현하면 '문맥상 의미'입니다. 알다시피 '말'이라는 것은 상황에 따라, 문맥에 따라, 화자의 몸짓이나 어조에 따라 다르게 해석될 수 있습니다. 동일한 단어나 문장이라도 다른 환경과 문맥에서는 다르게 표현되거나 이해될 수 있습니다.

영어단어 'Present'는 '선물'이라는 의미도 있지만, '현재'라는 의미도 있습니다. 우리말의 '밥 먹었어?'라는 표현은 단순히 식사했는가를 묻는 표현일 수도 있지만 안부를 묻는 표현일 수도 있습니다. 언어학에서 이러한 시맨틱을 표현하기 위해서 여러 가지 규칙을 정해왔으며, NLP 패키지는 시맨틱을 프로그램적으로 인터페이스할 수 있는 다양한 방법을 제공합니다.

이처럼 WordNet은 다양한 상황에서 같은 어휘라도 다르게 사용되는 어휘의 시맨틱 정보를 제공하며, 이를 위해 각각의 품사(명사, 동사, 형용사, 부사 등)로 구성된 개별 단어를 Synset(Sets of cognitive synonyms)이라는 개념을 이용해 표현합니다. Synset은 단순한 하나의 단어가 아니라 그 단어가 가지는 문맥, 시맨틱 정보를 제공하는 WordNet의 핵심 개념입니다.

NLTK의 감성 사전이 감성에 대한 훌륭한 사전 역할을 제공한 장점은 인정해야 하겠지만, 아쉽게도 예측 성능은 그리 좋지 못하다는 단점이 있습니다. 그 때문에 실제 업무의 적용은 NLTK 패키지가 아닌 다른 감성 사전을 적용하는 것이 일반적입니다. NLTK를 포함한 대표적인 감성 사전은 다음과 같습니다.

- SentiWordNet: NLTK 패키지의 WordNet과 유사하게 감성 단어 전용의 WordNet을 구현한 것입니다. WordNet의 Synset 개념을 감성 분석에 적용한 것입니다. WordNet의 Synset별로 3가지 감성 점수(sentiment score)를 할당합니다. 긍정 감성 지수, 부정 감성 지수, 객관성 지수가 그것입니다. 긍정 감성 지수는 해당 단어가 감성적으로 얼마나 긍정적인가를, 부정 지수는 얼마나 감성적으로 부정적인가를 수치로 나타낸 것입니다. 객관성 지수는 긍정/부정 감성 지수와 완전히 반대되는 개념으로 단어가 감성과 관계없이 얼마나 객관적인지를 수치로 나타낸 것입니다. 문장별로 단어들의 긍정 감성 지수와 부정 감성 지수를 합산하여 최종 감성 지수를 계산하고 이에 기반해 감성이 긍정인지 부정인지를 결정합니다.
- VADER: 주로 소셜 미디어의 텍스트에 대한 감성 분석을 제공하기 위한 패키지입니다. 뛰어난 감성 분석 결과를 제공하며, 비교적 빠른 수행 시간을 보장해 대용량 텍스트 데이터에 잘 사용되는 패키지입니다.
- Pattern: 예측 성능 측면에서 가장 주목받는 패키지입니다. 아쉽게도 현재 기준으로 파이썬 3.X 버전에서 호환이 되지 않고, 파이썬 2.X 버전에서만 동작합니다. 이 책에서는 사용 예제를 소개하지는 않습니다만, 감성 분석에 관심이 많은 사람이라면 적용해 보는 것도 좋습니다.

SentiWordNet과 VADER 감성 사전을 이용해 감성 분석을 수행한 뒤 예측 성능을 지도학습 기반의 분류와 비교해 보겠습니다. 앞에서 SentiWordNet의 경우는 예측 정확도가 그리 높지 않아서 잘 사용하지 않는다고 말했지만, SentiWordNet을 통해 감성 사전이 전반적으로 어떠한 방식으로 구성되어 있고, 시맨틱 기반의 사전 구축 방식을 좀 더 자세히 이해할 수 있기에 WordNet 기반의 시맨틱에 대해서도 페이지를 할애했습니다. SentiWordNet은 건너뛰고 'VADER를 이용한 감성 분석'만 참조해도 비지도학습 기반의 감성 분석을 이해하는 데 무리가 없기에 WordNet 기반의 시맨틱에 대해 별 관심이 없다면 바로 다음 'VADER를 이용한 감성 분석'으로 이동해도 무방합니다.

SentiWordNet을 이용한 감성 분석

WordNet Synset과 SentiWordNet SentiSynset 클래스의 이해

SentiWordNet은 WordNet 기반의 synset을 이용하므로 먼저 synset에 대한 개념을 이해한 후에 SentiWordNet을 살펴보겠습니다. 먼저 WordNet을 이용하기 위해서는 NLTK를 셋업한 후에 WordNet 서브패키지와 데이터 세트를 내려받아야 합니다. NLTK의 모든 데이터 세트와 패키지를 내려받겠습니다. 처음 ntlk.download('all')을 수행하면 많은 데이터를 내려받으므로 시간이 꽤 걸립니다.

```
import nltk
nltk.download('all')
```

NLTK의 모든 데이터 세트를 내려받은 뒤에 WordNet 모듈을 임포트해서 'present' 단어에 대한 Synset을 추출하겠습니다. WordNet의 synsets( )는 파라미터로 지정된 단어에 대해 WordNet에 등재된 모든 Synset 객체를 반환합니다.

```
from nltk.corpus import wordnet as wn

term = 'present'

# 'present'라는 단어로 wordnet의 synsets 생성.
synsets = wn.synsets(term)
print('synsets() 반환 type :', type(synsets))
print('synsets() 반환 값 개수:', len(synsets))
print('synsets() 반환 값 :', synsets)
```

[Output]

```
synsets() 반환 type : <class 'list'>
synsets() 반환 값 개수: 18
synsets() 반환 값 : [Synset('present.n.01'), Synset('present.n.02'), Synset('present.n.03'),
Synset('show.v.01'), Synset('present.v.02'), Synset('stage.v.01'), Synset('present.v.04'),
Synset('present.v.05'), Synset('award.v.01'), Synset('give.v.08'), Synset('deliver.v.01'),
Synset('introduce.v.01'), Synset('portray.v.04'), Synset('confront.v.03'), Synset('present.v.12'),
Synset('salute.v.06'), Synset('present.a.01'), Synset('present.a.02')]
```

synsets( ) 호출 시 반환되는 것은 여러 개의 Synset 객체를 가지는 리스트입니다. 총 18개의 서로 다른 semantic을 가지는 synset 객체가 반환됐습니다. Synset('present.n.01')와 같이 Synset 객체의 파라미터 'present.n.01'은 POS 태그를 나타냅니다. 'present.n.01'에서 present는 의미, n은 명사 품사, 01은 present가 명사로서 가지는 의미가 여러 가지 있어서 이를 구분하는 인덱스입니다.

synset 객체가 가지는 여러 가지 속성을 살펴보겠습니다. Synset은 POS(Part of Speech로 우리말로 바꾸면 품사입니다), 정의(Definition), 부명제(Lemma) 등으로 시맨틱적인 요소를 표현할 수 있습니다.

```
for synset in synsets :
    print('##### Synset name : ', synset.name(), '#####')
    print('POS :', synset.lexname())
    print('Definition:', synset.definition())
    print('Lemmas:', synset.lemma_names())
```

[Output]

```
##### Synset name :  present.n.01 #####
POS : noun.time
Definition: the period of time that is happening now; any continuous stretch of time including the
moment of speech
Lemmas: ['present', 'nowadays']
##### Synset name :  present.n.02 #####
POS : noun.possession
Definition: something presented as a gift
Lemmas: ['present']
##### Synset name :  present.n.03 #####
POS : noun.communication
Definition: a verb tense that expresses actions or states at the time of speaking
```

```
Lemmas: ['present', 'present_tense']
##### Synset name :  show.v.01 #####
POS : verb.perception
Definition: give an exhibition of to an interested audience
Lemmas: ['show', 'demo', 'exhibit', 'present', 'demonstrate']
.........
```

Synset('present.n.01')과 Synset('present.n.02')는 명사지만 서로 다른 의미를 가지고 있습니다. Synset('present.n.01')은 POS가 noun.time이며 Definition을 살펴보면 '시간적인 의미로 현재'를 나타냅니다. Synset('present.n.02')는 POS가 noun.possession이며 Definition은 '선물'입니다. Synset('show.v.01')은 동사로서 POS가 verb.perception이며, Definition은 '관객에게 전시물 등을 보여주다'라는 뜻입니다. 이처럼 synset은 하나의 단어가 가질 수 있는 여러 가지 시맨틱 정보를 개별 클래스로 나타낸 것입니다.

WordNet은 어떤 어휘와 다른 어휘 간의 관계를 유사도로 나타낼 수 있습니다. synset 객체는 단어 간의 유사도를 나타내기 위해서 path_similarity( ) 메서드를 제공합니다. path_similarity( )를 이용해 'tree', 'lion', 'tiger', 'cat', 'dog'라는 단어의 상호 유사도를 살펴보겠습니다.

```
# synset 객체를 단어별로 생성합니다.
tree = wn.synset('tree.n.01')
lion = wn.synset('lion.n.01')
tiger = wn.synset('tiger.n.02')
cat = wn.synset('cat.n.01')
dog = wn.synset('dog.n.01')

entities = [tree, lion, tiger, cat, dog]
similarities = []
entity_names = [entity.name().split('.')[0] for entity in entities]

# 단어별 synset을 반복하면서 다른 단어의 synset과 유사도를 측정합니다.
for entity in entities:
    similarity = [round(entity.path_similarity(compared_entity), 2)
                  for compared_entity in entities]
    similarities.append(similarity)

# 개별 단어별 synset과 다른 단어의 synset과의 유사도를 DataFrame 형태로 저장합니다.
similarity_df = pd.DataFrame(similarities, columns=entity_names, index=entity_names)
similarity_df
```

	tree	lion	tiger	cat	dog
tree	1.00	0.07	0.07	0.08	0.12
lion	0.07	1.00	0.33	0.25	0.17
tiger	0.07	0.33	1.00	0.25	0.17
cat	0.08	0.25	0.25	1.00	0.20
dog	0.12	0.17	0.17	0.20	1.00

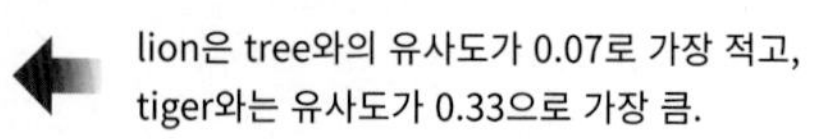

SentiWordNet은 WordNet의 Synset과 유사한 Senti_Synset 클래스를 가지고 있습니다. SentiWordNet 모듈의 senti_synsets( )는 WordNet 모듈이라서 synsets( )와 비슷하게 Senti_Synset 클래스를 리스트 형태로 반환합니다.

```
import nltk
from nltk.corpus import sentiwordnet as swn

senti_synsets = list(swn.senti_synsets('slow'))
print('senti_synsets() 반환 type :', type(senti_synsets))
print('senti_synsets() 반환 값 개수:', len(senti_synsets))
print('senti_synsets() 반환 값 :', senti_synsets)
```

[Output]

```
senti_synsets() 반환 type : <class 'list'>
senti_synsets() 반환 값 개수: 11
senti_synsets() 반환 값 : [SentiSynset('decelerate.v.01'), SentiSynset('slow.v.02'),
SentiSynset('slow.v.03'), SentiSynset('slow.a.01'), SentiSynset('slow.a.02'), SentiSynset('dense.
s.04'), SentiSynset('slow.a.04'), SentiSynset('boring.s.01'), SentiSynset('dull.s.08'),
SentiSynset('slowly.r.01'), SentiSynset('behind.r.03')]
```

SentiSynset 객체는 단어의 감성을 나타내는 감성 지수와 객관성을(감성과 반대) 나타내는 객관성 지수를 가지고 있습니다. 감성 지수는 다시 긍정 감성 지수와 부정 감성 지수로 나뉩니다. 어떤 단어가 전혀 감성적이지 않으면 객관성 지수는 1이 되고, 감성 지수는 모두 0이 됩니다. 다음은 father(아버지)라는 단어와 fabulous(아주 멋진)라는 두 개 단어의 감성 지수와 객관성 지수를 나타냅니다.

```
import nltk
from nltk.corpus import sentiwordnet as swn

father = swn.senti_synset('father.n.01')
```

```
print('father 긍정감성 지수: ', father.pos_score())
print('father 부정감성 지수: ', father.neg_score())
print('father 객관성 지수: ', father.obj_score())
print('\n')
fabulous = swn.senti_synset('fabulous.a.01')
print('fabulous 긍정감성 지수: ', fabulous.pos_score())
print('fabulous 부정감성 지수: ', fabulous.neg_score())
```

[Output]

```
father 긍정감성 지수:  0.0
father 부정감성 지수:  0.0
father 객관성 지수:  1.0

fabulous 긍정감성 지수:  0.875
fabulous 부정감성 지수:  0.125
```

father는 객관적인 단어로 객관성 지수가 1.0이고 긍정 감성/부정 감성 지수 모두 0입니다(father가 아무런 감성 단어가 아니라 단지 객관적인 단어로 정의돼 살짝 놀라긴 했습니다). 반면에 fabulous는 감성 단어로서 긍정 감성 지수가 0.875, 부정 감성 지수가 0.125입니다.

SentiWordNet을 이용한 영화 감상평 감성 분석

이제 WordNet과 SentiWordNet을 개략적으로 살펴봤으니 이를 이용해 앞의 예제에서 적용한 IMDB 영화 감상평 감성 분석을 SentiWordNet Lexicon 기반으로 수행해 보겠습니다. SentiWordNet을 이용해 감성 분석을 수행하는 개략적인 순서는 다음과 같습니다.

1. 문서(Document)를 문장(Sentence) 단위로 분해
2. 다시 문장을 단어(Word) 단위로 토큰화하고 품사 태깅
3. 품사 태깅된 단어 기반으로 synset 객체와 senti_synset 객체를 생성
4. senti_synset 객체에서 긍정 감성/부정 감성 지수를 구하고 이를 모두 합산해 특정 임계치 값 이상일 때 긍정 감성으로, 그렇지 않을 때는 부정 감성으로 결정

SentiWordNet을 이용하기 위해서 WordNet을 이용해 문서를 다시 단어로 토큰화한 뒤 어근 추출(Lemmatization)과 품사 태깅(POS Tagging)을 적용해야 합니다. 먼저 품사 태깅을 수행하는 내부 함수를 생성하겠습니다.

```python
from nltk.corpus import wordnet as wn

# 간단한 NTLK PennTreebank Tag를 기반으로 WordNet 기반의 품사 Tag로 변환
def penn_to_wn(tag):
    if tag.startswith('J'):
        return wn.ADJ
    elif tag.startswith('N'):
        return wn.NOUN
    elif tag.startswith('R'):
        return wn.ADV
    elif tag.startswith('V'):
        return wn.VERB
```

이제 문서를 문장 → 단어 토큰 → 품사 태깅 후에 SentiSynset 클래스를 생성하고 Polarity Score를 합산하는 함수를 생성하겠습니다. 각 단어의 긍정 감성 지수와 부정 감성 지수를 모두 합한 총 감성 지수가 0 이상일 경우 긍정 감성, 그렇지 않을 경우 부정 감성으로 예측합니다.

```python
from nltk.stem import WordNetLemmatizer
from nltk.corpus import sentiwordnet as swn
from nltk import sent_tokenize, word_tokenize, pos_tag

def swn_polarity(text):
    # 감성 지수 초기화
    sentiment = 0.0
    tokens_count = 0

    lemmatizer = WordNetLemmatizer()
    raw_sentences = sent_tokenize(text)
    # 분해된 문장별로 단어 토큰 -> 품사 태깅 후에 SentiSynset 생성 -> 감성 지수 합산
    for raw_sentence in raw_sentences:
        # NTLK 기반의 품사 태깅 문장 추출
        tagged_sentence = pos_tag(word_tokenize(raw_sentence))
        for word, tag in tagged_sentence:

            # WordNet 기반 품사 태깅과 어근 추출
            wn_tag = penn_to_wn(tag)
            if wn_tag not in (wn.NOUN, wn.ADJ, wn.ADV):
                continue
            lemma = lemmatizer.lemmatize(word, pos=wn_tag)
            if not lemma:
                continue
```

```python
            # 어근을 추출한 단어와 WordNet 기반 품사 태깅을 입력해 Synset 객체를 생성.
            synsets = wn.synsets(lemma, pos=wn_tag)
            if not synsets:
                continue
            # sentiwordnet의 감성 단어 분석으로 감성 synset 추출
            # 모든 단어에 대해 긍정 감성 지수는 +로 부정 감성 지수는 -로 합산해 감성 지수 계산.
            synset = synsets[0]
            swn_synset = swn.senti_synset(synset.name())
            sentiment += (swn_synset.pos_score() - swn_synset.neg_score())
            tokens_count += 1

    if not tokens_count:
        return 0

    # 총 score가 0 이상일 경우 긍정(Positive) 1, 그렇지 않을 경우 부정(Negative) 0 반환
    if sentiment >= 0 :
        return 1

    return 0
```

이렇게 생성한 swn_polarity(text) 함수를 IMDB 감상평의 개별 문서에 적용해 긍정 및 부정 감성을 예측하겠습니다. 판다스의 apply lambda 구문을 이용해 swn_polarity(text)를 개별 감상평 텍스트에 적용합니다. 지도학습 기반의 감성 분석에서 생성한 review_df DataFrame을 그대로 이용하겠습니다. review_df의 새로운 칼럼으로 'preds'를 추가해 이 칼럼에 swn_polarity(text)로 반환된 감성 평가를 담겠습니다. 그리고 실제 감성 평가인 'sentiment' 칼럼과 swn_polarity(text)로 반환된 결과의 정확도, 정밀도, 재현율 값을 모두 측정해 보겠습니다. 다음 예제 코드는 텍스트별로 swn_polarity() 함수를 호출해 감성 분석을 수행하므로 저자의 랩톱 PC에서 10분 정도의 수행시간이 걸렸습니다.

```python
review_df['preds'] = review_df['review'].apply( lambda x : swn_polarity(x) )
y_target = review_df['sentiment'].values
preds = review_df['preds'].values
```

SentiWordNet의 감성 분석 예측 성능을 살펴보겠습니다.

```python
from sklearn.metrics import accuracy_score, confusion_matrix, precision_score
from sklearn.metrics import recall_score, f1_score, roc_auc_score
import numpy as np
```

```
print(confusion_matrix(y_target, preds))
print("정확도:", np.round(accuracy_score(y_target, preds), 4))
print("정밀도:", np.round(precision_score(y_target, preds), 4))
print("재현율:", np.round(recall_score(y_target, preds), 4))
```

[Output]

```
[[7668 4832]
 [3636 8864]]
정확도: 0.6613
정밀도: 0.6472
재현율: 0.7091
```

정확도가 약 66.13%, 재현율이 약 70.91%입니다. 정확도 지표를 포함한 전반적인 성능 평가 지표는 만족스러울 만한 수치는 아닌 것 같습니다. SentiWordNet은 WordNet의 하위 모듈로서 감성 분석을 위한 다양한 프레임워크를 제공합니다. 이번에는 VADER를 이용해 감성 분석을 수행해 보겠습니다.

VADER를 이용한 감성 분석

또 다른 Lexicon인 VADER Lexicon을 살펴보겠습니다. VADER는 소셜 미디어의 감성 분석 용도로 만들어진 룰 기반의 Lexicon입니다. VADER는 SentimentIntensityAnalyzer 클래스를 이용해 쉽게 감성 분석을 제공합니다. VADER는 NLTK 패키지의 서브 모듈로 제공될 수도 있고 단독 패키지로 제공될 수도 있습니다. VADER를 NLTK 서브 모듈로 설치하는 부분은 바로 이전의 'SentiWordNet을 이용한 감성 분석' 첫 번째 소스코드인 import nltk와 nltk.download('all')을 통해 완료했으니 이를 참조하기 바랍니다. 만일 별도의 모듈로 셋업을 원할 경우 OS상에서 pip install vaderSentiment로 설치한 후 from vaderSentiment.vaderSentiment import SentimentIntensityAnalyzer로 SentimentIntensityAnalyzer 클래스를 임포트해 사용하면 됩니다.

이제 VADER의 간단한 사용법을 살펴보겠습니다. NLTK 서브 모듈로 SentimentIntensityAnalyzer를 임포트하고 간략하게 IMDB의 감상평 한 개만 감성 분석을 수행해 결과를 살펴보겠습니다.

VADER의 경우 지속적으로 버전이 업데이트되므로 설치한 VADER 버전에 따라 다음 예제 결과와 다른 결과가 출력될 수 있습니다.

```
from nltk.sentiment.vader import SentimentIntensityAnalyzer

senti_analyzer = SentimentIntensityAnalyzer()
senti_scores = senti_analyzer.polarity_scores(review_df['review'][0])
print(senti_scores)
```

[Output]

```
{'neg': 0.13, 'neu': 0.743, 'pos': 0.127, 'compound': -0.7943}
```

VADER를 이용하면 매우 쉽게 감성 분석을 수행할 수 있습니다. 먼저 SentimentIntensityAnalyzer 객체를 생성한 뒤에 문서별로 polarity_scores( ) 메서드를 호출해 감성 점수를 구한 뒤, 해당 문서의 감성 점수가 특정 임계값 이상이면 긍정, 그렇지 않으면 부정으로 판단합니다. SentimentIntensity Analyzer 객체의 polarity_scores( ) 메서드는 딕셔너리 형태의 감성 점수를 반환합니다. 'neg'는 부정 감성 지수, 'neu'는 중립적인 감성 지수, 'pos'는 긍정 감성 지수, 그리고 compound는 neg, neu, pos score를 적절히 조합해 −1에서 1 사이의 감성 지수를 표현한 값입니다. compound score를 기반으로 부정 감성 또는 긍정 감성 여부를 결정합니다. 보통 0.1 이상이면 긍정 감성, 그 이하이면 부정 감성으로 판단하나 상황에 따라 이 임계값을 적절히 조정해 예측 성능을 조절합니다.

VADER를 이용해 IMDB의 감성 분석을 수행하겠습니다. 이를 위해 vader_polarity( ) 함수를 새롭게 만들겠습니다. vader_polarity( ) 함수는 입력 파라미터로 영화 감상평 텍스트와 긍정/부정을 결정하는 임곗값(threshold)을 가지고, SentimentIntensityAnalyzer 객체의 polarity_scores( ) 메서드를 호출해 감성 결과를 반환합니다. review_df DataFrame의 apply lambda 식을 통해 vader_polarity( ) 함수를 호출해 각 문서별로 감성 결과를 vader_preds라는 review_df의 새로운 칼럼으로 저장한 뒤, 저장된 감성 분석 결과를 기반으로 VADER의 예측 성능을 측정하겠습니다. 다음 예제 코드도 텍스트별로 vader_polarity( ) 함수를 호출하므로 저자의 개인 랩톱에서 5분 정도의 수행 시간이 걸립니다.

```
def vader_polarity(review, threshold=0.1):
    analyzer = SentimentIntensityAnalyzer()
    scores = analyzer.polarity_scores(review)

    # compound 값에 기반해 threshold 입력값보다 크면 1, 그렇지 않으면 0을 반환
    agg_score = scores['compound']
    final_sentiment = 1 if agg_score >= threshold else 0
    return final_sentiment

# apply lambda 식을 이용해 레코드별로 vader_polarity( )를 수행하고 결과를 'vader_preds'에 저장
review_df['vader_preds'] = review_df['review'].apply( lambda x : vader_polarity(x, 0.1) )
y_target = review_df['sentiment'].values
vader_preds = review_df['vader_preds'].values

print(confusion_matrix(y_target, vader_preds))
print("정확도:", np.round(accuracy_score(y_target, vader_preds),4))
```

```
print("정밀도:", np.round(precision_score(y_target , vader_preds),4))
print("재현율:", np.round(recall_score(y_target, vader_preds),4))
```

[Output]

```
[[ 6747  5753]
 [ 1858 10642]]
정확도: 0.6956
정밀도: 0.6491
재현율: 0.8514
```

정확도가 SentiWordNet보다 향상됐고, 특히 재현율은 약 85.14%로 매우 크게 향상됐습니다. 이외에도 뛰어난 감성 사전으로 pattern 패키지가 있습니다. 아직은 pattern의 경우 파이썬 3 버전에서는 완벽하게 지원하지 않습니다. 관심이 있는 독자는 https://www.clips.uantwerpen.be/pattern에서 pattern 패키지를 이용해 감성 분석을 이용해 보기 바랍니다. 다음은 SentiWordNet과 VADER의 IMDB 영화 감상평을 기반으로 지금까지 수행한 감성 분석 평가 지표 수치 결과를 나열한 것입니다.

평가 지표	정확도	정밀도	재현율
SentiWordNet	0.6613	0.6472	0.7091
VADER	0.6956	0.6491	0.8514

감성 사전을 이용한 감성 분석 예측 성능은 지도학습 분류 기반의 예측 성능에 비해 아직은 낮은 수준이지만 결정 클래스 값이 없는 상황을 고려한다면 예측 성능에 일정 수준 만족할 수 있을 것입니다.

토픽 모델링(Topic Modeling) – 20 뉴스그룹

토픽 모델링(Topic Modeling)이란 문서 집합에 숨어 있는 주제를 찾아내는 것입니다. 많은 양의 문서가 있을 때 사람이 이 문서를 다 읽고 핵심 주제를 찾는 것은 매우 많은 시간이 소모됩니다. 이 경우에 머신러닝 기반의 토픽 모델링을 적용해 숨어 있는 중요 주제를 효과적으로 찾아낼 수 있습니다. 사람이 수행하는 토픽 모델링은 더 함축적인 의미로 문장을 요약하는 것에 반해, 머신러닝 기반의 토픽 모델은 숨겨진 주제를 효과적으로 표현할 수 있는 중심 단어를 함축적으로 추출합니다.

머신러닝 기반의 토픽 모델링에 자주 사용되는 기법은 LSA(Latent Semantic Analysis)와 LDA(Latent Dirichlet Allocation)입니다. 이 절에서는 LDA만을 이용해 토픽 모델링을 수행하겠습니다. 토픽 모델링에 사용되는 LDA(Latent Dirichlet Allocation)와 앞서 차원 축소의 LDA(Linear Discriminant Analysis)는 약어만 같을 뿐 서로 다른 알고리즘이므로 유의하기 바랍니다.

토픽 모델링은 앞의 텍스트 분류에서 소개한 20 뉴스그룹 데이터 세트를 이용해 적용해 보겠습니다. 20 뉴스그룹은 다음과 같이 20가지의 주제를 가진 뉴스그룹의 데이터를 가지고 있습니다.

```
['alt.atheism', 'comp.graphics', 'comp.os.ms-windows.misc', 'comp.sys.ibm.pc.hardware',
'comp.sys.mac.hardware', 'comp.windows.x', 'misc.forsale', 'rec.autos', 'rec.motorcycles',
'rec.sport.baseball', 'rec.sport.hockey', 'sci.crypt', 'sci.electronics', 'sci.med', 'sci.space',
'soc.religion.christian', 'talk.politics.guns', 'talk.politics.mideast', 'talk.politics.misc',
'talk.religion.misc']
```

이 중 모터사이클, 야구, 그래픽스, 윈도우, 중동, 기독교, 전자공학, 의학의 8개 주제를 추출하고 이들 텍스트에 LDA 기반의 토픽 모델링을 적용해 보겠습니다.

사이킷런은 LDA(Latent Dirichlet Allocation) 기반의 토픽 모델링을 LatentDirichletAllocation 클래스로 제공합니다. 사이킷런 초기 버전에는 LDA 토픽 모델링을 제공하지 않았으나 gensim과 같은 토픽 모델링 패키지가 인기를 끌면서 사이킷런도 LDA를 제공하게 됐습니다.

먼저 LDA 토픽 모델링을 위해 fetch_20newsgroups( ) API는 categories 파라미터를 통해 필요한 주제만 필터링해 추출하고 추출된 텍스트를 Count 기반으로 벡터화 변환하겠습니다. LDA는 Count 기반의 벡터화만 사용합니다. max_features=1000으로 word 피처의 개수를 제한하고, ngram_range는 (1,2)로 설정하고 피처 벡터화 변환하겠습니다.

```
from sklearn.datasets import fetch_20newsgroups
from sklearn.feature_extraction.text import CountVectorizer
from sklearn.decomposition import LatentDirichletAllocation

# 모터사이클, 야구, 그래픽스, 윈도우즈, 중동, 기독교, 전자공학, 의학 8개 주제를 추출.
cats = ['rec.motorcycles', 'rec.sport.baseball', 'comp.graphics', 'comp.windows.x',
        'talk.politics.mideast', 'soc.religion.christian', 'sci.electronics', 'sci.med']

# 위에서 cats 변수로 기재된 카테고리만 추출. featch_20newsgroups( )의 categories에 cats 입력
news_df= fetch_20newsgroups(subset='all', remove=('headers', 'footers', 'quotes'),
                            categories=cats, random_state=0)

# LDA는 Count 기반의 벡터화만 적용합니다.
count_vect = CountVectorizer(max_df=0.95, max_features=1000, min_df=2, stop_words='english',
                             ngram_range=(1, 2))
```

```
feat_vect = count_vect.fit_transform(news_df.data)
print('CountVectorizer Shape:', feat_vect.shape)
```

[Output]

```
CountVectorizer Shape: (7862, 1000)
```

CountVectorizer 객체 변수인 feat_vect 모두 7862개의 문서가 1000개의 피처로 구성된 행렬 데이터입니다. 이렇게 피처 벡터화된 데이터 세트를 기반으로 LDA 토픽 모델링을 수행합니다. 토픽의 개수는 위의 뉴스그룹에서 추출한 주제와 동일한 8개로 정하겠습니다. LatentDirichletAllocation 클래스의 n_components 파라미터를 이용해 이 토픽 개수를 조정합니다(random_state 값은 예제를 수행할 때마다 결과가 똑같게 하기 위해 입력합니다).

```
lda = LatentDirichletAllocation(n_components=8, random_state=0)
lda.fit(feat_vect)
```

LatentDirichletAllocation.fit(데이터 세트)을 수행하면 LatentDirichletAllocation 객체는 components_ 속성값을 가지게 됩니다. components_는 개별 토픽별로 각 word 피처가 얼마나 많이 그 토픽에 할당됐는지에 대한 수치를 가지고 있습니다. 높은 값일수록 해당 word 피처는 그 토픽의 중심 word가 됩니다. components_의 형태와 속성값을 확인해 보겠습니다.

```
print(lda.components_.shape)
lda.components_
```

[Output]

```
(8, 1000)
```

```
array([[3.60992018e+01, 1.35626798e+02, 2.15751867e+01, ...,
        3.02911688e+01, 8.66830093e+01, 6.79285199e+01],
       [1.25199920e-01, 1.44401815e+01, 1.25045596e-01, ...,
        1.81506995e+02, 1.25097844e-01, 9.39593286e+01],
       [3.34762663e+02, 1.25176265e-01, 1.46743299e+02, ...,
        1.25105772e-01, 3.63689741e+01, 1.25025218e-01],
       ...,
       [3.60204965e+01, 2.08640688e+01, 4.29606813e+00, ...,
        1.45056650e+01, 8.33854413e+00, 1.55690009e+01],
       [1.25128711e-01, 1.25247756e-01, 1.25005143e-01, ...,
        9.17278769e+01, 1.25177668e-01, 3.74575887e+01],
       [5.49258690e+01, 4.47009532e+00, 9.88524814e+00, ...,
        4.87048440e+01, 1.25034678e-01, 1.25074632e-01]])
```

components_는 array[8, 1000]으로 구성돼 있습니다. 8개의 토픽별로 1000개의 word 피처가 해당 토픽별로 연관도 값을 가지고 있습니다. 즉, components_ array의 0번째 row, 10번째 col에 있는 값은 Topic #0에 대해서 피처 벡터화된 행렬에서 10번째 칼럼에 해당하는 피처가 Topic #0에 연관되는 수치 값을 가지고 있습니다. lda_model.components_ 값만으로는 각 토픽별 word 연관도를 보기가 어렵습니다. display_topics( ) 함수를 만들어서 각 토픽별로 연관도가 높은 순으로 Word를 나열해 보겠습니다.

```
def display_topics(model, feature_names, no_top_words):
    for topic_index, topic in enumerate(model.components_):
        print('Topic #', topic_index)

        # components_ array에서 가장 값이 큰 순으로 정렬했을 때, 그 값의 array 인덱스를 반환.
        topic_word_indexes = topic.argsort()[::-1]
        top_indexes=topic_word_indexes[:no_top_words]

        # top_indexes대상인 인덱스별로 feature_names에 해당하는 word feature 추출 후 join으로 concat
        feature_concat = ' '.join([feature_names[i] for i in top_indexes])
        print(feature_concat)

# CountVectorizer 객체 내의 전체 word의 명칭을 get_features_names( )를 통해 추출
feature_names = count_vect.get_feature_names()

# 토픽별 가장 연관도가 높은 word를 15개만 추출
display_topics(lda, feature_names, 15)
```

[Output]

```
Topic # 0
year 10 game medical health team 12 20 disease cancer 1993 games years patients good
Topic # 1
don just like know people said think time ve didn right going say ll way
Topic # 2
image file jpeg program gif images output format files color entry 00 use bit 03
Topic # 3
like know don think use does just good time book read information people used post
Topic # 4
armenian israel armenians jews turkish people israeli jewish government war dos dos turkey arab
armenia 000
```

```
Topic # 5
edu com available graphics ftp data pub motif mail widget software mit information version sun
Topic # 6
god people jesus church believe christ does christian say think christians bible faith sin life
Topic # 7
use dos thanks windows using window does display help like problem server need know run
```

20 뉴스그룹에서 모터사이클, 야구, 그래픽스, 윈도우즈, 중동(Middle East), 기독교, 전자공학, 의학 8개를 주제로 추출했는데, 8개의 토픽으로 모델링이 잘 됐는지 확인해 보겠습니다.

Topic #0의 경우 일부 불분명한 주제어들이 있지만 주로 의학에 관련된 주제어가 추출됐습니다. Topic #1의 경우는 명확하지 않고 일반적인 단어가 주를 이루고 있습니다. Topic #2는 컴퓨터 그래픽스 영역의 주제어가 다수 포함되어 있습니다. Topic #3은 아쉽게도 일반적인 단어로 주제어가 추출됐습니다. Topic #4는 명확하게 중동 영역의 주제어가 추출됐습니다. Topic #5는 일부 컴퓨터 그래픽스 영역의 주제어를 포함하고 있지만, 전반적인 컴퓨터 관련 용어들을 가지고 있어서 8개 토픽 중 하나로 매핑하기는 어렵습니다. Topic #6은 명확하게 기독교 관련 주제어가 추출됐습니다. 마지막으로 Topic #7은 윈도우 운영체제와 관련된 주제어가 추출됐습니다. Topic #1, Topic #3 Topic #5가 주로 애매한 주제어가 추출됐습니다. 특히 모터사이클, 야구 주제의 경우 명확한 주제어가 추출되지 않았습니다.

07 문서 군집화 소개와 실습(Opinion Review 데이터 세트)

문서 군집화 개념

문서 군집화(Document Clustering)는 비슷한 텍스트 구성의 문서를 군집화(Clustering)하는 것입니다. 문서 군집화는 동일한 군집에 속하는 문서를 같은 카테고리 소속으로 분류할 수 있으므로 앞에서 소개한 텍스트 분류 기반의 문서 분류와 유사합니다. 하지만 텍스트 분류 기반의 문서 분류는 사전에 결정 카테고리 값을 가진 학습 데이터 세트가 필요한 데 반해, 문서 군집화는 학습 데이터 세트가 필요 없는 비지도학습 기반으로 동작합니다. 이전 장에서 배웠던 군집화 기법을 활용해 텍스트 기반의 문서 군집화를 적용하겠습니다.

Opinion Review 데이터 세트를 이용한 문서 군집화 수행하기

문서 군집화를 수행할 데이터 세트는 UCI 머신러닝 리포지토리에 있는 Opinion Review 데이터 세트입니다. 해당 데이터 세트는 51개의 텍스트 파일로 구성돼 있으며, 각 파일은 Tripadvisor(호텔),

Edmunds.com(자동차), Amazon.com(전자제품) 사이트에서 가져온 리뷰 문서입니다. 각 문서는 약 100개 정도의 문장을 가지고 있습니다. 원래는 토픽 모델링 논문으로 사용된 데이터 세트인데, 여기서는 문서 군집화를 이용해 각 리뷰를 분류해 보겠습니다.

해당 데이터 세트는 https://archive.ics.uci.edu/ml/datasets/Opinosis+Opinion+%26frasl%3B+Review 사이트에서 내려받을 수 있습니다.

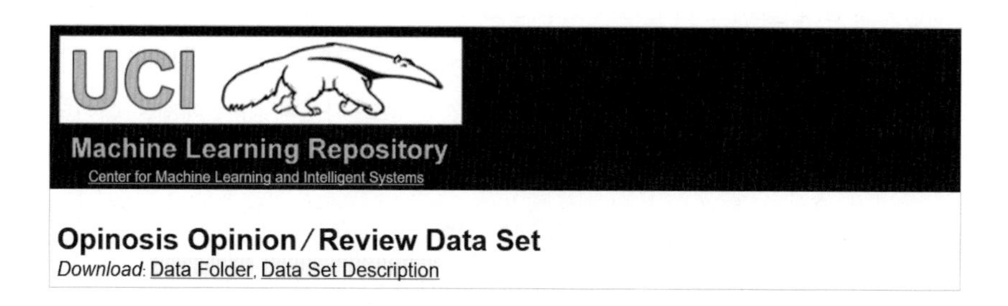

위 사이트에서 Data Folder Link를 클릭하면 해당 데이터 세트를 압축 파일로 받을 수 있습니다. 압축 파일을 풀면 다음과 같은 형태의 디렉터리로 되어 있으며 topics 디렉터리 안에 51개의 파일로 구성되어 있습니다.

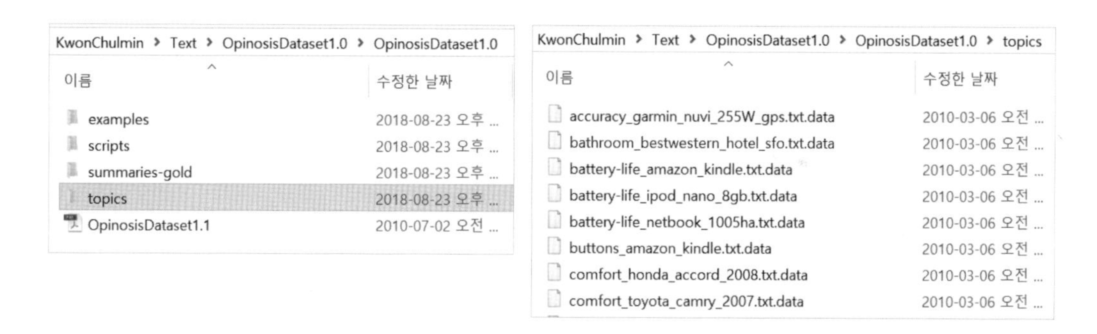

내려받은 압축 파일을 풀어 보겠습니다. 여기서는 저자의 개인 PC의 'C:\Users\chkwon\Text' 디렉터리에 압축 파일을 풀겠습니다. 먼저 파일이 어떤 내용으로 돼 있는지, 파일 중 하나인 accuracy_garmin_nuvi_255W_gps.txt.data를 열어서 내용을 확인해 보겠습니다. 해당 파일은 Amazon.com에서 Garmin nuvi라는 차량용 내비게이션 모델에 대한 리뷰를 담고 있습니다.

```
, and is very, very accurate .
 but for the most part, we find that the Garmin software provides accurate directions, whereever
we intend to go . This function is not accurate if you don't leave it in battery mode say, when
you stop at the Cracker Barrell for lunch and to play one of those trangle games with the tees
```

```
. It provides immediate alternatives if the route from the online map program was inaccurate or
blocked by an obstacle .
…. 생략
```

다른 파일도 마찬가지로 전체 51개의 파일이 토요타와 같은 자동차 브랜드에 대한 평가와 아이팟 나노(ipod nano)의 음질과 같은 다양한 전자 제품과 호텔 서비스 등에 대한 리뷰 내용입니다. 이번 예제에서는 여러 개의 파일을 한 개의 DataFrame으로 로딩해 데이터 처리를 할 것입니다. 해당 디렉터리 내에 있는 파일을 하나씩 읽어서 파일명과 파일 리뷰를 하나의 DataFrame으로 로드하여 파일명별로 어떤 리뷰를 담고 있는지 개략적으로 살펴보겠습니다. 이전 예제와 다르게 이번 예제는 데이터를 로드할 절대 경로 디렉터리를 먼저 지정한 뒤, 이 위치에서 데이터를 로딩합니다.

먼저 새로운 주피터 노트북을 생성합니다. 여러 개의 파일을 DataFrame으로 로딩하는 로직은 다음과 같습니다. 먼저 해당 디렉터리 내의 모든 파일에 대해 각각 for 반복문으로 반복하면서 개별 파일명을 파일명 리스트에 추가하고 개별 파일은 DataFrame으로 읽은 후 다시 문자열로 반환한 뒤 파일 내용 리스트에 추가합니다. 그리고 이렇게 만들어진 파일명 리스트와 파일 내용 리스트를 이용해 새롭게 파일명과 파일 내용을 칼럼으로 가지는 DataFrame을 생성합니다. 다음 예제의 압축 파일을 푼 디렉터리인 r'C:\Users\chkwon\Text\OpinosisDataset1.0\OpinosisDataset1.0\topics'는 저자의 개인 PC의 디렉터리니, 각자의 PC 환경에 맞게 디렉터리를 변경하면 됩니다.

```
import pandas as pd
import glob, os
import warnings
warnings.filterwarnings('ignore')
pd.set_option('display.max_colwidth', 700)

# 다음은 저자의 컴퓨터에서 압축 파일을 풀어놓은 디렉터리이니, 각자 디렉터리를 다시 설정합니다.
path = r'C:\Users\chkwon\Text\OpinosisDataset1.0\OpinosisDataset1.0\topics'
# path로 지정한 디렉터리 밑에 있는 모든 .data 파일들의 파일명을 리스트로 취합
all_files = glob.glob(os.path.join(path, "*.data"))
filename_list = []
opinion_text = []

# 개별 파일들의 파일명은 filename_list 리스트로 취합,
# 개별 파일들의 파일 내용은 DataFrame 로딩 후 다시 string으로 변환하여 opinion_text 리스트로 취합
for file_ in all_files:
    # 개별 파일을 읽어서 DataFrame으로 생성
    df = pd.read_table(file_, index_col=None, header=0, encoding='latin1')
```

```
    # 절대경로로 주어진 파일명을 가공. Linux에서 수행 시에는 아래 \\를 / 변경.
    # 맨 마지막 .data 확장자도 제거
    filename_ = file_.split('\\')[-1]
    filename = filename_.split('.')[0]

    # 파일명 리스트와 파일 내용 리스트에 파일명과 파일 내용을 추가.
    filename_list.append(filename)
    opinion_text.append(df.to_string())

# 파일명 리스트와 파일 내용 리스트를 DataFrame으로 생성
document_df = pd.DataFrame({'filename':filename_list, 'opinion_text':opinion_text})
document_df.head()
```

[Output]

	filename	opinion_text
0	accuracy_garmin_nuvi_255W_gps	, and is very, very accurate .\n0 but for the most part, we find that the Garmin software provides accurate directions, whereever we intend to go .\n1 This functi...
1	bathroom_bestwestern_hotel_sfo	The room was not overly big, but clean and very comfortable beds, a great shower and very clean bathrooms .\n0 The second room was smaller, with a very inconvenient bathroom layout, but at least it was quieter and we were able to sleep .\n1 ...
2	battery-life_amazon_kindle	After I plugged it in to my USB hub on my computer to charge the battery the charging cord design is very clever !\n0 After you have paged tru a 500, page book one, page, at, a, time to get from Chapter 2 to Chapter 15, see how excited you are about a low battery and all the time it took to get there !\n1 ...
3	battery-life_ipod_nano_8gb	short battery life I moved up from an 8gb .\n0 I love this ipod except for the battery life .\n1 ...
4	battery-life_netbook_1005ha	6GHz 533FSB cpu, glossy display, 3, Cell 23Wh Li, ion Battery , and a 1 .\n0 Not to mention that as of now...

각 파일 이름(filename) 자체만으로 의견(opinion)의 텍스트(text)가 어떠한 제품/서비스에 대한 리뷰인지 잘 알 수 있습니다.

문서를 TF-IDF 형태로 피처 벡터화하겠습니다. TfidfVectorizer는 Lemmatization 같은 어근 변환을 직접 지원하진 않지만, tokenizer 인자에 커스텀 어근 변환 함수를 적용해 어근 변환을 수행할 수 있습니다. 이를 위해 LemNormalize( ) 함수를 만들겠습니다(해당 함수는 이전에 설명드린 단어 토큰화, 스톱 워드 제거, 어근 변환에 기반하고 있기에 여기서 언급 드리지 않고, 부록으로 제공되는 소스 코드에서 보다 자세한 설명을 드리고 있으니, 참조 부탁드립니다). ngram은 (1,2)로 하고, min_df와 max_df 범위를 설정해 피처의 개수를 제한하겠습니다. TfidfVectorizer의 fit_transform( )의 인자로 document_df DataFrame의 opinion_text 칼럼을 입력하면 개별 문서 텍스트에 대해 TF-IDF 변환된 피처 벡터화된 행렬을 구할 수 있습니다.

```
from sklearn.feature_extraction.text import TfidfVectorizer

tfidf_vect = TfidfVectorizer(tokenizer=LemNormalize, stop_words='english' , \
                             ngram_range=(1,2), min_df=0.05, max_df=0.85 )
```

```
#opinion_text 칼럼값으로 feature vectorization 수행
feature_vect = tfidf_vect.fit_transform(document_df['opinion_text'])
```

문서별 텍스트가 TF-IDF 변환된 피처 벡터화 행렬 데이터에 대해서 군집화를 수행해 어떤 문서끼리 군집되는지 확인해 보겠습니다. 군집화 기법은 K-평균을 적용하겠습니다. 문서의 유형은 크게 보자면, 전자제품, 자동차, 호텔로 돼 있습니다. 물론 전자 제품은 다시 내비게이션, 아이팟, 킨들, 랩톱 컴퓨터 등과 같은 세부 요소로 나뉩니다. 먼저 5개의 중심(Centroid) 기반으로 어떻게 군집화되는지 확인해 보겠습니다. 최대 반복 횟수 max_iter는 10000으로 설정합니다. KMeans를 수행한 후에 군집의 Label 값과 중심별로 할당된 데이터 세트의 좌표 값을 구합니다.

```
from sklearn.cluster import KMeans

# 5개 집합으로 군집화 수행. 예제를 위해 동일한 클러스터링 결과 도출용 random_state=0
km_cluster = KMeans(n_clusters=5, max_iter=10000, random_state=0)
km_cluster.fit(feature_vect)
cluster_label = km_cluster.labels_
cluster_centers = km_cluster.cluster_centers_
```

각 데이터별로 할당된 군집의 레이블을 파일명과 파일 내용을 가지고 있는 document_df DataFrame에 'cluster_label' 칼럼을 추가해 저장하겠습니다. 각 파일명은 의견 리뷰에 대한 주제를 나타냅니다. 군집이 각 주제별로 유사한 형태로 잘 구성됐는지 알아보겠습니다.

```
document_df['cluster_label'] = cluster_label
document_df.head()
```

[Output]

	filename	opinion_text	cluster_label
0	accuracy_garmin_nuvi_255W_gps	, and is very, very accurate .\n0 but for the most part, we find that the Garmin software provides accurate directions, whereever we intend to go .\n1 This functi...	2
1	bathroom_bestwestern_hotel_sfo	The room was not overly big, but clean and very comfortable beds, a great shower and very clean bathrooms .\n0 The second room was smaller, with a very inconvenient bathroom layout, but at least it was quieter and we were able to sleep .\n1 ...	0
2	battery-life_amazon_kindle	After I plugged it in to my USB hub on my computer to charge the battery the charging cord design is very clever !\n0 After you have paged tru a 500, page book one, page, at, a, time to get from Chapter 2 to Chapter 15, see how excited you are about a low battery and all the time it took to get there !\n1 ...	1
3	battery-life_ipod_nano_8gb	short battery life I moved up from an 8gb .\n0 I love this ipod except for the battery life .\n1 ...	1
4	battery-life_netbook_1005ha	6GHz 533FSB cpu, glossy display, 3, Cell 23Wh Li, ion Battery , and a 1 .\n0 Not to mention that as of now...	1

판다스 DataFrame의 sort_values(by=정렬칼럼명)를 수행하면 인자로 입력된 '정렬칼럼명'으로 데이터를 정렬할 수 있습니다. document_df DataFrame 객체에서 cluster_label로 어떤 파일명으로 매칭됐는지 보면서 군집화 결과를 확인해 보겠습니다. 먼저 cluster_label=0인 데이터 세트입니다.

```
document_df[document_df['cluster_label']==0].sort_values(by='filename')
```

Cluster #0은 호텔에 대한 리뷰로 군집화돼 있음을 알 수 있습니다.

	filename	opinion_text	cluster_label
1	bathroom_bestwestern_hotel_sfo	The room was not overly big, but clean and very comfortable beds, a great shower and very clean bathrooms .\n0 The second room was smaller, with a very inconvenient bathroom layout, but at least it was quieter and we were able to sleep .\n1 ...	0
32	room_holiday_inn_london	We arrived at 23,30 hours and they could not recommend a restaurant so we decided to go to Tesco, with very limited choices but when you are hingry you do not careNext day they rang the bell at 8,00 hours to clean the room, not being very nice being waken up so earlyEvery day they gave u...	0
30	rooms_bestwestern_hotel_sfo	Great Location , Nice Rooms , H...	0
31	rooms_swissotel_chicago	The Swissotel is one of our favorite hotels in Chicago and the corner rooms have the most fantastic views in the city .\n0 The rooms look like they were just remodled and upgraded, there was an HD TV and a nice iHome docking station to put my iPod so I could set the alarm to wake up with my music instead of the radio .\n1 ...	0

```
document_df[document_df['cluster_label']==1].sort_values(by='filename')
```

Cluster #1을 살펴보면 킨들, 아이팟, 넷북 등의 포터블 전자기기 및 주요 구성요소(배터리, 키보드등)에 대한 리뷰로 군집화돼 있습니다.

	filename	opinion_text	cluster_label
2	battery-life_amazon_kindle	After I plugged it in to my USB hub on my computer to charge the battery the charging cord design is very clever !\n0 After you have paged tru a 500, page book one, page, at, a, time to get from Chapter 2 to Chapter 15, see how excited you are about a low battery and all the time it took to get there !\n1 ...	1
3	battery-life_ipod_nano_8gb	short battery life I moved up from an 8gb .\n0 I love this ipod except for the battery life .\n1 ...	1
4	battery-life_netbook_1005ha	6GHz 533FSB cpu, glossy display, 3, Cell 23Wh Li, ion Battery , and a 1 .\n0 Not to mention that as of now...	1
19	keyboard_netbook_1005ha	, I think the new keyboard rivals the great hp mini keyboards .\n0 Since the battery life difference is minimum, the only reason to upgrade would be to get the better keyboard .\n1 The keyboard is now as good as t...	1
26	performance_netbook_1005ha	The Eee Super Hybrid Engine utility lets users overclock or underclock their Eee PC's to boost performance or provide better battery life depending on their immediate requirements .\n0 In Super Performance mode CPU, Z shows the bus speed to increase up to 169 .\n1 One...	1
41	size_asus_netbook_1005ha	A few other things I'd like to point out is that you must push the micro, sized right angle end of the ac adapter until it snaps in place or the battery may not charge .\n0 The full size right shift k...	1

```
document_df[document_df['cluster_label']==2].sort_values(by='filename')
```

그런데 Cluster #2는 Cluster #1과 비슷하게 킨들등이 군집에 포함돼 있지만, 주로 차량용내비게이션으로 군집이 구성돼 있음을 알 수 있습니다(파일명 xxx_garmin_nuvi_xxx는 차량용 내비게이션 리뷰입니다)

	filename	opinion_text	cluster_label
0	accuracy_garmin_nuvi_255W_gps	, and is very, very accurate .\n0 but for the most part, we find that the Garmin software provides accurate directions, whereever we intend to go .\n1 This functi...	2
5	buttons_amazon_kindle	I thought it would be fitting to christen my Kindle with the Stephen King novella UR, so went to the Amazon site on my computer and clicked on the button to buy it .\n0 As soon as I'd clicked the button to confirm my order it appeared on my Kindle almost immediately !\n1 ...	2
8	directions_garmin_nuvi_255W_gps	You also get upscale features like spoken directions including street names and programmable POIs .\n0 I used to hesitate to go out of my directions but no...	2
9	display_garmin_nuvi_255W_gps	3 quot widescreen display was a bonus .\n0 This made for smoother graphics on the 255w of the vehicle moving along displayed roads, where the 750's display was more of a jerky movement .\n1 ...	2
10	eyesight-issues_amazon_kindle	It feels as easy to read as the K1 but doesn't seem any crisper to my eyes .\n0 the white is really GREY, and to avoid considerable eye, strain I had to refresh pages every other page .\n1 The dream has always been a portable electronic device that could hold a ton of reading material, automate subscriptions and fa...	2

```
document_df[document_df['cluster_label']==3].sort_values(by='filename')
```

Cluster #3은 킨들(kindle) 리뷰가 한 개 섞여 있는 것이 살짝 아쉽지만, Cluster #0과 같이 대부분 호텔에 대한 리뷰로 군집화돼 있습니다.

	filename	opinion_text	cluster_label
13	food_holiday_inn_london	The room was packed to capacity with queues at the food buffets .\n0 The over zealous staff cleared our unfinished drinks while we were collecting cooked food and movement around the room with plates was difficult in the crowded circumstances .\n1 ...	3
14	food_swissotel_chicago	The food for our event was delicious .\n0 ...	3
15	free_bestwestern_hotel_sfo	The wine reception is a great idea as it is nice to meet other travellers and great having access to the free Internet access in our room .\n0 They also have a computer available with free internet which is a nice bonus but I didn't find that out till the day before we left but was still able to get on there to check our flight to Vegas the next day .\n1 ...	3
20	location_bestwestern_hotel_sfo	Good Value good location , ideal choice .\n0 Great Location , Nice Rooms , Helpless Concierge\n1 ...	3
21	location_holiday_inn_london	Great location for tube and we crammed in a fair amount of sightseeing in a short time .\n0 All in all, a normal chain hotel on a nice lo...	3
24	parking_bestwestern_hotel_sfo	Parking was expensive but I think this is common for San Fran .\n0 there is a fee for parking but well worth it seeing no where to park if you do have a car .\n1 ...	3
27	price_amazon_kindle	If a case was included, as with the Kindle 1, that would have been reflected in a higher price .\n0 lower overall price, with nice leather cover .\n1 ...	3

```
document_df[document_df['cluster_label']==4].sort_values(by='filename')
```

Cluster #4는 토요타(Toyota)와 혼다(Honda) 등의 자동차에 대한 리뷰로 잘 군집화돼 있습니다.

	filename	opinion_text	cluster_label
6	comfort_honda_accord_2008	Drivers seat not comfortable, the car itself compared to other models of similar class .\n0 ...	4
7	comfort_toyota_camry_2007	Ride seems comfortable and gas mileage fairly good averaging 26 city and 30 open road .\n0 Seats are fine, in fact of all the smaller sedans this is the most comfortable I found for the price as I am 6', 2 and 250# .\n1 Great gas mileage and comfortable on long trips ...	4
16	gas_mileage_toyota_camry_2007	Ride seems comfortable and gas mileage fairly good averaging 26 city and 30 open road .\n0 ...	4
17	interior_honda_accord_2008	I love the new body style and the interior is a simple pleasure except for the center dash .\n0 ...	4
18	interior_toyota_camry_2007	First of all, the interior has way too many cheap plastic parts like the cheap plastic center piece that houses the clock .\n0 3 blown struts at 30,000 miles, interior trim coming loose and rattling squeaking, stains on paint, and bug splats taking paint off, premature uneven brake wear, on 3rd windsh...	4
22	mileage_honda_accord_2008	It's quiet, get good gas mileage and looks clean inside and out .\n0 The mileage is great, and I've had to get used to stopping less for gas .\n1 Thought gas ...	4

전반적으로 군집화된 결과를 살펴보면 군집 개수가 약간 많게 설정돼 있어서 세분화되어 군집화된 경향이 있습니다. 중심 개수를 5개에서 3개로 낮춰서 3개 그룹으로 군집화한 뒤 결과를 확인해 보겠습니다.

다음 소스 코드의 출력 결과가 길어서 개별 군집별로 요약된 결과만 책에 수록했습니다.

```
from sklearn.cluster import KMeans

# 3개의 집합으로 군집화
km_cluster = KMeans(n_clusters=3, max_iter=10000, random_state=0)
km_cluster.fit(feature_vect)
cluster_label = km_cluster.labels_


# 소속 클러스터를 cluster_label 칼럼으로 할당하고 cluster_label 값으로 정렬
document_df['cluster_label'] = cluster_label
document_df.sort_values(by='cluster_label')
```

Cluster #0은 포터블 전자기기 리뷰로만 군집화가 잘 됐습니다.

	filename	opinion_text	cluster_label
0	accuracy_garmin_nuvi_255W_gps	, and is very, very accurate .\n0 but for the most part, we find that the Garmin software provides accurate directions, whereever we intend to go .\n1 This functi...	0
48	updates_garmin_nuvi_255W_gps	Another thing to consider was that I paid $50 less for the 750 and it came with the FM transmitter cable and a USB cord to connect it to your computer for updates and downloads .\n0 update and reroute much _more_ quickly than my other GPS .\n1 UPDATE ON THIS , It finally turned out that to see the elevation contours at lowe...	0
44	speed_windows7	Windows 7 is quite simply faster, more stable, boots faster, goes to sleep faster, comes back from sleep faster, manages your files better and on top of that it's beautiful to look at and easy to use .\n0 , faster about 20% to 30% faster at running applications than my Vista , seriously\n1 ...	0
43	speed_garmin_nuvi_255W_gps	Another feature on the 255w is a display of the posted speed limit on the road which you are currently on right above your current displayed speed .\n0 I found myself not even looking at my car speedometer as I could easily see my current speed and the speed limit of my route at a glance .\n1 ...	0
42	sound_ipod_nano_8gb	headphone jack i got a clear case for it and it i got a clear case for it and it like prvents me from being able to put the jack all the way in so the sound can b messsed up or i can get it in there and its playing well them go to move or something and it slides out .\n0 Picture and sound quality are excellent for this typ of devic .\n1 ...	0
41	size_asus_netbook_1005ha	A few other things I'd like to point out is that you must push the micro, sized right angle end of the ac adapter until it snaps in place or the battery may not charge .\n0 The full size right shift k...	0
36	screen_netbook_1005ha	Keep in mind that once you get in a room full of light or step outdoors screen reflections could become annoying .\n0 I've used mine outsi...	0
35	screen_ipod_nano_8gb	As always, the video screen is sharp and bright .\n0 2, inch screen and a glossy, polished aluminum finish that one CNET editor described as looking like a Christmas tree ornament .\n1 ...	0

Cluster #1도 자동차 리뷰로만 군집이 잘 구성됐습니다.

47	transmission_toyota_camry_2007	After slowing down, transmission has to be kicked to speed up .\n0 ...	1
37	seats_honda_accord_2008	Front seats are very uncomfortable .\n0 No memory seats, no trip computer, can only display outside temp with trip odometer .\n1 ...	1
6	comfort_honda_accord_2008	Drivers seat not comfortable, the car itself compared to other models of similar class .\n0 ...	1
7	comfort_toyota_camry_2007	Ride seems comfortable and gas mileage fairly good averaging 26 city and 30 open road .\n0 Seats are fine, in fact of all the smaller sedans this is the most comfortable I found for the price as I am 6', 2 and 250# .\n1 Great gas mileage and comfortable on long trips ...	1
16	gas_mileage_toyota_camry_2007	Ride seems comfortable and gas mileage fairly good averaging 26 city and 30 open road .\n0 ...	1
25	performance_honda_accord_2008	very happy with my 08 Accord, performance is quite adequate it has nice looks and is a great long, distance cruiser .\n0 6, 4, 3 eco engine has poor performance and gas mileage of 22 highway .\n1 Overall performance is good but comfort level is poor .\n2 ...	1
17	interior_honda_accord_2008	I love the new body style and the interior is a simple pleasure except for the center dash .\n0 ...	1
18	interior_toyota_camry_2007	First of all, the interior has way too many cheap plastic parts like the cheap plastic center piece that houses the clock .\n0 3 blown struts at 30,000 miles, interior trim coming loose and rattling squeaking, stains on paint, and bug splats taking paint off, premature uneven brake wear, on 3rd windsh...	1

Cluster #2도 호텔 리뷰로만 군집이 잘 구성됐습니다.

1	bathroom_bestwestern_hotel_sfo	The room was not overly big, but clean and very comfortable beds, a great shower and very clean bathrooms .\n0 The second room was smaller, with a very inconvenient bathroom layout, but at least it was quieter and we were able to sleep .\n1 ...	2
46	staff_swissotel_chicago	The staff at Swissotel were not particularly nice .\n0 Each time I waited at the counter for staff for several minutes and then was waved to the desk upon my turn with no hello or anything, or apology for waiting in line .\n1 ...	2
45	staff_bestwestern_hotel_sfo	Staff are friendl...	2
14	food_swissotel_chicago	The food for our event was delicious .\n0 ...	2
20	location_bestwestern_hotel_sfo	Good Value good location , ideal choice .\n0 Great Location , Nice Rooms , Helpless Concierge\n1 ...	2
21	location_holiday_inn_london	Great location for tube and we crammed in a fair amount of sightseeing in a short time .\n0 All in all, a normal chain hotel on a nice lo...	2
30	rooms_bestwestern_hotel_sfo	Great Location , Nice Rooms , H...	2
38	service_bestwestern_hotel_sfo	Both of us having worked in tourism for over 14 years were very disappointed at the level of service provided by this gentleman .\n0 The service was good, very friendly staff and we loved the free wine reception each night .\n1 ...	2

군집별 핵심 단어 추출하기

각 군집(Cluster)에 속한 문서는 핵심 단어를 주축으로 군집화돼 있을 것입니다. 이번에는 각 군집을 구성하는 핵심 단어가 어떤 것이 있는지 확인해 보겠습니다.

KMeans 객체는 각 군집을 구성하는 단어 피처가 군집의 중심(Centroid)을 기준으로 얼마나 가깝게 위치해 있는지 clusters_centers_라는 속성으로 제공합니다. clusters_centers_는 배열 값으로 제공되며, 행은 개별 군집을, 열은 개별 피처를 의미합니다. 각 배열 내의 값은 개별 군집 내의 상대 위치를 숫자 값으로 표현한 일종의 좌표 값입니다. 예를 들어 cluster_centers[0, 1]은 0번 군집에서 두 번째 피처의 위치 값입니다. 바로 앞 예제에서 군집 3개로 생성한 KMeans 객체인 km_cluster에서 cluster_centers_ 속성값을 가져온 뒤 값을 확인해 보겠습니다.

```
cluster_centers = km_cluster.cluster_centers_
print('cluster_centers shape :', cluster_centers.shape)
print(cluster_centers)
```

[Output]

```
cluster_centers shape : (3, 4611)
[[0.01005322 0.         0.         ... 0.00706287 0.         0.        ]
 [0.         0.00092551 0.         ... 0.         0.         0.        ]
 [0.         0.00099499 0.00174637 ... 0.         0.00183397 0.00144581]]
```

cluster_centers_는 (3, 4611) 배열입니다. 이는 군집이 3개, word 피처가 4611개로 구성되었음을 의미합니다. 각 행의 배열 값은 각 군집 내의 4611개 피처의 위치가 개별 중심과 얼마나 가까운

가를 상대 값으로 나타낸 것입니다. 0에서 1까지의 값을 가질 수 있으며 1에 가까울수록 중심과 가까운 값을 의미합니다.

이제 cluster_centers_ 속성값을 이용해 각 군집별 핵심 단어를 찾아보겠습니다. cluster_centers_ 속성은 넘파이의 ndarray입니다. ndarray의 argsort( )[:,::-1]를 이용하면 cluster_centers 배열 내 값이 큰 순으로 정렬된 위치 인덱스 값을 반환합니다(큰 값으로 정렬한 값을 반환하는 게 아니라 큰 값을 가진 배열 내 위치 인덱스 값을 반환하는 것입니다). 이 위치 인덱스 값이 필요한 이유는 핵심 단어 피처의 이름을 출력하기 위해서입니다. 새로운 함수 get_cluster_details( )를 생성해 위에 대한 처리를 담당하겠습니다. cluster_centers_ 배열 내에서 가장 값이 큰 데이터의 위치 인덱스를 추출한 뒤, 해당 인덱스를 이용해 핵심 단어 이름과 그때의 상대 위치 값을 추출해 cluster_details라는 Dict 객체 변수에 기록하고 반환하는 것이 get_cluster_details( ) 함수의 주요 로직입니다.

```
# 군집별 top n 핵심 단어, 그 단어의 중심 위치 상댓값, 대상 파일명을 반환함.
def get_cluster_details(cluster_model, cluster_data, feature_names, clusters_num,
                        top_n_features=10):
    cluster_details = {}

    # cluster_centers array의 값이 큰 순으로 정렬된 인덱스 값을 반환
    # 군집 중심점(centroid)별 할당된 word 피처들의 거리값이 큰 순으로 값을 구하기 위함.
    centroid_feature_ordered_ind = cluster_model.cluster_centers_.argsort()[:, ::-1]

    # 개별 군집별로 반복하면서 핵심 단어, 그 단어의 중심 위치 상댓값, 대상 파일명 입력
    for cluster_num in range(clusters_num):
        # 개별 군집별 정보를 담을 데이터 초기화.
        cluster_details[cluster_num] = {}
        cluster_details[cluster_num]['cluster'] = cluster_num

        # cluster_centers_.argsort()[:, ::-1]로 구한 인덱스를 이용해 top n 피처 단어를 구함.
        top_feature_indexes = centroid_feature_ordered_ind[cluster_num, :top_n_features]
        top_features = [ feature_names[ind] for ind in top_feature_indexes ]

        # top_feature_indexes를 이용해 해당 피처 단어의 중심 위치 상댓값 구함.
        top_feature_values = cluster_model.cluster_centers_[cluster_num,
                                                            top_feature_indexes].tolist()

        # cluster_details 딕셔너리 객체에 개별 군집별 핵심단어와 중심위치 상댓값, 해당 파일명 입력
        cluster_details[cluster_num]['top_features'] = top_features
```

```
        cluster_details[cluster_num]['top_features_value'] = top_feature_values
        filenames = cluster_data[cluster_data['cluster_label'] == cluster_num]['filename']
        filenames = filenames.values.tolist()

        cluster_details[cluster_num]['filenames'] = filenames

    return cluster_details
```

get_cluster_details( )를 호출하면 dictionary를 원소로 가지는 리스트인 cluster_details를 반환합니다. 이 cluster_details에는 개별 군집번호, 핵심 단어, 핵심단어 중심 위치 상댓값, 파일명 속성 값 정보가 있는데, 이를 좀 더 보기 좋게 표현하기 위해서 별도의 print_cluster_details( ) 함수를 만들겠습니다.

```
def print_cluster_details(cluster_details):
    for cluster_num, cluster_detail in cluster_details.items():
        print('####### Cluster {0}'.format(cluster_num))
        print('Top features:', cluster_detail['top_features'])
        print('Reviews 파일명 :', cluster_detail['filenames'][:7])
        print('==================================================')
```

이제 위에서 생성한 get_cluster_details( ), print_cluster_details( )를 호출해 보겠습니다. get_cluster_detail( ) 호출 시 인자는 KMeans 군집화 객체, 파일명 추출을 위한 document_df DataFrame, 핵심 단어 추출을 위한 피처명 리스트, 전체 군집 개수, 그리고 핵심 단어 추출 개수입니다. 피처명 리스트는 앞에서 TF-IDF 변환된 tfidf_vect 객체에서 get_feature_names( )로 추출하겠습니다.

```
feature_names = tfidf_vect.get_feature_names()

cluster_details = get_cluster_details(cluster_model=km_cluster, cluster_data=document_df,
                                    feature_names=feature_names, clusters_num=3, top_n_features=10 )
print_cluster_details(cluster_details)
```

[Output]

```
####### Cluster 0
Top features: ['screen', 'battery', 'keyboard', 'battery life', 'life', 'kindle', 'direction', 
'video', 'size', 'voice']
Reviews 파일명 : ['accuracy_garmin_nuvi_255W_gps', 'battery-life_amazon_kindle', 'battery-life_
ipod_nano_8gb', 'battery-life_netbook_1005ha', 'buttons_amazon_kindle', 'directions_garmin_nu-
vi_255W_gps', 'display_garmin_nuvi_255W_gps']
==================================================
####### Cluster 1
Top features: ['interior', 'seat', 'mileage', 'comfortable', 'gas', 'gas mileage', 'transmission', 
'car', 'performance', 'quality']
Reviews 파일명 : ['comfort_honda_accord_2008', 'comfort_toyota_camry_2007', 'gas_mileage_toyo-
ta_camry_2007', 'interior_honda_accord_2008', 'interior_toyota_camry_2007', 'mileage_honda_ac-
cord_2008', 'performance_honda_accord_2008']
==================================================
####### Cluster 2
Top features: ['room', 'hotel', 'service', 'staff', 'food', 'location', 'bathroom', 'clean', 
'price', 'parking']
Reviews 파일명 : ['bathroom_bestwestern_hotel_sfo', 'food_holiday_inn_london', 'food_swissotel_
chicago', 'free_bestwestern_hotel_sfo', 'location_bestwestern_hotel_sfo', 'location_holiday_inn_
london', 'parking_bestwestern_hotel_sfo']
==================================================
```

포터블 전자제품 리뷰 군집인 Cluster #0에서는 'screen', 'battery', 'battery life' 등과 같은 화면과 배터리 수명 등이 핵심 단어로 군집화되었습니다. 아무래도 모바일형이고 엔터테인먼트용 전자제품의 경우 화면 크기와 배터리 수명이 주요 관심사인 것 같습니다. 자동차 리뷰 군집인Cluster #1에서는 'interior', 'seat', 'mileage', 'comfortable' 등과 같은 실내 인테리어, 좌석, 연료 효율 등이 핵심 단어로 군집화되었습니다. 토요타, 혼다와 같은 일본 자동차의 경우 실내 인테리어와 연료 효율, 편안함이 주요 관심사로 보입니다. 호텔 리뷰 군집인 Cluster #2에서는 'room','hotel', 'service', 'staff' 등 같은 방과 서비스 등이 핵심 단어로 군집화되었습니다. 호텔 리뷰의 경우 방의 크기나 청소 상태, 직원들의 서비스, 위치 등이 주요 관심사입니다.

문서 유사도

문서 유사도 측정 방법 - 코사인 유사도

문서와 문서 간의 유사도 비교는 일반적으로 코사인 유사도(Cosine Similarity)를 사용합니다. 코사인 유사도는 벡터와 벡터 간의 유사도를 비교할 때 벡터의 크기보다는 벡터의 상호 방향성이 얼마나 유사한지에 기반합니다. 즉, 코사인 유사도는 두 벡터 사이의 사잇각을 구해서 얼마나 유사한지 수치로 적용한 것입니다.

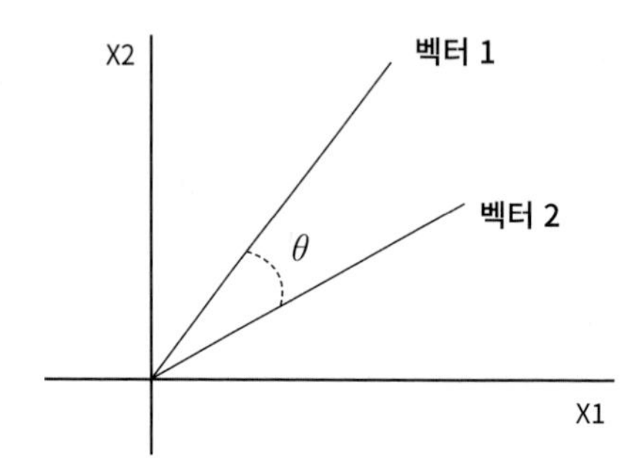

두 벡터 사잇각

두 벡터의 사잇각에 따라서 상호 관계는 다음과 같이 유사하거나 관련이 없거나 아예 반대 관계가 될 수 있습니다.

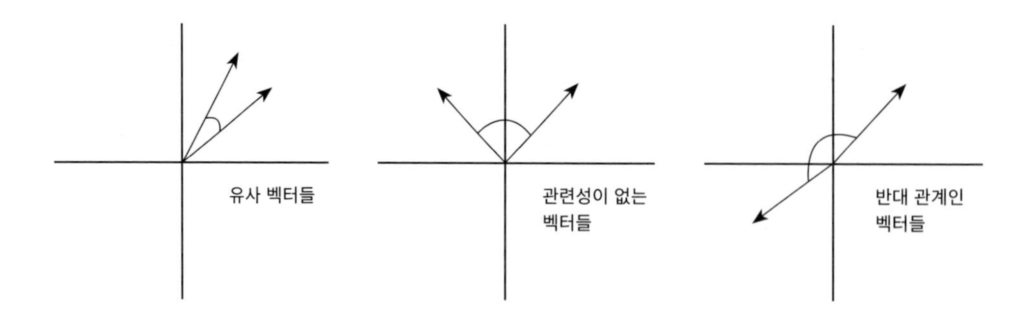

두 벡터 A와 B의 코사인 값은 다음 식으로 구할 수 있습니다(고등학교 때 배웠겠지만, 아마 기억의 흔적이 없을 것입니다). 두 벡터 A와 B의 내적 값은 두 벡터의 크기를 곱한 값의 코사인 각도 값을 곱한 것입니다.

$$A * B = \| A \| \| B \| cos\theta$$

따라서 유사도 $cos\theta$는 다음과 같이 두 벡터의 내적을 총 벡터 크기의 합으로 나눈 것입니다(즉, 내적 결과를 총 벡터 크기로 정규화(L2 Norm)한 것입니다).

$$\text{similarity} = cos\theta = \frac{A \cdot B}{\| A \| \| B \|} = \frac{\sum_{i=1}^{n} A_i B_i}{\sqrt{\sum_{i=1}^{n} A_i^2}\sqrt{\sum_{i=1}^{n} B_i^2}}$$

코사인 유사도가 문서의 유사도 비교에 가장 많이 사용되는 이유가 있습니다. 먼저 문서를 피처 벡터화 변환하면 차원이 매우 많은 희소 행렬이 되기 쉽습니다. 이러한 희소 행렬 기반에서 문서와 문서 벡터 간의 크기에 기반한 유사도 지표(예를 들어 유클리드 거리 기반 지표)는 정확도가 떨어지기 쉽습니다. 또한 문서가 매우 긴 경우 단어의 빈도수도 더 많을 것이기 때문에 이러한 빈도수에만 기반해서는 공정한 비교를 할 수 없습니다. 예를 들어 A 문서에서 '머신러닝'이라는 단어가 5번 언급되고 B 문서에서는 3번 언급됐을 때 A 문서가 '머신러닝'과 더 밀접하게 관련된 문서라고 쉽게 판단해서는 안 됩니다. A 문서가 B 문서보다 10배 이상 크다면 오히려 B 문서가 '머신러닝'과 더 밀접하게 관련된 문서라고 판단할 수 있습니다.

간단한 문서에 대해서 서로 간의 문서 유사도를 코사인 유사도 기반으로 구해 보겠습니다. 먼저 두 개의 넘파이 배열에 대한 코사인 유사도를 구하는 cos_similarity( ) 함수를 작성하겠습니다.

```
import numpy as np

def cos_similarity(v1, v2):
    dot_product = np.dot(v1, v2)
    l2_norm = (np.sqrt(sum(np.square(v1))) * np.sqrt(sum(np.square(v2))))
    similarity = dot_product / l2_norm

    return similarity
```

doc_list로 정의된 3개의 간단한 문서의 유사도를 비교하기 위해 이 문서를 TF-IDF로 벡터와된 행렬로 변환합니다.

```
from sklearn.feature_extraction.text import TfidfVectorizer

doc_list = ['if you take the blue pill, the story ends',
            'if you take the red pill, you stay in Wonderland',
            'if you take the red pill, I show you how deep the rabbit hole goes']

tfidf_vect_simple = TfidfVectorizer()
feature_vect_simple = tfidf_vect_simple.fit_transform(doc_list)
print(feature_vect_simple.shape)
```

[Output]

```
(3, 18)
```

반환된 행렬은 희소 행렬이므로 앞에서 작성한 cos_similarity( ) 함수의 인자인 array로 만들기 위해 밀집 행렬로 변환한 뒤 다시 각각을 배열로 변환합니다. feature_vect_dense[0]은 doc_list 첫 번째 문서의 피처 벡터화이며, feature_vect_dense[1]은 doc_list 두 번째 문서의 피처 벡터화입니다. 위에서 작성한 cos_similarity( ) 함수를 이용해 두 개 문서의 유사도를 측정해 보겠습니다.

```
# TFidfVectorizer로 transform()한 결과는 희소 행렬이므로 밀집 행렬로 변환.
feature_vect_dense = feature_vect_simple.todense()

#첫 번째 문장과 두 번째 문장의 피처 벡터 추출
vect1 = np.array(feature_vect_dense[0]).reshape(-1, )
vect2 = np.array(feature_vect_dense[1]).reshape(-1, )

#첫 번째 문장과 두 번째 문장의 피처 벡터로 두 개 문장의 코사인 유사도 추출
similarity_simple = cos_similarity(vect1, vect2 )
print('문장 1, 문장 2 Cosine 유사도: {0:.3f}'.format(similarity_simple))
```

[Output]

```
문장 1, 문장 2 Cosine 유사도: 0.402
```

첫 번째 문장과 두 번째 문장의 코사인 유사도는 0.402입니다. 다음으로 첫 번째 문장과 세 번째 문장, 그리고 두 번째 문장과 세 번째 문장의 유사도도 측정하겠습니다.

```
vect1 = np.array(feature_vect_dense[0]).reshape(-1, )
vect3 = np.array(feature_vect_dense[2]).reshape(-1, )
similarity_simple = cos_similarity(vect1, vect3 )
print('문장 1, 문장 3 Cosine 유사도: {0:.3f}'.format(similarity_simple))

vect2 = np.array(feature_vect_dense[1]).reshape(-1, )
vect3 = np.array(feature_vect_dense[2]).reshape(-1, )
similarity_simple = cos_similarity(vect2, vect3 )
print('문장 2, 문장 3 Cosine 유사도: {0:.3f}'.format(similarity_simple))
```

[Output]

```
문장 1, 문장 3 Cosine 유사도: 0.404
문장 2, 문장 3 Cosine 유사도: 0.456
```

각각 0.404, 0.456의 유사도를 보였습니다.

사이킷런은 코사인 유사도를 측정하기 위해 sklearn.metrics.pairwise.cosine_similarity API를 제공합니다. 이번에는 이를 이용해 앞 예제의 문서 유사도를 측정해 보겠습니다. cosine_similarity( ) 함수는 두 개의 입력 파라미터를 받습니다. 첫 번째 파라미터는 비교 기준이 되는 문서의 피처 행렬, 두 번째 파라미터는 비교되는 문서의 피처 행렬입니다.

cosine_similarity( )는 희소 행렬, 밀집 행렬 모두가 가능하며, 행렬 또는 배열 모두 가능합니다. 따라서 앞에서 만든 cos_similarity( ) 함수와 같이 별도의 변환 작업이 필요 없습니다. 첫 번째 문서와 비교해 바로 자신 문서인 첫 번째 문서, 그리고 두 번째, 세 번째 문서의 유사도를 측정해 보겠습니다.

```
from sklearn.metrics.pairwise import cosine_similarity

similarity_simple_pair = cosine_similarity(feature_vect_simple[0], feature_vect_simple)
print(similarity_simple_pair)
```

[Output]

```
[[1.         0.40207758 0.40425045]]
```

첫 번째 유사도 값인 1은 비교 기준인 첫 번째 문서 자신에 대한 유사도 측정입니다. 두 번째 유사도 값인 0.40207758은 첫 번째 문서와 두 번째 문서의 유사도, 0.40425045는 첫 번째 문서와 세 번째 문서의 유사도 값입니다. 만일 1이라는 값이 거슬린다면 다음과 같이 비교 대상에서 feature_vect[1:]을 이용해 비교 기준 문서를 제외하면 됩니다.

```
from sklearn.metrics.pairwise import cosine_similarity

similarity_simple_pair = cosine_similarity(feature_vect_simple[0], feature_vect_simple[1:])
print(similarity_simple_pair)
```

[Output]

```
[[0.40207758 0.40425045]]
```

cosine_similarity( )는 쌍으로(pair) 코사인 유사도 값을 제공할 수 있습니다. 모든 개별 문서에 쌍으로 코사인 유사도 값을 계산해 보겠습니다. 즉, 1번째 문서와 2, 3번째 문서의 코사인 유사도, 2번째 문서와 1, 3번째 문서의 코사인 유사도, 3번째 문서와 1, 2번째 문서의 코사인 유사도를 ndarray 형태로 제공합니다.

```
similarity_simple_pair = cosine_similarity(feature_vect_simple, feature_vect_simple)
print(similarity_simple_pair)
print('shape:', similarity_simple_pair.shape)
```

[Output]

```
[[1.         0.40207758 0.40425045]
 [0.40207758 1.         0.45647296]
 [0.40425045 0.45647296 1.        ]]
shape: (3, 3)
```

cosine_similarity( )의 반환 값은 (3,3) 형태의 ndarray입니다. 첫 번째 로우는 1번 문서와 2, 3번째 문서의 코사인 유사도, 두 번째 로우는 2번 문서와 1, 3번째 문서의 코사인 유사도, 세 번째 로우는 3번 문서와 1, 2번째 문서의 코사인 유사도를 나타냅니다.

Opinion Review 데이터 세트를 이용한 문서 유사도 측정

앞 절의 문서 군집화에서 사용한 Opinion Review 데이터 세트를 이용해 이들 문서 간의 유사도를 측정해 보겠습니다. 다시 데이터 세트를 새롭게 DataFrame으로 로드하고 문서 군집화를 적용해 보겠습니다.

```
import pandas as pd
import glob, os
from sklearn.feature_extraction.text import TfidfVectorizer
from sklearn.cluster import KMeans

path = r'C:\Users\chkwon\Text\OpinosisDataset1.0\OpinosisDataset1.0\topics'
all_files = glob.glob(os.path.join(path, "*.data"))
filename_list = []
opinion_text = []

for file_ in all_files:
    df = pd.read_table(file_, index_col=None, header=0, encoding='latin1')
    filename_ = file_.split('\\')[-1]
    filename = filename_.split('.')[0]
    filename_list.append(filename)
    opinion_text.append(df.to_string())

document_df = pd.DataFrame({'filename':filename_list, 'opinion_text':opinion_text})

tfidf_vect = TfidfVectorizer(tokenizer=LemNormalize, stop_words='english',
                             ngram_range=(1, 2), min_df=0.05, max_df=0.85 )
feature_vect = tfidf_vect.fit_transform(document_df['opinion_text'])

km_cluster = KMeans(n_clusters=3, max_iter=10000, random_state=0)
km_cluster.fit(feature_vect)
cluster_label = km_cluster.labels_
cluster_centers = km_cluster.cluster_centers_
document_df['cluster_label'] = cluster_label
```

이전 절에서 해당 문서의 군집화는 전자제품, 호텔, 자동차를 주제로 군집화됐습니다. 이 중 호텔을 주제로 군집화된 문서를 이용해 특정 문서와 다른 문서 간의 유사도를 알아보도록 하겠습니다. 문서를 피처 벡터화해 변환하면 문서 내 단어(Word)에 출현 빈도와 같은 값을 부여해 각 문서가 단어 피처의 값으로 벡터화된다고 말했습니다. 이렇게 각 문서가 피처 벡터화된 데이터를 cosisne_simularity( )를 이용해 상호 비교해 유사도를 확인하겠습니다.

먼저 이를 위해 호텔을 주제로 군집화된 데이터를 먼저 추출하고 이 데이터에 해당하는 TfidfVectorizer의 데이터를 추출하겠습니다. 호텔 군집화 데이터를 기반으로 별도의 TF-IDF 벡터화를 수행하지 않고, 바로 위에서 TfidfVectorizer로 만들어진 데이터에서 그대로 추출하겠습니다.

DataFrame 객체 변수인 document_df에서 먼저 호텔로 군집화된 문서의 인덱스를 추출합니다. 이렇게 추출된 인덱스를 그대로 이용해 TfidfVectorizer 객체 변수인 feature_vect에서 호텔로 군집화된 문서의 피처 벡터를 추출합니다(다음 코드는 사이킷런 버전에 따라 비교기준 문서명 comparison_docname이 bathroom_bestwestern_hotel_sfo이 아닌 다른 문서가 추출될 수 있습니다).

```
from sklearn.metrics.pairwise import cosine_similarity

# cluster_label=2인 데이터는 호텔로 군집화된 데이터임. DataFrame에서 해당 인덱스를 추출
hotel_indexes = document_df[document_df['cluster_label']==2].index
print('호텔로 클러스터링 된 문서들의 DataFrame Index:', hotel_indexes)

# 호텔로 군집화된 데이터 중 첫 번째 문서를 추출해 파일명 표시.
comparison_docname = document_df.iloc[hotel_indexes[0]]['filename']
print('##### 비교 기준 문서명 ', comparison_docname, ' 와 타 문서 유사도######')

''' document_df에서 추출한 Index 객체를 feature_vect로 입력해 호텔 군집화된 feature_vect 추출
이를 이용해 호텔로 군집화된 문서 중 첫 번째 문서와 다른 문서 간의 코사인 유사도 측정.'''
similarity_pair = cosine_similarity(feature_vect[hotel_indexes[0]], feature_vect[hotel_indexes])
print(similarity_pair)
```

[Output]

```
호텔로 클러스터링 된 문서들의 DataFrame Index: Int64Index([1, 13, 14, 15, 20, 21, 24, 28, 30, 31,
32, 38, 39, 40, 45, 46], dtype='int64')
##### 비교 기준 문서명  bathroom_bestwestern_hotel_sfo  와 타 문서 유사도######
[[1.         0.0430688  0.05221059 0.06189595 0.05846178 0.06193118
  0.03638665 0.11742762 0.38038865 0.32619948 0.51442299 0.11282857
  0.13989623 0.1386783  0.09518068 0.07049362]]
```

단순히 숫자로만 표시해서는 직관적으로 문서가 어느 정도 유사도를 가지는지 이해하기 어려울 수 있으므로 첫 번째 문서와 다른 문서 간에 유사도가 높은 순으로 이를 정렬하고 시각화해 보겠습니다. cosine_similarity( )는 쌍 형태의 ndarray를 반환하므로 이를 판다스 인덱스로 이용하기 위해 reshape(−1)로 차원을 변경합니다.

```
import seaborn as sns
import numpy as np
import matplotlib.pyplot as plt
%matplotlib inline
```

```python
# 첫번째 문서와 타 문서간 유사도가 큰 순으로 정렬한 인덱스 추출하되 자기 자신은 제외.
sorted_index = similarity_pair.argsort()[:,::-1]
sorted_index = sorted_index[:, 1:]

# 유사도가 큰 순으로 hotel_indexes를 추출하여 재정렬.
hotel_sorted_indexes = hotel_indexes[sorted_index.reshape(-1)]

# 유사도가 큰 순으로 유사도 값을 재정렬하되 자기 자신은 제외
hotel_1_sim_value = np.sort(similarity_pair.reshape(-1))[::-1]
hotel_1_sim_value = hotel_1_sim_value[1:]

# 유사도가 큰 순으로 정렬된 인덱스와 유사도 값을 이용해 파일명과 유사도값을 막대 그래프로 시각화
hotel_1_sim_df = pd.DataFrame()
hotel_1_sim_df['filename'] = document_df.iloc[hotel_sorted_indexes]['filename']
hotel_1_sim_df['similarity'] = hotel_1_sim_value
print('가장 유사도가 큰 파일명 및 유사도:\n', hotel_1_sim_df.iloc[0, :])

sns.barplot(x='similarity', y='filename',data=hotel_1_sim_df)
plt.title(comparison_docname)
```

[Output]

```
가장 유사도가 큰 파일명 및 유사도:
filename      room_holiday_inn_london
similarity                   0.514423
```

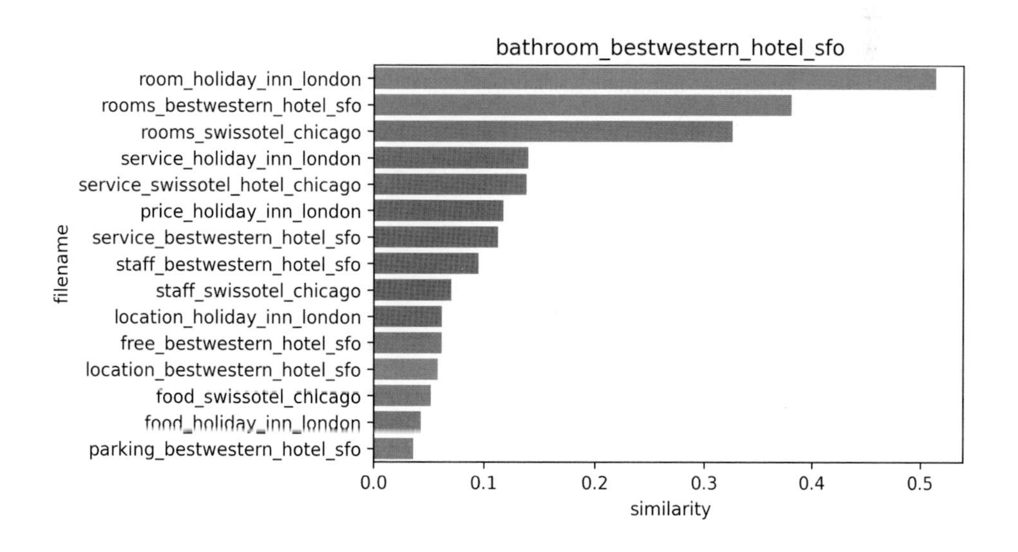

첫 번째 문서인 샌프란시스코의 베스트 웨스턴 호텔 화장실 리뷰(Best Western Hotel Bathroom Review)인 bathroom_bestwestern_hotel_sfo와 가장 비슷한 문서는 room_holidaty_inn_london입니다. 약 0.514의 코사인 유사도 값을 나타내고 있습니다.

09 한글 텍스트 처리 - 네이버 영화 평점 감성 분석

이번 절에서는 네이버 영화 평점 데이터를 기반으로 감성 분석을 적용해 보겠습니다. 이전에 먼저 한글 NLP 처리에서 주의할 점과 대표적인 파이썬 기반의 한글 형태소 패키지인 KoNLPy를 소개하겠습니다.

한글 NLP 처리의 어려움

일반적으로 한글 언어 처리는 영어 등의 라틴어 처리보다 어렵습니다. 그 주된 원인은 '띄어쓰기'와 '다양한 조사' 때문입니다. 잘 알다시피 한글은 띄어쓰기를 잘못하면 의미가 왜곡되어 전달될 수 있습니다. '아버지가 방에 들어가신다'를 잘못 띄어쓰기 하면 '아버지 가방에 들어가신다'가 되어 의미가 왜곡됩니다. 영어의 경우 띄어쓰기를 잘못하면 의미가 왜곡되는 게 아니라 잘못된 또는 없는 단어로 인식되는 게 대부분입니다. My father enters a room을 My fatherenters a room으로 잘못 띄어쓰기를 하면 잘못된 단어로 분석에서 제외될 수 있습니다. 더구나 영어의 띄어쓰기는 매우 명확하므로 초등학생이라도 거의 완벽하게 띄어쓰기를 할 수 있습니다. 하지만 한글의 띄어쓰기는 고등교육을 받은 사람이라도 틀리는 경우가 종종 발생합니다.

또 하나 중요한 이슈는 바로 '조사'입니다. 조사는 주어나 목적어를 위해 추가되며, 워낙 경우의 수가 많기 때문에 어근 추출(Stemming/Lemmatization) 등의 전처리 시 제거하기가 까다롭습니다. 예를 들어 '집'이라는 어근 단어를 기준으로 집은, 집이, 집으로, 집에서, 집에 등 다양한 형태의 조사가 존재합니다. 또한 '너희 집은 어디 있니?'에서 '집은'의 '은'이 뜻하는 것이 조사인지 아니면 은(銀)인지 구분하기도 어렵습니다(더구나 '집은'을 '집 은'으로 띄어쓰기를 잘못하면 더욱 그렇습니다).

한글의 과학성은 세계적으로 인정받고 있지만, 이러한 이슈로 인해서 상대적으로 라틴어 계열의 언어보다 NLP 처리가 어려운 문제가 있습니다.

KoNLPy 소개

KoNLPy는 파이썬의 대표적인 한글 형태소 패키지입니다. 형태소의 사전적인 의미는 '단어로서 의미를 가지는 최소 단위'로 정의할 수 있습니다. 형태소 분석(Morphological analysis)이란 말뭉치를 이러한 형태소 어근 단위로 쪼개고 각 형태소에 품사 태깅(POS tagging)을 부착하는 작업을 일반적으로 지칭합니다.

KoNLPy 이전에는 파이썬 기반의 형태소 분석 프로그램이 거의 없었으며, 대부분의 형태소 분석은 C/C++과 Java 기반 패키지로 개발됐습니다. KoNLPy는 기존의 C/C++, Java로 잘 만들어진 한글 형태소 엔진을 파이썬 래퍼(Wrapper) 기반으로 재작성한 패키지입니다. 기존의 엔진은 그대로 유지한 채 파이썬 기반에서 인터페이스를 제공하기 때문에 검증된 패키지의 안정성을 유지할 수 있습니다. 꼬꼬마(Kkma), 한나눔(Hannanum), Komoran, 은전한닢 프로젝트(Mecab), Twitter와 같이 5개의 형태소 분석 모듈을 KoNLPy에서 모두 사용할 수 있습니다. 안타깝게도 뛰어난 형태소 분석으로 인정받고 있는 Mecab의 경우는 윈도우 환경에서는 구동되지 않습니다. Mecab을 사용하고자 한다면 현재까지는 리눅스 환경의 KoNLPy에서만 가능합니다.

KoNLPy의 설치는 https://konlpy-ko.readthedocs.io/ko/v0.6.0/install/의 공식 설치 문서를 참조하면 되는데, 특히 윈도우 운영체제에 JPype1 모듈이 제대로 설치가 되지 않는 경우가 많이 발생합니다. 만일 공식 설치 문서대로 설치되지 않으면 다음 설치 방법을 참조하기 바랍니다. KoNLPy는 파이썬으로 기존 형태소 분석 엔진을 래퍼한 것이기 때문에 Java가 먼저 설치돼 있어야 합니다. 또한 파이썬에서 Java 클래스를 호출하기 위한 별도의 모듈인 JPype1도 함께 필요합니다. Java 설치와 JAVA_HOME 파라미터 설정은 기존 자바 개발자의 경우는 별 문제가 없을 것이지만, 자바 경험이 없는 사람은 설정하는 게 낯설 수 있습니다. 다음은 KoNLPy 홈페이지의 공식 설치 문서에 있는 윈도우 환경에서의 주요 설치 절차를 요약한 것입니다(자세한 사항은 공식 설치 문서를 참조합니다).

1. OS의 비트 수에 맞춰 파이썬을 설치합니다. 64비트 윈도우에는 64비트 파이썬을, 32비트 윈도우에는 32비트 파이썬을 설치합니다.
2. 자바를 설치합니다. OS 비트수가 일치하고 버전은 1.7 이상이어야 합니다.
3. JAVA_HOME을 설정합니다.
4. 다음 주소에서 OS의 비트 수와 일치하는 JPype1을 다운로드해 설치합니다. 32비트 OS에는 win32, 64비트 OS에는 win-amd64 파일을 사용하면 됩니다.

   https://www.lfd.uci.edu/~gohlke/pythonlibs/#jpype

whl 파일로 설치하는 경우에는 다음과 같이 명령 프롬프트에서 pip을 업그레이드합니다. (명령 프롬프트는 Windows + r을 누른 후 실행 창에 cmd를 입력하면 띄울 수 있습니다).

```
> pip install --upgrade pip
> pip install JPype1-1.3.0-cp310-cp310-win_amd64.whl
```

5. 마지막으로, 명령프롬프트에서 KoNLPy를 설치합니다.

```
> pip install konlpy
```

2, 3에서 설명한 Java 설정은 뒤에서 다시 언급하도록 하고, 먼저 JPype1 모듈부터 설치하겠습니다. 공식 설치 문서에서는 JPype1 설치 시 pip를 사용하도록 기술되어 있습니다만, 그럴 필요 없이 아나콘다(Anaconda)를 이용하면 자동으로 개인 PC 환경에 맞는 JPype1을 찾아서 편리하게 모듈을 설치할 수 있습니다.

```
C:\Users\chkwon>conda install -c conda-forge jpype1
```

이제 Java 환경 설정이 필요합니다. Java 1.7 버전 이상이면 되며, Java는 인터넷상에서 쉽게 설치하는 방법을 찾을 수 있을 것입니다(https://www.oracle.com/java/technologies/downloads/). 이 글을 쓰는 시점에서 Java 최신 버전은 1.17이며 해당 버전에서도 KoNLPy가 잘 구동됩니다. 설치된 후에는 JAVA_HOME 설정하기 링크를 눌러서 JAVA_HOME을 설정하면 되는데, 윈도우 운영체제의 경우 공식 문서의 JAVA_HOME 링크에 있는 설명과 다른 부분이 있습니다.

2. OS와 비트 수가 일치하고, 버젼이 1.7 이상인 자바가 설치되어 있나요? 만일 그렇지 않다면 JDK를 설치 합니다. 자바와 OS의 비트 수가 꼭 일치하도록 해주세요.
3. JAVA_HOME을 설정 합니다.
4. OS의 비트 수와 일치하는 JPype1 (>=0.5.7) 를 설치해주세요. 32비트 OS에는 *win32*, 64비트 OS에는 *win-amd64* 파일을 사용하면 됩니다. whl 파일로 설치하는 경우에는 다음과 같이 명령프롬프트에서 pip을 업그레이드 해주세요. (명령프롬프트는 Windows + r 을 누른 후 실행창에서 cmd를 입력하면 띄울 수 있습니다.)

앞 윈도우 환경 설치 문서의 3번 JAVA_HOME 설정하기를 클릭하면 다음과 같이 JAVA_HOME을 윈도우 환경에서 어떻게 설정해야 하는지 알려줍니다.

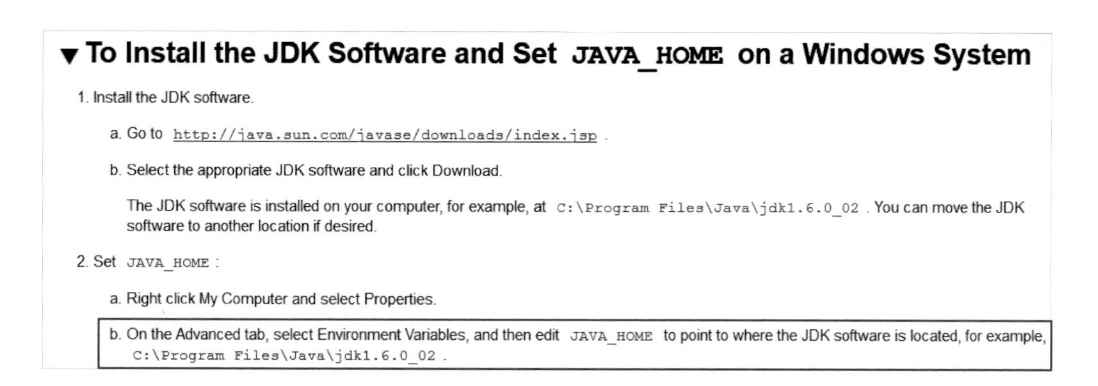

▼ To Install the JDK Software and Set `JAVA_HOME` on a Windows System

1. Install the JDK software.
   a. Go to `http://java.sun.com/javase/downloads/index.jsp` .
   b. Select the appropriate JDK software and click Download.

   The JDK software is installed on your computer, for example, at `C:\Program Files\Java\jdk1.6.0_02` . You can move the JDK software to another location if desired.
2. Set `JAVA_HOME` :
   a. Right click My Computer and select Properties.
   b. On the Advanced tab, select Environment Variables, and then edit `JAVA_HOME` to point to where the JDK software is located, for example, `C:\Program Files\Java\jdk1.6.0_02` .

그런데 일반적으로 JAVA_HOME은 위의 환경 설정 문서에서 설명하듯이 JDK가 압축이 풀리는 기준 JDK 폴더를 JAVA_HOME으로 설정합니다(보통 C:\Program Files\Java\jdk-17.0.2). 하지만 KoNLPy의 경우 압축이 풀리는 기준 JDK 폴더가 아니라 jvm.dll이 들어 있는 폴더를 JAVA_HOME으로 설정해줘야 합니다. 저자 PC의 경우는 'C:\Program Files\Java\jdk-17.0.2\bin\server' 디렉터리에 jvm.dll이 있습니다.

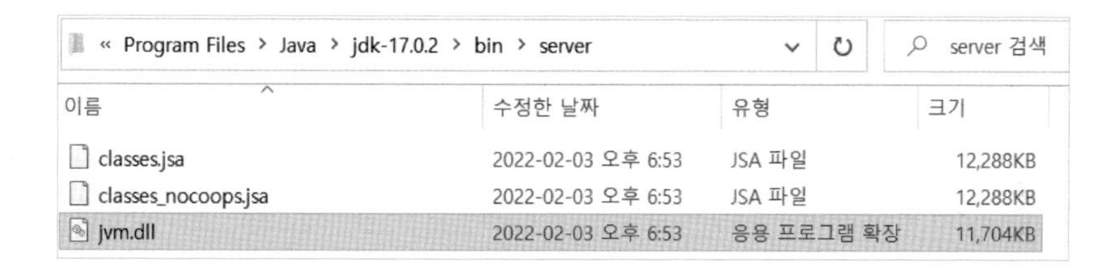

윈도우의 환경변수에 JAVA_HOME을 C:\Program Files\Java\jdk-17.0.2\bin\server로 설정하면 됩니다.

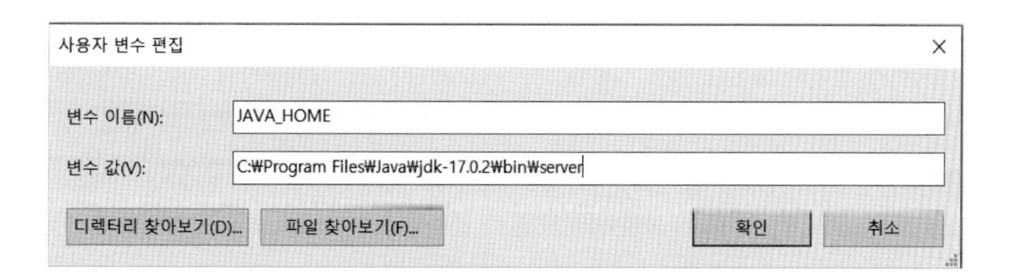

JPype1과 Java 환경 세팅이 완료됐으면 이제 pip를 이용해 KoNLPy를 설치하면 됩니다. Anaconda는 KoNLPy 설치를 아직 지원하지 않으므로 pip로 설치해야 합니다.

```
pip install konlpy
```

KoNLPy 설치가 완료됐으면 이를 이용해 네이버 영화 평점 데이터를 기반으로 감성 분석을 수행해 보겠습니다.

데이터 로딩

네이버 영화 평점 데이터는 https://github.com/e9t/nsmc에서 내려받을 수 있습니다. 깃허브(github)에서 전체 데이터 세트인 ratings.txt, 학습 데이터 세트인 ratings_train.txt, 테스트 데이터 세트인 ratings_test.txt를 모두 내려받습니다.

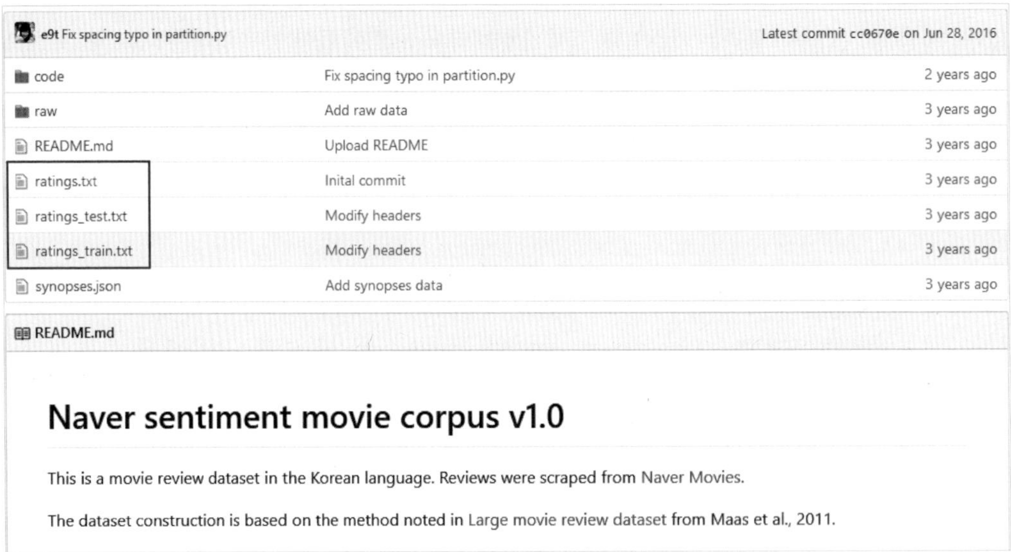

e9t Fix spacing typo in partition.py		Latest commit cc0670e on Jun 28, 2016
code	Fix spacing typo in partition.py	2 years ago
raw	Add raw data	3 years ago
README.md	Upload README	3 years ago
ratings.txt	Inital commit	3 years ago
ratings_test.txt	Modify headers	3 years ago
ratings_train.txt	Modify headers	3 years ago
synopses.json	Add synopses data	3 years ago

README.md

Naver sentiment movie corpus v1.0

This is a movie review dataset in the Korean language. Reviews were scraped from Naver Movies.

The dataset construction is based on the method noted in Large movie review dataset from Maas et al., 2011.

테스트 데이터가 별도로 있으니 이를 이용해 평가하겠습니다. 새로운 주피터 노트북을 생성하고 내려받은 파일을 생성한 주피터 노트북이 있는 디렉터리로 이동합니다. 먼저 ratings_train.txt 파일을 DataFrame으로 로딩하고 데이터를 살펴보겠습니다. Ratings_train.txt 파일은 탭(\t)으로 칼럼이 분리돼 있으므로 read_csv( )의 sep 파라미터를 '\t'로 설정해 DataFrame으로 생성합니다. 한글로 된 문서를 DataFrame으로 로딩할 때 인코딩 이슈가 발생할 수 있습니다. 아래와 같이 pd.read_csv( )시 encoding을 cp949로 설정합니다.

```
import pandas as pd

train_df = pd.read_csv('ratings_train.txt', sep='\t', encoding='cp949')
train_df.head(3)
```

[Output]

	id	document	label
0	9976970	아 더빙.. 진짜 짜증나네요 목소리	0
1	3819312	흠...포스터보고 초딩영화줄....오버연기조차 가볍지 않구나	1
2	10265843	너무재밓었다그래서보는것을추천한다	0

학습 데이터 세트의 0과 1의 Label 값 비율을 살펴보겠습니다. 1이 긍정, 0이 부정 감성입니다.

```
train_df['label'].value_counts( )
```

[Output]

```
0    75173
1    74827
```

0과 1의 비율이 어느 한 쪽으로 치우치지 않고 균등한 분포를 나타내고 있습니다. train_df의 경우 리뷰 텍스트를 가지는 'document' 칼럼에 Null이 일부 존재하므로 이 값은 공백으로 변환합니다. 문자가 아닌 숫자의 경우 단어적인 의미로 부족하므로 파이썬의 정규 표현식 모듈인 re를 이용해 이 역시 공백으로 변환합니다. 테스트 데이터 세트의 경우도 파일을 로딩하고 동일한 데이터 가공을 수행합니다.

```
import re

train_df = train_df.fillna(' ')
# 정규 표현식을 이용해 숫자를 공백으로 변경(정규 표현식으로 \d는 숫자를 의미함.)
train_df['document'] = train_df['document'].apply( lambda x : re.sub(r"\d+", " ", x) )

# 테스트 데이터 세트를 로딩하고 동일하게 Null 및 숫자를 공백으로 변환
test_df = pd.read_csv('ratings_test.txt', sep='\t', encoding='cp949')
test_df = test_df.fillna(' ')
test_df['document'] = test_df['document'].apply( lambda x : re.sub(r"\d+", " ", x) )
```

```
# id 칼럼 삭제 수행
train_df.drop('id', axis=1, inplace=True)
test_df.drop('id', axis=1, inplace=True)
```

이제는 TF-IDF 방식으로 단어를 벡터화할 텐데, 먼저 각 문장을 한글 형태소 분석을 통해 형태소 단어로 토큰화하겠습니다. 한글 형태소 엔진은 SNS 분석에 적합한 Twitter 클래스를 이용하겠습니다. Twitter 객체의 morphs( ) 메서드를 이용하면 입력 인자로 들어온 문장을 형태소 단어 형태로 토큰화해 list 객체로 반환합니다. 문장을 형태소 단어 형태로 반환하는 별도의 tokenizer 함수를 tw_tokenizer( )라는 이름으로 생성하겠습니다. 이 tw_tokenizer( ) 함수는 뒤에서 사이킷런의 TfidfVectorizer 클래스의 tokenizer로 사용됩니다.

```
from konlpy.tag import Twitter

twitter = Twitter()
def tw_tokenizer(text):
    # 입력 인자로 들어온 텍스트를 형태소 단어로 토큰화해 리스트 형태로 반환
    tokens_ko = twitter.morphs(text)
    return tokens_ko
```

사이킷런의 TfidfVectorizer를 이용해 TF-IDF 피처 모델을 생성하겠습니다. tokenizer는 위에서 만든 tw_tokenizer( ) 함수를 이용합니다. ngram은 (1,2), min_df=3, max_df는 상위 90%로 제한합니다(다음 예제 코드의 수행 시간은 저자의 PC에서 10분 이상 소요됩니다).

```
from sklearn.feature_extraction.text import TfidfVectorizer
from sklearn.linear_model import LogisticRegression
from sklearn.model_selection import GridSearchCV

# Twitter 객체의 morphs( ) 객체를 이용한 tokenizer를 사용. ngram_range는 (1, 2)
tfidf_vect = TfidfVectorizer(tokenizer=tw_tokenizer, ngram_range=(1, 2), min_df=3, max_df=0.9)
tfidf_vect.fit(train_df['document'])
tfidf_matrix_train = tfidf_vect.transform(train_df['document'])
```

로지스틱 회귀를 이용해 분류 기반의 감성 분석을 수행합니다. 로지스틱 회귀의 하이퍼 파라미터 C의 최적화를 위해 GridSearchCV를 이용하겠습니다.

```
# 로지스틱 회귀를 이용해 감성 분석 분류 수행.
lg_clf = LogisticRegression(random_state=0, solver='liblinear')

# 파라미터 C 최적화를 위해 GridSearchCV를 이용.
params = { 'C': [1, 3.5, 4.5, 5.5, 10] }
grid_cv = GridSearchCV(lg_clf, param_grid=params, cv=3, scoring='accuracy', verbose=1)
grid_cv.fit(tfidf_matrix_train, train_df['label'])
print(grid_cv.best_params_, round(grid_cv.best_score_, 4))
```

[Output]

```
{'C': 3.5} 0.8593
```

C가 3.5일 때 최고 0.8593의 정확도를 보였습니다.

이제 테스트 세트를 이용해 최종 감성 분석 예측을 수행하겠습니다. 앞 절의 텍스트 분류 절에서도 말한 것처럼 테스트 세트를 이용해 예측할 때는 학습할 때 적용한 TfidfVectorizer를 그대로 사용해야 합니다. 그래야만 학습 시 설정된 TfidfVectorizer의 피처 개수와 테스트 데이터를 TfidfVectorizer로 변환할 피처 개수가 같아집니다. 학습 데이터에 사용된 TfidfVectorizer 객체 변수인 tfidf_vect를 이용해 transform( )을 테스트 데이터의 document 칼럼에 수행합니다

```
from sklearn.metrics import accuracy_score

# 학습 데이터를 적용한 TfidfVectorizer를 이용해 테스트 데이터를 TF-IDF 값으로 피처 변환함.
tfidf_matrix_test = tfidf_vect.transform(test_df['document'])

# classifier는 GridSearchCV에서 최적 파라미터로 학습된 classifier를 그대로 이용
best_estimator = grid_cv.best_estimator_
preds = best_estimator.predict(tfidf_matrix_test)

print('Logistic Regression 정확도: ', accuracy_score(test_df['label'], preds))
```

[Output]

```
Logistic Regression 정확도: 0.86174
```

10 텍스트 분석 실습 - 캐글 Mercari Price Suggestion Challenge

Mercari Price Suggestion Challenge는 캐글에서 진행된 Challenge로서, 일본의 대형 온라인 쇼핑몰인 Mercari사의 제품에 대해 가격을 예측하는 과제입니다. 제공되는 데이터 세트는 제품에 대한 여러 속성 및 제품 설명 등의 텍스트 데이터로 구성됩니다. Mercari사는 이러한 데이터를 기반으로 제품 예상 가격을 판매자들에게 제공하고자 합니다. 이와 같은 프로세스를 구현하기 위해 판매자는 제품명, 브랜드 명, 카테고리, 제품 설명 등 다양한 속성 정보를 입력하게 되고, ML 모델은 이 속성에 따라 제품의 예측 가격을 판매자에게 자동으로 제공할 수 있습니다.

데이터 세트는 https://www.kaggle.com/c/mercari-price-suggestion-challenge/data에서 내려받을 수 있습니다. 캐글에 로그인한 후 해당 웹 페이지에서 'Download All' 버튼을 클릭해 전체 데이터를 압축 파일로 내려받은 뒤 그중 train.tsv.7z 파일에서 다시 압축을 풀어 train.tsv 파일을 적당한 디렉터리에 풀어 놓습니다. 또는 왼쪽 아래 화면의 train.tsv.7z 압축 파일을 바로 내려받아 train.tsv를 풀어 놓습니다. 처음 내려받을 때 캐글 경연 규칙 준수 화면으로 이동하면 '규칙 준수(I Understand and Accept)'를 클릭합니다. 내려받은 train.tsv의 이름을 mercari_train.tsv로 변경하겠습니다. 대상 파일의 크기는 330MB 정도로 PC에서 학습하기에는 큰 데이터이며 메모리가 많이 필요합니다.

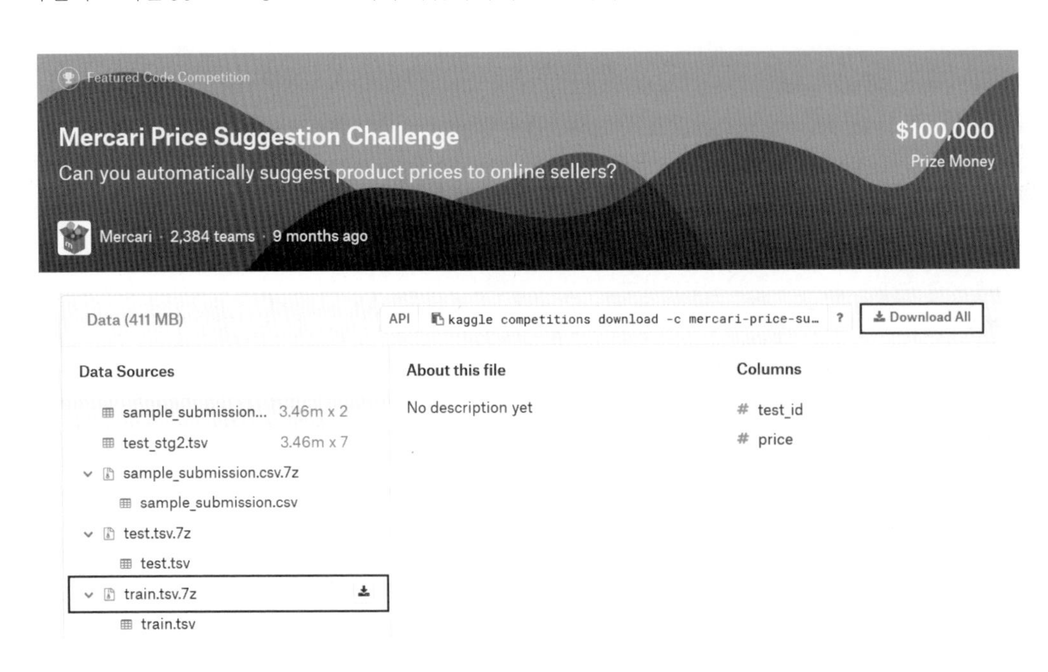

제공되는 데이터 세트의 속성은 다음과 같습니다.

- train_id: 데이터 id
- name: 제품명
- item_condition_id: 판매자가 제공하는 제품 상태
- category_name: 카테고리 명
- brand_name: 브랜드 이름
- price: 제품 가격. 예측을 위한 타깃 속성
- shipping: 배송비 무료 여부. 1이면 무료(판매자가 지불), 0이면 유료(구매자 지불)
- item_description: 제품에 대한 설명

이들 중 price가 예측해야 할 타깃 값입니다. 회귀로 피처를 학습한 뒤 price를 예측하는 문제입니다. 이번 Mercari Price Suggestion이 기존 회귀 예제와 다른 점은 item_description과 같은 텍스트 형태의 비정형 데이터와 다른 정형 속성을 같이 적용해 회귀를 수행한다는 점입니다.

데이터 전처리

먼저 필요한 라이브러리와 함께 mercari_train.tsv 데이터를 DataFrame으로 로딩하고, 데이터를 간략하게 살펴보겠습니다.

```
from sklearn.linear_model import Ridge, LogisticRegression
from sklearn.model_selection import train_test_split, cross_val_score
from sklearn.feature_extraction.text import CountVectorizer, TfidfVectorizer
import pandas as pd

mercari_df= pd.read_csv('mercari_train.tsv', sep='\t')
print(mercari_df.shape)
mercari_df.head(3)
```

[Output]

```
(1482535, 8)
```

	train_id	name	item_condition_id	category_name	brand_name	price	shipping	item_description
0	0	MLB Cincinnati Reds T Shirt Size XL	3	Men/Tops/T-shirts	NaN	10.0	1	No description yet
1	1	Razer BlackWidow Chroma Keyboard	3	Electronics/Computers & Tablets/Components & P...	Razer	52.0	0	This keyboard is in great condition and works ...
2	2	AVA-VIV Blouse	1	Women/Tops & Blouses/Blouse	Target	10.0	1	Adorable top with a hint of lace and a key hol...

1482535개의 레코드를 가지고 있는 데이터 세트입니다. 다음으로 피처의 타입과 Null 여부를 확인하겠습니다.

```
print(mercari_df.info())
```

[Output]

```
RangeIndex: 1482535 entries, 0 to 1482534
Data columns (total 8 columns):
train_id             1482535 non-null int64
name                 1482535 non-null object
item_condition_id    1482535 non-null int64
category_name        1476208 non-null object
brand_name           849853 non-null object
price                1482535 non-null float64
shipping             1482535 non-null int64
item_description     1482531 non-null object
dtypes: float64(1), int64(3), object(4)
memory usage: 90.5+ MB
None
```

brand_name 칼럼의 경우 매우 많은 Null 값을 가지고 있습니다. 전체 1482535건 중에 849853건만 Not null입니다. brand_name은 가격에 영향을 미치는 중요 요인으로 판단되지만, 많은 데이터가 Null로 돼 있습니다. category_name은 약 6300건의 null 데이터를 가지고 있습니다. item_desciption의 null 값은 4건으로 미비합니다. 이 Null 데이터는 이후에 적절한 문자열로 치환하겠습니다.

Target 값인 price 칼럼의 데이터 분포도를 살펴보겠습니다. 회귀에서 Target 값의 정규 분포도는 매우 중요합니다. 왜곡돼 있을 경우 보통 로그를 씌워서 변환하면 대부분 정규 분포의 형태를 가지게 됩니다. 먼저 price 칼럼의 데이터 값 분포도를 확인해 보겠습니다.

```
import matplotlib.pyplot as plt
import seaborn as sns

y_train_df = mercari_df['price']
plt.figure(figsize=(6,4))
sns.histplot(y_train_df, bins=100)
plt.show()
```

[Output]

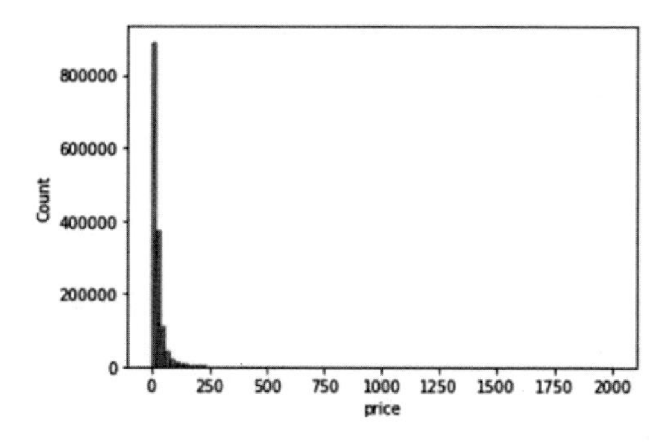

price 값이 비교적 적은 가격을 가진 데이터 값에 왜곡돼 분포돼 있습니다. Price 칼럼을 로그 값으로 변환한 뒤 분포도를 다시 살펴보겠습니다.

```
import numpy as np

y_train_df = np.log1p(y_train_df)
sns.histplot(y_train_df, bins=50)
plt.show()
```

[Output]

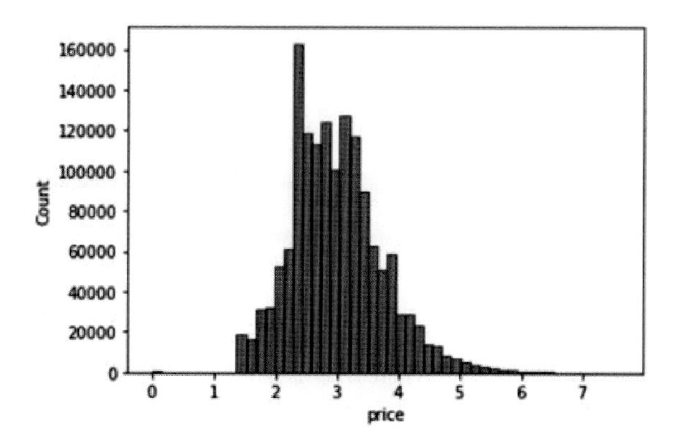

로그 값으로 변환하면 price 값이 비교적 정규 분포에 가까운 데이터를 이루게 됩니다. 데이터 세트의 price 칼럼을 원래 값에서 로그로 변환된 값으로 변경하겠습니다

```
mercari_df['price'] = np.log1p(mercari_df['price'])
mercari_df['price'].head(3)
```

[Output]

```
0    2.397895
1    3.970292
2    2.397895
```

다른 피처의 값도 살펴보겠습니다. shipping과 item_condition_id 값의 유형은 다음과 같습니다.

```
print('Shipping 값 유형:\n', mercari_df['shipping'].value_counts())
print('item_condition_id 값 유형:\n', mercari_df['item_condition_id'].value_counts())
```

[Output]

```
Shipping 값 유형:
0    819435
1    663100
Name: shipping, dtype: int64

item_condition_id 값 유형:
1    640549
3    432161
2    375479
4     31962
5      2384
Name: item_condition_id, dtype: int64
```

Shipping 칼럼은 배송비 유무이며, 값이 비교적 균일합니다. Item_condition_id는 판매자가 제공하는 제품 상태로서 각 값이 의미하는 바는 캐글에 기재돼 있지 않아서 알 수 없지만, 1, 2, 3 값이 주를 이루고 있습니다.

item_description 칼럼은 Null 값은 별로 없지만, description에 대한 별도 설명이 없는 경우 'No description yet' 값으로 돼 있습니다. 이러한 값이 얼마나 있는지 알아보겠습니다.

```
boolean_cond= mercari_df['item_description']=='No description yet'
mercari_df[boolean_cond]['item_description'].count()
```

[Output]

```
82489
```

item_description이 'No description yet'으로 돼 있는 로우는 82489건입니다. 'No description yet'의 경우도 Null과 마찬가지로 의미 있는 속성값으로는 사용될 수 없으므로 적절한 값으로 변경해야 합니다.

category_name을 살펴보겠습니다. category_name은 '/'로 분리된 카테고리를 하나의 문자열로 나타내고 있습니다. 가령 'Men/Tops/T-shirts'는 대분류 'Men', 중분류 'Tops', 소분류 'T-shirts'로 나눌 수 있습니다. category_name은 텍스트이므로 피처 추출 시 tokenizer를 '/'로 하여 단어를 분리해 벡터화할 수도 있습니다만, 여기서는 category_name의 '/'를 기준으로 단어를 토큰화해 각각 별도의 피처로 저장하고 이를 이용해 알고리즘을 학습시키겠습니다.

category_name 칼럼을 '/'를 기준으로 대, 중, 소분류를 효과적으로 분리해 내기 위해 별도의 split_cat( ) 함수를 생성하고 이를 DataFrame의 apply lambda 식에 적용하겠습니다. category_name 칼럼은 Null값을 약 6300여 건을 가지고 있으므로 이에 유의하면서 분리를 해내야 합니다. split_cat( ) 함수를 간략히 살펴보면, 먼저 category_name이 Null이 아닌 경우에 split('/')를 이용해 대, 중, 소분류를 분리합니다. 파이썬은 문자열에 split(tokenizer문자) 함수를 호출하면 tokenizer 문자에 따라 문자열을 분리해 리스트로 반환합니다. 만일 category_name이 Null일 경우에는 split( ) 함수가 Error를 발생하므로 이 Error를 except catch하여 대, 중, 소 분류 모두 'Other Null' 값을 부여합니다.

대, 중, 소 칼럼은 mercari_df에서 cat_dae, cat_jung, cat_so로 부여하겠습니다. 한 가지 고민해야 할 점은 판다스의 apply lambda로 반환되는 데이터 세트가 리스트를 요소로 가지고 있는데, 이를 다시 cat_dae, cat_jung, cat_so의 DataFrame 칼럼으로 분리해야 하는 것입니다. 이 부분은 다음 코드에서처럼 zip과 *를 apply lambda 식에 적용하면 여러 개의 칼럼으로 간단하게 분리할 수 있습니다.

```
# apply lambda에서 호출되는 대, 중, 소 분할 함수 생성, 대, 중, 소 값을 리스트로 반환
def split_cat(category_name):
    try:
        return category_name.split('/')
    except:
        return ['Other_Null', 'Other_Null', 'Other_Null']
```

```
# 위의 split_cat( )을 apply lambda에서 호출해 대, 중, 소 칼럼을 mercari_df에 생성.
mercari_df['cat_dae'], mercari_df['cat_jung'], mercari_df['cat_so'] = \
                        zip(*mercari_df['category_name'].apply(lambda x : split_cat(x)))

# 대분류만 값의 유형과 건수를 살펴보고, 중분류, 소분류는 값의 유형이 많으므로 분류 개수만 추출
print('대분류 유형 :\n', mercari_df['cat_dae'].value_counts())
print('중분류 개수 :', mercari_df['cat_jung'].nunique())
print('소분류 개수 :', mercari_df['cat_so'].nunique())
```

[Output]

```
대분류 유형 :
Women                    664385
Beauty                   207828
Kids                     171689
Electronics              122690
Men                       93680
Home                     67871
Vintage & Collectibles            46530
Other                             45351
Handmade                          30842
Sports & Outdoors                 25342
Other_Null                        6327
Name: cat_dae, dtype: int64
중분류 개수 : 114
소분류 개수 : 871
```

대분류의 경우 Women, Beauty, Kids 등의 분류가 매우 많습니다. 중분류 유형은 114개, 소분류는 817개로 구성돼 있습니다.

마지막으로 brand_name, category_name, item_description 칼럼의 Null 값은 일괄적으로 'Other Null'로 동일하게 변경하겠습니다. brand_name은 price 값 결정에 영향을 많이 줄 것으로 판단되지만, Null 값이 매우 많습니다. 아쉽게도 이 Null 값을 다른 값으로 변경하는 것은 적절하지 않을 것으로 판단되므로 일괄적으로 'Other_Null'로 변경하겠습니다. fillna( )를 적용한 뒤에 각 칼럼별로 Null 값이 없는지 다음과 같이 mercari_df.isnull( ).sum( )을 호출해 확인하면 모든 칼럼에서 Null 건수가 0 임을 알 수 있습니다(출력 값은 책에 수록하지 않겠습니다).

```
mercari_df['brand_name'] = mercari_df['brand_name'].fillna(value='Other_Null')
mercari_df['category_name'] = mercari_df['category_name'].fillna(value='Other_Null')
mercari_df['item_description'] = mercari_df['item_description'].fillna(value='Other_Null')

# 각 칼럼별로 Null 값 건수 확인. 모두 0이 나와야 합니다.
mercari_df.isnull().sum()
```

데이터 클리닝 작업은 이 정도 수준까지만 진행하겠습니다. 다음으로는 칼럼을 숫자형 코드 값으로 인코딩하고, 텍스트형 칼럼에 대해서는 피처 벡터화 변환을 적용하겠습니다.

피처 인코딩과 피처 벡터화

Mercari Price Suggestion에 이용되는 데이터 세트는 문자열 칼럼이 많습니다. 이 문자열 칼럼 중 레이블 또는 원-핫 인코딩을 수행하거나 피처 벡터화로 변환할 칼럼을 선별해 보겠습니다. 먼저 이 피처를 어떤 방식으로 변환할지 검토한 후에 추후에 일괄적으로 전체 속성의 변환 작업을 적용하겠습니다. Mercari Price Suggestion에서 예측 모델은 price 값, 즉 상품 가격을 예측해야 하므로 회귀 모델을 기반으로 합니다. 선형 회귀 모델과 회귀 트리 모델을 모두 적용할 예정이며, 특히 선형 회귀의 경우 원-핫 인코딩 적용이 훨씬 선호되므로 인코딩할 피처는 모두 원-핫 인코딩을 적용하겠습니다. 피처 벡터화의 경우는 비교적 짧은 텍스트의 경우는 Count 기반의 벡터화를, 긴 텍스트는 TD-IDF 기반의 벡터화를 적용하겠습니다.

첫 번째로 검토할 칼럼은 brand_name입니다. brand_name 칼럼은 상품의 브랜드명입니다(상품명이 아닙니다). 상품 브랜드명이 어떤 유형으로 돼 있는지 유형 건수와 대표적인 브랜드명을 5개 정도만 살펴보겠습니다.

```
print('brand name 의 유형 건수 :', mercari_df['brand_name'].nunique())
print('brand name sample 5건 : \n', mercari_df['brand_name'].value_counts()[:5])
```

[Output]

```
brand name 의 유형 건수 : 4810
brand name sample 5건 :
Other_Null             632682
PINK                    54088
Nike                    54043
Victoria's Secret       48036
LuLaRoe                 31024
```

brand_name의 경우 대부분 명료한 문자열로 돼 있습니다. 별도의 피처 벡터화 형태로 만들 필요 없이 인코딩 변환을 적용하면 됩니다. brand_name의 종류가 4810건으로 원-핫 인코딩으로 변환하기에 다소 많아 보이나 본 예제의 ML 모델 구축상 큰 문제는 없습니다. brand_name은 원-핫 인코딩 변환하겠습니다. 다음으로 상품명을 의미하는 name 속성이 어떤 유형으로 돼 있는지 유형 건수와 상품명을 7개만 출력해 보겠습니다.

```
print('name 의 종류 개수 :', mercari_df['name'].nunique())
print('name sample 7건: \n', mercari_df['name'][:7]
```

[Output]

```
name 의 종류 개수 : 1225273
name sample 7건 :
 0    MLB Cincinnati Reds T Shirt Size XL
1      Razer BlackWidow Chroma Keyboard
2                        AVA-VIV Blouse
3                 Leather Horse Statues
4                  24K GOLD plated rose
5      Bundled items requested for Ruie
6    Acacia pacific tides santorini top
```

상품명은 name 속성의 경우 종류가 매우 많습니다. 무려 1,225,273가지입니다. 전체 데이터가 1,482,535개이므로 개별적으로 거의 고유한 상품명을 가지고 있습니다. Name 속성은 유형이 매우 많고, 적은 단어 위주의 텍스트 형태로 돼 있으므로 Count 기반으로 피처 벡터화 변환을 적용하겠습니다.

category_name 칼럼은 이전에 전처리를 통해서 해당 칼럼은 대, 중, 소 분류 세 개의 칼럼인 cat_dae, cat_jung, cat_so 칼럼으로 분리됐습니다. cat_dae, cat_jung, cat_so 칼럼도 원-핫 인코딩을 적용하겠습니다.

shipping 칼럼은 배송비 무료 여부로서 0과 1, 두 가지 유형의 값을 가지고 있으며 item_condition_id는 상품 상태로서 1, 2, 3, 4, 5의 다섯 가지 유형의 값을 가지고 있습니다. 이 두 칼럼 모두 원-핫 인코딩을 적용하겠습니다.

다음으로 item_description입니다. Item_description은 상품에 대한 간단 설명으로 데이터 세트에서 가장 긴 텍스트를 가지고 있습니다. 해당 칼럼의 평균 문자열 크기와 2개 정도의 텍스트만 추출해 보겠습니다.

```
pd.set_option('max_colwidth', 200)

# item_description의 평균 문자열 크기
print('item_description 평균 문자열 크기:', mercari_df['item_description'].str.len().mean())

mercari_df['item_description'][:2]
```

[Output]

```
item_description 평균 문자열 크기: 145.7113889385411
0
                      No description yet
1    This keyboard is in great condition and works like it came out of the box. All of the ports
are tested and work perfectly. The lights are customizable via the Razer Synapse app on your PC.
Name: item_description, dtype: object
```

평균 문자열이 145자로 비교적 크므로 해당 칼럼은 TF-IDF로 변환하겠습니다.

이제 주요 칼럼을 인코딩 및 피처 벡터화 변환해 보겠습니다. 먼저 name과 item_description 칼럼을 피처 벡터화합니다. name 칼럼의 경우는 CountVectorizer로, item_description 칼럼은 TfidfVectorizer로 변환하겠습니다. CountVectorizer는 기본 파라미터로, TfidfVectorizer는 max_features = 50000으로 제한하고 n_gram은 triple gram인 ngram_range=(1,3), stop_words는 english로 설정합니다.

```
# name 속성에 대한 피처 벡터화 변환
cnt_vec = CountVectorizer()
X_name = cnt_vec.fit_transform(mercari_df.name)

# item_description에 대한 피처 벡터화 변환
tfidf_descp = TfidfVectorizer(max_features = 50000, ngram_range= (1, 3), stop_words='english')
X_descp = tfidf_descp.fit_transform(mercari_df['item_description'])
```

```
print('name vectorization shape:', X_name.shape)
print('item_description vectorization shape:', X_descp.shape)
```

[Output]

```
name vectorization shape: (1482535, 105757)
item_description vectorization shape: (1482535, 50000)
```

CountVectorizer, TfidfVectorizer가 fit_transform( )을 통해 반환하는 데이터는 희소 행렬 형태입니다. 희소 행렬 객체 변수인 X_name과 X_descp를 새로 결합해 새로운 데이터 세트로 구성해야 하고, 앞으로 인코딩될 cat_dae, cat_jung, cat_so, brand_name, shipping, item_condition_id도 모두 X_name, X_descp와 결합돼 ML 모델을 실행하는 기반 데이터 세트로 재구성돼야 합니다.

이를 위해서 이 인코딩 대상 칼럼도 밀집 행렬 행태가 아닌 희소 행렬 형태로 인코딩을 적용한 뒤, 함께 결합하도록 하겠습니다. 사이킷런은 원-핫 인코딩을 위해 OneHotEncoder와 LabelBinarizer 클래스를 제공합니다. 이 중 LabelBinarizer 클래스는 희소 행렬 형태의 원-핫 인코딩 변환을 지원합니다. 생성 시 sparse_out=True로 파라미터를 설정해주기만 하면 됩니다. 모든 인코딩 대상 칼럼은 LabelBinarizer를 이용해 희소 행렬 형태의 원-핫 인코딩으로 변환하겠습니다. 개별 칼럼으로 만들어진 희소 행렬은 사이파이 패키지 sparse 모듈의 hstack( ) 함수를 이용해 결합하겠습니다. hstack( ) 함수는 희소 행렬을 손쉽게 칼럼 레벨로 결합할 수 있게 해줍니다.

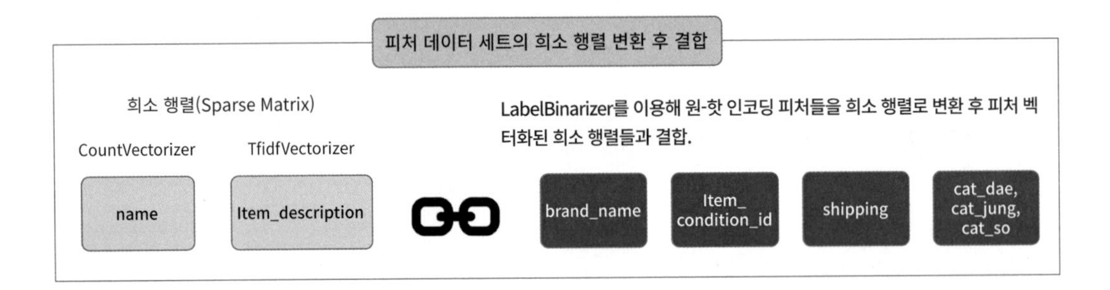

먼저 인코딩 대상 칼럼을 모두 LabelBinarizer로 원-핫 인코딩 변환하겠습니다. 다음 예제 코드는 저자의 PC에서 약 5분 정도의 시간이 소모됩니다.

```
from sklearn.preprocessing import LabelBinarizer

# brand_name, item_condition_id, shipping 각 피처들을 희소 행렬 원-핫 인코딩 변환
lb_brand_name= LabelBinarizer(sparse_output=True)
```

```
X_brand = lb_brand_name.fit_transform(mercari_df['brand_name'])
lb_item_cond_id = LabelBinarizer(sparse_output=True)
X_item_cond_id = lb_item_cond_id.fit_transform(mercari_df['item_condition_id'])
lb_shipping= LabelBinarizer(sparse_output=True)
X_shipping = lb_shipping.fit_transform(mercari_df['shipping'])

# cat_dae, cat_jung, cat_so 각 피처들을 희소 행렬 원-핫 인코딩 변환
lb_cat_dae = LabelBinarizer(sparse_output=True)
X_cat_dae= lb_cat_dae.fit_transform(mercari_df['cat_dae'])
lb_cat_jung = LabelBinarizer(sparse_output=True)
X_cat_jung = lb_cat_jung.fit_transform(mercari_df['cat_jung'])
lb_cat_so = LabelBinarizer(sparse_output=True)
X_cat_so = lb_cat_so.fit_transform(mercari_df['cat_so'])
```

제대로 변환됐는지 생성된 인코딩 데이터 세트의 타입과 shape을 살펴보겠습니다.

```
print(type(X_brand), type(X_item_cond_id), type(X_shipping))
print('X_brand shape:{0}, X_item_cond_id shape:{1}'.format(X_brand.shape, X_item_cond_id.shape))
print('X_shipping shape:{0}, X_cat_dae shape:{1}'.format(X_shipping.shape, X_cat_dae.shape))
print('X_cat_jung shape:{0}, X_cat_so shape:{1}'.format(X_cat_jung.shape, X_cat_so.shape))
```

[Output]

```
<class 'scipy.sparse.csr.csr_matrix'> <class 'scipy.sparse.csr.csr_matrix'> <class 'scipy.sparse.
csr.csr_matrix'>
X_brand shape:(1482535, 4810), X_item_cond_id shape:(1482535, 5)
X_shipping shape:(1482535, 1), X_cat_dae shape:(1482535, 11)
X_cat_jung shape:(1482535, 114), X_cat_so shape:(1482535, 871)
```

인코딩 변환된 데이터 세트가 CSR 형태로 변환된 csr_matrix 타입입니다. 그리고 brand_name 칼럼 경우 값의 유형이 4810개이므로 이를 원-핫 인코딩으로 변환한 X_brand_shape의 경우 4810개의 인코딩 칼럼을 가지게 되었습니다. X_cat_so의 경우도 마찬가지로 871개의 인코딩 칼럼을 가집니다. 인코딩 칼럼이 매우 많이 생겼지만, 피처 벡터화로 텍스트 형태의 문자열이 가지는 벡터 형태의 매우 많은 칼럼과 함께 결합되므로 크게 문제 될 것은 없습니다.

이번에는 앞에서 피처 벡터화 변환한 데이터 세트와 희소 인코딩 변환된 데이터 세트를 hstack( )을 이용해 모두 결합해 보겠습니다. 결합된 데이터는 Mercari Price Suggestion을 위한 기반 데이터 세트로 사용되는데, 여기서는 결합한 데이터의 타입과 크기만 확인하고 메모리에서 삭제하도록 하겠습니다. 만들어진 결합 데이터가 비교적 많은 메모리를 잡아먹기 때문에 개인용 PC에서 메모리 오류가 발생할 수 있기에 del '객체 변수명'과 gc.collect( )로 결합 데이터를 메모리에서 삭제합니다. 추후에 다양한 모델을 적용하므로 그때마다 다시 결합해 해당 데이터 세트를 이용하도록 하겠습니다.

```
from  scipy.sparse import hstack
import gc

sparse_matrix_list = (X_name, X_descp, X_brand, X_item_cond_id, \
                      X_shipping, X_cat_dae, X_cat_jung, X_cat_so)

# hstack 함수를 이용해 인코딩과 벡터화를 수행한 데이터 세트를 모두 결합.
X_features_sparse= hstack(sparse_matrix_list).tocsr()
print(type(X_features_sparse), X_features_sparse.shape)

# 데이터 세트가 메모리를 많이 차지하므로 사용 목적이 끝났으면 바로 메모리에서 삭제.
del X_features_sparse
gc.collect()
```

[Output]

```
<class 'scipy.sparse.csr.csr_matrix'> (1482535, 161569)
```

hstack( )으로 결합한 데이터 세트는 csr_matrix 타입이며, 총 161569개의 피처를 가지게 됐습니다. 이제 이렇게 만들어진 데이터 세트에 회귀를 적용해 price 값을 예측할 수 있도록 모델을 만들 차례입니다.

릿지 회귀 모델 구축 및 평가

여러 알고리즘 모델과 희소 행렬을 변환하고 예측 성능을 비교하면서 테스트를 수행할 것이므로 수행에 필요한 로직을 함수화하겠습니다. 먼저 모델을 평가하는 평가(Evaluation) 로직을 함수화하겠습니다. 적용할 평가 지표는 캐글에서 제시한 RMSLE(Root Mean Square Logarithmic Error) 방식으로 하겠습니다. RMSLE는 RMSE와 유사하나 오류 값에 로그를 취해 RMSE를 구하는 방식입니다. 낮은 가격(price)보다 높은 가격에서 오류가 발생할 경우 오류 값이 더 커지는 것을 억제하기 위해서 이 방식을 도입했습니다.

$$\epsilon = \sqrt{\frac{1}{n}\sum_{i=1}^{n}(\log(p_i+1)-\log(a_i+1))^2}$$

별도의 RMSLE를 구하는 함수를 rmsle((y, y_pred)로 생성하겠습니다. 한 가지 주의해야 할 사항은 원본 데이터의 price 칼럼의 값은 왜곡된 데이터 분포를 가지고 있기 때문에 이를 정규 분포 형태로 유도하기 위해 로그 값을 취해 변환했습니다. 즉, 학습할 모델이 사용할 price 값은 로그 값으로 변환된 price 값이므로 예측도 당연히 로그로 변환한 데이터 값 수준의 price 값을 예측할 것입니다. 따라서 학습 모델을 이용한 예측된 price 값은 다시 로그의 역변환인 지수(Exponential) 변환을 수행해 원복해야 합니다. 이렇게 원복된 데이터를 기반으로 RMSLE를 적용할 수 있도록 evaluate_org_price(y_test, preds) 함수를 생성하겠습니다.

```
def rmsle(y, y_pred):
    # underflow, overflow를 막기 위해 log가 아닌 log1p로 rmsle 계산
    return np.sqrt(np.mean(np.power(np.log1p(y) - np.log1p(y_pred), 2)))

def evaluate_org_price(y_test, preds):

    # 원본 데이터는 log1p로 변환되었으므로 exmpm1로 원복 필요.
    preds_exmpm = np.expm1(preds)
    y_test_exmpm = np.expm1(y_test)

    # rmsle로 RMSLE 값 추출
    rmsle_result = rmsle(y_test_exmpm, preds_exmpm)
    return rmsle_result
```

학습용 데이터를 생성하고, 모델을 학습/예측하는 로직을 별도의 함수로 만들겠습니다. 다음의 model_train_predict( ) 함수는 model 인자로 사이킷런의 회귀 estimator 객체를, matrix_list 인자로 최종 데이터 세트로 결합할 희소 행렬 리스트를 가집니다. 평가 데이터 세트는 train_test_split( )을 이용해 전체 데이터의 20%로 하겠습니다.

```
import gc
from  scipy.sparse import hstack

def model_train_predict(model, matrix_list):
    # scipy.sparse 모듈의 hstack을 이용해 희소 행렬 결합
    X= hstack(matrix_list).tocsr()

    X_train, X_test, y_train, y_test=train_test_split(X, mercari_df['price'],
                                                      test_size=0.2, random_state=156)

    # 모델 학습 및 예측
    model.fit(X_train, y_train)
    preds = model.predict(X_test)

    del X, X_train, X_test, y_train
    gc.collect()

    return preds, y_test
```

개별 함수를 만들었으면 이제 이를 이용해 먼저 Ridge를 이용해 Mercari Price의 회귀 예측을 수행하겠습니다. 수행 전에 Merari 상품 가격 예측에 item_description과 같은 텍스트 형태의 속성이 얼마나 영향을 미치는지 알아보겠습니다. Item_description 속성의 피처 벡터화 데이터가 포함되지 않았을 때와 포함됐을 때의 예측 성능을 다음 예제 코드와 같이 비교할 수 있습니다.

```
linear_model = Ridge(solver = "lsqr", fit_intercept=False)

sparse_matrix_list = (X_name, X_brand, X_item_cond_id, \
                      X_shipping, X_cat_dae, X_cat_jung, X_cat_so)
linear_preds, y_test = model_train_predict(model=linear_model, matrix_list=sparse_matrix_list)
print('Item Description을 제외했을 때 rmsle 값:', evaluate_org_price(y_test, linear_preds))

sparse_matrix_list = (X_descp, X_name, X_brand, X_item_cond_id, \
                      X_shipping, X_cat_dae, X_cat_jung, X_cat_so)
linear_preds, y_test = model_train_predict(model=linear_model, matrix_list=sparse_matrix_list)
print('Item Description을 포함한 rmsle 값:', evaluate_org_price(y_test, linear_preds))
```

[Output]

```
Item Description을 제외했을 때 rmsle 값: 0.5021634408234568
Item Description을 포함한 rmsle 값: 0.47122035359384046
```

Item Description을 포함했을 때 rmsle 값이 많이 감소했습니다. Item description 영향이 중요함을 알 수 있습니다.

LightGBM 회귀 모델 구축과 앙상블을 이용한 최종 예측 평가

다음으로는 LightGBM을 이용해 회귀를 수행한 뒤, 위에서 구한 릿지 모델 예측값과 LightGBM 모델 예측값을 간단한 앙상블(Ensemble) 방식으로 섞어서 최종 회귀 예측값을 평가하겠습니다.

먼저 LightGBM으로 회귀를 수행하겠습니다. n_estimators를 1000 이상 증가시키면 예측 성능은 조금 좋아지는데, 수행 시간이 PC에서 1시간 이상 걸립니다. n_estimators를 200으로 작게 설정하고 예측 성능을 측정해 보겠습니다. 병렬 지원이 되는 컴퓨터에서 예제 코드를 수행하는 사람은 n_estimators를 1000 이상으로 증가시켜 성능을 확인해 보기 바랍니다(n_estimators를 200으로 적용할 때 예제를 실행한 PC에서는 15분 정도의 수행 시간이 걸렸습니다).

```
from lightgbm import LGBMRegressor

sparse_matrix_list = (X_descp, X_name, X_brand, X_item_cond_id,
                      X_shipping, X_cat_dae, X_cat_jung, X_cat_so)

lgbm_model = LGBMRegressor(n_estimators=200, learning_rate=0.5, num_leaves=125, random_state=156)
lgbm_preds, y_test = model_train_predict(model = lgbm_model, matrix_list=sparse_matrix_list)
print('LightGBM rmsle 값:',  evaluate_org_price(y_test, lgbm_preds))
```

[Output]

```
LightGBM rmsle 값:  0.4565182126498302
```

앞 예제의 Ridge보다 예측 성능이 더 나아졌습니다. 다음으로 이렇게 구한 LightGBM의 예측 결괏값과 위에서 구한 Ridge의 예측 결괏값을 서로 앙상블해 최종 예측 결괏값을 도출하겠습니다. LightGBM 결괏값에 0.45를 곱하고 Ridge 결괏값에 0.55를 곱한 값을 서로 합해 최종 예측 결괏값으로 하겠습니다(0.45와 0.55의 배합 비율은 임의로 산정했습니다). 최적의 결괏값을 도출하도록 배합 비율을 여러 가지로 해서 직접 수행해 보기 바랍니다. 앞에서 구한 Ridge 예측 데이터 세트인 linear_ preds에 일괄적으로 0.55를 곱하고, LightGBM 예측 데이터 세트인 lgbm_preds에 일괄적으로 0.45를 곱한 뒤 합한 결과 데이터 세트로 예측 성능 결과를 다시 측정해 보겠습니다.

```
preds = lgbm_preds * 0.45 + linear_preds * 0.55
print('LightGBM과 Ridge를 ensemble한 최종 rmsle 값:', evaluate_org_price(y_test, preds))
```

[Output]

```
LightGBM과 Ridge를 ensemble한 최종 rmsle 값: 0.45048177897380093
```

간단한 앙상블 방식으로 예측 성능을 더 개선했습니다.

11 정리

이 장에서는 텍스트 분석을 위한 기반 프로세스를 상세히 알아보고, 이를 통해 텍스트 분류, 감성 분석, 토픽 모델링, 텍스트 군집화 및 유사도 측정 등을 직접 파이썬 코드를 이용해 구현해 봤습니다. 머신러닝 기반의 텍스트 분석 프로세스는 첫째 텍스트 사전 정제 작업 등의 텍스트 정규화 작업을 수행하고 둘째 이들 단어들을 피처 벡터화로 변환합니다. 셋째, 이렇게 생성된 피처 벡터 데이터 세트에 머신러닝 모델을 학습하고 예측, 평가합니다.

텍스트 정규화 작업은 텍스트 클렌징 및 대소문자 변경, 단어 토큰화, 의미 없는 단어 필터링, 어근 추출 등 피처 벡터화를 진행하기 이전에 수행하는 다양한 사전 작업을 의미합니다. 피처 벡터화는 BOW의 대표 방식인 Count 기반과 TF-IDF 기반 피처 벡터화를 설명했습니다. 일반적으로 문서의 문장이 긴 경우 TF-IDF 기반의 피처 벡터가 더 정확한 결과를 도출하는 데 도움이 됩니다. 이렇게 만들어진 피처 벡터 데이터 세트는 희소 행렬이며, 머신러닝 모델은 이러한 희소 행렬 기반에서 최적화되어야 합니다.

텍스트 분류절에서는 문서들을 피처 벡터화한 후 로지스틱 회귀를 적용해 문서를 지도학습 방식으로 예측 분류해 봤습니다. 감성 분석절에서는 지도학습 기반으로 긍정/부정 이진 분류를 적용한 방식과 SentiWordNet, VADER와 같은 감성 사전 Lexicon을 이용한 방식 두 가지를 살펴봤습니다. 토픽 모델링은 LDA(Latent Dirichlet Allocation)를 이용해 뉴스그룹 내의 많은 문서들이 공통적으로 가지는 토픽들을 추출해 봤습니다. 텍스트 군집화는 K-평균 군집화 기법을 이용해 비슷한 문서들끼리 군집화했고 텍스트 유사도 측정에서는 코사인 유사도를 이용해 문서들끼리 얼마나 비슷한지를 측정해 봤습니다. 파이썬의 대표적인 한글 형태소 분석기인 KoNLPy 패키지를 이용해 네이버에서 제공하는 한글로 된 영화 리뷰에 긍정/부정 이진 분류를 적용해 봤습니다. 마지막으로 Mercari Price Challenge 실습에서는 정형 피처들과 텍스트와 같은 비정형 피처를 결합해 효과적으로 회귀 예측 모델을 구현했습니다.

텍스트 분석과 같은 비정형 데이터의 분석은 머신러닝을 통해 많은 발전을 가져왔습니다. 과거에는 단순히 보관용에 지나지 않았던 이들 비정형 데이터들이 머신러닝 기법의 도입으로 새로운 데이터로서의 가치를 부여받고 있습니다. 특히 기존의 데이터들과 이들 비정형 데이터가 결합된 형태로 제공되는 분석은 기존 분석이 가져다 주지 못한 새로운 인사이트들을 제공할 수 있게 되었습니다.

CHAPTER

09

추천 시스템

"절대
거절 못할 제안을 하지"

< 영화 대부에서 >

01 추천 시스템의 개요와 배경

추천 시스템의 개요

바야흐로 지금은 추천 시스템(Recommendations) 전성시대입니다. 아마존 등과 같은 전자상거래 업체부터 유튜브, 애플 뮤직 등 콘텐츠 포털까지 추천 시스템을 통해 사용자의 취향을 이해하고 맞춤 상품과 콘텐츠를 제공해 조금이라도 오래 자기 사이트에 고객을 머무르게 하기 위해 전력을 기울이고 있습니다.

발전하는 추천 엔진으로 인해 더욱더 많은 수익을 올릴 수 있다는 사실을 알고 있는 주요 업체들은 추천 엔진의 고도화에 큰 비용과 노력을 들이고 있습니다. 실제로 많은 전자상거래 업체가 추천 시스템을 도입함으로써 매출을 큰 폭으로 증가시켰으며, 사용자의 쇼핑 즐거움 또한 배가할 수 있었습니다.

개인적으로 유튜브, 애플 뮤직을 애용하는데, 몇 개의 콘텐츠만 클릭하더라도 그와 유사하거나 연관된 콘텐츠가 줄줄이 추천됩니다. 이들이 추천하는 것은 대부분 사용자가 관심을 가질 만한 콘텐츠임은 물론이고, 놀랍게도 그동안 잊고 지내왔거나 몰랐던 새로운 취향의 콘텐츠까지 소개해줍니다. 이 때문에 고도화된 추천 엔진을 가지고 있는 사이트에 한 번 접속하고 나면 쉽게 빠져나올 수 없게 됩니다. 다음은 필자의 유튜브 첫 화면인데, 최근 영화 '인터스텔라' OST를 자주 들어서 이와 유사한 다른 OST와 음악, 영화 등을 추천하는 첫 화면으로 변경됐습니다. 그리고 추천 콘텐츠 대부분이 개인적 취향을 정확히 이해하고 추천한 것 같은 인상을 받았습니다.

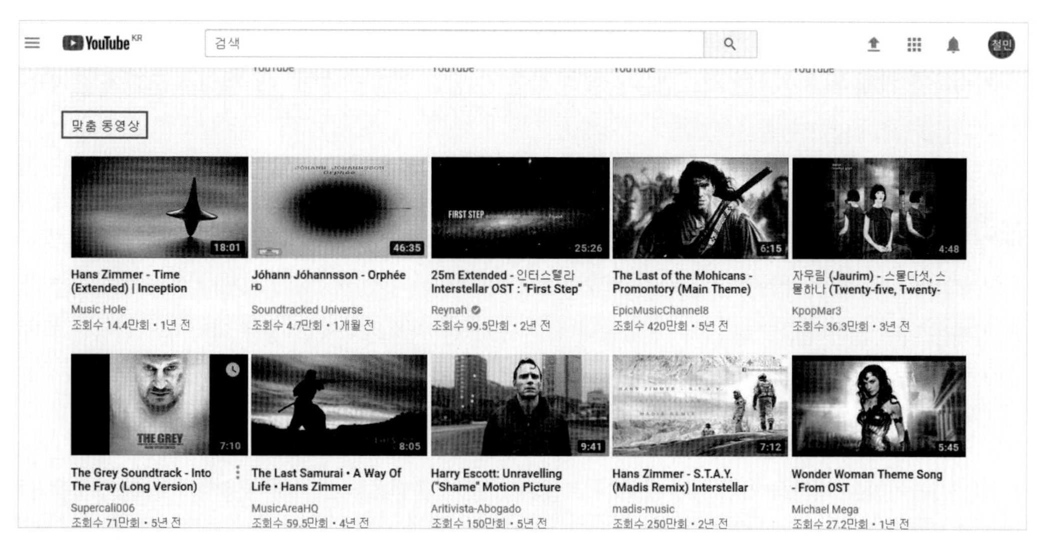

〈 유튜브의 사용자별 첫 화면 맞춤 동영상 〉

전자상거래 업체도 추천 시스템의 도움을 많이 받습니다. 아마존, 이베이 등 유수의 전자상거래 업체가 추천 시스템 도입 후 큰 매출 향상을 경험했습니다.

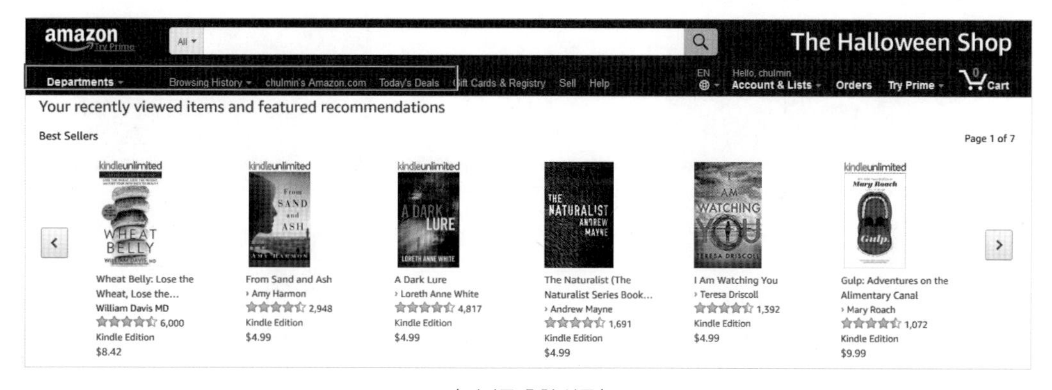

〈 아마존 추천 상품 〉

하나의 콘텐츠를 선택했을 때 선택된 콘텐츠와 연관된 추천 콘텐츠가 얼마나 사용자의 관심을 끌고 개인에게 맞춘 콘텐츠를 추천했는지는 그 사이트의 평판을 좌우하는 매우 중요한 요소입니다.

추천 시스템의 진정한 묘미는 사용자 자신도 좋아하는지 몰랐던 취향을 시스템이 발견하고 그에 맞는 콘텐츠를 추천해주는 것입니다. 이러한 추천 시스템을 접한 사용자는 해당 사이트를 더 강하게 신뢰하게 되어 더 많은 추천 콘텐츠를 선택하게 됩니다. 결국 더 많은 데이터가 추천 시스템에 축적되면서 추천이 더욱 정확해지고 다양한 결과를 얻을 수 있는 좋은 선순환 시스템을 구축할 수 있게 됩니다. 치열한 경쟁 환경에 놓여 있는 전자 상거래 업체, 영화/음악 콘텐츠 제공 업체 등은 사용자의 관심을 오랫동안 지속하기 위해 똑똑한 추천 시스템을 갖춰야 함을 잘 알고 있기에 추천 시스템의 고도화에 큰 비용과 투자를 아끼지 않고 있습니다.

온라인 스토어의 필수 요소, 추천 시스템

추천 시스템은 특히 온라인에서 그 진가를 발휘합니다. 대부분의 전자상거래 업체나 온라인 콘텐츠 제공 업체는 너무 많은 상품으로 가득 차 있습니다. 누구나 한 번쯤은 다양한 상품 이미지와 번잡한 카테고리, 메뉴 구성 등으로 인해 온라인상에서 제품 선택의 어려움을 겪었을 것입니다. 이러한 경험이 쌓일수록 온라인 쇼핑에 대한 부정적인 이미지가 강해져 결국 매출 감소로 이어질 수 있습니다.

한정된 시간이라는 제약을 가진 상황에서 너무 많은 상품과 콘텐츠는 오히려 사용자가 어떤 상품을 골라야 할지에 대한 압박감을 느끼게 만들 수밖에 없는데, 추천 시스템이 이러한 상황을 타개해줍니다. 좋은 추천 시스템은 사용자가 무엇을 원하는지 빠르게 찾아내 사용자의 온라인 쇼핑의 즐거움을 배가합니다. 따라서 온라인 스토어에서 추천 시스템은 필수 구성 요소입니다.

너무 많은 상품으로 가득찬 온라인 스토어

VS

추천엔진은 사용자가 무엇을 원하는지 빠르게 찾아내어 사용자의 온라인 쇼핑 이용 즐거움을 배가시킨다.

한정된 시간, 어떤 상품을 골라야 할지 선택의 압박

〈 추천 시스템으로 사용자의 선택 부담을 해결 〉

온라인 스토어는 많은 양의 고객과 상품 관련 데이터를 가지고 있습니다. 이 모든 데이터가 사용자가 흥미를 가질 만한 상품을 즉각적으로 추천하는 데 사용됩니다. 예를 들어 다음과 같은 데이터가 추천 시스템을 구성하는 데 사용될 수 있습니다.

- 사용자가 어떤 상품을 구매했는가?
- 사용자가 어떤 상품을 둘러보거나 장바구니에 넣었는가?

- 사용자가 평가한 영화 평점은? 제품 평가는?
- 사용자가 스스로 작성한 자신의 취향은?
- 사용자가 무엇을 클릭했는가?

이러한 데이터를 기반으로 추천 시스템은 '당신만을 위한 최신 상품', '이 상품을 선택한 다른 사람들이 좋아하는 상품들', '이 상품을 좋아하나요? 아래 있는 다른 상품은 어떤가요?'와 같은 친숙한 문구로 사용자가 상품을 구매하도록 유혹합니다.

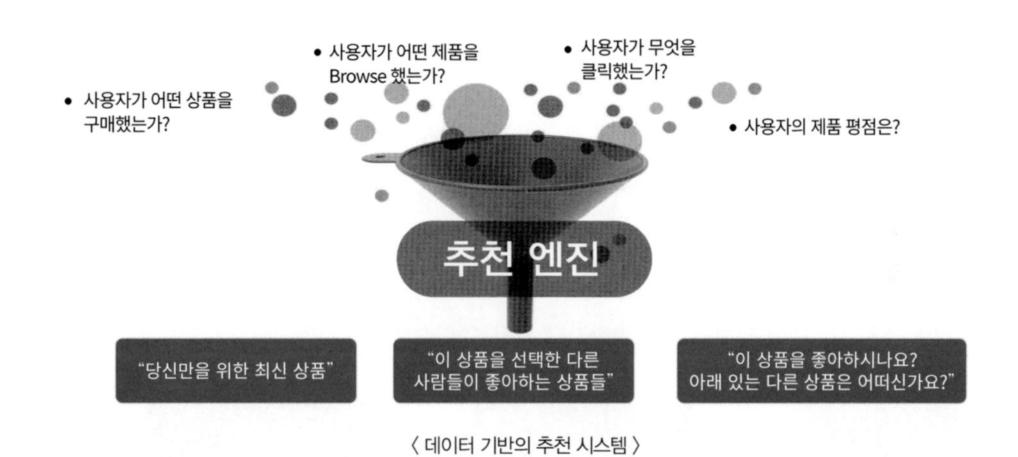

〈 데이터 기반의 추천 시스템 〉

추천 시스템의 유형

추천 시스템은 크게 콘텐츠 기반 필터링(Content based filtering) 방식과 협업 필터링(Collaborative Filtering) 방식으로 나뉩니다. 그리고 협업 필터링 방식은 다시 최근접 이웃(Nearest Neighbor) 협업 필터링과 잠재 요인(Latent Factor) 협업 필터링으로 나뉩니다.

추천 시스템의 초창기에는 콘텐츠 기반 필터링이나 최근접 이웃 기반 협업 필터링이 주로 사용됐지만, 그 유명한 넷플릭스 추천 시스템 경연 대회에서 행렬 분해(Matrix Factorization) 기법을 이용한 잠재 요인 협업 필터링 방식이 우승하면서 대부분의 온라인 스토어에서 잠재 요인 협업 필터링 기반의 추천 시스템을 적용하고 있습니다. 하지만 서비스하는 아이템의 특성에 따라 콘텐츠 기반 필터링이나 최근접 이웃 기반 협업 필터링 방식을 유지하는 사이트도 많으며, 특히 아마존의 경우는 아직도 아이템 기반의 최근접 이웃 협업 필터링 방식을 추천 엔진으로 사용합니다. 요즘에는 개인화 특성을 좀 더 강화하기 위해서 하이브리드 형식으로 콘텐츠 기반과 협업 기반을 적절히 결합해 사용하는 경우도 늘고 있습니다.

02 콘텐츠 기반 필터링 추천 시스템

콘텐츠 기반 필터링 방식은 사용자가 특정한 아이템을 매우 선호하는 경우, 그 아이템과 비슷한 콘텐츠를 가진 다른 아이템을 추천하는 방식입니다. 예를 들어 사용자가 특정 영화에 높은 평점을 줬다면 그 영화의 장르, 출연 배우, 감독, 영화 키워드 등의 콘텐츠와 유사한 다른 영화를 추천해주는 방식입니다. 다음과 같이 특정 사용자가 '컨택트'라는 영화에 8점(10점 만점), '프로메테우스'에 9점이라는 높은 점수를 줬다고 가정해 보겠습니다. 이 경우, '컨택트'와 '프로메테우스'의 장르, 감독, 출연 배우, 키워드 등의 콘텐츠를 감안해 이와 유사한 영화를 추천해 줄 수 있습니다.

'컨택트'의 경우 장르가 SF, 미스터리이고, 프로메테우스는 SF, 액션, 스릴러로 분류됩니다. 영화 감독은 각각 드니 빌뇌브, 리들리 스콧입니다. 콘텐츠 기반 필터링 추천 시스템은 사용자가 높게 평가한 이러한 영화의 콘텐츠를 감안해 이와 적절하게 매칭되는 영화를 추천해줍니다. 예를 들어, 영화 '블레이드 러너 2049'는 드니 빌뇌브 감독이 리들리 스콧 감독의 전작인 블레이드 러너를 최신 리메이크한 영화입니다. 사용자가 선호하는 감독, 장르, 키워드 등의 콘텐츠를 다양하게 포함하고 있으므로 콘텐츠 기반 필터링 추천 시스템에 의해서 해당 영화가 추천될 수 있습니다.

장르: SF, 드라마, 미스터리
감독: 드니 빌뇌브
출연: 에이미 아담스, 제레미 러너
키워드: 외계인 침공, 예술성, 스릴러 요소

장르: SF, 액션, 스릴러
감독: 드니 빌뇌브
출연: 라이언 고슬링, 해리슨 포드
키워드: 리들리 스콧 감독의 전작을 리메이크

장르: SF, 액션, 스릴러
감독: 리들리 스콧
출연: 노미 라마스, 마이클 패스벤더
키워드: 에일리언 프리퀄, 액션과 스리러의 조화

추천

사용자 선호 프로파일

선호 장르: SF, 액션, 스릴러
선호 배우: 에이미 아담스, 마이클 패스벤더 등
선호 감독: 리들리 스콧,드니 빌뇌브

03 최근접 이웃 협업 필터링

'신작' 영화가 나왔을 때 영화관으로 그 영화를 보러 갈지 말지를 어떻게 결정하나요? 영화 관람료는 물론이고, 영화관까지 이동하는 시간, 관람 시간 등 영화를 영화관에서 보려고 하면 큰 비용이 들 수 있는데, 예고편이나 전문가 평, 좋아하는 배우/감독 만을 보고 영화를 선택했다가 실망한 기억이 있을 것입니다. 그래서 어쩌면 그 영화를 본 가까운 친구들에게 영화가 어땠는지를 물어보는 게 영화 선택 시 가장 많이 애용하는 방법일 것입니다(단, 취향이 비슷한 친구들에게 물어봐야 합니다).

친구들에게 물어보는 것과 유사한 방식으로, 사용자가 아이템에 매긴 평점 정보나 상품 구매 이력과 같은 사용자 행동 양식(User Behavior)만을 기반으로 추천을 수행하는 것이 협업 필터링(Collaborative Filtering) 방식입니다.

협업 필터링의 주요 목표는 사용자-아이템 평점 매트릭스와 같은 축적된 사용자 행동 데이터를 기반으로 사용자가 아직 평가하지 않은 아이템을 예측 평가(Predicted Rating)하는 것입니다. 오른쪽 그림에서 User 1은 Item 4에 대한 평점이 없습니다. 협업 필터링은 사용자가 평가한 다른 아이템을 기반으로 사용자가 평가하지 않은 아이템의 예측 평가를 도출하는 방식입니다.

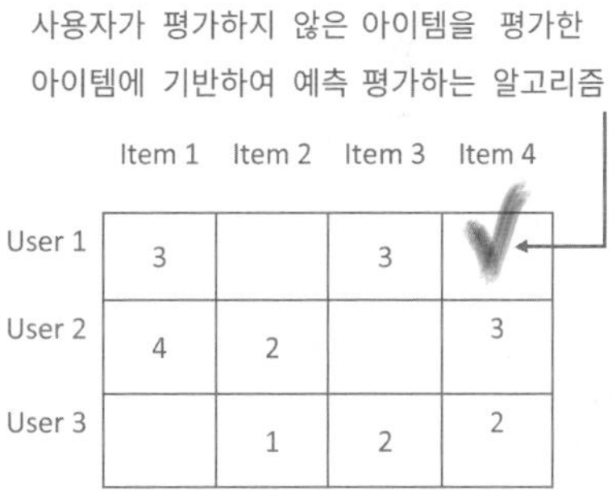

사용자가 평가하지 않은 아이템을 평가한 아이템에 기반하여 예측 평가하는 알고리즘

	Item 1	Item 2	Item 3	Item 4
User 1	3		3	✓
User 2	4	2		3
User 3		1	2	2

협업 필터링 기반의 추천 시스템은 최근접 이웃 방식과 잠재 요인 방식으로 나뉘며, 두 방식 모두 사용자-아이템 평점 행렬 데이터에만 의지해 추천을 수행합니다. 협업 필터링 알고리즘에 사용되는 사용자-아이템 평점 행렬에서 행(Row)은 개별 사용자, 열(Column)은 개별 아이템으로 구성되며, 사용자 아이디 행, 아이템 아이디 열 위치에 해당하는 값이 평점을 나타내는 형태가 돼야 합니다. 만약 데이터가 다음 그림의 왼쪽과 같이 레코드 레벨 형태인 사용자-아이템 평점 데이터라면 판다스의 pivot_table( )과 같은 함수를 이용해 그림의 오른쪽과 같은 형태인 사용자-아이템 평점 행렬 형태로 변경해야 합니다.

로우 레벨 형태의 사용자 - 아이템 평점 데이터

User ID	Item ID	Rating
User 1	Item 1	3
User 1	Item 3	3
User 2	Item 1	4
User 2	Item 2	1
User 3	Item 4	5

사용자 로우, 아이템 칼럼으로 구성된 사용자 - 아이템 평점 데이터

	Item 1	Item 2	Item 3	Item 4
User 1	3		3	
User 2	4	1		
User 3				5

일반적으로 이러한 사용자-아이템 평점 행렬은 많은 아이템을 열로 가지는 다차원 행렬이며, 사용자가 아이템에 대한 평점을 매기는 경우가 많지 않기 때문에 희소 행렬(Sparse Matrix) 특성을 가지고 있습니다.

최근접 이웃 협업 필터링은 메모리(Memory) 협업 필터링이라고도 하며, 일반적으로 사용자 기반과 아이템 기반으로 다시 나뉠 수 있습니다.

- **사용자 기반(User-User)**: 당신과 비슷한 고객들이 다음 상품도 구매했습니다(Customers like you also bought these items).
- **아이템 기반(Item-Item)**: 이 상품을 선택한 다른 고객들은 다음 상품도 구매했습니다(customers who bought this item also bought these items).

사용자 기반 최근접 이웃 방식은 특정 사용자와 유사한 다른 사용자를 Top-N으로 선정해 이 Top-N 사용자가 좋아하는 아이템을 추천하는 방식입니다. 즉, 특정 사용자와 타 사용자 간의 유사도(Similarity)를 측정한 뒤 가장 유사도가 높은 Top-N 사용자를 추출해 그들이 선호하는 아이템을 추천하는 것입니다. 다음 그림은 사용자별 영화 평점 정보를 나타내고 있습니다.

	다크 나이트	인터스텔라	엣지오브 투모로우	프로메테우스	스타워즈 라스트제다이
사용자 A	5	4	4		
사용자 B	5	3	4	5	3
사용자 C	4	3	3	2	5

상호간 유사도 높음 (사용자 A, 사용자 B)

사용자 A는 사용자 C보다 사용자 B와 영화 평점 측면에서 유사도가 높음. 따라서 사용자 A에게는 사용자 B가 재미있게 본 '프로메테우스'를 추천 사용자 A는 주요 영화의 평점 정보가 사용자 C보다 사용자 B와 비슷하므로 사용자 A와 사용자 B는 상호 간 유사도가 매우 높다고 할 수 있습니다. 만약 사용자 A에게 아직 보지 못한 두 개의 영화인 '프로메테우스'와 '스타워즈-라스트 제다이' 중 하나를 추천한다면 사용자 C가 재미있게 본 '스타워즈-라스트 제다이'보다는 사용자 A와 유사도가 높은 사용자 B가 재미있게 관람한 '프로메테우스'를 추천하는 것이 사용자 기반 최근접 이웃 협업 필터링입니다.

아이템 기반 최근접 이웃 방식은 그 명칭이 주는 이미지 때문에 '아이템 간의 속성'이 얼마나 비슷한지를 기반으로 추천한다고 착각할 수 있습니다. 하지만 아이템 기반 최근접 이웃 방식은 아이템이 가지는 속성과는 상관없이 사용자들이 그 아이템을 좋아하는지/싫어하는지의 평가 척도가 유사한 아이템을 추천하는 기준이 되는 알고리즘입니다. 다음 그림은 아이템 기반 최근접 이웃 방식의 기반 데이터 세트입니다. 위의 사용자 기반 최근접 이웃 데이터 세트와 행과 열이 서로 반대입니다(행이 개별 아이템이고 열이 개별 사용자입니다).

		사용자 A	사용자 B	사용자 C	사용자 D	사용자 E
상호간 유사도 높음	다크 나이트	5	4	5	5	5
	프로메테우스	5	4	4		5
	스타워즈 라스트제다이	4	3	3		4

여러 사용자들의 평점을 기준으로 볼 때 '다크 나이트'와 가장 유사한 영화는 '프로메테우스'

아이템(영화) '다크 나이트'는 '스타워즈-라스트 제다이'보다 '프로메테우스'와 사용자들의 평점 분포가 훨씬 더 비슷하므로 '다크 나이트'와 '프로메테우스'는 상호 간 아이템 유사도가 상대적으로 매우 높습니다. 따라서 '다크 나이트'를 매우 좋아하는 사용자 D에게 아이템 기반 협업 필터링은 D가 아직 관람하지 못한 '프로메테우스'와 '스타워즈-라스트 제다이' 중 '프로메테우스'를 추천합니다.

일반적으로 사용자 기반보다는 아이템 기반 협업 필터링이 정확도가 더 높습니다. 이유는 비슷한 영화(또는 상품)를 좋아(또는 구입)한다고 해서 사람들의 취향이 비슷하다고 판단하기는 어려운 경우가 많기 때문입니다. 매우 유명한 영화는 취향과 관계없이 대부분의 사람이 관람하는 경우가 많고, 사용자들이 평점을 매긴 영화(또는 상품)의 개수가 많지 않은 경우가 일반적인데 이를 기반으로 다른 사람과의 유사도를 비교하기가 어려운 부분도 있습니다. 따라서 최근접 이웃 협업 필터링은 대부분 아이템 기반의 알고리즘을 적용합니다.

앞장의 텍스트 분석에서 소개된 유사도 측정 방법인 코사인 유사도는 추천 시스템의 유사도 측정에 가장 많이 적용됩니다. 추천 시스템에 사용되는 데이터는 피처 벡터화된 텍스트 데이터와 동일하게 다차원 희소 행렬이라는 특징이 있으므로 유사도 측정을 위해 주로 코사인 유사도를 이용합니다.

04 잠재 요인 협업 필터링

잠재 요인 협업 필터링의 이해

미켈란젤로가 훗날 '다비드'가 될 대리석 조각에 달라붙어 작업하고 있을 때였습니다. 마침 근처를 지나던 어린 소녀가 작업실로 들어와 미켈란젤로에게 호기심 가득한 눈으로 물었습니다. "왜 그렇게 힘들게 돌을 두드리세요?" 미켈란젤로는 이렇게 말했다고 합니다. "*꼬마야, 이 바위 안에는 천사가 들어 있단다. 나는 지금 잠자는 천사를 깨워 자유롭게 해주는 중이야.*"

위대한 예술가의 심안에 비할 바는 아니지만, 잠재 요인 협업 필터링은 사용자-아이템 평점 매트릭스 속에 숨어 있는 잠재 요인을 추출해 추천 예측을 할 수 있게 하는 기법입니다. 대규모 다차원 행렬을 SVD와 같은 차원 감소 기법으로 분해하는 과정에서 잠재 요인을 추출하는데, 이러한 기법을 행렬 분해(Matrix Factorization)라고 합니다. 행렬 분해 기반의 잠재 요인 협업 필터링은 넷플릭스 경연 대회에서 사용되면서 유명해졌습니다. 우승을 차지한 모델은 행렬 분해 기반의 여러 모델을 결합해 만든 모델이며, 이후 많은 추천 시스템이 행렬 분해에 기반한 잠재 요인 협업 필터링을 적용하고 있습니다.

〈 백만 달러의 상금이 걸린 넷플릭스 추천 엔진 경연 대회 우승팀 사진 〉

잠재 요인 협업 필터링은 사용자-아이템 평점 행렬 데이터만을 이용해 말 그대로 '잠재 요인'을 끄집어내는 것을 의미합니다. '잠재 요인'이 어떤 것인지는 명확히 정의할 수 없습니다. 하지만 이러한 '잠재 요인'을 기반으로 다차원 희소 행렬인 사용자-아이템 행렬 데이터를 저차원 밀집 행렬의 사용자-잠재 요인 행렬과 아이템-잠재 요인 행렬의 전치 행렬(즉, 잠재 요인-아이템 행렬)로 분해할 수 있으며, 이렇게 분해된 두 행렬의 내적을 통해 새로운 예측 사용자-아이템 평점 행렬 데이터를 만들어서 사용자가 아직 평점을 부여하지 않는 아이템에 대한 예측 평점을 생성하는 것이 잠재 요인 협력 필터링 알고리즘의 골자입니다. 다음 그림은 이러한 행렬 분해 기법을 이용해 사용자-잠재 요인 행렬과 아이템-잠재 요인 행렬의 전치 행렬(즉, 잠재 요인-아이템 행렬)로 분해된 데이터 세트를 다시 내적 곱으로 결합하면서 사용자가 예측하지 않은 아이템에 대한 평점을 도출하는 방식을 개략적으로 나타낸 것입니다.

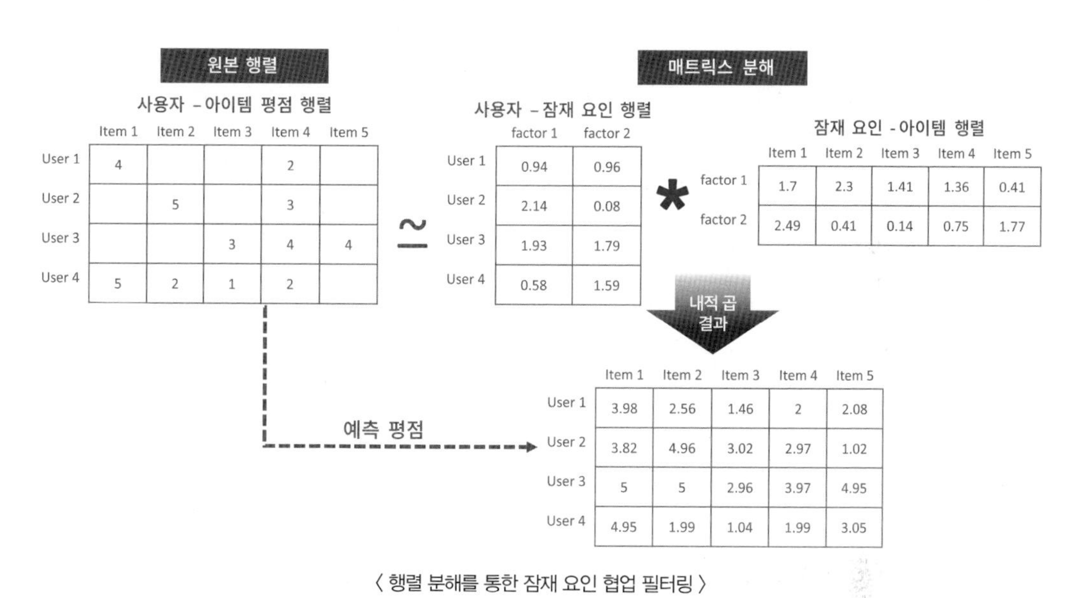

〈 행렬 분해를 통한 잠재 요인 협업 필터링 〉

행렬 분해에 의해 추출되는 '잠재 요인'이 정확히 어떤 것인지는 알 수 없지만, 가령 영화 평점 기반의 사용자-아이템 평점 행렬 데이터라면 영화가 가지는 장르별 특성 선호도로 가정할 수 있습니다. 즉, 사용자-잠재 요인 행렬은 사용자의 영화 장르에 대한 선호도로, 아이템-잠재 요인 행렬은 영화의 장르별 특성값으로 정의할 수 있습니다.

다음 그림의 사용자-아이템 평점 행렬 R에서 사용자(User)의 아이템(Item)에 대한 평점을 R(u, i)라고 하겠습니다. 여기서 u는 사용자 아이디, i는 아이템 아이디입니다. R(1, 1)은 4점이며, R(1, 4)는 2점입니다. 사용자-잠재 요인 행렬을 사용자의 영화 장르별 선호도 행렬 P로 가정하고 factor 1을 액션(Action) 선호도, factor 2를 로맨스(Romance) 선호도로 설정하겠습니다(설명상 편의를 위해 세상에 영화 장르가 액션과 로맨스밖에 없다고 가정합니다). P(u, k)에서 u는 사용자 아이디, k는 잠재 요인 칼럼인 장르별 선호도입니다. 다음 그림에서 P(1, 1)은 0.94, P(1, 2)는 0.96입니다.

아이템-잠재 요인 행렬은 영화별로 여러 장르 요소로 구성된 영화의 장르별 요소 행렬 Q로 가정하고 factor 1은 영화의 Action 요소 값, factor 2는 Romance 요소 값입니다. Q(i, k)에서 i는 아이템 아이디, k는 잠재 요인 칼럼인 장르별 요소입니다. Q는 P와의 내적 계산을 통해 예측 평점을 계산하기 위해 Q의 행과 열 위치를 서로 교환한 Q.T로 변환합니다. 즉, Q(i, k)는 Q.T(k, i)입니다. Q.T(1,1)은 1.7, Q.T(2,1)은 2.49입니다.

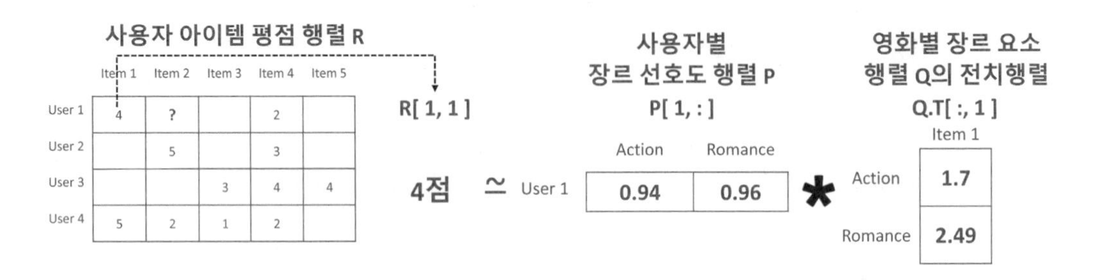

평점이란 사용자의 특정 영화 장르에 대한 선호도와 개별 영화의 그 장르적 특성값을 반영해 결정된다고 생각할 수 있습니다. 예를 들어 사용자가 액션 영화를 매우 좋아하고, 특정 영화가 액션 영화의 특성이 매우 크다면 사용자가 해당 영화에 높은 평점을 줄 것입니다. 따라서 평점은 사용자의 장르별 선호도 벡터와 영화의 장르별 특성 벡터를 서로 곱해서 만들 수 있습니다. 즉, User 1의 item 1의 평점인 R(1, 1)의 4점은 P 매트릭스의 User 1 벡터와 Q.T 매트릭스의 Item 1 벡터를 곱한 값입니다.

마찬가지 방법으로, 아직 User 1이 평점을 매기지 못한 Item 2에 대해 예측 평점을 수행해 보겠습니다. 즉, R(1, 2)는 행렬 분해된 P 매트릭스의 User 1 벡터와 Q.T 매트릭스의 Item 2 벡터의 내적 결괏값인 2.56으로 예측할 수 있습니다.

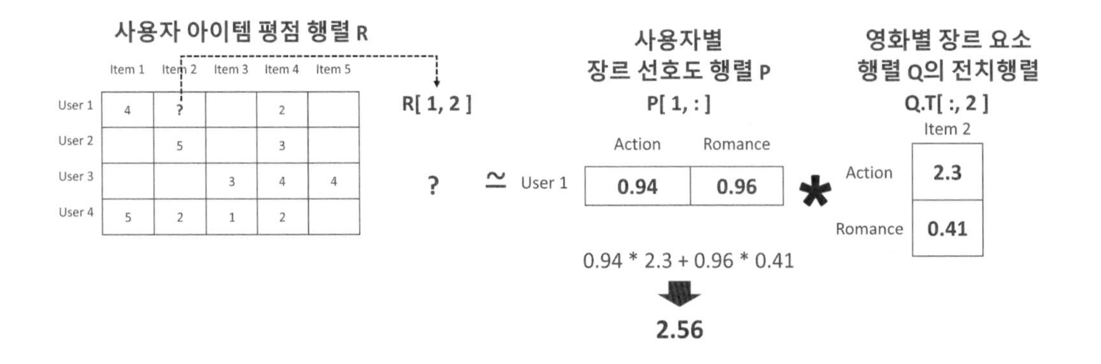

이처럼 잠재 요인 협업 필터링은 숨겨져 있는 '잠재 요인'을 기반으로 분해된 매트릭스를 이용해 사용자가 아직 평가하지 않은 아이템에 대한 예측 평가를 수행하는 것입니다. 사용자-아이템 평점 행렬과 같이 다차원의 매트릭스를 저차원의 매트릭스로 분해하는 기법을 행렬 분해(Matrix Factorization)라고 합니다. 이제 행렬 분해에 대해 좀 더 자세히 알아보겠습니다.

행렬 분해의 이해

행렬 분해는 다차원의 매트릭스를 저차원 매트릭스로 분해하는 기법으로서 대표적으로 SVD(Singular Vector Decomposition), NMF(Non-Negative Matrix Factorization) 등이 있습니다. Factorization(분해)은 우리말로 '인수분해'를 말합니다. 인수분해는 일반적으로 하나의 복잡한 다항식을 두 개 이상의 좀 더 단순한 인수(factor)의 곱으로 분해하는 것을 말합니다. 즉, $x^2 + 5x + 6$을 $(x+2) * (x+3)$과 같이 분해하는 것을 지칭합니다. 행렬 분해도 이와 다르지 않습니다. 단지 대상이 행렬이라는 게 다릅니다(그래서 약간 더 복잡합니다).

M개의 사용자(User) 행과 N개의 아이템(Item) 열을 가진 평점 행렬 R은 M X N 차원으로 구성되며, 행렬 분해를 통해서 사용자-K 차원 잠재 요인 행렬 P(P는 M X K 차원)와 K 차원 잠재 요인 - 아이템 행렬 Q.T(Q.T는 K X N 차원)로 분해될 수 있습니다(Q는 아이템-잠재 요인 행렬이며, Q.T는 Q의 전치 행렬인 잠재 요인-아이템 행렬입니다).

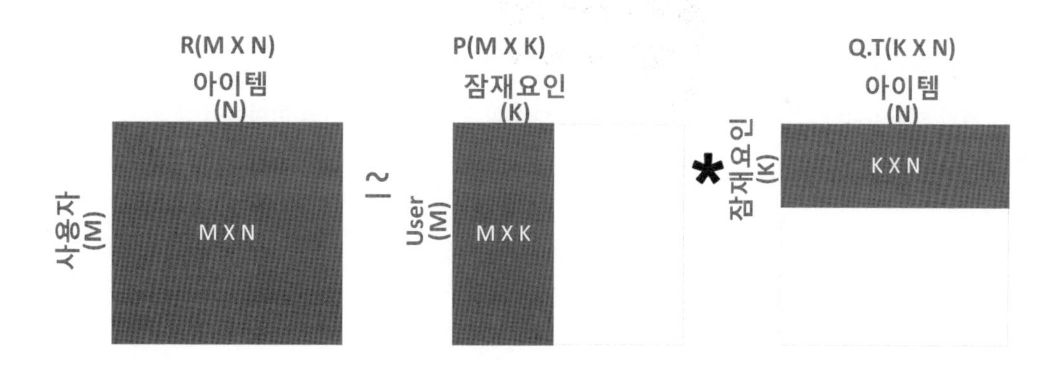

즉, **R = P*Q.T**이며 각 기호에 대한 설명은 다음과 같습니다.

- M은 총 사용자 수
- N은 총 아이템 수
- K는 잠재 요인의 차원 수
- R은 M X N 차원의 사용자-아이템 평점 행렬

- P는 사용자와 잠재 요인과의 관계 값을 가지는 M X K 차원의 사용자-잠재 요인 행렬
- Q는 아이템과 잠재 요인과의 관계 값을 가지는 N X K 차원의 아이템-잠재 요인 행렬
- Q.T는 Q 매트릭스의 행과 열 값을 교환한 전치 행렬

예를 들어, 행렬 내에 널(NaN) 값을 많이 가지는 고차원의 희소 행렬인 R 행렬은 다음 그림과 같이 저차원의 밀집 행렬인 P 행렬과 Q 행렬로 분해될 수 있습니다.

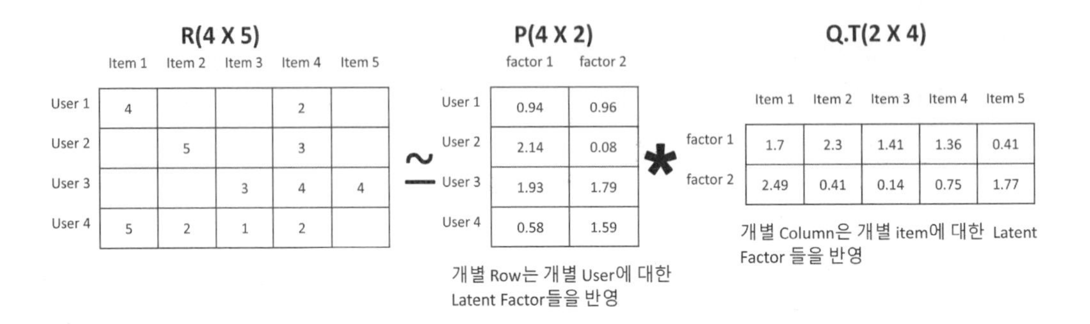

R 행렬의 u행 사용자와 i열 아이템 위치에 있는 평점 데이터를 $r_{(u,i)}$라고 하면

$$r_{(u,i)} = p_u * q_i^t$$

로 유추할 수 있습니다. 여기서 p_u는 P 행렬에서 u행 사용자의 벡터이며, q_i^t는 Q 행렬의 i행 아이템 벡터의 전치 벡터입니다. 가령 다음 그림과 같이 R 행렬의 2행 사용자와 4열 아이템에 해당하는 $r_{(2,4)}$ 평점 3점은 $r_{(2,4)} = p_2 * q_4^t$입니다. 따라서 $r_{(2,4)}$ 예측값은 2.14 * 1.36 + 0.08 * 0.75 = 2.97로 계산할 수 있습니다.

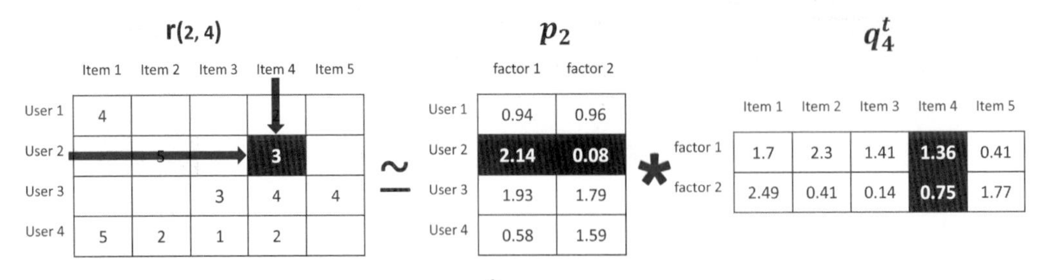

사용자가 평가하지 않은 아이템(영화)에 대한 평점도 잠재 요인으로 분해된 P 행렬과 Q 행렬을 이용해 예측할 수 있습니다. R 행렬의 2행 사용자와 3열 아이템에 해당하는 $r_{(2,3)}$은 아직 사용자가 평점을 매기지 않은 미정(NaN) 데이터지만, $r_{(2,3)} = p_2 * q_3^t$로 유추할 수 있습니다. 따라서 이 식으로 유추된 $r_{(2,3)}$ 예측값은 2.14 * 1.41 + 0.08 * 0.14 = 3.02입니다.

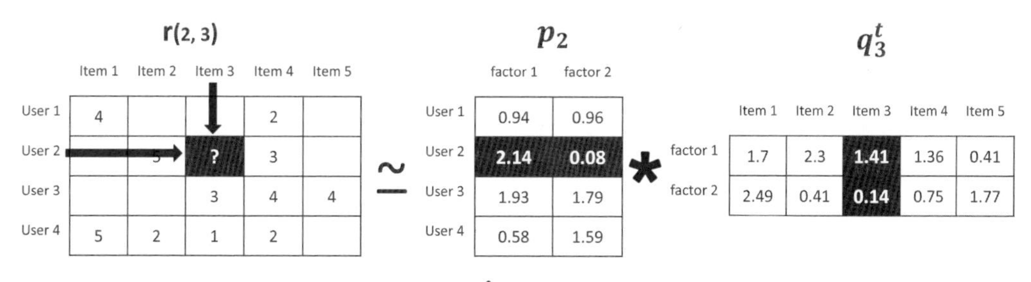

사용자-아이템 평점 행렬의 미정 값을 포함한 모든 평점 값은 행렬 분해를 통해 얻어진 P 행렬과 Q.T 행렬의 내적을 통해 예측 평점으로 다시 계산할 수 있습니다.

$$R \cong \hat{R} = P * Q.T$$

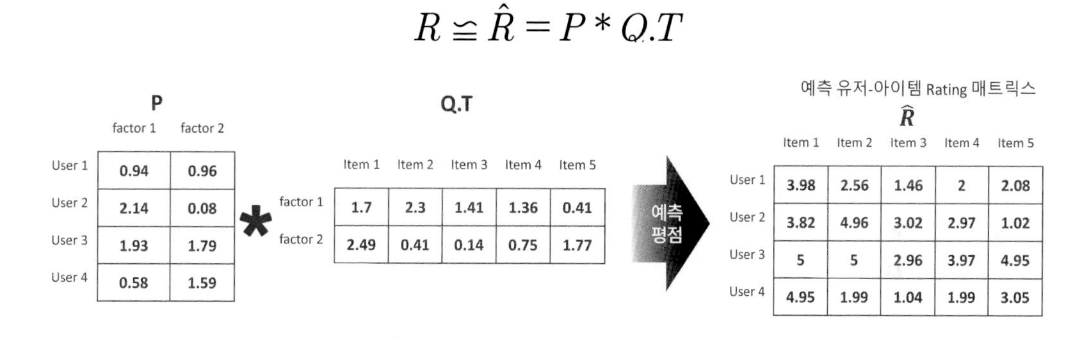

그렇다면 R 행렬을 어떻게 P와 Q 행렬로 분해할까요? 행렬 분해는 주로 SVD(Singular Value Decomposition) 방식을 이용합니다. 하지만 SVD는 널(NaN) 값이 없는 행렬에만 적용할 수 있습니다. R 행렬에는 아직 평점이 되지 않은 많은 널 값이 있기 때문에 P와 Q 행렬을 일반적인 SVD 방식으로는 분해할 수가 없습니다. 이러한 경우에는 확률적 경사 하강법(Stochastic Gradient Descent, SGD)이나 ALS(Alternating Least Squares) 방식을 이용해 SVD를 수행합니다. 다음에서 경사 하강법을 이용한 행렬 분해에 대해 알아보겠습니다.

확률적 경사 하강법을 이용한 행렬 분해

확률적 경사 하강법(Stochastic Gradient Descent)은 5장 회귀에서 배운 경사 하강법의 한 종류입니다(경사 하강법에 대해서 기억이 희미하다면 5장 회귀의 3절에서 비용 최소화하기–경사 하강법 절을 다시 한번 천천히 읽어보기 바랍니다). 확률적 경사 하강법을 이용한 행렬 분해 방법을 요약하자면, **P와 Q 행렬로 계산된 예측 R 행렬 값이 실제 R 행렬 값과 가장 최소의 오류를 가질 수 있도록 반복적인 비용 함수 최적화를 통해 P와 Q를 유추해내는 것입니다.**

확률적 경사 하강법(이하 SGD)을 이용한 행렬 분해의 전반적인 절차를 보면 조금 더 쉽게 이해할 수 있을 것입니다.

1. P와 Q를 임의의 값을 가진 행렬로 설정합니다.
2. P와 Q.T 값을 곱해 예측 R 행렬을 계산하고 예측 R 행렬과 실제 R 행렬에 해당하는 오류 값을 계산합니다.
3. **이 오류 값을 최소화할 수 있도록 P와 Q 행렬을 적절한 값으로 각각 업데이트합니다.**
4. 만족할 만한 오류 값을 가질 때까지 2, 3번 작업을 반복하면서 P와 Q 값을 업데이트해 근사화합니다.

실제 값과 예측값의 오류 최소화와 L2 규제(Regularization)를 고려한 비용 함수식은 다음과 같습니다.

$$min\sum(r_{(u,i)} - p_u q_i^t)^2 + \lambda(\| q_i \|^2 + \| p_u \|^2)$$

일반적으로 사용자–아이템 평점 행렬의 경우 행렬 분해를 위해서 단순히 예측 오류값의 최소화와 학습 시 과적합을 피하기 위해서 규제를 반영한 비용 함수를 적용합니다. 그리고 위의 비용 함수를 최소화하기 위해서 새롭게 업데이트되는 $\acute{p}_u$와 $\acute{q}_i$는 다음과 같이 계산할 수 있습니다(식의 유도는 이 책의 범위를 벗어나 생략하겠습니다).

$$\acute{p}_u = p_u + \eta(e_{(u,i)} * q_i - \lambda * p_u)$$
$$\acute{q}_i = q_i + \eta(e_{(u,i)} * p_u - \lambda * q_i)$$

비용 함수식과 업데이트 식의 기호가 의미하는 바는 다음과 같습니다.

- p_u: P 행렬의 사용자 u행 벡터
- q_i^t: Q 행렬의 아이템 i행의 전치 벡터(transpose vector)
- $r_{(u,i)}$: 실제 R 행렬의 u행, i열에 위치한 값.

- $\hat{r}_{(u,i)}$: 예측 $\hat{R}$ 행렬의 u행, i열에 위치한 값. $p_u * q_i^t$로 계산
- $e_{(u,i)}$: u행, i열에 위치한 실제 행렬 값과 예측 행렬 값의 차이 오류. $r_{(u,i)} - \hat{r}_{(u,i)}$로 계산
- η: SGD 학습률
- λ: L2 규제(Regularization) 계수

5장 3절에서 설명한 경사 하강법을 이용한 회귀는 비용 함수를 최소화하는 방향성을 가지고 회귀 계수의 업데이트 값(w1_update, w0_update)을 구하고 이 업데이트 값을 회귀 계수에 반복적으로 적용하는 것이 핵심 로직이었습니다. 평점 행렬을 경사 하강법을 이용해 행렬 분해하는 것도 이와 유사합니다. L2 규제를 반영해 실제 R 행렬 값과 예측 R 행렬 값의 차이를 최소화하는 방향성을 가지고 P행렬과 Q행렬에 업데이트 값을 반복적으로 수행하면서 최적화된 예측 R 행렬을 구하는 방식이 SGD 기반의 행렬 분해입니다.

이제 SGD를 이용해 행렬 분해를 수행하는 예제를 파이썬으로 구현해 보겠습니다. 분해하려는 원본 행렬 R을 P와 Q로 분해한 뒤에 다시 P와 Q.T의 내적으로 예측 행렬을 만드는 예제입니다. 먼저 원본 행렬 R을 미정인 널 값(np.NaN)을 포함해 생성하고 분해 행렬 P와 Q는 정규 분포를 가진 랜덤 값으로 초기화합니다. 잠재 요인 차원은 3으로 설정하겠습니다.

```
import numpy as np

# 원본 행렬 R 생성, 분해 행렬 P와 Q 초기화, 잠재 요인 차원 K는 3으로 설정.
R = np.array([[4, np.NaN, np.NaN, 2, np.NaN],
              [np.NaN, 5, np.NaN, 3, 1],
              [np.NaN, np.NaN, 3, 4, 4],
              [5, 2, 1, 2, np.NaN]])
num_users, num_items = R.shape
K=3

# P와 Q 행렬의 크기를 지정하고 정규 분포를 가진 임의의 값으로 입력합니다.
np.random.seed(1)
P = np.random.normal(scale=1./K, size=(num_users, K))
Q = np.random.normal(scale=1./K, size=(num_items, K))
```

다음으로 실제 R 행렬과 예측 행렬의 오차를 구하는 get_rmse( ) 함수를 만들어 보겠습니다. get_rmse( ) 함수는 실제 R 행렬의 널이 아닌 행렬 값의 위치 인덱스를 추출해 이 인덱스에 있는 실제 R 행렬 값과 분해된 P, Q를 이용해 다시 조합된 예측 행렬 값의 RMSE 값을 반환합니다.

```
from sklearn.metrics import mean_squared_error

def get_rmse(R, P, Q, non_zeros):
    error = 0
    # 두 개의 분해된 행렬 P와 Q.T의 내적으로 예측 R 행렬 생성
    full_pred_matrix = np.dot(P, Q.T)

    # 실제 R 행렬에서 널이 아닌 값의 위치 인덱스 추출해 실제 R 행렬과 예측 행렬의 RMSE 추출
    x_non_zero_ind = [non_zero[0] for non_zero in non_zeros]
    y_non_zero_ind = [non_zero[1] for non_zero in non_zeros]
    R_non_zeros = R[x_non_zero_ind, y_non_zero_ind]
    full_pred_matrix_non_zeros = full_pred_matrix[x_non_zero_ind, y_non_zero_ind]
    mse = mean_squared_error(R_non_zeros, full_pred_matrix_non_zeros)
    rmse = np.sqrt(mse)

    return rmse
```

이제 SGD 기반으로 행렬 분해를 수행합니다. 먼저 R에서 널 값을 제외한 데이터의 행렬 인덱스를 추출합니다. steps는 SGD를 반복해서 업데이트할 횟수를 의미하며, learning_rate는 SGD의 학습률, r_lambda는 L2 Regularization 계수입니다. steps=1000번 동안 반복하면서 $\acute{p}_u = p_u + \eta\,(e_{(u,i)} * q_i - \lambda * p_u)$, $\acute{q}_i = q_i + \eta\,(e_{(u,i)} * p_u - \lambda * q_i)$를 통해 새로운 p_u, q_i 값으로 업데이트합니다. 그리고 get_rmse( ) 함수를 통해 50회 반복할 때마다 오류 값을 출력합니다.

```
# R > 0인 행 위치, 열 위치, 값을 non_zeros 리스트에 저장.
non_zeros = [ (i, j, R[i, j]) for i in range(num_users) for j in range(num_items) if R[i, j] > 0 ]

steps=1000
learning_rate=0.01
r_lambda=0.01

# SGD 기법으로 P와 Q 매트릭스를 계속 업데이트.
for step in range(steps):
    for i, j, r in non_zeros:
        # 실제 값과 예측 값의 차이인 오류 값 구함
        eij = r - np.dot(P[i, :], Q[j, :].T)
        # Regularization을 반영한 SGD 업데이트 공식 적용
        P[i, :] = P[i, :] + learning_rate*(eij * Q[j, :] - r_lambda*P[i, :])
        Q[j, :] = Q[j, :] + learning_rate*(eij * P[i, :] - r_lambda*Q[j, :])
```

```
    rmse = get_rmse(R, P, Q, non_zeros)
    if (step % 50) == 0 :
        print("### iteration step : ", step, " rmse : ", rmse)
```

[Output]

```
### iteration step :       0         rmse :    3.2388050277987723
### iteration step :       50        rmse :    0.4876723101369648
…….
### iteration step :       950       rmse :    0.016447171683479155
```

이제 분해된 P와 Q 함수를 P*Q.T로 예측 행렬을 만들어서 출력해 보겠습니다.

```
pred_matrix = np.dot(P, Q.T)
print('예측 행렬:\n', np.round(pred_matrix, 3))
```

[Output]

```
예측 행렬:
 [[3.991 0.897 1.306 2.002 1.663]
 [6.696 4.978 0.979 2.981 1.003]
 [6.677 0.391 2.987 3.977 3.986]
 [4.968 2.005 1.006 2.017 1.14]]
```

원본 행렬과 비교해 널이 아닌 값은 큰 차이가 나지 않으며, 널인 값은 새로운 예측값으로 채워졌습니다. 나중에 7절 행렬 분해를 이용한 잠재 요인 협업 필터링 실습에서 이 예제의 상당부분을 그대로 이용해 사용자-영화 평점 행렬을 행렬 분해하고 영화를 추천하는 로직을 구현해 보겠습니다.

05 콘텐츠 기반 필터링 실습 - TMDB 5000 영화 데이터 세트

TMDB 5000 영화 데이터 세트는 유명한 영화 데이터 정보 사이트인 IMDB의 많은 영화 중 주요 5000개 영화에 대한 메타 정보를 새롭게 가공해 캐글(Kaggle)에서 제공하는 데이터 세트입니다. 이 TMDB 5000 데이터 세트에 기반해 콘텐츠 기반 필터링을 수행해 보겠습니다. 데이터는 https://www.kaggle.com/tmdb/tmdb-movie-metadata에서 내려받을 수 있습니다. 해당 사이트에서 tmdb_5000_movies.csv 파일을 내려받으면 됩니다.

새로운 주피터 노트북을 생성하겠습니다. 그리고 새롭게 생성된 주피터 노트북의 디렉터리에 서브 디렉터리로 tmdb-5000-movie-dataset을 생성하고, 내려받은 압축 파일을 풀어서 만들어진 tmdb_5000_movies.csv 파일을 tmdb-5000-movie-dataset 디렉터리 밑으로 이동시키겠습니다.

장르 속성을 이용한 영화 콘텐츠 기반 필터링

콘텐츠 기반 필터링은 사용자가 특정 영화를 감상하고 그 영화를 좋아했다면 그 영화와 비슷한 특성/속성, 구성 요소 등을 가진 다른 영화를 추천하는 것입니다. 가령 영화 '인셉션'을 재미있게 봤다면 '인셉션'의 장르인 액션, 공상과학으로 높은 평점을 받은 다른 영화를 추천하거나 '인셉션'의 감독인 크리스토퍼 놀란의 다른 영화를 추천하는 방식입니다. 이렇게 영화(또는 상품/서비스) 간의 유사성을 판단하는 기준이 영화를 구성하는 다양한 콘텐츠(장르, 감독, 배우, 평점, 키워드, 영화 설명)를 기반으로 하는 방식이 바로 콘텐츠 기반 필터링입니다.

콘텐츠 기반 필터링 추천 시스템을 영화를 선택하는 데 중요한 요소인 영화 장르 속성을 기반으로 만들어 보겠습니다. 장르 칼럼 값의 유사도를 비교한 뒤 그중 높은 평점을 가지는 영화를 추천하는 방식입니다.

데이터 로딩 및 가공

장르 속성을 이용해 콘텐츠 기반 필터링을 수행하겠습니다 tmdb_5000_movies.csv 파일을 DataFrame으로 로딩하고 개략적으로 데이터를 살펴보겠습니다.

```
import pandas as pd
import numpy as np
import warnings; warnings.filterwarnings('ignore')

movies =pd.read_csv('./tmdb-5000-movie-dataset/tmdb_5000_movies.csv')
print(movies.shape)
movies.head(1)
```

[Output]

```
(4803, 20)
```

	budget	genres	homepage	id	keywords	original_language	original_title	overview	popularity	pr(
0	237000000	[{"id": 28, "name": "Action"}, {"id": 12, "nam...	http://www.avatarmovie.com/	19995	[{"id": 1463, "name": "culture clash"}, {"id":...	en	Avatar	In the 22nd century, a paraplegic Marine is di...	150.437577	

tmdb_5000_movies.csv는 4803개의 레코드와 20개의 피처로 구성돼 있습니다. 영화 제목, 개요, 인기도, 평점, 투표수, 예산, 키워드 등 영화에 대한 다양한 메타 정보를 가지고 있습니다. 이 중 콘텐츠 기반 필터링 추천 분석에 사용할 주요 칼럼만 추출해 새롭게 DataFrame으로 만들겠습니다. 추출할 주요 칼럼은 id, 영화제목 title, 영화가 속한 여러 가지 장르인 genres, 평균 평점인 vote_average, 평점 투표수인 vote_count, 영화의 인기를 나타내는 popularity, 영화를 설명하는 주요 키워드 문구인 keywords, 영화에 대한 개요 설명인 overview입니다.

```
movies_df = movies[['id', 'title', 'genres', 'vote_average', 'vote_count', 'popularity',
                   'keywords', 'overview']]
```

tmdb_5000_movies.csv 파일을 DataFrame에서 처리할 때 주의해야 할 칼럼이 있습니다. 'genres', 'keywords' 등과 같은 칼럼을 보면 [{"id": 28, "name": "Action"}, {"id": 12, "name": "Adventure"}]와 같이 파이썬 리스트(list) 내부에 여러 개의 딕셔너리(dict)가 있는 형태의 문자열로 표기돼 있습니다. 이는 한꺼번에 여러 개의 값을 표현하기 위한 표기 방식입니다. 예를 들어 영화 '아바타'의 genres는 'Action'과 'Adventure' 등의 여러 가지 장르로 구성될 수 있기 때문입니다. 하지만 이 칼럼이 DataFrame으로 만들어질 때는 단순히 문자열 형태로 로딩되므로 이 칼럼을 가공하지 않고는 필요한 정보를 추출할 수가 없습니다. 먼저 해당 칼럼이 어떤 형태로 돼 있는지 확인해 보겠습니다.

```
pd.set_option('max_colwidth', 100)
movies_df[['genres', 'keywords']][:1]
```

	genres	keywords
0	[{"id": 28, "name": "Action"}, {"id": 12, "name": "Adventure"}, {"id": 14, "name": "Fantasy"}, {...	[{"id": 1463, "name": "culture clash"}, {"id": 2964, "name": "future"}, {"id": 3386, "name": "sp...

위와 같이 genres 칼럼은 여러 개의 개별 장르 데이터를 가지고 있고, 이 개별 장르의 명칭은 딕셔너리의 키(Key)인 'name'으로 추출할 수 있습니다. Keywords 역시 마찬가지 구조를 가지고 있습니다. genres 칼럼의 문자열을 분해해서 개별 장르를 파이썬 리스트 객체로 추출하겠습니다. 파이썬 ast 모듈의 literal_eval( ) 함수를 이용하면 이 문자열을 문자열이 의미하는 list [dict1, dict2] 객체로 만들 수 있습니다. Series 객체의 apply( )에 literal_eval 함수를 적용해 문자열을 객체로 변환합니다.

```
from ast import literal_eval
movies_df['genres'] = movies_df['genres'].apply(literal_eval)
movies_df['keywords'] = movies_df['keywords'].apply(literal_eval)
```

이제 genres 칼럼은 문자열이 아니라 실제 리스트 내부에 여러 장르 딕셔너리로 구성된 객체를 가집니다. [{"id": 28, "name": "Action"}, {"id": 12, "name": "Adventure"}]와 같은 genres 칼럼에서 ['Action', 'Adventure']와 같은 장르명만 리스트 객체로 추출하겠습니다. genres 칼럼에서 'name' 키에 해당하는 값을 추출하기 위해 apply lambda 식을 이용합니다. apply(lambda x : [y['name'] for y in x])와 같이 변환하면 리스트 내 여러 개의 딕셔너리의 'name' 키에 해당하는 값을 찾아 이를 리스트 객체로 변환합니다.

```
movies_df['genres'] = movies_df['genres'].apply(lambda x : [ y['name'] for y in x])
movies_df['keywords'] = movies_df['keywords'].apply(lambda x : [ y['name'] for y in x])
movies_df[['genres', 'keywords']][:1]
```

[Output]

	genres	keywords
0	[Action, Adventure, Fantasy, Science Fiction]	[culture clash, future, space war, space colony, society, space travel, futuristic, romance, spa...

장르 콘텐츠 유사도 측정

앞에서도 말했지만, genres 칼럼은 여러 개의 개별 장르가 리스트로 구성돼 있습니다. 만약 영화 A의 genres가 [Action, Adventure, Fantasy, Science Fiction]으로 돼 있고, 영화 B의 genres가 [Adventure, Fantasy, Action]으로 돼 있다면 어떻게 장르별 유사도를 측정할까요? 여러 가지 방법이 있을 수 있으나, 가장 간단한 방법은 genres를 문자열로 변경한 뒤 이를 CountVectorizer로 피처 벡터화한 행렬 데이터 값을 코사인 유사도로 비교하는 것입니다. genres 칼럼을 기반으로 하는 콘텐츠 기반 필터링은 다음과 같은 단계로 구현하겠습니다.

- 문자열로 변환된 genres 칼럼을 Count 기반으로 피처 벡터화 변환합니다.
- genres 문자열을 피처 벡터화 행렬로 변환한 데이터 세트를 코사인 유사도를 통해 비교합니다. 이를 위해 데이터 세트의 레코드별로 타 레코드와 장르에서 코사인 유사도 값을 가지는 객체를 생성합니다.
- 장르 유사도가 높은 영화 중에 평점이 높은 순으로 영화를 추천합니다.

먼저 genres 칼럼을 문자열로 변환한 뒤 사이킷런의 CountVectorizer를 이용해 피처 벡터 행렬로 만들겠습니다. 리스트 객체 값으로 구성된 genres 칼럼을 apply(lambda x : (' ').join(x))를 적용해 개별 요소를 공백 문자로 구분하는 문자열로 변환해 별도의 칼럼인 genres_listeral 칼럼으로 저장합니다. 리스트 객체 내의 개별 값을 연속된 문자열로 변환하려면 일반적으로 ('구분문자').join(리스트 객체)를 사용하면 됩니다.

```
from sklearn.feature_extraction.text import CountVectorizer

# CountVectorizer를 적용하기 위해 공백문자로 word 단위가 구분되는 문자열로 변환.
movies_df['genres_literal'] = movies_df['genres'].apply(lambda x : (' ').join(x))
count_vect = CountVectorizer(min_df=0, ngram_range=(1, 2))
genre_mat = count_vect.fit_transform(movies_df['genres_literal'])
print(genre_mat.shape)
```

[Output]

```
(4803, 276)
```

CountVectorizer로 변환해 4803개의 레코드와 276개의 개별 단어 피처로 구성된 피처 벡터 행렬이 만들어졌습니다. 이렇게 생성된 피처 벡터 행렬에 사이킷런의 cosine_similarity( )를 이용해 코사인 유사도를 계산하겠습니다. 사이킷런의 cosine_similarity( ) 함수는 앞 8장에서도 설명했지만, 여기서 다시 간략하게 설명하면 다음 그림과 같이 기준 행과 비교 행의 코사인 유사도를 행렬 행태로 반환하는 함수입니다.

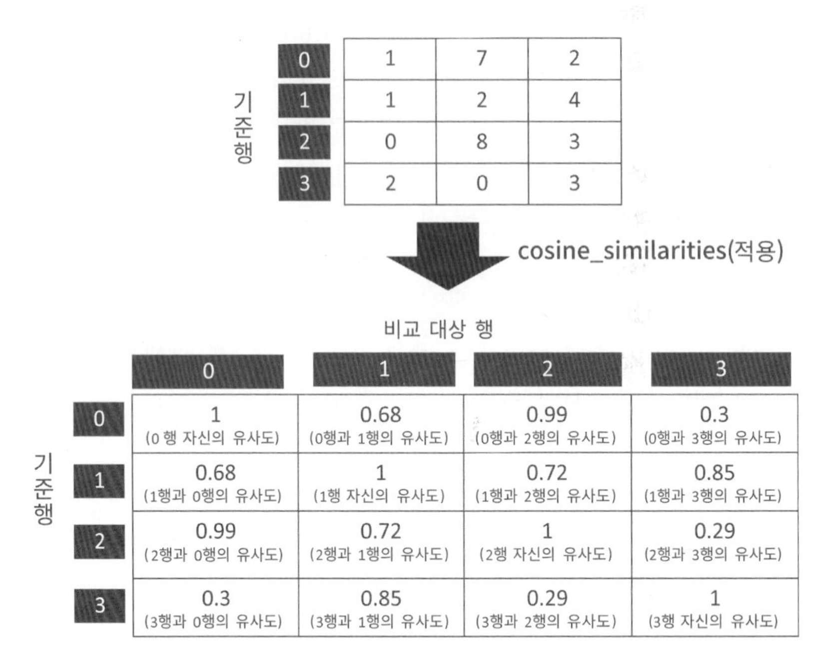

피처 벡터화된 행렬에 cosine_similairities( )를 적용한 코드는 다음과 같습니다. 반환된 코사인 유사도 행렬의 크기 및 앞 2개 데이터만 추출해 보겠습니다.

```
from sklearn.metrics.pairwise import cosine_similarity

genre_sim = cosine_similarity(genre_mat, genre_mat)
print(genre_sim.shape)
print(genre_sim[:2])
```

[Output]

```
(4803, 4803)
[[1.         0.59628479 0.4472136  ... 0.         0.         0.        ]
 [0.59628479 1.         0.4        ... 0.         0.         0.        ]]
```

cosine_similarity( ) 호출로 생성된 genre_sim 객체는 movies_df의 genre_literal 칼럼을 피처 벡터화한 행렬(genre_mat) 데이터의 행(레코드)별 유사도 정보를 가지고 있으며, 결국은 movies_df DataFrame의 행별 장르 유사도 값을 가지고 있는 것입니다. movies_df를 장르 기준으로 콘텐츠 기반 필터링을 수행하려면 movies_df의 개별 레코드에 대해서 가장 장르 유사도가 높은 순으로 다른 레코드를 추출해야 하는데, 이를 위해 앞에서 생성한 genre_sim 객체를 이용합니다.

genre_sim 객체의 기준 행별로 비교 대상이 되는 행의 유사도 값이 높은 순으로 정렬된 행렬의 위치 인덱스 값을 추출하면 됩니다. 값이 높은 순으로 정렬된 비교 대상 행의 유사도 값이 아니라 비교 대상 행의 위치 인덱스임에 주의하기 바랍니다. 앞에서도 자주 사용한 넘파이의 argsort( ) 함수를 이용하겠습니다. argsort( )[:, ::-1]을 이용하면 유사도가 높은 순으로 정리된 genre_sim 객체의 비교 행 위치 인덱스 값을 간편하게 얻을 수 있습니다. genre_sim.argsort( )[:, ::-1]를 사용해 높은 순으로 정렬된 비교 행 위치 인덱스 값을 가져오고 그중에 0번 레코드의 비교 행 위치 인덱스 값만 샘플로 추출해 보겠습니다.

```
genre_sim_sorted_ind = genre_sim.argsort()[:, ::-1]
print(genre_sim_sorted_ind[:1])
```

[Output]

```
[[   0 3494    813 ... 3038 3037 2401]]
```

반환된 [[0 3494 813 ... 3038 3037 2401]]이 의미하는 것은 0번 레코드의 경우 자신인 0번 레코드를 제외하면 3494번 레코드가 가장 유사도가 높고, 그다음이 813번 레코드이며, 가장 유사도가 낮은 레코드는 2401번 레코드라는 뜻입니다.

이제 genre_sim_sorted_ind 객체는 각 레코드의 장르 코사인 유사도가 가장 높은 순으로 정렬된 타 레코드의 위치 인덱스 값을 가지고 있습니다. 이 위치 인덱스를 이용해 언제든지 특정 레코드와 코사인 유사도가 높은 다른 레코드를 추출할 수 있습니다.

장르 콘텐츠 필터링을 이용한 영화 추천

이제 장르 유사도에 따라 영화를 추천하는 함수를 생성하겠습니다. 함수명은 find_sim_movie( )이며, 인자로 기반 데이터인 movies_df DataFrame, 레코드별 장르 코사인 유사도 인덱스를 가지고 있는 genre_sim_sorted_ind, 고객이 선정한 추천 기준이 되는 영화 제목, 추천할 영화 건수를 입력하면 추천 영화 정보를 가지는 DataFrame을 반환합니다.

```
def find_sim_movie(df, sorted_ind, title_name, top_n=10):
```

```
    # 인자로 입력된 movies_df DataFrame에서 'title' 칼럼이 입력된 title_name 값인 DataFrame 추출
    title_movie = df[df['title'] == title_name]

    # title_name을 가진 DataFrame의 index 객체를 ndarray로 반환하고
    # sorted_ind 인자로 입력된 genre_sim_sorted_ind 객체에서 유사도 순으로 top_n개의 index 추출
    title_index = title_movie.index.values
    similar_indexes = sorted_ind[title_index, :(top_n)]

    # 추출된 top_n index 출력. top_n index는 2차원 데이터임.
    # dataframe에서 index로 사용하기 위해서 1차원 array로 변경
    print(similar_indexes)
    similar_indexes = similar_indexes.reshape(-1)

    return df.iloc[similar_indexes]
```

find_sim_movie( ) 함수를 이용해 영화 '대부'와 장르별로 유사한 영화 10개를 추천해 보겠습니다. find_sim_movie(dataframe=movies, sorted_ind=genre_sim_sorted_ind, title='The Godfather', top_n=10)을 호출합니다.

```
similar_movies = find_sim_movie(movies_df, genre_sim_sorted_ind, 'The Godfather', 10)
similar_movies[['title', 'vote_average']]
```

[Output]

```
[[2731 1243 3636 1946 2640 4065 1847 4217  883 3866]]
```

	title	vote_average
2731	The Godfather: Part II	8.3
1243	Mean Streets	7.2
3636	Light Sleeper	5.7
1946	The Bad Lieutenant: Port of Call - New Orleans	6.0
2640	Things to Do in Denver When You're Dead	6.7
4065	Mi America	0.0
1847	GoodFellas	8.2
4217	Kids	6.8
883	Catch Me If You Can	7.7
3866	City of God	8.1

'대부 2편(The Godfather: Part II)'이 가장 먼저 추천됐습니다. 그 외에 1847번 인덱스의 '좋은 친구들(Goodfellas)'도 대부와 비슷한 유형으로, 대부를 재미있게 봤다면 이 두 가지 모두 추천해야 할 영화일 것입니다. 하지만 낯선 영화도 많습니다. '라이트 슬리퍼(Light Sleeper)', 'Mi America', 'Kids' 등 대부를 좋아하는 고객에게 섣불리 추천하기에는 이해하기 어려운 영화도 있습니다. '라이트 슬리퍼'의 경우 평점이 낮은 편이고, 게다가 'Mi America'의 경우에는 평점이 0입니다. 좀 더 개선이 필요합니다.

이번에는 일단 좀 더 많은 후보군을 선정한 뒤에 영화의 평점에 따라 필터링해서 최종 추천하는 방식으로 변경하겠습니다. 영화의 평점 정보인 'vote_average' 값을 이용하겠습니다. vote_average를 적용할 때 주의해야 할 점이 있습니다. vote_average는 0부터 10점 만점까지의 점수로 돼 있는데, 여러 관객이 평가한 평점을 평균한 것입니다. 그런데 1명, 2명의 소수의 관객이 특정 영화에 만점이나 매우 높은 평점을 부여해 왜곡된 데이터를 가지고 있습니다. 이를 확인하기 위해 sort_values( )를 이용해 평점('vote_average') 오름차순으로 movies_df를 정렬해서 10개만 출력해 보겠습니다.

```
movies_df[['title', 'vote_average', 'vote_count']].sort_values('vote_average',
ascending=False)[:10]
```

[Output]

	title	vote_average	vote_count
3519	Stiff Upper Lips	10.0	1
4247	Me You and Five Bucks	10.0	2
4045	Dancer, Texas Pop. 81	10.0	1
4662	Little Big Top	10.0	1
3992	Sardaarji	9.5	2
2386	One Man's Hero	9.3	2
2970	There Goes My Baby	8.5	2
1881	The Shawshank Redemption	8.5	8205
2796	The Prisoner of Zenda	8.4	11
3337	The Godfather	8.4	5893

'쇼생크 탈출(The Shawshank Redemption)'이나 '대부(The Godfather)' 같은 명작보다 높은 순위에 'Stiff Upper Lips', 'Me You and Five Bucks'와 같이 이름도 들어본 적 없는 영화가 더 높은 평점

으로 있습니다. 이들은 모두 평가 횟수가 매우 작습니다. 이와 같은 왜곡된 평점 데이터를 회피할 수 있도록 평점에 평가 횟수를 반영할 수 있는 새로운 평가 방식이 필요합니다.

유명한 영화 평점 사이트인 IMDB에서는 평가 횟수에 대한 가중치가 부여된 평점(Weighted Rating) 방식을 사용합니다. 이 방식을 이용해 새롭게 평점을 부여하겠습니다. 가중 평점의 공식은 다음과 같습니다.

가중 평점(Weighted Rating) = **(v/(v+m)) * R + (m/(v+m)) * C**

각 변수의 의미는 다음과 같습니다.

- v: 개별 영화에 평점을 투표한 횟수
- m: 평점을 부여하기 위한 최소 투표 횟수
- R: 개별 영화에 대한 평균 평점.
- C: 전체 영화에 대한 평균 평점.

V는 movies_df의 'vote_count' 값이며, R 값은 'vote_average' 값에 해당합니다. C의 경우 전체 영화의 평균 평점이므로 movies_df['vote_average'].mean( )으로 구할 수 있습니다. m의 경우는 투표 횟수에 따른 가중치를 직접 조절하는 역할을 하는데, m 값을 높이면 평점 투표 횟수가 많은 영화에 더 많은 가중 평점을 부여합니다. m 값은 전체 투표 횟수에서 상위 60%에 해당하는 횟수를 기준으로 정하겠습니다. 상위 60% 값은 Series 객체의 quantile( )을 이용해 추출합니다.

```
C = movies_df['vote_average'].mean()
m = movies_df['vote_count'].quantile(0.6)
print('C:', round(C, 3), 'm:', round(m, 3))
```

[Output]

```
C: 6.092 m: 370.2
```

기존 평점을 새로운 가중 평점으로 변경하는 함수를 생성하고 이를 이용해 새로운 평점 정보인 'vote_weighted' 값을 만들겠습니다. 함수명은 weighted_vote_average( )입니다. 이 함수는 DataFrame의 레코드를 인자로 받아 이 레코드의 vote_count와 vote_averate 칼럼, 그리고 미리 추출된 m과 C 값을 적용해 레코드별 가중 평점을 반환합니다. 해당 함수를 movies_df의 apply( ) 함수의 인자로 입력해 가중 평점을 계산하겠습니다.

```
percentile = 0.6
m = movies_df['vote_count'].quantile(percentile)
C = movies_df['vote_average'].mean()

def weighted_vote_average(record):
    v = record['vote_count']
    R = record['vote_average']

    return ( (v/(v+m)) * R ) + ( (m/(m+v)) * C )

movies_df['weighted_vote'] = movies.apply(weighted_vote_average, axis=1)
```

새롭게 부여된 weighted_vote 평점이 높은 순으로 상위 10개의 영화를 추출해 보겠습니다.

```
movies_df[['title', 'vote_average', 'weighted_vote', 'vote_count']].sort_values(
        'weighted_vote', ascending=False)[:10]
```

[Output]

	title	vote_average	weighted_vote	vote_count
1881	The Shawshank Redemption	8.5	8.396052	8205
3337	The Godfather	8.4	8.263591	5893
662	Fight Club	8.3	8.216455	9413
3232	Pulp Fiction	8.3	8.207102	8428
65	The Dark Knight	8.2	8.136930	12002
1818	Schindler's List	8.3	8.126069	4329
3865	Whiplash	8.3	8.123248	4254
809	Forrest Gump	8.2	8.105954	7927
2294	Spirited Away	8.3	8.105867	3840
2731	The Godfather: Part II	8.3	8.079586	3338

TOP 10에 대한 개인별 성향이 조금씩 달라서 위 결과에 이의가 있을지는 몰라도 위 영화 모두 매우 뛰어난 영화라는 점에는 이견이 없을 것입니다(이 중 'Spirited Away'는 '센과 치히로의 행방불명'의 영어판 영화 제목입니다).

이제 새롭게 정의된 평점 기준에 따라서 영화를 추천해 보겠습니다. 장르 유사성이 높은 영화를 top_n의 2배수만큼 후보군으로 선정한 뒤에 weighted_vote 칼럼 값이 높은 순으로 top_n만큼 추출하는 방식으로 find_sim_movie ( ) 함수를 변경합니다. 변경된 find_sim_movie( )를 이용해 다시 한번 '대부'와 유사한 영화를 콘텐츠 기반 필터링 방식으로 추천해 보겠습니다.

```
def find_sim_movie(df, sorted_ind, title_name, top_n=10):
    title_movie = df[df['title'] == title_name]
    title_index = title_movie.index.values

    # top_n의 2배에 해당하는 장르 유사성이 높은 인덱스 추출
    similar_indexes = sorted_ind[title_index, :(top_n*2)]
    similar_indexes = similar_indexes.reshape(-1)
    # 기준 영화 인덱스는 제외
    similar_indexes = similar_indexes[similar_indexes != title_index]

    # top_n의 2배에 해당하는 후보군에서 weighted_vote가 높은 순으로 top_n만큼 추출
    return df.iloc[similar_indexes].sort_values('weighted_vote', ascending=False)[:top_n]

similar_movies = find_sim_movie(movies_df, genre_sim_sorted_ind, 'The Godfather', 10)
similar_movies[['title', 'vote_average', 'weighted_vote']]
```

[Output]

	title	vote_average	weighted_vote
2731	The Godfather: Part II	8.3	8.079586
1847	GoodFellas	8.2	7.976937
3866	City of God	8.1	7.759693
1663	Once Upon a Time in America	8.2	7.657811
883	Catch Me If You Can	7.7	7.557097
281	American Gangster	7.4	7.141396
4041	This Is England	7.4	6.739664
1149	American Hustle	6.8	6.717525
1243	Mean Streets	7.2	6.626569
2839	Rounders	6.9	6.530427

이전에 추천된 영화보다 훨씬 나은 영화가 추천됐습니다. 특히 '원스 어폰 어 타임 인 아메리카(Once Upon a Time in America)'가 추천됐는데, 대부를 좋아하는 사람이라면 공감할 만한 추천 영화입니다. 하지만 장르만으로 영화가 전달하는 많은 요소와 분위기, 그리고 개인이 좋아하는 성향을 반영하기

에는 부족할 수 있습니다. 아마 좋아하는 영화배우나 감독을 보고 영화를 선택하는 경우가 더 많을 것입니다. 앞의 장르를 기반으로 한 콘텐츠 필터링 예제를 좀 더 다양한 콘텐츠 기반으로 확장할 수 있습니다. 아쉽지만 다른 콘텐츠 기반으로 확장해 추천 시스템을 고도화하는 부분은 숙제로 남겨두고, 이어서 아이템 기반 최근접 이웃 협업 필터링을 구현해 보겠습니다.

06 아이템 기반 최근접 이웃 협업 필터링 실습

최근접 이웃 협업 필터링은 사용자 기반과 아이템 기반으로 분류합니다. 이 중 일반적으로 추천 정확도가 더 뛰어난 아이템 기반의 협업 필터링을 구현해 보겠습니다. 협업 필터링 기반의 영화 추천을 위해서는 사용자가 영화의 평점을 매긴 사용자-영화 평점 행렬 데이터 세트가 필요합니다. 이를 위해 Grouplens 사이트에서 만든 MovieLens 데이터 세트를 이용해 실습하도록 하겠습니다. 데이터 세트는 https://grouplens.org/datasets/movielens/latest/에서 내려받을 수 있습니다. 해당 사이트에 접속한 후 ml-latest-small.zip(size: 1MB) 파일을 내려받으면 됩니다. 해당 파일은 십만 개의 평점(rating) 정보를 가지고 있습니다.

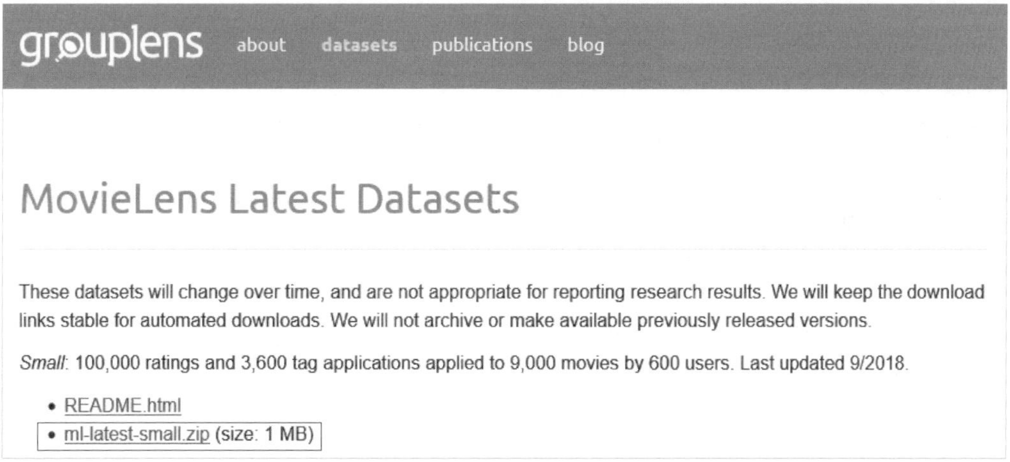

grouplens about datasets publications blog

MovieLens Latest Datasets

These datasets will change over time, and are not appropriate for reporting research results. We will keep the download links stable for automated downloads. We will not archive or make available previously released versions.

Small: 100,000 ratings and 3,600 tag applications applied to 9,000 movies by 600 users. Last updated 9/2018.

- README.html
- ml-latest-small.zip (size: 1 MB)

데이터 가공 및 변환

새로운 주피터 노트북을 생성한 뒤에 해당 노트북이 있는 디렉터리에 압축 파일을 해제하겠습니다. 내려받은 파일 중 주요 파일인 ratings.csv와 movies.csv를 DataFrame으로 로딩합니다.

```
import pandas as pd
import numpy as np

movies = pd.read_csv('./ml-latest-small/movies.csv')
ratings = pd.read_csv('./ml-latest-small/ratings.csv')
print(movies.shape)
print(ratings.shape)
```

[Output]

```
(9742, 3)
(100836, 4)
```

movies.csv 파일은 영화에 대한 메타 정보인 title과 genres를 가지고 있는 영화 정보입니다.

	movieId	title	genres
0	1	Toy Story (1995)	Adventure|Animation|Children|Comedy|Fantasy
1	2	Jumanji (1995)	Adventure|Children|Fantasy

ratings.csv 파일은 사용자별로 영화에 대한 평점을 매긴 데이터 세트입니다. 100,836개의 레코드 세트로서 사용자 아이디를 의미하는 userId, 영화(아이템) 아이디를 의미하는 movieId, 그리고 평점인 rating 칼럼으로 구성됩니다. timestamp는 현재로서는 큰 의미가 없는 칼럼입니다. 평점은 최소 0.5에서 최대 5점 사이이며, 0.5 단위로 평점이 부여됩니다.

협업 필터링은 이 ratings.csv 데이터 세트와 같이 사용자와 아이템 간의 평점(또는 다른 유형의 액션)에 기반해 추천하는 시스템입니다. ratings.csv의 DataFrame인 ratings를 이용해 아이템 기반의 최근접 이웃 협업 필터링을 구현해 보겠습니다. 먼저 로우(행) 레벨 형태의 원본 데이터 세트를 다음 그림과 같이 모든 사용자를 로우로, 모든 영화를 칼럼으로 구성한 데이터 세트로 변경해야 합니다.

로우 레벨 형태의 사용자-영화 평점 데이터

userId	movieId	rating
User 1	Movie1	3
User 1	Movie3	3
User 1	Movie6	4
User 2	Movie2	1
User 2	Movie4	5
User 3	Movie5	4

사용자 로우, 영화 칼럼으로 구성된
사용자-영화 평점 데이터

	Movie 1	Movie 2	Movie 3	Movie 4	Movie 5	Movie 6
User 1	3		3			4
User 2		1		5		
User 3					4	

이 같은 변환은 DataFrame의 pivot_table( ) 함수를 이용하면 쉽게 할 수 있습니다. pivot_table( ) 함수는 로우 레벨의 값을 칼럼으로 변경하는 데 효과적입니다. pivot_table( )에 인자로 columns='movieId'와 같이 부여하면 movieId 칼럼의 모든 값이 새로운 칼럼 이름으로 변환됩니다. ratings.pivot_table('rating', index='userId', columns='movieId')와 같이 호출하면 로우(행) 레벨은 userId, 칼럼은 모두 movieId 칼럼에 있는 값으로 칼럼 이름이 바뀌고, 데이터는 rating 칼럼에 있는 값이 할당됩니다.

	userId	movieId	rating	timestamp
0	1	1	4.0	964982703
1	1	3	4.0	964981247
2	1	6	4.0	964982224

```
ratings = ratings[['userId', 'movieId', 'rating']]
ratings_matrix = ratings.pivot_table('rating', index='userId', columns='movieId')
ratings_matrix.head(3)
```

[Output]

movieId	1	2	3	4	5	6	7	8	9	10	...	193565	193567	193571	193573	193579	193581	193583	193585	193587	193609
userId																					
1	4.0	NaN	4.0	NaN	NaN	4.0	NaN	NaN	NaN	NaN	...	NaN	NaN	NaN	NaN	NaN	NaN	NaN	NaN	NaN	NaN
2	NaN	NaN	NaN	NaN	NaN	NaN	NaN	NaN	NaN	NaN	...	NaN	NaN	NaN	NaN	NaN	NaN	NaN	NaN	NaN	NaN
3	NaN	NaN	NaN	NaN	NaN	NaN	NaN	NaN	NaN	NaN	...	NaN	NaN	NaN	NaN	NaN	NaN	NaN	NaN	NaN	NaN

pivot_table( )을 적용한 후에 movieId 값이 모두 칼럼명(1, 2, 3 ... 193609)으로 변환됐습니다. NaN 값이 많이 눈에 띕니다. NaN 값이 많은 이유는 사용자가 평점을 매기지 않은 영화가 칼럼으로 변환되면서 NaN으로 값이 할당됐기 때문입니다. 최소 평점이 0.5이므로 NaN은 모두 0으로 변환하겠습니다. 그전에 먼저, 칼럼명이 현재 movieId 숫자 값 (1, 2, 3…)과 같이 할당돼 있어 사용자가 평점을 준 영화가 어떤 영화인지 알기 어렵습니다. 가독성을 높이기 위해 칼럼명을 movieId가 아닌 영화명 title로 변경하겠습니다. 영화명은 ratings에 존재하지 않고 movies 데이터 세트에 존재합니다. ratings와 movies를 조인해 title 칼럼을 가져온 뒤에 pivot_table( )의 인자로 columns에 'movieId'가 아닌 'title'을 입력해 title로 피벗(pivot)하겠습니다. 이후에 NaN은 0으로 변환합니다.

```
# title 칼럼을 얻기 위해 movies와 조인
rating_movies = pd.merge(ratings, movies, on='movieId')

# columns='title'로 title 칼럼으로 피벗 수행.
ratings_matrix = rating_movies.pivot_table('rating', index='userId', columns='title')
```

```
# NaN 값을 모두 0으로 변환
ratings_matrix = ratings_matrix.fillna(0)
ratings_matrix.head(3)
```

[Output]

title	'71 (2014)	'Hellboy': The Seeds of Creation (2004)	'Round Midnight (1986)	'Salem's Lot (2004)	'Til There Was You (1997)	'Tis the Season for Love (2015)	'burbs, The (1989)	'night Mother (1986)	(500) Days of Summer (2009)	*batteries not included (1987)	...	Zulu (2013)	[REC] (2007)	[REC]^2 (2009)	[REC]^3 3 Génesis (2012)	anohana: The Flower We Saw That Day - The Movie (2013)	eXistenZ (1999)
userId																	
1	0.0	0.0	0.0	0.0	0.0	0.0	0.0	0.0	0.0	0.0	...	0.0	0.0	0.0	0.0	0.0	0.0
2	0.0	0.0	0.0	0.0	0.0	0.0	0.0	0.0	0.0	0.0	...	0.0	0.0	0.0	0.0	0.0	0.0
3	0.0	0.0	0.0	0.0	0.0	0.0	0.0	0.0	0.0	0.0	...	0.0	0.0	0.0	0.0	0.0	0.0

영화 간 유사도 산출

이제 변환된 사용자-영화 평점 행렬 데이터 세트를 이용해 영화 간의 유사도를 측정하겠습니다. 영화 간의 유사도는 코사인 유사도를 기반으로 하고 사이킷런의 cosine_similarity( )를 이용해 측정합니다. 지금 만든 ratings_matrix 데이터 세트에 cosine_similarity( )를 적용하면 영화간 유사도를 측정할 수 없습니다. 다음 그림에서도 볼 수 있듯이 cosine_similaritiy( ) 함수는 행을 기준으로 서로 다른 행을 비교해 유사도를 산출합니다. 그런데 ratings_matrix는 userId가 기준인 행 레벨 데이터이므로 여기에 cosine_similarity( )를 적용하면 영화 간의 유사도가 아닌 사용자 간의 유사도가 만들어집니다.

title	'71 (2014)	'Hellboy': The Seeds of Creation (2004)	'Round Midnight (1986)	'Salem's Lot (2004)	'Til There Was You (1997)	'Tis the Season for Love (2015)	'burbs, The (1989)	'night Mother (1986)	(500) Days of Summer (2009)	*batteries not included (1987)	...	Zulu (2013)
userId	1행과 2행 비교	1행과 3행 비교	cosine_similarity( ) 함수는 기준행과 타 행을 비교하여 유사도 산출									
1	0.0	0.0	0.0	0.0	0.0	0.0	0.0	0.0	0.0	0.0	...	0.0
2	0.0		0.0	0.0	0.0	0.0	0.0	0.0	0.0	0.0	...	0.0
3	0.0	0.0	0.0	0.0	0.0	0.0	0.0	0.0	0.0	0.0	...	0.0
4	0.0	0.0	0.0	0.0	0.0	0.0	0.0	0.0	0.0	0.0	...	0.0
5	0.0	0.0	0.0	0.0	0.0	0.0	0.0	0.0	0.0	0.0	...	0.0

영화를 기준으로 cosine_similarity( )를 적용하려면 현재의 ratings_matrix가 행 기준이 영화가 되고 열 기준이 사용자가 돼야 합니다. 그렇게 하려면 ratings_matrix 데이터의 행과 열의 위치를 변경하면 되는데, 판다스는 이 같은 전치 행렬 변경을 위해 transpose( ) 함수를 제공합니다. ratings_matrix에 transpose( )를 적용해 행과 열을 서로 바꾼 새로운 행렬을 만들어 보겠습니다.

```
ratings_matrix_T = ratings_matrix.transpose()
ratings_matrix_T.head(3)
```

[Output]

userId	1	2	3	4	5	6	7	8	9	10	...	601	602	603	604	605	606	607	608	609	610
title																					
'71 (2014)	0.0	0.0	0.0	0.0	0.0	0.0	0.0	0.0	0.0	0.0	...	0.0	0.0	0.0	0.0	0.0	0.0	0.0	0.0	0.0	4.0
'Hellboy': The Seeds of Creation (2004)	0.0	0.0	0.0	0.0	0.0	0.0	0.0	0.0	0.0	0.0	...	0.0	0.0	0.0	0.0	0.0	0.0	0.0	0.0	0.0	0.0
'Round Midnight (1986)	0.0	0.0	0.0	0.0	0.0	0.0	0.0	0.0	0.0	0.0	...	0.0	0.0	0.0	0.0	0.0	0.0	0.0	0.0	0.0	0.0

ratings_matrix를 전치 행렬 형식으로 변경한 데이터 세트를 기반으로 영화의 코사인 유사도를 구해 보겠습니다. 그리고 좀 더 직관적인 영화의 유사도 값을 표현하기 위해 cosine_similarity( )로 반환된 넘파이 행렬에 영화명을 매핑해 DataFrame으로 변환하겠습니다.

```
from sklearn.metrics.pairwise import cosine_similarity

item_sim = cosine_similarity(ratings_matrix_T, ratings_matrix_T)

# cosine_similarity()로 반환된 넘파이 행렬을 영화명을 매핑해 DataFrame으로 변환
item_sim_df = pd.DataFrame(data=item_sim, index=ratings_matrix.columns,
                          columns=ratings_matrix.columns)
print(item_sim_df.shape)
item_sim_df.head(3)
```

[Output]

```
(9719, 9719)
```

title	'71 (2014)	'Hellboy': The Seeds of Creation (2004)	'Round Midnight (1986)	'Salem's Lot (2004)	'Til There Was You (1997)	'Tis the Season for Love (2015)	'burbs, The (1989)	'night Mother (1986)	(500) Days of Summer (2009)	*batteries not included (1987)	...	Zulu (2013)
title												
'71 (2014)	1.0	0.000000	0.000000	0.0	0.0	0.0	0.000000	0.0	0.141653	0.0	...	0.0
'Hellboy': The Seeds of Creation (2004)	0.0	1.000000	0.707107	0.0	0.0	0.0	0.000000	0.0	0.000000	0.0	...	0.0
'Round Midnight (1986)	0.0	0.707107	1.000000	0.0	0.0	0.0	0.176777	0.0	0.000000	0.0	...	0.0

9719 로우인 ratings_matrix.transpose( ) 데이터 세트에 대해 cosine_simailarity( )를 적용한 결과 9719 × 9719 Shape으로 영화의 유사도 행렬인 item_sim이 생성됐습니다. item_sim을 DataFrame으로 변환한 item_sim_df를 이용해 영화 '대부(Godfather, The (1972))'와 유사도가 높은 상위 6개 영화를 추출해 보겠습니다.

```
item_sim_df["Godfather, The (1972)"].sort_values(ascending=False)[:6]
```

[Output]

```
title
Godfather, The (1972)                              1.000000
Godfather: Part II, The (1974)                     0.821773
Goodfellas (1990)                                  0.664841
One Flew Over the Cuckoo's Nest (1975)             0.620536
Star Wars: Episode IV - A New Hope (1977)          0.595317
Fargo (1996)                                       0.588614
```

기준 영화인 '대부'를 제외하면 '대부-2편'이 가장 유사도가 높습니다. 그 뒤를 마틴 스콜세지 감독의 '좋은 친구들(Goodfellas)'이 잇고 있습니다. 앞의 콘텐츠 기반 필터링과 다른 점은 '뻐꾸기 둥지 위로 날아간 새(One Flew Over the Cuckoo's Nest (1975))', '스타워즈 1편(Star Wars: Episode IV - A New Hope (1977))'과 같이 장르가 완전히 다른 영화도 유사도가 매우 높게 나타났다는 것입니다. 이번에는 다른 훌륭한 영화인 '인셉션'과 유사도가 높은 영화를 찾아보겠습니다. '인셉션' 자신은 유사도에서 제외합니다.

```
item_sim_df["Inception (2010)"].sort_values(ascending=False)[1:6]
```

[Output]

```
title
Dark Knight, The (2008)                    0.727263
Inglourious Basterds (2009)                0.646103
Shutter Island (2010)                      0.617736
Dark Knight Rises, The (2012)              0.617504
Fight Club (1999)                          0.615417
```

'다크나이트'가 가장 유사도가 높습니다. 그 뒤를 이어서 주로 스릴러와 액션이 가미된 좋은 영화가 높은 유사도를 나타내고 있습니다. 만들어진 아이템 기반 유사도 데이터는 사용자의 평점 정보를 모두 취합해 영화에 따라 유사한 다른 영화를 추천할 수 있게 해줍니다. 이번에는 이 아이템 기반 유사도 데이터를 이용해 개인에게 특화된(Personalized) 영화 추천 알고리즘을 만들어 보겠습니다.

아이템 기반 최근접 이웃 협업 필터링으로 개인화된 영화 추천

앞 예제에서 만든 아이템 기반의 영화 유사도 데이터는 모든 사용자의 평점을 기준으로 영화의 유사도를 생성했고, 이를 이용해 훌륭한 영화를 추천할 수 있었습니다. 하지만 이는 개인적인 취향을 반영하지 않고 영화 간의 유사도만을 가지고 추천한 것입니다. 이번 절에서는 영화 유사도 데이터를 이용해 최근접 이웃 협업 필터링으로 개인에게 최적화된 영화 추천을 구현해 보겠습니다. 개인화된 영화 추천의 가장 큰 특징은 개인이 아직 관람하지 않은 영화를 추천한다는 것입니다. 아직 관람하지 않은 영화에 대해서 아이템 유사도와 기존에 관람한 영화의 평점 데이터를 기반으로 해 새롭게 모든 영화의 예측 평점을 계산한 후 높은 예측 평점을 가진 영화를 추천하는 방식입니다.

이러한 아이템 기반의 협업 필터링에서 개인화된 예측 평점은 다음 식으로 구할 수 있습니다.

$$\hat{R}_{u,i} = \sum^{N}(S_{i,N} * R_{u,N}) \,/\, \sum^{N}(|\, S_{i,N} \,|)$$

식에 있는 변수의 의미는 다음과 같습니다.

- $\hat{R}_{u,i}$: 사용자 u, 아이템 i의 개인화된 예측 평점 값
- $S_{i,N}$: 아이템 i와 가장 유사도가 높은 Top-N개 아이템의 유사도 벡터
- $R_{u,N}$: 사용자 u의 아이템 i와 가장 유사도가 높은 Top-N개 아이템에 대한 실제 평점 벡터

여기에서 $S_{i,N}$와 $R_{u,N}$에 나오는 N 값은 아이템의 최근접 이웃 범위 계수(item neighbor)를 의미합니다. 이는 특정 아이템과 유사도가 가장 높은 Top-N개의 다른 아이템을 추출하는 데 사용됩니다. 먼저 N의 범위에 제약을 두지 않고 모든 아이템으로 가정하고 예측 평점을 구하는 로직을 작성한 뒤에 Top-N 아이템을 기반으로 협업 필터링을 수행하는 로직으로 변경하겠습니다.

앞 예제에서 생성된 영화 간의 유사도를 가지는 DataFrame인 item_sim_df와 사용자-영화 평점 DataFrame인 ratings_matrix 변수를 계속 활용해 사용자별로 최적화된 평점 스코어를 예측하는 함수를 만들겠습니다. 함수명은 predict_rating( )이며, 인자로 사용자-영화 평점 넘파이 행렬(rating_matrix를 넘파이 행렬로 변환)과 영화 간의 유사도를 가지는 넘파이 행렬(item_sim_df를 넘파이 행렬로 변환)을 입력받고 이를 이용해 $\hat{R}_{u,i} = \sum^{N}(S_{i,N} * R_{u,N}) / \sum^{N}(|S_{i,N}|)$ 식으로 개인화된 예측 평점을 계산합니다.

N의 범위에 제약을 두지 않는다면 사용자별 영화 예측 평점 $R_{u,i}$는 사용자 u의 모든 영화에 대한 실제 평점과 영화 i의 다른 모든 영화와의 코사인 유사도를 벡터 내적 곱(dot)한 값을 정규화를 위해 $\sum^{N}(|S_{i,N}|)$로 나눈 것을 의미합니다. 다음 코드는 이를 구현한 것입니다.

```
def predict_rating(ratings_arr, item_sim_arr ):
    ratings_pred = ratings_arr.dot(item_sim_arr)/ np.array([np.abs(item_sim_arr).sum(axis=1)])
    return ratings_pred
```

앞의 예제에서 ratings_arr.dot(item_sim_arr)은 $\sum^{N}(S_{i,N} * R_{u,N})$를 계산한 값입니다. np.array([np.abs(item_sim_arr).sum(axis=1)]은 $\sum^{N}(|S_{i,N}|)$를 계산한 값입니다.

predict_rating( ) 함수를 이용해 개인화된 예측 평점을 구해 보겠습니다. ratings_matrix와 item_sim_df를 넘파이 행렬로 변환해 인자로 입력합니다.

```
ratings_pred = predict_rating(ratings_matrix.values, item_sim_df.values)
ratings_pred_matrix = pd.DataFrame(data=ratings_pred, index= ratings_matrix.index, \
                                   columns = ratings_matrix.columns)
ratings_pred_matrix.head(3)
```

[Output]

title	'71 (2014)	'Hellboy': The Seeds of Creation (2004)	'Round Midnight (1986)	'Salem's Lot (2004)	'Til There Was You (1997)	'Tis the Season for Love (2015)	'burbs, The (1989)	'night Mother (1986)	(500) Days of Summer (2009)	*batteries not included (1987)	...	Zulu (2013)
userId												
1	0.070345	0.577855	0.321696	0.227055	0.206958	0.194615	0.249883	0.102542	0.157084	0.178197	...	0.113608
2	0.018260	0.042744	0.018861	0.000000	0.000000	0.035995	0.013413	0.002314	0.032213	0.014863	...	0.015640
3	0.011884	0.030279	0.064437	0.003762	0.003749	0.002722	0.014625	0.002085	0.005666	0.006272	...	0.006923

예측 평점이 사용자별 영화의 실제 평점과 영화의 코사인 유사도를 내적(dot)한 값이기 때문에 기존에 영화를 관람하지 않아 0에 해당했던 실제 영화 평점이 예측에서는 값이 부여되는 경우가 많이 발생합니다. 예측 평점이 실제 평점에 비해 작을 수 있습니다. 이는 내적 결과를 코사인 유사도 벡터 합으로 나누었기 때문에 생기는 현상입니다.

이 예측 결과가 원래의 실제 평점과 얼마나 차이가 있는지 확인해 보겠습니다. 예측 평가 지표는 MSE를 적용하겠습니다. MSE를 측정할 때 유의할 점이 있습니다. 사용자가 영화의 평점을 주지 않은 경우 앞에서는 평점을 0으로 부과했습니다. 하지만 앞에서 개인화된 예측 점수는 평점을 주지 않은 영화에 대해서도 아이템 유사도에 기반해 평점을 예측했습니다. 따라서 실제와 예측 평점의 차이는 기존에 평점이 부여된 데이터에 대해서만 오차 정도를 측정하겠습니다. 예측 평가 지표인 MSE를 계산하는 get_mse( ) 함수를 만들고 결과를 확인합니다.

```
from sklearn.metrics import mean_squared_error

# 사용자가 평점을 부여한 영화에 대해서만 예측 성능 평가 MSE를 구함.
def get_mse(pred, actual):
    # 평점이 있는 실제 영화만 추출
    pred = pred[actual.nonzero()].flatten()
    actual = actual[actual.nonzero()].flatten()
    return mean_squared_error(pred, actual)

print('아이템 기반 모든 최근접 이웃 MSE: ', get_mse(ratings_pred, ratings_matrix.values ))
```

[Output]

```
아이템 기반 모든 최근접 이웃 MSE: 9.895354759094706
```

MSE가 약 9.89입니다. 실제 값과 예측값은 서로 스케일이 다르기 때문에 MSE가 클 수도 있습니다. 중요한 것은 MSE를 감소시키는 방향으로 개선하는 것입니다.

앞의 predict_rating( ) 함수는 사용자별 영화의 예측 평점을 계산하기 위해 해당 영화와 다른 모든 영화 간의 유사도 벡터를 적용한 것입니다. 많은 영화의 유사도 벡터를 이용하다 보니 상대적으로 평점 예측이 떨어졌습니다. 특정 영화와 가장 비슷한 유사도를 가지는 영화에 대해서만 유사도 벡터를 적용하는 함수로 변경하겠습니다. predict_rating_topsim(ratings_arr, item_sim_arr, n=20) 함수는 predict_rating( ) 함수와 유사하지만 n 인자를 가지고 있어서 Top-N 유사도를 가지는 영화 유사도 벡터만 예측값을 계산하는 데 적용합니다. 아쉬운 점은 이러한 계산을 위해서는 개별 예측값을 구하기 위해서 행, 열 별로 for 루프를 반복 수행하면서 Top-N 유사도 벡터를 계산해야 하기 때문에 수행시간이 오래 걸린다는 점입니다. 지금 사용하는 데이터 세트는 크기가 얼마 안 돼 개인용 노트북에서 2분 안에 완료할 수 있지만, 데이터의 크기가 커지면 매우 오래 걸리는 로직입니다.

```
def predict_rating_topsim(ratings_arr, item_sim_arr, n=20):
    # 사용자-아이템 평점 행렬 크기만큼 0으로 채운 예측 행렬 초기화
    pred = np.zeros(ratings_arr.shape)

    # 사용자-아이템 평점 행렬의 열 크기만큼 루프 수행.
    for col in range(ratings_arr.shape[1]):
        # 유사도 행렬에서 유사도가 큰 순으로 n개 데이터 행렬의 인덱스 반환
        top_n_items = [np.argsort(item_sim_arr[:, col])[:-n-1:-1]]
        # 개인화된 예측 평점을 계산
        for row in range(ratings_arr.shape[0]):
            pred[row, col] = item_sim_arr[col, :][top_n_items].dot(ratings_arr[row,
                                                                   :][top_n_items].T)
            pred[row, col] /= np.sum(np.abs(item_sim_arr[col, :][top_n_items]))

    return pred
```

predict_rating_topsim( ) 함수를 이용해 예측 평점을 계산하고, 실제 평점과의 MSE를 구해 보겠습니다. 계산된 예측 평점 넘파이 행렬은 판다스 DataFrame으로 재생성하겠습니다.

```
ratings_pred = predict_rating_topsim(ratings_matrix.values, item_sim_df.values, n=20)
print('아이템 기반 최근접 Top-20 이웃 MSE: ', get_mse(ratings_pred, ratings_matrix.values ))

# 계산된 예측 평점 데이터는 DataFrame으로 재생성
```

```
ratings_pred_matrix = pd.DataFrame(data=ratings_pred, index= ratings_matrix.index,
                                   columns = ratings_matrix.columns)
```

[Output]

```
아이템 기반 인접 Top-20 이웃 MSE:  3.694957479362603
```

MSE가 약 3.69로 기존의 9.89보다 많이 향상됐습니다. 이제 특정 사용자에 대해 영화를 추천해 보겠습니다. userId = 9인 사용자에 대해 영화를 추천해 보겠습니다. 먼저 9번 userId 사용자가 어떤 영화를 좋아하는지 확인해 보겠습니다. 사용자가 평점을 준 영화를 평점이 높은 순으로 나열해 보겠습니다.

```
user_rating_id = ratings_matrix.loc[9, :]
user_rating_id[ user_rating_id > 0].sort_values(ascending=False)[:10]
```

[Output]

```
title
Adaptation (2002)                                                              5.0
Citizen Kane (1941)                                                            5.0
Raiders of the Lost Ark (Indiana Jones and the Raiders of the Lost Ark) (1981) 5.0
Producers, The (1968)                                                          5.0
Lord of the Rings: The Two Towers, The (2002)                                  5.0
Lord of the Rings: The Fellowship of the Ring, The (2001)                      5.0
Back to the Future (1985)                                                      5.0
Austin Powers in Goldmember (2002)                                             5.0
Minority Report (2002)                                                         4.0
Witness (1985)                                                                 4.0
```

'반지의 제왕', '오스틴 파워' 등 대작 영화나 어드벤처 영화, 코미디 영화 등 전반적으로 흥행성이 좋은 영화에 높은 평점을 주고 있습니다. 이 사용자에게 아이템 기반 협업 필터링을 통해 영화를 추천하겠습니다. 먼저 사용자가 이미 평점을 준 영화를 제외하고 추천할 수 있도록 평점을 주지 않은 영화를 리스트 객체로 반환하는 함수인 get_unseen_movies( )를 생성합니다.

```
def get_unseen_movies(ratings_matrix, userId):
        # userId로 입력받은 사용자의 모든 영화 정보를 추출해 Series로 반환함.
        # 반환된 user_rating은 영화명(title)을 인덱스로 가지는 Series 객체임.
        user_rating = ratings_matrix.loc[userId, :]
```

```
    # user_rating이 0보다 크면 기존에 관람한 영화임. 대상 인덱스를 추출해 list 객체로 만듦.
    already_seen = user_rating[ user_rating > 0].index.tolist()

    # 모든 영화명을 list 객체로 만듦.
    movies_list = ratings_matrix.columns.tolist()

    # list comprehension으로 already_seen에 해당하는 영화는 movies_list에서 제외함.
    unseen_list = [ movie for movie in movies_list if movie not in already_seen]

    return unseen_list
```

사용자가 영화의 평점을 주지 않은 추천 대상 영화 정보와 predict_rating_topsim( )에서 추출한 사용자별 아이템 유사도에 기반한 예측 평점 데이터 세트를 이용해 최종적으로 사용자에게 영화를 추천하는 함수인 recomm_movie_by_userid( )를 만들어 보겠습니다. 해당 함수는 예측 평점 DataFrame과 추천하려는 사용자id, 추천 후보 영화 리스트, 추천 상위 영화 개수를 인자로 받아서 사용자가 좋아할 만한 가장 높은 예측 평점을 가진 영화를 추천해 줍니다.

```
def recomm_movie_by_userid(pred_df, userId, unseen_list, top_n=10):
    # 예측 평점 DataFrame에서 사용자id 인덱스와 unseen_list로 들어온 영화명 칼럼을 추출해
    # 가장 예측 평점이 높은 순으로 정렬함.
    recomm_movies = pred_df.loc[userId, unseen_list].sort_values(ascending=False)[:top_n]
    return recomm_movies

# 사용자가 관람하지 않은 영화명 추출
unseen_list = get_unseen_movies(ratings_matrix, 9)

# 아이템 기반의 최근접 이웃 협업 필터링으로 영화 추천
recomm_movies = recomm_movie_by_userid(ratings_pred_matrix, 9, unseen_list, top_n=10)

# 평점 데이터를 DataFrame으로 생성.
recomm_movies = pd.DataFrame(data=recomm_movies.values, index=recomm_movies.index,
                             columns=['pred_score'])
recomm_movies
```

[Output]

title	pred_score
Shrek (2001)	0.866202
Spider-Man (2002)	0.857854
Last Samurai, The (2003)	0.817473
Indiana Jones and the Temple of Doom (1984)	0.816626
Matrix Reloaded, The (2003)	0.800990
Harry Potter and the Sorcerer's Stone (a.k.a. Harry Potter and the Philosopher's Stone) (2001)	0.765159
Gladiator (2000)	0.740956
Matrix, The (1999)	0.732693
Pirates of the Caribbean: The Curse of the Black Pearl (2003)	0.689591
Lord of the Rings: The Return of the King, The (2003)	0.676711

'슈렉', '스파이더 맨', '인디아나 존스-2편', '매트릭스' 등 다양하지만 높은 흥행성을 가진 작품이 추천됐습니다.

07 행렬 분해를 이용한 잠재 요인 협업 필터링 실습

이번에는 행렬 분해를 이용한 잠재 요인 협업 필터링을 직접 구현해 보겠습니다. 행렬 분해 잠재 요인 협업 필터링은 SVD나 NMF 등을 적용할 수 있는데, 일반적으로 행렬 분해에는 SVD가 자주 사용되지만 사용자-아이템 평점 행렬에는 사용자가 평점을 매기지 않은 널 데이터가 많기 때문에 주로 SGD나 ALS 기반의 행렬 분해를 이용한다고 말했습니다. 여기서는 SGD 기반의 행렬 분해를 구현하고 이를 기반으로 사용자에게 영화를 추천해 보겠습니다.

앞의 4절 잠재 요인 협업 필터링 절의 확률적 경사 하강법을 이용한 행렬 분해에서 사용한 예제 코드를 여기서 다시 활용합니다(본 절을 학습하기 전에 4절을 시간을 가지고 다시 한번 복습할 것을 권장합니다). 단, 이번에는 행렬 분해 로직 부분을 함수로 만들겠습니다. 새로운 주피터 노트북을 생성하고 확률적 경사 하강법을 이용한 행렬 분해 예제의 get_rmse( ) 함수를 그대로 사용하고 행렬 분해 로직을 새로운 matrix_factorization( ) 함수로 정리합니다. matrix_factorization(R, K, steps=200, learning_rate=0.01, r_lambda = 0.01)에서 R은 원본 사용자-아이템 평점 행렬이며, K는 잠재 요인의 차원 수, steps는 SGD의 반복 횟수, learning_rate는 학습률, r_lambda는 L2 규제 계수입니다.

```
def matrix_factorization(R, K, steps=200, learning_rate=0.01, r_lambda = 0.01):
    num_users, num_items = R.shape
    # P와 Q 매트릭스의 크기를 지정하고 정규 분포를 가진 랜덤한 값으로 입력합니다.
    np.random.seed(1)
    P = np.random.normal(scale=1./K, size=(num_users, K))
    Q = np.random.normal(scale=1./K, size=(num_items, K))

    # R > 0 인 행 위치, 열 위치, 값을 non_zeros 리스트 객체에 저장.
    non_zeros = [ (i, j, R[i, j]) for i in range(num_users) for j in range(num_items) if R[i, j] > 0 ]

    # SGD기법으로 P와 Q 매트릭스를 계속 업데이트.
    for step in range(steps):
        for i, j, r in non_zeros:
            # 실제 값과 예측 값의 차이인 오류 값 구함
            eij = r - np.dot(P[i, :], Q[j, :].T)
            # Regularization을 반영한 SGD 업데이트 공식 적용
            P[i, :] = P[i, :] + learning_rate*(eij * Q[j, :] - r_lambda*P[i, :])
            Q[j, :] = Q[j, :] + learning_rate*(eij * P[i, :] - r_lambda*Q[j, :])

        rmse = get_rmse(R, P, Q, non_zeros)
        if (step % 10) == 0 :
            print("### iteration step : ", step, " rmse : ", rmse)

    return P, Q
```

먼저 영화 평점 행렬 데이터를 새롭게 DataFrame으로 로딩한 뒤에 다시 사용자-아이템 평점 행렬로 만들겠습니다.

```
import pandas as pd
import numpy as np

movies = pd.read_csv('./ml-latest-small/movies.csv')
ratings = pd.read_csv('./ml-latest-small/ratings.csv')
ratings = ratings[['userId', 'movieId', 'rating']]
ratings_matrix = ratings.pivot_table('rating', index='userId', columns='movieId')

# title 칼럼을 얻기 위해 movies와 조인 수행
rating_movies = pd.merge(ratings, movies, on='movieId')
```

```
# columns='title' 로 title 칼럼으로 pivot 수행.
ratings_matrix = rating_movies.pivot_table('rating', index='userId', columns='title')
```

다시 만들어진 사용자-아이템 평점 행렬을 matrix_factorization( ) 함수를 이용해 행렬 분해하겠습니다. 수행 시간이 오래 걸리므로 SGD 반복 횟수인 steps는 200회만 지정하겠습니다. 잠재 요인 차원 K는 50, 학습률과 L2 Regularization 계수는 모두 0.01로 설정하고 수행합니다.

```
P, Q = matrix_factorization(ratings_matrix.values, K=50, steps=200, learning_rate=0.01,
                            r_lambda = 0.01)
pred_matrix = np.dot(P, Q.T)
```

[Output]

```
### iteration step :      0      rmse :    2.9023619751336867
### iteration step :      10     rmse :    0.7335768591017927
......
### iteration step :      190    rmse :    0.1488947091323209
```

더 쉽게 영화 아이템 칼럼을 이해하기 위해 반환된 예측 사용자-아이템 평점 행렬을 영화 타이틀을 칼럼명으로 가지는 DataFrame으로 변경하겠습니다.

```
ratings_pred_matrix = pd.DataFrame(data=pred_matrix, index= ratings_matrix.index,
                                   columns = ratings_matrix.columns)
ratings_pred_matrix.head(3)
```

title	'71 (2014)	'Hellboy': The Seeds of Creation (2004)	'Round Midnight (1986)	'Salem's Lot (2004)	'Til There Was You (1997)	'Tis the Season for Love (2015)	'burbs, The (1989)	'night Mother (1986)	(500) Days of Summer (2009)	*batteries not included (1987)	...	Zulu (2013)
userId												
1	3.055084	4.092018	3.564130	4.502167	3.981215	1.271694	3.603274	2.333266	5.091749	3.972454	...	1.402608
2	3.170119	3.657992	3.308707	4.166521	4.311890	1.275469	4.237972	1.900366	3.392859	3.647421	...	0.973811
3	2.307073	1.658853	1.443538	2.208859	2.229486	0.780760	1.997043	0.924908	2.970700	2.551446	...	0.520354

이제 이렇게 만들어진 예측 사용자-아이템 평점 행렬 정보를 이용해 개인화된 영화 추천을 해 보겠습니다. 9.6절의 아이템 기반 최근접 이웃 협업 필터링 실습과 동일한 사용자 아이디 9번에 대한 영화 추천을 이번에는 잠재 요인 협업 필터링으로 추천해 보겠습니다. 9.6절에서 만든 get_unseen_movies( ) 함수와 recomm_movie_by_userid( ) 함수를 다시 이용해 추천 영화를 추출합니다.

```
# 사용자가 관람하지 않은 영화명 추출
unseen_list = get_unseen_movies(ratings_matrix, 9)

# 잠재 요인 협업 필터링으로 영화 추천
recomm_movies = recomm_movie_by_userid(ratings_pred_matrix, 9, unseen_list, top_n=10)

# 평점 데이터를 DataFrame으로 생성.
recomm_movies = pd.DataFrame(data=recomm_movies.values, index=recomm_movies.index,
columns=['pred_score'])
recomm_movies
```

title	pred_score
Rear Window (1954)	5.704612
South Park: Bigger, Longer and Uncut (1999)	5.451100
Rounders (1998)	5.298393
Blade Runner (1982)	5.244951
Roger & Me (1989)	5.191962
Gattaca (1997)	5.183179
Ben-Hur (1959)	5.130463
Rosencrantz and Guildenstern Are Dead (1990)	5.087375
Big Lebowski, The (1998)	5.038690
Star Wars: Episode V - The Empire Strikes Back (1980)	4.989601

앞 절의 아이템 기반 협업 필터링 결과와는 추천된 영화가 많이 다릅니다. 특히 알프레드 히치콕 감독의 스릴러 영화인 '이창(Rear Window, 1954)'이 추천됐습니다. 그 뒤를 이어 어른을 위한 애니메이션 영화인 '사우스파크(South Park: Bigger, Longer & Uncut)'가 두 번째로, 그리고 맷 데이먼이 주연한 도박 영화 '라운더스(Rounders)', 그 뒤를 이어 '블레이드 러너(Blade Runner)', '로저와 나(Roger & Me)', '가타카(Gattaca)'와 같이 훌륭한 영화지만 약간 어둡고 무거운 주제의 영화가 추천됐습니다.

08 파이썬 추천 시스템 패키지 – Surprise

Surprise 패키지 소개

지금까지 콘텐츠 기반 필터링, 아이템 기반 협업 필터링, 그리고 잠재 요인 기반 협업 필터링을 파이썬 코드로 구현해 봤습니다. 앞에서 다룬 예제 코드는 최적화나 수행 속도 측면에서 좀 더 보완이 필요합니다. 추천 시스템은 상업적으로 가치가 크기 때문에 별도의 패키지로 제공되면 매우 활용도가 높을 것입니다. 이번에는 파이썬 기반의 추천 시스템 구축을 위한 전용 패키지 중의 하나인 Surprise를 소개하겠습니다(아쉽게도 사이킷런은 추천 전용 모듈을 제공하지 않습니다). Surprise는 파이썬 기반에서 사이킷런과 유사한 API와 프레임워크를 제공합니다. 따라서 추천 시스템의 전반적인 알고리즘을 이해하고 사이킷런 사용 경험이 있으면 쉽게 사용할 수 있습니다.

Surprise는 conda나 pip를 통해 설치합니다. Anaconda Prompt OS 창이나 OS 창을 엽니다(windows 10의 경우 Prompt OS 창을 '관리자 권한으로 실행' 메뉴를 통해 열어야 합니다).

```
$ pip install scikit-surprise
```

또는

```
$ conda install -c conda-forge scikit-surprise
```

Windows에 Surprise 패키지를 설치할 때는 Microsoft Visual Studio Build Tools 2015 이상의 버전이 필요합니다. 아직 설치가 되어 있지 않으면 1장의 2절에서 파이썬 머신러닝을 위한 S/W 설치 부분을 참조해 설치하면 됩니다. 이 글을 쓰는 시점에서 surprise 패키지의 최신 버전은 1.1.1입니다.

Surprise 패키지는 API를 이용해 쉽게 추천 시스템을 구축할 수 있게 만들어졌습니다. 주요 장점은 다음과 같습니다.

- 다양한 추천 알고리즘, 예를 들어 사용자 또는 아이템 기반 최근접 이웃 협업 필터링, SVD, SVD++, NMF 기반의 잠재 요인 협업 필터링을 쉽게 적용해 추천 시스템을 구축할 수 있습니다.
- Surprise의 핵심 API는 사이킷런의 핵심 API와 유사한 API명으로 작성됐습니다. 예를 들어 fit( ), predict( ) API로 추천 데이터 학습과 예측, train_test_split( )으로 추천 학습 데이터 세트와 예측 데이터 세트 분리, cross_validate( ), GridSearchCV 클래스를 통해 추천 시스템을 위한 모델 셀렉션, 평가, 하이퍼 파라미터 튜닝 등의 기능을 제공합니다.

Surprise를 이용한 추천 시스템 구축

Surprise에 대한 문서는 https://surprise.readthedocs.io/en/stable/에 잘 정리돼 있습니다. 이 중 간단한 예제를 통해 Surprise 패키지의 개략적인 사용법을 익혀보겠습니다. 예제는 추천 데이터를 학습용과 테스트용 데이터 세트로 분리한 뒤 SVD 행렬 분해를 통한 잠재 요인 협업 필터링을 수행합니다. 먼저 새로운 주피터 노트북을 생성하고 Surprise의 관련 모듈을 임포트합니다.

```
from surprise import SVD
from surprise import Dataset
from surprise import accuracy
from surprise.model_selection import train_test_split
```

추천을 위한 데이터 세트를 로딩해 보겠습니다. Surprise에서 데이터 로딩은 Dataset 클래스를 이용해서만 가능합니다. Surprise는 Movie Lens 데이터 세트의 사용자-영화 평점 데이터 포맷과 같이 userId(사용자 ID), movieId(영화 ID), rating(평점)과 같은 주요 데이터가 로우(Row) 레벨 형태로 돼 있는 포맷의 데이터만 처리합니다.

Row 레벨 형태의 User-Item Rating 데이터

User ID	Item ID	Rating
User 1	Item1	3
User 1	Item3	3
User 2	Item1	4

Surprise는 무비렌즈(MovieLens) 사이트에서 제공하는 과거 버전의 데이터 세트를 가져오는 API를 제공합니다. Surprise Dataset 클래스의 load_builtin( )은 무비렌즈 사이트에서 제공하는 과거 버전 데이터 세트인 'ml-100k'(10만 개 평점 데이터) 또는 'ml-1m'(100만 개 평점 데이터) 데이터를 아카이브 사이트로부터 내려받아 로컬 디렉터리에 저장한 뒤 데이터를 로딩합니다. 이렇게 로딩한 데이터 세트를 Surprise 패키지의 train_test_split( ) API를 이용해 학습 데이터 세트와 테스트 데이터 세트로 분리해 보겠습니다.

```
data = Dataset.load_builtin('ml-100k')
# 수행 시마다 동일하게 데이터를 분할하기 위해 random_state 값 부여
trainset, testset = train_test_split(data, test_size=.25, random_state=0)
```

처음 load_builtin('ml-100k')을 적용할 경우 로컬 디렉터리에 데이터가 없기 때문에 다음과 같이 무비렌즈 사이트에서 내려받을 것인지를 물어봅니다. 상자 내에 'Y'를 입력하면 됩니다.

```
Dataset ml-100k could not be found. Do you want to download it? [Y/n]
Y
```

내려받기가 완료되면 데이터가 저장된 디렉터리가 다음과 같이 표시됩니다. 필자의 PC에서는 C:\Users\chkwon\.surprise_data\ml-100k 디렉터리에 데이터가 저장됐습니다.

```
Dataset ml-100k could not be found. Do you want to download it? [Y/n] Y
Trying to download dataset from http://files.grouplens.org/datasets/movielens/ml-100k.zip...
Done! Dataset ml-100k has been saved to C:\Users\chkwon/.surprise_data/ml-100k
```

저장 디렉터리로 탐색기를 이동해 내려받은 데이터를 확인해 보겠습니다.

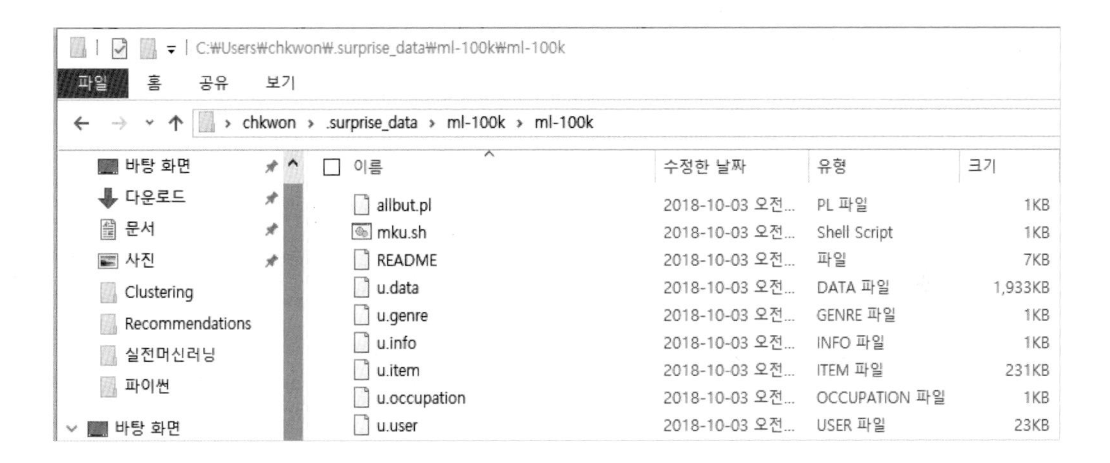

한 번 내려받아 로컬 디렉터리에 데이터가 저장된 후에는 Dataset.load_builtin('ml-100k')을 호출하면 무비렌즈 사이트에 접속하지 않고 저장된 데이터 세트를 로딩합니다.

Surprise에서 사용하는 'ml-100k' 데이터 세트는 앞 예제에서 지금까지 사용한 movies.csv, ratings.csv 파일과는 차이가 있습니다. 무비렌즈 사이트에서 직접 내려받은 movies.csv, ratings.csv는 최근 영화에 대한 평점 정보를 가지고 있지만, Surprise가 내려받은 ml-100k, ml-1m은 과거 버전의 데이터 세트입니다. 최신 데이터 세트인 ratings.csv의 경우 칼럼 분리 문자가 콤마(,)인 CSV 파일이지만, 과거 버전의 데이터 파일은 분리 문자가 탭(\t) 문자입니다.

Surprise에 사용자-아이템 평점 데이터를 적용할 때 주의해야 할 점은 무비렌즈 사이트에서 내려받은 데이터 파일과 동일하게 로우 레벨의 사용자-아이템 평점 데이터를 그대로 적용해야 한다는 것입니다. 앞에서 로우 레벨의 사용자-아이템 평점 데이터를 아이템 아이디를 칼럼명으로 변환한 형태의 사용자-아이템 평점 행렬 데이터로 변환했습니다. Surprise는 자체적으로 로우 레벨의 데이터를 칼럼 레벨의 데이터로 변경하므로 원본인 로우 레벨의 사용자-아이템 평점 데이터를 데이터 세트로 적용해야 합니다.

이제 SVD로 잠재 요인 협업 필터링을 수행하겠습니다. 적용하는 데이터 세트는 앞에서 소개한 train_test_split( )으로 분리된 학습 데이터 세트입니다. 먼저 algo = SVD( )와 같이 알고리즘 객체를 생성합니다. 이 알고리즘 객체에 fit(학습 데이터 세트)을 수행해 학습 데이터 세트 기반으로 추천 알고리즘을 학습합니다.

```
algo = SVD(random_state=0)
algo.fit(trainset)
```

학습된 추천 알고리즘을 기반으로 테스트 데이터 세트에 대해 추천을 수행하겠습니다. Surprise에서 추천을 예측하는 메서드는 test( )와 predict( ), 두 개입니다. test( )는 사용자-아이템 평점 데이터 세트 전체에 대해서 추천을 예측하는 메서드입니다. 즉, 입력된 데이터 세트에 대해 추천 데이터 세트를 만들어 줍니다. predict( )는 개별 사용자와 영화에 대한 추천 평점을 반환해 줍니다. 예제를 통해 차이를 확인해 보겠습니다. 먼저 test( ) 메서드부터 실행해 보겠습니다. 테스트 데이터 세트 전체에 대해 추천 영화 평점 데이터를 생성한 뒤에 최초 5개만 추출하는 예제입니다.

```
predictions = algo.test( testset )
print('prediction type :', type(predictions), ' size:', len(predictions))
print('prediction 결과의 최초 5개 추출')
predictions[:5]
```

[Output]

```
prediction type : <class 'list'>  size: 25000prediction 결과의 최초 5개 추출[Prediction(uid='120',
iid='282', r_ui=4.0, est=3.5114147666251547, details={'was_impossible': False}), Prediction(uid='882',
iid='291', r_ui=4.0, est=3.573872419581491, details={'was_impossible': False}), Prediction(uid='535',
iid='507', r_ui=5.0, est=4.033583485472447, details={'was_impossible': False}), Prediction(uid='697',
iid='244', r_ui=5.0, est=3.8463639495936905, details={'was_impossible': False}), Prediction(uid='751',
iid='385', r_ui=4.0, est=3.1807542478219157, details={'was_impossible': False})]
```

SVD 알고리즘 객체의 test(데이터 세트) 메서드의 호출 결과는 파이썬 리스트이며 크기는 입력 인자 데이터 세트의 크기와 같은 25,000개입니다. 호출 결과로 반환된 리스트 객체는 25,000개의 Prediction 객체를 내부에 가지고 있습니다. Prediction 객체는 Surprise 패키지에서 제공하는 데이터 타입이며, 개별 사용자 아이디(uid), 영화(또는 아이템) 아이디(iid)와 실제 평점(r_ui) 정보에 기반해 Surprise의 추천 예측 평점(est) 데이터를 튜플 형태로 가지고 있습니다. Prediction 객체의 details 속성은 내부 처리 시 추천 예측을 할 수 없는 경우에 로그용으로 데이터를 남기는 데 사용됩니다.

'was_impossible'이 True이면 예측값을 생성할 수 없는 데이터라는 의미입니다. 여기서는 모두 False 입니다.

리스트 객체 내에 내포된 Prediction 객체의 uid, iid, r_ui, est 등의 속성에 접근하려면 객체명.uid와 같은 형식으로 가능합니다. 다음은 3개의 Prediction 객체에서 uid, iid, est 속성을 추출한 예제입니다.

```
[ (pred.uid, pred.iid, pred.est) for pred in predictions[:3] ]
```

[Output]

```
[('120', '282', 3.5114147666251547),
 ('882', '291', 3.573872419581491),
 ('535', '507', 4.033583485472447)]
```

이번에는 Surprise 패키지의 다른 추천 예측 메서드인 predict( )를 이용해 추천 예측을 해보겠습니다. predict( )는 개별 사용자의 아이템에 대한 추천 평점을 예측해 줍니다. 인자로 개별 사용자 아이디, 아이템 아이디를 입력하면 추천 예측 평점을 포함한 정보를 반환합니다(기존 평점 정보(r_ui)는 선택 사항이며 사용자 아이디, 아이템 아이디는 문자열로 입력해야 합니다).

```
# 사용자 아이디, 아이템 아이디는 문자열로 입력해야 함.
uid = str(196)
iid = str(302)
pred = algo.predict(uid, iid)
print(pred)
```

[Output]

```
user: 196        item: 302        r_ui = None   est = 4.49   {'was_impossible': False}
```

결과처럼 predict( )는 개별 사용자와 아이템 정보를 입력하면 추천 예측 평점을 est로 반환합니다. test( ) 메서드는 입력 데이터 세트의 모든 사용자와 아이템 아이디에 대해서 predict( )를 반복적으로 수행한 결과라고 생각하면 좀 더 이해하기 쉬울 것입니다.

테스트 데이터 세트를 이용해 추천 예측 평점과 실제 평점과의 차이를 평가해 보겠습니다. Surprise의

accuracy 모듈은 RMSE, MSE 등의 방법으로 추천 시스템의 성능 평가 정보를 제공합니다. accuracy 모듈의 rmse( )를 이용해 RMSE 평가 결과를 확인해 보겠습니다.

```
accuracy.rmse(predictions)
```

[Output]

```
RMSE: 0.9467
```

이처럼 Surprise 패키지를 이용하면 쉽게 추천 시스템을 구현할 수 있습니다. 이제는 내장 데이터 세트가 아닌 다른 데이터 파일을 로딩해 추천 시스템을 구현해 보겠습니다. 이전 절에서 사용한 ratings.csv와 movies.csv 파일을 이용할 것입니다. 그전에 먼저 Surprise 패키지를 구성하는 모듈에 대해서 좀 더 살펴본 뒤에 구현을 진행하겠습니다.

Surprise 주요 모듈 소개

Dataset

앞에서도 말했듯이 Surprise는 user_id(사용자 아이디), item_id(아이템 아이디), rating(평점) 데이터가 로우 레벨로 된 데이터 세트만 적용할 수 있습니다. 데이터의 첫 번째 칼럼을 사용자 아이디, 두 번째 칼럼을 아이템 아이디, 세 번째 칼럼을 평점으로 가정해 데이터를 로딩하고 네 번째 칼럼부터는 아예 로딩을 수행하지 않습니다. 예를 들어 user_id, item_id, rating, time_stamp 필드로 구분된 데이터라면 앞 3개 필드만 로딩하고 이후 time_stamp 필드는 로딩에서 제외됩니다. 무비렌즈 아카이브 서버에서 자동으로 내려받는 데이터 파일뿐만 아니라 일반 데이터 파일이나 판다스 DataFrame에서도 로딩할 수 있습니다. 단, 데이터 세트의 칼럼 순서가 사용자 아이디, 아이템 아이디, 평점 순으로 반드시 돼 있어야 합니다.

API 명	내용
Dataset.load_builtin (name='ml-100k')	무비렌즈 아카이브 FTP 서버에서 무비렌즈 데이터를 내려받습니다. ml-100k, ml-1M를 내려받을 수 있습니다. 일단 내려받은 데이터는 .surprise_data 디렉터리 밑에 저장되고, 해당 디렉터리에 데이터가 있으면 FTP에서 내려받지 않고 해당 데이터를 이용합니다. 입력 파라미터인 name으로 대상 데이터가 ml-100k인지 ml-1m인지를 입력합니다(name='ml-100k'). 디폴트는 ml-100k입니다.

API 명	내용
Dataset.load_from_file (file_path, reader)	OS 파일에서 데이터를 로딩할 때 사용합니다. 콤마, 탭 등으로 칼럼이 분리된 포맷의 OS 파일에서 데이터를 로딩합니다. 입력 파라미터로 OS 파일명, Reader로 파일의 포맷을 지정합니다.
Dataset.load_from_df (df, reader)	판다스의 DataFrame에서 데이터를 로딩합니다. 파라미터로 DataFrame을 입력받으며 DataFrame 역시 반드시 3개의 칼럼인 사용자 아이디, 아이템 아이디, 평점 순으로 칼럼 순서가 정해져 있어야 합니다. 입력 파라미터로 DataFrame 객체, Reader로 파일의 포맷을 지정합니다.

OS 파일 데이터를 Surprise 데이터 세트로 로딩

Dataset.load_from_file API를 이용해 지정된 디렉터리에 있는 사용자-아이템 평점 데이터를 로딩하겠습니다. 이제부터 사용할 데이터 파일은 이전 절에서 사용한 ratings.csv와 movies.csv입니다.

먼저 Surprise에 OS 파일을 로딩할 때의 주의할 점은 로딩되는 데이터 파일에 칼럼명을 가지는 헤더 문자열이 있어서는 안 된다는 것입니다. 여기서 사용할 ratings.csv 파일은 맨 처음 위치에 칼럼명을 헤더로 가지고 있습니다. 판다스 DataFrame의 to_csv( ) 함수를 이용해 간단하게 이 칼럼 헤더를 삭제하고 새로운 파일인 ratings_noh.csv로 저장하겠습니다.

칼럼 Header 제거 필요

```
userId,movieId,rating,timestamp
1,1,4.0,964982703
1,3,4.0,964981247
```

```
import pandas as pd

ratings = pd.read_csv('./ml-latest-small/ratings.csv')
# ratings_noh.csv 파일로 언로드 시 인덱스와 헤더를 모두 제거한 새로운 파일 생성.
ratings.to_csv('./ml-latest-small/ratings_noh.csv', index=False, header=False)
```

새롭게 생성된 ratings_noh.csv 파일은 ratings.csv 파일에서 헤더가 삭제된 파일입니다. 이제 ratings_noh.csv를 DataSet 모듈의 load_from_file( )을 이용해 DataSet로 로드하겠습니다. 먼저 Dataset.load_from_file( )을 적용하기 전에 Reader 클래스를 이용해 데이터 파일의 파싱 포맷을 정의해야 합니다. Reader 클래스는 로딩될 ratings_noh.csv 파일의 파싱 정보를 알려주기 위해 사용됩니다. 지금 로딩하려는 ratings_noh.csv는 칼럼 헤더가 없고, 4개의 칼럼이 콤마로만 분리돼 있습니다. 이 4개의 칼럼이 사용자 아이디, 아이템 아이디, 평점, 타임스탬프임을 로딩할 때 알려줘야 합니다.

Reader 클래스의 생성자에 각 필드의 칼럼명과 칼럼 분리문자, 그리고 최소~최대 평점을 입력해 객체를 생성하고, load_from_file( )로 생성된 Reader 객체를 참조해 데이터 파일을 파싱하면서 로딩합니다.

다음 예제에서는 Reader 객체 생성 시에 line_format 인자로 user, item, rating, timestamp의 4개의 칼럼으로 데이터가 구성돼 있음을 명시했고, 각 칼럼의 분리 문자는 콤마, 평점의 단위는 0.5, 최대 평점은 5점으로 설정했습니다. 이렇게 Reader 설정이 완료되면 Dataset.load_from_file( )은 이를 기반으로 데이터를 파싱하면서 Dataset를 로딩합니다. 로딩 시 ratings_noh.csv 파일에서 앞의 3개 칼럼만 로딩되고 timestamp 칼럼은 제외 됩니다.

```
from surprise import Reader

reader = Reader(line_format='user item rating timestamp', sep=',', rating_scale=(0.5, 5))
data=Dataset.load_from_file('./ml-latest-small/ratings_noh.csv', reader=reader)
```

Surprise 데이터 세트는 기본적으로 무비렌즈 데이터 형식을 따르므로 무비렌즈 데이터 형식이 아닌 다른 OS 파일의 경우 Reader 클래스를 먼저 설정해야 합니다. Reader 클래스의 주요 생성 파라미터는 다음과 같습니다.

- line_format (string): 칼럼을 순서대로 나열합니다. 입력된 문자열을 공백으로 분리해 칼럼으로 인식합니다.
- sep (char): 칼럼을 분리하는 분리자이며, 디폴트는 '\t'입니다. 판다스 DataFrame에서 입력받을 경우에는 기재할 필요가 없습니다.
- rating_scale (tuple, optional): 평점 값의 최소 ~ 최대 평점을 설정합니다. 디폴트는 (1, 5)이지만 ratings.csv 파일의 경우는 최소 평점이 0.5, 최대 평점이 5이므로 (0.5, 5)로 설정했습니다.

이제 SVD 행렬 분해 기법을 이용해 추천을 예측해 보겠습니다. 잠재 요인 크기 K 값을 나타내는 파라미터인 n_factors를 50으로 설정해 데이터를 학습한 뒤에 테스트 데이터 세트를 적용해 예측 평점을 구하겠습니다. 그리고 예측 평점과 실제 평점 데이터를 RMSE로 평가하겠습니다.

```
trainset, testset = train_test_split(data, test_size=.25, random_state=0)

# 수행 시마다 동일한 결과를 도출하기 위해 random_state 설정
algo = SVD(n_factors=50, random_state=0)
```

```
# 학습 데이터 세트로 학습하고 나서 테스트 데이터 세트로 평점 예측 후 RMSE 평가
algo.fit(trainset)
predictions = algo.test( testset )
accuracy.rmse(predictions)
```

[Output]

```
RMSE: 0.8682
```

RMSE가 0.8682로 측정됐습니다.

판다스 DataFrame에서 Surprise 데이터 세트로 로딩

Dataset.load_from_df( )를 이용하면 판다스의 DataFrame에서도 Surprise 데이터 세트로 로딩할 수 있습니다. 주의할 점은 DataFrame 역시 사용자 아이디, 아이템 아이디, 평점 칼럼 순서를 지켜야 한다는 것입니다. ratings.csv 파일을 DataFrame으로 로딩한 ratings에서 Surprise 데이터 세트로 로딩하려면 Dataset.load_from_df(ratings[['userId', 'movieId', 'rating']], reader)와 같이 파라미터를 입력하면 됩니다. 다음은 이를 이용한 SVD 추천 예측을 코드로 작성한 것입니다.

```
import pandas as pd
from surprise import Reader, Dataset

ratings = pd.read_csv('./ml-latest-small/ratings.csv')
reader = Reader(rating_scale=(0.5, 5.0))

# ratings DataFrame에서 칼럼은 사용자 아이디, 아이템 아이디, 평점 순서를 지켜야 합니다.
data = Dataset.load_from_df(ratings[['userId', 'movieId', 'rating']], reader)
trainset, testset = train_test_split(data, test_size=.25, random_state=0)

algo = SVD(n_factors=50, random_state=0)
algo.fit(trainset)
predictions = algo.test( testset )
accuracy.rmse(predictions)
```

[Output]

```
RMSE: 0.8682
```

Surprise 추천 알고리즘 클래스

Surprise에서 추천 예측을 위해 자주 사용되는 추천 알고리즘 클래스는 다음과 같습니다.

클래스명	설명
SVD	행렬 분해를 통한 잠재 요인 협업 필터링을 위한 SVD 알고리즘.
KNNBasic	최근접 이웃 협업 필터링을 위한 KNN 알고리즘.
BaselineOnly	사용자 Bias와 아이템 Bias를 감안한 SGD 베이스라인 알고리즘.

이 밖에도 SVD++, NMF 등 다양한 유형의 알고리즘을 수행할 수 있습니다. 지원 알고리즘은 surprise 사이트 문서에서 참조할 수 있습니다(http://surprise.readthedocs.io/en/stable/prediction_algorithms_package.html).

Surprise SVD의 비용 함수는 사용자 베이스라인(Baseline) 편향성을 감안한 평점 예측에 Regularization을 적용한 것입니다.

- 사용자 예측 Rating: $\hat{r}_{ui} = \mu + b_u + b_i + q_i^T p_u$
- Regularization을 적용한 비용 함수: $\Sigma(r_{ui} - \hat{r}_{ui})^2 + \lambda(b_i^2 + b_u^2 + ||q_i||^2 + ||p_u||^2)$

SVD 클래스의 입력 파라미터는 다음과 같습니다. 주로 n_factors와 n_epochs의 값을 변경해 튜닝할 수 있으나 튜닝 효과는 크지 않습니다. biased의 경우는 큰 이슈가 없는 한 디폴트인 True로 설정을 유지하는 것이 좋습니다.

파라미터명	내용
n_factors	잠재 요인 K의 개수. 디폴트는 100, 커질수록 정확도가 높아질 수 있으나 과적합 문제가 발생할 수 있습니다.
n_epochs	SGD(Stochastic Gradient Descent) 수행 시 반복 횟수. 디폴트는 20.
biased (bool)	베이스라인 사용자 편향 적용 여부이며, 디폴트는 True입니다.

추천 알고리즘의 예측 성능 벤치마크 결과는 http://surpriselib.com/에서 확인할 수 있습니다. 다음은 해당 사이트에 있는 결과를 옮겨놓은 것입니다. 벤치마크는 Core i5 7th gen (2.5 GHz), 8G RAM 상에서 100k 데이터 세트로 테스트한 결과입니다.

알고리즘 유형	RMSE	MAE	Time
SVD	0.934	0.737	0:00:11
SVD++	0.92	0.722	0:09:03
NMF	0.963	0.758	0:00:15
Slope One	0.946	0.743	0:00:08
k-NN	0.98	0.774	0:00:10
Centered k-NN	0.951	0.749	0:00:10
k-NN Baseline	0.931	0.733	0:00:12
Co-Clustering	0.963	0.753	0:00:03
Baseline	0.944	0.748	0:00:01

SVD++ 알고리즘의 RMSE, MAE 성적이 가장 좋지만, 상대적으로 시간이 너무 오래 걸려 데이터가 조금만 더 커져도 사용하기가 어려울 것으로 보입니다. SVD++를 제외하면 SVD와 k-NN Baseline이 가장 성능 평가 수치가 좋습니다. k-NN 자체는 성능이 상대적으로 뒤지지만, Baseline을 결합한 경우 성능 평가 수치가 대폭 향상됐습니다. Baseline이라는 의미는 각 개인이 평점을 부여하는 성향을 반영해 평점을 계산하는 방식을 말합니다. 여기서 평점에 Baseline을 결합한 방식을 간략하게 설명하겠습니다.

베이스라인 평점

세미나가 끝난 뒤 설문지에 세미나를 평가해달라는 요구에 어떻게 답하는지요? 어떤 사람은 엄격한 잣대를 가지고 평가하고, 어떤 사람은 수고한 강사를 생각해서라도 세미나는 별로였지만 좋은 평가 점수를 주는 경우도 있습니다. 영화나 상품의 평가도 각 개인의 성향에 따라 같은 아이템이더라도 평가가 달라질 수 있습니다. 싫은 소리를 별로 안 하는 사람의 경우는 전반적으로 평가에 후한 경향이 있습니다. 반면에 다른 이를 생각해서라도 냉정한 평가를 해야 한다고 생각하는 사람도 있을 것입니다. 이러한 개인의 성향을 반영해 아이템 평가에 편향성(bias) 요소를 반영하여 평점을 부과하는 것을 베이스라인 평점(Baseline Rating)이라고 합니다.

보통 베이스라인 평점은 전체 평균 평점 + 사용자 편향 점수 + 아이템 편향 점수 공식으로 계산됩니다.

- 전체 평균 평점 = 모든 사용자의 아이템에 대한 평점을 평균한 값
- 사용자 편향 점수 = 사용자별 아이템 평점 평균 값 - 전체 평균 평점
- 아이템 편향 점수 = 아이템별 평점 평균 값 - 전체 평균 평점

영화 평점을 베이스라인 평점을 고려해 적용해 보겠습니다. 가령 모든 사용자의 평균적인 영화 평점이 3.5이고(전체 평균 평점: 3.5), '어벤저스 3편'을 모든 사용자가 평균적으로 평점 4.2로 평가했다면 영화 평가를 늘 깐깐하게 하는 사용자 A가 '어벤저스 3편'을 어떻게 평가할 것인지 예상해 보겠습니다.

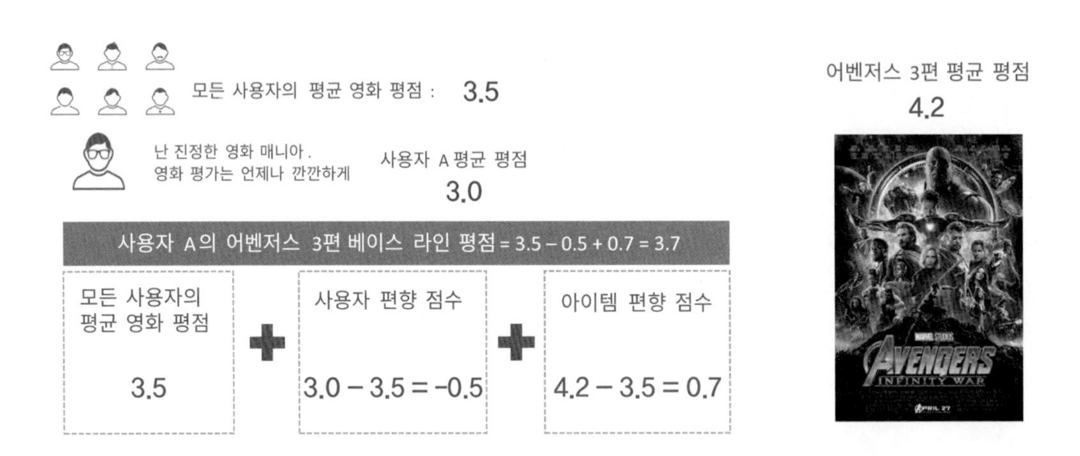

전체 영화의 평균 평점은 3.5이고 사용자 편향 점수는 사용자 A의 평균 영화 평점인 3.0 - 3.5(전체 영화 평균 평점) = −0.5, 아이템 편향 점수는 '어벤저스 3'의 평균 평점 4.2 - 3.5(전체 평균 평점) = 0.7로 계산할 수 있습니다. 따라서 사용자 A의 '어벤저스 3'의 베이스라인 평점은 3.5 - 0.5 + 0.7 = 3.7입니다.

교차 검증과 하이퍼 파라미터 튜닝

Surprise는 교차 검증과 하이퍼 파라미터 튜닝을 위해 사이킷런과 유사한 cross_validate( )와 GridSearchCV 클래스를 제공합니다. 먼저 교차 검증을 위한 cross_validate( ) 함수의 사용법부터 살펴보겠습니다. 해당 함수는 surprise.model_selection 모듈 내에 존재하며, 폴드된 데이터 세트의 개수와 성능 측정 방법을 명시해 교차 검증을 수행합니다.

다음 예제에서는 cross_validate( )를 이용해 ratings.csv를 DataFrame으로 로딩한 데이터를 5개의 학습/검증 폴드 데이터 세트로 분리해 교차 검증을 수행하고 RMSE, MAE로 성능 평가를 진행합니다.

cross_validate( )의 인자로 알고리즘 객체, 데이터, 성능 평가 방법(measures), 폴드 데이터 세트 개수(cv)를 입력합니다.

```
from surprise.model_selection import cross_validate

# 판다스 DataFrame에서 Surprise 데이터 세트로 데이터 로딩
ratings = pd.read_csv('./ml-latest-small/ratings.csv') # reading data in pandas df
reader = Reader(rating_scale=(0.5, 5.0))
data = Dataset.load_from_df(ratings[['userId', 'movieId', 'rating']], reader)

algo = SVD(random_state=0)
cross_validate(algo, data, measures=['RMSE', 'MAE'], cv=5, verbose=True)
```

[Output]

```
Evaluating RMSE, MAE of algorithm SVD on 5 split(s).

                  Fold 1  Fold 2  Fold 3  Fold 4  Fold 5  Mean    Std
RMSE (testset)    0.8729  0.8750  0.8708  0.8687  0.8814  0.8738  0.0044
MAE (testset)     0.6700  0.6707  0.6736  0.6652  0.6770  0.6713  0.0039
Fit time          3.43    3.41    3.50    3.47    3.42    3.45    0.03
Test time         0.08    0.16    0.16    0.08    0.16    0.13    0.04
```

cross_validate( )는 위의 출력 결과와 같이 폴드별 성능 평가 수치와 전체 폴드의 평균 성능 평가 수치를 함께 보여줍니다(교차 검증 세트의 분할 방식이 수행 시마다 달라져서 책의 출력 결과와 여러분이 코드를 수행할 때의 출력 결과가 약간씩 다를 수 있습니다).

Surprise의 GridSearchCV도 사이킷런의 GridSearchCV와 유사하게 교차 검증을 통한 하이퍼 파라미터 최적화를 수행합니다. 하이퍼 파라미터 최적화는 알고리즘 유형에 따라 다를 수 있지만, SVD의 경우 주로 점진적 하강 방식(Stochastic Gradient Descent)의 반복 횟수를 지정하는 n_epochs와 SVD의 잠재 요인 K의 크기를 지정하는 n_factors를 튜닝합니다. 'n_epochs': [20, 40, 60], 'n_factors': [50, 100, 200]로 변경하면서 CV가 3일 때의 최적 하이퍼 파라미터를 도출해 보겠습니다. 데이터는 앞 예제에서 사용한 ratings.csv를 DataFrame으로 로딩한 데이터를 그대로 사용합니다.

```
from surprise.model_selection import GridSearchCV

# 최적화할 파라미터를 딕셔너리 형태로 지정.
param_grid = {'n_epochs': [20, 40, 60], 'n_factors': [50, 100, 200] }
```

```
# CV를 3개 폴드 세트로 지정, 성능 평가는 rmse, mse로 수행하도록 GridSearchCV 구성
gs = GridSearchCV(SVD, param_grid, measures=['rmse', 'mae'], cv=3)
gs.fit(data)

# 최고 RMSE Evaluation 점수와 그때의 하이퍼 파라미터
print(gs.best_score['rmse'])
print(gs.best_params['rmse'])
```

[Output]

```
0.8769866363866617
{'n_epochs': 20, 'n_factors': 50}
```

'n_epochs': 20, 'n_factors': 50일 때 3개 폴드의 검증 데이터 세트에서 최적 RMSE가 약 0.8769로 도출됐습니다.

Surprise를 이용한 개인화 영화 추천 시스템 구축

Surprise를 이용해 잠재 요인 협업 필터링 기반의 개인화된 영화 추천을 구현해 보겠습니다. Surprise 패키지는 간결하지만 기능을 조금 보강할 필요가 있습니다. 지금까지 살펴본 Surprise 예제는 학습 데이터로 fit( )을 호출해 학습한 뒤 테스트 데이터로 test( )를 호출해 예측 평점을 계산하고 MSE/RMSE로 성능을 평가했습니다. 이제는 Surprise 패키지로 학습된 추천 알고리즘을 기반으로 특정 사용자가 아직 평점을 매기지 않은(관람하지 않은) 영화 중에서 개인 취향에 가장 적절한 영화를 추천해 보겠습니다.

이번 예제에서는 ratings.csv 데이터를 학습 데이터와 테스트 데이터로 분리하지 않고 전체를 학습 데이터로 사용합니다. 그런데 Surprise는 데이터 세트를 train_test_split( )을 이용해 내부에서 사용하는 TrainSet 클래스 객체로 변환하지 않으면 fit( )을 통해 학습할 수가 없습니다. 따라서 데이터 세트를 그대로 fit( )에 적용한 다음 코드는 오류를 일으킵니다.

```
# 다음 코드는 train_test_split( )으로 분리되지 않는 데이터 세트에 fit( )을 호출해 오류가 발생합니다.
data = Dataset.load_from_df(ratings[['userId', 'movieId', 'rating']], reader)
algo = SVD(n_factors=50, random_state=0)
algo.fit(data)
```

[Output]

```
~\Anaconda3\lib\site-packages\surprise\prediction_algorithms\matrix_factorization.pyx in sur-
prise.prediction_algorithms.matrix_factorization.SVD.sgd()
AttributeError: 'DatasetAutoFolds' object has no attribute 'global_mean'
```

데이터 세트 전체를 학습 데이터로 사용하려면 DatasetAutoFolds 클래스를 이용하면 됩니다. DatasetAutoFolds 객체를 생성한 뒤에 build_full_trainset( ) 메서드를 호출하면 전체 데이터를 학습 데이터 세트로 만들 수 있습니다.

```
from surprise.dataset import DatasetAutoFolds

reader = Reader(line_format='user item rating timestamp', sep=',', rating_scale=(0.5, 5))
# DatasetAutoFolds 클래스를 ratings_noh.csv 파일 기반으로 생성.
data_folds = DatasetAutoFolds(ratings_file='./ml-latest-small/ratings_noh.csv', reader=reader)

#전체 데이터를 학습 데이터로 생성함.
trainset = data_folds.build_full_trainset()
```

DatasetAutoFolds의 build_full_trainset( ) 메서드를 이용해 생성된 학습 데이터를 기반으로 학습을 수행하겠습니다. 그리고 이후에 특정 사용자에 영화를 추천하기 위해 아직 보지 않은 영화 목록을 확인해 보겠습니다. 먼저 SVD를 이용해 학습을 수행합니다.

```
algo = SVD(n_epochs=20, n_factors=50, random_state=0)
algo.fit(trainset)
```

특정 사용자는 userId = 9인 사용자로 지정하겠습니다. 간단하게 Surprise 패키지의 API를 이용해 예제를 수행하기 위해 userId 9가 아직 평점을 매기지 않은 영화를 movieId 42로 선정한 뒤 예측 평점을 계산해 보겠습니다. 영화의 상세 정보는 movies.csv 파일에 있으므로 해당 파일을 DataFrame으로 로딩합니다.

```
# 영화에 대한 상세 속성 정보 DataFrame 로딩
movies = pd.read_csv('./ml-latest-small/movies.csv')

# userId=9의 movieId 데이터를 추출해 movieId=42 데이터가 있는지 확인.
movieIds = ratings[ratings['userId']==9]['movieId']
```

```
if movieIds[movieIds==42].count() == 0:
        print('사용자 아이디 9는 영화 아이디 42의 평점 없음')

print(movies[movies['movieId']==42])
```

[Output]

```
사용자 아이디 9는 영화 아이디 42의 평점 없음
    movieId             title                genres
38       42      Dead Presidents (1995)    Action|Crime|Drama
```

이 movieId 42인 영화에 대해서 userId 9 사용자의 추천 예상 평점은 predict( ) 메서드를 이용하면 알 수 있습니다. 학습된 SVD 객체에서 predict( ) 메서드 내에 userId와 movieId 값을 입력해주면 됩니다. 단, 이 값은 모두 문자열 값이어야 합니다.

```
uid = str(9)
iid = str(42)

pred = algo.predict(uid, iid, verbose=True)
```

[Output]

```
user: 9      item: 42      r_ui = None      est = 3.13      {'was_impossible': False}
```

추천 예측 평점은 est 값으로 3.13입니다. 사용자가 평점을 매기지 않은 영화의 추천 예측 평점을 간단하게 구하는 방법을 알았으니 이제 사용자가 평점을 매기지 않은 전체 영화를 추출한 뒤에 예측 평점 순으로 영화를 추천해 보겠습니다. 먼저 추천 대상이 되는 영화를 추출하겠습니다. Surprise 내부의 데이터 객체에 대한 액세스 제약 등으로 인해 앞 절에서 사용한 get_unseen_movies( )는 사용하지 않고 새롭게 get_unseen_surprise( ) 함수를 만들고 이를 이용해 아이디 9인 사용자가 아직 평점을 매기지 않은 영화 정보를 반환합니다.

```
def get_unseen_surprise(ratings, movies, userId):
    # 입력값으로 들어온 userId에 해당하는 사용자가 평점을 매긴 모든 영화를 리스트로 생성
    seen_movies = ratings[ratings['userId']== userId]['movieId'].tolist()

    # 모든 영화의 movieId를 리스트로 생성.
    total_movies = movies['movieId'].tolist()
```

```
    # 모든 영화의 movieId 중 이미 평점을 매긴 영화의 movieId를 제외한 후 리스트로 생성
    unseen_movies= [movie for movie in total_movies if movie not in seen_movies]
    print('평점 매긴 영화 수:', len(seen_movies), '추천 대상 영화 수:', len(unseen_movies),
          '전체 영화 수:', len(total_movies))

    return unseen_movies

unseen_movies = get_unseen_surprise(ratings, movies, 9)
```

[Output]

```
평점 매긴 영화 수: 46 추천 대상 영화 수: 9696 전체 영화 수: 9742
```

사용자 아이디 9번은 전체 9742개의 영화 중에서 46개만 평점을 매겼습니다. 따라서 추천 대상 영화는 9696개이며, 이 중 앞에서 학습된 추천 알고리즘 클래스인 SVD를 이용해 높은 예측 평점을 가진 순으로 영화를 추천해 보겠습니다. 이를 위해 recomm_movie_by_surprise( ) 함수를 새롭게 생성합니다. 이 함수는 인자로 학습이 완료된 추천 알고리즘 객체, 추천 대상 사용자 아이디, 추천 대상 영화의 리스트 객체, 그리고 추천 상위 N개 개수를 받습니다.

recomm_movie_by_surprise( )는 추천 대상 영화 모두를 대상으로 추천 알고리즘 객체의 predict( ) 메서드를 호출하고 그 결과인 Prediction 객체를 리스트 객체로 저장합니다. 그리고 이렇게 저장된 리스트 내부의 Prediction 객체를 예측 평점이 높은 순으로 다시 정렬한 뒤 Top-N개의 Prediction 객체에서 영화 아이디, 영화 제목, 예측 평점 정보를 추출해 반환합니다.

```
def recomm_movie_by_surprise(algo, userId, unseen_movies, top_n=10):

    # 알고리즘 객체의 predict() 메서드를 평점이 없는 영화에 반복 수행한 후 결과를 list 객체로 저장
    predictions = [algo.predict(str(userId), str(movieId)) for movieId in unseen_movies]

    # predictions list 객체는 surprise의 Predictions 객체를 원소로 가지고 있음.
    # [Prediction(uid='9', iid='1', est=3.69), Prediction(uid='9', iid='2', est=2.98),,,,]

    # 이를 est 값으로 정렬하기 위해서 아래의 sortkey_est 함수를 정의함.
    # sortkey_est 함수는 list 객체의 sort() 함수의 키 값으로 사용되어 정렬 수행.
    def sortkey_est(pred):
        return pred.est

    # sortkey_est( ) 반환값의 내림 차순으로 정렬 수행하고 top_n개의 최상위 값 추출.
    predictions.sort(key=sortkey_est, reverse=True)
```

```
        top_predictions= predictions[:top_n]

        # top_n으로 추출된 영화의 정보 추출. 영화 아이디, 추천 예상 평점, 제목 추출
        top_movie_ids = [ int(pred.iid) for pred in top_predictions]
        top_movie_rating = [ pred.est for pred in top_predictions]
        top_movie_titles = movies[movies.movieId.isin(top_movie_ids)]['title']

        top_movie_preds = [ (id, title, rating) for id, title, rating in \
                          zip(top_movie_ids, top_movie_titles, top_movie_rating)]

        return top_movie_preds

unseen_movies = get_unseen_surprise(ratings, movies, 9)
top_movie_preds = recomm_movie_by_surprise(algo, 9, unseen_movies, top_n=10)

print('##### Top-10 추천 영화 리스트 #####')
for top_movie in top_movie_preds:
        print(top_movie[1], ":", top_movie[2])
```

[Output]

```
평점 매긴 영화수: 46 추천대상 영화수: 9696 전체 영화수: 9742
##### Top-10 추천 영화 리스트 #####
Usual Suspects, The (1995) : 4.306302135700814
Star Wars: Episode IV - A New Hope (1977) : 4.281663842987387
Pulp Fiction (1994) : 4.278152632122759
Silence of the Lambs, The (1991) : 4.226073566460876
Godfather, The (1972) : 4.1918097904381995
Streetcar Named Desire, A (1951) : 4.154746591122658
Star Wars: Episode V - The Empire Strikes Back (1980) : 4.122016128534504
Star Wars: Episode VI - Return of the Jedi (1983) : 4.108009609093436
Goodfellas (1990) : 4.083464936588478
Glory (1989) : 4.07887165526957
```

9번 아이디 사용자에게는 케빈 스페이시 주연의 '유주얼 서스펙트(Usual Suspect)', 그리고 '펄프픽션', '양들의 침묵', '대부'와 '좋은 친구들' 같은 서스펜스/스릴러/범죄 영화 및 스타워즈와 같은 액션 영화 등이 주로 추천됐습니다. 이처럼 Surprise 패키지는 복잡한 알고리즘을 직접 구현하지 않고도 쉽고 간결한 API를 이용해 파이썬 기반에서 추천 시스템을 구축할 수 있도록 해줍니다.

09 정리

추천 시스템은 기업 애플리케이션에서 매우 중요한 위치를 차지하고 있습니다. 특히 온라인 스토어의 경우 뛰어난 추천 시스템은 매출 향상으로 이어지는 많은 사례로 인하여 많은 기업들이 추천 시스템의 예측 성능을 향상시키기 위해 알고리즘과 데이터 수집에 노력을 기울이고 있습니다.

이번 장에서는 추천 시스템의 대표적인 방식인 콘텐츠 기반 필터링과 협업 필터링을 살펴봤습니다. 콘텐츠 기반 필터링은 아이템(상품, 영화, 서비스 등)을 구성하는 여러 가지 콘텐츠 중 사용자가 좋아하는 콘텐츠를 필터링하여 이에 맞는 아이템을 추천하는 방식입니다. 예를 들어 영화 추천의 경우 사용자가 좋아하는 영화를 분석한 뒤, 이 영화의 콘텐츠와 유사한 다른 영화를 추천하는 것입니다. 영화의 경우 이러한 콘텐츠의 예는 장르, 감독, 영화배우, 영화 키워드와 같은 요소들이 될 수 있습니다. 이들 요소들을 결합하여, 하나의 콘텐츠 특징으로 피처 벡터화한 뒤에 이들 피처 벡터와 가장 유사한 다른 피처 벡터를 가진 영화를 추천하는 것입니다.

협업 필터링은 최근접 이웃 협업 필터링과 잠재 요인 협업 필터링으로 나뉩니다. 최근접 이웃 협업 필터링은 다시 사용자 기반(사용자-사용자)과 아이템 기반(아이템-아이템)으로 나뉘며, 이중 아이템 기반이 더 많이 사용됩니다. 아이템 기반 최근접 이웃 방식은 특정 아이템과 가장 근접하게 유사한 다른 아이템들을 추천하는 방식입니다. 이 유사도의 기준이 되는 것은 사용자들의 아이템에 대한 평가를 벡터화한 값입니다. 이를 위해 모든 아이템을 행으로, 모든 사용자를 열로, 그리고 사용자별-아이템 평점을 값으로 하는 아이템-사용자 행렬 데이터 세트를 만들고, 아이템별로 코사인 유사도를 이용해 사용자 평점 피처 벡터에 따른 Top-N 유사 아이템을 추천하는 예제를 구현해 봤습니다.

잠재 요인 협업 필터링은 많은 추천 시스템에서 활용하는 방식입니다. 사용자-아이템 평점 행렬 데이터에 숨어 있는 잠재 요인을 추출하여 사용자가 아직 평점을 매기지 않은 아이템에 대한 평점을 예측하여 이를 추천에 반영하는 방식입니다. 이렇게 잠재 요인을 추출하기 위해서 다차원의 사용자-아이템 평점 행렬을 저차원의 사용자-잠재요인, 아이템-잠재요인 행렬로 분해하는데, 이러한 기법을 행렬 분해라고 합니다. 그리고 이러한 행렬 분해 기법을 경사 하강법으로 구현한 예제를 실습해 봤습니다.

마지막으로 파이썬의 추천 시스템 패키지 중 하나인 Surprise를 소개했습니다. Surprise는 사이킷런과 유사한 API를 지향하며, 간단한 API만을 이용해 파이썬 기반에서 추천 시스템을 구현해 줍니다. 추천 시스템이 가지는 엄청난 가치로 인해 많은 기업들이 이의 추천 예측 성능 향상을 위해 엄청난 노력을 기울이고 있습니다. 이를 위해서는 추천 시스템의 기반 지식과 구현 로직에 대한 철저한 이해가 필수이기에 이 장에서 소개한 추천 시스템의 내용이 이를 위한 도움이 될 수 있었으면 하는 마음으로 이 장을 마무리하겠습니다.

CHAPTER

10

시각화

"내가 그랬든
너도 곧 알게 될 거야.
길은 아는 것과
길을 걷는 것의 차이를."
< 영화 매트릭스(Matrix>에서, 탈출한 모피어스가 네오에게 >

01 시각화를 시작하며 - 맷플롯립과 시본 개요

이번 장에서는 파이썬 기반의 시각화를 다룹니다. 시각화를 반드시 알지 않아도 충분히 머신러닝 모델을 구현할 수 있습니다. 시각화를 제일 마지막 장으로 뺀 이유도 그 때문입니다. 하지만 머신러닝과 관련한 데이터 분석에서 사용되는 시각화 코드를 이해하지 못하거나, 본인만의 시각화 코드를 작성하지 못해서 스트레스를 받는 경우를 의외로 많이 보아왔습니다. 이번 장에서는 파이썬 기반 시각화의 대표적인 라이브러리인 맷플롯립(Matplotlib)과 시본(Seaborn)에 대해서 설명하고, 시각화 차트들의 유형과 어떤 상황에서 이들 시각화 차트를 효율적으로 적용해야 할지에 대해서 말씀드리겠습니다.

맷플롯립(Matplotlib)은 파이썬 시각화에 큰 공헌을 한 시각화 라이브러리로서 다른 시각화 라이브러리에 많은 영향을 미쳤으며, 여전히 파이썬 세계에서 시각화를 위해서 가장 많이 쓰입니다. 하지만 직관적이지 못한 개발 API로 인해서 시각화 코딩에 익숙해지는 데 많은 시간이 필요하며, 차트의 축 이름이나, 차트 타이틀, 범례(legend) 등의 부가적인 속성까지 코딩을 해주야 하는 불편함이 있습니다. 또한 맷플롯립의 기본 설정 환경에서는 현대적인 감각이 떨어지는 시각화 플롯 등의 문제점을 가지고 있습니다.

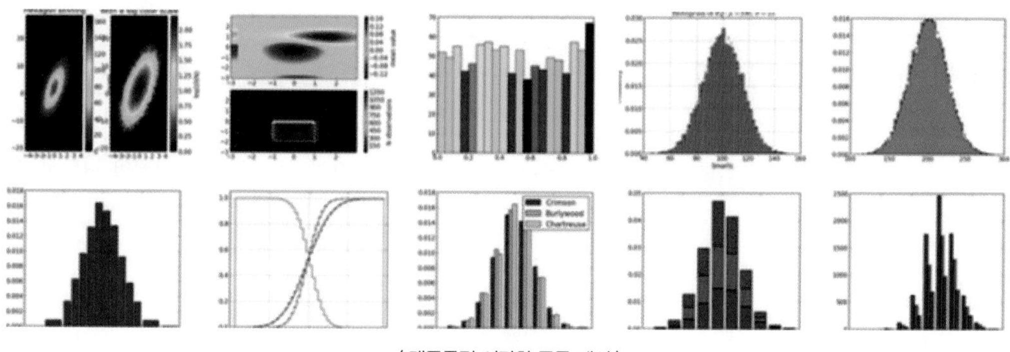

〈 맷플롯립 시각화 플롯 예시 〉

시본(Seaborn)은 맷플롯립보다 쉬운 구현, 수려한 시각화, 그리고 편리한 판다스(Pandas)와의 연동을 특징으로 하고 있습니다. 시본은 맷플롯립을 기반으로 하고 있지만, 맷플롯립보다 상대적으로 적은 양의 코딩으로도 보다 수려한 시각화 플롯을 제공합니다. 또한 판다스의 칼럼명을 기반으로 자동으로 축 이름을 설정하는 등 편리한 연동 기능을 가지고 있습니다. 하지만 시본 역시 맷플롯립을 기반으로 하고 있으며, 특정 요소들의 경우 맷플롯립 함수들을 그대로 사용하고 있기에 시본을 잘 활용하려면 반드시 맷플롯립을 어느 정도는 알고 있어야 합니다.

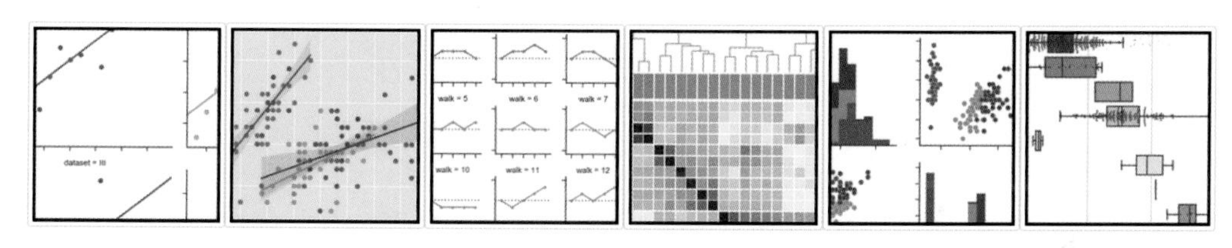

〈 시본 시각화 플롯 예시 〉

파이썬 시각화에서 맷플롯립이 차지하는 영향은 여전히 막강하기 때문에 파이썬 시각화를 위해서는 맷플롯립에 대한 기본적인 수준의 이해가 반드시 필요합니다.

02 맷플롯립(Matplotlib)

맷플롯립의 pyplot 모듈의 이해

맷플롯립은 파이썬 시각화를 위한 기반 모듈인 pyplot을 제공하며 이를 통해 시각화를 구현할 수 있습니다. 아래는 matplotlib.pyplot 모듈을 관용적으로 plt란 이름으로 import 한 후 간단한 직선 그래프를 그리는 예제입니다. pyplot은 plot( ) 함수를 통해 선 그래프를 그릴 수 있습니다. 입력값으로 x 좌표에 해당하는 여러 데이터 값과 y좌표에 해당하는 여러 데이터 값을 입력받아서 x와 y값이 매핑되는 선 그래프를 그릴 수 있습니다. 또한 title( ) 함수는 입력값으로 타이틀 문자열을 받아서 차트 타이틀을 설정할 수 있습니다. 마지막으로 show( ) 함수를 호출하여 축을 포함한 선 그래프를 화면에 나타낼 수 있습니다.

```
# pyplot 모듈을 (관용적으로) plt라는 이름으로 import.
import matplotlib.pyplot as plt

# x축 입력값 [1, 2, 3], y축 입력값 [2, 4, 6]으로 선 그래프 생성.
plt.plot([1, 2, 3], [2, 4, 6])

# 선그래프 타이틀을 Hello plot으로 설정.
plt.title("Hello plot")

# 선 그래프를 출력
plt.show()
```

[Output]

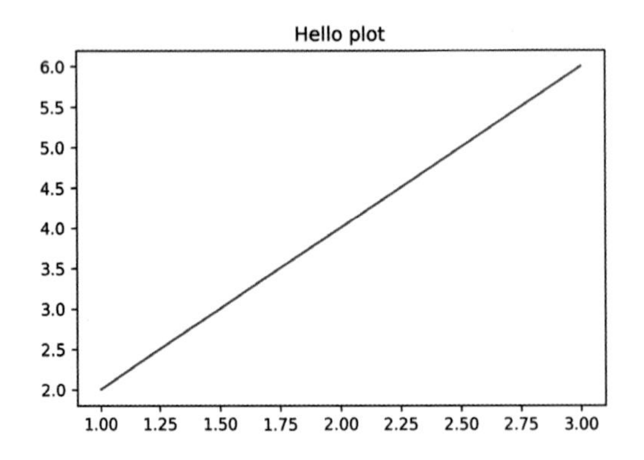

맷플롯립, Matplotlib은 이름에서 유추해 볼 수 있듯이 유명한 공학용 수치 연산과 통계 프로그램인 MATLAB에서 시각화를 위해 개발한 라이브러리에서 유래합니다. 그리고 pyplot 모듈은 MATLAB 사용자들이 시각화를 파이썬에 사용할 때 보다 쉽게 적응할 수 있도록 설계된 모듈이기에 MATLAB 스타일의 인터페이스가 반영되었습니다. 때문에 파이썬 언어 사상을 반영한 다른 서드파티 라이브러리들보다는 상대적으로 단순함과 직관성 측면에서 떨어지는 부분이 있습니다.

pyplot의 두 가지 중요 요소 - Figure와 Axes 이해

약간 과장된(?) 면도 있지만 Figure와 Axes를 pyplot의 두 가지 중요 요소라고 표현한 이유는, 흔히 맷플롯립으로 코딩할 때 이 두 요소를 잘 이해하지 못한 상태에서 시작하면 맷플롯립 기반의 시각화가 어렵게 다가올 수 있기 때문입니다. 특히 Axes에 대해서 간과하기 쉽습니다.

먼저 Figure 객체는 그림을 그리기 위한 캔버스의 역할을 한다고 간주해도 좋습니다. 그림판의 크기를 조절한다든가, 플롯을 최종적으로 화면에 나타내는 역할을 수행합니다. 하지만 실제적으로 그림을 그리는 역할은 수행하지 않습니다. 반면에 Axes는 실제 그림을 그리는 메서드들을 가집니다. 그래서 대부분의 시각화를 수행하는 메서드들은 Axes에서 호출됩니다. 또한 X축, Y축, 타이틀, 범례 등의 속성을 설정하는 데도 이용됩니다.

Axes(축 Axis의 복수형)라는 이름이 주는 인상 때문에 단순히 X축이나 Y축에 관련된 설정 정도의 역할을 수행할 것이라는 선입견과는 다르게 시각화와 관련된 많은 작업들이 이 Axes 객체 기반에서 수행됩니다. 반면에 Figure는 그림을 그리는 실제 작업에는 크게 연관되어 있지 않습니다. 이 차이를 인식하는 것은 맷플롭립으로 시각화를 적용할 때 중요한 출발점입니다.

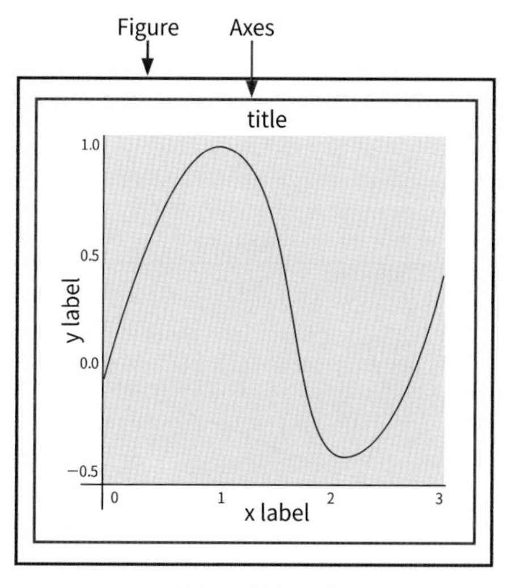

〈 Figure와 Axes 〉

다시 앞 절에서 소개한 간단한 직선 그래프를 그리는 예제를 Figure와 Axes 관점에서 설명하면 아래와 같습니다.

① **plt.plot([1, 2, 3], [2, 4, 6])**

기본으로 설정된 Axes에서 Axes.plot( ) 함수를 호출하여 그림을 그립니다. Axes.plot( )은 다시 Line2D 객체를 호출하여 선 그래프를 그립니다.

② **plt.title("Hello plot")**

plt.title( )은 내부적으로 다시 Axes.set_title( ) 함수를 호출하여 타이틀을 설정합니다.

Figure와 Axis의 활용

Figure는 주로 전체 그림판의 크기를 조절하는 데 사용됩니다. plt.figure(figsize=(10, 4))와 같이 plt 모듈의 figure( ) 함수를 호출하면 Figure 객체가 반환됩니다. 이때 인자로 figsize=(가로크기, 세로크기) 입력하면 해당 크기를 가지는 Figure 객체를 반환하게 됩니다.

```
# plt.figure()는 주로 figure의 크기를 조절하는 데 사용됨.
# 아래는 figure 크기가 가로 10, 세로 4인 Figure 객체를 설정하고 반환함.
plt.figure(figsize=(10, 4))

plt.plot([1, 2, 3], [2, 4, 6])
plt.title("Hello plot")
plt.show()
```

[Output]

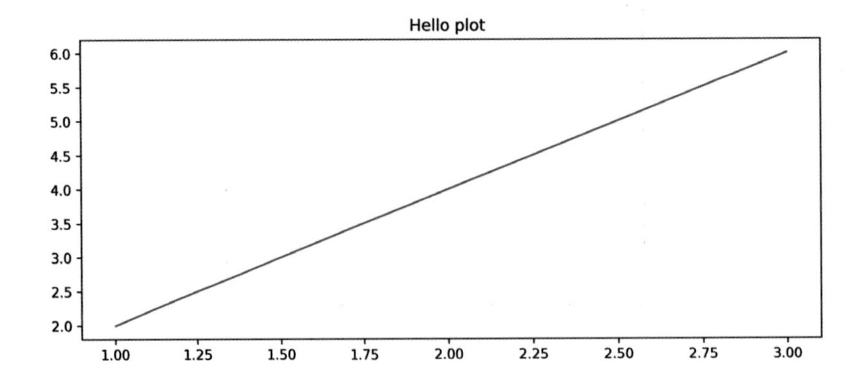

아래는 plt의 figure( ) 함수가 Figure 객체를 반환함을 확인합니다.

```
figure = plt.figure(figsize=(10, 4))
print(type(figure))
```

[Output]

```
<class 'matplotlib.figure.Figure'>
<Figure size 720x288 with 0 Axes>
```

plt.figure( ) 함수에 의해 반환된 Figure가 실제로 그림을 그리는 많은 역할은 하지 못하지만 그림판의 배경 색깔을 바꾸는 등의 설정을 할 수 있습니다. 아래는 figure( ) 함수의 인자로 facecolor='yellow'를 통해 그림판의 배경색을 노란색으로 변경합니다.

```
plt.figure(figsize=(4, 4), facecolor='yellow')
plt.plot([1, 2, 3], [2, 4, 6])
plt.title("Hello plot")
plt.show()
```

[Output]

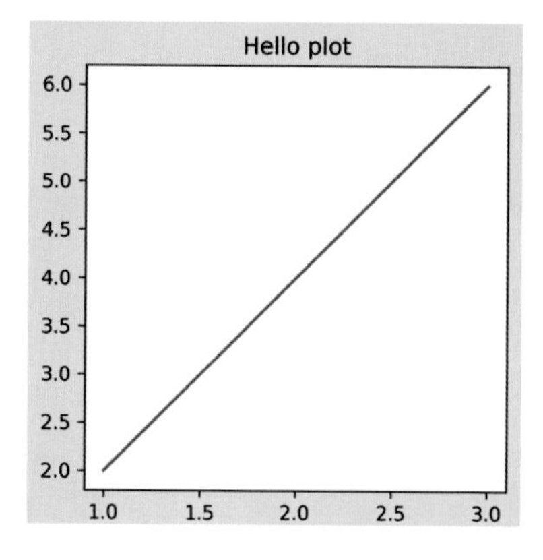

plt.figure(facecolor='yellow')를 적용해도 전체 그림판이 노란색으로 변하지는 않습니다. Axes가 차지하는 영역이 Figure가 차지하는 그림판 위에 적용되기 때문입니다.

plt의 axes( ) 함수는 현재 사용하는 Axes 객체를 반환합니다. 아래는 plt.axes( )를 이용해 Axes 객체를 반환합니다.

```
ax = plt.axes( )
print(type(ax))
```

[Output]

```
<class 'matplotlib.axes._subplots.AxesSubplot'>
```

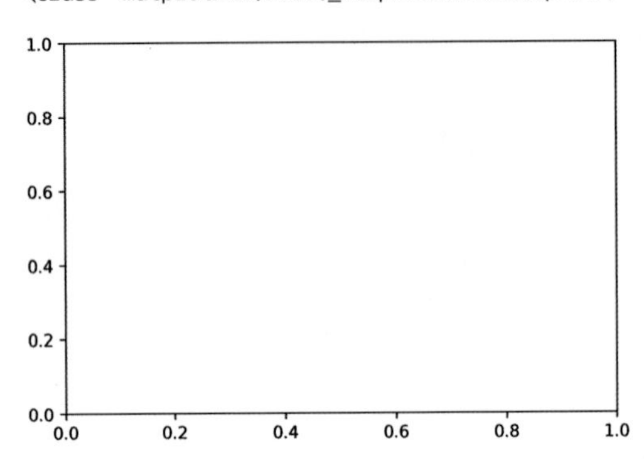

plt.axes( )로 반환된 객체 AxesSubplot는 Axes의 실체화된 하위 클래스로 보면 됩니다. plt.axes( )만 호출했는데도 축을 포함한 그림이 표출된 이유는 pyplot 모듈이 import되어 있는 상태에서 주피터 노트북은 별도의 plt.show( )가 없더라도 Axes가 할당되어 있으면 자동으로 plt.show( )와 같은 역할을 하는 함수를 호출하면서 그림이 표출되게 됩니다. 이처럼 Axes는 pyplot에서 그림을 그리는 데 핵심적인 역할을 수행합니다.

pyplot에서 Figure와 Axes 객체를 함께 가져올 수 있는데 이는 plt.subplots( )을 이용합니다. plt의 subplots( ) 함수는 인자로 여러 개의 Axes를 설정할 수 있지만, 여기서는 디폴트 인자만 적용해 단 한 개의 Axes만 가져오겠습니다.

```
### pyplot에서 설정된 Figure와 Axes 객체를 함께 가져오기
fig, ax = plt.subplots()
print('fig type:', type(fig), '\nax type:', type(ax))
```

[Output]

```
fig type: <class 'matplotlib.figure.Figure'>
ax type: <class 'matplotlib.axes._subplots.AxesSubplot'>
```

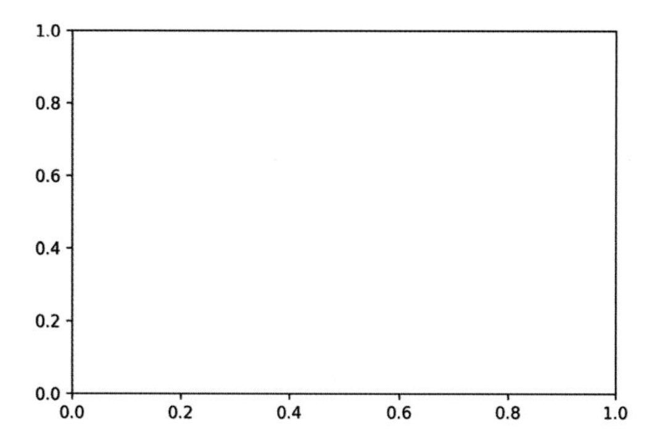

이번에는 pyplot 모듈의 plot( )이나 title( )이 아닌 Axes 객체를 바로 이용해 선 그래프를 그려 보겠습니다.

```
fig, ax = plt.subplots(figsize=(4, 4))

# Axes 객체의 plot()을 이용하여 선 그래프를 그림.
ax.plot([1, 2, 3], [2, 4, 6])

# Axes 객체의 set_title( )을 이용하여 선 그래프 타이틀을 Hello plot으로 설정.
ax.set_title('Hello plot')
plt.show()
```

[Output]

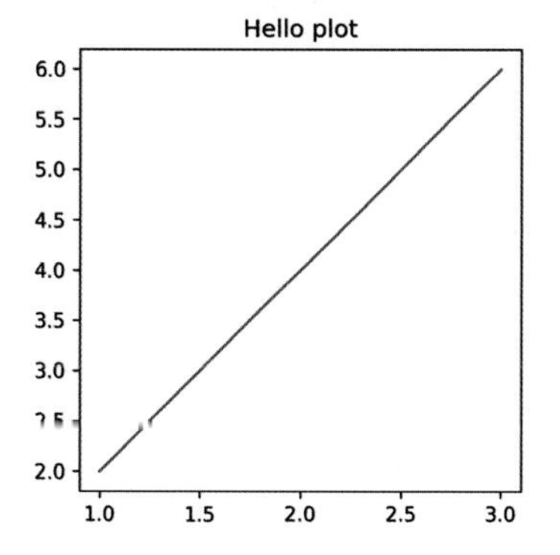

Axes 객체의 plot( ), set_title( )을 이용해서 앞의 pyplot의 plot( )과 title( )을 이용해 그린 선 그래프와 동일한 결과를 얻을 수 있음을 알 수 있습니다.

여러 개의 plot을 가지는 subplot들을 생성하기

plt.subplots( ) 함수는 주로 여러 개의 subplot을 생성하는 데 활용합니다. 즉 하나의 Figure상에서 여러 개의 그래프를 그릴 수 있게 만들어 주는데, 이때 개별 subplot은 하나의 Axes를 가지게 됩니다. 즉 plt.subplots( )은 여러 개의 그래프를 그릴 수 있게 하는 1개의 Figure와 여러 개의 Axes를 생성하고 반환합니다.

plt.subplots( )의 주요 인자로 nrows와 ncols, 그리고 figsize가 사용됩니다. nrows는 전체 subplot들의 배치를 2차원 행렬 형태로 표현할 때 행의 개수가 되며, ncols는 열의 개수가 됩니다. 그리고 figsize는 모든 subplot들을 포함한 전체 Figure의 크기를 설정합니다. 따라서 아래 코드는 두 개의 subplot들, 즉 두 개의 Axes들을 생성하되 열 방향으로 두 개를 나열하며, 전체 크기가 가로 6, 세로 3인 Figure를 생성하고 반환합니다.

```
# 아래는 두 개의 subplot, 즉 두 개의 Axes를 생성하되 열 방향으로 두 개를 배치함.
# 또한 전체 크기가 가로 6, 세로 3인 Figure 생성.
fig, (ax1, ax2) = plt.subplots(nrows=1, ncols=2, figsize=(6, 3))
```

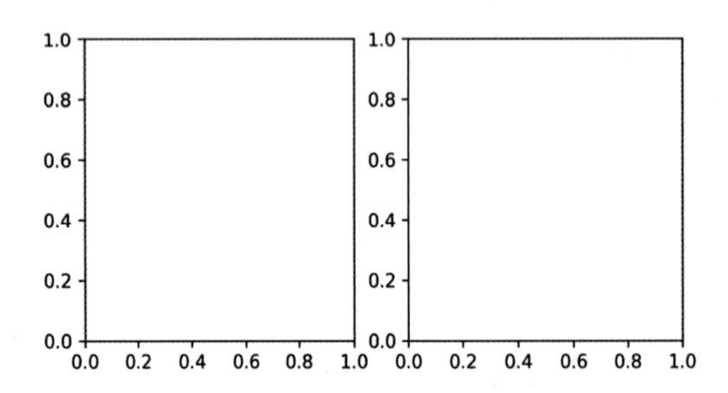

plt.subplots(nrows=1, ncols=2, figsize=(6, 3)) 수행 시 Figure와 두 개의 Axes 객체를 반환하는데, 이때 반환되는 Axes 객체는 (ax1, ax2)와 같이 튜플 형태로 반환받을 수 있습니다. ax1가 첫번째 Axes 객체를, ax2가 두번째 Axes 객체를 가리킵니다.

여러 개의 Axes 객체를 튜플 형태가 아니라 넘파이의 ndarray 형태로도 받을 수 있습니다. 이에 대해서는 좀 더 뒤에서 자세히 말씀드리겠습니다.

pyplot의 plot( ) 함수를 이용해 선 그래프 그리기

맷플롯립은 매우 그래프/차트를 포함한 많은 시각화 객체와 함수를 제공합니다. 하지만 여기서는 이들을 설명하지 않을 것이며, 선과 막대 그래프를 이용한 기본 시각화 구현을 실습하면서 맷플롯립을 이용 시 유의 사항과 문제점, 그리고 개괄적인 시각화 코드 작성 방법에 대해서 설명합니다. 본격적인 그래프/차트는 뒤에서 소개하는 시본에서 좀 더 자세히 알아보겠습니다.

pyplot의 plot( ) 함수는 선 그래프를 그릴 때 활용됩니다. X 좌표 값, Y 좌표 값으로 파이썬 리스트, 넘파이 ndarray, 판다스(Pandas)의 DataFrame/Series 모두 적용 가능합니다. 다만 입력되는 X 좌표 값과 Y 좌표 값의 개수는 모두 같은 크기를 가져야 합니다. X 좌표 값을 [1, 2, 3, 4]로 4개의 원소를 가진 파이썬 리스트로, 마찬가지로 Y 좌표 값을 [2, 4, 6, 8]인 4개의 원소를 가지는 파이썬 리스트로 plot( )에 인자로 입력해 간단한 직선 그래프를 만들어 보겠습니다.

```
import numpy as np
import pandas as pd

x_value = [1, 2, 3, 4]
y_value = [2, 4, 6, 8]
#x_value = np.array([1, 2, 3, 4])  # 넘파이 array로 테스트하려면 주석을 해제하고 실행
#y_value = np.array([2, 4, 6, 8])  # 넘파이 array로 테스트하려면 주석을 해제하고 실행

# 입력값으로 파이썬 리스트, numpy array 가능. x 좌표값과 y좌표값은 모두 같은 크기를 가져야 함.
plt.plot(x_value, y_value)
plt.show()
```

[Output]

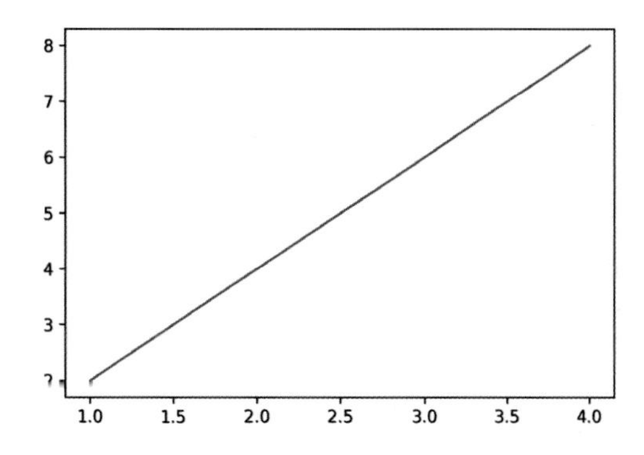

만약 X 좌표 값을 [1, 2, 3, 4, 5]로 5개를, Y 좌표 값을 [2, 4, 6, 8]와 같이 4개로 설정하면 plot( ) 함수는 오류를 반환합니다. 부록으로 제공되는 주피터 노트북 실습코드에 DataFrame을 X, Y 좌표 값으로 입력하는 예제가 있으니 DataFrame도 입력값으로 문제없는지 확인해 보시기 바랍니다.

plot( ) 함수는 color 인자를 이용해 선의 색깔을 변경할 수 있습니다. 아래 코드는 color 인자를 'green'으로 설정해 선의 색깔을 녹색으로 변경합니다.

```
# color 인자를 green으로 설정하여 선의 색깔을 녹색으로 변경.
plt.plot(x_value, y_value, color='green')
```

[Output]

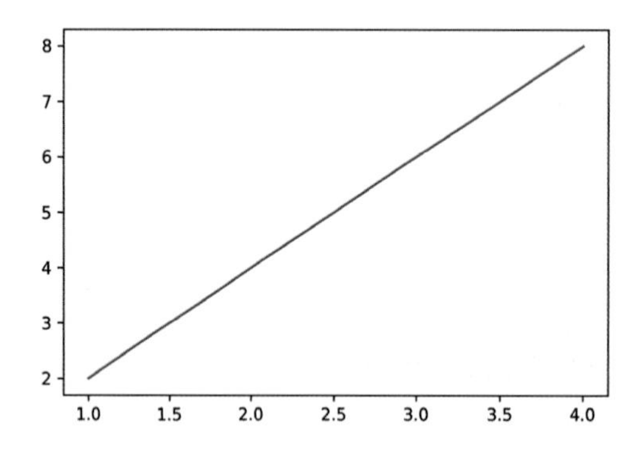

하지만 선 그래프를 보다 다양하게 변화시키고 싶다면 더욱 다양한 인자값을 알고 있어야 합니다. 아래 코드는 선의 색은 빨간색이고, 선의 형태는 대시형이고 선의 두께는 2, 그리고 각 좌표점별로 동그라미 형태의 마커를 크기 12로 설정해 선 그래프를 그립니다. 마커의 경우 동그라미 형태를 알파벳 o로 설정합니다.

```
# API 기반으로 시각화를 구현할 때는 함수의 인자들에 대해서 알고 있어야 하는 부작용(?)이 있음.
plt.plot(
    x_value, y_value, color='red', marker='o', linestyle='dashed', linewidth=2, markersize=12
)
```

[Output]

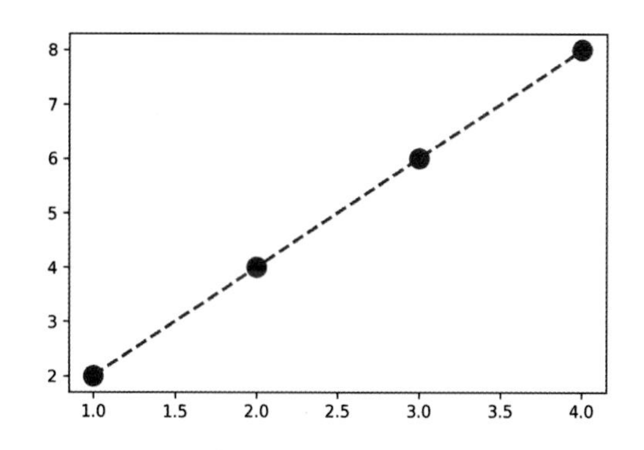

맷플롯립의 많은 시각화 함수들에 대한 인자와 사용법을 익히는 것은 매우 시간이 걸리는 일입니다. 엑셀이나 태블로, 파워 BI와 같은 시각화 솔루션에서 시각화를 구현하는 것과 달리 맷플롯립이나 시본 같은 라이브러리에서 API 기반의 시각화를 구현하는 방식은 큰 차이가 있습니다. API 기반의 시각화는 필연적으로 코드를 이용해 해당 함수들에 대한 인자 값이나 시각화를 위한 여러 가지 주변 값들을 설정해 줘야 합니다. 때문에 함수별로 인자값이 상이하거나 시각화를 위한 여러 가지 설정값이 복잡할 경우 시각화 구현에 많은 시간을 쏟기 쉽습니다. 맷플롯립이나 시본과 같은 API 기반의 시각화 솔루션은 이러한 태생적인 문제점을 당연한 것으로 받아들여야 하지만, 맷플롯립의 API가 시본에 비해서 상대적으로 훨씬 다양하고 더 작은 단위로 쪼개져 있어서 코딩하는 데 더 많은 시간이 소모될 수 있습니다.

예를 들어 맷플롯립의 경우 X축과 Y축의 명칭을 설정하거나 범례를 설정하는 작업을 모두 별도의 함수들을 사용해서 구현해야 합니다. 또한 데이터 분석에서 사용되는 여러 차트 등을 만들 때 여러 개의 함수들을 조합해서 만들어야 할 수도 있습니다. 때문에 맷플롯립보다는 시본을 활용해 데이터 분석을 위한 시각화를 수행하는 경우가 더 많습니다. 하지만 시본 역시 맷플롯립의 일부 요소를 그대로 사용하므로 앞에서 소개한 Figure와 Axes를 포함한 여러 가지 맷플롯립 요소들에 대한 이해가 필요할 수 있습니다.

축 명칭 설정, 축의 눈금(틱)값 회전, 범례(legend) 설정하기

맷플롯립은 기본적으로 축의 명칭을 자동으로 설정하지 않습니다. 축의 명칭을 설정하기 원한다면 pyplot의 xlabel( ), ylabel( )과 같은 함수를 이용해 축의 명칭을 설정해 줘야 합니다. 아래 예제는 xlabel('x axis')을 이용해 X축의 명칭을 x axis로, ylabel('y axis')을 이용해 Y축의 명칭을 y axis로 설정합니다.

```
plt.plot(
    x_value, y_value, color='red', marker='o', linestyle='dashed', linewidth=2, markersize=12
)

# x축과 y축의 이름을 텍스트로 할당하여 설정.
plt.xlabel('x axis')
plt.ylabel('y axis')
plt.show()
```

[Output]

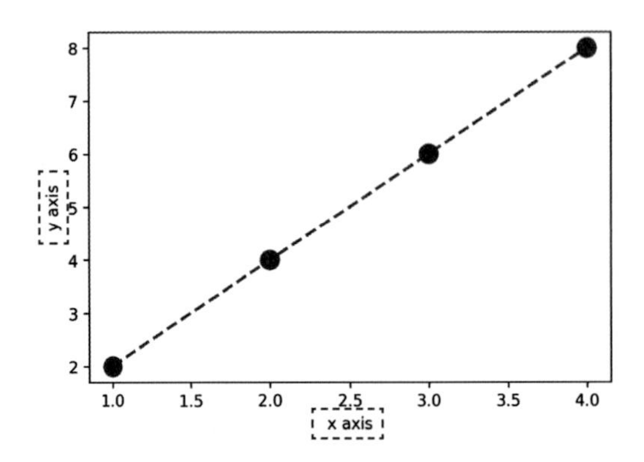

X축의 아래에 x axis가, Y축의 왼쪽에 y axis가 설정됨을 알 수 있습니다.

다음으로 축의 눈금값(틱값)을 회전시켜 보겠습니다. 보통 눈금값을 회전시키는 이유는, 축의 값이 문자열이고 많은 눈금값이 있을 경우 눈금 간에 값이 중복되면서 눈금값이 제대로 보이지 않기 때문입니다. X축의 눈금값을 회전시키기 위해서는 xticks( )를, Y축의 경우는 yticks( ) 함수를 이용합니다(보통 X축만 눈금값을 회전시킵니다). 아래 예제는 x좌표값을 0 ~ 99까지 100개로 설정하고 X축의 눈금값을 90도로 회전합니다.

```
# x 좌표 값을 0~99까지 100개로 설정.
x_value = np.arange(0, 100)
# y 좌표 값은 개별 x좌표값을 2배로 해서 100개로 설정.
y_value = 2*x_value

plt.plot(x_value, y_value, color='green')
plt.xlabel('x axis')
plt.ylabel('y axis')
```

```
# x축 눈금값을 90도로 회전
plt.xticks(rotation=90)

plt.show()
```

[Output]

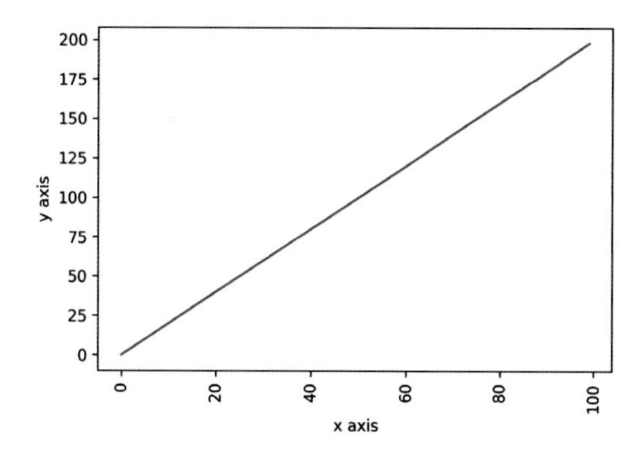

X축의 눈금값들이 90도 회전됨을 알 수 있습니다. 그런데 X좌표값을 0~99까지 100개로 설정했지만, 0, 20, 40, 60, 80, 100 눈금 값들만 표시가 됩니다. 맷플롯립은 축 값이 문자열인 경우는 모든 값을 나타내 주지만, 축 값이 숫자값이면 자동으로 최솟값과 최댓값에 기반해 축의 크기에 따라 눈금 간격을 만들어 줍니다. X축의 눈금 값을 좀 더 세밀하게 나타내고 싶으면 xticks( ) 함수의 인자로 ticks 값을 나타내고 싶은 값을 설정하면 됩니다. 아래 코드는 X축의 눈금값을 0부터 99까지 5 스텝으로 20개로 표시하고 눈금값을 90도 회전합니다.

```
x_value = np.arange(0, 100)
y_value = 2*x_value

plt.plot(x_value, y_value, color='green')
plt.xlabel('x axis')
plt.ylabel('y axis')

# X축의 눈금값을 np.arange(0, 100, 5)로 하여 0부터 99까지 5 스텝으로 20개를 표시하고
# 90도 회전
plt.xticks(ticks=np.arange(0, 100, 5), rotation=90)

plt.title('Hello plot')
plt.show()
```

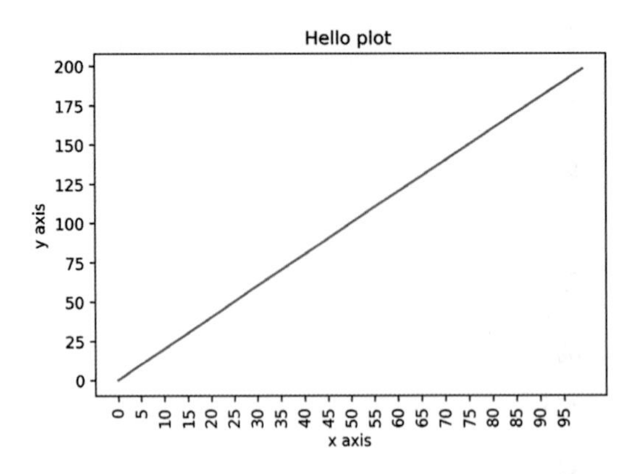

다음으로 범례(legend)를 설정해 보겠습니다. 범례는 여러 개의 그래프/차트를 한 Axes 내에서 표시할 때 이들을 구분할 때 편리하게 사용됩니다. 맷플롯립은 여러 개의 플롯을 하나의 Axes 내에서 그릴 수 있습니다.

X좌표는 동일하지만 서로 다른 Y좌표값을 입력받아 2개의 선 그래프와 범례를 함께 표시해 보겠습니다. 하나는 녹색, 하나는 빨간색으로 선 그래프를 표현하겠습니다. 범례를 표시하기 위해서는 plt.plot( ) 함수 내에 label 인자값을 설정해 해당 플롯에 명칭을 부여해 주어야 합니다. 그런 다음 plt.legend( )를 호출해 범례를 Axes상에 나타낼 수 있습니다. 아래 코드에서는 녹색 선 그래프에 label을 'green line'으로, 빨간색 선 그래프의 label을 'red line'으로 설정하고, plt.legend( )를 호출해 범례를 표시합니다.

```
# X좌표값은 0~99까지 100개, 첫번째 Y좌표값은 X좌표값의 두 배, 두번째 좌표값은
# X좌표값의 4배
x_value_01 = np.arange(0, 100)
y_value_01 = 2*x_value_01
y_value_02 = 4*x_value_01

# X좌표값과 첫번째 Y좌표값으로 녹색의 선그래프를 그림. label을 'green line'으로 설정.
plt.plot(x_value_01, y_value_01, color='green', label='green line')
# X좌표값과 두번째 Y좌표값으로 빨간색 선그래프를 그림. label을 'red line'으로 설정.
plt.plot(x_value_01, y_value_02, color='red', label='red line')

plt.xlabel('x axis')
plt.ylabel('y axis')
# 개별 plot들의 label로 설정된 문자열을 범례로 표시
plt.legend()
```

```
plt.title('Hello plot')

plt.show()
```

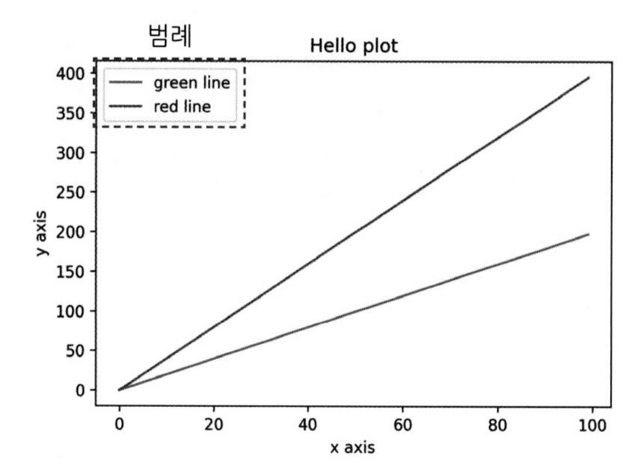

이번에는 선과 막대 그래프를 함께 그려 보도록 하겠습니다. 아래 예제는 X값과 Y값에 따른 마커를 포함한 빨간색 대시 선 그래프와 초록색 막대그래프를 그립니다. label은 각각 'red line', 'bar plot'으로 설정하고 plt.legend( )로 해당 label 값을 범례로 표시합니다.

```
x_value_01 = np.arange(1, 10)
y_value_01 = 2*x_value_01

# 마커를 포함한 빨간색 대시 선 그래프를 그리고, label은 'red line'으로 설정
plt.plot(x_value_01, y_value_01, color='red', marker='o', linestyle='dashed', label='red line')
# X값에 따른 Y값을 나타내는 초록색 막대 그래프를 그리고 label은 'bar plot'으로 설정
plt.bar(x_value_01, y_value_01, color='green', label='bar plot')
plt.xlabel('x axis')
plt.ylabel('y axis')
# 두 개의 그래프에서 label 설정된 문자열 값을 범례로 표시
plt.legend()

plt.title('Hello plot')

plt.show()
```

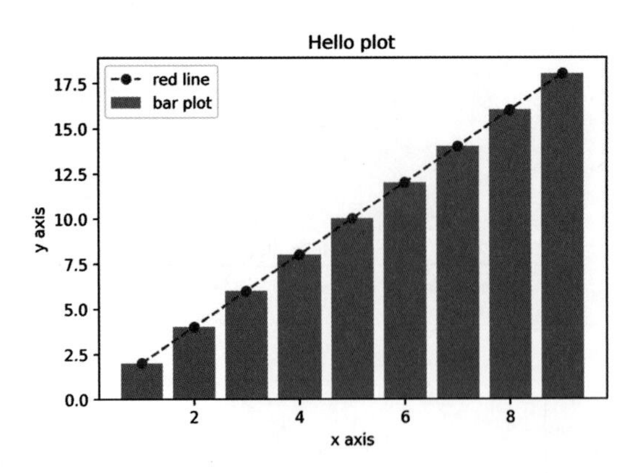

다음으로는 좀 더 다른 시도를 해보겠습니다. 바로 위 예제와 동일한 시각화 결과를 출력하되, 직접 Axes 객체 메서드를 사용해 시각화를 수행해 보겠습니다. 먼저 plt.axes( )를 이용해 Axes 객체를 추출합니다. 그리고 plt.plot( )은 Axes 객체의 plot( )으로 plt.bar( )는 Axes 객체의 bar( )로 변경합니다. 마찬가지로 plt.xlabel( )과 plt.ylabel( )은 각각 Axes 객체의 set_xlabel( ), set_ylabel( )로 변경하며, plt.title( )은 Axes 객체의 set_title( )로 변경합니다. 하지만 plt.legend( )는 Axes 객체의 set_legend( )가 아니라 legend( )로 적용되어야 합니다(당연히 맷플롯립 라이브러리 나름의 사정이 있겠지만, 이렇게 API명의 일관된 규칙성이 지켜지지 않는 부분도 맷플롯립 코딩을 어렵게 만드는 한 가지 원인입니다).

```
figure = plt.figure()
# Axes 객체를 추출하여 ax 변수에 할당.
ax = plt.axes()

# plt.plot( )은 ax.plot( )으로 plt.bar( )는 ax.bar( )로 변경.
ax.plot(x_value_01, y_value_01, color='red', marker='o', linestyle='dashed', label='red line')
ax.bar(x_value_01, y_value_01, color='green', label='bar plot')

# plt.xlabel( )은 ax.set_xlabel( )로, plt.ylabel( )은 ax.set_ylabel( )로 변경
ax.set_xlabel('x axis')
ax.set_ylabel('y axis')

# ax.set_legend()가 아니라 ax.legend()임.
ax.legend()
# plt.title( )을 plt.set_title( )로 변경
ax.set_title('Hello plot')

plt.show()
```

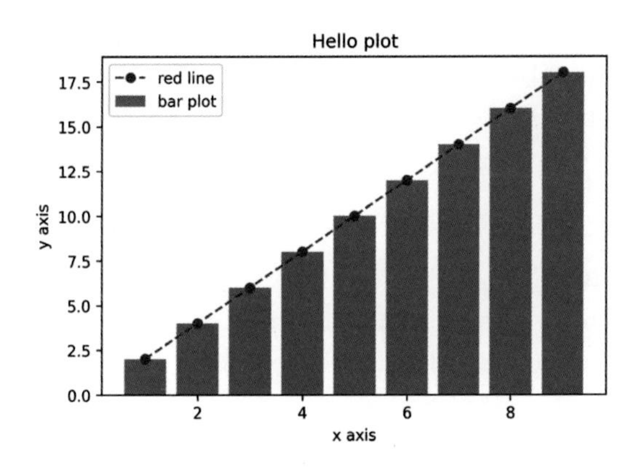

여러 개의 subplots들을 이용해 개별 그래프들을 subplot별로 시각화하기

여러 개의 subplots들을 이용하면 여러 개의 그래프들을 한꺼번에 시각화할 수 있습니다. 이는 데이터를 분석하는 측면에서 매우 유용합니다. 많은 피처들로 이뤄진 데이터 세트를 분석할 경우 서로 다른 피처 간의 그래프 비교나, 같은 피처라도 서로 다른 그래프를 이용해 여러 가지 특성들을 한눈에 분석하는 데 큰 도움이 됩니다.

앞에서 짤막하게 소개해드린 여러 개의 Axes를 이용한 subplots 생성을, 이번에는 Axes 객체들을 튜플이 아닌 배열 형태로 받아서 시각화해보겠습니다. 아래 예제는 열 방향으로 나열된 두 개의 Axes들을 subplots로 생성하고 Figure와 Axes 객체를 반환합니다.

```
fig, ax = plt.subplots(nrows=1, ncols=2, figsize=(6, 3))
```

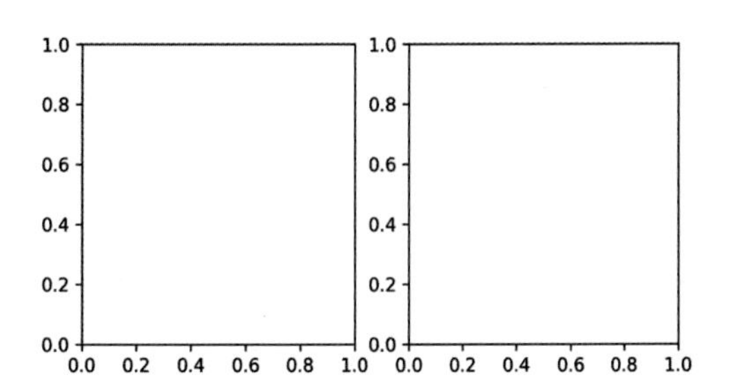

반환된 Axes 객체들을 가지는 ax 변수는 튜플이 아니라 넘파이 ndarray 형태로 가지며 각각 개별 원소인 ax[0]는 왼쪽에 생성된 Axes 객체를, ax[1]은 오른쪽에 생성된 Axes 객체를 가리킵니다.

```
print('ax type:', type(ax))
print('ax[0] type:', type(ax[0]))
print('ax[1] type:', type(ax[1]))
```

[Output]

```
ax type: <class 'numpy.ndarray'>
ax[0] type: <class 'matplotlib.axes._subplots.AxesSubplot'>
ax[1] type: <class 'matplotlib.axes._subplots.AxesSubplot'>
```

여러 개의 subplots들을 이용해서 시각화를 구현할 때는 유의해야 할 사항이 있습니다. 바로 개별 Axes 객체를 직접 이용해서 시각화를 구현해야 한다는 것입니다. 이는 비단 선 그래프나 막대 그래프를 그리는 것에 국한되지 않고, 타이틀이나, 축의 명칭 눈금값, 범례를 설정할 때도 개별 Axes에 직접 이들을 적용해야 한다는 의미입니다. 아래 예제는 2개의 Axes 기반으로 subplots를 생성합니다. 두 개의 Axes 객체는 fig, ax = plt.subplots(nrows=1, ncols=2, figsize=(6, 3)) 를 이용해 ax 객체 변수로 할당됩니다. nrows=1, ncols=2를 입력해 왼쪽과 오른쪽으로 생성된 두 개의 Axes는 왼쪽의 경우 ax[0]로, 오른쪽의 경우 ax[1]로 할당됩니다. 왼쪽 subplot인 ax[0]에는 마커 기반의 빨간색 대시형 선 그래프를, 오른쪽 subplot인 ax[1]에는 초록색 막대 그래프를 그립니다. 또한 개별 Axes의 X축명, 범례, 타이틀을 각각 설정합니다.

```
import numpy as np

x_value_01 = np.arange(1, 10)
x_value_02 = np.arange(1, 20)
y_value_01 = 2 * x_value_01
y_value_02 = 2 * x_value_02

# figsize는 (6,3)인 Figure와 2개의 Axes를 가지는 subplots을 반환.
fig, ax = plt.subplots(nrows=1, ncols=2, figsize=(6, 3))

# 개별 Axes 객체들을 각각 이용하여 선 그래프와 막대그래프를 그림.
ax[0].plot(x_value_01, y_value_01, color='red', marker='o', linestyle='dashed', label='red line')
ax[1].bar(x_value_02, y_value_02, color='green', label='bar plot')
# 개별 Axes 객체 각각에 X축명을 설정.
ax[0].set_xlabel('ax[0] x axis')
ax[1].set_xlabel('ax[1] x axis')
# 개별 Axes 객체 각각에 범례를 설정
ax[0].legend()
```

```
ax[1].legend()
# 개별 Axes 객체 각각에 타이틀을 설정
ax[0].set_title('Hello line')
ax[1].set_title('Hello bar')

plt.show()
```

[Output]

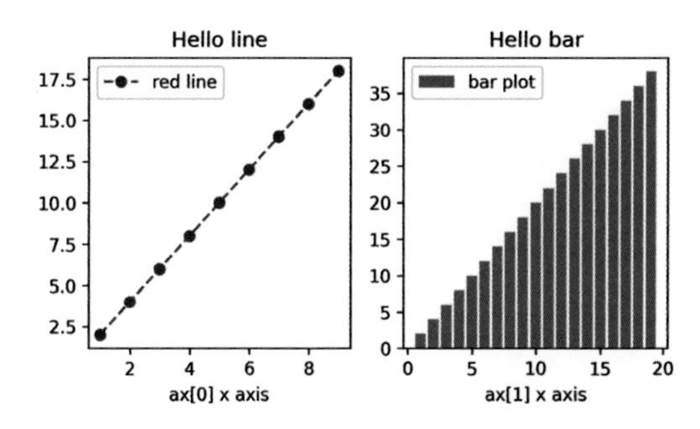

plt.subplots( )의 인자인 nrows가 1이거나 또는 ncols가 1인 경우에는 1차원 배열 인덱싱 방식으로 Axes을 접근할 수 있습니다. 즉 fig, ax = plt.subplots(nrows=1, ncols=3)이라면 ax[0], ax[1], ax[2]와 같은 방식으로 3개의 Axes 객체를 접근할 수 있습니다. 하지만 nrows도 2 이상이고, ncols도 2 이상이 되면 1차원 배열 인덱싱 방식이 아니라 2차원 배열 인덱싱 방식으로 plot.subplots( )로 반환된 Axes 객체를 접근해야 합니다.

아래 예제는 fig, ax = plt.subplots(nrows=2, ncols=2, figsize=(6, 6))를 호출해 2x2, 즉 4개의 Axes를 가지는 subplots를 생성합니다. 하지만 앞 예제와는 다르게 개별 Axes를 접근할 때 a[0][0]과 같은 2차원 배열 인덱싱을 이용합니다. a[0][0]은 첫번째 로우의 첫번째 칼럼에 해당하는 Axes 객체를, a[0][1]은 첫번째 로우의 두번째 칼럼에 해당하는 Axes 객체, a[1][0]은 두번째 로우의 첫번째 칼럼에 해당하는 Axes 객체, a[1][1]은 두번째 로우의 두번째 칼럼에 해당하는 Axes 객체를 가리킵니다.

```
import numpy as np

x_value_01 = np.arange(1, 10)
x_value_02 = np.arange(1, 20)
y_value_01 = 2 * x_value_01
y_value_02 = 2 * x_value_02
```

```python
# figsize는 (6,6)인 Figure와 2x2개의 Axes를 가지는 subplots을 반환.
fig, ax = plt.subplots(nrows=2, ncols=2, figsize=(6, 6))

# 2x2 Axes 객체들을 각각 이용하여 선 그래프와 막대그래프를 그림.
ax[0][0].plot(x_value_01, y_value_01, color='red', marker='o', linestyle='dashed', label='red line')
ax[0][1].bar(x_value_02, y_value_02, color='green', label='green bar')
ax[1][0].plot(
    x_value_01, y_value_01, color='green', marker='o', linestyle='dashed', label='green line'
)
ax[1][1].bar(x_value_02, y_value_02, color='red', label='red bar')

# 개별 Axes 객체 각각에 X축명을 설정.
ax[0][0].set_xlabel('ax[0][0] x axis')
ax[0][1].set_xlabel('ax[0][1] x axis')
ax[1][0].set_xlabel('ax[1][0] x axis')
ax[1][1].set_xlabel('ax[1][1] x axis')

# 개별 Axes 객체 각각에 범례를 설정
ax[0][0].legend()
ax[0][1].legend()
ax[1][0].legend()
ax[1][1].legend()

plt.show()
```

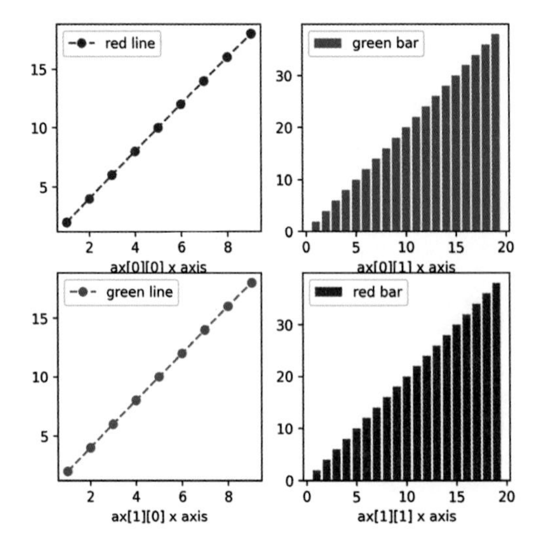

03 시본(Seaborn)

시본을 본격적으로 알아보기 전에 머신러닝을 위한 시각화에 대해서 한번 생각해 보는 시간을 가져보려 합니다. 차트와 그래프는 데이터를 적절한 시각화 정보로 가공해 데이터가 품고 있는 정제되고 본질적인 의미를 사용자나 일반 대중에게 전달하기 위해서 오랜 기간 동안 발전해왔습니다. 그 결과로 매우 많은 차트와 그래프가 개발되었고, 아직도 새로운 차트들이 등장하고 있습니다. 시각화 자체의 영역은 매우 방대 하기에 시각화의 전 영역을 익히기에는 오랜 시간이 필요할 수 있습니다.

때문에 머신러닝 모델을 만드는 과정에서 학습 데이터 등을 심도 있게 분석하거나 EDA(Exploratory Data Analysis)를 수행하기 위한 시각화를 익히기 위해서는 좀 더 압축된 방식으로 시각화를 접근할 필요가 있습니다. 이를 위해 머신러닝을 위한 핵심적인 시각화 차트는 무엇이며, 이들 시각화 차트들이 어떤 특성을 가지고 있는지를 먼저 살펴보겠습니다.

시각화를 위한 차트/그래프 유형

일반적으로 시각화는 통계 분석을 위한 시각화와 비즈니스 분석을 위한 시각화로 나눠 볼 수 있습니다. 둘 사이를 칼 같이 정확히 나눌 수는 없습니다. 대부분의 시각화 차트는 두 영역 모두에서 사용됩니다. 비즈니스 분석을 위한 시각화는 청중의 유형과 수준 그리고 설득이 필요한 다양한 환경에 따라서 적절하게 여러 가지 차트를 활용하도록 발전되어 왔습니다. 비슷한 데이터 분석 결과이지만, 상황에 따라 여러 차트로 표현할 수 있는 기준들을 마련해 왔습니다.

가령 특정 이산 값 칼럼에 따른 연속 값 결과, 예를 들어 대도시별(특별시, 광역시) 평균 소득금액을 나타낼 때 바 차트(막대 그래프), 라인 차트(선 그래프), 파이 차트, 도넛 차트 등을 이용할 수 있습니다. 특히 대도시별 평균 소득금액 비율을 좀 더 시각적으로 강조 할 때는 파이 차트나 도넛 차트를 선택하는 게 더 나을 수 있습니다. 하지만 평균 소득금액 비율을 막대 그래프로 나타내지 못할 이유는 없습니다. 막대 그래프의 높이로 얼마든지 대도시별 소득 금액의 차이를 알 수 있으며, 필요하다면 비율 금액을 텍스트로 추가하기만 하면 됩니다.

통계 분석을 위한 시각화 역시 비즈니스 분석 시각화와 유사하게 설득이 필요한 다양한 환경에 따라 적절한 차트를 활용합니다. 하지만 데이터 자체가 가지는 특성에 좀 더 집중하는 경향이 있습니다. 가령 특정 연속형 값이 정규 분포 형태가 아닌 왜곡된 분포도를 가지고 있다거나, 칼럼들 간의 상관 관계, 이상치 값 도출 등 데이터 자체가 가지는 통계적인 특성을 설명하기 위해서 시각화를 동원해야 할 필요가 있습니다.

시본에는 많은 시각화 플롯을 지원하지만, 이들을 모두 익힐 필요는 없습니다. 비슷한 유형의 정보는 하나의 시각화 플롯으로만 표현하고(가령, 이산값 시각화는 바 플롯만 사용), 머신러닝을 데이터 분석 시 여러분이 꼭 아셔야 할 시각화 플롯들을 제 개인적인 기준으로 선정하였습니다. 히스토그램, 바 플롯(막대 그래프), 박스 플롯(상자 수염 그래프), 바이올린 플롯, 스캐터 플롯(산점도), 상관 히트맵이 그 주인공들입니다. 이들 플롯들은 데이터의 특성을 이해하는 데 기반이 되는 중요한 시각화 기법입니다. 이 플롯들만 익혀도 머신러닝을 위한 여러 유형의 시각화 분석을 충분히 수행하실 수 있을 것입니다.

정보의 종류에 따른 시각화 차트 유형

앞에서 말씀드린 히스토그램, 바 플롯(막대 그래프), 박스 플롯(상자 수염 그래프), 바이올린 플롯, 스캐터 플롯(산점도), 상관 히트맵에 대한 개괄적인 설명은 아래 표와 같습니다.

차트 유형		설명
히스토그램		연속형 값에 대한 도수 분포를 나타냅니다. X축 값은 도수 분포를 원하는 연속형 값의 구간, Y축 값은 해당 구간의 도수 분포(건수)를 나타냅니다.
바 플롯		특정 칼럼의 이산 값에 따른 다른 칼럼의 연속형 값(평균, 총합등)을 막대 그래프 형태로 시각화합니다. (수직 막대 그래프를 적용 시) X축 값은 특정 칼럼의 이산 값, Y축 값은 다른 칼럼의 연속형 값으로 나타냅니다.
박스 플롯		연속형 값의 사분위 IQR와 최대, 최소, 이상치 값을 시각화합니다. 보통 단일 칼럼의 연속형 값에 적용하지만, 이 연속형 값의 사분위를 다른 칼럼의 이산값별로 시각화할 때 사용할 수 있습니다.
바이올린 플롯		히스토그램의 연속 확률 분포 곡선과 박스 플롯을 바이올린 형태로 함께 시각화합니다. 보통 단일 칼럼의 연속형 값에 적용하지만, 이 연속형 값의 분포를 다른 칼럼의 이산값별로 시각화할 때 유용합니다.
스캐터 플롯		산점도로 불리며 2개의 연속형 값들을 X, Y 좌표상의 점으로 시각화하여 해당 값들이 어떻게 관계되어 있는지 나타냅니다.
상관 히트맵		다수의 연속형 칼럼들에 대해서 상호 간의 상관 관계를 시각화합니다.

이들 차트들 중에 바 플롯(막대 그래프)을 제외한 모든 플롯들이 기본적으로 연속형 칼럼 값에 대한 시각화를 지원합니다.

바 플롯은 특정 칼럼의 이산 값을 기준으로 다른 칼럼의 연속형 값을 막대 그래프로 시각화합니다. 히스토그램과 바이올린 플롯은 연속형 데이터의 분포가 정규 분포인지 왜곡되어 있는지 시각화합니다. 박스 플롯은 연속형 데이터의 분위를 시각화해주며, 스캐터 플롯(산점도)은 2개의 연속형 칼럼들에 대한 분포 및 관계를 점으로 시각화해줍니다. 상관 히트맵은 다수의 연속형 칼럼들의 상관 관계를 온도를 나타내는 시각적인 컬러 기반으로 표현해 줍니다.

시본은 X축과 Y축으로 구성된 이차원 축에서 데이터를 시각화해주므로 2개의 변수(칼럼)에 대한 정보를 기본적으로 표출해줍니다. 시본의 대부분 시각화 함수들은 hue라는 인자를 통해서 또는 플롯의 유형에 따라 연속형 데이터의 정보를 다른 이산형 데이터 값으로 세분화된 정보로 표현할 수 있게 만들어 줘서 2개의 변수가 아닌 3개의 변수도 함께 정보로 시각화할 수 있습니다.

예를 들어 아래 그림의 왼쪽은 타이타닉 데이터 세트에서 Pclass(선실 등급)에 따른 평균 Age(나이)를 바 플롯으로 시각화한 결과입니다. 이를 다시 Sex(성별)로 세분화된 결과로 표현하기 위해서 hue='Sex'를 적용하면 오른쪽 그림과 같이 Pclass를 Sex의 male과 female별로 세분화한 평균 나이를 막대 그래프 형태로 나타낼 수 있습니다.

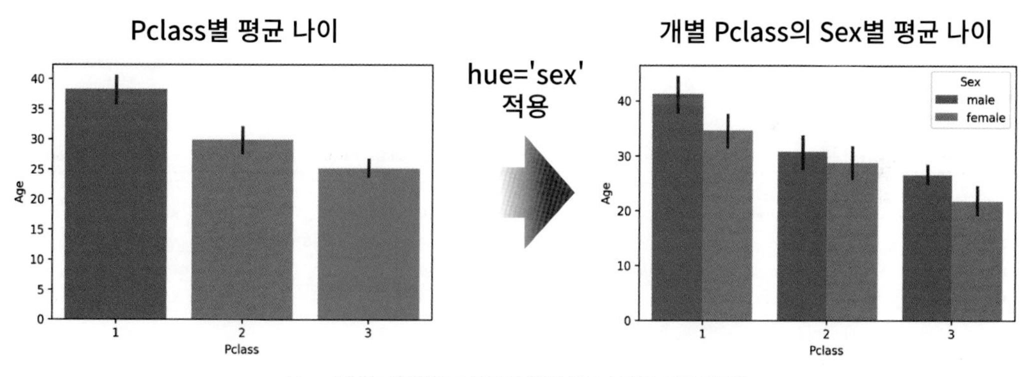

〈 hue 인자를 적용해 바 플롯의 세부 정보 시각화 레벨 변화 〉

이 외에도, 박스 플롯, 바이올린 플롯, 스캐터 플롯 모두 hue 인자 또는 플롯 유형에 따라 이산형 값별로 연속형 값의 분포를 시각화할 수 있는 기능을 시본에서 제공합니다. 이에 대해서는 시본의 개별 플롯 설명에서 보다 자세히 말씀드리도록 하겠습니다.

시본을 시작하기 위한 기본적인 설명은 이쯤에서 마치도록 하고, 본격적으로 시본을 이용해 시각화 차트들을 구현해 보도록 하겠습니다.

히스토그램(Histogram)

히스토그램은 데이터의 통계적인 분석을 위해 매우 많이 활용됩니다. 특히 머신러닝 학습 데이터의 중요 피처들 값이 어떠한 분포도를 가지고 있는지 확인하는 것은 모델 성능을 위해 중요합니다. 히스토그램은 시본뿐만 아니라 맷플롯립, 판다스에서도 제공됩니다.

히스토그램은 막대 차트처럼 보이지만 연속형 값을 범위 또는 구간으로 그룹화해 개별 구간에 해당되는 데이터의 건수를 시각화해줍니다. 시본 히스토그램은 초기에는 distplot( ) 함수를 사용했습니다. 하지만 기능 개선 등의 이유로 현재는 deprecated된 상태이며, 이제 histplot( ) 또는 displot( ) 함수 사용을 권장하고 있습니다. histplot( )은 Axes 레벨 함수이며, displot( )은 Figure 레벨 함수입니다. 이 두 함수의 차이가 어떻게 다른지는 차근차근 확인해 보겠습니다.

시본을 이용해 시각화할 데이터 세트는 타이타닉 데이터 세트입니다. 1장과 2장에서 사용한 titanic_train.csv 파일을 DataFrame으로 생성하고 이 DataFrame 객체를 titanic_df로 할당하겠습니다.

```
import pandas as pd

titanic_df = pd.read_csv('titanic_train.csv')
titanic_df.head(5)
```

	PassengerId	Survived	Pclass	Name	Sex	Age	SibSp	Parch	Ticket	Fare	Cabin	Embarked
0	1	0	3	Braund, Mr. Owen Harris	male	22.0	1	0	A/5 21171	7.2500	NaN	S
1	2	1	1	Cumings, Mrs. John Bradley (Florence Briggs Th...	female	38.0	1	0	PC 17599	71.2833	C85	C
2	3	1	3	Heikkinen, Miss. Laina	female	26.0	0	0	STON/O2. 3101282	7.9250	NaN	S
3	4	1	1	Futrelle, Mrs. Jacques Heath (Lily May Peel)	female	35.0	1	0	113803	53.1000	C123	S
4	5	0	3	Allen, Mr. William Henry	male	35.0	0	0	373450	8.0500	NaN	S

먼저 시본의 histplot( ) 함수를 이용해 타이타닉 승객의 나이를 히스토그램으로 시각화해보겠습니다. histplot( ) 함수의 인자로 히스토그램 대상이 되는 Age 칼럼 데이터를 가지는 titanic_df['Age']를 입력하고, 구간의 개수는 bins=20으로 설정합니다. 시본의 Axes 레벨 함수를 사용할 경우에는 전체 Figure의 크기를 조절하기 위해서는 맷플롯립과 마찬가지로 plt.figure(figsize=(6, 3))과 같이 적용해야 합니다.

```
import matplotlib.pyplot as plt
import seaborn as sns

# 시본에서도 plt.figure()의 figsize 인자를 입력하여 전체 Figure의 크기 조절
plt.figure(figsize=(8, 3))

# DataFrame의 칼럼명을 자동으로 인식해서 xlabel 값을 할당. ylabel 값은 Count로 설정.
sns.histplot(titanic_df['Age'], bins=20)
plt.show()
```

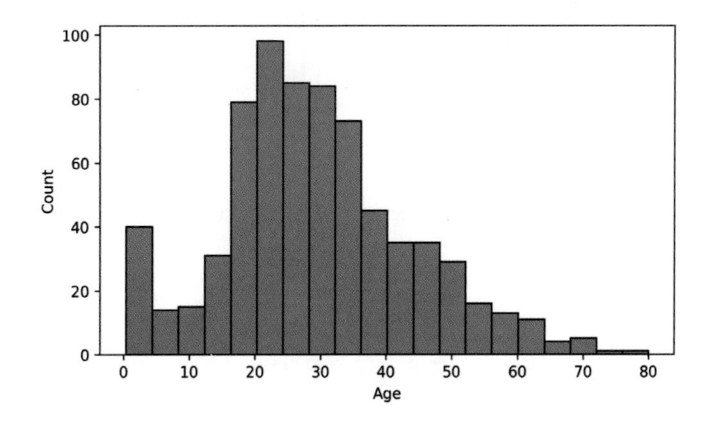

20개의 Bin 구간에 따라 연속으로 이어진 막대 그래프 형태의 도수 분포를 가지는 히스토그램이 만들어졌습니다. 시본에서는 DataFrame을 입력값으로 받으면 자동으로 칼럼명을 해석해서 X축명 또는 Y축명에 할당합니다. 그림에서 보듯이 별도의 xlabel( ) 호출 없이도 자동으로 X축명에 함수 인자로 들어온 titanic_df['Age']에서 Age 칼럼을 X축명에 할당하였고, 히스토그램 시각화이므로 Y축명에 도수를 나타내는 Count를 설정하였습니다.

시본의 많은 시각화 함수들은 판다스 DataFrame과 잘 통합되어 있습니다. 이들 시각화 함수들은 X축과 Y축 각각에 DataFrame을 칼럼명을 입력받아서 처리할 수 있도록 설계되어 있습니다. 이를 위해 대부분의 시각화 함수들은 data, x, y를 각각 인자로 가지는데, data 인자는 시각화 대상 DataFrame 객체, x 인자는 X축에 사용될 칼럼명, y 인자는 Y축에 사용될 칼럼명을 입력받습니다.

앞에서 언급한 시본의 기본 인자값을 histplot( ) 함수에 입력해 다시 시각화해보겠습니다. 히스토그램은 기본적으로 한 개의 변수만 시각화하므로 y 인자는 생략하고, x 인자는 'Age', data 인자는 타이타닉 DataFrame 객체변수인 titanic_df를 입력하겠습니다. 이번엔 bins=30으로 구간 개수를 늘리고, kde=True로 설정해 히스토그램의 연속 확률분포 곡선까지 함께 시각화해보겠습니다.

```
sns.histplot(x='Age', data=titanic_df, bins=30, kde=True)
plt.show()
```

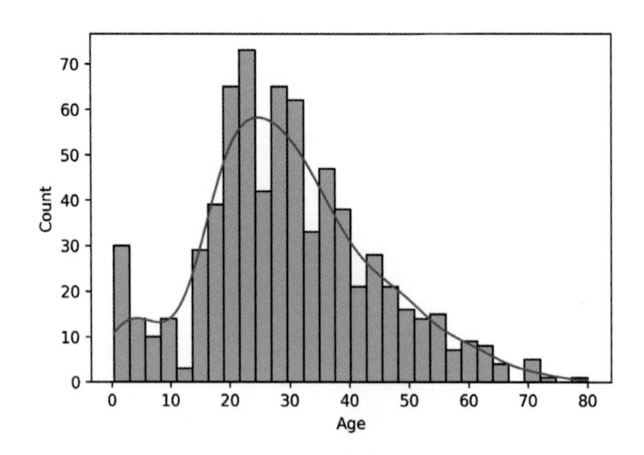

bins=30에 따라 30개의 구간별 막대 그래프 도수가 그려지고 kde=True에 따라 연속 확률분포 곡선까지 그려짐을 확인할 수 있습니다.

다음으로 시본의 또 다른 히스토그램 함수인 displot( )을 살펴보겠습니다. displot( ) 함수는 Figure 레벨 함수입니다. Figure 레벨 함수의 특징은 맷플롯립 API 사용을 최소화하고, 기본 맷플롯립에서 사용하는 기능들을 Figure 레벨 함수의 인자 등으로 대체하게 설계되었습니다. 예를 들어, Figure 레벨 함수를 사용 시 Figure의 크기는 더 이상 plt.figure( )로 조절할 수 없으며 해당 함수에서 인자로 Figure의 크기를 조절해야 합니다.

displot( ) 함수를 이용해서 Age 칼럼값의 히스토그램을 시각화해보겠습니다. displot( ) 함수를 호출 전에 plt.figure(figsize=(8, 4))를 이용해 Figure를 생성하도록 시도합니다. x 인자, data 인자, kde 인자는 모두 이전과 동일합니다.

```
import seaborn as sns

# seaborn의 figure레벨 그래프는 plt.figure( )로 Figure 크기를 조절할 수 없습니다.
plt.figure(figsize=(8, 4))
sns.displot(x='Age', data=titanic_df, kde=True)
plt.show()
```

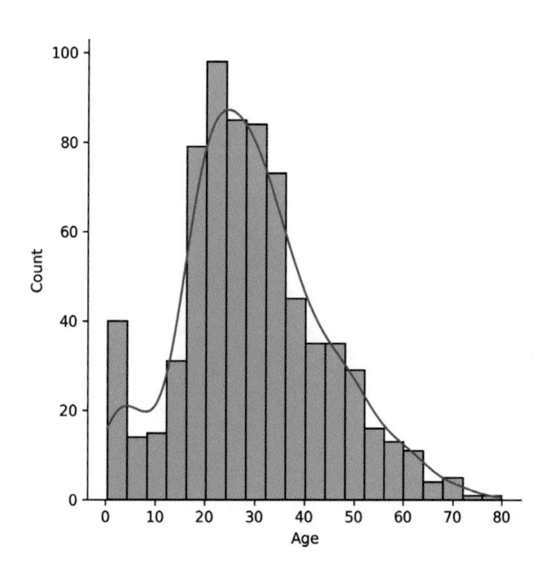

plt.figure(figsize=(8, 4))를 이용해 가로의 길이를 8, 세로의 길이를 4로 설정함으로써 가로가 세로의 2배 크기가 되도록 Figure를 설정했지만, 오히려 세로가 더 긴 히스토그램으로 만들어졌습니다. 이는 시본의 Figure 레벨 함수를 사용하면 plt.figure( )를 이용하여 Figure의 크기를 조절할 수 없기 때문입니다.

displot( ) 함수의 Figure의 크기를 조절하기 위한 인자로 height와 aspect가 주어지는데, height는 세로(높이)의 크기를 의미하며 aspect는 가로와 세로의 배율을 의미합니다. width와 같은 별도의 가로(너비) 크기를 설정하는 인자는 제공되지 않고, height * aspect를 적용하여 자동으로 가로의 크기가 결정됩니다. 예를 들어 height가 4이고 aspect가 2인 경우, 가로 크기는 4 * 2 = 8로 주어지게 됩니다. height와 aspect 값을 입력하여 displot( )으로 다시 히스토그램을 시각화해보겠습니다.

```
import seaborn as sns

sns.displot(titanic_df['Age'], kde=True, height=4, aspect=2)
plt.show()
```

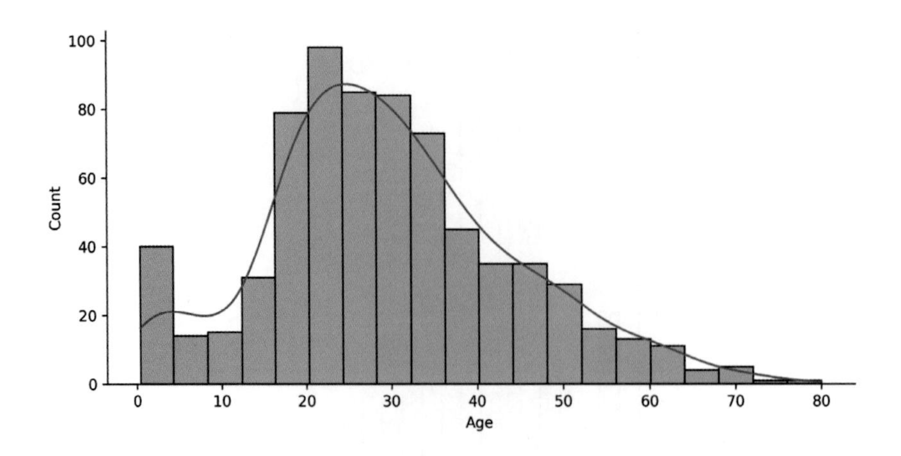

가로 길이가 더 큰 Figure가 만들어졌음을 확인할 수 있습니다. 시본은 그동안 꾸준히 더 쉽게 시각화를 구현할 수 있는 API 설계를 진행해 왔습니다. 초기부터 맷플롯립 API의 사용을 크게 줄이면서도 다양한 시각화 함수들을 한 번에 지원하는 Figure 레벨 함수들을 조금씩 만들어왔으며, 현재는 상당수의 체계화된 Figure 레벨 함수들을 갖추게 되었습니다. 하지만 아이러니하게도, 이미 어느 정도 맷플롯립에 익숙한 사용자들에게는 또 새로운 함수에 적응해야 되는 (약간의) 부담이 발생하게 됩니다. 무엇보다도 시본의 Figure 레벨 함수들은 그래프의 세부적인 변경을 유연성 있게 적용하기가 어려운 단점이 있습니다. 이 때문에 세부적인 변경을 위해서는 다시 맷플롯립에 의존해야 하기에, 시본의 Figure 레벨보다는 Axes 레벨 함수를 활용하는 경우가 여전히 많습니다.

시본의 Figure 레벨 함수는 그래프의 세부적인 변경이 다소 어렵다는 단점이 있지만, 여러 시각화 함수들을 한 번에 시각화할 수 있는 다양한 장점이 있습니다. 아쉽게도 이 장에서는 Figure 레벨의 함수는 더 이상 소개 드리지 않고, Axes 레벨 함수만 소개해 드리도록 하겠습니다. Figure 레벨 함수에 더 관심이 있다면 시본의 공식 문서(https://seaborn.pydata.org/tutorial/function_overview.html)를 참조하기 바랍니다.

카운트 플롯

히스토그램이 연속형 값에 대해서 구간에 따른 건수를 시각화한다면 카운트플롯은 이산형 값의 건수를 막대 그래프 형태로 시각화합니다. 주로 카테고리성 칼럼 값별 건수를 시각화하는 데 사용됩니다. 카운트플롯은 시본의 countplot( )을 사용합니다. 아래는 타이타닉 데이터의 Pclass(선실 등급) 값별 건수를 시각화합니다.

```
sns.countplot(x='Pclass', data=titanic_df)
plt.show()
```

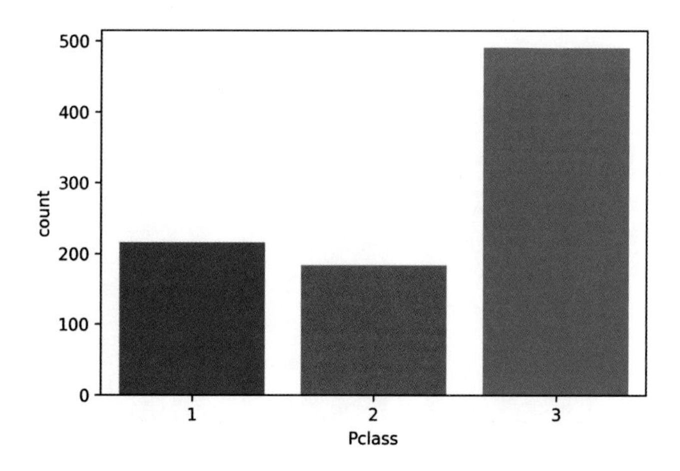

Pclass는 1(1등실), 2(2등실), 3(3등실) 값을 가지고 있어, 타이타닉호의 1등실에는 200명은 조금 넘는 사람이, 2등실에는 200명이 약간 안 되는 사람이, 3등실에는 거의 500명에 가까운 사람이 탑승했음을 알 수 있습니다.

바 플롯(barplot)

바 플롯(barplot)은 이름 그대로 막대 그래프 형태의 플롯입니다. 간단한 시각화이지만, 2차원 축 기반의 시각화에 널리 활용됩니다. 바 플롯(수직 막대 그래프로 가정하면) X축 값이 이산형 값으로 값의 종류가 너무 많지 않을 때 유용하게 사용될 수 있습니다. 직관적으로 생각해봐도 X축 값이 이산형이 아닌 연속형 값이라면 값의 종류가 너무 많아지기 때문에 막대 그래프로 시각화된 결과는 한눈에 이해하기가 매우 어렵게 됩니다. 보통 Y축 값은 Y축에 해당하는 칼럼값의 평균이나 총합으로 표현되는 연속형 값을 가집니다. 물론 바 플롯을 수직 막대 그래프가 아닌 수평 막대 그래프로 그리면 X축과 Y축이 바뀌게 되므로 Y축이 이산형 값, X축이 연속형 값을 가지게 설정해야 합니다.

그럼, 시본을 이용하여 타이타닉 데이터 세트의 Pclass 1, 2, 3 값별로 Age의 평균 값을 바 플롯으로 표현해 보겠습니다. 선실 등급별로 탑승한 승객의 평균 나이를 시각화합니다. 바 플롯은 시본의 barplot( ) 함수로 간단하게 구현할 수 있습니다. barplot( ) 함수의 data 인자로 타이타닉 DataFrame 객체명을, x 인자로 X축 값에 해당하는 칼럼명을, y 인자로 Y축 값에 해당하는 칼럼명을 입력하면 자동으로 바 플롯을 시각화해줍니다.

```
# 자동으로 xlabel, ylabel을 barplot( )의 x 인자값인 Pclass, y 인자값이 Age로 설정.
sns.barplot(x='Pclass', y='Age', data=titanic_df)
plt.show()
```

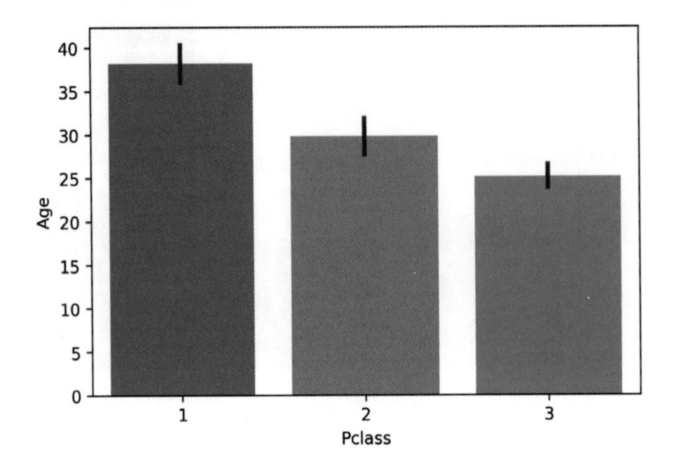

앞 히스토그램 시각화에서도 설명했지만, 시본에서는 맷플롯립과 다르게 pyplot 모듈의 xlabel( ), ylabel( ) 함수를 사용하지 않고도 X축명 Pclass와 Y축명 Age를 자동으로 설정합니다. barplot( ) 함수는 기본적으로 Y축 값의 평균 값을 나타냅니다. 평균 외에도 총합, 중앙값 등을 나타낼 수도 있는데, 이는 estimator 인자값을 설정하여 변경할 수 있습니다. estimator 인자값은 조금 후에 다시 설명하겠습니다.

이번에는 X축 값을 Pclass로, Y축 값을 Survived로 설정하고 바 플롯을 그려 보겠습니다.

```
sns.barplot(x='Pclass', y='Survived', data=titanic_df)
plt.show()
```

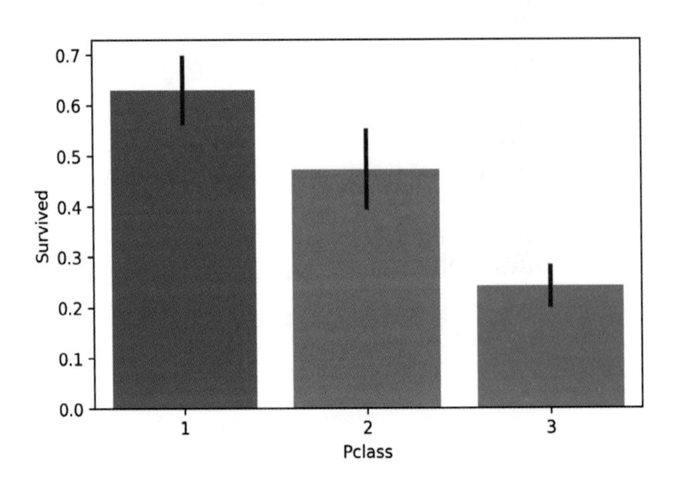

Survived 칼럼 값은 0과 1 두 개의 값(0은 사망, 1은 생존)으로 구성되어 있습니다. 그런데 위 예제의 시각화 결과에서 Y축 값인 Survived를 살펴보면 0 ~ 1 사이의 소수점을 가진 실수로 표현이 되어 있습니다. 이는 바 플롯이 Y값의 평균, 즉 Survived의 평균을 표현했기 때문입니다. 예를 들어 10명의 승객 중 6명이 사망하고 4명이 생존했다면 10명 승객의 평균 Survived값은 0.4가 됩니다. 사망과 생존한 승객 모두의 Survived값은 6개의 0을 더하고 4개의 1을 더해서 4가 되며, 평균값을 구하기 위해서 승객 수 10으로 나누면 평균값은 0.4가 됩니다.

Survived값이 0과 1로 되어 있기 때문에 X축 값을 Pclass로, Y축 값을 Survived를 설정하면 선실 등급별 승객의 평균 생존율을 나타내게 됩니다. Y축 값을 평균/총합/중앙값 등의 연속형 값을 표현한다고 설명했는데, Survived 칼럼은 연속형 숫자값이 아니라 이산형 숫자값입니다. 하지만 값이 0과 1로 되어 있기에 평균값을 평균 비율로 나타낼 수 있습니다.

barplot( ) 함수는 수직 또는 수평 막대 그래프를 시각화 선택을 orient 인자로 설정할 수 있습니다. orient가 v일 경우는 수직(Vertical) 막대 그래프를, h일 경우는 수평(Horizontal) 막대 그래프를 그립니다. orient값을 별도로 설정하지 않을 경우 barplot( ) 함수는 입력된 X축 값과 Y축 값의 데이터 유형을 판단하여 자동으로 수직 또는 수평 막대 그래프를 그려주지만, X축과 Y값이 모두 숫자형 값이면 수직 막대 그래프를 우선하여 그려줍니다.

바 플롯은 수직 막대 그래프의 경우 일반적으로 X축 값을 이산형 값으로 설정하며 이산형 값은 숫자값 또는 문자열값 모두 가능합니다. 하지만 수직 막대 그래프의 Y축 값을 문자열 값으로 설정해서는 안됩니다. 문자열 값의 평균, 총합은 정보로서 완전히 다른 의미이고, 시각적으로도 이해할 수 없기에 당연한 결과입니다. barplot( ) 함수를 사용할 때 만약 Y축 값을 문자열 값으로 입력하고 X축 값을 숫자형 값으로 입력하면 barplot( ) 함수는 자동으로 수직 막대 그래프가 아닌 수평 막대 그래프로 시각화해줍니다. 수직 막대 그래프는 Y축 값이 문자열이 될 수 없기에 barplot( ) 함수는 X축 값이 숫자라면 이는 사용자가 수평 그래프를 의도하고 입력한 인자라고 판단하여 자동으로 그래프 유형을 변환해 줍니다.

아래 예제는 barplot( ) 함수가 x 인자로 숫자형 값인 Pclass를, y 인자로 문자열 값인 'Sex'를 입력받은 뒤 자동으로 이들 인자값의 데이터 유형을 파악하여 수평 막대 그래프로 전환해 줍니다.

```
### y축을 문자값으로 설정하면 자동으로 수평 막대 그래프 변환
sns.barplot(x='Pclass', y='Sex', data=titanic_df)
plt.show()
```

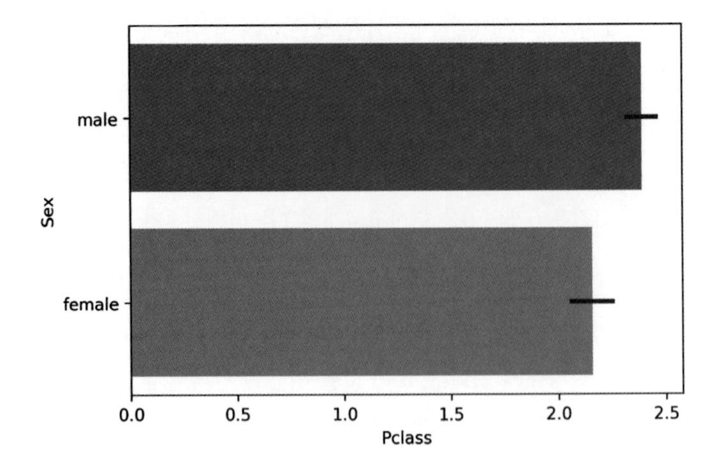

수평 막대 그래프의 X축 값인 Pclass는 1, 2, 3밖에 없지만 시각화된 결과는 0~2.5 사이의 값으로 표시된 것에 주목해 주십시오. 바 플롯은 수평 막대 그래프의 경우 X축 값, 수직 막대 그래프의 경우 Y축 값이 연속형 값을 기대하게 됩니다. 때문에 수평 막대 그래프의 X축 값인 Pclass값이 평균값으로 만들어져서 표현됩니다.

위 예제와 같이 X축, Y축 모두 이산값을 입력한다면 바 플롯으로 표현되는 정보를 시각적으로 잘못 이해될 수가 있습니다. 때문에 바 플롯은 수직 막대 그래프의 경우 Y축 값을 연속형 값으로, 수평 막대 그래프는 X축 값을 연속형 값으로 설정해 줘야 시각적으로 정보가 의미하는 바를 명확하게 파악할 수 있습니다. 또한 바 플롯 생성 시 X축 값과 Y축 값을 모두 문자열 값으로 입력하면 바 플롯이 의미하는 정보의 표현 의도와 완전히 어긋나기 때문에 barplot( ) 함수는 오류를 발생시킵니다.

아래는 barplot( ) 함수의 x 인자로 문자열인 Name을, y 인자로 문자열인 Sex를 입력하기 때문에 오류를 발생시킵니다(x와 y모두 숫자형이 아니라는 오류 메시지를 출력합니다).

```
# x 인자로 문자열인 Name을, y 인자로 문자열인 Sex를 입력하므로 barplot은 오류를 발생.
sns.barplot(x='Name', y='Sex', data=titanic_df)
```

[Output]

```
.........
TypeError: Neither the `x` nor `y` variable appears to be numeric.
```

수직 막대 그래프의 Y축 표현값을 평균이 아니라 총합으로 나타낼 수도 있습니다. 이때 사용되는 인자가 estimator입니다. estimator=sum으로 설정하면 평균이 아니라 총합으로 표현할 수 있습니다. 아래는 Pclass별로 Survived의 총합을 바 플롯으로 보여 주므로 선실 등급별 생존자 수를 나타냅니다.

```
# estimator=sum을 적용하여 평균이 아니라 총합으로 표현.
sns.barplot(x='Pclass', y='Survived', data=titanic_df, ci=None, estimator=sum)
plt.show()
```

[Output]

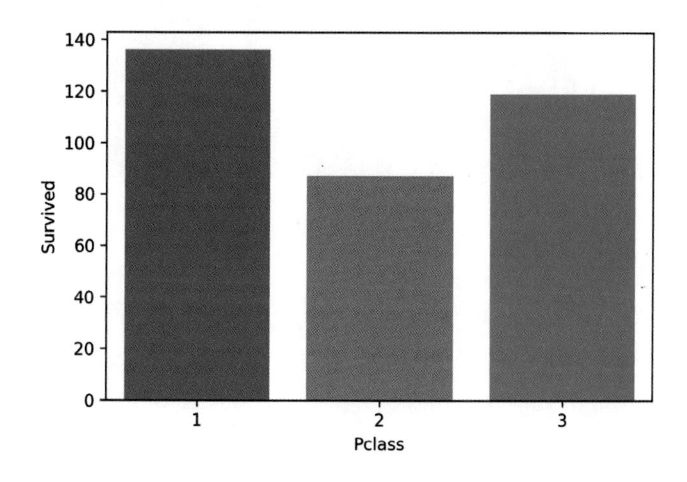

barplot( ) 함수의 hue 인자를 사용하여 시각화 정보를 추가적으로 세분화하기

일반적으로 2개의 축을 기반으로 한 2차원 평면 형태의 시각화는 X축과 Y축에 따른 2개의 정보를 시각화해주지만, 세부적인 추가 정보를 더해서 시각화할 수도 있습니다. 특히 이러한 추가 정보는 좀 더 세분화된 비교 정보를 전달하는 데 매우 효과적입니다. barplot( ) 함수는 hue 인자를 통해서 이러한 세부 정보를 추가적으로 전달할 수 있습니다.

아래는 Pclass를 X축 값, Age를 Y축 값으로 설정하되 추가적으로 barplot( ) 함수의 hue 인자를 Sex로 설정하여 X축 Pclass별로 세부적인 추가 정보인 성별(Sex) 값에 따른 평균 나이를 시각화하고 있습니다.

```
# 아래는 Pclass가 X축값이며 hue파라미터로 Sex를 설정
# 개별 Pclass 값별로 Sex에 따른 Age 평균 값을 구함.
sns.barplot(x='Pclass', y='Age', hue='Sex', data=titanic_df)
plt.show()
```

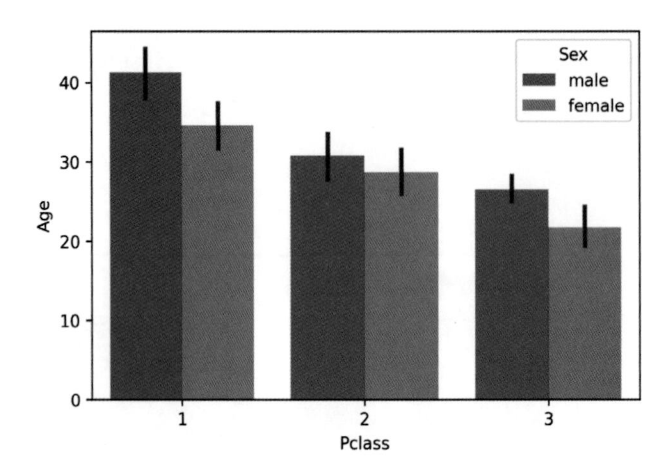

hue='Sex'가 적용되면서 X축의 Pclass값이 보다 세분화된 형태로 쪼개졌습니다. Pclass가 1, 2, 3일 때 모두 2개의 막대의 그래프로 나누어지는데 각각 Sex의 값이 male일 때 파란색 막대 그래프, female일 때 주황색 막대 그래프로 나누어졌습니다. 그리고 오른쪽 상단에는 범례로 Sex 칼럼의 개별 값들과 의미하는 색깔이 표시되어 있습니다. hue='Sex'를 적용하게 되면서 기존의 Pclass 값별로만 비교하여 보여주던 정보에 개별 Pclass 값별로 Sex에 따른 세부적인 비교를 더하면서, 좀 더 분석의 차원을 높여주고 있습니다.

이번에는 Pclass별 생존율을 좀 더 세분화하여 Pclass에 따른 성별(Sex)별 생존율을 바 플롯으로 시각화해보겠습니다. barplot( ) 함수의 x 인자값으로 Pclass를, y 인자값으로 Survived를, 그리고 hue 인자값으로 Sex를 설정합니다.

```
# 개별 Pclass 값별로 Sex에 따른 Survived 평균값을 구함.
# Pclass가 X축 값이며 Survived가 Y축 값. hue 파라미터로 Sex를 설정
sns.barplot(x='Pclass', y='Survived', hue='Sex', data=titanic_df)
plt.show()
```

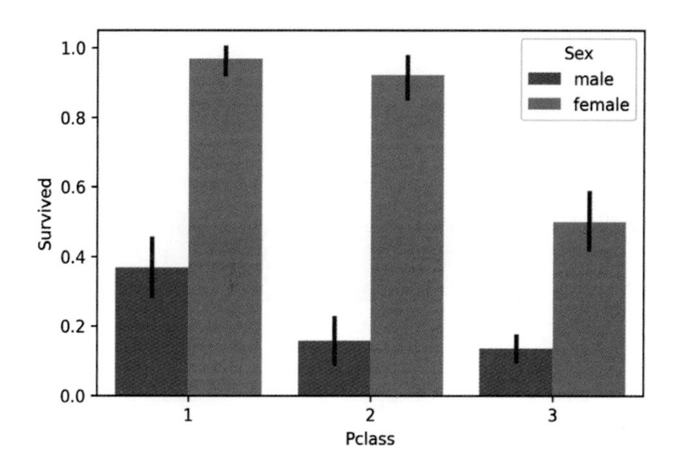

비단 barplot( ) 함수만 아니라 시본의 여러 시각화 플롯 함수들은 hue 인자값으로 추가적인 세부 정보를 시각화할 수 있도록 만들어주는 유용한 기능을 제공하고 있습니다.

박스 플롯

박스 플롯은 상자 수염 그래프라고도 불립니다. 그래프가 상자 형태로 생긴 몸통 부분과 위, 아래로 길게 이어진 수염 형태로 이뤄져 있기 때문입니다. 박스 플롯에 대해서는 **4장 이상치 데이터 제거 후 모델 학습/예측/평가**에서 보다 자세히 설명하고 있으니 해당 부분을 참조해 주시기 바랍니다. 시본은 박스 플롯 시각화를 위해서 boxplot( ) 함수를 제공합니다. boxplot( ) 함수의 주요 인자로는 다른 시본의 시각화 함수와 마찬가지로 x, y, data가 있습니다. 박스 플롯는 분위수를 기반으로 하고 있는데, 분위수는 연속형 값에 적용해야 의미 있는 정보가 될 수 있습니다. 박스 플롯은 연속형 값에 대한 IQR분위와 최소/최대 그리고 이상치 정보를 시각화합니다.

boxplot( ) 함수의 x 또는 y 인자로 연속형 값을 입력할 수 있는데, y에 입력 시 수직 박스 플롯을, x에 입력 시 수평 박스 플롯을 나타냅니다. 아래는 boxplot( ) 함수의 y 인자에 Age 칼럼을 설정하여 Age 값의 분위수를 기반으로 한 수직 박스 플롯을 시각화해줍니다.

```
sns.boxplot(y='Age', data=titanic_df)
plt.show()
```

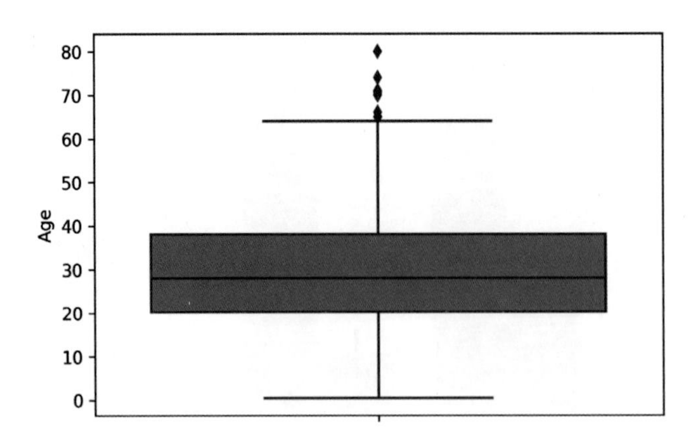

기본적으로 박스 플롯은 단일 칼럼에 대한 분위수를 기반으로 하고 있지만, 추가적인 세분화 레벨에서도 적용이 가능합니다. 예를 들어 여러 개의 Pclass 값별로 Age에 대한 여러 개의 박스 플롯을 시각화하기를 원한다면 y 인자에 Age를, 그리고 x 인자에 Pclass를 입력하면 됩니다. 추가적인 세분화 레벨로 여러 개의 수직 박스 플롯을 표현하고자 한다면 반드시 x 인자는 이산형 값이 되어야 합니다. x 인자에 연속형 값을 입력하면 너무 많은 박스 플롯들을 그리기 때문에 표현되는 정보가 큰 의미가 없어지게 됩니다.

아래는 boxplot( ) 함수의 y 인자에 Age를, x 인자에 Pclass를 입력하여 Pclass값 1, 2, 3별로 Age에 대한 수직 박스 플롯을 그려 줍니다.

```
sns.boxplot(x='Pclass', y='Age', data=titanic_df)
plt.show()
```

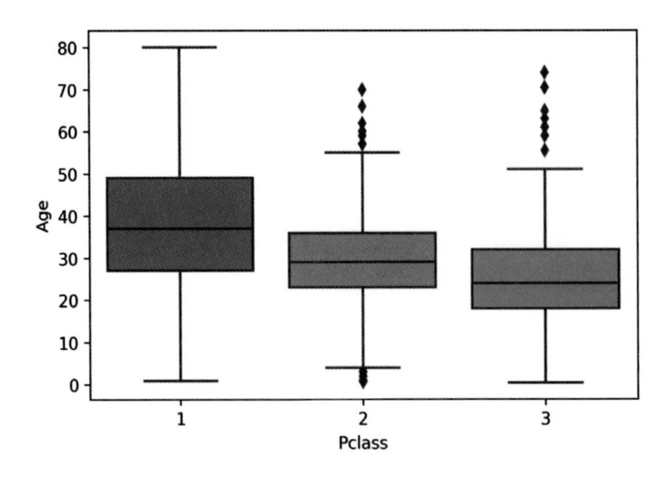

여기에 hue를 적용하여 한 단계 더 추가적인 정보를 출력할 수 있습니다. hue 인자값으로 Sex 칼럼명을 입력하게 되면 Pclass값별로 세부적인 Sex값인 male과 female에 따른 Age값의 박스 플롯들을 시각화할 수 있게 됩니다.

```
sns.boxplot(x='Pclass', y='Age', hue='Sex', data=titanic_df)
plt.show()
```

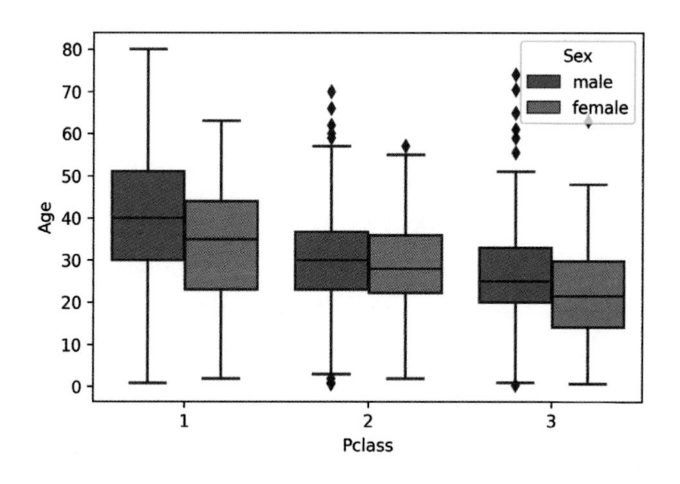

바이올린 플롯

바이올린 플롯은 히스토그램의 연속 확률 분포 곡선과 박스 플롯을 함께 시각화할 수 있습니다. 연속 확률 분포 곡선을 대칭적으로 그리고 가운데에 박스 플롯을 검은색 몸통과 수염으로 나타낸 모습이 흡사 바이올린과 유사하다고 해서 붙여진 명칭입니다.

바이올린 플롯 역시 연속형 값에 적용해야 의미 있는 정보로 시각화될 수 있습니다. 시본은 바이올린 플롯을 위해 violinplot( ) 함수를 제공합니다. violinplot( ) 함수는 boxplot( ) 함수와 동일하게 x 또는 y 인자로 연속형 값을 입력할 수 있는데, y에 입력 시 수직 바이올린 플롯을, x에 입력 시 수평 바이올린 플롯을 나타냅니다. violinplot( ) 함수에 y 인자값으로 Age를 data는 titanic_df를 이용하여 Age값을 수직 바이올린 플롯으로 시각화해보겠습니다.

```
# Age 칼럼에 대한 수직 바이올린 플롯 시각화
sns.violinplot(y='Age', data=titanic_df)
plt.show()
```

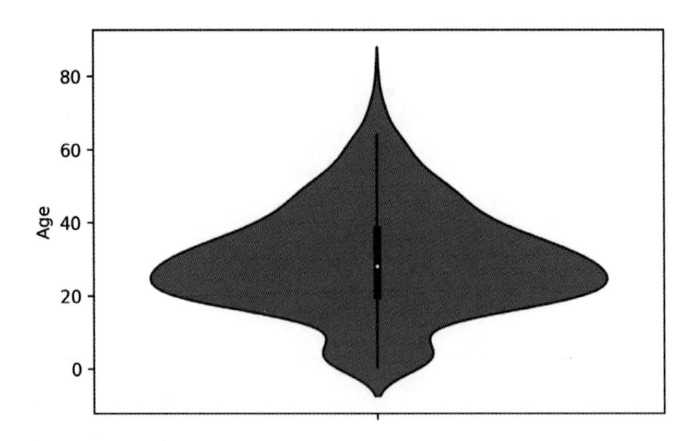

히스토그램이나 박스 플롯이 별도로 존재하기 때문에 굳이 바이올린 플롯까지 활용할 필요가 없다고 느낄 수도 있습니다. 하지만 앞에 소개한 boxplot( ) 함수와 유사하게 violinplot( ) 함수는 여러 이산값별로 여러 개의 바이올린 플롯들을 그릴 수 있습니다. 이는 여러 이산값별로 여러 개의 히스토그램 연속 확률 분포 곡선들을 그려 줄 수 있는 장점을 가지고 있습니다.

시본의 violinplot( ) 함수를 이용하여 Pclass별로 Age의 바이올린 플롯을 그려 보겠습니다. Pclass별로 Age의 연속 확률분포 곡선과 박스 플롯을 함께 시각화하므로 Age값의 데이터 분포를 Pclass 값별로 비교할 수 있습니다.

```
# x축값인 Pclass의 값별로 y축 값인 Age의 바이올린 플롯을 그림
# pClass값별 Age 데이터 분포를 비교하여 볼 수 있음.
sns.violinplot(x='Pclass', y='Age', data=titanic_df)
plt.show()
```

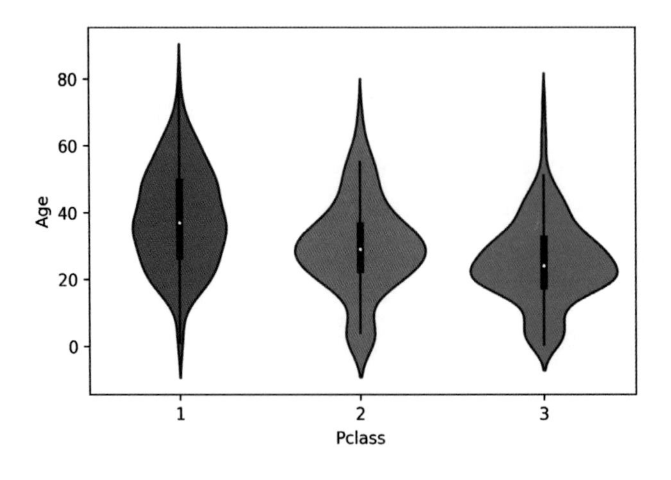

1등실 승객의 나이는 30대 초반부터 40대 후반까지 비교적 넓은 범위에서 완만하게 집중되어 있지만, 2등실과 3등실 승객의 나이는 20대 중반부터 30대 초반까지의 상대적으로 좁은 범위에 집중되어 있음을 알 수 있습니다.

violinplot( ) 함수 역시 hue를 이용하여 한단계 더 추가적인 세부 정보를 제공할 수 있습니다. violinplot( ) 함수를 이용하여 개별 Pclass 내에서 Sex 값별로 Age의 바이올린 플롯을 시각화해보겠습니다. 앞의 예제에서 violinplot( ) 함수에 hue='Sex'를 추가해 주면 됩니다.

```
# x축값인 개별 Pclass 내에서 Sex값별로 y축 값인 Age의 바이올린 플롯을 그림
sns.violinplot(x='Pclass', y='Age', hue='Sex', data=titanic_df)
plt.show()
```

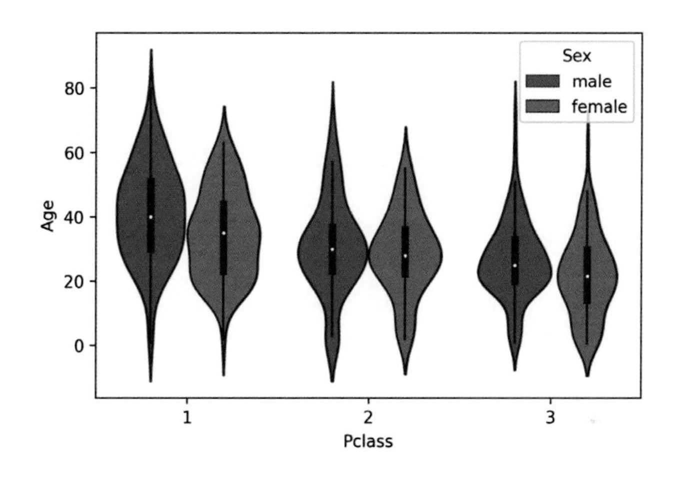

선실 등급이 1등급일 경우는 남성(male)의 경우가 여성(female)보다 상대적으로 높은 나이대의 승객이 탑승했음을 알 수 있습니다. 반면에 2등급의 경우는 남성과 여성의 나이 분포가 큰 차이가 없으며, 3등급의 경우는 남성이 좀 더 청장년층에 약간 더 집중되어 있고, 여성은 좀 더 전 연령층의 나이 분포가 있음을 알 수 있습니다.

시본의 histplot( ) 함수는 hue 기능을 제공하지만 그보다는 violinplot( ) 함수가 특정 이산값에 해당하는 연속형 값의 데이터 분포도를 훨씬 더 효과적으로 시각화해주기 때문에 데이터 분석 시 활용도가 높습니다.

아직 좀 더 소개해 드릴 시본의 시각화 함수가 있지만, 나머지 함수들도 이제까지 설명한 함수와 사용 방법이 크게 다르지 않기에, 먼저 subplots를 이용한 시각화 기법에 대해서 설명하고 이어서 나머지 시각화 함수에 대해서도 말씀드리겠습니다.

subplots를 이용하여 시본의 다양한 그래프를 시각화

이번에는 앞에서 배운 시본의 다양한 그래프를 여러 개의 subplots 상에서 시각화해보도록 하겠습니다. 시본의 시각화 함수를 subplots로 할당된 개별 Axes 객체에 적용하는 방식은 맷플롯립과 약간 다릅니다.

시본의 모든 Axes레벨 시각화 함수는 ax라는 인자를 가지고 있습니다. 시각화 함수 호출 시 이 ax 인자에 개별 Axes 객체를 할당하면 됩니다. 예를 들어 fig, axs = plt.subplots(nrows=1, ncols=3)라고 한다면 sns.countplot(x=칼럼명, data=DataFrame, ax=axs[0])과 같이 ax 인자값으로 첫번째 로우 위치의 첫번째 칼럼 위치에 해당하는 Axes 객체 변수를 입력하게 되면 해당 위치의 subplot에 카운트 플롯을 시각화해줍니다.

이제 주요 이산형 칼럼인 Survived, Pclass, Sex의 건수를 시각화해보겠습니다. 3개 칼럼이므로 세 개의 Axes 객체를 가지는 subplots를 생성하고 개별 Axes 객체에 시본의 countplot 함수를 적용하겠습니다. countplot( ) 함수를 차례로 호출하되, ax 인자값에 왼쪽부터 생성되는 Axes 객체 변수를 순차적으로 입력하여 왼쪽 subplots부터 Survived, Pclass, Sex 순으로 시각화해보겠습니다.

```
cat_columns = ['Survived', 'Pclass', 'Sex']

# nrows는 1이고 ncols는 칼럼의 개수만큼인 subplots을 설정.
fig, axs = plt.subplots(nrows=1, ncols=len(cat_columns), figsize=(14, 4))

for index, column in enumerate(cat_columns):
    print('index:', index)
    # seaborn의 Axes 레벨 function들은 ax 인자로 subplots의 어느 Axes에 위치할지 설정.
    sns.countplot(x=column, data=titanic_df, ax=axs[index])
```

[Output]

```
index: 0
index: 1
index: 2
```

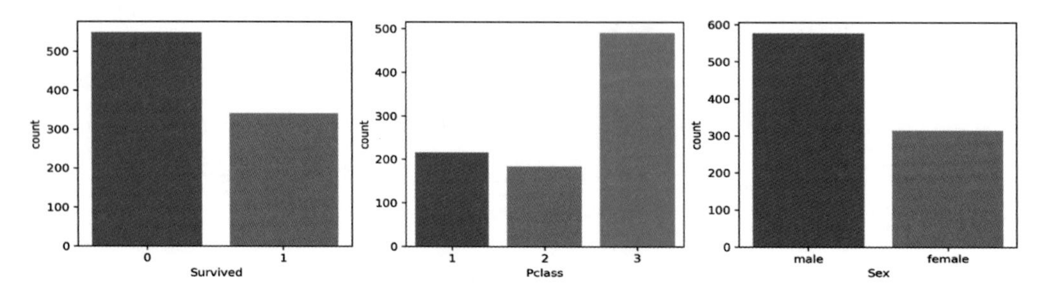

건수를 표현할 칼럼들을 리스트 형태로 [Survived, Pclass, Sex]와 같이 생성한 뒤 fig, axs = plt.subplots(nrows=1, ncols=len(cat_columns), figsize=(14, 4))를 호출하여 3개의 Axes를 생성하여 axs 객체 변수에 할당합니다. axs[0], axs[1], axs[2] 각각은 왼쪽부터 생성되는 Axes 객체를 할당받게 되므로 루프를 돌면서 개별 칼럼에 대한 카운트 플롯을 시각화하되, ax 인자를 차례로 axs[0], axs[1], axs[2]를 입력하여 3개의 subplots을 출력하게 됩니다.

이번에는 subplots을 이용하여 Pclass, Sex, Embarked 3개의 이산형 칼럼별로 타깃 칼럼인 Survived값의 평균값, 즉 생존율을 바 플롯으로 시각화해보겠습니다. Survived가 0과 1로 구성된 이산형 칼럼이지만 0과 1값의 특성상 평균을 적용하면 생존율로 계산될 수 있음을 앞에서 설명했습니다. plt.subplots(nrows=1, ncols=3)을 이용하여 3개의 Axes 객체를 반환받은 뒤 개별 Axes 객체에 보고자 하는 이산형 칼럼을 X축으로 설정하고, Survived 칼럼을 Y축으로 설정한 barplot( ) 함수를 호출하여 시각화해보겠습니다.

```
cat_columns = ['Pclass', 'Sex', 'Embarked']

# nrows는 1이고 ncols는 칼럼의 개수만큼인 subplots을 설정.
fig, axs = plt.subplots(nrows=1, ncols=len(cat_columns), figsize=(14, 4))

for index, column in enumerate(cat_columns):
    # seaborn의 Axes 레벨 function들은 ax 인자로 subplots의 어느 Axes에 위치할지 설정.
    sns.barplot(x=column, y='Survived', data=titanic_df, ax=axs[index])
```

[Output]

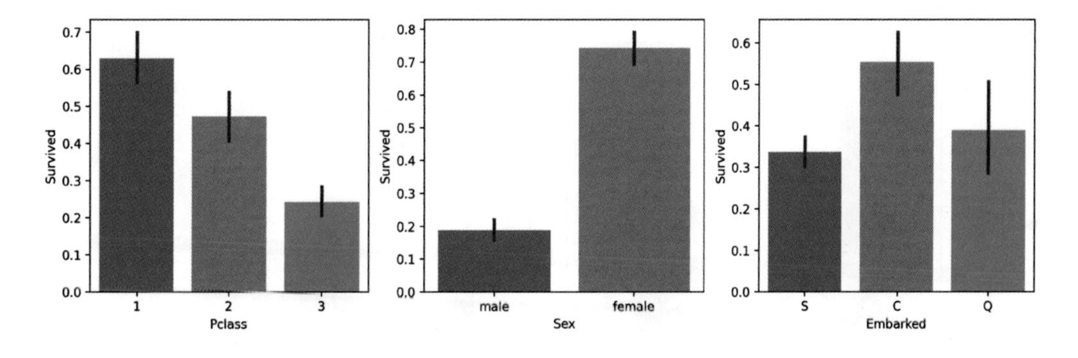

Pclass가 3일 때, 그리고 Sex가 male일 때(즉 선실 등급이 3등급이거나 남성인 경우) 생존율이 매우 낮음을 알 수 있습니다. 이처럼 여러 개의 서브플롯을 이용하면 여러 개 칼럼들에 대한 시각화 정보를

한꺼번에 확인하고 비교해 볼 수 있으므로 단일 플롯을 사용할 때보다 더욱 유용하게 활용될 수 있습니다. 특히 머신러닝 데이터 세트의 개별 피처 칼럼들이 서로 다른 타깃값별로 어떻게 구성되고 데이터가 분포되는지 확인하는 작업은 머신러닝의 데이터 탐색 과정에서 매우 중요한 요소입니다.

다음으로는 연속형 칼럼들에 대해서 타깃 칼럼인 Survived값 0, 1에 따른 데이터 분포도를 확인해 보겠습니다. 두 개의 연속형 칼럼 Age(나이)와 Fare(요금)에 대해서 Survived 값이 0일 때와 1일 때 각각 데이터 분포도를 확인하되, 개별 칼럼별로 두 개의 서브플롯을 생성하여 왼쪽에는 Survived값에 따른 바이올린 플롯을 오른쪽에는 Survived값에 따른 히스토그램을 시각화해보겠습니다.

왼쪽에 생성되는 바이올린 플롯은 개별 Survived 이산값 0, 1별로 해당 칼럼의 바이올린 플롯을 그립니다. 오른쪽에 생성되는 히스토그램은 Survived값이 0일 경우와 1일 경우 각각에 대해서 칼럼별 히스토그램으로 그립니다.

```
cont_columns = ['Age', 'Fare']

# 리스트로 할당된 칼럼들의 개수만큼 루프 수행.
for column in cont_columns:
    # 왼쪽에는 바이올린 플롯, 오른쪽에는 히스토그램을 시각화. nrows는 1, ncols=2인 서브플롯 생성.
    fig, axs = plt.subplots(nrows=1, ncols=2, figsize=(10, 4))
    # 왼쪽 Axes 객체에는 Survived값 0, 1별 개별 칼럼의 바이올린 플롯 시각화.
    sns.violinplot(x='Survived', y=column, data=titanic_df, ax=axs[0])
    # 오른쪽 Axes 객체에는 Survived 값에 따른 개별 칼럼의 히스토그램 시각화
    sns.histplot(x=column, data=titanic_df, kde=True, hue='Survived', ax=axs[1])
```

[Output]

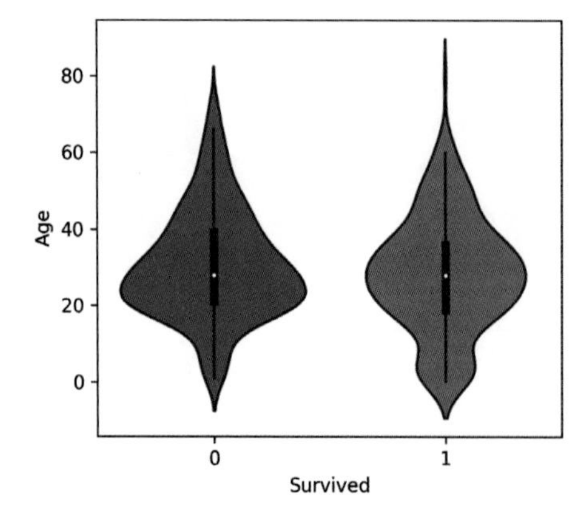

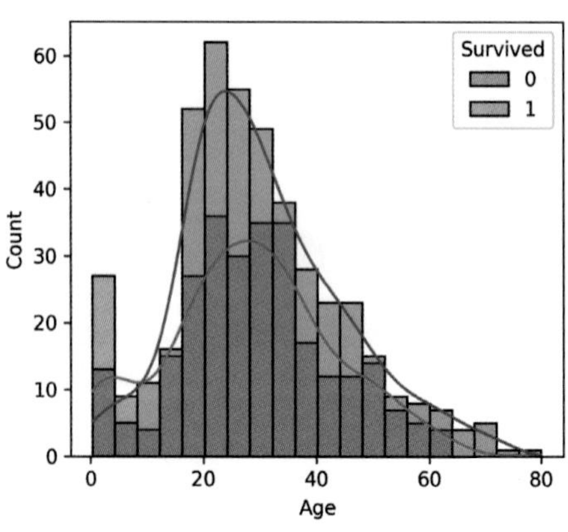

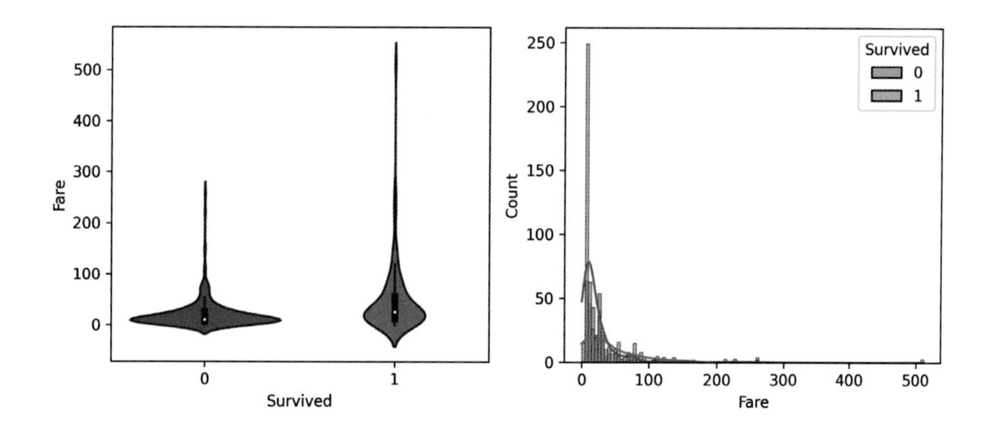

위 코드에서는 각 개별 칼럼별로 반복해서 plt.subplots(nrows=1, ncols=2, figsize=(10,4))를 호출하여 Figure와 서브플롯 Axes를 새롭게 생성함에 유의합니다. 매우 많은 칼럼들을 여러 가지 그래프를 가진 서브플롯들을 많이 사용하여 시각화할 때는 모든 칼럼들의 서브플롯을 한꺼번에 만드는 방식보다는 위와 같이 서로 다른 그래프로 시각화할 서브플롯 두 개를 개별 칼럼별로 할당하고 이들을 모든 칼럼에 순차적으로 반복하여 적용하는 방식이 좀 더 쉬운 시각화 코드를 만들 수 있습니다.

Survived 값별로 Age의 바이올린 플롯을 살펴보면 Survived가 0일 때, 즉 사망한 승객의 나이대가 20대 초중반에 상당히 집중되어 있습니다. Survived가 1일 때, 즉 생존한 승객의 나이대는 그보다는 약간 높은 20대 중후반에 집중되어 있지만 10대 이하와 40대 이상에서도 어느 정도 데이터가 분포되어 있습니다. 오른쪽의 히스토그램을 보더라도 Survived가 0인 경우는 20대 초중반의 나이대에 높은 도수 분포가 자리 잡고 있습니다. 앞에서 분석한 Sex별 생존율을 함께 결합해서 살펴보면 남성이면서 20대 초중반의 승객이 상대적으로 많이 사망했음을 알 수 있습니다.

Fare(요금)의 경우 선실 등급이 높을수록 요금이 높기 때문에 Pclass와 매우 밀접한 관계를 가지고 있습니다. 왼쪽의 바이올린 플롯에서는 Survived가 0인 경우에 낮은 Fare값이 집중되어 있습니다. 이는 앞에서 분석한 Pclass별 생존율의 결과와 크게 다르지 않습니다. Pclass가 3일 때, 즉 3등급 선실일 때 생존율이 낮았는데, 요금이 낮을수록 선실 등급이 낮기 때문에 앞의 결과와 유사한 결과를 유추해 볼 수 있습니다. 오른쪽의 히스토그램 역시 Survived가 0일 때 매우 낮은 Fare값에 매우 높은 도수 분포가 자리하고 있음을 알 수 있습니다.

지금까지 설명한 방식을 적절히 적용하면, 분석해야 될 데이터의 칼럼 수가 많을 경우에도 이들 칼럼들과 타깃값과의 데이터 분포도 및 영향도를 시각적으로 이해할 수 있는 효과적인 방법이 될 것입니다.

산점도, 스캐터 플롯(Scatter Plot)

산점도는 스캐터 플롯(Scatter Plot)이라고 불리며, 보통 좌표상에 점을 표시하여 변수 간의 관계를 나타냅니다. 2차원 축, X축과 Y축이 있다면 X축에 해당하는 변숫값과 Y축에 해당하는 변숫값이 만나는 지점에 점을 표시하여 변수 간의 관계를 시각화합니다. 아래 그래프는 경제 지표 GDP와 행복 지수가 서로 양의 상관 관계를 가지고 있음을 산점도로 나타내고 있습니다.

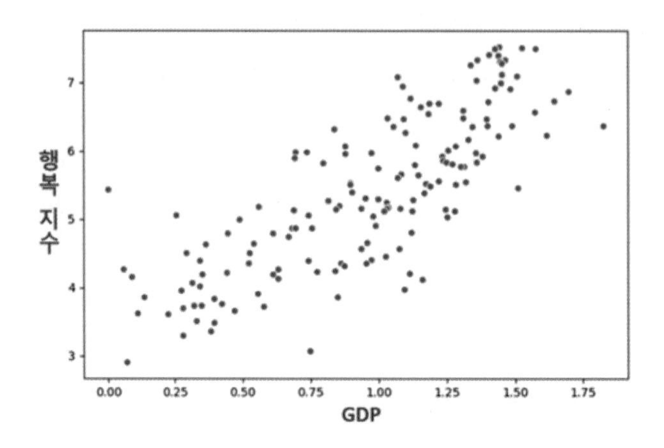

일반적으로 산점도에 사용되는 X축 값, Y축 값 모두 연속형 숫자값을 적용해야 의미 있는 시각화 정보를 얻을 수 있습니다. 시본에서 산점도는 scatterplot 함수를 이용하여 시각화할 수 있습니다. scatterplot 함수를 이용하여 타이타닉 데이터 세트의 Age와 Fare 간의 관계를 산점도로 시각화해보겠습니다. X축 값으로 Age를, Y축 값으로 Fare를 설정합니다.

```
# X축값으로 Age를, Y축값으로 Fare를 설정
sns.scatterplot(x='Age', y='Fare', data=titanic_df)
plt.show( )
```

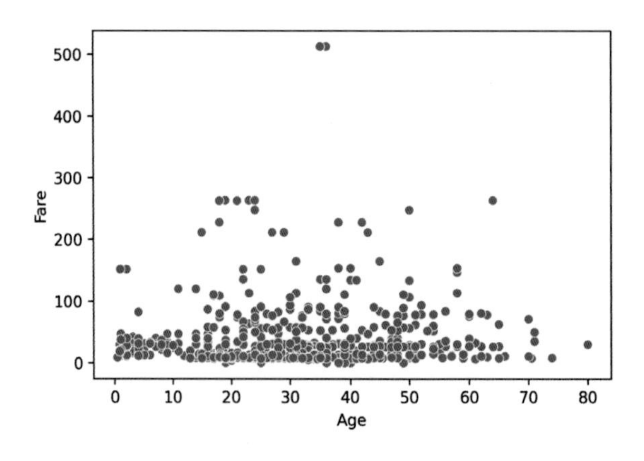

산점도로 보면 주로 100이하의 낮은 요금이 전 연령대에 걸쳐서 분포되어 있는 것으로 보입니다. scatterplot 함수는 시본의 다른 시각화 함수와 마찬가지로 hue 인자를 지원합니다. 이번에 hue='Survived'를 입력하여 Age와 Fare로 표현되는 점을 사망/생존으로 추가적인 분리를 적용해 보겠습니다.

```
sns.scatterplot(x='Age', y='Fare', hue='Survived', data=titanic_df)
plt.show( )
```

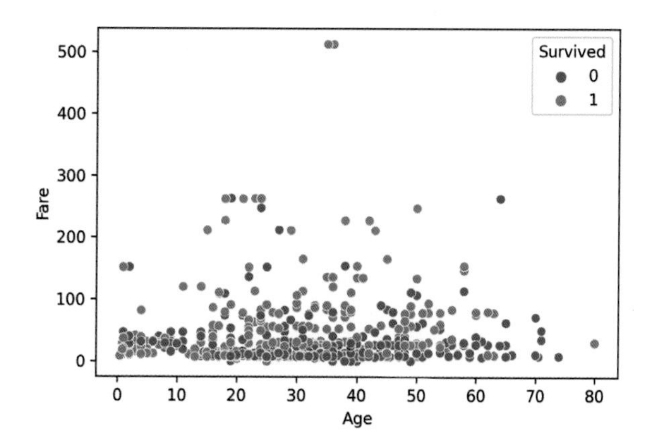

오른쪽 상단에 있는 범례를 참조해보면 파란색 원으로 표시된 점이 사망한(Survived=0) 승객, 주황색 원으로 표시된 점이 생존한(Survived=1) 승객입니다. scatterplot( ) 함수는 hue 외에도 한 단계 더 세분화된 추가 정보를 제공할 수 있는데 바로 style 인자입니다. 이번엔 hue='Survived'와 함께 style='Sex'를 입력하여 시각해 보겠습니다.

```
sns.scatterplot(x='Age', y='Fare', hue='Survived', style='Sex', data=titanic_df)
plt.show()
```

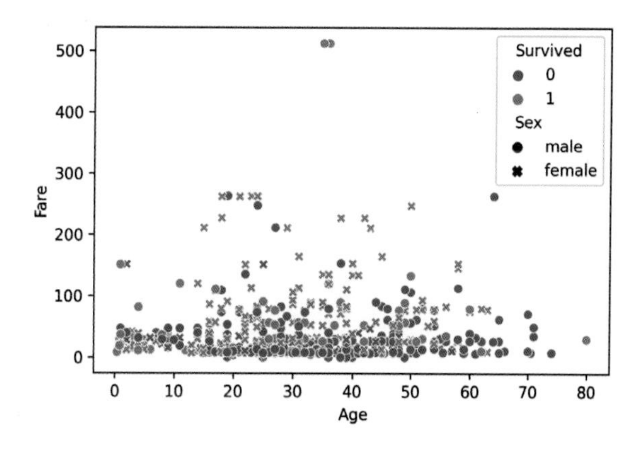

X축 Age와 Y축 Fare로 표현되는 점들이 세부적으로 사망/생존은 파란색, 주황색으로 구분되며, 남성(male), 여성(female) 성별은 남성이 원 모양으로, 여성은 엑스(X)자 모양으로 구분됨을 알 수 있습니다. 이처럼 시본의 scatterplot( ) 함수는 hue 외에도 style 인자를 이용하여 좀 더 세분화된 구분을 가능하게 할 수 있습니다.

상관 히트맵(Correlation Heatmap)

상관 히트맵은 다수의 속성들 간의 상관계수를 히트맵 형태로 나타낼 수 있습니다. 히트맵(Heatmap)은 이름 그대로 열을 의미하는 히트(Heat)와 지도를 의미하는 맵(map)이 결합된 단어입니다. 수치값을 온도를 연상시키는 다양한 색상으로 표현하는 것을 특징으로 하고 있습니다. 상관계수는 두 속성(변수/칼럼/피처)들 간의 선형적인 연관 관계를 수치화한 값입니다. 두 속성의 값이 서로 상관없으면 0이며, 같은 방향으로 완전히 동일하면 1, 반대 방향으로 완전히 동일하면 −1을 값으로 가집니다. 가령 A 속성의 값이 증가할 때 B 속성의 값도 함께 증가하면 두 속성은 서로 양의 상관 관계를 가지며, 반면 A 속성의 값이 증가할 때 B 속성의 값은 오히려 감소한다면 두 속성은 서로 음의 상관 관계를 가지게 됩니다. 두 속성이 같은 방향으로 상관도가 높을 경우 상관계수는 1에 가깝게 되며, 다른 방향으로 상관도가 높을 경우에는 −1에 가깝게 됩니다.

상관 히트맵은 다수의 칼럼들 간의 상관 계수를 온도를 연상시키는 여러 가지 색상으로 표현하여 직관적으로 칼럼들 간의 상관도를 이해할 수 있게 해주는 훌륭한 시각화 기법입니다. 상관 히트맵은 시본에서 heatmap( ) 함수를 통해서 시각화될 수 있습니다. heatmap( ) 함수는 인자로 칼럼들 간의 상관계수를 가지는 DataFrame을 입력받아야 시각화가 가능합니다. 판다스 DataFrame의 corr( ) 메서드를 호출하면 간단하게 상관계수를 가지는 DataFrame을 생성할 수 있습니다. 타이타닉 DataFrame에서 corr( ) 메서드를 호출하여 칼럼들 간의 상관계수를 가지는 DataFrame을 생성해 보겠습니다.

```
corr_df = titanic_df.corr()
corr_df
```

	PassengerId	Survived	Pclass	Age	SibSp	Parch	Fare
PassengerId	1.000000	-0.005007	-0.035144	0.036847	-0.057527	-0.001652	0.012658
Survived	-0.005007	1.000000	-0.338481	-0.077221	-0.035322	0.081629	0.257307
Pclass	-0.035144	-0.338481	1.000000	-0.369226	0.083081	0.018443	-0.549500
Age	0.036847	-0.077221	-0.369226	1.000000	-0.308247	-0.189119	0.096067
SibSp	-0.057527	-0.035322	0.083081	-0.308247	1.000000	0.414838	0.159651
Parch	-0.001652	0.081629	0.018443	-0.189119	0.414838	1.000000	0.216225
Fare	0.012658	0.257307	-0.549500	0.096067	0.159651	0.216225	1.000000

titanic_df DataFrame의 corr( ) 메서드는 숫자형 칼럼들의 상관계수만 계산하여 상관계수 DataFrame으로 생성합니다. 생성된 상관계수 DataFrame을 살펴보면 상단에 열 방향으로 칼럼들이 존재하며 왼쪽에 행 방향으로 역시 같은 칼럼들이 존재합니다. 이는 칼럼과 칼럼 간의 상관계숫값을 행과 열로 매핑하여 알 수 있게 해줍니다. 가령 행 방향에 위치한 Age 칼럼과 Survived 칼럼의 상관계수는 −0.077221이며 Age 칼럼과 Pclass 칼럼의 상관계수는 −0.369226입니다. 가운데 대각선 방향으로 위치한 상관계수는 모두 1인데 이는 자기 자신과의 상관계수이기 때문입니다.

이제 이 상관계수 DataFrame을 히트맵으로 표현해 보겠습니다. 앞에서 말씀드린 시본의 heatmap( ) 함수의 인자로 방금 구한 상관계수 DataFrame을 인자로 입력하면 됩니다.

```
# 상관계수를 DataFrame으로 구하고 이를 heatmap()의 인자로 입력
corr = titanic_df.corr()
sns.heatmap(corr)
plt.show()
```

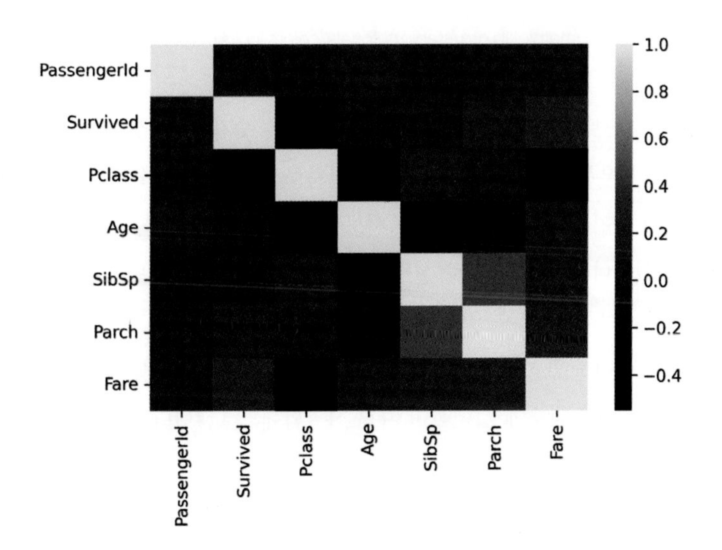

칼럼들 간의 상관계숫값에 해당하는 색상으로 상관 히트맵을 시각화했습니다. 맨 오른쪽에는 −1~1 사이의 숫자값(상관계숫값)에 해당하는 색깔 기준이 마치 온도계와 같은 형태로 표현되어 있습니다. −1에 가까울수록 검은색에 가까우며, 0으로 갈수록 빨간색이 되고, 1에 가까울수록 밝은 베이지색에 가깝습니다. 가운데 대각선 부분은 자기 자신과의 상관 계숫값으로 모두 1이므로 밝은 베이지색으로 표현됩니다. Age 칼럼과 Pclass, SibSp 칼럼은 검은색으로 음의 상관계수를 가짐을 알 수 있습니다. Survived 칼럼과 Pclass 칼럼은 검은색으로 음의 상관 계수를 가지고 있습니다. 일반적으로 상관계수는 연속형 숫자값에서 해석되어야 합니다. Survived와 Pclass는 숫자값이지만 카테고리성(이산형) 칼럼입니다. 하지만 Survived가 0일 때(즉 사망)는 Pclass가 1보다는 3인 값이 더 많고(즉 3등실 승객이 더 사망할 확률이 높음), Survived가 1일 때(즉 생존)는 Pclass가 3보다는 1인 값이 더 많기 때문에 이러한 상관계수를 가지게 되었음에 유의해 주시기 바랍니다.

heatmap( ) 함수는 여러 인자들로 보다 다양한 시각화를 할 수 있습니다. 먼저 cmap 인자는 color map으로서 히트맵의 색상을 변경할 수 있게 해줍니다. cmap 인자값을 설정하지 않으면 기본으로 'rocket'으로 설정됩니다. 'rocket'의 cmap은 아래와 같습니다(마치 로켓이 뿜어내는 화염이 연상됩니다).

컬러맵(Color map)의 종류는 너무 다양해서 여기에 모두 소개할 수 없기에, 아래 URL을 참조하시면 보다 다양한 컬러맵을 확인하실 수 있습니다.

- 시본의 기본 컬러맵들: https://seaborn.pydata.org/tutorial/color_palettes.html
- 맷플롯립의 컬러맵들: https://matplotlib.org/stable/tutorials/colors/colormaps.html

annot 인자는 True/False로 설정할 수 있으며 True일 경우 숫자로 된 상관계숫값을 표시해 줍니다. annot 인자는 생략될 경우는 False입니다. annot 인자로 숫자 상관계숫값을 표시할 경우에는 정밀도가 너무 높으면 개별 숫자값이 길이가 커져서 서로 겹쳐 보이게 됩니다. 이 경우 fmt 인자로 숫자값의 포맷을 변환할 수 있습니다. fmt='.1f'로 설정하면 소수점 한 자리까지만 상관계숫값을 표시합니다. cbar 인자는 True/False로 설정할 수 있으며 True일 경우 숫자값에 따른 색깔 기준 막대로 표시합니다. False는 색깔 기준 막대를 표시하지 않으며, cbar 인자를 생략할 경우 True로 설정됩니다. 위에서 설명한 인자들을 heatmap( ) 함수에 입력하여 다시 시각화해보겠습니다.

```
sns.heatmap(corr, annot=True, fmt='.1f', cbar=True)
plt.show()
```

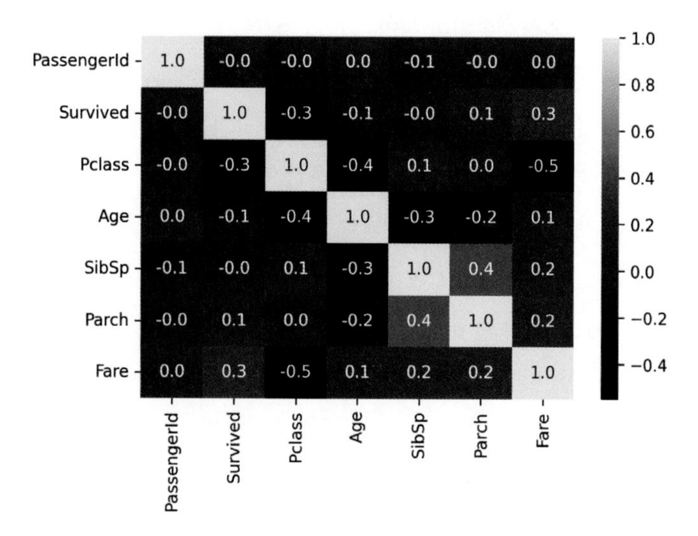

상관계수 숫자값을 표시하면서 칼럼 간의 상관계수를 좀 더 명확하게 확인할 수 있습니다. 결정값인 Survived는 Pclass와 −0.3, Fare와는 0.3의 상관계수를 가짐을 알 수 있습니다. 또한 Pclass는 Age의 −0.4, Fare와 −0.5의 상관계수를 가집니다. 또한 SibSp와 Parch는 0.4로 서로 밀접한 관계가 있음을 알 수 있습니다.

상관 히트맵은 칼럼 간의 상관관계를 이해할 수 있게 해주는 유용한 시각화 기능입니다. 특히 칼럼들이 매우 많을 경우에 활용도가 매우 높으며, 상관 히트맵을 통해서 어떤 피처들이 타깃값과 밀접한 상관관계를 가지는지를 파악하여 해당 피처에 대한 피처 엔지니어링을 집중적으로 수행한다든지, 피처들끼리 상관도가 매우 높다면 상호 간의 높은 종속관계를 의심하여 특정 피처들을 제거하는 용도로 사용될 수 있습니다.

지금까지 시본의 다양한 시각화 함수들을 살펴보았습니다. 지금까지 설명드린 시각화 함수들을 익히신다면, 여기에서 언급되지 않은 시본의 다른 시각화 함수들도 어렵지 않게 활용할 수 있을 것이며, 머신러닝 모델의 EDA를 수행하시기에 충분한 시각화 역량을 갖게 될 것입니다.

04 정리

이번 장에서는 맷플롯립과 시본을 이용하여 여러 유형의 차트들을 시각화해보았습니다. 맷플롯립의 경우 pyplot 모듈의 두 가지 중요 요소인 Figure와 Axes의 차이와 이 두 객체의 핵심적인 역할에 대해서 말씀드렸습니다. Figure는 그림을 그리기 위해 그림판의 크기를 조절하는 역할은 수행하지만 실질적으로 그림을 그리는 역할은 Axes에서 수행합니다. 뿐만 아니라 X축, Y축, 타이틀, 범례 등의 속성을 설정하는 데도 이용되므로 이 Axes 객체의 활용법을 이해하는 것은 맷플롯립과 시본을 활용하는 데 중요합니다.

pyplot 모듈의 plt.subplots( ) 함수를 이용하면 여러 개의 서브플롯들을 생성할 수 있고, 이들을 이용하면 여러 개의 그래프들을 한 번에 시각화할 수 있습니다. 이때 할당되는 Axes 객체를 튜플이나 배열 인덱스로 접근할 수 있었으며, 시각화는 개별 서브플롯별로 할당된 Axes 객체의 시각화 함수들을 호출하여 수행할 수 있습니다.

시본은 맷플롯립보다 쉽게 다양한 시각화 차트를 만들 수 있습니다. 특히 판다스 DataFrame과 유연하게 통합되어 별도의 추가 코딩 없이도 축명이나 범례 등을 자동으로 설정할 수 있습니다. 시각화 차트/그래프의 유형은 너무나 많습니다. 따라서 정보의 종류나 유형에 따라 올바른 시각화 차트를 선택하는 것은 중요한 일입니다. 이를 위해 히스토그램, 카운트 플롯, 바 플롯, 박스 플롯, 바이올린 플롯, 스캐터 플롯, 상관 히트맵과 같이 머신러닝을 위해서 핵심적으로 사용될 수 있는 시각화 플롯을 시본을 통해서 구현해 봤습니다. 개별적인 시각화 플롯들의 특징과 hue 인자를 사용하여 시각화 정보를 추가적으로 세분화하는 방법, 시본을 여러 서브플롯들에 적용하는 기법들을 적절히 활용한다면 다양한 시각화의 요구사항을 충분히 만족하는 결과를 얻을 수 있을 것입니다.

마지막으로 이 책의 긴 여정을 마치신 독자분들께 축하의 박수를 보내드립니다. 이 책이 여러분의 머신러닝 여정에 중요한 길잡이가 되었기를 바라는 마음으로 마지막 글을 적습니다. 감사합니다.

G

H

I

K

L

M

N

O

P

R

S

ㅂ

ㅅ

ㅇ

ㅈ

ㅊ

ㅋ

ㅌ

ㅍ

ㅎ